# 近世産物語彙解読辞典 VIII
〔植物・動物・鉱物名彙-索引篇・第一分冊 総合索引〕

Complete Deciphered Dictionary of Plants', Animals' and Minerals' in Yedo Era
{The First Fascicule in Eighth Volume: General Index}

近世歴史資料研究会　編

株式会社 科学書院
(Kagaku Shoin Intelligence Industry Inc.)

## 凡　例

（1）この総合索引は「近世産物語彙解読辞典［I-VII］」に記載されている植物・動物・鉱物の名称を網羅し、五十音順に配列してある。

　　　例：　あははだ… VII-26［樹木類］
　　　　　　「あははだ」は名称、「VII-26」は巻数とページ数、［樹木類］は分類名をそれぞれ示している。

（2）各巻の構成は以下のとおりである。
　＊第 I 巻：　穀物篇 I
　＊第 II 巻：　穀物篇 II
　＊第 III 巻：　魚類、貝類
　＊第 IV 巻：　野生植物篇 I
　＊第 V 巻：　野生植物篇 II
　＊第 VI 巻：　金・石・土・水類、竹・笹類、菌・茸類、菜類、果類
　＊第 VII 巻：　樹木類、救荒動植物類

（3）読み方に関しては、慣例に従った。促音、濁音、半濁音などの表記に関しては恣意的な呼称も見受けられるが、読者諸氏の判断に委ねる次第である。

## あ

| | |
|---|---|
| あい | …Ⅲ-3［魚類］|
| あい | …Ⅳ-1［野生植物］|
| あい | …Ⅶ-3［樹木類］|
| あいいも | …Ⅵ-247［菜類］|
| あいかけ | …Ⅲ-3［魚類］|
| あいかけうを | …Ⅲ-3［魚類］|
| あいかひえ | …Ⅰ-3［穀物類］|
| あいから | …Ⅲ-3［魚類］|
| あいからむし | …Ⅳ-1［野生植物］|
| あいきやうさう | …Ⅳ-1［野生植物］|
| あいくさ | …Ⅳ-1［野生植物］|
| あいこ | …Ⅲ-3［魚類］|
| あいこ | …Ⅳ-1［野生植物］|
| あいこ | …Ⅵ-247［菜類］|
| あいご | …Ⅲ-4［魚類］|
| あいご | …Ⅲ-4［魚類］|
| あいさくさ | …Ⅳ-1［野生植物］|
| あいしば | …Ⅶ-3［樹木類］|
| あいしやう | …Ⅲ-4［魚類］|
| あいしやう | …Ⅲ-4［魚類］|
| あいす | …Ⅲ-4［魚類］|
| あいす | …Ⅲ-4［魚類］|
| あいたけ | …Ⅵ-103［菌・茸類］|
| あいたて | …Ⅵ-247［菜類］|
| あいたで | …Ⅵ-247［菜類］|
| あいだのまつ | …Ⅶ-3［樹木類］|
| あいだもち | …Ⅰ-3［穀物類］|
| あいづ | …Ⅰ-3［穀物類］|
| あいとあわ | …Ⅰ-3［穀物類］|
| あいない | …Ⅳ-2［野生植物］|
| あいないさう | …Ⅳ-2［野生植物］|
| あいないそう | …Ⅳ-2［野生植物］|
| あいなへ | …Ⅳ-2［野生植物］|
| あいなべくさ | …Ⅳ-2［野生植物］|
| あいなめ | …Ⅲ-4［魚類］|
| あいなめ | …Ⅲ-4［魚類］|
| あいのいを | …Ⅲ-5［魚類］|
| あいのうを | …Ⅲ-5［魚類］|
| あいのき | …Ⅶ-3［樹木類］|
| あいのこ | …Ⅰ-3［穀物類］|
| あいのしは | …Ⅲ-5［魚類］|
| あいのは | …Ⅶ-725［救荒動植物類］|
| あいのばりたれ | …Ⅲ-5［魚類］|
| あいばかま | …Ⅵ-247［菜類］|
| あいはな | …Ⅳ-2［野生植物］|
| あいもとき | …Ⅳ-3［野生植物］|
| あいもどき | …Ⅳ-3［野生植物］|
| あいよし | …Ⅳ-3［野生植物］|
| あいらぎなかて | …Ⅰ-3［穀物類］|
| あうしう | …Ⅰ-3［穀物類］|
| あうしうささけ | …Ⅰ-4［穀物類］|
| あうしうやろく | …Ⅰ-4［穀物類］|
| あうしゅくばい | …Ⅵ-671［果類］|
| あうしゅくばい | …Ⅶ-3［樹木類］|
| あうせい | …Ⅵ-671［果類］|
| あうたう | …Ⅶ-3［樹木類］|
| あうとうくさ | …Ⅳ-3［野生植物］|
| あうはい | …Ⅳ-3［野生植物］|
| あおかい | …Ⅲ-639［貝類］|
| あおき | …Ⅳ-3［野生植物］|
| あおき | …Ⅶ-3［樹木類］|
| あおな | …Ⅰ-4［穀物類］|
| あおのき | …Ⅶ-4［樹木類］|
| あおひ | …Ⅳ-3［野生植物］|
| あおへ | …Ⅳ-4［野生植物］|
| あおやぎはちめ | …Ⅲ-5［魚類］|
| あおんど | …Ⅲ-5［魚類］|
| あか | …Ⅰ-4［穀物類］|
| あか | …Ⅲ-6［魚類］|
| あか | …Ⅵ-103［菌・茸類］|
| あか | …Ⅶ-4［樹木類］|
| あかあい | …Ⅲ-6［魚類］|
| あかあかざ | …Ⅵ-247［菜類］|
| あかあさみ | …Ⅳ-4［野生植物］|

# あ

| | |
|---|---|
| あかあさみ…Ⅵ-247［菜類］ | あかえ…Ⅰ-8［穀物類］ |
| あかあざみ…Ⅳ-4［野生植物］ | あかえい…Ⅲ-7［魚類］ |
| あかあせこし…Ⅰ-4［穀物類］ | あかえいらく…Ⅰ-8［穀物類］ |
| あかあぢ…Ⅲ-6［魚類］ | あかえび…Ⅰ-8［穀物類］ |
| あかあつき…Ⅰ-4［穀物類］ | あかえみ…Ⅲ-7［魚類］ |
| あかあつき…Ⅰ-5［穀物類］ | あかおくて…Ⅰ-8［穀物類］ |
| あかあづき…Ⅰ-5［穀物類］ | あかおこぜ…Ⅲ-8［魚類］ |
| あかあは…Ⅰ-5［穀物類］ | あかおに…Ⅰ-8［穀物類］ |
| あかあふひ…Ⅳ-4［野生植物］ | あかおふけあけ…Ⅰ-9［穀物類］ |
| あかあわ…Ⅰ-5［穀物類］ | あかおほけあわ…Ⅰ-9［穀物類］ |
| あかあわ…Ⅰ-6［穀物類］ | あかおんぼ…Ⅰ-9［穀物類］ |
| あかいし…Ⅵ-3［金・石・土・水類］ | あかがい…Ⅲ-639［貝類］ |
| あかいしたて…Ⅰ-6［穀物類］ | あかかいせい…Ⅰ-9［穀物類］ |
| あかいしだて…Ⅰ-6［穀物類］ | あかかいちゆう…Ⅰ-9［穀物類］ |
| あかいせ…Ⅶ-4［樹木類］ | あかかいな…Ⅳ-5［野生植物］ |
| あかいちこ…Ⅵ-671［果類］ | あかかいる…Ⅶ-725［救荒動植物類］ |
| あかいちご…Ⅵ-671［果類］ | あかかうらい…Ⅵ-671［果類］ |
| あかいな…Ⅳ-4［野生植物］ | あかかき…Ⅵ-671［果類］ |
| あかいね…Ⅰ-6［穀物類］ | あかかきさい…Ⅰ-9［穀物類］ |
| あかいね…Ⅰ-7［穀物類］ | あかかさご…Ⅲ-8［魚類］ |
| あかいねいしたて…Ⅰ-7［穀物類］ | あかかし…Ⅰ-10［穀物類］ |
| あかいのき…Ⅶ-4［樹木類］ | あかかし…Ⅶ-4［樹木類］ |
| あかいはくさ…Ⅳ-4［野生植物］ | あかかし…Ⅶ-5［樹木類］ |
| あかいも…Ⅵ-248［菜類］ | あかかじか…Ⅰ-10［穀物類］ |
| あかいらく…Ⅰ-7［穀物類］ | あかかしら…Ⅳ-5［野生植物］ |
| あがいらく…Ⅰ-7［穀物類］ | あかがしら…Ⅳ-5［野生植物］ |
| あかいわし…Ⅲ-6［魚類］ | あかかしわ…Ⅶ-5［樹木類］ |
| あかいを…Ⅲ-6［魚類］ | あかかつら…Ⅳ-5［野生植物］ |
| あかう…Ⅲ-6［魚類］ | あかかは…Ⅰ-10［穀物類］ |
| あかうくろべ…Ⅲ-6［魚類］ | あかかはち…Ⅰ-10［穀物類］ |
| あかうしのを…Ⅰ-7［穀物類］ | あかがひ…Ⅲ-639［貝類］ |
| あかうつき…Ⅶ-4［樹木類］ | あかかぶ…Ⅵ-248［菜類］ |
| あかうつら…Ⅰ-7［穀物類］ | あかかふな…Ⅵ-249［菜類］ |
| あかうつらまめ…Ⅰ-8［穀物類］ | あかかぶな…Ⅵ-249［菜類］ |
| あかうな…Ⅰ-8［穀物類］ | あかかへる…Ⅶ-725［救荒動植物類］ |
| あかうほ…Ⅲ-7［魚類］ | あかかや…Ⅰ-10［穀物類］ |
| あかうら…Ⅳ-4［野生植物］ | あかから…Ⅰ-10［穀物類］ |
| あかうを…Ⅲ-7［魚類］ | あかから…Ⅰ-11［穀物類］ |

| | |
|---|---|
| あかから…Ⅵ‐249［菜類］ | あかぐち…Ⅲ‐9［魚類］ |
| あかから…Ⅶ‐5［樹木類］ | あかくまこ…Ⅰ‐14［穀物類］ |
| あかがら…Ⅰ‐11［穀物類］ | あかくら…Ⅰ‐14［穀物類］ |
| あかがら…Ⅵ‐248［菜類］ | あかくりこ…Ⅰ‐14［穀物類］ |
| あかがらし…Ⅵ‐249［菜類］ | あかけいとう…Ⅳ‐6［野生植物］ |
| あかかるこ…Ⅰ‐11［穀物類］ | あかげか…Ⅰ‐14［穀物類］ |
| あかかれい…Ⅲ‐8［魚類］ | あかけし…Ⅰ‐14［穀物類］ |
| あかかれゐ…Ⅲ‐8［魚類］ | あかけし…Ⅵ‐250［菜類］ |
| あかかわ…Ⅰ‐11［穀物類］ | あかけしろ…Ⅰ‐14［穀物類］ |
| あかかわこむぎ…Ⅰ‐11［穀物類］ | あかけみじか…Ⅰ‐14［穀物類］ |
| あかかをりわせ…Ⅰ‐11［穀物類］ | あかげんろく…Ⅰ‐15［穀物類］ |
| あかがんひ…Ⅳ‐5［野生植物］ | あかこ…Ⅰ‐15［穀物類］ |
| あかき…Ⅲ‐9［魚類］ | あかご…Ⅰ‐15［穀物類］ |
| あかき…Ⅵ‐249［菜類］ | あかこう…Ⅰ‐15［穀物類］ |
| あかき…Ⅶ‐5［樹木類］ | あかこうらいね…Ⅰ‐15［穀物類］ |
| あかぎ…Ⅲ‐9［魚類］ | あかこが…Ⅶ‐6［樹木類］ |
| あかぎ…Ⅳ‐6［野生植物］ | あかこざら…Ⅰ‐15［穀物類］ |
| あかぎぎ…Ⅲ‐9［魚類］ | あかごせう…Ⅵ‐250［菜類］ |
| あかきく…Ⅳ‐6［野生植物］ | あかことり…Ⅰ‐16［穀物類］ |
| あかきく…Ⅵ‐249［菜類］ | あかこなり…Ⅰ‐16［穀物類］ |
| あかきし…Ⅰ‐12［穀物類］ | あかこのくそ…Ⅳ‐6［野生植物］ |
| あかきじ…Ⅰ‐12［穀物類］ | あかごばな…Ⅳ‐7［野生植物］ |
| あかきのこ…Ⅵ‐103［菌・茸類］ | あかこま…Ⅵ‐250［菜類］ |
| あかきのめ…Ⅶ‐5［樹木類］ | あかごま…Ⅰ‐16［穀物類］ |
| あかきひ…Ⅰ‐12［穀物類］ | あかごま…Ⅵ‐250［菜類］ |
| あかきび…Ⅰ‐12［穀物類］ | あかこむき…Ⅰ‐16［穀物類］ |
| あかきび…Ⅰ‐13［穀物類］ | あかこむぎ…Ⅰ‐16［穀物類］ |
| あかきふり…Ⅵ‐249［菜類］ | あかこむぎ…Ⅰ‐17［穀物類］ |
| あかきやうはやり…Ⅰ‐13［穀物類］ | あかごめ…Ⅰ‐17［穀物類］ |
| あかきやうばやり…Ⅰ‐13［穀物類］ | あかこめむき…Ⅰ‐17［穀物類］ |
| あかきやうゑひ…Ⅰ‐13［穀物類］ | あかごめむき…Ⅰ‐17［穀物類］ |
| あかきんかい…Ⅰ‐13［穀物類］ | あかごらう…Ⅰ‐17［穀物類］ |
| あかきんひら…Ⅰ‐13［穀物類］ | あかこわせ…Ⅰ‐17［穀物類］ |
| あかくき…Ⅰ‐13［穀物類］ | あかさ…Ⅲ‐9［魚類］ |
| あかくき…Ⅵ‐250［菜類］ | あかさ…Ⅳ‐7［野生植物］ |
| あかくきやなぎ…Ⅶ‐5［樹木類］ | あかさ…Ⅵ‐250［菜類］ |
| あかくさ…Ⅳ‐6［野生植物］ | あかさ…Ⅵ‐251［菜類］ |
| あかくち…Ⅲ‐9［魚類］ | あかざ…Ⅲ‐9［魚類］ |

あ

| | |
|---|---|
| あかざ…Ⅳ-7［野生植物］ | あかさるてあは…Ⅰ-24［穀物類］ |
| あかざ…Ⅵ-251［菜類］ | あかされ…Ⅰ-24［穀物類］ |
| あかざ…Ⅶ-725［救荒動植物類］ | あかさわあは…Ⅰ-24［穀物類］ |
| あかさい…Ⅰ-17［穀物類］ | あかさんしちらうもち…Ⅰ-24［穀物類］ |
| あかさいごく…Ⅰ-18［穀物類］ | あかさんすけ…Ⅰ-24［穀物類］ |
| あかさいまめ…Ⅰ-18［穀物類］ | あかし…Ⅰ-24［穀物類］ |
| あかさか…Ⅰ-18［穀物類］ | あかしかけ…Ⅰ-25［穀物類］ |
| あかさかい…Ⅰ-18［穀物類］ | あかしけ…Ⅰ-25［穀物類］ |
| あかさかおくて…Ⅰ-18［穀物類］ | あかしこ…Ⅰ-25［穀物類］ |
| あかさき…Ⅰ-19［穀物類］ | あかしそ…Ⅵ-251［菜類］ |
| あかざき…Ⅶ-6［樹木類］ | あかじだ…Ⅲ-10［魚類］ |
| あかさくら…Ⅶ-6［樹木類］ | あかしちがふ…Ⅰ-25［穀物類］ |
| あかさこ…Ⅰ-19［穀物類］ | あかしちり…Ⅰ-25［穀物類］ |
| あかさこ…Ⅲ-10［魚類］ | あかしなへ…Ⅰ-25［穀物類］ |
| あかざこ…Ⅲ-10［魚類］ | あかしね…Ⅰ-25［穀物類］ |
| あかささぎ…Ⅰ-19［穀物類］ | あかしはだか…Ⅰ-26［穀物類］ |
| あかささけ…Ⅰ-19［穀物類］ | あかじふろく…Ⅰ-26［穀物類］ |
| あかささけ…Ⅰ-20［穀物類］ | あかじふろくささけ…Ⅰ-26［穀物類］ |
| あかささけ…Ⅵ-251［菜類］ | あかしむぎ…Ⅰ-26［穀物類］ |
| あかささげ…Ⅰ-20［穀物類］ | あかしめじ…Ⅵ-103［菌・茸類］ |
| あかささげ…Ⅰ-21［穀物類］ | あかしめぢ…Ⅵ-103［菌・茸類］ |
| あかさす…Ⅲ-10［魚類］ | あかしもち…Ⅰ-26［穀物類］ |
| あかざす…Ⅲ-10［魚類］ | あかしやう…Ⅲ-10［魚類］ |
| あかさつき…Ⅶ-6［樹木類］ | あかしやうご…Ⅳ-8［野生植物］ |
| あかざのは…Ⅶ-725［救荒動植物類］ | あかじやうこ…Ⅳ-8［野生植物］ |
| あかざのみは…Ⅶ-725［救荒動植物類］ | あかじやうこ…Ⅶ-6［樹木類］ |
| あかさひいな…Ⅵ-251［菜類］ | あかじやうご…Ⅶ-6［樹木類］ |
| あかさぶ…Ⅰ-9［穀物類］ | あかじやうしろ…Ⅰ-26［穀物類］ |
| あかさへしろまめ…Ⅰ-21［穀物類］ | あかじゆうろく…Ⅰ-26［穀物類］ |
| あかさや…Ⅰ-21［穀物類］ | あかしろ…Ⅰ-27［穀物類］ |
| あかざや…Ⅰ-22［穀物類］ | あかじんば…Ⅰ-27［穀物類］ |
| あかさやまめ…Ⅰ-22［穀物類］ | あかしんぽ…Ⅰ-27［穀物類］ |
| あかさやまめ…Ⅰ-23［穀物類］ | あかすい…Ⅲ-11［魚類］ |
| あかざやまめ…Ⅰ-23［穀物類］ | あかすいき…Ⅵ-252［菜類］ |
| あかさら…Ⅲ-639［貝類］ | あかすぎ…Ⅰ-27［穀物類］ |
| あがさら…Ⅲ-639［貝類］ | あかすぎ…Ⅶ-6［樹木類］ |
| あかざらこむぎ…Ⅰ-23［穀物類］ | あかすぬけ…Ⅰ-27［穀物類］ |
| あかさるて…Ⅰ-23［穀物類］ | あかすね…Ⅶ-7［樹木類］ |

| | |
|---|---|
| あかずね…Ⅶ-7［樹木類］ | あかちしや…Ⅵ-253［菜類］ |
| あかすもも…Ⅵ-671［果類］ | あかぢしや…Ⅶ-7［樹木類］ |
| あかぜうご…Ⅶ-7［樹木類］ | あかちやうなぐさ…Ⅳ-8［野生植物］ |
| あかせきし…Ⅵ-3［金・石・土・水類］ | あかちり…Ⅳ-8［野生植物］ |
| あかせむろあぢ…Ⅲ-11［魚類］ | あかちんこ…Ⅳ-9［野生植物］ |
| あかせんぼ…Ⅰ-27［穀物類］ | あかつき…Ⅰ-30［穀物類］ |
| あかそう…Ⅲ-11［魚類］ | あかつさ…Ⅶ-7［樹木類］ |
| あかそより…Ⅰ-27［穀物類］ | あかつしくさ…Ⅳ-9［野生植物］ |
| あかた…Ⅰ-28［穀物類］ | あかつた…Ⅳ-9［野生植物］ |
| あかた…Ⅳ-8［野生植物］ | あかつち…Ⅵ-3［金・石・土・水類］ |
| あかだいこん…Ⅵ-252［菜類］ | あかつつじ…Ⅶ-8［樹木類］ |
| あかたいたう…Ⅰ-28［穀物類］ | あかつつち…Ⅶ-8［樹木類］ |
| あかだいたう…Ⅰ-28［穀物類］ | あかつて…Ⅶ-8［樹木類］ |
| あかだいづ…Ⅰ-28［穀物類］ | あかつのくに…Ⅰ-30［穀物類］ |
| あかたいとう…Ⅰ-28［穀物類］ | あかつばき…Ⅶ-8［樹木類］ |
| あかたうきひ…Ⅰ-28［穀物類］ | あかつはくら…Ⅰ-30［穀物類］ |
| あかたうきび…Ⅰ-28［穀物類］ | あかつはら…Ⅵ-254［菜類］ |
| あかたうぼし…Ⅰ-29［穀物類］ | あかつら…Ⅳ-9［野生植物］ |
| あかたかな…Ⅵ-252［菜類］ | あかつら…Ⅶ-8［樹木類］ |
| あかたけ…Ⅵ-103［菌・茸類］ | あかづら…Ⅳ-9［野生植物］ |
| あかたて…Ⅵ-253［菜類］ | あかづら…Ⅶ-8［樹木類］ |
| あかたで…Ⅵ-253［菜類］ | あかづら…Ⅶ-726［救荒動植物類］ |
| あかたのかみ…Ⅰ-29［穀物類］ | あかづる…Ⅳ-9［野生植物］ |
| あかたはらご…Ⅲ-11［魚類］ | あかつるこ…Ⅰ-30［穀物類］ |
| あかだひ…Ⅲ-11［魚類］ | あかつるのこ…Ⅰ-30［穀物類］ |
| あかたふ…Ⅶ-7［樹木類］ | あかつるぼそ…Ⅰ-30［穀物類］ |
| あかたま…Ⅵ-3［金・石・土・水類］ | あかでうご…Ⅳ-9［野生植物］ |
| あかだま…Ⅰ-29［穀物類］ | あかでぬけ…Ⅰ-31［穀物類］ |
| あかたも…Ⅳ-8［野生植物］ | あかでは…Ⅰ-31［穀物類］ |
| あかたら…Ⅰ-29［穀物類］ | あかてんこ…Ⅰ-31［穀物類］ |
| あかたらう…Ⅰ-29［穀物類］ | あかてんぢく…Ⅰ-31［穀物類］ |
| あかたらり…Ⅰ-29［穀物類］ | あかとう…Ⅰ-31［穀物類］ |
| あかたんご…Ⅰ-29［穀物類］ | あかとう…Ⅵ-254［菜類］ |
| あかたんじやう…Ⅳ-8［野生植物］ | あかどう…Ⅰ-31［穀物類］ |
| あかち…Ⅲ-11［魚類］ | あかどう…Ⅵ-254［菜類］ |
| あかちこ…Ⅰ-30［穀物類］ | あかとうからし…Ⅵ-254［菜類］ |
| あかちさ…Ⅵ-253［菜類］ | あかとうきみ…Ⅰ-31［穀物類］ |
| あかちさ…Ⅶ-7［樹木類］ | あかとうぎみ…Ⅰ-32［穀物類］ |

# あ

あかとうしらう…Ⅰ‐32［穀物類］
あかとうのこ…Ⅰ‐32［穀物類］
あかどうのこ…Ⅰ‐32［穀物類］
あかとうぼうし…Ⅰ‐32［穀物類］
あかとうもろこし…Ⅰ‐32［穀物類］
あかとくより…Ⅰ‐32［穀物類］
あかとちのき…Ⅶ‐8［樹木類］
あかとふきび…Ⅰ‐33［穀物類］
あかとろのき…Ⅶ‐9［樹木類］
あかとんほう…Ⅰ‐33［穀物類］
あかな…Ⅰ‐33［穀物類］
あかな…Ⅳ‐10［野生植物］
あかな…Ⅵ‐254［菜類］
あかなかて…Ⅰ‐33［穀物類］
あかなきて…Ⅰ‐33［穀物類］
あかなし…Ⅵ‐672［果類］
あかなし…Ⅶ‐9［樹木類］
あかなしのき…Ⅶ‐9［樹木類］
あかなす…Ⅵ‐254［菜類］
あかなすひ…Ⅵ‐255［菜類］
あかなたまめ…Ⅰ‐33［穀物類］
あかなば…Ⅵ‐103［菌・茸類］
あかなりこ…Ⅰ‐34［穀物類］
あかなんばん…Ⅰ‐34［穀物類］
あかにうとう…Ⅰ‐34［穀物類］
あかにし…Ⅰ‐34［穀物類］
あかにし…Ⅲ‐640［貝類］
あかにしがひ…Ⅲ‐640［貝類］
あかにようぼう…Ⅰ‐34［穀物類］
あかにんしん…Ⅵ‐255［菜類］
あかにんじん…Ⅵ‐255［菜類］
あかにんちん…Ⅵ‐255［菜類］
あかね…Ⅲ‐12［魚類］
あかね…Ⅳ‐10［野生植物］
あかね…Ⅶ‐726［救荒動植物類］
あかねくさ…Ⅳ‐10［野生植物］
あかねこ…Ⅰ‐34［穀物類］
あかねち…Ⅰ‐34［穀物類］
あかねち…Ⅶ‐9［樹木類］
あかねぢれ…Ⅰ‐35［穀物類］
あかのかし…Ⅰ‐35［穀物類］
あかのき…Ⅶ‐9［樹木類］
あかのくち…Ⅰ‐35［穀物類］
あかのとくろ…Ⅲ‐12［魚類］
あかはい…Ⅲ‐12［魚類］
あかばうし…Ⅰ‐35［穀物類］
あかばうずこむぎ…Ⅰ‐35［穀物類］
あかばうづ…Ⅰ‐35［穀物類］
あかばうづいね…Ⅰ‐36［穀物類］
あかはかれい…Ⅲ‐12［魚類］
あかはき…Ⅳ‐11［野生植物］
あかはき…Ⅶ‐726［救荒動植物類］
あかはぎく…Ⅳ‐11［野生植物］
あかはきのこ…Ⅰ‐36［穀物類］
あかはくさ…Ⅳ‐11［野生植物］
あかはせ…Ⅰ‐36［穀物類］
あかはぜ…Ⅲ‐12［魚類］
あかはぜこ…Ⅰ‐36［穀物類］
あかはた…Ⅳ‐11［野生植物］
あかはたか…Ⅰ‐36［穀物類］
あかはだか…Ⅰ‐36［穀物類］
あかはだか…Ⅰ‐37［穀物類］
あかはだかり…Ⅰ‐37［穀物類］
あかはち…Ⅰ‐37［穀物類］
あかはち…Ⅵ‐104［菌・茸類］
あかばち…Ⅲ‐12［魚類］
あかはちぐわつ…Ⅰ‐37［穀物類］
あかはちぐわつまめ…Ⅰ‐37［穀物類］
あかはちこく…Ⅰ‐37［穀物類］
あかはちまき…Ⅵ‐255［菜類］
あかはちめ…Ⅲ‐12［魚類］
あかはちめ…Ⅲ‐13［魚類］
あかはつこく…Ⅰ‐37［穀物類］
あかはつたけ…Ⅵ‐104［菌・茸類］
あかはな…Ⅰ‐37［穀物類］
あかはな…Ⅲ‐13［魚類］

あかばな…Ⅲ - 13［魚類］
あかはなうを…Ⅲ - 14［魚類］
あかはなおち…Ⅰ - 38［穀物類］
あかはなまめ…Ⅰ - 38［穀物類］
あかはねかれい…Ⅲ - 14［魚類］
あかはふし…Ⅰ - 38［穀物類］
あかはへ…Ⅲ - 14［魚類］
あかばへ…Ⅲ - 14［魚類］
あかはまもち…Ⅰ - 38［穀物類］
あかばやり…Ⅰ - 38［穀物類］
あかはら…Ⅶ - 9［樹木類］
あかはら…Ⅶ - 726［救荒動植物類］
あかばら…Ⅲ - 14［魚類］
あかばら…Ⅶ - 9［樹木類］
あかはり…Ⅶ - 10［樹木類］
あかばり…Ⅶ - 10［樹木類］
あかはりま…Ⅰ - 38［穀物類］
あかはるも…Ⅳ - 11［野生植物］
あかはゑ…Ⅲ - 14［魚類］
あかひえ…Ⅰ - 38［穀物類］
あかひえ…Ⅰ - 39［穀物類］
あかひき…Ⅶ - 726［救荒動植物類］
あかひけ…Ⅰ - 39［穀物類］
あかひけ…Ⅲ - 14［魚類］
あかひげ…Ⅰ - 39［穀物類］
あかひげ…Ⅲ - 15［魚類］
あかひげもち…Ⅰ - 39［穀物類］
あかひこ…Ⅰ - 39［穀物類］
あかひしやく…Ⅲ - 15［魚類］
あかびつちゆう…Ⅰ - 39［穀物類］
あかひのき…Ⅶ - 10［樹木類］
あかひへ…Ⅰ - 40［穀物類］
あかひやう…Ⅳ - 11［野生植物］
あかひやうたれ…Ⅰ - 40［穀物類］
あかびやうたれ…Ⅰ - 40［穀物類］
あかひゆ…Ⅳ - 11［野生植物］
あかひゆ…Ⅳ - 12［野生植物］
あかひゆ…Ⅵ - 255［菜類］

あかびゆ…Ⅵ - 256［菜類］
あかひゆのは…Ⅶ - 726［救荒動植物類］
あかびれ…Ⅲ - 15［魚類］
あかひゑ…Ⅰ - 40［穀物類］
あかふ…Ⅲ - 15［魚類］
あかふう…Ⅲ - 15［魚類］
あかふき…Ⅳ - 12［野生植物］
あかふき…Ⅵ - 256［菜類］
あかふき…Ⅶ - 727［救荒動植物類］
あかぶき…Ⅵ - 256［菜類］
あかふく…Ⅰ - 40［穀物類］
あかふく…Ⅲ - 15［魚類］
あかぶく…Ⅲ - 15［魚類］
あかふし…Ⅰ - 40［穀物類］
あかふし…Ⅳ - 12［野生植物］
あかふちしろ…Ⅰ - 41［穀物類］
あかふとう…Ⅳ - 12［野生植物］
あかぶとう…Ⅰ - 41［穀物類］
あかふばら…Ⅶ - 10［樹木類］
あかふらう…Ⅰ - 41［穀物類］
あかふり…Ⅵ - 256［菜類］
あかべ…Ⅲ - 640［貝類］
あかべ…Ⅳ - 12［野生植物］
あかべら…Ⅲ - 16［魚類］
あかへりささげ…Ⅰ - 41［穀物類］
あかほあかぼ…Ⅰ - 41［穀物類］
あかほいね…Ⅰ - 41［穀物類］
あかほう…Ⅰ - 41［穀物類］
あかぼう…Ⅰ - 42［穀物類］
あかほうえい…Ⅰ - 42［穀物類］
あかほうし…Ⅰ - 42［穀物類］
あかほうす…Ⅰ - 42［穀物類］
あかぼうず…Ⅰ - 42［穀物類］
あかほうひら…Ⅵ - 256［菜類］
あかほうふら…Ⅵ - 256［菜類］
あかぼうぶら…Ⅵ - 257［菜類］
あかほくこく…Ⅰ - 43［穀物類］
あかほご…Ⅲ - 16［魚類］

# あ

| | |
|---|---|
| あかぼこ…Ⅲ-16［魚類］ | あかみづ…Ⅵ-257［菜類］ |
| あかほし…Ⅰ-43［穀物類］ | あかみの…Ⅰ-47［穀物類］ |
| あかぼし…Ⅰ-43［穀物類］ | あかみのかさ…Ⅰ-47［穀物類］ |
| あかほしあわ…Ⅰ-43［穀物類］ | あかみのき…Ⅶ-11［樹木類］ |
| あかほしかり…Ⅲ-16［魚類］ | あかむき…Ⅰ-47［穀物類］ |
| あかほしこむぎ…Ⅰ-43［穀物類］ | あかむぎ…Ⅰ-47［穀物類］ |
| あかほしほう…Ⅰ-43［穀物類］ | あかむくげ…Ⅶ-11［樹木類］ |
| あかほせ…Ⅰ-44［穀物類］ | あかむつ…Ⅲ-17［魚類］ |
| あかほそつる…Ⅰ-44［穀物類］ | あかめ…Ⅲ-17［魚類］ |
| あかほたん…Ⅳ-12［野生植物］ | あかめ…Ⅳ-13［野生植物］ |
| あかほち…Ⅰ-44［穀物類］ | あかめ…Ⅶ-11［樹木類］ |
| あかほてこう…Ⅲ-16［魚類］ | あかめいせこひ…Ⅲ-17［魚類］ |
| あかほふし…Ⅰ-44［穀物類］ | あかめかし…Ⅶ-11［樹木類］ |
| あかほりだし…Ⅰ-44［穀物類］ | あかめがしは…Ⅶ-11［樹木類］ |
| あかほろ…Ⅰ-44［穀物類］ | あかめかしわ…Ⅶ-12［樹木類］ |
| あかほろ…Ⅵ-3［金・石・土・水類］ | あかめがしわ…Ⅶ-12［樹木類］ |
| あかぼろ…Ⅰ-44［穀物類］ | あかめかわし…Ⅶ-12［樹木類］ |
| あかぼろささげ…Ⅰ-45［穀物類］ | あかめぎり…Ⅶ-12［樹木類］ |
| あかほんたい…Ⅰ-45［穀物類］ | あかめくさ…Ⅳ-13［野生植物］ |
| あかほんもち…Ⅰ-45［穀物類］ | あかめのき…Ⅶ-12［樹木類］ |
| あかぼんもち…Ⅰ-45［穀物類］ | あかめはる…Ⅲ-18［魚類］ |
| あかまがせきすずりいし…Ⅵ-3 ［金・石・土・水類］ | あかめばる…Ⅲ-18［魚類］ |
| | あかめふぐ…Ⅲ-18［魚類］ |
| あかまきやま…Ⅰ-45［穀物類］ | あかめほら…Ⅲ-18［魚類］ |
| あかまさめ…Ⅰ-45［穀物類］ | あかめら…Ⅳ-13［野生植物］ |
| あかまた…Ⅳ-12［野生植物］ | あかも…Ⅲ-18［魚類］ |
| あかまつ…Ⅰ-46［穀物類］ | あかも…Ⅳ-13［野生植物］ |
| あかまつ…Ⅲ-16［魚類］ | あかもくら…Ⅳ-14［野生植物］ |
| あかまつ…Ⅶ-10［樹木類］ | あかもぐら…Ⅳ-14［野生植物］ |
| あかまて…Ⅰ-46［穀物類］ | あかもず…Ⅲ-18［魚類］ |
| あかまていね…Ⅰ-46［穀物類］ | あかもたし…Ⅵ-104［菌・茸類］ |
| あかまへ…Ⅰ-46［穀物類］ | あかもたち…Ⅵ-104［菌・茸類］ |
| あかまめ…Ⅰ-46［穀物類］ | あかもち…Ⅰ-48［穀物類］ |
| あかまを…Ⅳ-13［野生植物］ | あかもちあは…Ⅰ-49［穀物類］ |
| あかまんさい…Ⅰ-47［穀物類］ | あかもちきひ…Ⅰ-49［穀物類］ |
| あかまんふき…Ⅶ-11［樹木類］ | あかもつ…Ⅲ-19［魚類］ |
| あかみつ…Ⅲ-16［魚類］ | あかもと…Ⅰ-49［穀物類］ |
| あかみづ…Ⅲ-17［魚類］ | あかもと…Ⅲ-19［魚類］ |

| | |
|---|---|
| あかもと…Ⅵ‐104〔菌・茸類〕 | あかゐがひ…Ⅲ‐641〔貝類〕 |
| あかもみ…Ⅰ‐49〔穀物類〕 | あかゑ…Ⅲ‐20〔魚類〕 |
| あかもも…Ⅵ‐672〔果類〕 | あかゑい…Ⅰ‐51〔穀物類〕 |
| あかもも…Ⅶ‐13〔樹木類〕 | あかゑい…Ⅲ‐20〔魚類〕 |
| あかもろこし…Ⅰ‐49〔穀物類〕 | あかゑい…Ⅲ‐21〔魚類〕 |
| あかもをこぜ…Ⅲ‐19〔魚類〕 | あかゑひ…Ⅲ‐21〔魚類〕 |
| あかもんがく…Ⅳ‐14〔野生植物〕 | あかゑび…Ⅰ‐51〔穀物類〕 |
| あかやがら…Ⅲ‐19〔魚類〕 | あかゑひすかひ…Ⅲ‐641〔貝類〕 |
| あかやけ…Ⅵ‐3〔金・石・土・水類〕 | あかゑみ…Ⅰ‐51〔穀物類〕 |
| あかやつこ…Ⅰ‐49〔穀物類〕 | あかゑり…Ⅲ‐21〔魚類〕 |
| あかやなき…Ⅶ‐13〔樹木類〕 | あかゑりだし…Ⅰ‐51〔穀物類〕 |
| あかやはづ…Ⅰ‐49〔穀物類〕 | あかゑゐ…Ⅲ‐21〔魚類〕 |
| あかやろく…Ⅰ‐50〔穀物類〕 | あかゑんどう…Ⅰ‐52〔穀物類〕 |
| あかゆり…Ⅳ‐14〔野生植物〕 | あかを…Ⅲ‐22〔魚類〕 |
| あかゆり…Ⅵ‐257〔菜類〕 | あかをくさ…Ⅳ‐15〔野生植物〕 |
| あかよしあわ…Ⅰ‐50〔穀物類〕 | あかをこせ…Ⅲ‐22〔魚類〕 |
| あかよもぎ…Ⅳ‐14〔野生植物〕 | あかんぼ…Ⅲ‐22〔魚類〕 |
| あから…Ⅲ‐19〔魚類〕 | あかんぼう…Ⅲ‐22〔魚類〕 |
| あから…Ⅶ‐13〔樹木類〕 | あかんぼう…Ⅳ‐15〔野生植物〕 |
| あがら…Ⅲ‐19〔魚類〕 | あき…Ⅰ‐52〔穀物類〕 |
| あからうそく…Ⅰ‐50〔穀物類〕 | あき…Ⅳ‐15〔野生植物〕 |
| あからしがき…Ⅵ‐672〔果類〕 | あきあさみ…Ⅳ‐15〔野生植物〕 |
| あからひ…Ⅶ‐13〔樹木類〕 | あきあざみ…Ⅶ‐727〔救荒動植物類〕 |
| あからび…Ⅶ‐13〔樹木類〕 | あきあさみのは…Ⅶ‐727〔救荒動植物類〕 |
| あかり…Ⅲ‐20〔魚類〕 | あきあつき…Ⅰ‐52〔穀物類〕 |
| あかりかふら…Ⅵ‐257〔菜類〕 | あきあづき…Ⅰ‐52〔穀物類〕 |
| あかりこ…Ⅲ‐20〔魚類〕 | あきあは…Ⅰ‐52〔穀物類〕 |
| あかりこ…Ⅵ‐257〔菜類〕 | あきあわ…Ⅰ‐52〔穀物類〕 |
| あかりご…Ⅲ‐641〔貝類〕 | あきいも…Ⅵ‐258〔菜類〕 |
| あかりこたかな…Ⅵ‐257〔菜類〕 | あきうす…Ⅳ‐15〔野生植物〕 |
| あかりだいこん…Ⅵ‐258〔菜類〕 | あきかふ…Ⅵ‐258〔菜類〕 |
| あがりだいこん…Ⅵ‐258〔菜類〕 | あききく…Ⅳ‐15〔野生植物〕 |
| あかろくかく…Ⅰ‐50〔穀物類〕 | あききく…Ⅳ‐16〔野生植物〕 |
| あかわせ…Ⅰ‐50〔穀物類〕 | あききひ…Ⅰ‐53〔穀物類〕 |
| あかわせ…Ⅰ‐51〔穀物類〕 | あきくさ…Ⅳ‐16〔野生植物〕 |
| あかわた…Ⅳ‐14〔野生植物〕 | あきくみ…Ⅶ‐13〔樹木類〕 |
| あかわた…Ⅳ‐15〔野生植物〕 | あきぐみ…Ⅵ‐672〔果類〕 |
| あかわむ…Ⅶ‐13〔樹木類〕 | あきぐみ…Ⅶ‐14〔樹木類〕 |

# あ

あきくろ…Ⅰ-53［穀物類］
あきくろまめ…Ⅰ-53［穀物類］
あきこしき…Ⅶ-14［樹木類］
あきごばう…Ⅵ-258［菜類］
あきささけ…Ⅰ-53［穀物類］
あきささげ…Ⅰ-53［穀物類］
あきしらず…Ⅳ-16［野生植物］
あきしろ…Ⅰ-53［穀物類］
あきしろくさ…Ⅳ-16［野生植物］
あきそば…Ⅰ-54［穀物類］
あきだいこん…Ⅵ-258［菜類］
あきだいこん…Ⅵ-259［菜類］
あきただ…Ⅵ-673［果類］
あきたつはやぶり…Ⅲ-22［魚類］
あきたゆり…Ⅵ-259［菜類］
あきたろう…Ⅲ-22［魚類］
あきつみ…Ⅳ-16［野生植物］
あきな…Ⅵ-259［菜類］
あきなし…Ⅳ-17［野生植物］
あきなし…Ⅵ-673［果類］
あぎなし…Ⅳ-17［野生植物］
あぎなしくさ…Ⅳ-17［野生植物］
あきねふか…Ⅵ-259［菜類］
あきのうを…Ⅲ-22［魚類］
あきのたむらさう…Ⅳ-17［野生植物］
あきは…Ⅶ-14［樹木類］
あきはいくさ…Ⅳ-17［野生植物］
あきひえ…Ⅰ-54［穀物類］
あきひかつら…Ⅳ-17［野生植物］
あきびかづら…Ⅳ-17［野生植物］
あきひへ…Ⅰ-54［穀物類］
あきふず…Ⅳ-18［野生植物］
あきべた…Ⅰ-54［穀物類］
あきほこり…Ⅳ-18［野生植物］
あきぼこり…Ⅳ-19［野生植物］
あきほたん…Ⅳ-19［野生植物］
あきぼとくり…Ⅳ-20［野生植物］
あきぼところ…Ⅳ-20［野生植物］

あきまさり…Ⅳ-20［野生植物］
あきまめ…Ⅰ-54［穀物類］
あきまめ…Ⅰ-55［穀物類］
あきまんどう…Ⅶ-14［樹木類］
あきみやうか…Ⅵ-260［菜類］
あきみやうが…Ⅳ-20［野生植物］
あきむめ…Ⅳ-20［野生植物］
あきむめ…Ⅵ-673［果類］
あきめうか…Ⅵ-260［菜類］
あきめうが…Ⅵ-260［菜類］
あきも…Ⅳ-20［野生植物］
あきもも…Ⅵ-673［果類］
あきゆぼく…Ⅶ-14［樹木類］
あきよし…Ⅰ-55［穀物類］
あきんどかつら…Ⅳ-20［野生植物］
あきんどかづら…Ⅳ-21［野生植物］
あくうを…Ⅲ-23［魚類］
あくたひ…Ⅰ-55［穀物類］
あくちのき…Ⅶ-14［樹木類］
あぐの…Ⅰ-55［穀物類］
あくびからす…Ⅶ-727［救荒動植物類］
あくま…Ⅳ-21［野生植物］
あくら…Ⅶ-15［樹木類］
あぐらのき…Ⅶ-15［樹木類］
あぐり…Ⅳ-21［野生植物］
あくるゑい…Ⅲ-23［魚類］
あぐるゑい…Ⅲ-23［魚類］
あくゑい…Ⅲ-23［魚類］
あげいしかき…Ⅵ-673［果類］
あけけ…Ⅰ-55［穀物類］
あけざくら…Ⅶ-15［樹木類］
あけさやうを…Ⅲ-23［魚類］
あけすかつら…Ⅳ-21［野生植物］
あけち…Ⅰ-55［穀物類］
あけひ…Ⅳ-21［野生植物］
あけび…Ⅳ-21［野生植物］
あけび…Ⅵ-674［果類］
あけび…Ⅶ-727［救荒動植物類］

| | |
|---|---|
| あけびかつら…Ⅳ-22〔野生植物〕 | あさいな…Ⅰ-56〔穀物類〕 |
| あけびかづら…Ⅳ-22〔野生植物〕 | あさうじまめ…Ⅰ-56〔穀物類〕 |
| あけびかづら…Ⅳ-23〔野生植物〕 | あさうり…Ⅵ-260〔菜類〕 |
| あけびつら…Ⅶ-727〔救荒動植物類〕 | あさかい…Ⅶ-15〔樹木類〕 |
| あけびつる…Ⅳ-23〔野生植物〕 | あさかは…Ⅲ-24〔魚類〕 |
| あけびづる…Ⅳ-23〔野生植物〕 | あさかへ…Ⅶ-15〔樹木類〕 |
| あけびなへ…Ⅵ-260〔菜類〕 | あさかほ…Ⅳ-25〔野生植物〕 |
| あけびのは…Ⅶ-728〔救荒動植物類〕 | あさかほ…Ⅳ-26〔野生植物〕 |
| あけびのみ…Ⅶ-728〔救荒動植物類〕 | あさがほ…Ⅲ-642〔貝類〕 |
| あけびふぢ…Ⅳ-23〔野生植物〕 | あさがほ…Ⅳ-26〔野生植物〕 |
| あけぶかつら…Ⅳ-23〔野生植物〕 | あさがほ…Ⅳ-27〔野生植物〕 |
| あけぶかづら…Ⅳ-23〔野生植物〕 | あさかもち…Ⅰ-56〔穀物類〕 |
| あけべつる…Ⅳ-23〔野生植物〕 | あさかや…Ⅶ-16〔樹木類〕 |
| あけぼたん…Ⅳ-24〔野生植物〕 | あさかやま…Ⅵ-674〔果類〕 |
| あけほの…Ⅳ-24〔野生植物〕 | あさかやま…Ⅶ-16〔樹木類〕 |
| あけまき…Ⅲ-641〔貝類〕 | あさから…Ⅰ-56〔穀物類〕 |
| あげまき…Ⅲ-641〔貝類〕 | あさから…Ⅳ-27〔野生植物〕 |
| あげり…Ⅳ-24〔野生植物〕 | あさから…Ⅶ-16〔樹木類〕 |
| あこ…Ⅲ-23〔魚類〕 | あさがら…Ⅶ-16〔樹木類〕 |
| あこ…Ⅵ-674〔果類〕 | あさからいたや…Ⅶ-16〔樹木類〕 |
| あこ…Ⅶ-15〔樹木類〕 | あさがらのき…Ⅶ-16〔樹木類〕 |
| あご…Ⅲ-23〔魚類〕 | あさかわ…Ⅲ-24〔魚類〕 |
| あご…Ⅲ-24〔魚類〕 | あさかわせ…Ⅰ-57〔穀物類〕 |
| あこあは…Ⅰ-56〔穀物類〕 | あさかわらけ…Ⅵ-4〔金・石・土・水類〕 |
| あこう…Ⅲ-24〔魚類〕 | あさかを…Ⅳ-27〔野生植物〕 |
| あこき…Ⅶ-15〔樹木類〕 | あさがを…Ⅳ-27〔野生植物〕 |
| あこさま…Ⅰ-56〔穀物類〕 | あさき…Ⅵ-4〔金・石・土・水類〕 |
| あこたふり…Ⅵ-260〔菜類〕 | あさぎいし…Ⅵ-4〔金・石・土・水類〕 |
| あごのうを…Ⅲ-24〔魚類〕 | あさきくさ…Ⅳ-28〔野生植物〕 |
| あこや…Ⅲ-641〔貝類〕 | あさぎさくら…Ⅶ-16〔樹木類〕 |
| あこやかい…Ⅲ-642〔貝類〕 | あさぎさくら…Ⅶ-17〔樹木類〕 |
| あこやがい…Ⅲ-642〔貝類〕 | あさぎつち…Ⅵ-4〔金・石・土・水類〕 |
| あこやがひ…Ⅲ-642〔貝類〕 | あさきふり…Ⅵ-261〔菜類〕 |
| あさ…Ⅰ-56〔穀物類〕 | あさきもたし…Ⅵ-105〔菌・茸類〕 |
| あさ…Ⅳ-24〔野生植物〕 | あさくさゆり…Ⅳ-28〔野生植物〕 |
| あさ…Ⅵ-260〔菜類〕 | あさくし…Ⅳ-28〔野生植物〕 |
| あさいちこ…Ⅳ-24〔野生植物〕 | あさくぢ…Ⅳ-28〔野生植物〕 |
| あさいと…Ⅳ-25〔野生植物〕 | あさくら…Ⅵ-261〔菜類〕 |

# あ

あさくら…Ⅵ-674［果類］
あさくら…Ⅶ-17［樹木類］
あさくらあづき…Ⅰ-57［穀物類］
あさくらさんしやう…Ⅵ-674［果類］
あさくらさんせう…Ⅵ-261［菜類］
あさくらさんせう…Ⅵ-674［果類］
あさくらさんせう…Ⅶ-17［樹木類］
あさご…Ⅲ-24［魚類］
あさこのね…Ⅶ-728［救荒動植物類］
あささ…Ⅳ-28［野生植物］
あさざ…Ⅳ-28［野生植物］
あさささげ…Ⅰ-57［穀物類］
あさし…Ⅰ-57［穀物類］
あさしらぎのは…Ⅶ-728［救荒動植物類］
あさしらけ…Ⅳ-28［野生植物］
あさしらげ…Ⅳ-29［野生植物］
あさしらけのくきは…Ⅶ-728
　　　　　　　　　　［救荒動植物類］
あさぜばへ…Ⅲ-24［魚類］
あさた…Ⅶ-17［樹木類］
あさだ…Ⅶ-17［樹木類］
あさだいこん…Ⅵ-261［菜類］
あさたな…Ⅳ-29［野生植物］
あさたのき…Ⅶ-17［樹木類］
あさだのき…Ⅶ-17［樹木類］
あさたもたし…Ⅵ-104［菌・茸類］
あさたやなぎ…Ⅶ-18［樹木類］
あさち…Ⅳ-29［野生植物］
あさぢ…Ⅰ-57［穀物類］
あさぢ…Ⅲ-25［魚類］
あさぢ…Ⅵ-261［菜類］
あさぢはへ…Ⅲ-25［魚類］
あさつき…Ⅳ-29［野生植物］
あさつき…Ⅵ-261［菜類］
あさつき…Ⅵ-262［菜類］
あさつき…Ⅶ-728［救荒動植物類］
あさづき…Ⅵ-262［菜類］
あさつゆ…Ⅶ-18［樹木類］

あさとき…Ⅵ-262［菜類］
あさとり…Ⅵ-675［果類］
あさとり…Ⅶ-18［樹木類］
あさとり…Ⅶ-728［救荒動植物類］
あさどり…Ⅶ-18［樹木類］
あさとりき…Ⅶ-18［樹木類］
あさな…Ⅳ-29［野生植物］
あさな…Ⅵ-262［菜類］
あさなぐさ…Ⅳ-29［野生植物］
あさなし…Ⅶ-18［樹木類］
あさなべ…Ⅳ-30［野生植物］
あさの…Ⅰ-57［穀物類］
あさのはくさ…Ⅳ-30［野生植物］
あさのみ…Ⅰ-57［穀物類］
あさのみ…Ⅵ-263［菜類］
あさのむし…Ⅶ-729［救荒動植物類］
あさはぎ…Ⅳ-30［野生植物］
あさはたあづき…Ⅰ-58［穀物類］
あさはな…Ⅳ-30［野生植物］
あさひ…Ⅰ-58［穀物類］
あさひ…Ⅶ-18［樹木類］
あさひてり…Ⅰ-58［穀物類］
あさひてり…Ⅵ-675［果類］
あさひでり…Ⅰ-58［穀物類］
あさひもち…Ⅰ-58［穀物類］
あさひら…Ⅰ-58［穀物類］
あさひわせ…Ⅰ-59［穀物類］
あさふり…Ⅵ-263［菜類］
あさまかつら…Ⅳ-30［野生植物］
あさまきはな…Ⅳ-30［野生植物］
あさまちこ…Ⅰ-59［穀物類］
あさみ…Ⅰ-59［穀物類］
あさみ…Ⅳ-30［野生植物］
あさみ…Ⅳ-31［野生植物］
あさみ…Ⅵ-263［菜類］
あさみ…Ⅶ-729［救荒動植物類］
あざみ…Ⅲ-25［魚類］
あざみ…Ⅳ-31［野生植物］

あざみ…Ⅳ-32［野生植物］
あざみ…Ⅵ-263［菜類］
あざみ…Ⅶ-729［救荒動植物類］
あさみかぶ…Ⅵ-263［菜類］
あさみくさ…Ⅳ-32［野生植物］
あざみごぼう…Ⅵ-263［菜類］
あさみだいこん…Ⅵ-264［菜類］
あさみな…Ⅵ-264［菜類］
あさみな…Ⅶ-729［救荒動植物類］
あざみな…Ⅵ-264［菜類］
あさみねは…Ⅶ-729［救荒動植物類］
あさみのはくき…Ⅶ-729［救荒動植物類］
あさめ…Ⅳ-32［野生植物］
あさもどき…Ⅳ-32［野生植物］
あさもみぢ…Ⅶ-19［樹木類］
あさよし…Ⅰ-59［穀物類］
あさらひ…Ⅲ-25［魚類］
あさらび…Ⅲ-25［魚類］
あさり…Ⅲ-642［貝類］
あさり…Ⅲ-643［貝類］
あさりかい…Ⅲ-643［貝類］
あさりかひ…Ⅲ-643［貝類］
あさりかひ…Ⅲ-644［貝類］
あさりはへ…Ⅲ-25［魚類］
あさりばへ…Ⅲ-25［魚類］
あさわた…Ⅳ-32［野生植物］
あさを…Ⅳ-33［野生植物］
あさを…Ⅵ-264［菜類］
あさんちう…Ⅲ-26［魚類］
あし…Ⅳ-33［野生植物］
あじ…Ⅲ-26［魚類］
あしあらいくさ…Ⅳ-33［野生植物］
あしか…Ⅲ-27［魚類］
あしかき…Ⅳ-33［野生植物］
あしがき…Ⅳ-33［野生植物］
あしかくり…Ⅳ-34［野生植物］
あしかひ…Ⅲ-644［貝類］
あしかも…Ⅳ-34［野生植物］

あしかや…Ⅳ-34［野生植物］
あしかりほぎれ…Ⅰ-59［穀物類］
あしかろ…Ⅳ-34［野生植物］
あしぐさ…Ⅳ-34［野生植物］
あしくたし…Ⅵ-675［果類］
あしくだし…Ⅵ-675［果類］
あしくたしいちこ…Ⅳ-34［野生植物］
あしくたしいちこ…Ⅵ-675［果類］
あしくだしいちご…Ⅳ-34［野生植物］
あしくだしいちご…Ⅵ-675［果類］
あしけ…Ⅰ-59［穀物類］
あしげ…Ⅰ-59［穀物類］
あしげむま…Ⅰ-60［穀物類］
あしさい…Ⅳ-35［野生植物］
あじさい…Ⅳ-35［野生植物］
あじさい…Ⅶ-19［樹木類］
あしさげ…Ⅳ-35［野生植物］
あしさげくさ…Ⅳ-35［野生植物］
あしざはあわ…Ⅰ-60［穀物類］
あしさひ…Ⅳ-35［野生植物］
あぢさゐくさ…Ⅳ-42［野生植物］
あした…Ⅳ-35［野生植物］
あしたか…Ⅵ-105［菌・茸類］
あしたかたけ…Ⅵ-105［菌・茸類］
あしたかなは…Ⅵ-105［菌・茸類］
あしたくさ…Ⅳ-35［野生植物］
あしたくるみ…Ⅵ-675［果類］
あしたけ…Ⅵ-59［竹・笹類］
あしたけ…Ⅵ-105［菌・茸類］
あしたな…Ⅳ-36［野生植物］
あしたな…Ⅵ-264［菜類］
あしたば…Ⅳ-36［野生植物］
あしたば…Ⅶ-730［救荒動植物類］
あしたれいちご…Ⅳ-36［野生植物］
あしとう…Ⅳ-36［野生植物］
あしな…Ⅰ-60［穀物類］
あしな…Ⅳ-36［野生植物］
あしなか…Ⅲ-27［魚類］

# あ

| | |
|---|---|
| あしなが…Ⅲ-27［魚類］ | あせこし…Ⅰ-62［穀物類］ |
| あしなが…Ⅳ-36［野生植物］ | あせこし…Ⅳ-38［野生植物］ |
| あしなが…Ⅵ-105［菌・茸類］ | あぜこし…Ⅰ-62［穀物類］ |
| あしなくさ…Ⅳ-36［野生植物］ | あぜこし…Ⅳ-39［野生植物］ |
| あしなしもく…Ⅳ-37［野生植物］ | あぜこし…Ⅶ-730［救荒動植物類］ |
| あしなべ…Ⅲ-27［魚類］ | あせこしもち…Ⅰ-62［穀物類］ |
| あしなめ…Ⅲ-27［魚類］ | あせたほし…Ⅳ-39［野生植物］ |
| あしはらくさ…Ⅳ-37［野生植物］ | あぜねふり…Ⅳ-39［野生植物］ |
| あしび…Ⅶ-19［樹木類］ | あぜねむり…Ⅳ-39［野生植物］ |
| あしひき…Ⅰ-60［穀物類］ | あぜはぎ…Ⅳ-39［野生植物］ |
| あしふて…Ⅰ-60［穀物類］ | あせはり…Ⅳ-39［野生植物］ |
| あしぶと…Ⅰ-60［穀物類］ | あせばり…Ⅳ-39［野生植物］ |
| あじま…Ⅰ-60［穀物類］ | あぜばり…Ⅳ-40［野生植物］ |
| あしまきわせ…Ⅰ-61［穀物類］ | あせひ…Ⅶ-20［樹木類］ |
| あしめ…Ⅲ-27［魚類］ | あせひ…Ⅶ-730［救荒動植物類］ |
| あじめ…Ⅲ-27［魚類］ | あせび…Ⅳ-40［野生植物］ |
| あじめはち…Ⅰ-61［穀物類］ | あせび…Ⅶ-20［樹木類］ |
| あしも…Ⅳ-37［野生植物］ | あせひえ…Ⅰ-62［穀物類］ |
| あじも…Ⅳ-37［野生植物］ | あせびのき…Ⅶ-20［樹木類］ |
| あじもにら…Ⅳ-37［野生植物］ | あぜひへ…Ⅰ-63［穀物類］ |
| あしやまめ…Ⅲ-28［魚類］ | あぜひへ…Ⅰ-63［穀物類］ |
| あじやり…Ⅳ-37［野生植物］ | あぜひゑ…Ⅰ-63［穀物類］ |
| あすかい…Ⅰ-61［穀物類］ | あせふせり…Ⅳ-40［野生植物］ |
| あすかひのき…Ⅶ-19［樹木類］ | あぜふせり…Ⅳ-40［野生植物］ |
| あすかへ…Ⅶ-19［樹木類］ | あせほ…Ⅶ-20［樹木類］ |
| あすきいちご…Ⅵ-676［果類］ | あせぼ…Ⅶ-21［樹木類］ |
| あずきいちご…Ⅳ-38［野生植物］ | あぜぼこり…Ⅳ-40［野生植物］ |
| あすならふ…Ⅶ-19［樹木類］ | あせほのき…Ⅶ-21［樹木類］ |
| あすなろう…Ⅶ-20［樹木類］ | あせぼのき…Ⅶ-21［樹木類］ |
| あすひ…Ⅶ-20［樹木類］ | あせまめ…Ⅰ-63［穀物類］ |
| あせ…Ⅰ-61［穀物類］ | あぜまめ…Ⅰ-63［穀物類］ |
| あせあい…Ⅳ-38［野生植物］ | あせみ…Ⅶ-21［樹木類］ |
| あぜあい…Ⅳ-38［野生植物］ | あぜむらさき…Ⅳ-40［野生植物］ |
| あぜあひ…Ⅳ-38［野生植物］ | あせめ…Ⅶ-21［樹木類］ |
| あせからみ…Ⅳ-38［野生植物］ | あせも…Ⅳ-40［野生植物］ |
| あぜききやう…Ⅳ-38［野生植物］ | あせも…Ⅶ-22［樹木類］ |
| あせこさす…Ⅰ-61［穀物類］ | あぜも…Ⅳ-41［野生植物］ |
| あせこし…Ⅰ-61［穀物類］ | あぜもち…Ⅰ-63［穀物類］ |

| | |
|---|---|
| あせり…Ⅲ - 644 ［貝類］ | あちも…Ⅳ - 42 ［野生植物］ |
| あせりかい…Ⅲ - 644 ［貝類］ | あぢも…Ⅳ - 43 ［野生植物］ |
| あせりがひ…Ⅲ - 644 ［貝類］ | あぢも…Ⅶ - 730 ［救荒動植物類］ |
| あせんぼ…Ⅶ - 22 ［樹木類］ | あつ…Ⅰ - 64 ［穀物類］ |
| あそうしまめ…Ⅰ - 63 ［穀物類］ | あつかい…Ⅲ - 644 ［貝類］ |
| あそび…Ⅲ - 644 ［貝類］ | あつかは…Ⅵ - 676 ［果類］ |
| あそもち…Ⅰ - 64 ［穀物類］ | あつかは…Ⅶ - 23 ［樹木類］ |
| あたがし…Ⅲ - 28 ［魚類］ | あつき…Ⅵ - 676 ［果類］ |
| あたこ…Ⅶ - 22 ［樹木類］ | あづき…Ⅰ - 64 ［穀物類］ |
| あたござ…Ⅳ - 41 ［野生植物］ | あづき…Ⅰ - 65 ［穀物類］ |
| あたこつつじ…Ⅶ - 22 ［樹木類］ | あづき…Ⅶ - 23 ［樹木類］ |
| あだはしけ…Ⅶ - 22 ［樹木類］ | あつきかひ…Ⅲ - 645 ［貝類］ |
| あたほ…Ⅲ - 28 ［魚類］ | あづきかひ…Ⅲ - 645 ［貝類］ |
| あたぼ…Ⅲ - 28 ［魚類］ | あつきくさ…Ⅳ - 43 ［野生植物］ |
| あたまくさり…Ⅵ - 676 ［果類］ | あつきくさ…Ⅳ - 43 ［野生植物］ |
| あたまはげあづき…Ⅰ - 64 ［穀物類］ | あつきくさ…Ⅵ - 265 ［菜類］ |
| あたまはり…Ⅲ - 28 ［魚類］ | あつきぐみ…Ⅳ - 43 ［野生植物］ |
| あたまふりくさ…Ⅳ - 41 ［野生植物］ | あつきこ…Ⅳ - 43 ［野生植物］ |
| あたりさう…Ⅳ - 41 ［野生植物］ | あづきこなり…Ⅰ - 65 ［穀物類］ |
| あたれあは…Ⅰ - 64 ［穀物類］ | あつきささぎ…Ⅰ - 65 ［穀物類］ |
| あだれこむぎ…Ⅰ - 64 ［穀物類］ | あつきささけ…Ⅰ - 65 ［穀物類］ |
| あち…Ⅲ - 28 ［魚類］ | あつきささけ…Ⅵ - 265 ［菜類］ |
| あぢ…Ⅲ - 29 ［魚類］ | あつきな…Ⅳ - 43 ［野生植物］ |
| あちうり…Ⅵ - 676 ［果類］ | あづきな…Ⅳ - 43 ［野生植物］ |
| あちさい…Ⅳ - 41 ［野生植物］ | あづきな…Ⅵ - 265 ［菜類］ |
| あちさい…Ⅶ - 22 ［樹木類］ | あづきな…Ⅶ - 730 ［救荒動植物類］ |
| あぢさい…Ⅳ - 41 ［野生植物］ | あづきなのは…Ⅶ - 730 ［救荒動植物類］ |
| あぢさい…Ⅳ - 42 ［野生植物］ | あつきなんはん…Ⅵ - 265 ［菜類］ |
| あぢさい…Ⅶ - 22 ［樹木類］ | あつきのは…Ⅶ - 731 ［救荒動植物類］ |
| あぢさい…Ⅶ - 23 ［樹木類］ | あづきのは…Ⅶ - 731 ［救荒動植物類］ |
| あぢさいくさ…Ⅳ - 42 ［野生植物］ | あつきは…Ⅶ - 731 ［救荒動植物類］ |
| あぢさひ…Ⅳ - 42 ［野生植物］ | あづきば…Ⅳ - 44 ［野生植物］ |
| あぢさゐ…Ⅳ - 42 ［野生植物］ | あづきば…Ⅶ - 731 ［救荒動植物類］ |
| あちまさかき…Ⅵ - 676 ［果類］ | あつきはまた…Ⅶ - 23 ［樹木類］ |
| あちまめ…Ⅰ - 64 ［穀物類］ | あつきもたし…Ⅵ - 106 ［菌・茸類］ |
| あちまめ…Ⅶ - 730 ［救荒動植物類］ | あつきもどき…Ⅰ - 66 ［穀物類］ |
| あちまめくさ…Ⅳ - 42 ［野生植物］ | あづきもも…Ⅵ - 677 ［果類］ |
| あぢめ…Ⅵ - 264 ［菜類］ | あづきわに…Ⅲ - 29 ［魚類］ |

# あ

あづさ…Ⅶ-23［樹木類］
あつさい…Ⅶ-23［樹木類］
あづさい…Ⅳ-44［野生植物］
あつさき…Ⅶ-24［樹木類］
あつさのき…Ⅶ-24［樹木類］
あつさへ…Ⅶ-24［樹木類］
あつち…Ⅶ-24［樹木類］
あつつ…Ⅶ-24［樹木類］
あつのき…Ⅶ-24［樹木類］
あつはた…Ⅶ-24［樹木類］
あつふね…Ⅲ-645［貝類］
あづま…Ⅰ-66［穀物類］
あづまかうばい…Ⅶ-25［樹木類］
あつまきく…Ⅳ-44［野生植物］
あづまぎく…Ⅳ-44［野生植物］
あつまふし…Ⅳ-44［野生植物］
あづまぼたん…Ⅵ-677［果類］
あつまんとう…Ⅶ-25［樹木類］
あつまんどう…Ⅶ-25［樹木類］
あつめなし…Ⅵ-677［果類］
あづめなし…Ⅵ-677［果類］
あつもりさう…Ⅳ-44［野生植物］
あつわた…Ⅶ-25［樹木類］
あて…Ⅶ-25［樹木類］
あてすかり…Ⅰ-66［穀物類］
あてのき…Ⅶ-25［樹木類］
あてぶ…Ⅲ-29［魚類］
あと…Ⅲ-29［魚類］
あとはへ…Ⅲ-30［魚類］
あなうえむし…Ⅲ-645［貝類］
あなうつき…Ⅶ-26［樹木類］
あなえそ…Ⅲ-30［魚類］
あなから…Ⅲ-30［魚類］
あなき…Ⅲ-30［魚類］
あなきすご…Ⅲ-30［魚類］
あなこ…Ⅲ-31［魚類］
あなこ…Ⅲ-645［貝類］
あなご…Ⅲ-31［魚類］

あなこかい…Ⅲ-645［貝類］
あなこまめ…Ⅰ-66［穀物類］
あなつぼ…Ⅳ-45［野生植物］
あなづりかづら…Ⅳ-45［野生植物］
あななみ…Ⅲ-31［魚類］
あなめ…Ⅲ-31［魚類］
あなめ…Ⅳ-45［野生植物］
あにまめ…Ⅰ-66［穀物類］
あにまめ…Ⅳ-45［野生植物］
あにやまめ…Ⅰ-66［穀物類］
あにわ…Ⅰ-67［穀物類］
あにわせ…Ⅰ-67［穀物類］
あぬき…Ⅵ-265［菜類］
あねな…Ⅳ-45［野生植物］
あは…Ⅰ-67［穀物類］
あはいちご…Ⅵ-677［果類］
あはいね…Ⅰ-67［穀物類］
あはうるし…Ⅰ-68［穀物類］
あはうるち…Ⅰ-68［穀物類］
あはおくて…Ⅰ-68［穀物類］
あはからのき…Ⅶ-26［樹木類］
あはかゑり…Ⅳ-45［野生植物］
あはき…Ⅶ-26［樹木類］
あはくらい…Ⅲ-32［魚類］
あはこめはな…Ⅳ-45［野生植物］
あはさ…Ⅳ-46［野生植物］
あはさう…Ⅳ-46［野生植物］
あはだんこ…Ⅶ-26［樹木類］
あはぢいね…Ⅰ-68［穀物類］
あはてかれい…Ⅲ-32［魚類］
あはのかわ…Ⅳ-46［野生植物］
あはのつきぬか…Ⅶ-731［救荒動植物類］
あははだ…Ⅶ-26［樹木類］
あははな…Ⅳ-46［野生植物］
あはび…Ⅲ-645［貝類］
あはび…Ⅲ-646［貝類］
あはひえ…Ⅰ-68［穀物類］
あはびのくち…Ⅳ-46［野生植物］

- 16 -

| | |
|---|---|
| あはぼ…Ⅳ - 46［野生植物］ | あふきよし…Ⅳ - 49［野生植物］ |
| あはほくさ…Ⅳ - 46［野生植物］ | あぶくめ…Ⅲ - 32［魚類］ |
| あはもち…Ⅰ - 68［穀物類］ | あふさ…Ⅳ - 49［野生植物］ |
| あはもちきのこ…Ⅵ - 106［菌・茸類］ | あふさか…Ⅰ - 69［穀物類］ |
| あはもちもたし…Ⅵ - 106［菌・茸類］ | あふさか…Ⅳ - 49［野生植物］ |
| あはもとき…Ⅳ - 47［野生植物］ | あぶし…Ⅳ - 50［野生植物］ |
| あはもどき…Ⅰ - 68［穀物類］ | あふしうたて…Ⅵ - 266［菜類］ |
| あはもり…Ⅳ - 47［野生植物］ | あふしのね…Ⅶ - 732［救荒動植物類］ |
| あはらいき…Ⅳ - 47［野生植物］ | あふしよろこび…Ⅰ - 69［穀物類］ |
| あばらくさ…Ⅳ - 47［野生植物］ | あふすちな…Ⅳ - 50［野生植物］ |
| あはらだこ…Ⅶ - 26［樹木類］ | あふすちな…Ⅶ - 732［救荒動植物類］ |
| あひ…Ⅳ - 47［野生植物］ | あふち…Ⅶ - 27［樹木類］ |
| あひご…Ⅲ - 32［魚類］ | あふつち…Ⅶ - 732［救荒動植物類］ |
| あひさ…Ⅰ - 69［穀物類］ | あふねだいこん…Ⅵ - 266［菜類］ |
| あひずり…Ⅰ - 69［穀物類］ | あふのうべ…Ⅳ - 50［野生植物］ |
| あひずりもち…Ⅰ - 69［穀物類］ | あふのめ…Ⅳ - 50［野生植物］ |
| あひなめ…Ⅲ - 32［魚類］ | あぶのめ…Ⅳ - 50［野生植物］ |
| あひのうを…Ⅲ - 32［魚類］ | あふはこ…Ⅳ - 50［野生植物］ |
| あひのはな…Ⅳ - 47［野生植物］ | あふひ…Ⅳ - 51［野生植物］ |
| あふい…Ⅳ - 48［野生植物］ | あふひ…Ⅵ - 266［菜類］ |
| あぶかしら…Ⅳ - 48［野生植物］ | あふひがひ…Ⅲ - 646［貝類］ |
| あふがひ…Ⅲ - 32［魚類］ | あふひふり…Ⅵ - 266［菜類］ |
| あふかめくさ…Ⅳ - 48［野生植物］ | あふへ…Ⅳ - 51［野生植物］ |
| あふき…Ⅳ - 48［野生植物］ | あふほ…Ⅰ - 69［穀物類］ |
| あふき…Ⅶ - 27［樹木類］ | あふみ…Ⅰ - 69［穀物類］ |
| あふぎ…Ⅳ - 48［野生植物］ | あふみあは…Ⅰ - 70［穀物類］ |
| あふきいも…Ⅵ - 265［菜類］ | あふみかぶ…Ⅵ - 267［菜類］ |
| あふぎいも…Ⅵ - 265［菜類］ | あふみかふな…Ⅵ - 267［菜類］ |
| あふきかや…Ⅳ - 48［野生植物］ | あふみかふら…Ⅵ - 267［菜類］ |
| あふきくさ…Ⅳ - 48［野生植物］ | あふみかぶら…Ⅵ - 267［菜類］ |
| あふぎぐさ…Ⅳ - 49［野生植物］ | あふみぐろ…Ⅰ - 70［穀物類］ |
| あふぎたけ…Ⅵ - 106［菌・茸類］ | あふみこ…Ⅰ - 70［穀物類］ |
| あふきな…Ⅵ - 266［菜類］ | あふみこぼれ…Ⅰ - 70［穀物類］ |
| あふぎな…Ⅳ - 49［野生植物］ | あふみさいごく…Ⅰ - 70［穀物類］ |
| あふぎな…Ⅵ - 266［菜類］ | あふみしらば…Ⅰ - 70［穀物類］ |
| あふぎなはな…Ⅳ - 49［野生植物］ | あふみだいこん…Ⅵ - 267［菜類］ |
| あふきば…Ⅶ - 27［樹木類］ | あふみな…Ⅵ - 267［菜類］ |
| あふきほね…Ⅳ - 49［野生植物］ | あふみなかて…Ⅰ - 71［穀物類］ |

# あ

| | |
|---|---|
| あふみやろく…Ⅰ‐71［穀物類］ | あぶらさか…Ⅲ‐34［魚類］ |
| あふみよりだし…Ⅰ‐71［穀物類］ | あぶらしそ…Ⅵ‐268［菜類］ |
| あふみわせ…Ⅰ‐71［穀物類］ | あぶらしで…Ⅶ‐28［樹木類］ |
| あふよう…Ⅳ‐51［野生植物］ | あぶらしで…Ⅶ‐28［樹木類］ |
| あふら…Ⅰ‐71［穀物類］ | あぶらしふ…Ⅶ‐28［樹木類］ |
| あぶらうなき…Ⅲ‐33［魚類］ | あぶらしめかき…Ⅵ‐678［果類］ |
| あぶらうなぎ…Ⅲ‐33［魚類］ | あぶらしめじ…Ⅵ‐106［菌・茸類］ |
| あぶらうを…Ⅲ‐33［魚類］ | あふらすけ…Ⅳ‐53［野生植物］ |
| あぶらえ…Ⅰ‐71［穀物類］ | あぶらすけ…Ⅳ‐53［野生植物］ |
| あふらかちか…Ⅲ‐33［魚類］ | あぶらすげ…Ⅳ‐53［野生植物］ |
| あぶらかちか…Ⅲ‐33［魚類］ | あふらすすき…Ⅳ‐53［野生植物］ |
| あぶらかひ…Ⅲ‐646［貝類］ | あぶらせん…Ⅶ‐29［樹木類］ |
| あぶらかひ…Ⅲ‐647［貝類］ | あふらつほ…Ⅵ‐678［果類］ |
| あぶらかや…Ⅳ‐52［野生植物］ | あぶらつぼ…Ⅵ‐678［果類］ |
| あふらがや…Ⅳ‐52［野生植物］ | あぶらとり…Ⅳ‐54［野生植物］ |
| あぶらかや…Ⅳ‐52［野生植物］ | あふらな…Ⅵ‐268［菜類］ |
| あふらかれい…Ⅲ‐33［魚類］ | あぶらな…Ⅵ‐268［菜類］ |
| あぶらかれい…Ⅲ‐34［魚類］ | あぶらのき…Ⅶ‐29［樹木類］ |
| あふらき…Ⅶ‐27［樹木類］ | あぶらはぜ…Ⅲ‐34［魚類］ |
| あぶらき…Ⅶ‐27［樹木類］ | あぶらはちめ…Ⅲ‐35［魚類］ |
| あふらきいも…Ⅵ‐268［菜類］ | あぶらはへ…Ⅲ‐35［魚類］ |
| あぶらぎたけ…Ⅵ‐106［菌・茸類］ | あぶらばへ…Ⅲ‐35［魚類］ |
| あぶらきひこごま…Ⅳ‐52［野生植物］ | あぶらはゑ…Ⅲ‐35［魚類］ |
| あふらぎり…Ⅶ‐28［樹木類］ | あぶらふぐ…Ⅲ‐35［魚類］ |
| あぶらきり…Ⅶ‐28［樹木類］ | あぶらへい…Ⅲ‐35［魚類］ |
| あぶらぎり…Ⅶ‐28［樹木類］ | あぶらへこ…Ⅲ‐35［魚類］ |
| あふらくさ…Ⅳ‐52［野生植物］ | あぶらまつ…Ⅶ‐29［樹木類］ |
| あぶらくさ…Ⅳ‐52［野生植物］ | あぶらまめ…Ⅰ‐72［穀物類］ |
| あぶらぐさ…Ⅳ‐52［野生植物］ | あぶらみ…Ⅲ‐36［魚類］ |
| あぶらくり…Ⅵ‐677［果類］ | あぶらみ…Ⅳ‐54［野生植物］ |
| あぶらぐり…Ⅵ‐677［果類］ | あぶらみ…Ⅶ‐29［樹木類］ |
| あふらこ…Ⅲ‐34［魚類］ | あふらむぎ…Ⅰ‐72［穀物類］ |
| あぶらこ…Ⅲ‐34［魚類］ | あぶらむき…Ⅰ‐72［穀物類］ |
| あぶらこきのは…Ⅶ‐732［救荒動植物類］ | あぶらむぎ…Ⅰ‐72［穀物類］ |
| あぶらこごみ…Ⅳ‐53［野生植物］ | あふらめ…Ⅲ‐36［魚類］ |
| あぶらこだひ…Ⅲ‐34［魚類］ | あぶらめ…Ⅲ‐36［魚類］ |
| あぶらこな…Ⅳ‐53［野生植物］ | あぶらめ…Ⅳ‐54［野生植物］ |
| あふらさう…Ⅳ‐53［野生植物］ | あぶらも…Ⅳ‐54［野生植物］ |

| | |
|---|---|
| あぶらもも…Ⅶ - 29 ［樹木類］ | あまき…Ⅶ - 31 ［樹木類］ |
| あぶらや…Ⅰ - 71 ［穀物類］ | あまぎ…Ⅲ - 37 ［魚類］ |
| あふらゑ…Ⅵ - 268 ［菜類］ | あまくい…Ⅶ - 31 ［樹木類］ |
| あぶらゑ…Ⅳ - 54 ［野生植物］ | あまくぎ…Ⅳ - 55 ［野生植物］ |
| あぶらゑ…Ⅵ - 268 ［菜類］ | あまぐき…Ⅶ - 31 ［樹木類］ |
| あふらを…Ⅲ - 36 ［魚類］ | あまくさ…Ⅰ - 73 ［穀物類］ |
| あふりかき…Ⅵ - 678 ［果類］ | あまこ…Ⅲ - 37 ［魚類］ |
| あぶりかき…Ⅵ - 678 ［果類］ | あまこ…Ⅳ - 55 ［野生植物］ |
| あぶろこ…Ⅰ - 72 ［穀物類］ | あまご…Ⅲ - 37 ［魚類］ |
| あへ…Ⅶ - 29 ［樹木類］ | あまご…Ⅳ - 55 ［野生植物］ |
| あへあかり…Ⅵ - 601 ［菜類］ | あまご…Ⅶ - 732 ［救荒動植物類］ |
| あべからす…Ⅰ - 72 ［穀物類］ | あまこけ…Ⅳ - 56 ［野生植物］ |
| あへこさい…Ⅰ - 72 ［穀物類］ | あまこなし…Ⅵ - 678 ［果類］ |
| あへつる…Ⅰ - 73 ［穀物類］ | あまさき…Ⅲ - 38 ［魚類］ |
| あべのき…Ⅶ - 29 ［樹木類］ | あまさぎ…Ⅲ - 38 ［魚類］ |
| あへぼ…Ⅰ - 73 ［穀物類］ | あまざくら…Ⅵ - 678 ［果類］ |
| あへまき…Ⅶ - 30 ［樹木類］ | あまざくろ…Ⅶ - 31 ［樹木類］ |
| あべまき…Ⅶ - 30 ［樹木類］ | あまさけ…Ⅶ - 31 ［樹木類］ |
| あへものささげ…Ⅰ - 73 ［穀物類］ | あまささ…Ⅵ - 59 ［竹・笹類］ |
| あへらき…Ⅰ - 73 ［穀物類］ | あまじ…Ⅵ - 107 ［菌・茸類］ |
| あほい…Ⅳ - 54 ［野生植物］ | あまじも…Ⅳ - 56 ［野生植物］ |
| あほうくさ…Ⅳ - 55 ［野生植物］ | あましをで…Ⅳ - 56 ［野生植物］ |
| あほぎ…Ⅶ - 30 ［樹木類］ | あませり…Ⅳ - 56 ［野生植物］ |
| あまあかな…Ⅳ - 55 ［野生植物］ | あまた…Ⅰ - 74 ［穀物類］ |
| あまいし…Ⅵ - 4 ［金・石・土・水類］ | あまたい…Ⅲ - 38 ［魚類］ |
| あまうを…Ⅲ - 36 ［魚類］ | あまだい…Ⅲ - 38 ［魚類］ |
| あまえみ…Ⅲ - 37 ［魚類］ | あまたひ…Ⅲ - 38 ［魚類］ |
| あまがうり…Ⅶ - 30 ［樹木類］ | あまたひ…Ⅲ - 39 ［魚類］ |
| あまがおり…Ⅶ - 30 ［樹木類］ | あまだひ…Ⅲ - 39 ［魚類］ |
| あまかさい…Ⅰ - 73 ［穀物類］ | あまたひへ…Ⅰ - 74 ［穀物類］ |
| あまかし…Ⅶ - 30 ［樹木類］ | あまち…Ⅶ - 31 ［樹木類］ |
| あまかせ…Ⅶ - 30 ［樹木類］ | あまぢも…Ⅳ - 56 ［野生植物］ |
| あまかた…Ⅰ - 73 ［穀物類］ | あまちや…Ⅳ - 56 ［野生植物］ |
| あまかつら…Ⅳ - 55 ［野生植物］ | あまちや…Ⅳ - 57 ［野生植物］ |
| あまかづら…Ⅳ - 55 ［野生植物］ | あまちや…Ⅵ - 268 ［菜類］ |
| あまかひ…Ⅲ - 647 ［貝類］ | あまちや…Ⅶ - 31 ［樹木類］ |
| あまかれい…Ⅲ - 37 ［魚類］ | あまちやかつら…Ⅳ - 57 ［野生植物］ |
| あまがれい…Ⅲ - 37 ［魚類］ | あまちやかづら…Ⅳ - 57 ［野生植物］ |

# あ

| | |
|---|---|
| あまちやくさ…Ⅳ‐57　［野生植物］ | あまわに…Ⅲ‐40　［魚類］ |
| あまちやつる…Ⅳ‐58　［野生植物］ | あまゑそ…Ⅲ‐40　［魚類］ |
| あまちやづる…Ⅳ‐58　［野生植物］ | あまんぼ…Ⅲ‐40　［魚類］ |
| あまちやのは…Ⅶ‐732　［救荒動植物類］ | あみ…Ⅲ‐40　［魚類］ |
| あまところ…Ⅳ‐58　［野生植物］ | あみ…Ⅲ‐647　［貝類］ |
| あまところ…Ⅵ‐269　［菜類］ | あみあし…Ⅰ‐74　［穀物類］ |
| あまところ…Ⅶ‐732　［救荒動植物類］ | あみがきぐさ…Ⅳ‐61　［野生植物］ |
| あまどころ…Ⅳ‐58　［野生植物］ | あみかさくさ…Ⅳ‐61　［野生植物］ |
| あまな…Ⅳ‐58　［野生植物］ | あみがさゆり…Ⅳ‐61　［野生植物］ |
| あまな…Ⅳ‐59　［野生植物］ | あみくさ…Ⅳ‐62　［野生植物］ |
| あまな…Ⅵ‐269　［菜類］ | あみさうを…Ⅲ‐41　［魚類］ |
| あまな…Ⅶ‐733　［救荒動植物類］ | あみだあは…Ⅰ‐75　［穀物類］ |
| あまなし…Ⅵ‐679　［果類］ | あみだくさ…Ⅳ‐62　［野生植物］ |
| あまなし…Ⅶ‐32　［樹木類］ | あみたこ…Ⅶ‐32　［樹木類］ |
| あまなのくきは…Ⅶ‐733　［救荒動植物類］ | あみださう…Ⅳ‐62　［野生植物］ |
| あまにう…Ⅳ‐59　［野生植物］ | あみだわせ…Ⅰ‐75　［穀物類］ |
| あまにな…Ⅲ‐647　［貝類］ | あみな…Ⅵ‐269　［菜類］ |
| あまね…Ⅳ‐59　［野生植物］ | あみのこ…Ⅰ‐75　［穀物類］ |
| あまね…Ⅶ‐32　［樹木類］ | あみのて…Ⅳ‐62　［野生植物］ |
| あまのかき…Ⅵ‐679　［果類］ | あみのめ…Ⅳ‐62　［野生植物］ |
| あまのかは…Ⅰ‐74　［穀物類］ | あみのめ…Ⅶ‐733　［救荒動植物類］ |
| あまのかわ…Ⅰ‐74　［穀物類］ | あみのをこぜ…Ⅲ‐41　［魚類］ |
| あまのすてくさ…Ⅳ‐60　［野生植物］ | あみはまぐり…Ⅲ‐647　［貝類］ |
| あまのつりうを…Ⅲ‐39　［魚類］ | あみまめ…Ⅰ‐75　［穀物類］ |
| あまのり…Ⅳ‐60　［野生植物］ | あみも…Ⅳ‐62　［野生植物］ |
| あまはぜ…Ⅲ‐40　［魚類］ | あめ…Ⅲ‐41　［魚類］ |
| あまひへ…Ⅳ‐60　［野生植物］ | あめ…Ⅲ‐647　［貝類］ |
| あまひやう…Ⅳ‐61　［野生植物］ | あめいろ…Ⅵ‐269　［菜類］ |
| あまふくら…Ⅵ‐107　［菌・茸類］ | あめうし…Ⅰ‐75　［穀物類］ |
| あまほこり…Ⅵ‐107　［菌・茸類］ | あめかき…Ⅵ‐679　［果類］ |
| あまぼこり…Ⅵ‐107　［菌・茸類］ | あめがしたつばき…Ⅶ‐32　［樹木類］ |
| あまみ…Ⅳ‐61　［野生植物］ | あめかしは…Ⅶ‐32　［樹木類］ |
| あまみかん…Ⅵ‐679　［果類］ | あめこま…Ⅰ‐75　［穀物類］ |
| あまめ…Ⅲ‐40　［魚類］ | あめこり…Ⅲ‐41　［魚類］ |
| あまめくさ…Ⅳ‐61　［野生植物］ | あめささけ…Ⅰ‐75　［穀物類］ |
| あまも…Ⅳ‐61　［野生植物］ | あめさや…Ⅰ‐76　［穀物類］ |
| あまよけざらり…Ⅰ‐74　［穀物類］ | あめしわ…Ⅰ‐76　［穀物類］ |
| あまり…Ⅰ‐74　［穀物類］ | あめたけ…Ⅵ‐107　［菌・茸類］ |

| | |
|---|---|
| あめたらう…Ⅲ - 41 ［魚類］ | あゆきゆり…Ⅵ - 266 ［菜類］ |
| あめたろう…Ⅲ - 41 ［魚類］ | あゆぐさ…Ⅳ - 66 ［野生植物］ |
| あめつほり…Ⅳ - 62 ［野生植物］ | あゆすし…Ⅲ - 44 ［魚類］ |
| あめとう…Ⅵ - 679 ［果類］ | あゆそ…Ⅲ - 44 ［魚類］ |
| あめのいを…Ⅲ - 41 ［魚類］ | あゆたけ…Ⅵ - 107 ［菌・茸類］ |
| あめのうを…Ⅲ - 42 ［魚類］ | あゆなめ…Ⅲ - 44 ［魚類］ |
| あめのさら…Ⅲ - 647 ［貝類］ | あゆもとき…Ⅲ - 44 ［魚類］ |
| あめひゆ…Ⅳ - 63 ［野生植物］ | あゆもどき…Ⅲ - 45 ［魚類］ |
| あめふらし…Ⅲ - 648 ［貝類］ | あら…Ⅲ - 45 ［魚類］ |
| あめふらし…Ⅳ - 63 ［野生植物］ | あらい…Ⅰ - 76 ［穀物類］ |
| あめふり…Ⅳ - 63 ［野生植物］ | あらかちめ…Ⅳ - 66 ［野生植物］ |
| あめふり…Ⅶ - 32 ［樹木類］ | あらかは…Ⅰ - 76 ［穀物類］ |
| あめふり…Ⅶ - 733 ［救荒動植物類］ | あらかは…Ⅵ - 269 ［菜類］ |
| あめふりくさ…Ⅳ - 63 ［野生植物］ | あらかは…Ⅵ - 680 ［果類］ |
| あめふりはな…Ⅳ - 63 ［野生植物］ | あらかふ…Ⅲ - 45 ［魚類］ |
| あめほこり…Ⅵ - 107 ［菌・茸類］ | あらかや…Ⅳ - 66 ［野生植物］ |
| あめます…Ⅲ - 42 ［魚類］ | あらき…Ⅰ - 76 ［穀物類］ |
| あめよけ…Ⅰ - 76 ［穀物類］ | あらき…Ⅰ - 77 ［穀物類］ |
| あめんだう…Ⅵ - 679 ［果類］ | あらぎ…Ⅳ - 66 ［野生植物］ |
| あめんだうす…Ⅵ - 680 ［果類］ | あらきいね…Ⅰ - 77 ［穀物類］ |
| あめんとう…Ⅳ - 64 ［野生植物］ | あらきう…Ⅰ - 77 ［穀物類］ |
| あめんどう…Ⅵ - 680 ［果類］ | あらきじ…Ⅰ - 77 ［穀物類］ |
| あもふず…Ⅲ - 42 ［魚類］ | あらきじろ…Ⅰ - 77 ［穀物類］ |
| あや…Ⅲ - 42 ［魚類］ | あらきじろう…Ⅰ - 78 ［穀物類］ |
| あやかし…Ⅲ - 42 ［魚類］ | あらきちこ…Ⅰ - 78 ［穀物類］ |
| あやかし…Ⅶ - 32 ［樹木類］ | あらくち…Ⅵ - 108 ［菌・茸類］ |
| あやすぎ…Ⅶ - 33 ［樹木類］ | あらご…Ⅳ - 66 ［野生植物］ |
| あやすげ…Ⅳ - 64 ［野生植物］ | あらさ…Ⅰ - 78 ［穀物類］ |
| あやつりくさ…Ⅳ - 64 ［野生植物］ | あらさあわ…Ⅰ - 78 ［穀物類］ |
| あやのき…Ⅶ - 33 ［樹木類］ | あらさは…Ⅰ - 78 ［穀物類］ |
| あやめ…Ⅰ - 76 ［穀物類］ | あらさわ…Ⅰ - 78 ［穀物類］ |
| あやめ…Ⅳ - 64 ［野生植物］ | あらしますな…Ⅵ - 4 ［金・石・土・水類］ |
| あやめ…Ⅳ - 65 ［野生植物］ | あらすあふき…Ⅳ - 406 ［野生植物］ |
| あやめくさ…Ⅳ - 66 ［野生植物］ | あらすあふき…Ⅳ - 407 ［野生植物］ |
| あゆ…Ⅲ - 42 ［魚類］ | あらすい…Ⅲ - 45 ［魚類］ |
| あゆ…Ⅲ - 43 ［魚類］ | あらすな…Ⅰ - 78 ［穀物類］ |
| あゆ…Ⅲ - 44 ［魚類］ | あらすな…Ⅰ - 79 ［穀物類］ |
| あゆかけ…Ⅲ - 44 ［魚類］ | あらせいた…Ⅳ - 67 ［野生植物］ |

# あ

| | |
|---|---|
| あらせいとう…Ⅳ - 67 ［野生植物］ | ありのとう…Ⅳ - 69 ［野生植物］ |
| あらぜいとう…Ⅳ - 67 ［野生植物］ | ありのとう…Ⅳ - 70 ［野生植物］ |
| あらぜいとう…Ⅵ - 269 ［菜類］ | ありのとうぐさ…Ⅳ - 70 ［野生植物］ |
| あらたいくさ…Ⅳ - 67 ［野生植物］ | ありのひふき…Ⅳ - 70 ［野生植物］ |
| あらち…Ⅰ - 79 ［穀物類］ | ありのまつけ…Ⅳ - 70 ［野生植物］ |
| あらてつ…Ⅵ - 4 ［金・石・土・水類］ | ありのみ…Ⅵ - 680 ［果類］ |
| あらと…Ⅲ - 46 ［魚類］ | ありのみ…Ⅶ - 34 ［樹木類］ |
| あらと…Ⅵ - 5 ［金・石・土・水類］ | ありま…Ⅰ - 79 ［穀物類］ |
| あらといし…Ⅵ - 5 ［金・石・土・水類］ | ありまいね…Ⅰ - 80 ［穀物類］ |
| あらとふぐ…Ⅲ - 46 ［魚類］ | ありまかす…Ⅳ - 70 ［野生植物］ |
| あらとぶく…Ⅲ - 46 ［魚類］ | ありまかつら…Ⅳ - 70 ［野生植物］ |
| あらぬか…Ⅲ - 46 ［魚類］ | ありまくさ…Ⅳ - 70 ［野生植物］ |
| あらのうを…Ⅲ - 46 ［魚類］ | ありまつ…Ⅰ - 80 ［穀物類］ |
| あらほ…Ⅳ - 67 ［野生植物］ | ありまもち…Ⅰ - 80 ［穀物類］ |
| あらまつこ…Ⅶ - 33 ［樹木類］ | ありまゑひ…Ⅰ - 80 ［穀物類］ |
| あらむぎ…Ⅰ - 79 ［穀物類］ | ありまゑりだし…Ⅰ - 80 ［穀物類］ |
| あらめ…Ⅳ - 68 ［野生植物］ | あるうた…Ⅳ - 71 ［野生植物］ |
| あらめ…Ⅶ - 733 ［救荒動植物類］ | あるうたくさ…Ⅳ - 71 ［野生植物］ |
| あらめふく…Ⅲ - 46 ［魚類］ | あるたそう…Ⅳ - 71 ［野生植物］ |
| あらも…Ⅳ - 68 ［野生植物］ | あわいちこ…Ⅳ - 71 ［野生植物］ |
| あららき…Ⅳ - 68 ［野生植物］ | あわいちこ…Ⅵ - 680 ［果類］ |
| あららき…Ⅶ - 33 ［樹木類］ | あわかう…Ⅶ - 34 ［樹木類］ |
| あららきくさ…Ⅳ - 68 ［野生植物］ | あわかひ…Ⅲ - 648 ［貝類］ |
| あられかひ…Ⅲ - 648 ［貝類］ | あわからのき…Ⅶ - 34 ［樹木類］ |
| あらわせ…Ⅰ - 79 ［穀物類］ | あわきひ…Ⅰ - 80 ［穀物類］ |
| あり…Ⅵ - 680 ［果類］ | あわきひ…Ⅰ - 81 ［穀物類］ |
| ありあけ…Ⅳ - 68 ［野生植物］ | あわきび…Ⅰ - 81 ［穀物類］ |
| ありあけ…Ⅶ - 33 ［樹木類］ | あわくた…Ⅰ - 81 ［穀物類］ |
| ありから…Ⅲ - 648 ［貝類］ | あわごいし…Ⅵ - 5 ［金・石・土・水類］ |
| ありき…Ⅰ - 79 ［穀物類］ | あわごたけ…Ⅵ - 108 ［菌・茸類］ |
| ありげゆり…Ⅳ - 69 ［野生植物］ | あわこめ…Ⅳ - 71 ［野生植物］ |
| ありこなすび…Ⅳ - 69 ［野生植物］ | あわこめはな…Ⅳ - 71 ［野生植物］ |
| ありしほで…Ⅳ - 69 ［野生植物］ | あわさう…Ⅳ - 71 ［野生植物］ |
| ありじやうご…Ⅶ - 34 ［樹木類］ | あわたけ…Ⅵ - 108 ［菌・茸類］ |
| ありたさう…Ⅳ - 69 ［野生植物］ | あわたち…Ⅳ - 72 ［野生植物］ |
| ありち…Ⅲ - 46 ［魚類］ | あわだんこ…Ⅶ - 34 ［樹木類］ |
| ありとほし…Ⅵ - 680 ［果類］ | あわぢ…Ⅰ - 81 ［穀物類］ |
| ありね…Ⅳ - 69 ［野生植物］ | あわぢむぎ…Ⅰ - 81 ［穀物類］ |

| | |
|---|---|
| あわで…Ⅲ-47［魚類］ | あをあは…Ⅰ-82［穀物類］ |
| あわてかれい…Ⅲ-47［魚類］ | あをあわ…Ⅰ-82［穀物類］ |
| あわぬか…Ⅶ-733［救荒動植物類］ | あをい…Ⅳ-74［野生植物］ |
| あわねり…Ⅶ-34［樹木類］ | あをい…Ⅵ-681［果類］ |
| あわはな…Ⅳ-72［野生植物］ | あをいき…Ⅳ-75［野生植物］ |
| あわび…Ⅲ-648［貝類］ | あをいし…Ⅵ-5［金・石・土・水類］ |
| あわび…Ⅲ-649［貝類］ | あをいしとう…Ⅰ-83［穀物類］ |
| あわひへ…Ⅰ-81［穀物類］ | あをいなし…Ⅲ-47［魚類］ |
| あわふき…Ⅶ-34［樹木類］ | あをいね…Ⅰ-83［穀物類］ |
| あわふく…Ⅶ-35［樹木類］ | あをいばら…Ⅳ-75［野生植物］ |
| あわふやしくさ…Ⅳ-72［野生植物］ | あをいも…Ⅵ-270［菜類］ |
| あわぼ…Ⅳ-72［野生植物］ | あをいらく…Ⅰ-83［穀物類］ |
| あわめう…Ⅳ-72［野生植物］ | あをうら…Ⅰ-83［穀物類］ |
| あわもたし…Ⅵ-108［菌・茸類］ | あをうを…Ⅲ-48［魚類］ |
| あわもち…Ⅵ-108［菌・茸類］ | あをおぎ…Ⅶ-42［樹木類］ |
| あわもと…Ⅵ-5［金・石・土・水類］ | あをかい…Ⅲ-649［貝類］ |
| あわもり…Ⅳ-72［野生植物］ | あをかうらい…Ⅵ-681［果類］ |
| あわもり…Ⅳ-73［野生植物］ | あをかうゑんさい…Ⅰ-83［穀物類］ |
| あわもり…Ⅶ-734［救荒動植物類］ | あをかき…Ⅵ-681［果類］ |
| あわゆき…Ⅳ-73［野生植物］ | あをかき…Ⅶ-35［樹木類］ |
| あわら…Ⅵ-269［菜類］ | あをかごのき…Ⅶ-35［樹木類］ |
| あわらいき…Ⅳ-73［野生植物］ | あをかし…Ⅶ-35［樹木類］ |
| あゐ…Ⅳ-73［野生植物］ | あをがし…Ⅰ-83［穀物類］ |
| あゐきく…Ⅳ-74［野生植物］ | あをかしは…Ⅶ-35［樹木類］ |
| あゐたしのき…Ⅶ-35［樹木類］ | あをかしら…Ⅵ-270［菜類］ |
| あゐもとき…Ⅳ-74［野生植物］ | あをがしら…Ⅵ-270［菜類］ |
| あゐもどき…Ⅳ-74［野生植物］ | あをがしらだいこん…Ⅵ-270［菜類］ |
| あゑんどう…Ⅰ-81［穀物類］ | あをかせ…Ⅶ-35［樹木類］ |
| あを…Ⅰ-82［穀物類］ | あをかた…Ⅲ-48［魚類］ |
| あを…Ⅲ-47［魚類］ | あをがた…Ⅲ-48［魚類］ |
| あを…Ⅵ-108［菌・茸類］ | あをかたら…Ⅳ-75［野生植物］ |
| あをあかざ…Ⅳ-74［野生植物］ | あをかたり…Ⅳ-75［野生植物］ |
| あをあかざ…Ⅵ-270［菜類］ | あをかつら…Ⅳ-75［野生植物］ |
| あをあかひる…Ⅰ-82［穀物類］ | あをかづら…Ⅳ-75［野生植物］ |
| あをあち…Ⅲ-47［魚類］ | あをかはち…Ⅰ-84［穀物類］ |
| あをあぢ…Ⅲ-47［魚類］ | あをかはまめ…Ⅰ-84［穀物類］ |
| あをあつき…Ⅰ-82［穀物類］ | あをかひ…Ⅲ-649［貝類］ |
| あをあづき…Ⅰ-82［穀物類］ | あをかぶ…Ⅵ-270［菜類］ |

## あ

| | |
|---|---|
| あをがます…Ⅲ-48［魚類］ | あをぐさ…Ⅵ-6［金・石・土・水類］ |
| あをかみふさ…Ⅰ-84［穀物類］ | あをくみ…Ⅶ-38［樹木類］ |
| あをから…Ⅰ-84［穀物類］ | あをくりいし…Ⅵ-6［金・石・土・水類］ |
| あをから…Ⅵ-270［菜類］ | あをげか…Ⅰ-86［穀物類］ |
| あをから…Ⅶ-36［樹木類］ | あをげんろく…Ⅰ-86［穀物類］ |
| あをがら…Ⅰ-84［穀物類］ | あをこ…Ⅰ-86［穀物類］ |
| あをがら…Ⅶ-36［樹木類］ | あをご…Ⅰ-86［穀物類］ |
| あをからかいちう…Ⅰ-85［穀物類］ | あをこうらい…Ⅵ-681［果類］ |
| あをがらせんぼ…Ⅰ-85［穀物類］ | あをこけ…Ⅳ-76［野生植物］ |
| あをからとり…Ⅵ-271［菜類］ | あをこづる…Ⅰ-86［穀物類］ |
| あをからみもち…Ⅶ-36［樹木類］ | あをさ…Ⅳ-76［野生植物］ |
| あをからもち…Ⅰ-85［穀物類］ | あをさ…Ⅵ-681［果類］ |
| あをからゑんさい…Ⅰ-85［穀物類］ | あをさ…Ⅶ-734［救荒動植物類］ |
| あをかわち…Ⅰ-85［穀物類］ | あをさき…Ⅵ-681［果類］ |
| あをき…Ⅳ-75［野生植物］ | あをさぎ…Ⅲ-49［魚類］ |
| あをき…Ⅳ-76［野生植物］ | あをさぎ…Ⅶ-734［救荒動植物類］ |
| あをき…Ⅶ-36［樹木類］ | あをさきふり…Ⅵ-271［菜類］ |
| あをき…Ⅶ-37［樹木類］ | あをささけ…Ⅰ-86［穀物類］ |
| あをき…Ⅶ-734［救荒動植物類］ | あをささげ…Ⅰ-87［穀物類］ |
| あをきこ…Ⅵ-271［菜類］ | あをさて…Ⅰ-87［穀物類］ |
| あをきす…Ⅲ-48［魚類］ | あをさとり…Ⅲ-49［魚類］ |
| あをぎす…Ⅲ-48［魚類］ | あをさのり…Ⅳ-76［野生植物］ |
| あをきすご…Ⅲ-49［魚類］ | あをさめ…Ⅲ-49［魚類］ |
| あをきな…Ⅵ-271［菜類］ | あをさも…Ⅳ-77［野生植物］ |
| あをきのこ…Ⅵ-108［菌・茸類］ | あをさや…Ⅰ-87［穀物類］ |
| あをきのは…Ⅶ-734［救荒動植物類］ | あをさやささげ…Ⅰ-87［穀物類］ |
| あをきは…Ⅶ-37［樹木類］ | あをさんぐわつ…Ⅰ-87［穀物類］ |
| あをきば…Ⅶ-37［樹木類］ | あをさんしやうまめ…Ⅰ-87［穀物類］ |
| あをきば…Ⅶ-734［救荒動植物類］ | あをし…Ⅳ-77［野生植物］ |
| あをきばのは…Ⅶ-734［救荒動植物類］ | あをじく…Ⅶ-38［樹木類］ |
| あをきふり…Ⅵ-271［菜類］ | あをしそ…Ⅵ-271［菜類］ |
| あをきやうゑひ…Ⅰ-85［穀物類］ | あをしね…Ⅰ-88［穀物類］ |
| あをきり…Ⅶ-37［樹木類］ | あをしは…Ⅲ-49［魚類］ |
| あをきり…Ⅶ-38［樹木類］ | あをじふはち…Ⅰ-88［穀物類］ |
| あをくい…Ⅶ-38［樹木類］ | あをじふろく…Ⅰ-88［穀物類］ |
| あをくき…Ⅰ-85［穀物類］ | あをしほ…Ⅵ-6［金・石・土・水類］ |
| あをくき…Ⅵ-271［菜類］ | あをしめじ…Ⅵ-109［菌・茸類］ |
| あをくさ…Ⅳ-76［野生植物］ | あをしめぢ…Ⅵ-109［菌・茸類］ |

総合索引 あ

あをしやうらく…Ⅰ-88［穀物類］
あをしやのき…Ⅶ-38［樹木類］
あをしろ…Ⅰ-88［穀物類］
あをしろまめ…Ⅰ-88［穀物類］
あをすげ…Ⅳ-77［野生植物］
あをすな…Ⅵ-6［金・石・土・水類］
あをすみ…Ⅰ-88［穀物類］
あをすもも…Ⅵ-681［果類］
あをせき…Ⅶ-38［樹木類］
あをせんごく…Ⅰ-89［穀物類］
あをそ…Ⅳ-77［野生植物］
あをそ…Ⅵ-109［菌・茸類］
あをそ…Ⅵ-682［果類］
あをそうし…Ⅲ-49［魚類］
あをそかき…Ⅵ-682［果類］
あをた…Ⅰ-89［穀物類］
あをた…Ⅵ-682［果類］
あをだいこん…Ⅵ-272［菜類］
あをだいづ…Ⅰ-89［穀物類］
あをたかな…Ⅵ-272［菜類］
あをたけ…Ⅵ-109［菌・茸類］
あをだこ…Ⅶ-38［樹木類］
あをたちかるこ…Ⅰ-89［穀物類］
あをたて…Ⅵ-272［菜類］
あをたで…Ⅵ-272［菜類］
あをたはらご…Ⅲ-49［魚類］
あをたぶ…Ⅶ-39［樹木類］
あをたま…Ⅶ-39［樹木類］
あをたも…Ⅶ-39［樹木類］
あをたものき…Ⅶ-39［樹木類］
あをだら…Ⅰ-89［穀物類］
あをだら…Ⅶ-39［樹木類］
あをたらり…Ⅰ-89［穀物類］
あをたんきりまめ…Ⅰ-90［穀物類］
あをち…Ⅰ-90［穀物類］
あをぢ…Ⅰ-90［穀物類］
あをぢ…Ⅶ-735［救荒動植物類］
あをちこ…Ⅰ-90［穀物類］

あをちさ…Ⅵ-272［菜類］
あをぢはたか…Ⅰ-90［穀物類］
あをぢもち…Ⅰ-90［穀物類］
あをつた…Ⅳ-77［野生植物］
あをづた…Ⅳ-77［野生植物］
あをつち…Ⅵ-6［金・石・土・水類］
あをつのべ…Ⅰ-90［穀物類］
あをつらかき…Ⅵ-682［果類］
あをつるあをづる…Ⅰ-91［穀物類］
あをつるまめ…Ⅰ-91［穀物類］
あをと…Ⅵ-6［金・石・土・水類］
あをどう…Ⅰ-91［穀物類］
あをとこ…Ⅲ-50［魚類］
あをとろのき…Ⅶ-39［樹木類］
あをな…Ⅰ-92［穀物類］
あをな…Ⅳ-77［野生植物］
あをな…Ⅵ-272［菜類］
あをなげ…Ⅰ-92［穀物類］
あをなし…Ⅵ-682［果類］
あをなし…Ⅵ-683［果類］
あをなし…Ⅶ-39［樹木類］
あをなす…Ⅵ-272［菜類］
あをなすひ…Ⅵ-273［菜類］
あをなすび…Ⅵ-273［菜類］
あをなめり…Ⅲ-50［魚類］
あをなもち…Ⅰ-92［穀物類］
あをなもちあわ…Ⅰ-92［穀物類］
あをにな…Ⅲ-649［貝類］
あをによろり…Ⅶ-40［樹木類］
あをぬい…Ⅰ-92［穀物類］
あをぬき…Ⅰ-92［穀物類］
あをねぢ…Ⅰ-92［穀物類］
あをねぶ…Ⅰ-93［穀物類］
あをねり…Ⅰ-93［穀物類］
あをのき…Ⅶ-40［樹木類］
あをのり…Ⅳ-78［野生植物］
あをはご…Ⅰ-93［穀物類］
あをばこく…Ⅰ-93［穀物類］

# あ

| | |
|---|---|
| あをはこまめ…Ⅰ-93［穀物類］ | あをひゆ…Ⅳ-80［野生植物］ |
| あをはす…Ⅰ-93［穀物類］ | あをびゆ…Ⅵ-273［菜類］ |
| あをはせ…Ⅶ-40［樹木類］ | あをひらまめ…Ⅰ-97［穀物類］ |
| あをはた…Ⅰ-93［穀物類］ | あをひらもち…Ⅰ-97［穀物類］ |
| あをはた…Ⅶ-40［樹木類］ | あをふか…Ⅲ-50［魚類］ |
| あをはだ…Ⅰ-94［穀物類］ | あをぶか…Ⅲ-50［魚類］ |
| あをはだ…Ⅶ-40［樹木類］ | あをふぐ…Ⅲ-50［魚類］ |
| あをばた…Ⅰ-94［穀物類］ | あをぶつきり…Ⅰ-97［穀物類］ |
| あをはたか…Ⅰ-95［穀物類］ | あをぶらう…Ⅰ-97［穀物類］ |
| あをはだか…Ⅰ-95［穀物類］ | あをふり…Ⅵ-273［菜類］ |
| あをはだかむぎ…Ⅰ-95［穀物類］ | あをへ…Ⅳ-80［野生植物］ |
| あをはたのき…Ⅶ-40［樹木類］ | あをへりささげ…Ⅰ-97［穀物類］ |
| あをばたのき…Ⅶ-40［樹木類］ | あをぼ…Ⅰ-98［穀物類］ |
| あをはたまめ…Ⅰ-95［穀物類］ | あをほう…Ⅶ-41［樹木類］ |
| あをはだまめ…Ⅰ-95［穀物類］ | あをほうのき…Ⅶ-41［樹木類］ |
| あをはたむぎ…Ⅰ-95［穀物類］ | あをぼうひら…Ⅵ-273［菜類］ |
| あをはち…Ⅵ-109［菌・茸類］ | あをほうふら…Ⅵ-273［菜類］ |
| あをはちぐわつ…Ⅰ-95［穀物類］ | あをぼうふら…Ⅵ-273［菜類］ |
| あをはつ…Ⅵ-109［菌・茸類］ | あをぼうぶら…Ⅵ-274［菜類］ |
| あをばつと…Ⅰ-96［穀物類］ | あをほうやなぎ…Ⅶ-41［樹木類］ |
| あをはと…Ⅰ-96［穀物類］ | あをほささげ…Ⅰ-98［穀物類］ |
| あをはとまめ…Ⅰ-96［穀物類］ | あをほふし…Ⅰ-98［穀物類］ |
| あをはな…Ⅳ-78［野生植物］ | あをまい…Ⅵ-110［菌・茸類］ |
| あをばな…Ⅳ-79［野生植物］ | あをまいたけ…Ⅵ-110［菌・茸類］ |
| あをばなくさ…Ⅳ-79［野生植物］ | あをまめ…Ⅰ-98［穀物類］ |
| あをはなこだひ…Ⅲ-50［魚類］ | あをまめ…Ⅰ-99［穀物類］ |
| あをばなこだひ…Ⅲ-50［魚類］ | あをまゐ…Ⅵ-110［菌・茸類］ |
| あをはやわせ…Ⅰ-96［穀物類］ | あをまんふき…Ⅶ-41［樹木類］ |
| あをはら…Ⅶ-41［樹木類］ | あをみだ…Ⅰ-99［穀物類］ |
| あをはらいき…Ⅳ-79［野生植物］ | あをみとり…Ⅳ-80［野生植物］ |
| あをばらいぎ…Ⅳ-79［野生植物］ | あをみどり…Ⅳ-80［野生植物］ |
| あをひ…Ⅳ-79［野生植物］ | あをみばな…Ⅳ-80［野生植物］ |
| あをひ…Ⅳ-80［野生植物］ | あをむき…Ⅰ-99［穀物類］ |
| あをび…Ⅲ-650［貝類］ | あをむぎ…Ⅰ-99［穀物類］ |
| あをひえ…Ⅰ-96［穀物類］ | あをむろ…Ⅶ-41［樹木類］ |
| あをひきまめ…Ⅰ-96［穀物類］ | あをめいし…Ⅵ-7［金・石・土・水類］ |
| あをびじやう…Ⅰ-97［穀物類］ | あをめさとり…Ⅲ-51［魚類］ |
| あをびへ…Ⅰ-97［穀物類］ | あをめばる…Ⅲ-51［魚類］ |

あをも…IV - 81 ［野生植物］
あをもく…I - 99 ［穀物類］
あをもみ…VII - 41 ［樹木類］
あをもみぢ…VII - 42 ［樹木類］
あをもも…VI - 683 ［果類］
あをもんがく…IV - 81 ［野生植物］
あをやき…I - 99 ［穀物類］
あをやぎ…I - 100 ［穀物類］
あをやきはちめ…III - 51 ［魚類］
あをやぎふく…III - 51 ［魚類］
あをやしろ…I - 100 ［穀物類］
あをやじろう…I - 100 ［穀物類］
あをやず…III - 51 ［魚類］
あをやなぎ…III - 51 ［魚類］
あをやろう…I - 100 ［穀物類］
あをやろく…I - 100 ［穀物類］
あをゆふかほ…VI - 274 ［菜類］
あをりょくづ…I - 100 ［穀物類］
あをれんし…VI - 110 ［菌・茸類］
あをわせ…I - 101 ［穀物類］
あをわらひ…IV - 81 ［野生植物］
あをわらひ…VI - 274 ［菜類］
あをゑんどう…I - 101 ［穀物類］
あをを…VI - 274 ［菜類］
あをんど…VII - 42 ［樹木類］
あんあつき…I - 101 ［穀物類］
あんかう…III - 51 ［魚類］
あんかう…III - 52 ［魚類］
あんがう…III - 52 ［魚類］
あんかうわせ…I - 101 ［穀物類］
あんかふ…III - 52 ［魚類］
あんき…VII - 42 ［樹木類］
あんこ…III - 52 ［魚類］
あんご…I - 101 ［穀物類］
あんご…III - 52 ［魚類］
あんこう…III - 53 ［魚類］
あんこうざめ…III - 53 ［魚類］
あんこけ…IV - 81 ［野生植物］

あんこさめ…III - 53 ［魚類］
あんさ…VII - 42 ［樹木類］
あんざ…IV - 81 ［野生植物］
あんさい…IV - 81 ［野生植物］
あんさい…VII - 42 ［樹木類］
あんさいのは…VII - 735 ［救荒動植物類］
あんざうさう…IV - 81 ［野生植物］
あんさし…III - 53 ［魚類］
あんし…I - 101 ［穀物類］
あんじやう…I - 101 ［穀物類］
あんじやへり…IV - 82 ［野生植物］
あんじやへる…IV - 82 ［野生植物］
あんじやべる…IV - 82 ［野生植物］
あんじやり…IV - 82 ［野生植物］
あんじやれ…IV - 82 ［野生植物］
あんじやれん…IV - 82 ［野生植物］
あんじゆれ…IV - 82 ［野生植物］
あんす…VI - 683 ［果類］
あんず…VI - 683 ［果類］
あんず…VI - 684 ［果類］
あんず…VII - 42 ［樹木類］
あんずのき…VII - 43 ［樹木類］
あんだかき…III - 53 ［魚類］
あんたもちあわ…I - 102 ［穀物類］
あんつのき…VII - 43 ［樹木類］
あんとあは…I - 102 ［穀物類］
あんどあは…I - 102 ［穀物類］
あんのひへ…I - 102 ［穀物類］
あんぼう…III - 54 ［魚類］
あんぼう…III - 54 ［魚類］
あんみやうじ…I - 102 ［穀物類］
あんみやうじ…VI - 274 ［菜類］
あんみやうじごま…I - 102 ［穀物類］
あんめいし…I - 102 ［穀物類］
あんめいし…VI - 274 ［菜類］
あんめうじ…I - 103 ［穀物類］
あんめうじ…VI - 274 ［菜類］
あんめし…I - 103 ［穀物類］

い

| | |
|---|---|
| あんめし…Ⅵ‐275［菜類］ | いかけ…Ⅲ‐55［魚類］ |
| あんめじ…Ⅵ‐275［菜類］ | いがこほれ…Ⅰ‐105［穀物類］ |
| あんめんたう…Ⅵ‐684［果類］ | いかこむぎ…Ⅰ‐105［穀物類］ |
| あんめんとう…Ⅵ‐684［果類］ | いがこむぎ…Ⅰ‐105［穀物類］ |
| あんめんもも…Ⅶ‐43［樹木類］ | いかしき…Ⅳ‐84［野生植物］ |
| あんやき…Ⅲ‐650［貝類］ | いがすへり…Ⅰ‐105［穀物類］ |
| あんらく…Ⅰ‐103［穀物類］ | いかたけ…Ⅵ‐111［菌・茸類］ |
| あんらくわ…Ⅵ‐684［果類］ | いがたけ…Ⅵ‐111［菌・茸類］ |

===== い =====

| | |
|---|---|
| い…Ⅳ‐83［野生植物］ | いかたまかき…Ⅵ‐685［果類］ |
| いいあつき…Ⅰ‐104［穀物類］ | いかち…Ⅰ‐106［穀物類］ |
| いいかひ…Ⅲ‐651［貝類］ | いかちにし…Ⅲ‐651［貝類］ |
| いいきり…Ⅶ‐44［樹木類］ | いかちもち…Ⅰ‐106［穀物類］ |
| いいくさ…Ⅳ‐83［野生植物］ | いかつ…Ⅰ‐106［穀物類］ |
| いいご…Ⅳ‐83［野生植物］ | いかつとう…Ⅲ‐652［貝類］ |
| いいしろ…Ⅰ‐104［穀物類］ | いがどのなし…Ⅵ‐685［果類］ |
| いいだ…Ⅰ‐104［穀物類］ | いかなこ…Ⅲ‐55［魚類］ |
| いいたち…Ⅰ‐104［穀物類］ | いかなご…Ⅲ‐55［魚類］ |
| いいだもち…Ⅰ‐104［穀物類］ | いかにし…Ⅲ‐652［貝類］ |
| いいづく…Ⅶ‐44［樹木類］ | いかひ…Ⅲ‐652［貝類］ |
| いいなし…Ⅵ‐685［果類］ | いがひ…Ⅲ‐652［貝類］ |
| いいなし…Ⅶ‐44［樹木類］ | いがひくさ…Ⅳ‐84［野生植物］ |
| いいもたせ…Ⅵ‐111［菌・茸類］ | いがべに…Ⅳ‐84［野生植物］ |
| いいよし…Ⅰ‐104［穀物類］ | いかみ…Ⅲ‐55［魚類］ |
| いうくさ…Ⅳ‐83［野生植物］ | いがみ…Ⅲ‐55［魚類］ |
| いうろう…Ⅰ‐104［穀物類］ | いかむろ…Ⅶ‐44［樹木類］ |
| いおふつら…Ⅳ‐83［野生植物］ | いがむろ…Ⅶ‐44［樹木類］ |
| いが…Ⅰ‐105［穀物類］ | いがも…Ⅳ‐84［野生植物］ |
| いがあらき…Ⅰ‐105［穀物類］ | いかや…Ⅳ‐84［野生植物］ |
| いかい…Ⅲ‐651［貝類］ | いがや…Ⅳ‐84［野生植物］ |
| いがい…Ⅲ‐651［貝類］ | いから…Ⅲ‐55［魚類］ |
| いがいくさ…Ⅳ‐83［野生植物］ | いかりくさ…Ⅳ‐85［野生植物］ |
| いかいし…Ⅳ‐83［野生植物］ | いかりさう…Ⅳ‐85［野生植物］ |
| いかいね…Ⅰ‐105［穀物類］ | いかりたなご…Ⅲ‐55［魚類］ |
| いがかひ…Ⅲ‐651［貝類］ | いかる…Ⅰ‐106［穀物類］ |
| いかき…Ⅵ‐685［果類］ | いかゐ…Ⅳ‐85［野生植物］ |
| いかくさ…Ⅳ‐84［野生植物］ | いきあひ…Ⅰ‐106［穀物類］ |
| | いきくさ…Ⅳ‐85［野生植物］ |
| | いきす…Ⅳ‐86［野生植物］ |

| | |
|---|---|
| いぎす…Ⅲ - 56 ［魚類］ | いごから…Ⅳ - 88 ［野生植物］ |
| いぎす…Ⅳ - 86 ［野生植物］ | いこくさ…Ⅳ - 88 ［野生植物］ |
| いきすも…Ⅳ - 86 ［野生植物］ | いこすけ…Ⅳ - 88 ［野生植物］ |
| いぎな…Ⅳ - 86 ［野生植物］ | いごのみくさ…Ⅳ - 88 ［野生植物］ |
| いぎな…Ⅵ - 276 ［菜類］ | いごのり…Ⅳ - 88 ［野生植物］ |
| いぎな…Ⅶ - 44 ［樹木類］ | いこはな…Ⅳ - 88 ［野生植物］ |
| いきのしま…Ⅳ - 86 ［野生植物］ | いさき…Ⅲ - 56 ［魚類］ |
| いきも…Ⅲ - 56 ［魚類］ | いさぎ…Ⅲ - 56 ［魚類］ |
| いきり…Ⅲ - 652 ［貝類］ | いさこ…Ⅳ - 88 ［野生植物］ |
| いきり…Ⅶ - 44 ［樹木類］ | いさご…Ⅳ - 89 ［野生植物］ |
| いくさ…Ⅳ - 87 ［野生植物］ | いささ…Ⅲ - 56 ［魚類］ |
| いぐさ…Ⅳ - 87 ［野生植物］ | いささ…Ⅲ - 57 ［魚類］ |
| いくし…Ⅵ - 111 ［菌・茸類］ | いささ…Ⅵ - 59 ［竹・笹類］ |
| いくじ…Ⅵ - 111 ［菌・茸類］ | いさぎ…Ⅲ - 57 ［魚類］ |
| いくたもち…Ⅰ - 106 ［穀物類］ | いさた…Ⅲ - 57 ［魚類］ |
| いくち…Ⅵ - 111 ［菌・茸類］ | いさはい…Ⅶ - 45 ［樹木類］ |
| いぐち…Ⅵ - 112 ［菌・茸類］ | いさり…Ⅰ - 108 ［穀物類］ |
| いくちたけ…Ⅵ - 112 ［菌・茸類］ | いさり…Ⅲ - 57 ［魚類］ |
| いくちなば…Ⅵ - 112 ［菌・茸類］ | いざり…Ⅰ - 108 ［穀物類］ |
| いくな…Ⅳ - 87 ［野生植物］ | いさりかい…Ⅲ - 653 ［貝類］ |
| いくのほくこく…Ⅰ - 106 ［穀物類］ | いさりかひ…Ⅲ - 653 ［貝類］ |
| いくひ…Ⅰ - 107 ［穀物類］ | いさりきひ…Ⅰ - 108 ［穀物類］ |
| いくび…Ⅰ - 107 ［穀物類］ | いさりこめ…Ⅰ - 108 ［穀物類］ |
| いぐま…Ⅳ - 87 ［野生植物］ | いさりちさ…Ⅵ - 276 ［菜類］ |
| いくよかひ…Ⅲ - 653 ［貝類］ | いさりむぎ…Ⅰ - 108 ［穀物類］ |
| いくり…Ⅵ - 685 ［果類］ | いさりもち…Ⅰ - 108 ［穀物類］ |
| いぐゐ…Ⅲ - 56 ［魚類］ | いざをい…Ⅵ - 112 ［菌・茸類］ |
| いけ…Ⅵ - 7 ［金・石・土・水類］ | いし…Ⅰ - 108 ［穀物類］ |
| いげかつら…Ⅳ - 87 ［野生植物］ | いし…Ⅲ - 57 ［魚類］ |
| いげこむぎ…Ⅰ - 107 ［穀物類］ | いしあけび…Ⅵ - 685 ［果類］ |
| いげしろこむぎ…Ⅰ - 107 ［穀物類］ | いしあは…Ⅰ - 109 ［穀物類］ |
| いけだ…Ⅰ - 107 ［穀物類］ | いしあぶら…Ⅰ - 109 ［穀物類］ |
| いけだむぎ…Ⅰ - 107 ［穀物類］ | いしあわ…Ⅰ - 109 ［穀物類］ |
| いけま…Ⅳ - 87 ［野生植物］ | いしうす…Ⅵ - 7 ［金・石・土・水類］ |
| いけんまめ…Ⅰ - 107 ［穀物類］ | いしうすいし…Ⅵ - 7 ［金・石・土・水類］ |
| いご…Ⅳ - 87 ［野生植物］ | いしうち…Ⅰ - 109 ［穀物類］ |
| いこいも…Ⅵ - 276 ［菜類］ | いしうちあは…Ⅰ - 109 ［穀物類］ |
| いごいも…Ⅵ - 276 ［菜類］ | いしうちあわ…Ⅰ - 109 ［穀物類］ |

# い

いしうなき…Ⅲ-57［魚類］
いしうなぎ…Ⅲ-58［魚類］
いしえ…Ⅰ-109［穀物類］
いしがい…Ⅰ-110［穀物類］
いしかうら…Ⅳ-89［野生植物］
いしがうら…Ⅰ-110［穀物類］
いしかき…Ⅲ-653［貝類］
いしがき…Ⅰ-110［穀物類］
いしがき…Ⅲ-653［貝類］
いしがたがい…Ⅲ-653［貝類］
いしかたかひ…Ⅲ-653［貝類］
いしかつら…Ⅳ-89［野生植物］
いしかづら…Ⅳ-89［野生植物］
いしかなかしら…Ⅲ-58［魚類］
いしかね…Ⅵ-7［金・石・土・水類］
いしかは…Ⅰ-110［穀物類］
いしかはもち…Ⅰ-110［穀物類］
いしがひ…Ⅵ-7［金・石・土・水類］
いしかぶり…Ⅲ-58［魚類］
いしかふろう…Ⅲ-58［魚類］
いしかぶろう…Ⅲ-58［魚類］
いしがも…Ⅰ-110［穀物類］
いしから…Ⅵ-7［金・石・土・水類］
いしかれい…Ⅲ-58［魚類］
いしかれい…Ⅲ-59［魚類］
いしがれい…Ⅲ-59［魚類］
いしかれひ…Ⅲ-59［魚類］
いしかわ…Ⅰ-110［穀物類］
いしき…Ⅰ-111［穀物類］
いしきざみ…Ⅰ-111［穀物類］
いしきりすげ…Ⅳ-89［野生植物］
いしくひ…Ⅵ-8［金・石・土・水類］
いしぐみ…Ⅶ-45［樹木類］
いしくらしやうふ…Ⅳ-89［野生植物］
いしくらしやうふ…Ⅶ-736
　　　　　　　　　［救荒動植物類］
いしげ…Ⅳ-89［野生植物］
いしけやき…Ⅶ-45［樹木類］

いしけやけ…Ⅶ-45［樹木類］
いしこ…Ⅰ-111［穀物類］
いしこ…Ⅲ-654［貝類］
いしこあわ…Ⅰ-111［穀物類］
いしこかい…Ⅲ-654［貝類］
いしこつ…Ⅲ-59［魚類］
いしこぶ…Ⅲ-654［貝類］
いしこぶ…Ⅶ-736［救荒動植物類］
いしこり…Ⅲ-59［魚類］
いしさき…Ⅶ-45［樹木類］
いしざき…Ⅰ-111［穀物類］
いしざきあわ…Ⅰ-111［穀物類］
いしさはもち…Ⅰ-111［穀物類］
いしされ…Ⅰ-112［穀物類］
いししほ…Ⅵ-8［金・石・土・水類］
いしすな…Ⅵ-8［金・石・土・水類］
いしずみ…Ⅵ-8［金・石・土・水類］
いした…Ⅲ-59［魚類］
いしたい…Ⅲ-60［魚類］
いしたず…Ⅳ-90［野生植物］
いしたたみ…Ⅳ-90［野生植物］
いしたてかいさい…Ⅰ-112［穀物類］
いしたてもち…Ⅰ-112［穀物類］
いしたてやろく…Ⅰ-112［穀物類］
いしたにまめ…Ⅰ-112［穀物類］
いしたひ…Ⅲ-60［魚類］
いしだひえ…Ⅰ-112［穀物類］
いしたろう…Ⅲ-60［魚類］
いしつき…Ⅶ-45［樹木類］
いしつきあわ…Ⅰ-112［穀物類］
いしづく…Ⅶ-46［樹木類］
いしづくのは…Ⅶ-736［救荒動植物類］
いしつた…Ⅳ-90［野生植物］
いしつた…Ⅶ-46［樹木類］
いしづた…Ⅳ-90［野生植物］
いしつつき…Ⅲ-60［魚類］
いしつなき…Ⅲ-60［魚類］
いしつふり…Ⅰ-113［穀物類］

| | |
|---|---|
| いしつりくさ…Ⅳ-90［野生植物］ | いしひえ…Ⅰ-116［穀物類］ |
| いしと…Ⅰ-113［穀物類］ | いしひな…Ⅲ-654［貝類］ |
| いしど…Ⅰ-113［穀物類］ | いしびな…Ⅲ-654［貝類］ |
| いしとう…Ⅰ-113［穀物類］ | いしひやう…Ⅳ-91［野生植物］ |
| いしどう…Ⅰ-113［穀物類］ | いしびやう…Ⅳ-91［野生植物］ |
| いしどう…Ⅰ-114［穀物類］ | いしひゆ…Ⅳ-91［野生植物］ |
| いしとうそは…Ⅰ-114［穀物類］ | いしふ…Ⅶ-46［樹木類］ |
| いしとうそば…Ⅰ-114［穀物類］ | いしふき…Ⅵ-276［菜類］ |
| いしとうもち…Ⅰ-114［穀物類］ | いしぶきわせ…Ⅰ-116［穀物類］ |
| いしどうもち…Ⅰ-114［穀物類］ | いしふく…Ⅲ-61［魚類］ |
| いしとびかい…Ⅲ-654［貝類］ | いしぶし…Ⅲ-61［魚類］ |
| いしどふ…Ⅰ-114［穀物類］ | いしふた…Ⅲ-655［貝類］ |
| いしなき…Ⅲ-60［魚類］ | いしぶた…Ⅲ-655［貝類］ |
| いしなぎ…Ⅲ-60［魚類］ | いしふたかひ…Ⅲ-655［貝類］ |
| いしなし…Ⅵ-685［果類］ | いしふたにな…Ⅲ-655［貝類］ |
| いしなし…Ⅵ-686［果類］ | いしぶたみな…Ⅲ-655［貝類］ |
| いしなら…Ⅶ-46［樹木類］ | いしぶち…Ⅲ-61［魚類］ |
| いしなり…Ⅰ-114［穀物類］ | いしほ…Ⅰ-117［穀物類］ |
| いしのかい…Ⅵ-8［金・石・土・水類］ | いしぼ…Ⅰ-117［穀物類］ |
| いしのかは…Ⅳ-90［野生植物］ | いしまうを…Ⅲ-61［魚類］ |
| いしのかわ…Ⅳ-90［野生植物］ | いしまめ…Ⅰ-117［穀物類］ |
| いしのこ…Ⅰ-115［穀物類］ | いしまめ…Ⅳ-91［野生植物］ |
| いしのこあわ…Ⅰ-115［穀物類］ | いしみかは…Ⅳ-92［野生植物］ |
| いしのこきやうじよろう…Ⅰ-115［穀物類］ | いしみかわ…Ⅳ-92［野生植物］ |
| いしのこほきれ…Ⅰ-115［穀物類］ | いしみがわ…Ⅳ-92［野生植物］ |
| いしのまめ…Ⅳ-91［野生植物］ | いしみくさ…Ⅳ-92［野生植物］ |
| いしのわた…Ⅳ-91［野生植物］ | いしみぞかい…Ⅲ-655［貝類］ |
| いしのわた…Ⅵ-8［金・石・土・水類］ | いしみち…Ⅰ-117［穀物類］ |
| いしのわた…Ⅵ-112［菌・茸類］ | いしみちこむぎ…Ⅰ-117［穀物類］ |
| いしばいいし…Ⅵ-8［金・石・土・水類］ | いしみちもち…Ⅰ-117［穀物類］ |
| いしばうふう…Ⅳ-91［野生植物］ | いしむぐり…Ⅲ-62［魚類］ |
| いしはた…Ⅵ-9［金・石・土・水類］ | いしむし…Ⅲ-62［魚類］ |
| いしはちこく…Ⅰ-115［穀物類］ | いしむしうを…Ⅲ-62［魚類］ |
| いしばへ…Ⅲ-61［魚類］ | いしむめ…Ⅵ-686［果類］ |
| いしはまぐり…Ⅲ-654［貝類］ | いしむめ…Ⅶ-46［樹木類］ |
| いしはら…Ⅰ-116［穀物類］ | いしめつき…Ⅰ-117［穀物類］ |
| いしはり…Ⅰ-116［穀物類］ | いしめなもみ…Ⅳ-92［野生植物］ |
| いしはりま…Ⅰ-116［穀物類］ | いしもち…Ⅰ-118［穀物類］ |

# い

| | |
|---|---|
| いしもち…Ⅲ-62［魚類］ | いせあは…Ⅰ-119［穀物類］ |
| いしもち…Ⅲ-656［貝類］ | いせいね…Ⅰ-119［穀物類］ |
| いしもち…Ⅳ-93［野生植物］ | いせいね…Ⅰ-120［穀物類］ |
| いしもちかれい…Ⅲ-63［魚類］ | いせおく…Ⅰ-120［穀物類］ |
| いしもちがれい…Ⅲ-63［魚類］ | いせおくて…Ⅰ-120［穀物類］ |
| いしもづく…Ⅳ-93［野生植物］ | いせかるこ…Ⅰ-120［穀物類］ |
| いしやしやき…Ⅶ-46［樹木類］ | いせかわち…Ⅰ-120［穀物類］ |
| いしやとめ…Ⅳ-93［野生植物］ | いせきく…Ⅳ-94［野生植物］ |
| いしややき…Ⅶ-46［樹木類］ | いせぎく…Ⅳ-94［野生植物］ |
| いじらしんとく…Ⅰ-118［穀物類］ | いせきひ…Ⅰ-120［穀物類］ |
| いしり…Ⅵ-276［菜類］ | いせきび…Ⅰ-120［穀物類］ |
| いしわた…Ⅳ-93［野生植物］ | いせきやうはやり…Ⅰ-120［穀物類］ |
| いしわた…Ⅵ-9［金・石・土・水類］ | いせくろ…Ⅰ-121［穀物類］ |
| いしわらこむぎ…Ⅰ-118［穀物類］ | いせぐろ…Ⅰ-121［穀物類］ |
| いしわり…Ⅰ-116［穀物類］ | いせくわ…Ⅶ-47［樹木類］ |
| いしわり…Ⅰ-118［穀物類］ | いせけしろ…Ⅰ-121［穀物類］ |
| いしわり…Ⅲ-656［貝類］ | いせこい…Ⅲ-63［魚類］ |
| いしわりがひ…Ⅲ-656［貝類］ | いせごい…Ⅲ-64［魚類］ |
| いしわりこむぎ…Ⅰ-118［穀物類］ | いせこぼうし…Ⅰ-121［穀物類］ |
| いしゑこ…Ⅳ-93［野生植物］ | いせこほれ…Ⅰ-121［穀物類］ |
| いしゑんとう…Ⅳ-93［野生植物］ | いせこぼれ…Ⅰ-121［穀物類］ |
| いしゑんどう…Ⅳ-94［野生植物］ | いせこむぎ…Ⅰ-122［穀物類］ |
| いしんと…Ⅰ-119［穀物類］ | いせささけ…Ⅰ-122［穀物類］ |
| いすい…Ⅳ-94［野生植物］ | いせささけ…Ⅵ-276［菜類］ |
| いずい…Ⅳ-94［野生植物］ | いせさぶらう…Ⅰ-122［穀物類］ |
| いすげ…Ⅳ-94［野生植物］ | いせさんぐわつ…Ⅰ-122［穀物類］ |
| いすさき…Ⅲ-63［魚類］ | いせしろ…Ⅰ-122［穀物類］ |
| いすず…Ⅲ-63［魚類］ | いせしろいね…Ⅰ-122［穀物類］ |
| いすすみ…Ⅲ-63［魚類］ | いせそば…Ⅰ-122［穀物類］ |
| いすずみ…Ⅲ-63［魚類］ | いせちこ…Ⅰ-123［穀物類］ |
| いすのき…Ⅶ-47［樹木類］ | いせな…Ⅳ-95［野生植物］ |
| いずひ…Ⅳ-94［野生植物］ | いせな…Ⅵ-277［菜類］ |
| いすみ…Ⅰ-119［穀物類］ | いせなかて…Ⅰ-123［穀物類］ |
| いすら…Ⅵ-686［果類］ | いせばうづ…Ⅰ-123［穀物類］ |
| いすらのき…Ⅶ-47［樹木類］ | いせはたか…Ⅰ-123［穀物類］ |
| いすりき…Ⅶ-47［樹木類］ | いせはやり…Ⅰ-123［穀物類］ |
| いせ…Ⅰ-119［穀物類］ | いせばやり…Ⅰ-123［穀物類］ |
| いせあづき…Ⅰ-119［穀物類］ | いせひ…Ⅶ-47［樹木類］ |

| | |
|---|---|
| いせひえ…Ⅰ-123〔穀物類〕 | いそこうげ…Ⅳ-96〔野生植物〕 |
| いせひえ…Ⅰ-124〔穀物類〕 | いそこひ…Ⅲ-64〔魚類〕 |
| いせひへ…Ⅰ-124〔穀物類〕 | いそごほう…Ⅵ-277〔菜類〕 |
| いせぶ…Ⅶ-47〔樹木類〕 | いそごぼう…Ⅲ-64〔魚類〕 |
| いせふか…Ⅲ-64〔魚類〕 | いそごんじらう…Ⅲ-65〔魚類〕 |
| いせほ…Ⅰ-124〔穀物類〕 | いそこんにやく…Ⅳ-96〔野生植物〕 |
| いせほくこく…Ⅰ-124〔穀物類〕 | いそさくら…Ⅶ-48〔樹木類〕 |
| いせまめ…Ⅰ-124〔穀物類〕 | いそしい…Ⅲ-657〔貝類〕 |
| いせまる…Ⅰ-125〔穀物類〕 | いそしは…Ⅶ-48〔樹木類〕 |
| いせみやげ…Ⅰ-125〔穀物類〕 | いそしば…Ⅶ-48〔樹木類〕 |
| いせむぎ…Ⅰ-125〔穀物類〕 | いそしゆろさう…Ⅳ-96〔野生植物〕 |
| いせもち…Ⅰ-125〔穀物類〕 | いそせ…Ⅳ-96〔野生植物〕 |
| いせもち…Ⅰ-126〔穀物類〕 | いそそうめん…Ⅳ-96〔野生植物〕 |
| いせやろく…Ⅰ-126〔穀物類〕 | いそたけ…Ⅰ-127〔穀物類〕 |
| いせり…Ⅲ-656〔貝類〕 | いそつくめ…Ⅶ-736〔救荒動植物類〕 |
| いせろくかく…Ⅰ-126〔穀物類〕 | いそつけ…Ⅶ-48〔樹木類〕 |
| いせろくぐわつ…Ⅰ-126〔穀物類〕 | いそつげ…Ⅶ-49〔樹木類〕 |
| いせわせ…Ⅰ-127〔穀物類〕 | いそつはき…Ⅶ-49〔樹木類〕 |
| いせゑんと…Ⅳ-95〔野生植物〕 | いそてくら…Ⅲ-65〔魚類〕 |
| いそあさみ…Ⅵ-277〔菜類〕 | いそな…Ⅳ-96〔野生植物〕 |
| いそうし…Ⅲ-656〔貝類〕 | いそな…Ⅵ-277〔菜類〕 |
| いそうなぎ…Ⅲ-64〔魚類〕 | いそな…Ⅶ-736〔救荒動植物類〕 |
| いそうばめ…Ⅶ-47〔樹木類〕 | いそなでしこ…Ⅳ-97〔野生植物〕 |
| いそうみざくろ…Ⅶ-48〔樹木類〕 | いそにら…Ⅳ-97〔野生植物〕 |
| いそかい…Ⅲ-656〔貝類〕 | いそにんしん…Ⅳ-97〔野生植物〕 |
| いそかき…Ⅳ-95〔野生植物〕 | いそにんにく…Ⅳ-97〔野生植物〕 |
| いそかき…Ⅵ-277〔菜類〕 | いそのはな…Ⅲ-657〔貝類〕 |
| いそがき…Ⅵ-277〔菜類〕 | いそぼうき…Ⅳ-97〔野生植物〕 |
| いそかひ…Ⅲ-656〔貝類〕 | いそはき…Ⅳ-97〔野生植物〕 |
| いそきぎやう…Ⅳ-95〔野生植物〕 | いそひづる…Ⅳ-97〔野生植物〕 |
| いそきく…Ⅳ-95〔野生植物〕 | いそひは…Ⅶ-49〔樹木類〕 |
| いそきな…Ⅳ-95〔野生植物〕 | いそひわ…Ⅶ-49〔樹木類〕 |
| いそぎな…Ⅳ-95〔野生植物〕 | いそふき…Ⅳ-98〔野生植物〕 |
| いそくろ…Ⅶ-48〔樹木類〕 | いそふき…Ⅶ-736〔救荒動植物類〕 |
| いそくろき…Ⅶ-48〔樹木類〕 | いそべせり…Ⅳ-98〔野生植物〕 |
| いそこ…Ⅲ-64〔魚類〕 | いそほあわ…Ⅰ-127〔穀物類〕 |
| いそこ…Ⅳ-96〔野生植物〕 | いそまつ…Ⅳ-98〔野生植物〕 |
| いそこい…Ⅲ-64〔魚類〕 | いそまつ…Ⅶ-49〔樹木類〕 |

# い

いそまひ…Ⅶ-49［樹木類］
いそまめ…Ⅳ-98［野生植物］
いそまめかつら…Ⅳ-98［野生植物］
いそまめのき…Ⅶ-49［樹木類］
いそまめのき…Ⅶ-50［樹木類］
いそめはる…Ⅲ-65［魚類］
いそめばる…Ⅲ-65［魚類］
いそものかひ…Ⅲ-657［貝類］
いそやた…Ⅳ-99［野生植物］
いそゆつりは…Ⅶ-50［樹木類］
いそゆづりは…Ⅶ-50［樹木類］
いそゆり…Ⅳ-99［野生植物］
いそりかひ…Ⅲ-657［貝類］
いそろ…Ⅳ-99［野生植物］
いた…Ⅶ-50［樹木類］
いだ…Ⅲ-65［魚類］
いたき…Ⅶ-50［樹木類］
いたきかいて…Ⅶ-50［樹木類］
いたくらさんしやう…Ⅵ-686［果類］
いたくらさんせう…Ⅶ-50［樹木類］
いたたき…Ⅰ-127［穀物類］
いたち…Ⅵ-112［菌・茸類］
いたち…Ⅶ-736［救荒動植物類］
いたちいを…Ⅲ-65［魚類］
いたちうを…Ⅲ-66［魚類］
いたちかは…Ⅰ-127［穀物類］
いたちくさ…Ⅳ-99［野生植物］
いたちぐさ…Ⅳ-99［野生植物］
いたちけ…Ⅰ-127［穀物類］
いたちささげ…Ⅳ-99［野生植物］
いたちのうを…Ⅲ-66［魚類］
いたちのたちかへりくさ…Ⅳ-99
　　　　　　　　　　　　［野生植物］
いたちのみみ…Ⅳ-100［野生植物］
いたちのを…Ⅰ-128［穀物類］
いたちのを…Ⅳ-100［野生植物］
いたちはぜ…Ⅳ-100［野生植物］
いたちまめ…Ⅰ-128［穀物類］

いたつる…Ⅳ-100［野生植物］
いたとり…Ⅳ-100［野生植物］
いたとり…Ⅳ-101［野生植物］
いたとり…Ⅵ-277［菜類］
いたとり…Ⅶ-51［樹木類］
いたとり…Ⅶ-737［救荒動植物類］
いたどり…Ⅳ-101［野生植物］
いたどり…Ⅵ-278［菜類］
いたどり…Ⅶ-737［救荒動植物類］
いたとりたけ…Ⅵ-113［菌・茸類］
いたどりのくき…Ⅶ-737［救荒動植物類］
いたとりのは…Ⅶ-737［救荒動植物類］
いたどりのは…Ⅶ-738［救荒動植物類］
いたとりのはくき…Ⅶ-738
　　　　　　　　　　　［救荒動植物類］
いたひ…Ⅶ-51［樹木類］
いたび…Ⅳ-102［野生植物］
いたぶ…Ⅳ-102［野生植物］
いたふかつら…Ⅳ-102［野生植物］
いたぶかつら…Ⅳ-102［野生植物］
いたぶかづら…Ⅳ-102［野生植物］
いたぶかづら…Ⅶ-51［樹木類］
いたぼ…Ⅲ-657［貝類］
いたほかい…Ⅲ-657［貝類］
いたむき…Ⅰ-128［穀物類］
いたむぎ…Ⅰ-128［穀物類］
いたや…Ⅶ-51［樹木類］
いたやき…Ⅶ-51［樹木類］
いたやくさ…Ⅳ-102［野生植物］
いたやのき…Ⅶ-51［樹木類］
いたやひへ…Ⅰ-128［穀物類］
いたやもたし…Ⅵ-113［菌・茸類］
いたゆり…Ⅵ-278［菜類］
いたら…Ⅰ-128［穀物類］
いたらかい…Ⅲ-657［貝類］
いたらかひ…Ⅲ-658［貝類］
いちい…Ⅵ-686［果類］
いちい…Ⅶ-52［樹木類］

| | |
|---|---|
| いちいのみ…Ⅶ-738 ［救荒動植物類］ | いちどくり…Ⅵ-688 ［果類］ |
| いちかは…Ⅰ-128 ［穀物類］ | いちどさきからやぶ…Ⅶ-52 ［樹木類］ |
| いちかはわせ…Ⅰ-129 ［穀物類］ | いちな…Ⅵ-278 ［菜類］ |
| いちかひ…Ⅲ-658 ［貝類］ | いちね…Ⅳ-104 ［野生植物］ |
| いちきんな…Ⅵ-278 ［菜類］ | いちのき…Ⅶ-53 ［樹木類］ |
| いちきんなし…Ⅵ-686 ［果類］ | いちのせき…Ⅰ-129 ［穀物類］ |
| いちきんなし…Ⅶ-52 ［樹木類］ | いちのたに…Ⅰ-130 ［穀物類］ |
| いちくさ…Ⅳ-103 ［野生植物］ | いちのつほ…Ⅵ-688 ［果類］ |
| いちけくさ…Ⅳ-103 ［野生植物］ | いちはし…Ⅳ-104 ［野生植物］ |
| いちげくさ…Ⅳ-103 ［野生植物］ | いちはす…Ⅳ-105 ［野生植物］ |
| いちこ…Ⅰ-129 ［穀物類］ | いちはつ…Ⅳ-105 ［野生植物］ |
| いちこ…Ⅳ-103 ［野生植物］ | いちはつ…Ⅳ-106 ［野生植物］ |
| いちこ…Ⅵ-686 ［果類］ | いちはつくさ…Ⅳ-106 ［野生植物］ |
| いちこ…Ⅶ-52 ［樹木類］ | いちひ…Ⅳ-106 ［野生植物］ |
| いちご…Ⅳ-103 ［野生植物］ | いちひ…Ⅶ-53 ［樹木類］ |
| いちご…Ⅵ-687 ［果類］ | いちび…Ⅰ-130 ［穀物類］ |
| いちご…Ⅶ-52 ［樹木類］ | いちび…Ⅳ-106 ［野生植物］ |
| いちご…Ⅶ-738 ［救荒動植物類］ | いちひし…Ⅲ-66 ［魚類］ |
| いちごあわ…Ⅰ-129 ［穀物類］ | いちへかき…Ⅵ-688 ［果類］ |
| いちこくさ…Ⅳ-103 ［野生植物］ | いちべゑ…Ⅰ-130 ［穀物類］ |
| いちごくさ…Ⅳ-104 ［野生植物］ | いちべゑかき…Ⅵ-688 ［果類］ |
| いちこぐみ…Ⅳ-104 ［野生植物］ | いちみくら…Ⅰ-130 ［穀物類］ |
| いちこつなき…Ⅳ-104 ［野生植物］ | いちもちくさ…Ⅳ-93 ［野生植物］ |
| いちごつなぎ…Ⅳ-104 ［野生植物］ | いちや…Ⅵ-688 ［果類］ |
| いちごます…Ⅶ-52 ［樹木類］ | いちやう…Ⅵ-689 ［果類］ |
| いちさいもも…Ⅵ-687 ［果類］ | いちやう…Ⅶ-53 ［樹木類］ |
| いちさくあめんだうす…Ⅵ-689 ［果類］ | いちやういも…Ⅳ-106 ［野生植物］ |
| いちさんあづき…Ⅰ-129 ［穀物類］ | いちやういも…Ⅵ-278 ［菜類］ |
| いちじく…Ⅵ-687 ［果類］ | いちやうのき…Ⅶ-53 ［樹木類］ |
| いちじらう…Ⅰ-129 ［穀物類］ | いちやくさ…Ⅳ-107 ［野生植物］ |
| いちすけこむぎ…Ⅰ-129 ［穀物類］ | いちやけんぎやう…Ⅳ-107 ［野生植物］ |
| いちちく…Ⅵ-687 ［果類］ | いちやこごみ…Ⅳ-107 ［野生植物］ |
| いちぢく…Ⅵ-687 ［果類］ | いちやさう…Ⅳ-107 ［野生植物］ |
| いちぢく…Ⅵ-688 ［果類］ | いちらうべゑ…Ⅰ-130 ［穀物類］ |
| いちぢく…Ⅶ-52 ［樹木類］ | いちりひき…Ⅰ-130 ［穀物類］ |
| いちぢくのは…Ⅶ-738 ［救荒動植物類］ | いちりひきもち…Ⅰ-130 ［穀物類］ |
| いちちやう…Ⅲ-66 ［魚類］ | いちりんさう…Ⅳ-107 ［野生植物］ |
| いちときさう…Ⅳ-104 ［野生植物］ | いちりんそう…Ⅳ-107 ［野生植物］ |

# い

| | |
|---|---|
| いちゐ…Ⅶ-53［樹木類］ | いつてんつつじ…Ⅶ-55［樹木類］ |
| いつかいあかり…Ⅳ-107［野生植物］ | いつときくさ…Ⅳ-109［野生植物］ |
| いつかき…Ⅵ-278［菜類］ | いつときはな…Ⅳ-109［野生植物］ |
| いつかた…Ⅶ-53［樹木類］ | いつときばな…Ⅳ-109［野生植物］ |
| いつき…Ⅶ-54［樹木類］ | いづのき…Ⅶ-55［樹木類］ |
| いつきのみ…Ⅶ-738［救荒動植物類］ | いつふし…Ⅰ-132［穀物類］ |
| いつけさう…Ⅳ-108［野生植物］ | いつほう…Ⅰ-132［穀物類］ |
| いつこく…Ⅰ-131［穀物類］ | いつほうし…Ⅰ-132［穀物類］ |
| いつさいもも…Ⅵ-689［果類］ | いつほうず…Ⅰ-132［穀物類］ |
| いつさき…Ⅲ-66［魚類］ | いつぼうせんなかて…Ⅰ-133［穀物類］ |
| いつさき…Ⅵ-689［果類］ | いつほし…Ⅰ-133［穀物類］ |
| いつさき…Ⅶ-54［樹木類］ | いつぼし…Ⅰ-133［穀物類］ |
| いつさきむし…Ⅲ-66［魚類］ | いつほせん…Ⅰ-133［穀物類］ |
| いつさくもも…Ⅵ-690［果類］ | いつほん…Ⅰ-133［穀物類］ |
| いつささう…Ⅳ-108［野生植物］ | いつぽん…Ⅰ-133［穀物類］ |
| いつしうさつき…Ⅶ-54［樹木類］ | いつほんくさ…Ⅳ-109［野生植物］ |
| いづしゆくさ…Ⅳ-108［野生植物］ | いつほんさき…Ⅰ-133［穀物類］ |
| いつすん…Ⅰ-131［穀物類］ | いつほんしめじ…Ⅵ-113［菌・茸類］ |
| いつそうかいせい…Ⅰ-131［穀物類］ | いつほんしめぢ…Ⅵ-113［菌・茸類］ |
| いつそく…Ⅰ-131［穀物類］ | いつほんすぎ…Ⅰ-134［穀物類］ |
| いづち…Ⅶ-54［樹木類］ | いつほんせい…Ⅰ-133［穀物類］ |
| いつちくまこ…Ⅰ-131［穀物類］ | いつほんせん…Ⅰ-134［穀物類］ |
| いつちや…Ⅶ-54［樹木類］ | いつほんなえ…Ⅰ-134［穀物類］ |
| いっちやうつり…Ⅲ-67［魚類］ | いつほんもち…Ⅰ-134［穀物類］ |
| いっちやうつるふか…Ⅲ-67［魚類］ | いつまてくさ…Ⅳ-109［野生植物］ |
| いっちやうふか…Ⅲ-67［魚類］ | いつまてくさ…Ⅳ-110［野生植物］ |
| いっちやうぶか…Ⅲ-67［魚類］ | いつまでくさ…Ⅳ-110［野生植物］ |
| いつつてかしは…Ⅶ-54［樹木類］ | いづまめ…Ⅰ-134［穀物類］ |
| いつつは…Ⅰ-131［穀物類］ | いつみ…Ⅰ-134［穀物類］ |
| いつつは…Ⅳ-108［野生植物］ | いづみ…Ⅰ-135［穀物類］ |
| いつつば…Ⅰ-131［穀物類］ | いづみいね…Ⅰ-135［穀物類］ |
| いつつば…Ⅳ-108［野生植物］ | いづみおくて…Ⅰ-135［穀物類］ |
| いつつば…Ⅶ-54［樹木類］ | いづみなかて…Ⅰ-135［穀物類］ |
| いつつば…Ⅶ-738［救荒動植物類］ | いつみばやり…Ⅰ-135［穀物類］ |
| いつつはまめ…Ⅰ-132［穀物類］ | いづみむぎ…Ⅰ-135［穀物類］ |
| いつつばまめ…Ⅰ-132［穀物類］ | いづみわせ…Ⅰ-135［穀物類］ |
| いつてう…Ⅲ-67［魚類］ | いつも…Ⅰ-136［穀物類］ |
| いつてつわせ…Ⅰ-132［穀物類］ | いづも…Ⅰ-136［穀物類］ |

| | |
|---|---|
| いづもかうばい…Ⅶ - 55 ［樹木類］ | いとち…Ⅶ - 57 ［樹木類］ |
| いつもくさ…Ⅳ - 110 ［野生植物］ | いどととみ…Ⅳ - 114 ［野生植物］ |
| いつもなし…Ⅵ - 690 ［果類］ | いとはき…Ⅳ - 114 ［野生植物］ |
| いづもなし…Ⅵ - 690 ［果類］ | いとはぎ…Ⅳ - 114 ［野生植物］ |
| いづもわせ…Ⅰ - 136 ［穀物類］ | いどはす…Ⅳ - 114 ［野生植物］ |
| いてう…Ⅵ - 689 ［果類］ | いどばす…Ⅳ - 114 ［野生植物］ |
| いてう…Ⅶ - 55 ［樹木類］ | いとひき…Ⅲ - 67 ［魚類］ |
| いでう…Ⅰ - 136 ［穀物類］ | いとひじき…Ⅳ - 114 ［野生植物］ |
| いてういも…Ⅵ - 278 ［菜類］ | いとふかつら…Ⅳ - 114 ［野生植物］ |
| いてうのき…Ⅵ - 689 ［果類］ | いとふし…Ⅳ - 115 ［野生植物］ |
| いてうのき…Ⅶ - 55 ［樹木類］ | いとまきかひ…Ⅲ - 658 ［貝類］ |
| いてで…Ⅳ - 110 ［野生植物］ | いとまきさくら…Ⅶ - 57 ［樹木類］ |
| いてふ…Ⅶ - 56 ［樹木類］ | いとむき…Ⅰ - 136 ［穀物類］ |
| いてふいも…Ⅵ - 279 ［菜類］ | いとむぎ…Ⅰ - 136 ［穀物類］ |
| いでふいも…Ⅵ - 279 ［菜類］ | いとむめ…Ⅵ - 690 ［果類］ |
| いてふのき…Ⅶ - 56 ［樹木類］ | いとも…Ⅳ - 115 ［野生植物］ |
| いでろん…Ⅳ - 110 ［野生植物］ | いともくさ…Ⅳ - 115 ［野生植物］ |
| いと…Ⅰ - 136 ［穀物類］ | いとやなき…Ⅶ - 57 ［樹木類］ |
| いと…Ⅳ - 111 ［野生植物］ | いとやなぎ…Ⅶ - 57 ［樹木類］ |
| いとあをさ…Ⅳ - 111 ［野生植物］ | いとよもき…Ⅳ - 115 ［野生植物］ |
| いとおもだか…Ⅳ - 111 ［野生植物］ | いとより…Ⅲ - 67 ［魚類］ |
| いとかけ…Ⅳ - 111 ［野生植物］ | いとより…Ⅲ - 68 ［魚類］ |
| いとかけかひ…Ⅲ - 658 ［貝類］ | いとよりたい…Ⅲ - 68 ［魚類］ |
| いとかひ…Ⅲ - 658 ［貝類］ | いとよりだい…Ⅲ - 68 ［魚類］ |
| いとききやう…Ⅳ - 111 ［野生植物］ | いとよりだひ…Ⅲ - 68 ［魚類］ |
| いときりくさ…Ⅳ - 111 ［野生植物］ | いとりひ…Ⅳ - 115 ［野生植物］ |
| いとくくりさくら…Ⅶ - 56 ［樹木類］ | いとろ…Ⅳ - 115 ［野生植物］ |
| いとくさ…Ⅳ - 111 ［野生植物］ | いとろべ…Ⅳ - 115 ［野生植物］ |
| いどくさ…Ⅳ - 112 ［野生植物］ | いとをさのり…Ⅳ - 116 ［野生植物］ |
| いとくり…Ⅳ - 112 ［野生植物］ | いな…Ⅲ - 69 ［魚類］ |
| いとくるま…Ⅳ - 112 ［野生植物］ | いな…Ⅲ - 659 ［貝類］ |
| いとこくさ…Ⅳ - 112 ［野生植物］ | いないすみ…Ⅰ - 137 ［穀物類］ |
| いとさくら…Ⅶ - 56 ［樹木類］ | いないつみ…Ⅰ - 137 ［穀物類］ |
| いとしばり…Ⅳ - 112 ［野生植物］ | いないづみ…Ⅰ - 137 ［穀物類］ |
| いとすすき…Ⅳ - 112 ［野生植物］ | いなかいさう…Ⅳ - 116 ［野生植物］ |
| いとすすき…Ⅳ - 113 ［野生植物］ | いなかいそう…Ⅳ - 116 ［野生植物］ |
| いとせきしやう…Ⅳ - 113 ［野生植物］ | いながいそう…Ⅳ - 116 ［野生植物］ |
| いとそめくさ…Ⅳ - 113 ［野生植物］ | いなかかし…Ⅰ - 137 ［穀物類］ |

い

| | |
|---|---|
| いなかもち…Ⅰ-137 ［穀物類］ | いぬかき…Ⅲ-659 ［貝類］ |
| いなきふか…Ⅲ-69 ［魚類］ | いぬかしは…Ⅶ-58 ［樹木類］ |
| いなこ…Ⅲ-69 ［魚類］ | いぬかたら…Ⅳ-118 ［野生植物］ |
| いなご…Ⅶ-739 ［救荒動植物類］ | いぬかつら…Ⅶ-58 ［樹木類］ |
| いなこさし…Ⅳ-116 ［野生植物］ | いぬかば…Ⅶ-58 ［樹木類］ |
| いなさはもち…Ⅰ-137 ［穀物類］ | いぬかはたけ…Ⅵ-113 ［菌・茸類］ |
| いなた…Ⅲ-69 ［魚類］ | いぬかみくさ…Ⅳ-118 ［野生植物］ |
| いなだ…Ⅲ-69 ［魚類］ | いぬがみくさ…Ⅳ-118 ［野生植物］ |
| いなづま…Ⅰ-137 ［穀物類］ | いぬかや…Ⅳ-119 ［野生植物］ |
| いなづまわせ…Ⅰ-138 ［穀物類］ | いぬかや…Ⅶ-58 ［樹木類］ |
| いなは…Ⅰ-138 ［穀物類］ | いぬがや…Ⅵ-690 ［果類］ |
| いなば…Ⅰ-138 ［穀物類］ | いぬから…Ⅳ-119 ［野生植物］ |
| いなばこうばい…Ⅵ-690 ［果類］ | いぬがら…Ⅳ-119 ［野生植物］ |
| いなばこうぼふ…Ⅰ-138 ［穀物類］ | いぬからず…Ⅶ-58 ［樹木類］ |
| いなばなし…Ⅵ-690 ［果類］ | いぬがらび…Ⅳ-119 ［野生植物］ |
| いなばもち…Ⅰ-138 ［穀物類］ | いぬからぶし…Ⅶ-58 ［樹木類］ |
| いなばやろく…Ⅰ-139 ［穀物類］ | いぬからむし…Ⅳ-119 ［野生植物］ |
| いなほ…Ⅲ-70 ［魚類］ | いぬかりやす…Ⅳ-119 ［野生植物］ |
| いなほあは…Ⅰ-139 ［穀物類］ | いぬかわたけ…Ⅵ-113 ［菌・茸類］ |
| いなほあわ…Ⅰ-139 ［穀物類］ | いぬきず…Ⅶ-59 ［樹木類］ |
| いなむぎ…Ⅰ-139 ［穀物類］ | いぬきり…Ⅶ-59 ［樹木類］ |
| いなり…Ⅰ-139 ［穀物類］ | いぬぎりのき…Ⅶ-59 ［樹木類］ |
| いなをかし…Ⅰ-139 ［穀物類］ | いぬくさ…Ⅳ-119 ［野生植物］ |
| いぬあぶら…Ⅳ-116 ［野生植物］ | いぬくす…Ⅶ-59 ［樹木類］ |
| いぬあわ…Ⅳ-116 ［野生植物］ | いぬけいとう…Ⅳ-120 ［野生植物］ |
| いぬいき…Ⅳ-117 ［野生植物］ | いぬげし…Ⅳ-120 ［野生植物］ |
| いぬいちこ…Ⅳ-117 ［野生植物］ | いぬけやき…Ⅶ-59 ［樹木類］ |
| いぬいちご…Ⅳ-117 ［野生植物］ | いぬげやけ…Ⅶ-60 ［樹木類］ |
| いぬいちやう…Ⅶ-57 ［樹木類］ | いぬこ…Ⅳ-120 ［野生植物］ |
| いぬいも…Ⅳ-117 ［野生植物］ | いぬこうしゆ…Ⅳ-120 ［野生植物］ |
| いぬうど…Ⅳ-117 ［野生植物］ | いぬこうじゆ…Ⅳ-120 ［野生植物］ |
| いぬえひ…Ⅳ-117 ［野生植物］ | いぬこが…Ⅶ-60 ［樹木類］ |
| いぬえび…Ⅳ-117 ［野生植物］ | いぬこく…Ⅰ-139 ［穀物類］ |
| いぬおほくら…Ⅶ-57 ［樹木類］ | いぬこけ…Ⅳ-120 ［野生植物］ |
| いぬおりだくさ…Ⅳ-118 ［野生植物］ | いぬごせう…Ⅶ-60 ［樹木類］ |
| いぬかうじ…Ⅳ-118 ［野生植物］ | いぬごま…Ⅳ-120 ［野生植物］ |
| いぬかうじゆ…Ⅳ-118 ［野生植物］ | いぬころくさ…Ⅳ-121 ［野生植物］ |
| いぬがうたけ…Ⅵ-113 ［菌・茸類］ | いぬころし…Ⅵ-59 ［竹・笹類］ |

| | |
|---|---|
| いぬころし…Ⅵ-691［果類］ | いぬそうはき…Ⅳ-123［野生植物］ |
| いぬころし…Ⅶ-60［樹木類］ | いぬそてつ…Ⅳ-123［野生植物］ |
| いぬさいかしのき…Ⅶ-60［樹木類］ | いぬそは…Ⅳ-123［野生植物］ |
| いぬさかき…Ⅶ-60［樹木類］ | いぬそば…Ⅳ-123［野生植物］ |
| いぬさくら…Ⅶ-60［樹木類］ | いぬたいわう…Ⅳ-123［野生植物］ |
| いぬさくら…Ⅶ-61［樹木類］ | いぬだいわう…Ⅳ-123［野生植物］ |
| いぬさんしち…Ⅳ-121［野生植物］ | いぬたたらび…Ⅳ-124［野生植物］ |
| いぬさんしやう…Ⅵ-691［果類］ | いぬたて…Ⅳ-124［野生植物］ |
| いぬさんしやう…Ⅶ-61［樹木類］ | いぬたて…Ⅵ-279［菜類］ |
| いぬさんしやうのき…Ⅶ-61［樹木類］ | いぬたて…Ⅶ-63［樹木類］ |
| いぬさんしよふ…Ⅵ-691［果類］ | いぬたて…Ⅶ-739［救荒動植物類］ |
| いぬさんせう…Ⅳ-121［野生植物］ | いぬたで…Ⅳ-124［野生植物］ |
| いぬさんせう…Ⅵ-691［果類］ | いぬたで…Ⅳ-125［野生植物］ |
| いぬさんせう…Ⅶ-61［樹木類］ | いぬたで…Ⅵ-279［菜類］ |
| いぬさんせう…Ⅶ-62［樹木類］ | いぬたでのみ…Ⅶ-739［救荒動植物類］ |
| いぬざんせう…Ⅶ-62［樹木類］ | いぬたひおふ…Ⅳ-125［野生植物］ |
| いぬじ…Ⅳ-121［野生植物］ | いぬたら…Ⅶ-63［樹木類］ |
| いぬしかう…Ⅵ-114［菌・茸類］ | いぬだら…Ⅶ-63［樹木類］ |
| いぬしぎ…Ⅶ-62［樹木類］ | いぬだらのき…Ⅶ-64［樹木類］ |
| いぬしきみ…Ⅶ-62［樹木類］ | いぬぢ…Ⅰ-140［穀物類］ |
| いぬしそ…Ⅳ-121［野生植物］ | いぬぢあわ…Ⅳ-125［野生植物］ |
| いぬした…Ⅳ-121［野生植物］ | いぬちさ…Ⅳ-125［野生植物］ |
| いぬしだ…Ⅳ-121［野生植物］ | いぬづき…Ⅶ-64［樹木類］ |
| いぬしで…Ⅶ-62［樹木類］ | いぬつけ…Ⅶ-64［樹木類］ |
| いぬしやうが…Ⅳ-122［野生植物］ | いぬつげ…Ⅶ-64［樹木類］ |
| いぬじゆろ…Ⅶ-62［樹木類］ | いぬつげ…Ⅶ-65［樹木類］ |
| いぬしりさり…Ⅵ-280［菜類］ | いぬつげのき…Ⅶ-65［樹木類］ |
| いぬしりだし…Ⅳ-122［野生植物］ | いぬつつじ…Ⅶ-65［樹木類］ |
| いぬしろからむし…Ⅳ-122［野生植物］ | いぬつつち…Ⅶ-65［樹木類］ |
| いぬすき…Ⅶ-62［樹木類］ | いぬつづら…Ⅳ-125［野生植物］ |
| いぬすぎ…Ⅶ-63［樹木類］ | いぬつはき…Ⅶ-65［樹木類］ |
| いぬすげ…Ⅳ-122［野生植物］ | いぬつぶ…Ⅲ-70［魚類］ |
| いぬせり…Ⅳ-122［野生植物］ | いぬとうつら…Ⅳ-126［野生植物］ |
| いぬせり…Ⅵ-279［菜類］ | いぬとが…Ⅶ-65［樹木類］ |
| いぬぜり…Ⅳ-122［野生植物］ | いぬとりもち…Ⅶ-66［樹木類］ |
| いぬせんだん…Ⅶ-63［樹木類］ | いぬなすな…Ⅳ-126［野生植物］ |
| いぬせんまい…Ⅳ-122［野生植物］ | いぬなずな…Ⅳ-126［野生植物］ |
| いぬぜんまい…Ⅳ-123［野生植物］ | いぬなつち…Ⅳ-126［野生植物］ |

い

| | |
|---|---|
| いぬなるやまにんじん…Ⅳ-126［野生植物］ | いぬはこべ…Ⅳ-130［野生植物］ |
| いぬにら…Ⅳ-126［野生植物］ | いぬはしくり…Ⅳ-130［野生植物］ |
| いぬにんしん…Ⅳ-126［野生植物］ | いぬはす…Ⅳ-131［野生植物］ |
| いぬにんじん…Ⅳ-127［野生植物］ | いぬはぜ…Ⅶ-66［樹木類］ |
| いぬねぶ…Ⅳ-127［野生植物］ | いぬははきぎ…Ⅳ-131［野生植物］ |
| いぬのあしかた…Ⅳ-127［野生植物］ | いぬはら…Ⅰ-141［穀物類］ |
| いぬのきは…Ⅵ-280［菜類］ | いぬはらき…Ⅶ-66［樹木類］ |
| いぬのきば…Ⅵ-280［菜類］ | いぬばり…Ⅳ-131［野生植物］ |
| いぬのくそあさみ…Ⅳ-127［野生植物］ | いぬはんのき…Ⅶ-66［樹木類］ |
| いぬのくそひへ…Ⅰ-140［穀物類］ | いぬひつり…Ⅵ-280［菜類］ |
| いぬのけ…Ⅳ-127［野生植物］ | いぬひづり…Ⅵ-280［菜類］ |
| いぬのげんご…Ⅳ-127［野生植物］ | いぬひな…Ⅵ-280［菜類］ |
| いぬのこ…Ⅰ-140［穀物類］ | いぬひば…Ⅶ-66［樹木類］ |
| いぬのしじ…Ⅳ-128［野生植物］ | いぬびは…Ⅵ-691［果類］ |
| いぬのした…Ⅳ-128［野生植物］ | いぬひへ…Ⅰ-141［穀物類］ |
| いぬのしりかけ…Ⅳ-128［野生植物］ | いぬひへ…Ⅳ-131［野生植物］ |
| いぬのしりさし…Ⅲ-659［貝類］ | いぬびへ…Ⅰ-141［穀物類］ |
| いぬのしりさし…Ⅳ-128［野生植物］ | いぬひむろ…Ⅶ-66［樹木類］ |
| いぬのしりさしくさ…Ⅳ-128［野生植物］ | いぬびわ…Ⅶ-67［樹木類］ |
| いぬのしりだし…Ⅳ-128［野生植物］ | いぬひゑ…Ⅳ-131［野生植物］ |
| いぬのしりぬくい…Ⅳ-129［野生植物］ | いぬびんか…Ⅶ-67［樹木類］ |
| いぬのて…Ⅰ-140［穀物類］ | いぬふき…Ⅵ-281［菜類］ |
| いぬのてあわ…Ⅰ-140［穀物類］ | いぬふしかつら…Ⅳ-131［野生植物］ |
| いぬのはな…Ⅳ-129［野生植物］ | いぬふぢ…Ⅳ-131［野生植物］ |
| いぬのはなけ…Ⅳ-129［野生植物］ | いぬぶつ…Ⅰ-141［穀物類］ |
| いぬのはなさし…Ⅳ-129［野生植物］ | いぬぶつ…Ⅳ-132［野生植物］ |
| いぬのはら…Ⅰ-140［穀物類］ | いぬふとう…Ⅳ-132［野生植物］ |
| いぬのはら…Ⅰ-141［穀物類］ | いぬぶどう…Ⅳ-132［野生植物］ |
| いぬのはらなかて…Ⅰ-141［穀物類］ | いぬほう…Ⅶ-67［樹木類］ |
| いぬのまちかき…Ⅳ-129［野生植物］ | いぬほうき…Ⅳ-132［野生植物］ |
| いぬのむちくさ…Ⅳ-129［野生植物］ | いぬほうし…Ⅶ-67［樹木類］ |
| いぬのやから…Ⅳ-130［野生植物］ | いぬほうすき…Ⅳ-132［野生植物］ |
| いぬのを…Ⅰ-141［穀物類］ | いぬほうずき…Ⅳ-132［野生植物］ |
| いぬのを…Ⅳ-130［野生植物］ | いぬほうつき…Ⅳ-132［野生植物］ |
| いぬのをくさ…Ⅳ-130［野生植物］ | いぬほうつき…Ⅳ-133［野生植物］ |
| いぬはぎ…Ⅳ-130［野生植物］ | いぬほうづき…Ⅳ-133［野生植物］ |
| いぬはぎ…Ⅶ-66［樹木類］ | いぬほうづき…Ⅳ-134［野生植物］ |
| いぬはこへ…Ⅵ-280［菜類］ | いぬほうのき…Ⅶ-67［樹木類］ |

| | |
|---|---|
| いぬほふづき…Ⅳ-134［野生植物］ | いねし…Ⅲ-659［貝類］ |
| いぬほほづき…Ⅳ-134［野生植物］ | いねつぶ…Ⅲ-70［魚類］ |
| いぬほほづき…Ⅵ-281［菜類］ | いねつぶ…Ⅲ-659［貝類］ |
| いぬほをづき…Ⅳ-134［野生植物］ | いねつぼ…Ⅲ-70［魚類］ |
| いぬまき…Ⅶ-67［樹木類］ | いねび…Ⅶ-70［樹木類］ |
| いぬまき…Ⅶ-68［樹木類］ | いねむぎ…Ⅰ-142［穀物類］ |
| いぬまゆみ…Ⅶ-68［樹木類］ | いのかひ…Ⅲ-659［貝類］ |
| いぬまを…Ⅳ-134［野生植物］ | いのくち…Ⅰ-142［穀物類］ |
| いぬみつば…Ⅳ-134［野生植物］ | いのけ…Ⅳ-137［野生植物］ |
| いぬみづひき…Ⅳ-134［野生植物］ | いのこ…Ⅲ-659［貝類］ |
| いぬむかご…Ⅳ-135［野生植物］ | いのこ…Ⅳ-137［野生植物］ |
| いぬむかご…Ⅵ-281［菜類］ | いのこかつら…Ⅳ-137［野生植物］ |
| いぬむぎ…Ⅳ-135［野生植物］ | いのこくさ…Ⅳ-137［野生植物］ |
| いぬむくろし…Ⅶ-68［樹木類］ | いのこしば…Ⅶ-70［樹木類］ |
| いぬむしを…Ⅳ-135［野生植物］ | いのこつき…Ⅳ-137［野生植物］ |
| いぬめじか…Ⅳ-135［野生植物］ | いのこつち…Ⅳ-137［野生植物］ |
| いぬも…Ⅳ-135［野生植物］ | いのこつち…Ⅳ-138［野生植物］ |
| いぬもくら…Ⅳ-135［野生植物］ | いのこつち…Ⅶ-739［救荒動植物類］ |
| いぬもち…Ⅶ-68［樹木類］ | いのこづち…Ⅳ-138［野生植物］ |
| いぬもみぢ…Ⅶ-68［樹木類］ | いのこつつ…Ⅳ-138［野生植物］ |
| いぬやなぎ…Ⅶ-69［樹木類］ | いのこづつ…Ⅳ-139［野生植物］ |
| いぬやまかうじ…Ⅳ-135［野生植物］ | いのこつつり…Ⅳ-139［野生植物］ |
| いぬやまもも…Ⅶ-69［樹木類］ | いのこつり…Ⅳ-139［野生植物］ |
| いぬゆつりは…Ⅶ-69［樹木類］ | いのこまめ…Ⅰ-142［穀物類］ |
| いぬゆづりは…Ⅶ-69［樹木類］ | いのじ…Ⅳ-139［野生植物］ |
| いぬよもき…Ⅳ-136［野生植物］ | いのじあは…Ⅳ-139［野生植物］ |
| いぬゐ…Ⅳ-136［野生植物］ | いのじくさ…Ⅳ-139［野生植物］ |
| いぬゑこ…Ⅳ-136［野生植物］ | いのしし…Ⅶ-739［救荒動植物類］ |
| いぬゑのき…Ⅶ-69［樹木類］ | いのししあは…Ⅰ-143［穀物類］ |
| いぬゑびかつら…Ⅳ-136［野生植物］ | いのししころし…Ⅰ-143［穀物類］ |
| いぬゑびかづら…Ⅳ-136［野生植物］ | いのししひへ…Ⅰ-143［穀物類］ |
| いぬゑひこ…Ⅳ-136［野生植物］ | いのしり…Ⅳ-139［野生植物］ |
| いぬゑんだう…Ⅳ-136［野生植物］ | いのしりくさ…Ⅳ-140［野生植物］ |
| いぬゑんとう…Ⅳ-137［野生植物］ | いのすかき…Ⅵ-691［果類］ |
| いね…Ⅰ-142［穀物類］ | いのちくさ…Ⅳ-140［野生植物］ |
| いねうるち…Ⅰ-142［穀物類］ | いのて…Ⅵ-281［菜類］ |
| いねきひ…Ⅰ-142［穀物類］ | いのはな…Ⅵ-114［菌・茸類］ |
| いねきび…Ⅰ-142［穀物類］ | いのはなたけ…Ⅵ-114［菌・茸類］ |

| | |
|---|---|
| いのふ…Ⅰ-143［穀物類］ | いばくさ…Ⅳ-142［野生植物］ |
| いのへ…Ⅰ-143［穀物類］ | いはくたき…Ⅰ-145［穀物類］ |
| いのべ…Ⅲ-660［貝類］ | いはくに…Ⅰ-145［穀物類］ |
| いのみ…Ⅵ-281［菜類］ | いはくにささけ…Ⅰ-145［穀物類］ |
| いのむぎ…Ⅰ-143［穀物類］ | いはこ…Ⅰ-145［穀物類］ |
| いのめ…Ⅲ-660［貝類］ | いはこけくさ…Ⅳ-142［野生植物］ |
| いのめかい…Ⅲ-660［貝類］ | いはここめ…Ⅳ-142［野生植物］ |
| いのめがい…Ⅲ-660［貝類］ | いはこすり…Ⅰ-145［穀物類］ |
| いのめかき…Ⅲ-660［貝類］ | いはこつき…Ⅰ-146［穀物類］ |
| いのめかひ…Ⅲ-660［貝類］ | いはころはし…Ⅰ-146［穀物類］ |
| いのや…Ⅰ-143［穀物類］ | いはころばし…Ⅰ-146［穀物類］ |
| いのやもち…Ⅰ-144［穀物類］ | いはころび…Ⅰ-146［穀物類］ |
| いのんと…Ⅳ-140［野生植物］ | いはこをり…Ⅰ-146［穀物類］ |
| いのんど…Ⅳ-140［野生植物］ | いはさくら…Ⅳ-142［野生植物］ |
| いば…Ⅲ-660［貝類］ | いはさくら…Ⅶ-70［樹木類］ |
| いば…Ⅳ-140［野生植物］ | いはざさ…Ⅳ-142［野生植物］ |
| いはあは…Ⅰ-144［穀物類］ | いはし…Ⅲ-70［魚類］ |
| いはあやめ…Ⅳ-140［野生植物］ | いはし…Ⅲ-71［魚類］ |
| いはいし…Ⅵ-9［金・石・土・水類］ | いはしあぶら…Ⅶ-70［樹木類］ |
| いはいちこ…Ⅳ-141［野生植物］ | いはしは…Ⅳ-143［野生植物］ |
| いはうち…Ⅰ-144［穀物類］ | いはしば…Ⅳ-143［野生植物］ |
| いはうちへ…Ⅰ-144［穀物類］ | いはしば…Ⅶ-70［樹木類］ |
| いはうつき…Ⅶ-70［樹木類］ | いはしはり…Ⅳ-143［野生植物］ |
| いはうつきのは…Ⅶ-739［救荒動植物類］ | いはしばり…Ⅳ-143［野生植物］ |
| いはうるい…Ⅳ-141［野生植物］ | いはしばり…Ⅶ-70［樹木類］ |
| いはおとし…Ⅰ-144［穀物類］ | いはしやかず…Ⅶ-71［樹木類］ |
| いはおり…Ⅰ-144［穀物類］ | いはすか…Ⅰ-146［穀物類］ |
| いはかしわ…Ⅳ-141［野生植物］ | いはすきな…Ⅳ-143［野生植物］ |
| いはかつら…Ⅳ-141［野生植物］ | いはすけ…Ⅳ-143［野生植物］ |
| いはかづら…Ⅳ-141［野生植物］ | いはすげ…Ⅳ-143［野生植物］ |
| いはかは…Ⅰ-144［穀物類］ | いはすだ…Ⅳ-144［野生植物］ |
| いはかひ…Ⅲ-661［貝類］ | いはすだれ…Ⅳ-144［野生植物］ |
| いはかや…Ⅳ-141［野生植物］ | いはすり…Ⅰ-147［穀物類］ |
| いはき…Ⅰ-145［穀物類］ | いはずり…Ⅰ-147［穀物類］ |
| いはききやう…Ⅳ-141［野生植物］ | いはせきちく…Ⅳ-144［野生植物］ |
| いはきく…Ⅳ-142［野生植物］ | いはせり…Ⅳ-144［野生植物］ |
| いはきわせ…Ⅰ-145［穀物類］ | いはぜり…Ⅳ-144［野生植物］ |
| いはくさ…Ⅳ-142［野生植物］ | いはぜり…Ⅵ-281［菜類］ |

| | |
|---|---|
| いはぜんまひ…Ⅵ-281［菜類］ | いはひぢき…Ⅳ-147［野生植物］ |
| いはたかな…Ⅳ-144［野生植物］ | いはひは…Ⅳ-147［野生植物］ |
| いはたかな…Ⅵ-282［菜類］ | いはひば…Ⅳ-147［野生植物］ |
| いはたけ…Ⅵ-114［菌・茸類］ | いはひば…Ⅳ-148［野生植物］ |
| いはたひえ…Ⅰ-147［穀物類］ | いはひも…Ⅳ-148［野生植物］ |
| いはたら…Ⅵ-282［菜類］ | いはびゆ…Ⅳ-148［野生植物］ |
| いはだら…Ⅳ-144［野生植物］ | いはふぎ…Ⅳ-148［野生植物］ |
| いはちさ…Ⅳ-145［野生植物］ | いはふじ…Ⅳ-148［野生植物］ |
| いはぢさ…Ⅳ-145［野生植物］ | いはふち…Ⅳ-149［野生植物］ |
| いはつきな…Ⅵ-282［菜類］ | いはふぢ…Ⅳ-149［野生植物］ |
| いはつげ…Ⅳ-145［野生植物］ | いはふつる…Ⅳ-149［野生植物］ |
| いはつた…Ⅳ-145［野生植物］ | いはふな…Ⅶ-72［樹木類］ |
| いはつつし…Ⅳ-145［野生植物］ | いはへら…Ⅳ-149［野生植物］ |
| いはつつし…Ⅶ-71［樹木類］ | いはほうけ…Ⅳ-149［野生植物］ |
| いはつつじ…Ⅶ-71［樹木類］ | いはまつ…Ⅳ-149［野生植物］ |
| いはつつち…Ⅶ-71［樹木類］ | いはまて…Ⅲ-661［貝類］ |
| いはつは…Ⅳ-146［野生植物］ | いはまめ…Ⅰ-148［穀物類］ |
| いはつはき…Ⅳ-145［野生植物］ | いはまめ…Ⅳ-149［野生植物］ |
| いはつばき…Ⅳ-145［野生植物］ | いはまめかつら…Ⅳ-150［野生植物］ |
| いはつばき…Ⅶ-71［樹木類］ | いはみ…Ⅰ-148［穀物類］ |
| いはつり…Ⅰ-147［穀物類］ | いはみかし…Ⅰ-148［穀物類］ |
| いはつる…Ⅰ-147［穀物類］ | いはむり…Ⅳ-150［野生植物］ |
| いはてあわ…Ⅰ-147［穀物類］ | いはもと…Ⅰ-148［穀物類］ |
| いはな…Ⅲ-71［魚類］ | いはもとやろく…Ⅰ-148［穀物類］ |
| いはな…Ⅳ-146［野生植物］ | いはやちは…Ⅶ-72［樹木類］ |
| いはなし…Ⅳ-146［野生植物］ | いはやとめ…Ⅶ-72［樹木類］ |
| いはなし…Ⅵ-692［果類］ | いはやなぎ…Ⅳ-150［野生植物］ |
| いはなし…Ⅶ-72［樹木類］ | いはやなぎ…Ⅶ-72［樹木類］ |
| いはなてしこ…Ⅳ-146［野生植物］ | いはゆり…Ⅳ-150［野生植物］ |
| いはなわ…Ⅰ-147［穀物類］ | いはゆり…Ⅵ-282［菜類］ |
| いはにんしん…Ⅳ-146［野生植物］ | いはら…Ⅳ-150［野生植物］ |
| いはにんじん…Ⅳ-146［野生植物］ | いはら…Ⅶ-73［樹木類］ |
| いはは…Ⅶ-72［樹木類］ | いばら…Ⅳ-150［野生植物］ |
| いははうし…Ⅰ-148［穀物類］ | いばら…Ⅳ-151［野生植物］ |
| いははぎ…Ⅳ-146［野生植物］ | いばら…Ⅶ-73［樹木類］ |
| いははげ…Ⅳ-147［野生植物］ | いばらいげ…Ⅳ-151［野生植物］ |
| いはばせ…Ⅶ-72［樹木類］ | いばらいちご…Ⅳ-151［野生植物］ |
| いはばせう…Ⅳ-147［野生植物］ | いばらかつら…Ⅳ-151［野生植物］ |

い

| | |
|---|---|
| いはらくひ…Ⅶ-73［樹木類］ | いひのやまひゑ…Ⅰ-150［穀物類］ |
| いはらこち…Ⅲ-71［魚類］ | いひのり…Ⅳ-154［野生植物］ |
| いばらこち…Ⅲ-71［魚類］ | いひぶく…Ⅲ-71［魚類］ |
| いばらしやうび…Ⅳ-151［野生植物］ | いびやくし…Ⅳ-154［野生植物］ |
| いばらしやうびん…Ⅳ-151［野生植物］ | いびら…Ⅳ-154［野生植物］ |
| いばらしやふび…Ⅳ-152［野生植物］ | いびら…Ⅶ-740［救荒動植物類］ |
| いはらすき…Ⅶ-73［樹木類］ | いぶか…Ⅰ-150［穀物類］ |
| いばらすぎ…Ⅶ-73［樹木類］ | いふかを…Ⅵ-282［菜類］ |
| いばらせうび…Ⅳ-152［野生植物］ | いふき…Ⅶ-73［樹木類］ |
| いはらのは…Ⅶ-740［救荒動植物類］ | いぶき…Ⅰ-150［穀物類］ |
| いばらのはな…Ⅶ-73［樹木類］ | いぶき…Ⅶ-74［樹木類］ |
| いばらのほへ…Ⅳ-152［野生植物］ | いふきすき…Ⅶ-74［樹木類］ |
| いはらのほへ…Ⅶ-740［救荒動植物類］ | いぶきだいこん…Ⅵ-282［菜類］ |
| いばらのめ…Ⅶ-740［救荒動植物類］ | いぶきびやくしん…Ⅶ-74［樹木類］ |
| いばらまめ…Ⅰ-148［穀物類］ | いぶく…Ⅲ-72［魚類］ |
| いばらもみ…Ⅳ-152［野生植物］ | いぶし…Ⅶ-74［樹木類］ |
| いはりかつら…Ⅳ-152［野生植物］ | いぶのき…Ⅶ-75［樹木類］ |
| いはりかづら…Ⅳ-152［野生植物］ | いぼくぐり…Ⅵ-114［菌・茸類］ |
| いはれんけ…Ⅳ-152［野生植物］ | いほくさ…Ⅳ-154［野生植物］ |
| いはれんけ…Ⅳ-153［野生植物］ | いぼくさ…Ⅳ-154［野生植物］ |
| いはれんげ…Ⅳ-153［野生植物］ | いぼぐさ…Ⅳ-155［野生植物］ |
| いはろくしやう…Ⅵ-9［金・石・土・水類］ | いぼここり…Ⅵ-115［菌・茸類］ |
| いはゐさめ…Ⅲ-71［魚類］ | いぼこふおり…Ⅳ-155［野生植物］ |
| いび…Ⅰ-149［穀物類］ | いぼこふをり…Ⅳ-155［野生植物］ |
| いひあつき…Ⅰ-149［穀物類］ | いほし…Ⅶ-75［樹木類］ |
| いひあづき…Ⅰ-149［穀物類］ | いほしのは…Ⅶ-740［救荒動植物類］ |
| いひぐみ…Ⅵ-692［果類］ | いぼしのみ…Ⅶ-740［救荒動植物類］ |
| いひしま…Ⅰ-149［穀物類］ | いぼせ…Ⅲ-72［魚類］ |
| いひじま…Ⅰ-149［穀物類］ | いぼた…Ⅶ-75［樹木類］ |
| いひじまさいごく…Ⅰ-149［穀物類］ | いほたのき…Ⅶ-75［樹木類］ |
| いひだもち…Ⅰ-149［穀物類］ | いぼたのき…Ⅶ-75［樹木類］ |
| いびついばら…Ⅳ-153［野生植物］ | いぼな…Ⅵ-282［菜類］ |
| いびつかぐ…Ⅳ-153［野生植物］ | いほのき…Ⅶ-76［樹木類］ |
| いひつつみ…Ⅳ-154［野生植物］ | いぼのき…Ⅶ-76［樹木類］ |
| いひつま…Ⅰ-150［穀物類］ | いほはらひ…Ⅳ-155［野生植物］ |
| いひづま…Ⅰ-150［穀物類］ | いぼめ…Ⅲ-661［貝類］ |
| いひで…Ⅰ-150［穀物類］ | いほやなき…Ⅶ-76［樹木類］ |
| いひぬま…Ⅰ-150［穀物類］ | いぼやなぎ…Ⅶ-76［樹木類］ |

| | |
|---|---|
| いまいわか…Ⅰ-151［穀物類］ | いものうを…Ⅲ-72［魚類］ |
| いまかは…Ⅰ-151［穀物類］ | いものき…Ⅶ-77［樹木類］ |
| いまさか…Ⅰ-151［穀物類］ | いものこ…Ⅵ-283［菜類］ |
| いまさか…Ⅵ-692［果類］ | いものは…Ⅶ-741［救荒動植物類］ |
| いまむら…Ⅰ-151［穀物類］ | いもは…Ⅳ-157［野生植物］ |
| いまむらおきて…Ⅰ-151［穀物類］ | いもはくさ…Ⅳ-158［野生植物］ |
| いまむろ…Ⅰ-151［穀物類］ | いもばくさ…Ⅳ-158［野生植物］ |
| いまめ…Ⅳ-155［野生植物］ | いもほりくさびうを…Ⅲ-72［魚類］ |
| いまめ…Ⅶ-76［樹木類］ | いもり…Ⅳ-158［野生植物］ |
| いみしき…Ⅶ-76［樹木類］ | いやき…Ⅶ-77［樹木類］ |
| いみのき…Ⅶ-76［樹木類］ | いやくさ…Ⅳ-158［野生植物］ |
| いむしらふ…Ⅶ-77［樹木類］ | いやくろ…Ⅰ-152［穀物類］ |
| いむちん…Ⅳ-155［野生植物］ | いやなき…Ⅳ-158［野生植物］ |
| いも…Ⅲ-72［魚類］ | いやなき…Ⅶ-77［樹木類］ |
| いも…Ⅳ-155［野生植物］ | いやなぎ…Ⅶ-78［樹木類］ |
| いも…Ⅵ-283［菜類］ | いよ…Ⅰ-152［穀物類］ |
| いもうを…Ⅲ-72［魚類］ | いよあわ…Ⅰ-152［穀物類］ |
| いもから…Ⅳ-156［野生植物］ | いよいね…Ⅰ-152［穀物類］ |
| いもがら…Ⅶ-740［救荒動植物類］ | いよく…Ⅶ-78［樹木類］ |
| いもからくさ…Ⅳ-156［野生植物］ | いよこうぼふ…Ⅰ-152［穀物類］ |
| いもがらくさ…Ⅳ-156［野生植物］ | いよこむぎ…Ⅰ-152［穀物類］ |
| いもからのは…Ⅶ-741［救荒動植物類］ | いよささげ…Ⅰ-152［穀物類］ |
| いもき…Ⅶ-77［樹木類］ | いよだいこん…Ⅵ-283［菜類］ |
| いもき…Ⅶ-741［救荒動植物類］ | いよてうせん…Ⅰ-153［穀物類］ |
| いもぎ…Ⅶ-77［樹木類］ | いよはたか…Ⅰ-153［穀物類］ |
| いもぎのは…Ⅶ-741［救荒動植物類］ | いよはだか…Ⅰ-153［穀物類］ |
| いもくさ…Ⅳ-156［野生植物］ | いよひへ…Ⅰ-153［穀物類］ |
| いもくすのき…Ⅶ-77［樹木類］ | いよむぎ…Ⅰ-153［穀物類］ |
| いもご…Ⅵ-283［菜類］ | いよめ…Ⅶ-78［樹木類］ |
| いもささげ…Ⅰ-151［穀物類］ | いよもち…Ⅰ-154［穀物類］ |
| いもしくさ…Ⅳ-156［野生植物］ | いよわせ…Ⅰ-154［穀物類］ |
| いもじくさ…Ⅳ-157［野生植物］ | いら…Ⅳ-158［野生植物］ |
| いもしなけ…Ⅳ-157［野生植物］ | いら…Ⅳ-159［野生植物］ |
| いもつくね…Ⅵ-283［菜類］ | いら…Ⅶ-741［救荒動植物類］ |
| いもつら…Ⅳ-157［野生植物］ | いらいこ…Ⅰ-154［穀物類］ |
| いもつるさう…Ⅳ-157［野生植物］ | いらいら…Ⅰ-154［穀物類］ |
| いもなき…Ⅳ-157［野生植物］ | いらいら…Ⅳ-159［野生植物］ |
| いもなぎ…Ⅳ-157［野生植物］ | いらかや…Ⅳ-159［野生植物］ |

| | |
|---|---|
| いらからし…Ⅵ-284［菜類］ | いりこ…Ⅲ-73［魚類］ |
| いらがらし…Ⅵ-284［菜類］ | いるへ…Ⅲ-73［魚類］ |
| いらぎ…Ⅲ-72［魚類］ | いるべ…Ⅲ-73［魚類］ |
| いらくさ…Ⅳ-159［野生植物］ | いれこかき…Ⅵ-692［果類］ |
| いらぐさ…Ⅳ-159［野生植物］ | いれこな…Ⅵ-285［菜類］ |
| いらくは…Ⅶ-78［樹木類］ | いれこのみ…Ⅲ-73［魚類］ |
| いらくり…Ⅰ-154［穀物類］ | いれわり…Ⅰ-156［穀物類］ |
| いらくりひえ…Ⅰ-154［穀物類］ | いろいし…Ⅵ-9［金・石・土・水類］ |
| いらこ…Ⅲ-661［貝類］ | いろかひ…Ⅲ-661［貝類］ |
| いらこむぎ…Ⅰ-155［穀物類］ | いろけし…Ⅰ-156［穀物類］ |
| いらさ…Ⅳ-160［野生植物］ | いろけし…Ⅵ-285［菜類］ |
| いらさ…Ⅵ-284［菜類］ | いろこいし…Ⅵ-9［金・石・土・水類］ |
| いらさがらし…Ⅵ-284［菜類］ | いろこのみ…Ⅲ-73［魚類］ |
| いらさがり…Ⅲ-73［魚類］ | いろこのめ…Ⅲ-73［魚類］ |
| いらささげ…Ⅰ-155［穀物類］ | いろつけ…Ⅰ-156［穀物類］ |
| いらさな…Ⅵ-284［菜類］ | いろはきく…Ⅳ-161［野生植物］ |
| いらしだ…Ⅳ-160［野生植物］ | いろへろ…Ⅳ-161［野生植物］ |
| いらすぎ…Ⅶ-78［樹木類］ | いろよし…Ⅰ-156［穀物類］ |
| いらたか…Ⅰ-155［穀物類］ | いろよし…Ⅶ-78［樹木類］ |
| いらたか…Ⅳ-160［野生植物］ | いろよしあわ…Ⅰ-156［穀物類］ |
| いらちなす…Ⅵ-284［菜類］ | いわいね…Ⅰ-156［穀物類］ |
| いらとう…Ⅰ-155［穀物類］ | いわう…Ⅵ-9［金・石・土・水類］ |
| いらな…Ⅵ-284［菜類］ | いわう…Ⅵ-10［金・石・土・水類］ |
| いらなす…Ⅵ-285［菜類］ | いわうせり…Ⅳ-161［野生植物］ |
| いらなすび…Ⅵ-285［菜類］ | いわうつつじ…Ⅶ-79［樹木類］ |
| いらのくき…Ⅶ-741［救荒動植物類］ | いわうな…Ⅵ-285［菜類］ |
| いらのくきは…Ⅶ-742［救荒動植物類］ | いわうにんじん…Ⅳ-161［野生植物］ |
| いらほらかたかひ…Ⅲ-661［貝類］ | いわうほ…Ⅲ-74［魚類］ |
| いらまつ…Ⅶ-78［樹木類］ | いわうぼうき…Ⅳ-161［野生植物］ |
| いらら…Ⅳ-160［野生植物］ | いわうぼうき…Ⅵ-286［菜類］ |
| いららこ…Ⅰ-155［穀物類］ | いわうるし…Ⅳ-161［野生植物］ |
| いららせうひ…Ⅳ-160［野生植物］ | いわかき…Ⅳ-161［野生植物］ |
| いららひ…Ⅳ-160［野生植物］ | いわかくま…Ⅳ-162［野生植物］ |
| いらりこ…Ⅰ-155［穀物類］ | いわかせ…Ⅰ-157［穀物類］ |
| いらりこ…Ⅵ-285［菜類］ | いわかたき…Ⅳ-162［野生植物］ |
| いらりこちさ…Ⅳ-160［野生植物］ | いわかたぎ…Ⅳ-162［野生植物］ |
| いらりこちさ…Ⅵ-285［菜類］ | いわかたぎ…Ⅶ-79［樹木類］ |
| いられこ…Ⅰ-156［穀物類］ | いわからみ…Ⅳ-162［野生植物］ |

| | |
|---|---|
| いわかわ…Ⅰ-157［穀物類］ | いわぢしや…Ⅵ-286［菜類］ |
| いわきあは…Ⅰ-157［穀物類］ | いわちや…Ⅳ-164［野生植物］ |
| いわくに…Ⅰ-157［穀物類］ | いわつげ…Ⅶ-79［樹木類］ |
| いわけら…Ⅰ-157［穀物類］ | いわつつし…Ⅶ-80［樹木類］ |
| いわごい…Ⅲ-74［魚類］ | いわつつじ…Ⅶ-80［樹木類］ |
| いわごう…Ⅰ-157［穀物類］ | いわつり…Ⅰ-158［穀物類］ |
| いわこうし…Ⅰ-157［穀物類］ | いわつる…Ⅳ-164［野生植物］ |
| いわごほう…Ⅳ-162［野生植物］ | いわてさん…Ⅰ-159［穀物類］ |
| いわし…Ⅰ-158［穀物類］ | いわでもみ…Ⅶ-80［樹木類］ |
| いわし…Ⅲ-74［魚類］ | いわとり…Ⅶ-80［樹木類］ |
| いわしあぶら…Ⅶ-79［樹木類］ | いわな…Ⅲ-75［魚類］ |
| いわしくさ…Ⅳ-162［野生植物］ | いわな…Ⅳ-165［野生植物］ |
| いわしこむぎ…Ⅰ-158［穀物類］ | いわな…Ⅵ-286［菜類］ |
| いわしねわせ…Ⅰ-158［穀物類］ | いわな…Ⅶ-742［救荒動植物類］ |
| いわしのふ…Ⅳ-162［野生植物］ | いわなし…Ⅵ-692［果類］ |
| いわしのぶ…Ⅳ-163［野生植物］ | いわなわ…Ⅰ-159［穀物類］ |
| いわしのほね…Ⅳ-163［野生植物］ | いわば…Ⅶ-80［樹木類］ |
| いわしほね…Ⅳ-163［野生植物］ | いわはせ…Ⅳ-165［野生植物］ |
| いわしむき…Ⅰ-158［穀物類］ | いわはせ…Ⅵ-692［果類］ |
| いわしやかす…Ⅶ-79［樹木類］ | いわはぜ…Ⅶ-80［樹木類］ |
| いわしやかず…Ⅶ-79［樹木類］ | いわはせのみ…Ⅶ-742［救荒動植物類］ |
| いわしやかすのは…Ⅶ-742 ［救荒動植物類］ | いわひは…Ⅳ-165［野生植物］ |
| いわしりあわ…Ⅰ-158［穀物類］ | いわひば…Ⅳ-165［野生植物］ |
| いわず…Ⅳ-163［野生植物］ | いわひほ…Ⅳ-166［野生植物］ |
| いわすい…Ⅲ-74［魚類］ | いわふき…Ⅳ-166［野生植物］ |
| いわすき…Ⅶ-79［樹木類］ | いわふき…Ⅶ-742［救荒動植物類］ |
| いわすけ…Ⅳ-163［野生植物］ | いわぶき…Ⅳ-166［野生植物］ |
| いわすげ…Ⅳ-163［野生植物］ | いわぶき…Ⅵ-286［菜類］ |
| いわすり…Ⅰ-158［穀物類］ | いわふく…Ⅲ-75［魚類］ |
| いわたけ…Ⅳ-164［野生植物］ | いわふし…Ⅳ-166［野生植物］ |
| いわたけ…Ⅵ-115［菌・茸類］ | いわふじ…Ⅳ-166［野生植物］ |
| いわたら…Ⅳ-164［野生植物］ | いわふぢ…Ⅳ-166［野生植物］ |
| いわたら…Ⅶ-742［救荒動植物類］ | いわまつ…Ⅳ-167［野生植物］ |
| いわだら…Ⅳ-164［野生植物］ | いわまめ…Ⅰ-159［穀物類］ |
| いわだら…Ⅵ-286［菜類］ | いわまめ…Ⅳ-167［野生植物］ |
| いわちしや…Ⅳ-164［野生植物］ | いわみづ…Ⅶ-81［樹木類］ |
| いわぢしや…Ⅳ-164［野生植物］ | いわもと…Ⅰ-159［穀物類］ |
| | いわやちば…Ⅶ-81［樹木類］ |

いわやどめ…Ⅶ-81［樹木類］
いわやなぎ…Ⅳ-167［野生植物］
いわらん…Ⅳ-167［野生植物］
いわれんけ…Ⅳ-167［野生植物］
いわれんけ…Ⅳ-168［野生植物］
いわれんげ…Ⅳ-168［野生植物］
いわんたいら…Ⅵ-286［菜類］
いみ…Ⅳ-168［野生植物］
いゐよしあわ…Ⅰ-159［穀物類］
いをくさ…Ⅳ-168［野生植物］
いをぐさ…Ⅳ-168［野生植物］
いをづら…Ⅳ-169［野生植物］
いをつる…Ⅳ-169［野生植物］
いんかひ…Ⅲ-661［貝類］
いんきり…Ⅶ-81［樹木類］
いんけなば…Ⅵ-115［菌・茸類］
いんけん…Ⅰ-159［穀物類］
いんげん…Ⅵ-286［菜類］
いんげんかし…Ⅰ-160［穀物類］
いんけんささけ…Ⅰ-160［穀物類］
いんけんささけ…Ⅵ-287［菜類］
いんけんささげ…Ⅰ-160［穀物類］
いんげんささけ…Ⅰ-160［穀物類］
いんげんささげ…Ⅰ-160［穀物類］
いんけんな…Ⅵ-287［菜類］
いんげんな…Ⅵ-287［菜類］
いんけんまめ…Ⅰ-160［穀物類］
いんけんまめ…Ⅰ-161［穀物類］
いんけんまめ…Ⅵ-287［菜類］
いんけんまめ…Ⅶ-742［救荒動植物類］
いんげんまめ…Ⅰ-160［穀物類］
いんげんまめ…Ⅰ-161［穀物類］
いんげんまめ…Ⅵ-287［菜類］
いんこうじゆ…Ⅳ-169［野生植物］
いんこんわせ…Ⅰ-159［穀物類］
いんざくらのき…Ⅶ-81［樹木類］
いんさんしやう…Ⅵ-692［果類］
いんさんせう…Ⅶ-81［樹木類］

いんたで…Ⅳ-169［野生植物］
いんたら…Ⅶ-81［樹木類］
いんだら…Ⅳ-169［野生植物］
いんだら…Ⅶ-82［樹木類］
いんだら…Ⅶ-743［救荒動植物類］
いんちん…Ⅳ-169［野生植物］
いんぢん…Ⅳ-170［野生植物］
いんつげ…Ⅶ-82［樹木類］
いんとう…Ⅰ-162［穀物類］
いんのしりさし…Ⅳ-170［野生植物］
いんのはら…Ⅰ-162［穀物類］
いんのはらもち…Ⅰ-162［穀物類］
いんば…Ⅲ-75［魚類］
いんばんくさ…Ⅳ-170［野生植物］
いんやうくわく…Ⅳ-170［野生植物］
いんろうささげ…Ⅰ-162［穀物類］

## う

うあうさう…Ⅳ-171［野生植物］
ういきやう…Ⅳ-171［野生植物］
ういきよう…Ⅳ-171［野生植物］
ういけう…Ⅳ-171［野生植物］
ういこもたし…Ⅵ-116［菌・茸類］
ういら…Ⅳ-171［野生植物］
ういろう…Ⅰ-163［穀物類］
ういろう…Ⅵ-288［菜類］
ういろうまめ…Ⅰ-163［穀物類］
ううつ…Ⅳ-172［野生植物］
うえなり…Ⅰ-163［穀物類］
うおかつら…Ⅳ-172［野生植物］
うかいし…Ⅰ-163［穀物類］
うかつのき…Ⅶ-83［樹木類］
うかわくり…Ⅵ-693［果類］
うかんば…Ⅶ-83［樹木類］
うかんぼ…Ⅳ-172［野生植物］
うきいし…Ⅵ-10［金・石・土・水類］
うきいちご…Ⅳ-172［野生植物］
うきいちご…Ⅵ-288［菜類］

うきうぼく…Ⅶ‐83［樹木類］
うきうを…Ⅲ‐76［魚類］
うきかい…Ⅲ‐662［貝類］
うきかちか…Ⅲ‐76［魚類］
うきかも…Ⅲ‐76［魚類］
うきき…Ⅲ‐76［魚類］
うききさめ…Ⅲ‐76［魚類］
うききん…Ⅳ‐172［野生植物］
うきくさ…Ⅳ‐172［野生植物］
うきくさ…Ⅳ‐173［野生植物］
うきくさあい…Ⅳ‐173［野生植物］
うきす…Ⅲ‐76［魚類］
うきす…Ⅲ‐77［魚類］
うきすはぜ…Ⅲ‐77［魚類］
うきなくさ…Ⅳ‐174［野生植物］
うきはかままめ…Ⅰ‐163［穀物類］
うきはぜ…Ⅲ‐77［魚類］
うきはへ…Ⅲ‐77［魚類］
うきまめ…Ⅰ‐163［穀物類］
うきも…Ⅳ‐174［野生植物］
うきやうと…Ⅳ‐174［野生植物］
うく…Ⅰ‐163［穀物類］
うぐ…Ⅲ‐77［魚類］
うくあか…Ⅰ‐164［穀物類］
うくあわ…Ⅰ‐164［穀物類］
うくい…Ⅲ‐77［魚類］
うぐい…Ⅲ‐78［魚類］
うくいすくさ…Ⅳ‐174［野生植物］
うくいすな…Ⅵ‐288［菜類］
うぐいすな…Ⅵ‐288［菜類］
うくいねずみ…Ⅲ‐78［魚類］
うぐいはい…Ⅲ‐78［魚類］
うぐさ…Ⅳ‐174［野生植物］
うくひ…Ⅲ‐78［魚類］
うぐひ…Ⅲ‐78［魚類］
うくひす…Ⅳ‐174［野生植物］
うぐひす…Ⅵ‐693［果類］
うぐひす…Ⅶ‐744［救荒動植物類］

うくひすいたや…Ⅶ‐83［樹木類］
うくひすかくら…Ⅶ‐83［樹木類］
うぐひすかくら…Ⅳ‐175［野生植物］
うぐひすかぐら…Ⅶ‐83［樹木類］
うくひすかくれ…Ⅶ‐83［樹木類］
うぐひすかくれ…Ⅶ‐84［樹木類］
うぐひすかぶ…Ⅵ‐288［菜類］
うぐひすくさ…Ⅳ‐175［野生植物］
うくひすな…Ⅵ‐288［菜類］
うぐひすな…Ⅵ‐288［菜類］
うぐひすな…Ⅵ‐289［菜類］
うくひへ…Ⅰ‐164［穀物類］
うくらもち…Ⅵ‐289［菜類］
うくろもち…Ⅰ‐164［穀物類］
うくろもち…Ⅶ‐744［救荒動植物類］
うぐろもち…Ⅰ‐164［穀物類］
うくろもちだいこん…Ⅵ‐289［菜類］
うぐろもちだいこん…Ⅵ‐289［菜類］
うくゐ…Ⅲ‐79［魚類］
うぐゐ…Ⅲ‐79［魚類］
うけ…Ⅲ‐79［魚類］
うけうと…Ⅳ‐175［野生植物］
うけうど…Ⅳ‐175［野生植物］
うけざはら…Ⅲ‐79［魚類］
うけじた…Ⅲ‐662［貝類］
うこ…Ⅶ‐84［樹木類］
うこ…Ⅶ‐744［救荒動植物類］
うこき…Ⅵ‐289［菜類］
うこき…Ⅶ‐84［樹木類］
うこぎ…Ⅳ‐175［野生植物］
うこぎ…Ⅵ‐289［菜類］
うこぎ…Ⅵ‐290［菜類］
うこぎ…Ⅶ‐84［樹木類］
うこぎ…Ⅶ‐744［救荒動植物類］
うこきくさ…Ⅳ‐175［野生植物］
うこぎなへ…Ⅵ‐290［菜類］
うこきのは…Ⅶ‐744［救荒動植物類］
うこぎのめ…Ⅶ‐744［救荒動植物類］

# う

| | |
|---|---|
| うこしだ…Ⅳ-175［野生植物］ | うしかひわらひ…Ⅳ-178［野生植物］ |
| うころし…Ⅲ-79［魚類］ | うしかひわらび…Ⅳ-178［野生植物］ |
| うこん…Ⅳ-176［野生植物］ | うしがまる…Ⅲ-80［魚類］ |
| うこんさう…Ⅳ-176［野生植物］ | うしかれひ…Ⅲ-80［魚類］ |
| うこんとうからし…Ⅵ-290［菜類］ | うしかわたけ…Ⅵ-116［菌・茸類］ |
| うこんはな…Ⅳ-176［野生植物］ | うしき…Ⅳ-178［野生植物］ |
| うこんはな…Ⅶ-84［樹木類］ | うしきび…Ⅰ-165［穀物類］ |
| うさう…Ⅳ-176［野生植物］ | うしくご…Ⅳ-178［野生植物］ |
| うさうさ…Ⅲ-79［魚類］ | うしくさ…Ⅳ-178［野生植物］ |
| うさぎ…Ⅶ-744［救荒動植物類］ | うしぐさ…Ⅳ-178［野生植物］ |
| うさぎかくし…Ⅶ-85［樹木類］ | うじくさ…Ⅳ-179［野生植物］ |
| うさきたけ…Ⅵ-116［菌・茸類］ | うしくすべ…Ⅶ-85［樹木類］ |
| うさぎたけ…Ⅵ-116［菌・茸類］ | うしくずま…Ⅲ-662［貝類］ |
| うさきのみみ…Ⅳ-176［野生植物］ | うしくつま…Ⅲ-662［貝類］ |
| うさきのみみ…Ⅶ-745［救荒動植物類］ | うしくび…Ⅰ-165［穀物類］ |
| うさぎのみみ…Ⅳ-176［野生植物］ | うしけ…Ⅳ-179［野生植物］ |
| うさきのみみくさ…Ⅶ-745 ［救荒動植物類］ | うしげ…Ⅳ-179［野生植物］ |
| うさぎのめはり…Ⅶ-85［樹木類］ | うしけくさ…Ⅳ-179［野生植物］ |
| うさきみみ…Ⅳ-176［野生植物］ | うしけしば…Ⅳ-179［野生植物］ |
| うさむぎ…Ⅰ-164［穀物類］ | うしこ…Ⅲ-80［魚類］ |
| うし…Ⅶ-745［救荒動植物類］ | うしごうり…Ⅳ-179［野生植物］ |
| うしあさみ…Ⅳ-177［野生植物］ | うしこくさ…Ⅳ-180［野生植物］ |
| うしあは…Ⅰ-164［穀物類］ | うしこけ…Ⅳ-180［野生植物］ |
| うしいたや…Ⅶ-85［樹木類］ | うしこごめ…Ⅳ-180［野生植物］ |
| うしいちこ…Ⅳ-177［野生植物］ | うしこたけ…Ⅵ-116［菌・茸類］ |
| うしいちご…Ⅳ-177［野生植物］ | うしこのり…Ⅳ-180［野生植物］ |
| うしいちご…Ⅵ-693［果類］ | うしこひき…Ⅳ-180［野生植物］ |
| うしうど…Ⅳ-177［野生植物］ | うしこひる…Ⅳ-180［野生植物］ |
| うしうるひ…Ⅳ-177［野生植物］ | うしこふき…Ⅳ-181［野生植物］ |
| うしおふき…Ⅳ-177［野生植物］ | うしこほうづき…Ⅳ-181［野生植物］ |
| うしかいば…Ⅶ-85［樹木類］ | うしこめ…Ⅶ-85［樹木類］ |
| うしかたかひ…Ⅲ-662［貝類］ | うしごめ…Ⅳ-181［野生植物］ |
| うしかちか…Ⅲ-79［魚類］ | うしこもたし…Ⅵ-117［菌・茸類］ |
| うしかちか…Ⅲ-80［魚類］ | うしこやなぎ…Ⅶ-85［樹木類］ |
| うしかねかつら…Ⅳ-177［野生植物］ | うしこやなぎ…Ⅶ-745［救荒動植物類］ |
| うしがねぶ…Ⅳ-178［野生植物］ | うしこり…Ⅲ-80［魚類］ |
| うしかひ…Ⅲ-662［貝類］ | うしごり…Ⅲ-80［魚類］ |
| | うしころし…Ⅰ-165［穀物類］ |

| | |
|---|---|
| うしころし…Ⅳ‐181［野生植物］ | うしのした…Ⅲ‐82［魚類］ |
| うしころし…Ⅶ‐86［樹木類］ | うしのした…Ⅳ‐185［野生植物］ |
| うじころし…Ⅳ‐181［野生植物］ | うしのした…Ⅵ‐693［果類］ |
| うじころし…Ⅶ‐86［樹木類］ | うしのした…Ⅶ‐86［樹木類］ |
| うしころしのは…Ⅶ‐745［救荒動植物類］ | うしのしたあぎ…Ⅶ‐86［樹木類］ |
| うしざく…Ⅳ‐181［野生植物］ | うしのしたい…Ⅳ‐185［野生植物］ |
| うしさば…Ⅲ‐80［魚類］ | うしのしたかれい…Ⅲ‐82［魚類］ |
| うしした…Ⅲ‐81［魚類］ | うしのしたがれい…Ⅲ‐82［魚類］ |
| うししび…Ⅲ‐81［魚類］ | うしのしたひ…Ⅳ‐185［野生植物］ |
| うしじやこ…Ⅲ‐81［魚類］ | うしのそうめん…Ⅳ‐185［野生植物］ |
| うしせり…Ⅳ‐181［野生植物］ | うしのそうめんとしし…Ⅳ‐185 |
| うしせり…Ⅳ‐182［野生植物］ | ［野生植物］ |
| うしぜり…Ⅳ‐182［野生植物］ | うしのそは…Ⅳ‐186［野生植物］ |
| うしせんまい…Ⅳ‐182［野生植物］ | うしのたれを…Ⅰ‐165［穀物類］ |
| うしたかとう…Ⅳ‐182［野生植物］ | うしのちち…Ⅳ‐186［野生植物］ |
| うしたけ…Ⅵ‐117［菌・茸類］ | うしのつめ…Ⅲ‐662［貝類］ |
| うしたはこ…Ⅳ‐182［野生植物］ | うしのつめ…Ⅳ‐186［野生植物］ |
| うしたれを…Ⅰ‐165［穀物類］ | うしのにんにく…Ⅳ‐186［野生植物］ |
| うしつなき…Ⅳ‐182［野生植物］ | うしのはな…Ⅳ‐186［野生植物］ |
| うしつなき…Ⅳ‐183［野生植物］ | うしのひけ…Ⅳ‐186［野生植物］ |
| うしつなき…Ⅶ‐86［樹木類］ | うしのひざ…Ⅳ‐186［野生植物］ |
| うしな…Ⅳ‐183［野生植物］ | うしのひたい…Ⅳ‐187［野生植物］ |
| うしな…Ⅶ‐745［救荒動植物類］ | うしのひたい…Ⅳ‐188［野生植物］ |
| うしなもみ…Ⅳ‐183［野生植物］ | うしのひたい…Ⅶ‐87［樹木類］ |
| うしにら…Ⅳ‐183［野生植物］ | うしのひたい…Ⅶ‐745［救荒動植物類］ |
| うしにんじん…Ⅳ‐183［野生植物］ | うしのひたひ…Ⅳ‐188［野生植物］ |
| うしぬすひと…Ⅲ‐81［魚類］ | うしのひたひ…Ⅶ‐87［樹木類］ |
| うしぬすびと…Ⅲ‐81［魚類］ | うしのひたひくさ…Ⅳ‐188［野生植物］ |
| うしのかしら…Ⅰ‐165［穀物類］ | うしのひたへ…Ⅳ‐188［野生植物］ |
| うしのかは…Ⅵ‐10［金・石・土・水類］ | うしのひたゐ…Ⅶ‐87［樹木類］ |
| うしのけ…Ⅳ‐183［野生植物］ | うしのふぐり…Ⅲ‐83［魚類］ |
| うしのけ…Ⅳ‐184［野生植物］ | うしのふたい…Ⅳ‐189［野生植物］ |
| うしのげ…Ⅳ‐184［野生植物］ | うしのほうつき…Ⅳ‐189［野生植物］ |
| うしのけくさ…Ⅳ‐184［野生植物］ | うしのまめ…Ⅳ‐189［野生植物］ |
| うしのけぐさ…Ⅳ‐184［野生植物］ | うしのを…Ⅰ‐166［穀物類］ |
| うしのこくさ…Ⅳ‐184［野生植物］ | うしのを…Ⅵ‐290［菜類］ |
| うしのさうめん…Ⅳ‐184［野生植物］ | うしはくざ…Ⅳ‐189［野生植物］ |
| うしのした…Ⅲ‐81［魚類］ | うしはくろう…Ⅵ‐117［菌・茸類］ |

う

| | |
|---|---|
| うしはこべ…Ⅳ-189 ［野生植物］ | うじゆきつ…Ⅵ-693 ［果類］ |
| うしはこべ…Ⅵ-290 ［菜類］ | うじゆきつ…Ⅶ-88 ［樹木類］ |
| うしはのきり…Ⅶ-87 ［樹木類］ | うしゆり…Ⅳ-193 ［野生植物］ |
| うしひう…Ⅳ-189 ［野生植物］ | うしよもき…Ⅳ-193 ［野生植物］ |
| うしひたい…Ⅳ-189 ［野生植物］ | うしろこち…Ⅲ-83 ［魚類］ |
| うしひたい…Ⅳ-190 ［野生植物］ | うしわらひ…Ⅳ-193 ［野生植物］ |
| うしひたひ…Ⅳ-190 ［野生植物］ | うしわらわ…Ⅳ-193 ［野生植物］ |
| うしびたひ…Ⅳ-190 ［野生植物］ | うしゑ…Ⅲ-83 ［魚類］ |
| うしひゆ…Ⅳ-190 ［野生植物］ | うしゑい…Ⅲ-83 ［魚類］ |
| うしひゆ…Ⅵ-290 ［菜類］ | うしゑひ…Ⅲ-83 ［魚類］ |
| うしひる…Ⅳ-190 ［野生植物］ | うしをくさ…Ⅳ-193 ［野生植物］ |
| うしひる…Ⅵ-291 ［菜類］ | うしをよもぎ…Ⅳ-193 ［野生植物］ |
| うしびる…Ⅳ-190 ［野生植物］ | うす…Ⅰ-166 ［穀物類］ |
| うしふか…Ⅲ-83 ［魚類］ | うず…Ⅳ-194 ［野生植物］ |
| うしぶとう…Ⅰ-166 ［穀物類］ | うすあを…Ⅰ-166 ［穀物類］ |
| うしぶどう…Ⅳ-190 ［野生植物］ | うすあをご…Ⅰ-166 ［穀物類］ |
| うしぶんとう…Ⅰ-166 ［穀物類］ | うすいな…Ⅳ-194 ［野生植物］ |
| うしべる…Ⅳ-191 ［野生植物］ | うすいな…Ⅶ-746 ［救荒動植物類］ |
| うしべる…Ⅵ-291 ［菜類］ | うすいも…Ⅵ-291 ［菜類］ |
| うしほ…Ⅶ-88 ［樹木類］ | うすいろ…Ⅰ-167 ［穀物類］ |
| うしぼう…Ⅲ-663 ［貝類］ | うすいろここめつつじ…Ⅶ-88 ［樹木類］ |
| うしほうつぎ…Ⅳ-191 ［野生植物］ | うすかたのり…Ⅳ-194 ［野生植物］ |
| うしほうづき…Ⅳ-191 ［野生植物］ | うすかは…Ⅵ-694 ［果類］ |
| うしほうふ…Ⅳ-191 ［野生植物］ | うすかは…Ⅶ-88 ［樹木類］ |
| うしほとくり…Ⅳ-191 ［野生植物］ | うすきぬかひ…Ⅲ-663 ［貝類］ |
| うしほほづき…Ⅳ-191 ［野生植物］ | うすくろ…Ⅰ-167 ［穀物類］ |
| うしまるこ…Ⅳ-191 ［野生植物］ | うすご…Ⅲ-663 ［貝類］ |
| うしみつば…Ⅳ-192 ［野生植物］ | うすご…Ⅳ-194 ［野生植物］ |
| うしみやうが…Ⅳ-192 ［野生植物］ | うすご…Ⅶ-88 ［樹木類］ |
| うしみる…Ⅳ-192 ［野生植物］ | うすこうばり…Ⅵ-694 ［果類］ |
| うしめぶか…Ⅳ-192 ［野生植物］ | うすこのき…Ⅶ-89 ［樹木類］ |
| うしも…Ⅳ-192 ［野生植物］ | うすごみ…Ⅶ-89 ［樹木類］ |
| うしもめら…Ⅳ-192 ［野生植物］ | うすころも…Ⅰ-167 ［穀物類］ |
| うしもろこ…Ⅲ-83 ［魚類］ | うすころも…Ⅳ-194 ［野生植物］ |
| うしやうろ…Ⅳ-193 ［野生植物］ | うすころも…Ⅵ-117 ［菌・茸類］ |
| うしやなぎ…Ⅶ-88 ［樹木類］ | うすごろも…Ⅰ-167 ［穀物類］ |
| うしやなぎ…Ⅶ-746 ［救荒動植物類］ | うすころもあづき…Ⅰ-168 ［穀物類］ |
| うしやまふき…Ⅶ-88 ［樹木類］ | うすしろすなつち…Ⅵ-10 |

　　　　　　　［金・石・土・水類］
うすずみ…Ⅵ - 291［菜類］
うすずみ…Ⅵ - 694［果類］
うすすみがき…Ⅵ - 694［果類］
うすたけ…Ⅳ - 194［野生植物］
うすたけ…Ⅵ - 117［菌・茸類］
うすたけ…Ⅵ - 118［菌・茸類］
うすとこ…Ⅶ - 89［樹木類］
うすどこ…Ⅶ - 89［樹木類］
うすのき…Ⅵ - 694［果類］
うすのき…Ⅶ - 89［樹木類］
うすのべべ…Ⅲ - 84［魚類］
うすはかれい…Ⅲ - 84［魚類］
うすひら…Ⅵ - 118［菌・茸類］
うすふし…Ⅶ - 89［樹木類］
うすへに…Ⅳ - 194［野生植物］
うすべに…Ⅵ - 694［果類］
うずまき…Ⅵ - 291［菜類］
うすやう…Ⅵ - 694［果類］
うすやう…Ⅶ - 89［樹木類］
うすようほたん…Ⅳ - 195［野生植物］
うすらこささけ…Ⅰ - 168［穀物類］
うずわ…Ⅲ - 84［魚類］
うすをしみ…Ⅶ - 90［樹木類］
うせん…Ⅳ - 195［野生植物］
うそう…Ⅳ - 195［野生植物］
うそかれい…Ⅲ - 84［魚類］
うそき…Ⅶ - 90［樹木類］
うそぎ…Ⅶ - 90［樹木類］
うそのを…Ⅰ - 168［穀物類］
うそぼつこ…Ⅲ - 84［魚類］
うぞまめ…Ⅰ - 168［穀物類］
うそむき…Ⅲ - 84［魚類］
うぞめ…Ⅶ - 90［樹木類］
うた…Ⅲ - 84［魚類］
うだい…Ⅶ - 90［樹木類］
うたう…Ⅳ - 195［野生植物］
うたうたいな…Ⅵ - 291［菜類］

うたうたひ…Ⅲ - 85［魚類］
うたかき…Ⅵ - 695［果類］
うたかくさ…Ⅳ - 195［野生植物］
うたくら…Ⅵ - 695［果類］
うたこ…Ⅲ - 85［魚類］
うたな…Ⅳ - 195［野生植物］
うだひ…Ⅶ - 90［樹木類］
うたれ…Ⅰ - 168［穀物類］
うちいも…Ⅵ - 291［菜類］
うぢいも…Ⅵ - 292［菜類］
うぢかは…Ⅰ - 168［穀物類］
うちかはしこ…Ⅰ - 169［穀物類］
うちきり…Ⅰ - 169［穀物類］
うちきりあわ…Ⅰ - 169［穀物類］
うちきりひゑ…Ⅰ - 169［穀物類］
うぢくさ…Ⅳ - 195［野生植物］
うちくつし…Ⅰ - 169［穀物類］
うちくもり…Ⅵ - 10［金・石・土・水類］
うちくら…Ⅰ - 169［穀物類］
うちぐら…Ⅰ - 169［穀物類］
うちくろ…Ⅰ - 170［穀物類］
うちげんろく…Ⅰ - 170［穀物類］
うちこ…Ⅰ - 170［穀物類］
うちこむぎ…Ⅰ - 170［穀物類］
うちせ…Ⅲ - 663［貝類］
うちの…Ⅳ - 196［野生植物］
うちは…Ⅰ - 170［穀物類］
うちひへ…Ⅰ - 170［穀物類］
うちひゑ…Ⅰ - 170［穀物類］
うちほう…Ⅲ - 663［貝類］
うちほくさ…Ⅳ - 196［野生植物］
うちやろく…Ⅰ - 171［穀物類］
うちわ…Ⅰ - 171［穀物類］
うちわゑい…Ⅲ - 85［魚類］
うつ…Ⅳ - 196［野生植物］
うづ…Ⅳ - 196［野生植物］
うづい…Ⅶ - 90［樹木類］
うづいも…Ⅵ - 292［菜類］

# う

うづかつを…Ⅲ-85［魚類］
うつき…Ⅶ-91［樹木類］
うつぎ…Ⅶ-91［樹木類］
うつぎ…Ⅶ-92［樹木類］
うつききのこ…Ⅵ-118［菌・茸類］
うつぎのき…Ⅶ-92［樹木類］
うつきのは…Ⅶ-746［救荒動植物類］
うづきもたし…Ⅵ-118［菌・茸類］
うつきり…Ⅰ-171［穀物類］
うづきわかめ…Ⅳ-196［野生植物］
うつし…Ⅳ-196［野生植物］
うつし…Ⅳ-197［野生植物］
うつしのはな…Ⅳ-197［野生植物］
うつせ…Ⅲ-663［貝類］
うつせかひ…Ⅲ-664［貝類］
うづだいこん…Ⅵ-292［菜類］
うづたけ…Ⅵ-118［菌・茸類］
うつつ…Ⅰ-171［穀物類］
うづな…Ⅶ-92［樹木類］
うつは…Ⅲ-85［魚類］
うづは…Ⅲ-85［魚類］
うつぼ…Ⅰ-171［穀物類］
うつぼ…Ⅲ-85［魚類］
うつぼ…Ⅳ-197［野生植物］
うつほかぶ…Ⅵ-292［菜類］
うつほくさ…Ⅳ-197［野生植物］
うつほぐさ…Ⅳ-198［野生植物］
うつぼくさ…Ⅳ-198［野生植物］
うつほな…Ⅳ-199［野生植物］
うつまめん…Ⅶ-92［樹木類］
うつみ…Ⅶ-92［樹木類］
うつむき…Ⅲ-86［魚類］
うつもりだいこん…Ⅵ-292［菜類］
うつら…Ⅰ-171［穀物類］
うづら…Ⅰ-171［穀物類］
うづら…Ⅰ-172［穀物類］
うづら…Ⅵ-292［菜類］
うづら…Ⅶ-92［樹木類］

うつらあづき…Ⅰ-172［穀物類］
うづらあづき…Ⅰ-172［穀物類］
うつらがい…Ⅲ-664［貝類］
うつらかくら…Ⅳ-199［野生植物］
うづらかくら…Ⅳ-199［野生植物］
うつらがひ…Ⅲ-664［貝類］
うづらかひ…Ⅲ-664［貝類］
うつらかへし…Ⅳ-199［野生植物］
うつらからし…Ⅳ-199［野生植物］
うつらきひ…Ⅰ-172［穀物類］
うつらくさ…Ⅳ-199［野生植物］
うつらくさ…Ⅳ-200［野生植物］
うづらくさ…Ⅳ-200［野生植物］
うつらこ…Ⅰ-172［穀物類］
うつらこ…Ⅳ-200［野生植物］
うつらご…Ⅰ-172［穀物類］
うづらこ…Ⅰ-172［穀物類］
うつらこあづき…Ⅰ-173［穀物類］
うづらこあづき…Ⅰ-173［穀物類］
うづらこささげ…Ⅰ-173［穀物類］
うつらこふり…Ⅵ-292［菜類］
うつらこまめ…Ⅰ-173［穀物類］
うつらさう…Ⅳ-200［野生植物］
うつらさんしやう…Ⅳ-200［野生植物］
うづらのを…Ⅳ-200［野生植物］
うつらのをくさ…Ⅳ-200［野生植物］
うづらひへ…Ⅰ-173［穀物類］
うつらふすま…Ⅳ-201［野生植物］
うづらふすま…Ⅳ-201［野生植物］
うづらぶすま…Ⅳ-201［野生植物］
うつらまなこ…Ⅰ-173［穀物類］
うつらまめ…Ⅰ-174［穀物類］
うづらまめ…Ⅰ-174［穀物類］
うつらもち…Ⅰ-174［穀物類］
うつらもち…Ⅰ-175［穀物類］
うづらもち…Ⅰ-175［穀物類］
うつわ…Ⅲ-86［魚類］
うつをくさ…Ⅳ-201［野生植物］

| | |
|---|---|
| うで…Ⅳ‐201〔野生植物〕 | うなたれひへ…Ⅰ‐176〔穀物類〕 |
| うでい…Ⅲ‐86〔魚類〕 | うなたれわせ…Ⅰ‐177〔穀物類〕 |
| うてこき…Ⅰ‐175〔穀物類〕 | うなのは…Ⅳ‐204〔野生植物〕 |
| うてこぎ…Ⅰ‐175〔穀物類〕 | うなひ…Ⅳ‐203〔野生植物〕 |
| うでこくり…Ⅰ‐175〔穀物類〕 | うなんさう…Ⅲ‐88〔魚類〕 |
| うてほ…Ⅶ‐93〔樹木類〕 | うに…Ⅲ‐664〔貝類〕 |
| うでまくり…Ⅰ‐176〔穀物類〕 | うに…Ⅲ‐665〔貝類〕 |
| うてもき…Ⅶ‐93〔樹木類〕 | うにかひ…Ⅲ‐665〔貝類〕 |
| うと…Ⅳ‐201〔野生植物〕 | うぬげきひ…Ⅰ‐177〔穀物類〕 |
| うと…Ⅵ‐293〔菜類〕 | うねかい…Ⅲ‐665〔貝類〕 |
| うど…Ⅳ‐201〔野生植物〕 | うねかひ…Ⅲ‐665〔貝類〕 |
| うど…Ⅳ‐202〔野生植物〕 | うねこし…Ⅵ‐294〔菜類〕 |
| うど…Ⅵ‐293〔菜類〕 | うねだ…Ⅰ‐177〔穀物類〕 |
| うど…Ⅶ‐746〔救荒動植物類〕 | うねたいね…Ⅰ‐177〔穀物類〕 |
| うどいね…Ⅰ‐176〔穀物類〕 | うねたはやり…Ⅰ‐177〔穀物類〕 |
| うどつきわかめ…Ⅳ‐202〔野生植物〕 | うねたをし…Ⅰ‐177〔穀物類〕 |
| うとな…Ⅳ‐202〔野生植物〕 | うねまめ…Ⅰ‐177〔穀物類〕 |
| うどな…Ⅳ‐202〔野生植物〕 | うねめ…Ⅳ‐204〔野生植物〕 |
| うとばかせ…Ⅳ‐202〔野生植物〕 | うねわたり…Ⅵ‐294〔菜類〕 |
| うとはまいし…Ⅵ‐10〔金・石・土・水類〕 | うねわり…Ⅰ‐178〔穀物類〕 |
| うとふざく…Ⅳ‐202〔野生植物〕 | うのき…Ⅶ‐93〔樹木類〕 |
| うどまめ…Ⅰ‐176〔穀物類〕 | うのこ…Ⅰ‐178〔穀物類〕 |
| うどめ…Ⅵ‐293〔菜類〕 | うのこまめ…Ⅰ‐178〔穀物類〕 |
| うないこ…Ⅳ‐202〔野生植物〕 | うのはな…Ⅶ‐93〔樹木類〕 |
| うなき…Ⅰ‐176〔穀物類〕 | うのめ…Ⅰ‐178〔穀物類〕 |
| うなき…Ⅲ‐86〔魚類〕 | うのめかい…Ⅲ‐665〔貝類〕 |
| うなき…Ⅲ‐87〔魚類〕 | うのめかひ…Ⅲ‐665〔貝類〕 |
| うなぎ…Ⅲ‐87〔魚類〕 | うのめまめ…Ⅰ‐178〔穀物類〕 |
| うなぎ…Ⅲ‐88〔魚類〕 | うは…Ⅶ‐93〔樹木類〕 |
| うなきくさ…Ⅳ‐203〔野生植物〕 | うば…Ⅰ‐178〔穀物類〕 |
| うなぎぐさ…Ⅳ‐203〔野生植物〕 | うば…Ⅲ‐88〔魚類〕 |
| うなぎづる…Ⅳ‐203〔野生植物〕 | うば…Ⅳ‐204〔野生植物〕 |
| うなきも…Ⅳ‐203〔野生植物〕 | うはあは…Ⅰ‐178〔穀物類〕 |
| うなきもく…Ⅳ‐203〔野生植物〕 | うばあわ…Ⅰ‐179〔穀物類〕 |
| うなごうし…Ⅵ‐293〔菜類〕 | うばいし…Ⅵ‐10〔金・石・土・水類〕 |
| うなしとり…Ⅲ‐88〔魚類〕 | うばいね…Ⅰ‐179〔穀物類〕 |
| うなたれ…Ⅰ‐176〔穀物類〕 | うばおれ…Ⅶ‐93〔樹木類〕 |
| うなだれ…Ⅵ‐294〔菜類〕 | うばかい…Ⅲ‐666〔貝類〕 |

う

うはかしめ…Ⅳ-204［野生植物］
うはかじめ…Ⅳ-204［野生植物］
うばかじめ…Ⅳ-204［野生植物］
うばがぜ…Ⅲ-666［貝類］
うはかち…Ⅳ-204［野生植物］
うはかち…Ⅵ-294［菜類］
うばがちち…Ⅳ-205［野生植物］
うばかつつら…Ⅶ-94［樹木類］
うばがつび…Ⅲ-88［魚類］
うばかね…Ⅳ-205［野生植物］
うばかね…Ⅶ-746［救荒動植物類］
うばかねいし…Ⅵ-11［金・石・土・水類］
うはかひ…Ⅲ-666［貝類］
うばかひ…Ⅲ-666［貝類］
うはかれい…Ⅲ-88［魚類］
うばかれい…Ⅲ-88［魚類］
うはぎ…Ⅳ-205［野生植物］
うばき…Ⅳ-205［野生植物］
うばき…Ⅶ-94［樹木類］
うばく…Ⅳ-205［野生植物］
うばくぐ…Ⅳ-205［野生植物］
うばくさ…Ⅳ-206［野生植物］
うばくち…Ⅲ-89［魚類］
うばくろうを…Ⅲ-89［魚類］
うばけ…Ⅳ-206［野生植物］
うばげ…Ⅳ-206［野生植物］
うばこ…Ⅰ-179［穀物類］
うはころし…Ⅰ-179［穀物類］
うばころし…Ⅰ-179［穀物類］
うばころし…Ⅶ-94［樹木類］
うはさうろし…Ⅶ-94［樹木類］
うはさくら…Ⅶ-94［樹木類］
うばさくら…Ⅶ-94［樹木類］
うばささけ…Ⅰ-179［穀物類］
うばささげ…Ⅰ-179［穀物類］
うはさめ…Ⅲ-89［魚類］
うばさめ…Ⅲ-89［魚類］
うばしば…Ⅶ-95［樹木類］

うはすけ…Ⅳ-206［野生植物］
うばすげ…Ⅳ-206［野生植物］
うばせり…Ⅳ-206［野生植物］
うばぜり…Ⅳ-206［野生植物］
うばそふろし…Ⅶ-95［樹木類］
うはたらし…Ⅶ-95［樹木類］
うばたんのき…Ⅶ-95［樹木類］
うばちち…Ⅳ-207［野生植物］
うばつつじ…Ⅶ-95［樹木類］
うはなかせ…Ⅰ-179［穀物類］
うばなかせ…Ⅰ-180［穀物類］
うばなかせ…Ⅶ-95［樹木類］
うばのき…Ⅶ-96［樹木類］
うばのこかい…Ⅳ-207［野生植物］
うはのこめかみ…Ⅳ-207［野生植物］
うはのち…Ⅳ-207［野生植物］
うばのち…Ⅳ-207［野生植物］
うばのち…Ⅶ-746［救荒動植物類］
うばのちかつら…Ⅳ-207［野生植物］
うばのちちかつら…Ⅶ-96［樹木類］
うはのつほけ…Ⅳ-207［野生植物］
うはのてやき…Ⅶ-96［樹木類］
うばのてやき…Ⅶ-96［樹木類］
うはのは…Ⅳ-208［野生植物］
うばのまくら…Ⅲ-667［貝類］
うばひばな…Ⅰ-180［穀物類］
うばふか…Ⅲ-89［魚類］
うばふき…Ⅳ-208［野生植物］
うはふぐ…Ⅲ-89［魚類］
うばふく…Ⅲ-89［魚類］
うはふじ…Ⅳ-208［野生植物］
うはふじ…Ⅶ-96［樹木類］
うはふり…Ⅵ-294［菜類］
うばふり…Ⅶ-97［樹木類］
うばぼうし…Ⅰ-180［穀物類］
うはみつのき…Ⅶ-97［樹木類］
うばめ…Ⅳ-208［野生植物］
うばめ…Ⅶ-97［樹木類］

| | |
|---|---|
| うはめつかう…Ⅰ－180［穀物類］ | うみうぜ…Ⅲ－91［魚類］ |
| うはやなぎ…Ⅶ－97［樹木類］ | うみうなぎ…Ⅲ－91［魚類］ |
| うはゆり…Ⅳ－208［野生植物］ | うみうなぎ…Ⅲ－91［魚類］ |
| うばゆり…Ⅳ－208［野生植物］ | うみうるしくさ…Ⅳ－210［野生植物］ |
| うばゆり…Ⅳ－209［野生植物］ | うみかいる…Ⅲ－91［魚類］ |
| うばゆり…Ⅵ－294［菜類］ | うみがいる…Ⅲ－92［魚類］ |
| うばゆり…Ⅶ－747［救荒動植物類］ | うみかき…Ⅲ－667［貝類］ |
| うばゆりのねは…Ⅶ－747［救荒動植物類］ | うみかじか…Ⅲ－92［魚類］ |
| うばわせ…Ⅰ－180［穀物類］ | うみかちか…Ⅲ－92［魚類］ |
| うひきやう…Ⅳ－209［野生植物］ | うみかづら…Ⅳ－211［野生植物］ |
| うぶさりこ…Ⅰ－180［穀物類］ | うみがま…Ⅳ－211［野生植物］ |
| うふせくさ…Ⅳ－209［野生植物］ | うみがや…Ⅳ－211［野生植物］ |
| うぶないひへ…Ⅰ－180［穀物類］ | うみきき…Ⅲ－92［魚類］ |
| うぶや…Ⅰ－181［穀物類］ | うみきぎ…Ⅲ－92［魚類］ |
| うぶゆり…Ⅳ－209［野生植物］ | うみぎぎ…Ⅲ－92［魚類］ |
| うへ…Ⅶ－747［救荒動植物類］ | うみきくらげ…Ⅳ－211［野生植物］ |
| うべ…Ⅳ－209［野生植物］ | うみきす…Ⅲ－92［魚類］ |
| うへかつら…Ⅳ－209［野生植物］ | うみくさ…Ⅳ－211［野生植物］ |
| うへかづら…Ⅳ－209［野生植物］ | うみくちなは…Ⅲ－93［魚類］ |
| うべかつら…Ⅳ－210［野生植物］ | うみくちなは…Ⅶ－747［救荒動植物類］ |
| うべかづら…Ⅳ－210［野生植物］ | うみぐちなは…Ⅲ－93［魚類］ |
| うへさまぶつ…Ⅳ－210［野生植物］ | うみくちなわ…Ⅲ－93［魚類］ |
| うへじ…Ⅲ－667［貝類］ | うみぐちなわ…Ⅲ－93［魚類］ |
| うへだ…Ⅰ－181［穀物類］ | うみくり…Ⅳ－211［野生植物］ |
| うへだもち…Ⅰ－181［穀物類］ | うみご…Ⅲ－93［魚類］ |
| うへぢ…Ⅲ－667［貝類］ | うみごい…Ⅲ－93［魚類］ |
| うへぶし…Ⅰ－181［穀物類］ | うみごとい…Ⅲ－667［貝類］ |
| うぼぜ…Ⅲ－90［魚類］ | うみごひ…Ⅲ－93［魚類］ |
| うぼのき…Ⅶ－97［樹木類］ | うみこんにゃく…Ⅳ－211［野生植物］ |
| うまい…Ⅲ－90［魚類］ | うみさうめん…Ⅳ－212［野生植物］ |
| うまぜり…Ⅳ－210［野生植物］ | うみさくら…Ⅶ－97［樹木類］ |
| うまとちやう…Ⅲ－90［魚類］ | うみざくろ…Ⅶ－97［樹木類］ |
| うまばり…Ⅳ－210［野生植物］ | うみじか…Ⅲ－94［魚類］ |
| うみあい…Ⅲ－90［魚類］ | うみししみ…Ⅲ－667［貝類］ |
| うみあなご…Ⅲ－90［魚類］ | うみすき…Ⅳ－212［野生植物］ |
| うみあゆ…Ⅲ－90［魚類］ | うみすげ…Ⅳ－212［野生植物］ |
| うみいな…Ⅲ－90［魚類］ | うみすずき…Ⅲ－94［魚類］ |
| うみいも…Ⅳ－210［野生植物］ | うみすずめ…Ⅲ－94［魚類］ |

う

| | |
|---|---|
| うみそうめん…Ⅳ-212 ［野生植物］ | うみをんな…Ⅲ-97 ［魚類］ |
| うみそうめん…Ⅳ-213 ［野生植物］ | うむせん…Ⅶ-98 ［樹木類］ |
| うみぞうめん…Ⅳ-213 ［野生植物］ | うめ…Ⅲ-669 ［貝類］ |
| うみそふめん…Ⅳ-213 ［野生植物］ | うめいご…Ⅲ-98 ［魚類］ |
| うみたけ…Ⅲ-667 ［貝類］ | うめその…Ⅲ-98 ［魚類］ |
| うみたつのひけ…Ⅳ-213 ［野生植物］ | うめづかづら…Ⅳ-214 ［野生植物］ |
| うみたなこ…Ⅲ-94 ［魚類］ | うめもとき…Ⅶ-98 ［樹木類］ |
| うみたなご…Ⅲ-94 ［魚類］ | うめもどき…Ⅶ-98 ［樹木類］ |
| うみつばめ…Ⅲ-94 ［魚類］ | うもれだいこん…Ⅵ-294 ［菜類］ |
| うみつぼ…Ⅲ-668 ［貝類］ | うらうちかひ…Ⅲ-669 ［貝類］ |
| うみてらし…Ⅶ-98 ［樹木類］ | うらぎれ…Ⅰ-181 ［穀物類］ |
| うみどしやう…Ⅲ-95 ［魚類］ | うらしろ…Ⅲ-98 ［魚類］ |
| うみどじやう…Ⅲ-95 ［魚類］ | うらしろ…Ⅳ-214 ［野生植物］ |
| うみどせう…Ⅲ-95 ［魚類］ | うらしろ…Ⅳ-215 ［野生植物］ |
| うみとちやう…Ⅲ-95 ［魚類］ | うらしろ…Ⅵ-295 ［菜類］ |
| うみとぢやう…Ⅲ-95 ［魚類］ | うらしろ…Ⅶ-98 ［樹木類］ |
| うみどちやう…Ⅲ-95 ［魚類］ | うらじろ…Ⅳ-215 ［野生植物］ |
| うみどぢやう…Ⅲ-95 ［魚類］ | うらじろ…Ⅶ-98 ［樹木類］ |
| うみなだ…Ⅲ-96 ［魚類］ | うらしろかれい…Ⅲ-98 ［魚類］ |
| うみにし…Ⅲ-668 ［貝類］ | うらしろのき…Ⅶ-99 ［樹木類］ |
| うみにな…Ⅲ-668 ［貝類］ | うらしろのは…Ⅶ-747 ［救荒動植物類］ |
| うみのけ…Ⅳ-213 ［野生植物］ | うらしろふし…Ⅳ-215 ［野生植物］ |
| うみはくまひ…Ⅲ-96 ［魚類］ | うらじろゑい…Ⅲ-98 ［魚類］ |
| うみはせ…Ⅲ-96 ［魚類］ | うらつふ…Ⅲ-669 ［貝類］ |
| うみはぜ…Ⅲ-96 ［魚類］ | うらつぶ…Ⅲ-669 ［貝類］ |
| うみはむ…Ⅲ-96 ［魚類］ | うらとわせ…Ⅰ-181 ［穀物類］ |
| うみひらくち…Ⅲ-96 ［魚類］ | うらなし…Ⅳ-215 ［野生植物］ |
| うみふぢ…Ⅳ-213 ［野生植物］ | うらぼうさし…Ⅳ-215 ［野生植物］ |
| うみぶり…Ⅲ-96 ［魚類］ | うり…Ⅶ-99 ［樹木類］ |
| うみへび…Ⅲ-97 ［魚類］ | うりうり…Ⅰ-181 ［穀物類］ |
| うみほうつき…Ⅲ-668 ［貝類］ | うりかは…Ⅳ-216 ［野生植物］ |
| うみほうづき…Ⅲ-668 ［貝類］ | うりかわ…Ⅳ-216 ［野生植物］ |
| うみます…Ⅲ-97 ［魚類］ | うりかわ…Ⅶ-99 ［樹木類］ |
| うみまつ…Ⅳ-214 ［野生植物］ | うりがわ…Ⅳ-216 ［野生植物］ |
| うみむま…Ⅲ-97 ［魚類］ | うりかわさう…Ⅳ-216 ［野生植物］ |
| うみむめ…Ⅳ-214 ［野生植物］ | うりき…Ⅶ-99 ［樹木類］ |
| うみも…Ⅳ-214 ［野生植物］ | うりきび…Ⅰ-182 ［穀物類］ |
| うみをとこ…Ⅲ-97 ［魚類］ | うりな…Ⅶ-99 ［樹木類］ |

| | |
|---|---|
| うりなのき…Ⅶ - 99〔樹木類〕 | うるちきひ…Ⅰ - 185〔穀物類〕 |
| うりね…Ⅶ - 747〔救荒動植物類〕 | うるちきび…Ⅰ - 185〔穀物類〕 |
| うりのかはくさ…Ⅳ - 217〔野生植物〕 | うるちごめ…Ⅰ - 185〔穀物類〕 |
| うりのかはぐさ…Ⅳ - 217〔野生植物〕 | うるちまい…Ⅰ - 185〔穀物類〕 |
| うりのかわ…Ⅳ - 217〔野生植物〕 | うるちをかぼ…Ⅰ - 185〔穀物類〕 |
| うりのき…Ⅶ - 99〔樹木類〕 | うるなのき…Ⅶ - 101〔樹木類〕 |
| うりのき…Ⅶ - 100〔樹木類〕 | うるね…Ⅰ - 185〔穀物類〕 |
| うりやまめ…Ⅰ - 182〔穀物類〕 | うるね…Ⅳ - 219〔野生植物〕 |
| うる…Ⅰ - 182〔穀物類〕 | うるのき…Ⅶ - 101〔樹木類〕 |
| うるあは…Ⅰ - 182〔穀物類〕 | うるのめ…Ⅲ - 98〔魚類〕 |
| うるあわ…Ⅰ - 182〔穀物類〕 | うるひ…Ⅳ - 219〔野生植物〕 |
| うるい…Ⅳ - 217〔野生植物〕 | うるひ…Ⅶ - 748〔救荒動植物類〕 |
| うるい…Ⅵ - 295〔菜類〕 | うるひかわ…Ⅶ - 101〔樹木類〕 |
| うるい…Ⅶ - 747〔救荒動植物類〕 | うるま…Ⅰ - 185〔穀物類〕 |
| うるいくさ…Ⅳ - 217〔野生植物〕 | うるみ…Ⅰ - 185〔穀物類〕 |
| うるいね…Ⅰ - 183〔穀物類〕 | うるみ…Ⅲ - 98〔魚類〕 |
| うるいば…Ⅳ - 218〔野生植物〕 | うるめ…Ⅲ - 99〔魚類〕 |
| うるかさう…Ⅳ - 218〔野生植物〕 | うるめいはし…Ⅲ - 99〔魚類〕 |
| うるきひ…Ⅰ - 183〔穀物類〕 | うるめいわし…Ⅲ - 99〔魚類〕 |
| うるきび…Ⅰ - 183〔穀物類〕 | うるめふか…Ⅲ - 100〔魚類〕 |
| うるし…Ⅶ - 100〔樹木類〕 | うるり…Ⅲ - 100〔魚類〕 |
| うるしあは…Ⅰ - 183〔穀物類〕 | うれいし…Ⅳ - 219〔野生植物〕 |
| うるしあわ…Ⅰ - 183〔穀物類〕 | うれいち…Ⅳ - 219〔野生植物〕 |
| うるしいね…Ⅰ - 183〔穀物類〕 | うれし…Ⅶ - 748〔救荒動植物類〕 |
| うるしかつら…Ⅳ - 218〔野生植物〕 | うろみ…Ⅲ - 100〔魚類〕 |
| うるしきひ…Ⅰ - 184〔穀物類〕 | うわがわせ…Ⅰ - 186〔穀物類〕 |
| うるしきび…Ⅰ - 184〔穀物類〕 | うわぎ…Ⅳ - 219〔野生植物〕 |
| うるしくさ…Ⅳ - 218〔野生植物〕 | うわぎ…Ⅶ - 748〔救荒動植物類〕 |
| うるしたけ…Ⅵ - 118〔菌・茸類〕 | うわきな…Ⅳ - 219〔野生植物〕 |
| うるしつた…Ⅳ - 218〔野生植物〕 | うわさめ…Ⅲ - 100〔魚類〕 |
| うるしね…Ⅰ - 184〔穀物類〕 | うわし…Ⅰ - 186〔穀物類〕 |
| うるしねあわ…Ⅰ - 184〔穀物類〕 | うわふき…Ⅳ - 219〔野生植物〕 |
| うるしの…Ⅰ - 184〔穀物類〕 | うわぶき…Ⅳ - 220〔野生植物〕 |
| うるしの…Ⅳ - 218〔野生植物〕 | うわみつ…Ⅶ - 101〔樹木類〕 |
| うるしのき…Ⅶ - 100〔樹木類〕 | うわみづ…Ⅶ - 101〔樹木類〕 |
| うるしのき…Ⅶ - 101〔樹木類〕 | うわもち…Ⅰ - 186〔穀物類〕 |
| うるしのめ…Ⅶ - 748〔救荒動植物類〕 | うわやけくさ…Ⅳ - 220〔野生植物〕 |
| うるちいね…Ⅰ - 184〔穀物類〕 | うゐきやう…Ⅳ - 220〔野生植物〕 |

| | |
|---|---|
| うゐろうまめ…Ⅰ-186［穀物類］ | えじまはたか…Ⅰ-187［穀物類］ |
| うゑた…Ⅰ-186［穀物類］ | えしやくて…Ⅶ-103［樹木類］ |
| うをつら…Ⅳ-220［野生植物］ | えじりぼうず…Ⅰ-188［穀物類］ |
| うをつる…Ⅳ-220［野生植物］ | えそ…Ⅲ-103［魚類］ |
| うをのき…Ⅳ-220［野生植物］ | えだしただいこん…Ⅵ-296［菜類］ |
| うをのこ…Ⅰ-186［穀物類］ | えちご…Ⅰ-188［穀物類］ |
| うをのめ…Ⅳ-220［野生植物］ | えちごかるこ…Ⅰ-188［穀物類］ |
| うをのめ…Ⅶ-102［樹木類］ | えちごじよらう…Ⅰ-188［穀物類］ |
| うをふく…Ⅲ-100［魚類］ | えちごそより…Ⅰ-188［穀物類］ |
| うんきう…Ⅶ-748［救荒動植物類］ | えちごまめ…Ⅰ-188［穀物類］ |
| うんざら…Ⅲ-669［貝類］ | えちごむぎ…Ⅰ-188［穀物類］ |
| うんざらがい…Ⅲ-669［貝類］ | えちごやろく…Ⅰ-189［穀物類］ |
| うんせん…Ⅶ-102［樹木類］ | えちごわせ…Ⅰ-189［穀物類］ |
| うんない…Ⅲ-669［貝類］ | えちぜん…Ⅰ-189［穀物類］ |
| うんない…Ⅲ-670［貝類］ | えちぜんあは…Ⅰ-189［穀物類］ |
| うんないかひ…Ⅲ-670［貝類］ | えちぜんわせ…Ⅰ-189［穀物類］ |
| うんないさん…Ⅲ-100［魚類］ | えつ…Ⅳ-222［野生植物］ |
| うんなんそう…Ⅲ-101［魚類］ | えつちゅう…Ⅰ-189［穀物類］ |
| うんも…Ⅵ-11［金・石・土・水類］ | えつちゆうばうず…Ⅰ-189［穀物類］ |
| うんもさう…Ⅳ-221［野生植物］ | えつちゆうわせ…Ⅰ-190［穀物類］ |

## え

| | |
|---|---|
| え…Ⅰ-187［穀物類］ | えてふかひ…Ⅲ-671［貝類］ |
| えい…Ⅲ-102［魚類］ | えど…Ⅰ-190［穀物類］ |
| えいのじんさ…Ⅲ-102［魚類］ | えど…Ⅳ-222［野生植物］ |
| えいのじんざ…Ⅲ-102［魚類］ | えど…Ⅵ-296［菜類］ |
| えいらく…Ⅰ-187［穀物類］ | えど…Ⅶ-103［樹木類］ |
| えいらく…Ⅲ-102［魚類］ | えどあづき…Ⅰ-190［穀物類］ |
| えかき…Ⅰ-187［穀物類］ | えどあは…Ⅰ-190［穀物類］ |
| えぎれ…Ⅲ-102［魚類］ | えどあふひ…Ⅳ-222［野生植物］ |
| えぐちたけ…Ⅵ-119［菌・茸類］ | えといちこ…Ⅳ-222［野生植物］ |
| えこ…Ⅳ-222［野生植物］ | えどいちこ…Ⅳ-222［野生植物］ |
| えこしそ…Ⅵ-296［菜類］ | えどいちご…Ⅳ-223［野生植物］ |
| えこのは…Ⅶ-749［救荒動植物類］ | えどいちご…Ⅵ-696［果類］ |
| えごま…Ⅰ-187［穀物類］ | えどいね…Ⅰ-190［穀物類］ |
| えごま…Ⅳ-222［野生植物］ | えどいも…Ⅵ-296［菜類］ |
| えさけ…Ⅲ-102［魚類］ | えどうつき…Ⅶ-103［樹木類］ |
| えじま…Ⅰ-187［穀物類］ | えどうり…Ⅵ-296［菜類］ |
| | えどえんとう…Ⅰ-196［穀物類］ |
| | えどおほかふ…Ⅵ-296［菜類］ |

| | |
|---|---|
| えどおほかぶ…Ⅵ‐296［菜類］ | えどむぎ…Ⅰ‐194［穀物類］ |
| えどおほささけ…Ⅰ‐191［穀物類］ | えどむらさき…Ⅶ‐103［樹木類］ |
| えどかぶ…Ⅵ‐297［菜類］ | えどむらさきつつち…Ⅶ‐103［樹木類］ |
| えどきひ…Ⅰ‐191［穀物類］ | えどめなが…Ⅰ‐194［穀物類］ |
| えどくま…Ⅰ‐191［穀物類］ | えどもち…Ⅰ‐194［穀物類］ |
| えどけいとう…Ⅳ‐223［野生植物］ | えどもち…Ⅰ‐195［穀物類］ |
| えどこむき…Ⅰ‐191［穀物類］ | えどもも…Ⅵ‐696［果類］ |
| えどこむぎ…Ⅰ‐191［穀物類］ | えどやはせ…Ⅰ‐195［穀物類］ |
| えどさくら…Ⅶ‐103［樹木類］ | えどやばせ…Ⅰ‐195［穀物類］ |
| えとささけ…Ⅰ‐191［穀物類］ | えどやようか…Ⅰ‐195［穀物類］ |
| えどささけ…Ⅰ‐191［穀物類］ | えどゆり…Ⅵ‐298［菜類］ |
| えどささけ…Ⅰ‐192［穀物類］ | えとろく…Ⅰ‐195［穀物類］ |
| えどささけ…Ⅵ‐297［菜類］ | えどろくかく…Ⅰ‐195［穀物類］ |
| えどささげ…Ⅰ‐192［穀物類］ | えどろっぽう…Ⅰ‐195［穀物類］ |
| えどささげ…Ⅵ‐297［菜類］ | えどわせ…Ⅰ‐196［穀物類］ |
| えどさら…Ⅰ‐192［穀物類］ | えのき…Ⅶ‐103［樹木類］ |
| えどじゅうろく…Ⅰ‐192［穀物類］ | えのき…Ⅶ‐104［樹木類］ |
| えどしろう…Ⅰ‐192［穀物類］ | えのきくさ…Ⅳ‐223［野生植物］ |
| えどすもも…Ⅵ‐696［果類］ | えのきごじふし…Ⅰ‐196［穀物類］ |
| えどだいこん…Ⅵ‐297［菜類］ | えのきしたうからし…Ⅵ‐299［菜類］ |
| えどとうからし…Ⅵ‐297［菜類］ | えのきたけ…Ⅵ‐119［菌・茸類］ |
| えどな…Ⅵ‐298［菜類］ | えのきなば…Ⅵ‐119［菌・茸類］ |
| えどなんはん…Ⅵ‐298［菜類］ | えのきのは…Ⅶ‐749［救荒動植物類］ |
| えどなんばん…Ⅵ‐298［菜類］ | えのきのみ…Ⅰ‐196［穀物類］ |
| えどはだか…Ⅰ‐193［穀物類］ | えのきば…Ⅶ‐749［救荒動植物類］ |
| えどはちこく…Ⅰ‐193［穀物類］ | えのきはだ…Ⅵ‐299［菜類］ |
| えどははきぎ…Ⅳ‐223［野生植物］ | えのきまめ…Ⅰ‐196［穀物類］ |
| えどひえ…Ⅰ‐193［穀物類］ | えのこあは…Ⅰ‐196［穀物類］ |
| えどひくあわ…Ⅰ‐193［穀物類］ | えのは…Ⅲ‐102［魚類］ |
| えどひへ…Ⅰ‐193［穀物類］ | えのみくさ…Ⅳ‐223［野生植物］ |
| えどひゑ…Ⅰ‐193［穀物類］ | えばへくさ…Ⅳ‐223［野生植物］ |
| えどふき…Ⅵ‐298［菜類］ | えびかつら…Ⅳ‐224［野生植物］ |
| えどふり…Ⅵ‐298［菜類］ | えひつる…Ⅳ‐224［野生植物］ |
| えどふろう…Ⅰ‐193［穀物類］ | えびづる…Ⅳ‐224［野生植物］ |
| えどほそば…Ⅰ‐194［穀物類］ | えびね…Ⅳ‐224［野生植物］ |
| えどまめ…Ⅰ‐194［穀物類］ | えひのこ…Ⅰ‐196［穀物類］ |
| えどまめ…Ⅵ‐298［菜類］ | えびゆり…Ⅳ‐224［野生植物］ |
| えどむき…Ⅰ‐194［穀物類］ | えぶな…Ⅲ‐103［魚類］ |

# お

えぼしかひ…Ⅲ‐671 ［貝類］
えぼしたうからし…Ⅵ‐299 ［菜類］
えほぢ…Ⅶ‐104 ［樹木類］
えらぶうなぎ…Ⅲ‐103 ［魚類］
えりさいこく…Ⅰ‐197 ［穀物類］
えりだし…Ⅰ‐197 ［穀物類］
えりたねこうほう…Ⅰ‐197 ［穀物類］
えゐ…Ⅲ‐103 ［魚類］
えんこ…Ⅰ‐197 ［穀物類］
えんごさく…Ⅳ‐224 ［野生植物］
えんこのをひ…Ⅳ‐224 ［野生植物］
えんこのをび…Ⅳ‐225 ［野生植物］
えんじゅ…Ⅶ‐104 ［樹木類］
えんしょうじ…Ⅰ‐197 ［穀物類］
えんせう…Ⅵ‐11 ［金・石・土・水類］
えんとう…Ⅰ‐197 ［穀物類］
えんどう…Ⅰ‐197 ［穀物類］
えんひ…Ⅳ‐225 ［野生植物］
えんほう…Ⅶ‐104 ［樹木類］
えんめいさう…Ⅳ‐225 ［野生植物］

## お

おいかた…Ⅳ‐226 ［野生植物］
おいかは…Ⅲ‐104 ［魚類］
おいかわ…Ⅲ‐104 ［魚類］
おいこき…Ⅶ‐105 ［樹木類］
おいて…Ⅰ‐198 ［穀物類］
おいぬかれい…Ⅲ‐104 ［魚類］
おいねかぶ…Ⅳ‐226 ［野生植物］
おいのけ…Ⅰ‐198 ［穀物類］
おいろみ…Ⅰ‐198 ［穀物類］
おいわひ…Ⅳ‐226 ［野生植物］
おいわせ…Ⅰ‐198 ［穀物類］
おいわゐ…Ⅳ‐226 ［野生植物］
おいを…Ⅲ‐104 ［魚類］
おうき…Ⅶ‐105 ［樹木類］
おうきな…Ⅳ‐226 ［野生植物］
おうきやか…Ⅳ‐226 ［野生植物］
おうこくさ…Ⅳ‐227 ［野生植物］
おうごくさ…Ⅳ‐227 ［野生植物］
おうしう…Ⅰ‐198 ［穀物類］
おうしのせなかあて…Ⅲ‐672 ［貝類］
おうじのせなかあて…Ⅲ‐672 ［貝類］
おうじのまくらかひ…Ⅲ‐672 ［貝類］
おうしろ…Ⅰ‐198 ［穀物類］
おうすかな…Ⅶ‐750 ［救荒動植物類］
おうすすき…Ⅳ‐227 ［野生植物］
おうせ…Ⅲ‐104 ［魚類］
おうせひ…Ⅳ‐227 ［野生植物］
おうせひ…Ⅶ‐750 ［救荒動植物類］
おうそひへ…Ⅳ‐227 ［野生植物］
おうたそうり…Ⅰ‐199 ［穀物類］
おうとう…Ⅳ‐227 ［野生植物］
おうとうかい…Ⅲ‐672 ［貝類］
おうどうかひ…Ⅲ‐672 ［貝類］
おうとうくさ…Ⅳ‐227 ［野生植物］
おうとりもち…Ⅶ‐105 ［樹木類］
おうな…Ⅲ‐105 ［魚類］
おうねつくり…Ⅶ‐105 ［樹木類］
おうのかい…Ⅲ‐672 ［貝類］
おうのかひ…Ⅲ‐672 ［貝類］
おうのき…Ⅶ‐105 ［樹木類］
おうのまて…Ⅲ‐673 ［貝類］
おうばい…Ⅶ‐105 ［樹木類］
おうはこ…Ⅳ‐228 ［野生植物］
おうばこ…Ⅳ‐228 ［野生植物］
おうばこ…Ⅶ‐750 ［救荒動植物類］
おうばしろいね…Ⅰ‐199 ［穀物類］
おうひやうたも…Ⅶ‐105 ［樹木類］
おうほ…Ⅰ‐199 ［穀物類］
おうほうくさ…Ⅳ‐228 ［野生植物］
おうほくこく…Ⅰ‐199 ［穀物類］
おうみ…Ⅰ‐199 ［穀物類］
おうれん…Ⅳ‐228 ［野生植物］
おうを…Ⅲ‐105 ［魚類］
おおあかいね…Ⅰ‐199 ［穀物類］

| | |
|---|---|
| おおい…Ⅳ-228［野生植物］ | おかのりな…Ⅵ-300［菜類］ |
| おおいわし…Ⅲ-105［魚類］ | おがひ…Ⅲ-673［貝類］ |
| おおいを…Ⅲ-105［魚類］ | おかひしき…Ⅵ-300［菜類］ |
| おおかき…Ⅶ-106［樹木類］ | おかひぢき…Ⅵ-300［菜類］ |
| おおかたばみ…Ⅳ-228［野生植物］ | おかまめ…Ⅰ-201［穀物類］ |
| おおかみだらし…Ⅳ-229［野生植物］ | おかみる…Ⅳ-230［野生植物］ |
| おおかめばやり…Ⅰ-200［穀物類］ | おかめあつき…Ⅰ-199［穀物類］ |
| おおしろふり…Ⅵ-307［菜類］ | おかめくさ…Ⅳ-230［野生植物］ |
| おおせい…Ⅳ-229［野生植物］ | おかよし…Ⅳ-231［野生植物］ |
| おおせり…Ⅳ-229［野生植物］ | おからいたや…Ⅶ-106［樹木類］ |
| おおねだいこん…Ⅵ-300［菜類］ | おからささげ…Ⅰ-201［穀物類］ |
| おおはこ…Ⅳ-229［野生植物］ | おかわすみ…Ⅵ-697［果類］ |
| おおばこ…Ⅳ-229［野生植物］ | おぎ…Ⅳ-231［野生植物］ |
| おおぶし…Ⅶ-106［樹木類］ | おきあち…Ⅲ-105［魚類］ |
| おおめさし…Ⅰ-200［穀物類］ | おきあぢ…Ⅲ-106［魚類］ |
| おか…Ⅰ-200［穀物類］ | おきいわし…Ⅲ-106［魚類］ |
| おがい…Ⅲ-673［貝類］ | おぎう…Ⅳ-231［野生植物］ |
| おかいご…Ⅳ-229［野生植物］ | おきおくて…Ⅰ-201［穀物類］ |
| おかうるし…Ⅳ-229［野生植物］ | おぎおくて…Ⅰ-202［穀物類］ |
| おかかうほね…Ⅳ-230［野生植物］ | おきがき…Ⅲ-673［貝類］ |
| おかかき…Ⅵ-697［果類］ | おきくさび…Ⅲ-106［魚類］ |
| おかきひ…Ⅰ-200［穀物類］ | おきざはら…Ⅲ-106［魚類］ |
| おかくら…Ⅰ-200［穀物類］ | おきすずき…Ⅲ-106［魚類］ |
| おかぐろ…Ⅰ-200［穀物類］ | おきそ…Ⅲ-673［貝類］ |
| おかし…Ⅶ-106［樹木類］ | おきたご…Ⅲ-106［魚類］ |
| おがしら…Ⅰ-200［穀物類］ | おきて…Ⅰ-202［穀物類］ |
| おかせり…Ⅳ-230［野生植物］ | おきでわせ…Ⅰ-202［穀物類］ |
| おかた…Ⅲ-105［魚類］ | おきな…Ⅲ-106［魚類］ |
| おかたあづき…Ⅰ-201［穀物類］ | おきなくさ…Ⅳ-231［野生植物］ |
| おかたおし…Ⅰ-201［穀物類］ | おきなさう…Ⅳ-232［野生植物］ |
| おかたかれい…Ⅲ-105［魚類］ | おきなさくさ…Ⅶ-106［樹木類］ |
| おかたくさ…Ⅳ-230［野生植物］ | おきなます…Ⅲ-107［魚類］ |
| おかたくさ…Ⅶ-750［救荒動植物類］ | おきにし…Ⅲ-673［貝類］ |
| おかだくさ…Ⅳ-230［野生植物］ | おきのこ…Ⅲ-107［魚類］ |
| おかのくち…Ⅰ-201［穀物類］ | おきのさはら…Ⅲ-107［魚類］ |
| おかのすけ…Ⅵ-120［菌・茸類］ | おきのじやう…Ⅲ-107［魚類］ |
| おかのり…Ⅵ-300［菜類］ | おきのじよ…Ⅲ-107［魚類］ |
| おかのりい…Ⅵ-300［菜類］ | おきのじょろふ…Ⅲ-107［魚類］ |

お

おきのぜう…Ⅲ-107［魚類］
おきのて…Ⅲ-108［魚類］
おきのまひ…Ⅲ-108［魚類］
おきのむつ…Ⅲ-108［魚類］
おきはせ…Ⅲ-108［魚類］
おきひらめ…Ⅲ-108［魚類］
おきべべ…Ⅲ-673［貝類］
おきめはり…Ⅲ-108［魚類］
おきめはる…Ⅲ-108［魚類］
おきゆね…Ⅲ-109［魚類］
おく…Ⅰ-202［穀物類］
おく…Ⅳ-232［野生植物］
おくあづき…Ⅰ-202［穀物類］
おくあぶらえ…Ⅰ-202［穀物類］
おくあぶらえ…Ⅵ-300［菜類］
おくあをまめ…Ⅰ-203［穀物類］
おくいせむぎ…Ⅰ-203［穀物類］
おくいね…Ⅰ-203［穀物類］
おくいひじま…Ⅰ-203［穀物類］
おくかぢか…Ⅰ-203［穀物類］
おくかみなかて…Ⅰ-204［穀物類］
おくきひ…Ⅰ-204［穀物類］
おくきゆうがふ…Ⅰ-204［穀物類］
おくくり…Ⅵ-697［果類］
おくくろ…Ⅰ-204［穀物類］
おくけひへ…Ⅰ-204［穀物類］
おくこむぎ…Ⅰ-204［穀物類］
おくさんぐわつ…Ⅰ-204［穀物類］
おくし…Ⅰ-205［穀物類］
おくしな…Ⅰ-205［穀物類］
おくしなば…Ⅰ-205［穀物類］
おくしも…Ⅶ-106［樹木類］
おくしやうじ…Ⅰ-205［穀物類］
おくじょらう…Ⅰ-205［穀物類］
おくしらは…Ⅰ-205［穀物類］
おくしろもち…Ⅰ-205［穀物類］
おくすすめ…Ⅰ-206［穀物類］
おくすべり…Ⅰ-206［穀物類］

おくそうじ…Ⅰ-206［穀物類］
おくそは…Ⅰ-206［穀物類］
おくそば…Ⅰ-206［穀物類］
おくた…Ⅰ-206［穀物類］
おくだいこく…Ⅰ-206［穀物類］
おくだいこん…Ⅵ-301［菜類］
おくだいなごん…Ⅰ-207［穀物類］
おくたますり…Ⅰ-207［穀物類］
おくちこ…Ⅰ-207［穀物類］
おくつたひ…Ⅲ-109［魚類］
おくて…Ⅰ-207［穀物類］
おくて…Ⅰ-208［穀物類］
おくてあつき…Ⅰ-208［穀物類］
おくてあづき…Ⅰ-208［穀物類］
おくてあは…Ⅰ-209［穀物類］
おくてあをまめ…Ⅰ-209［穀物類］
おくていね…Ⅰ-209［穀物類］
おくておほむぎ…Ⅰ-209［穀物類］
おくてくろ…Ⅰ-209［穀物類］
おくてくろまめ…Ⅰ-209［穀物類］
おくてけしろ…Ⅰ-209［穀物類］
おくてこむぎ…Ⅰ-210［穀物類］
おくてしろまめ…Ⅰ-210［穀物類］
おくてそは…Ⅰ-210［穀物類］
おくてぬき…Ⅰ-210［穀物類］
おくてひえ…Ⅰ-210［穀物類］
おくてびへ…Ⅰ-210［穀物類］
おくてひゑ…Ⅰ-210［穀物類］
おくてふちまめ…Ⅰ-211［穀物類］
おくてぼつこり…Ⅰ-211［穀物類］
おくてまめ…Ⅰ-211［穀物類］
おくてむぎ…Ⅰ-211［穀物類］
おくてもち…Ⅰ-211［穀物類］
おくてもちあは…Ⅰ-211［穀物類］
おくてもちいね…Ⅰ-211［穀物類］
おくてゑびのこ…Ⅰ-212［穀物類］
おくどうし…Ⅳ-232［野生植物］
おくな…Ⅵ-301［菜類］

| | |
|---|---|
| おくなすひ…Ⅵ-301［菜類］ | おこぎ…Ⅵ-302［菜類］ |
| おくなすび…Ⅵ-301［菜類］ | おこげ…Ⅵ-302［菜類］ |
| おくひへ…Ⅰ-212［穀物類］ | おごさいこく…Ⅰ-214［穀物類］ |
| おくぶんと…Ⅰ-212［穀物類］ | おごさいごく…Ⅰ-214［穀物類］ |
| おくぼろ…Ⅰ-212［穀物類］ | おこし…Ⅲ-109［魚類］ |
| おくみくろ…Ⅰ-212［穀物類］ | おこじ…Ⅲ-109［魚類］ |
| おくみの…Ⅰ-212［穀物類］ | おこじょ…Ⅲ-109［魚類］ |
| おくむき…Ⅰ-212［穀物類］ | おこず…Ⅲ-109［魚類］ |
| おくむぎ…Ⅰ-213［穀物類］ | おごず…Ⅲ-109［魚類］ |
| おくめうか…Ⅵ-301［菜類］ | おこせ…Ⅲ-110［魚類］ |
| おくめさし…Ⅰ-213［穀物類］ | おこぜ…Ⅲ-110［魚類］ |
| おくやろく…Ⅰ-213［穀物類］ | おこせはちめ…Ⅲ-110［魚類］ |
| おぐらせんのう…Ⅳ-232［野生植物］ | おこぜはちめ…Ⅲ-110［魚類］ |
| おくらもち…Ⅵ-301［菜類］ | おこち…Ⅲ-110［魚類］ |
| おくらもち…Ⅶ-750［救荒動植物類］ | おことうし…Ⅳ-235［野生植物］ |
| おくり…Ⅰ-213［穀物類］ | おごな…Ⅳ-235［野生植物］ |
| おくりかんきり…Ⅳ-232［野生植物］ | おこのかひ…Ⅲ-674［貝類］ |
| おくるま…Ⅳ-232［野生植物］ | おこのり…Ⅳ-235［野生植物］ |
| おくるま…Ⅳ-233［野生植物］ | おごのり…Ⅳ-235［野生植物］ |
| おぐるま…Ⅳ-233［野生植物］ | おごも…Ⅳ-236［野生植物］ |
| おくるみ…Ⅵ-697［果類］ | おごらくさ…Ⅳ-236［野生植物］ |
| おくれんけじ…Ⅵ-301［菜類］ | おこりさう…Ⅳ-236［野生植物］ |
| おくろ…Ⅰ-213［穀物類］ | おこりはな…Ⅳ-236［野生植物］ |
| おくろくかく…Ⅰ-213［穀物類］ | おこれさう…Ⅳ-236［野生植物］ |
| おくわせ…Ⅰ-213［穀物類］ | おころさう…Ⅳ-236［野生植物］ |
| おけすへ…Ⅵ-697［果類］ | おこわ…Ⅰ-214［穀物類］ |
| おけたたき…Ⅳ-233［野生植物］ | おさ…Ⅰ-214［穀物類］ |
| おけつつじ…Ⅶ-106［樹木類］ | おさいもちあわ…Ⅰ-214［穀物類］ |
| おけら…Ⅳ-234［野生植物］ | おさくさ…Ⅳ-237［野生植物］ |
| おけら…Ⅶ-750［救荒動植物類］ | おさなたけ…Ⅵ-59［竹・笹類］ |
| おげら…Ⅳ-234［野生植物］ | おさぬき…Ⅰ-214［穀物類］ |
| おけらくさ…Ⅳ-234［野生植物］ | おしうまめ…Ⅰ-214［穀物類］ |
| おけらさう…Ⅳ-234［野生植物］ | おしき…Ⅰ-214［穀物類］ |
| おけらさうじゆつ…Ⅳ-234［野生植物］ | おしきかひ…Ⅲ-674［貝類］ |
| おけらほう…Ⅳ-234［野生植物］ | おじこ…Ⅰ-215［穀物類］ |
| おこ…Ⅳ-235［野生植物］ | おじころし…Ⅰ-215［穀物類］ |
| おこ…Ⅶ-750［救荒動植物類］ | おしね…Ⅰ-215［穀物類］ |
| おご…Ⅳ-235［野生植物］ | おしばな…Ⅳ-237［野生植物］ |

お

| | |
|---|---|
| おしまかき…Ⅵ-697［果類］ | おそたいとう…Ⅰ-219［穀物類］ |
| おしみのき…Ⅶ-107［樹木類］ | おそたうほし…Ⅰ-219［穀物類］ |
| おしめ…Ⅶ-751［救荒動植物類］ | おそちくら…Ⅰ-219［穀物類］ |
| おしやく…Ⅶ-107［樹木類］ | おそな…Ⅵ-302［菜類］ |
| おしよご…Ⅳ-237［野生植物］ | おそなが…Ⅵ-302［菜類］ |
| おしよごのみ…Ⅶ-751［救荒動植物類］ | おそなながふ…Ⅰ-219［穀物類］ |
| おしよろひへ…Ⅰ-215［穀物類］ | おそのべ…Ⅰ-219［穀物類］ |
| おしろ…Ⅰ-215［穀物類］ | おそのを…Ⅰ-219［穀物類］ |
| おしろい…Ⅳ-237［野生植物］ | おそはちぐわつ…Ⅰ-220［穀物類］ |
| おしろいくさ…Ⅳ-237［野生植物］ | おそはちこく…Ⅰ-220［穀物類］ |
| おしろうはな…Ⅳ-238［野生植物］ | おそはらひゑ…Ⅰ-220［穀物類］ |
| おしろうばな…Ⅳ-238［野生植物］ | おそひき…Ⅰ-220［穀物類］ |
| おすぎ…Ⅶ-107［樹木類］ | おそひへ…Ⅰ-220［穀物類］ |
| おせのせな…Ⅲ-674［貝類］ | おそひゑ…Ⅰ-221［穀物類］ |
| おそ…Ⅰ-215［穀物類］ | おそぼ…Ⅰ-221［穀物類］ |
| おそあづき…Ⅰ-215［穀物類］ | おそぼう…Ⅶ-107［樹木類］ |
| おそあふみこ…Ⅰ-216［穀物類］ | おそほくこく…Ⅰ-221［穀物類］ |
| おそあわ…Ⅰ-216［穀物類］ | おそまございもん…Ⅰ-221［穀物類］ |
| おそいしみち…Ⅰ-216［穀物類］ | おそまめ…Ⅰ-221［穀物類］ |
| おそかいせ…Ⅰ-216［穀物類］ | おそむぎ…Ⅰ-221［穀物類］ |
| おそかいせい…Ⅰ-216［穀物類］ | おそもち…Ⅰ-222［穀物類］ |
| おそがいせい…Ⅰ-216［穀物類］ | おそやろう…Ⅰ-222［穀物類］ |
| おそかぶ…Ⅵ-302［菜類］ | おそやろく…Ⅰ-222［穀物類］ |
| おそきやうはやり…Ⅰ-216［穀物類］ | おそらくつつち…Ⅶ-107［樹木類］ |
| おそくろほ…Ⅰ-217［穀物類］ | おそろくぐわつ…Ⅰ-222［穀物類］ |
| おそこ…Ⅰ-217［穀物類］ | おそわせ…Ⅰ-222［穀物類］ |
| おそこほれず…Ⅰ-217［穀物類］ | おた…Ⅰ-222［穀物類］ |
| おそこむぎ…Ⅰ-217［穀物類］ | おだ…Ⅰ-222［穀物類］ |
| おそさんぐわつ…Ⅰ-217［穀物類］ | おたい…Ⅰ-223［穀物類］ |
| おそじょらう…Ⅰ-217［穀物類］ | おたがしやくし…Ⅳ-238［野生植物］ |
| おそしらがまて…Ⅰ-217［穀物類］ | おたかもち…Ⅰ-223［穀物類］ |
| おそしらは…Ⅰ-218［穀物類］ | おたがもち…Ⅰ-223［穀物類］ |
| おそしらば…Ⅰ-218［穀物類］ | おたきあは…Ⅰ-223［穀物類］ |
| おそしろば…Ⅰ-218［穀物類］ | おたきり…Ⅰ-223［穀物類］ |
| おそじんは…Ⅰ-218［穀物類］ | おたぐち…Ⅰ-223［穀物類］ |
| おそじんば…Ⅰ-218［穀物類］ | おたぐろ…Ⅰ-223［穀物類］ |
| おそたいたう…Ⅰ-218［穀物類］ | おだぐろ…Ⅰ-223［穀物類］ |
| おそたいたう…Ⅰ-219［穀物類］ | おたけはやり…Ⅰ-224［穀物類］ |

| | |
|---|---|
| おたけばやり…Ⅰ-224〔穀物類〕 | おてら…Ⅵ-698〔果類〕 |
| おだけわせ…Ⅰ-224〔穀物類〕 | おてんと…Ⅰ-226〔穀物類〕 |
| おたしば…Ⅳ-238〔野生植物〕 | おてんや…Ⅵ-120〔菌・茸類〕 |
| おたそり…Ⅰ-224〔穀物類〕 | おとうくさ…Ⅳ-240〔野生植物〕 |
| おたち…Ⅰ-224〔穀物類〕 | おとうたけ…Ⅵ-120〔菌・茸類〕 |
| おたに…Ⅰ-224〔穀物類〕 | おとがいさう…Ⅳ-240〔野生植物〕 |
| おたね…Ⅰ-224〔穀物類〕 | おとかいなし…Ⅳ-240〔野生植物〕 |
| おだまき…Ⅳ-238〔野生植物〕 | おとがいなし…Ⅲ-110〔魚類〕 |
| おだも…Ⅶ-107〔樹木類〕 | おとがいなし…Ⅳ-240〔野生植物〕 |
| おち…Ⅳ-238〔野生植物〕 | おときり…Ⅳ-241〔野生植物〕 |
| おちあわ…Ⅰ-225〔穀物類〕 | おときりさう…Ⅳ-241〔野生植物〕 |
| おちこひゑ…Ⅰ-225〔穀物類〕 | おときりさう…Ⅳ-242〔野生植物〕 |
| おちころし…Ⅳ-238〔野生植物〕 | おとぎりさう…Ⅳ-242〔野生植物〕 |
| おちこわせ…Ⅰ-225〔穀物類〕 | おときりす…Ⅳ-242〔野生植物〕 |
| おちすみもち…Ⅰ-225〔穀物類〕 | おときりそう…Ⅳ-243〔野生植物〕 |
| おちばかづら…Ⅳ-239〔野生植物〕 | おとぎりそう…Ⅳ-243〔野生植物〕 |
| おちやらく…Ⅰ-225〔穀物類〕 | おとこいね…Ⅳ-243〔野生植物〕 |
| おちやらくささけ…Ⅰ-225〔穀物類〕 | おとこかつら…Ⅳ-243〔野生植物〕 |
| おちよほうもち…Ⅰ-225〔穀物類〕 | おとこぜんまい…Ⅳ-243〔野生植物〕 |
| おぢょろう…Ⅰ-226〔穀物類〕 | おとこだて…Ⅰ-226〔穀物類〕 |
| おつかふろ…Ⅳ-239〔野生植物〕 | おとこちとめ…Ⅳ-243〔野生植物〕 |
| おつくり…Ⅳ-239〔野生植物〕 | おとこなへし…Ⅳ-244〔野生植物〕 |
| おつこ…Ⅶ-107〔樹木類〕 | おとこなもみ…Ⅳ-244〔野生植物〕 |
| おつこう…Ⅶ-108〔樹木類〕 | おとこぶつ…Ⅳ-244〔野生植物〕 |
| おつこのき…Ⅶ-108〔樹木類〕 | おとこへし…Ⅳ-244〔野生植物〕 |
| おつこふ…Ⅶ-108〔樹木類〕 | おとこべし…Ⅳ-244〔野生植物〕 |
| おつち…Ⅳ-239〔野生植物〕 | おとこまつ…Ⅶ-108〔樹木類〕 |
| おづちな…Ⅳ-239〔野生植物〕 | おとこままさや…Ⅳ-244〔野生植物〕 |
| おづちのは…Ⅶ-751〔救荒動植物類〕 | おとこまゆみ…Ⅶ-108〔樹木類〕 |
| おつとくぐ…Ⅳ-239〔野生植物〕 | おとこよもき…Ⅳ-244〔野生植物〕 |
| おつとせ…Ⅰ-226〔穀物類〕 | おとこよもぎ…Ⅳ-245〔野生植物〕 |
| おつとせい…Ⅰ-226〔穀物類〕 | おとないさう…Ⅳ-245〔野生植物〕 |
| おつとせう…Ⅰ-226〔穀物類〕 | おとび…Ⅳ-245〔野生植物〕 |
| おつともしよ…Ⅰ-226〔穀物類〕 | おとめそう…Ⅳ-245〔野生植物〕 |
| おつほくさ…Ⅳ-239〔野生植物〕 | おとめはな…Ⅳ-245〔野生植物〕 |
| おつぼくさ…Ⅳ-240〔野生植物〕 | おともせ…Ⅰ-227〔穀物類〕 |
| おてきくさ…Ⅳ-240〔野生植物〕 | おどりかぶ…Ⅵ-302〔菜類〕 |
| おてち…Ⅳ-240〔野生植物〕 | おとりくさ…Ⅳ-245〔野生植物〕 |

# お

| | |
|---|---|
| おとりくさ…Ⅳ‐246［野生植物］ | おにがくみ…Ⅳ‐249［野生植物］ |
| おどりくさ…Ⅳ‐246［野生植物］ | おにかけ…Ⅰ‐227［穀物類］ |
| おとりこ…Ⅲ‐111［魚類］ | おにかげ…Ⅰ‐228［穀物類］ |
| おどりこさう…Ⅳ‐246［野生植物］ | おにかさご…Ⅲ‐111［魚類］ |
| おとりふか…Ⅲ‐111［魚類］ | おにかしら…Ⅰ‐228［穀物類］ |
| おどりふか…Ⅲ‐111［魚類］ | おにかしら…Ⅳ‐249［野生植物］ |
| おどろくさ…Ⅳ‐246［野生植物］ | おにがしら…Ⅰ‐228［穀物類］ |
| おなかくさ…Ⅳ‐246［野生植物］ | おにがぜ…Ⅲ‐674［貝類］ |
| おながくさ…Ⅳ‐246［野生植物］ | おにかづら…Ⅳ‐250［野生植物］ |
| おなこたけ…Ⅵ‐59［竹・笹類］ | おにかひ…Ⅲ‐674［貝類］ |
| おなこな…Ⅳ‐247［野生植物］ | おにかぶ…Ⅳ‐250［野生植物］ |
| おなごな…Ⅶ‐751［救荒動植物類］ | おにかべ…Ⅳ‐250［野生植物］ |
| おなつ…Ⅰ‐227［穀物類］ | おにかや…Ⅳ‐250［野生植物］ |
| おなもみ…Ⅳ‐247［野生植物］ | おにくさ…Ⅳ‐250［野生植物］ |
| おなもめ…Ⅳ‐247［野生植物］ | おにくるみ…Ⅵ‐698［果類］ |
| おに…Ⅰ‐227［穀物類］ | おにくるみ…Ⅶ‐109［樹木類］ |
| おに…Ⅵ‐698［果類］ | おにぐるみ…Ⅵ‐698［果類］ |
| おにあさみ…Ⅳ‐247［野生植物］ | おにくろ…Ⅰ‐228［穀物類］ |
| おにあさみ…Ⅳ‐248［野生植物］ | おにくわんさう…Ⅳ‐250［野生植物］ |
| おにあさみ…Ⅵ‐302［菜類］ | おにくわんざう…Ⅳ‐251［野生植物］ |
| おにあざみ…Ⅳ‐248［野生植物］ | おにここみ…Ⅳ‐251［野生植物］ |
| おにあざみ…Ⅵ‐303［菜類］ | おにこぶし…Ⅰ‐228［穀物類］ |
| おにあは…Ⅰ‐227［穀物類］ | おにこぶし…Ⅵ‐699［果類］ |
| おにあをさ…Ⅳ‐248［野生植物］ | おにこほし…Ⅰ‐228［穀物類］ |
| おにいちこ…Ⅳ‐248［野生植物］ | おにこむぎ…Ⅰ‐229［穀物類］ |
| おにいちこ…Ⅵ‐303［菜類］ | おにころ…Ⅳ‐251［野生植物］ |
| おにいちご…Ⅳ‐249［野生植物］ | おにころし…Ⅰ‐229［穀物類］ |
| おにいちご…Ⅵ‐698［果類］ | おにさはだ…Ⅰ‐229［穀物類］ |
| おにうこぎ…Ⅶ‐108［樹木類］ | おにさむすけ…Ⅰ‐229［穀物類］ |
| おにうちまめ…Ⅰ‐227［穀物類］ | おにさんしやう…Ⅶ‐109［樹木類］ |
| おにうつ…Ⅲ‐111［魚類］ | おにさんせう…Ⅶ‐109［樹木類］ |
| おにうつき…Ⅶ‐108［樹木類］ | おにしこ…Ⅰ‐229［穀物類］ |
| おにうらしろ…Ⅳ‐249［野生植物］ | おにしそ…Ⅵ‐303［菜類］ |
| おにおくて…Ⅰ‐227［穀物類］ | おにしだ…Ⅳ‐251［野生植物］ |
| おにかいて…Ⅶ‐109［樹木類］ | おにしは…Ⅳ‐251［野生植物］ |
| おにかう…Ⅳ‐249［野生植物］ | おにしば…Ⅳ‐251［野生植物］ |
| おにかうけ…Ⅳ‐249［野生植物］ | おにしばくさ…Ⅳ‐251［野生植物］ |
| おにかうほね…Ⅳ‐249［野生植物］ | おにしやが…Ⅳ‐252［野生植物］ |

| | |
|---|---|
| おにすぎ…Ⅶ‐109 ［樹木類］ | おにひげ…Ⅳ‐254 ［野生植物］ |
| おにすすき…Ⅳ‐252 ［野生植物］ | おにひし…Ⅳ‐254 ［野生植物］ |
| おにすすたま…Ⅰ‐229 ［穀物類］ | おにびし…Ⅳ‐255 ［野生植物］ |
| おにすすだま…Ⅰ‐229 ［穀物類］ | おにひへ…Ⅰ‐231 ［穀物類］ |
| おにすだ…Ⅳ‐252 ［野生植物］ | おにひへ…Ⅳ‐255 ［野生植物］ |
| おにぜきしやう…Ⅳ‐252 ［野生植物］ | おにびへ…Ⅰ‐231 ［穀物類］ |
| おにせり…Ⅳ‐252 ［野生植物］ | おにひやくなみそう…Ⅳ‐255 ［野生植物］ |
| おにぜんまい…Ⅳ‐252 ［野生植物］ | おにひゆ…Ⅵ‐303 ［菜類］ |
| おにぜんまひ…Ⅵ‐303 ［菜類］ | おにひらくち…Ⅳ‐255 ［野生植物］ |
| おにそは…Ⅰ‐230 ［穀物類］ | おにひゑ…Ⅰ‐231 ［穀物類］ |
| おにそば…Ⅰ‐230 ［穀物類］ | おにふし…Ⅳ‐255 ［野生植物］ |
| おにたて…Ⅵ‐303 ［菜類］ | おにへこ…Ⅳ‐255 ［野生植物］ |
| おにちこ…Ⅰ‐230 ［穀物類］ | おにまつ…Ⅶ‐110 ［樹木類］ |
| おにちぢみ…Ⅵ‐303 ［菜類］ | おにむき…Ⅰ‐231 ［穀物類］ |
| おにつつじ…Ⅶ‐109 ［樹木類］ | おにむき…Ⅰ‐232 ［穀物類］ |
| おにつべら…Ⅳ‐253 ［野生植物］ | おにむぎ…Ⅰ‐231 ［穀物類］ |
| おにつらまめ…Ⅰ‐230 ［穀物類］ | おにむぎ…Ⅰ‐232 ［穀物類］ |
| おにところ…Ⅳ‐253 ［野生植物］ | おにも…Ⅳ‐255 ［野生植物］ |
| おにどころ…Ⅳ‐253 ［野生植物］ | おにもみ…Ⅶ‐110 ［樹木類］ |
| おににし…Ⅲ‐674 ［貝類］ | おにもめら…Ⅳ‐256 ［野生植物］ |
| おにのこふし…Ⅵ‐699 ［果類］ | おにゆり…Ⅳ‐256 ［野生植物］ |
| おにのしこくさ…Ⅳ‐253 ［野生植物］ | おにゆり…Ⅵ‐304 ［菜類］ |
| おにのした…Ⅳ‐253 ［野生植物］ | おにろくかく…Ⅰ‐232 ［穀物類］ |
| おにのて…Ⅰ‐230 ［穀物類］ | おにわか…Ⅰ‐232 ［穀物類］ |
| おにのひけ…Ⅳ‐253 ［野生植物］ | おにわらび…Ⅳ‐256 ［野生植物］ |
| おにのふつ…Ⅳ‐254 ［野生植物］ | おにわろふ…Ⅳ‐257 ［野生植物］ |
| おにのまゆはき…Ⅳ‐254 ［野生植物］ | おねば…Ⅵ‐304 ［菜類］ |
| おにのめつき…Ⅶ‐110 ［樹木類］ | おねはだいこん…Ⅵ‐304 ［菜類］ |
| おにのやがら…Ⅳ‐254 ［野生植物］ | おねばだいこん…Ⅵ‐304 ［菜類］ |
| おにのやごろ…Ⅳ‐254 ［野生植物］ | おのがは…Ⅰ‐232 ［穀物類］ |
| おにはす…Ⅳ‐254 ［野生植物］ | おのかひ…Ⅲ‐675 ［貝類］ |
| おにはたか…Ⅰ‐230 ［穀物類］ | おのこさう…Ⅳ‐257 ［野生植物］ |
| おにはだか…Ⅰ‐230 ［穀物類］ | おのは…Ⅳ‐257 ［野生植物］ |
| おにはだか…Ⅰ‐231 ［穀物類］ | おのみそは…Ⅰ‐232 ［穀物類］ |
| おにはへ…Ⅲ‐111 ［魚類］ | おのみそば…Ⅰ‐232 ［穀物類］ |
| おにひいらき…Ⅶ‐110 ［樹木類］ | おのみちだいこん…Ⅵ‐304 ［菜類］ |
| おにひえ…Ⅰ‐231 ［穀物類］ | おのもち…Ⅰ‐233 ［穀物類］ |
| おにひきつか…Ⅰ‐231 ［穀物類］ | おのれ…Ⅶ‐110 ［樹木類］ |

お

| | |
|---|---|
| おのわれ…Ⅵ‐699〔果類〕 | おふきくさ…Ⅳ‐259〔野生植物〕 |
| おば…Ⅳ‐257〔野生植物〕 | おふぎな…Ⅵ‐305〔菜類〕 |
| おば…Ⅶ‐751〔救荒動植物類〕 | おふきはのは…Ⅶ‐752〔救荒動植物類〕 |
| おはくさ…Ⅳ‐257〔野生植物〕 | おふきひら…Ⅰ‐234〔穀物類〕 |
| おはこ…Ⅳ‐257〔野生植物〕 | おふぎやうばやり…Ⅰ‐234〔穀物類〕 |
| おはこ…Ⅳ‐258〔野生植物〕 | おぶくさう…Ⅳ‐259〔野生植物〕 |
| おはこ…Ⅵ‐304〔菜類〕 | おふくちかれい…Ⅲ‐112〔魚類〕 |
| おばこ…Ⅳ‐258〔野生植物〕 | おふくちがれい…Ⅲ‐112〔魚類〕 |
| おばこ…Ⅵ‐304〔菜類〕 | おふくるま…Ⅳ‐259〔野生植物〕 |
| おばこ…Ⅶ‐751〔救荒動植物類〕 | おふさ…Ⅳ‐259〔野生植物〕 |
| おはこくさ…Ⅳ‐258〔野生植物〕 | おふさいこく…Ⅰ‐234〔穀物類〕 |
| おはこくさ…Ⅶ‐751〔救荒動植物類〕 | おふざいこく…Ⅰ‐234〔穀物類〕 |
| おばこのは…Ⅶ‐752〔救荒動植物類〕 | おふさかあわ…Ⅰ‐234〔穀物類〕 |
| おはこのはくき…Ⅶ‐752〔救荒動植物類〕 | おふさり…Ⅰ‐234〔穀物類〕 |
| おばこば…Ⅶ‐752〔救荒動植物類〕 | おふじ…Ⅳ‐259〔野生植物〕 |
| おばた…Ⅵ‐699〔果類〕 | おふしうささけ…Ⅰ‐234〔穀物類〕 |
| おはたけ…Ⅳ‐258〔野生植物〕 | おふした…Ⅳ‐260〔野生植物〕 |
| おばな…Ⅳ‐258〔野生植物〕 | おふじのせなかあて…Ⅲ‐675〔貝類〕 |
| おばめ…Ⅶ‐110〔樹木類〕 | おふしやが…Ⅳ‐260〔野生植物〕 |
| おばめかし…Ⅶ‐110〔樹木類〕 | おふしよろこび…Ⅰ‐235〔穀物類〕 |
| おはり…Ⅰ‐233〔穀物類〕 | おふじよろこび…Ⅰ‐235〔穀物類〕 |
| おはりさいごく…Ⅰ‐233〔穀物類〕 | おふしろ…Ⅰ‐235〔穀物類〕 |
| おはりさんぐわつ…Ⅰ‐233〔穀物類〕 | おふしろびへ…Ⅰ‐235〔穀物類〕 |
| おはりだいこん…Ⅵ‐305〔菜類〕 | おふすかぶ…Ⅳ‐260〔野生植物〕 |
| おびかひ…Ⅲ‐675〔貝類〕 | おふすけ…Ⅳ‐260〔野生植物〕 |
| おびくるま…Ⅶ‐111〔樹木類〕 | おふせ…Ⅲ‐112〔魚類〕 |
| おふ…Ⅲ‐675〔貝類〕 | おふそは…Ⅰ‐235〔穀物類〕 |
| おふあつき…Ⅰ‐233〔穀物類〕 | おふたうくさ…Ⅳ‐260〔野生植物〕 |
| おふうを…Ⅲ‐112〔魚類〕 | おふたき…Ⅰ‐235〔穀物類〕 |
| おふかい…Ⅲ‐112〔魚類〕 | おふたわせ…Ⅰ‐235〔穀物類〕 |
| おふかい…Ⅲ‐675〔貝類〕 | おふち…Ⅳ‐260〔野生植物〕 |
| おふかいじ…Ⅶ‐111〔樹木類〕 | おふぢ…Ⅳ‐260〔野生植物〕 |
| おふがいせい…Ⅰ‐233〔穀物類〕 | おふぢこひへ…Ⅰ‐236〔穀物類〕 |
| おふかいで…Ⅶ‐111〔樹木類〕 | おふぢのひけ…Ⅳ‐261〔野生植物〕 |
| おふかしらむぎ…Ⅰ‐233〔穀物類〕 | おふつち…Ⅰ‐236〔穀物類〕 |
| おふかみしつら…Ⅳ‐259〔野生植物〕 | おふつつのは…Ⅶ‐752〔救荒動植物類〕 |
| おふき…Ⅶ‐111〔樹木類〕 | おふとうくさ…Ⅳ‐261〔野生植物〕 |
| おふぎ…Ⅳ‐259〔野生植物〕 | おふとちな…Ⅳ‐261〔野生植物〕 |

| | |
|---|---|
| おふとふにんもち…Ⅰ-236［穀物類］ | おふやなき…Ⅶ-111［樹木類］ |
| おふなこし…Ⅰ-236［穀物類］ | おふゆわか…Ⅰ-238［穀物類］ |
| おふなもみ…Ⅳ-261［野生植物］ | おふら…Ⅳ-262［野生植物］ |
| おふにた…Ⅰ-236［穀物類］ | おほあかあづき…Ⅰ-238［穀物類］ |
| おふねかし…Ⅰ-236［穀物類］ | おほあかまめ…Ⅰ-238［穀物類］ |
| おふねだいこん…Ⅵ-305［菜類］ | おほあざみ…Ⅳ-262［野生植物］ |
| おふねつだいこん…Ⅵ-305［菜類］ | おほあさり…Ⅲ-676［貝類］ |
| おふの…Ⅲ-675［貝類］ | おほあし…Ⅰ-238［穀物類］ |
| おふのかい…Ⅲ-675［貝類］ | おほあしくまこ…Ⅰ-239［穀物類］ |
| おふのふぶかづら…Ⅳ-261［野生植物］ | おほあつき…Ⅰ-239［穀物類］ |
| おふのふべかつら…Ⅳ-261［野生植物］ | おほあづき…Ⅰ-239［穀物類］ |
| おふのふべかづら…Ⅳ-261［野生植物］ | おほあにわ…Ⅰ-239［穀物類］ |
| おふばく…Ⅳ-262［野生植物］ | おほあふひ…Ⅳ-263［野生植物］ |
| おふばく…Ⅵ-305［菜類］ | おほあらき…Ⅰ-239［穀物類］ |
| おふはこ…Ⅳ-262［野生植物］ | おほあを…Ⅰ-239［穀物類］ |
| おふばこ…Ⅳ-262［野生植物］ | おほあをちこ…Ⅰ-240［穀物類］ |
| おふひけ…Ⅰ-236［穀物類］ | おほあをはた…Ⅰ-240［穀物類］ |
| おふひつり…Ⅵ-305［菜類］ | おほあをばとまめ…Ⅰ-240［穀物類］ |
| おふぶくろはな…Ⅳ-272［野生植物］ | おほあをまめ…Ⅰ-240［穀物類］ |
| おふほうず…Ⅰ-237［穀物類］ | おほいくさ…Ⅳ-263［野生植物］ |
| おふます…Ⅰ-237［穀物類］ | おほいしわり…Ⅰ-240［穀物類］ |
| おふまたころ…Ⅰ-237［穀物類］ | おほいちべゑかき…Ⅵ-700［果類］ |
| おふまたひへ…Ⅰ-237［穀物類］ | おほいちろうべゑいね…Ⅰ-240［穀物類］ |
| おふまめ…Ⅰ-237［穀物類］ | おほいね…Ⅰ-240［穀物類］ |
| おふみ…Ⅰ-237［穀物類］ | おほいはし…Ⅲ-113［魚類］ |
| おふみかぶ…Ⅵ-305［菜類］ | おほいひ…Ⅰ-241［穀物類］ |
| おふみかふな…Ⅵ-306［菜類］ | おほいも…Ⅵ-306［菜類］ |
| おふみだし…Ⅰ-237［穀物類］ | おほいわし…Ⅲ-113［魚類］ |
| おふみなし…Ⅵ-699［果類］ | おほいを…Ⅲ-113［魚類］ |
| おふみもち…Ⅰ-238［穀物類］ | おほういきやう…Ⅳ-263［野生植物］ |
| おふむらさき…Ⅰ-238［穀物類］ | おほうち…Ⅰ-241［穀物類］ |
| おふめさこ…Ⅲ-112［魚類］ | おほうづらもち…Ⅰ-241［穀物類］ |
| おふめたい…Ⅲ-112［魚類］ | おほうるい…Ⅳ-263［野生植物］ |
| おふめたひ…Ⅲ-113［魚類］ | おほうるい…Ⅵ-306［菜類］ |
| おふも…Ⅳ-262［野生植物］ | おほうるな…Ⅶ-111［樹木類］ |
| おふもち…Ⅰ-238［穀物類］ | おほうを…Ⅲ-113［魚類］ |
| おふもちくさ…Ⅳ-262［野生植物］ | おほえつちう…Ⅰ-241［穀物類］ |
| おふもも…Ⅵ-699［果類］ | おほえむぎ…Ⅰ-241［穀物類］ |

お

おほえんこ…Ⅰ‐241　［穀物類］
おほおこぜ…Ⅲ‐113　［魚類］
おほおふ…Ⅳ‐263　［野生植物］
おほかい…Ⅲ‐113　［魚類］
おほがい…Ⅲ‐114　［魚類］
おほがい…Ⅲ‐676　［貝類］
おほかいせい…Ⅰ‐241　［穀物類］
おほがいせい…Ⅰ‐241　［穀物類］
おほかいて…Ⅶ‐111　［樹木類］
おほかうじ…Ⅵ‐700　［果類］
おほかうじん…Ⅰ‐242　［穀物類］
おほかうち…Ⅰ‐242　［穀物類］
おほかうのき…Ⅶ‐112　［樹木類］
おほかき…Ⅰ‐242　［穀物類］
おほかき…Ⅵ‐700　［果類］
おほかき…Ⅶ‐112　［樹木類］
おほがき…Ⅰ‐242　［穀物類］
おほがき…Ⅲ‐676　［貝類］
おほかきちこ…Ⅰ‐242　［穀物類］
おほかきちこ…Ⅰ‐243　［穀物類］
おほがきやろく…Ⅰ‐243　［穀物類］
おほがく…Ⅰ‐243　［穀物類］
おほかこ…Ⅰ‐243　［穀物類］
おほかしら…Ⅰ‐243　［穀物類］
おほかしら…Ⅲ‐114　［魚類］
おほかしら…Ⅵ‐306　［菜類］
おほがしら…Ⅰ‐243　［穀物類］
おほがしら…Ⅲ‐114　［魚類］
おほかしらこむき…Ⅰ‐243　［穀物類］
おほかしらむぎ…Ⅰ‐244　［穀物類］
おほかぜ…Ⅰ‐244　［穀物類］
おほかぜしらず…Ⅰ‐244　［穀物類］
おほかたそめ…Ⅶ‐112　［樹木類］
おほかたふり…Ⅵ‐306　［菜類］
おほかつほ…Ⅲ‐114　［魚類］
おほかつら…Ⅳ‐263　［野生植物］
おほかつを…Ⅲ‐114　［魚類］
おほかと…Ⅰ‐244　［穀物類］

おほかど…Ⅰ‐244　［穀物類］
おほかとそば…Ⅰ‐244　［穀物類］
おほかどそば…Ⅰ‐244　［穀物類］
おほかは…Ⅰ‐245　［穀物類］
おほかは…Ⅶ‐112　［樹木類］
おほかはいちこ…Ⅵ‐700　［果類］
おほかはいちご…Ⅳ‐263　［野生植物］
おほかひ…Ⅲ‐676　［貝類］
おほかぶ…Ⅵ‐306　［菜類］
おほかへで…Ⅶ‐112　［樹木類］
おほかまなし…Ⅵ‐700　［果類］
おほがまなし…Ⅵ‐700　［果類］
おほかみいちこ…Ⅳ‐264　［野生植物］
おほかみいちご…Ⅳ‐264　［野生植物］
おほかみいちご…Ⅵ‐700　［果類］
おほかみくさ…Ⅳ‐264　［野生植物］
おほかみをとし…Ⅳ‐264　［野生植物］
おほかみをどし…Ⅳ‐264　［野生植物］
おほかめ…Ⅰ‐245　［穀物類］
おほかめ…Ⅵ‐701　［果類］
おほかや…Ⅵ‐701　［果類］
おほかやり…Ⅰ‐245　［穀物類］
おほから…Ⅰ‐245　［穀物類］
おほからこぼれす…Ⅰ‐245　［穀物類］
おほかれい…Ⅲ‐114　［魚類］
おほがれい…Ⅲ‐114　［魚類］
おほかれゐ…Ⅲ‐115　［魚類］
おほかゑて…Ⅶ‐112　［樹木類］
おほきく…Ⅳ‐264　［野生植物］
おほぎな…Ⅳ‐264　［野生植物］
おほきは…Ⅶ‐112　［樹木類］
おほきひ…Ⅰ‐245　［穀物類］
おほきび…Ⅰ‐246　［穀物類］
おほぎぼうし…Ⅳ‐265　［野生植物］
おほきら…Ⅰ‐246　［穀物類］
おほぎり…Ⅰ‐246　［穀物類］
おほきりしま…Ⅶ‐113　［樹木類］
おほきりは…Ⅳ‐265　［野生植物］

おほぎん…Ⅵ-11［金・石・土・水類］
おほくき…Ⅰ-246［穀物類］
おほくち…Ⅰ-246［穀物類］
おほくちうみへび…Ⅲ-115［魚類］
おほくちかれい…Ⅲ-115［魚類］
おほくほもも…Ⅵ-701［果類］
おほくぼもも…Ⅵ-701［果類］
おほくぼわせ…Ⅰ-246［穀物類］
おほくましちがふ…Ⅰ-246［穀物類］
おほくら…Ⅰ-247［穀物類］
おほくり…Ⅵ-701［果類］
おほくり…Ⅶ-113［樹木類］
おほぐり…Ⅵ-701［果類］
おほくろ…Ⅰ-247［穀物類］
おほぐろ…Ⅰ-247［穀物類］
おほくろまめ…Ⅰ-247［穀物類］
おほくろまめ…Ⅵ-306［菜類］
おほくろめ…Ⅰ-247［穀物類］
おほくろわせ…Ⅰ-248［穀物類］
おぼけ…Ⅰ-248［穀物類］
おほけしろ…Ⅰ-248［穀物類］
おほけたで…Ⅳ-265［野生植物］
おほけつき…Ⅰ-248［穀物類］
おほけんさき…Ⅳ-265［野生植物］
おぼこ…Ⅲ-115［魚類］
おほここみ…Ⅳ-265［野生植物］
おほこしなか…Ⅲ-115［魚類］
おほこたら…Ⅲ-115［魚類］
おほこむき…Ⅰ-248［穀物類］
おほこむぎ…Ⅰ-248［穀物類］
おほこりな…Ⅳ-265［野生植物］
おほさいこく…Ⅰ-248［穀物類］
おほさいごく…Ⅰ-249［穀物類］
おほさいしやう…Ⅵ-702［果類］
おほさいわい…Ⅰ-249［穀物類］
おほさか…Ⅰ-249［穀物類］
おほさかいね…Ⅰ-249［穀物類］
おほさかこむぎ…Ⅰ-249［穀物類］

おほさかこめむき…Ⅰ-249［穀物類］
おほさかすげ…Ⅳ-265［野生植物］
おほさかだいこん…Ⅵ-307［菜類］
おほさかはたか…Ⅰ-249［穀物類］
おほさかはだか…Ⅰ-250［穀物類］
おほさかひえ…Ⅰ-250［穀物類］
おほさかひへ…Ⅰ-250［穀物類］
おほさかみの…Ⅰ-250［穀物類］
おほさかむき…Ⅰ-250［穀物類］
おほさかむぎ…Ⅰ-250［穀物類］
おほさかもち…Ⅰ-251［穀物類］
おほさかもちあは…Ⅰ-251［穀物類］
おほさかゆふがほ…Ⅵ-307［菜類］
おほさき…Ⅰ-251［穀物類］
おほざく…Ⅳ-266［野生植物］
おほささ…Ⅵ-59［竹・笹類］
おほさざえ…Ⅲ-676［貝類］
おほささけ…Ⅰ-251［穀物類］
おほさしのを…Ⅰ-251［穀物類］
おほさはら…Ⅲ-116［魚類］
おほさめ…Ⅲ-116［魚類］
おほさや…Ⅰ-251［穀物類］
おほさやあづき…Ⅰ-251［穀物類］
おほさら…Ⅰ-252［穀物類］
おほさるめ…Ⅳ-266［野生植物］
おほさんぐわつ…Ⅰ-252［穀物類］
おほさんすけ…Ⅰ-252［穀物類］
おほし…Ⅲ-116［魚類］
おほしい…Ⅵ-702［果類］
おほしうり…Ⅲ-676［貝類］
おほした…Ⅶ-113［樹木類］
おほしだ…Ⅶ-113［樹木類］
おほしちがふ…Ⅰ-252［穀物類］
おほしちぐわつ…Ⅰ-252［穀物類］
おほしひ…Ⅶ-113［樹木類］
おほしふかき…Ⅵ-702［果類］
おほじふろく…Ⅰ-252［穀物類］
おほしまなかて…Ⅰ-253［穀物類］

お

おほしまむぎ…Ⅰ-253［穀物類］
おほしまわせ…Ⅰ-253［穀物類］
おほしも…Ⅰ-253［穀物類］
おほじやうとく…Ⅰ-253［穀物類］
おほじゆ…Ⅰ-253［穀物類］
おほしらば…Ⅰ-253［穀物類］
おほしらば…Ⅰ-254［穀物類］
おほしろ…Ⅰ-254［穀物類］
おほしろ…Ⅵ-12［金・石・土・水類］
おほしろ…Ⅵ-702［果類］
おほじろ…Ⅰ-254［穀物類］
おほしろあわ…Ⅰ-254［穀物類］
おほしろきく…Ⅳ-266［野生植物］
おほしろきやう…Ⅰ-254［穀物類］
おほしろけ…Ⅰ-255［穀物類］
おほしろごま…Ⅰ-255［穀物類］
おほしろさや…Ⅰ-255［穀物類］
おほしろまめ…Ⅰ-255［穀物類］
おほしろめ…Ⅰ-255［穀物類］
おほしろわせ…Ⅰ-255［穀物類］
おほしをり…Ⅲ-676［貝類］
おほすくり…Ⅵ-307［菜類］
おほすけ…Ⅰ-256［穀物類］
おほすげ…Ⅳ-266［野生植物］
おほすけかつら…Ⅳ-266［野生植物］
おほすずめ…Ⅰ-256［穀物類］
おほすね…Ⅰ-256［穀物類］
おほすねふと…Ⅰ-256［穀物類］
おほすみ…Ⅰ-256［穀物類］
おほすみだいこん…Ⅵ-307［菜類］
おほせきしやう…Ⅳ-266［野生植物］
おほせやろく…Ⅰ-256［穀物類］
おほせり…Ⅳ-266［野生植物］
おほせり…Ⅳ-267［野生植物］
おほせり…Ⅵ-307［菜類］
おほせり…Ⅶ-752［救荒動植物類］
おほせんふく…Ⅰ-256［穀物類］
おほせんほく…Ⅰ-257［穀物類］

おほぞうみ…Ⅶ-113［樹木類］
おほそは…Ⅰ-257［穀物類］
おほそば…Ⅰ-257［穀物類］
おほそら…Ⅰ-257［穀物類］
おほぞら…Ⅰ-257［穀物類］
おほた…Ⅰ-257［穀物類］
おほた…Ⅰ-258［穀物類］
おほたい…Ⅲ-116［魚類］
おほだいこん…Ⅵ-307［菜類］
おほたうからし…Ⅵ-308［菜類］
おほたうくさ…Ⅳ-267［野生植物］
おほたか…Ⅰ-258［穀物類］
おほたき…Ⅰ-258［穀物類］
おほたけ…Ⅰ-258［穀物類］
おほたけ…Ⅵ-60［竹・笹類］
おほたじま…Ⅰ-258［穀物類］
おほたたらあづき…Ⅰ-258［穀物類］
おほたで…Ⅳ-267［野生植物］
おほたひ…Ⅲ-116［魚類］
おほだま…Ⅰ-258［穀物類］
おほだら…Ⅶ-114［樹木類］
おほたらあづき…Ⅰ-259［穀物類］
おほたんば…Ⅵ-702［果類］
おほち…Ⅵ-308［菜類］
おほちこ…Ⅰ-259［穀物類］
おほちさ…Ⅵ-308［菜類］
おほぢだま…Ⅰ-259［穀物類］
おほぢはかま…Ⅳ-267［野生植物］
おほちやうちん…Ⅶ-114［樹木類］
おほちやうちんさくら…Ⅶ-114［樹木類］
おほづくし…Ⅰ-259［穀物類］
おほつち…Ⅳ-267［野生植物］
おほづち…Ⅳ-267［野生植物］
おほづち…Ⅶ-752［救荒動植物類］
おほづちな…Ⅵ-308［菜類］
おほつつ…Ⅳ-268［野生植物］
おほつつ…Ⅶ-753［救荒動植物類］
おほづつ…Ⅳ-268［野生植物］

| 見出し | 巻・頁 | 分類 |
|---|---|---|
| おほつつのは | Ⅶ-753 | [救荒動植物類] |
| おほつふ | Ⅰ-259 | [穀物類] |
| おほつぶ | Ⅰ-259 | [穀物類] |
| おほつぶ | Ⅲ-677 | [貝類] |
| おほつぶあつき | Ⅰ-259 | [穀物類] |
| おほつぶそば | Ⅰ-260 | [穀物類] |
| おほつほ | Ⅰ-260 | [穀物類] |
| おほつぼ | Ⅰ-260 | [穀物類] |
| おほつぼくろ | Ⅰ-260 | [穀物類] |
| おほつやろう | Ⅰ-260 | [穀物類] |
| おほでき | Ⅰ-260 | [穀物類] |
| おほてち | Ⅳ-268 | [野生植物] |
| おほてち | Ⅶ-753 | [救荒動植物類] |
| おほでち | Ⅶ-753 | [救荒動植物類] |
| おほてまり | Ⅶ-114 | [樹木類] |
| おほとう | Ⅳ-268 | [野生植物] |
| おほとうからし | Ⅵ-308 | [菜類] |
| おほどうげ | Ⅳ-268 | [野生植物] |
| おほどうはり | Ⅲ-116 | [魚類] |
| おほとくひと | Ⅰ-261 | [穀物類] |
| おほところ | Ⅳ-268 | [野生植物] |
| おほところ | Ⅵ-308 | [菜類] |
| おほところ | Ⅶ-753 | [救荒動植物類] |
| おほとじやう | Ⅲ-117 | [魚類] |
| おほとちな | Ⅳ-268 | [野生植物] |
| おほとちな | Ⅶ-753 | [救荒動植物類] |
| おほとちやう | Ⅲ-116 | [魚類] |
| おほとふがらし | Ⅵ-308 | [菜類] |
| おほとりのあし | Ⅳ-269 | [野生植物] |
| おほな | Ⅵ-309 | [菜類] |
| おぼないひへ | Ⅰ-261 | [穀物類] |
| おほなが | Ⅰ-261 | [穀物類] |
| おほなきり | Ⅲ-117 | [魚類] |
| おほなご | Ⅰ-261 | [穀物類] |
| おほなし | Ⅵ-702 | [果類] |
| おほなす | Ⅵ-309 | [菜類] |
| おほなたかひ | Ⅲ-677 | [貝類] |
| おほなでしこ | Ⅳ-269 | [野生植物] |
| おほなみもち | Ⅰ-261 | [穀物類] |
| おほなもみ | Ⅳ-269 | [野生植物] |
| おほなら | Ⅵ-702 | [果類] |
| おほなら | Ⅶ-114 | [樹木類] |
| おほならまき | Ⅶ-114 | [樹木類] |
| おほにがな | Ⅳ-269 | [野生植物] |
| おほにし | Ⅲ-677 | [貝類] |
| おほにはだまり | Ⅰ-261 | [穀物類] |
| おほにようぼう | Ⅰ-261 | [穀物類] |
| おほにら | Ⅵ-309 | [菜類] |
| おほにんしん | Ⅳ-269 | [野生植物] |
| おほにんにく | Ⅵ-309 | [菜類] |
| おほねき | Ⅵ-309 | [菜類] |
| おほねぎ | Ⅵ-309 | [菜類] |
| おほねじり | Ⅰ-262 | [穀物類] |
| おほねちれ | Ⅰ-262 | [穀物類] |
| おほねつだいこん | Ⅵ-309 | [菜類] |
| おほの | Ⅰ-262 | [穀物類] |
| おほのうべ | Ⅳ-269 | [野生植物] |
| おほのかき | Ⅵ-703 | [果類] |
| おほのきく | Ⅳ-269 | [野生植物] |
| おほのさんぐわつ | Ⅰ-262 | [穀物類] |
| おほのひんかい | Ⅰ-262 | [穀物類] |
| おほのふべかつら | Ⅳ-270 | [野生植物] |
| おほのぼり | Ⅰ-262 | [穀物類] |
| おほのまめ | Ⅰ-262 | [穀物類] |
| おほのみかづら | Ⅳ-270 | [野生植物] |
| おほのみき | Ⅶ-114 | [樹木類] |
| おほば | Ⅳ-270 | [野生植物] |
| おほば | Ⅵ-310 | [菜類] |
| おほばいたや | Ⅶ-115 | [樹木類] |
| おほばうづ | Ⅰ-263 | [穀物類] |
| おほばうづいね | Ⅰ-263 | [穀物類] |
| おほばおち | Ⅰ-263 | [穀物類] |
| おほばおれ | Ⅰ-263 | [穀物類] |
| おほばかいて | Ⅶ-115 | [樹木類] |
| おほばかいで | Ⅶ-115 | [樹木類] |
| おほばがらし | Ⅵ-310 | [菜類] |

| | |
|---|---|
| おほはく…Ⅳ-270［野生植物］ | おほひあふき…Ⅳ-271［野生植物］ |
| おほばくちさ…Ⅵ-310［菜類］ | おほひえ…Ⅰ-265［穀物類］ |
| おほはくり…Ⅳ-270［野生植物］ | おほひおうき…Ⅳ-271［野生植物］ |
| おほばこ…Ⅳ-270［野生植物］ | おほひきつか…Ⅰ-266［穀物類］ |
| おほばこ…Ⅳ-271［野生植物］ | おほひけ…Ⅰ-266［穀物類］ |
| おほばこ…Ⅵ-310［菜類］ | おほひけひへ…Ⅰ-266［穀物類］ |
| おほはこべ…Ⅵ-310［菜類］ | おほびじやう…Ⅰ-266［穀物類］ |
| おほばささ…Ⅵ-60［竹・笹類］ | おほびじょ…Ⅰ-266［穀物類］ |
| おほばささけ…Ⅰ-263［穀物類］ | おほひだ…Ⅰ-266［穀物類］ |
| おほばすり…Ⅰ-263［穀物類］ | おほひふき…Ⅳ-272［野生植物］ |
| おほはだか…Ⅰ-263［穀物類］ | おほひへ…Ⅰ-266［穀物類］ |
| おほはち…Ⅳ-271［野生植物］ | おほひら…Ⅰ-267［穀物類］ |
| おほはちかり…Ⅰ-264［穀物類］ | おほひる…Ⅵ-310［菜類］ |
| おほはちぐわつ…Ⅰ-264［穀物類］ | おほひゑ…Ⅰ-267［穀物類］ |
| おほばちさ…Ⅶ-115［樹木類］ | おほぶから…Ⅰ-267［穀物類］ |
| おほはちろう…Ⅰ-264［穀物類］ | おほふき…Ⅵ-311［菜類］ |
| おほはつこく…Ⅰ-264［穀物類］ | おほふくへ…Ⅵ-311［菜類］ |
| おほばなかれい…Ⅲ-117［魚類］ | おほふくべ…Ⅵ-311［菜類］ |
| おほばなし…Ⅵ-703［果類］ | おほふち…Ⅶ-753［救荒動植物類］ |
| おほばのき…Ⅶ-115［樹木類］ | おほふとう…Ⅵ-703［果類］ |
| おほばふなわら…Ⅳ-271［野生植物］ | おほぶとう…Ⅳ-272［野生植物］ |
| おほばま…Ⅵ-310［菜類］ | おほぶどう…Ⅵ-703［果類］ |
| おほはまぐり…Ⅲ-677［貝類］ | おほふとり…Ⅵ-311［菜類］ |
| おほばもみじ…Ⅶ-115［樹木類］ | おほぶな…Ⅰ-267［穀物類］ |
| おほはや…Ⅲ-117［魚類］ | おほふり…Ⅵ-311［菜類］ |
| おほばやなぎ…Ⅶ-115［樹木類］ | おほぶんこ…Ⅰ-267［穀物類］ |
| おほばやなぎ…Ⅶ-116［樹木類］ | おほぶんご…Ⅰ-267［穀物類］ |
| おほはやにえ…Ⅰ-264［穀物類］ | おほへぶす…Ⅳ-272［野生植物］ |
| おほはやり…Ⅰ-264［穀物類］ | おほほ…Ⅰ-267［穀物類］ |
| おほはら…Ⅰ-265［穀物類］ | おほぼ…Ⅰ-267［穀物類］ |
| おほはら…Ⅶ-116［樹木類］ | おほぼあわ…Ⅰ-268［穀物類］ |
| おほばら…Ⅳ-271［野生植物］ | おほほうす…Ⅰ-268［穀物類］ |
| おほはらあづき…Ⅰ-265［穀物類］ | おほほうず…Ⅰ-268［穀物類］ |
| おほはらあは…Ⅰ-265［穀物類］ | おほほうち…Ⅰ-268［穀物類］ |
| おほはらもち…Ⅰ-265［穀物類］ | おほほくこく…Ⅰ-268［穀物類］ |
| おほばらん…Ⅳ-271［野生植物］ | おほほし…Ⅰ-268［穀物類］ |
| おほはんが…Ⅰ-265［穀物類］ | おほほそば…Ⅰ-268［穀物類］ |
| おほはんにや…Ⅰ-265［穀物類］ | おほほそばもち…Ⅰ-268［穀物類］ |

| | |
|---|---|
| おほほで…Ⅳ-272［野生植物］ | おほめもち…Ⅳ-273［野生植物］ |
| おほぼて…Ⅳ-272［野生植物］ | おほも…Ⅳ-273［野生植物］ |
| おほほもち…Ⅰ-269［穀物類］ | おほもち…Ⅰ-272［穀物類］ |
| おほほら…Ⅰ-269［穀物類］ | おほもち…Ⅶ-116［樹木類］ |
| おほぼろささげ…Ⅰ-269［穀物類］ | おほもちくさ…Ⅳ-273［野生植物］ |
| おほぼんまめ…Ⅰ-269［穀物類］ | おほもみぢ…Ⅶ-116［樹木類］ |
| おほまたのき…Ⅶ-116［樹木類］ | おほもり…Ⅰ-273［穀物類］ |
| おほまへ…Ⅰ-269［穀物類］ | おほもろこし…Ⅰ-273［穀物類］ |
| おほまめ…Ⅰ-269［穀物類］ | おほやきあぢ…Ⅲ-117［魚類］ |
| おほみだし…Ⅰ-269［穀物類］ | おほやきまめ…Ⅰ-273［穀物類］ |
| おほみたれ…Ⅰ-270［穀物類］ | おほやなぎ…Ⅰ-273［穀物類］ |
| おほみだれ…Ⅰ-270［穀物類］ | おほやなぎ…Ⅶ-117［樹木類］ |
| おほみだれひえ…Ⅰ-270［穀物類］ | おほやふくろ…Ⅰ-273［穀物類］ |
| おほみちくさ…Ⅳ-272［野生植物］ | おほやま…Ⅰ-273［穀物類］ |
| おほみどり…Ⅳ-273［野生植物］ | おほやまもも…Ⅶ-117［樹木類］ |
| おほみの…Ⅰ-270［穀物類］ | おほやろう…Ⅰ-273［穀物類］ |
| おほみのげ…Ⅰ-270［穀物類］ | おほやろく…Ⅰ-274［穀物類］ |
| おほむかう…Ⅰ-270［穀物類］ | おほゆ…Ⅵ-703［果類］ |
| おほむき…Ⅰ-270［穀物類］ | おほゆきのした…Ⅰ-274［穀物類］ |
| おほむき…Ⅰ-271［穀物類］ | おほゆつりは…Ⅶ-117［樹木類］ |
| おほむぎ…Ⅰ-270［穀物類］ | おほゆわか…Ⅰ-274［穀物類］ |
| おほむぎ…Ⅰ-271［穀物類］ | おほよし…Ⅳ-273［野生植物］ |
| おほむきいささ…Ⅲ-117［魚類］ | おほよし…Ⅶ-117［樹木類］ |
| おほむこそろへ…Ⅰ-271［穀物類］ | おほれんげ…Ⅵ-312［菜類］ |
| おほむめ…Ⅵ-703［果類］ | おぼろ…Ⅳ-273［野生植物］ |
| おほむめ…Ⅶ-116［樹木類］ | おほろくかく…Ⅰ-274［穀物類］ |
| おほむらさき…Ⅰ-271［穀物類］ | おほろくかくむぎ…Ⅰ-274［穀物類］ |
| おほむらさき…Ⅵ-311［菜類］ | おほろくぐわつ…Ⅰ-274［穀物類］ |
| おほむらさきつつち…Ⅶ-116［樹木類］ | おほわく…Ⅳ-274［野生植物］ |
| おほむらさきまめ…Ⅰ-272［穀物類］ | おほわせ…Ⅰ-275［穀物類］ |
| おほむらだいこん…Ⅵ-311［菜類］ | おほわせむぎ…Ⅰ-275［穀物類］ |
| おほむらたち…Ⅳ-273［野生植物］ | おほゐ…Ⅳ-274［野生植物］ |
| おほむらまめ…Ⅰ-272［穀物類］ | おほゑひ…Ⅰ-275［穀物類］ |
| おほめいわし…Ⅲ-117［魚類］ | おほゑひつる…Ⅳ-274［野生植物］ |
| おほめぐろ…Ⅰ-272［穀物類］ | おほゑんじゅ…Ⅳ-274［野生植物］ |
| おほめさし…Ⅰ-272［穀物類］ | おほゑんとう…Ⅰ-275［穀物類］ |
| おほめじろ…Ⅰ-272［穀物類］ | おほゑんどう…Ⅰ-275［穀物類］ |
| おほめなし…Ⅰ-272［穀物類］ | おほをくるま…Ⅳ-274［野生植物］ |

お

| | |
|---|---|
| おまきくさ…Ⅳ - 274 ［野生植物］ | おやせめ…Ⅵ - 312 ［菜類］ |
| おまつ…Ⅶ - 117 ［樹木類］ | おやなぎ…Ⅶ - 118 ［樹木類］ |
| おまゆみ…Ⅶ - 117 ［樹木類］ | おやにらみ…Ⅲ - 118 ［魚類］ |
| おまゆみ…Ⅶ - 118 ［樹木類］ | おやにらみがれい…Ⅲ - 118 ［魚類］ |
| おみぐろ…Ⅰ - 275 ［穀物類］ | おやま…Ⅰ - 276 ［穀物類］ |
| おみつめもち…Ⅰ - 275 ［穀物類］ | おやまた…Ⅰ - 276 ［穀物類］ |
| おみなへし…Ⅳ - 274 ［野生植物］ | おやまやろく…Ⅰ - 276 ［穀物類］ |
| おみなへし…Ⅳ - 275 ［野生植物］ | おやめめりかれい…Ⅲ - 118 ［魚類］ |
| おみなへし…Ⅶ - 754 ［救荒動植物類］ | おやりやろく…Ⅰ - 276 ［穀物類］ |
| おみなべし…Ⅳ - 275 ［野生植物］ | おらんた…Ⅰ - 277 ［穀物類］ |
| おみなめし…Ⅳ - 275 ［野生植物］ | おらんた…Ⅳ - 279 ［野生植物］ |
| おみなめし…Ⅳ - 276 ［野生植物］ | おらんだ…Ⅰ - 277 ［穀物類］ |
| おむまはたか…Ⅰ - 276 ［穀物類］ | おらんだ…Ⅳ - 279 ［野生植物］ |
| おむらさき…Ⅲ - 118 ［魚類］ | おらんたくさ…Ⅳ - 279 ［野生植物］ |
| おもがい…Ⅲ - 677 ［貝類］ | おらんだげし…Ⅳ - 279 ［野生植物］ |
| おもかひ…Ⅲ - 677 ［貝類］ | おらんだしやうが…Ⅵ - 312 ［菜類］ |
| おもがひ…Ⅲ - 678 ［貝類］ | おらんだしゆんふろう…Ⅳ - 280 ［野生植物］ |
| おもた…Ⅲ - 678 ［貝類］ | |
| おもたか…Ⅳ - 276 ［野生植物］ | おらんだせきちく…Ⅳ - 280 ［野生植物］ |
| おもたか…Ⅵ - 312 ［菜類］ | おらんたちさ…Ⅵ - 313 ［菜類］ |
| おもだか…Ⅳ - 277 ［野生植物］ | おらんだぢさ…Ⅳ - 280 ［野生植物］ |
| おもだか…Ⅵ - 312 ［菜類］ | おらんだばんていし…Ⅶ - 119 ［樹木類］ |
| おもたかくわい…Ⅳ - 277 ［野生植物］ | おらんだびゆ…Ⅳ - 280 ［野生植物］ |
| おもたかさう…Ⅳ - 277 ［野生植物］ | おらんともみち…Ⅶ - 119 ［樹木類］ |
| おもづらぐさ…Ⅳ - 278 ［野生植物］ | おり…Ⅳ - 280 ［野生植物］ |
| おもてやろく…Ⅰ - 276 ［穀物類］ | おりかけ…Ⅵ - 313 ［菜類］ |
| おもと…Ⅳ - 278 ［野生植物］ | おりかけなすひ…Ⅵ - 313 ［菜類］ |
| おもと…Ⅳ - 279 ［野生植物］ | おりかけなすび…Ⅵ - 313 ［菜類］ |
| おもとかい…Ⅲ - 678 ［貝類］ | おりきはやり…Ⅰ - 277 ［穀物類］ |
| おものかい…Ⅲ - 678 ［貝類］ | おりきばやり…Ⅰ - 277 ［穀物類］ |
| おものかひ…Ⅲ - 678 ［貝類］ | おりくさ…Ⅳ - 280 ［野生植物］ |
| おものき…Ⅶ - 118 ［樹木類］ | おりたくさ…Ⅳ - 280 ［野生植物］ |
| おものぎのき…Ⅶ - 118 ［樹木類］ | おりだくさ…Ⅳ - 281 ［野生植物］ |
| おもひくさ…Ⅳ - 279 ［野生植物］ | おりな…Ⅵ - 313 ［菜類］ |
| おもひば…Ⅶ - 118 ［樹木類］ | おりぶたまめ…Ⅰ - 277 ［穀物類］ |
| おやこしらす…Ⅰ - 276 ［穀物類］ | おりむぎ…Ⅰ - 278 ［穀物類］ |
| おやしろめ…Ⅲ - 118 ［魚類］ | おりめき…Ⅵ - 120 ［菌・茸類］ |
| おやせつき…Ⅵ - 312 ［菜類］ | おりめぎ…Ⅵ - 120 ［菌・茸類］ |

| | |
|---|---|
| おりんは…Ⅳ-281［野生植物］ | おんばくもん…Ⅳ-283［野生植物］ |
| おろ…Ⅰ-278［穀物類］ | おんはこ…Ⅳ-283［野生植物］ |
| おろ…Ⅳ-281［野生植物］ | おんばこ…Ⅳ-284［野生植物］ |
| おろう…Ⅳ-281［野生植物］ | おんばこさう…Ⅳ-284［野生植物］ |
| おろか…Ⅲ-119［魚類］ | おんぼ…Ⅰ-279［穀物類］ |
| おろかふか…Ⅲ-119［魚類］ | おんぼあわ…Ⅰ-279［穀物類］ |
| おろく…Ⅳ-281［野生植物］ | おんれんろう…Ⅳ-284［野生植物］ |
| おろし…Ⅰ-278［穀物類］ | |
| おろのき…Ⅶ-119［樹木類］ | か |
| おろろ…Ⅳ-281［野生植物］ | かあげ…Ⅳ-285［野生植物］ |
| おろろくさ…Ⅳ-281［野生植物］ | かあたかひ…Ⅲ-679［貝類］ |
| おろをくさ…Ⅳ-282［野生植物］ | かいがくび…Ⅳ-285［野生植物］ |
| おろをぐさ…Ⅳ-282［野生植物］ | かいかこみ…Ⅳ-285［野生植物］ |
| おわし…Ⅰ-278［穀物類］ | かいかつら…Ⅳ-285［野生植物］ |
| おわらはたか…Ⅰ-278［穀物類］ | がいかづら…Ⅳ-285［野生植物］ |
| おわりかふ…Ⅵ-313［菜類］ | かいからくさ…Ⅳ-285［野生植物］ |
| おわりだいこん…Ⅵ-313［菜類］ | かいからくび…Ⅳ-285［野生植物］ |
| おわりな…Ⅵ-314［菜類］ | かいからくみ…Ⅳ-286［野生植物］ |
| おゐ…Ⅳ-282［野生植物］ | かいからな…Ⅳ-286［野生植物］ |
| おゐかわ…Ⅲ-119［魚類］ | かいかりさう…Ⅳ-286［野生植物］ |
| おんおふべ…Ⅳ-282［野生植物］ | かいぎょ…Ⅲ-120［魚類］ |
| おんけはな…Ⅳ-282［野生植物］ | かいきんさ…Ⅳ-286［野生植物］ |
| おんじ…Ⅳ-282［野生植物］ | かいきんしや…Ⅳ-286［野生植物］ |
| おんじくさ…Ⅳ-282［野生植物］ | かいくさ…Ⅳ-286［野生植物］ |
| おんじやく…Ⅵ-12［金・石・土・水類］ | かいぐり…Ⅲ-120［魚類］ |
| おんたら…Ⅶ-119［樹木類］ | かいくれ…Ⅲ-120［魚類］ |
| おんどわせ…Ⅰ-278［穀物類］ | かいぐれ…Ⅲ-120［魚類］ |
| おんなかづら…Ⅳ-283［野生植物］ | かいさい…Ⅰ-280［穀物類］ |
| おんなさし…Ⅰ-278［穀物類］ | かいしき…Ⅳ-286［野生植物］ |
| おんのき…Ⅶ-119［樹木類］ | かいしやう…Ⅵ-13［金・石・土・水類］ |
| おんのび…Ⅳ-283［野生植物］ | かいじやう…Ⅰ-280［穀物類］ |
| おんのふれ…Ⅶ-119［樹木類］ | かいせい…Ⅰ-280［穀物類］ |
| おんのれい…Ⅳ-283［野生植物］ | かいせいみたし…Ⅰ-280［穀物類］ |
| おんのれい…Ⅶ-120［樹木類］ | かいせいやろく…Ⅰ-280［穀物類］ |
| おんのれき…Ⅶ-120［樹木類］ | かいせみだし…Ⅰ-280［穀物類］ |
| おんはぐ…Ⅳ-283［野生植物］ | かいせん…Ⅰ-281［穀物類］ |
| おんばく…Ⅵ-314［菜類］ | かいそ…Ⅳ-287［野生植物］ |
| おんばく…Ⅶ-754［救荒動植物類］ | かいそうあんなし…Ⅵ-704［果類］ |

か

| | |
|---|---|
| かいそこも…Ⅳ-287［野生植物］ | かいは…Ⅶ-122［樹木類］ |
| かいた…Ⅲ-120［魚類］ | かいば…Ⅰ-282［穀物類］ |
| かいたう…Ⅰ-281［穀物類］ | かいば…Ⅲ-120［魚類］ |
| かいたう…Ⅶ-121［樹木類］ | かいば…Ⅳ-289［野生植物］ |
| かいだう…Ⅶ-121［樹木類］ | かいば…Ⅶ-123［樹木類］ |
| かいだうくたり…Ⅰ-281［穀物類］ | かいば…Ⅶ-755［救荒動植物類］ |
| かいだうさう…Ⅳ-287［野生植物］ | かいばのき…Ⅶ-123［樹木類］ |
| かいだうわせ…Ⅰ-281［穀物類］ | かいふき…Ⅰ-282［穀物類］ |
| かいち…Ⅰ-281［穀物類］ | かいほ…Ⅳ-289［野生植物］ |
| かいぢ…Ⅶ-121［樹木類］ | かいほうつふ…Ⅲ-679［貝類］ |
| かいちう…Ⅰ-281［穀物類］ | かいほうつぶ…Ⅲ-679［貝類］ |
| かいちゅう…Ⅰ-281［穀物類］ | かいめ…Ⅲ-121［魚類］ |
| かいぢよ…Ⅰ-282［穀物類］ | かいめこち…Ⅲ-121［魚類］ |
| かいて…Ⅶ-121［樹木類］ | かいめふか…Ⅲ-121［魚類］ |
| かいで…Ⅶ-121［樹木類］ | かいら…Ⅲ-679［貝類］ |
| かいてのき…Ⅶ-121［樹木類］ | かいらぎ…Ⅲ-679［貝類］ |
| かいてもみち…Ⅶ-122［樹木類］ | かいらくさ…Ⅳ-289［野生植物］ |
| かいとう…Ⅰ-282［穀物類］ | かいらくび…Ⅶ-755［救荒動植物類］ |
| かいとう…Ⅵ-704［果類］ | かいり…Ⅰ-283［穀物類］ |
| かいとう…Ⅶ-122［樹木類］ | かいるくさ…Ⅳ-289［野生植物］ |
| かいどう…Ⅶ-122［樹木類］ | かいるくさ…Ⅳ-290［野生植物］ |
| かいどうくは…Ⅶ-122［樹木類］ | かいるぐさ…Ⅳ-290［野生植物］ |
| かいとうこむぎ…Ⅰ-282［穀物類］ | かいるつた…Ⅳ-290［野生植物］ |
| かいとうさう…Ⅳ-287［野生植物］ | かいるのきつけ…Ⅳ-290［野生植物］ |
| かいとうばな…Ⅳ-287［野生植物］ | かいるのつらかき…Ⅳ-290［野生植物］ |
| かいどうもち…Ⅰ-282［穀物類］ | かいるのつらがき…Ⅳ-290［野生植物］ |
| かいどうれ…Ⅳ-287［野生植物］ | かいるのめ…Ⅳ-291［野生植物］ |
| かいとはな…Ⅳ-288［野生植物］ | かいるば…Ⅳ-291［野生植物］ |
| かいな…Ⅳ-288［野生植物］ | かいるば…Ⅶ-755［救荒動植物類］ |
| かいな…Ⅶ-122［樹木類］ | かいるはちめ…Ⅲ-121［魚類］ |
| かいなくさ…Ⅳ-288［野生植物］ | かいるばのみ…Ⅶ-755［救荒動植物類］ |
| かいなさう…Ⅳ-288［野生植物］ | かいろう…Ⅳ-291［野生植物］ |
| かいなつる…Ⅳ-289［野生植物］ | かいろうくさ…Ⅳ-291［野生植物］ |
| かいねかつら…Ⅳ-289［野生植物］ | かいろうのこ…Ⅰ-283［穀物類］ |
| かいねたも…Ⅶ-122［樹木類］ | かいろば…Ⅳ-291［野生植物］ |
| かいねつる…Ⅳ-289［野生植物］ | かいを…Ⅲ-121［魚類］ |
| かいは…Ⅰ-282［穀物類］ | かう…Ⅰ-283［穀物類］ |
| かいは…Ⅲ-120［魚類］ | かういろまめ…Ⅰ-283［穀物類］ |

かうおうさう…Ⅳ - 291［野生植物］
かうか…Ⅶ - 123［樹木類］
かうかい…Ⅲ - 121［魚類］
かうかい…Ⅲ - 679［貝類］
かうかい…Ⅶ - 123［樹木類］
かうがい…Ⅳ - 291［野生植物］
かうかいぎさう…Ⅳ - 292［野生植物］
かうかいくさ…Ⅳ - 292［野生植物］
かうがいくさ…Ⅳ - 292［野生植物］
かうかいのき…Ⅶ - 123［樹木類］
かうがいびへ…Ⅳ - 292［野生植物］
かうかいも…Ⅳ - 292［野生植物］
かうがいも…Ⅳ - 293［野生植物］
かうかういちこ…Ⅳ - 293［野生植物］
かうかういちご…Ⅵ - 704［果類］
かうかういも…Ⅵ - 315［菜類］
かうかうふく…Ⅲ - 121［魚類］
かうかき…Ⅲ - 679［貝類］
かうかけ…Ⅳ - 293［野生植物］
かうかそう…Ⅳ - 293［野生植物］
かうかのき…Ⅶ - 124［樹木類］
かうかひ…Ⅲ - 680［貝類］
かうがみ…Ⅳ - 293［野生植物］
かうかめ…Ⅳ - 293［野生植物］
かうがめ…Ⅳ - 293［野生植物］
かうかわせ…Ⅰ - 283［穀物類］
かうかんぼう…Ⅶ - 124［樹木類］
かうくはん…Ⅶ - 124［樹木類］
かうくび…Ⅰ - 283［穀物類］
かうくりたい…Ⅲ - 122［魚類］
かうくりだい…Ⅲ - 122［魚類］
かうぐりたい…Ⅲ - 122［魚類］
かうくるみ…Ⅵ - 704［果類］
かうくるみ…Ⅶ - 124［樹木類］
かうくわ…Ⅳ - 294［野生植物］
かうけ…Ⅰ - 283［穀物類］
かうけ…Ⅳ - 294［野生植物］
かうげ…Ⅳ - 294［野生植物］

がうけ…Ⅳ - 294［野生植物］
かうげさう…Ⅳ - 294［野生植物］
かうげぼこり…Ⅰ - 284［穀物類］
かうげん…Ⅳ - 294［野生植物］
かうこたい…Ⅲ - 122［魚類］
かうこたひ…Ⅲ - 122［魚類］
がうさ…Ⅲ - 122［魚類］
がうざ…Ⅲ - 122［魚類］
かうさい…Ⅳ - 294［野生植物］
かうざかな…Ⅳ - 295［野生植物］
かうざかな…Ⅵ - 315［菜類］
かうさぎむぎ…Ⅰ - 284［穀物類］
かうささ…Ⅵ - 61［竹・笹類］
かうさり…Ⅲ - 123［魚類］
かうし…Ⅵ - 704［果類］
かうし…Ⅶ - 124［樹木類］
かうじ…Ⅰ - 284［穀物類］
かうじ…Ⅵ - 704［果類］
かうじ…Ⅶ - 124［樹木類］
かうしあわ…Ⅰ - 284［穀物類］
がうしう…Ⅵ - 704［果類］
かうしうまる…Ⅵ - 705［果類］
かうしうわせ…Ⅰ - 284［穀物類］
かうしからけ…Ⅳ - 295［野生植物］
かうじからけ…Ⅳ - 295［野生植物］
かうじからげ…Ⅳ - 295［野生植物］
がうしからげ…Ⅳ - 295［野生植物］
かうじくさ…Ⅳ - 295［野生植物］
かうししば…Ⅳ - 295［野生植物］
かうしな…Ⅵ - 315［菜類］
かうじのしたい…Ⅳ - 296［野生植物］
かうしのつの…Ⅰ - 284［穀物類］
かうじばな…Ⅳ - 296［野生植物］
かうしゆ…Ⅳ - 296［野生植物］
かうじゆ…Ⅳ - 296［野生植物］
かうしゆう…Ⅰ - 284［穀物類］
かうしゅうむめ…Ⅵ - 705［果類］
かうじゆさん…Ⅳ - 296［野生植物］

か

| | |
|---|---|
| かうじろあは…Ⅰ‐285［穀物類］ | かうづ…Ⅲ‐123［魚類］ |
| がうしんかう…Ⅶ‐124［樹木類］ | かうづ…Ⅲ‐680［貝類］ |
| かうしんばら…Ⅳ‐297［野生植物］ | かうづ…Ⅳ‐298［野生植物］ |
| かうす…Ⅲ‐680［貝類］ | かうづ…Ⅶ‐126［樹木類］ |
| かうす…Ⅶ‐125［樹木類］ | かうづけ…Ⅳ‐298［野生植物］ |
| かうず…Ⅲ‐123［魚類］ | かうづのき…Ⅶ‐126［樹木類］ |
| かうず…Ⅲ‐680［貝類］ | がうつもたせ…Ⅵ‐121［菌・茸類］ |
| かうず…Ⅳ‐297［野生植物］ | かうづり…Ⅳ‐299［野生植物］ |
| かうず…Ⅶ‐125［樹木類］ | かうつる…Ⅳ‐299［野生植物］ |
| かうずくさ…Ⅳ‐297［野生植物］ | かうづる…Ⅶ‐126［樹木類］ |
| かうすりたけ…Ⅵ‐121［菌・茸類］ | がうつる…Ⅳ‐299［野生植物］ |
| かうぜつ…Ⅶ‐125［樹木類］ | がうづる…Ⅳ‐299［野生植物］ |
| かうせん…Ⅳ‐297［野生植物］ | かうづるね…Ⅶ‐756［救荒動植物類］ |
| かうそ…Ⅲ‐123［魚類］ | かうてこぶら…Ⅶ‐126［樹木類］ |
| かうそ…Ⅳ‐297［野生植物］ | かうど…Ⅳ‐299［野生植物］ |
| かうそ…Ⅶ‐125［樹木類］ | かうとうもち…Ⅰ‐285［穀物類］ |
| かうぞ…Ⅳ‐297［野生植物］ | かうとのき…Ⅶ‐126［樹木類］ |
| かうぞ…Ⅶ‐125［樹木類］ | かうな…Ⅲ‐680［貝類］ |
| かうぞたけ…Ⅵ‐121［菌・茸類］ | かうな…Ⅲ‐681［貝類］ |
| かうぞな…Ⅳ‐297［野生植物］ | がうな…Ⅲ‐681［貝類］ |
| かうそなは…Ⅵ‐121［菌・茸類］ | がうなかひ…Ⅲ‐682［貝類］ |
| かうぞなば…Ⅵ‐121［菌・茸類］ | かうなかれ…Ⅲ‐123［魚類］ |
| かうぞのき…Ⅶ‐125［樹木類］ | かうなご…Ⅲ‐123［魚類］ |
| かうぞのは…Ⅶ‐755［救荒動植物類］ | がうなひ…Ⅲ‐124［魚類］ |
| かうそり…Ⅳ‐298［野生植物］ | かうなん…Ⅵ‐705［果類］ |
| かうぞり…Ⅳ‐298［野生植物］ | かうなんしょむ…Ⅵ‐705［果類］ |
| かうぞり…Ⅶ‐755［救荒動植物類］ | かうねくさ…Ⅳ‐299［野生植物］ |
| かうぞりな…Ⅳ‐298［野生植物］ | かうのき…Ⅶ‐126［樹木類］ |
| がうぞりな…Ⅶ‐755［救荒動植物類］ | かうのき…Ⅶ‐127［樹木類］ |
| かうそゑこ…Ⅳ‐298［野生植物］ | かうのけ…Ⅳ‐300［野生植物］ |
| かうそんひ…Ⅲ‐680［貝類］ | かうのこ…Ⅰ‐285［穀物類］ |
| かうた…Ⅰ‐285［穀物類］ | かうのみ…Ⅳ‐300［野生植物］ |
| かうたけ…Ⅵ‐61［竹・笹類］ | かうのみかつら…Ⅳ‐300［野生植物］ |
| かうたけ…Ⅵ‐121［菌・茸類］ | がうのみき…Ⅶ‐127［樹木類］ |
| がうち…Ⅲ‐123［魚類］ | かうのみのき…Ⅶ‐127［樹木類］ |
| かうぢのつの…Ⅰ‐285［穀物類］ | かうは…Ⅵ‐315［菜類］ |
| かうちん…Ⅶ‐126［樹木類］ | かうばい…Ⅰ‐285［穀物類］ |
| かうつ…Ⅳ‐298［野生植物］ | がうばい…Ⅶ‐127［樹木類］ |

| | |
|---|---|
| かうはいもも…VI‐705［果類］ | かうやははき…IV‐303［野生植物］ |
| かうはぎ…III‐124［魚類］ | かうやひえ…I‐287［穀物類］ |
| がうはぎ…III‐124［魚類］ | かうやひへ…I‐287［穀物類］ |
| かうばこなし…VI‐705［果類］ | かうやまき…VII‐128［樹木類］ |
| かうはしわせ…I‐285［穀物類］ | かうやまき…VII‐129［樹木類］ |
| かうばしわせ…I‐286［穀物類］ | かうやまつ…IV‐303［野生植物］ |
| かうはち…VII‐127［樹木類］ | かうやまめ…I‐287［穀物類］ |
| かうばち…VII‐127［樹木類］ | かうやまめのは…VII‐756［救荒動植物類］ |
| かうはちのき…VII‐127［樹木類］ | かうよせ…III‐124［魚類］ |
| かうばなし…VI‐706［果類］ | がうら…IV‐303［野生植物］ |
| かうはり…VII‐128［樹木類］ | かうらい…I‐287［穀物類］ |
| かうひな…III‐682［貝類］ | かうらい…IV‐304［野生植物］ |
| かうふし…IV‐300［野生植物］ | かうらい…VI‐706［果類］ |
| かうふじ…IV‐301［野生植物］ | かうらい…VII‐129［樹木類］ |
| かうぶし…IV‐301［野生植物］ | かうらいあづき…I‐287［穀物類］ |
| かうぶし…IV‐302［野生植物］ | かうらいかし…I‐287［穀物類］ |
| かうべ…III‐124［魚類］ | かうらいきく…IV‐304［野生植物］ |
| かうべたけ…VI‐122［菌・茸類］ | かうらいきく…VI‐316［菜類］ |
| かうほう…I‐286［穀物類］ | かうらいぎく…IV‐304［野生植物］ |
| かうぼうかき…VI‐706［果類］ | かうらいきひ…I‐288［穀物類］ |
| かうほうくさ…IV‐302［野生植物］ | かうらいきび…I‐288［穀物類］ |
| かうほうし…I‐286［穀物類］ | かうらいぎぼうし…IV‐304［野生植物］ |
| かうぼく…VII‐128［樹木類］ | かうらいぎぼうし…IV‐305［野生植物］ |
| がうぼて…III‐124［魚類］ | かうらいくるみ…VI‐706［果類］ |
| かうほね…IV‐302［野生植物］ | かうらいくるみ…VII‐129［樹木類］ |
| かうほね…IV‐303［野生植物］ | かうらいこしらうと…I‐288［穀物類］ |
| かうほね…VI‐315［菜類］ | かうらいこせう…VI‐316［菜類］ |
| かうほねのね…VII‐756［救荒動植物類］ | かうらいささ…VI‐61［竹・笹類］ |
| かうみつ…I‐286［穀物類］ | かうらいしは…IV‐305［野生植物］ |
| かうむめ…VI‐705［果類］ | かうらいしば…IV‐305［野生植物］ |
| かうや…I‐286［穀物類］ | かうらいしやくやく…IV‐305［野生植物］ |
| かうや…VII‐128［樹木類］ | かうらいせきしやう…IV‐305［野生植物］ |
| がうやうじ…IV‐303［野生植物］ | かうらいせきしやう…IV‐306［野生植物］ |
| かうやかし…I‐286［穀物類］ | かうらいせきせう…IV‐306［野生植物］ |
| かうやつげ…VII‐128［樹木類］ | かうらいせきちく…IV‐306［野生植物］ |
| かうやつつし…VII‐128［樹木類］ | かうらいそう…I‐288［穀物類］ |
| かうやつつじ…VII‐128［樹木類］ | かうらいぞろ…IV‐306［野生植物］ |
| かうやのめん…IV‐303［野生植物］ | かうらいたで…VI‐316［菜類］ |

か

| | |
|---|---|
| かうらいなす…Ⅵ-316［菜類］ | かかばやり…Ⅰ-290［穀物類］ |
| かうらいなすび…Ⅵ-316［菜類］ | かがはやり…Ⅰ-290［穀物類］ |
| かうらいなづな…Ⅳ-306［野生植物］ | かがばやり…Ⅰ-290［穀物類］ |
| かうらいなづな…Ⅶ-756［救荒動植物類］ | かがひへ…Ⅰ-290［穀物類］ |
| かうらいほたん…Ⅳ-306［野生植物］ | かがぼたん…Ⅶ-129［樹木類］ |
| かうらいむぎ…Ⅰ-289［穀物類］ | かかまかつら…Ⅳ-308［野生植物］ |
| かうらいもち…Ⅰ-289［穀物類］ | かかみ…Ⅰ-290［穀物類］ |
| かうらいゆり…Ⅳ-307［野生植物］ | かかみあぢ…Ⅲ-125［魚類］ |
| かうらいわせ…Ⅰ-289［穀物類］ | かがみあぢ…Ⅲ-125［魚類］ |
| かうらぎ…Ⅳ-307［野生植物］ | かがみいし…Ⅵ-13［金・石・土・水類］ |
| かうらゐきく…Ⅵ-316［菜類］ | かかみいを…Ⅲ-125［魚類］ |
| がうり…Ⅳ-307［野生植物］ | かかみうを…Ⅲ-125［魚類］ |
| がうり…Ⅶ-756［救荒動植物類］ | かがみうを…Ⅲ-125［魚類］ |
| がうりのね…Ⅶ-756［救荒動植物類］ | かかみかつら…Ⅳ-309［野生植物］ |
| かうりん…Ⅵ-706［果類］ | かかみくさ…Ⅳ-309［野生植物］ |
| かうりんかき…Ⅵ-706［果類］ | かがみくさ…Ⅳ-309［野生植物］ |
| かうれん…Ⅳ-307［野生植物］ | かがみぐさ…Ⅳ-310［野生植物］ |
| がうろ…Ⅳ-307［野生植物］ | かがみしま…Ⅵ-317［菜類］ |
| かうわ…Ⅵ-316［菜類］ | かかみたい…Ⅲ-126［魚類］ |
| かうわうさう…Ⅳ-307［野生植物］ | かがみだい…Ⅲ-126［魚類］ |
| かうゑ…Ⅳ-308［野生植物］ | かがみたひ…Ⅲ-126［魚類］ |
| かえて…Ⅶ-129［樹木類］ | かかみちしばり…Ⅳ-310［野生植物］ |
| かえる…Ⅲ-124［魚類］ | かかみつる…Ⅳ-310［野生植物］ |
| かえんさい…Ⅵ-317［菜類］ | かかみひへ…Ⅰ-290［穀物類］ |
| かえんさう…Ⅳ-308［野生植物］ | かかみも…Ⅳ-310［野生植物］ |
| かが…Ⅰ-289［穀物類］ | かかみもく…Ⅳ-310［野生植物］ |
| かかあわ…Ⅰ-289［穀物類］ | かかむめ…Ⅵ-707［果類］ |
| かかいも…Ⅳ-308［野生植物］ | かがめぐろ…Ⅰ-291［穀物類］ |
| ががいも…Ⅳ-308［野生植物］ | かかもち…Ⅰ-291［穀物類］ |
| ががいも…Ⅵ-317［菜類］ | かがもち…Ⅰ-291［穀物類］ |
| ががいも…Ⅶ-756［救荒動植物類］ | かがやろく…Ⅰ-291［穀物類］ |
| かかいものは…Ⅶ-757［救荒動植物類］ | かがらくろつみ…Ⅰ-292［穀物類］ |
| かがかいせい…Ⅰ-289［穀物類］ | かからはら…Ⅳ-310［野生植物］ |
| かがし…Ⅰ-289［穀物類］ | かからひ…Ⅳ-311［野生植物］ |
| かかしま…Ⅵ-317［菜類］ | かがらび…Ⅳ-311［野生植物］ |
| かがしま…Ⅵ-707［果類］ | ががらひ…Ⅳ-311［野生植物］ |
| かがしま…Ⅶ-129［樹木類］ | ががり…Ⅲ-126［魚類］ |
| かがそより…Ⅰ-290［穀物類］ | |

| | |
|---|---|
| かかわせ…Ⅰ-292〔穀物類〕 | かきくるま…Ⅳ-312〔野生植物〕 |
| かがわせ…Ⅰ-292〔穀物類〕 | かきころし…Ⅳ-312〔野生植物〕 |
| かがんす…Ⅶ-130〔樹木類〕 | かきさい…Ⅰ-294〔穀物類〕 |
| ががんす…Ⅶ-130〔樹木類〕 | かきさいて…Ⅰ-294〔穀物類〕 |
| ががんず…Ⅶ-130〔樹木類〕 | かきさいで…Ⅰ-294〔穀物類〕 |
| かがんだうなし…Ⅵ-707〔果類〕 | かきささけ…Ⅰ-294〔穀物類〕 |
| ががんとう…Ⅵ-707〔果類〕 | かきささけ…Ⅵ-318〔菜類〕 |
| かかんほ…Ⅳ-311〔野生植物〕 | かきささげ…Ⅰ-294〔穀物類〕 |
| かかんぼ…Ⅳ-311〔野生植物〕 | かきさて…Ⅰ-295〔穀物類〕 |
| ががんほう…Ⅳ-311〔野生植物〕 | かきさひ…Ⅰ-295〔穀物類〕 |
| かき…Ⅰ-292〔穀物類〕 | かきさや…Ⅰ-295〔穀物類〕 |
| かき…Ⅲ-682〔貝類〕 | かきしめじ…Ⅵ-122〔菌・茸類〕 |
| かき…Ⅲ-683〔貝類〕 | かきしめぢ…Ⅵ-122〔菌・茸類〕 |
| かき…Ⅵ-13〔金・石・土・水類〕 | かきすけ…Ⅳ-328〔野生植物〕 |
| かき…Ⅵ-317〔菜類〕 | かきずり…Ⅰ-295〔穀物類〕 |
| かき…Ⅵ-707〔果類〕 | かきそは…Ⅳ-312〔野生植物〕 |
| かき…Ⅶ-130〔樹木類〕 | かきそば…Ⅳ-312〔野生植物〕 |
| かぎ…Ⅲ-126〔魚類〕 | かきそば…Ⅳ-313〔野生植物〕 |
| かきあかささけ…Ⅰ-292〔穀物類〕 | かきだ…Ⅲ-126〔魚類〕 |
| かきあづき…Ⅰ-292〔穀物類〕 | かきだいこん…Ⅵ-318〔菜類〕 |
| かきいばら…Ⅶ-130〔樹木類〕 | かきたうからし…Ⅵ-318〔菜類〕 |
| かきいろ…Ⅰ-293〔穀物類〕 | かきたけ…Ⅵ-122〔菌・茸類〕 |
| かきうちは…Ⅰ-293〔穀物類〕 | かきだのし…Ⅳ-313〔野生植物〕 |
| かきうちわ…Ⅰ-293〔穀物類〕 | かきちしや…Ⅵ-318〔菜類〕 |
| かきうつらまめ…Ⅰ-293〔穀物類〕 | かきつか…Ⅶ-130〔樹木類〕 |
| かきうづらまめ…Ⅰ-293〔穀物類〕 | かきつかあわ…Ⅰ-295〔穀物類〕 |
| かきうり…Ⅵ-708〔果類〕 | かきつはき…Ⅳ-313〔野生植物〕 |
| かきおほくろ…Ⅰ-293〔穀物類〕 | かきつはた…Ⅳ-313〔野生植物〕 |
| かきかい…Ⅲ-683〔貝類〕 | かきつはた…Ⅳ-314〔野生植物〕 |
| かきかけ…Ⅳ-311〔野生植物〕 | かきつばた…Ⅳ-314〔野生植物〕 |
| かきかひ…Ⅲ-683〔貝類〕 | かきつばた…Ⅳ-315〔野生植物〕 |
| かきからし…Ⅵ-317〔菜類〕 | かきつはら…Ⅳ-315〔野生植物〕 |
| かきからみ…Ⅳ-312〔野生植物〕 | かきつる…Ⅳ-315〔野生植物〕 |
| かぎき…Ⅶ-130〔樹木類〕 | かきて…Ⅰ-296〔穀物類〕 |
| かききひ…Ⅰ-293〔穀物類〕 | かきとう…Ⅳ-315〔野生植物〕 |
| かきくさ…Ⅳ-312〔野生植物〕 | かきとうさ…Ⅳ-316〔野生植物〕 |
| かぎくさ…Ⅳ-312〔野生植物〕 | かきとうし…Ⅳ-316〔野生植物〕 |
| かきぐみ…Ⅵ-708〔果類〕 | かきとうし…Ⅳ-317〔野生植物〕 |

| | |
|---|---|
| かきとうじ…Ⅳ-317［野生植物］ | かきはかま…Ⅰ-296［穀物類］ |
| かきどうし…Ⅳ-317［野生植物］ | かきはかま…Ⅲ-127［魚類］ |
| かきとうろ…Ⅳ-316［野生植物］ | かきばかま…Ⅲ-127［魚類］ |
| かきどうろ…Ⅳ-316［野生植物］ | かきはかまはちめ…Ⅲ-127［魚類］ |
| かきとうろう…Ⅳ-316［野生植物］ | かきはかままめ…Ⅰ-296［穀物類］ |
| かきとうろくさ…Ⅳ-316［野生植物］ | かきはちめ…Ⅲ-127［魚類］ |
| かきどうろくさ…Ⅳ-316［野生植物］ | かきひき…Ⅳ-320［野生植物］ |
| かきとおし…Ⅳ-317［野生植物］ | かぎひき…Ⅳ-320［野生植物］ |
| かきとふし…Ⅳ-317［野生植物］ | かきひきくさ…Ⅳ-320［野生植物］ |
| かきとほし…Ⅳ-317［野生植物］ | かぎひきはな…Ⅳ-320［野生植物］ |
| かきとり…Ⅳ-318［野生植物］ | かきひし…Ⅲ-683［貝類］ |
| かきとりくさ…Ⅳ-318［野生植物］ | かきふり…Ⅳ-321［野生植物］ |
| かぎとりはな…Ⅳ-318［野生植物］ | かきふり…Ⅵ-319［菜類］ |
| かきとをし…Ⅳ-318［野生植物］ | かきませ…Ⅰ-296［穀物類］ |
| かきどをし…Ⅳ-318［野生植物］ | かきまめ…Ⅰ-297［穀物類］ |
| かきな…Ⅳ-319［野生植物］ | かきまめかつら…Ⅳ-321［野生植物］ |
| かきな…Ⅵ-318［菜類］ | かきもち…Ⅰ-297［穀物類］ |
| かきな…Ⅶ-757［救荒動植物類］ | かきもろこし…Ⅰ-297［穀物類］ |
| かきなんはん…Ⅵ-318［菜類］ | かきやつめ…Ⅲ-127［魚類］ |
| かきね…Ⅰ-296［穀物類］ | かきやろく…Ⅰ-297［穀物類］ |
| かきねかへし…Ⅳ-319［野生植物］ | かきりぶ…Ⅲ-127［魚類］ |
| かきねすすき…Ⅳ-319［野生植物］ | かくいし…Ⅵ-13［金・石・土・水類］ |
| かきねどうし…Ⅳ-319［野生植物］ | かくいも…Ⅳ-321［野生植物］ |
| かきねのこけ…Ⅳ-319［野生植物］ | かくうもち…Ⅰ-298［穀物類］ |
| かきねむぐら…Ⅳ-319［野生植物］ | かぐさ…Ⅳ-321［野生植物］ |
| かきねもたし…Ⅵ-122［菌・茸類］ | かくさう…Ⅳ-321［野生植物］ |
| かきのかたびら…Ⅰ-296［穀物類］ | がくさう…Ⅳ-321［野生植物］ |
| かきのき…Ⅶ-131［樹木類］ | がくさう…Ⅶ-131［樹木類］ |
| かきのききのこ…Ⅵ-122［菌・茸類］ | がくしま…Ⅵ-708［果類］ |
| かきのきたけ…Ⅵ-122［菌・茸類］ | かくすけ…Ⅳ-321［野生植物］ |
| かきのきなは…Ⅵ-123［菌・茸類］ | がくそう…Ⅳ-322［野生植物］ |
| かきのきもたし…Ⅵ-123［菌・茸類］ | かくそうつる…Ⅳ-322［野生植物］ |
| かきのころもさめ…Ⅲ-127［魚類］ | かくそは…Ⅰ-298［穀物類］ |
| かきのてんほう…Ⅳ-320［野生植物］ | かくそば…Ⅰ-298［穀物類］ |
| かきのとんほ…Ⅳ-320［野生植物］ | かくちあわ…Ⅰ-298［穀物類］ |
| かきのは…Ⅶ-757［救荒動植物類］ | かくちゆうさう…Ⅳ-322［野生植物］ |
| かきば…Ⅳ-320［野生植物］ | かくてん…Ⅰ-298［穀物類］ |
| かきば…Ⅵ-319［菜類］ | かくどう…Ⅳ-322［野生植物］ |

| | |
|---|---|
| がくどう…Ⅳ-322［野生植物］ | かげやつめ…Ⅲ-128［魚類］ |
| がくどうめはり…Ⅲ-128［魚類］ | かけろうさう…Ⅳ-325［野生植物］ |
| かくなし…Ⅵ-708［果類］ | かけわせ…Ⅰ-300［穀物類］ |
| かくひ…Ⅳ-322［野生植物］ | かげわせ…Ⅰ-300［穀物類］ |
| かくふつ…Ⅰ-298［穀物類］ | かこ…Ⅰ-300［穀物類］ |
| かくふつ…Ⅲ-128［魚類］ | かご…Ⅶ-131［樹木類］ |
| かくふづ…Ⅲ-128［魚類］ | がご…Ⅲ-129［魚類］ |
| かくぶつ…Ⅲ-128［魚類］ | かこあは…Ⅰ-300［穀物類］ |
| かくま…Ⅳ-322［野生植物］ | かこいちこ…Ⅵ-708［果類］ |
| かくま…Ⅵ-319［菜類］ | かこうきひ…Ⅰ-300［穀物類］ |
| がくま…Ⅳ-323［野生植物］ | かこさう…Ⅳ-325［野生植物］ |
| かくまは…Ⅶ-758［救荒動植物類］ | かごさう…Ⅳ-325［野生植物］ |
| がくもん…Ⅳ-323［野生植物］ | かこそう…Ⅳ-325［野生植物］ |
| がくもんさう…Ⅳ-323［野生植物］ | かこそう…Ⅳ-326［野生植物］ |
| かくもんし…Ⅳ-323［野生植物］ | かごそう…Ⅳ-326［野生植物］ |
| かくもんじ…Ⅳ-323［野生植物］ | かごたけ…Ⅵ-123［菌・茸類］ |
| かぐやくさ…Ⅳ-323［野生植物］ | かこつつち…Ⅶ-131［樹木類］ |
| かくら…Ⅳ-323［野生植物］ | かごなし…Ⅵ-708［果類］ |
| かぐら…Ⅳ-324［野生植物］ | かごのき…Ⅶ-131［樹木類］ |
| かぐらかき…Ⅵ-708［果類］ | かこはら…Ⅰ-300［穀物類］ |
| かくらはぜ…Ⅲ-128［魚類］ | かごぶち…Ⅶ-131［樹木類］ |
| かぐるゑい…Ⅲ-128［魚類］ | かこめ…Ⅳ-326［野生植物］ |
| かくれかい…Ⅲ-684［貝類］ | かこもち…Ⅰ-300［穀物類］ |
| かくわいし…Ⅵ-13［金・石・土・水類］ | かさ…Ⅰ-301［穀物類］ |
| かくわせ…Ⅰ-299［穀物類］ | がさ…Ⅲ-129［魚類］ |
| がくわんさう…Ⅳ-324［野生植物］ | がざ…Ⅶ-132［樹木類］ |
| かけ…Ⅰ-299［穀物類］ | がざ…Ⅶ-758［救荒動植物類］ |
| かげうら…Ⅰ-299［穀物類］ | かさい…Ⅰ-301［穀物類］ |
| かけきく…Ⅳ-324［野生植物］ | がざい…Ⅲ-684［貝類］ |
| かけきよ…Ⅰ-299［穀物類］ | がさいち…Ⅳ-326［野生植物］ |
| かげきよ…Ⅰ-299［穀物類］ | かさいな…Ⅵ-319［菜類］ |
| かけくさ…Ⅳ-324［野生植物］ | かさいもち…Ⅰ-301［穀物類］ |
| かげくさ…Ⅳ-324［野生植物］ | かさかい…Ⅲ-684［貝類］ |
| かけせり…Ⅳ-324［野生植物］ | かざかち…Ⅰ-301［穀物類］ |
| かけたうるい…Ⅳ-325［野生植物］ | かさかひ…Ⅲ-684［貝類］ |
| かげだばやり…Ⅰ-299［穀物類］ | かさかぶり…Ⅰ-301［穀物類］ |
| かけな…Ⅵ-319［菜類］ | かさき…Ⅲ-129［魚類］ |
| かげもち…Ⅰ-299［穀物類］ | かさき…Ⅶ-132［樹木類］ |

か

| | |
|---|---|
| かざきりくさ…Ⅳ - 326 ［野生植物］ | かさめほう…Ⅲ - 685 ［貝類］ |
| かざくさ…Ⅳ - 326 ［野生植物］ | かさも…Ⅳ - 329 ［野生植物］ |
| かさくるま…Ⅳ - 326 ［野生植物］ | かさもち…Ⅰ - 302 ［穀物類］ |
| かさくるま…Ⅳ - 327 ［野生植物］ | かさやろく…Ⅰ - 302 ［穀物類］ |
| かさぐるま…Ⅳ - 327 ［野生植物］ | かさゆり…Ⅳ - 329 ［野生植物］ |
| かさくるま…Ⅳ - 327 ［野生植物］ | かし…Ⅶ - 132 ［樹木類］ |
| かざぐるま…Ⅳ - 328 ［野生植物］ | かしいも…Ⅳ - 329 ［野生植物］ |
| かさこ…Ⅲ - 129 ［魚類］ | かしいも…Ⅵ - 320 ［菜類］ |
| かさご…Ⅲ - 129 ［魚類］ | かしう…Ⅳ - 329 ［野生植物］ |
| かさつる…Ⅳ - 328 ［野生植物］ | かしう…Ⅵ - 320 ［菜類］ |
| かさとり…Ⅶ - 132 ［樹木類］ | かしうつき…Ⅶ - 133 ［樹木類］ |
| かさな…Ⅳ - 328 ［野生植物］ | かしおしき…Ⅶ - 133 ［樹木類］ |
| かさな…Ⅶ - 132 ［樹木類］ | かしおしぎ…Ⅶ - 133 ［樹木類］ |
| かさな…Ⅶ - 758 ［救荒動植物類］ | かしおしみ…Ⅶ - 133 ［樹木類］ |
| かさなのくきは…Ⅶ - 758 ［救荒動植物類］ | かしおしめ…Ⅶ - 133 ［樹木類］ |
| かさなのは…Ⅶ - 758 ［救荒動植物類］ | かしか…Ⅲ - 130 ［魚類］ |
| かさなり…Ⅰ - 301 ［穀物類］ | かじか…Ⅰ - 302 ［穀物類］ |
| かさなりくさ…Ⅳ - 328 ［野生植物］ | かじか…Ⅲ - 130 ［魚類］ |
| かさなりこ…Ⅰ - 301 ［穀物類］ | かしかくさ…Ⅳ - 330 ［野生植物］ |
| かさにな…Ⅲ - 684 ［貝類］ | かじかくさ…Ⅳ - 330 ［野生植物］ |
| かさねやろく…Ⅰ - 302 ［穀物類］ | かしかこむぎ…Ⅰ - 302 ［穀物類］ |
| がさのは…Ⅶ - 758 ［救荒動植物類］ | かじかこむぎ…Ⅰ - 302 ［穀物類］ |
| がざば…Ⅳ - 328 ［野生植物］ | かしかし…Ⅳ - 330 ［野生植物］ |
| かさひ…Ⅲ - 129 ［魚類］ | がしがし…Ⅳ - 330 ［野生植物］ |
| かさび…Ⅲ - 129 ［魚類］ | かしかはちめ…Ⅲ - 131 ［魚類］ |
| がさび…Ⅲ - 130 ［魚類］ | かじかはのき…Ⅶ - 133 ［樹木類］ |
| がさび…Ⅲ - 684 ［貝類］ | かしかめ…Ⅳ - 330 ［野生植物］ |
| かざふくろ…Ⅵ - 123 ［菌・茸類］ | かじきどおし…Ⅲ - 131 ［魚類］ |
| かさま…Ⅰ - 302 ［穀物類］ | かじきり…Ⅲ - 131 ［魚類］ |
| かさまひだいこん…Ⅵ - 319 ［菜類］ | かしくり…Ⅲ - 131 ［魚類］ |
| かざみ…Ⅲ - 130 ［魚類］ | かじこ…Ⅲ - 131 ［魚類］ |
| かざみ…Ⅲ - 684 ［貝類］ | かしこけ…Ⅵ - 123 ［菌・茸類］ |
| がざみ…Ⅲ - 685 ［貝類］ | かした…Ⅲ - 131 ［魚類］ |
| がざみ…Ⅲ - 130 ［魚類］ | かしたけ…Ⅵ - 123 ［菌・茸類］ |
| かさみかん…Ⅵ - 709 ［果類］ | かしたも…Ⅶ - 134 ［樹木類］ |
| かさむすひ…Ⅳ - 329 ［野生植物］ | かしたものき…Ⅶ - 134 ［樹木類］ |
| かさむすび…Ⅳ - 329 ［野生植物］ | かしのき…Ⅰ - 303 ［穀物類］ |
| がさめ…Ⅲ - 685 ［貝類］ | かしのき…Ⅵ - 320 ［菜類］ |

| | |
|---|---|
| かしのき…Ⅶ - 134　［樹木類］ | かしゆ…Ⅳ - 331　［野生植物］ |
| かしのきのみ…Ⅶ - 759　［救荒動植物類］ | かしゆ…Ⅵ - 320　［菜類］ |
| かしのきもち…Ⅰ - 303　［穀物類］ | かしゆう…Ⅳ - 331　［野生植物］ |
| かしのみ…Ⅶ - 759　［救荒動植物類］ | かしゆう…Ⅳ - 332　［野生植物］ |
| かしは…Ⅶ - 134　［樹木類］ | かしゆう…Ⅵ - 320　［菜類］ |
| かしはき…Ⅶ - 134　［樹木類］ | かしゆう…Ⅵ - 321　［菜類］ |
| かしはぎのは…Ⅶ - 759　［救荒動植物類］ | かしゆう…Ⅶ - 759　［救荒動植物類］ |
| かしはこむぎ…Ⅰ - 303　［穀物類］ | かしゆういも…Ⅵ - 321　［菜類］ |
| かしはのまめ…Ⅰ - 303　［穀物類］ | がしゆつ…Ⅳ - 332　［野生植物］ |
| かしはのみ…Ⅶ - 760　［救荒動植物類］ | がじゆつ…Ⅳ - 332　［野生植物］ |
| かしはまき…Ⅶ - 135　［樹木類］ | かしら…Ⅵ - 321　［菜類］ |
| かしひ…Ⅵ - 709　［果類］ | がしら…Ⅲ - 131　［魚類］ |
| かしひ…Ⅶ - 135　［樹木類］ | かしらあわす…Ⅲ - 685　［貝類］ |
| かじふろうあわ…Ⅰ - 303　［穀物類］ | かしらかひ…Ⅲ - 685　［貝類］ |
| かしほうすのき…Ⅶ - 135　［樹木類］ | かしらきふり…Ⅵ - 321　［菜類］ |
| かしぼし…Ⅶ - 135　［樹木類］ | かしらこ…Ⅶ - 136　［樹木類］ |
| かしほせ…Ⅶ - 135　［樹木類］ | かしらはけ…Ⅳ - 332　［野生植物］ |
| かしま…Ⅰ - 303　［穀物類］ | かしらはげ…Ⅳ - 332　［野生植物］ |
| かしま…Ⅵ - 320　［菜類］ | かしらはげ…Ⅶ - 136　［樹木類］ |
| かしまかいちう…Ⅰ - 303　［穀物類］ | かしらふと…Ⅰ - 304　［穀物類］ |
| かしましろ…Ⅰ - 304　［穀物類］ | かしらぶと…Ⅰ - 305　［穀物類］ |
| かしまばうず…Ⅰ - 304　［穀物類］ | かしらぶと…Ⅲ - 132　［魚類］ |
| かしまばやり…Ⅰ - 304　［穀物類］ | かしろ…Ⅳ - 332　［野生植物］ |
| かしままつ…Ⅶ - 135　［樹木類］ | がしろ…Ⅳ - 332　［野生植物］ |
| かしまめ…Ⅰ - 304　［穀物類］ | かしわ…Ⅵ - 709　［果類］ |
| かしまもち…Ⅰ - 304　［穀物類］ | かしわ…Ⅶ - 137　［樹木類］ |
| かしめ…Ⅳ - 330　［野生植物］ | かしわいちご…Ⅳ - 333　［野生植物］ |
| かじめ…Ⅳ - 331　［野生植物］ | かしわかひ…Ⅲ - 685　［貝類］ |
| かじめ…Ⅶ - 759　［救荒動植物類］ | かしわかぶ…Ⅵ - 321　［菜類］ |
| かじめのうばき…Ⅳ - 331　［野生植物］ | かしわき…Ⅶ - 137　［樹木類］ |
| かしも…Ⅰ - 304　［穀物類］ | かしわきもたし…Ⅵ - 124　［菌・茸類］ |
| かしも…Ⅳ - 331　［野生植物］ | かしわすすき…Ⅳ - 333　［野生植物］ |
| かしもんじ…Ⅳ - 331　［野生植物］ | かしわな…Ⅵ - 321　［菜類］ |
| かしやうしき…Ⅶ - 135　［樹木類］ | かしわのき…Ⅶ - 137　［樹木類］ |
| かじやうしのき…Ⅶ - 136　［樹木類］ | かしわまき…Ⅶ - 137　［樹木類］ |
| かしやは…Ⅶ - 136　［樹木類］ | かしゐ…Ⅶ - 137　［樹木類］ |
| かしやほうば…Ⅶ - 136　［樹木類］ | かしをしき…Ⅶ - 138　［樹木類］ |
| かしやまき…Ⅶ - 136　［樹木類］ | かしをしみ…Ⅶ - 138　［樹木類］ |

## か

| | |
|---|---|
| かずうずみ…Ⅶ‐138［樹木類］ | かすもち…Ⅳ‐334［野生植物］ |
| かすおし…Ⅶ‐138［樹木類］ | かすやざゑもん…Ⅰ‐306［穀物類］ |
| かすおしみ…Ⅶ‐138［樹木類］ | かすら…Ⅶ‐140［樹木類］ |
| かすおしみぐさ…Ⅳ‐333［野生植物］ | かすゐ…Ⅲ‐133［魚類］ |
| かすかあわ…Ⅰ‐305［穀物類］ | かすをしみ…Ⅶ‐140［樹木類］ |
| かすかい…Ⅲ‐685［貝類］ | かすをせき…Ⅶ‐140［樹木類］ |
| かすかひ…Ⅲ‐686［貝類］ | かせ…Ⅲ‐133［魚類］ |
| かすかも…Ⅳ‐333［野生植物］ | かせ…Ⅲ‐686［貝類］ |
| かすき…Ⅶ‐138［樹木類］ | かぜ…Ⅲ‐133［魚類］ |
| かすぎ…Ⅲ‐132［魚類］ | かぜ…Ⅲ‐686［貝類］ |
| かすげ…Ⅲ‐132［魚類］ | がせ…Ⅲ‐686［貝類］ |
| かすげ…Ⅵ‐13［金・石・土・水類］ | がぜ…Ⅲ‐686［貝類］ |
| かすげうるい…Ⅳ‐333［野生植物］ | かせいも…Ⅵ‐322［菜類］ |
| かすげもち…Ⅰ‐305［穀物類］ | かせうしき…Ⅶ‐140［樹木類］ |
| かすこ…Ⅳ‐333［野生植物］ | かせうしぎ…Ⅶ‐141［樹木類］ |
| かすこたい…Ⅲ‐132［魚類］ | かせうしのき…Ⅶ‐141［樹木類］ |
| かすしほり…Ⅶ‐139［樹木類］ | がせかひ…Ⅲ‐687［貝類］ |
| かすしぼり…Ⅶ‐139［樹木類］ | かせかま…Ⅳ‐334［野生植物］ |
| かすしめは…Ⅶ‐760［救荒動植物類］ | かせかま…Ⅵ‐322［菜類］ |
| かすすみ…Ⅶ‐139［樹木類］ | かぜきのこ…Ⅵ‐124［菌・茸類］ |
| かすだのき…Ⅶ‐139［樹木類］ | かせくさ…Ⅳ‐334［野生植物］ |
| かすて…Ⅳ‐333［野生植物］ | かぜくさ…Ⅳ‐334［野生植物］ |
| かすな…Ⅳ‐334［野生植物］ | かせさめ…Ⅲ‐133［魚類］ |
| かずなし…Ⅰ‐305［穀物類］ | かぜしらす…Ⅰ‐306［穀物類］ |
| かずなし…Ⅰ‐305［穀物類］ | かぜしりくさ…Ⅳ‐334［野生植物］ |
| かすなり…Ⅶ‐139［樹木類］ | かぜしりぐさ…Ⅳ‐334［野生植物］ |
| かずなり…Ⅰ‐305［穀物類］ | かせにな…Ⅲ‐687［貝類］ |
| かずのこあは…Ⅰ‐305［穀物類］ | かぜのこ…Ⅰ‐306［穀物類］ |
| かすは…Ⅶ‐760［救荒動植物類］ | かせふか…Ⅲ‐133［魚類］ |
| かすば…Ⅶ‐139［樹木類］ | かせふか…Ⅲ‐134［魚類］ |
| かすはい…Ⅶ‐140［樹木類］ | かせぶか…Ⅲ‐134［魚類］ |
| かすはもたし…Ⅵ‐124［菌・茸類］ | かせわに…Ⅲ‐134［魚類］ |
| かすひ…Ⅲ‐686［貝類］ | かせゑひ…Ⅲ‐134［魚類］ |
| かすび…Ⅲ‐686［貝類］ | かぞ…Ⅶ‐141［樹木類］ |
| かすべ…Ⅲ‐132［魚類］ | かそうおしみ…Ⅶ‐141［樹木類］ |
| かすべゑい…Ⅲ‐132［魚類］ | かそうし…Ⅶ‐141［樹木類］ |
| かすほうす…Ⅶ‐140［樹木類］ | かそふし…Ⅶ‐141［樹木類］ |
| かすぼし…Ⅶ‐140［樹木類］ | かた…Ⅲ‐134［魚類］ |

| | |
|---|---|
| がた…Ⅲ - 135 ［魚類］ | かたくり…Ⅶ - 761 ［救荒動植物類］ |
| かたあは…Ⅰ - 306 ［穀物類］ | かたこ…Ⅳ - 336 ［野生植物］ |
| かたあわ…Ⅰ - 306 ［穀物類］ | かたこ…Ⅵ - 322 ［菜類］ |
| かたいかや…Ⅳ - 335 ［野生植物］ | かたこ…Ⅶ - 761 ［救荒動植物類］ |
| かたいかり…Ⅰ - 306 ［穀物類］ | かたこのね…Ⅵ - 322 ［菜類］ |
| かたいかり…Ⅳ - 335 ［野生植物］ | かたこゆり…Ⅳ - 336 ［野生植物］ |
| かたいしもも…Ⅵ - 709 ［果類］ | かたこり…Ⅳ - 336 ［野生植物］ |
| かたいしもも…Ⅶ - 141 ［樹木類］ | かたさし…Ⅲ - 136 ［魚類］ |
| かたいろ…Ⅰ - 306 ［穀物類］ | かたしかい…Ⅲ - 689 ［貝類］ |
| かたうつぎ…Ⅶ - 142 ［樹木類］ | かたしかひ…Ⅲ - 689 ［貝類］ |
| かたかい…Ⅲ - 687 ［貝類］ | かたしぶ…Ⅶ - 142 ［樹木類］ |
| かたかい…Ⅳ - 335 ［野生植物］ | かたしろ…Ⅰ - 307 ［穀物類］ |
| かたがい…Ⅲ - 687 ［貝類］ | かたしろ…Ⅳ - 336 ［野生植物］ |
| かたかご…Ⅳ - 335 ［野生植物］ | かたしろ…Ⅳ - 337 ［野生植物］ |
| かだかこ…Ⅳ - 335 ［野生植物］ | かたじろ…Ⅳ - 337 ［野生植物］ |
| かたかせのき…Ⅶ - 142 ［樹木類］ | かたしろう…Ⅳ - 337 ［野生植物］ |
| かたかひ…Ⅲ - 687 ［貝類］ | かたしろくさ…Ⅳ - 337 ［野生植物］ |
| かたかみ…Ⅳ - 335 ［野生植物］ | かたすき…Ⅶ - 143 ［樹木類］ |
| かだかみ…Ⅳ - 335 ［野生植物］ | かたすみ…Ⅶ - 143 ［樹木類］ |
| かたかり…Ⅰ - 307 ［穀物類］ | かたすみのき…Ⅶ - 143 ［樹木類］ |
| かたぎ…Ⅶ - 142 ［樹木類］ | かたそげ…Ⅶ - 143 ［樹木類］ |
| かたきし…Ⅲ - 688 ［貝類］ | かたそべ…Ⅶ - 143 ［樹木類］ |
| かたぎし…Ⅲ - 688 ［貝類］ | かたそめ…Ⅶ - 143 ［樹木類］ |
| かたぎし…Ⅲ - 689 ［貝類］ | かただ…Ⅰ - 307 ［穀物類］ |
| かたぎし…Ⅶ - 760 ［救荒動植物類］ | かただあへつる…Ⅰ - 307 ［穀物類］ |
| かたきぬくさ…Ⅳ - 336 ［野生植物］ | かたたご…Ⅵ - 322 ［菜類］ |
| かたきのみ…Ⅶ - 760 ［救荒動植物類］ | かたつかひ…Ⅲ - 689 ［貝類］ |
| かたぎのみ…Ⅶ - 760 ［救荒動植物類］ | かたつけ…Ⅰ - 307 ［穀物類］ |
| かたきび…Ⅰ - 307 ［穀物類］ | かたつばき…Ⅶ - 144 ［樹木類］ |
| かたきび…Ⅳ - 336 ［野生植物］ | かたつふり…Ⅲ - 689 ［貝類］ |
| かたきみ…Ⅶ - 760 ［救荒動植物類］ | かたつめ…Ⅲ - 689 ［貝類］ |
| かたきり…Ⅶ - 142 ［樹木類］ | かたとり…Ⅳ - 337 ［野生植物］ |
| かたきろ…Ⅶ - 142 ［樹木類］ | かたなうを…Ⅲ - 136 ［魚類］ |
| かたくち…Ⅲ - 135 ［魚類］ | かたなかい…Ⅲ - 689 ［貝類］ |
| かたくちいはし…Ⅲ - 135 ［魚類］ | かたなかひ…Ⅲ - 690 ［貝類］ |
| かたくちいわし…Ⅲ - 135 ［魚類］ | かたなき…Ⅲ - 136 ［魚類］ |
| がたくらひ…Ⅲ - 136 ［魚類］ | がたなぎ…Ⅲ - 136 ［魚類］ |
| かたくり…Ⅳ - 336 ［野生植物］ | かたなきり…Ⅲ - 136 ［魚類］ |

か

かたなくい…Ⅲ - 137　[魚類]
かたなぐい…Ⅲ - 137　[魚類]
かたなくさ…Ⅳ - 337　[野生植物]
かたなし…Ⅵ - 709　[果類]
かたなし…Ⅶ - 144　[樹木類]
かたなはけ…Ⅳ - 338　[野生植物]
かたなもみ…Ⅳ - 338　[野生植物]
かたにきり…Ⅲ - 137　[魚類]
かたにぎり…Ⅲ - 137　[魚類]
がたにきり…Ⅲ - 137　[魚類]
がたにぎり…Ⅲ - 137　[魚類]
かたねび…Ⅶ - 144　[樹木類]
かたのり…Ⅳ - 338　[野生植物]
かだのり…Ⅳ - 338　[野生植物]
かたば…Ⅳ - 338　[野生植物]
かたはきのこ…Ⅵ - 124　[菌・茸類]
かたはしか…Ⅶ - 144　[樹木類]
かたはせ…Ⅲ - 138　[魚類]
がたはせ…Ⅲ - 138　[魚類]
かたはな…Ⅳ - 338　[野生植物]
かたはな…Ⅵ - 322　[菜類]
かたはのくき…Ⅶ - 761　[救荒動植物類]
かたはへぶす…Ⅳ - 339　[野生植物]
かたはみ…Ⅳ - 339　[野生植物]
かたはみ…Ⅶ - 761　[救荒動植物類]
かたばみ…Ⅳ - 339　[野生植物]
かたばみ…Ⅳ - 340　[野生植物]
かたはみくさ…Ⅳ - 340　[野生植物]
かたばみくさ…Ⅳ - 340　[野生植物]
かたはゆり…Ⅳ - 340　[野生植物]
かたはらつぶ…Ⅲ - 690　[貝類]
かたはらひへ…Ⅰ - 307　[穀物類]
かたひけ…Ⅰ - 308　[穀物類]
かたひげ…Ⅰ - 308　[穀物類]
かたひけむき…Ⅰ - 308　[穀物類]
かたひけむぎ…Ⅰ - 308　[穀物類]
かたひば…Ⅳ - 341　[野生植物]
かたひら…Ⅰ - 308　[穀物類]

かたひらうを…Ⅲ - 138　[魚類]
かたびらうを…Ⅲ - 138　[魚類]
かたびらき…Ⅶ - 144　[樹木類]
かたひらたけ…Ⅵ - 124　[菌・茸類]
かたひらとせう…Ⅲ - 138　[魚類]
かたひらとちやう…Ⅲ - 138　[魚類]
かたひらどちやう…Ⅲ - 139　[魚類]
かたひらとてう…Ⅲ - 139　[魚類]
かたびらどでう…Ⅲ - 139　[魚類]
かたひらなば…Ⅵ - 124　[菌・茸類]
かたびる…Ⅳ - 341　[野生植物]
かたひろ…Ⅳ - 341　[野生植物]
かたびろ…Ⅳ - 341　[野生植物]
かたふき…Ⅳ - 341　[野生植物]
かたぶき…Ⅵ - 322　[菜類]
かたふつ…Ⅲ - 139　[魚類]
がたぶつ…Ⅲ - 139　[魚類]
かたふり…Ⅵ - 323　[菜類]
かたへら…Ⅵ - 124　[菌・茸類]
がたぼう…Ⅶ - 145　[樹木類]
かたほうじ…Ⅳ - 341　[野生植物]
かたほむぎ…Ⅰ - 308　[穀物類]
かたほや…Ⅳ - 341　[野生植物]
かたまくら…Ⅰ - 309　[穀物類]
かたます…Ⅲ - 139　[魚類]
がたまた…Ⅳ - 342　[野生植物]
かたむぎ…Ⅰ - 309　[穀物類]
かたらいちこ…Ⅵ - 709　[果類]
かたらくい…Ⅳ - 342　[野生植物]
かたわれつふ…Ⅲ - 690　[貝類]
かたわれつぶ…Ⅲ - 690　[貝類]
かたゐ…Ⅳ - 342　[野生植物]
かたゐかや…Ⅳ - 342　[野生植物]
かぢ…Ⅰ - 309　[穀物類]
かぢ…Ⅲ - 139　[魚類]
かぢ…Ⅶ - 145　[樹木類]
かちか…Ⅰ - 309　[穀物類]
かちか…Ⅲ - 140　[魚類]

| | |
|---|---|
| かぢか…Ⅲ - 140　［魚類］ | かぢわかめ…Ⅳ - 343　［野生植物］ |
| かぢかうぞ…Ⅶ - 145　［樹木類］ | かぢわらさう…Ⅳ - 342　［野生植物］ |
| かちかくろあは…Ⅰ - 309　［穀物類］ | かつうを…Ⅲ - 141　［魚類］ |
| かちかくろあわ…Ⅰ - 309　［穀物類］ | かつおうを…Ⅲ - 141　［魚類］ |
| かちかた…Ⅰ - 309　［穀物類］ | かつおし…Ⅶ - 146　［樹木類］ |
| かぢかた…Ⅰ - 310　［穀物類］ | かづか…Ⅰ - 311　［穀物類］ |
| かちかたこむぎ…Ⅰ - 310　［穀物類］ | かつかうくさ…Ⅳ - 344　［野生植物］ |
| かぢかみ…Ⅲ - 140　［魚類］ | かつかうはな…Ⅳ - 343　［野生植物］ |
| かちかわのき…Ⅶ - 145　［樹木類］ | かつかつも…Ⅳ - 344　［野生植物］ |
| かちき…Ⅶ - 145　［樹木類］ | かつき…Ⅶ - 146　［樹木類］ |
| かぢきとをし…Ⅲ - 140　［魚類］ | かつぎ…Ⅰ - 311　［穀物類］ |
| かぢきどをし…Ⅲ - 140　［魚類］ | かつきのみ…Ⅶ - 761　［救荒動植物類］ |
| かぢきどをし…Ⅲ - 141　［魚類］ | かつこ…Ⅳ - 344　［野生植物］ |
| かちきり…Ⅲ - 141　［魚類］ | かつこ…Ⅶ - 761　［救荒動植物類］ |
| かぢきり…Ⅲ - 141　［魚類］ | かつこあさみ…Ⅳ - 344　［野生植物］ |
| かちくろ…Ⅰ - 310　［穀物類］ | かつこう…Ⅳ - 344　［野生植物］ |
| かぢぐろ…Ⅲ - 141　［魚類］ | かつこう…Ⅶ - 146　［樹木類］ |
| かちくろあは…Ⅰ - 310　［穀物類］ | かつこうはな…Ⅳ - 344　［野生植物］ |
| かちこ…Ⅰ - 310　［穀物類］ | かつこき…Ⅶ - 146　［樹木類］ |
| かぢこ…Ⅰ - 310　［穀物類］ | かつこそば…Ⅰ - 311　［穀物類］ |
| かぢたけ…Ⅵ - 125　［菌・茸類］ | かつこのふくり…Ⅳ - 344　［野生植物］ |
| かぢづか…Ⅰ - 310　［穀物類］ | かつこはな…Ⅳ - 345　［野生植物］ |
| がぢつかい…Ⅲ - 690　［貝類］ | かつこひしやく…Ⅳ - 345　［野生植物］ |
| かちのき…Ⅶ - 145　［樹木類］ | かづさ…Ⅰ - 312　［穀物類］ |
| かぢのき…Ⅶ - 145　［樹木類］ | かつさつこ…Ⅲ - 141　［魚類］ |
| かぢはし…Ⅰ - 311　［穀物類］ | がつさんもち…Ⅰ - 312　［穀物類］ |
| かぢほうろく…Ⅲ - 691　［貝類］ | かつせき…Ⅵ - 13　［金・石・土・水類］ |
| かちほく…Ⅳ - 342　［野生植物］ | かつたいまくら…Ⅳ - 345　［野生植物］ |
| かちまめ…Ⅰ - 311　［穀物類］ | かつち…Ⅶ - 146　［樹木類］ |
| かちめ…Ⅰ - 311　［穀物類］ | かつていら…Ⅳ - 345　［野生植物］ |
| かちめ…Ⅳ - 342　［野生植物］ | かつてかうぶら…Ⅳ - 345　［野生植物］ |
| かぢめ…Ⅳ - 343　［野生植物］ | かつてこふら…Ⅶ - 147　［樹木類］ |
| かぢめ…Ⅶ - 761　［救荒動植物類］ | かつとはい…Ⅳ - 345　［野生植物］ |
| かちもんし…Ⅳ - 343　［野生植物］ | かつとり…Ⅶ - 147　［樹木類］ |
| かちもんじ…Ⅳ - 343　［野生植物］ | かつなき…Ⅲ - 142　［魚類］ |
| かぢやたかね…Ⅶ - 146　［樹木類］ | がつなき…Ⅲ - 142　［魚類］ |
| かぢやまたうぼし…Ⅰ - 311　［穀物類］ | かつなくさ…Ⅳ - 345　［野生植物］ |
| がちようさい…Ⅳ - 343　［野生植物］ | かつね…Ⅳ - 346　［野生植物］ |

か

| | |
|---|---|
| かつね…Ⅶ‐762［救荒動植物類］ | かつもり…Ⅰ‐312［穀物類］ |
| かづね…Ⅳ‐346［野生植物］ | かつら…Ⅳ‐349［野生植物］ |
| かづね…Ⅶ‐762［救荒動植物類］ | かつら…Ⅶ‐148［樹木類］ |
| かづのあは…Ⅰ‐312［穀物類］ | かづら…Ⅳ‐349［野生植物］ |
| かつのき…Ⅶ‐147［樹木類］ | かつらいちご…Ⅳ‐349［野生植物］ |
| かづのわせ…Ⅰ‐312［穀物類］ | かづらいちこ…Ⅵ‐710［果類］ |
| かつは…Ⅰ‐312［穀物類］ | かづらいちご…Ⅳ‐349［野生植物］ |
| かつはくさ…Ⅳ‐346［野生植物］ | かつらくさ…Ⅳ‐349［野生植物］ |
| かつぱつち…Ⅵ‐14［金・石・土・水類］ | かつらくさ…Ⅵ‐323［菜類］ |
| かつふし…Ⅶ‐147［樹木類］ | かつらぐさ…Ⅳ‐350［野生植物］ |
| かつふじ…Ⅶ‐147［樹木類］ | かづらくさ…Ⅳ‐350［野生植物］ |
| かつへらくさ…Ⅳ‐346［野生植物］ | かづらぐさ…Ⅳ‐350［野生植物］ |
| かつへんさう…Ⅳ‐346［野生植物］ | かづらくみ…Ⅶ‐148［樹木類］ |
| かつほ…Ⅲ‐142［魚類］ | かつらこ…Ⅳ‐350［野生植物］ |
| かつほう…Ⅳ‐346［野生植物］ | かづらこ…Ⅳ‐350［野生植物］ |
| かつほう…Ⅵ‐710［果類］ | かつらしやうふ…Ⅳ‐350［野生植物］ |
| かつほうくさ…Ⅳ‐346［野生植物］ | かつらな…Ⅳ‐350［野生植物］ |
| かつほうし…Ⅳ‐347［野生植物］ | かつらな…Ⅵ‐323［菜類］ |
| かつほうし…Ⅶ‐147［樹木類］ | かつらな…Ⅶ‐762［救荒動植物類］ |
| がつほうし…Ⅳ‐347［野生植物］ | かづらな…Ⅶ‐762［救荒動植物類］ |
| がつほうし…Ⅶ‐148［樹木類］ | かづらなのき…Ⅶ‐148［樹木類］ |
| がつほうし…Ⅶ‐762［救荒動植物類］ | かつらにんしん…Ⅳ‐351［野生植物］ |
| がつほうじ…Ⅳ‐347［野生植物］ | かつらのき…Ⅶ‐149［樹木類］ |
| かつほうすき…Ⅳ‐347［野生植物］ | かつらはがくし…Ⅵ‐710［果類］ |
| かつほうつる…Ⅳ‐347［野生植物］ | かつらはぎ…Ⅳ‐351［野生植物］ |
| がつほうづる…Ⅳ‐347［野生植物］ | かつらひめ…Ⅳ‐351［野生植物］ |
| かつほうはな…Ⅳ‐347［野生植物］ | かづらひめ…Ⅳ‐351［野生植物］ |
| かつほかづら…Ⅳ‐348［野生植物］ | かつらふし…Ⅳ‐351［野生植物］ |
| かつほぎ…Ⅳ‐348［野生植物］ | かつらふじ…Ⅳ‐351［野生植物］ |
| かつほくさ…Ⅳ‐348［野生植物］ | かつらふじ…Ⅶ‐149［樹木類］ |
| かつほし…Ⅶ‐148［樹木類］ | かつらほうすき…Ⅳ‐351［野生植物］ |
| かつぼたけ…Ⅵ‐125［菌・茸類］ | かつらほうつき…Ⅳ‐352［野生植物］ |
| かつほばな…Ⅳ‐348［野生植物］ | かつらほうづき…Ⅳ‐352［野生植物］ |
| かつほふく…Ⅲ‐142［魚類］ | かつらまめ…Ⅰ‐312［穀物類］ |
| かつほふぐ…Ⅲ‐142［魚類］ | かつらみ…Ⅳ‐352［野生植物］ |
| かつほを…Ⅳ‐348［野生植物］ | かづらみ…Ⅳ‐352［野生植物］ |
| がつみ…Ⅳ‐348［野生植物］ | かつらむめもとき…Ⅳ‐352［野生植物］ |
| かづも…Ⅳ‐349［野生植物］ | かづらむめどき…Ⅳ‐352［野生植物］ |

| | |
|---|---|
| かつらめ…Ⅳ‐352［野生植物］ | かないちご…Ⅳ‐354［野生植物］ |
| かづらめ…Ⅳ‐353［野生植物］ | かないちご…Ⅵ‐323［菜類］ |
| かつらも…Ⅳ‐353［野生植物］ | かないばら…Ⅳ‐354［野生植物］ |
| かつらもそく…Ⅳ‐353［野生植物］ | がないはら…Ⅵ‐323［菜類］ |
| かつらゑんとう…Ⅰ‐313［穀物類］ | かなうさ…Ⅲ‐144［魚類］ |
| かつらゑんどう…Ⅰ‐313［穀物類］ | かなうつぎ…Ⅶ‐149［樹木類］ |
| かつれ…Ⅳ‐353［野生植物］ | かなうゑべす…Ⅳ‐354［野生植物］ |
| かつを…Ⅲ‐143［魚類］ | かなかい…Ⅲ‐691［貝類］ |
| かつをうを…Ⅲ‐143［魚類］ | かなかしや…Ⅶ‐149［樹木類］ |
| かつをぐさ…Ⅳ‐353［野生植物］ | かなかしら…Ⅰ‐315［穀物類］ |
| かづをくさ…Ⅳ‐353［野生植物］ | かなかしら…Ⅲ‐145［魚類］ |
| かつをわに…Ⅲ‐144［魚類］ | かながしら…Ⅰ‐315［穀物類］ |
| かつをゑい…Ⅲ‐143［魚類］ | かながしら…Ⅲ‐145［魚類］ |
| かで…Ⅳ‐353［野生植物］ | かながしら…Ⅲ‐146［魚類］ |
| かと…Ⅲ‐144［魚類］ | かなかしらあつき…Ⅰ‐315［穀物類］ |
| かど…Ⅲ‐144［魚類］ | かなかつら…Ⅳ‐354［野生植物］ |
| かといし…Ⅵ‐14［金・石・土・水類］ | かなかひ…Ⅲ‐691［貝類］ |
| かといわし…Ⅲ‐144［魚類］ | かなかや…Ⅳ‐355［野生植物］ |
| かとう…Ⅰ‐313［穀物類］ | かながら…Ⅳ‐355［野生植物］ |
| かどう…Ⅰ‐313［穀物類］ | かなからたけ…Ⅵ‐125［菌・茸類］ |
| かとくさ…Ⅳ‐354［野生植物］ | かなき…Ⅲ‐146［魚類］ |
| かとそは…Ⅰ‐313［穀物類］ | かなき…Ⅶ‐149［樹木類］ |
| かとそば…Ⅰ‐313［穀物類］ | かなぎ…Ⅲ‐146［魚類］ |
| かどそは…Ⅰ‐313［穀物類］ | かなくし…Ⅲ‐146［魚類］ |
| かどそば…Ⅰ‐314［穀物類］ | かなくじ…Ⅲ‐146［魚類］ |
| かとたか…Ⅰ‐314［穀物類］ | かなくじり…Ⅲ‐146［魚類］ |
| かとつふ…Ⅲ‐691［貝類］ | かなくそ…Ⅶ‐149［樹木類］ |
| かとつぶ…Ⅲ‐691［貝類］ | かなくそいも…Ⅵ‐323［菜類］ |
| かとてくさ…Ⅳ‐354［野生植物］ | かなくだし…Ⅶ‐149［樹木類］ |
| かどでたけ…Ⅵ‐125［菌・茸類］ | かなくぢ…Ⅲ‐147［魚類］ |
| かとのにうだう…Ⅰ‐314［穀物類］ | かなくなき…Ⅶ‐150［樹木類］ |
| かとほ…Ⅳ‐354［野生植物］ | かなくぬぎ…Ⅶ‐150［樹木類］ |
| かとり…Ⅰ‐314［穀物類］ | かなくび…Ⅰ‐315［穀物類］ |
| かとをか…Ⅰ‐314［穀物類］ | かなくり…Ⅰ‐315［穀物類］ |
| かどをか…Ⅰ‐314［穀物類］ | かなげいとう…Ⅵ‐325［菜類］ |
| かな…Ⅲ‐144［魚類］ | かなご…Ⅰ‐315［穀物類］ |
| がな…Ⅲ‐144［魚類］ | かなこなき…Ⅶ‐150［樹木類］ |
| かないちこ…Ⅵ‐710［果類］ | かなざき…Ⅰ‐316［穀物類］ |

か

| | |
|---|---|
| かなさこ…Ⅲ‐147 ［魚類］ | かなへこ…Ⅵ‐125 ［菌・茸類］ |
| かなさは…Ⅰ‐316 ［穀物類］ | かなほう…Ⅲ‐148 ［魚類］ |
| かなざは…Ⅰ‐316 ［穀物類］ | かなほう…Ⅳ‐356 ［野生植物］ |
| かなしき…Ⅰ‐316 ［穀物類］ | かなぼう…Ⅲ‐148 ［魚類］ |
| かなしつかう…Ⅰ‐316 ［穀物類］ | かなほり…Ⅰ‐319 ［穀物類］ |
| かなしは…Ⅳ‐355 ［野生植物］ | かなむくら…Ⅳ‐356 ［野生植物］ |
| かなしやくし…Ⅳ‐355 ［野生植物］ | かなむくら…Ⅶ‐762 ［救荒動植物類］ |
| かなじやくし…Ⅳ‐355 ［野生植物］ | かなむぐら…Ⅳ‐357 ［野生植物］ |
| かなじんと…Ⅰ‐316 ［穀物類］ | かなむぐら…Ⅶ‐763 ［救荒動植物類］ |
| かなしんどう…Ⅰ‐316 ［穀物類］ | かなむくらのね…Ⅶ‐763 ［救荒動植物類］ |
| かなじんどう…Ⅰ‐317 ［穀物類］ | かなめ…Ⅰ‐319 ［穀物類］ |
| かなすぢ…Ⅰ‐317 ［穀物類］ | かなめ…Ⅲ‐148 ［魚類］ |
| かなぜんまい…Ⅳ‐355 ［野生植物］ | かなめ…Ⅶ‐151 ［樹木類］ |
| かなたこほせ…Ⅰ‐317 ［穀物類］ | かなめどぜう…Ⅲ‐148 ［魚類］ |
| かなづ…Ⅰ‐317 ［穀物類］ | かなめとちやう…Ⅲ‐148 ［魚類］ |
| かなつち…Ⅰ‐317 ［穀物類］ | かなめどぢやう…Ⅲ‐148 ［魚類］ |
| かなづち…Ⅰ‐318 ［穀物類］ | かなめのき…Ⅶ‐151 ［樹木類］ |
| かなづちありま…Ⅰ‐318 ［穀物類］ | がなも…Ⅳ‐357 ［野生植物］ |
| かなつちうるあは…Ⅰ‐318 ［穀物類］ | かなもくら…Ⅳ‐357 ［野生植物］ |
| かなつちまき…Ⅶ‐150 ［樹木類］ | かなもくら…Ⅵ‐324 ［菜類］ |
| かなづちもちあは…Ⅰ‐318 ［穀物類］ | かなもぐら…Ⅳ‐358 ［野生植物］ |
| かなづつ…Ⅶ‐762 ［救荒動植物類］ | かなもくろ…Ⅳ‐358 ［野生植物］ |
| かなつつずんとう…Ⅰ‐318 ［穀物類］ | かなもち…Ⅰ‐319 ［穀物類］ |
| かなつら…Ⅰ‐319 ［穀物類］ | かなもどき…Ⅶ‐151 ［樹木類］ |
| かなつらわせ…Ⅰ‐319 ［穀物類］ | かなももら…Ⅳ‐358 ［野生植物］ |
| かなつる…Ⅳ‐355 ［野生植物］ | かなももら…Ⅵ‐324 ［菜類］ |
| かなつる…Ⅶ‐150 ［樹木類］ | かなもり…Ⅰ‐319 ［穀物類］ |
| かなとう…Ⅲ‐147 ［魚類］ | かなや…Ⅰ‐320 ［穀物類］ |
| かなどう…Ⅲ‐147 ［魚類］ | かなやま…Ⅰ‐320 ［穀物類］ |
| かなとうぶく…Ⅲ‐147 ［魚類］ | かなやま…Ⅲ‐149 ［魚類］ |
| かなところ…Ⅵ‐323 ［菜類］ | かなやま…Ⅵ‐14 ［金・石・土・水類］ |
| かなのみ…Ⅰ‐319 ［穀物類］ | かなやまいばし…Ⅲ‐149 ［魚類］ |
| かなはじき…Ⅶ‐150 ［樹木類］ | かなやまくさ…Ⅳ‐358 ［野生植物］ |
| かなはへ…Ⅲ‐147 ［魚類］ | かなよし…Ⅳ‐359 ［野生植物］ |
| かなひはし…Ⅳ‐356 ［野生植物］ | かなよもき…Ⅳ‐359 ［野生植物］ |
| かなひはし…Ⅶ‐151 ［樹木類］ | かなりつる…Ⅳ‐359 ［野生植物］ |
| かなふく…Ⅲ‐147 ［魚類］ | かなみしらば…Ⅰ‐320 ［穀物類］ |
| かなぶく…Ⅲ‐148 ［魚類］ | かなをにひゆ…Ⅵ‐324 ［菜類］ |

| | |
|---|---|
| かなんど…Ⅲ-149［魚類］ | かにのを…Ⅰ-321［穀物類］ |
| かに…Ⅶ-763［救荒動植物類］ | かにぶだう…Ⅳ-362［野生植物］ |
| かにあをも…Ⅳ-359［野生植物］ | かにぶどう…Ⅳ-362［野生植物］ |
| かにいし…Ⅲ-691［貝類］ | かにむろ…Ⅶ-152［樹木類］ |
| かにいはら…Ⅳ-359［野生植物］ | かにめ…Ⅰ-321［穀物類］ |
| かにおこせ…Ⅲ-149［魚類］ | かにやむはら…Ⅳ-362［野生植物］ |
| かにおとし…Ⅶ-151［樹木類］ | かにわもも…Ⅵ-710［果類］ |
| かにがしら…Ⅳ-359［野生植物］ | かにゑ…Ⅰ-322［穀物類］ |
| かにかつら…Ⅳ-359［野生植物］ | かにゑい…Ⅲ-149［魚類］ |
| かにかや…Ⅳ-360［野生植物］ | かねかつら…Ⅳ-363［野生植物］ |
| かにがや…Ⅳ-360［野生植物］ | かねかづら…Ⅳ-363［野生植物］ |
| がにがら…Ⅲ-692［貝類］ | かねかふり…Ⅶ-152［樹木類］ |
| かにからくさ…Ⅳ-360［野生植物］ | かねこ…Ⅰ-322［穀物類］ |
| かにくさ…Ⅳ-360［野生植物］ | かねさだかき…Ⅵ-710［果類］ |
| かにぐさ…Ⅳ-361［野生植物］ | かねさはあは…Ⅰ-322［穀物類］ |
| かにこ…Ⅰ-320［穀物類］ | かねす…Ⅳ-363［野生植物］ |
| かにこもち…Ⅰ-320［穀物類］ | かねすすし…Ⅰ-322［穀物類］ |
| かにさし…Ⅶ-152［樹木類］ | かねたたき…Ⅲ-149［魚類］ |
| かにさしのみ…Ⅶ-763［救荒動植物類］ | かねたたき…Ⅲ-150［魚類］ |
| かにしだ…Ⅳ-361［野生植物］ | かねたたき…Ⅶ-763［救荒動植物類］ |
| かにずり…Ⅳ-361［野生植物］ | かねつら…Ⅰ-322［穀物類］ |
| かにつなき…Ⅳ-361［野生植物］ | かねてこいも…Ⅵ-324［菜類］ |
| かにつなぎ…Ⅳ-361［野生植物］ | かねなし…Ⅵ-710［果類］ |
| かにつふ…Ⅲ-692［貝類］ | かねのみ…Ⅰ-322［穀物類］ |
| かにつぶ…Ⅲ-692［貝類］ | かねはせ…Ⅲ-150［魚類］ |
| かにづる…Ⅳ-361［野生植物］ | かねひえ…Ⅰ-323［穀物類］ |
| かにとりくさ…Ⅳ-361［野生植物］ | かねひばし…Ⅳ-363［野生植物］ |
| かにとりくさ…Ⅳ-362［野生植物］ | がねぶかつら…Ⅳ-363［野生植物］ |
| かにになⅢ-692［貝類］ | かねふさなし…Ⅵ-711［果類］ |
| かにのあし…Ⅵ-324［菜類］ | かねむくら…Ⅳ-363［野生植物］ |
| かにのかう…Ⅳ-362［野生植物］ | かねもち…Ⅶ-152［樹木類］ |
| かにのかうら…Ⅰ-320［穀物類］ | かねやまだいこん…Ⅵ-324［菜類］ |
| かにのこ…Ⅰ-320［穀物類］ | かねり…Ⅳ-363［野生植物］ |
| かにのす…Ⅳ-362［野生植物］ | かねりかつら…Ⅳ-364［野生植物］ |
| かにのす…Ⅶ-763［救荒動植物類］ | かのうを…Ⅲ-150［魚類］ |
| かにのは…Ⅶ-763［救荒動植物類］ | かのか…Ⅳ-364［野生植物］ |
| かにのめ…Ⅰ-321［穀物類］ | かのかわ…Ⅵ-125［菌・茸類］ |
| かにのめ…Ⅳ-362［野生植物］ | かのこ…Ⅳ-364［野生植物］ |

## か

| | |
|---|---|
| かのこくさ…Ⅳ - 364 ［野生植物］ | かはおばこ…Ⅳ - 365 ［野生植物］ |
| かのこさめ…Ⅲ - 150 ［魚類］ | かはがうな…Ⅲ - 692 ［貝類］ |
| かのこたけ…Ⅵ - 125 ［菌・茸類］ | かはかしか…Ⅲ - 151 ［魚類］ |
| かのこなば…Ⅵ - 126 ［菌・茸類］ | かはかずら…Ⅳ - 365 ［野生植物］ |
| かのこもたし…Ⅵ - 126 ［菌・茸類］ | かはかたかい…Ⅲ - 692 ［貝類］ |
| かのこゆり…Ⅳ - 364 ［野生植物］ | かはかたな…Ⅳ - 369 ［野生植物］ |
| かのこゆり…Ⅵ - 324 ［菜類］ | かはかなめ…Ⅲ - 151 ［魚類］ |
| かのしし…Ⅶ - 764 ［救荒動植物類］ | かはかに…Ⅶ - 764 ［救荒動植物類］ |
| かのししくさ…Ⅳ - 364 ［野生植物］ | かはかにら…Ⅲ - 693 ［貝類］ |
| かのそば…Ⅰ - 323 ［穀物類］ | かはかひ…Ⅲ - 693 ［貝類］ |
| かのつの…Ⅰ - 323 ［穀物類］ | かはがます…Ⅲ - 151 ［魚類］ |
| かのはら…Ⅰ - 323 ［穀物類］ | かはからし…Ⅳ - 366 ［野生植物］ |
| かのふぐり…Ⅵ - 126 ［菌・茸類］ | かはがらし…Ⅶ - 764 ［救荒動植物類］ |
| かのふんくり…Ⅵ - 126 ［菌・茸類］ | かはかれい…Ⅲ - 151 ［魚類］ |
| かのふんぐり…Ⅵ - 126 ［菌・茸類］ | かはかれい…Ⅲ - 152 ［魚類］ |
| かのめ…Ⅰ - 323 ［穀物類］ | かはぎ…Ⅳ - 366 ［野生植物］ |
| かのめり…Ⅲ - 150 ［魚類］ | かはきし…Ⅳ - 366 ［野生植物］ |
| かば…Ⅳ - 365 ［野生植物］ | かはきす…Ⅲ - 152 ［魚類］ |
| かば…Ⅶ - 152 ［樹木類］ | かはきすご…Ⅲ - 152 ［魚類］ |
| がば…Ⅳ - 365 ［野生植物］ | かはきたあは…Ⅰ - 324 ［穀物類］ |
| かはあふらめ…Ⅲ - 150 ［魚類］ | かはきり…Ⅳ - 366 ［野生植物］ |
| かはあぶらめ…Ⅲ - 150 ［魚類］ | かはきり…Ⅶ - 152 ［樹木類］ |
| かはい…Ⅰ - 323 ［穀物類］ | かはぐみ…Ⅵ - 711 ［果類］ |
| かはいし…Ⅵ - 14 ［金・石・土・水類］ | かはくり…Ⅲ - 152 ［魚類］ |
| かばいちご…Ⅳ - 365 ［野生植物］ | かはくるみ…Ⅶ - 153 ［樹木類］ |
| かはいな…Ⅲ - 692 ［貝類］ | かはぐるみ…Ⅵ - 711 ［果類］ |
| かはいも…Ⅳ - 365 ［野生植物］ | かはくろ…Ⅰ - 324 ［穀物類］ |
| かはいもじ…Ⅳ - 365 ［野生植物］ | かはけいとう…Ⅳ - 366 ［野生植物］ |
| かはいもじ…Ⅶ - 764 ［救荒動植物類］ | かはごうな…Ⅲ - 693 ［貝類］ |
| かはいもじのは…Ⅶ - 764 ［救荒動植物類］ | かはごえあは…Ⅰ - 324 ［穀物類］ |
| かはいもち…Ⅰ - 323 ［穀物類］ | かはこけ…Ⅳ - 366 ［野生植物］ |
| かはうそ…Ⅶ - 764 ［救荒動植物類］ | かはこはな…Ⅳ - 366 ［野生植物］ |
| かばうち…Ⅰ - 324 ［穀物類］ | かはごぶく…Ⅲ - 152 ［魚類］ |
| かはうつき…Ⅶ - 152 ［樹木類］ | かはごへふり…Ⅵ - 325 ［菜類］ |
| かはうなき…Ⅲ - 151 ［魚類］ | かはこり…Ⅲ - 152 ［魚類］ |
| かはうなぎ…Ⅲ - 151 ［魚類］ | かはさい…Ⅲ - 153 ［魚類］ |
| かはうを…Ⅲ - 151 ［魚類］ | かはざい…Ⅲ - 153 ［魚類］ |
| かはおそ…Ⅶ - 764 ［救荒動植物類］ | かはさうろし…Ⅶ - 153 ［樹木類］ |

かはさきかし…Ⅰ‐324［穀物類］
かはさきなでしこ…Ⅳ‐367［野生植物］
かはざく…Ⅳ‐367［野生植物］
かはさくら…Ⅵ‐711［果類］
かはざくら…Ⅶ‐153［樹木類］
かばさくら…Ⅶ‐153［樹木類］
かはさくらのみ…Ⅵ‐711［果類］
かはざこ…Ⅲ‐153［魚類］
かはさはあつき…Ⅰ‐324［穀物類］
かばしげもち…Ⅰ‐324［穀物類］
かはしこ…Ⅰ‐325［穀物類］
かばしこ…Ⅰ‐325［穀物類］
かばしこいちご…Ⅳ‐367［野生植物］
かはしこまめ…Ⅰ‐325［穀物類］
かばしこもち…Ⅰ‐325［穀物類］
かばしこやろく…Ⅰ‐325［穀物類］
かばしこわせ…Ⅰ‐325［穀物類］
かばしな…Ⅳ‐367［野生植物］
かはしま…Ⅰ‐326［穀物類］
かはしも…Ⅰ‐326［穀物類］
かはしもろくかく…Ⅰ‐326［穀物類］
かはしやうぶ…Ⅳ‐367［野生植物］
かはしやくな…Ⅳ‐367［野生植物］
かはしやくな…Ⅵ‐325［菜類］
かはしらうを…Ⅲ‐153［魚類］
かはすけ…Ⅳ‐368［野生植物］
かはすげ…Ⅳ‐368［野生植物］
かはすすき…Ⅳ‐368［野生植物］
かはすずき…Ⅲ‐153［魚類］
かはすな…Ⅵ‐14［金・石・土・水類］
かはせいご…Ⅲ‐153［魚類］
かはせうぶ…Ⅳ‐368［野生植物］
かはぜり…Ⅳ‐368［野生植物］
かはぜんこ…Ⅳ‐368［野生植物］
かはそは…Ⅳ‐369［野生植物］
かはそば…Ⅳ‐369［野生植物］
かはそふろし…Ⅶ‐153［樹木類］
かはたい…Ⅲ‐154［魚類］

かはたかい…Ⅲ‐693［貝類］
かはたかひ…Ⅲ‐693［貝類］
かはたけ…Ⅳ‐369［野生植物］
かはたけ…Ⅵ‐61［竹・笹類］
かはたけ…Ⅵ‐126［菌・茸類］
かはたけ…Ⅵ‐127［菌・茸類］
かはたて…Ⅳ‐369［野生植物］
かはたて…Ⅵ‐325［菜類］
かはたで…Ⅳ‐369［野生植物］
かはたで…Ⅵ‐325［菜類］
かはたなこ…Ⅲ‐154［魚類］
かはたなご…Ⅲ‐154［魚類］
かはたひ…Ⅲ‐154［魚類］
かはち…Ⅰ‐326［穀物類］
かばち…Ⅲ‐154［魚類］
かはちおくて…Ⅰ‐326［穀物類］
かはちかし…Ⅰ‐326［穀物類］
かはちさ…Ⅳ‐369［野生植物］
かはちさ…Ⅳ‐370［野生植物］
かはちさ…Ⅵ‐325［菜類］
かはぢさ…Ⅳ‐370［野生植物］
かはちささげ…Ⅰ‐327［穀物類］
かはちさんぐわつ…Ⅰ‐327［穀物類］
かはちしや…Ⅳ‐370［野生植物］
かはちしや…Ⅵ‐326［菜類］
かはちしやのき…Ⅶ‐154［樹木類］
かはちちこ…Ⅰ‐327［穀物類］
かはちな…Ⅵ‐326［菜類］
かはちなかて…Ⅰ‐327［穀物類］
かはちはやり…Ⅰ‐327［穀物類］
かはちまめ…Ⅰ‐327［穀物類］
かはちむぎ…Ⅰ‐327［穀物類］
かはちもち…Ⅰ‐328［穀物類］
かはちわせ…Ⅰ‐328［穀物類］
かはつ…Ⅰ‐328［穀物類］
かはつばき…Ⅶ‐154［樹木類］
かはて…Ⅰ‐328［穀物類］
かはてさんぐわつ…Ⅰ‐328［穀物類］

# か

| | |
|---|---|
| かはと…Ⅳ-370［野生植物］ | かはふく…Ⅲ-156［魚類］ |
| かはどぢやう…Ⅲ-154［魚類］ | かはふぐ…Ⅲ-156［魚類］ |
| かはとちよう…Ⅲ-154［魚類］ | かはほうづき…Ⅳ-372［野生植物］ |
| かはとと…Ⅳ-370［野生植物］ | かはほね…Ⅳ-372［野生植物］ |
| かはとひいを…Ⅲ-155［魚類］ | かはほほづき…Ⅳ-372［野生植物］ |
| かはな…Ⅳ-370［野生植物］ | かはぼら…Ⅲ-157［魚類］ |
| かはなかれ…Ⅰ-328［穀物類］ | かはほり…Ⅰ-329［穀物類］ |
| かはなぎ…Ⅳ-370［野生植物］ | かはます…Ⅲ-157［魚類］ |
| かはなだ…Ⅲ-155［魚類］ | かはまたかい…Ⅲ-695［貝類］ |
| かはにし…Ⅲ-693［貝類］ | かはまたかひ…Ⅲ-695［貝類］ |
| かはにな…Ⅲ-693［貝類］ | かはまたもち…Ⅰ-329［穀物類］ |
| かはにな…Ⅲ-694［貝類］ | かはみつ…Ⅳ-372［野生植物］ |
| かはにら…Ⅲ-694［貝類］ | かはみどり…Ⅳ-372［野生植物］ |
| かはにら…Ⅳ-371［野生植物］ | かはみどり…Ⅳ-373［野生植物］ |
| かはのき…Ⅶ-154［樹木類］ | かはみな…Ⅲ-695［貝類］ |
| かばのは…Ⅶ-765［救荒動植物類］ | かはむき…Ⅰ-329［穀物類］ |
| かはのり…Ⅳ-371［野生植物］ | かはむきなば…Ⅵ-127［菌・茸類］ |
| かはのり…Ⅵ-326［菜類］ | かはむくげ…Ⅶ-154［樹木類］ |
| かははき…Ⅲ-155［魚類］ | かはむらさき…Ⅳ-373［野生植物］ |
| かははぎ…Ⅳ-371［野生植物］ | かはめはる…Ⅲ-157［魚類］ |
| かはばくらうを…Ⅲ-155［魚類］ | かはめばる…Ⅲ-157［魚類］ |
| かははせ…Ⅲ-155［魚類］ | かはも…Ⅳ-373［野生植物］ |
| かははぜ…Ⅲ-155［魚類］ | かはもく…Ⅳ-373［野生植物］ |
| かははた…Ⅰ-329［穀物類］ | かはもつく…Ⅳ-373［野生植物］ |
| かはばた…Ⅳ-371［野生植物］ | かはやなき…Ⅶ-154［樹木類］ |
| かははたし…Ⅰ-329［穀物類］ | かはやなぎ…Ⅶ-154［樹木類］ |
| かはばち…Ⅲ-155［魚類］ | かはやなぎ…Ⅶ-155［樹木類］ |
| かははつる…Ⅳ-371［野生植物］ | かはゆり…Ⅳ-373［野生植物］ |
| かはばのかかし…Ⅳ-371［野生植物］ | がはゆり…Ⅵ-326［菜類］ |
| かははへ…Ⅲ-156［魚類］ | かはよし…Ⅳ-373［野生植物］ |
| かははまくり…Ⅲ-694［貝類］ | かはら…Ⅰ-329［穀物類］ |
| かははむ…Ⅲ-156［魚類］ | かはらあざみ…Ⅳ-374［野生植物］ |
| かははり…Ⅳ-372［野生植物］ | かはらあし…Ⅳ-374［野生植物］ |
| かははりうを…Ⅲ-156［魚類］ | かはらあづき…Ⅳ-374［野生植物］ |
| かははんさけ…Ⅲ-156［魚類］ | かはらあは…Ⅰ-329［穀物類］ |
| かははんざけ…Ⅲ-156［魚類］ | かはらあふぎ…Ⅳ-374［野生植物］ |
| かはひな…Ⅲ-694［貝類］ | かはらあわ…Ⅳ-374［野生植物］ |
| かはびな…Ⅲ-694［貝類］ | かはらいくさ…Ⅳ-374［野生植物］ |

| | |
|---|---|
| かはらいちこ…Ⅳ-374 ［野生植物］ | かはらちちこ…Ⅳ-378 ［野生植物］ |
| かはらいちご…Ⅳ-375 ［野生植物］ | かはらちちこ…Ⅶ-765 ［救荒動植物類］ |
| かはらいばら…Ⅳ-375 ［野生植物］ | かはらつち…Ⅵ-14 ［金・石・土・水類］ |
| かはらうつき…Ⅶ-155 ［樹木類］ | かはらとう…Ⅳ-378 ［野生植物］ |
| かはらうつぎ…Ⅶ-155 ［樹木類］ | かはらとくさ…Ⅳ-378 ［野生植物］ |
| かはらえんどう…Ⅳ-375 ［野生植物］ | かはらとんご…Ⅳ-378 ［野生植物］ |
| かはらかし…Ⅶ-155 ［樹木類］ | かはらなづな…Ⅳ-378 ［野生植物］ |
| かはらかしは…Ⅶ-155 ［樹木類］ | かはらなてしこ…Ⅳ-379 ［野生植物］ |
| かはらかしわ…Ⅶ-155 ［樹木類］ | かはらなでしこ…Ⅳ-379 ［野生植物］ |
| かはらかしわ…Ⅶ-156 ［樹木類］ | かはらにんじん…Ⅳ-379 ［野生植物］ |
| かはらかぶ…Ⅳ-375 ［野生植物］ | かはらにんじん…Ⅵ-326 ［菜類］ |
| かはらきひ…Ⅰ-330 ［穀物類］ | かはらはあこ…Ⅳ-379 ［野生植物］ |
| かはらきび…Ⅰ-330 ［穀物類］ | かはらはぎ…Ⅳ-379 ［野生植物］ |
| かはらきり…Ⅶ-156 ［樹木類］ | かはらはけ…Ⅳ-380 ［野生植物］ |
| かはらくさ…Ⅳ-375 ［野生植物］ | かはらはこ…Ⅳ-380 ［野生植物］ |
| かはらくみ…Ⅵ-711 ［果類］ | かはらはな…Ⅳ-380 ［野生植物］ |
| かはらくみ…Ⅶ-156 ［樹木類］ | かはらひさき…Ⅶ-157 ［樹木類］ |
| かはらぐみ…Ⅵ-711 ［果類］ | かはらひさぎ…Ⅶ-157 ［樹木類］ |
| かはらけいとう…Ⅳ-375 ［野生植物］ | かはらひさけ…Ⅶ-157 ［樹木類］ |
| かはらけくさ…Ⅳ-375 ［野生植物］ | かはらひじき…Ⅶ-157 ［樹木類］ |
| かはらけな…Ⅳ-376 ［野生植物］ | かはらふぢ…Ⅳ-380 ［野生植物］ |
| かはらけまめ…Ⅰ-330 ［穀物類］ | かはらふとう…Ⅳ-380 ［野生植物］ |
| かはらごぼう…Ⅳ-376 ［野生植物］ | かはらぼうこ…Ⅳ-380 ［野生植物］ |
| かはらさいこ…Ⅳ-376 ［野生植物］ | かはらまつ…Ⅵ-712 ［果類］ |
| かはらざいこ…Ⅳ-377 ［野生植物］ | かはらまつ…Ⅶ-157 ［樹木類］ |
| かはらささき…Ⅶ-156 ［樹木類］ | かはらまつば…Ⅳ-380 ［野生植物］ |
| かはらささけ…Ⅳ-377 ［野生植物］ | かはらまめ…Ⅳ-381 ［野生植物］ |
| かはらささけ…Ⅶ-156 ［樹木類］ | かはらむめ…Ⅵ-712 ［果類］ |
| かはらささげ…Ⅳ-377 ［野生植物］ | かはらやなぎ…Ⅶ-157 ［樹木類］ |
| かはらささげ…Ⅶ-156 ［樹木類］ | かはらよし…Ⅳ-381 ［野生植物］ |
| かはらしこ…Ⅳ-377 ［野生植物］ | かはらよもき…Ⅳ-381 ［野生植物］ |
| かはらそてつ…Ⅳ-377 ［野生植物］ | かはらよもぎ…Ⅳ-381 ［野生植物］ |
| かはらだいこん…Ⅳ-377 ［野生植物］ | かはらよもぎ…Ⅳ-382 ［野生植物］ |
| かはらたて…Ⅳ-377 ［野生植物］ | かはらゑびこ…Ⅳ-382 ［野生植物］ |
| かはらたて…Ⅵ-326 ［菜類］ | かはらをぎ…Ⅳ-382 ［野生植物］ |
| かはらたで…Ⅳ-378 ［野生植物］ | かはをこぜ…Ⅲ-157 ［魚類］ |
| かはらたで…Ⅵ-326 ［菜類］ | かはをごせ…Ⅲ-157 ［魚類］ |
| かはらちご…Ⅳ-378 ［野生植物］ | かはんくさ…Ⅳ-371 ［野生植物］ |

か

| | |
|---|---|
| かび…Ⅶ - 157 ［樹木類］ | かふづかい…Ⅲ - 695 ［貝類］ |
| がひ…Ⅲ - 695 ［貝類］ | がぶつかれい…Ⅲ - 158 ［魚類］ |
| かひき…Ⅶ - 158 ［樹木類］ | かふづのき…Ⅶ - 158 ［樹木類］ |
| かびきのこ…Ⅵ - 127 ［菌・茸類］ | かぶてこぶら…Ⅳ - 384 ［野生植物］ |
| かひこ…Ⅳ - 382 ［野生植物］ | かふてこふらのき…Ⅶ - 158 ［樹木類］ |
| がびづる…Ⅳ - 383 ［野生植物］ | かふと…Ⅵ - 327 ［菜類］ |
| かひな…Ⅳ - 383 ［野生植物］ | かぶとあは…Ⅰ - 331 ［穀物類］ |
| かひなくさ…Ⅳ - 383 ［野生植物］ | かぶとかい…Ⅲ - 695 ［貝類］ |
| かひめ…Ⅲ - 158 ［魚類］ | かぶとかひ…Ⅲ - 696 ［貝類］ |
| かぶ…Ⅵ - 327 ［菜類］ | かぶときく…Ⅳ - 384 ［野生植物］ |
| かふかひ…Ⅲ - 695 ［貝類］ | かぶときび…Ⅰ - 331 ［穀物類］ |
| かぶかふじ…Ⅴ - 1585 ［野生植物］ | かふとくさ…Ⅳ - 384 ［野生植物］ |
| かぶからし…Ⅴ - 1585 ［野生植物］ | かぶとくさ…Ⅳ - 384 ［野生植物］ |
| かふからむし…Ⅴ - 1585 ［野生植物］ | かぶとさき…Ⅶ - 158 ［樹木類］ |
| かふからめ…Ⅴ - 1585 ［野生植物］ | かぶとそう…Ⅳ - 384 ［野生植物］ |
| かふかん…Ⅶ - 158 ［樹木類］ | かふとだいこん…Ⅵ - 327 ［菜類］ |
| かぶかんさう…Ⅴ - 1585 ［野生植物］ | かぶとだいこん…Ⅵ - 327 ［菜類］ |
| かふくさ…Ⅳ - 383 ［野生植物］ | かぶとたうからし…Ⅵ - 327 ［菜類］ |
| かふけ…Ⅳ - 383 ［野生植物］ | かぶとのり…Ⅳ - 384 ［野生植物］ |
| かふげ…Ⅳ - 383 ［野生植物］ | かぶとはな…Ⅳ - 385 ［野生植物］ |
| かぶし…Ⅶ - 765 ［救荒動植物類］ | かぶとひへ…Ⅰ - 331 ［穀物類］ |
| かふしうかき…Ⅵ - 712 ［果類］ | かぶな…Ⅵ - 328 ［菜類］ |
| かふしうまる…Ⅵ - 712 ［果類］ | かぶな…Ⅳ - 385 ［野生植物］ |
| かふしうむめ…Ⅵ - 712 ［果類］ | かぶな…Ⅵ - 328 ［菜類］ |
| かふしうむめ…Ⅶ - 158 ［樹木類］ | かぶな…Ⅶ - 765 ［救荒動植物類］ |
| かふしふしろ…Ⅰ - 330 ［穀物類］ | がふな…Ⅳ - 385 ［野生植物］ |
| かふしふなかて…Ⅰ - 330 ［穀物類］ | がぶな…Ⅳ - 385 ［野生植物］ |
| かふしろ…Ⅲ - 158 ［魚類］ | かぶなくさ…Ⅶ - 765 ［救荒動植物類］ |
| かふす…Ⅵ - 712 ［果類］ | がぶなりだいこん…Ⅵ - 328 ［菜類］ |
| かぶす…Ⅵ - 712 ［果類］ | かふのき…Ⅶ - 159 ［樹木類］ |
| かぶす…Ⅵ - 713 ［果類］ | かふはいへいじ…Ⅵ - 713 ［果類］ |
| かふすのき…Ⅶ - 158 ［樹木類］ | かふふし…Ⅳ - 385 ［野生植物］ |
| かふすべ…Ⅳ - 383 ［野生植物］ | かふぶし…Ⅳ - 385 ［野生植物］ |
| かふせんきのは…Ⅶ - 765 ［救荒動植物類］ | かふほね…Ⅳ - 385 ［野生植物］ |
| かふた…Ⅰ - 330 ［穀物類］ | かふら…Ⅵ - 329 ［菜類］ |
| かぶち…Ⅵ - 713 ［果類］ | かぶら…Ⅵ - 329 ［菜類］ |
| かぶちろ…Ⅰ - 330 ［穀物類］ | かぶら…Ⅶ - 159 ［樹木類］ |
| かぶつ…Ⅵ - 713 ［果類］ | かふらいきく…Ⅳ - 386 ［野生植物］ |

| | |
|---|---|
| かぶらき…Ⅶ - 159 ［樹木類］ | かほくありま…Ⅰ - 331 ［穀物類］ |
| かふらだいこん…Ⅵ - 329 ［菜類］ | かほちや…Ⅵ - 330 ［菜類］ |
| かぶらだいこん…Ⅵ - 329 ［菜類］ | かぼちや…Ⅵ - 330 ［菜類］ |
| かふらな…Ⅵ - 329 ［菜類］ | かぼちやきく…Ⅳ - 388 ［野生植物］ |
| かぶらな…Ⅵ - 330 ［菜類］ | かほよくさ…Ⅳ - 388 ［野生植物］ |
| かぶらのは…Ⅶ - 765 ［救荒動植物類］ | かま…Ⅲ - 158 ［魚類］ |
| かふらぶす…Ⅳ - 386 ［野生植物］ | かま…Ⅲ - 696 ［貝類］ |
| かぶりしめぢ…Ⅵ - 127 ［菌・茸類］ | かま…Ⅳ - 388 ［野生植物］ |
| かふれな…Ⅳ - 386 ［野生植物］ | がま…Ⅲ - 158 ［魚類］ |
| かふれな…Ⅶ - 766 ［救荒動植物類］ | がま…Ⅲ - 696 ［貝類］ |
| かふれのき…Ⅶ - 159 ［樹木類］ | がま…Ⅳ - 388 ［野生植物］ |
| かふろ…Ⅳ - 386 ［野生植物］ | かまいふく…Ⅲ - 158 ［魚類］ |
| かふろこ…Ⅰ - 331 ［穀物類］ | かまいふぐ…Ⅲ - 158 ［魚類］ |
| かふろささげ…Ⅰ - 331 ［穀物類］ | かまかき…Ⅵ - 714 ［果類］ |
| かへ…Ⅳ - 386 ［野生植物］ | かまかち…Ⅲ - 159 ［魚類］ |
| かへいちご…Ⅵ - 713 ［果類］ | がまかつら…Ⅳ - 389 ［野生植物］ |
| かべいちこ…Ⅵ - 713 ［果類］ | かまかめ…Ⅳ - 389 ［野生植物］ |
| かへうるし…Ⅳ - 386 ［野生植物］ | かまかり…Ⅰ - 332 ［穀物類］ |
| かべうるし…Ⅳ - 386 ［野生植物］ | かまがり…Ⅰ - 332 ［穀物類］ |
| かへかつら…Ⅳ - 387 ［野生植物］ | かまきなす…Ⅵ - 330 ［菜類］ |
| かべかづら…Ⅳ - 387 ［野生植物］ | かまきらい…Ⅳ - 389 ［野生植物］ |
| かべくさ…Ⅳ - 387 ［野生植物］ | かまきり…Ⅰ - 332 ［穀物類］ |
| かへしてのき…Ⅶ - 159 ［樹木類］ | かまきりくさ…Ⅳ - 389 ［野生植物］ |
| かへしでのき…Ⅶ - 159 ［樹木類］ | かまくらいご…Ⅳ - 389 ［野生植物］ |
| かへで…Ⅶ - 159 ［樹木類］ | かまくらいふき…Ⅶ - 160 ［樹木類］ |
| かへで…Ⅶ - 160 ［樹木類］ | かまくらかいだう…Ⅶ - 160 ［樹木類］ |
| かへなし…Ⅵ - 713 ［果類］ | かまくらさいこ…Ⅳ - 390 ［野生植物］ |
| かべなし…Ⅵ - 714 ［果類］ | かまくらささけ…Ⅰ - 332 ［穀物類］ |
| かへのき…Ⅶ - 160 ［樹木類］ | かまくらたて…Ⅵ - 330 ［菜類］ |
| かべのき…Ⅶ - 160 ［樹木類］ | かまくらたで…Ⅵ - 330 ［菜類］ |
| かへり…Ⅰ - 331 ［穀物類］ | かまくろ…Ⅰ - 332 ［穀物類］ |
| かへるくさ…Ⅳ - 387 ［野生植物］ | かまごち…Ⅲ - 159 ［魚類］ |
| かへるこくさ…Ⅳ - 387 ［野生植物］ | かまささけ…Ⅰ - 332 ［穀物類］ |
| かへるな…Ⅳ - 387 ［野生植物］ | かます…Ⅲ - 159 ［魚類］ |
| かへるのつらつき…Ⅳ - 387 ［野生植物］ | かます…Ⅲ - 160 ［魚類］ |
| かへるは…Ⅳ - 388 ［野生植物］ | かますはしはみ…Ⅵ - 714 ［果類］ |
| かへるば…Ⅶ - 766 ［救荒動植物類］ | かますはしはみ…Ⅶ - 160 ［樹木類］ |
| かへるまた…Ⅳ - 388 ［野生植物］ | かますへり…Ⅳ - 390 ［野生植物］ |

か

| | |
|---|---|
| がまずみ…Ⅵ - 714 ［果類］ | かまのほ…Ⅰ - 334 ［穀物類］ |
| がまずみ…Ⅶ - 161 ［樹木類］ | がまのほ…Ⅰ - 334 ［穀物類］ |
| かまだあは…Ⅰ - 332 ［穀物類］ | がまのを…Ⅰ - 334 ［穀物類］ |
| かまち…Ⅲ - 160 ［魚類］ | かまはしき…Ⅶ - 162 ［樹木類］ |
| かまつか…Ⅲ - 160 ［魚類］ | かまはじき…Ⅳ - 391 ［野生植物］ |
| かまつか…Ⅳ - 390 ［野生植物］ | かまはしり…Ⅶ - 162 ［樹木類］ |
| かまつか…Ⅶ - 161 ［樹木類］ | かまはぢき…Ⅶ - 162 ［樹木類］ |
| かまつか…Ⅶ - 766 ［救荒動植物類］ | かまひし…Ⅲ - 161 ［魚類］ |
| かまつが…Ⅶ - 161 ［樹木類］ | かまびし…Ⅲ - 161 ［魚類］ |
| かまづか…Ⅲ - 161 ［魚類］ | かまひへ…Ⅰ - 334 ［穀物類］ |
| かまづか…Ⅶ - 161 ［樹木類］ | かまぶた…Ⅳ - 391 ［野生植物］ |
| かまつかくみ…Ⅵ - 714 ［果類］ | かまへ…Ⅲ - 161 ［魚類］ |
| かまつかくみ…Ⅶ - 161 ［樹木類］ | かまへふく…Ⅲ - 162 ［魚類］ |
| かまつかさはら…Ⅲ - 161 ［魚類］ | かまへふぐ…Ⅲ - 162 ［魚類］ |
| かまつぶし…Ⅶ - 161 ［樹木類］ | がまほうづき…Ⅳ - 391 ［野生植物］ |
| かまつぶしのは…Ⅶ - 766 ［救荒動植物類］ | かままかつら…Ⅳ - 391 ［野生植物］ |
| かまつる…Ⅶ - 161 ［樹木類］ | かまやぶり…Ⅰ - 334 ［穀物類］ |
| かまつるのは…Ⅶ - 766 ［救荒動植物類］ | かまり…Ⅰ - 334 ［穀物類］ |
| かまど…Ⅶ - 162 ［樹木類］ | かまりかるこ…Ⅰ - 334 ［穀物類］ |
| かまといし…Ⅵ - 14 ［金・石・土・水類］ | かまりもち…Ⅰ - 335 ［穀物類］ |
| かまとおし…Ⅲ - 161 ［魚類］ | がまる…Ⅲ - 162 ［魚類］ |
| かまどかい…Ⅲ - 696 ［貝類］ | かまわり…Ⅰ - 335 ［穀物類］ |
| かまとかひ…Ⅲ - 696 ［貝類］ | かまわりかひ…Ⅲ - 696 ［貝類］ |
| かまとくさ…Ⅳ - 390 ［野生植物］ | かまゑひ…Ⅳ - 391 ［野生植物］ |
| かまどくさ…Ⅳ - 390 ［野生植物］ | かまゑび…Ⅳ - 392 ［野生植物］ |
| かまとしらは…Ⅰ - 333 ［穀物類］ | がまんさう…Ⅳ - 392 ［野生植物］ |
| かまとやろく…Ⅰ - 333 ［穀物類］ | かみ…Ⅲ - 162 ［魚類］ |
| かまな…Ⅳ - 390 ［野生植物］ | がみ…Ⅳ - 382 ［野生植物］ |
| かまな…Ⅵ - 330 ［菜類］ | かみあはせ…Ⅰ - 335 ［穀物類］ |
| かまな…Ⅶ - 766 ［救荒動植物類］ | かみかぞ…Ⅶ - 162 ［樹木類］ |
| かまなふり…Ⅳ - 391 ［野生植物］ | かみかたあは…Ⅰ - 335 ［穀物類］ |
| かまのき…Ⅶ - 162 ［樹木類］ | かみがたおらんだがらし…Ⅳ - 392 ［野生植物］ |
| かまのたう…Ⅰ - 333 ［穀物類］ | |
| かまのたつ…Ⅰ - 333 ［穀物類］ | かみがたはたか…Ⅰ - 335 ［穀物類］ |
| がまのたつ…Ⅰ - 333 ［穀物類］ | かみき…Ⅳ - 392 ［野生植物］ |
| がまのとう…Ⅰ - 333 ［穀物類］ | かみき…Ⅶ - 162 ［樹木類］ |
| かまのとうあわ…Ⅰ - 333 ［穀物類］ | かみくさ…Ⅳ - 392 ［野生植物］ |
| かまのは…Ⅶ - 766 ［救荒動植物類］ | かみけ…Ⅵ - 15 ［金・石・土・水類］ |

| | |
|---|---|
| かみげねば…Ⅵ-15〔金・石・土・水類〕 | かめいかし…Ⅰ-337〔穀物類〕 |
| かみこ…Ⅰ-335〔穀物類〕 | かめいなし…Ⅵ-714〔果類〕 |
| かみしらば…Ⅰ-335〔穀物類〕 | かめいはら…Ⅳ-394〔野生植物〕 |
| かみすぎ…Ⅶ-163〔樹木類〕 | かめいばら…Ⅳ-394〔野生植物〕 |
| かみすり…Ⅲ-162〔魚類〕 | かめがう…Ⅳ-394〔野生植物〕 |
| かみすりうを…Ⅲ-162〔魚類〕 | かめかひ…Ⅲ-697〔貝類〕 |
| かみすりかひ…Ⅲ-696〔貝類〕 | かめから…Ⅶ-164〔樹木類〕 |
| かみそり…Ⅲ-162〔魚類〕 | かめがら…Ⅳ-394〔野生植物〕 |
| かみそり…Ⅲ-697〔貝類〕 | かめかれい…Ⅲ-163〔魚類〕 |
| かみそりき…Ⅶ-163〔樹木類〕 | がめかれい…Ⅲ-163〔魚類〕 |
| かみそりたけ…Ⅵ-121〔菌・茸類〕 | かめくさ…Ⅳ-394〔野生植物〕 |
| かみそりのき…Ⅶ-163〔樹木類〕 | がめくさ…Ⅳ-394〔野生植物〕 |
| かみたね…Ⅰ-336〔穀物類〕 | かめささ…Ⅵ-61〔竹・笹類〕 |
| かみどろ…Ⅳ-392〔野生植物〕 | かめしぢ…Ⅳ-395〔野生植物〕 |
| かみとろろ…Ⅳ-392〔野生植物〕 | かめたら…Ⅶ-164〔樹木類〕 |
| がみな…Ⅶ-163〔樹木類〕 | かめつつち…Ⅶ-164〔樹木類〕 |
| かみなり…Ⅰ-336〔穀物類〕 | かめなし…Ⅵ-714〔果類〕 |
| かみなりくさ…Ⅳ-393〔野生植物〕 | かめなし…Ⅵ-715〔果類〕 |
| かみなりささけ…Ⅶ-163〔樹木類〕 | かめのかう…Ⅳ-395〔野生植物〕 |
| かみなりささげのき…Ⅶ-163〔樹木類〕 | かめのかうくさ…Ⅳ-395〔野生植物〕 |
| かみのき…Ⅳ-393〔野生植物〕 | かめのき…Ⅶ-164〔樹木類〕 |
| かみのき…Ⅶ-163〔樹木類〕 | かめのて…Ⅲ-697〔貝類〕 |
| かみのけ…Ⅵ-15〔金・石・土・水類〕 | かめは…Ⅳ-395〔野生植物〕 |
| かみのこ…Ⅰ-336〔穀物類〕 | かめば…Ⅳ-395〔野生植物〕 |
| かみはかま…Ⅲ-163〔魚類〕 | かめばくさ…Ⅳ-395〔野生植物〕 |
| かみび…Ⅶ-164〔樹木類〕 | がめはす…Ⅳ-396〔野生植物〕 |
| かみむき…Ⅰ-336〔穀物類〕 | かめほふづき…Ⅳ-396〔野生植物〕 |
| かみむぎ…Ⅰ-336〔穀物類〕 | かめむはら…Ⅳ-396〔野生植物〕 |
| かみもち…Ⅰ-336〔穀物類〕 | かめんどう…Ⅲ-163〔魚類〕 |
| かみや…Ⅰ-337〔穀物類〕 | かも…Ⅰ-337〔穀物類〕 |
| かみやのね…Ⅵ-15〔金・石・土・水類〕 | かも…Ⅲ-163〔魚類〕 |
| かみやもち…Ⅰ-337〔穀物類〕 | かも…Ⅳ-396〔野生植物〕 |
| かみわせ…Ⅰ-337〔穀物類〕 | がも…Ⅲ-163〔魚類〕 |
| かむき…Ⅰ-337〔穀物類〕 | がも…Ⅳ-396〔野生植物〕 |
| かむき…Ⅳ-393〔野生植物〕 | かもあふひ…Ⅳ-396〔野生植物〕 |
| かむろ…Ⅳ-393〔野生植物〕 | かもいちこ…Ⅳ-397〔野生植物〕 |
| かむろくさ…Ⅳ-393〔野生植物〕 | がもう…Ⅳ-397〔野生植物〕 |
| かむろくさ…Ⅳ-394〔野生植物〕 | かもうちは…Ⅲ-163〔魚類〕 |

## か

かもうちわ…Ⅲ-164［魚類］
かもうちわゑゐ…Ⅲ-164［魚類］
かもうり…Ⅵ-331［菜類］
かもおとし…Ⅶ-164［樹木類］
かもくさ…Ⅳ-397［野生植物］
かもこ…Ⅰ-337［穀物類］
かもささ…Ⅵ-61［竹・笹類］
かもし…Ⅳ-397［野生植物］
かもじくさ…Ⅳ-397［野生植物］
かもしそう…Ⅳ-396［野生植物］
かもせ…Ⅰ-338［穀物類］
かもぜくさ…Ⅳ-398［野生植物］
かもちこ…Ⅰ-338［穀物類］
かものあし…Ⅳ-398［野生植物］
かもふり…Ⅳ-398［野生植物］
かもふり…Ⅵ-331［菜類］
かもふりゆふがほ…Ⅵ-331［菜類］
かもまめ…Ⅰ-338［穀物類］
かもむきかもむぎ…Ⅰ-338［穀物類］
かもめ…Ⅶ-767［救荒動植物類］
かもめかひ…Ⅲ-697［貝類］
かもめくさ…Ⅳ-398［野生植物］
かもめづる…Ⅳ-398［野生植物］
かもめづる…Ⅶ-164［樹木類］
かもゆり…Ⅳ-398［野生植物］
かもりくだ…Ⅰ-338［穀物類］
かもわせ…Ⅰ-338［穀物類］
かもゑひ…Ⅳ-399［野生植物］
かもゑひ…Ⅶ-165［樹木類］
かや…Ⅳ-399［野生植物］
かや…Ⅵ-715［果類］
かや…Ⅶ-165［樹木類］
かやかくび…Ⅳ-399［野生植物］
かやかくみ…Ⅳ-399［野生植物］
かやくさ…Ⅳ-399［野生植物］
かやしめじ…Ⅵ-127［菌・茸類］
かやしめぢ…Ⅵ-127［菌・茸類］
かやすすき…Ⅳ-400［野生植物］

かやつり…Ⅳ-400［野生植物］
かやつりくさ…Ⅳ-400［野生植物］
かやつりくさ…Ⅳ-401［野生植物］
かやとり…Ⅳ-401［野生植物］
かやにんにく…Ⅳ-402［野生植物］
かやにんにく…Ⅵ-331［菜類］
かやのき…Ⅶ-165［樹木類］
かやのこ…Ⅳ-402［野生植物］
かやのね…Ⅶ-767［救荒動植物類］
かやのみ…Ⅵ-715［果類］
かやのり…Ⅳ-402［野生植物］
かやみやうが…Ⅶ-767［救荒動植物類］
かやも…Ⅳ-402［野生植物］
かやもたし…Ⅵ-127［菌・茸類］
かやもたせ…Ⅵ-128［菌・茸類］
かやもつれ…Ⅳ-402［野生植物］
かやり…Ⅰ-339［穀物類］
かゆ…Ⅰ-339［穀物類］
かよなぎ…Ⅲ-164［魚類］
から…Ⅰ-339［穀物類］
から…Ⅳ-402［野生植物］
から…Ⅵ-331［菜類］
からあふい…Ⅳ-402［野生植物］
からあふひ…Ⅳ-403［野生植物］
からあをい…Ⅳ-403［野生植物］
からいくさ…Ⅳ-403［野生植物］
からいさき…Ⅲ-164［魚類］
からいとくさ…Ⅳ-403［野生植物］
からいも…Ⅳ-403［野生植物］
からいも…Ⅵ-331［菜類］
からうつき…Ⅶ-165［樹木類］
からうり…Ⅵ-332［菜類］
からかい…Ⅲ-164［魚類］
からかうし…Ⅰ-339［穀物類］
からかき…Ⅵ-715［果類］
からかき…Ⅶ-165［樹木類］
からかこ…Ⅲ-164［魚類］
からかさくさ…Ⅳ-403［野生植物］

| | |
|---|---|
| からかさくさ…Ⅳ - 404　［野生植物］ | からささけ…Ⅰ - 341　［穀物類］ |
| からかは…Ⅰ - 339　［穀物類］ | からし…Ⅳ - 405　［野生植物］ |
| からかひ…Ⅲ - 164　［魚類］ | からし…Ⅵ - 332　［菜類］ |
| からかひ…Ⅲ - 697　［貝類］ | からし…Ⅵ - 333　［菜類］ |
| からかふ…Ⅲ - 165　［魚類］ | からしあは…Ⅰ - 341　［穀物類］ |
| からかふとかひ…Ⅲ - 698　［貝類］ | からしきび…Ⅳ - 405　［野生植物］ |
| からかへし…Ⅰ - 339　［穀物類］ | からしきび…Ⅶ - 167　［樹木類］ |
| からかめのは…Ⅶ - 767　［救荒動植物類］ | からしきみ…Ⅶ - 167　［樹木類］ |
| がらがらくさ…Ⅳ - 404　［野生植物］ | からしな…Ⅵ - 333　［菜類］ |
| からかゑい…Ⅲ - 165　［魚類］ | からしは…Ⅳ - 405　［野生植物］ |
| からきうり…Ⅶ - 166　［樹木類］ | からしば…Ⅳ - 405　［野生植物］ |
| からきく…Ⅳ - 404　［野生植物］ | からしば…Ⅳ - 406　［野生植物］ |
| からきふし…Ⅵ - 332　［菜類］ | からしま…Ⅵ - 15　［金・石・土・水類］ |
| からきふり…Ⅶ - 166　［樹木類］ | からしやうぎ…Ⅳ - 406　［野生植物］ |
| からくさ…Ⅳ - 404　［野生植物］ | からしやうふ…Ⅳ - 406　［野生植物］ |
| からくそ…Ⅰ - 339　［穀物類］ | からしやうま…Ⅳ - 406　［野生植物］ |
| からくちなし…Ⅶ - 166　［樹木類］ | からしゆ…Ⅳ - 406　［野生植物］ |
| からくは…Ⅰ - 340　［穀物類］ | からしゆく…Ⅰ - 341　［穀物類］ |
| からくは…Ⅶ - 166　［樹木類］ | からしろ…Ⅰ - 341　［穀物類］ |
| からくらへ…Ⅰ - 340　［穀物類］ | からしろ…Ⅵ - 334　［菜類］ |
| からくらべ…Ⅰ - 340　［穀物類］ | からしろあつき…Ⅰ - 342　［穀物類］ |
| からくるみ…Ⅵ - 716　［果類］ | からしろあは…Ⅰ - 342　［穀物類］ |
| からくれない…Ⅳ - 404　［野生植物］ | からしろまめ…Ⅰ - 342　［穀物類］ |
| からくれなゐ…Ⅳ - 404　［野生植物］ | からす…Ⅰ - 342　［穀物類］ |
| からくろ…Ⅵ - 332　［菜類］ | からす…Ⅶ - 167　［樹木類］ |
| からくろいも…Ⅵ - 332　［菜類］ | からすあかね…Ⅳ - 406　［野生植物］ |
| からくわ…Ⅰ - 340　［穀物類］ | からすあつき…Ⅰ - 342　［穀物類］ |
| からけいとう…Ⅳ - 405　［野生植物］ | からすあづき…Ⅰ - 342　［穀物類］ |
| からこ…Ⅶ - 166　［樹木類］ | からすあふぎ…Ⅳ - 407　［野生植物］ |
| からこき…Ⅲ - 165　［魚類］ | からすあわ…Ⅰ - 342　［穀物類］ |
| からこき…Ⅶ - 166　［樹木類］ | からすいいこ…Ⅳ - 407　［野生植物］ |
| からこぎ…Ⅲ - 165　［魚類］ | からすいね…Ⅰ - 343　［穀物類］ |
| からこごめ…Ⅶ - 166　［樹木類］ | からすいね…Ⅳ - 407　［野生植物］ |
| からこしやう…Ⅵ - 332　［菜類］ | からすいも…Ⅳ - 407　［野生植物］ |
| からこゆり…Ⅳ - 405　［野生植物］ | からすいも…Ⅵ - 334　［菜類］ |
| からころじ…Ⅳ - 405　［野生植物］ | からすうり…Ⅳ - 408　［野生植物］ |
| からこわ…Ⅰ - 341　［穀物類］ | からすうり…Ⅵ - 334　［菜類］ |
| からさき…Ⅰ - 341　［穀物類］ | からすゑみ…Ⅲ - 165　［魚類］ |

か

からすおうぎ…Ⅳ-408　[野生植物]
からすおふき…Ⅳ-408　[野生植物]
からすおふぎ…Ⅳ-408　[野生植物]
からすかい…Ⅲ-698　[貝類]
からすがうり…Ⅳ-409　[野生植物]
からすがせ…Ⅲ-698　[貝類]
からすかひ…Ⅲ-698　[貝類]
からすぎ…Ⅶ-167　[樹木類]
からすきのこ…Ⅵ-128　[菌・茸類]
からすきび…Ⅳ-409　[野生植物]
からすくさ…Ⅳ-409　[野生植物]
からすぐさ…Ⅳ-409　[野生植物]
からすぐはみ…Ⅳ-409　[野生植物]
からすぐみ…Ⅵ-716　[果類]
からすこべ…Ⅳ-409　[野生植物]
からすさくら…Ⅶ-167　[樹木類]
からすささけ…Ⅳ-409　[野生植物]
からすさんせう…Ⅶ-167　[樹木類]
からすじね…Ⅳ-410　[野生植物]
からすなもみ…Ⅳ-410　[野生植物]
からすなんばん…Ⅳ-410　[野生植物]
からすにな…Ⅲ-699　[貝類]
からすにら…Ⅳ-410　[野生植物]
からすにんじん…Ⅳ-410　[野生植物]
からすねこくり…Ⅳ-410　[野生植物]
からすねそ…Ⅶ-167　[樹木類]
からすねふ…Ⅳ-411　[野生植物]
からすのいも…Ⅳ-411　[野生植物]
からすのうへき…Ⅶ-168　[樹木類]
からすのうゑき…Ⅳ-411　[野生植物]
からすのうゑき…Ⅶ-168　[樹木類]
からすのかぎ…Ⅳ-411　[野生植物]
からすのき…Ⅶ-168　[樹木類]
からすのきせる…Ⅲ-699　[貝類]
からすのこ…Ⅰ-343　[穀物類]
からすのこいね…Ⅳ-411　[野生植物]
からすのごき…Ⅳ-411　[野生植物]
からすのさんしやう…Ⅶ-168　[樹木類]

からすのしやくし…Ⅳ-412　[野生植物]
からすのすね…Ⅶ-168　[樹木類]
からすのすねたくり…Ⅳ-412　[野生植物]
からすのそば…Ⅳ-412　[野生植物]
からすのつきぎ…Ⅳ-412　[野生植物]
からすのはかま…Ⅳ-412　[野生植物]
からすのはし…Ⅲ-699　[貝類]
からすのはせくさ…Ⅳ-412　[野生植物]
からすのはせくさのは…Ⅶ-767
　　　　　　　　　　[救荒動植物類]
からすのはぜくさのは…Ⅶ-767
　　　　　　　　　　[救荒動植物類]
からすのはぜな…Ⅶ-767　[救荒動植物類]
からすのひうち…Ⅳ-413　[野生植物]
からすのひるつと…Ⅳ-413　[野生植物]
からすのぶどう…Ⅳ-413　[野生植物]
からすのめ…Ⅰ-343　[穀物類]
からすのや…Ⅳ-413　[野生植物]
からすのやまもも…Ⅳ-413　[野生植物]
からすのよもぎ…Ⅳ-413　[野生植物]
からすのゑんどう…Ⅳ-413　[野生植物]
からすのゑんどお…Ⅳ-414　[野生植物]
からすば…Ⅳ-414　[野生植物]
からすはちめ…Ⅲ-165　[魚類]
からすひえ…Ⅰ-343　[穀物類]
からすひらめ…Ⅲ-165　[魚類]
からすふくり…Ⅳ-414　[野生植物]
からすふり…Ⅳ-414　[野生植物]
からすふり…Ⅳ-415　[野生植物]
からすふり…Ⅵ-334　[菜類]
からすふり…Ⅶ-768　[救荒動植物類]
からすふんくり…Ⅳ-415　[野生植物]
からすほうつき…Ⅳ-415　[野生植物]
からすほうづき…Ⅳ-415　[野生植物]
からすまくら…Ⅳ-415　[野生植物]
からすまた…Ⅳ-415　[野生植物]
からすまひたけ…Ⅵ-128　[菌・茸類]
からすまめ…Ⅰ-343　[穀物類]

| | |
|---|---|
| からすまわり…Ⅶ-168［樹木類］ | からとり…Ⅵ-334［菜類］ |
| からすみ…Ⅵ-15［金・石・土・水類］ | からとりいも…Ⅵ-335［菜類］ |
| からすみ…Ⅵ-716［果類］ | からな…Ⅳ-418［野生植物］ |
| からすむき…Ⅳ-415［野生植物］ | からな…Ⅵ-335［菜類］ |
| からすむき…Ⅳ-416［野生植物］ | からなし…Ⅵ-716［果類］ |
| からすむぎ…Ⅳ-416［野生植物］ | からなし…Ⅶ-170［樹木類］ |
| からすむぎ…Ⅶ-768［救荒動植物類］ | からなてしこ…Ⅳ-418［野生植物］ |
| からすむめ…Ⅵ-716［果類］ | からにし…Ⅲ-699［貝類］ |
| からすむめ…Ⅶ-169［樹木類］ | からね…Ⅳ-418［野生植物］ |
| からすもち…Ⅰ-343［穀物類］ | からのこしは…Ⅶ-170［樹木類］ |
| からすもち…Ⅰ-344［穀物類］ | からはぎ…Ⅳ-418［野生植物］ |
| からすもち…Ⅳ-416［野生植物］ | からはくてう…Ⅶ-170［樹木類］ |
| からすもちき…Ⅶ-169［樹木類］ | からはし…Ⅰ-344［穀物類］ |
| からすもば…Ⅳ-417［野生植物］ | からはたか…Ⅰ-344［穀物類］ |
| からすや…Ⅳ-417［野生植物］ | からはちそく…Ⅰ-344［穀物類］ |
| からすわうぎ…Ⅳ-417［野生植物］ | からひ…Ⅳ-419［野生植物］ |
| からすわせ…Ⅰ-344［穀物類］ | がらび…Ⅳ-419［野生植物］ |
| からすをふき…Ⅳ-417［野生植物］ | がらび…Ⅵ-716［果類］ |
| からせうき…Ⅳ-417［野生植物］ | がらびかぢら…Ⅳ-419［野生植物］ |
| からせきしやう…Ⅳ-417［野生植物］ | がらびかつら…Ⅳ-419［野生植物］ |
| からせきちく…Ⅳ-417［野生植物］ | からひば…Ⅶ-170［樹木類］ |
| からせつつじ…Ⅶ-169［樹木類］ | からひへ…Ⅰ-344［穀物類］ |
| からせんだん…Ⅶ-169［樹木類］ | からふじ…Ⅳ-419［野生植物］ |
| からだいこん…Ⅵ-334［菜類］ | からふと…Ⅰ-345［穀物類］ |
| からたけ…Ⅵ-61［竹・笹類］ | からぶと…Ⅰ-345［穀物類］ |
| からたけ…Ⅵ-62［竹・笹類］ | からふとむぎ…Ⅰ-345［穀物類］ |
| からたけ…Ⅵ-128［菌・茸類］ | からへ…Ⅳ-419［野生植物］ |
| からたけ…Ⅵ-334［菜類］ | からほう…Ⅰ-345［穀物類］ |
| からたち…Ⅵ-716［果類］ | からぼう…Ⅰ-345［穀物類］ |
| からたち…Ⅶ-169［樹木類］ | からぼけ…Ⅶ-170［樹木類］ |
| からたちはな…Ⅳ-418［野生植物］ | からぼこ…Ⅳ-419［野生植物］ |
| からたちばな…Ⅳ-418［野生植物］ | からほし…Ⅳ-420［野生植物］ |
| からたちばな…Ⅶ-170［樹木類］ | からほし…Ⅶ-170［樹木類］ |
| からちや…Ⅳ-418［野生植物］ | からほそ…Ⅰ-345［穀物類］ |
| からつ…Ⅰ-344［穀物類］ | からぼそ…Ⅰ-345［穀物類］ |
| からつふ…Ⅲ-699［貝類］ | からまき…Ⅳ-420［野生植物］ |
| からつぶ…Ⅲ-699［貝類］ | からまつ…Ⅳ-420［野生植物］ |
| からとうを…Ⅲ-166［魚類］ | からまつ…Ⅶ-171［樹木類］ |

か

からまつかづら…Ⅳ-420［野生植物］
からまつくさ…Ⅳ-420［野生植物］
からまつさう…Ⅳ-420［野生植物］
からまつさう…Ⅳ-421［野生植物］
からまつそう…Ⅳ-421［野生植物］
からまり…Ⅳ-421［野生植物］
からみ…Ⅳ-421［野生植物］
からみ…Ⅵ-335［菜類］
からみ…Ⅶ-171［樹木類］
がらみ…Ⅳ-421［野生植物］
がらみ…Ⅶ-171［樹木類］
がらみ…Ⅶ-768［救荒動植物類］
からみかつら…Ⅳ-421［野生植物］
からみかん…Ⅵ-717［果類］
からみかん…Ⅶ-171［樹木類］
からみくさ…Ⅳ-422［野生植物］
からみだいこん…Ⅵ-335［菜類］
からみつかん…Ⅵ-717［果類］
からみつき…Ⅶ-171［樹木類］
からみのき…Ⅶ-171［樹木類］
からみのみ…Ⅶ-768［救荒動植物類］
からむぎ…Ⅰ-345［穀物類］
からむし…Ⅳ-422［野生植物］
からむしのね…Ⅶ-768［救荒動植物類］
からむしのは…Ⅶ-768［救荒動植物類］
からむしまるね…Ⅶ-769［救荒動植物類］
からむめ…Ⅵ-717［果類］
からむめ…Ⅶ-172［樹木類］
からめ…Ⅳ-422［野生植物］
からめかつら…Ⅳ-423［野生植物］
からめくさ…Ⅳ-423［野生植物］
からも…Ⅳ-423［野生植物］
がらも…Ⅳ-423［野生植物］
からもかづら…Ⅳ-423［野生植物］
からもち…Ⅰ-346［穀物類］
からもも…Ⅵ-717［果類］
からやぶ…Ⅶ-172［樹木類］
からやまき…Ⅶ-172［樹木類］

からゆり…Ⅳ-423［野生植物］
からよもき…Ⅳ-423［野生植物］
からよもぎ…Ⅳ-424［野生植物］
からゑ…Ⅳ-424［野生植物］
からゑのき…Ⅶ-172［樹木類］
からゑもき…Ⅳ-424［野生植物］
からを…Ⅳ-424［野生植物］
からをけ…Ⅰ-346［穀物類］
からんぼ…Ⅳ-424［野生植物］
からんも…Ⅳ-424［野生植物］
がらんも…Ⅳ-424［野生植物］
かりあわせ…Ⅳ-425［野生植物］
かりうだんぼうづ…Ⅰ-346［穀物類］
かりがねさう…Ⅳ-425［野生植物］
かりかや…Ⅳ-425［野生植物］
がりかや…Ⅳ-425［野生植物］
かりかやし…Ⅰ-346［穀物類］
がりがり…Ⅰ-346［穀物類］
かりかりも…Ⅳ-425［野生植物］
がりがりも…Ⅳ-425［野生植物］
かりき…Ⅵ-335［菜類］
かりぎ…Ⅵ-336［菜類］
かりくさ…Ⅳ-425［野生植物］
かりそく…Ⅰ-346［穀物類］
かりそこ…Ⅰ-346［穀物類］
かりにた…Ⅰ-347［穀物類］
かりはへ…Ⅲ-166［魚類］
かりまめ…Ⅰ-347［穀物類］
かりまめのは…Ⅶ-769［救荒動植物類］
かりやす…Ⅳ-426［野生植物］
かりやすかや…Ⅳ-426［野生植物］
かりわ…Ⅲ-166［魚類］
かる…Ⅵ-15［金・石・土・水類］
かるいし…Ⅵ-16［金・石・土・水類］
かるかや…Ⅳ-426［野生植物］
かるかや…Ⅳ-427［野生植物］
かるかや…Ⅳ-428［野生植物］
かるくさ…Ⅳ-428［野生植物］

| | |
|---|---|
| かるこ…Ⅰ-347［穀物類］ | かわぎり…Ⅶ-173［樹木類］ |
| かるご…Ⅰ-347［穀物類］ | かわくり…Ⅲ-168［魚類］ |
| かるこかや…Ⅳ-428［野生植物］ | かわぐるみ…Ⅶ-173［樹木類］ |
| かるこくさ…Ⅳ-428［野生植物］ | かわげ…Ⅳ-429［野生植物］ |
| かるこもち…Ⅰ-347［穀物類］ | かわけしば…Ⅳ-430［野生植物］ |
| かるしろまさ…Ⅵ-16［金・石・土・水類］ | かわこし…Ⅰ-348［穀物類］ |
| かるむめ…Ⅵ-717［果類］ | かわこはし…Ⅵ-336［菜類］ |
| かるむめ…Ⅶ-172［樹木類］ | かわこはな…Ⅳ-430［野生植物］ |
| かるめんどう…Ⅶ-172［樹木類］ | かわごふく…Ⅲ-168［魚類］ |
| かるも…Ⅳ-428［野生植物］ | かわささけ…Ⅰ-348［穀物類］ |
| かるも…Ⅶ-769［救荒動植物類］ | かわささけ…Ⅶ-173［樹木類］ |
| かるり…Ⅳ-428［野生植物］ | かわささのき…Ⅶ-173［樹木類］ |
| かるり…Ⅵ-336［菜類］ | がわさぶ…Ⅰ-348［穀物類］ |
| かれい…Ⅲ-166［魚類］ | かわしも…Ⅰ-348［穀物類］ |
| かれい…Ⅲ-167［魚類］ | かわしろ…Ⅰ-348［穀物類］ |
| かれき…Ⅰ-347［穀物類］ | かわすげ…Ⅳ-430［野生植物］ |
| かれぎ…Ⅵ-336［菜類］ | かわせうぶ…Ⅳ-430［野生植物］ |
| かれひ…Ⅲ-167［魚類］ | かわぜんこ…Ⅳ-430［野生植物］ |
| かれほこ…Ⅳ-428［野生植物］ | かわそうろし…Ⅶ-173［樹木類］ |
| かろう…Ⅲ-168［魚類］ | かわそば…Ⅳ-430［野生植物］ |
| かろうぎ…Ⅳ-429［野生植物］ | かわたい…Ⅲ-168［魚類］ |
| かろし…Ⅳ-429［野生植物］ | かわたかひ…Ⅲ-700［貝類］ |
| かろしろ…Ⅰ-347［穀物類］ | かわたけ…Ⅵ-62［竹・笹類］ |
| かろむめ…Ⅵ-717［果類］ | かわたけ…Ⅵ-128［菌・茸類］ |
| かろり…Ⅳ-429［野生植物］ | かわち…Ⅰ-349［穀物類］ |
| かろり…Ⅵ-336［菜類］ | かわちくさ…Ⅳ-430［野生植物］ |
| かわうつき…Ⅶ-172［樹木類］ | かわちさ…Ⅳ-431［野生植物］ |
| かわうめ…Ⅰ-348［穀物類］ | かわちさ…Ⅵ-336［菜類］ |
| かわおそ…Ⅶ-769［救荒動植物類］ | かわぢさ…Ⅳ-431［野生植物］ |
| かわかたかひ…Ⅲ-700［貝類］ | かわぢさ…Ⅵ-337［菜類］ |
| かわかぶり…Ⅰ-348［穀物類］ | かわちちこ…Ⅰ-349［穀物類］ |
| かわかぶりたけ…Ⅵ-62［竹・笹類］ | かわちはやり…Ⅰ-349［穀物類］ |
| かわからし…Ⅳ-429［野生植物］ | かわちばやり…Ⅰ-349［穀物類］ |
| かわがらし…Ⅵ-336［菜類］ | かわて…Ⅰ-349［穀物類］ |
| かわぎし…Ⅳ-429［野生植物］ | かわと…Ⅳ-431［野生植物］ |
| かわきす…Ⅲ-168［魚類］ | かわとう…Ⅳ-431［野生植物］ |
| かわぎす…Ⅲ-168［魚類］ | かわな…Ⅳ-431［野生植物］ |
| かわきり…Ⅳ-429［野生植物］ | かわなかれ…Ⅰ-349［穀物類］ |

## か

かわながれ…Ⅰ - 349　［穀物類］
かわにし…Ⅲ - 700　［貝類］
かわにな…Ⅲ - 700　［貝類］
かわにやうぶ…Ⅲ - 700　［貝類］
かわにら…Ⅲ - 700　［貝類］
かわのとう…Ⅰ - 349　［穀物類］
かわはき…Ⅲ - 168　［魚類］
かわはぎ…Ⅳ - 431　［野生植物］
かわばくさ…Ⅳ - 431　［野生植物］
かわばさみ…Ⅰ - 350　［穀物類］
かわはへ…Ⅲ - 169　［魚類］
かわはり…Ⅳ - 432　［野生植物］
かわひけ…Ⅰ - 350　［穀物類］
かわほね…Ⅳ - 432　［野生植物］
かわほら…Ⅲ - 169　［魚類］
かわまたかひ…Ⅲ - 700　［貝類］
かわまめ…Ⅳ - 432　［野生植物］
かわむき…Ⅵ - 129　［菌・茸類］
かわむぎ…Ⅰ - 350　［穀物類］
かわむけ…Ⅵ - 129　［菌・茸類］
かわめあわ…Ⅰ - 350　［穀物類］
かわめはる…Ⅲ - 169　［魚類］
かわも…Ⅳ - 432　［野生植物］
かわやなき…Ⅶ - 173　［樹木類］
かわやなぎ…Ⅶ - 173　［樹木類］
かわやなぎ…Ⅶ - 174　［樹木類］
がわゆり…Ⅳ - 432　［野生植物］
かわらいちこ…Ⅵ - 717　［果類］
かわらいちご…Ⅵ - 718　［果類］
かわらかい…Ⅲ - 701　［貝類］
かわらかしはし…Ⅶ - 174　［樹木類］
かわらかしはば…Ⅳ - 432　［野生植物］
かわらかしわ…Ⅶ - 174　［樹木類］
かわらがしわ…Ⅶ - 174　［樹木類］
かわらくみ…Ⅳ - 433　［野生植物］
かわらくみ…Ⅵ - 718　［果類］
かわらぐみ…Ⅶ - 174　［樹木類］
かわらけ…Ⅵ - 16　［金・石・土・水類］
かわらけくさ…Ⅳ - 433　［野生植物］
かわらけしほめ…Ⅵ - 16　［金・石・土・水類］
かわらけな…Ⅳ - 433　［野生植物］
かわらけな…Ⅵ - 337　［菜類］
かわらけはな…Ⅳ - 433　［野生植物］
かわらさいこ…Ⅳ - 433　［野生植物］
かわらさいご…Ⅳ - 434　［野生植物］
かわらささき…Ⅶ - 175　［樹木類］
かわらささけ…Ⅶ - 174　［樹木類］
かわらささげ…Ⅶ - 174　［樹木類］
かわらしわ…Ⅶ - 175　［樹木類］
かわらすすき…Ⅳ - 434　［野生植物］
かわらたで…Ⅵ - 337　［菜類］
かわらちこ…Ⅳ - 434　［野生植物］
かわらちちこ…Ⅳ - 434　［野生植物］
かわらちちこ…Ⅶ - 769　［救荒動植物類］
かわらつち…Ⅵ - 16　［金・石・土・水類］
かわらつばき…Ⅶ - 175　［樹木類］
かわらとくさ…Ⅳ - 434　［野生植物］
かわらなてしこ…Ⅳ - 434　［野生植物］
かわらにんしん…Ⅳ - 434　［野生植物］
かわらはき…Ⅳ - 435　［野生植物］
かわらはぎ…Ⅳ - 435　［野生植物］
かわらひさき…Ⅶ - 175　［樹木類］
かわらふつ…Ⅳ - 435　［野生植物］
かわらぶどう…Ⅵ - 718　［果類］
かわらほう…Ⅳ - 435　［野生植物］
かわらまつ…Ⅳ - 435　［野生植物］
かわらまゆみ…Ⅶ - 175　［樹木類］
かわらむき…Ⅳ - 435　［野生植物］
かわらやなぎ…Ⅶ - 175　［樹木類］
かわらよし…Ⅳ - 435　［野生植物］
かわらよもき…Ⅳ - 436　［野生植物］
かわらよもぎ…Ⅳ - 436　［野生植物］
かわらわせ…Ⅰ - 350　［穀物類］
かわらゑんどう…Ⅳ - 436　［野生植物］
かわんだ…Ⅰ - 350　［穀物類］
かゑて…Ⅶ - 175　［樹木類］

| | |
|---|---|
| かをりかづら…Ⅳ-436［野生植物］ | かんさく…Ⅳ-439［野生植物］ |
| かん…Ⅳ-436［野生植物］ | かんざさう…Ⅳ-439［野生植物］ |
| かんあふひ…Ⅳ-437［野生植物］ | かんざさう…Ⅵ-337［菜類］ |
| かんいちこ…Ⅳ-437［野生植物］ | かんざのき…Ⅶ-176［樹木類］ |
| かんいちご…Ⅳ-437［野生植物］ | かんしち…Ⅰ-352［穀物類］ |
| かんかうじ…Ⅳ-437［野生植物］ | がんじつさう…Ⅳ-439［野生植物］ |
| かんかうばい…Ⅶ-176［樹木類］ | かんしやう…Ⅰ-352［穀物類］ |
| かんかうふぐ…Ⅲ-169［魚類］ | かんしやう…Ⅳ-439［野生植物］ |
| がんがね…Ⅲ-169［魚類］ | かんじやう…Ⅰ-352［穀物類］ |
| かんかへり…Ⅶ-176［樹木類］ | かんじやう…Ⅲ-701［貝類］ |
| がんがら…Ⅲ-701［貝類］ | かんしやうしやう…Ⅳ-439［野生植物］ |
| かんからひ…Ⅳ-437［野生植物］ | かんしやうひへ…Ⅰ-352［穀物類］ |
| かんからひふし…Ⅳ-437［野生植物］ | がんじやくり…Ⅲ-701［貝類］ |
| かんきく…Ⅳ-437［野生植物］ | かんしよう…Ⅳ-439［野生植物］ |
| かんきく…Ⅳ-438［野生植物］ | かんじんだい…Ⅰ-352［穀物類］ |
| かんぎく…Ⅳ-438［野生植物］ | かんすいいし…Ⅵ-16［金・石・土・水類］ |
| かんくい…Ⅰ-350［穀物類］ | かんすいせき…Ⅵ-17［金・石・土・水類］ |
| がんくい…Ⅰ-351［穀物類］ | かんせう…Ⅳ-440［野生植物］ |
| がんくひ…Ⅰ-351［穀物類］ | がんせきあわ…Ⅰ-352［穀物類］ |
| かんこ…Ⅲ-169［魚類］ | がんぜきらん…Ⅳ-440［野生植物］ |
| がんこ…Ⅰ-351［穀物類］ | かんそ…Ⅳ-440［野生植物］ |
| がんこ…Ⅲ-169［魚類］ | かんそう…Ⅳ-440［野生植物］ |
| かんこう…Ⅶ-176［樹木類］ | かんぞう…Ⅳ-440［野生植物］ |
| かんこうばい…Ⅵ-718［果類］ | かんそうかれい…Ⅲ-170［魚類］ |
| かんごうぶく…Ⅲ-170［魚類］ | がんぞうがれい…Ⅲ-170［魚類］ |
| かんこかす…Ⅰ-351［穀物類］ | かんそうし…Ⅰ-352［穀物類］ |
| がんこかず…Ⅰ-351［穀物類］ | かんぞうし…Ⅰ-352［穀物類］ |
| がんこず…Ⅰ-351［穀物類］ | かんぞうな…Ⅳ-440［野生植物］ |
| かんことり…Ⅶ-769［救荒動植物類］ | かんぞうな…Ⅵ-337［菜類］ |
| かんころ…Ⅲ-170［魚類］ | かんそうはちめ…Ⅲ-170［魚類］ |
| かんざ…Ⅶ-769［救荒動植物類］ | がんぞうはちめ…Ⅲ-170［魚類］ |
| かんさい…Ⅲ-701［貝類］ | かんそく…Ⅳ-440［野生植物］ |
| かんざい…Ⅲ-701［貝類］ | がんそく…Ⅳ-441［野生植物］ |
| がんさいもち…Ⅰ-351［穀物類］ | がんぞく…Ⅳ-441［野生植物］ |
| かんさう…Ⅳ-438［野生植物］ | かんぞふし…Ⅰ-353［穀物類］ |
| かんさう…Ⅵ-337［菜類］ | かんそゑい…Ⅲ-170［魚類］ |
| かんざう…Ⅳ-438［野生植物］ | かんだ…Ⅰ-353［穀物類］ |
| がんざう…Ⅳ-438［野生植物］ | かんだ…Ⅲ-702［貝類］ |

か

| | |
|---|---|
| かんたあは…Ⅰ-353 [穀物類] | かんとそば…Ⅰ-355 [穀物類] |
| かんだがまくら…Ⅳ-441 [野生植物] | がんとそは…Ⅰ-355 [穀物類] |
| かんたけ…Ⅰ-353 [穀物類] | かんとちこ…Ⅰ-355 [穀物類] |
| かんたけ…Ⅵ-129 [菌・茸類] | かんとなす…Ⅵ-338 [菜類] |
| がんたけ…Ⅵ-129 [菌・茸類] | かんない…Ⅲ-702 [貝類] |
| かんたしろいね…Ⅰ-353 [穀物類] | かんなめゑい…Ⅲ-171 [魚類] |
| がんたち…Ⅶ-176 [樹木類] | かんによふ…Ⅲ-702 [貝類] |
| かんだちいはら…Ⅳ-441 [野生植物] | かんのうだいこん…Ⅵ-338 [菜類] |
| かんたで…Ⅵ-337 [菜類] | かんのかう…Ⅰ-355 [穀物類] |
| かんだら…Ⅰ-353 [穀物類] | がんのくちはし…Ⅰ-355 [穀物類] |
| かんたらあわ…Ⅰ-353 [穀物類] | がんのひるつと…Ⅳ-444 [野生植物] |
| かんたん…Ⅳ-441 [野生植物] | がんのひるづと…Ⅳ-444 [野生植物] |
| かんたんのまくら…Ⅳ-441 [野生植物] | かんのふかき…Ⅵ-718 [果類] |
| かんたんのまくら…Ⅳ-442 [野生植物] | かんのめ…Ⅳ-444 [野生植物] |
| かんたんまくら…Ⅳ-442 [野生植物] | がんのめ…Ⅰ-355 [穀物類] |
| かんちく…Ⅵ-63 [竹・笹類] | がんのめくさ…Ⅳ-444 [野生植物] |
| かんぢじ…Ⅳ-443 [野生植物] | かんのめささけ…Ⅰ-355 [穀物類] |
| かんちん…Ⅶ-176 [樹木類] | かんのり…Ⅳ-444 [野生植物] |
| かんつばき…Ⅶ-176 [樹木類] | かんは…Ⅳ-444 [野生植物] |
| がんつる…Ⅳ-442 [野生植物] | かんば…Ⅳ-444 [野生植物] |
| かんと…Ⅰ-354 [穀物類] | かんば…Ⅶ-177 [樹木類] |
| がんど…Ⅰ-354 [穀物類] | かんば…Ⅶ-770 [救荒動植物類] |
| がんといばら…Ⅳ-442 [野生植物] | かんばす…Ⅳ-445 [野生植物] |
| がんどいはら…Ⅳ-442 [野生植物] | がんはす…Ⅳ-445 [野生植物] |
| がんどいはら…Ⅶ-177 [樹木類] | がんばす…Ⅳ-445 [野生植物] |
| かんとう…Ⅰ-354 [穀物類] | かんばちぎゑ…Ⅲ-171 [魚類] |
| かんとう…Ⅵ-718 [果類] | かんばら…Ⅰ-355 [穀物類] |
| がんとう…Ⅰ-354 [穀物類] | かんひ…Ⅳ-445 [野生植物] |
| かんとういはら…Ⅳ-442 [野生植物] | がんひ…Ⅶ-177 [樹木類] |
| がんとういばら…Ⅳ-443 [野生植物] | かんび…Ⅳ-446 [野生植物] |
| かんとうし…Ⅳ-443 [野生植物] | がんひ…Ⅰ-356 [穀物類] |
| がんとうそば…Ⅰ-354 [穀物類] | がんひ…Ⅳ-445 [野生植物] |
| かんとうはせ…Ⅰ-354 [穀物類] | がんひ…Ⅳ-446 [野生植物] |
| がんどく…Ⅰ-354 [穀物類] | がんひ…Ⅶ-177 [樹木類] |
| かんところ…Ⅳ-443 [野生植物] | がんび…Ⅳ-446 [野生植物] |
| かんどころ…Ⅳ-443 [野生植物] | がんぴ…Ⅳ-446 [野生植物] |
| がんところ…Ⅳ-443 [野生植物] | がんぴ…Ⅶ-177 [樹木類] |
| かんどし…Ⅳ-443 [野生植物] | がんひこうそ…Ⅶ-177 [樹木類] |

かんひのき…Ⅶ‐177［樹木類］
かんひやう…Ⅵ‐338［菜類］
かんぶくあわ…Ⅰ‐356［穀物類］
かんぶつ…Ⅲ‐171［魚類］
がんぶつ…Ⅲ‐171［魚類］
かんべ…Ⅰ‐356［穀物類］
かんべ…Ⅶ‐178［樹木類］
がんへい…Ⅰ‐356［穀物類］
かんほう…Ⅳ‐446［野生植物］
かんほうし…Ⅳ‐446［野生植物］
かんほうし…Ⅶ‐770［救荒動植物類］
かんぼうし…Ⅳ‐447［野生植物］
かんぼうし…Ⅶ‐770［救荒動植物類］
がんぼうし…Ⅳ‐447［野生植物］
がんぼうし…Ⅶ‐770［救荒動植物類］
がんほうせう…Ⅳ‐447［野生植物］
かんぼく…Ⅶ‐178［樹木類］
かんぼこ…Ⅶ‐178［樹木類］
かんほし…Ⅳ‐447［野生植物］
かんまわせ…Ⅰ‐356［穀物類］
かんもし…Ⅳ‐447［野生植物］
かんもち…Ⅰ‐356［穀物類］
かんやいはら…Ⅳ‐447［野生植物］
かんようゑべず…Ⅳ‐447［野生植物］
がんらいこう…Ⅳ‐448［野生植物］
かんらいさう…Ⅳ‐448［野生植物］
がんらいさう…Ⅳ‐448［野生植物］
かんらん…Ⅵ‐338［菜類］
かんれむさう…Ⅳ‐448［野生植物］
かんれんそう…Ⅳ‐448［野生植物］
かんろ…Ⅵ‐718［果類］

## き

き…Ⅰ‐357［穀物類］
き…Ⅳ‐449［野生植物］
き…Ⅵ‐339［菜類］
きあいらき…Ⅰ‐357［穀物類］
きあづき…Ⅰ‐357［穀物類］
きあは…Ⅰ‐357［穀物類］
きあひらぎわせ…Ⅰ‐357［穀物類］
きあまちや…Ⅵ‐719［果類］
きあまちや…Ⅶ‐179［樹木類］
きあゑらぎ…Ⅰ‐357［穀物類］
きいかは…Ⅰ‐357［穀物類］
きいし…Ⅵ‐17［金・石・土・水類］
きいちこ…Ⅳ‐449［野生植物］
きいちこ…Ⅵ‐719［果類］
きいちご…Ⅳ‐449［野生植物］
きいちご…Ⅵ‐719［果類］
きいちご…Ⅶ‐179［樹木類］
きいろ…Ⅰ‐358［穀物類］
きいろにんじん…Ⅵ‐339［菜類］
きいわし…Ⅲ‐172［魚類］
きう…Ⅲ‐172［魚類］
きうか…Ⅵ‐719［果類］
ぎうぎう…Ⅲ‐172［魚類］
きうけん…Ⅰ‐358［穀物類］
きうこく…Ⅰ‐358［穀物類］
きうざゑもんはやり…Ⅰ‐358［穀物類］
きうしくさ…Ⅳ‐449［野生植物］
きうしち…Ⅰ‐358［穀物類］
きうねんぽ…Ⅵ‐719［果類］
きうほういはし…Ⅲ‐172［魚類］
きうまほうのは…Ⅵ‐339［菜類］
きうめんさう…Ⅳ‐449［野生植物］
ぎうめんさう…Ⅳ‐449［野生植物］
きうり…Ⅵ‐339［菜類］
ぎおん…Ⅰ‐359［穀物類］
きおんそう…Ⅳ‐450［野生植物］
ぎおんばう…Ⅵ‐720［果類］
きおんほう…Ⅵ‐720［果類］
きかさなり…Ⅰ‐359［穀物類］
きかぜぐさ…Ⅳ‐450［野生植物］
きかつら…Ⅳ‐450［野生植物］
きかづら…Ⅳ‐450［野生植物］
きかね…Ⅰ‐359［穀物類］

き

きがね…Ⅰ-359［穀物類］
きかねはな…Ⅳ-450［野生植物］
きかひわせ…Ⅰ-359［穀物類］
きがみこけ…Ⅵ-130［菌・茸類］
きからし…Ⅵ-339［菜類］
きからまつ…Ⅳ-450［野生植物］
きかりぐさ…Ⅴ-1289［野生植物］
きかんさう…Ⅳ-451［野生植物］
きぎ…Ⅲ-172［魚類］
ぎぎ…Ⅲ-172［魚類］
ききう…Ⅲ-172［魚類］
きぎう…Ⅲ-173［魚類］
ぎぎう…Ⅲ-173［魚類］
ぎぎうを…Ⅲ-173［魚類］
ききく…Ⅳ-451［野生植物］
ききく…Ⅵ-339［菜類］
ききじ…Ⅰ-359［穀物類］
ききひ…Ⅰ-359［穀物類］
ききび…Ⅰ-359［穀物類］
ききやう…Ⅳ-451［野生植物］
ききやう…Ⅵ-339［菜類］
ききやう…Ⅶ-771［救荒動植物類］
きぎやう…Ⅲ-173［魚類］
ぎぎやう…Ⅲ-174［魚類］
ききやうがい…Ⅲ-703［貝類］
ききやうからくさ…Ⅳ-452［野生植物］
ききやうのね…Ⅶ-771［救荒動植物類］
きく…Ⅳ-452［野生植物］
きく…Ⅳ-453［野生植物］
きく…Ⅵ-340［菜類］
きくあさみ…Ⅳ-453［野生植物］
きくいす…Ⅶ-179［樹木類］
きくいづ…Ⅶ-179［樹木類］
きくいとかけ…Ⅳ-453［野生植物］
きくいばら…Ⅳ-453［野生植物］
きくた…Ⅰ-360［穀物類］
きくたいね…Ⅰ-360［穀物類］
きくたわせ…Ⅰ-360［穀物類］

きくち…Ⅵ-720［果類］
きくちがわのり…Ⅳ-453［野生植物］
きくちなし…Ⅵ-720［果類］
きくな…Ⅳ-453［野生植物］
きくな…Ⅳ-454［野生植物］
きくな…Ⅵ-340［菜類］
きくな…Ⅶ-771［救荒動植物類］
きくないし…Ⅵ-17［金・石・土・水類］
きくのとをぐさ…Ⅳ-454［野生植物］
きくはうつき…Ⅶ-179［樹木類］
きくはらひ…Ⅰ-360［穀物類］
きくふしやう…Ⅳ-454［野生植物］
きくまもち…Ⅰ-360［穀物類］
きくめいいし…Ⅵ-17［金・石・土・水類］
きくめいし…Ⅵ-17［金・石・土・水類］
きくもち…Ⅰ-360［穀物類］
きくらけ…Ⅵ-130［菌・茸類］
きくらげ…Ⅵ-130［菌・茸類］
きくらげ…Ⅵ-131［菌・茸類］
きけいとう…Ⅳ-454［野生植物］
きけう…Ⅳ-454［野生植物］
きけまん…Ⅳ-454［野生植物］
きげまん…Ⅳ-454［野生植物］
きこ…Ⅳ-455［野生植物］
きこく…Ⅵ-720［果類］
きこく…Ⅶ-179［樹木類］
きこく…Ⅶ-180［樹木類］
きこし…Ⅲ-174［魚類］
きこり…Ⅲ-174［魚類］
きこりうを…Ⅲ-174［魚類］
きこりはた…Ⅲ-174［魚類］
きさあかがい…Ⅲ-703［貝類］
きざく…Ⅳ-455［野生植物］
きさご…Ⅲ-703［貝類］
ぎささ…Ⅲ-174［魚類］
きささげ…Ⅰ-360［穀物類］
きささげ…Ⅶ-180［樹木類］
きさつき…Ⅶ-180［樹木類］

| | |
|---|---|
| きさば…Ⅲ‐175［魚類］ | きしくびりかつら…Ⅳ‐457［野生植物］ |
| きさはし…Ⅵ‐720［果類］ | きじくびりかつら…Ⅳ‐458［野生植物］ |
| きざはし…Ⅵ‐721［果類］ | きじころし…Ⅰ‐361［穀物類］ |
| きさはしかき…Ⅵ‐721［果類］ | きじたけ…Ⅵ‐131［菌・茸類］ |
| きさみ…Ⅲ‐175［魚類］ | きじたら…Ⅲ‐176［魚類］ |
| きざみ…Ⅲ‐175［魚類］ | きしな…Ⅳ‐458［野生植物］ |
| ぎさみ…Ⅲ‐175［魚類］ | きしな…Ⅵ‐340［菜類］ |
| ぎざみ…Ⅲ‐175［魚類］ | きじな…Ⅳ‐458［野生植物］ |
| きざめ…Ⅲ‐175［魚類］ | きじな…Ⅵ‐340［菜類］ |
| ぎざめ…Ⅲ‐175［魚類］ | きじなのは…Ⅶ‐771［救荒動植物類］ |
| きさわし…Ⅵ‐721［果類］ | ぎしにらみ…Ⅲ‐176［魚類］ |
| きざわし…Ⅵ‐721［果類］ | きしにらみがれい…Ⅲ‐176［魚類］ |
| きざゑもんあは…Ⅰ‐361［穀物類］ | きじのあたま…Ⅵ‐17［金・石・土・水類］ |
| きさんじこ…Ⅳ‐455［野生植物］ | きじのお…Ⅳ‐458［野生植物］ |
| きさんちう…Ⅲ‐176［魚類］ | きしのこ…Ⅰ‐361［穀物類］ |
| きさんらん…Ⅳ‐455［野生植物］ | きじのこ…Ⅰ‐362［穀物類］ |
| きし…Ⅰ‐361［穀物類］ | きじのこふり…Ⅵ‐340［菜類］ |
| きし…Ⅳ‐455［野生植物］ | きじのすねかき…Ⅳ‐458［野生植物］ |
| きじ…Ⅰ‐361［穀物類］ | きじのひきを…Ⅰ‐362［穀物類］ |
| ぎし…Ⅲ‐176［魚類］ | きじのめかくし…Ⅳ‐458［野生植物］ |
| きしあは…Ⅰ‐361［穀物類］ | きしのめんどり…Ⅲ‐176［魚類］ |
| きしうやろく…Ⅰ‐361［穀物類］ | きしのわせ…Ⅰ‐362［穀物類］ |
| きしかくし…Ⅳ‐455［野生植物］ | きしのを…Ⅰ‐362［穀物類］ |
| きじかくし…Ⅳ‐455［野生植物］ | きしのを…Ⅳ‐458［野生植物］ |
| きじかくし…Ⅳ‐456［野生植物］ | きしのを…Ⅵ‐340［菜類］ |
| きしかくれ…Ⅳ‐456［野生植物］ | きしのを…Ⅵ‐341［菜類］ |
| きじかくれ…Ⅳ‐456［野生植物］ | きじのを…Ⅰ‐362［穀物類］ |
| きじがくれ…Ⅳ‐456［野生植物］ | きじのを…Ⅰ‐363［穀物類］ |
| きしかくれくさ…Ⅳ‐456［野生植物］ | きじのを…Ⅳ‐459［野生植物］ |
| ぎしかひ…Ⅲ‐703［貝類］ | きじのを…Ⅵ‐341［菜類］ |
| きじがふね…Ⅲ‐703［貝類］ | きじのを…Ⅶ‐771［救荒動植物類］ |
| きしきし…Ⅳ‐457［野生植物］ | きしのをちさ…Ⅵ‐341［菜類］ |
| きじきじ…Ⅳ‐457［野生植物］ | きじのをちさ…Ⅵ‐341［菜類］ |
| ぎしぎし…Ⅳ‐457［野生植物］ | きしのをちしや…Ⅵ‐341［菜類］ |
| ぎしぎし…Ⅵ‐340［菜類］ | きじのをちしや…Ⅵ‐342［菜類］ |
| ぎしぎし…Ⅶ‐771［救荒動植物類］ | きしはますな…Ⅵ‐17［金・石・土・水類］ |
| ぎしぎしは…Ⅶ‐771［救荒動植物類］ | きしばり…Ⅳ‐459［野生植物］ |
| きじくさ…Ⅳ‐457［野生植物］ | ぎじばり…Ⅳ‐459［野生植物］ |

き

ぎじふざし…Ⅰ‐363 ［穀物類］
きじまひえ…Ⅰ‐363 ［穀物類］
きしまめ…Ⅰ‐363 ［穀物類］
きじまめ…Ⅰ‐363 ［穀物類］
きしめし…Ⅵ‐131 ［菌・茸類］
きしめじ…Ⅵ‐131 ［菌・茸類］
きしめぢ…Ⅵ‐131 ［菌・茸類］
ぎしや…Ⅲ‐703 ［貝類］
きしやかけ…Ⅶ‐180 ［樹木類］
きしやかけのき…Ⅶ‐180 ［樹木類］
きしやく…Ⅶ‐180 ［樹木類］
きしやな…Ⅳ‐459 ［野生植物］
きしやめ…Ⅲ‐176 ［魚類］
きじやめ…Ⅲ‐177 ［魚類］
きしやろく…Ⅰ‐364 ［穀物類］
きしらう…Ⅰ‐364 ［穀物類］
きしらみ…Ⅰ‐364 ［穀物類］
きじらみ…Ⅰ‐364 ［穀物類］
きしろ…Ⅰ‐364 ［穀物類］
きじろ…Ⅰ‐364 ［穀物類］
きしわせ…Ⅰ‐364 ［穀物類］
きじわせ…Ⅰ‐365 ［穀物類］
きじゑひ…Ⅲ‐177 ［魚類］
きしんさう…Ⅳ‐459 ［野生植物］
きしんさう…Ⅳ‐460 ［野生植物］
きじんさう…Ⅳ‐460 ［野生植物］
きじんそう…Ⅳ‐460 ［野生植物］
きじんはちめ…Ⅲ‐177 ［魚類］
きじんまい…Ⅰ‐365 ［穀物類］
きす…Ⅲ‐177 ［魚類］
きす…Ⅶ‐180 ［樹木類］
きず…Ⅶ‐181 ［樹木類］
ぎす…Ⅲ‐177 ［魚類］
きすくさ…Ⅳ‐461 ［野生植物］
きずくさ…Ⅳ‐461 ［野生植物］
きすけ…Ⅳ‐461 ［野生植物］
きすげ…Ⅳ‐461 ［野生植物］
きすけあわ…Ⅰ‐365 ［穀物類］

きすこ…Ⅲ‐178 ［魚類］
きすご…Ⅲ‐178 ［魚類］
きすのき…Ⅶ‐181 ［樹木類］
きずのき…Ⅶ‐181 ［樹木類］
きずをかす…Ⅶ‐181 ［樹木類］
きせい…Ⅶ‐181 ［樹木類］
きせんまめ…Ⅰ‐365 ［穀物類］
きそ…Ⅰ‐365 ［穀物類］
きそ…Ⅵ‐342 ［菜類］
きそかぶら…Ⅵ‐342 ［菜類］
きそくず…Ⅶ‐181 ［樹木類］
きそこづる…Ⅰ‐365 ［穀物類］
きそそば…Ⅰ‐365 ［穀物類］
きそだいこん…Ⅵ‐342 ［菜類］
きそな…Ⅵ‐342 ［菜類］
ぎそにな…Ⅲ‐703 ［貝類］
きそはたか…Ⅰ‐366 ［穀物類］
きそびへ…Ⅰ‐366 ［穀物類］
きそへ…Ⅳ‐461 ［野生植物］
きぞへ…Ⅳ‐462 ［野生植物］
きぞへ…Ⅶ‐181 ［樹木類］
きそへかつら…Ⅳ‐462 ［野生植物］
きぞへかつら…Ⅳ‐462 ［野生植物］
きそゑ…Ⅳ‐462 ［野生植物］
きぞゑ…Ⅳ‐462 ［野生植物］
きそゑりだし…Ⅰ‐366 ［穀物類］
ぎた…Ⅲ‐178 ［魚類］
きだいこん…Ⅵ‐342 ［菜類］
きたいつ…Ⅶ‐182 ［樹木類］
きたいづ…Ⅶ‐182 ［樹木類］
きたいふ…Ⅵ‐342 ［菜類］
きたうがらし…Ⅵ‐343 ［菜類］
きたか…Ⅲ‐178 ［魚類］
きたかた…Ⅰ‐366 ［穀物類］
きたけ…Ⅵ‐132 ［菌・茸類］
きたけくさ…Ⅳ‐462 ［野生植物］
きたこ…Ⅲ‐178 ［魚類］
きだす…Ⅶ‐182 ［樹木類］

総合索引　き

| | |
|---|---|
| きたすぎ…Ⅳ - 462 ［野生植物］ | きづきもち…Ⅰ - 367 ［穀物類］ |
| きたすぎ…Ⅶ - 182 ［樹木類］ | きつぎょ…Ⅲ - 180 ［魚類］ |
| きたて…Ⅶ - 182 ［樹木類］ | きつくさ…Ⅳ - 465 ［野生植物］ |
| きたなこ…Ⅲ - 179 ［魚類］ | きづくさ…Ⅳ - 465 ［野生植物］ |
| きたの…Ⅰ - 366 ［穀物類］ | きつた…Ⅳ - 465 ［野生植物］ |
| きたのごばう…Ⅵ - 343 ［菜類］ | きつた…Ⅶ - 182 ［樹木類］ |
| きたのしらは…Ⅰ - 366 ［穀物類］ | きづた…Ⅳ - 465 ［野生植物］ |
| きたふく…Ⅲ - 179 ［魚類］ | きっち…Ⅵ - 18 ［金・石・土・水類］ |
| きたまくら…Ⅲ - 179 ［魚類］ | きっちいし…Ⅵ - 18 ［金・石・土・水類］ |
| きたまくらふく…Ⅲ - 179 ［魚類］ | ぎっちやう…Ⅲ - 180 ［魚類］ |
| きたむき…Ⅰ - 366 ［穀物類］ | きつつじ…Ⅶ - 182 ［樹木類］ |
| きたむき…Ⅲ - 179 ［魚類］ | きつつち…Ⅶ - 183 ［樹木類］ |
| きためかし…Ⅰ - 367 ［穀物類］ | ぎつてう…Ⅲ - 180 ［魚類］ |
| きたやまやろく…Ⅰ - 367 ［穀物類］ | きってうさう…Ⅳ - 465 ［野生植物］ |
| きたゆふ…Ⅵ - 343 ［菜類］ | ぎっとう…Ⅲ - 180 ［魚類］ |
| きだゆふ…Ⅵ - 343 ［菜類］ | きづなし…Ⅲ - 180 ［魚類］ |
| きぢ…Ⅰ - 367 ［穀物類］ | きつね…Ⅵ - 18 ［金・石・土・水類］ |
| きちかいそう…Ⅳ - 463 ［野生植物］ | きつね…Ⅶ - 772 ［救荒動植物類］ |
| きちかくし…Ⅳ - 463 ［野生植物］ | きつねあさみ…Ⅳ - 465 ［野生植物］ |
| きぢかくし…Ⅳ - 463 ［野生植物］ | きつねあざみ…Ⅳ - 465 ［野生植物］ |
| きぢかしら…Ⅰ - 367 ［穀物類］ | きつねあし…Ⅰ - 368 ［穀物類］ |
| きちきち…Ⅳ - 463 ［野生植物］ | きつねあづき…Ⅰ - 368 ［穀物類］ |
| ぎちぎち…Ⅳ - 463 ［野生植物］ | きつねあづき…Ⅳ - 466 ［野生植物］ |
| ぎぢぎぢ…Ⅳ - 463 ［野生植物］ | きつねあは…Ⅰ - 368 ［穀物類］ |
| きちじ…Ⅲ - 179 ［魚類］ | きつねあふき…Ⅳ - 466 ［野生植物］ |
| きちしやうさう…Ⅳ - 463 ［野生植物］ | きつねうすこ…Ⅳ - 466 ［野生植物］ |
| きちじやうさう…Ⅳ - 464 ［野生植物］ | きつねうるい…Ⅳ - 466 ［野生植物］ |
| きちじやうそう…Ⅳ - 464 ［野生植物］ | きつねうを…Ⅲ - 180 ［魚類］ |
| きぢのを…Ⅰ - 367 ［穀物類］ | きつねおがせ…Ⅳ - 466 ［野生植物］ |
| きぢのを…Ⅵ - 343 ［菜類］ | きつねかくし…Ⅰ - 368 ［穀物類］ |
| きちべえ…Ⅰ - 367 ［穀物類］ | きつねかひ…Ⅲ - 704 ［貝類］ |
| きちもち…Ⅲ - 179 ［魚類］ | きつねがや…Ⅳ - 466 ［野生植物］ |
| きちやきちや…Ⅳ - 464 ［野生植物］ | きつねかを…Ⅰ - 368 ［穀物類］ |
| きちんさう…Ⅳ - 464 ［野生植物］ | きつねきび…Ⅳ - 466 ［野生植物］ |
| きぢんさう…Ⅳ - 464 ［野生植物］ | きつねくさ…Ⅳ - 467 ［野生植物］ |
| きぢんそう…Ⅳ - 464 ［野生植物］ | きつねくわんざう…Ⅳ - 467 ［野生植物］ |
| きつかう…Ⅳ - 464 ［野生植物］ | きつねこあは…Ⅰ - 368 ［穀物類］ |
| きつかわ…Ⅲ - 180 ［魚類］ | きつねこまさや…Ⅳ - 467 ［野生植物］ |

き

| | |
|---|---|
| きつねこむぎ…Ⅳ-467［野生植物］ | きつねのしり…Ⅳ-471［野生植物］ |
| きつねこもち…Ⅰ-368［穀物類］ | きつねのせいべん…Ⅳ-471［野生植物］ |
| きつねころし…Ⅵ-721［果類］ | きつねのたすき…Ⅳ-472［野生植物］ |
| きつねささ…Ⅳ-467［野生植物］ | きつねのちやふくろ…Ⅵ-132［菌・茸類］ |
| きつねささき…Ⅳ-467［野生植物］ | きつねのとうろ…Ⅳ-472［野生植物］ |
| きつねささけ…Ⅳ-468［野生植物］ | きつねのはいふき…Ⅳ-472［野生植物］ |
| きつねささげ…Ⅳ-468［野生植物］ | きつねのははき…Ⅳ-472［野生植物］ |
| きつねささら…Ⅳ-468［野生植物］ | きつねのはり…Ⅳ-472［野生植物］ |
| きつねさざら…Ⅳ-468［野生植物］ | きつねのひともし…Ⅵ-132［菌・茸類］ |
| きつねさんしやう…Ⅵ-721［果類］ | きつねのひばし…Ⅳ-473［野生植物］ |
| きつねすかな…Ⅳ-468［野生植物］ | きつねのまくら…Ⅳ-473［野生植物］ |
| きつねたすき…Ⅳ-468［野生植物］ | きつねのまくら…Ⅶ-183［樹木類］ |
| きつねたちこ…Ⅳ-468［野生植物］ | きつねのまさかり…Ⅵ-18 |
| きつねたはこ…Ⅳ-469［野生植物］ | ［金・石・土・水類］ |
| きつねたばこ…Ⅳ-469［野生植物］ | きつねのまへかき…Ⅳ-473［野生植物］ |
| きつねとうろ…Ⅳ-469［野生植物］ | きつねのまへかけ…Ⅳ-473［野生植物］ |
| きつねにら…Ⅳ-469［野生植物］ | きつねのまへたれ…Ⅳ-473［野生植物］ |
| きつねにんじん…Ⅳ-469［野生植物］ | きつねのまへだれ…Ⅳ-473［野生植物］ |
| きつねのあづき…Ⅳ-469［野生植物］ | きつねのまへびら…Ⅳ-473［野生植物］ |
| きつねのあふら…Ⅳ-469［野生植物］ | きつねのまへびら…Ⅳ-474［野生植物］ |
| きつねのおかせ…Ⅳ-470［野生植物］ | きつねのまゑかけ…Ⅳ-474［野生植物］ |
| きつねのおがせ…Ⅳ-470［野生植物］ | きつねのまゑびら…Ⅳ-474［野生植物］ |
| きつねのおび…Ⅳ-470［野生植物］ | きつねのを…Ⅰ-369［穀物類］ |
| きつねのかき…Ⅳ-470［野生植物］ | きつねのを…Ⅳ-474［野生植物］ |
| きつねのかき…Ⅶ-183［樹木類］ | きつねのをかせ…Ⅳ-474［野生植物］ |
| きつねのかみそり…Ⅳ-470［野生植物］ | きつねのをがせ…Ⅳ-474［野生植物］ |
| きつねのかみそり…Ⅵ-132［菌・茸類］ | きつねのをび…Ⅳ-474［野生植物］ |
| きつねのからかさ…Ⅳ-470［野生植物］ | きつねはちめ…Ⅲ-181［魚類］ |
| きつねのからかさ…Ⅵ-132［菌・茸類］ | きつねはつくり…Ⅳ-475［野生植物］ |
| きつねのかわ…Ⅰ-369［穀物類］ | きつねはな…Ⅳ-475［野生植物］ |
| きつねのききやう…Ⅳ-471［野生植物］ | きつねばやり…Ⅰ-369［穀物類］ |
| きつねのきす…Ⅶ-183［樹木類］ | きつねばり…Ⅳ-475［野生植物］ |
| きつねのきず…Ⅶ-183［樹木類］ | きつねひら…Ⅵ-132［菌・茸類］ |
| きつねのけさ…Ⅳ-471［野生植物］ | きつねひる…Ⅳ-475［野生植物］ |
| きつねのこしかけ…Ⅶ-183［樹木類］ | きつねふくらけさう…Ⅳ-475［野生植物］ |
| きつねのこむき…Ⅳ-471［野生植物］ | きつねふくろ…Ⅵ-133［菌・茸類］ |
| きつねのこめ…Ⅳ-471［野生植物］ | きつねへ…Ⅵ-133［菌・茸類］ |
| きつねのささけ…Ⅳ-471［野生植物］ | きつねほうくち…Ⅵ-133［菌・茸類］ |

| | |
|---|---|
| きつねむき…Ⅳ-475［野生植物］ | きぬつる…Ⅰ-371［穀物類］ |
| きつねやなぎ…Ⅳ-475［野生植物］ | きぬはり…Ⅲ-181［魚類］ |
| きつねゑんとう…Ⅳ-476［野生植物］ | きぬばり…Ⅰ-371［穀物類］ |
| きつねをさ…Ⅳ-476［野生植物］ | きぬほらかひ…Ⅲ-704［貝類］ |
| ぎっぱち…Ⅲ-181［魚類］ | きぬりのは…Ⅶ-772［救荒動植物類］ |
| きつらさう…Ⅳ-476［野生植物］ | きぬうり…Ⅰ-371［穀物類］ |
| きづらさう…Ⅳ-476［野生植物］ | きねが…Ⅵ-722［果類］ |
| きつりゅうぎょ…Ⅲ-181［魚類］ | きねかつら…Ⅳ-477［野生植物］ |
| きとう…Ⅵ-343［菜類］ | きねざきあわ…Ⅰ-371［穀物類］ |
| きとうからし…Ⅵ-343［菜類］ | きねふり…Ⅰ-371［穀物類］ |
| きとうからし…Ⅵ-344［菜類］ | きねまわし…Ⅰ-371［穀物類］ |
| きとうぢ…Ⅵ-344［菜類］ | きねり…Ⅵ-722［果類］ |
| きとうばう…Ⅰ-369［穀物類］ | きねり…Ⅶ-184［樹木類］ |
| きとうひる…Ⅳ-476［野生植物］ | きねりかき…Ⅵ-722［果類］ |
| きどおし…Ⅰ-369［穀物類］ | きのくに…Ⅰ-371［穀物類］ |
| きところ…Ⅳ-476［野生植物］ | きのくに…Ⅰ-372［穀物類］ |
| きどころ…Ⅳ-476［野生植物］ | きのくに…Ⅵ-722［果類］ |
| きどころ…Ⅶ-772［救荒動植物類］ | きのくにつけ…Ⅶ-184［樹木類］ |
| きどそかづら…Ⅳ-477［野生植物］ | きのくにつげ…Ⅶ-184［樹木類］ |
| きどひへ…Ⅰ-369［穀物類］ | きのくにみかん…Ⅵ-723［果類］ |
| きとろろ…Ⅳ-477［野生植物］ | きのくにもち…Ⅰ-372［穀物類］ |
| きなあわ…Ⅰ-370［穀物類］ | きのこさし…Ⅳ-477［野生植物］ |
| きなこ…Ⅰ-370［穀物類］ | きのした…Ⅰ-372［穀物類］ |
| きなし…Ⅵ-721［果類］ | きのした…Ⅳ-477［野生植物］ |
| きなたけ…Ⅵ-133［菌・茸類］ | きのしたとくじん…Ⅰ-372［穀物類］ |
| きなへ…Ⅵ-344［菜類］ | きのしたのくきは…Ⅶ-772［救荒動植物類］ |
| きなもち…Ⅰ-370［穀物類］ | きのひやう…Ⅶ-772［救荒動植物類］ |
| きなもちあわ…Ⅰ-370［穀物類］ | きのひよう…Ⅶ-772［救荒動植物類］ |
| ぎなん…Ⅵ-722［果類］ | きのふり…Ⅰ-372［穀物類］ |
| きなんはん…Ⅵ-344［菜類］ | きのほくこく…Ⅰ-373［穀物類］ |
| きなんばん…Ⅵ-344［菜類］ | きのぼりいしぶし…Ⅲ-181［魚類］ |
| きにやままめ…Ⅰ-370［穀物類］ | きのぼりもち…Ⅰ-373［穀物類］ |
| きにんしん…Ⅵ-344［菜類］ | きのみのき…Ⅶ-184［樹木類］ |
| きにんじん…Ⅵ-344［菜類］ | きのみみ…Ⅵ-133［菌・茸類］ |
| きにんちん…Ⅵ-345［菜類］ | きのめ…Ⅳ-477［野生植物］ |
| きぬあづき…Ⅰ-370［穀物類］ | きのめ…Ⅶ-772［救荒動植物類］ |
| きぬかい…Ⅰ-370［穀物類］ | きのれまた…Ⅳ-478［野生植物］ |
| きぬくさ…Ⅳ-477［野生植物］ | きは…Ⅵ-345［菜類］ |

き

きば…Ⅰ-373［穀物類］
ぎば…Ⅳ-478［野生植物］
きばうふう…Ⅳ-478［野生植物］
きばかいせい…Ⅰ-373［穀物類］
きはき…Ⅲ-181［魚類］
きはぎ…Ⅳ-478［野生植物］
ぎはき…Ⅲ-181［魚類］
ぎはぎ…Ⅲ-182［魚類］
きばくさ…Ⅵ-345［菜類］
ぎはくさ…Ⅳ-478［野生植物］
ぎばくさ…Ⅳ-478［野生植物］
きばくさのは…Ⅶ-773［救荒動植物類］
ぎばさ…Ⅳ-478［野生植物］
ぎばさう…Ⅳ-479［野生植物］
きばささけ…Ⅰ-373［穀物類］
きばささけ…Ⅵ-345［菜類］
ぎはささけ…Ⅵ-345［菜類］
きはさも…Ⅳ-479［野生植物］
ぎばさも…Ⅳ-479［野生植物］
きはさんらいさう…Ⅳ-479［野生植物］
ぎばさんらいさう…Ⅳ-479［野生植物］
きばさんれいそう…Ⅳ-479［野生植物］
きばす…Ⅶ-184［樹木類］
きはすみさう…Ⅳ-479［野生植物］
きばそう…Ⅳ-480［野生植物］
きはた…Ⅳ-480［野生植物］
きはた…Ⅶ-184［樹木類］
きはだ…Ⅶ-184［樹木類］
ぎはだ…Ⅶ-185［樹木類］
きはだはちめ…Ⅲ-182［魚類］
きはち…Ⅲ-182［魚類］
きばち…Ⅶ-185［樹木類］
きはちす…Ⅶ-185［樹木類］
きばちす…Ⅶ-185［樹木類］
きはつそく…Ⅲ-182［魚類］
きばなこたい…Ⅲ-182［魚類］
きはひともし…Ⅵ-345［菜類］
きはら…Ⅰ-373［穀物類］

きはんさう…Ⅳ-480［野生植物］
きひ…Ⅰ-373［穀物類］
きひ…Ⅰ-374［穀物類］
きび…Ⅰ-373［穀物類］
きび…Ⅰ-374［穀物類］
きび…Ⅳ-480［野生植物］
きひあまてかれい…Ⅲ-182［魚類］
きびかき…Ⅵ-723［果類］
きびがれい…Ⅲ-182［魚類］
ぎひき…Ⅳ-480［野生植物］
きびきのくきは…Ⅶ-773［救荒動植物類］
きびつかみ…Ⅳ-480［野生植物］
きびなご…Ⅲ-183［魚類］
きびなごいはし…Ⅲ-183［魚類］
きびにんじん…Ⅵ-345［菜類］
きびほ…Ⅰ-374［穀物類］
きびもとき…Ⅰ-374［穀物類］
きびもどき…Ⅰ-374［穀物類］
きふがふむぎ…Ⅰ-358［穀物類］
きふがふろくかく…Ⅰ-358［穀物類］
きぶき…Ⅶ-773［救荒動植物類］
きふぎふ…Ⅰ-374［穀物類］
きふくろ…Ⅳ-480［野生植物］
きぶし…Ⅳ-481［野生植物］
ぎふしらかは…Ⅰ-375［穀物類］
きぶねぎく…Ⅳ-481［野生植物］
きふり…Ⅵ-346［菜類］
きふりはな…Ⅰ-375［穀物類］
きべ…Ⅲ-183［魚類］
きへき…Ⅶ-185［樹木類］
きぼ…Ⅳ-481［野生植物］
ぎぼ…Ⅳ-481［野生植物］
きほう…Ⅳ-481［野生植物］
ぎほう…Ⅳ-481［野生植物］
きほうし…Ⅳ-481［野生植物］
きぼうし…Ⅳ-482［野生植物］
きぼうし…Ⅵ-346［菜類］
ぎほうし…Ⅳ-482［野生植物］

| | |
|---|---|
| ぎぼうし…Ⅳ - 482 ［野生植物］ | きやう…Ⅰ - 375 ［穀物類］ |
| ぎぼうし…Ⅳ - 483 ［野生植物］ | きやう…Ⅳ - 484 ［野生植物］ |
| ぎぼうし…Ⅵ - 346 ［菜類］ | きやうあは…Ⅰ - 376 ［穀物類］ |
| きぼうしのくきは…Ⅶ-773［救荒動植物類］ | きやういせ…Ⅰ - 376 ［穀物類］ |
| ぎぼうしのくきは…Ⅶ-773［救荒動植物類］ | きやういね…Ⅰ - 376 ［穀物類］ |
| ぎぼうしのくきは…Ⅶ-773［救荒動植物類］ | きやういも…Ⅵ - 346 ［菜類］ |
| きぼうしのくさは…Ⅶ-773［救荒動植物類］ | ぎやうがうむめ…Ⅵ - 723 ［果類］ |
| ぎぼうしのはなは…Ⅶ-774［救荒動植物類］ | きやうがく…Ⅰ - 376 ［穀物類］ |
| ぎほうしは…Ⅶ - 774 ［救荒動植物類］ | きやうかひ…Ⅲ - 704 ［貝類］ |
| ぎぼうしゆ…Ⅳ - 483 ［野生植物］ | きやうきひ…Ⅰ - 376 ［穀物類］ |
| きほうぶら…Ⅵ - 346 ［菜類］ | きやうくぬぎ…Ⅶ - 186 ［樹木類］ |
| きほし…Ⅳ - 483 ［野生植物］ | きやうくわつ…Ⅳ - 484 ［野生植物］ |
| きほし…Ⅶ - 774 ［救荒動植物類］ | きやうげんはかま…Ⅲ - 184 ［魚類］ |
| ぎぼし…Ⅳ - 483 ［野生植物］ | きやうこそで…Ⅳ - 484 ［野生植物］ |
| きほたん…Ⅶ - 185 ［樹木類］ | きやうこそでつつち…Ⅶ - 186 ［樹木類］ |
| きぼたん…Ⅶ - 185 ［樹木類］ | きやうこつ…Ⅰ - 376 ［穀物類］ |
| きま…Ⅲ - 183 ［魚類］ | きやうこつ…Ⅰ - 377 ［穀物類］ |
| ぎま…Ⅲ - 183 ［魚類］ | きやうこつささけ…Ⅰ - 377 ［穀物類］ |
| きまち…Ⅰ - 375 ［穀物類］ | きやうごん…Ⅰ - 377 ［穀物類］ |
| きまめ…Ⅰ - 375 ［穀物類］ | きやうささけ…Ⅰ - 377 ［穀物類］ |
| きまんぢう…Ⅳ - 483 ［野生植物］ | きやうさら…Ⅰ - 377 ［穀物類］ |
| きまんぢう…Ⅶ - 186 ［樹木類］ | きやうされ…Ⅰ - 377 ［穀物類］ |
| きみあふらめ…Ⅲ - 183 ［魚類］ | きやうしやうろう…Ⅰ - 377 ［穀物類］ |
| きみあぶらめ…Ⅲ - 183 ［魚類］ | きやうじやうろう…Ⅰ - 378 ［穀物類］ |
| きみうを…Ⅲ - 184 ［魚類］ | ぎやうじやにんにく…Ⅳ - 485 ［野生植物］ |
| きみがすず…Ⅳ - 483 ［野生植物］ | ぎやうじやにんにく…Ⅵ - 347 ［菜類］ |
| きみがふね…Ⅲ - 704 ［貝類］ | ぎやうじやねぎ…Ⅵ - 347 ［菜類］ |
| きみかわ…Ⅰ - 375 ［穀物類］ | ぎやうじやひる…Ⅵ - 347 ［菜類］ |
| きみる…Ⅳ - 484 ［野生植物］ | きやうじよろう…Ⅰ - 378 ［穀物類］ |
| きむき…Ⅰ - 375 ［穀物類］ | きやうじよろうわせ…Ⅰ - 378 ［穀物類］ |
| きむくげ…Ⅳ - 484 ［野生植物］ | きやうしらう…Ⅰ - 378 ［穀物類］ |
| きめいゑ…Ⅲ - 184 ［魚類］ | きやうしらう…Ⅰ - 384 ［穀物類］ |
| きめう…Ⅶ - 186 ［樹木類］ | きやうしらす…Ⅵ - 347 ［菜類］ |
| きめゑい…Ⅲ - 184 ［魚類］ | きやうしん…Ⅰ - 378 ［穀物類］ |
| きめん…Ⅵ - 723 ［果類］ | きやうせん…Ⅰ - 378 ［穀物類］ |
| きもと…Ⅳ - 484 ［野生植物］ | きやうせんこく…Ⅰ - 379 ［穀物類］ |
| きもと…Ⅵ - 346 ［菜類］ | きやうだいこん…Ⅵ - 347 ［菜類］ |
| きももくさ…Ⅳ - 484 ［野生植物］ | きやうたつま…Ⅶ - 186 ［樹木類］ |

き

| | |
|---|---|
| きやうちありま…Ⅰ-379 ［穀物類］ | きやうぶのき…Ⅶ-187 ［樹木類］ |
| きやうぢやひる…Ⅵ-347 ［菜類］ | ぎやうぼうち…Ⅰ-381 ［穀物類］ |
| きやうちん…Ⅶ-186 ［樹木類］ | きやうみす…Ⅲ-184 ［魚類］ |
| きやうてんきやうでん…Ⅰ-379 ［穀物類］ | きやうみず…Ⅲ-185 ［魚類］ |
| きやうでんはやり…Ⅰ-379 ［穀物類］ | きやうみやげ…Ⅰ-381 ［穀物類］ |
| きやうでんばやり…Ⅰ-379 ［穀物類］ | きやうむき…Ⅰ-381 ［穀物類］ |
| きやうでんほうず…Ⅰ-379 ［穀物類］ | きやうむぎ…Ⅰ-381 ［穀物類］ |
| きやうとぼうづ…Ⅰ-379 ［穀物類］ | きやうもち…Ⅰ-381 ［穀物類］ |
| きやうな…Ⅵ-348 ［菜類］ | きやうもつこう…Ⅳ-487 ［野生植物］ |
| きやうなつな…Ⅳ-485 ［野生植物］ | きやうもどり…Ⅲ-185 ［魚類］ |
| きやうなづな…Ⅳ-485 ［野生植物］ | きやうもも…Ⅵ-723 ［果類］ |
| きやうのき…Ⅶ-186 ［樹木類］ | きやうもも…Ⅵ-724 ［果類］ |
| きやうのじやうらう…Ⅰ-380 ［穀物類］ | きやうやろく…Ⅰ-382 ［穀物類］ |
| きやうのひほ…Ⅳ-485 ［野生植物］ | ぎやうよう…Ⅳ-487 ［野生植物］ |
| きやうのひぼ…Ⅲ-184 ［魚類］ | ぎやうれつ…Ⅰ-382 ［穀物類］ |
| きやうのひも…Ⅳ-485 ［野生植物］ | きやうろくかく…Ⅰ-382 ［穀物類］ |
| きやうのひも…Ⅳ-486 ［野生植物］ | きやうわせ…Ⅰ-382 ［穀物類］ |
| きやうのむま…Ⅳ-486 ［野生植物］ | きやうゑひ…Ⅰ-382 ［穀物類］ |
| きやうは…Ⅳ-486 ［野生植物］ | きやくしんあは…Ⅰ-382 ［穀物類］ |
| きやうはたか…Ⅰ-380 ［穀物類］ | きやくだまし…Ⅰ-383 ［穀物類］ |
| きやうはだか…Ⅰ-380 ［穀物類］ | きやしほ…Ⅶ-187 ［樹木類］ |
| きやうはたかむぎ…Ⅰ-380 ［穀物類］ | きやしを…Ⅶ-187 ［樹木類］ |
| きやうはだかむぎ…Ⅰ-380 ［穀物類］ | きやなぎ…Ⅶ-187 ［樹木類］ |
| きやうはなれ…Ⅵ-723 ［果類］ | きやらかき…Ⅵ-724 ［果類］ |
| きやうはやり…Ⅰ-380 ［穀物類］ | きやらぼく…Ⅶ-187 ［樹木類］ |
| きやうばやり…Ⅰ-381 ［穀物類］ | きやらもく…Ⅶ-188 ［樹木類］ |
| きやうふ…Ⅶ-187 ［樹木類］ | きやらもつこう…Ⅵ-724 ［果類］ |
| きやうぶ…Ⅳ-486 ［野生植物］ | きやらやなぎ…Ⅶ-188 ［樹木類］ |
| きやうぶ…Ⅵ-723 ［果類］ | ぎやるさう…Ⅳ-487 ［野生植物］ |
| きやうぶ…Ⅶ-774 ［救荒動植物類］ | きやるた…Ⅳ-487 ［野生植物］ |
| ぎやうふ…Ⅵ-348 ［菜類］ | きゆうしちあは…Ⅰ-383 ［穀物類］ |
| ぎやうぶ…Ⅲ-184 ［魚類］ | きゆうしちもたせ…Ⅵ-133 ［菌・茸類］ |
| ぎやうぶ…Ⅳ-486 ［野生植物］ | きゆうしやうばう…Ⅰ-383 ［穀物類］ |
| きやうふき…Ⅵ-348 ［菜類］ | きゆうべゑまめ…Ⅰ-383 ［穀物類］ |
| きやうふく…Ⅳ-486 ［野生植物］ | きゆり…Ⅳ-487 ［野生植物］ |
| ぎやうぶくのは…Ⅶ-774 ［救荒動植物類］ | きゆり…Ⅵ-348 ［菜類］ |
| ぎやうぶな…Ⅳ-487 ［野生植物］ | きようくわつ…Ⅳ-487 ［野生植物］ |
| ぎやうぶな…Ⅶ-774 ［救荒動植物類］ | きようこむぎ…Ⅰ-383 ［穀物類］ |

| | |
|---|---|
| きようじふらう…Ⅰ‐383［穀物類］ | きり…Ⅶ‐188［樹木類］ |
| きようじふろく…Ⅰ‐383［穀物類］ | きりあは…Ⅰ‐385［穀物類］ |
| きようじよろう…Ⅰ‐384［穀物類］ | きりあふち…Ⅶ‐189［樹木類］ |
| きようしろ…Ⅰ‐384［穀物類］ | きりあぶらのき…Ⅶ‐189［樹木類］ |
| きようはたか…Ⅰ‐384［穀物類］ | きりい…Ⅰ‐385［穀物類］ |
| きようもち…Ⅰ‐384［穀物類］ | きりいし…Ⅵ‐19［金・石・土・水類］ |
| きよかね…Ⅰ‐384［穀物類］ | きりいも…Ⅵ‐348［菜類］ |
| きよかねやろく…Ⅰ‐384［穀物類］ | きりうさう…Ⅳ‐450［野生植物］ |
| きよきよそう…Ⅰ‐385［穀物類］ | きりうな…Ⅲ‐704［貝類］ |
| ぎよくし…Ⅳ‐488［野生植物］ | きりか…Ⅵ‐724［果類］ |
| ぎよくせんくは…Ⅳ‐488［野生植物］ | きりかね…Ⅰ‐385［穀物類］ |
| ぎよくせんくわ…Ⅳ‐488［野生植物］ | きりかひ…Ⅲ‐704［貝類］ |
| きよくれうぎよ…Ⅲ‐185［魚類］ | きりがやつ…Ⅶ‐189［樹木類］ |
| きよし…Ⅵ‐724［果類］ | きりきりさう…Ⅳ‐489［野生植物］ |
| きよし…Ⅶ‐188［樹木類］ | ぎりぎりな…Ⅵ‐349［菜類］ |
| きよす…Ⅰ‐385［穀物類］ | きりさき…Ⅰ‐386［穀物類］ |
| きよすさんぐわつ…Ⅰ‐385［穀物類］ | きりさば…Ⅲ‐186［魚類］ |
| きよせ…Ⅲ‐185［魚類］ | きりしま…Ⅰ‐386［穀物類］ |
| きよび…Ⅶ‐188［樹木類］ | きりしま…Ⅳ‐489［野生植物］ |
| きら…Ⅵ‐18［金・石・土・水類］ | きりしま…Ⅶ‐189［樹木類］ |
| ぎら…Ⅵ‐18［金・石・土・水類］ | きりしま…Ⅶ‐190［樹木類］ |
| きらいし…Ⅵ‐18［金・石・土・水類］ | きりしまつつし…Ⅶ‐190［樹木類］ |
| ぎらかすげ…Ⅵ‐19［金・石・土・水類］ | きりしらす…Ⅰ‐386［穀物類］ |
| きらきら…Ⅲ‐185［魚類］ | きりちよ…Ⅰ‐386［穀物類］ |
| ぎらぎら…Ⅲ‐185［魚類］ | きりつぼ…Ⅳ‐489［野生植物］ |
| ぎらくろもの…Ⅵ‐19［金・石・土・水類］ | きりてん…Ⅲ‐186［魚類］ |
| ぎらすぢもの…Ⅵ‐19［金・石・土・水類］ | きりどういね…Ⅰ‐386［穀物類］ |
| きらつち…Ⅵ‐19［金・石・土・水類］ | きりのき…Ⅶ‐190［樹木類］ |
| ぎらな…Ⅳ‐488［野生植物］ | きりのさき…Ⅰ‐386［穀物類］ |
| ぎらな…Ⅵ‐348［菜類］ | きりのさきあは…Ⅰ‐386［穀物類］ |
| きらやう…Ⅳ‐488［野生植物］ | きりのさきひゑ…Ⅰ‐387［穀物類］ |
| きららこ…Ⅲ‐186［魚類］ | きりのとをぐさ…Ⅳ‐489［野生植物］ |
| きらん…Ⅳ‐488［野生植物］ | きりのは…Ⅶ‐774［救荒動植物類］ |
| きらんさう…Ⅳ‐488［野生植物］ | きりはらい…Ⅰ‐387［穀物類］ |
| きらんさう…Ⅳ‐489［野生植物］ | きりひへ…Ⅰ‐387［穀物類］ |
| ぎらんさう…Ⅳ‐489［野生植物］ | きりびへ…Ⅰ‐387［穀物類］ |
| きらんそう…Ⅳ‐489［野生植物］ | きりふ…Ⅰ‐387［穀物類］ |
| きり…Ⅰ‐385［穀物類］ | きりふかや…Ⅳ‐490［野生植物］ |

き

| | |
|---|---|
| きりほうは…Ⅶ - 190　[樹木類] | きんかい…Ⅰ - 388　[穀物類] |
| きりほし…Ⅵ - 349　[菜類] | きんかい…Ⅲ - 186　[魚類] |
| きりぼし…Ⅶ - 775　[救荒動植物類] | きんかいさう…Ⅳ - 492　[野生植物] |
| きりほしな…Ⅶ - 775　[救荒動植物類] | きんかうし…Ⅳ - 493　[野生植物] |
| ぎりめき…Ⅵ - 349　[菜類] | きんかきくくり…Ⅲ - 186　[魚類] |
| きりやす…Ⅳ - 490　[野生植物] | きんかは…Ⅵ - 20　[金・石・土・水類] |
| きりよけ…Ⅰ - 387　[穀物類] | きんかはねば…Ⅵ - 20　[金・石・土・水類] |
| きりわら…Ⅰ - 387　[穀物類] | きんかわ…Ⅲ - 187　[魚類] |
| きりんさう…Ⅳ - 490　[野生植物] | きんかん…Ⅵ - 725　[果類] |
| きりんそう…Ⅳ - 490　[野生植物] | きんかん…Ⅵ - 726　[果類] |
| きれんぎやう…Ⅶ - 190　[樹木類] | きんかん…Ⅶ - 191　[樹木類] |
| きれんげ…Ⅶ - 190　[樹木類] | きんき…Ⅲ - 187　[魚類] |
| きろ…Ⅲ - 186　[魚類] | きんぎいす…Ⅳ - 493　[野生植物] |
| ぎろぎろ…Ⅳ - 490　[野生植物] | きんきう…Ⅲ - 187　[魚類] |
| ぎろくさ…Ⅳ - 491　[野生植物] | きんぎう…Ⅲ - 187　[魚類] |
| ぎろはりろふく…Ⅲ - 186　[魚類] | ぎんぎう…Ⅲ - 187　[魚類] |
| ぎろり…Ⅳ - 491　[野生植物] | きんきす…Ⅳ - 493　[野生植物] |
| ぎわ…Ⅳ - 491　[野生植物] | きんぎよ…Ⅲ - 187　[魚類] |
| きわすみさう…Ⅳ - 491　[野生植物] | きんぎよも…Ⅳ - 493　[野生植物] |
| きわた…Ⅰ - 388　[穀物類] | きんぎんくは…Ⅶ - 191　[樹木類] |
| きわた…Ⅳ - 491　[野生植物] | きんぎんくわ…Ⅳ - 493　[野生植物] |
| きわた…Ⅳ - 492　[野生植物] | きんぎんくわ…Ⅵ - 349　[菜類] |
| きわた…Ⅵ - 349　[菜類] | きんきんさう…Ⅳ - 493　[野生植物] |
| きわた…Ⅵ - 724　[果類] | きんぎんさう…Ⅳ - 494　[野生植物] |
| きわた…Ⅶ - 191　[樹木類] | きんきんそう…Ⅳ - 494　[野生植物] |
| きわだ…Ⅶ - 191　[樹木類] | きんぎんなす…Ⅵ - 349　[菜類] |
| きわたのみ…Ⅶ - 775　[救荒動植物類] | きんぎんなすひ…Ⅵ - 350　[菜類] |
| きわたもとき…Ⅳ - 492　[野生植物] | きんぎんなすび…Ⅳ - 494　[野生植物] |
| きわたもどき…Ⅳ - 492　[野生植物] | きんぎんもも…Ⅶ - 191　[樹木類] |
| きわり…Ⅰ - 388　[穀物類] | きんくい…Ⅳ - 494　[野生植物] |
| きわんさう…Ⅳ - 492　[野生植物] | きんくるまたい…Ⅲ - 187　[魚類] |
| きゐ…Ⅵ - 349　[菜類] | きんくわ…Ⅳ - 494　[野生植物] |
| ぎをんばう…Ⅵ - 724　[果類] | きんくわ…Ⅵ - 350　[菜類] |
| きん…Ⅵ - 19　[金・石・土・水類] | きんげしやう…Ⅳ - 494　[野生植物] |
| ぎん…Ⅵ - 19　[金・石・土・水類] | きんげせう…Ⅳ - 494　[野生植物] |
| ぎんあふひ…Ⅳ - 492　[野生植物] | きんこ…Ⅰ - 388　[穀物類] |
| きんあん…Ⅵ - 725　[果類] | きんこ…Ⅲ - 188　[魚類] |
| ぎんあん…Ⅵ - 725　[果類] | きんこつら…Ⅶ - 191　[樹木類] |

| | |
|---|---|
| きんこまめ…Ⅰ-388 [穀物類] | きんちやくうを…Ⅲ-189 [魚類] |
| ぎんささけ…Ⅰ-388 [穀物類] | きんちやくかひ…Ⅲ-704 [貝類] |
| きんさら…Ⅳ-495 [野生植物] | きんちやくさう…Ⅳ-498 [野生植物] |
| きんしさう…Ⅶ-191 [樹木類] | きんちやくなす…Ⅳ-498 [野生植物] |
| きんしだ…Ⅳ-495 [野生植物] | きんちやくなす…Ⅵ-350 [菜類] |
| きんしばい…Ⅳ-495 [野生植物] | きんちやくなすひ…Ⅵ-350 [菜類] |
| きんしばい…Ⅶ-192 [樹木類] | きんちやくなすび…Ⅵ-351 [菜類] |
| きんしれん…Ⅳ-495 [野生植物] | きんちやくもち…Ⅰ-389 [穀物類] |
| きんしん…Ⅳ-495 [野生植物] | きんちやくわせ…Ⅰ-389 [穀物類] |
| ぎんすあわ…Ⅰ-388 [穀物類] | ぎんつき…Ⅵ-20 [金・石・土・水類] |
| きんすげ…Ⅳ-495 [野生植物] | きんてい…Ⅲ-188 [魚類] |
| きんすぢ…Ⅵ-350 [菜類] | きんていいけ…Ⅲ-188 [魚類] |
| きんせいさう…Ⅳ-495 [野生植物] | きんとき…Ⅰ-389 [穀物類] |
| きんせいそう…Ⅳ-496 [野生植物] | きんとき…Ⅵ-351 [菜類] |
| きんせき…Ⅵ-20 [金・石・土・水類] | きんとき…Ⅵ-726 [果類] |
| ぎんせき…Ⅵ-20 [金・石・土・水類] | ぎんとほり…Ⅵ-20 [金・石・土・水類] |
| きんせんぎんだい…Ⅳ-496 [野生植物] | きんとほりしろまさ…Ⅵ-20 [金・石・土・水類] |
| きんせんくさ…Ⅳ-496 [野生植物] | |
| きんせんくは…Ⅳ-496 [野生植物] | きんとほりねば…Ⅵ-21 [金・石・土・水類] |
| きんせんくわ…Ⅳ-496 [野生植物] | きんないこ…Ⅲ-189 [魚類] |
| きんせんくわ…Ⅳ-497 [野生植物] | きんなす…Ⅵ-351 [菜類] |
| ぎんせんくわ…Ⅳ-497 [野生植物] | ぎんなす…Ⅵ-351 [菜類] |
| きんぞう…Ⅰ-389 [穀物類] | きんなすひ…Ⅵ-351 [菜類] |
| きんたい…Ⅲ-188 [魚類] | きんなん…Ⅵ-726 [果類] |
| きんたい…Ⅳ-497 [野生植物] | ぎんなん…Ⅵ-726 [果類] |
| ぎんたい…Ⅲ-188 [魚類] | きんなんのき…Ⅶ-192 [樹木類] |
| ぎんだい…Ⅳ-497 [野生植物] | ぎんなんのき…Ⅶ-192 [樹木類] |
| きんたいうす…Ⅲ-188 [魚類] | きんのう…Ⅰ-389 [穀物類] |
| きんだいちひえ…Ⅰ-389 [穀物類] | きんば…Ⅳ-498 [野生植物] |
| きんたうからし…Ⅵ-350 [菜類] | きんはいさう…Ⅳ-498 [野生植物] |
| きんたけ…Ⅵ-133 [菌・茸類] | きんばいさう…Ⅳ-498 [野生植物] |
| きんたけ…Ⅵ-134 [菌・茸類] | ぎんはいさう…Ⅳ-498 [野生植物] |
| ぎんたけ…Ⅵ-134 [菌・茸類] | ぎんはぎ…Ⅲ-189 [魚類] |
| ぎんたるも…Ⅳ-498 [野生植物] | きんばく…Ⅳ-499 [野生植物] |
| きんちく…Ⅵ-63 [竹・笹類] | ぎんばこ…Ⅰ-390 [穀物類] |
| ぎんちく…Ⅵ-64 [竹・笹類] | きんばさ…Ⅳ-499 [野生植物] |
| きんちやう…Ⅰ-389 [穀物類] | ぎんはさう…Ⅳ-499 [野生植物] |
| きんちやくうを…Ⅲ-188 [魚類] | きんばさう…Ⅳ-499 [野生植物] |

## く

きんはさうも…Ⅳ-499［野生植物］
ぎんばさな…Ⅳ-499［野生植物］
きんばさまも…Ⅳ-499［野生植物］
ぎんばさまも…Ⅳ-500［野生植物］
ぎんばじり…Ⅰ-390［穀物類］
きんばそも…Ⅳ-500［野生植物］
きんばり…Ⅲ-189［魚類］
きんひら…Ⅰ-390［穀物類］
きんひらはたか…Ⅰ-390［穀物類］
きんひらはだか…Ⅰ-390［穀物類］
きんひらむぎ…Ⅰ-391［穀物類］
きんひらわせ…Ⅰ-391［穀物類］
きんふのり…Ⅳ-500［野生植物］
きんふり…Ⅵ-352［菜類］
ぎんふり…Ⅵ-352［菜類］
ぎんふろう…Ⅰ-391［穀物類］
きんぶんし…Ⅳ-500［野生植物］
きんほう…Ⅳ-500［野生植物］
きんほうけ…Ⅳ-500［野生植物］
きんほうげ…Ⅳ-501［野生植物］
きんぼうけ…Ⅳ-501［野生植物］
きんほうなす…Ⅵ-352［菜類］
きんほうなすび…Ⅵ-352［菜類］
きんまかづら…Ⅳ-501［野生植物］
きんまくわ…Ⅵ-726［果類］
ぎんまつば…Ⅳ-501［野生植物］
きんまめ…Ⅰ-391［穀物類］
きんみづひき…Ⅳ-501［野生植物］
ぎんめばる…Ⅲ-189［魚類］
きんらん…Ⅳ-502［野生植物］
ぎんろさう…Ⅳ-502［野生植物］

## く

くい…Ⅲ-190［魚類］
くい…Ⅳ-503［野生植物］
くい…Ⅶ-193［樹木類］
くいさめ…Ⅲ-190［魚類］
くいす…Ⅳ-503［野生植物］
ぐいす…Ⅳ-503［野生植物］
ぐいび…Ⅵ-727［果類］
ぐいび…Ⅶ-193［樹木類］
くいめ…Ⅶ-193［樹木類］
ぐいめ…Ⅵ-727［果類］
くうかい…Ⅰ-392［穀物類］
くうつさう…Ⅳ-503［野生植物］
くかいさう…Ⅳ-503［野生植物］
くがいさう…Ⅳ-503［野生植物］
くがいさう…Ⅳ-504［野生植物］
くかいそう…Ⅳ-504［野生植物］
くかた…Ⅵ-353［菜類］
くかだ…Ⅵ-353［菜類］
くき…Ⅲ-190［魚類］
くぎ…Ⅲ-190［魚類］
くきあか…Ⅵ-353［菜類］
くきあを…Ⅵ-353［菜類］
くきくさ…Ⅳ-504［野生植物］
くぎくさ…Ⅳ-504［野生植物］
くぎたうからし…Ⅵ-354［菜類］
くきたち…Ⅵ-353［菜類］
くきたちな…Ⅵ-353［菜類］
くきつけ…Ⅵ-353［菜類］
くぎぬきさう…Ⅳ-504［野生植物］
くぎのき…Ⅶ-193［樹木類］
くきふき…Ⅳ-504［野生植物］
くきぼそ…Ⅵ-354［菜類］
くく…Ⅳ-504［野生植物］
くぐ…Ⅳ-505［野生植物］
ぐぐ…Ⅲ-190［魚類］
くくおろし…Ⅰ-392［穀物類］
くぐくさ…Ⅳ-505［野生植物］
くくたち…Ⅵ-354［菜類］
くくだち…Ⅵ-354［菜類］
くくたちな…Ⅵ-354［菜類］
くぐつ…Ⅵ-354［菜類］
くくな…Ⅳ-505［野生植物］
くくまり…Ⅲ-705［貝類］

| | |
|---|---|
| くくみ…Ⅳ-505［野生植物］ | くさいちご…Ⅵ-356［菜類］ |
| くくみ…Ⅵ-354［菜類］ | くさいちご…Ⅵ-727［果類］ |
| くぐみ…Ⅳ-505［野生植物］ | くさいちご…Ⅵ-728［果類］ |
| くくみのくきは…Ⅶ-776［救荒動植物類］ | ぐざうかぢか…Ⅲ-190［魚類］ |
| くぐみのくきは…Ⅶ-776［救荒動植物類］ | くさうど…Ⅳ-508［野生植物］ |
| くくめくさ…Ⅳ-505［野生植物］ | くさうるし…Ⅳ-508［野生植物］ |
| くくもとき…Ⅳ-505［野生植物］ | くさおとめかつら…Ⅳ-508［野生植物］ |
| くぐもどき…Ⅳ-506［野生植物］ | くさかば…Ⅶ-194［樹木類］ |
| くくら…Ⅳ-506［野生植物］ | くさからまつ…Ⅳ-508［野生植物］ |
| くくり…Ⅰ-392［穀物類］ | くさき…Ⅳ-508［野生植物］ |
| くくり…Ⅵ-355［菜類］ | くさき…Ⅳ-509［野生植物］ |
| くぐり…Ⅵ-355［菜類］ | くさき…Ⅵ-356［菜類］ |
| くくりかや…Ⅵ-727［果類］ | くさき…Ⅶ-194［樹木類］ |
| くくりさや…Ⅰ-392［穀物類］ | くさき…Ⅶ-776［救荒動植物類］ |
| くくりしば…Ⅳ-506［野生植物］ | くさぎ…Ⅳ-509［野生植物］ |
| くくりばんと…Ⅰ-392［穀物類］ | くさぎ…Ⅵ-356［菜類］ |
| くげぢよらう…Ⅳ-506［野生植物］ | くさぎ…Ⅶ-194［樹木類］ |
| くこ…Ⅳ-506［野生植物］ | くさぎ…Ⅶ-195［樹木類］ |
| くこ…Ⅵ-355［菜類］ | くさぎ…Ⅶ-776［救荒動植物類］ |
| くこ…Ⅶ-193［樹木類］ | くさききやう…Ⅳ-509［野生植物］ |
| くこ…Ⅶ-776［救荒動植物類］ | くさぎぐさ…Ⅳ-509［野生植物］ |
| くご…Ⅳ-506［野生植物］ | くさきな…Ⅶ-776［救荒動植物類］ |
| くご…Ⅵ-355［菜類］ | くさぎのき…Ⅶ-195［樹木類］ |
| くこう…Ⅵ-355［菜類］ | くさきのは…Ⅶ-195［樹木類］ |
| くこく…Ⅰ-392［穀物類］ | くさきのは…Ⅶ-777［救荒動植物類］ |
| くこくさ…Ⅳ-507［野生植物］ | くさぎのは…Ⅵ-356［菜類］ |
| くこなへ…Ⅵ-355［菜類］ | くさぎのは…Ⅶ-777［救荒動植物類］ |
| くこのは…Ⅶ-776［救荒動植物類］ | くさぎのむし…Ⅶ-777［救荒動植物類］ |
| ぐさ…Ⅵ-21［金・石・土・水類］ | くさぎは…Ⅶ-778［救荒動植物類］ |
| くさあかね…Ⅳ-507［野生植物］ | くさきひ…Ⅳ-509［野生植物］ |
| くさあさみ…Ⅳ-507［野生植物］ | くさきむし…Ⅶ-778［救荒動植物類］ |
| くさあぢさい…Ⅳ-507［野生植物］ | くさぎむし…Ⅶ-778［救荒動植物類］ |
| くさあをい…Ⅳ-507［野生植物］ | くさきり…Ⅳ-509［野生植物］ |
| くさい…Ⅲ-190［魚類］ | くさぎり…Ⅳ-510［野生植物］ |
| くさいさくら…Ⅶ-193［樹木類］ | くさぐみ…Ⅳ-510［野生植物］ |
| くさいちこ…Ⅳ-507［野生植物］ | くさごま…Ⅳ-510［野生植物］ |
| くさいちこ…Ⅵ-727［果類］ | くさこまめ…Ⅳ-510［野生植物］ |
| くさいちご…Ⅳ-508［野生植物］ | くささくら…Ⅶ-195［樹木類］ |

## く

| | |
|---|---|
| くさざさ…Ⅳ-540［野生植物］ | くさにんじん…Ⅳ-515［野生植物］ |
| くさし…Ⅰ-393［穀物類］ | くさにんちん…Ⅳ-515［野生植物］ |
| くさしきび…Ⅳ-510［野生植物］ | くさねぶ…Ⅳ-515［野生植物］ |
| くさしのぶ…Ⅳ-510［野生植物］ | くさねれ…Ⅳ-515［野生植物］ |
| くさしもつけ…Ⅳ-510［野生植物］ | くさのおう…Ⅳ-515［野生植物］ |
| くさしもつけ…Ⅳ-511［野生植物］ | くさのおふ…Ⅳ-515［野生植物］ |
| くさしもづけ…Ⅳ-511［野生植物］ | くさのき…Ⅶ-196［樹木類］ |
| くさしやくやく…Ⅳ-511［野生植物］ | くさのけ…Ⅰ-393［穀物類］ |
| くさしゆろ…Ⅳ-511［野生植物］ | くさのはな…Ⅳ-515［野生植物］ |
| くさじよろう…Ⅳ-511［野生植物］ | くさのはな…Ⅵ-356［菜類］ |
| くさすげ…Ⅳ-511［野生植物］ | くさのみ…Ⅳ-516［野生植物］ |
| くさすり…Ⅳ-512［野生植物］ | くさのれたま…Ⅳ-516［野生植物］ |
| くさそてつ…Ⅳ-512［野生植物］ | くさのわう…Ⅳ-516［野生植物］ |
| くさたちはな…Ⅳ-512［野生植物］ | くさのを…Ⅳ-516［野生植物］ |
| くさたちはな…Ⅶ-195［樹木類］ | くさのをう…Ⅳ-516［野生植物］ |
| くさたちばな…Ⅳ-512［野生植物］ | くさはき…Ⅳ-517［野生植物］ |
| くさたちばな…Ⅳ-513［野生植物］ | くさはぎ…Ⅳ-517［野生植物］ |
| くさたちばな…Ⅶ-195［樹木類］ | くさはせを…Ⅳ-517［野生植物］ |
| くさたつ…Ⅳ-513［野生植物］ | くさひ…Ⅲ-191［魚類］ |
| くさたづ…Ⅳ-513［野生植物］ | くさび…Ⅲ-191［魚類］ |
| くさたで…Ⅵ-356［菜類］ | くさびうを…Ⅲ-191［魚類］ |
| くさたま…Ⅳ-513［野生植物］ | くさひば…Ⅳ-517［野生植物］ |
| くさたまのき…Ⅶ-196［樹木類］ | くさひへ…Ⅰ-393［穀物類］ |
| くさだみ…Ⅶ-196［樹木類］ | くさひへ…Ⅳ-517［野生植物］ |
| くさたも…Ⅶ-196［樹木類］ | くさびへ…Ⅰ-393［穀物類］ |
| くさちや…Ⅳ-513［野生植物］ | くさひやう…Ⅳ-517［野生植物］ |
| くさぢや…Ⅳ-513［野生植物］ | くさびやう…Ⅳ-518［野生植物］ |
| くさちやうじ…Ⅳ-514［野生植物］ | くさひゆ…Ⅳ-518［野生植物］ |
| ぐさつき…Ⅵ-21［金・石・土・水類］ | くさひゆ…Ⅶ-778［救荒動植物類］ |
| くさつけ…Ⅳ-514［野生植物］ | くさひゆのは…Ⅶ-778［救荒動植物類］ |
| くさつけ…Ⅶ-196［樹木類］ | くさびゆのは…Ⅶ-778［救荒動植物類］ |
| くさつげ…Ⅳ-514［野生植物］ | くさびよう…Ⅳ-518［野生植物］ |
| くさつげ…Ⅶ-196［樹木類］ | くさふう…Ⅶ-196［樹木類］ |
| くさつた…Ⅳ-514［野生植物］ | くさふうろう…Ⅳ-518［野生植物］ |
| くさつる…Ⅳ-514［野生植物］ | くさふじ…Ⅳ-518［野生植物］ |
| くさなんてん…Ⅳ-514［野生植物］ | くさふち…Ⅳ-518［野生植物］ |
| くさにんしん…Ⅳ-514［野生植物］ | くさふとう…Ⅳ-519［野生植物］ |
| くさにんしん…Ⅵ-356［菜類］ | くさふよう…Ⅳ-519［野生植物］ |

| | |
|---|---|
| くさべう…Ⅳ - 519 ［野生植物］ | くじ…Ⅲ - 191 ［魚類］ |
| くさぼう…Ⅶ - 197 ［樹木類］ | くじ…Ⅳ - 524 ［野生植物］ |
| くさほくり…Ⅳ - 519 ［野生植物］ | くしかい…Ⅲ - 705 ［貝類］ |
| くさぼけ…Ⅳ - 519 ［野生植物］ | くしがい…Ⅲ - 191 ［魚類］ |
| くさほたん…Ⅳ - 519 ［野生植物］ | くしかな…Ⅲ - 191 ［魚類］ |
| くさほたん…Ⅶ - 197 ［樹木類］ | くしかな…Ⅲ - 192 ［魚類］ |
| くさぼたん…Ⅳ - 520 ［野生植物］ | くしこ…Ⅲ - 192 ［魚類］ |
| くさまき…Ⅶ - 197 ［樹木類］ | くしごろう…Ⅲ - 192 ［魚類］ |
| くさまめ…Ⅳ - 520 ［野生植物］ | くしたい…Ⅲ - 192 ［魚類］ |
| くさまら…Ⅳ - 520 ［野生植物］ | くじたい…Ⅲ - 192 ［魚類］ |
| くさまんさく…Ⅳ - 520 ［野生植物］ | くしたひ…Ⅲ - 192 ［魚類］ |
| くさみす…Ⅶ - 197 ［樹木類］ | くじたひ…Ⅲ - 193 ［魚類］ |
| くさみつのき…Ⅶ - 197 ［樹木類］ | くしちよ…Ⅲ - 193 ［魚類］ |
| くさむめ…Ⅶ - 197 ［樹木類］ | くじな…Ⅳ - 524 ［野生植物］ |
| くさむめもとき…Ⅳ - 520 ［野生植物］ | くじな…Ⅵ - 357 ［菜類］ |
| くさむらさき…Ⅳ - 521 ［野生植物］ | くしのめ…Ⅲ - 193 ［魚類］ |
| くさもくた…Ⅳ - 521 ［野生植物］ | くじふらうあは…Ⅰ - 393 ［穀物類］ |
| くさもみち…Ⅳ - 521 ［野生植物］ | くじめ…Ⅲ - 193 ［魚類］ |
| くさや…Ⅳ - 521 ［野生植物］ | ぐじやう…Ⅰ - 393 ［穀物類］ |
| くさやまふき…Ⅳ - 521 ［野生植物］ | くしやうほ…Ⅰ - 394 ［穀物類］ |
| くさやまぶき…Ⅳ - 521 ［野生植物］ | くじやくかひ…Ⅲ - 705 ［貝類］ |
| くさやまぶき…Ⅳ - 522 ［野生植物］ | くじやくさう…Ⅳ - 524 ［野生植物］ |
| くさゆり…Ⅳ - 522 ［野生植物］ | くじやくのを…Ⅳ - 525 ［野生植物］ |
| くさよし…Ⅳ - 522 ［野生植物］ | くじゆうそば…Ⅰ - 394 ［穀物類］ |
| くさよもぎ…Ⅳ - 522 ［野生植物］ | くしら…Ⅳ - 525 ［野生植物］ |
| くさらん…Ⅳ - 522 ［野生植物］ | くしらさう…Ⅳ - 525 ［野生植物］ |
| くさり…Ⅰ - 393 ［穀物類］ | くじらさう…Ⅳ - 525 ［野生植物］ |
| くさりなは…Ⅵ - 135 ［菌・茸類］ | くじらとをし…Ⅲ - 193 ［魚類］ |
| くさりんだう…Ⅳ - 522 ［野生植物］ | くしらにな…Ⅲ - 705 ［貝類］ |
| くされいし…Ⅳ - 523 ［野生植物］ | くしらはちめ…Ⅲ - 193 ［魚類］ |
| くされだま…Ⅳ - 523 ［野生植物］ | くじらも…Ⅳ - 525 ［野生植物］ |
| くされんけ…Ⅳ - 523 ［野生植物］ | くじらもち…Ⅰ - 394 ［穀物類］ |
| くさわう…Ⅳ - 523 ［野生植物］ | くしん…Ⅳ - 525 ［野生植物］ |
| くさわた…Ⅳ - 523 ［野生植物］ | くす…Ⅲ - 194 ［魚類］ |
| くさゑんとう…Ⅳ - 523 ［野生植物］ | くす…Ⅵ - 357 ［菜類］ |
| くさゑんどう…Ⅳ - 524 ［野生植物］ | くす…Ⅶ - 198 ［樹木類］ |
| くさをとめかつら…Ⅳ - 524 ［野生植物］ | くず…Ⅳ - 526 ［野生植物］ |
| くさんつる…Ⅳ - 524 ［野生植物］ | くず…Ⅵ - 357 ［菜類］ |

く

- ぐす…Ⅲ-194［魚類］
- ぐず…Ⅲ-194［魚類］
- くずいし…Ⅵ-21［金・石・土・水類］
- くずいも…Ⅵ-357［菜類］
- くすかつら…Ⅳ-526［野生植物］
- くずかつら…Ⅳ-526［野生植物］
- くずかづら…Ⅳ-527［野生植物］
- くすくさ…Ⅳ-527［野生植物］
- くずごつる…Ⅳ-527［野生植物］
- くすしかひ…Ⅲ-705［貝類］
- くすたぶ…Ⅶ-198［樹木類］
- くすぢ…Ⅲ-705［貝類］
- くすつる…Ⅳ-527［野生植物］
- くずつる…Ⅳ-527［野生植物］
- くすな…Ⅲ-194［魚類］
- くずな…Ⅲ-195［魚類］
- くすね…Ⅳ-527［野生植物］
- くずね…Ⅳ-528［野生植物］
- くずね…Ⅶ-778［救荒動植物類］
- くすねのは…Ⅶ-779［救荒動植物類］
- くすのいき…Ⅶ-198［樹木類］
- くすのいぎ…Ⅶ-198［樹木類］
- くすのき…Ⅶ-198［樹木類］
- くすのき…Ⅶ-199［樹木類］
- くすのこ…Ⅶ-779［救荒動植物類］
- くずのこ…Ⅶ-779［救荒動植物類］
- くずのね…Ⅶ-779［救荒動植物類］
- くずのねは…Ⅶ-779［救荒動植物類］
- くすのは…Ⅶ-779［救荒動植物類］
- くずのは…Ⅶ-780［救荒動植物類］
- くずは…Ⅳ-528［野生植物］
- くずは…Ⅶ-780［救荒動植物類］
- くずば…Ⅳ-528［野生植物］
- くずばかつら…Ⅳ-528［野生植物］
- くすばづる…Ⅳ-528［野生植物］
- くすふじ…Ⅳ-528［野生植物］
- くずふじ…Ⅳ-528［野生植物］
- くすふぢ…Ⅳ-529［野生植物］
- くずふぢ…Ⅳ-529［野生植物］
- くすべかひ…Ⅲ-705［貝類］
- くすま…Ⅲ-706［貝類］
- くずま…Ⅲ-706［貝類］
- くずまかい…Ⅲ-706［貝類］
- くずまき…Ⅳ-529［野生植物］
- くすまめ…Ⅰ-394［穀物類］
- くずまめ…Ⅰ-394［穀物類］
- くすみいり…Ⅵ-357［菜類］
- くすり…Ⅰ-394［穀物類］
- くすりいし…Ⅵ-21［金・石・土・水類］
- くすりもち…Ⅰ-395［穀物類］
- くすんど…Ⅶ-199［樹木類］
- くせあい…Ⅳ-529［野生植物］
- くせうほう…Ⅰ-395［穀物類］
- くぞあつき…Ⅰ-395［穀物類］
- くそいき…Ⅶ-199［樹木類］
- くぞうは…Ⅶ-780［救荒動植物類］
- くそかきがい…Ⅲ-706［貝類］
- くそくうを…Ⅲ-195［魚類］
- ぐそくとほし…Ⅵ-728［果類］
- ぐそくとをし…Ⅵ-728［果類］
- ぐそくへし…Ⅳ-529［野生植物］
- くそとのき…Ⅶ-199［樹木類］
- くそどのき…Ⅶ-199［樹木類］
- くそなりふり…Ⅵ-357［菜類］
- くそのくい…Ⅶ-199［樹木類］
- くそのねのはな…Ⅶ-780［救荒動植物類］
- くぞのは…Ⅶ-780［救荒動植物類］
- くそのほう…Ⅲ-195［魚類］
- くそのぼう…Ⅲ-195［魚類］
- ぐそのぼう…Ⅲ-195［魚類］
- くそは…Ⅳ-529［野生植物］
- ぐぞば…Ⅳ-529［野生植物］
- くそふじ…Ⅳ-530［野生植物］
- くそまき…Ⅶ-780［救荒動植物類］
- くそまきのね…Ⅶ-781［救荒動植物類］
- ぐぞまめ…Ⅰ-395［穀物類］

| | |
|---|---|
| くそまゆみ…Ⅶ - 199 ［樹木類］ | くちなはいちご…Ⅵ - 728 ［果類］ |
| くそもと…Ⅲ - 195 ［魚類］ | くちなはごさ…Ⅳ - 531 ［野生植物］ |
| くそやのみ…Ⅶ - 781 ［救荒動植物類］ | くちなはのまくら…Ⅳ - 531 ［野生植物］ |
| くだ…Ⅰ - 395 ［穀物類］ | くちなははな…Ⅳ - 531 ［野生植物］ |
| くたのこ…Ⅰ - 395 ［穀物類］ | くちなはぶえ…Ⅳ - 531 ［野生植物］ |
| くだのこ…Ⅰ - 395 ［穀物類］ | くちなはへひ…Ⅳ - 531 ［野生植物］ |
| くたまき…Ⅲ - 196 ［魚類］ | くちなわいちこ…Ⅳ - 532 ［野生植物］ |
| くだりごせう…Ⅵ - 357 ［菜類］ | くちなわいちこ…Ⅵ - 728 ［果類］ |
| くち…Ⅲ - 196 ［魚類］ | くちなわいちご…Ⅳ - 532 ［野生植物］ |
| くぢ…Ⅲ - 196 ［魚類］ | くちなわなは…Ⅵ - 135 ［菌・茸類］ |
| ぐち…Ⅲ - 196 ［魚類］ | くちなわのいちご…Ⅳ - 532 ［野生植物］ |
| くちう…Ⅵ - 135 ［菌・茸類］ | くちなわのまくら…Ⅳ - 532 ［野生植物］ |
| くちかけ…Ⅳ - 530 ［野生植物］ | くちなわはな…Ⅳ - 532 ［野生植物］ |
| くちかけ…Ⅵ - 358 ［菜類］ | くちのつ…Ⅰ - 396 ［穀物類］ |
| くちきり…Ⅲ - 706 ［貝類］ | くちば…Ⅳ - 533 ［野生植物］ |
| くちきりかひ…Ⅲ - 706 ［貝類］ | くちはぐろふく…Ⅲ - 198 ［魚類］ |
| くちくさ…Ⅳ - 530 ［野生植物］ | くちばさう…Ⅳ - 533 ［野生植物］ |
| ぐちぐちな…Ⅵ - 358 ［菜類］ | くちひ…Ⅲ - 198 ［魚類］ |
| くちくろ…Ⅲ - 196 ［魚類］ | くちび…Ⅲ - 198 ［魚類］ |
| くちくろ…Ⅶ - 200 ［樹木類］ | くちびだい…Ⅲ - 198 ［魚類］ |
| くちぐろ…Ⅲ - 197 ［魚類］ | くちひたひ…Ⅲ - 198 ［魚類］ |
| くちくろき…Ⅶ - 200 ［樹木類］ | くちびたひ…Ⅲ - 198 ［魚類］ |
| くちくろます…Ⅲ - 197 ［魚類］ | くちひるささげ…Ⅰ - 396 ［穀物類］ |
| くちけた…Ⅲ - 197 ［魚類］ | くちべに…Ⅰ - 396 ［穀物類］ |
| くちさき…Ⅳ - 530 ［野生植物］ | くちべに…Ⅶ - 201 ［樹木類］ |
| くちさけ…Ⅳ - 530 ［野生植物］ | くちべにかいで…Ⅶ - 201 ［樹木類］ |
| くちさや…Ⅰ - 396 ［穀物類］ | くちべにささけ…Ⅰ - 396 ［穀物類］ |
| くちぞこ…Ⅲ - 197 ［魚類］ | くちべにささげ…Ⅰ - 396 ［穀物類］ |
| くちたひ…Ⅲ - 197 ［魚類］ | くちほそ…Ⅲ - 199 ［魚類］ |
| ぐぢな…Ⅳ - 530 ［野生植物］ | くちほそ…Ⅵ - 358 ［菜類］ |
| くちないな…Ⅳ - 531 ［野生植物］ | くちぼそ…Ⅲ - 199 ［魚類］ |
| くちないなし…Ⅵ - 728 ［果類］ | くちぼそ…Ⅵ - 729 ［果類］ |
| くちなか…Ⅲ - 197 ［魚類］ | くちほそあぢ…Ⅲ - 199 ［魚類］ |
| くちなかかれい…Ⅲ - 197 ［魚類］ | くちほそかれい…Ⅲ - 199 ［魚類］ |
| くちなし…Ⅶ - 200 ［樹木類］ | くちぼそかれい…Ⅲ - 199 ［魚類］ |
| くちなし…Ⅶ - 201 ［樹木類］ | くちほそだいこん…Ⅵ - 358 ［菜類］ |
| くちなしのは…Ⅶ - 781 ［救荒動植物類］ | くぢまめ…Ⅰ - 397 ［穀物類］ |
| くちなはいちご…Ⅳ - 531 ［野生植物］ | くちみたい…Ⅲ - 200 ［魚類］ |

## く

| | |
|---|---|
| くちみたひ…Ⅲ-200［魚類］ | くつわからみ…Ⅳ-534［野生植物］ |
| くちやう…Ⅲ-707［貝類］ | くつわからみ…Ⅳ-535［野生植物］ |
| くぢらとうし…Ⅲ-200［魚類］ | くつわからみ…Ⅶ-782［救荒動植物類］ |
| くぢらとをし…Ⅲ-200［魚類］ | くつわくさ…Ⅳ-535［野生植物］ |
| くぢらふか…Ⅲ-200［魚類］ | くつわつる…Ⅵ-358［菜類］ |
| くづ…Ⅳ-533［野生植物］ | くてうたけ…Ⅵ-135［菌・茸類］ |
| くづ…Ⅵ-358［菜類］ | ぐてうたけ…Ⅵ-135［菌・茸類］ |
| ぐづ…Ⅲ-200［魚類］ | くてひえ…Ⅰ-397［穀物類］ |
| くつあんかう…Ⅲ-200［魚類］ | くなり…Ⅳ-535［野生植物］ |
| くつかつら…Ⅳ-533［野生植物］ | くにいち…Ⅰ-397［穀物類］ |
| くつくさ…Ⅳ-533［野生植物］ | くにぎ…Ⅶ-201［樹木類］ |
| くつこ…Ⅰ-397［穀物類］ | くにきたけ…Ⅵ-135［菌・茸類］ |
| くつごなし…Ⅵ-729［果類］ | くにぎのみ…Ⅶ-782［救荒動植物類］ |
| くつささけ…Ⅰ-397［穀物類］ | くにくさ…Ⅳ-535［野生植物］ |
| くつしかい…Ⅲ-707［貝類］ | くにたひ…Ⅲ-202［魚類］ |
| くつせくさ…Ⅳ-533［野生植物］ | くにつぐ…Ⅰ-397［穀物類］ |
| くつそこいを…Ⅲ-201［魚類］ | くにみかしわ…Ⅶ-201［樹木類］ |
| くつぞこうを…Ⅲ-201［魚類］ | くにもり…Ⅲ-202［魚類］ |
| くつぞこがれい…Ⅲ-201［魚類］ | くぬき…Ⅶ-202［樹木類］ |
| くづづた…Ⅳ-533［野生植物］ | くぬぎ…Ⅵ-729［果類］ |
| くつな…Ⅲ-201［魚類］ | くぬぎ…Ⅶ-202［樹木類］ |
| くづな…Ⅲ-201［魚類］ | くぬぎのき…Ⅶ-202［樹木類］ |
| くづなうを…Ⅲ-201［魚類］ | くぬぎまき…Ⅶ-202［樹木類］ |
| くづなたい…Ⅲ-201［魚類］ | くぬふじ…Ⅳ-535［野生植物］ |
| くつなわ…Ⅵ-135［菌・茸類］ | くねいも…Ⅳ-535［野生植物］ |
| くづね…Ⅳ-534［野生植物］ | くねいも…Ⅵ-358［菜類］ |
| くづね…Ⅶ-781［救荒動植物類］ | くねぎのみ…Ⅶ-782［救荒動植物類］ |
| くつのね…Ⅶ-781［救荒動植物類］ | くねくさぎ…Ⅶ-202［樹木類］ |
| くづのね…Ⅶ-781［救荒動植物類］ | くねつぽ…Ⅵ-729［果類］ |
| くづば…Ⅳ-534［野生植物］ | くねぼ…Ⅵ-729［果類］ |
| くつはからみ…Ⅶ-781［救荒動植物類］ | くねもたし…Ⅵ-136［菌・茸類］ |
| くつはつる…Ⅳ-534［野生植物］ | くねんほ…Ⅵ-729［果類］ |
| くづふじ…Ⅶ-782［救荒動植物類］ | くねんぼ…Ⅵ-730［果類］ |
| くつま…Ⅲ-707［貝類］ | くねんぼ…Ⅶ-203［樹木類］ |
| くづま…Ⅲ-707［貝類］ | くのき…Ⅶ-203［樹木類］ |
| くつまき…Ⅳ-534［野生植物］ | くのぎ…Ⅶ-203［樹木類］ |
| くづまき…Ⅳ-534［野生植物］ | くのきはた…Ⅵ-359［菜類］ |
| くつも…Ⅳ-534［野生植物］ | くのへいもち…Ⅰ-397［穀物類］ |

| | |
|---|---|
| くは…Ⅵ-730［果類］ | くはゐ…Ⅵ-359［菜類］ |
| くは…Ⅶ-203［樹木類］ | くはゑ…Ⅳ-537［野生植物］ |
| くはい…Ⅳ-535［野生植物］ | くはんおんさう…Ⅳ-537［野生植物］ |
| くはい…Ⅵ-359［菜類］ | くはんぎさう…Ⅳ-537［野生植物］ |
| くはいちご…Ⅵ-730［果類］ | くはんぎそう…Ⅳ-537［野生植物］ |
| くはいつるくさ…Ⅳ-536［野生植物］ | くはんご…Ⅵ-359［菜類］ |
| くはかつがゆ…Ⅵ-730［果類］ | くはんごいも…Ⅵ-359［菜類］ |
| くはきたけ…Ⅵ-136［菌・茸類］ | くはんさう…Ⅳ-538［野生植物］ |
| くはく…Ⅳ-536［野生植物］ | くはんざう…Ⅵ-360［菜類］ |
| くはくかう…Ⅳ-536［野生植物］ | くはんざう…Ⅶ-783［救荒動植物類］ |
| くはくさ…Ⅳ-536［野生植物］ | くはんささげ…Ⅰ-398［穀物類］ |
| くはくはつがゆ…Ⅵ-731［果類］ | くはんすいちご…Ⅳ-538［野生植物］ |
| くはくらん…Ⅵ-731［果類］ | くはんすいちご…Ⅵ-731［果類］ |
| くはこな…Ⅳ-536［野生植物］ | くはんそう…Ⅳ-538［野生植物］ |
| くはこやなぎ…Ⅶ-203［樹木類］ | くはんをんさう…Ⅳ-538［野生植物］ |
| くはしきび…Ⅰ-398［穀物類］ | くひあは…Ⅰ-398［穀物類］ |
| くはすみ…Ⅵ-731［果類］ | くびかたげ…Ⅰ-399［穀物類］ |
| くはずみ…Ⅵ-731［果類］ | くひかたけむぎ…Ⅰ-399［穀物類］ |
| くはずみ…Ⅶ-204［樹木類］ | くひこわ…Ⅰ-399［穀物類］ |
| くはたけ…Ⅵ-136［菌・茸類］ | くひさめ…Ⅲ-202［魚類］ |
| くはつかう…Ⅳ-536［野生植物］ | ぐびじんさう…Ⅳ-538［野生植物］ |
| くはな…Ⅵ-359［菜類］ | くひちか…Ⅰ-399［穀物類］ |
| くはなこくさ…Ⅰ-398［穀物類］ | くびちか…Ⅰ-399［穀物類］ |
| くはなはだか…Ⅰ-398［穀物類］ | くびなかくびなが…Ⅰ-399［穀物類］ |
| くはなふくそう…Ⅰ-398［穀物類］ | くひなかさいこく…Ⅰ-400［穀物類］ |
| くはのき…Ⅶ-204［樹木類］ | くびながさいこく…Ⅰ-400［穀物類］ |
| くはのきもたし…Ⅵ-136［菌・茸類］ | くびながみだし…Ⅰ-400［穀物類］ |
| くはのさんぐわつ…Ⅰ-398［穀物類］ | くびのき…Ⅶ-204［樹木類］ |
| くはのは…Ⅶ-782［救荒動植物類］ | ぐひび…Ⅶ-204［樹木類］ |
| くはのはくさ…Ⅳ-536［野生植物］ | くびまさり…Ⅰ-400［穀物類］ |
| くはのみ…Ⅵ-731［果類］ | くびれいも…Ⅳ-539［野生植物］ |
| くはのみ…Ⅶ-782［救荒動植物類］ | くひれもち…Ⅰ-400［穀物類］ |
| くはひ…Ⅵ-359［菜類］ | くびれもち…Ⅰ-400［穀物類］ |
| くはまた…Ⅳ-537［野生植物］ | くぶし…Ⅶ-204［樹木類］ |
| くはもとき…Ⅳ-537［野生植物］ | くふしのき…Ⅶ-204［樹木類］ |
| くはりん…Ⅵ-731［果類］ | くぼかわ…Ⅰ-400［穀物類］ |
| くはりん…Ⅶ-204［樹木類］ | くほただいこん…Ⅵ-360［菜類］ |
| くはゐ…Ⅳ-537［野生植物］ | くま…Ⅰ-401［穀物類］ |

く

| | |
|---|---|
| くま…Ⅶ-783［救荒動植物類］ | くまされ…Ⅰ-402［穀物類］ |
| くまあは…Ⅰ-401［穀物類］ | くまさんせう…Ⅶ-205［樹木類］ |
| くまいちこ…Ⅳ-539［野生植物］ | くましだ…Ⅳ-540［野生植物］ |
| くまいちこ…Ⅵ-732［果類］ | くましの…Ⅵ-65［竹・笹類］ |
| くまいちこ…Ⅶ-783［救荒動植物類］ | くまず…Ⅲ-707［貝類］ |
| くまいちご…Ⅳ-539［野生植物］ | くまたけ…Ⅵ-136［菌・茸類］ |
| くまいちご…Ⅵ-732［果類］ | くまだら…Ⅰ-403［穀物類］ |
| くまいちごは…Ⅶ-783［救荒動植物類］ | くまだら…Ⅶ-205［樹木類］ |
| くまいばら…Ⅳ-539［野生植物］ | くまづつら…Ⅳ-540［野生植物］ |
| くまえび…Ⅳ-539［野生植物］ | くまで…Ⅰ-403［穀物類］ |
| くまかい…Ⅰ-401［穀物類］ | くまてなき…Ⅳ-541［野生植物］ |
| くまがいさう…Ⅳ-539［野生植物］ | くまとり…Ⅲ-203［魚類］ |
| くまかいさくら…Ⅶ-205［樹木類］ | くまねなき…Ⅶ-206［樹木類］ |
| くまがいさくら…Ⅶ-205［樹木類］ | くまねり…Ⅶ-206［樹木類］ |
| くまかつら…Ⅳ-540［野生植物］ | くまの…Ⅰ-403［穀物類］ |
| くまかへ…Ⅰ-401［穀物類］ | くまのかいちう…Ⅰ-403［穀物類］ |
| くまかへ…Ⅶ-205［樹木類］ | くまのかし…Ⅶ-206［樹木類］ |
| くまがへ…Ⅰ-401［穀物類］ | くまのがらび…Ⅵ-732［果類］ |
| くまかへかるこ…Ⅰ-401［穀物類］ | くまのけ…Ⅰ-403［穀物類］ |
| くまがへさう…Ⅳ-540［野生植物］ | くまのこ…Ⅰ-403［穀物類］ |
| くまかへさくら…Ⅶ-205［樹木類］ | くまのそば…Ⅰ-404［穀物類］ |
| くまかへたいたう…Ⅰ-401［穀物類］ | くまのたけ…Ⅵ-137［菌・茸類］ |
| くまかへわせ…Ⅰ-402［穀物類］ | くまのつめ…Ⅰ-404［穀物類］ |
| くまがや…Ⅰ-402［穀物類］ | くまのはだか…Ⅰ-404［穀物類］ |
| くまがやはつこく…Ⅰ-402［穀物類］ | くまのひへ…Ⅰ-404［穀物類］ |
| くまきひ…Ⅰ-402［穀物類］ | くまのひゑあわ…Ⅰ-404［穀物類］ |
| くまくさひら…Ⅵ-136［菌・茸類］ | くまのむぎ…Ⅰ-404［穀物類］ |
| くまこ…Ⅰ-402［穀物類］ | くまのもち…Ⅰ-404［穀物類］ |
| くまこ…Ⅳ-540［野生植物］ | くまのやろく…Ⅰ-405［穀物類］ |
| くまご…Ⅵ-732［果類］ | くまのり…Ⅶ-206［樹木類］ |
| くまこあわ…Ⅰ-402［穀物類］ | くまのわせ…Ⅰ-405［穀物類］ |
| くまさか…Ⅲ-202［魚類］ | くまはじかみ…Ⅶ-206［樹木類］ |
| くまさかふく…Ⅲ-202［魚類］ | くまはら…Ⅲ-203［魚類］ |
| くまさかふく…Ⅲ-203［魚類］ | くまばら…Ⅳ-541［野生植物］ |
| くまささ…Ⅳ-540［野生植物］ | くまひき…Ⅲ-203［魚類］ |
| くまささ…Ⅵ-64［竹・笹類］ | くまびき…Ⅲ-203［魚類］ |
| くまざさ…Ⅵ-64［竹・笹類］ | くまびきをねこつら…Ⅲ-203［魚類］ |
| くまさし…Ⅵ-64［竹・笹類］ | くまひゆ…Ⅳ-541［野生植物］ |

| | |
|---|---|
| くまひら…Ⅵ-137［菌・茸類］ | ぐみわせ…Ⅰ-406［穀物類］ |
| くまふじ…Ⅳ-541［野生植物］ | くむたいな…Ⅵ-360［菜類］ |
| くまふじ…Ⅶ-206［樹木類］ | くもいちこ…Ⅳ-542［野生植物］ |
| くまぶし…Ⅶ-206［樹木類］ | くもかつき…Ⅶ-208［樹木類］ |
| くまほういちこ…Ⅳ-541［野生植物］ | くもさつとり…Ⅳ-542［野生植物］ |
| くまほうけ…Ⅳ-541［野生植物］ | くもつ…Ⅰ-407［穀物類］ |
| くままかひ…Ⅲ-707［貝類］ | くもつあは…Ⅰ-407［穀物類］ |
| くまみのげ…Ⅰ-405［穀物類］ | くもづめ…Ⅲ-204［魚類］ |
| くまもち…Ⅰ-405［穀物類］ | くもつわさむき…Ⅰ-407［穀物類］ |
| くまもも…Ⅵ-732［果類］ | くもば…Ⅳ-542［野生植物］ |
| くまや…Ⅰ-406［穀物類］ | くもほがし…Ⅰ-407［穀物類］ |
| くまやなき…Ⅳ-541［野生植物］ | くや…Ⅳ-542［野生植物］ |
| くまやなき…Ⅶ-207［樹木類］ | くや…Ⅵ-360［菜類］ |
| くまやなき…Ⅶ-783［救荒動植物類］ | くやうさう…Ⅳ-543［野生植物］ |
| くまやなぎ…Ⅳ-542［野生植物］ | くやくさ…Ⅳ-543［野生植物］ |
| くまやなぎのは…Ⅶ-783［救荒動植物類］ | ぐやくさ…Ⅳ-543［野生植物］ |
| くまゆり…Ⅵ-360［菜類］ | くら…Ⅰ-407［穀物類］ |
| くまるわせ…Ⅰ-406［穀物類］ | くらあわ…Ⅰ-407［穀物類］ |
| くまわせ…Ⅰ-406［穀物類］ | くらうすけ…Ⅰ-407［穀物類］ |
| くまゑひ…Ⅳ-542［野生植物］ | くらおきまめ…Ⅰ-408［穀物類］ |
| くまゑひ…Ⅵ-733［果類］ | くらかけ…Ⅰ-408［穀物類］ |
| くまゑひ…Ⅶ-207［樹木類］ | くらかけささげ…Ⅰ-409［穀物類］ |
| くまんばちき…Ⅶ-207［樹木類］ | くらかけまめ…Ⅰ-409［穀物類］ |
| くみ…Ⅵ-733［果類］ | くらかけまめ…Ⅰ-410［穀物類］ |
| ぐみ…Ⅳ-542［野生植物］ | くらぐす…Ⅲ-204［魚類］ |
| ぐみ…Ⅵ-733［果類］ | くらし…Ⅳ-543［野生植物］ |
| ぐみ…Ⅶ-207［樹木類］ | くらしき…Ⅰ-410［穀物類］ |
| ぐみ…Ⅶ-783［救荒動植物類］ | くらしきまめ…Ⅰ-410［穀物類］ |
| くみき…Ⅶ-207［樹木類］ | くらしし…Ⅶ-784［救荒動植物類］ |
| ぐみし…Ⅰ-406［穀物類］ | くらしゆく…Ⅰ-410［穀物類］ |
| ぐみとうからし…Ⅵ-360［菜類］ | くらしんのり…Ⅳ-543［野生植物］ |
| ぐみのき…Ⅶ-207［樹木類］ | くらずみ…Ⅰ-411［穀物類］ |
| ぐみのき…Ⅶ-208［樹木類］ | くらそは…Ⅰ-411［穀物類］ |
| くみのこ…Ⅰ-406［穀物類］ | くらそば…Ⅰ-411［穀物類］ |
| ぐみのこ…Ⅰ-406［穀物類］ | くらた…Ⅳ-543［野生植物］ |
| くみのは…Ⅶ-784［救荒動植物類］ | くらだ…Ⅳ-543［野生植物］ |
| ぐみのみ…Ⅶ-784［救荒動植物類］ | くらちこ…Ⅰ-411［穀物類］ |
| ぐみぶか…Ⅲ-203［魚類］ | くらつくり…Ⅰ-411［穀物類］ |

# く

| | |
|---|---|
| くらのすけ…Ⅰ-411［穀物類］ | くりのき…Ⅶ-209［樹木類］ |
| くらはし…Ⅰ-411［穀物類］ | くりのきもたし…Ⅵ-138［菌・茸類］ |
| くらはし…Ⅵ-360［菜類］ | くりのきもたせ…Ⅵ-138［菌・茸類］ |
| くらはしだいこん…Ⅵ-361［菜類］ | くりのこ…Ⅰ-413［穀物類］ |
| くらはしむぎ…Ⅰ-411［穀物類］ | くりのてね…Ⅰ-413［穀物類］ |
| くらふさき…Ⅰ-412［穀物類］ | くりのては…Ⅰ-413［穀物類］ |
| くらふさぎ…Ⅰ-412［穀物類］ | くりのは…Ⅶ-784［救荒動植物類］ |
| くらまき…Ⅰ-412［穀物類］ | くりのはな…Ⅰ-413［穀物類］ |
| くらみせんぼ…Ⅰ-412［穀物類］ | くりのはな…Ⅰ-414［穀物類］ |
| くらみつかき…Ⅵ-733［果類］ | くりのゑ…Ⅵ-734［果類］ |
| くらみつわせ…Ⅰ-412［穀物類］ | くりふ…Ⅰ-414［穀物類］ |
| くらもとわせ…Ⅰ-412［穀物類］ | くりまめ…Ⅰ-414［穀物類］ |
| くらもりひへ…Ⅳ-544［野生植物］ | くりもちもたし…Ⅵ-138［菌・茸類］ |
| くらら…Ⅳ-544［野生植物］ | くりもとき…Ⅶ-209［樹木類］ |
| くららさう…Ⅳ-544［野生植物］ | くりもやし…Ⅳ-545［野生植物］ |
| くり…Ⅵ-733［果類］ | くりやまごぼう…Ⅵ-361［菜類］ |
| くり…Ⅵ-734［果類］ | くりんさう…Ⅳ-545［野生植物］ |
| くり…Ⅶ-208［樹木類］ | くりんそう…Ⅳ-545［野生植物］ |
| くりいし…Ⅵ-21［金・石・土・水類］ | くると…Ⅰ-414［穀物類］ |
| くりいちこ…Ⅵ-734［果類］ | くるまい…Ⅲ-204［魚類］ |
| くりいも…Ⅵ-361［菜類］ | くるまかひ…Ⅲ-707［貝類］ |
| くりいろ…Ⅰ-412［穀物類］ | くるまがへし…Ⅶ-209［樹木類］ |
| くりいろつち…Ⅵ-21［金・石・土・水類］ | くるまくさ…Ⅳ-545［野生植物］ |
| くりうを…Ⅲ-204［魚類］ | くるまごま…Ⅰ-414［穀物類］ |
| くりかしは…Ⅶ-208［樹木類］ | くるまごま…Ⅵ-361［菜類］ |
| くりかみ…Ⅲ-204［魚類］ | くるまさう…Ⅳ-545［野生植物］ |
| くりきもたせ…Ⅵ-138［菌・茸類］ | くるまささげ…Ⅰ-415［穀物類］ |
| くりけ…Ⅰ-412［穀物類］ | くるまさし…Ⅳ-546［野生植物］ |
| くりこ…Ⅰ-413［穀物類］ | くるまそう…Ⅳ-546［野生植物］ |
| くりこ…Ⅳ-544［野生植物］ | くるまたい…Ⅲ-204［魚類］ |
| くりこくま…Ⅰ-413［穀物類］ | くるまたい…Ⅲ-205［魚類］ |
| くりたけ…Ⅵ-137［菌・茸類］ | くるまたひ…Ⅲ-205［魚類］ |
| くりたけ…Ⅵ-138［菌・茸類］ | くるまなし…Ⅵ-734［果類］ |
| くりだんご…Ⅵ-734［果類］ | くるまみつき…Ⅶ-209［樹木類］ |
| くりだんごき…Ⅶ-208［樹木類］ | くるまみづき…Ⅶ-209［樹木類］ |
| くりつこ…Ⅰ-413［穀物類］ | くるまゆり…Ⅳ-546［野生植物］ |
| くりで…Ⅲ-204［魚類］ | くるまゆり…Ⅵ-362［菜類］ |
| くりのき…Ⅶ-208［樹木類］ | くるみ…Ⅰ-415［穀物類］ |

| | |
|---|---|
| くるみ…Ⅵ-734［果類］ | くろいちべゑいね…Ⅰ-418［穀物類］ |
| くるみ…Ⅵ-735［果類］ | くろいちろうべゑいね…Ⅰ-418［穀物類］ |
| くるみ…Ⅶ-209［樹木類］ | くろいつつば…Ⅰ-418［穀物類］ |
| くるみ…Ⅶ-210［樹木類］ | くろいつほん…Ⅰ-418［穀物類］ |
| くるみいし…Ⅵ-22［金・石・土・水類］ | くろいね…Ⅰ-418［穀物類］ |
| ぐるみがう…Ⅶ-210［樹木類］ | くろいね…Ⅰ-419［穀物類］ |
| くるみかつら…Ⅳ-546［野生植物］ | くろいはころはし…Ⅰ-419［穀物類］ |
| くるみたけ…Ⅵ-139［菌・茸類］ | くろいも…Ⅵ-362［菜類］ |
| くるみのき…Ⅶ-210［樹木類］ | くろいを…Ⅲ-205［魚類］ |
| くるみのはな…Ⅶ-784［救荒動植物類］ | くろうじ…Ⅰ-419［穀物類］ |
| くるみもたし…Ⅵ-139［菌・茸類］ | くろうつき…Ⅶ-210［樹木類］ |
| くるみもたせ…Ⅵ-139［菌・茸類］ | くろうつら…Ⅰ-419［穀物類］ |
| くるみやろく…Ⅰ-415［穀物類］ | くろうつらまめ…Ⅰ-419［穀物類］ |
| くるめ…Ⅰ-415［穀物類］ | くろうなき…Ⅲ-206［魚類］ |
| ぐるめ…Ⅲ-205［魚類］ | くろうを…Ⅲ-206［魚類］ |
| ぐれい…Ⅲ-205［魚類］ | くろえ…Ⅰ-419［穀物類］ |
| くれたけ…Ⅳ-546［野生植物］ | くろえゐ…Ⅲ-206［魚類］ |
| くれたけ…Ⅵ-65［竹・笹類］ | くろおおこり…Ⅰ-419［穀物類］ |
| くれない…Ⅳ-546［野生植物］ | くろおかの…Ⅰ-420［穀物類］ |
| くれない…Ⅳ-547［野生植物］ | くろおく…Ⅰ-420［穀物類］ |
| くれない…Ⅵ-362［菜類］ | くろおくて…Ⅰ-420［穀物類］ |
| くれない…Ⅶ-784［救荒動植物類］ | くろおになし…Ⅵ-735［果類］ |
| くれなゐ…Ⅳ-547［野生植物］ | くろおほくら…Ⅰ-420［穀物類］ |
| くれなゐ…Ⅵ-362［菜類］ | くろかい…Ⅲ-708［貝類］ |
| くれなゑ…Ⅵ-362［菜類］ | くろかいせい…Ⅰ-420［穀物類］ |
| くろ…Ⅰ-415［穀物類］ | くろがう…Ⅵ-139［菌・茸類］ |
| くろ…Ⅵ-22［金・石・土・水類］ | くろかうたけ…Ⅵ-139［菌・茸類］ |
| くろあい…Ⅲ-205［魚類］ | くろかうぼふ…Ⅰ-420［穀物類］ |
| くろあずさ…Ⅶ-210［樹木類］ | くろかき…Ⅶ-211［樹木類］ |
| くろあつき…Ⅰ-416［穀物類］ | くろがき…Ⅵ-735［果類］ |
| くろあづき…Ⅰ-416［穀物類］ | くろがき…Ⅶ-211［樹木類］ |
| くろあなこ…Ⅲ-205［魚類］ | くろかきまめ…Ⅰ-420［穀物類］ |
| くろあは…Ⅰ-416［穀物類］ | くろかこのき…Ⅶ-211［樹木類］ |
| くろあは…Ⅰ-417［穀物類］ | くろかごのき…Ⅶ-211［樹木類］ |
| くろあわ…Ⅰ-417［穀物類］ | くろかさご…Ⅲ-206［魚類］ |
| くろいし…Ⅵ-22［金・石・土・水類］ | くろかし…Ⅶ-211［樹木類］ |
| くろいせ…Ⅰ-417［穀物類］ | くろがしら…Ⅵ-362［菜類］ |
| くろいそ…Ⅰ-417［穀物類］ | くろかせ…Ⅲ-708［貝類］ |

く

くろかねかつら…Ⅳ-547 ［野生植物］
くろかねかづら…Ⅳ-547 ［野生植物］
くろがねかつら…Ⅳ-547 ［野生植物］
くろがねかづら…Ⅳ-548 ［野生植物］
くろかねかふり…Ⅶ-211 ［樹木類］
くろかねひえ…Ⅰ-421 ［穀物類］
くろかねも…Ⅳ-548 ［野生植物］
くろかねもち…Ⅰ-421 ［穀物類］
くろがねもち…Ⅶ-212 ［樹木類］
くろかねもとき…Ⅶ-212 ［樹木類］
くろかねもとし…Ⅳ-548 ［野生植物］
くろかねもどしのみ…Ⅶ-784
　　　　　　　　　［救荒動植物類］
くろかば…Ⅶ-212 ［樹木類］
くろかひ…Ⅲ-708 ［貝類］
くろから…Ⅰ-421 ［穀物類］
くろから…Ⅲ-206 ［魚類］
くろから…Ⅲ-207 ［魚類］
くろから…Ⅵ-362 ［菜類］
くろがら…Ⅲ-207 ［魚類］
くろからし…Ⅵ-363 ［菜類］
くろからはちめ…Ⅲ-207 ［魚類］
くろかわ…Ⅰ-421 ［穀物類］
くろかわ…Ⅵ-139 ［菌・茸類］
くろかんそうし…Ⅰ-421 ［穀物類］
くろぎ…Ⅶ-212 ［樹木類］
くろきし…Ⅰ-421 ［穀物類］
くろきたけ…Ⅵ-139 ［菌・茸類］
くろきぬ…Ⅳ-548 ［野生植物］
くろきのこ…Ⅵ-140 ［菌・茸類］
くろきのは…Ⅶ-785 ［救荒動植物類］
くろきひ…Ⅰ-422 ［穀物類］
くろきび…Ⅰ-422 ［穀物類］
くろきやう…Ⅰ-422 ［穀物類］
くろきんこ…Ⅰ-422 ［穀物類］
くろくす…Ⅲ-207 ［魚類］
くろくち…Ⅲ-207 ［魚類］
くろくち…Ⅲ-708 ［貝類］

くろくち…Ⅳ-548 ［野生植物］
くろくちかひ…Ⅲ-708 ［貝類］
くろくはい…Ⅳ-548 ［野生植物］
くろくはゐ…Ⅵ-363 ［菜類］
くろぐはゐ…Ⅳ-549 ［野生植物］
くろくや…Ⅵ-363 ［菜類］
くろくわい…Ⅳ-549 ［野生植物］
くろくわい…Ⅵ-363 ［菜類］
くろぐわい…Ⅳ-549 ［野生植物］
くろぐわい…Ⅵ-363 ［菜類］
くろくわへ…Ⅳ-549 ［野生植物］
くろくわへ…Ⅵ-364 ［菜類］
くろくわゐ…Ⅵ-364 ［菜類］
くろくわゑ…Ⅵ-364 ［菜類］
くろけし…Ⅵ-364 ［菜類］
くろげしやう…Ⅰ-423 ［穀物類］
くろけせう…Ⅰ-423 ［穀物類］
くろげせう…Ⅰ-423 ［穀物類］
くろけぬき…Ⅰ-423 ［穀物類］
くろけん…Ⅳ-549 ［野生植物］
くろこ…Ⅰ-423 ［穀物類］
くろご…Ⅰ-423 ［穀物類］
くろこあつき…Ⅰ-423 ［穀物類］
くろごいしまめ…Ⅰ-423 ［穀物類］
くろこう…Ⅵ-140 ［菌・茸類］
くろこうぼう…Ⅰ-424 ［穀物類］
くろこが…Ⅶ-212 ［樹木類］
くろこがのき…Ⅶ-212 ［樹木類］
くろこきひ…Ⅰ-424 ［穀物類］
くろこご…Ⅲ-207 ［魚類］
くろこさか…Ⅰ-424 ［穀物類］
くろこさめ…Ⅲ-208 ［魚類］
くろごす…Ⅲ-208 ［魚類］
くろごず…Ⅲ-208 ［魚類］
くろこち…Ⅲ-208 ［魚類］
くろこなり…Ⅰ-424 ［穀物類］
くろごぼうもち…Ⅰ-424 ［穀物類］
くろこま…Ⅰ-424 ［穀物類］

| | |
|---|---|
| くろこま…Ⅰ-425［穀物類］ | くろしめあは…Ⅰ-430［穀物類］ |
| くろこま…Ⅵ-364［菜類］ | くろじめあわ…Ⅰ-430［穀物類］ |
| くろごま…Ⅰ-425［穀物類］ | くろしめし…Ⅵ-140［菌・茸類］ |
| くろごま…Ⅵ-364［菜類］ | くろしめじ…Ⅵ-140［菌・茸類］ |
| くろこみつ…Ⅰ-425［穀物類］ | くろしやく…Ⅰ-430［穀物類］ |
| くろこもち…Ⅰ-425［穀物類］ | くろじやく…Ⅰ-431［穀物類］ |
| くろこり…Ⅲ-208［魚類］ | くろしろ…Ⅰ-431［穀物類］ |
| くろごり…Ⅲ-208［魚類］ | くろじわせ…Ⅰ-431［穀物類］ |
| くろさい…Ⅰ-425［穀物類］ | くろじんとく…Ⅰ-431［穀物類］ |
| くろさいこく…Ⅰ-426［穀物類］ | くろしんば…Ⅰ-431［穀物類］ |
| くろさうらし…Ⅶ-213［樹木類］ | くろじんば…Ⅰ-431［穀物類］ |
| くろさか…Ⅰ-426［穀物類］ | くろず…Ⅰ-431［穀物類］ |
| くろさご…Ⅰ-426［穀物類］ | くろすい…Ⅲ-209［魚類］ |
| くろさこあわ…Ⅰ-426［穀物類］ | くろすいくわ…Ⅵ-365［菜類］ |
| くろささぎ…Ⅰ-426［穀物類］ | くろすいて…Ⅵ-365［菜類］ |
| くろささけ…Ⅰ-427［穀物類］ | くろすずめ…Ⅰ-432［穀物類］ |
| くろささげ…Ⅰ-427［穀物類］ | くろすな…Ⅵ-22［金・石・土・水類］ |
| くろさす…Ⅲ-209［魚類］ | くろすみ…Ⅰ-432［穀物類］ |
| くろさはわたり…Ⅰ-427［穀物類］ | くろすみ…Ⅲ-209［魚類］ |
| くろさへしろまめ…Ⅰ-426［穀物類］ | くろずみ…Ⅰ-432［穀物類］ |
| くろざめ…Ⅲ-209［魚類］ | くろすみあは…Ⅰ-433［穀物類］ |
| くろさや…Ⅰ-428［穀物類］ | くろすみあわ…Ⅰ-433［穀物類］ |
| くろざや…Ⅰ-428［穀物類］ | くろずる…Ⅰ-433［穀物類］ |
| くろさやあづき…Ⅰ-428［穀物類］ | くろぜ…Ⅰ-433［穀物類］ |
| くろさやまめ…Ⅰ-428［穀物類］ | くろせいしん…Ⅳ-549［野生植物］ |
| くろさやまめ…Ⅰ-429［穀物類］ | くろせかき…Ⅵ-736［果類］ |
| くろさる…Ⅰ-429［穀物類］ | くろせきし…Ⅵ-22［金・石・土・水類］ |
| くろさわあづき…Ⅰ-429［穀物類］ | くろせんごくまめ…Ⅰ-433［穀物類］ |
| くろさんぐわつ…Ⅰ-429［穀物類］ | くろせんぼ…Ⅰ-433［穀物類］ |
| くろさんすけ…Ⅰ-429［穀物類］ | くろそいご…Ⅶ-213［樹木類］ |
| くろさんすけいね…Ⅰ-429［穀物類］ | くろぞう…Ⅰ-433［穀物類］ |
| くろじ…Ⅰ-429［穀物類］ | くろそは…Ⅰ-434［穀物類］ |
| くろしうり…Ⅶ-213［樹木類］ | くろそば…Ⅰ-434［穀物類］ |
| くろじく…Ⅵ-735［果類］ | くろそぶ…Ⅲ-209［魚類］ |
| くろしね…Ⅰ-430［穀物類］ | くろそよき…Ⅶ-213［樹木類］ |
| くろしみ…Ⅰ-430［穀物類］ | くろだ…Ⅰ-434［穀物類］ |
| くろじみ…Ⅰ-430［穀物類］ | くろたい…Ⅲ-209［魚類］ |
| くろじめ…Ⅰ-430［穀物類］ | くろだい…Ⅲ-210［魚類］ |

く

| | |
|---|---|
| くろだいなこん…Ⅰ-434［穀物類］ | くろとう…Ⅳ-549［野生植物］ |
| くろたかの…Ⅰ-434［穀物類］ | くろどうあは…Ⅰ-437［穀物類］ |
| くろたけ…Ⅵ-65［竹・笹類］ | くろとうしらう…Ⅰ-438［穀物類］ |
| くろたけ…Ⅵ-140［菌・茸類］ | くろどぢやう…Ⅲ-211［魚類］ |
| くろたこや…Ⅰ-434［穀物類］ | くろな…Ⅰ-438［穀物類］ |
| くろたじま…Ⅰ-434［穀物類］ | くろな…Ⅳ-550［野生植物］ |
| くろたにあわ…Ⅰ-435［穀物類］ | くろながさや…Ⅰ-438［穀物類］ |
| くろたはらご…Ⅲ-210［魚類］ | くろなかて…Ⅰ-438［穀物類］ |
| くろだひ…Ⅲ-210［魚類］ | くろなこ…Ⅲ-212［魚類］ |
| くろだひ…Ⅲ-211［魚類］ | くろなす…Ⅵ-365［菜類］ |
| くろたふ…Ⅶ-213［樹木類］ | くろなすひ…Ⅵ-365［菜類］ |
| くろたぶ…Ⅶ-213［樹木類］ | くろなすび…Ⅵ-365［菜類］ |
| くろたら…Ⅲ-211［魚類］ | くろなりこ…Ⅰ-438［穀物類］ |
| くろたんきりまめ…Ⅰ-435［穀物類］ | くろにし…Ⅲ-709［貝類］ |
| くろたんは…Ⅰ-435［穀物類］ | くろにな…Ⅲ-709［貝類］ |
| くろちあは…Ⅰ-435［穀物類］ | くろぬめ…Ⅰ-438［穀物類］ |
| くろちこ…Ⅰ-435［穀物類］ | くろねつみ…Ⅰ-438［穀物類］ |
| くろちさ…Ⅶ-213［樹木類］ | くろのとくろ…Ⅲ-212［魚類］ |
| くろぢしや…Ⅶ-214［樹木類］ | ぐろのはなはげ…Ⅲ-212［魚類］ |
| くろつ…Ⅰ-435［穀物類］ | くろのまめ…Ⅰ-439［穀物類］ |
| くろつち…Ⅵ-22［金・石・土・水類］ | くろのり…Ⅳ-550［野生植物］ |
| くろつつ…Ⅶ-214［樹木類］ | くろは…Ⅳ-550［野生植物］ |
| くろつつきれ…Ⅰ-435［穀物類］ | くろはい…Ⅲ-212［魚類］ |
| くろつつじ…Ⅶ-214［樹木類］ | くろはいのき…Ⅶ-214［樹木類］ |
| くろつのべ…Ⅰ-436［穀物類］ | くろばうづ…Ⅰ-439［穀物類］ |
| くろつばら…Ⅶ-214［樹木類］ | くろばうづいね…Ⅰ-439［穀物類］ |
| くろづぼ…Ⅲ-211［魚類］ | くろはき…Ⅲ-212［魚類］ |
| くろつま…Ⅰ-436［穀物類］ | くろはき…Ⅳ-550［野生植物］ |
| くろつみ…Ⅰ-436［穀物類］ | くろはぎ…Ⅲ-212［魚類］ |
| くろづみ…Ⅰ-436［穀物類］ | くろはぎ…Ⅲ-213［魚類］ |
| くろつる…Ⅰ-436［穀物類］ | くろはぎ…Ⅳ-550［野生植物］ |
| くろつるこ…Ⅰ-436［穀物類］ | くろはけ…Ⅲ-213［魚類］ |
| くろつるのこ…Ⅰ-436［穀物類］ | くろはげ…Ⅲ-213［魚類］ |
| くろつるのこ…Ⅰ-437［穀物類］ | くろはせ…Ⅲ-213［魚類］ |
| くろてんちく…Ⅰ-437［穀物類］ | くろはぜ…Ⅲ-213［魚類］ |
| くろど…Ⅰ-437［穀物類］ | くろはだか…Ⅰ-439［穀物類］ |
| くろどあわ…Ⅰ-437［穀物類］ | くろはちがう…Ⅰ-439［穀物類］ |
| くろとう…Ⅰ-437［穀物類］ | くろはちがうおくて…Ⅰ-439［穀物類］ |

| | |
|---|---|
| くろはちかうも…Ⅳ-550〔野生植物〕 | くろぼうし…Ⅰ-443〔穀物類〕 |
| くろはちぐわつ…Ⅰ-439〔穀物類〕 | くろぼうず…Ⅰ-443〔穀物類〕 |
| くろはちこく…Ⅰ-440〔穀物類〕 | くろぼうずもち…Ⅰ-443〔穀物類〕 |
| くろはちめ…Ⅲ-214〔魚類〕 | くろぼく…Ⅵ-22〔金・石・土・水類〕 |
| くろはつる…Ⅳ-551〔野生植物〕 | くろほくこく…Ⅰ-443〔穀物類〕 |
| くろはへ…Ⅲ-214〔魚類〕 | くろほくこく…Ⅰ-444〔穀物類〕 |
| くろはも…Ⅲ-214〔魚類〕 | くろほこ…Ⅰ-444〔穀物類〕 |
| くろばやり…Ⅰ-440〔穀物類〕 | くろぼご…Ⅲ-215〔魚類〕 |
| くろひえ…Ⅰ-440〔穀物類〕 | くろぼこ…Ⅵ-23〔金・石・土・水類〕 |
| くろひげ…Ⅰ-440〔穀物類〕 | くろほし…Ⅰ-444〔穀物類〕 |
| くろひこ…Ⅰ-440〔穀物類〕 | くろぼし…Ⅰ-444〔穀物類〕 |
| くろひのき…Ⅶ-214〔樹木類〕 | くろほしかり…Ⅲ-215〔魚類〕 |
| くろひへ…Ⅰ-441〔穀物類〕 | くろほつこく…Ⅰ-444〔穀物類〕 |
| くろびへ…Ⅰ-441〔穀物類〕 | くろほてこう…Ⅲ-215〔魚類〕 |
| くろひよ…Ⅶ-214〔樹木類〕 | くろぼふあは…Ⅰ-444〔穀物類〕 |
| くろびわ…Ⅰ-441〔穀物類〕 | くろぼふも…Ⅳ-551〔野生植物〕 |
| くろひゑ…Ⅰ-441〔穀物類〕 | くろぼんもち…Ⅰ-444〔穀物類〕 |
| くろひゑ…Ⅰ-442〔穀物類〕 | くろまい…Ⅵ-140〔菌・茸類〕 |
| くろびゑ…Ⅰ-442〔穀物類〕 | くろまいこ…Ⅵ-140〔菌・茸類〕 |
| くろふく…Ⅲ-214〔魚類〕 | くろまいたけ…Ⅵ-141〔菌・茸類〕 |
| くろぶく…Ⅲ-214〔魚類〕 | くろまげ…Ⅲ-709〔貝類〕 |
| くろふし…Ⅰ-442〔穀物類〕 | くろまさめ…Ⅰ-445〔穀物類〕 |
| くろふし…Ⅳ-551〔野生植物〕 | くろまつ…Ⅶ-215〔樹木類〕 |
| くろふじ…Ⅶ-215〔樹木類〕 | くろまて…Ⅰ-445〔穀物類〕 |
| くろぶたうを…Ⅲ-215〔魚類〕 | くろまていね…Ⅰ-445〔穀物類〕 |
| くろふつ…Ⅳ-551〔野生植物〕 | くろまめ…Ⅰ-445〔穀物類〕 |
| くろぶとう…Ⅰ-442〔穀物類〕 | くろまめ…Ⅰ-446〔穀物類〕 |
| くろぶとう…Ⅵ-736〔果類〕 | くろまめのき…Ⅶ-215〔樹木類〕 |
| くろへ…Ⅶ-215〔樹木類〕 | くろまんはい…Ⅰ-446〔穀物類〕 |
| くろべ…Ⅰ-442〔穀物類〕 | くろまんばい…Ⅰ-446〔穀物類〕 |
| くろべ…Ⅲ-215〔魚類〕 | くろみ…Ⅰ-446〔穀物類〕 |
| くろべ…Ⅲ-709〔貝類〕 | くろみ…Ⅳ-551〔野生植物〕 |
| くろほ…Ⅰ-442〔穀物類〕 | くろみつき…Ⅶ-215〔樹木類〕 |
| くろぼ…Ⅰ-442〔穀物類〕 | くろみづくくり…Ⅰ-446〔穀物類〕 |
| くろほう…Ⅰ-443〔穀物類〕 | くろみとり…Ⅰ-447〔穀物類〕 |
| くろぼう…Ⅰ-443〔穀物類〕 | くろみな…Ⅲ-709〔貝類〕 |
| くろぼう…Ⅲ-215〔魚類〕 | くろみほ…Ⅰ-447〔穀物類〕 |
| くろほうし…Ⅰ-443〔穀物類〕 | くろみほう…Ⅰ-447〔穀物類〕 |

く

くろみゆふかほ…Ⅵ-365［菜類］
くろむきくろむぎ…Ⅰ-447［穀物類］
くろめ…Ⅰ-447［穀物類］
くろめ…Ⅲ-710［貝類］
くろめ…Ⅳ-551［野生植物］
くろめいし…Ⅵ-23［金・石・土・水類］
くろめささけ…Ⅰ-447［穀物類］
くろめじろ…Ⅰ-447［穀物類］
くろめばり…Ⅲ-215［魚類］
くろめはる…Ⅲ-216［魚類］
くろめばる…Ⅲ-216［魚類］
くろめふじ…Ⅳ-551［野生植物］
くろも…Ⅳ-552［野生植物］
くろもし…Ⅶ-215［樹木類］
くろもし…Ⅶ-216［樹木類］
くろもじ…Ⅶ-216［樹木類］
くろもち…Ⅰ-448［穀物類］
くろもち…Ⅶ-216［樹木類］
くろもちあは…Ⅰ-448［穀物類］
くろもちきひ…Ⅰ-448［穀物類］
くろもの…Ⅵ-23［金・石・土・水類］
くろもふ…Ⅳ-552［野生植物］
くろもみ…Ⅰ-449［穀物類］
くろもも…Ⅵ-736［果類］
くろもんじ…Ⅶ-216［樹木類］
くろもんしや…Ⅶ-217［樹木類］
くろゆふかほ…Ⅵ-365［菜類］
くろよきちびへ…Ⅰ-449［穀物類］
くろよふし…Ⅰ-449［穀物類］
くろろくかく…Ⅰ-449［穀物類］
くろろくぐわつ…Ⅰ-449［穀物類］
くろわさひへ…Ⅰ-449［穀物類］
くろわせ…Ⅰ-449［穀物類］
くろわせ…Ⅰ-450［穀物類］
くろゑ…Ⅲ-216［魚類］
くろゑい…Ⅲ-216［魚類］
くろゑんとう…Ⅰ-450［穀物類］
くろゑんどう…Ⅰ-450［穀物類］

くろをふみ…Ⅰ-450［穀物類］
くろををくら…Ⅰ-450［穀物類］
くろんぼ…Ⅰ-451［穀物類］
くろんぼう…Ⅵ-141［菌・茸類］
くろんぼうはぜ…Ⅲ-216［魚類］
くわ…Ⅳ-552［野生植物］
くわ…Ⅶ-217［樹木類］
ぐわ…Ⅳ-552［野生植物］
くわい…Ⅳ-552［野生植物］
くわい…Ⅵ-366［菜類］
くわいくさ…Ⅳ-552［野生植物］
くわいちこ…Ⅳ-553［野生植物］
くわいちこ…Ⅵ-736［果類］
くわいちご…Ⅳ-553［野生植物］
くわいづら…Ⅳ-553［野生植物］
ぐわいづる…Ⅳ-553［野生植物］
くわうきん…Ⅳ-553［野生植物］
くわうし…Ⅲ-710［貝類］
くわうみやうな…Ⅵ-366［菜類］
くわうれん…Ⅳ-553［野生植物］
くわえんさい…Ⅵ-366［菜類］
くわから…Ⅳ-553［野生植物］
くわからな…Ⅳ-554［野生植物］
くわからな…Ⅶ-785［救荒動植物類］
くわがらは…Ⅳ-554［野生植物］
くわがらは…Ⅶ-785［救荒動植物類］
くわくかう…Ⅳ-554［野生植物］
くわくこうかひ…Ⅲ-710［貝類］
くわくさ…Ⅳ-554［野生植物］
くわくつし…Ⅳ-554［野生植物］
くわくらん…Ⅳ-554［野生植物］
くわくわつかゆ…Ⅵ-736［果類］
くわくわら…Ⅳ-554［野生植物］
くわこくさ…Ⅳ-555［野生植物］
ぐわごくさ…Ⅳ-555［野生植物］
くわしきひ…Ⅰ-451［穀物類］
くわしまめ…Ⅰ-451［穀物類］
くわしや…Ⅰ-451［穀物類］

| | |
|---|---|
| くわしやかし…Ⅰ - 451 ［穀物類］ | くわんおんさう…Ⅳ - 557 ［野生植物］ |
| くわずみ…Ⅵ - 736 ［果類］ | くわんおんさう…Ⅶ - 785 ［救荒動植物類］ |
| くわたい…Ⅳ - 555 ［野生植物］ | くわんおんし…Ⅵ - 737 ［果類］ |
| くわたいそう…Ⅵ - 366 ［菜類］ | くわんおんし…Ⅶ - 217 ［樹木類］ |
| くわたいな…Ⅵ - 366 ［菜類］ | くわんおんじなし…Ⅵ - 737 ［果類］ |
| くわだいな…Ⅵ - 367 ［菜類］ | くわんおんじなし…Ⅶ - 217 ［樹木類］ |
| くわだいな…Ⅶ - 785 ［救荒動植物類］ | くわんおんそう…Ⅳ - 557 ［野生植物］ |
| くわたけ…Ⅵ - 141 ［菌・茸類］ | くわんおんだい…Ⅲ - 217 ［魚類］ |
| くわつかう…Ⅳ - 555 ［野生植物］ | くわんおんたき…Ⅵ - 23 ［金・石・土・水類］ |
| くわつかふ…Ⅳ - 555 ［野生植物］ | くわんおんちく…Ⅵ - 66 ［竹・笹類］ |
| くわつしつ…Ⅳ - 555 ［野生植物］ | くわんぎそう…Ⅳ - 557 ［野生植物］ |
| くわな…Ⅳ - 556 ［野生植物］ | くわんくわらさう…Ⅳ - 557 ［野生植物］ |
| くわなば…Ⅵ - 141 ［菌・茸類］ | くわんさう…Ⅳ - 558 ［野生植物］ |
| くわなもち…Ⅰ - 451 ［穀物類］ | くわんさう…Ⅵ - 367 ［菜類］ |
| くわのき…Ⅶ - 217 ［樹木類］ | くわんざう…Ⅳ - 538 ［野生植物］ |
| くわのきのみ…Ⅵ - 736 ［果類］ | くわんざう…Ⅳ - 558 ［野生植物］ |
| くわのきもたし…Ⅵ - 141 ［菌・茸類］ | くわんざう…Ⅵ - 367 ［菜類］ |
| くわのこ…Ⅰ - 452 ［穀物類］ | くわんざう…Ⅶ - 786 ［救荒動植物類］ |
| くわのたけ…Ⅵ - 141 ［菌・茸類］ | くわんささけ…Ⅰ - 452 ［穀物類］ |
| くわのは…Ⅶ - 785 ［救荒動植物類］ | ぐわんざんかき…Ⅵ - 737 ［果類］ |
| くわのみ…Ⅵ - 737 ［果類］ | ぐわんじつさう…Ⅳ - 559 ［野生植物］ |
| くわのみ…Ⅶ - 217 ［樹木類］ | くわんすいちこ…Ⅵ - 738 ［果類］ |
| くわのみ…Ⅶ - 785 ［救荒動植物類］ | くわんすころけ…Ⅳ - 559 ［野生植物］ |
| くわはだけ…Ⅲ - 216 ［魚類］ | くわんそう…Ⅳ - 558 ［野生植物］ |
| くわひ…Ⅳ - 556 ［野生植物］ | くわんそう…Ⅵ - 368 ［菜類］ |
| くわひ…Ⅵ - 367 ［菜類］ | くわんそう…Ⅶ - 786 ［救荒動植物類］ |
| くわふき…Ⅶ - 217 ［樹木類］ | くわんぞう…Ⅳ - 559 ［野生植物］ |
| くわふろな…Ⅳ - 556 ［野生植物］ | くわんぞうのは…Ⅶ - 786 ［救荒動植物類］ |
| くわへ…Ⅳ - 556 ［野生植物］ | くわんたいな…Ⅳ - 559 ［野生植物］ |
| くわへ…Ⅵ - 367 ［菜類］ | くわんたいな…Ⅵ - 368 ［菜類］ |
| くわへら…Ⅳ - 556 ［野生植物］ | くわんたいな…Ⅶ - 786 ［救荒動植物類］ |
| くわまた…Ⅳ - 556 ［野生植物］ | くわんだいな…Ⅵ - 368 ［菜類］ |
| くわりん…Ⅵ - 737 ［果類］ | くわんちう…Ⅳ - 559 ［野生植物］ |
| くわろふ…Ⅳ - 556 ［野生植物］ | くわんとう…Ⅰ - 452 ［穀物類］ |
| くわゐ…Ⅳ - 557 ［野生植物］ | くわんとう…Ⅵ - 368 ［菜類］ |
| くわゐ…Ⅵ - 367 ［菜類］ | くわんとう…Ⅵ - 738 ［果類］ |
| くわゑんたけ…Ⅵ - 141 ［菌・茸類］ | くわんどう…Ⅳ - 559 ［野生植物］ |
| くわゑんたけ…Ⅵ - 142 ［菌・茸類］ | くわんどう…Ⅵ - 368 ［菜類］ |

くわんとうあづき…Ⅰ-452［穀物類］
くわんとうあひずり…Ⅰ-452［穀物類］
くわんとうこうぼふ…Ⅰ-452［穀物類］
くわんとうこほれす…Ⅰ-453［穀物類］
くわんとうこむぎ…Ⅰ-453［穀物類］
くわんとうなし…Ⅵ-738［果類］
くわんとうはたか…Ⅰ-453［穀物類］
くわんとうひへ…Ⅰ-453［穀物類］
くわんとうまつ…Ⅶ-218［樹木類］
くわんとうまめ…Ⅰ-453［穀物類］
くわんとうもち…Ⅰ-453［穀物類］
くわんとうやろく…Ⅰ-453［穀物類］
くわんとうわせ…Ⅰ-454［穀物類］
くわんとうゑひ…Ⅰ-454［穀物類］
くわんとふむぎ…Ⅰ-454［穀物類］
くわんのんさう…Ⅳ-559［野生植物］
くわんのんさう…Ⅳ-560［野生植物］
くわんのんささ…Ⅵ-66［竹・笹類］
くわんのんじささ…Ⅵ-66［竹・笹類］
くわんのんそう…Ⅵ-368［菜類］
くわんのんだいこん…Ⅵ-368［菜類］
くわんのんたけ…Ⅵ-66［竹・笹類］
くわんのんやろく…Ⅰ-454［穀物類］
くわんをんさう…Ⅳ-560［野生植物］
くゐな…Ⅳ-560［野生植物］
くゑ…Ⅲ-217［魚類］
ぐゑ…Ⅲ-217［魚類］
くんせんし…Ⅵ-738［果類］
くんたいまめ…Ⅰ-454［穀物類］
くんだれ…Ⅰ-454［穀物類］
ぐんだれぐさ…Ⅳ-560［野生植物］
ぐんとつる…Ⅳ-560［野生植物］
ぐんどつる…Ⅳ-560［野生植物］
くんとのみ…Ⅶ-786［救荒動植物類］
ぐんやり…Ⅰ-454［穀物類］
くんろく…Ⅳ-560［野生植物］

# け

け…Ⅰ-455［穀物類］
けあか…Ⅰ-455［穀物類］
けあしむぎ…Ⅰ-455［穀物類］
けあは…Ⅰ-455［穀物類］
けあはこ…Ⅰ-455［穀物類］
けあらさは…Ⅰ-455［穀物類］
けあらさわ…Ⅰ-455［穀物類］
けあり…Ⅰ-456［穀物類］
けありいかる…Ⅰ-456［穀物類］
けありかるこ…Ⅰ-456［穀物類］
けあわ…Ⅰ-456［穀物類］
けい…Ⅳ-561［野生植物］
けいがい…Ⅳ-561［野生植物］
けいかくさう…Ⅳ-561［野生植物］
けいがくさう…Ⅳ-561［野生植物］
けいかん…Ⅳ-561［野生植物］
けいがん…Ⅳ-561［野生植物］
けいこつさう…Ⅳ-562［野生植物］
けいさう…Ⅳ-561［野生植物］
けいし…Ⅳ-562［野生植物］
けいし…Ⅶ-219［樹木類］
けいじ…Ⅳ-562［野生植物］
けいしたぶ…Ⅶ-219［樹木類］
けいしどう…Ⅰ-456［穀物類］
けいしみち…Ⅰ-456［穀物類］
けいしろ…Ⅰ-456［穀物類］
けいしん…Ⅶ-219［樹木類］
けいせい…Ⅰ-457［穀物類］
けいせいさう…Ⅳ-562［野生植物］
けいせいささけ…Ⅰ-457［穀物類］
けいせいにな…Ⅲ-711［貝類］
けいそく…Ⅳ-562［野生植物］
けいそくさう…Ⅳ-562［野生植物］
けいそくそう…Ⅳ-562［野生植物］
けいたうくわ…Ⅵ-369［菜類］
けいつほん…Ⅰ-457［穀物類］

| | |
|---|---|
| けいつぽん…Ⅰ-457［穀物類］ | げげな…Ⅳ-566［野生植物］ |
| けいつぽん…Ⅵ-369［菜類］ | けげむま…Ⅳ-566［野生植物］ |
| けいてん…Ⅳ-563［野生植物］ | けげろうさう…Ⅳ-325［野生植物］ |
| けいとう…Ⅳ-563［野生植物］ | けげんろく…Ⅰ-459［穀物類］ |
| けいとう…Ⅵ-369［菜類］ | けこごみ…Ⅳ-566［野生植物］ |
| けいとうくわ…Ⅳ-564［野生植物］ | けごじふし…Ⅰ-459［穀物類］ |
| けいとうくわ…Ⅵ-369［菜類］ | けこほう…Ⅵ-370［菜類］ |
| けいとうけ…Ⅳ-564［野生植物］ | けこむき…Ⅰ-459［穀物類］ |
| けいとうげ…Ⅳ-565［野生植物］ | けこむぎ…Ⅰ-460［穀物類］ |
| けいとうげのは…Ⅶ-787［救荒動植物類］ | けころはし…Ⅵ-370［菜類］ |
| けいとうは…Ⅶ-787［救荒動植物類］ | けころび…Ⅵ-370［菜類］ |
| けいふく…Ⅰ-457［穀物類］ | けささげ…Ⅰ-460［穀物類］ |
| けいほうあわ…Ⅰ-457［穀物類］ | けし…Ⅰ-460［穀物類］ |
| けいほうさう…Ⅰ-457［穀物類］ | けし…Ⅳ-566［野生植物］ |
| けいほうそう…Ⅰ-458［穀物類］ | けし…Ⅵ-370［菜類］ |
| けいも…Ⅵ-369［菜類］ | けし…Ⅵ-371［菜類］ |
| けいらん…Ⅳ-565［野生植物］ | けしあさみ…Ⅵ-371［菜類］ |
| けうかふ…Ⅵ-369［菜類］ | けしあざみ…Ⅳ-567［野生植物］ |
| けうはさう…Ⅳ-565［野生植物］ | けしあざみ…Ⅵ-371［菜類］ |
| げうよう…Ⅳ-565［野生植物］ | けしくさ…Ⅳ-567［野生植物］ |
| けうわせ…Ⅰ-458［穀物類］ | けしけし…Ⅳ-567［野生植物］ |
| けおほきび…Ⅰ-458［穀物類］ | けしけしまいた…Ⅳ-567［野生植物］ |
| げか…Ⅰ-458［穀物類］ | けしけた…Ⅰ-460［穀物類］ |
| けかいせい…Ⅰ-458［穀物類］ | けしつばき…Ⅶ-219［樹木類］ |
| けかこほれ…Ⅰ-458［穀物類］ | けしな…Ⅵ-371［菜類］ |
| けかし…Ⅳ-565［野生植物］ | けしなぐさ…Ⅳ-567［野生植物］ |
| けがし…Ⅳ-565［野生植物］ | けしなんば…Ⅵ-371［菜類］ |
| けかひ…Ⅲ-711［貝類］ | けしのはなかひ…Ⅲ-711［貝類］ |
| けかやしかぶ…Ⅵ-369［菜類］ | けしやうあつき…Ⅰ-460［穀物類］ |
| けく…Ⅲ-218［魚類］ | けしやうくさ…Ⅳ-567［野生植物］ |
| けくさ…Ⅳ-566［野生植物］ | けしやうばやり…Ⅰ-461［穀物類］ |
| けくろ…Ⅰ-458［穀物類］ | けしやうまめ…Ⅰ-461［穀物類］ |
| けくろすみ…Ⅰ-459［穀物類］ | けしら…Ⅰ-461［穀物類］ |
| けくろずみあわ…Ⅰ-459［穀物類］ | けしらは…Ⅰ-461［穀物類］ |
| けぐろぼうす…Ⅰ-459［穀物類］ | けしらば…Ⅰ-461［穀物類］ |
| けくろもち…Ⅰ-459［穀物類］ | けしろ…Ⅰ-461［穀物類］ |
| けくわさう…Ⅳ-566［野生植物］ | けしろ…Ⅰ-462［穀物類］ |
| げくわさう…Ⅳ-566［野生植物］ | けじろ…Ⅰ-462［穀物類］ |

け

けじろ…Ⅳ‐567［野生植物］
けしろあわ…Ⅰ‐462［穀物類］
けしろかはち…Ⅰ‐462［穀物類］
けじろかわ…Ⅰ‐462［穀物類］
けしろぼうし…Ⅰ‐462［穀物類］
げす…Ⅶ‐219［樹木類］
げず…Ⅶ‐219［樹木類］
げすくわす…Ⅵ‐739［果類］
げすしらず…Ⅵ‐739［果類］
けずのき…Ⅶ‐220［樹木類］
げすのき…Ⅶ‐219［樹木類］
げずのき…Ⅶ‐220［樹木類］
けずりむぎ…Ⅰ‐463［穀物類］
けぜり…Ⅳ‐568［野生植物］
けせんこむぎ…Ⅰ‐463［穀物類］
けせんしけた…Ⅰ‐463［穀物類］
けそぼ…Ⅰ‐463［穀物類］
けた…Ⅲ‐218［魚類］
けたうさう…Ⅳ‐568［野生植物］
けだこや…Ⅰ‐463［穀物類］
けたて…Ⅳ‐568［野生植物］
けたて…Ⅵ‐371［菜類］
けたで…Ⅳ‐568［野生植物］
けたで…Ⅵ‐372［菜類］
けだて…Ⅳ‐568［野生植物］
けたらさう…Ⅳ‐569［野生植物］
けたんば…Ⅰ‐463［穀物類］
けちしみ…Ⅰ‐463［穀物類］
けちちみ…Ⅰ‐464［穀物類］
けちぢみ…Ⅰ‐464［穀物類］
けちやう…Ⅰ‐464［穀物類］
けちやうらく…Ⅰ‐464［穀物類］
けちよなし…Ⅰ‐464［穀物類］
けちりん…Ⅰ‐464［穀物類］
げづ…Ⅶ‐220［樹木類］
けつき…Ⅰ‐464［穀物類］
けつけ…Ⅰ‐465［穀物類］
けつけ…Ⅲ‐218［魚類］

けつね…Ⅲ‐218［魚類］
げづのき…Ⅶ‐220［樹木類］
けつふ…Ⅲ‐711［貝類］
けつぶ…Ⅲ‐711［貝類］
けつら…Ⅶ‐220［樹木類］
けづら…Ⅶ‐220［樹木類］
けづらず…Ⅶ‐220［樹木類］
けつりはな…Ⅳ‐569［野生植物］
けつりばな…Ⅳ‐569［野生植物］
けづりはな…Ⅳ‐569［野生植物］
けてう…Ⅰ‐465［穀物類］
げとうかわらけ…Ⅵ‐23［金・石・土・水類］
げどく…Ⅰ‐465［穀物類］
けな…Ⅳ‐569［野生植物］
けな…Ⅵ‐372［菜類］
けなが…Ⅰ‐465［穀物類］
けなかあは…Ⅰ‐465［穀物類］
けなかこむぎ…Ⅰ‐465［穀物類］
けなかてあは…Ⅰ‐465［穀物類］
けなかむき…Ⅰ‐466［穀物類］
けながむぎ…Ⅰ‐466［穀物類］
けながもち…Ⅰ‐466［穀物類］
けなし…Ⅰ‐466［穀物類］
けなし…Ⅳ‐569［野生植物］
けなしかれい…Ⅲ‐218［魚類］
けなしけひえ…Ⅰ‐466［穀物類］
けなしはつこく…Ⅰ‐466［穀物類］
けなしみのげ…Ⅰ‐466［穀物類］
けなしもち…Ⅰ‐467［穀物類］
けなば…Ⅵ‐143［菌・茸類］
けにんぢん…Ⅳ‐570［野生植物］
けぬぼ…Ⅰ‐467［穀物類］
けのこ…Ⅲ‐218［魚類］
げのこ…Ⅰ‐467［穀物類］
けのみ…Ⅰ‐467［穀物類］
けば…Ⅰ‐467［穀物類］
げば…Ⅳ‐570［野生植物］
けはい…Ⅰ‐467［穀物類］

| | |
|---|---|
| げばくさ…Ⅳ-570［野生植物］ | けむこ…Ⅳ-572［野生植物］ |
| けばな…Ⅰ-468［穀物類］ | けむし…Ⅰ-471［穀物類］ |
| けはひ…Ⅰ-467［穀物類］ | けむし…Ⅲ-219［魚類］ |
| けはら…Ⅰ-468［穀物類］ | けむしあは…Ⅰ-471［穀物類］ |
| けひく…Ⅰ-468［穀物類］ | けむら…Ⅰ-471［穀物類］ |
| けひとう…Ⅳ-570［野生植物］ | けむりたけ…Ⅵ-143［菌・茸類］ |
| けひとうくわ…Ⅳ-570［野生植物］ | けめぐろ…Ⅰ-471［穀物類］ |
| けひどうけ…Ⅳ-570［野生植物］ | けめくろもち…Ⅰ-471［穀物類］ |
| けひへ…Ⅰ-468［穀物類］ | けめぐろもち…Ⅰ-472［穀物類］ |
| けびへ…Ⅰ-468［穀物類］ | けもくざう…Ⅰ-472［穀物類］ |
| けひろ…Ⅰ-468［穀物類］ | けもくそう…Ⅰ-472［穀物類］ |
| けひゑ…Ⅰ-468［穀物類］ | けもちあは…Ⅰ-472［穀物類］ |
| けふかかし…Ⅰ-469［穀物類］ | けもちなこや…Ⅲ-219［魚類］ |
| けふき…Ⅳ-570［野生植物］ | けもも…Ⅵ-739［果類］ |
| けふく…Ⅲ-218［魚類］ | けもも…Ⅶ-221［樹木類］ |
| けふぐ…Ⅲ-219［魚類］ | けもろこしもち…Ⅰ-472［穀物類］ |
| けぶく…Ⅲ-219［魚類］ | けや…Ⅶ-221［樹木類］ |
| けふこ…Ⅰ-469［穀物類］ | けやかぶ…Ⅵ-372［菜類］ |
| けぶつ…Ⅰ-469［穀物類］ | けやき…Ⅶ-221［樹木類］ |
| けぶと…Ⅰ-469［穀物類］ | けやきのは…Ⅶ-787［救荒動植物類］ |
| けふわせ…Ⅰ-469［穀物類］ | けやけ…Ⅶ-222［樹木類］ |
| けほ…Ⅳ-571［野生植物］ | けやのき…Ⅶ-222［樹木類］ |
| けぼ…Ⅳ-571［野生植物］ | けやまめ…Ⅰ-472［穀物類］ |
| けほう…Ⅰ-469［穀物類］ | けややろく…Ⅰ-472［穀物類］ |
| けぼう…Ⅰ-469［穀物類］ | けやり…Ⅰ-473［穀物類］ |
| けほうあわ…Ⅰ-470［穀物類］ | けやろく…Ⅰ-473［穀物類］ |
| けぼこ…Ⅰ-470［穀物類］ | けらのき…Ⅶ-222［樹木類］ |
| けぼもち…Ⅰ-470［穀物類］ | けらのを…Ⅵ-372［菜類］ |
| けまないもち…Ⅰ-470［穀物類］ | けらのをだいこん…Ⅵ-372［菜類］ |
| けまん…Ⅳ-571［野生植物］ | けろ…Ⅶ-222［樹木類］ |
| げまん…Ⅳ-571［野生植物］ | げろ…Ⅰ-473［穀物類］ |
| けまんさう…Ⅳ-572［野生植物］ | げろ…Ⅶ-222［樹木類］ |
| けまんぼたん…Ⅳ-571［野生植物］ | げろう…Ⅶ-222［樹木類］ |
| けみしか…Ⅰ-470［穀物類］ | げろうさいこく…Ⅰ-473［穀物類］ |
| けみしかろくかく…Ⅰ-470［穀物類］ | けろくかく…Ⅰ-473［穀物類］ |
| けむき…Ⅰ-470［穀物類］ | けろくかくむぎ…Ⅰ-473［穀物類］ |
| けむぎ…Ⅰ-471［穀物類］ | げろさいこく…Ⅰ-473［穀物類］ |
| けむくじあわ…Ⅰ-471［穀物類］ | けわせ…Ⅰ-474［穀物類］ |

け

げんうゑもんやろく…Ⅰ‐474［穀物類］
げんきう…Ⅲ‐219［魚類］
けんぎうし…Ⅳ‐572［野生植物］
けんきうを…Ⅲ‐219［魚類］
けんぎやうかし…Ⅰ‐474［穀物類］
けんきよ…Ⅳ‐572［野生植物］
けんけ…Ⅳ‐572［野生植物］
けんげ…Ⅳ‐572［野生植物］
げんけ…Ⅳ‐573［野生植物］
げんげ…Ⅳ‐573［野生植物］
げんげ…Ⅶ‐787［救荒動植物類］
げんげはな…Ⅳ‐573［野生植物］
げんげん…Ⅳ‐573［野生植物］
けんけんさう…Ⅳ‐573［野生植物］
げんごらう…Ⅰ‐474［穀物類］
けんざ…Ⅰ‐474［穀物類］
けんさいな…Ⅵ‐372［菜類］
けんさいむめ…Ⅶ‐222［樹木類］
けんさいもち…Ⅰ‐474［穀物類］
けんざう…Ⅳ‐573［野生植物］
げんざうしらは…Ⅰ‐474［穀物類］
けんさき…Ⅰ‐475［穀物類］
けんさき…Ⅳ‐574［野生植物］
けんざき…Ⅳ‐574［野生植物］
けんさきば…Ⅳ‐574［野生植物］
けんさきもち…Ⅰ‐475［穀物類］
げんざしらは…Ⅰ‐475［穀物類］
げんざぶらう…Ⅰ‐475［穀物類］
げんざゑもんもち…Ⅰ‐475［穀物類］
げんじかのこ…Ⅳ‐574［野生植物］
げんじつつち…Ⅶ‐223［樹木類］
げんじらうあわ…Ⅰ‐475［穀物類］
げんしろ…Ⅰ‐475［穀物類］
げんじん…Ⅳ‐574［野生植物］
けんぞく…Ⅰ‐476［穀物類］
けんだい…Ⅰ‐476［穀物類］
げんだうを…Ⅲ‐219［魚類］
げんだくさ…Ⅳ‐574［野生植物］

げんだつら…Ⅶ‐787［救荒動植物類］
けんどしひゑ…Ⅰ‐476［穀物類］
けんとしろ…Ⅰ‐476［穀物類］
げんなゑそ…Ⅲ‐220［魚類］
けんにうぼう…Ⅵ‐739［果類］
けんのあわ…Ⅰ‐476［穀物類］
けんのき…Ⅶ‐223［樹木類］
けんのしやうこ…Ⅳ‐575［野生植物］
けんのしやうご…Ⅳ‐575［野生植物］
けんのじやうこ…Ⅳ‐575［野生植物］
げんのしやうこ…Ⅳ‐575［野生植物］
けんのしろ…Ⅰ‐476［穀物類］
げんのせうこ…Ⅳ‐575［野生植物］
げんのふもち…Ⅰ‐476［穀物類］
けんのみのき…Ⅶ‐223［樹木類］
けんはい…Ⅰ‐477［穀物類］
げんはち…Ⅰ‐477［穀物類］
けんぶつ…Ⅳ‐575［野生植物］
けんふなし…Ⅵ‐740［果類］
げんべ…Ⅰ‐477［穀物類］
げんへい…Ⅰ‐477［穀物類］
げんぺいかやり…Ⅰ‐477［穀物類］
げんぺいかるこ…Ⅰ‐477［穀物類］
げんへいとう…Ⅵ‐740［果類］
げんぺいとう…Ⅵ‐739［果類］
げんぺいはき…Ⅳ‐575［野生植物］
げんへいもも…Ⅶ‐223［樹木類］
げんべいもも…Ⅶ‐223［樹木類］
げんぺいもも…Ⅵ‐740［果類］
げんべゑ…Ⅰ‐477［穀物類］
けんほう…Ⅰ‐478［穀物類］
けんほうあは…Ⅰ‐478［穀物類］
けんほうなし…Ⅵ‐740［果類］
けんほかなし…Ⅶ‐223［樹木類］
けんほがなし…Ⅵ‐740［果類］
けんほさう…Ⅳ‐576［野生植物］
けんほなし…Ⅵ‐741［果類］
けんほなし…Ⅶ‐223［樹木類］

けんほのき…Ⅶ-224［樹木類］
けんほのなし…Ⅵ-741［果類］
けんほのなし…Ⅵ-742［果類］
けんほのなし…Ⅶ-224［樹木類］
けんろく…Ⅰ-478［穀物類］
げんろく…Ⅰ-478［穀物類］
げんろくおくて…Ⅰ-478［穀物類］
げんゑもんあづき…Ⅰ-478［穀物類］

## こ

ごあい…Ⅳ-577［野生植物］
こあいのき…Ⅶ-225［樹木類］
こあか…Ⅰ-479［穀物類］
こあかあづき…Ⅰ-479［穀物類］
こあかさや…Ⅰ-479［穀物類］
こあきひかつら…Ⅳ-577［野生植物］
こあくび…Ⅰ-479［穀物類］
こあさ…Ⅰ-479［穀物類］
こあさがほ…Ⅳ-577［野生植物］
こあさつき…Ⅵ-373［菜類］
こあざみ…Ⅶ-788［救荒動植物類］
こあじ…Ⅲ-221［魚類］
こあしろなし…Ⅵ-743［果類］
こあぢ…Ⅲ-221［魚類］
こあつき…Ⅰ-479［穀物類］
こあづき…Ⅰ-480［穀物類］
こあにわ…Ⅰ-480［穀物類］
こあねき…Ⅰ-480［穀物類］
こあふひ…Ⅳ-577［野生植物］
こあほひ…Ⅳ-577［野生植物］
ごあみ…Ⅲ-221［魚類］
こあみつる…Ⅳ-578［野生植物］
こあみつる…Ⅶ-225［樹木類］
こあゆ…Ⅲ-221［魚類］
こあらき…Ⅰ-480［穀物類］
こあらさわ…Ⅰ-480［穀物類］
こあり…Ⅰ-480［穀物類］
こあを…Ⅰ-480［穀物類］

こあをい…Ⅳ-578［野生植物］
こあをぢこ…Ⅰ-481［穀物類］
こあをまめ…Ⅰ-481［穀物類］
こあんとろ…Ⅵ-373［菜類］
こい…Ⅲ-221［魚類］
こいくさ…Ⅳ-578［野生植物］
こいけ…Ⅰ-481［穀物類］
ごいさぎ…Ⅶ-788［救荒動植物類］
こいし…Ⅰ-481［穀物類］
ごいし…Ⅰ-481［穀物類］
ごいし…Ⅵ-23［金・石・土・水類］
ごいしさめ…Ⅲ-221［魚類］
こいしたてやろく…Ⅰ-481［穀物類］
こいしと…Ⅰ-481［穀物類］
こいしまめ…Ⅰ-482［穀物類］
ごいしまめ…Ⅰ-482［穀物類］
こいしろわせ…Ⅰ-482［穀物類］
こいしわり…Ⅰ-482［穀物類］
こいせもち…Ⅰ-483［穀物類］
こいち…Ⅲ-221［魚類］
こいちすい…Ⅲ-222［魚類］
こいちべゑなし…Ⅵ-743［果類］
こいでぼ…Ⅰ-483［穀物類］
ごいど…Ⅰ-483［穀物類］
こいな…Ⅲ-222［魚類］
こいな…Ⅲ-712［貝類］
こいね…Ⅳ-578［野生植物］
こいねくさ…Ⅳ-578［野生植物］
こいはし…Ⅲ-222［魚類］
こいばしまたのは…Ⅶ-788［救荒動植物類］
こいばらまた…Ⅳ-578［野生植物］
こいも…Ⅵ-373［菜類］
こいもち…Ⅰ-483［穀物類］
ごいもち…Ⅰ-483［穀物類］
こいら…Ⅳ-578［野生植物］
こいろまめ…Ⅰ-483［穀物類］
こいわし…Ⅲ-222［魚類］
こういきやう…Ⅳ-579［野生植物］

こ

こうかい…Ⅲ-712［貝類］
こうかいさう…Ⅳ-579［野生植物］
こうがいさう…Ⅳ-579［野生植物］
こうかのき…Ⅶ-225［樹木類］
こうくは…Ⅳ-579［野生植物］
こうくはのは…Ⅶ-788［救荒動植物類］
こうぐり…Ⅲ-222［魚類］
こうくるみ…Ⅵ-743［果類］
こうくろ…Ⅰ-483［穀物類］
こうくろ…Ⅲ-222［魚類］
ごうくろ…Ⅰ-484［穀物類］
こうくわ…Ⅳ-579［野生植物］
こうけ…Ⅳ-579［野生植物］
こうげ…Ⅳ-579［野生植物］
こうけしば…Ⅳ-580［野生植物］
こうけん…Ⅳ-580［野生植物］
こうこ…Ⅶ-225［樹木類］
こうご…Ⅲ-222［魚類］
ごうごうふく…Ⅲ-223［魚類］
ごうごささ…Ⅵ-66［竹・笹類］
こうごだい…Ⅲ-223［魚類］
こうごたひ…Ⅲ-223［魚類］
ごうごつつ…Ⅳ-580［野生植物］
こうこのき…Ⅶ-225［樹木類］
こうごぶく…Ⅲ-223［魚類］
こうしあづき…Ⅰ-484［穀物類］
こうしうまる…Ⅵ-743［果類］
こうじからけ…Ⅳ-580［野生植物］
こうじからげ…Ⅳ-580［野生植物］
こうじぐさ…Ⅳ-580［野生植物］
こうじのしたい…Ⅳ-580［野生植物］
こうじのしたい…Ⅶ-788［救荒動植物類］
こうしのつの…Ⅰ-484［穀物類］
こうじぶた…Ⅳ-581［野生植物］
ごうじやう…Ⅳ-581［野生植物］
こうしゆ…Ⅳ-581［野生植物］
こうじゆ…Ⅳ-581［野生植物］
こうす…Ⅲ-712［貝類］

こうず…Ⅲ-712［貝類］
こうせうたい…Ⅲ-223［魚類］
こうせんかう…Ⅳ-581［野生植物］
こうせんくわ…Ⅳ-581［野生植物］
こうそ…Ⅲ-223［魚類］
こうぞき…Ⅶ-225［樹木類］
こうぞこけ…Ⅵ-144［菌・茸類］
こうぞな…Ⅶ-788［救荒動植物類］
こうたい…Ⅲ-223［魚類］
こうたう…Ⅲ-224［魚類］
こうたけ…Ⅵ-144［菌・茸類］
こうつのき…Ⅶ-225［樹木類］
こうづらもち…Ⅰ-484［穀物類］
こうとく…Ⅶ-226［樹木類］
ごうとはら…Ⅶ-226［樹木類］
ごうどわせ…Ⅰ-484［穀物類］
ごうな…Ⅲ-712［貝類］
ごうなかい…Ⅲ-712［貝類］
こうなご…Ⅲ-224［魚類］
こうなんむしょ…Ⅵ-743［果類］
こうのき…Ⅶ-226［樹木類］
こうのしん…Ⅰ-484［穀物類］
こうのはし…Ⅰ-484［穀物類］
ごうのみ…Ⅶ-226［樹木類］
こうのみかつら…Ⅳ-581［野生植物］
こうのみき…Ⅶ-226［樹木類］
こうはい…Ⅰ-485［穀物類］
こうばい…Ⅰ-485［穀物類］
こうばい…Ⅶ-226［樹木類］
こうばうむぎ…Ⅳ-582［野生植物］
こうはぎ…Ⅳ-582［野生植物］
こうはこなし…Ⅵ-744［果類］
こうはしな…Ⅳ-582［野生植物］
こうばしな…Ⅳ-582［野生植物］
こうはり…Ⅶ-226［樹木類］
こうばり…Ⅵ-743［果類］
こうぶし…Ⅳ-582［野生植物］
こうへいはだかむぎ…Ⅰ-485［穀物類］

-152-

| | |
|---|---|
| こうべん…Ⅵ-744［果類］ | こうゑもん…Ⅰ-486［穀物類］ |
| こうほう…Ⅰ-485［穀物類］ | こうをうそう…Ⅳ-584［野生植物］ |
| こうぼうもち…Ⅰ-485［穀物類］ | こえかづら…Ⅳ-584［野生植物］ |
| こうほうわせ…Ⅰ-485［穀物類］ | ごえふ…Ⅶ-227［樹木類］ |
| こうほね…Ⅳ-582［野生植物］ | ごえふのまつ…Ⅶ-227［樹木類］ |
| こうぼふ…Ⅰ-486［穀物類］ | ごえふまつ…Ⅶ-227［樹木類］ |
| こうめ…Ⅲ-224［魚類］ | こえんこ…Ⅰ-486［穀物類］ |
| こうめ…Ⅵ-744［果類］ | こえんとう…Ⅰ-487［穀物類］ |
| こうめ…Ⅶ-227［樹木類］ | こえんどう…Ⅰ-487［穀物類］ |
| こうめいな…Ⅵ-373［菜類］ | こえんどう…Ⅳ-584［野生植物］ |
| こうめん…Ⅲ-224［魚類］ | こえんとろ…Ⅳ-585［野生植物］ |
| こうもうせきちく…Ⅳ-582［野生植物］ | こおくて…Ⅰ-487［穀物類］ |
| こうやまき…Ⅶ-227［樹木類］ | こおにひえ…Ⅰ-487［穀物類］ |
| こうやまめ…Ⅰ-486［穀物類］ | こおふれん…Ⅳ-585［野生植物］ |
| こうら…Ⅳ-583［野生植物］ | こおほね…Ⅵ-374［菜類］ |
| ごうら…Ⅵ-373［菜類］ | こおまめ…Ⅰ-487［穀物類］ |
| こうらい…Ⅰ-486［穀物類］ | こおりはたか…Ⅰ-487［穀物類］ |
| こうらいきく…Ⅳ-583［野生植物］ | こおろしくさ…Ⅳ-585［野生植物］ |
| こうらいぎく…Ⅳ-583［野生植物］ | こか…Ⅵ-744［果類］ |
| こうらいきひ…Ⅰ-486［穀物類］ | こが…Ⅰ-487［穀物類］ |
| こうらいざさ…Ⅵ-66［竹・笹類］ | こが…Ⅶ-228［樹木類］ |
| こうらいむぎ…Ⅰ-486［穀物類］ | ごが…Ⅵ-744［果類］ |
| こうり…Ⅳ-583［野生植物］ | こかいせい…Ⅰ-488［穀物類］ |
| こうり…Ⅵ-373［菜類］ | こがいせい…Ⅰ-488［穀物類］ |
| ごうり…Ⅳ-583［野生植物］ | こかいちゆう…Ⅰ-488［穀物類］ |
| ごうりかつら…Ⅳ-583［野生植物］ | こかいて…Ⅶ-228［樹木類］ |
| ごうりかづら…Ⅳ-583［野生植物］ | こかう…Ⅶ-228［樹木類］ |
| こうりのね…Ⅶ-788［救荒動植物類］ | こかうち…Ⅰ-488［穀物類］ |
| こうりやう…Ⅳ-584［野生植物］ | ごがうはちしやう…Ⅰ-488［穀物類］ |
| こうりん…Ⅲ-224［魚類］ | こかき…Ⅲ-712［貝類］ |
| こうりん…Ⅵ-744［果類］ | こかき…Ⅵ-744［果類］ |
| こうるい…Ⅳ-584［野生植物］ | こかき…Ⅶ-228［樹木類］ |
| こうるい…Ⅵ-373［菜類］ | こがき…Ⅵ-745［果類］ |
| こうるな…Ⅶ-227［樹木類］ | こかきつはた…Ⅳ-585［野生植物］ |
| こうれん…Ⅳ-584［野生植物］ | こかきつばた…Ⅳ-585［野生植物］ |
| ごうろのね…Ⅶ-789［救荒動植物類］ | こがきのき…Ⅶ-228［樹木類］ |
| こうわ…Ⅵ-374［菜類］ | こかく…Ⅰ-488［穀物類］ |
| こうわうさう…Ⅳ-584［野生植物］ | こがく…Ⅰ-488［穀物類］ |

こ

| | |
|---|---|
| こかしもち…Ⅰ-489［穀物類］ | こがねやなぎ…Ⅳ-587［野生植物］ |
| こがしら…Ⅰ-489［穀物類］ | こがねわらび…Ⅳ-587［野生植物］ |
| こかたそめ…Ⅶ-228［樹木類］ | こかのき…Ⅶ-229［樹木類］ |
| こかたはみ…Ⅳ-585［野生植物］ | こがのき…Ⅶ-229［樹木類］ |
| こかたはみ…Ⅶ-789［救荒動植物類］ | こかひ…Ⅲ-713［貝類］ |
| こかたふり…Ⅵ-374［菜類］ | こがひさう…Ⅳ-588［野生植物］ |
| こがだも…Ⅶ-228［樹木類］ | こかふ…Ⅵ-374［菜類］ |
| こかち…Ⅲ-713［貝類］ | こかぶ…Ⅵ-374［菜類］ |
| ごがつ…Ⅰ-489［穀物類］ | ごがふはちしやう…Ⅰ-490［穀物類］ |
| ごがつささげ…Ⅰ-489［穀物類］ | こかみ…Ⅲ-713［貝類］ |
| ごがつせんぼんぎ…Ⅵ-374［菜類］ | こかみ…Ⅳ-588［野生植物］ |
| こかつほ…Ⅲ-224［魚類］ | こかみ…Ⅶ-789［救荒動植物類］ |
| こかつら…Ⅳ-585［野生植物］ | こがみ…Ⅲ-713［貝類］ |
| こかつを…Ⅲ-224［魚類］ | こがみ…Ⅳ-588［野生植物］ |
| こかと…Ⅰ-489［穀物類］ | こがみ…Ⅶ-789［救荒動植物類］ |
| こかど…Ⅰ-489［穀物類］ | こかや…Ⅳ-588［野生植物］ |
| こかどそば…Ⅰ-490［穀物類］ | こかや…Ⅵ-746［果類］ |
| こがな…Ⅳ-586［野生植物］ | こがや…Ⅳ-588［野生植物］ |
| こかなし…Ⅵ-745［果類］ | ごかやまかふら…Ⅵ-374［菜類］ |
| こがなし…Ⅵ-745［果類］ | こかやもたし…Ⅵ-144［菌・茸類］ |
| こがなし…Ⅶ-229［樹木類］ | こかやり…Ⅰ-490［穀物類］ |
| こかね…Ⅰ-490［穀物類］ | こから…Ⅰ-491［穀物類］ |
| こかね…Ⅲ-225［魚類］ | こから…Ⅲ-713［貝類］ |
| こがね…Ⅰ-490［穀物類］ | こがら…Ⅶ-789［救荒動植物類］ |
| こがねあわ…Ⅰ-490［穀物類］ | ごから…Ⅳ-588［野生植物］ |
| こがねかや…Ⅳ-586［野生植物］ | こからあは…Ⅰ-491［穀物類］ |
| こかねくさ…Ⅳ-586［野生植物］ | こからあわ…Ⅰ-491［穀物類］ |
| こかねぐさ…Ⅳ-586［野生植物］ | こがらさや…Ⅰ-491［穀物類］ |
| こがねくさ…Ⅳ-586［野生植物］ | こからさんぐわつ…Ⅰ-491［穀物類］ |
| こかねつる…Ⅳ-586［野生植物］ | こからす…Ⅰ-491［穀物類］ |
| こがねづる…Ⅳ-587［野生植物］ | こからたけ…Ⅵ-66［竹・笹類］ |
| こかねのみ…Ⅰ-490［穀物類］ | こがらたけ…Ⅵ-67［竹・笹類］ |
| こかねはな…Ⅳ-587［野生植物］ | こからやまと…Ⅰ-491［穀物類］ |
| こがねばみかん…Ⅵ-746［果類］ | こかり…Ⅰ-492［穀物類］ |
| こかねひえ…Ⅰ-490［穀物類］ | こがり…Ⅰ-492［穀物類］ |
| こかねめぬき…Ⅳ-587［野生植物］ | こかる…Ⅳ-588［野生植物］ |
| こがねめぬき…Ⅳ-587［野生植物］ | こかれい…Ⅲ-225［魚類］ |
| こかねもんじや…Ⅶ-229［樹木類］ | こかれひ…Ⅲ-225［魚類］ |

| | |
|---|---|
| こかゑて…Ⅶ - 229　［樹木類］ | こくこ…Ⅵ - 375　［菜類］ |
| こき…Ⅲ - 225　［魚類］ | こくさ…Ⅰ - 494　［穀物類］ |
| こき…Ⅳ - 589　［野生植物］ | こくさ…Ⅳ - 591　［野生植物］ |
| こきかぶ…Ⅵ - 375　［菜類］ | こくさき…Ⅶ - 230　［樹木類］ |
| こきく…Ⅳ - 589　［野生植物］ | こくさぎ…Ⅳ - 591　［野生植物］ |
| こぎし…Ⅰ - 492　［穀物類］ | こくさぎ…Ⅶ - 230　［樹木類］ |
| こきち…Ⅰ - 492　［穀物類］ | こくさのき…Ⅶ - 230　［樹木類］ |
| こきちいね…Ⅰ - 492　［穀物類］ | こくじいし…Ⅵ - 23　［金・石・土・水類］ |
| こきな…Ⅳ - 589　［野生植物］ | ごくじやう…Ⅰ - 494　［穀物類］ |
| こきな…Ⅶ - 229　［樹木類］ | ごくじやうもみ…Ⅰ - 494　［穀物類］ |
| こきねり…Ⅵ - 746　［果類］ | こくせいしん…Ⅳ - 591　［野生植物］ |
| こきのこ…Ⅳ - 589　［野生植物］ | こくせんや…Ⅰ - 494　［穀物類］ |
| こきのこ…Ⅶ - 789　［救荒動植物類］ | こくそのき…Ⅶ - 230　［樹木類］ |
| こぎのこ…Ⅵ - 746　［果類］ | こくたいじかき…Ⅵ - 746　［果類］ |
| こきはだ…Ⅶ - 229　［樹木類］ | こくたけ…Ⅵ - 67　［竹・笹類］ |
| こきひ…Ⅰ - 492　［穀物類］ | ごくたけ…Ⅵ - 144　［菌・茸類］ |
| こきび…Ⅰ - 493　［穀物類］ | ごくだけ…Ⅵ - 67　［竹・笹類］ |
| こきほ…Ⅳ - 589　［野生植物］ | こくちなし…Ⅶ - 230　［樹木類］ |
| こぎぼ…Ⅳ - 589　［野生植物］ | こくちなし…Ⅶ - 231　［樹木類］ |
| こきほうし…Ⅳ - 589　［野生植物］ | こくに…Ⅰ - 494　［穀物類］ |
| こぎほうし…Ⅳ - 590　［野生植物］ | こくにかし…Ⅰ - 495　［穀物類］ |
| こきやう…Ⅳ - 590　［野生植物］ | こくふかし…Ⅰ - 495　［穀物類］ |
| ごきやう…Ⅳ - 590　［野生植物］ | こくぼ…Ⅵ - 746　［果類］ |
| ごぎやう…Ⅳ - 590　［野生植物］ | こくほうふぢ…Ⅶ - 231　［樹木類］ |
| ごぎやう…Ⅵ - 375　［菜類］ | こくま…Ⅰ - 495　［穀物類］ |
| ごぎやう…Ⅶ - 789　［救荒動植物類］ | こくまこ…Ⅰ - 495　［穀物類］ |
| こきやうえひ…Ⅰ - 493　［穀物類］ | ごぐみ…Ⅳ - 591　［野生植物］ |
| ごぎやうさう…Ⅳ - 590　［野生植物］ | ごくみだ…Ⅰ - 495　［穀物類］ |
| ごぎやうふつ…Ⅳ - 590　［野生植物］ | こくみたし…Ⅰ - 495　［穀物類］ |
| ごぎやうぶつ…Ⅳ - 591　［野生植物］ | こくみたしあづき…Ⅰ - 495　［穀物類］ |
| ごきやろう…Ⅰ - 493　［穀物類］ | ごくもどき…Ⅰ - 496　［穀物類］ |
| こきよう…Ⅰ - 493　［穀物類］ | こくもとなかて…Ⅰ - 496　［穀物類］ |
| こきり…Ⅰ - 493　［穀物類］ | こくもとわせ…Ⅰ - 496　［穀物類］ |
| こきりしま…Ⅶ - 230　［樹木類］ | こくら…Ⅰ - 496　［穀物類］ |
| こきりば…Ⅵ - 375　［菜類］ | こくり…Ⅲ - 225　［魚類］ |
| こぎりほ…Ⅰ - 493　［穀物類］ | こくり…Ⅵ - 746　［果類］ |
| ごく…Ⅰ - 494　［穀物類］ | こぐり…Ⅲ - 225　［魚類］ |
| こくあは…Ⅰ - 494　［穀物類］ | こぐり…Ⅵ - 747　［果類］ |

## こ

こくりやう…Ⅰ-496［穀物類］
こくろ…Ⅰ-496［穀物類］
こぐろ…Ⅰ-497［穀物類］
こくろだい…Ⅲ-225［魚類］
こくろたひ…Ⅲ-226［魚類］
こくろふのり…Ⅳ-591［野生植物］
こくろまめ…Ⅰ-497［穀物類］
こくろめ…Ⅳ-592［野生植物］
こくろわせ…Ⅰ-497［穀物類］
ごくろわせ…Ⅰ-497［穀物類］
こくわ…Ⅵ-747［果類］
こくわ…Ⅶ-231［樹木類］
こくわい…Ⅳ-592［野生植物］
こくわさう…Ⅳ-592［野生植物］
ごぐわつ…Ⅰ-497［穀物類］
ごぐわつこ…Ⅰ-497［穀物類］
ごぐわつささけ…Ⅰ-498［穀物類］
ごぐわつだいこん…Ⅵ-375［菜類］
ごぐわつまめ…Ⅰ-498［穀物類］
ごぐわつむぎ…Ⅰ-498［穀物類］
こくわつら…Ⅳ-592［野生植物］
こくわのみ…Ⅶ-790［救荒動植物類］
こけ…Ⅳ-592［野生植物］
こげ…Ⅲ-713［貝類］
こけあさみ…Ⅳ-592［野生植物］
ごけあは…Ⅰ-498［穀物類］
こけあわ…Ⅰ-498［穀物類］
こけいちご…Ⅳ-592［野生植物］
こけいちご…Ⅵ-747［果類］
ごけう…Ⅵ-375［菜類］
ごげう…Ⅳ-593［野生植物］
ごげう…Ⅶ-790［救荒動植物類］
こげか…Ⅰ-498［穀物類］
こけかいね…Ⅰ-498［穀物類］
こけくさ…Ⅳ-593［野生植物］
こげくさ…Ⅳ-593［野生植物］
こけこむぎ…Ⅰ-499［穀物類］
こけさ…Ⅶ-231［樹木類］

こけさざえ…Ⅲ-713［貝類］
こけしろ…Ⅰ-499［穀物類］
こけたけ…Ⅵ-144［菌・茸類］
こけぢよらう…Ⅳ-593［野生植物］
こけぢよらう…Ⅶ-790［救荒動植物類］
こけぢよろ…Ⅳ-593［野生植物］
こけつき…Ⅰ-499［穀物類］
こけのみ…Ⅳ-593［野生植物］
ごけひへ…Ⅰ-499［穀物類］
ごけやろく…Ⅰ-499［穀物類］
こけんさき…Ⅳ-593［野生植物］
こげんろく…Ⅰ-499［穀物類］
ここ…Ⅲ-714［貝類］
こご…Ⅲ-714［貝類］
こご…Ⅳ-594［野生植物］
こごいを…Ⅲ-226［魚類］
ごごうね…Ⅵ-375［菜類］
こごうを…Ⅲ-226［魚類］
こごしょ…Ⅵ-747［果類］
こごせ…Ⅶ-231［樹木類］
ごごそう…Ⅳ-594［野生植物］
ここち…Ⅲ-226［魚類］
こごなり…Ⅲ-714［貝類］
ここのつは…Ⅰ-499［穀物類］
ここのつは…Ⅰ-500［穀物類］
ここのへあは…Ⅰ-500［穀物類］
ここのへかいて…Ⅶ-231［樹木類］
ここのへぐさ…Ⅳ-594［野生植物］
ここのへはな…Ⅳ-594［野生植物］
こごひやく…Ⅰ-500［穀物類］
ごごひやく…Ⅰ-500［穀物類］
ごごひやくもち…Ⅰ-500［穀物類］
こごまわせ…Ⅰ-500［穀物類］
ここみ…Ⅳ-594［野生植物］
ここみ…Ⅵ-376［菜類］
ここみ…Ⅶ-790［救荒動植物類］
こごみ…Ⅳ-594［野生植物］
こごみ…Ⅵ-376［菜類］

こごみ…Ⅶ-790［救荒動植物類］
ここめ…Ⅳ-594［野生植物］
こごめ…Ⅳ-595［野生植物］
ここめあさみ…Ⅵ-376［菜類］
こごめいし…Ⅵ-24［金・石・土・水類］
ここめいちこ…Ⅵ-747［果類］
ここめくさ…Ⅳ-595［野生植物］
ここめくさ…Ⅶ-231［樹木類］
ここめくさ…Ⅶ-790［救荒動植物類］
こごめくさ…Ⅳ-595［野生植物］
こごめぐさ…Ⅳ-595［野生植物］
こごめくさのは…Ⅶ-790［救荒動植物類］
ここめさくら…Ⅶ-232［樹木類］
こごめさくら…Ⅶ-232［樹木類］
ここめそば…Ⅰ-500［穀物類］
こごめつつじ…Ⅶ-232［樹木類］
ここめな…Ⅳ-595［野生植物］
ここめな…Ⅶ-791［救荒動植物類］
こごめのき…Ⅶ-232［樹木類］
ここめはな…Ⅳ-596［野生植物］
ここめはな…Ⅶ-232［樹木類］
こごめはな…Ⅵ-376［菜類］
こごめはな…Ⅶ-233［樹木類］
ここめひつり…Ⅳ-596［野生植物］
ここめひづり…Ⅳ-596［野生植物］
こごめひつり…Ⅵ-376［菜類］
こごめやなぎ…Ⅶ-233［樹木類］
こごりきのこ…Ⅵ-144［菌・茸類］
こごろしはな…Ⅶ-233［樹木類］
こころてんくさ…Ⅳ-596［野生植物］
こころふと…Ⅳ-596［野生植物］
こころふとくさ…Ⅳ-596［野生植物］
こさ…Ⅶ-791［救荒動植物類］
こさあづき…Ⅰ-501［穀物類］
こさあは…Ⅰ-501［穀物類］
ございくⅣ-596［野生植物］
ございⅣ-597［野生植物］
こさいこく…Ⅰ-501［穀物類］

こざいこく…Ⅰ-501［穀物類］
こさいじよう…Ⅵ-747［果類］
こさいしん…Ⅳ-597［野生植物］
ございは…Ⅶ-233［樹木類］
ございば…Ⅳ-597［野生植物］
こさうす…Ⅰ-501［穀物類］
こさかい…Ⅰ-501［穀物類］
こさき…Ⅰ-501［穀物類］
こさき…Ⅵ-376［菜類］
こさぎ…Ⅰ-502［穀物類］
こざき…Ⅰ-502［穀物類］
こざきいね…Ⅰ-502［穀物類］
こざきやろく…Ⅰ-502［穀物類］
こさく…Ⅰ-502［穀物類］
こざく…Ⅳ-597［野生植物］
こさくら…Ⅶ-233［樹木類］
こささ…Ⅵ-67［竹・笹類］
こささけ…Ⅰ-502［穀物類］
こささげ…Ⅰ-503［穀物類］
こささたけ…Ⅵ-67［竹・笹類］
こさし…Ⅰ-503［穀物類］
こざし…Ⅰ-503［穀物類］
こざしあは…Ⅰ-503［穀物類］
こざしなは…Ⅰ-503［穀物類］
こさしのを…Ⅰ-503［穀物類］
こざつこ…Ⅲ-226［魚類］
こさつま…Ⅰ-504［穀物類］
こざと…Ⅵ-747［果類］
こさとかき…Ⅵ-748［果類］
こさのね…Ⅶ-791［救荒動植物類］
ごさば…Ⅶ-233［樹木類］
こさふな…Ⅶ-234［樹木類］
こさぶらう…Ⅰ-504［穀物類］
こさぶらうあは…Ⅰ-504［穀物類］
こさぶらうあわ…Ⅰ-504［穀物類］
こさぶらうもち…Ⅰ-504［穀物類］
こさむかぜ…Ⅳ-597［野生植物］
こさめ…Ⅲ-226［魚類］

こ

こさめな…Ⅳ-597 ［野生植物］
こさや…Ⅰ-504 ［穀物類］
こさより…Ⅲ-226 ［魚類］
こさら…Ⅰ-504 ［穀物類］
こざら…Ⅰ-505 ［穀物類］
こざらいね…Ⅰ-505 ［穀物類］
こさる…Ⅰ-505 ［穀物類］
こざる…Ⅰ-505 ［穀物類］
こさるふり…Ⅰ-505 ［穀物類］
こさるまめ…Ⅰ-505 ［穀物類］
こさるめ…Ⅳ-597 ［野生植物］
こされ…Ⅰ-505 ［穀物類］
こざれ…Ⅰ-506 ［穀物類］
ござれ…Ⅰ-506 ［穀物類］
こされもち…Ⅰ-506 ［穀物類］
こざれもち…Ⅰ-507 ［穀物類］
ござれもち…Ⅰ-506 ［穀物類］
ござれもち…Ⅰ-507 ［穀物類］
こさわあづき…Ⅰ-507 ［穀物類］
ござゐ…Ⅳ-598 ［野生植物］
こさんぐわつ…Ⅰ-507 ［穀物類］
こさんすけ…Ⅰ-507 ［穀物類］
こさんせう…Ⅵ-376 ［菜類］
こさんちく…Ⅵ-67 ［竹・笹類］
こざんちく…Ⅵ-68 ［竹・笹類］
ごさんちく…Ⅵ-68 ［竹・笹類］
こさんゑりだし…Ⅰ-507 ［穀物類］
こしあふら…Ⅶ-234 ［樹木類］
こしあぶら…Ⅶ-234 ［樹木類］
ごじうひへ…Ⅰ-508 ［穀物類］
こしおせ…Ⅰ-508 ［穀物類］
こしおれ…Ⅰ-508 ［穀物類］
こしかき…Ⅵ-377 ［菜類］
こしき…Ⅲ-714 ［貝類］
こしき…Ⅳ-598 ［野生植物］
こしき…Ⅶ-234 ［樹木類］
こしきかづら…Ⅳ-598 ［野生植物］
こしきかひ…Ⅲ-714 ［貝類］

こしきくさ…Ⅳ-598 ［野生植物］
ごしきくさ…Ⅳ-598 ［野生植物］
ごしきくさ…Ⅳ-599 ［野生植物］
ごしきさう…Ⅶ-791 ［救荒動植物類］
ごしきとうぎみ…Ⅰ-508 ［穀物類］
こしきば…Ⅳ-599 ［野生植物］
こしきはらくさ…Ⅳ-599 ［野生植物］
こしきぶ…Ⅶ-234 ［樹木類］
こじきり…Ⅰ-508 ［穀物類］
こしきわむし…Ⅳ-599 ［野生植物］
こしきわり…Ⅰ-508 ［穀物類］
こしく…Ⅰ-508 ［穀物類］
こしくさ…Ⅳ-599 ［野生植物］
ごじくは…Ⅳ-600 ［野生植物］
こじくわ…Ⅳ-600 ［野生植物］
ごしくわ…Ⅳ-600 ［野生植物］
ごじくわ…Ⅳ-600 ［野生植物］
こしけ…Ⅰ-509 ［穀物類］
こしげ…Ⅰ-509 ［穀物類］
こじこ…Ⅰ-509 ［穀物類］
こした…Ⅳ-600 ［野生植物］
こしだ…Ⅳ-600 ［野生植物］
こしたか…Ⅳ-601 ［野生植物］
こしため…Ⅲ-227 ［魚類］
こしちぐわつ…Ⅰ-509 ［穀物類］
こしつ…Ⅳ-601 ［野生植物］
ごしつ…Ⅳ-601 ［野生植物］
ごじつ…Ⅳ-601 ［野生植物］
ごじっせん…Ⅰ-509 ［穀物類］
こしな…Ⅳ-601 ［野生植物］
こじな…Ⅲ-714 ［貝類］
こしなが…Ⅲ-227 ［魚類］
こしながいはし…Ⅲ-227 ［魚類］
こしながいわし…Ⅲ-227 ［魚類］
こじのもち…Ⅰ-509 ［穀物類］
こしば…Ⅲ-227 ［魚類］
こしば…Ⅳ-602 ［野生植物］
こしはなくさ…Ⅳ-602 ［野生植物］

| | |
|---|---|
| こしひ…Ⅵ‐748［果類］ | こじやうたけあわ…Ⅰ‐513［穀物類］ |
| こしひ…Ⅶ‐234［樹木類］ | こじやうとく…Ⅰ‐513［穀物類］ |
| こしび…Ⅲ‐227［魚類］ | こしやうぶか…Ⅲ‐228［魚類］ |
| こしぶ…Ⅵ‐748［果類］ | こしやうらく…Ⅰ‐513［穀物類］ |
| こしふかき…Ⅵ‐748［果類］ | こしやが…Ⅳ‐602［野生植物］ |
| こしぶかき…Ⅵ‐748［果類］ | ごしやく…Ⅰ‐514［穀物類］ |
| ごじふきり…Ⅰ‐510［穀物類］ | ごしやくきび…Ⅰ‐514［穀物類］ |
| ごじふきりもち…Ⅰ‐510［穀物類］ | こしやぶら…Ⅶ‐235［樹木類］ |
| ごじふきれ…Ⅰ‐510［穀物類］ | こじやむせん…Ⅰ‐514［穀物類］ |
| ごじふく…Ⅰ‐510［穀物類］ | ごじゅうきり…Ⅰ‐514［穀物類］ |
| ごじふごにち…Ⅰ‐510［穀物類］ | ごじゅつせん…Ⅰ‐514［穀物類］ |
| ごじふごにちあは…Ⅰ‐510［穀物類］ | ごしゅゆ…Ⅶ‐235［樹木類］ |
| ごじふたけ…Ⅰ‐511［穀物類］ | こしよ…Ⅵ‐748［果類］ |
| ごじふたけあわ…Ⅰ‐511［穀物類］ | ごしよ…Ⅵ‐748［果類］ |
| ごじふなり…Ⅵ‐377［菜類］ | ごしよ…Ⅵ‐749［果類］ |
| ごじふにち…Ⅰ‐511［穀物類］ | ごしよあをい…Ⅳ‐602［野生植物］ |
| ごじふにちひへ…Ⅰ‐511［穀物類］ | こじようらうもち…Ⅰ‐515［穀物類］ |
| ごじふにちびゑ…Ⅰ‐511［穀物類］ | こじょうろう…Ⅰ‐514［穀物類］ |
| ごじふひえ…Ⅰ‐511［穀物類］ | ごしよがうりん…Ⅵ‐749［果類］ |
| ごじふひへ…Ⅰ‐511［穀物類］ | こしよかき…Ⅵ‐749［果類］ |
| ごじふほ…Ⅰ‐512［穀物類］ | ごしよかき…Ⅵ‐749［果類］ |
| ごじふほあわ…Ⅰ‐512［穀物類］ | ごしよかき…Ⅵ‐750［果類］ |
| こじふろく…Ⅰ‐512［穀物類］ | ごしよかき…Ⅶ‐235［樹木類］ |
| ごじふわせ…Ⅰ‐512［穀物類］ | ごしよがき…Ⅵ‐750［果類］ |
| こしほそ…Ⅳ‐602［野生植物］ | ごしよぐるま…Ⅳ‐602［野生植物］ |
| こじま…Ⅰ‐512［穀物類］ | こしよせ…Ⅰ‐514［穀物類］ |
| こじまあへつる…Ⅰ‐512［穀物類］ | こしよたひ…Ⅲ‐228［魚類］ |
| こじまさう…Ⅳ‐602［野生植物］ | ごしよのわたほらし…Ⅰ‐515［穀物類］ |
| こしみづ…Ⅰ‐512［穀物類］ | こじよらう…Ⅰ‐515［穀物類］ |
| こしみづわせ…Ⅰ‐513［穀物類］ | こじよらうささけ…Ⅰ‐515［穀物類］ |
| こしみのきりしま…Ⅶ‐234［樹木類］ | こじよらうひへ…Ⅰ‐515［穀物類］ |
| こじもと…Ⅵ‐377［菜類］ | こじよろあは…Ⅰ‐515［穀物類］ |
| こしやう…Ⅰ‐513［穀物類］ | こじよろあわ…Ⅰ‐516［穀物類］ |
| こしやう…Ⅵ‐377［菜類］ | こじらうた…Ⅰ‐516［穀物類］ |
| こしやう…Ⅶ‐235［樹木類］ | こしらうと…Ⅰ‐516［穀物類］ |
| ごしやう…Ⅰ‐513［穀物類］ | こしらうべゑ…Ⅰ‐516［穀物類］ |
| こじやうこく…Ⅰ‐513［穀物類］ | こしらかけ…Ⅳ‐598［野生植物］ |
| こしやうたい…Ⅲ‐227［魚類］ | こしらかは…Ⅰ‐516［穀物類］ |

こ

| | |
|---|---|
| こしらしろ…Ⅳ - 603 ［野生植物］ | こせう…Ⅵ - 750 ［果類］ |
| こしらは…Ⅰ - 516 ［穀物類］ | こせう…Ⅶ - 236 ［樹木類］ |
| こしらば…Ⅰ - 516 ［穀物類］ | こぜう…Ⅳ - 603 ［野生植物］ |
| こじらべい…Ⅰ - 517 ［穀物類］ | こせううを…Ⅲ - 229 ［魚類］ |
| こしらみ…Ⅰ - 517 ［穀物類］ | こぜうしやう…Ⅳ - 603 ［野生植物］ |
| こしろ…Ⅰ - 517 ［穀物類］ | こせうす…Ⅰ - 520 ［穀物類］ |
| こしろいね…Ⅰ - 517 ［穀物類］ | こせうのき…Ⅶ - 236 ［樹木類］ |
| こじろうた…Ⅰ - 517 ［穀物類］ | こせうふ…Ⅰ - 520 ［穀物類］ |
| こしろかいちう…Ⅰ - 518 ［穀物類］ | こせき…Ⅶ - 236 ［樹木類］ |
| こしろけ…Ⅰ - 518 ［穀物類］ | こせきせう…Ⅳ - 604 ［野生植物］ |
| こしろひへ…Ⅰ - 518 ［穀物類］ | こせな…Ⅳ - 604 ［野生植物］ |
| こしろまめ…Ⅰ - 518 ［穀物類］ | こせな…Ⅵ - 377 ［菜類］ |
| こしろみつ…Ⅰ - 518 ［穀物類］ | こぜな…Ⅵ - 378 ［菜類］ |
| こしろめ…Ⅰ - 519 ［穀物類］ | ごぜな…Ⅳ - 604 ［野生植物］ |
| こしろわせ…Ⅰ - 519 ［穀物類］ | こせなのは…Ⅶ - 791 ［救荒動植物類］ |
| こしわら…Ⅳ - 603 ［野生植物］ | ごぜなのは…Ⅶ - 791 ［救荒動植物類］ |
| こじゐ…Ⅶ - 235 ［樹木類］ | ごぜはき…Ⅳ - 604 ［野生植物］ |
| こじんば…Ⅰ - 519 ［穀物類］ | ごぜばやり…Ⅰ - 520 ［穀物類］ |
| こしんぼ…Ⅰ - 519 ［穀物類］ | こせり…Ⅳ - 604 ［野生植物］ |
| ごずい…Ⅲ - 228 ［魚類］ | こせん…Ⅰ - 520 ［穀物類］ |
| こすくひ…Ⅳ - 603 ［野生植物］ | こぜん…Ⅰ - 520 ［穀物類］ |
| こずくら…Ⅲ - 228 ［魚類］ | ごぜん…Ⅰ - 521 ［穀物類］ |
| こすけ…Ⅰ - 519 ［穀物類］ | ごぜんあづき…Ⅰ - 521 ［穀物類］ |
| こすげ…Ⅳ - 603 ［野生植物］ | ごせんあは…Ⅰ - 521 ［穀物類］ |
| こすすき…Ⅳ - 603 ［野生植物］ | ごぜんあは…Ⅰ - 521 ［穀物類］ |
| こすずき…Ⅲ - 228 ［魚類］ | ごぜんありま…Ⅰ - 521 ［穀物類］ |
| こすずめ…Ⅰ - 519 ［穀物類］ | こせんごくまめ…Ⅰ - 521 ［穀物類］ |
| ごすなんはん…Ⅵ - 377 ［菜類］ | こせんこむぎ…Ⅰ - 522 ［穀物類］ |
| こすね…Ⅰ - 519 ［穀物類］ | ごぜんしば…Ⅶ - 236 ［樹木類］ |
| こすのき…Ⅶ - 235 ［樹木類］ | こせんそは…Ⅰ - 522 ［穀物類］ |
| こせ…Ⅰ - 520 ［穀物類］ | ごぜんたいたう…Ⅰ - 522 ［穀物類］ |
| こせあぶら…Ⅶ - 235 ［樹木類］ | ごぜんはだか…Ⅰ - 522 ［穀物類］ |
| こせあぶらのき…Ⅶ - 236 ［樹木類］ | こせんふく…Ⅰ - 522 ［穀物類］ |
| こせいこ…Ⅲ - 228 ［魚類］ | こせんほく…Ⅰ - 522 ［穀物類］ |
| こせいたか…Ⅰ - 520 ［穀物類］ | ごせんまめ…Ⅰ - 522 ［穀物類］ |
| こせいぶ…Ⅳ - 604 ［野生植物］ | ごぜんもち…Ⅰ - 523 ［穀物類］ |
| こせう…Ⅲ - 228 ［魚類］ | ごぜんもち…Ⅰ - 523 ［穀物類］ |
| こせう…Ⅵ - 377 ［菜類］ | こそ…Ⅲ - 229 ［魚類］ |

| | |
|---|---|
| こぞ…Ⅶ-236［樹木類］ | こたひうを…Ⅲ-230［魚類］ |
| こそう…Ⅰ-523［穀物類］ | こだま…Ⅰ-525［穀物類］ |
| こぞうこむぎ…Ⅰ-523［穀物類］ | こだまくさ…Ⅳ-605［野生植物］ |
| こぞうみ…Ⅶ-236［樹木類］ | こたれわせ…Ⅰ-526［穀物類］ |
| こぞうやろく…Ⅰ-523［穀物類］ | ごたんだ…Ⅰ-526［穀物類］ |
| こそがれい…Ⅲ-229［魚類］ | こち…Ⅲ-230［魚類］ |
| こそくびへ…Ⅰ-523［穀物類］ | こち…Ⅲ-231［魚類］ |
| こそしゅ…Ⅳ-604［野生植物］ | こちいね…Ⅰ-526［穀物類］ |
| こそでくさ…Ⅳ-605［野生植物］ | ごぢうはな…Ⅳ-605［野生植物］ |
| こぞのき…Ⅶ-237［樹木類］ | こちかひえ…Ⅰ-526［穀物類］ |
| こそは…Ⅰ-524［穀物類］ | こちくさ…Ⅳ-606［野生植物］ |
| こそば…Ⅰ-524［穀物類］ | こちこ…Ⅰ-526［穀物類］ |
| こそより…Ⅰ-525［穀物類］ | こぢこ…Ⅰ-526［穀物類］ |
| こそら…Ⅰ-525［穀物類］ | こちさ…Ⅵ-378［菜類］ |
| こそり…Ⅳ-605［野生植物］ | こちたい…Ⅲ-231［魚類］ |
| こぞり…Ⅳ-605［野生植物］ | こちな…Ⅵ-378［菜類］ |
| こぞりな…Ⅶ-791［救荒動植物類］ | こちほう…Ⅰ-526［穀物類］ |
| こぞろ…Ⅰ-525［穀物類］ | こちみの…Ⅰ-527［穀物類］ |
| こそんがん…Ⅵ-144［菌・茸類］ | こちやう…Ⅲ-231［魚類］ |
| ごぞんじ…Ⅲ-229［魚類］ | こぢやら…Ⅰ-527［穀物類］ |
| こた…Ⅲ-229［魚類］ | ごちょ…Ⅲ-231［魚類］ |
| こたい…Ⅲ-229［魚類］ | こちわ…Ⅲ-231［魚類］ |
| こだい…Ⅲ-230［魚類］ | こつおうふか…Ⅲ-232［魚類］ |
| こだいこん…Ⅵ-378［菜類］ | こつか…Ⅰ-527［穀物類］ |
| こたいし…Ⅳ-605［野生植物］ | こつき…Ⅶ-237［樹木類］ |
| こだいな…Ⅲ-230［魚類］ | こつきのき…Ⅶ-237［樹木類］ |
| ごたうつつじ…Ⅶ-237［樹木類］ | こづくし…Ⅰ-527［穀物類］ |
| ごたうばうふう…Ⅵ-378［菜類］ | こつくら…Ⅲ-232［魚類］ |
| ごたうはだか…Ⅰ-525［穀物類］ | こづくら…Ⅲ-232［魚類］ |
| こたか…Ⅵ-378［菜類］ | こつくわい…Ⅲ-714［貝類］ |
| こたくぎょ…Ⅲ-230［魚類］ | こつくわうかつら…Ⅳ-606［野生植物］ |
| こたけ…Ⅵ-68［竹・笹類］ | ごつこ…Ⅲ-232［魚類］ |
| こたけもち…Ⅰ-525［穀物類］ | こつさ…Ⅰ-527［穀物類］ |
| こたす…Ⅰ-525［穀物類］ | こつさいほ…Ⅳ-606［野生植物］ |
| こたつはな…Ⅳ-605［野生植物］ | こつさぶな…Ⅶ-237［樹木類］ |
| こたて…Ⅵ-378［菜類］ | こつたい…Ⅲ-232［魚類］ |
| こたね…Ⅲ-230［魚類］ | こつたひ…Ⅲ-232［魚類］ |
| こたひ…Ⅲ-230［魚類］ | こつち…Ⅰ-527［穀物類］ |

こ

こつち…Ⅳ‐606 ［野生植物］
こつち…Ⅶ‐792 ［救荒動植物類］
こづち…Ⅰ‐527 ［穀物類］
こつていころし…Ⅳ‐606 ［野生植物］
こつていころしさう…Ⅳ‐606 ［野生植物］
こつてころしさう…Ⅳ‐606 ［野生植物］
こつてころしさう…Ⅳ‐607 ［野生植物］
こつといころはし…Ⅳ‐607 ［野生植物］
こつといころばし…Ⅳ‐607 ［野生植物］
こつといつなき…Ⅳ‐607 ［野生植物］
こつといつなぎ…Ⅳ‐607 ［野生植物］
ごつとぢ…Ⅲ‐715 ［貝類］
こつなし…Ⅲ‐233 ［魚類］
こづの…Ⅲ‐233 ［魚類］
こつのくに…Ⅰ‐528 ［穀物類］
こつはかつきなは…Ⅵ‐145 ［菌・茸類］
ごつぱち…Ⅲ‐233 ［魚類］
ごづはち…Ⅲ‐233 ［魚類］
こつふ…Ⅰ‐528 ［穀物類］
こつぶ…Ⅰ‐528 ［穀物類］
こつぶあづき…Ⅰ‐528 ［穀物類］
こつぶそば…Ⅰ‐528 ［穀物類］
こつぶまめ…Ⅰ‐528 ［穀物類］
こつふら…Ⅵ‐379 ［菜類］
こつぶら…Ⅵ‐379 ［菜類］
こつふらかれい…Ⅲ‐233 ［魚類］
こつへい…Ⅲ‐233 ［魚類］
こつほ…Ⅰ‐529 ［穀物類］
こつぼ…Ⅰ‐529 ［穀物類］
こつほう…Ⅲ‐233 ［魚類］
こつほう…Ⅳ‐607 ［野生植物］
こつぼう…Ⅵ‐750 ［果類］
ごつほう…Ⅲ‐234 ［魚類］
こつほうかつら…Ⅳ‐607 ［野生植物］
こつほうかつら…Ⅳ‐608 ［野生植物］
こつほうのき…Ⅶ‐237 ［樹木類］
こつぼわせ…Ⅰ‐529 ［穀物類］
こつらふぢ…Ⅳ‐608 ［野生植物］

こつらふぢ…Ⅶ‐237 ［樹木類］
こつる…Ⅰ‐530 ［穀物類］
こづる…Ⅰ‐530 ［穀物類］
こつろさう…Ⅳ‐608 ［野生植物］
こて…Ⅰ‐530 ［穀物類］
こで…Ⅵ‐750 ［果類］
こで…Ⅶ‐238 ［樹木類］
こてい…Ⅰ‐530 ［穀物類］
こていかう…Ⅰ‐530 ［穀物類］
こてうな…Ⅰ‐530 ［穀物類］
こてうを…Ⅲ‐234 ［魚類］
こでき…Ⅰ‐530 ［穀物類］
こてち…Ⅳ‐608 ［野生植物］
こでち…Ⅶ‐792 ［救荒動植物類］
こてづつ…Ⅳ‐608 ［野生植物］
こてつほう…Ⅲ‐234 ［魚類］
こてなわしろ…Ⅰ‐530 ［穀物類］
こてのき…Ⅶ‐238 ［樹木類］
こでのき…Ⅶ‐238 ［樹木類］
こてふくわ…Ⅳ‐608 ［野生植物］
こてほうし…Ⅰ‐531 ［穀物類］
こてまり…Ⅶ‐238 ［樹木類］
こでまり…Ⅶ‐238 ［樹木類］
こでまる…Ⅶ‐239 ［樹木類］
こてまるはな…Ⅶ‐239 ［樹木類］
こてり…Ⅰ‐531 ［穀物類］
こでり…Ⅰ‐531 ［穀物類］
こてんじやう…Ⅰ‐531 ［穀物類］
こといかつら…Ⅳ‐609 ［野生植物］
こといころし…Ⅳ‐609 ［野生植物］
こといさう…Ⅳ‐609 ［野生植物］
こといつなき…Ⅳ‐609 ［野生植物］
ことう…Ⅰ‐531 ［穀物類］
ことう…Ⅲ‐234 ［魚類］
ことう…Ⅶ‐239 ［樹木類］
ごとう…Ⅰ‐531 ［穀物類］
ごとう…Ⅶ‐239 ［樹木類］
ごどう…Ⅳ‐609 ［野生植物］

| | |
|---|---|
| ごどう…Ⅶ - 239 ［樹木類］ | こなかあひ…Ⅰ - 533 ［穀物類］ |
| ごとうあわ…Ⅰ - 531 ［穀物類］ | こなかて…Ⅰ - 533 ［穀物類］ |
| ことうからし…Ⅵ - 379 ［菜類］ | こなこ…Ⅲ - 235 ［魚類］ |
| ごとうきり…Ⅶ - 239 ［樹木類］ | こなご…Ⅰ - 533 ［穀物類］ |
| こどうせん…Ⅲ - 234 ［魚類］ | こなご…Ⅲ - 235 ［魚類］ |
| ことうつる…Ⅳ - 609 ［野生植物］ | こなこやつこ…Ⅰ - 533 ［穀物類］ |
| ごとうつる…Ⅳ - 609 ［野生植物］ | こなし…Ⅵ - 750 ［果類］ |
| ごとうつる…Ⅶ - 239 ［樹木類］ | こなし…Ⅵ - 751 ［果類］ |
| ことうべい…Ⅰ - 531 ［穀物類］ | こなし…Ⅶ - 240 ［樹木類］ |
| ごとうろつかく…Ⅰ - 531 ［穀物類］ | こなしのき…Ⅶ - 240 ［樹木類］ |
| ことく…Ⅰ - 532 ［穀物類］ | こなしのは…Ⅶ - 792 ［救荒動植物類］ |
| ごとく…Ⅰ - 532 ［穀物類］ | こなす…Ⅳ - 611 ［野生植物］ |
| こどくにん…Ⅰ - 532 ［穀物類］ | こなすひ…Ⅳ - 611 ［野生植物］ |
| ことくにんもち…Ⅰ - 532 ［穀物類］ | こなすび…Ⅳ - 611 ［野生植物］ |
| ことくひと…Ⅰ - 532 ［穀物類］ | こなつめ…Ⅵ - 751 ［果類］ |
| ごとごとまき…Ⅶ - 240 ［樹木類］ | こなほこり…Ⅰ - 533 ［穀物類］ |
| ことこやし…Ⅳ - 610 ［野生植物］ | こなぼこり…Ⅰ - 533 ［穀物類］ |
| こところ…Ⅶ - 792 ［救荒動植物類］ | こなほこりあわ…Ⅰ - 533 ［穀物類］ |
| こどころ…Ⅵ - 379 ［菜類］ | こなまめ…Ⅰ - 534 ［穀物類］ |
| ことしやく…Ⅳ - 610 ［野生植物］ | こなみ…Ⅰ - 534 ［穀物類］ |
| ことじやく…Ⅳ - 610 ［野生植物］ | こなみもち…Ⅰ - 534 ［穀物類］ |
| ことち…Ⅲ - 234 ［魚類］ | こなもみ…Ⅳ - 611 ［野生植物］ |
| ごとぢ…Ⅲ - 715 ［貝類］ | こなら…Ⅵ - 751 ［果類］ |
| ことちかい…Ⅲ - 715 ［貝類］ | こならぎ…Ⅶ - 241 ［樹木類］ |
| ことちのり…Ⅳ - 610 ［野生植物］ | こならのき…Ⅶ - 241 ［樹木類］ |
| ことつき…Ⅶ - 240 ［樹木類］ | こならまき…Ⅶ - 241 ［樹木類］ |
| ことと…Ⅲ - 235 ［魚類］ | こなり…Ⅰ - 534 ［穀物類］ |
| ごとと…Ⅲ - 235 ［魚類］ | こなりかき…Ⅵ - 751 ［果類］ |
| ことひこやし…Ⅳ - 610 ［野生植物］ | こなりこ…Ⅰ - 534 ［穀物類］ |
| ことりあし…Ⅳ - 611 ［野生植物］ | こなりささけ…Ⅰ - 534 ［穀物類］ |
| ことりころし…Ⅰ - 532 ［穀物類］ | こなりささけ…Ⅰ - 535 ［穀物類］ |
| ことりとまらず…Ⅶ - 240 ［樹木類］ | こなりささげ…Ⅰ - 535 ［穀物類］ |
| ことりな…Ⅳ - 610 ［野生植物］ | こなれ…Ⅰ - 535 ［穀物類］ |
| ことりなべ…Ⅳ - 610 ［野生植物］ | こなれもち…Ⅰ - 535 ［穀物類］ |
| ことりもち…Ⅶ - 240 ［樹木類］ | こなんはん…Ⅵ - 379 ［菜類］ |
| こな…Ⅵ - 379 ［菜類］ | こなんばん…Ⅵ - 379 ［菜類］ |
| こなう…Ⅶ - 241 ［樹木類］ | こにし…Ⅲ - 715 ［貝類］ |
| こなが…Ⅰ - 532 ［穀物類］ | こにしかい…Ⅲ - 715 ［貝類］ |

こ

| | |
|---|---|
| こにしかひ…Ⅲ‐716［貝類］ | このてかしは…Ⅶ‐242［樹木類］ |
| こにのくさ…Ⅳ‐611［野生植物］ | このてかしは…Ⅶ‐243［樹木類］ |
| こにはだまり…Ⅰ‐535［穀物類］ | このてがしは…Ⅶ‐243［樹木類］ |
| こにふだう…Ⅰ‐535［穀物類］ | このてかしわ…Ⅶ‐243［樹木類］ |
| こにやく…Ⅳ‐612［野生植物］ | このてがしわ…Ⅶ‐243［樹木類］ |
| こにようばう…Ⅰ‐535［穀物類］ | このはいし…Ⅵ‐24［金・石・土・水類］ |
| こにようばう…Ⅰ‐536［穀物類］ | このはかぶり…Ⅵ‐145［菌・茸類］ |
| こにら…Ⅰ‐536［穀物類］ | このはがれ…Ⅲ‐237［魚類］ |
| こにんじん…Ⅳ‐612［野生植物］ | このはかれい…Ⅲ‐237［魚類］ |
| こぬいし…Ⅵ‐380［菜類］ | このはしめし…Ⅵ‐145［菌・茸類］ |
| こね…Ⅶ‐241［樹木類］ | このはしめじ…Ⅵ‐145［菌・茸類］ |
| こねき…Ⅵ‐380［菜類］ | このはしめぢ…Ⅵ‐145［菌・茸類］ |
| こねぎ…Ⅵ‐380［菜類］ | このはもたし…Ⅵ‐145［菌・茸類］ |
| こねじり…Ⅰ‐536［穀物類］ | このぶ…Ⅰ‐537［穀物類］ |
| こねすみもち…Ⅶ‐241［樹木類］ | このみ…Ⅵ‐752［果類］ |
| こねずみもち…Ⅶ‐242［樹木類］ | このみのき…Ⅶ‐244［樹木類］ |
| こねち…Ⅰ‐536［穀物類］ | このめりぶんこ…Ⅰ‐537［穀物類］ |
| こねちれ…Ⅰ‐536［穀物類］ | このも…Ⅳ‐612［野生植物］ |
| こねのき…Ⅶ‐242［樹木類］ | このもと…Ⅵ‐145［菌・茸類］ |
| こねら…Ⅰ‐536［穀物類］ | こば…Ⅶ‐244［樹木類］ |
| こねらのめ…Ⅰ‐536［穀物類］ | ごは…Ⅲ‐237［魚類］ |
| こねり…Ⅵ‐751［果類］ | こばい…Ⅳ‐612［野生植物］ |
| こねり…Ⅶ‐242［樹木類］ | ごはい…Ⅳ‐612［野生植物］ |
| こねりかき…Ⅵ‐751［果類］ | ごばいし…Ⅳ‐612［野生植物］ |
| こねりかき…Ⅵ‐752［果類］ | こはいつけ…Ⅶ‐244［樹木類］ |
| こねりがき…Ⅵ‐752［果類］ | ごはいつる…Ⅳ‐613［野生植物］ |
| こねりきん…Ⅰ‐537［穀物類］ | こばう…Ⅵ‐380［菜類］ |
| このかしわ…Ⅶ‐242［樹木類］ | ごはう…Ⅵ‐380［菜類］ |
| このかす…Ⅲ‐235［魚類］ | ごばう…Ⅵ‐380［菜類］ |
| このき…Ⅶ‐242［樹木類］ | ごばう…Ⅵ‐381［菜類］ |
| このこ…Ⅲ‐235［魚類］ | こばうち…Ⅰ‐537［穀物類］ |
| このこぶしひえ…Ⅰ‐537［穀物類］ | こばうづ…Ⅰ‐537［穀物類］ |
| このした…Ⅳ‐612［野生植物］ | ごばうもち…Ⅰ‐538［穀物類］ |
| このしろ…Ⅲ‐235［魚類］ | こばかま…Ⅳ‐613［野生植物］ |
| このしろ…Ⅲ‐236［魚類］ | こはき…Ⅳ‐613［野生植物］ |
| このしろ…Ⅲ‐237［魚類］ | こはく…Ⅵ‐24［金・石・土・水類］ |
| このしろいわし…Ⅲ‐237［魚類］ | こはぐろ…Ⅲ‐237［魚類］ |
| このつぼやまと…Ⅰ‐537［穀物類］ | こはごひ…Ⅰ‐538［穀物類］ |

| | |
|---|---|
| こばしたけ…Ⅵ - 68　［竹・笹類］ | こはやしひえ…Ⅰ - 540　［穀物類］ |
| こはしまて…Ⅰ - 538　［穀物類］ | こばやしひゑ…Ⅰ - 540　［穀物類］ |
| こはす…Ⅳ - 613　［野生植物］ | こはやなぎ…Ⅶ - 245　［樹木類］ |
| こはせ…Ⅳ - 613　［野生植物］ | こはやにえ…Ⅰ - 541　［穀物類］ |
| こはせ…Ⅶ - 244　［樹木類］ | こはやり…Ⅰ - 541　［穀物類］ |
| こはぜ…Ⅶ - 244　［樹木類］ | こはら…Ⅰ - 541　［穀物類］ |
| ごはせ…Ⅲ - 238　［魚類］ | こはらこむぎ…Ⅰ - 541　［穀物類］ |
| こはだ…Ⅲ - 238　［魚類］ | こはらもち…Ⅰ - 541　［穀物類］ |
| こはたかむぎ…Ⅰ - 538　［穀物類］ | こはる…Ⅰ - 541　［穀物類］ |
| こはたけ…Ⅰ - 538　［穀物類］ | こばんうを…Ⅲ - 238　［魚類］ |
| こはたをし…Ⅳ - 614　［野生植物］ | こばんひえ…Ⅰ - 541　［穀物類］ |
| こはちかり…Ⅰ - 538　［穀物類］ | こひ…Ⅲ - 238　［魚類］ |
| こばちかり…Ⅰ - 538　［穀物類］ | こひ…Ⅲ - 239　［魚類］ |
| こはちぐわつ…Ⅰ - 539　［穀物類］ | こび…Ⅰ - 542　［穀物類］ |
| こはちぐわつまめ…Ⅰ - 539　［穀物類］ | こひあふき…Ⅳ - 614　［野生植物］ |
| こはちけ…Ⅵ - 752　［果類］ | こひえ…Ⅰ - 542　［穀物類］ |
| こはちけ…Ⅶ - 244　［樹木類］ | こひおうき…Ⅳ - 614　［野生植物］ |
| こはつこく…Ⅰ - 539　［穀物類］ | こひきつか…Ⅰ - 542　［穀物類］ |
| こばつま…Ⅳ - 614　［野生植物］ | こびくさ…Ⅳ - 615　［野生植物］ |
| こはつる…Ⅳ - 614　［野生植物］ | こひけ…Ⅰ - 542　［穀物類］ |
| ごはづる…Ⅳ - 614　［野生植物］ | こひけひえ…Ⅰ - 542　［穀物類］ |
| ごはづる…Ⅶ - 244　［樹木類］ | こひし…Ⅳ - 615　［野生植物］ |
| ごはづる…Ⅶ - 792　［救荒動植物類］ | こひしやく…Ⅲ - 239　［魚類］ |
| こはなおち…Ⅰ - 539　［穀物類］ | こひしやくはちめ…Ⅲ - 239　［魚類］ |
| こはなそ…Ⅰ - 539　［穀物類］ | こびじよ…Ⅰ - 542　［穀物類］ |
| こはなそ…Ⅳ - 614　［野生植物］ | こひなかひ…Ⅲ - 716　［貝類］ |
| こばね…Ⅲ - 238　［魚類］ | こびは…Ⅵ - 752　［果類］ |
| こはのき…Ⅶ - 245　［樹木類］ | こひはじたけ…Ⅵ - 68　［竹・笹類］ |
| こばのは…Ⅶ - 792　［救荒動植物類］ | こひばしたけ…Ⅵ - 69　［竹・笹類］ |
| こはびろ…Ⅰ - 539　［穀物類］ | こひばしな…Ⅳ - 615　［野生植物］ |
| こはふし…Ⅰ - 540　［穀物類］ | こひばしな…Ⅶ - 792　［救荒動植物類］ |
| こはへ…Ⅲ - 238　［魚類］ | こひび…Ⅵ - 381　［菜類］ |
| こはまかし…Ⅰ - 540　［穀物類］ | こひふくろ…Ⅳ - 615　［野生植物］ |
| こはまぐり…Ⅲ - 716　［貝類］ | こひへ…Ⅰ - 542　［穀物類］ |
| こはまつるさき…Ⅰ - 540　［穀物類］ | こびへ…Ⅰ - 543　［穀物類］ |
| こばまのき…Ⅶ - 245　［樹木類］ | こひめ…Ⅰ - 543　［穀物類］ |
| ごはまめ…Ⅰ - 540　［穀物類］ | こひめそば…Ⅰ - 543　［穀物類］ |
| こばむぎ…Ⅰ - 540　［穀物類］ | こひら…Ⅵ - 752　［果類］ |

こ

こびら…Ⅲ - 239［魚類］
こびらご…Ⅲ - 239［魚類］
こひらた…Ⅲ - 239［魚類］
こひらめ…Ⅲ - 239［魚類］
こひるがれい…Ⅲ - 240［魚類］
こひるの…Ⅲ - 240［魚類］
こひわたし…Ⅵ - 752［果類］
こびんご…Ⅰ - 543［穀物類］
こふい…Ⅲ - 240［魚類］
こふいこ…Ⅲ - 240［魚類］
こふえ…Ⅳ - 615［野生植物］
こふかひぎさう…Ⅳ - 615［野生植物］
こふき…Ⅰ - 543［穀物類］
こふき…Ⅳ - 615［野生植物］
こふき…Ⅵ - 381［菜類］
こふく…Ⅰ - 543［穀物類］
こふぐ…Ⅲ - 240［魚類］
こふくのわた…Ⅰ - 543［穀物類］
こふくのわたもち…Ⅰ - 544［穀物類］
こふくら…Ⅲ - 240［魚類］
こふくらなす…Ⅵ - 381［菜類］
こぶくらなすび…Ⅵ - 381［菜類］
こぶくろばな…Ⅳ - 616［野生植物］
こふこ…Ⅳ - 616［野生植物］
こふし…Ⅰ - 544［穀物類］
こふし…Ⅳ - 616［野生植物］
こふじ…Ⅳ - 616［野生植物］
こぶし…Ⅰ - 544［穀物類］
こぶし…Ⅳ - 616［野生植物］
こぶし…Ⅶ - 245［樹木類］
こふしのき…Ⅶ - 245［樹木類］
こふしのき…Ⅶ - 246［樹木類］
こぶしのき…Ⅶ - 246［樹木類］
こぶしひえ…Ⅰ - 544［穀物類］
こふしひへ…Ⅰ - 544［穀物類］
こふしまめ…Ⅰ - 544［穀物類］
こふしめ…Ⅲ - 241［魚類］
こぶしやく…Ⅲ - 240［魚類］

こふたい…Ⅲ - 241［魚類］
こぶたい…Ⅲ - 241［魚類］
こぶたくさ…Ⅳ - 616［野生植物］
こぶたけ…Ⅵ - 146［菌・茸類］
こふたひ…Ⅲ - 241［魚類］
こぶたひ…Ⅲ - 241［魚類］
こふぢ…Ⅳ - 616［野生植物］
こふぢ…Ⅶ - 246［樹木類］
こふて…Ⅳ - 617［野生植物］
ごふで…Ⅳ - 617［野生植物］
こぶとう…Ⅳ - 617［野生植物］
こぶとう…Ⅵ - 753［果類］
こぶどう…Ⅵ - 753［果類］
こふな…Ⅰ - 544［穀物類］
こふな…Ⅰ - 545［穀物類］
こふな…Ⅲ - 241［魚類］
こぶな…Ⅰ - 545［穀物類］
こぶな…Ⅳ - 617［野生植物］
こふなくさ…Ⅳ - 617［野生植物］
ごぶなんはん…Ⅵ - 381［菜類］
こふにな…Ⅲ - 716［貝類］
こぶのき…Ⅶ - 246［樹木類］
こふのり…Ⅳ - 617［野生植物］
こぶのり…Ⅳ - 617［野生植物］
こぶのり…Ⅳ - 618［野生植物］
こぶふし…Ⅳ - 618［野生植物］
こふやなき…Ⅶ - 246［樹木類］
こぶやなぎ…Ⅶ - 246［樹木類］
こふり…Ⅵ - 382［菜類］
ごふりいし…Ⅵ - 24［金・石・土・水類］
ごふりかつら…Ⅳ - 618［野生植物］
こふろしさう…Ⅳ - 618［野生植物］
こぶんご…Ⅰ - 545［穀物類］
こべ…Ⅲ - 241［魚類］
こべいけ…Ⅲ - 242［魚類］
こへたけ…Ⅵ - 146［菌・茸類］
こへなくさ…Ⅳ - 618［野生植物］
こへぶす…Ⅳ - 618［野生植物］

| | |
|---|---|
| こべら…Ⅲ-242［魚類］ | こほれ…Ⅰ-546［穀物類］ |
| こべらいわし…Ⅲ-242［魚類］ | こぼれ…Ⅰ-547［穀物類］ |
| こべりつき…Ⅵ-24［金・石・土・水類］ | こぼれいしだう…Ⅰ-547［穀物類］ |
| こぼ…Ⅰ-545［穀物類］ | こほれかいちゆう…Ⅰ-547［穀物類］ |
| こほう…Ⅵ-382［菜類］ | こほれこむぎ…Ⅰ-547［穀物類］ |
| こほう…Ⅶ-793［救荒動植物類］ | こぼれしらもち…Ⅰ-547［穀物類］ |
| こぼう…Ⅵ-382［菜類］ | こほれす…Ⅰ-548［穀物類］ |
| ごほう…Ⅳ-619［野生植物］ | こほれず…Ⅰ-548［穀物類］ |
| ごほう…Ⅵ-382［菜類］ | こぼれす…Ⅰ-548［穀物類］ |
| ごほう…Ⅶ-793［救荒動植物類］ | こぼれず…Ⅰ-548［穀物類］ |
| ごぼう…Ⅳ-613［野生植物］ | こぼれもち…Ⅰ-549［穀物類］ |
| ごぼう…Ⅳ-619［野生植物］ | こほれわせ…Ⅰ-549［穀物類］ |
| ごぼう…Ⅵ-382［菜類］ | ごほんはり…Ⅳ-620［野生植物］ |
| ごぼう…Ⅵ-383［菜類］ | こぼんまめ…Ⅰ-549［穀物類］ |
| こぼうくさ…Ⅳ-619［野生植物］ | こま…Ⅵ-383［菜類］ |
| ごほうくさ…Ⅳ-619［野生植物］ | ごま…Ⅲ-243［魚類］ |
| ごぼうくさ…Ⅳ-619［野生植物］ | ごま…Ⅳ-620［野生植物］ |
| こほうし…Ⅰ-545［穀物類］ | ごま…Ⅵ-383［菜類］ |
| こぼうし…Ⅰ-546［穀物類］ | こまあづき…Ⅰ-549［穀物類］ |
| ごぼうし…Ⅳ-613［野生植物］ | こまい…Ⅲ-242［魚類］ |
| こぼうせくろ…Ⅲ-242［魚類］ | こまいと…Ⅲ-243［魚類］ |
| こほうつき…Ⅳ-619［野生植物］ | こまいはし…Ⅲ-243［魚類］ |
| こほうなき…Ⅳ-619［野生植物］ | こまいり…Ⅶ-247［樹木類］ |
| こほうゆり…Ⅳ-620［野生植物］ | ごまいり…Ⅶ-247［樹木類］ |
| ごぼうゆり…Ⅳ-620［野生植物］ | こまうなぎ…Ⅲ-243［魚類］ |
| ごぼうゆりのね…Ⅶ-793［救荒動植物類］ | ごまうなぎ…Ⅲ-243［魚類］ |
| こぼし…Ⅰ-546［穀物類］ | ごまがう…Ⅶ-247［樹木類］ |
| こほしのき…Ⅶ-247［樹木類］ | こまがぜ…Ⅲ-716［貝類］ |
| こほせ…Ⅰ-546［穀物類］ | こまかた…Ⅲ-243［魚類］ |
| こほぜのね…Ⅳ-620［野生植物］ | ごまかた…Ⅲ-243［魚類］ |
| ごぼそう…Ⅵ-383［菜類］ | こまがたばうず…Ⅰ-550［穀物類］ |
| こほたら…Ⅲ-242［魚類］ | こまかつら…Ⅳ-621［野生植物］ |
| こぼち…Ⅲ-242［魚類］ | こまがら…Ⅳ-621［野生植物］ |
| こほで…Ⅳ-620［野生植物］ | こまからくさ…Ⅳ-621［野生植物］ |
| こぽて…Ⅳ-620［野生植物］ | こまがらくさ…Ⅳ-621［野生植物］ |
| こほもち…Ⅰ-546［穀物類］ | ごまからくさ…Ⅳ-621［野生植物］ |
| こほりなし…Ⅵ-753［果類］ | こまき…Ⅰ-550［穀物類］ |
| こほりなん…Ⅵ-753［果類］ | こまき…Ⅶ-247［樹木類］ |

こ

| | |
|---|---|
| ごまき…Ⅶ-247［樹木類］ | こまつばやり…Ⅰ-551［穀物類］ |
| ごまぎ…Ⅶ-247［樹木類］ | こまつまめ…Ⅰ-551［穀物類］ |
| こまきいも…Ⅵ-384［菜類］ | こまつる…Ⅳ-625［野生植物］ |
| こまくさ…Ⅳ-621［野生植物］ | こまつわせ…Ⅰ-551［穀物類］ |
| ごまくさ…Ⅳ-622［野生植物］ | こまて…Ⅰ-551［穀物類］ |
| ごまぐさ…Ⅳ-622［野生植物］ | こまな…Ⅳ-625［野生植物］ |
| こまくら…Ⅳ-622［野生植物］ | こまな…Ⅵ-384［菜類］ |
| こまくる…Ⅳ-622［野生植物］ | ごまな…Ⅳ-625［野生植物］ |
| こまぐろ…Ⅰ-550［穀物類］ | こまなのは…Ⅶ-793［救荒動植物類］ |
| こまごま…Ⅰ-549［穀物類］ | こまにし…Ⅲ-716［貝類］ |
| こまこまさう…Ⅳ-622［野生植物］ | こまにし…Ⅲ-717［貝類］ |
| こまこやし…Ⅳ-622［野生植物］ | こまのあし…Ⅳ-625［野生植物］ |
| こまこやし…Ⅳ-623［野生植物］ | こまのかしら…Ⅳ-625［野生植物］ |
| こまこやし…Ⅶ-793［救荒動植物類］ | こまのかしら…Ⅶ-248［樹木類］ |
| こまさや…Ⅳ-623［野生植物］ | こまのき…Ⅶ-248［樹木類］ |
| こましで…Ⅶ-248［樹木類］ | こまのき…Ⅶ-249［樹木類］ |
| こまぜ…Ⅲ-244［魚類］ | ごまのき…Ⅶ-249［樹木類］ |
| こませきしやう…Ⅳ-623［野生植物］ | こまのくち…Ⅳ-625［野生植物］ |
| こませり…Ⅳ-623［野生植物］ | こまのくちくさ…Ⅳ-626［野生植物］ |
| こまた…Ⅰ-550［穀物類］ | こまのせ…Ⅰ-551［穀物類］ |
| こまたごろ…Ⅰ-550［穀物類］ | こまのつめ…Ⅲ-717［貝類］ |
| こまたざこ…Ⅲ-244［魚類］ | こまのつめ…Ⅳ-626［野生植物］ |
| こまたのき…Ⅶ-248［樹木類］ | こまのつめ…Ⅵ-384［菜類］ |
| こまちよ…Ⅳ-623［野生植物］ | こまのつめ…Ⅶ-793［救荒動植物類］ |
| こまちろつら…Ⅳ-623［野生植物］ | こまのつめかひ…Ⅲ-717［貝類］ |
| こまちろつら…Ⅶ-793［救荒動植物類］ | こまのつめのは…Ⅶ-794［救荒動植物類］ |
| こまつ…Ⅰ-550［穀物類］ | ごまのはぐさ…Ⅳ-626［野生植物］ |
| こまつ…Ⅶ-248［樹木類］ | こまのひさ…Ⅳ-626［野生植物］ |
| こまつかは…Ⅰ-551［穀物類］ | こまのひざ…Ⅳ-627［野生植物］ |
| こまつなき…Ⅳ-623［野生植物］ | こまのを…Ⅰ-552［穀物類］ |
| こまつなき…Ⅳ-624［野生植物］ | こまのを…Ⅳ-627［野生植物］ |
| こまつなぎ…Ⅳ-624［野生植物］ | ごまは…Ⅶ-794［救荒動植物類］ |
| こまつなぎ…Ⅵ-384［菜類］ | こまはじき…Ⅶ-249［樹木類］ |
| こまつなきくさ…Ⅳ-624［野生植物］ | こまひき…Ⅳ-627［野生植物］ |
| こまつなぎぐさ…Ⅳ-625［野生植物］ | こまひきかつら…Ⅳ-627［野生植物］ |
| こまつなきのき…Ⅶ-248［樹木類］ | こまひきくさ…Ⅳ-627［野生植物］ |
| こまつなぎのき…Ⅶ-248［樹木類］ | こまひきはな…Ⅳ-628［野生植物］ |
| こまつはやり…Ⅰ-551［穀物類］ | こまふく…Ⅳ-628［野生植物］ |

| | |
|---|---|
| こまふし…Ⅳ-628［野生植物］ | ごみしろあつき…Ⅰ-553［穀物類］ |
| こまふじ…Ⅳ-628［野生植物］ | こみたし…Ⅰ-553［穀物類］ |
| こまふぢ…Ⅳ-628［野生植物］ | こみだし…Ⅰ-553［穀物類］ |
| こまめ…Ⅰ-552［穀物類］ | こみつ…Ⅰ-553［穀物類］ |
| こまめ…Ⅲ-244［魚類］ | こみづ…Ⅰ-553［穀物類］ |
| こまめ…Ⅳ-628［野生植物］ | こみつあは…Ⅰ-554［穀物類］ |
| ごまめ…Ⅲ-244［魚類］ | こみつる…Ⅳ-631［野生植物］ |
| ごまめ…Ⅳ-629［野生植物］ | こみの…Ⅰ-554［穀物類］ |
| こまめいわし…Ⅲ-244［魚類］ | こみのげ…Ⅰ-554［穀物類］ |
| ごまめいわし…Ⅲ-244［魚類］ | こみのしろ…Ⅰ-554［穀物類］ |
| こまめつる…Ⅳ-629［野生植物］ | こみのふ…Ⅰ-554［穀物類］ |
| ごまめづる…Ⅳ-629［野生植物］ | こみのやろく…Ⅰ-555［穀物類］ |
| ごまもどき…Ⅳ-629［野生植物］ | こみりわせ…Ⅰ-555［穀物類］ |
| こまゆみ…Ⅶ-249［樹木類］ | ごみゑい…Ⅲ-245［魚類］ |
| こまゆり…Ⅳ-630［野生植物］ | こむき…Ⅰ-555［穀物類］ |
| ごまをぎ…Ⅶ-249［樹木類］ | こむき…Ⅰ-556［穀物類］ |
| こまん…Ⅳ-630［野生植物］ | こむぎ…Ⅰ-555［穀物類］ |
| ごまんさい…Ⅳ-630［野生植物］ | こむぎ…Ⅰ-556［穀物類］ |
| ごまんさい…Ⅶ-794［救荒動植物類］ | こむきいさざ…Ⅲ-245［魚類］ |
| ごまんさう…Ⅳ-630［野生植物］ | こむぎから…Ⅲ-245［魚類］ |
| ごまんぜう…Ⅲ-245［魚類］ | こむぎたけ…Ⅵ-146［菌・茸類］ |
| こまんたのき…Ⅶ-249［樹木類］ | こむきはちめ…Ⅲ-246［魚類］ |
| こまんぢよ…Ⅳ-630［野生植物］ | こむこそろひ…Ⅰ-556［穀物類］ |
| こまんどう…Ⅳ-630［野生植物］ | ごむさう…Ⅰ-556［穀物類］ |
| ごまんとう…Ⅳ-630［野生植物］ | ごむそう…Ⅰ-556［穀物類］ |
| ごみ…Ⅳ-631［野生植物］ | ごむそふ…Ⅰ-557［穀物類］ |
| ごみあつき…Ⅰ-552［穀物類］ | こむつた…Ⅰ-557［穀物類］ |
| こみうを…Ⅲ-245［魚類］ | こむめ…Ⅵ-753［果類］ |
| ごみかい…Ⅲ-717［貝類］ | こむめ…Ⅶ-250［樹木類］ |
| ごみかつき…Ⅰ-552［穀物類］ | こむめのみ…Ⅶ-794［救荒動植物類］ |
| ごみかひ…Ⅲ-717［貝類］ | こむらさき…Ⅰ-557［穀物類］ |
| こみぎちろ…Ⅳ-631［野生植物］ | こむらたち…Ⅳ-631［野生植物］ |
| こみくり…Ⅲ-245［魚類］ | こめ…Ⅰ-557［穀物類］ |
| こみさ…Ⅰ-552［穀物類］ | こめあつき…Ⅰ-557［穀物類］ |
| こみし…Ⅳ-631［野生植物］ | こめあづき…Ⅰ-557［穀物類］ |
| ごみし…Ⅳ-631［野生植物］ | こめあは…Ⅰ-557［穀物類］ |
| こみしろ…Ⅰ-553［穀物類］ | こめいたび…Ⅳ-631［野生植物］ |
| こみしろあづき…Ⅰ-553［穀物類］ | こめいはら…Ⅳ-632［野生植物］ |

こ

| | |
|---|---|
| こめいばら…Ⅳ-632［野生植物］ | ごめのき…Ⅶ-252［樹木類］ |
| こめいばら…Ⅶ-250［樹木類］ | こめのきは…Ⅶ-794［救荒動植物類］ |
| こめかづら…Ⅳ-632［野生植物］ | こめのこいたや…Ⅶ-252［樹木類］ |
| こめかや…Ⅳ-632［野生植物］ | ごめのごき…Ⅲ-717［貝類］ |
| こめぎ…Ⅶ-250［樹木類］ | こめのこはな…Ⅳ-633［野生植物］ |
| こめきひ…Ⅰ-558［穀物類］ | こめのこやなぎ…Ⅶ-252［樹木類］ |
| こめきび…Ⅰ-558［穀物類］ | こめのまこ…Ⅰ-559［穀物類］ |
| こめくさ…Ⅳ-632［野生植物］ | こめのまご…Ⅰ-559［穀物類］ |
| こめご…Ⅶ-250［樹木類］ | こめはだか…Ⅰ-559［穀物類］ |
| こめこあつき…Ⅰ-558［穀物類］ | こめはな…Ⅳ-633［野生植物］ |
| こめこあづき…Ⅰ-558［穀物類］ | こめひえ…Ⅰ-560［穀物類］ |
| こめごな…Ⅳ-632［野生植物］ | こめひへ…Ⅰ-560［穀物類］ |
| こめこのき…Ⅶ-250［樹木類］ | こめふく…Ⅲ-246［魚類］ |
| こめこみ…Ⅶ-251［樹木類］ | こめふぐ…Ⅲ-246［魚類］ |
| こめこめ…Ⅵ-754［果類］ | こめふつ…Ⅳ-634［野生植物］ |
| こめこめ…Ⅶ-251［樹木類］ | こめほかや…Ⅳ-634［野生植物］ |
| こめごめ…Ⅳ-633［野生植物］ | こめまき…Ⅶ-252［樹木類］ |
| こめごめ…Ⅶ-251［樹木類］ | こめむき…Ⅰ-560［穀物類］ |
| こめこめのき…Ⅶ-251［樹木類］ | こめむぎ…Ⅰ-560［穀物類］ |
| こめごめのき…Ⅶ-251［樹木類］ | こめも…Ⅳ-634［野生植物］ |
| ごめごめのき…Ⅶ-251［樹木類］ | こめもとき…Ⅰ-560［穀物類］ |
| こめこゆり…Ⅵ-384［菜類］ | こめゆり…Ⅵ-384［菜類］ |
| こめさくら…Ⅶ-252［樹木類］ | こめゆり…Ⅶ-795［救荒動植物類］ |
| こめさし…Ⅰ-558［穀物類］ | こめらく…Ⅲ-246［魚類］ |
| こめしい…Ⅵ-754［果類］ | こめゑい…Ⅲ-246［魚類］ |
| こめじらす…Ⅲ-246［魚類］ | こめんなし…Ⅵ-754［果類］ |
| こめじろ…Ⅰ-558［穀物類］ | ごめんなし…Ⅵ-754［果類］ |
| こめしゐ…Ⅵ-754［果類］ | ごも…Ⅳ-634［野生植物］ |
| こめそは…Ⅰ-558［穀物類］ | ごも…Ⅲ-247［魚類］ |
| こめそば…Ⅰ-559［穀物類］ | ごも…Ⅳ-634［野生植物］ |
| こめぢしや…Ⅳ-633［野生植物］ | ごもうつき…Ⅶ-253［樹木類］ |
| こめぢしや…Ⅶ-252［樹木類］ | ごもうつぎ…Ⅶ-253［樹木類］ |
| こめぢしやのは…Ⅶ-794［救荒動植物類］ | こもうを…Ⅲ-247［魚類］ |
| こめつき…Ⅰ-559［穀物類］ | こもくくり…Ⅰ-560［穀物類］ |
| こめな…Ⅳ-633［野生植物］ | こもぐさ…Ⅳ-634［野生植物］ |
| こめなくさ…Ⅳ-633［野生植物］ | こもそうかい…Ⅲ-718［貝類］ |
| こめにし…Ⅲ-717［貝類］ | こもそうくさ…Ⅳ-634［野生植物］ |
| こめのき…Ⅶ-252［樹木類］ | こもぞうくさ…Ⅳ-635［野生植物］ |

こもち…Ⅰ-561［穀物類］
こもち…Ⅲ-247［魚類］
こもち…Ⅵ-384［菜類］
こもちあわ…Ⅰ-561［穀物類］
こもちかぶ…Ⅵ-385［菜類］
こもちかぶら…Ⅵ-385［菜類］
こもちかれい…Ⅲ-247［魚類］
こもちかれひ…Ⅲ-247［魚類］
こもちくさ…Ⅳ-635［野生植物］
こもちくゐ…Ⅶ-253［樹木類］
こもちな…Ⅳ-635［野生植物］
こもちな…Ⅵ-385［菜類］
こもつかうかつら…Ⅳ-635［野生植物］
こもづら…Ⅰ-561［穀物類］
こものり…Ⅳ-635［野生植物］
こもみぢ…Ⅶ-253［樹木類］
こもも…Ⅵ-754［果類］
こももは…Ⅳ-635［野生植物］
こももば…Ⅳ-636［野生植物］
こもりば…Ⅶ-253［樹木類］
こもゑい…Ⅲ-247［魚類］
こもんふく…Ⅲ-247［魚類］
こや…Ⅳ-636［野生植物］
こやうのまつ…Ⅶ-253［樹木類］
こやうまつ…Ⅶ-253［樹木類］
ごやおぎ…Ⅳ-636［野生植物］
こやし…Ⅳ-636［野生植物］
ごやじ…Ⅵ-385［菜類］
こやす…Ⅶ-254［樹木類］
こやすうを…Ⅲ-248［魚類］
こやすがい…Ⅲ-718［貝類］
こやすがひ…Ⅲ-718［貝類］
こやすかひいし…Ⅵ-24［金・石・土・水類］
こやすのき…Ⅶ-254［樹木類］
こやすらん…Ⅳ-636［野生植物］
こやち…Ⅳ-636［野生植物］
こやつめ…Ⅲ-248［魚類］
こやなぎ…Ⅰ-561［穀物類］

こやなぎ…Ⅶ-254［樹木類］
こやなぎさんぐわつむぎ…Ⅰ-561［穀物類］
こやなぎむぎ…Ⅰ-561［穀物類］
こやのたらう…Ⅳ-636［野生植物］
こやま…Ⅰ-561［穀物類］
こやまかし…Ⅰ-562［穀物類］
こやました…Ⅰ-562［穀物類］
こやまと…Ⅳ-637［野生植物］
こやろう…Ⅰ-562［穀物類］
こやろく…Ⅰ-562［穀物類］
こやろくいね…Ⅰ-562［穀物類］
ごやをき…Ⅳ-637［野生植物］
こゆきのした…Ⅰ-563［穀物類］
こゆず…Ⅵ-754［果類］
こゆわか…Ⅰ-563［穀物類］
ごようのまつ…Ⅶ-255［樹木類］
こようまつ…Ⅶ-255［樹木類］
ごようまつ…Ⅶ-255［樹木類］
こよき…Ⅳ-637［野生植物］
こよぎ…Ⅳ-637［野生植物］
こよし…Ⅰ-563［穀物類］
こよし…Ⅳ-637［野生植物］
こよまつ…Ⅶ-254［樹木類］
こよみ…Ⅶ-255［樹木類］
ごよみ…Ⅵ-755［果類］
ごよみ…Ⅶ-255［樹木類］
こよもち…Ⅰ-563［穀物類］
こよろつ…Ⅲ-248［魚類］
こよろづ…Ⅲ-248［魚類］
ごらうざえもんあは…Ⅰ-563［穀物類］
ごらうさぶらう…Ⅰ-563［穀物類］
ごらうしらう…Ⅰ-563［穀物類］
ごらうしらうくさ…Ⅳ-637［野生植物］
ごらうはだか…Ⅰ-564［穀物類］
ごらうまる…Ⅰ-564［穀物類］
ごらうゑもんもちあは…Ⅰ-564［穀物類］
こらしろゑ…Ⅲ-248［魚類］
こらふのき…Ⅶ-255［樹木類］

こ

| | |
|---|---|
| こらん…Ⅳ-637［野生植物］ | ごろち…Ⅶ-795［救荒動植物類］ |
| ごらんさう…Ⅳ-638［野生植物］ | ころびいも…Ⅵ-385［菜類］ |
| こらんそう…Ⅳ-638［野生植物］ | ころびかき…Ⅲ-718［貝類］ |
| ごり…Ⅲ-248［魚類］ | ころびかぶ…Ⅵ-385［菜類］ |
| こりうき…Ⅶ-255［樹木類］ | ごろびへ…Ⅰ-565［穀物類］ |
| こりかしか…Ⅲ-248［魚類］ | ごろめ…Ⅲ-250［魚類］ |
| こりかちか…Ⅲ-249［魚類］ | ころも…Ⅰ-565［穀物類］ |
| こりかぢか…Ⅲ-249［魚類］ | ころも…Ⅲ-251［魚類］ |
| ごりごり…Ⅲ-249［魚類］ | ころも…Ⅵ-385［菜類］ |
| こりつなき…Ⅳ-638［野生植物］ | ころもあつき…Ⅰ-566［穀物類］ |
| ごりつなき…Ⅳ-638［野生植物］ | ころもあづき…Ⅰ-566［穀物類］ |
| ごりつなぎ…Ⅳ-638［野生植物］ | ころもかひ…Ⅲ-718［貝類］ |
| ごりどちやう…Ⅲ-249［魚類］ | ころもさう…Ⅳ-639［野生植物］ |
| ごりふまつ…Ⅶ-256［樹木類］ | ころもしめし…Ⅵ-146［菌・茸類］ |
| ごりやうかき…Ⅵ-755［果類］ | ころもな…Ⅳ-639［野生植物］ |
| ごりん…Ⅲ-249［魚類］ | ころもな…Ⅶ-795［救荒動植物類］ |
| こりんくは…Ⅶ-256［樹木類］ | ころもはぜ…Ⅲ-251［魚類］ |
| こりんくわ…Ⅶ-256［樹木類］ | ころり…Ⅶ-256［樹木類］ |
| ごりんさう…Ⅳ-638［野生植物］ | こわい…Ⅳ-639［野生植物］ |
| ごるたけ…Ⅵ-69［竹・笹類］ | ごわい…Ⅳ-639［野生植物］ |
| これい…Ⅳ-638［野生植物］ | こわいき…Ⅳ-639［野生植物］ |
| これい…Ⅶ-795［救荒動植物類］ | こわいつる…Ⅳ-640［野生植物］ |
| これは…Ⅰ-564［穀物類］ | こわうれん…Ⅳ-640［野生植物］ |
| これんげ…Ⅳ-639［野生植物］ | こわくび…Ⅰ-566［穀物類］ |
| ころ…Ⅲ-249［魚類］ | こわくひえ…Ⅰ-566［穀物類］ |
| ころかき…Ⅵ-755［果類］ | こわくひへ…Ⅰ-566［穀物類］ |
| ころぎ…Ⅰ-564［穀物類］ | こわせ…Ⅰ-566［穀物類］ |
| ころく…Ⅰ-564［穀物類］ | こわせもち…Ⅰ-567［穀物類］ |
| ころくかく…Ⅰ-565［穀物類］ | こわた…Ⅲ-251［魚類］ |
| ころくぐわつ…Ⅰ-565［穀物類］ | こわた…Ⅶ-256［樹木類］ |
| ころこのみ…Ⅲ-250［魚類］ | こわつる…Ⅳ-640［野生植物］ |
| ころころさう…Ⅳ-639［野生植物］ | ごわづる…Ⅶ-795［救荒動植物類］ |
| ごろさぶらう…Ⅰ-565［穀物類］ | こわひ…Ⅳ-640［野生植物］ |
| ころさめ…Ⅲ-250［魚類］ | ごわひ…Ⅳ-640［野生植物］ |
| ころしみづ…Ⅰ-565［穀物類］ | ごわひ…Ⅵ-386［菜類］ |
| ころたい…Ⅲ-250［魚類］ | こわひげ…Ⅰ-567［穀物類］ |
| ころたひ…Ⅲ-250［魚類］ | こわみづ…Ⅰ-567［穀物類］ |
| ごろち…Ⅲ-250［魚類］ | こわみづわせ…Ⅰ-567［穀物類］ |

| | |
|---|---|
| ごわり…Ⅰ-567［穀物類］ | こんごうのき…Ⅶ-257［樹木類］ |
| こわゐ…Ⅳ-640［野生植物］ | こんこじゆかぶ…Ⅵ-386［菜類］ |
| こわゐくさ…Ⅶ-795［救荒動植物類］ | こんさむぎ…Ⅰ-568［穀物類］ |
| こわゐさう…Ⅳ-641［野生植物］ | こんさむぎ…Ⅰ-569［穀物類］ |
| こゑい…Ⅲ-251［魚類］ | ごんざむぎ…Ⅰ-568［穀物類］ |
| こゑうまつ…Ⅶ-256［樹木類］ | ごんざむぎ…Ⅰ-569［穀物類］ |
| こゑなくさ…Ⅳ-641［野生植物］ | ごんじ…Ⅵ-755［果類］ |
| こゑひこゑび…Ⅰ-567［穀物類］ | こんじふろく…Ⅰ-569［穀物類］ |
| こゑんとう…Ⅵ-386［菜類］ | ごんしらうわせ…Ⅰ-569［穀物類］ |
| こゑんどう…Ⅰ-568［穀物類］ | こんじんざい…Ⅰ-569［穀物類］ |
| こゑんとろ…Ⅳ-641［野生植物］ | こんしんさや…Ⅰ-569［穀物類］ |
| こゑんとろ…Ⅵ-386［菜類］ | ごんす…Ⅲ-718［貝類］ |
| こゑんほう…Ⅲ-251［魚類］ | こんすい…Ⅶ-257［樹木類］ |
| こをばり…Ⅵ-755［果類］ | こんずい…Ⅲ-252［魚類］ |
| こをほね…Ⅵ-386［菜類］ | ごんずい…Ⅳ-643［野生植物］ |
| こをもたか…Ⅳ-641［野生植物］ | ごんずい…Ⅶ-257［樹木類］ |
| こをやのおかた…Ⅳ-641［野生植物］ | ごんずい…Ⅶ-795［救荒動植物類］ |
| こをりかけ…Ⅵ-386［菜類］ | こんすいのき…Ⅶ-257［樹木類］ |
| こをん…Ⅳ-641［野生植物］ | ごんずいのき…Ⅶ-258［樹木類］ |
| こんがう…Ⅶ-256［樹木類］ | こんすいのは…Ⅶ-796［救荒動植物類］ |
| こんがうさくら…Ⅶ-257［樹木類］ | ごんずいのは…Ⅶ-796［救荒動植物類］ |
| こんがうまる…Ⅵ-386［菜類］ | ごんすけ…Ⅰ-569［穀物類］ |
| こんかきつはた…Ⅳ-641［野生植物］ | こんぜ…Ⅲ-252［魚類］ |
| こんかきつはた…Ⅳ-642［野生植物］ | ごんせ…Ⅲ-252［魚類］ |
| こんがふさくら…Ⅶ-257［樹木類］ | ごんぜ…Ⅲ-252［魚類］ |
| ごんから…Ⅲ-251［魚類］ | こんせつ…Ⅶ-258［樹木類］ |
| こんきく…Ⅳ-642［野生植物］ | こんぜつ…Ⅶ-258［樹木類］ |
| ごんぎりさう…Ⅳ-642［野生植物］ | こんせつのき…Ⅶ-258［樹木類］ |
| ごんく…Ⅰ-568［穀物類］ | こんぜつのは…Ⅶ-796［救荒動植物類］ |
| ごんくらう…Ⅰ-568［穀物類］ | ごんだいろ…Ⅳ-643［野生植物］ |
| こんぐり…Ⅲ-251［魚類］ | ごんださう…Ⅳ-643［野生植物］ |
| こんけ…Ⅳ-642［野生植物］ | こんたてかき…Ⅵ-755［果類］ |
| ごんげ…Ⅳ-642［野生植物］ | ごんだやろく…Ⅰ-570［穀物類］ |
| ごんげはだか…Ⅰ-568［穀物類］ | ごんたらまき…Ⅶ-258［樹木類］ |
| ごんげんさう…Ⅳ-642［野生植物］ | こんちんさい…Ⅰ-570［穀物類］ |
| ごんげんさう…Ⅳ-643［野生植物］ | こんぢんざい…Ⅰ-570［穀物類］ |
| ごんご…Ⅲ-719［貝類］ | こんてうな…Ⅰ-570［穀物類］ |
| こんこうさくら…Ⅶ-257［樹木類］ | こんてつ…Ⅶ-258［樹木類］ |

## さ

こんでつ…Ⅶ-258［樹木類］
こんてれき…Ⅳ-643［野生植物］
こんとう…Ⅰ-570［穀物類］
こんどうかづら…Ⅳ-643［野生植物］
こんとうもちあは…Ⅰ-570［穀物類］
ごんとかむり…Ⅵ-146［菌・茸類］
こんにやうぼう…Ⅰ-570［穀物類］
こんにやく…Ⅳ-643［野生植物］
こんにやく…Ⅵ-387［菜類］
こんにやくいも…Ⅵ-387［菜類］
こんにやくさう…Ⅳ-644［野生植物］
こんにやくたま…Ⅵ-387［菜類］
こんにやくたま…Ⅵ-388［菜類］
こんにやくなし…Ⅵ-755［果類］
こんのうを…Ⅲ-252［魚類］
こんばい…Ⅶ-259［樹木類］
こんひら…Ⅰ-571［穀物類］
こんぶ…Ⅳ-644［野生植物］
こんへ…Ⅲ-252［魚類］
こんべ…Ⅲ-253［魚類］
こんへい…Ⅲ-253［魚類］
こんぺい…Ⅲ-253［魚類］
こんぺいむぎ…Ⅰ-571［穀物類］
ごんべゑもち…Ⅰ-571［穀物類］
ごんべゑわせ…Ⅰ-571［穀物類］
ごんぼ…Ⅵ-388［菜類］
ごんぼうくさ…Ⅳ-644［野生植物］
こんやのすかた…Ⅳ-644［野生植物］
こんやのめん…Ⅳ-644［野生植物］
こんりんさい…Ⅰ-571［穀物類］
こんりんざい…Ⅰ-572［穀物類］
ごんろくごめ…Ⅰ-572［穀物類］

## さ

さあらこ…Ⅳ-645［野生植物］
さあらご…Ⅳ-645［野生植物］
さい…Ⅲ-254［魚類］
さいか…Ⅰ-573［穀物類］
さいかい…Ⅶ-261［樹木類］
さいかいし…Ⅶ-261［樹木類］
さいかいね…Ⅰ-573［穀物類］
さいかいもち…Ⅰ-573［穀物類］
さいかう…Ⅳ-645［野生植物］
さいかし…Ⅵ-389［菜類］
さいかし…Ⅶ-261［樹木類］
さいかしさう…Ⅳ-645［野生植物］
さいかしのは…Ⅶ-797［救荒動植物類］
さいかしのめ…Ⅶ-797［救荒動植物類］
さいかち…Ⅰ-573［穀物類］
さいかち…Ⅳ-645［野生植物］
さいかち…Ⅵ-389［菜類］
さいかち…Ⅶ-261［樹木類］
さいかち…Ⅶ-797［救荒動植物類］
さいかちあは…Ⅰ-573［穀物類］
さいかちき…Ⅶ-261［樹木類］
さいかちきのこ…Ⅵ-147［菌・茸類］
さいがちきのこ…Ⅵ-147［菌・茸類］
さいかちくさ…Ⅳ-645［野生植物］
さいかちささけ…Ⅰ-573［穀物類］
さいかちささけ…Ⅵ-389［菜類］
さいかちのき…Ⅶ-262［樹木類］
さいかちのは…Ⅶ-797［救荒動植物類］
さいかちのめ…Ⅶ-797［救荒動植物類］
さいがちのめ…Ⅶ-797［救荒動植物類］
さいかちは…Ⅳ-645［野生植物］
さいかちは…Ⅶ-798［救荒動植物類］
さいかちまめ…Ⅰ-573［穀物類］
さいかちまめ…Ⅰ-574［穀物類］
さいから…Ⅳ-646［野生植物］
さいかわうり…Ⅵ-389［菜類］
さいき…Ⅰ-574［穀物類］
さいき…Ⅳ-646［野生植物］
さいくはこ…Ⅰ-574［穀物類］
さいくばこ…Ⅰ-574［穀物類］
さいくばこもち…Ⅰ-574［穀物類］
さいくろ…Ⅰ-574［穀物類］

| | |
|---|---|
| さいこ…Ⅳ-646［野生植物］ | さいちこ…Ⅵ-756［果類］ |
| さいこき…Ⅳ-646［野生植物］ | さいて…Ⅰ-577［穀物類］ |
| さいこく…Ⅰ-575［穀物類］ | さいでう…Ⅵ-756［果類］ |
| さいこくばら…Ⅳ-646［野生植物］ | さいでうかき…Ⅵ-756［果類］ |
| さいごくばら…Ⅶ-798［救荒動植物類］ | さいでうかき…Ⅶ-262［樹木類］ |
| さいこくひえ…Ⅰ-575［穀物類］ | さいでうきねり…Ⅵ-757［果類］ |
| さいこくむぎ…Ⅰ-575［穀物類］ | さいなか…Ⅲ-254［魚類］ |
| さいごくもち…Ⅰ-576［穀物類］ | さいのうを…Ⅲ-254［魚類］ |
| さいこくわせ…Ⅰ-576［穀物類］ | さいのはし…Ⅳ-648［野生植物］ |
| さいごくわせ…Ⅰ-576［穀物類］ | さいはいきひ…Ⅰ-577［穀物類］ |
| さいさい…Ⅲ-254［魚類］ | さいふ…Ⅰ-577［穀物類］ |
| さいし…Ⅳ-647［野生植物］ | さいふじ…Ⅳ-648［野生植物］ |
| さいしな…Ⅵ-389［菜類］ | さいふもち…Ⅰ-578［穀物類］ |
| さいしは…Ⅶ-262［樹木類］ | ざいふり…Ⅶ-263［樹木類］ |
| さいしやう…Ⅵ-756［果類］ | さいめき…Ⅳ-648［野生植物］ |
| さいじやうかき…Ⅵ-756［果類］ | さいめのき…Ⅶ-263［樹木類］ |
| さいしやうきねり…Ⅵ-756［果類］ | さいら…Ⅲ-254［魚類］ |
| さいしろ…Ⅰ-576［穀物類］ | さいらいさうのは…Ⅶ-798［救荒動植物類］ |
| さいしん…Ⅳ-647［野生植物］ | さいれ…Ⅲ-254［魚類］ |
| さいじんかう…Ⅳ-647［野生植物］ | さいれん…Ⅲ-255［魚類］ |
| さいじんかう…Ⅶ-798［救荒動植物類］ | さいれんほう…Ⅰ-578［穀物類］ |
| さいぞうあわ…Ⅰ-576［穀物類］ | ざいろ…Ⅵ-757［果類］ |
| さいそうろう…Ⅵ-389［菜類］ | さいろく…Ⅰ-578［穀物類］ |
| さいそうろう…Ⅶ-262［樹木類］ | さいわいたけ…Ⅵ-147［菌・茸類］ |
| さいた…Ⅲ-254［魚類］ | さいわひ…Ⅰ-578［穀物類］ |
| さいたいさう…Ⅳ-647［野生植物］ | ざいわり…Ⅵ-389［菜類］ |
| さいたいし…Ⅳ-648［野生植物］ | ざいわりささけ…Ⅰ-578［穀物類］ |
| さいたいじ…Ⅰ-576［穀物類］ | ざいわりささけ…Ⅵ-390［菜類］ |
| さいだいし…Ⅰ-577［穀物類］ | さうかう…Ⅳ-648［野生植物］ |
| さいだいじ…Ⅰ-576［穀物類］ | ざうご…Ⅲ-255［魚類］ |
| さいだいじ…Ⅳ-648［野生植物］ | さうさう…Ⅲ-255［魚類］ |
| さいだいじあは…Ⅰ-577［穀物類］ | さうじゆつ…Ⅳ-649［野生植物］ |
| さいたひし…Ⅰ-577［穀物類］ | さうすけわせ…Ⅰ-578［穀物類］ |
| さいたまて…Ⅰ-577［穀物類］ | さうたけ…Ⅲ-255［魚類］ |
| さいたら…Ⅶ-262［樹木類］ | さうづ…Ⅳ-649［野生植物］ |
| さいだら…Ⅶ-262［樹木類］ | さうてんかつら…Ⅳ-649［野生植物］ |
| さいだらのき…Ⅶ-262［樹木類］ | さうとめかつら…Ⅳ-649［野生植物］ |
| さいちこ…Ⅳ-648［野生植物］ | さうな…Ⅳ-649［野生植物］ |

さ

ざうねんわせ…Ⅰ‐578［穀物類］
さうはぎ…Ⅳ‐649［野生植物］
さうまもちわせ…Ⅰ‐579［穀物類］
さうめん…Ⅰ‐579［穀物類］
さうめんたけ…Ⅵ‐147［菌・茸類］
さうめんのり…Ⅳ‐649［野生植物］
さうり…Ⅵ‐757［果類］
さうり…Ⅶ‐263［樹木類］
さうろし…Ⅶ‐263［樹木類］
さうゑもん…Ⅰ‐579［穀物類］
さえまのき…Ⅶ‐263［樹木類］
さえゐ…Ⅲ‐255［魚類］
さおとめうつき…Ⅶ‐263［樹木類］
さか…Ⅰ‐579［穀物類］
さか…Ⅲ‐255［魚類］
さが…Ⅲ‐255［魚類］
さかあは…Ⅰ‐579［穀物類］
さかい…Ⅰ‐579［穀物類］
さかいのかうむり…Ⅳ‐650［野生植物］
さかいふき…Ⅵ‐390［菜類］
さかいり…Ⅳ‐650［野生植物］
さかう…Ⅰ‐579［穀物類］
さかき…Ⅵ‐757［果類］
さかき…Ⅶ‐263［樹木類］
さかき…Ⅶ‐264［樹木類］
ざかき…Ⅵ‐757［果類］
さかきひ…Ⅰ‐580［穀物類］
さがくさ…Ⅳ‐651［野生植物］
さかさはら…Ⅶ‐264［樹木類］
さかさばら…Ⅳ‐650［野生植物］
さがさふらひ…Ⅰ‐580［穀物類］
さかた…Ⅲ‐256［魚類］
さかたゆり…Ⅳ‐650［野生植物］
さかたゑ…Ⅲ‐256［魚類］
さかとうじ…Ⅲ‐256［魚類］
さかな…Ⅵ‐390［菜類］
さかなくさらかし…Ⅲ‐256［魚類］
さかの…Ⅰ‐580［穀物類］
さかのした…Ⅰ‐580［穀物類］
さかのみだし…Ⅰ‐580［穀物類］
さがのもちあは…Ⅰ‐580［穀物類］
さかは…Ⅰ‐580［穀物類］
さかひしやく…Ⅲ‐256［魚類］
さかびしやく…Ⅲ‐257［魚類］
さかまた…Ⅲ‐257［魚類］
さかみ…Ⅰ‐581［穀物類］
さかみ…Ⅵ‐25［金・石・土・水類］
さかむくら…Ⅳ‐650［野生植物］
さかむこのき…Ⅶ‐264［樹木類］
さかめ…Ⅰ‐581［穀物類］
さかもくら…Ⅳ‐650［野生植物］
さかもち…Ⅰ‐581［穀物類］
さかもとなし…Ⅵ‐757［果類］
さかもとわせ…Ⅰ‐581［穀物類］
さかやいばら…Ⅳ‐650［野生植物］
さかやのむすめ…Ⅶ‐264［樹木類］
さかよめ…Ⅶ‐264［樹木類］
さかよめのは…Ⅶ‐798［救荒動植物類］
さがらめ…Ⅳ‐651［野生植物］
さかりいちこ…Ⅳ‐651［野生植物］
さかりいちこ…Ⅵ‐757［果類］
さかりいちご…Ⅵ‐758［果類］
さがりいちご…Ⅳ‐651［野生植物］
さがりいちご…Ⅵ‐758［果類］
さがりかつら…Ⅳ‐651［野生植物］
さかりぐみ…Ⅵ‐758［果類］
さがりくみ…Ⅶ‐265［樹木類］
さかりこ…Ⅰ‐581［穀物類］
さかりささけ…Ⅰ‐581［穀物類］
さかりは…Ⅵ‐390［菜類］
さがりは…Ⅳ‐651［野生植物］
さかゑ…Ⅰ‐581［穀物類］
さかゑだ…Ⅰ‐582［穀物類］
さぎ…Ⅶ‐798［救荒動植物類］
さぎあは…Ⅰ‐582［穀物類］
さきこいつ…Ⅳ‐651［野生植物］

| | |
|---|---|
| さぎこいつ…Ⅳ‐652［野生植物］ | さくごえあわ…Ⅰ‐583［穀物類］ |
| さぎこけ…Ⅳ‐652［野生植物］ | さくこけ…Ⅵ‐147［菌・茸類］ |
| さぎさう…Ⅳ‐652［野生植物］ | さくざうもち…Ⅰ‐583［穀物類］ |
| さぎさう…Ⅳ‐652［野生植物］ | さくすけ…Ⅰ‐583［穀物類］ |
| さぎさう…Ⅳ‐653［野生植物］ | さくすけわせ…Ⅰ‐583［穀物類］ |
| さぎしりさし…Ⅳ‐653［野生植物］ | さくだら…Ⅶ‐265［樹木類］ |
| さぎそう…Ⅳ‐653［野生植物］ | さくたれ…Ⅰ‐583［穀物類］ |
| さぎそう…Ⅳ‐653［野生植物］ | さくたれささげ…Ⅰ‐584［穀物類］ |
| さきち…Ⅰ‐582［穀物類］ | さくぢやう…Ⅰ‐584［穀物類］ |
| さきちいね…Ⅰ‐582［穀物類］ | さくないにはだまり…Ⅰ‐584［穀物類］ |
| さぎな…Ⅳ‐654［野生植物］ | さくのしま…Ⅰ‐584［穀物類］ |
| ざきねり…Ⅵ‐758［果類］ | さくふさかり…Ⅰ‐584［穀物類］ |
| さぎのあし…Ⅳ‐654［野生植物］ | さくみ…Ⅵ‐758［果類］ |
| さぎのきつさし…Ⅳ‐654［野生植物］ | さくみ…Ⅶ‐265［樹木類］ |
| さぎのした…Ⅳ‐654［野生植物］ | さくみたれ…Ⅰ‐584［穀物類］ |
| さぎのしり…Ⅳ‐654［野生植物］ | さくみの…Ⅰ‐584［穀物類］ |
| さぎのしりさし…Ⅳ‐654［野生植物］ | さくみやうたん…Ⅵ‐759［果類］ |
| さぎのしりさし…Ⅳ‐655［野生植物］ | さくめうたん…Ⅵ‐759［果類］ |
| さぎのしりさし…Ⅳ‐655［野生植物］ | さくら…Ⅰ‐585［穀物類］ |
| さぎのしりさし…Ⅳ‐656［野生植物］ | さくら…Ⅵ‐759［果類］ |
| さぎのしりさしくさ…Ⅳ‐656［野生植物］ | さくら…Ⅶ‐265［樹木類］ |
| さぎのしりつき…Ⅳ‐656［野生植物］ | さくら…Ⅶ‐266［樹木類］ |
| さぎのしりつつけ…Ⅳ‐656［野生植物］ | さくらあさ…Ⅳ‐657［野生植物］ |
| さきのはし…Ⅵ‐390［菜類］ | さくらいちご…Ⅵ‐759［果類］ |
| さぎのはし…Ⅶ‐798［救荒動植物類］ | さくらうくひ…Ⅲ‐257［魚類］ |
| さぎのをさし…Ⅳ‐656［野生植物］ | さくらうを…Ⅲ‐257［魚類］ |
| さきもり…Ⅰ‐582［穀物類］ | さくらがい…Ⅲ‐720［貝類］ |
| さぎやうぶんこ…Ⅰ‐582［穀物類］ | さくらかは…Ⅵ‐759［果類］ |
| さぎゆり…Ⅵ‐390［菜類］ | さくらがは…Ⅳ‐657［野生植物］ |
| さぎわけ…Ⅶ‐265［樹木類］ | さくらかひ…Ⅲ‐720［貝類］ |
| さぎわけむめ…Ⅵ‐758［果類］ | さくらき…Ⅶ‐266［樹木類］ |
| さぎわけもも…Ⅵ‐758［果類］ | さくらくさ…Ⅳ‐657［野生植物］ |
| さきわれかや…Ⅳ‐656［野生植物］ | さくらこ…Ⅰ‐585［穀物類］ |
| さきん…Ⅵ‐25［金・石・土・水類］ | さくらこ…Ⅳ‐657［野生植物］ |
| さく…Ⅰ‐583［穀物類］ | さくらこ…Ⅵ‐759［果類］ |
| さく…Ⅳ‐657［野生植物］ | さくらこせう…Ⅵ‐390［菜類］ |
| ざく…Ⅳ‐657［野生植物］ | さくらさう…Ⅳ‐657［野生植物］ |
| さくあは…Ⅰ‐583［穀物類］ | さくらさう…Ⅳ‐658［野生植物］ |

## さ

さくらすけしらう…Ⅰ - 585［穀物類］
さくらそう…Ⅳ - 658［野生植物］
さくらだい…Ⅲ - 257［魚類］
さくらたうからし…Ⅵ - 391［菜類］
さくらたうがらし…Ⅵ - 391［菜類］
さくらたひ…Ⅲ - 257［魚類］
さくらのき…Ⅶ - 266［樹木類］
さくらのみ…Ⅶ - 266［樹木類］
さくらのり…Ⅳ - 658［野生植物］
さくらひき…Ⅳ - 658［野生植物］
さくらほふし…Ⅰ - 585［穀物類］
さくらもたせ…Ⅵ - 147［菌・茸類］
さくらもち…Ⅰ - 585［穀物類］
さくらもとき…Ⅶ - 266［樹木類］
さくらわせ…Ⅰ - 585［穀物類］
さくろ…Ⅵ - 759［果類］
さくろ…Ⅵ - 760［果類］
さくろ…Ⅶ - 266［樹木類］
さくろ…Ⅶ - 267［樹木類］
ざくろ…Ⅵ - 760［果類］
ざくろ…Ⅶ - 267［樹木類］
ざくろき…Ⅶ - 267［樹木類］
ざくろのき…Ⅶ - 267［樹木類］
さくわり…Ⅵ - 760［果類］
さけ…Ⅲ - 257［魚類］
さけ…Ⅲ - 258［魚類］
さけのうを…Ⅲ - 258［魚類］
さけのうをみつかい…Ⅲ - 258［魚類］
さけのこ…Ⅰ - 585［穀物類］
さけのよい…Ⅲ - 258［魚類］
さこ…Ⅰ - 586［穀物類］
さこ…Ⅲ - 258［魚類］
さこ…Ⅳ - 658［野生植物］
ざこ…Ⅰ - 586［穀物類］
ざこ…Ⅲ - 259［魚類］
さこう…Ⅲ - 259［魚類］
さこかどきば…Ⅰ - 586［穀物類］
さこくさ…Ⅳ - 659［野生植物］

ざこくなし…Ⅵ - 760［果類］
ざこくなし…Ⅵ - 761［果類］
さこけ…Ⅳ - 659［野生植物］
さこささけ…Ⅰ - 586［穀物類］
さこし…Ⅲ - 259［魚類］
さごし…Ⅰ - 586［穀物類］
さごし…Ⅲ - 259［魚類］
さごしらう…Ⅰ - 586［穀物類］
さこたい…Ⅲ - 259［魚類］
さこたひ…Ⅲ - 260［魚類］
さこほん…Ⅲ - 260［魚類］
さころも…Ⅶ - 267［樹木類］
さ さ…Ⅰ - 586［穀物類］
さ さ…Ⅲ - 260［魚類］
さ さ…Ⅵ - 70［竹・笹類］
さ さ…Ⅵ - 761［果類］
ささあは…Ⅰ - 587［穀物類］
ささあわ…Ⅰ - 587［穀物類］
ささい…Ⅲ - 720［貝類］
さざい…Ⅲ - 720［貝類］
ささいくたき…Ⅲ - 260［魚類］
さざいくだき…Ⅲ - 260［魚類］
ささいだ…Ⅲ - 260［魚類］
ささいな…Ⅳ - 659［野生植物］
さざいな…Ⅶ - 799［救荒動植物類］
ささいのくち…Ⅳ - 659［野生植物］
さざいのくち…Ⅳ - 659［野生植物］
ささいも…Ⅵ - 391［菜類］
ささいわに…Ⅲ - 260［魚類］
ささいわに…Ⅲ - 261［魚類］
ささいわり…Ⅲ - 261［魚類］
さざいわり…Ⅲ - 261［魚類］
ささうを…Ⅲ - 261［魚類］
さざえ…Ⅲ - 720［貝類］
さざえ…Ⅲ - 721［貝類］
さざえみな…Ⅲ - 721［貝類］
さざえわり…Ⅲ - 261［魚類］
さざえわりうを…Ⅲ - 262［魚類］

| | |
|---|---|
| さざえわりふか…Ⅲ‐262［魚類］ | ささたけ…Ⅳ‐661［野生植物］ |
| さざかいせい…Ⅰ‐587［穀物類］ | ささたけ…Ⅵ‐70［竹・笹類］ |
| さざかいせいばうづ…Ⅰ‐587［穀物類］ | ささたけ…Ⅵ‐148［菌・茸類］ |
| ささかいな…Ⅳ‐659［野生植物］ | ささとうがい…Ⅳ‐661［野生植物］ |
| ささかうら…Ⅳ‐659［野生植物］ | ささな…Ⅳ‐661［野生植物］ |
| ささがうら…Ⅳ‐660［野生植物］ | ささなは…Ⅵ‐149［菌・茸類］ |
| ささがうらのね…Ⅶ‐799［救荒動植物類］ | ささなば…Ⅵ‐149［菌・茸類］ |
| ささがは…Ⅰ‐587［穀物類］ | ささなみ…Ⅶ‐268［樹木類］ |
| ささから…Ⅳ‐660［野生植物］ | さざなみかひ…Ⅲ‐721［貝類］ |
| ささかれい…Ⅲ‐262［魚類］ | ささなみつつち…Ⅶ‐268［樹木類］ |
| ささきなんはん…Ⅵ‐391［菜類］ | ささねかつら…Ⅳ‐661［野生植物］ |
| ささぎのは…Ⅶ‐799［救荒動植物類］ | ささのこ…Ⅰ‐589［穀物類］ |
| ささぎは…Ⅶ‐799［救荒動植物類］ | ささのしねんこ…Ⅶ‐800［救荒動植物類］ |
| ささきび…Ⅰ‐587［穀物類］ | ささのじねんこ…Ⅶ‐800［救荒動植物類］ |
| ささきまめ…Ⅰ‐587［穀物類］ | ささのは…Ⅲ‐262［魚類］ |
| ささくさ…Ⅳ‐660［野生植物］ | ささのはくさ…Ⅳ‐662［野生植物］ |
| ささぐさ…Ⅳ‐660［野生植物］ | ささのみ…Ⅶ‐801［救荒動植物類］ |
| ささくり…Ⅵ‐761［果類］ | ささはつくり…Ⅳ‐662［野生植物］ |
| ささぐり…Ⅵ‐761［果類］ | ささはほくり…Ⅳ‐662［野生植物］ |
| ささけ…Ⅰ‐588［穀物類］ | さざひ…Ⅲ‐721［貝類］ |
| ささけ…Ⅰ‐589［穀物類］ | ささひえ…Ⅰ‐589［穀物類］ |
| ささけ…Ⅵ‐391［菜類］ | ささひへ…Ⅳ‐662［野生植物］ |
| ささげ…Ⅰ‐588［穀物類］ | ささびへ…Ⅰ‐590［穀物類］ |
| ささげ…Ⅰ‐589［穀物類］ | ささひやつこり…Ⅳ‐662［野生植物］ |
| ささけのは…Ⅶ‐799［救荒動植物類］ | さざへ…Ⅲ‐721［貝類］ |
| ささげのは…Ⅶ‐799［救荒動植物類］ | さざへ…Ⅲ‐722［貝類］ |
| ささげのは…Ⅶ‐800［救荒動植物類］ | さざへたけ…Ⅳ‐662［野生植物］ |
| ささけば…Ⅶ‐800［救荒動植物類］ | さざへだけ…Ⅳ‐662［野生植物］ |
| ささげば…Ⅶ‐800［救荒動植物類］ | ささへみな…Ⅲ‐722［貝類］ |
| ささけほ…Ⅲ‐262［魚類］ | さざへみな…Ⅲ‐722［貝類］ |
| ささこ…Ⅳ‐660［野生植物］ | さざへわり…Ⅲ‐262［魚類］ |
| ささご…Ⅳ‐661［野生植物］ | さざへわり…Ⅲ‐262［魚類］ |
| ささごうら…Ⅳ‐661［野生植物］ | ささほうくり…Ⅳ‐663［野生植物］ |
| ささごうら…Ⅵ‐391［菜類］ | ささまめ…Ⅰ‐590［穀物類］ |
| ささこけ…Ⅵ‐148［菌・茸類］ | ささみがや…Ⅳ‐663［野生植物］ |
| ささごけ…Ⅵ‐148［菌・茸類］ | ささむき…Ⅳ‐663［野生植物］ |
| ささごゆり…Ⅳ‐661［野生植物］ | ささむぎ…Ⅳ‐663［野生植物］ |
| ささしめし…Ⅵ‐148［菌・茸類］ | ささむくり…Ⅶ‐268［樹木類］ |

さ

| | |
|---|---|
| ささめ…Ⅳ‐663［野生植物］ | さざゑうを…Ⅲ‐263［魚類］ |
| ささめくさ…Ⅳ‐663［野生植物］ | ささをくさ…Ⅳ‐667［野生植物］ |
| ささも…Ⅳ‐663［野生植物］ | ささん…Ⅳ‐667［野生植物］ |
| ささもたせ…Ⅵ‐149［菌・茸類］ | さざんくは…Ⅶ‐268［樹木類］ |
| ささもち…Ⅰ‐590［穀物類］ | さざんくは…Ⅶ‐269［樹木類］ |
| ささもどき…Ⅳ‐664［野生植物］ | さざんくわ…Ⅶ‐269［樹木類］ |
| ささものづき…Ⅳ‐664［野生植物］ | さざんくわ…Ⅳ‐667［野生植物］ |
| ささやきさう…Ⅳ‐664［野生植物］ | さざんくわ…Ⅶ‐270［樹木類］ |
| ささやけ…Ⅳ‐664［野生植物］ | さざんくわつはき…Ⅶ‐270［樹木類］ |
| ささやなき…Ⅶ‐268［樹木類］ | さざんほ…Ⅵ‐149［菌・茸類］ |
| ささやまあをき…Ⅶ‐268［樹木類］ | さし…Ⅳ‐667［野生植物］ |
| ささやままめ…Ⅰ‐590［穀物類］ | さじ…Ⅲ‐263［魚類］ |
| ささやろく…Ⅰ‐590［穀物類］ | さしあがり…Ⅵ‐392［菜類］ |
| ささゆき…Ⅳ‐664［野生植物］ | さしいわし…Ⅲ‐263［魚類］ |
| ささゆり…Ⅳ‐664［野生植物］ | さしおもたか…Ⅳ‐667［野生植物］ |
| ささゆり…Ⅳ‐665［野生植物］ | さじおもだか…Ⅳ‐667［野生植物］ |
| ささゆり…Ⅵ‐391［菜類］ | さしか…Ⅶ‐270［樹木類］ |
| ささゆりのね…Ⅶ‐801［救荒動植物類］ | さしかい…Ⅲ‐723［貝類］ |
| ささら…Ⅰ‐590［穀物類］ | さしかのき…Ⅶ‐270［樹木類］ |
| ささら…Ⅳ‐665［野生植物］ | さしかのみ…Ⅶ‐801［救荒動植物類］ |
| ささら…Ⅶ‐268［樹木類］ | さしくさ…Ⅳ‐668［野生植物］ |
| ざざら…Ⅳ‐665［野生植物］ | さしなわ…Ⅰ‐591［穀物類］ |
| ざざら…Ⅳ‐665［野生植物］ | さしひきわせ…Ⅰ‐591［穀物類］ |
| ささらあわ…Ⅰ‐590［穀物類］ | さしびのき…Ⅶ‐270［樹木類］ |
| ささらかひ…Ⅲ‐722［貝類］ | さしひる…Ⅵ‐392［菜類］ |
| ささらきび…Ⅰ‐591［穀物類］ | さしびる…Ⅵ‐392［菜類］ |
| ささらくさ…Ⅳ‐665［野生植物］ | さしぶのき…Ⅶ‐270［樹木類］ |
| ささらひへ…Ⅰ‐591［穀物類］ | さしま…Ⅰ‐591［穀物類］ |
| ざざらひへ…Ⅰ‐591［穀物類］ | さしま…Ⅶ‐270［樹木類］ |
| ささららん…Ⅳ‐666［野生植物］ | さじも…Ⅶ‐271［樹木類］ |
| ささらん…Ⅳ‐666［野生植物］ | さしもくさ…Ⅳ‐668［野生植物］ |
| ささりんだう…Ⅳ‐666［野生植物］ | さしやきくさ…Ⅳ‐668［野生植物］ |
| ささりんとう…Ⅳ‐666［野生植物］ | さじろくさ…Ⅳ‐668［野生植物］ |
| ささりんどう…Ⅳ‐666［野生植物］ | さしをもたか…Ⅳ‐668［野生植物］ |
| ささりんとお…Ⅳ‐666［野生植物］ | さじをもだか…Ⅳ‐668［野生植物］ |
| ささる…Ⅲ‐722［貝類］ | さす…Ⅲ‐263［魚類］ |
| さざゐ…Ⅲ‐722［貝類］ | ざす…Ⅲ‐263［魚類］ |
| ささゑ…Ⅲ‐722［貝類］ | ざす…Ⅳ‐669［野生植物］ |

| | |
|---|---|
| さすけ…Ⅰ - 591 ［穀物類］ | さつきつつし…Ⅶ - 273 ［樹木類］ |
| さすけいね…Ⅰ - 592 ［穀物類］ | さつきつつじ…Ⅶ - 273 ［樹木類］ |
| さすとり…Ⅳ - 669 ［野生植物］ | さつきな…Ⅵ - 392 ［菜類］ |
| さすとり…Ⅶ - 801 ［救荒動植物類］ | さつきはな…Ⅶ - 273 ［樹木類］ |
| さすぼ…Ⅶ - 271 ［樹木類］ | さつきほうし…Ⅳ - 670 ［野生植物］ |
| さすめり…Ⅳ - 669 ［野生植物］ | さつきもも…Ⅵ - 762 ［果類］ |
| さすり…Ⅲ - 263 ［魚類］ | さつこ…Ⅲ - 264 ［魚類］ |
| さすり…Ⅲ - 264 ［魚類］ | ざつこ…Ⅲ - 264 ［魚類］ |
| させ…Ⅳ - 669 ［野生植物］ | さつこく…Ⅰ - 592 ［穀物類］ |
| させひ…Ⅶ - 271 ［樹木類］ | さつころ…Ⅰ - 592 ［穀物類］ |
| させびのき…Ⅶ - 271 ［樹木類］ | さつは…Ⅲ - 264 ［魚類］ |
| させふ…Ⅶ - 271 ［樹木類］ | ざつは…Ⅲ - 264 ［魚類］ |
| させほ…Ⅶ - 271 ［樹木類］ | さつま…Ⅰ - 592 ［穀物類］ |
| させぼ…Ⅶ - 271 ［樹木類］ | さつま…Ⅰ - 593 ［穀物類］ |
| させんさう…Ⅳ - 669 ［野生植物］ | さつま…Ⅵ - 392 ［菜類］ |
| ざせんさう…Ⅳ - 669 ［野生植物］ | さつまあへつる…Ⅰ - 593 ［穀物類］ |
| ざぜんさう…Ⅳ - 669 ［野生植物］ | さつまいね…Ⅰ - 593 ［穀物類］ |
| させんぼ…Ⅶ - 272 ［樹木類］ | さつまいも…Ⅵ - 392 ［菜類］ |
| さぜんぼう…Ⅵ - 761 ［果類］ | さつまいも…Ⅶ - 801 ［救荒動植物類］ |
| さだいう…Ⅰ - 592 ［穀物類］ | さつまかうべ…Ⅲ - 264 ［魚類］ |
| さたうかき…Ⅵ - 761 ［果類］ | さつまかし…Ⅰ - 593 ［穀物類］ |
| さたけ…Ⅵ - 149 ［菌・茸類］ | さつまかぶら…Ⅵ - 393 ［菜類］ |
| さたけなし…Ⅵ - 762 ［果類］ | さつまきく…Ⅳ - 671 ［野生植物］ |
| さたなし…Ⅰ - 592 ［穀物類］ | さつまぎく…Ⅵ - 393 ［菜類］ |
| さだめし…Ⅶ - 272 ［樹木類］ | さつまくれない…Ⅶ - 273 ［樹木類］ |
| さたゑ…Ⅲ - 723 ［貝類］ | さつまこむぎ…Ⅰ - 593 ［穀物類］ |
| さぢやうまめ…Ⅰ - 592 ［穀物類］ | さつまさんぐわつ…Ⅵ - 393 ［菜類］ |
| さちら…Ⅶ - 272 ［樹木類］ | さつまだいこん…Ⅵ - 393 ［菜類］ |
| ざぢんぼう…Ⅵ - 762 ［果類］ | さつまとうぐわ…Ⅵ - 393 ［菜類］ |
| さつかべ…Ⅳ - 670 ［野生植物］ | さつまな…Ⅵ - 393 ［菜類］ |
| さつき…Ⅶ - 272 ［樹木類］ | さつまにんじん…Ⅳ - 671 ［野生植物］ |
| さつきいちこ…Ⅳ - 670 ［野生植物］ | さつまひへ…Ⅰ - 594 ［穀物類］ |
| さつきいちこ…Ⅵ - 762 ［果類］ | さつまふき…Ⅳ - 671 ［野生植物］ |
| さつきいちご…Ⅳ - 670 ［野生植物］ | さつまぼうふう…Ⅵ - 393 ［菜類］ |
| さつきいちご…Ⅵ - 762 ［果類］ | さつままめ…Ⅰ - 594 ［穀物類］ |
| さつきかやし…Ⅳ - 670 ［野生植物］ | さつまもち…Ⅰ - 594 ［穀物類］ |
| さつきくさ…Ⅳ - 670 ［野生植物］ | さつまやろく…Ⅰ - 594 ［穀物類］ |
| さつきくみ…Ⅶ - 273 ［樹木類］ | さつまゆふかほ…Ⅵ - 394 ［菜類］ |

さ

さつまゆり…Ⅳ-671 [野生植物]
さつまゆり…Ⅵ-394 [菜類]
さつまわせ…Ⅰ-594 [穀物類]
さづら…Ⅰ-594 [穀物類]
さてつ…Ⅵ-25 [金・石・土・水類]
さてわに…Ⅲ-264 [魚類]
さでんち…Ⅰ-594 [穀物類]
さでんちあは…Ⅰ-595 [穀物類]
さと…Ⅳ-671 [野生植物]
さど…Ⅰ-595 [穀物類]
さど…Ⅵ-394 [菜類]
さど…Ⅶ-273 [樹木類]
さど…Ⅶ-801 [救荒動植物類]
さといね…Ⅰ-595 [穀物類]
さといばら…Ⅳ-671 [野生植物]
さといも…Ⅵ-394 [菜類]
さいものは…Ⅶ-802 [救荒動植物類]
さとうあは…Ⅰ-595 [穀物類]
さとうあわ…Ⅰ-595 [穀物類]
さとうかき…Ⅵ-762 [果類]
ざとうがしら…Ⅳ-671 [野生植物]
ざとうしらず…Ⅰ-595 [穀物類]
ざとうだまし…Ⅰ-595 [穀物類]
さとうつぎ…Ⅶ-274 [樹木類]
さとうば…Ⅲ-265 [魚類]
さとうまめ…Ⅰ-596 [穀物類]
さとうるし…Ⅶ-274 [樹木類]
さとうるね…Ⅳ-672 [野生植物]
ざとく…Ⅳ-672 [野生植物]
ざとく…Ⅵ-149 [菌・茸類]
さとくり…Ⅵ-762 [果類]
さとごみ…Ⅳ-672 [野生植物]
さとごぼう…Ⅵ-394 [菜類]
さとこほう…Ⅵ-395 [菜類]
さとこぼう…Ⅵ-395 [菜類]
さとこや…Ⅰ-596 [穀物類]
さどこや…Ⅰ-596 [穀物類]
さとしらは…Ⅰ-596 [穀物類]

さたにわたし…Ⅰ-596 [穀物類]
さとな…Ⅵ-395 [菜類]
さとなし…Ⅵ-763 [果類]
さとにんじん…Ⅳ-672 [野生植物]
さとにんちん…Ⅵ-395 [菜類]
さとひへ…Ⅰ-596 [穀物類]
さとふき…Ⅵ-395 [菜類]
さとほう…Ⅰ-597 [穀物類]
さとむはら…Ⅳ-672 [野生植物]
さとむらさき…Ⅳ-672 [野生植物]
さどもち…Ⅰ-597 [穀物類]
さとゆり…Ⅳ-672 [野生植物]
さとゆり…Ⅵ-395 [菜類]
さとり…Ⅲ-265 [魚類]
さとりさめ…Ⅲ-265 [魚類]
さとりわに…Ⅲ-265 [魚類]
さとわせ…Ⅰ-597 [穀物類]
さどわせ…Ⅰ-597 [穀物類]
さとんほう…Ⅰ-597 [穀物類]
さな…Ⅳ-673 [野生植物]
さなが…Ⅲ-265 [魚類]
さなだゑそ…Ⅲ-265 [魚類]
さなつら…Ⅳ-673 [野生植物]
さなつら…Ⅵ-763 [果類]
さなづら…Ⅵ-763 [果類]
さなふり…Ⅰ-597 [穀物類]
さなぼり…Ⅲ-265 [魚類]
さなむめ…Ⅵ-763 [果類]
さなり…Ⅰ-597 [穀物類]
さぬき…Ⅰ-598 [穀物類]
さぬきこうほう…Ⅰ-598 [穀物類]
さぬきこうぼふ…Ⅰ-598 [穀物類]
さぬきむぎ…Ⅰ-598 [穀物類]
さぬきわせ…Ⅰ-598 [穀物類]
さぬけ…Ⅰ-598 [穀物類]
さねかうはい…Ⅵ-763 [果類]
さねかうばい…Ⅵ-763 [果類]
さねかつら…Ⅳ-673 [野生植物]

| | |
|---|---|
| さねかづら…Ⅳ - 673 ［野生植物］ | さはくるみ…Ⅶ - 275 ［樹木類］ |
| さねかづら…Ⅳ - 674 ［野生植物］ | さはこほせ…Ⅰ - 599 ［穀物類］ |
| さねなし…Ⅵ - 763 ［果類］ | さはこめ…Ⅶ - 275 ［樹木類］ |
| さねもり…Ⅶ - 274 ［樹木類］ | さはしば…Ⅶ - 275 ［樹木類］ |
| さねもりさう…Ⅳ - 674 ［野生植物］ | さはすげ…Ⅳ - 676 ［野生植物］ |
| さねもりちく…Ⅵ - 70 ［竹・笹類］ | さはすみ…Ⅳ - 676 ［野生植物］ |
| さの…Ⅰ - 598 ［穀物類］ | さはだ…Ⅰ - 599 ［穀物類］ |
| さのかいちゆう…Ⅰ - 599 ［穀物類］ | さはだいわう…Ⅳ - 676 ［野生植物］ |
| さは…Ⅲ - 266 ［魚類］ | さはたけ…Ⅵ - 70 ［竹・笹類］ |
| さば…Ⅲ - 266 ［魚類］ | さはだもち…Ⅰ - 599 ［穀物類］ |
| さば…Ⅲ - 267 ［魚類］ | さはだわせ…Ⅰ - 599 ［穀物類］ |
| さはあざみ…Ⅳ - 674 ［野生植物］ | さはちくさ…Ⅳ - 677 ［野生植物］ |
| さはいたち…Ⅶ - 802 ［救荒動植物類］ | さはちさ…Ⅳ - 677 ［野生植物］ |
| さはうちあは…Ⅰ - 599 ［穀物類］ | さはちさ…Ⅶ - 802 ［救荒動植物類］ |
| さはうつぎ…Ⅶ - 274 ［樹木類］ | さはちしや…Ⅳ - 677 ［野生植物］ |
| さはうど…Ⅳ - 674 ［野生植物］ | さはつたけ…Ⅵ - 149 ［菌・茸類］ |
| さはおもたか…Ⅳ - 674 ［野生植物］ | さはつばき…Ⅶ - 275 ［樹木類］ |
| さはかに…Ⅶ - 802 ［救荒動植物類］ | さはなし…Ⅶ - 275 ［樹木類］ |
| さはかひ…Ⅲ - 723 ［貝類］ | さはなすび…Ⅳ - 677 ［野生植物］ |
| さばがます…Ⅲ - 267 ［魚類］ | さはならのき…Ⅶ - 275 ［樹木類］ |
| さはかや…Ⅳ - 674 ［野生植物］ | さはにら…Ⅳ - 677 ［野生植物］ |
| さはがや…Ⅳ - 675 ［野生植物］ | さはのこさう…Ⅳ - 677 ［野生植物］ |
| さはかるこ…Ⅰ - 599 ［穀物類］ | さはばた…Ⅳ - 677 ［野生植物］ |
| さはききやう…Ⅳ - 675 ［野生植物］ | さはばら…Ⅳ - 678 ［野生植物］ |
| さはぎきやう…Ⅳ - 675 ［野生植物］ | さはばら…Ⅶ - 276 ［樹木類］ |
| さはきく…Ⅳ - 675 ［野生植物］ | さはひよどり…Ⅳ - 678 ［野生植物］ |
| さはぎく…Ⅳ - 676 ［野生植物］ | さはひる…Ⅵ - 396 ［菜類］ |
| さはくくたち…Ⅳ - 676 ［野生植物］ | さばふか…Ⅲ - 267 ［魚類］ |
| さはくくたち…Ⅵ - 395 ［菜類］ | さはふき…Ⅳ - 678 ［野生植物］ |
| さはくさ…Ⅳ - 676 ［野生植物］ | さはふき…Ⅵ - 396 ［菜類］ |
| さはくさ…Ⅶ - 274 ［樹木類］ | さはふく…Ⅲ - 267 ［魚類］ |
| さはくは…Ⅶ - 274 ［樹木類］ | さばふく…Ⅲ - 267 ［魚類］ |
| さはくは…Ⅶ - 802 ［救荒動植物類］ | さばふぐ…Ⅲ - 267 ［魚類］ |
| さはぐみ…Ⅳ - 676 ［野生植物］ | さはふさき…Ⅶ - 276 ［樹木類］ |
| さはぐみ…Ⅵ - 764 ［果類］ | さはふさき…Ⅶ - 802 ［救荒動植物類］ |
| さばぐみ…Ⅵ - 764 ［果類］ | さはふさぎのは…Ⅶ - 802 ［救荒動植物類］ |
| さはくり…Ⅶ - 274 ［樹木類］ | さはふた…Ⅶ - 276 ［樹木類］ |
| さはくりのき…Ⅶ - 275 ［樹木類］ | さはぶた…Ⅶ - 276 ［樹木類］ |

さ

| | |
|---|---|
| さはふたぎ…Ⅶ-276［樹木類］ | さへきむぎ…Ⅰ-600［穀物類］ |
| さはまき…Ⅶ-276［樹木類］ | さへだらのき…Ⅶ-277［樹木類］ |
| さはまめば…Ⅶ-803［救荒動植物類］ | さへらす…Ⅰ-600［穀物類］ |
| さはみずき…Ⅶ-276［樹木類］ | さべりくちかい…Ⅲ-723［貝類］ |
| さはもたし…Ⅵ-150［菌・茸類］ | さべりくちかひ…Ⅲ-723［貝類］ |
| さはやなぎ…Ⅶ-277［樹木類］ | さほとめうつき…Ⅶ-278［樹木類］ |
| さはゆり…Ⅳ-678［野生植物］ | さぼん…Ⅵ-764［果類］ |
| さはら…Ⅰ-600［穀物類］ | ざぼん…Ⅵ-765［果類］ |
| さはら…Ⅲ-268［魚類］ | さぼんでん…Ⅳ-679［野生植物］ |
| さはら…Ⅶ-277［樹木類］ | さまさす…Ⅰ-601［穀物類］ |
| さはらき…Ⅶ-277［樹木類］ | さまた…Ⅰ-601［穀物類］ |
| さはらん…Ⅳ-678［野生植物］ | さまつたけ…Ⅵ-150［菌・茸類］ |
| さはりんどう…Ⅳ-678［野生植物］ | さまつだけ…Ⅵ-150［菌・茸類］ |
| さはわたり…Ⅰ-600［穀物類］ | さまふぐ…Ⅲ-269［魚類］ |
| さはをぐるま…Ⅳ-678［野生植物］ | さみ…Ⅰ-601［穀物類］ |
| さびあゆ…Ⅲ-268［魚類］ | さみせんかひ…Ⅲ-723［貝類］ |
| さひた…Ⅶ-277［樹木類］ | ざみみかん…Ⅵ-765［果類］ |
| さひはひたけ…Ⅵ-147［菌・茸類］ | さむころも…Ⅰ-601［穀物類］ |
| さびれ…Ⅲ-268［魚類］ | さむすけ…Ⅰ-601［穀物類］ |
| さひわせ…Ⅰ-600［穀物類］ | さむちり…Ⅰ-601［穀物類］ |
| さふぐ…Ⅲ-268［魚類］ | さめ…Ⅲ-269［魚類］ |
| さふた…Ⅶ-277［樹木類］ | ざめうたん…Ⅵ-765［果類］ |
| さぶた…Ⅶ-277［樹木類］ | さめからかい…Ⅲ-269［魚類］ |
| さぶみや…Ⅲ-268［魚類］ | さめからかい…Ⅲ-270［魚類］ |
| さぶやぶ…Ⅲ-269［魚類］ | さめかれい…Ⅲ-270［魚類］ |
| さぶらうた…Ⅳ-679［野生植物］ | さめこけ…Ⅳ-679［野生植物］ |
| さぶらうゑ…Ⅰ-600［穀物類］ | さめふか…Ⅲ-270［魚類］ |
| さふり…Ⅵ-764［果類］ | さめぶか…Ⅲ-270［魚類］ |
| さぶり…Ⅵ-764［果類］ | さめふく…Ⅲ-270［魚類］ |
| さふりかき…Ⅵ-764［果類］ | さめゆり…Ⅳ-680［野生植物］ |
| さふりかぎ…Ⅵ-764［果類］ | さめわに…Ⅲ-270［魚類］ |
| さぶろうた…Ⅳ-679［野生植物］ | さもも…Ⅵ-765［果類］ |
| さぶろくさ…Ⅳ-679［野生植物］ | さもも…Ⅶ-278［樹木類］ |
| さふろた…Ⅳ-679［野生植物］ | さもものき…Ⅶ-278［樹木類］ |
| さふろた…Ⅶ-803［救荒動植物類］ | さやあか…Ⅰ-601［穀物類］ |
| さぶろた…Ⅳ-679［野生植物］ | さやき…Ⅶ-278［樹木類］ |
| さぶろた…Ⅶ-803［救荒動植物類］ | さやきのき…Ⅶ-278［樹木類］ |
| さへき…Ⅰ-600［穀物類］ | さやくろ…Ⅰ-602［穀物類］ |

さやぐろ…Ⅰ - 602 ［穀物類］
さやこ…Ⅲ - 271 ［魚類］
さやしろ…Ⅰ - 602 ［穀物類］
さやしろあづき…Ⅰ - 602 ［穀物類］
さやしろまめ…Ⅰ - 602 ［穀物類］
さやま…Ⅵ - 765 ［果類］
さやまき…Ⅲ - 723 ［貝類］
さやまき…Ⅲ - 724 ［貝類］
さゆり…Ⅳ - 680 ［野生植物］
さゆり…Ⅵ - 396 ［菜類］
さゆり…Ⅶ - 803 ［救荒動植物類］
さよひめ…Ⅵ - 765 ［果類］
さより…Ⅲ - 271 ［魚類］
さより…Ⅲ - 272 ［魚類］
さよりすす…Ⅲ - 272 ［魚類］
さらかひ…Ⅲ - 724 ［貝類］
さらくさ…Ⅳ - 680 ［野生植物］
さらこ…Ⅰ - 603 ［穀物類］
さらこひえ…Ⅰ - 603 ［穀物類］
さらこひへ…Ⅰ - 603 ［穀物類］
さらこむき…Ⅰ - 603 ［穀物類］
さらこむぎ…Ⅰ - 603 ［穀物類］
ざらこむぎ…Ⅰ - 603 ［穀物類］
さらさ…Ⅳ - 680 ［野生植物］
さらさむめ…Ⅵ - 765 ［果類］
さらざら…Ⅰ - 602 ［穀物類］
ざらざらいし…Ⅵ - 25 ［金・石・土・水類］
さらしなのつき…Ⅳ - 680 ［野生植物］
さらすべり…Ⅰ - 603 ［穀物類］
さらすべり…Ⅰ - 603 ［穀物類］
さらなし…Ⅵ - 766 ［果類］
さらのこ…Ⅰ - 604 ［穀物類］
さらのこわせ…Ⅰ - 604 ［穀物類］
さらひへ…Ⅳ - 680 ［野生植物］
さらほ…Ⅶ - 278 ［樹木類］
さらみ…Ⅳ - 681 ［野生植物］
ざらもち…Ⅰ - 604 ［穀物類］
さらり…Ⅰ - 604 ［穀物類］

ざらり…Ⅰ - 604 ［穀物類］
ざらりこうぼう…Ⅰ - 604 ［穀物類］
さらりはうし…Ⅰ - 605 ［穀物類］
さらゑい…Ⅲ - 272 ［魚類］
さる…Ⅲ - 272 ［魚類］
さる…Ⅶ - 803 ［救荒動植物類］
ざる…Ⅵ - 766 ［果類］
さるあつき…Ⅳ - 681 ［野生植物］
さるあづき…Ⅳ - 681 ［野生植物］
さるあわひ…Ⅲ - 724 ［貝類］
さるあわび…Ⅲ - 724 ［貝類］
さるいちこ…Ⅳ - 681 ［野生植物］
さるいちご…Ⅳ - 681 ［野生植物］
さるおがせ…Ⅳ - 681 ［野生植物］
さるかい…Ⅲ - 724 ［貝類］
さるかき…Ⅳ - 681 ［野生植物］
さるかき…Ⅵ - 766 ［果類］
さるがき…Ⅳ - 682 ［野生植物］
さるかきのはな…Ⅶ - 278 ［樹木類］
さるかきむはらのたう…Ⅶ - 279 ［樹木類］
さるかけ…Ⅳ - 682 ［野生植物］
さるかけいはら…Ⅳ - 682 ［野生植物］
さるかけいばら…Ⅳ - 682 ［野生植物］
さるかけかつら…Ⅳ - 682 ［野生植物］
さるかけのみ…Ⅶ - 803 ［救荒動植物類］
さるかさ…Ⅳ - 682 ［野生植物］
さるかしら…Ⅳ - 682 ［野生植物］
さるかしら…Ⅳ - 683 ［野生植物］
ざるがしら…Ⅳ - 683 ［野生植物］
さるかたら…Ⅳ - 683 ［野生植物］
さるかわ…Ⅰ - 605 ［穀物類］
さるかわひへ…Ⅰ - 605 ［穀物類］
さるきづな…Ⅰ - 605 ［穀物類］
さるきひ…Ⅰ - 605 ［穀物類］
さるきび…Ⅰ - 605 ［穀物類］
さるきび…Ⅳ - 683 ［野生植物］
さるきひと…Ⅳ - 683 ［野生植物］
さるくさ…Ⅳ - 683 ［野生植物］

さ

| | |
|---|---|
| さるくわずひへ…Ⅰ-605［穀物類］ | さるて…Ⅰ-608［穀物類］ |
| さるくわずまめ…Ⅰ-606［穀物類］ | さるで…Ⅰ-608［穀物類］ |
| さるけ…Ⅰ-606［穀物類］ | さるてあは…Ⅰ-608［穀物類］ |
| さるけ…Ⅳ-683［野生植物］ | さるであは…Ⅰ-608［穀物類］ |
| さるげ…Ⅰ-606［穀物類］ | さるてまめ…Ⅰ-608［穀物類］ |
| さるげ…Ⅳ-684［野生植物］ | さるてもち…Ⅰ-608［穀物類］ |
| さるけあわ…Ⅰ-606［穀物類］ | さるとう…Ⅰ-609［穀物類］ |
| さるげあわ…Ⅰ-606［穀物類］ | さるともち…Ⅰ-609［穀物類］ |
| さるけひゑ…Ⅰ-606［穀物類］ | さるとり…Ⅳ-684［野生植物］ |
| さるごけ…Ⅳ-684［野生植物］ | さるとり…Ⅶ-281［樹木類］ |
| さるこしかけ…Ⅵ-150［菌・茸類］ | さるとりいき…Ⅳ-685［野生植物］ |
| さるこのみ…Ⅳ-684［野生植物］ | さるとりいぎ…Ⅳ-685［野生植物］ |
| さるごぼう…Ⅳ-684［野生植物］ | さるとりいはら…Ⅳ-685［野生植物］ |
| さるこま…Ⅰ-606［穀物類］ | さるとりいばら…Ⅳ-686［野生植物］ |
| さるごま…Ⅳ-684［野生植物］ | さるとりくい…Ⅳ-686［野生植物］ |
| さるごり…Ⅲ-272［魚類］ | さるとりくゐ…Ⅶ-281［樹木類］ |
| さるしきび…Ⅶ-279［樹木類］ | さるとりぐゐ…Ⅳ-686［野生植物］ |
| さるしらず…Ⅰ-607［穀物類］ | さるなかせ…Ⅰ-609［穀物類］ |
| さるしろまさ…Ⅵ-25［金・石・土・水類］ | さるなし…Ⅵ-766［果類］ |
| さるすへり…Ⅶ-279［樹木類］ | さるなめし…Ⅶ-281［樹木類］ |
| さるすべり…Ⅵ-766［果類］ | さるなめしのは…Ⅶ-804［救荒動植物類］ |
| さるすべり…Ⅶ-279［樹木類］ | さるぬめり…Ⅶ-281［樹木類］ |
| さるすべり…Ⅶ-280［樹木類］ | さるのかしら…Ⅲ-724［貝類］ |
| さるすべりのき…Ⅶ-280［樹木類］ | さるのからかさ…Ⅳ-686［野生植物］ |
| さるすべりは…Ⅶ-803［救荒動植物類］ | さるのこしかけ…Ⅵ-150［菌・茸類］ |
| さるた…Ⅲ-272［魚類］ | さるのこしかけ…Ⅵ-151［菌・茸類］ |
| さるた…Ⅶ-280［樹木類］ | さるのこしかけなは…Ⅵ-151［菌・茸類］ |
| さるだ…Ⅶ-280［樹木類］ | さるのしりかけ…Ⅵ-151［菌・茸類］ |
| さるたかちか…Ⅲ-272［魚類］ | さるのつかり…Ⅳ-686［野生植物］ |
| さるたかちか…Ⅲ-273［魚類］ | さるのつづみ…Ⅳ-686［野生植物］ |
| さるためし…Ⅳ-684［野生植物］ | さるのつづみ…Ⅳ-687［野生植物］ |
| さるためし…Ⅶ-280［樹木類］ | さるのて…Ⅰ-609［穀物類］ |
| さるためし…Ⅶ-804［救荒動植物類］ | さるのはかま…Ⅳ-687［野生植物］ |
| さるためしきのは…Ⅶ-804［救荒動植物類］ | さるのはちまき…Ⅳ-687［野生植物］ |
| さるたらふ…Ⅲ-273［魚類］ | さるのふぐり…Ⅲ-725［貝類］ |
| さるつら…Ⅰ-607［穀物類］ | さるのぼり…Ⅰ-609［穀物類］ |
| さるつら…Ⅵ-25［金・石・土・水類］ | さるのまめ…Ⅳ-687［野生植物］ |
| さるて…Ⅰ-607［穀物類］ | さるのめ…Ⅳ-687［野生植物］ |

| | |
|---|---|
| さるのめ…Ⅶ‐281［樹木類］ | されまめ…Ⅰ‐611［穀物類］ |
| さるのめのき…Ⅶ‐281［樹木類］ | さろく…Ⅰ‐611［穀物類］ |
| さるのを…Ⅳ‐687［野生植物］ | さろくもち…Ⅰ‐611［穀物類］ |
| さるばうわせ…Ⅰ‐610［穀物類］ | さろん…Ⅵ‐766［果類］ |
| さるはかま…Ⅳ‐687［野生植物］ | ざろん…Ⅰ‐612［穀物類］ |
| さるはかま…Ⅳ‐688［野生植物］ | ざろん…Ⅵ‐767［果類］ |
| さるはかま…Ⅶ‐804［救荒動植物類］ | ざろん…Ⅶ‐282［樹木類］ |
| さるはかまのね…Ⅶ‐804［救荒動植物類］ | さろんがき…Ⅵ‐767［果類］ |
| さるはな…Ⅳ‐688［野生植物］ | ざろんばい…Ⅶ‐282［樹木類］ |
| さるひげ…Ⅰ‐610［穀物類］ | ざろんむめ…Ⅵ‐767［果類］ |
| さるひけひへ…Ⅰ‐610［穀物類］ | ざろんむめ…Ⅶ‐282［樹木類］ |
| さるひへ…Ⅰ‐610［穀物類］ | さわ…Ⅵ‐767［果類］ |
| さるひゑ…Ⅰ‐610［穀物類］ | さわあさみ…Ⅵ‐396［菜類］ |
| さるふき…Ⅳ‐688［野生植物］ | さわいね…Ⅰ‐612［穀物類］ |
| さるふし…Ⅳ‐688［野生植物］ | ざわうこむぎ…Ⅰ‐612［穀物類］ |
| さるふじ…Ⅳ‐688［野生植物］ | さわうちあは…Ⅰ‐612［穀物類］ |
| さるふぢ…Ⅳ‐688［野生植物］ | さわかに…Ⅶ‐805［救荒動植物類］ |
| さるふり…Ⅰ‐610［穀物類］ | さわかや…Ⅳ‐689［野生植物］ |
| ざるふり…Ⅰ‐610［穀物類］ | さわがや…Ⅳ‐689［野生植物］ |
| さるべ…Ⅰ‐610［穀物類］ | さわききやう…Ⅳ‐690［野生植物］ |
| さるぼ…Ⅲ‐725［貝類］ | さわきく…Ⅳ‐690［野生植物］ |
| さるほう…Ⅲ‐725［貝類］ | さわくり…Ⅶ‐282［樹木類］ |
| さるぼう…Ⅲ‐725［貝類］ | さわくるま…Ⅳ‐690［野生植物］ |
| さるぼうまめ…Ⅰ‐611［穀物類］ | さわくるみ…Ⅵ‐767［果類］ |
| さるぼうまめ…Ⅳ‐688［野生植物］ | さわし…Ⅵ‐767［果類］ |
| さるまひ…Ⅵ‐152［菌・茸類］ | さわすみ…Ⅳ‐690［野生植物］ |
| さるまめ…Ⅳ‐689［野生植物］ | さわたしろ…Ⅰ‐612［穀物類］ |
| さるまめり…Ⅶ‐282［樹木類］ | さわたしろあは…Ⅰ‐612［穀物類］ |
| さるみかん…Ⅶ‐282［樹木類］ | さわだわせ…Ⅰ‐612［穀物類］ |
| さるむくり…Ⅰ‐611［穀物類］ | さわちさ…Ⅳ‐690［野生植物］ |
| ざるむめ…Ⅵ‐766［果類］ | さわちさのは…Ⅶ‐805［救荒動植物類］ |
| さるめ…Ⅲ‐273［魚類］ | さわちしや…Ⅳ‐690［野生植物］ |
| さるめん…Ⅰ‐611［穀物類］ | さわな…Ⅳ‐691［野生植物］ |
| ざるも…Ⅳ‐689［野生植物］ | さわな…Ⅶ‐805［救荒動植物類］ |
| さるもち…Ⅰ‐611［穀物類］ | さわなし…Ⅶ‐282［樹木類］ |
| さるわら…Ⅳ‐689［野生植物］ | さわなめし…Ⅶ‐283［樹木類］ |
| さるをがせ…Ⅳ‐689［野生植物］ | さわふき…Ⅳ‐691［野生植物］ |
| さるをがせ…Ⅶ‐804［救荒動植物類］ | さわふく…Ⅲ‐273［魚類］ |

さ

さわふさき…Ⅶ-283［樹木類］
さわふさぎ…Ⅳ-691［野生植物］
さわふさぎ…Ⅶ-283［樹木類］
さわふた…Ⅶ-283［樹木類］
さわふたぎ…Ⅵ-396［菜類］
さわみつ…Ⅳ-691［野生植物］
さわみつき…Ⅶ-283［樹木類］
さわみづき…Ⅶ-283［樹木類］
さわむめ…Ⅵ-767［果類］
さわもたし…Ⅵ-152［菌・茸類］
さわゆり…Ⅳ-691［野生植物］
さわら…Ⅲ-273［魚類］
さわら…Ⅲ-274［魚類］
さわら…Ⅶ-283［樹木類］
さわらぎ…Ⅶ-284［樹木類］
さわらこ…Ⅳ-691［野生植物］
さわらすぎ…Ⅶ-284［樹木類］
さわらひのき…Ⅶ-284［樹木類］
さわをくるま…Ⅳ-691［野生植物］
さゑい…Ⅲ-274［魚類］
さゑんじらうひえ…Ⅰ-613［穀物類］
さを…Ⅲ-274［魚類］
さをとめ…Ⅶ-284［樹木類］
さをとめいちご…Ⅳ-692［野生植物］
さをとめいちご…Ⅵ-768［果類］
さをとめさう…Ⅳ-692［野生植物］
さをとめはな…Ⅳ-692［野生植物］
さんえふまつ…Ⅶ-284［樹木類］
さんか…Ⅰ-613［穀物類］
さんがいさう…Ⅳ-692［野生植物］
さんがいしやくやく…Ⅳ-692［野生植物］
さんかく…Ⅰ-613［穀物類］
さんかくかづら…Ⅳ-692［野生植物］
さんかくすけ…Ⅳ-692［野生植物］
さんかくなし…Ⅵ-768［果類］
さんかくばら…Ⅳ-693［野生植物］
さんかくひえ…Ⅰ-613［穀物類］
ざんかくひへ…Ⅰ-613［穀物類］

さんかち…Ⅰ-613［穀物類］
さんき…Ⅲ-274［魚類］
さんぎ…Ⅰ-613［穀物類］
ざんき…Ⅲ-274［魚類］
さんきちあは…Ⅰ-614［穀物類］
さんきちあわ…Ⅰ-614［穀物類］
さんきらい…Ⅳ-693［野生植物］
さんきらい…Ⅶ-284［樹木類］
さんきらさう…Ⅳ-693［野生植物］
さんきらひ…Ⅳ-693［野生植物］
ざんきり…Ⅰ-614［穀物類］
ざんきりむぎ…Ⅰ-614［穀物類］
さんきゑい…Ⅲ-274［魚類］
さんぎゑい…Ⅲ-274［魚類］
さんぐひへ…Ⅰ-614［穀物類］
さんくひゑ…Ⅰ-614［穀物類］
さんくらう…Ⅰ-614［穀物類］
さんくらう…Ⅰ-615［穀物類］
さんくらういね…Ⅰ-615［穀物類］
さんくらうみだし…Ⅰ-615［穀物類］
さんくわさう…Ⅳ-693［野生植物］
さんぐわつ…Ⅰ-615［穀物類］
さんぐわつ…Ⅵ-396［菜類］
さんぐわつかふ…Ⅵ-396［菜類］
さんぐわつかぶ…Ⅵ-397［菜類］
さんぐわつこ…Ⅰ-615［穀物類］
さんぐわつこ…Ⅵ-397［菜類］
さんぐわつしらば…Ⅰ-615［穀物類］
さんぐわつせんぼんぎ…Ⅵ-397［菜類］
さんぐわつだいこん…Ⅵ-397［菜類］
ざんぐわつだいこん…Ⅵ-398［菜類］
さんぐわつな…Ⅵ-398［菜類］
さんぐわつほなか…Ⅰ-616［穀物類］
さんぐわつほろ…Ⅰ-616［穀物類］
さんぐわつむぎ…Ⅰ-616［穀物類］
さんぐわつわせ…Ⅰ-616［穀物類］
さんくわん…Ⅲ-275［魚類］
さんけしよあづき…Ⅰ-616［穀物類］

| | |
|---|---|
| さんご…Ⅲ - 275 ［魚類］ | さんじふひへ…Ⅰ - 618 ［穀物類］ |
| さんこいたや…Ⅶ - 284 ［樹木類］ | さんじふひゑ…Ⅰ - 618 ［穀物類］ |
| さんこくさう…Ⅳ - 694 ［野生植物］ | さんしやう…Ⅰ - 618 ［穀物類］ |
| さんごくさう…Ⅳ - 694 ［野生植物］ | さんしやう…Ⅵ - 399 ［菜類］ |
| さんこしゆ…Ⅵ - 398 ［菜類］ | さんしやう…Ⅵ - 768 ［果類］ |
| さんごしゆ…Ⅶ - 285 ［樹木類］ | さんしやう…Ⅶ - 285 ［樹木類］ |
| さんごじゆ…Ⅶ - 285 ［樹木類］ | さんしやうかれい…Ⅲ - 275 ［魚類］ |
| さんこじゆさう…Ⅳ - 694 ［野生植物］ | さんしやうしまめ…Ⅰ - 618 ［穀物類］ |
| さんごじゆだいこん…Ⅵ - 398 ［菜類］ | さんしやうのき…Ⅶ - 285 ［樹木類］ |
| さんごしゆな…Ⅵ - 398 ［菜類］ | さんしやうのめ…Ⅵ - 399 ［菜類］ |
| さんごじゆな…Ⅵ - 398 ［菜類］ | さんしやうまめ…Ⅰ - 619 ［穀物類］ |
| さんごじゆな…Ⅵ - 399 ［菜類］ | さんしやうもち…Ⅰ - 619 ［穀物類］ |
| さんごじゆなすび…Ⅵ - 399 ［菜類］ | さんしやく…Ⅰ - 619 ［穀物類］ |
| さんごじゆまめ…Ⅰ - 617 ［穀物類］ | さんしやく…Ⅳ - 696 ［野生植物］ |
| さんことり…Ⅶ - 805 ［救荒動植物類］ | さんじやく…Ⅰ - 619 ［穀物類］ |
| さんごな…Ⅵ - 399 ［菜類］ | さんじやくあは…Ⅰ - 619 ［穀物類］ |
| さんごめ…Ⅳ - 694 ［野生植物］ | さんしやくあわ…Ⅰ - 619 ［穀物類］ |
| さんごめ…Ⅶ - 285 ［樹木類］ | さんじやくえつちゆう…Ⅰ - 619 ［穀物類］ |
| さんごらう…Ⅰ - 617 ［穀物類］ | さんしやくきひ…Ⅰ - 620 ［穀物類］ |
| さんさうにん…Ⅶ - 285 ［樹木類］ | さんじやくきび…Ⅰ - 620 ［穀物類］ |
| ざんざらひへ…Ⅰ - 617 ［穀物類］ | さんじやくきみ…Ⅰ - 620 ［穀物類］ |
| さんしうめしろ…Ⅰ - 617 ［穀物類］ | さんじやくさがり…Ⅰ - 620 ［穀物類］ |
| さんしきうやうさう…Ⅳ - 694 ［野生植物］ | さんじやくとうきみ…Ⅰ - 620 ［穀物類］ |
| さんしこ…Ⅳ - 694 ［野生植物］ | さんじやくひゑ…Ⅰ - 621 ［穀物類］ |
| さんじこ…Ⅳ - 694 ［野生植物］ | さんじやくもろこし…Ⅰ - 621 ［穀物類］ |
| さんしごえふさう…Ⅳ - 695 ［野生植物］ | さんじやくわせ…Ⅰ - 621 ［穀物類］ |
| さんししさう…Ⅳ - 695 ［野生植物］ | さんしゆうやろく…Ⅰ - 621 ［穀物類］ |
| さんしち…Ⅰ - 617 ［穀物類］ | さんしよふ…Ⅵ - 768 ［果類］ |
| さんしち…Ⅳ - 695 ［野生植物］ | さんしよぼ…Ⅶ - 285 ［樹木類］ |
| さんしちさう…Ⅳ - 695 ［野生植物］ | さんしよほのき…Ⅶ - 286 ［樹木類］ |
| さんしちそう…Ⅳ - 696 ［野生植物］ | さんしよぼのき…Ⅶ - 286 ［樹木類］ |
| さんしちもち…Ⅰ - 617 ［穀物類］ | さんしらう…Ⅰ - 621 ［穀物類］ |
| さんしちらうもち…Ⅰ - 617 ［穀物類］ | さんしらう…Ⅲ - 275 ［魚類］ |
| さんじつ…Ⅳ - 696 ［野生植物］ | さんす…Ⅵ - 768 ［果類］ |
| さんしつさう…Ⅳ - 696 ［野生植物］ | さんす…Ⅶ - 286 ［樹木類］ |
| さんじふごにち…Ⅰ - 618 ［穀物類］ | さんすけ…Ⅰ - 621 ［穀物類］ |
| さんじふごにちかし…Ⅰ - 618 ［穀物類］ | さんすけ…Ⅲ - 275 ［魚類］ |
| さんじふにち…Ⅰ - 618 ［穀物類］ | さんすけあは…Ⅰ - 622 ［穀物類］ |

# さ

| | |
|---|---|
| さんすけもち…Ⅰ-622［穀物類］ | さんなめり…Ⅶ-287［樹木類］ |
| さんすけゆわか…Ⅰ-622［穀物類］ | さんねん…Ⅵ-400［菜類］ |
| さんすけわせ…Ⅰ-622［穀物類］ | さんねんいばら…Ⅳ-697［野生植物］ |
| さんせいかつら…Ⅳ-696［野生植物］ | さんねんかづら…Ⅳ-697［野生植物］ |
| さんせう…Ⅰ-622［穀物類］ | さんねんぎり…Ⅶ-288［樹木類］ |
| さんせう…Ⅵ-399［菜類］ | さんねんさう…Ⅳ-697［野生植物］ |
| さんせう…Ⅵ-400［菜類］ | さんねんちさ…Ⅳ-697［野生植物］ |
| さんせう…Ⅵ-768［果類］ | さんねんちさ…Ⅵ-400［菜類］ |
| さんせう…Ⅵ-769［果類］ | さんのせき…Ⅰ-624［穀物類］ |
| さんせう…Ⅶ-286［樹木類］ | さんのへあは…Ⅰ-624［穀物類］ |
| さんせう…Ⅶ-805［救荒動植物類］ | さんのみ…Ⅶ-288［樹木類］ |
| さんせうかい…Ⅲ-725［貝類］ | さんは…Ⅰ-624［穀物類］ |
| さんせうがひ…Ⅲ-725［貝類］ | さんぱ…Ⅲ-276［魚類］ |
| さんせうさう…Ⅳ-696［野生植物］ | さんばいな…Ⅳ-698［野生植物］ |
| さんせうのき…Ⅶ-286［樹木類］ | さんばく…Ⅰ-624［穀物類］ |
| さんせうのき…Ⅶ-287［樹木類］ | さんぱくさう…Ⅳ-698［野生植物］ |
| さんせうのめ…Ⅵ-400［菜類］ | さんばさう…Ⅳ-698［野生植物］ |
| さんせうばら…Ⅶ-287［樹木類］ | さんはち…Ⅳ-698［野生植物］ |
| さんせうもち…Ⅰ-622［穀物類］ | さんはちやうじ…Ⅳ-698［野生植物］ |
| さんぜさう…Ⅳ-697［野生植物］ | さんばめかれい…Ⅲ-276［魚類］ |
| さんぜさう…Ⅶ-805［救荒動植物類］ | さんひち…Ⅳ-698［野生植物］ |
| さんぜんぼ…Ⅲ-275［魚類］ | さんひちもち…Ⅰ-624［穀物類］ |
| さんぞう…Ⅰ-622［穀物類］ | さんひちろう…Ⅰ-625［穀物類］ |
| さんだいう…Ⅰ-623［穀物類］ | さんびやく…Ⅰ-625［穀物類］ |
| さんだいかさ…Ⅳ-697［野生植物］ | さんびやくめたけ…Ⅵ-152［菌・茸類］ |
| さんだいふまめ…Ⅰ-623［穀物類］ | ざんふつなし…Ⅵ-769［果類］ |
| さんたら…Ⅰ-623［穀物類］ | ざんぶつなし…Ⅵ-769［果類］ |
| さんたんいつたん…Ⅰ-623［穀物類］ | さんへい…Ⅰ-625［穀物類］ |
| さんだんくわ…Ⅶ-287［樹木類］ | さんぺい…Ⅰ-625［穀物類］ |
| さんちやうし…Ⅰ-623［穀物類］ | さんほうで…Ⅳ-699［野生植物］ |
| さんちん…Ⅶ-287［樹木類］ | さんぼんやり…Ⅳ-699［野生植物］ |
| さんていさう…Ⅳ-697［野生植物］ | さんま…Ⅲ-276［魚類］ |
| さんてうし…Ⅰ-623［穀物類］ | さんらいさう…Ⅳ-699［野生植物］ |
| さんとく…Ⅰ-623［穀物類］ | さんらいさう…Ⅶ-805［救荒動植物類］ |
| さんとく…Ⅰ-624［穀物類］ | さんらん…Ⅳ-699［野生植物］ |
| さんどまめ…Ⅰ-624［穀物類］ | さんりやう…Ⅳ-699［野生植物］ |
| さんどやき…Ⅲ-275［魚類］ | さんりやうさう…Ⅳ-699［野生植物］ |
| さんなめ…Ⅶ-287［樹木類］ | さんる…Ⅲ-276［魚類］ |

さんれんさう…Ⅳ-700［野生植物］
さんわうじ…Ⅰ-625［穀物類］

## し

しい…Ⅲ-277［魚類］
しい…Ⅲ-726［貝類］
しい…Ⅳ-701［野生植物］
しい…Ⅵ-770［果類］
しい…Ⅶ-289［樹木類］
しいがせがう…Ⅲ-726［貝類］
しいかたぎ…Ⅶ-289［樹木類］
しいざ…Ⅳ-701［野生植物］
しいせん…Ⅰ-626［穀物類］
しいたけ…Ⅵ-153［菌・茸類］
しいなか…Ⅰ-626［穀物類］
しいのき…Ⅶ-289［樹木類］
しいのきのは…Ⅶ-806［救荒動植物類］
しいのこわせ…Ⅰ-626［穀物類］
しいのとう…Ⅳ-701［野生植物］
しいのは…Ⅳ-701［野生植物］
しいのはたい…Ⅲ-277［魚類］
しいのふた…Ⅲ-277［魚類］
しいのみ…Ⅵ-770［果類］
しいは…Ⅰ-626［穀物類］
しいは…Ⅶ-806［救荒動植物類］
しいば…Ⅰ-626［穀物類］
しいば…Ⅶ-806［救荒動植物類］
じいもち…Ⅰ-626［穀物類］
しいら…Ⅲ-277［魚類］
しいらき…Ⅲ-277［魚類］
しう…Ⅳ-701［野生植物］
しうあくさう…Ⅳ-701［野生植物］
しうか…Ⅰ-626［穀物類］
しうかい…Ⅳ-701［野生植物］
しうかいたう…Ⅳ-702［野生植物］
しうかいだう…Ⅳ-702［野生植物］
しうかいだう…Ⅶ-289［樹木類］
しうかいとう…Ⅳ-702［野生植物］

しうかいどう…Ⅳ-702［野生植物］
しうかいどう…Ⅳ-703［野生植物］
しうき…Ⅳ-703［野生植物］
しうきく…Ⅳ-703［野生植物］
しうきた…Ⅳ-703［野生植物］
しうけ…Ⅳ-703［野生植物］
しうげ…Ⅳ-703［野生植物］
じうしち…Ⅰ-626［穀物類］
しうち…Ⅰ-627［穀物類］
しうで…Ⅳ-704［野生植物］
しうで…Ⅵ-401［菜類］
しうで…Ⅶ-806［救荒動植物類］
しうとうかひ…Ⅲ-726［貝類］
しうはいさう…Ⅳ-704［野生植物］
しうばいさう…Ⅳ-704［野生植物］
しうはちささけ…Ⅰ-627［穀物類］
しうび…Ⅲ-277［魚類］
しうぼうし…Ⅰ-627［穀物類］
しうま…Ⅳ-704［野生植物］
しうめいきく…Ⅳ-704［野生植物］
しうもうふつ…Ⅳ-704［野生植物］
じうやかき…Ⅵ-770［果類］
しうやく…Ⅳ-705［野生植物］
じうやく…Ⅳ-705［野生植物］
じうやくのね…Ⅶ-806［救荒動植物類］
しうり…Ⅲ-726［貝類］
しうりかひ…Ⅲ-726［貝類］
しうりかれい…Ⅲ-278［魚類］
しうゑき…Ⅲ-278［魚類］
しお…Ⅲ-278［魚類］
しおう…Ⅲ-278［魚類］
しおうくわ…Ⅳ-705［野生植物］
しおうし…Ⅶ-289［樹木類］
しおうじ…Ⅶ-289［樹木類］
しおし…Ⅶ-289［樹木類］
しおじ…Ⅶ-290［樹木類］
しおたき…Ⅲ-278［魚類］
しおて…Ⅳ-705［野生植物］

## し

しおて…Ⅵ-401［菜類］
しおて…Ⅶ-806［救荒動植物類］
しおに…Ⅳ-705［野生植物］
しおのみ…Ⅶ-806［救荒動植物類］
しおふうを…Ⅲ-278［魚類］
しおりき…Ⅶ-290［樹木類］
しおん…Ⅳ-705［野生植物］
しおん…Ⅳ-706［野生植物］
しか…Ⅳ-706［野生植物］
しか…Ⅵ-401［菜類］
しか…Ⅶ-807［救荒動植物類］
しが…Ⅰ-627［穀物類］
しかいちご…Ⅵ-770［果類］
じかいも…Ⅳ-706［野生植物］
じがいも…Ⅳ-706［野生植物］
じかうぼう…Ⅵ-153［菌・茸類］
しかかくしゆり…Ⅳ-706［野生植物］
しかかくれ…Ⅳ-706［野生植物］
しかかくれゆり…Ⅳ-706［野生植物］
しかがくれゆり…Ⅳ-707［野生植物］
しかぎく…Ⅳ-707［野生植物］
しがきく…Ⅳ-707［野生植物］
しかく…Ⅰ-627［穀物類］
しがく…Ⅳ-707［野生植物］
しかくさ…Ⅳ-707［野生植物］
しかくてんど…Ⅲ-278［魚類］
しかくでんど…Ⅲ-279［魚類］
しかくむぎ…Ⅰ-627［穀物類］
しかくらはす…Ⅰ-627［穀物類］
しかくわす…Ⅰ-628［穀物類］
しかくわず…Ⅰ-628［穀物類］
しかこくそ…Ⅰ-628［穀物類］
しかころし…Ⅰ-628［穀物類］
しかささ…Ⅵ-70［竹・笹類］
しかさはな…Ⅵ-401［菜類］
しかしたたけ…Ⅵ-153［菌・茸類］
しかたけ…Ⅵ-153［菌・茸類］
しかたらう…Ⅰ-628［穀物類］

しかつしの…Ⅵ-70［竹・笹類］
しかとうろう…Ⅳ-707［野生植物］
しかとよもき…Ⅳ-707［野生植物］
しかな…Ⅳ-708［野生植物］
しかな…Ⅵ-401［菜類］
しかのき…Ⅶ-290［樹木類］
しかのこたけ…Ⅵ-153［菌・茸類］
しかのごらう…Ⅰ-628［穀物類］
しかのしたたけ…Ⅵ-154［菌・茸類］
しかのすぢかづら…Ⅳ-708［野生植物］
しかのたち…Ⅳ-708［野生植物］
しかのつめ…Ⅵ-770［果類］
しかのはかま…Ⅳ-708［野生植物］
しかのはばき…Ⅳ-708［野生植物］
じかのひげ…Ⅳ-709［野生植物］
しかのふくり…Ⅵ-154［菌・茸類］
しかのふぐり…Ⅵ-154［菌・茸類］
しかのまり…Ⅵ-154［菌・茸類］
しかのを…Ⅰ-628［穀物類］
しかのを…Ⅳ-709［野生植物］
しかひゑ…Ⅰ-629［穀物類］
しかぶ…Ⅵ-401［菜類］
しかふくり…Ⅵ-154［菌・茸類］
しかみ…Ⅲ-279［魚類］
しかみ…Ⅶ-290［樹木類］
しがみ…Ⅰ-629［穀物類］
しかみさう…Ⅳ-709［野生植物］
しかも…Ⅳ-709［野生植物］
しかもち…Ⅰ-629［穀物類］
しから…Ⅵ-154［菌・茸類］
しがらきもち…Ⅰ-629［穀物類］
しがらみ…Ⅳ-709［野生植物］
しかわりささけ…Ⅵ-401［菜類］
しがわりささけ…Ⅰ-629［穀物類］
しがわりささけ…Ⅵ-402［菜類］
しかを…Ⅶ-807［救荒動植物類］
しかをとし…Ⅰ-629［穀物類］
しかをどし…Ⅰ-629［穀物類］

| | |
|---|---|
| しかんど…Ⅳ-709 ［野生植物］ | しくわんらん…Ⅳ-711 ［野生植物］ |
| しき…Ⅶ-290 ［樹木類］ | しけ…Ⅰ-630 ［穀物類］ |
| じき…Ⅳ-709 ［野生植物］ | しけい…Ⅳ-711 ［野生植物］ |
| しきさき…Ⅳ-710 ［野生植物］ | しけいさう…Ⅳ-711 ［野生植物］ |
| しきさきからやぶ…Ⅶ-290 ［樹木類］ | しけた…Ⅰ-631 ［穀物類］ |
| しきしやう…Ⅰ-629 ［穀物類］ | しけたあわ…Ⅰ-631 ［穀物類］ |
| しきつつし…Ⅶ-290 ［樹木類］ | しけとうもち…Ⅰ-631 ［穀物類］ |
| じきのは…Ⅶ-807 ［救荒動植物類］ | しけひへ…Ⅰ-631 ［穀物類］ |
| しきひ…Ⅶ-291 ［樹木類］ | しけりは…Ⅵ-403 ［菜類］ |
| しきび…Ⅶ-291 ［樹木類］ | じこう…Ⅵ-155 ［菌・茸類］ |
| しきぶ…Ⅳ-710 ［野生植物］ | しこく…Ⅰ-631 ［穀物類］ |
| しきみ…Ⅶ-291 ［樹木類］ | しごく…Ⅰ-631 ［穀物類］ |
| しきむらさきつつち…Ⅶ-292 ［樹木類］ | しこくあは…Ⅰ-632 ［穀物類］ |
| しきり…Ⅲ-279 ［魚類］ | しこくあわ…Ⅰ-632 ［穀物類］ |
| しきわせ…Ⅰ-630 ［穀物類］ | しこくこほれ…Ⅰ-632 ［穀物類］ |
| しきんす…Ⅳ-710 ［野生植物］ | しこくさう…Ⅳ-712 ［野生植物］ |
| しくち…Ⅲ-279 ［魚類］ | しごくさう…Ⅳ-712 ［野生植物］ |
| しくち…Ⅵ-154 ［菌・茸類］ | じごくさう…Ⅳ-712 ［野生植物］ |
| しくてさう…Ⅳ-710 ［野生植物］ | しこくさら…Ⅰ-632 ［穀物類］ |
| じくなか…Ⅳ-710 ［野生植物］ | しこくだい…Ⅰ-632 ［穀物類］ |
| じくなが…Ⅰ-630 ［穀物類］ | しこくだいこん…Ⅵ-403 ［菜類］ |
| しくはぢてう…Ⅳ-711 ［野生植物］ | しこくはだか…Ⅰ-632 ［穀物類］ |
| しぐはり…Ⅳ-710 ［野生植物］ | しこくひえ…Ⅰ-632 ［穀物類］ |
| じくはり…Ⅳ-710 ［野生植物］ | しこくひへ…Ⅰ-633 ［穀物類］ |
| しくはんらん…Ⅳ-711 ［野生植物］ | しこくまめ…Ⅰ-633 ［穀物類］ |
| しくらしやうふ…Ⅳ-711 ［野生植物］ | しこくむぎ…Ⅰ-633 ［穀物類］ |
| じくわうばう…Ⅰ-630 ［穀物類］ | しこくめつき…Ⅰ-633 ［穀物類］ |
| しくわさう…Ⅳ-711 ［野生植物］ | しこくもち…Ⅰ-633 ［穀物類］ |
| しぐわつ…Ⅰ-630 ［穀物類］ | しこくやろく…Ⅰ-633 ［穀物類］ |
| じぐわつ…Ⅵ-402 ［菜類］ | しこくわせ…Ⅰ-633 ［穀物類］ |
| じぐわつかう…Ⅵ-402 ［菜類］ | しごけ…Ⅳ-712 ［野生植物］ |
| じぐわつかぶ…Ⅵ-402 ［菜類］ | しこて…Ⅳ-712 ［野生植物］ |
| じぐわつかぶら…Ⅵ-402 ［菜類］ | しこで…Ⅳ-712 ［野生植物］ |
| じぐわつからし…Ⅵ-402 ［菜類］ | しこのへ…Ⅶ-292 ［樹木類］ |
| しぐわつこ…Ⅰ-630 ［穀物類］ | しこのへい…Ⅵ-770 ［果類］ |
| じぐわつだいこん…Ⅵ-402 ［菜類］ | しこみかん…Ⅵ-770 ［果類］ |
| じぐわつな…Ⅵ-403 ［菜類］ | しこみせ…Ⅰ-634 ［穀物類］ |
| しぐわつむぎ…Ⅰ-630 ［穀物類］ | しころ…Ⅶ-292 ［樹木類］ |

し

しころかひ…Ⅲ-726［貝類］
しごろくはい…Ⅰ-634［穀物類］
しこんきく…Ⅳ-712［野生植物］
しさい…Ⅳ-713［野生植物］
しざい…Ⅳ-713［野生植物］
しさいかい…Ⅶ-292［樹木類］
しさう…Ⅳ-713［野生植物］
しし…Ⅰ-634［穀物類］
しし…Ⅶ-292［樹木類］
しじう…Ⅲ-279［魚類］
じじう…Ⅲ-279［魚類］
ししうど…Ⅳ-713［野生植物］
しじうはちめ…Ⅲ-280［魚類］
ししうふく…Ⅲ-280［魚類］
しじうふく…Ⅲ-280［魚類］
ししおかふ…Ⅰ-634［穀物類］
ししおかぼ…Ⅰ-634［穀物類］
ししかい…Ⅲ-726［貝類］
しじかい…Ⅲ-727［貝類］
ししかいちこ…Ⅳ-713［野生植物］
ししかくれゆり…Ⅳ-713［野生植物］
ししかひ…Ⅲ-727［貝類］
ししかも…Ⅳ-713［野生植物］
ししきはな…Ⅳ-714［野生植物］
ししきらい…Ⅰ-634［穀物類］
ししくさ…Ⅳ-714［野生植物］
ししくはず…Ⅰ-634［穀物類］
ししくらい…Ⅰ-635［穀物類］
ししくり…Ⅲ-280［魚類］
ししくわす…Ⅰ-635［穀物類］
ししくわず…Ⅰ-635［穀物類］
ししくわすひえ…Ⅰ-635［穀物類］
ししごち…Ⅲ-280［魚類］
ししころし…Ⅰ-635［穀物類］
しししゃくやく…Ⅳ-714［野生植物］
ししたけ…Ⅵ-155［菌・茸類］
ししなき…Ⅲ-280［魚類］
ししぬほ…Ⅲ-280［魚類］

ししのすぎ…Ⅳ-714［野生植物］
ししのはな…Ⅵ-155［菌・茸類］
ししのはばき…Ⅳ-714［野生植物］
ししのへのこ…Ⅵ-155［菌・茸類］
ししのを…Ⅰ-635［穀物類］
ししはかま…Ⅳ-714［野生植物］
ししばり…Ⅳ-715［野生植物］
じしはり…Ⅳ-715［野生植物］
じしばり…Ⅳ-715［野生植物］
ししひへ…Ⅰ-635［穀物類］
ししひへ…Ⅰ-636［穀物類］
ししひへ…Ⅳ-715［野生植物］
ししびへ…Ⅰ-636［穀物類］
しじふから…Ⅳ-715［野生植物］
しじふから…Ⅶ-807［救荒動植物類］
ししふからはちめ…Ⅲ-281［魚類］
ししふきさう…Ⅳ-715［野生植物］
ししふくり…Ⅳ-715［野生植物］
ししふぐり…Ⅳ-716［野生植物］
しじふこむき…Ⅰ-636［穀物類］
しじふこむぎ…Ⅰ-636［穀物類］
しじふこをあふらめ…Ⅲ-281［魚類］
しじふしにちひえ…Ⅰ-636［穀物類］
しじふだいたう…Ⅰ-636［穀物類］
しじふな…Ⅳ-716［野生植物］
しじふにち…Ⅰ-636［穀物類］
しじふにちあつき…Ⅰ-636［穀物類］
しじふにちかし…Ⅰ-637［穀物類］
しじふにちささげ…Ⅰ-637［穀物類］
しじふにちひえ…Ⅰ-637［穀物類］
しじふにちひへ…Ⅰ-637［穀物類］
しじふにちまめ…Ⅰ-637［穀物類］
しじふにちわせ…Ⅰ-638［穀物類］
しじふひえ…Ⅰ-638［穀物類］
しじふひへ…Ⅰ-638［穀物類］
しじふふく…Ⅲ-281［魚類］
しじふまんもち…Ⅰ-638［穀物類］
しじふむく…Ⅳ-716［野生植物］

| | |
|---|---|
| しじふわせ…Ⅰ-638［穀物類］ | しすゐ…Ⅵ-156［菌・茸類］ |
| ししへくり…Ⅵ-155［菌・茸類］ | しせほき…Ⅶ-293［樹木類］ |
| ししぼ…Ⅲ-281［魚類］ | しせん…Ⅰ-639［穀物類］ |
| ししほたん…Ⅳ-716［野生植物］ | しぜんどう…Ⅵ-26［金・石・土・水類］ |
| ししみ…Ⅲ-727［貝類］ | しそ…Ⅰ-640［穀物類］ |
| しじみ…Ⅲ-727［貝類］ | しそ…Ⅳ-717［野生植物］ |
| しじみ…Ⅲ-728［貝類］ | しそ…Ⅳ-718［野生植物］ |
| しじみ…Ⅶ-292［樹木類］ | しそ…Ⅵ-403［菜類］ |
| ししみかい…Ⅲ-728［貝類］ | しそ…Ⅵ-404［菜類］ |
| しじみかい…Ⅲ-728［貝類］ | しそう…Ⅰ-640［穀物類］ |
| ししみさう…Ⅳ-716［野生植物］ | しそう…Ⅳ-718［野生植物］ |
| ししめかひ…Ⅲ-728［貝類］ | しそう…Ⅵ-404［菜類］ |
| ししもち…Ⅰ-638［穀物類］ | しそはくさ…Ⅳ-718［野生植物］ |
| ししもどし…Ⅰ-639［穀物類］ | じぞふくさ…Ⅳ-718［野生植物］ |
| じしや…Ⅶ-292［樹木類］ | した…Ⅳ-718［野生植物］ |
| ししやうふ…Ⅳ-716［野生植物］ | しだ…Ⅳ-718［野生植物］ |
| ししやきさう…Ⅳ-716［野生植物］ | しだ…Ⅳ-719［野生植物］ |
| じしやく…Ⅵ-25［金・石・土・水類］ | じた…Ⅳ-719［野生植物］ |
| ししやすさう…Ⅳ-717［野生植物］ | したい…Ⅲ-281［魚類］ |
| ししやだい…Ⅲ-281［魚類］ | したおしみ…Ⅳ-719［野生植物］ |
| ししゆうり…Ⅶ-293［樹木類］ | したかれひ…Ⅲ-281［魚類］ |
| ししよくせき…Ⅵ-26［金・石・土・水類］ | したきりくさ…Ⅳ-719［野生植物］ |
| ししら…Ⅳ-717［野生植物］ | したぎりくさ…Ⅳ-719［野生植物］ |
| しじら…Ⅰ-639［穀物類］ | しだくさ…Ⅳ-719［野生植物］ |
| しじらかい…Ⅶ-807［救荒動植物類］ | したしいのき…Ⅶ-293［樹木類］ |
| しじらがい…Ⅲ-728［貝類］ | したしらは…Ⅰ-640［穀物類］ |
| ししらかひ…Ⅲ-728［貝類］ | したずみ…Ⅳ-720［野生植物］ |
| しじらかひ…Ⅲ-728［貝類］ | したずみ…Ⅵ-771［果類］ |
| ししらき…Ⅳ-717［野生植物］ | しだたけ…Ⅵ-156［菌・茸類］ |
| ししらくさ…Ⅳ-717［野生植物］ | したたみ…Ⅲ-729［貝類］ |
| しじらみ…Ⅳ-717［野生植物］ | しただめ…Ⅲ-729［貝類］ |
| ししをどし…Ⅰ-639［穀物類］ | しただめ…Ⅲ-729［貝類］ |
| しすい…Ⅵ-156［菌・茸類］ | したとかひ…Ⅲ-729［貝類］ |
| しずくいししろ…Ⅰ-639［穀物類］ | したとり…Ⅵ-404［菜類］ |
| しずくいしむぎ…Ⅰ-639［穀物類］ | したなし…Ⅵ-771［果類］ |
| じすけ…Ⅰ-639［穀物類］ | したなし…Ⅶ-293［樹木類］ |
| しすつきく…Ⅳ-717［野生植物］ | しだなし…Ⅵ-771［果類］ |
| しすひ…Ⅵ-156［菌・茸類］ | しだのき…Ⅶ-293［樹木類］ |

し

じたま…Ⅰ-640［穀物類］
したまかり…Ⅳ-720［野生植物］
したまがり…Ⅳ-720［野生植物］
したみ…Ⅳ-720［野生植物］
しだみ…Ⅳ-721［野生植物］
しだみ…Ⅵ-771［果類］
しだみ…Ⅶ-293［樹木類］
しだみ…Ⅶ-807［救荒動植物類］
したみせ…Ⅳ-721［野生植物］
したみのき…Ⅶ-293［樹木類］
したむぎ…Ⅰ-640［穀物類］
しだもどき…Ⅳ-721［野生植物］
しだらこ…Ⅳ-721［野生植物］
したらはぎ…Ⅳ-721［野生植物］
しだらはぎ…Ⅳ-721［野生植物］
したらひ…Ⅰ-641［穀物類］
しだり…Ⅰ-640［穀物類］
しだりかへて…Ⅶ-294［樹木類］
しだりさくら…Ⅶ-294［樹木類］
したりだいこん…Ⅵ-404［菜類］
したりもも…Ⅵ-771［果類］
しだりもも…Ⅵ-771［果類］
したりやなぎ…Ⅶ-294［樹木類］
しだりやなぎ…Ⅶ-294［樹木類］
したれ…Ⅲ-282［魚類］
したれ…Ⅶ-294［樹木類］
しだれ…Ⅲ-282［魚類］
したれかいで…Ⅶ-294［樹木類］
したれきひ…Ⅰ-640［穀物類］
したれきび…Ⅰ-640［穀物類］
したれさくら…Ⅶ-295［樹木類］
しだれさくら…Ⅶ-295［樹木類］
したれしい…Ⅶ-295［樹木類］
したれひえ…Ⅰ-641［穀物類］
したれもも…Ⅵ-772［果類］
しだれもも…Ⅵ-772［果類］
しだれもも…Ⅶ-295［樹木類］
したれやなぎ…Ⅶ-295［樹木類］

しだれやなぎ…Ⅶ-296［樹木類］
したをじろ…Ⅰ-641［穀物類］
したん…Ⅶ-296［樹木類］
したんだ…Ⅲ-729［貝類］
しちかいさう…Ⅳ-721［野生植物］
しちかう…Ⅰ-641［穀物類］
しちかうおくて…Ⅰ-641［穀物類］
しちがふ…Ⅰ-641［穀物類］
しちがふもち…Ⅰ-641［穀物類］
しちく…Ⅵ-70［竹・笹類］
しちく…Ⅵ-71［竹・笹類］
しちく…Ⅵ-404［菜類］
しちくたけ…Ⅵ-71［竹・笹類］
しちぐわつあづき…Ⅰ-642［穀物類］
しちぐわつまめ…Ⅰ-642［穀物類］
しちぐわつもち…Ⅰ-642［穀物類］
しちぐわつもちあは…Ⅰ-642［穀物類］
しちぐわつもも…Ⅵ-772［果類］
しちごう…Ⅰ-642［穀物類］
しちこくあづき…Ⅰ-642［穀物類］
しちこくあわ…Ⅰ-643［穀物類］
しちさんらん…Ⅳ-781［野生植物］
しちじう…Ⅳ-722［野生植物］
しちじうさう…Ⅳ-722［野生植物］
しちじふごかし…Ⅰ-643［穀物類］
しちじふにち…Ⅰ-643［穀物類］
しちしゆ…Ⅳ-722［野生植物］
しちじゆ…Ⅳ-722［野生植物］
しちせんえう…Ⅳ-722［野生植物］
しちたう…Ⅳ-722［野生植物］
しちたうさう…Ⅳ-722［野生植物］
しちだんくわ…Ⅳ-723［野生植物］
しちぢう…Ⅳ-723［野生植物］
しちぢうさう…Ⅳ-723［野生植物］
しちとう…Ⅳ-723［野生植物］
しちとく…Ⅰ-643［穀物類］
しちとくむき…Ⅰ-643［穀物類］
しちとくむぎ…Ⅰ-643［穀物類］

| | |
|---|---|
| しちふく…Ⅰ-643［穀物類］ | じつぽう…Ⅲ-282［魚類］ |
| しちへん…Ⅰ-643［穀物類］ | しづらさう…Ⅵ-405［菜類］ |
| しちへんげ…Ⅰ-644［穀物類］ | して…Ⅶ-296［樹木類］ |
| しちへんし…Ⅳ-723［野生植物］ | しで…Ⅶ-296［樹木類］ |
| しちへんじ…Ⅳ-723［野生植物］ | しでこぶし…Ⅶ-297［樹木類］ |
| しちみそ…Ⅰ-644［穀物類］ | してこぼし…Ⅶ-297［樹木類］ |
| しちらうざ…Ⅰ-644［穀物類］ | してのき…Ⅶ-297［樹木類］ |
| しちり…Ⅰ-644［穀物類］ | しでのき…Ⅶ-297［樹木類］ |
| しちりかうばい…Ⅰ-644［穀物類］ | してんば…Ⅵ-405［菜類］ |
| しちりかうばし…Ⅰ-644［穀物類］ | してんぱ…Ⅳ-724［野生植物］ |
| しちりかうばし…Ⅰ-645［穀物類］ | しどうらべ…Ⅳ-724［野生植物］ |
| しちりこうばい…Ⅰ-645［穀物類］ | しとき…Ⅳ-724［野生植物］ |
| しちりこうばし…Ⅰ-645［穀物類］ | しどぎ…Ⅳ-725［野生植物］ |
| しちりひかり…Ⅰ-645［穀物類］ | しどきな…Ⅵ-405［菜類］ |
| しちりひき…Ⅰ-645［穀物類］ | しとけ…Ⅳ-725［野生植物］ |
| しちりまめ…Ⅰ-646［穀物類］ | しとけ…Ⅶ-808［救荒動植物類］ |
| しちりんさう…Ⅳ-723［野生植物］ | しどけ…Ⅳ-725［野生植物］ |
| しちゑんば…Ⅵ-404［菜類］ | しとけくさ…Ⅳ-725［野生植物］ |
| しつうを…Ⅲ-282［魚類］ | しどこ…Ⅶ-297［樹木類］ |
| しつか…Ⅰ-646［穀物類］ | しととかしら…Ⅰ-646［穀物類］ |
| じつか…Ⅰ-646［穀物類］ | しどのき…Ⅶ-297［樹木類］ |
| しつき…Ⅶ-296［樹木類］ | しとふ…Ⅲ-730［貝類］ |
| しつくいな…Ⅳ-724［野生植物］ | しとぶかい…Ⅲ-730［貝類］ |
| しつくし…Ⅰ-646［穀物類］ | しどみ…Ⅶ-297［樹木類］ |
| しづくな…Ⅳ-724［野生植物］ | しどみ…Ⅶ-808［救荒動植物類］ |
| しづくな…Ⅵ-404［菜類］ | しどみのき…Ⅶ-298［樹木類］ |
| じつこくかし…Ⅰ-646［穀物類］ | しどめ…Ⅵ-772［果類］ |
| しつこのへ…Ⅵ-772［果類］ | しな…Ⅶ-298［樹木類］ |
| しつこのへ…Ⅶ-296［樹木類］ | じな…Ⅲ-282［魚類］ |
| しつこのへ…Ⅶ-807［救荒動植物類］ | じな…Ⅲ-730［貝類］ |
| しつこのへい…Ⅶ-808［救荒動植物類］ | しない…Ⅰ-646［穀物類］ |
| しつさいがれい…Ⅲ-282［魚類］ | じないがれい…Ⅲ-282［魚類］ |
| しづしづな…Ⅵ-405［菜類］ | しないこぼれ…Ⅰ-646［穀物類］ |
| しつたか…Ⅲ-729［貝類］ | しないやろく…Ⅰ-647［穀物類］ |
| しつてんは…Ⅵ-405［菜類］ | しないよし…Ⅰ-647［穀物類］ |
| しつとぶ…Ⅲ-730［貝類］ | しなから…Ⅳ-725［野生植物］ |
| しづな…Ⅳ-724［野生植物］ | しなこむぎ…Ⅰ-647［穀物類］ |
| しつなき…Ⅳ-724［野生植物］ | しなそは…Ⅰ-647［穀物類］ |

## し

し␣なたけ…Ⅵ-156［菌・茸類］
しなつき…Ⅶ-298［樹木類］
しなてかつら…Ⅳ-725［野生植物］
しなの…Ⅰ-647［穀物類］
しなの…Ⅵ-772［果類］
しなのあは…Ⅰ-647［穀物類］
しなのあんず…Ⅵ-773［果類］
しなのかいちゆう…Ⅰ-648［穀物類］
しなのかうじ…Ⅳ-708［野生植物］
しなのかき…Ⅵ-773［果類］
しなのがき…Ⅵ-773［果類］
しなのかぶ…Ⅵ-405［菜類］
しなのかふら…Ⅵ-405［菜類］
しなのき…Ⅶ-298［樹木類］
しなのきく…Ⅳ-725［野生植物］
しなのこむぎ…Ⅰ-648［穀物類］
しなのささげ…Ⅰ-648［穀物類］
しなのそは…Ⅰ-648［穀物類］
しなのたけ…Ⅵ-71［竹・笹類］
しなのたね…Ⅰ-648［穀物類］
しなのなかて…Ⅰ-648［穀物類］
しなのほくこく…Ⅰ-648［穀物類］
しなのむめ…Ⅵ-773［果類］
しなのむめ…Ⅵ-774［果類］
しなのむめ…Ⅶ-298［樹木類］
しなのもち…Ⅰ-649［穀物類］
しなのやろく…Ⅰ-649［穀物類］
しなのわせ…Ⅰ-649［穀物類］
しなは…Ⅰ-649［穀物類］
しなば…Ⅰ-649［穀物類］
しなひ…Ⅰ-649［穀物類］
しなひこ…Ⅳ-726［野生植物］
しなびこ…Ⅶ-808［救荒動植物類］
しなへ…Ⅰ-650［穀物類］
しなへきひ…Ⅰ-650［穀物類］
しなへむぎ…Ⅰ-650［穀物類］
しなよし…Ⅰ-650［穀物類］
しなよしささげ…Ⅰ-650［穀物類］

じね…Ⅳ-726［野生植物］
じねい…Ⅳ-726［野生植物］
しねこ…Ⅳ-726［野生植物］
じねご…Ⅳ-726［野生植物］
じねんがう…Ⅳ-726［野生植物］
しねんこ…Ⅲ-283［魚類］
しねんこ…Ⅳ-726［野生植物］
じねんご…Ⅳ-727［野生植物］
じねんごう…Ⅳ-727［野生植物］
しねんごうのみ…Ⅶ-808［救荒動植物類］
しねんしやう…Ⅳ-727［野生植物］
しねんしやう…Ⅵ-406［菜類］
じねんしやう…Ⅵ-406［菜類］
じねんじやう…Ⅵ-406［菜類］
しねんしよ…Ⅵ-406［菜類］
じねんじよ…Ⅵ-406［菜類］
しねんしよ…Ⅵ-406［菜類］
じねんじよいも…Ⅵ-406［菜類］
しねんじよよ…Ⅵ-407［菜類］
しの…Ⅳ-727［野生植物］
しのかや…Ⅳ-727［野生植物］
しのからみ…Ⅳ-727［野生植物］
しのがらみ…Ⅳ-727［野生植物］
しのき…Ⅳ-728［野生植物］
しのぎ…Ⅳ-728［野生植物］
しのきくさ…Ⅳ-728［野生植物］
しのきやろく…Ⅰ-650［穀物類］
しのくさ…Ⅳ-728［野生植物］
しのこき…Ⅳ-728［野生植物］
しのこたい…Ⅲ-283［魚類］
しのささ…Ⅵ-72［竹・笹類］
しのせき…Ⅶ-298［樹木類］
しのたけ…Ⅵ-72［竹・笹類］
しのたけ…Ⅵ-407［菜類］
しのたけのみ…Ⅶ-808［救荒動植物類］
しのね…Ⅳ-728［野生植物］
しのね…Ⅳ-729［野生植物］
しのね…Ⅶ-808［救荒動植物類］

しのねくさ…Ⅳ - 729 ［野生植物］
しのねだいわう…Ⅳ - 729 ［野生植物］
しのは…Ⅳ - 729 ［野生植物］
しのは…Ⅶ - 809 ［救荒動植物類］
しのはいたや…Ⅶ - 298 ［樹木類］
しのはくり…Ⅳ - 729 ［野生植物］
しのはだいわう…Ⅳ - 730 ［野生植物］
しのはら…Ⅰ - 651 ［穀物類］
しのびくさ…Ⅳ - 730 ［野生植物］
しのふ…Ⅳ - 730 ［野生植物］
しのぶ…Ⅳ - 730 ［野生植物］
しのぶ…Ⅳ - 731 ［野生植物］
しのぶかづら…Ⅳ - 731 ［野生植物］
しのふくさ…Ⅳ - 731 ［野生植物］
しのぶくさ…Ⅳ - 731 ［野生植物］
しのぶたけ…Ⅵ - 72 ［竹・笹類］
しのぶわせ…Ⅰ - 651 ［穀物類］
しのべ…Ⅵ - 72 ［竹・笹類］
しのへも…Ⅳ - 731 ［野生植物］
しのほろたけ…Ⅵ - 72 ［竹・笹類］
しのまきかつら…Ⅳ - 731 ［野生植物］
しのめ…Ⅵ - 73 ［竹・笹類］
しのめ…Ⅶ - 809 ［救荒動植物類］
しのめたけ…Ⅵ - 73 ［竹・笹類］
しのもつれ…Ⅳ - 731 ［野生植物］
しのもつれ…Ⅳ - 732 ［野生植物］
しのもつれくさ…Ⅳ - 732 ［野生植物］
しは…Ⅲ - 283 ［魚類］
しは…Ⅳ - 732 ［野生植物］
しば…Ⅳ - 732 ［野生植物］
しば…Ⅵ - 156 ［菌・茸類］
しはい…Ⅳ - 732 ［野生植物］
しばいさう…Ⅳ - 732 ［野生植物］
じばいささけ…Ⅵ - 407 ［菜類］
しばいそう…Ⅳ - 733 ［野生植物］
しはいてんき…Ⅳ - 733 ［野生植物］
しばいなたき…Ⅵ - 156 ［菌・茸類］
しはうち…Ⅰ - 651 ［穀物類］

しばかつき…Ⅵ - 157 ［菌・茸類］
しばかぶり…Ⅵ - 157 ［菌・茸類］
しばかや…Ⅳ - 733 ［野生植物］
しばかりあわ…Ⅰ - 651 ［穀物類］
しばかりささげ…Ⅰ - 651 ［穀物類］
しばきり…Ⅳ - 733 ［野生植物］
しばきりささけ…Ⅰ - 651 ［穀物類］
しはくさ…Ⅳ - 733 ［野生植物］
しばくさ…Ⅳ - 733 ［野生植物］
しばくさのみ…Ⅶ - 809 ［救荒動植物類］
しばくす…Ⅶ - 299 ［樹木類］
しばくすのき…Ⅶ - 299 ［樹木類］
しばぐすのき…Ⅶ - 299 ［樹木類］
しはくり…Ⅵ - 774 ［果類］
しばくり…Ⅵ - 774 ［果類］
しはくれ…Ⅳ - 734 ［野生植物］
しばくろうを…Ⅲ - 283 ［魚類］
しばくろき…Ⅶ - 299 ［樹木類］
しはこれい…Ⅳ - 734 ［野生植物］
しはさくら…Ⅶ - 299 ［樹木類］
しばささけ…Ⅰ - 651 ［穀物類］
しはすけ…Ⅳ - 734 ［野生植物］
しばすけ…Ⅳ - 734 ［野生植物］
しばすげのみ…Ⅶ - 809 ［救荒動植物類］
しばすり…Ⅵ - 157 ［菌・茸類］
しばた…Ⅰ - 652 ［穀物類］
しばたけ…Ⅵ - 157 ［菌・茸類］
しはたのき…Ⅶ - 299 ［樹木類］
しばたのき…Ⅶ - 299 ［樹木類］
しばつげ…Ⅶ - 300 ［樹木類］
しばとりごみ…Ⅶ - 300 ［樹木類］
しばな…Ⅳ - 734 ［野生植物］
しばのは…Ⅶ - 809 ［救荒動植物類］
しばのみ…Ⅶ - 809 ［救荒動植物類］
しはのめ…Ⅳ - 734 ［野生植物］
しばのめ…Ⅳ - 734 ［野生植物］
しばのり…Ⅳ - 735 ［野生植物］
しばひへ…Ⅰ - 652 ［穀物類］

## し

しばむくり…Ⅰ-652［穀物類］
しばむくり…Ⅳ-735［野生植物］
しばむぐり…Ⅰ-652［穀物類］
しはむり…Ⅰ-652［穀物類］
しはも…Ⅳ-735［野生植物］
しばも…Ⅳ-735［野生植物］
しはもたし…Ⅵ-157［菌・茸類］
しばもたせ…Ⅵ-158［菌・茸類］
しはもち…Ⅵ-158［菌・茸類］
しばもち…Ⅵ-158［菌・茸類］
しばやま…Ⅰ-652［穀物類］
しはら…Ⅵ-775［果類］
しばわらひ…Ⅳ-735［野生植物］
しばわらひ…Ⅵ-407［菜類］
しはをり…Ⅶ-300［樹木類］
しひ…Ⅲ-283［魚類］
しひ…Ⅵ-775［果類］
しひ…Ⅶ-300［樹木類］
しび…Ⅲ-283［魚類］
しび…Ⅲ-284［魚類］
しひあは…Ⅰ-652［穀物類］
しひき…Ⅳ-735［野生植物］
しびきあわ…Ⅰ-652［穀物類］
しひさめ…Ⅲ-284［魚類］
しひたけ…Ⅵ-158［菌・茸類］
しひぢわ…Ⅳ-736［野生植物］
しびとくさ…Ⅳ-736［野生植物］
しひとはな…Ⅳ-736［野生植物］
しびとはな…Ⅳ-736［野生植物］
しびとばな…Ⅳ-736［野生植物］
しひな…Ⅳ-736［野生植物］
しびな…Ⅲ-284［魚類］
しびな…Ⅳ-737［野生植物］
しひなが…Ⅰ-653［穀物類］
しびなが…Ⅰ-653［穀物類］
しひなかもち…Ⅰ-653［穀物類］
しびのうを…Ⅲ-284［魚類］
しひのき…Ⅶ-300［樹木類］

しひのこ…Ⅰ-653［穀物類］
しひのみ…Ⅵ-775［果類］
しひのみ…Ⅶ-809［救荒動植物類］
しびはな…Ⅳ-737［野生植物］
しびへ…Ⅰ-653［穀物類］
しひまひたけ…Ⅵ-159［菌・茸類］
しびら…Ⅳ-737［野生植物］
しびりくさ…Ⅳ-737［野生植物］
しびれのき…Ⅶ-300［樹木類］
しふ…Ⅵ-775［果類］
しぶ…Ⅵ-775［果類］
じふいちこく…Ⅰ-653［穀物類］
しぶうちわゑい…Ⅲ-284［魚類］
しぶおほかき…Ⅵ-775［果類］
しふかき…Ⅵ-775［果類］
しふかき…Ⅵ-776［果類］
しふかき…Ⅶ-301［樹木類］
しぶかき…Ⅵ-776［果類］
しぶかき…Ⅶ-301［樹木類］
しぶかくし…Ⅰ-653［穀物類］
しぶかち…Ⅵ-776［果類］
しふき…Ⅳ-737［野生植物］
しぶき…Ⅶ-301［樹木類］
しふくのき…Ⅶ-301［樹木類］
しぶくめ…Ⅲ-285［魚類］
じふごや…Ⅳ-737［野生植物］
じふごや…Ⅵ-776［果類］
じふごや…Ⅶ-301［樹木類］
じふしち…Ⅰ-653［穀物類］
じふしちびへ…Ⅰ-654［穀物類］
じふしちや…Ⅰ-654［穀物類］
じふたあは…Ⅰ-654［穀物類］
じふたあわ…Ⅰ-654［穀物類］
じふとく…Ⅰ-654［穀物類］
しぶとさう…Ⅳ-737［野生植物］
しぶとちな…Ⅳ-738［野生植物］
しぶな…Ⅲ-285［魚類］
しぶなし…Ⅵ-777［果類］

| | |
|---|---|
| じふにひとへ…Ⅳ-738［野生植物］ | しぼく…Ⅶ-303［樹木類］ |
| じふにひとへもみち…Ⅶ-301［樹木類］ | しぼくさ…Ⅳ-739［野生植物］ |
| しぶね…Ⅶ-301［樹木類］ | しほこ…Ⅲ-285［魚類］ |
| しふのり…Ⅳ-738［野生植物］ | しほご…Ⅲ-285［魚類］ |
| じふはち…Ⅰ-654［穀物類］ | しほさい…Ⅲ-285［魚類］ |
| じふはちささぎ…Ⅰ-654［穀物類］ | しほさいふく…Ⅲ-285［魚類］ |
| じふはちささけ…Ⅰ-655［穀物類］ | しほさいふぐ…Ⅲ-286［魚類］ |
| じふはちささけ…Ⅵ-407［菜類］ | しほさへふく…Ⅲ-286［魚類］ |
| じふはちささげ…Ⅰ-655［穀物類］ | しほじ…Ⅶ-303［樹木類］ |
| じふべゑわせ…Ⅰ-655［穀物類］ | しほた…Ⅰ-657［穀物類］ |
| じふぼうし…Ⅰ-655［穀物類］ | しほたきめばる…Ⅲ-286［魚類］ |
| じふやかき…Ⅵ-777［果類］ | しほたらかき…Ⅵ-777［果類］ |
| じふやく…Ⅳ-738［野生植物］ | しぼたん…Ⅶ-303［樹木類］ |
| じふやくのね…Ⅶ-810［救荒動植物類］ | しぼたん…Ⅶ-303［樹木類］ |
| じふらう…Ⅰ-655［穀物類］ | しほち…Ⅰ-657［穀物類］ |
| じふらうみつけ…Ⅰ-656［穀物類］ | しほちかまり…Ⅰ-657［穀物類］ |
| しふれのき…Ⅶ-302［樹木類］ | しぼちなかし…Ⅳ-739［野生植物］ |
| じふろく…Ⅰ-656［穀物類］ | しほちもたし…Ⅵ-159［菌・茸類］ |
| じふろくささけ…Ⅰ-656［穀物類］ | しほつ…Ⅶ-303［樹木類］ |
| じふろくささけ…Ⅵ-407［菜類］ | しぼつ…Ⅶ-303［樹木類］ |
| じふろくささげ…Ⅰ-656［穀物類］ | しほづう…Ⅶ-303［樹木類］ |
| じふろくすんまめ…Ⅰ-656［穀物類］ | しほづつ…Ⅶ-304［樹木類］ |
| じふわうくさ…Ⅳ-738［野生植物］ | しほて…Ⅳ-739［野生植物］ |
| じふわうじ…Ⅵ-777［果類］ | しほで…Ⅳ-739［野生植物］ |
| しふわうじかき…Ⅵ-777［果類］ | しほでくさ…Ⅳ-739［野生植物］ |
| しべいるこ…Ⅰ-657［穀物類］ | しほてん…Ⅵ-407［菜類］ |
| しべなが…Ⅰ-657［穀物類］ | しほにな…Ⅲ-730［貝類］ |
| しべぬけ…Ⅰ-657［穀物類］ | しほねぶ…Ⅶ-304［樹木類］ |
| しべもち…Ⅰ-657［穀物類］ | しほのこ…Ⅲ-286［魚類］ |
| しほ…Ⅲ-285［魚類］ | しほのみ…Ⅲ-286［魚類］ |
| しほかい…Ⅲ-730［貝類］ | しほはま…Ⅵ-26［金・石・土・水類］ |
| しほかひ…Ⅲ-730［貝類］ | しほふき…Ⅲ-731［貝類］ |
| しほかま…Ⅶ-302［樹木類］ | しほふきかい…Ⅲ-731［貝類］ |
| しほがま…Ⅶ-302［樹木類］ | しほふきがひ…Ⅲ-731［貝類］ |
| しほかまさくら…Ⅶ-302［樹木類］ | しほほう…Ⅶ-304［樹木類］ |
| しほがまさくら…Ⅶ-302［樹木類］ | しほみちかひ…Ⅲ-731［貝類］ |
| しほから…Ⅳ-738［野生植物］ | しほみづ…Ⅵ-26［金・石・土・水類］ |
| しほからさしくさ…Ⅳ-738［野生植物］ | しほも…Ⅳ-739［野生植物］ |

## し

しほやき…Ⅰ-658［穀物類］
しほり…Ⅳ-740［野生植物］
しほりかつらな…Ⅳ-740［野生植物］
しぼりだいこん…Ⅵ-408［菜類］
しま…Ⅰ-658［穀物類］
しま…Ⅲ-286［魚類］
しまあさつき…Ⅵ-408［菜類］
しまあじ…Ⅲ-286［魚類］
しまあじ…Ⅲ-287［魚類］
しまあち…Ⅲ-287［魚類］
しまあぢ…Ⅲ-287［魚類］
しまあわ…Ⅰ-658［穀物類］
しまいし…Ⅵ-26［金・石・土・水類］
しまいしとう…Ⅰ-658［穀物類］
しまいしどう…Ⅰ-658［穀物類］
しまいしみち…Ⅰ-658［穀物類］
しまいとすすき…Ⅳ-740［野生植物］
しまいも…Ⅳ-740［野生植物］
しまいも…Ⅵ-408［菜類］
しまかいせい…Ⅰ-658［穀物類］
しまかつ…Ⅲ-287［魚類］
しまかや…Ⅳ-740［野生植物］
しまかんすすき…Ⅳ-740［野生植物］
しまきく…Ⅳ-740［野生植物］
しまぎり…Ⅶ-304［樹木類］
しまくはんさう…Ⅳ-741［野生植物］
しまぐみ…Ⅶ-304［樹木類］
しまくわんざう…Ⅳ-741［野生植物］
しまくわんそう…Ⅳ-741［野生植物］
しまこ…Ⅶ-304［樹木類］
しまこう…Ⅰ-659［穀物類］
しまごじらう…Ⅲ-287［魚類］
しまこほれ…Ⅰ-659［穀物類］
しまささ…Ⅵ-73［竹・笹類］
しまされ…Ⅰ-659［穀物類］
しましの…Ⅵ-73［竹・笹類］
しましふ…Ⅶ-304［樹木類］
しましろ…Ⅰ-659［穀物類］

しますすき…Ⅳ-741［野生植物］
しますすぎ…Ⅲ-287［魚類］
しまそ…Ⅰ-659［穀物類］
しまた…Ⅰ-659［穀物類］
しまたい…Ⅲ-288［魚類］
しまたけ…Ⅵ-73［竹・笹類］
しまたひ…Ⅲ-288［魚類］
しまたら…Ⅲ-288［魚類］
しまたら…Ⅶ-305［樹木類］
しまちくさ…Ⅳ-741［野生植物］
しまつ…Ⅲ-288［魚類］
しまつつじ…Ⅶ-305［樹木類］
しまとくじん…Ⅰ-659［穀物類］
しまとせう…Ⅲ-288［魚類］
しまとちやう…Ⅲ-288［魚類］
しまどぢやう…Ⅲ-289［魚類］
しまとでう…Ⅲ-289［魚類］
しまとほら…Ⅲ-732［貝類］
しまにんじん…Ⅳ-742［野生植物］
しまねくまこ…Ⅰ-660［穀物類］
しまねこむぎ…Ⅰ-660［穀物類］
しまねすうかれい…Ⅲ-289［魚類］
しまのこ…Ⅰ-660［穀物類］
しまのべんさし…Ⅲ-289［魚類］
しまのり…Ⅳ-742［野生植物］
しまは…Ⅰ-660［穀物類］
しまば…Ⅰ-660［穀物類］
しまはせ…Ⅲ-289［魚類］
しまはぜ…Ⅲ-289［魚類］
しまばらかし…Ⅰ-660［穀物類］
しまばらもち…Ⅰ-660［穀物類］
しまひさご…Ⅲ-289［魚類］
しまひる…Ⅵ-408［菜類］
しまひゑ…Ⅰ-661［穀物類］
しまひんかい…Ⅰ-661［穀物類］
しまふき…Ⅳ-742［野生植物］
しまふり…Ⅵ-408［菜類］
しまほきれ…Ⅰ-661［穀物類］

| | |
|---|---|
| しままつ…Ⅶ - 305 ［樹木類］ | しもかづら…Ⅳ - 742 ［野生植物］ |
| しまむぎ…Ⅰ - 661 ［穀物類］ | しもかは…Ⅰ - 664 ［穀物類］ |
| しまめ…Ⅲ - 290 ［魚類］ | しもかぶり…Ⅰ - 664 ［穀物類］ |
| しまめくり…Ⅲ - 290 ［魚類］ | しもきねり…Ⅵ - 778 ［果類］ |
| しまめぐり…Ⅲ - 290 ［魚類］ | しもく…Ⅲ - 290 ［魚類］ |
| しまもたせ…Ⅵ - 159 ［菌・茸類］ | しもくさ…Ⅳ - 742 ［野生植物］ |
| しまもち…Ⅰ - 661 ［穀物類］ | しもくひ…Ⅰ - 664 ［穀物類］ |
| しまわ…Ⅰ - 661 ［穀物類］ | しもくまこ…Ⅰ - 664 ［穀物類］ |
| しまわせ…Ⅰ - 661 ［穀物類］ | しもくみ…Ⅶ - 305 ［樹木類］ |
| しみずわせ…Ⅰ - 662 ［穀物類］ | しもくもち…Ⅰ - 665 ［穀物類］ |
| しみづ…Ⅰ - 662 ［穀物類］ | しもくり…Ⅵ - 778 ［果類］ |
| しみづ…Ⅵ - 26 ［金・石・土・水類］ | しもけ…Ⅶ - 305 ［樹木類］ |
| しみづかき…Ⅵ - 777 ［果類］ | しもこし…Ⅵ - 160 ［菌・茸類］ |
| しみづかはあは…Ⅰ - 662 ［穀物類］ | しもこし…Ⅵ - 161 ［菌・茸類］ |
| しみづもち…Ⅰ - 662 ［穀物類］ | しもごしょ…Ⅵ - 778 ［果類］ |
| しみづわせ…Ⅰ - 662 ［穀物類］ | しもさう…Ⅵ - 778 ［果類］ |
| しめうたん…Ⅵ - 777 ［果類］ | しもざう…Ⅶ - 306 ［樹木類］ |
| しめかひ…Ⅲ - 732 ［貝類］ | しもささけ…Ⅰ - 665 ［穀物類］ |
| しめし…Ⅵ - 159 ［菌・茸類］ | しもささげ…Ⅰ - 665 ［穀物類］ |
| しめじ…Ⅵ - 159 ［菌・茸類］ | しもしらず…Ⅰ - 665 ［穀物類］ |
| しめじたけ…Ⅵ - 160 ［菌・茸類］ | しもそう…Ⅶ - 306 ［樹木類］ |
| しめぢ…Ⅵ - 160 ［菌・茸類］ | しもぞう…Ⅶ - 306 ［樹木類］ |
| しめちたけ…Ⅵ - 160 ［菌・茸類］ | しもぞうのき…Ⅶ - 306 ［樹木類］ |
| しも…Ⅰ - 663 ［穀物類］ | しもぞふのき…Ⅶ - 306 ［樹木類］ |
| しもあじ…Ⅲ - 290 ［魚類］ | しもたけ…Ⅵ - 161 ［菌・茸類］ |
| しもあち…Ⅲ - 290 ［魚類］ | しもち…Ⅰ - 665 ［穀物類］ |
| しもあは…Ⅰ - 663 ［穀物類］ | しもちこ…Ⅰ - 665 ［穀物類］ |
| しもあへつる…Ⅰ - 663 ［穀物類］ | しもつか…Ⅶ - 306 ［樹木類］ |
| しもいね…Ⅰ - 663 ［穀物類］ | しもつけ…Ⅳ - 742 ［野生植物］ |
| しもうつき…Ⅶ - 305 ［樹木類］ | しもつけ…Ⅳ - 743 ［野生植物］ |
| しもうつぎのは…Ⅶ - 810 ［救荒動植物類］ | しもつけ…Ⅶ - 306 ［樹木類］ |
| しもおい…Ⅰ - 663 ［穀物類］ | しもつけ…Ⅶ - 307 ［樹木類］ |
| しもかき…Ⅵ - 778 ［果類］ | しもつけくさ…Ⅳ - 743 ［野生植物］ |
| しもかき…Ⅶ - 305 ［樹木類］ | しもつけはぎ…Ⅳ - 743 ［野生植物］ |
| しもかつき…Ⅰ - 664 ［穀物類］ | しもつま…Ⅰ - 665 ［穀物類］ |
| しもかつき…Ⅵ - 160 ［菌・茸類］ | しもとまいひへ…Ⅰ - 665 ［穀物類］ |
| しもかつき…Ⅵ - 778 ［果類］ | しもなし…Ⅵ - 778 ［果類］ |
| しもかづき…Ⅰ - 664 ［穀物類］ | しもなし…Ⅵ - 779 ［果類］ |

## し

しもなし…Ⅶ-307［樹木類］
しもねり…Ⅵ-779［果類］
しものこ…Ⅰ-666［穀物類］
しもはへ…Ⅲ-290［魚類］
しもひえ…Ⅰ-666［穀物類］
しもへ…Ⅰ-666［穀物類］
しもひゑ…Ⅰ-666［穀物類］
しもふり…Ⅳ-743［野生植物］
しもふり…Ⅵ-779［果類］
しもふりかき…Ⅵ-779［果類］
しもふりかや…Ⅳ-744［野生植物］
しもふりくさ…Ⅳ-744［野生植物］
しもふりささげ…Ⅰ-666［穀物類］
しもふりはな…Ⅳ-744［野生植物］
しもふりまつ…Ⅶ-307［樹木類］
しもふりよもぎ…Ⅳ-744［野生植物］
しもまめ…Ⅰ-666［穀物類］
しもむぎ…Ⅰ-667［穀物類］
しももち…Ⅰ-667［穀物類］
しもやろく…Ⅰ-667［穀物類］
しもわせ…Ⅰ-667［穀物類］
しもをこし…Ⅵ-161［菌・茸類］
しもをひ…Ⅰ-667［穀物類］
しやいくさ…Ⅳ-744［野生植物］
しやうか…Ⅵ-408［菜類］
しやうが…Ⅳ-744［野生植物］
しやうが…Ⅵ-409［菜類］
しやうかいも…Ⅵ-409［菜類］
しやうがいも…Ⅵ-409［菜類］
じやうかうじ…Ⅰ-667［穀物類］
しやうがのひほ…Ⅳ-744［野生植物］
しやうかのひも…Ⅳ-745［野生植物］
しやうかはつこく…Ⅰ-667［穀物類］
しやうかひけ…Ⅳ-745［野生植物］
しやうがひげ…Ⅳ-745［野生植物］
じやうかひけ…Ⅳ-745［野生植物］
じやうかひげ…Ⅳ-745［野生植物］
じやうがひけ…Ⅳ-745［野生植物］
じやうがひげ…Ⅳ-745［野生植物］
じやうがひげ…Ⅳ-746［野生植物］
しやうかんぼ…Ⅳ-746［野生植物］
じやうきち…Ⅰ-668［穀物類］
しやうくぐ…Ⅳ-746［野生植物］
しやうけ…Ⅰ-668［穀物類］
しやうけん…Ⅵ-779［果類］
じやうご…Ⅳ-746［野生植物］
じやうこく…Ⅰ-668［穀物類］
しやうざうもち…Ⅰ-668［穀物類］
じやうしう…Ⅰ-668［穀物類］
じやうしうこしろ…Ⅰ-668［穀物類］
じやうしうしろ…Ⅰ-668［穀物類］
じやうしうまめ…Ⅰ-669［穀物類］
じやうしうみの…Ⅰ-669［穀物類］
じやうしきも…Ⅳ-746［野生植物］
しやうじこ…Ⅲ-291［魚類］
しやうしやう…Ⅳ-746［野生植物］
しやうしやう…Ⅶ-307［樹木類］
しやうじやう…Ⅳ-746［野生植物］
しやうじやう…Ⅵ-779［果類］
しやうじやういね…Ⅰ-669［穀物類］
しやうしやうかしら…Ⅳ-747［野生植物］
しやうじやうかしら…Ⅶ-307［樹木類］
しやうじやうさう…Ⅳ-747［野生植物］
しやうじやうなすび…Ⅵ-409［菜類］
しやうしやうはかま…Ⅳ-747［野生植物］
しやうしやうばかま…Ⅳ-747［野生植物］
しやうしやうはちめ…Ⅲ-291［魚類］
しやうしろ…Ⅰ-669［穀物類］
じやうしろ…Ⅰ-669［穀物類］
じやうしろいね…Ⅰ-670［穀物類］
しやうじん…Ⅰ-670［穀物類］
しやうじんにんにく…Ⅵ-410［菜類］
しやうすみ…Ⅰ-670［穀物類］
しやうせう…Ⅶ-307［樹木類］
じやうせういん…Ⅵ-780［果類］
じやうせん…Ⅰ-670［穀物類］

| | |
|---|---|
| しやうたい…Ⅰ-670［穀物類］ | しやうへいなし…Ⅵ-780［果類］ |
| しやうたい…Ⅵ-780［果類］ | しやうへん…Ⅶ-308［樹木類］ |
| しやうたいあづき…Ⅰ-670［穀物類］ | しやうべんのはな…Ⅶ-309［樹木類］ |
| しやうたいなし…Ⅵ-780［果類］ | しやうほう…Ⅳ-749［野生植物］ |
| しやうだいなし…Ⅵ-780［果類］ | しやうほう…Ⅶ-810［救荒動植物類］ |
| しやうたいもち…Ⅰ-670［穀物類］ | じやうぼう…Ⅶ-309［樹木類］ |
| しやうたれ…Ⅰ-671［穀物類］ | しやうほうのき…Ⅶ-309［樹木類］ |
| しやうち…Ⅶ-308［樹木類］ | じやうぼうのき…Ⅶ-309［樹木類］ |
| しやうちく…Ⅵ-73［竹・笹類］ | じやうぼうのは…Ⅶ-810［救荒動植物類］ |
| しやうてつ…Ⅳ-747［野生植物］ | じやうぼふのき…Ⅶ-309［樹木類］ |
| しやうどうぼう…Ⅶ-308［樹木類］ | じやうぼふのは…Ⅶ-810［救荒動植物類］ |
| しやうないかるこ…Ⅰ-671［穀物類］ | しやうぼん…Ⅲ-291［魚類］ |
| しやうないしろきやう…Ⅰ-671［穀物類］ | しやうま…Ⅳ-749［野生植物］ |
| しやうないもち…Ⅰ-671［穀物類］ | しやうま…Ⅵ-410［菜類］ |
| しやうなし…Ⅳ-747［野生植物］ | しやうめ…Ⅲ-291［魚類］ |
| しやうにう…Ⅰ-671［穀物類］ | じやうめ…Ⅲ-291［魚類］ |
| しやうにうせき…Ⅵ-26［金・石・土・水類］ | しやうめうし…Ⅰ-672［穀物類］ |
| しやうねん…Ⅰ-671［穀物類］ | しやうも…Ⅳ-749［野生植物］ |
| じやうばう…Ⅶ-308［樹木類］ | しやうもく…Ⅳ-750［野生植物］ |
| しやうばく…Ⅰ-671［穀物類］ | しやうもくかう…Ⅳ-750［野生植物］ |
| しやうばん…Ⅰ-672［穀物類］ | じやうもち…Ⅰ-672［穀物類］ |
| しやうばんもち…Ⅰ-672［穀物類］ | しやうもつかう…Ⅳ-750［野生植物］ |
| しやうひ…Ⅳ-747［野生植物］ | しやうもつかう…Ⅶ-309［樹木類］ |
| しやうび…Ⅳ-748［野生植物］ | しやうもつこ…Ⅳ-750［野生植物］ |
| しやうび…Ⅶ-308［樹木類］ | しやうもつこう…Ⅳ-750［野生植物］ |
| しやうびのみ…Ⅶ-810［救荒動植物類］ | しやうもつこう…Ⅳ-751［野生植物］ |
| しやうひへ…Ⅰ-672［穀物類］ | しやうもんがれい…Ⅲ-291［魚類］ |
| しやうびゑんとう…Ⅰ-672［穀物類］ | しやうゆ…Ⅵ-781［果類］ |
| しやうびん…Ⅶ-308［樹木類］ | しやうゆ…Ⅶ-309［樹木類］ |
| しやうふ…Ⅳ-748［野生植物］ | しやうらいはな…Ⅳ-751［野生植物］ |
| しやうふ…Ⅵ-781［果類］ | じやうらうささけ…Ⅰ-672［穀物類］ |
| しやうぶ…Ⅳ-748［野生植物］ | じやうらうはぎ…Ⅳ-751［野生植物］ |
| しやうぶ…Ⅳ-749［野生植物］ | じやうらうはたか…Ⅰ-673［穀物類］ |
| しやうぶ…Ⅶ-308［樹木類］ | じやうらうふつ…Ⅵ-410［菜類］ |
| しやうぶくさ…Ⅳ-749［野生植物］ | しやうらく…Ⅰ-673［穀物類］ |
| しやうぶも…Ⅳ-749［野生植物］ | しやうらくあは…Ⅰ-673［穀物類］ |
| しやうふわに…Ⅲ-291［魚類］ | じやうらみな…Ⅲ-732［貝類］ |
| しやうへいちなし…Ⅵ-780［果類］ | しやうり…Ⅵ-781［果類］ |

## し

じやうれんほう…Ⅵ-27［金・石・土・水類］
しやうろ…Ⅰ-673［穀物類］
しやうろ…Ⅵ-161［菌・茸類］
じやうろうつぎ…Ⅶ-310［樹木類］
じやうろこむぎ…Ⅳ-751［野生植物］
しやうろさう…Ⅳ-751［野生植物］
しやうろぶつ…Ⅳ-751［野生植物］
じやうわせ…Ⅰ-673［穀物類］
しやか…Ⅳ-751［野生植物］
しやか…Ⅳ-752［野生植物］
しやが…Ⅳ-752［野生植物］
じやかう…Ⅰ-673［穀物類］
じやかう…Ⅵ-410［菜類］
しやかうさう…Ⅳ-752［野生植物］
じやかうさう…Ⅳ-752［野生植物］
しやかけ…Ⅶ-310［樹木類］
じやがじき…Ⅵ-27［金・石・土・水類］
しやかすしこ…Ⅲ-292［魚類］
じやかたら…Ⅰ-673［穀物類］
しやかたらみかん…Ⅵ-781［果類］
しやがたらみかん…Ⅵ-781［果類］
じやがたらみかん…Ⅵ-781［果類］
しやがたらみつかん…Ⅵ-781［果類］
しやかどうかし…Ⅰ-674［穀物類］
しやかの…Ⅳ-753［野生植物］
しやかひ…Ⅲ-732［貝類］
じやかひ…Ⅲ-732［貝類］
しやかひしやく…Ⅲ-292［魚類］
しやかふた…Ⅲ-292［魚類］
しやかまこち…Ⅲ-292［魚類］
しやがら…Ⅵ-27［金・石・土・水類］
しやがらつち…Ⅵ-27［金・石・土・水類］
しやかん…Ⅳ-753［野生植物］
しやかんほ…Ⅲ-292［魚類］
しやかんほう…Ⅶ-316［樹木類］
しやく…Ⅰ-674［穀物類］
しやく…Ⅲ-292［魚類］
しやく…Ⅳ-753［野生植物］

しやくあは…Ⅰ-674［穀物類］
しやくあはうすやなぎ…Ⅰ-674［穀物類］
しやくあわ…Ⅰ-674［穀物類］
じやくい…Ⅵ-161［菌・茸類］
しやくがは…Ⅲ-732［貝類］
しやくきんなし…Ⅰ-674［穀物類］
しやくきんなしわせ…Ⅰ-674［穀物類］
しやくくさ…Ⅳ-753［野生植物］
しやくさ…Ⅳ-753［野生植物］
しやくさう…Ⅳ-753［野生植物］
しやぐさのは…Ⅶ-811［救荒動植物類］
しやくざん…Ⅲ-293［魚類］
しやくしがひ…Ⅲ-732［貝類］
しやくしがひ…Ⅲ-733［貝類］
しやくしき…Ⅶ-310［樹木類］
しやくしこ…Ⅰ-675［穀物類］
しやくしこのき…Ⅶ-310［樹木類］
しやくじこん…Ⅶ-310［樹木類］
しやくしさう…Ⅳ-753［野生植物］
しやくしな…Ⅵ-410［菜類］
しやくしもち…Ⅰ-675［穀物類］
しやぐしや…Ⅳ-754［野生植物］
しやくじやう…Ⅰ-675［穀物類］
しやくじやうささけ…Ⅰ-675［穀物類］
しやくしやうまめ…Ⅰ-675［穀物類］
しやくじやうまめ…Ⅰ-676［穀物類］
しやくじやうゆり…Ⅳ-754［野生植物］
しやくじやうゆり…Ⅵ-410［菜類］
しやくしやのは…Ⅶ-811［救荒動植物類］
しやくぜう…Ⅰ-676［穀物類］
しやくせんなし…Ⅰ-676［穀物類］
しやくたに…Ⅲ-293［魚類］
しやくだに…Ⅲ-293［魚類］
しやくたね…Ⅲ-293［魚類］
しやくぢやう…Ⅰ-676［穀物類］
しやくちやうささけ…Ⅵ-410［菜類］
しやくちようささけ…Ⅵ-411［菜類］
しやくな…Ⅳ-754［野生植物］

| | |
|---|---|
| しやくな…Ⅵ-411［菜類］ | しやくゆふかほ…Ⅵ-412［菜類］ |
| しやくないき…Ⅶ-310［樹木類］ | しやくれん…Ⅳ-757［野生植物］ |
| しやくなき…Ⅶ-310［樹木類］ | しやくろ…Ⅵ-782［果類］ |
| しやくなぎ…Ⅶ-311［樹木類］ | じやくろ…Ⅵ-782［果類］ |
| しやくなけ…Ⅲ-293［魚類］ | しやくわ…Ⅳ-757［野生植物］ |
| しやくなげ…Ⅶ-311［樹木類］ | しやぐわ…Ⅳ-757［野生植物］ |
| しやくなん…Ⅶ-311［樹木類］ | しやくわん…Ⅳ-757［野生植物］ |
| しやくなんき…Ⅶ-311［樹木類］ | しやけ…Ⅲ-293［魚類］ |
| しやくなんくは…Ⅶ-311［樹木類］ | しやけついはら…Ⅳ-757［野生植物］ |
| しやくなんけ…Ⅳ-754［野生植物］ | じやけついばら…Ⅳ-757［野生植物］ |
| しやくなんけ…Ⅶ-311［樹木類］ | しやこ…Ⅳ-758［野生植物］ |
| しやくなんけ…Ⅶ-312［樹木類］ | じやこ…Ⅲ-294［魚類］ |
| しやくなんげ…Ⅶ-312［樹木類］ | しやこうさう…Ⅳ-758［野生植物］ |
| じやくばいこく…Ⅳ-754［野生植物］ | じやこうさう…Ⅳ-758［野生植物］ |
| しやくはち…Ⅰ-676［穀物類］ | しやこたんたけ…Ⅵ-74［竹・笹類］ |
| しやくはち…Ⅲ-293［魚類］ | しやこち…Ⅲ-294［魚類］ |
| しやくはちのき…Ⅶ-312［樹木類］ | じやこついし…Ⅵ-27［金・石・土・水類］ |
| しやくはん…Ⅳ-754［野生植物］ | しやさけ…Ⅶ-313［樹木類］ |
| じやくひこく…Ⅳ-754［野生植物］ | しやさん…Ⅳ-758［野生植物］ |
| しやくびやうたん…Ⅵ-411［菜類］ | しやじ…Ⅲ-294［魚類］ |
| しやくふくへ…Ⅵ-411［菜類］ | しやしまつ…Ⅶ-313［樹木類］ |
| しやくふしば…Ⅶ-313［樹木類］ | しやしやうし…Ⅳ-758［野生植物］ |
| しやくほ…Ⅶ-313［樹木類］ | しやしやき…Ⅶ-313［樹木類］ |
| しやくぼ…Ⅶ-313［樹木類］ | しやしやきしば…Ⅶ-314［樹木類］ |
| しやぐま…Ⅰ-677［穀物類］ | しやしやぶしば…Ⅶ-314［樹木類］ |
| しやぐま…Ⅳ-755［野生植物］ | じやしらめ…Ⅲ-294［魚類］ |
| じやくま…Ⅰ-677［穀物類］ | しやしん…Ⅳ-758［野生植物］ |
| しやくまきひ…Ⅰ-677［穀物類］ | しやじん…Ⅳ-758［野生植物］ |
| しやくまきび…Ⅰ-677［穀物類］ | しやすしりあわ…Ⅰ-677［穀物類］ |
| しやくまくさ…Ⅳ-755［野生植物］ | しやせぶ…Ⅶ-314［樹木類］ |
| しやぐまくさ…Ⅳ-755［野生植物］ | しやせほのき…Ⅶ-314［樹木類］ |
| しやぐまざいこ…Ⅳ-755［野生植物］ | しやせぼのき…Ⅶ-314［樹木類］ |
| しやくまそう…Ⅳ-755［野生植物］ | しやせほのみ…Ⅶ-811［救荒動植物類］ |
| しやくまて…Ⅳ-755［野生植物］ | しやせん…Ⅳ-759［野生植物］ |
| しやぐまも…Ⅳ-755［野生植物］ | しやぜん…Ⅳ-759［野生植物］ |
| しやくみ…Ⅵ-782［果類］ | しやぜんくさ…Ⅳ-759［野生植物］ |
| しやぐみのき…Ⅶ-313［樹木類］ | しやせんさう…Ⅳ-759［野生植物］ |
| しやくやく…Ⅳ-756［野生植物］ | しやぜんさう…Ⅳ-759［野生植物］ |

## し

しやぜんし…Ⅳ-759［野生植物］
しやたい…Ⅲ-294［魚類］
じやたい…Ⅵ-27［金・石・土・水類］
しやちほこ…Ⅲ-294［魚類］
しやぢも…Ⅶ-314［樹木類］
しやつあは…Ⅰ-677［穀物類］
しやつかいさう…Ⅳ-760［野生植物］
しやつけついばら…Ⅳ-760［野生植物］
しやつちん…Ⅶ-314［樹木類］
しやつばかい…Ⅲ-733［貝類］
しやつはかひ…Ⅲ-733［貝類］
しやて…Ⅲ-295［魚類］
しやなり…Ⅵ-782［果類］
じやのくそ…Ⅵ-27［金・石・土・水類］
しやのひけ…Ⅳ-760［野生植物］
しやのひげ…Ⅳ-760［野生植物］
じやのひけ…Ⅳ-760［野生植物］
じやのひげ…Ⅳ-760［野生植物］
じやのひげ…Ⅳ-761［野生植物］
じやばみ…Ⅳ-761［野生植物］
じやばら…Ⅳ-761［野生植物］
じやばらのき…Ⅶ-315［樹木類］
じやひ…Ⅳ-761［野生植物］
しやひげ…Ⅳ-761［野生植物］
しやふべのいげ…Ⅳ-761［野生植物］
じやぼあん…Ⅵ-782［果類］
じやぼあん…Ⅶ-315［樹木類］
じやぼうのき…Ⅶ-315［樹木類］
しやぼん…Ⅵ-782［果類］
しやみ…Ⅰ-677［穀物類］
じやみ…Ⅲ-295［魚類］
しやみせんかつら…Ⅳ-761［野生植物］
しやみせんきひ…Ⅰ-678［穀物類］
しやみせんくさ…Ⅳ-762［野生植物］
しやみせんづる…Ⅳ-762［野生植物］
しやむろだいこん…Ⅳ-762［野生植物］
しやむろだいこん…Ⅵ-412［菜類］
しややへ…Ⅶ-315［樹木類］

しややべ…Ⅶ-315［樹木類］
しややんほう…Ⅶ-315［樹木類］
じやゆり…Ⅳ-762［野生植物］
しやらさうしゆ…Ⅶ-315［樹木類］
しやらじゆ…Ⅶ-316［樹木類］
しやらそうじゆ…Ⅶ-316［樹木類］
しやり…Ⅳ-762［野生植物］
じやり…Ⅵ-28［金・石・土・水類］
しやりいし…Ⅵ-28［金・石・土・水類］
しやりんさう…Ⅳ-762［野生植物］
しやんくわうば…Ⅳ-762［野生植物］
じゆうおしらすあは…Ⅰ-678［穀物類］
しゆうで…Ⅳ-763［野生植物］
しゆうりかひ…Ⅲ-733［貝類］
じゆうわうじかき…Ⅵ-782［果類］
しゆがく…Ⅳ-763［野生植物］
しゆきつ…Ⅵ-783［果類］
しゆくあは…Ⅰ-678［穀物類］
しゆくしや…Ⅳ-763［野生植物］
しゆぐち…Ⅲ-295［魚類］
じゆずあは…Ⅰ-678［穀物類］
じゆすくくり…Ⅰ-678［穀物類］
じゆずくり…Ⅰ-678［穀物類］
しゆすこ…Ⅰ-678［穀物類］
しゆすこ…Ⅰ-679［穀物類］
じゆすこ…Ⅰ-679［穀物類］
じゆすご…Ⅳ-763［野生植物］
じゆずこ…Ⅰ-679［穀物類］
じゆずご…Ⅰ-679［穀物類］
しゆすこもち…Ⅰ-679［穀物類］
じゆずこもち…Ⅰ-679［穀物類］
しゆすたま…Ⅳ-763［野生植物］
しゆすだま…Ⅳ-764［野生植物］
しゆずだま…Ⅳ-764［野生植物］
じゆすたま…Ⅳ-763［野生植物］
じゆすだま…Ⅳ-764［野生植物］
じゆずたま…Ⅳ-764［野生植物］
じゆずだま…Ⅳ-763［野生植物］

| | |
|---|---|
| じゆずだま…Ⅳ-764［野生植物］ | じゆんさい…Ⅳ-767［野生植物］ |
| じゆずのこ…Ⅰ-679［穀物類］ | じゆんさい…Ⅵ-412［菜類］ |
| じゆずのこもち…Ⅰ-680［穀物類］ | じゆんさい…Ⅵ-413［菜類］ |
| しゆせん…Ⅰ-680［穀物類］ | しゆんさいも…Ⅳ-767［野生植物］ |
| しゆぜん…Ⅲ-295［魚類］ | しゆんさいも…Ⅵ-413［菜類］ |
| しゆち…Ⅶ-316［樹木類］ | じゆんさへ…Ⅳ-767［野生植物］ |
| しゆづくさ…Ⅳ-764［野生植物］ | しゆんふうらん…Ⅵ-413［菜類］ |
| しゆつくり…Ⅰ-680［穀物類］ | しゆんふらう…Ⅳ-767［野生植物］ |
| じゆつこ…Ⅰ-680［穀物類］ | しゆんふらう…Ⅵ-413［菜類］ |
| じゆつこく…Ⅰ-680［穀物類］ | しゆんふらうな…Ⅵ-413［菜類］ |
| しゆとう…Ⅲ-295［魚類］ | しゆんふらん…Ⅵ-413［菜類］ |
| しゆび…Ⅲ-295［魚類］ | しゆんらん…Ⅳ-767［野生植物］ |
| しゆびながもち…Ⅰ-680［穀物類］ | じゆんれい…Ⅰ-681［穀物類］ |
| しゆぼく…Ⅶ-316［樹木類］ | じゆんれいさう…Ⅳ-767［野生植物］ |
| しゆみせん…Ⅳ-765［野生植物］ | しゆんれいまめ…Ⅰ-681［穀物類］ |
| じゆめうらい…Ⅰ-680［穀物類］ | じゆんれいまめ…Ⅰ-681［穀物類］ |
| しゆもくざめ…Ⅲ-295［魚類］ | しよう…Ⅳ-768［野生植物］ |
| しゆらん…Ⅳ-765［野生植物］ | しようういきやう…Ⅳ-768［野生植物］ |
| しゆらん…Ⅵ-783［果類］ | しようぐんぼく…Ⅶ-318［樹木類］ |
| しゆり…Ⅲ-296［魚類］ | しようざ…Ⅰ-681［穀物類］ |
| しゆり…Ⅲ-733［貝類］ | しようさいこく…Ⅰ-681［穀物類］ |
| しゆり…Ⅶ-316［樹木類］ | しようにゆうせき…Ⅵ-28 |
| しゆろ…Ⅶ-316［樹木類］ | ［金・石・土・水類］ |
| しゆろ…Ⅶ-317［樹木類］ | しようひ…Ⅳ-768［野生植物］ |
| しゆろう…Ⅶ-317［樹木類］ | しようま…Ⅳ-768［野生植物］ |
| しゆろうくさ…Ⅳ-765［野生植物］ | しようやう…Ⅶ-318［樹木類］ |
| しゆろうどはだか…Ⅰ-681［穀物類］ | しようろ…Ⅵ-162［菌・茸類］ |
| しゆろさう…Ⅳ-765［野生植物］ | じようろくさ…Ⅳ-768［野生植物］ |
| しゆろちく…Ⅵ-74［竹・笹類］ | しよかつな…Ⅵ-413［菜類］ |
| しゆろちく…Ⅶ-318［樹木類］ | しよかつな…Ⅵ-414［菜類］ |
| しゆろのき…Ⅶ-318［樹木類］ | しよけん…Ⅰ-681［穀物類］ |
| しゆんきく…Ⅳ-765［野生植物］ | しよげん…Ⅰ-681［穀物類］ |
| しゆんきく…Ⅵ-412［菜類］ | しよじのふぐり…Ⅵ-162［菌・茸類］ |
| しゆんくわうさう…Ⅳ-766［野生植物］ | しよしやき…Ⅳ-768［野生植物］ |
| じゆんご…Ⅳ-766［野生植物］ | しよしよこだ…Ⅲ-296［魚類］ |
| しゆんさい…Ⅳ-766［野生植物］ | しよため…Ⅲ-733［貝類］ |
| しゆんさい…Ⅵ-412［菜類］ | しよちのき…Ⅶ-318［樹木類］ |
| じゆんさい…Ⅳ-766［野生植物］ | しよはらくまこ…Ⅰ-682［穀物類］ |

し

しよはん…Ⅰ-682［穀物類］
しよふぶ…Ⅳ-769［野生植物］
じよま…Ⅲ-733［貝類］
しよめんもち…Ⅰ-682［穀物類］
しよらい…Ⅰ-682［穀物類］
じよらうあわ…Ⅰ-682［穀物類］
じよらういも…Ⅵ-414［菜類］
じよらうこ…Ⅰ-682［穀物類］
じょらうたけ…Ⅵ-74［竹・笹類］
じよらうな…Ⅵ-414［菜類］
じよらうはたか…Ⅰ-682［穀物類］
じよらうはなおち…Ⅰ-683［穀物類］
じよらふ…Ⅰ-683［穀物類］
しよりこ…Ⅳ-769［野生植物］
しよろうさい…Ⅳ-769［野生植物］
しよろき…Ⅵ-414［菜類］
じよろくそのくい…Ⅶ-318［樹木類］
しよろのき…Ⅶ-318［樹木類］
しよろふき…Ⅳ-769［野生植物］
しよろふき…Ⅵ-414［菜類］
しよろよもき…Ⅳ-769［野生植物］
しよろわこ…Ⅶ-319［樹木類］
じよをぐり…Ⅳ-769［野生植物］
しら…Ⅰ-683［穀物類］
しら…Ⅳ-769［野生植物］
じら…Ⅳ-770［野生植物］
しらあくさ…Ⅳ-770［野生植物］
しらあわ…Ⅰ-683［穀物類］
しらいとさう…Ⅳ-770［野生植物］
しらいね…Ⅰ-683［穀物類］
しらいを…Ⅲ-296［魚類］
しらう…Ⅰ-683［穀物類］
じらういち…Ⅰ-683［穀物類］
じらういちむぎ…Ⅰ-684［穀物類］
じらうざ…Ⅰ-684［穀物類］
じらうささけ…Ⅰ-684［穀物類］
しらうさぶらうもち…Ⅰ-684［穀物類］
じらうさもち…Ⅰ-684［穀物類］

しらうざゑもんもち…Ⅰ-684［穀物類］
じらうすけ…Ⅰ-684［穀物類］
じらうた…Ⅰ-685［穀物類］
じらうたらう…Ⅰ-685［穀物類］
じらうたらう…Ⅳ-770［野生植物］
じらうたらうはな…Ⅳ-770［野生植物］
じらうはち…Ⅰ-685［穀物類］
じらうはちさいこく…Ⅰ-685［穀物類］
じらうはちさいごく…Ⅰ-685［穀物類］
しらうべい…Ⅰ-685［穀物類］
しらうべゑ…Ⅰ-686［穀物類］
しらうべゑいね…Ⅰ-686［穀物類］
じらうべゑささけ…Ⅰ-686［穀物類］
じらうまる…Ⅰ-686［穀物類］
しらうを…Ⅲ-296［魚類］
しらえゐ…Ⅲ-296［魚類］
しらおく…Ⅰ-686［穀物類］
しらおのね…Ⅶ-812［救荒動植物類］
しらか…Ⅳ-770［野生植物］
しらが…Ⅰ-686［穀物類］
しらが…Ⅳ-770［野生植物］
しらかい…Ⅲ-734［貝類］
しらかいとう…Ⅳ-771［野生植物］
しらかいね…Ⅰ-686［穀物類］
しらがいね…Ⅰ-686［穀物類］
しらかくさ…Ⅳ-771［野生植物］
しらがぐさ…Ⅳ-771［野生植物］
しらかけ…Ⅶ-319［樹木類］
しらがささ…Ⅵ-74［竹・笹類］
しらかし…Ⅶ-319［樹木類］
しらかつら…Ⅳ-771［野生植物］
しらがにんじん…Ⅳ-771［野生植物］
しらかは…Ⅰ-687［穀物類］
しらかば…Ⅶ-319［樹木類］
しらかはいね…Ⅰ-687［穀物類］
しらかはこむぎ…Ⅰ-687［穀物類］
しらかはひへ…Ⅰ-687［穀物類］
しらかはもち…Ⅰ-687［穀物類］

| | |
|---|---|
| しらかはわせ…Ⅰ - 687 ［穀物類］ | しらこほれ…Ⅰ - 690 ［穀物類］ |
| しらかひ…Ⅲ - 734 ［貝類］ | しらさ…Ⅲ - 297 ［魚類］ |
| しらがまて…Ⅰ - 688 ［穀物類］ | しらさか…Ⅰ - 690 ［穀物類］ |
| しらがまていね…Ⅰ - 688 ［穀物類］ | しらさき…Ⅶ - 320 ［樹木類］ |
| しらかもく…Ⅳ - 771 ［野生植物］ | しらさぎ…Ⅶ - 811 ［救荒動植物類］ |
| しらかもち…Ⅰ - 688 ［穀物類］ | しらさめ…Ⅲ - 297 ［魚類］ |
| しらがもち…Ⅰ - 688 ［穀物類］ | しらしやけ…Ⅶ - 320 ［樹木類］ |
| しらかや…Ⅳ - 772 ［野生植物］ | しらす…Ⅲ - 297 ［魚類］ |
| しらがら…Ⅵ - 416 ［菜類］ | しらすぎ…Ⅳ - 774 ［野生植物］ |
| しらかわ…Ⅰ - 688 ［穀物類］ | しらすこ…Ⅲ - 297 ［魚類］ |
| しらかわこむぎ…Ⅰ - 689 ［穀物類］ | しらすご…Ⅲ - 297 ［魚類］ |
| しらかわせ…Ⅰ - 689 ［穀物類］ | しらすべり…Ⅰ - 690 ［穀物類］ |
| しらかわまめ…Ⅰ - 689 ［穀物類］ | しらせんぼ…Ⅰ - 690 ［穀物類］ |
| しらかんば…Ⅶ - 319 ［樹木類］ | しらたけ…Ⅰ - 690 ［穀物類］ |
| しらき…Ⅰ - 689 ［穀物類］ | しらたけ…Ⅵ - 162 ［菌・茸類］ |
| しらき…Ⅶ - 319 ［樹木類］ | しらたち…Ⅳ - 774 ［野生植物］ |
| しらきく…Ⅳ - 772 ［野生植物］ | しらたま…Ⅶ - 320 ［樹木類］ |
| しらきはな…Ⅳ - 772 ［野生植物］ | しらたろのき…Ⅶ - 320 ［樹木類］ |
| しらきび…Ⅰ - 689 ［穀物類］ | しらちこ…Ⅰ - 691 ［穀物類］ |
| しらくさ…Ⅳ - 772 ［野生植物］ | しらちさ…Ⅵ - 414 ［菜類］ |
| しらくす…Ⅶ - 320 ［樹木類］ | しらちぢこ…Ⅳ - 774 ［野生植物］ |
| しらくち…Ⅳ - 772 ［野生植物］ | しらつめ…Ⅲ - 734 ［貝類］ |
| しらくち…Ⅵ - 783 ［果類］ | しらなひゑ…Ⅰ - 691 ［穀物類］ |
| しらくち…Ⅶ - 320 ［樹木類］ | しらなみ…Ⅰ - 691 ［穀物類］ |
| しらくち…Ⅶ - 811 ［救荒動植物類］ | しらね…Ⅳ - 775 ［野生植物］ |
| しらくちかつら…Ⅳ - 773 ［野生植物］ | しらは…Ⅰ - 691 ［穀物類］ |
| しらくちかづら…Ⅳ - 773 ［野生植物］ | しらば…Ⅰ - 691 ［穀物類］ |
| しらくちのみ…Ⅵ - 783 ［果類］ | しらば…Ⅰ - 692 ［穀物類］ |
| しらくちふし…Ⅳ - 774 ［野生植物］ | しらはぎ…Ⅳ - 775 ［野生植物］ |
| しらくちふぢ…Ⅳ - 774 ［野生植物］ | しらはぎ…Ⅶ - 320 ［樹木類］ |
| しらけ…Ⅰ - 689 ［穀物類］ | しらはた…Ⅶ - 321 ［樹木類］ |
| しらけ…Ⅲ - 296 ［魚類］ | しらはつたけ…Ⅵ - 162 ［菌・茸類］ |
| しらげ…Ⅲ - 296 ［魚類］ | しらはな…Ⅶ - 321 ［樹木類］ |
| しらけはな…Ⅳ - 774 ［野生植物］ | しらはひ…Ⅶ - 321 ［樹木類］ |
| しらけもち…Ⅰ - 689 ［穀物類］ | しらはへ…Ⅲ - 298 ［魚類］ |
| しらこうじ…Ⅰ - 690 ［穀物類］ | しらはむぎ…Ⅰ - 692 ［穀物類］ |
| しらこつぼ…Ⅰ - 690 ［穀物類］ | しらはもち…Ⅰ - 692 ［穀物類］ |
| しらこつら…Ⅳ - 774 ［野生植物］ | しらばもち…Ⅰ - 692 ［穀物類］ |

## し

しらばやろく…Ⅰ-692［穀物類］
しらはり…Ⅳ-775［野生植物］
しらはり…Ⅶ-321［樹木類］
しらばわせ…Ⅰ-692［穀物類］
しらび…Ⅶ-321［樹木類］
しらひげ…Ⅰ-692［穀物類］
しらひげさかい…Ⅰ-693［穀物類］
しらひへ…Ⅰ-693［穀物類］
しらびへ…Ⅰ-693［穀物類］
しらほ…Ⅰ-693［穀物類］
しらぼ…Ⅰ-693［穀物類］
しらぼうし…Ⅰ-693［穀物類］
しらほささげ…Ⅰ-693［穀物類］
しらほり…Ⅰ-693［穀物類］
しらま…Ⅰ-693［穀物類］
しらまき…Ⅶ-321［樹木類］
しらまち…Ⅰ-694［穀物類］
しらみくさ…Ⅳ-775［野生植物］
しらみころし…Ⅳ-775［野生植物］
しらみたら…Ⅲ-298［魚類］
しらめ…Ⅰ-694［穀物類］
しらも…Ⅳ-775［野生植物］
しらもち…Ⅰ-694［穀物類］
しらもちあわ…Ⅰ-694［穀物類］
しらやなしのめ…Ⅶ-811［救荒動植物類］
しらやまと…Ⅰ-694［穀物類］
しらゆり…Ⅳ-776［野生植物］
しらゆり…Ⅵ-414［菜類］
しらゆり…Ⅶ-811［救荒動植物類］
しらわせ…Ⅰ-694［穀物類］
しらゑび…Ⅰ-695［穀物類］
しらを…Ⅳ-776［野生植物］
しらをう…Ⅲ-734［貝類］
しらをふみ…Ⅰ-695［穀物類］
しらん…Ⅳ-776［野生植物］
しらん…Ⅳ-777［野生植物］
しりあいす…Ⅳ-777［野生植物］
しりきりにな…Ⅲ-734［貝類］

しりきれ…Ⅰ-695［穀物類］
しりきれとたん…Ⅵ-28［金・石・土・水類］
しりたか…Ⅲ-298［魚類］
しりたか…Ⅲ-734［貝類］
しりだか…Ⅲ-735［貝類］
しりたかかひ…Ⅲ-735［貝類］
しりたかにな…Ⅲ-735［貝類］
しりたかみな…Ⅲ-735［貝類］
しりだし…Ⅵ-783［果類］
しりたしのき…Ⅶ-322［樹木類］
しりたて…Ⅲ-735［貝類］
しりひねり…Ⅵ-415［菜類］
しりぶか…Ⅶ-321［樹木類］
しりふと…Ⅵ-415［菜類］
しりふりこち…Ⅲ-298［魚類］
しりまもり…Ⅲ-298［魚類］
しりやけ…Ⅲ-298［魚類］
しりやす…Ⅳ-777［野生植物］
しるたゑひ…Ⅰ-695［穀物類］
しれ…Ⅲ-298［魚類］
しれい…Ⅳ-777［野生植物］
しれい…Ⅶ-812［救荒動植物類］
しれいくさ…Ⅳ-777［野生植物］
しれす…Ⅲ-299［魚類］
しろ…Ⅰ-695［穀物類］
しろ…Ⅲ-299［魚類］
しろあかざ…Ⅵ-415［菜類］
しろあさみ…Ⅳ-778［野生植物］
しろあさみ…Ⅵ-415［菜類］
しろあさみ…Ⅶ-812［救荒動植物類］
しろあざみ…Ⅳ-778［野生植物］
しろあし…Ⅰ-695［穀物類］
しろあせこし…Ⅰ-695［穀物類］
しろあつき…Ⅰ-696［穀物類］
しろあづき…Ⅰ-696［穀物類］
しろあづき…Ⅰ-697［穀物類］
しろあなこ…Ⅲ-299［魚類］
しろあなご…Ⅲ-299［魚類］

| | |
|---|---|
| しろあは…Ⅰ-697［穀物類］ | しろうを…Ⅲ-301［魚類］ |
| しろあひずり…Ⅰ-697［穀物類］ | しろえいらく…Ⅰ-700［穀物類］ |
| しろあふひ…Ⅳ-778［野生植物］ | しろおかの…Ⅰ-700［穀物類］ |
| しろあわ…Ⅰ-697［穀物類］ | しろおに…Ⅰ-700［穀物類］ |
| しろあゑらぎ…Ⅰ-697［穀物類］ | しろおにひえ…Ⅰ-700［穀物類］ |
| しろい…Ⅳ-778［野生植物］ | しろおにむき…Ⅰ-700［穀物類］ |
| しろい…Ⅵ-415［菜類］ | しろおにむぎ…Ⅰ-700［穀物類］ |
| しろい…Ⅶ-812［救荒動植物類］ | しろおふき…Ⅳ-779［野生植物］ |
| じろい…Ⅶ-812［救荒動植物類］ | しろおみなへし…Ⅳ-779［野生植物］ |
| しろいくさ…Ⅳ-778［野生植物］ | しろおんぼ…Ⅰ-700［穀物類］ |
| しろいけのは…Ⅶ-812［救荒動植物類］ | しろかい…Ⅲ-735［貝類］ |
| しろいさざ…Ⅲ-299［魚類］ | しろかいじやう…Ⅰ-700［穀物類］ |
| しろいし…Ⅵ-28［金・石・土・水類］ | しろかいせい…Ⅰ-701［穀物類］ |
| しろいしたて…Ⅰ-698［穀物類］ | しろかいちゆう…Ⅰ-701［穀物類］ |
| しろいせ…Ⅶ-322［樹木類］ | しろがう…Ⅵ-162［菌・茸類］ |
| しろいせむぎ…Ⅰ-698［穀物類］ | しろかうし…Ⅵ-783［果類］ |
| しろいたき…Ⅶ-322［樹木類］ | しろかうぞのき…Ⅶ-322［樹木類］ |
| しろいたや…Ⅶ-322［樹木類］ | しろかうばい…Ⅰ-701［穀物類］ |
| しろいちべゐいね…Ⅰ-698［穀物類］ | しろかうら…Ⅰ-701［穀物類］ |
| しろいちらうべゐいね…Ⅰ-698［穀物類］ | しろかきさい…Ⅰ-701［穀物類］ |
| しろいつつば…Ⅰ-698［穀物類］ | しろかこさう…Ⅳ-779［野生植物］ |
| しろいつつばまめ…Ⅰ-698［穀物類］ | しろかし…Ⅰ-701［穀物類］ |
| しろいね…Ⅰ-698［穀物類］ | しろかし…Ⅶ-323［樹木類］ |
| しろいね…Ⅰ-699［穀物類］ | しろかたふり…Ⅵ-416［菜類］ |
| しろいはな…Ⅳ-778［野生植物］ | しろかぢか…Ⅰ-701［穀物類］ |
| しろいまむら…Ⅰ-699［穀物類］ | しろかちかは…Ⅶ-323［樹木類］ |
| しろいも…Ⅵ-416［菜類］ | しろかね…Ⅰ-702［穀物類］ |
| しろいを…Ⅲ-299［魚類］ | しろかねうを…Ⅲ-301［魚類］ |
| しろいんげんまめ…Ⅰ-699［穀物類］ | しろかねはな…Ⅳ-779［野生植物］ |
| しろう…Ⅳ-778［野生植物］ | しろかば…Ⅶ-323［樹木類］ |
| しろうじ…Ⅰ-699［穀物類］ | しろかび…Ⅶ-323［樹木類］ |
| しろうつぎ…Ⅶ-322［樹木類］ | しろかふ…Ⅵ-416［菜類］ |
| しろうつきのは…Ⅶ-812［救荒動植物類］ | しろかぶ…Ⅵ-416［菜類］ |
| しろうなき…Ⅲ-300［魚類］ | しろかぶ…Ⅵ-417［菜類］ |
| しろうにな…Ⅲ-736［貝類］ | しろかぶら…Ⅵ-417［菜類］ |
| しろうのね…Ⅶ-813［救荒動植物類］ | しろかや…Ⅳ-779［野生植物］ |
| しろうり…Ⅵ-416［菜類］ | しろから…Ⅰ-702［穀物類］ |
| しろうを…Ⅲ-300［魚類］ | しろから…Ⅵ-417［菜類］ |

し

しろがら…Ⅰ-702［穀物類］
しろからし…Ⅵ-417［菜類］
しろがらし…Ⅵ-417［菜類］
しろからむし…Ⅳ-779［野生植物］
しろかるこ…Ⅰ-702［穀物類］
しろかわち…Ⅰ-702［穀物類］
しろかわらけ…Ⅵ-28［金・石・土・水類］
しろかをりわせ…Ⅰ-702［穀物類］
しろかんそうし…Ⅰ-703［穀物類］
しろき…Ⅳ-779［野生植物］
しろぎ…Ⅶ-323［樹木類］
しろきうり…Ⅵ-418［菜類］
しろききやう…Ⅳ-780［野生植物］
しろきく…Ⅵ-418［菜類］
しろきし…Ⅰ-703［穀物類］
しろきじ…Ⅰ-703［穀物類］
しろきす…Ⅲ-301［魚類］
しろきたけ…Ⅵ-163［菌・茸類］
しろきぬ…Ⅳ-780［野生植物］
しろきのこ…Ⅵ-163［菌・茸類］
しろきひ…Ⅰ-703［穀物類］
しろきび…Ⅰ-703［穀物類］
しろきふり…Ⅵ-418［菜類］
しろきやう…Ⅰ-703［穀物類］
しろぎやう…Ⅰ-703［穀物類］
しろきやうあづき…Ⅰ-703［穀物類］
しろきやうばやり…Ⅰ-703［穀物類］
しろきやうゑひ…Ⅰ-704［穀物類］
しろきり…Ⅶ-324［樹木類］
しろきんひら…Ⅰ-704［穀物類］
しろくき…Ⅵ-418［菜類］
しろくさ…Ⅳ-780［野生植物］
しろくさやまぶき…Ⅳ-780［野生植物］
しろくち…Ⅳ-780［野生植物］
しろくち…Ⅶ-324［樹木類］
しろぐち…Ⅲ-301［魚類］
しろくつ…Ⅰ-704［穀物類］
しろぐはゐ…Ⅳ-780［野生植物］

しろくび…Ⅰ-704［穀物類］
しろくまこ…Ⅰ-704［穀物類］
しろくらつくり…Ⅰ-704［穀物類］
しろくわい…Ⅵ-418［菜類］
しろくわひ…Ⅵ-418［菜類］
しろくわへ…Ⅵ-418［菜類］
しろくわゐ…Ⅵ-419［菜類］
しろけ…Ⅰ-704［穀物類］
しろけいとう…Ⅳ-780［野生植物］
しろげか…Ⅰ-705［穀物類］
しろけし…Ⅰ-705［穀物類］
しろけし…Ⅵ-419［菜類］
しろけしやう…Ⅰ-705［穀物類］
しろげしやう…Ⅰ-705［穀物類］
しろけしろ…Ⅰ-705［穀物類］
しろけせう…Ⅰ-705［穀物類］
しろげせう…Ⅰ-705［穀物類］
しろけぬき…Ⅰ-705［穀物類］
しろけん…Ⅳ-781［野生植物］
しろこ…Ⅰ-706［穀物類］
しろこ…Ⅲ-301［魚類］
しろこあふひ…Ⅳ-781［野生植物］
しろごいし…Ⅰ-706［穀物類］
しろごいしまめ…Ⅰ-706［穀物類］
しろこう…Ⅰ-706［穀物類］
しろこうばう…Ⅰ-706［穀物類］
しろこうぼふ…Ⅰ-706［穀物類］
しろこきち…Ⅰ-707［穀物類］
しろこきひ…Ⅰ-707［穀物類］
しろこけ…Ⅵ-163［菌・茸類］
しろごけ…Ⅵ-163［菌・茸類］
しろここめつつじ…Ⅶ-324［樹木類］
しろこさか…Ⅰ-707［穀物類］
しろこざら…Ⅰ-707［穀物類］
しろこしけ…Ⅰ-707［穀物類］
しろこしげ…Ⅰ-707［穀物類］
しろこしみづ…Ⅰ-707［穀物類］
しろことう…Ⅰ-707［穀物類］

| | |
|---|---|
| しろこにようぼう…Ⅰ-708［穀物類］ | しろさつき…Ⅶ-324［樹木類］ |
| しろこねら…Ⅰ-708［穀物類］ | しろざとく…Ⅳ-781［野生植物］ |
| しろこのき…Ⅵ-419［菜類］ | しろさは…Ⅰ-712［穀物類］ |
| しろこのき…Ⅶ-324［樹木類］ | しろさば…Ⅲ-302［魚類］ |
| しろごひし…Ⅰ-708［穀物類］ | しろさはひへ…Ⅰ-712［穀物類］ |
| しろこふし…Ⅰ-708［穀物類］ | しろさぶ…Ⅰ-712［穀物類］ |
| しろこぼ…Ⅰ-708［穀物類］ | しろさふらい…Ⅰ-713［穀物類］ |
| しろこぼう…Ⅰ-708［穀物類］ | しろさめ…Ⅲ-302［魚類］ |
| しろこぼう…Ⅵ-419［菜類］ | しろさや…Ⅰ-713［穀物類］ |
| しろごぼうもち…Ⅰ-708［穀物類］ | しろざや…Ⅰ-713［穀物類］ |
| しろこぼし…Ⅰ-709［穀物類］ | しろさやあづき…Ⅰ-713［穀物類］ |
| しろこま…Ⅰ-709［穀物類］ | しろさやまめ…Ⅰ-714［穀物類］ |
| しろこま…Ⅵ-419［菜類］ | しろさら…Ⅰ-714［穀物類］ |
| しろごま…Ⅰ-709［穀物類］ | しろさらいね…Ⅰ-714［穀物類］ |
| しろごま…Ⅵ-419［菜類］ | しろざらり…Ⅰ-714［穀物類］ |
| しろごま…Ⅵ-420［菜類］ | しろざり…Ⅰ-714［穀物類］ |
| しろこみず…Ⅰ-709［穀物類］ | しろさるて…Ⅰ-714［穀物類］ |
| しろこみつ…Ⅰ-710［穀物類］ | しろされ…Ⅰ-715［穀物類］ |
| しろこむき…Ⅰ-710［穀物類］ | しろさんぐわつ…Ⅰ-715［穀物類］ |
| しろこむぎ…Ⅰ-710［穀物類］ | しろさんしちらうもち…Ⅰ-715［穀物類］ |
| しろこめがや…Ⅵ-784［果類］ | しろじこう…Ⅵ-163［菌・茸類］ |
| しろごらう…Ⅰ-710［穀物類］ | しろししや…Ⅶ-325［樹木類］ |
| しろこり…Ⅲ-301［魚類］ | しろしそ…Ⅳ-781［野生植物］ |
| しろごり…Ⅲ-301［魚類］ | しろしとみ…Ⅶ-325［樹木類］ |
| しろごわい…Ⅳ-781［野生植物］ | しろじふはち…Ⅰ-715［穀物類］ |
| しろこわせ…Ⅰ-710［穀物類］ | しろじふろく…Ⅰ-715［穀物類］ |
| しろさい…Ⅰ-710［穀物類］ | しろじふろくささけ…Ⅰ-715［穀物類］ |
| しろさいこく…Ⅰ-711［穀物類］ | しろしみつ…Ⅰ-715［穀物類］ |
| しろざいこく…Ⅰ-711［穀物類］ | しろしみづ…Ⅰ-716［穀物類］ |
| しろさいまめ…Ⅰ-711［穀物類］ | しろしめし…Ⅵ-163［菌・茸類］ |
| しろさうらし…Ⅶ-324［樹木類］ | しろしめじ…Ⅵ-163［菌・茸類］ |
| しろさかい…Ⅰ-711［穀物類］ | しろしめぢ…Ⅵ-164［菌・茸類］ |
| しろさくら…Ⅶ-324［樹木類］ | しろしや…Ⅶ-323［樹木類］ |
| しろささぎ…Ⅰ-711［穀物類］ | しろしやう…Ⅵ-420［菜類］ |
| しろささけ…Ⅰ-711［穀物類］ | しろしやうぶ…Ⅳ-781［野生植物］ |
| しろささけ…Ⅰ-712［穀物類］ | しろしやが…Ⅳ-782［野生植物］ |
| しろささけ…Ⅵ-420［菜類］ | しろしやくやく…Ⅳ-782［野生植物］ |
| しろささげ…Ⅰ-712［穀物類］ | しろしゆつ…Ⅳ-782［野生植物］ |

し

しろしゆんきく…Ⅳ-782［野生植物］
しろしんとく…Ⅰ-716［穀物類］
しろしんは…Ⅰ-716［穀物類］
しろじんば…Ⅰ-716［穀物類］
しろしんぽ…Ⅰ-716［穀物類］
しろすいくわ…Ⅵ-420［菜類］
しろすいくわ…Ⅵ-784［果類］
しろすぎ…Ⅳ-782［野生植物］
しろすぎ…Ⅶ-325［樹木類］
しろすすき…Ⅰ-716［穀物類］
しろすすきれ…Ⅰ-716［穀物類］
しろずすきれ…Ⅰ-716［穀物類］
しろすな…Ⅵ-29［金・石・土・水類］
しろすぬけ…Ⅰ-717［穀物類］
しろすもも…Ⅵ-784［果類］
しろせきえい…Ⅵ-29［金・石・土・水類］
しろせんよう…Ⅵ-784［果類］
しろそふろしのき…Ⅶ-325［樹木類］
しろだいこん…Ⅵ-420［菜類］
しろたいたう…Ⅰ-717［穀物類］
しろだいたう…Ⅰ-717［穀物類］
しろたいとう…Ⅰ-717［穀物類］
しろだいりん…Ⅶ-325［樹木類］
しろだう…Ⅰ-717［穀物類］
しろたうきひ…Ⅰ-718［穀物類］
しろたうぼし…Ⅰ-718［穀物類］
しろたかな…Ⅵ-420［菜類］
しろたけ…Ⅵ-74［竹・笹類］
しろたけ…Ⅵ-164［菌・茸類］
しろたこ…Ⅰ-718［穀物類］
しろだこ…Ⅶ-325［樹木類］
しろだこや…Ⅰ-718［穀物類］
しろたつぶ…Ⅲ-735［貝類］
しろたて…Ⅵ-420［菜類］
しろたで…Ⅵ-421［菜類］
しろたのかみ…Ⅰ-718［穀物類］
しろたひ…Ⅲ-302［魚類］
しろたぶ…Ⅶ-325［樹木類］

しろたぶのき…Ⅶ-326［樹木類］
しろたも…Ⅶ-326［樹木類］
しろたものき…Ⅶ-326［樹木類］
しろたらり…Ⅰ-718［穀物類］
しろたろつふ…Ⅲ-736［貝類］
しろたんご…Ⅰ-718［穀物類］
しろたんぽぽ…Ⅵ-421［菜類］
しろちかう…Ⅵ-164［菌・茸類］
しろちくだ…Ⅰ-719［穀物類］
しろちくりん…Ⅰ-719［穀物類］
しろちこ…Ⅰ-719［穀物類］
しろちさ…Ⅵ-421［菜類］
しろぢしや…Ⅶ-326［樹木類］
しろぢつ…Ⅳ-782［野生植物］
しろちや…Ⅵ-421［菜類］
しろちゆうごく…Ⅰ-719［穀物類］
しろちんこ…Ⅳ-783［野生植物］
しろつち…Ⅵ-29［金・石・土・水類］
しろつつし…Ⅶ-326［樹木類］
しろつつじ…Ⅶ-326［樹木類］
しろつつじはな…Ⅶ-327［樹木類］
しろつね…Ⅰ-719［穀物類］
しろつのくに…Ⅰ-719［穀物類］
しろつばき…Ⅶ-327［樹木類］
しろつはくらまめ…Ⅰ-719［穀物類］
しろつばら…Ⅶ-327［樹木類］
しろつほね…Ⅰ-720［穀物類］
しろつる…Ⅰ-720［穀物類］
しろつる…Ⅵ-164［菌・茸類］
しろつるこ…Ⅰ-720［穀物類］
しろつるさき…Ⅰ-720［穀物類］
しろつるのこ…Ⅰ-720［穀物類］
しろつるほそ…Ⅰ-720［穀物類］
しろてき…Ⅰ-720［穀物類］
しろでは…Ⅰ-721［穀物類］
しろとう…Ⅰ-721［穀物類］
しろとう…Ⅵ-421［菜類］
しろどう…Ⅰ-721［穀物類］

| | |
|---|---|
| しろどう…Ⅳ - 783 ［野生植物］ | しろねぶ…Ⅶ - 328 ［樹木類］ |
| しろとうからし…Ⅵ - 421 ［菜類］ | しろのき…Ⅶ - 328 ［樹木類］ |
| しろとうきみ…Ⅰ - 721 ［穀物類］ | しろのたり…Ⅰ - 724 ［穀物類］ |
| しろとうぎみ…Ⅰ - 721 ［穀物類］ | しろのばうづ…Ⅰ - 724 ［穀物類］ |
| しろとうしらう…Ⅰ - 721 ［穀物類］ | しろのまめ…Ⅰ - 724 ［穀物類］ |
| しろとうぼうし…Ⅰ - 721 ［穀物類］ | しろはい…Ⅲ - 302 ［魚類］ |
| しろとうもろこし…Ⅰ - 721 ［穀物類］ | しろはいろ…Ⅵ - 29 ［金・石・土・水類］ |
| しろとくより…Ⅰ - 722 ［穀物類］ | しろはいろすぢもの…Ⅵ - 29 |
| しろとちのき…Ⅶ - 327 ［樹木類］ | ［金・石・土・水類］ |
| しろとふきび…Ⅰ - 722 ［穀物類］ | しろばうし…Ⅰ - 724 ［穀物類］ |
| しろとろのき…Ⅶ - 327 ［樹木類］ | しろばうづ…Ⅰ - 724 ［穀物類］ |
| しろとんへ…Ⅰ - 722 ［穀物類］ | しろはき…Ⅳ - 783 ［野生植物］ |
| しろな…Ⅰ - 722 ［穀物類］ | しろはき…Ⅶ - 328 ［樹木類］ |
| しろな…Ⅵ - 421 ［菜類］ | しろはきのこ…Ⅰ - 724 ［穀物類］ |
| しろなかて…Ⅰ - 722 ［穀物類］ | しろはくざ…Ⅳ - 783 ［野生植物］ |
| しろなす…Ⅵ - 422 ［菜類］ | しろばしやう…Ⅵ - 423 ［菜類］ |
| しろなすひ…Ⅵ - 422 ［菜類］ | しろはせ…Ⅲ - 302 ［魚類］ |
| しろなすび…Ⅵ - 422 ［菜類］ | しろはせ…Ⅶ - 328 ［樹木類］ |
| しろなたまめ…Ⅰ - 722 ［穀物類］ | しろはぜ…Ⅲ - 302 ［魚類］ |
| しろなは…Ⅵ - 164 ［菌・茸類］ | しろはぜこ…Ⅰ - 725 ［穀物類］ |
| しろなま…Ⅶ - 327 ［樹木類］ | しろはぜわせ…Ⅰ - 725 ［穀物類］ |
| しろなりこ…Ⅰ - 723 ［穀物類］ | しろはせを…Ⅵ - 423 ［菜類］ |
| しろなんき…Ⅰ - 723 ［穀物類］ | しろはたか…Ⅰ - 725 ［穀物類］ |
| しろなんてん…Ⅶ - 327 ［樹木類］ | しろはだか…Ⅰ - 725 ［穀物類］ |
| しろなんばん…Ⅰ - 723 ［穀物類］ | しろはだかり…Ⅰ - 725 ［穀物類］ |
| しろにし…Ⅰ - 723 ［穀物類］ | しろはちぐわつ…Ⅰ - 725 ［穀物類］ |
| しろにし…Ⅲ - 736 ［貝類］ | しろはちこく…Ⅰ - 726 ［穀物類］ |
| しろにしかひ…Ⅲ - 736 ［貝類］ | しろはつたけ…Ⅵ - 164 ［菌・茸類］ |
| しろにんしん…Ⅵ - 422 ［菜類］ | しろはつたけ…Ⅵ - 165 ［菌・茸類］ |
| しろにんじん…Ⅵ - 422 ［菜類］ | しろはな…Ⅰ - 726 ［穀物類］ |
| しろにんちん…Ⅵ - 423 ［菜類］ | しろはな…Ⅵ - 423 ［菜類］ |
| しろぬいとう…Ⅰ - 723 ［穀物類］ | しろはなばんとう…Ⅰ - 726 ［穀物類］ |
| しろね…Ⅳ - 783 ［野生植物］ | しろはなまめ…Ⅰ - 726 ［穀物類］ |
| しろね…Ⅶ - 813 ［救荒動植物類］ | しろはふし…Ⅰ - 726 ［穀物類］ |
| しろねこあし…Ⅰ - 723 ［穀物類］ | しろはへ…Ⅲ - 302 ［魚類］ |
| しろねそ…Ⅶ - 328 ［樹木類］ | しろはへ…Ⅲ - 303 ［魚類］ |
| しろねち…Ⅰ - 723 ［穀物類］ | しろはも…Ⅲ - 303 ［魚類］ |
| しろねぢれ…Ⅰ - 724 ［穀物類］ | しろはやいね…Ⅰ - 726 ［穀物類］ |

し

しろはやり…Ⅰ-726［穀物類］
しろばやり…Ⅰ-726［穀物類］
しろばら…Ⅳ-783［野生植物］
しろはゑ…Ⅲ-303［魚類］
しろひ…Ⅳ-783［野生植物］
しろひえ…Ⅰ-727［穀物類］
しろひき…Ⅰ-727［穀物類］
しろひきつか…Ⅰ-727［穀物類］
しろひきわせ…Ⅰ-727［穀物類］
しろひけ…Ⅰ-727［穀物類］
しろひけ…Ⅲ-303［魚類］
しろひけ…Ⅳ-784［野生植物］
しろひげ…Ⅰ-727［穀物類］
しろひこ…Ⅰ-728［穀物類］
しろびし…Ⅰ-728［穀物類］
しろびじよ…Ⅰ-728［穀物類］
しろびぜう…Ⅰ-728［穀物類］
しろびつちう…Ⅰ-728［穀物類］
しろひのき…Ⅶ-328［樹木類］
しろひへ…Ⅰ-728［穀物類］
しろびへ…Ⅰ-728［穀物類］
しろひめこ…Ⅰ-729［穀物類］
しろびやうたれ…Ⅰ-729［穀物類］
しろひゆ…Ⅵ-423［菜類］
しろひよ…Ⅶ-328［樹木類］
しろびわ…Ⅰ-729［穀物類］
しろひゑ…Ⅰ-729［穀物類］
しろふか…Ⅲ-303［魚類］
しろふき…Ⅳ-784［野生植物］
しろふき…Ⅵ-423［菜類］
しろふぐ…Ⅲ-303［魚類］
しろふくしゆさう…Ⅳ-784［野生植物］
しろふけ…Ⅰ-729［穀物類］
しろふさ…Ⅰ-729［穀物類］
しろふし…Ⅰ-730［穀物類］
しろふし…Ⅳ-784［野生植物］
しろふじ…Ⅳ-784［野生植物］
しろふぢ…Ⅳ-784［野生植物］

しろふちしろ…Ⅰ-730［穀物類］
しろふつ…Ⅶ-813［救荒動植物類］
しろぶつ…Ⅳ-784［野生植物］
しろぶどう…Ⅵ-784［果類］
しろふらう…Ⅰ-730［穀物類］
しろふり…Ⅵ-423［菜類］
しろふろふ…Ⅰ-730［穀物類］
しろへ…Ⅰ-730［穀物類］
しろべ…Ⅰ-730［穀物類］
しろべ…Ⅲ-304［魚類］
しろへい…Ⅰ-730［穀物類］
しろべい…Ⅰ-730［穀物類］
しろべい…Ⅵ-784［果類］
しろべちこ…Ⅰ-731［穀物類］
しろへんづ…Ⅰ-731［穀物類］
しろほ…Ⅰ-731［穀物類］
しろぼ…Ⅰ-731［穀物類］
しろぼ…Ⅳ-785［野生植物］
しろほう…Ⅶ-329［樹木類］
しろほうえい…Ⅰ-731［穀物類］
しろほうし…Ⅰ-731［穀物類］
しろぼうし…Ⅰ-731［穀物類］
しろほうす…Ⅰ-732［穀物類］
しろぼうす…Ⅰ-732［穀物類］
しろぼうず…Ⅰ-732［穀物類］
しろほうてん…Ⅵ-424［菜類］
しろほうのき…Ⅶ-329［樹木類］
しろぼうぶら…Ⅵ-424［菜類］
しろほくこく…Ⅰ-732［穀物類］
しろぼくさ…Ⅳ-785［野生植物］
しろほこ…Ⅰ-732［穀物類］
しろほし…Ⅰ-732［穀物類］
しろほしぼう…Ⅰ-733［穀物類］
しろほそつる…Ⅰ-733［穀物類］
しろほたん…Ⅳ-785［野生植物］
しろぼたん…Ⅳ-785［野生植物］
しろほなか…Ⅰ-733［穀物類］
しろほなが…Ⅰ-733［穀物類］

しろほり…Ⅰ-733［穀物類］
しろほりだし…Ⅰ-733［穀物類］
しろぼろ…Ⅰ-733［穀物類］
しろぼんてん…Ⅵ-424［菜類］
しろぼんもち…Ⅰ-734［穀物類］
しろぼんもち…Ⅰ-734［穀物類］
しろまい…Ⅵ-165［菌・茸類］
しろまいたけ…Ⅵ-165［菌・茸類］
しろまき…Ⅶ-329［樹木類］
しろまげ…Ⅲ-736［貝類］
しろまさ…Ⅵ-29［金・石・土・水類］
しろまさめ…Ⅰ-734［穀物類］
しろまつくは…Ⅵ-424［菜類］
しろまて…Ⅰ-734［穀物類］
しろまはりはせ…Ⅰ-734［穀物類］
しろまめ…Ⅰ-734［穀物類］
しろまめ…Ⅰ-735［穀物類］
しろまゐ…Ⅵ-165［菌・茸類］
しろまんさい…Ⅰ-735［穀物類］
しろみと…Ⅰ-735［穀物類］
しろみど…Ⅰ-735［穀物類］
しろみとり…Ⅰ-735［穀物類］
しろみなり…Ⅰ-735［穀物類］
しろみのかさ…Ⅰ-735［穀物類］
しろみほ…Ⅰ-736［穀物類］
しろみやうか…Ⅳ-785［野生植物］
しろむき…Ⅰ-736［穀物類］
しろむぎ…Ⅰ-736［穀物類］
しろむく…Ⅰ-736［穀物類］
しろむくけ…Ⅶ-329［樹木類］
しろむくげ…Ⅶ-329［樹木類］
しろむら…Ⅶ-329［樹木類］
しろめ…Ⅰ-736［穀物類］
しろめ…Ⅲ-304［魚類］
しろめ…Ⅵ-29［金・石・土・水類］
しろめあわ…Ⅰ-737［穀物類］
しろめいせごい…Ⅲ-304［魚類］
しろめいせこひ…Ⅲ-304［魚類］

しろめうが…Ⅳ-785［野生植物］
しろめくさ…Ⅳ-785［野生植物］
しろめはじき…Ⅰ-737［穀物類］
しろめほら…Ⅲ-304［魚類］
しろめぼら…Ⅲ-304［魚類］
しろめむき…Ⅰ-737［穀物類］
しろめむぎ…Ⅰ-737［穀物類］
しろめわせ…Ⅰ-737［穀物類］
しろも…Ⅳ-786［野生植物］
しろもくた…Ⅳ-786［野生植物］
しろもし…Ⅶ-329［樹木類］
しろもじ…Ⅶ-330［樹木類］
しろもたち…Ⅵ-166［菌・茸類］
しろもち…Ⅰ-737［穀物類］
しろもち…Ⅰ-738［穀物類］
しろもちあわ…Ⅰ-738［穀物類］
しろもちわせ…Ⅰ-738［穀物類］
しろもと…Ⅰ-738［穀物類］
しろもも…Ⅵ-784［果類］
しろもも…Ⅵ-785［果類］
しろもも…Ⅶ-330［樹木類］
しろもりこしろ…Ⅰ-739［穀物類］
しろもんしや…Ⅶ-330［樹木類］
しろやつこ…Ⅰ-739［穀物類］
しろやつはし…Ⅳ-786［野生植物］
しろやなぎ…Ⅶ-330［樹木類］
しろやなしのめ…Ⅶ-813［救荒動植物類］
しろやはづ…Ⅰ-739［穀物類］
しろやぶした…Ⅰ-739［穀物類］
しろやまと…Ⅰ-739［穀物類］
しろやまふき…Ⅶ-330［樹木類］
しろやまぶき…Ⅶ-330［樹木類］
しろやまもも…Ⅵ-785［果類］
しろやむぎ…Ⅰ-739［穀物類］
しろやろう…Ⅰ-739［穀物類］
しろやろく…Ⅰ-740［穀物類］
しろやろくいね…Ⅰ-740［穀物類］
しろゆふかほ…Ⅵ-424［菜類］

し

| | |
|---|---|
| しろゆり…Ⅳ - 786 ［野生植物］ | しゐばち…Ⅵ - 785 ［果類］ |
| しろゆり…Ⅵ - 424 ［菜類］ | しを…Ⅲ - 305 ［魚類］ |
| しろよしあわ…Ⅰ - 740 ［穀物類］ | しをかま…Ⅶ - 331 ［樹木類］ |
| しろよもき…Ⅳ - 786 ［野生植物］ | しをがま…Ⅶ - 331 ［樹木類］ |
| しろよもぎ…Ⅳ - 786 ［野生植物］ | しをかまさくら…Ⅶ - 331 ［樹木類］ |
| しろらうそく…Ⅰ - 740 ［穀物類］ | しをからそぶろ…Ⅳ - 788 ［野生植物］ |
| しろろくかく…Ⅰ - 740 ［穀物類］ | しをこ…Ⅲ - 305 ［魚類］ |
| しろろくぐわつ…Ⅰ - 740 ［穀物類］ | しをさきはぜ…Ⅲ - 305 ［魚類］ |
| しろわさひへ…Ⅰ - 741 ［穀物類］ | しをじ…Ⅶ - 332 ［樹木類］ |
| しろわせ…Ⅰ - 741 ［穀物類］ | しをず…Ⅶ - 332 ［樹木類］ |
| しろわせなかて…Ⅰ - 741 ［穀物類］ | しをち…Ⅶ - 332 ［樹木類］ |
| しろわた…Ⅳ - 786 ［野生植物］ | しをて…Ⅳ - 788 ［野生植物］ |
| しろゑこ…Ⅳ - 787 ［野生植物］ | しをて…Ⅶ - 813 ［救荒動植物類］ |
| しろゑひ…Ⅰ - 742 ［穀物類］ | しをで…Ⅳ - 788 ［野生植物］ |
| しろゑび…Ⅰ - 742 ［穀物類］ | しをでかづら…Ⅳ - 788 ［野生植物］ |
| しろゑみ…Ⅰ - 742 ［穀物類］ | しをふき…Ⅲ - 736 ［貝類］ |
| しろゑんとう…Ⅰ - 742 ［穀物類］ | しをり…Ⅲ - 737 ［貝類］ |
| しろゑんどう…Ⅰ - 742 ［穀物類］ | しをん…Ⅳ - 788 ［野生植物］ |
| しろを…Ⅳ - 787 ［野生植物］ | しをん…Ⅳ - 789 ［野生植物］ |
| しろをかほ…Ⅰ - 742 ［穀物類］ | じんうゑもんこぼし…Ⅰ - 743 ［穀物類］ |
| しろをくさ…Ⅳ - 787 ［野生植物］ | じんうゑもんなし…Ⅵ - 785 ［果類］ |
| しろをこぜ…Ⅲ - 304 ［魚類］ | しんき…Ⅰ - 743 ［穀物類］ |
| しろをのね…Ⅶ - 813 ［救荒動植物類］ | しんきく…Ⅳ - 789 ［野生植物］ |
| しろをもどき…Ⅳ - 787 ［野生植物］ | しんきく…Ⅵ - 425 ［菜類］ |
| しわうくわ…Ⅳ - 787 ［野生植物］ | しんきやうあは…Ⅰ - 743 ［穀物類］ |
| しわうし…Ⅶ - 330 ［樹木類］ | しんきり…Ⅶ - 332 ［樹木類］ |
| しわき…Ⅶ - 331 ［樹木類］ | じんきり…Ⅶ - 332 ［樹木類］ |
| しわぎ…Ⅶ - 331 ［樹木類］ | じんぐうじかき…Ⅵ - 785 ［果類］ |
| しわくまこ…Ⅰ - 742 ［穀物類］ | しんくはさう…Ⅳ - 789 ［野生植物］ |
| しわすいちこ…Ⅵ - 785 ［果類］ | しんくらうひゑ…Ⅰ - 743 ［穀物類］ |
| しわね…Ⅳ - 787 ［野生植物］ | しんくるま…Ⅰ - 743 ［穀物類］ |
| しわはせり…Ⅵ - 424 ［菜類］ | しんこ…Ⅰ - 743 ［穀物類］ |
| しゐ…Ⅲ - 736 ［貝類］ | しんこはな…Ⅳ - 789 ［野生植物］ |
| しゐ…Ⅵ - 785 ［果類］ | しんこふく…Ⅲ - 305 ［魚類］ |
| しゐ…Ⅶ - 331 ［樹木類］ | しんころくかく…Ⅰ - 743 ［穀物類］ |
| しゐたけ…Ⅵ - 166 ［菌・茸類］ | しんさい…Ⅳ - 789 ［野生植物］ |
| しゐのき…Ⅶ - 331 ［樹木類］ | しんさい…Ⅶ - 814 ［救荒動植物類］ |
| しゐのは…Ⅶ - 813 ［救荒動植物類］ | しんざい…Ⅳ - 789 ［野生植物］ |

| | |
|---|---|
| じんざぶらうあかあは…Ⅰ-744〔穀物類〕 | しんのは…Ⅳ-790〔野生植物〕 |
| しんしうまめ…Ⅰ-744〔穀物類〕 | しんのはり…Ⅳ-790〔野生植物〕 |
| しんしや…Ⅵ-30〔金・石・土・水類〕 | しんば…Ⅰ-746〔穀物類〕 |
| しんじゅ…Ⅲ-305〔魚類〕 | じんば…Ⅰ-746〔穀物類〕 |
| しんじゅ…Ⅲ-737〔貝類〕 | しんはさう…Ⅳ-790〔野生植物〕 |
| しんじようさらし…Ⅰ-744〔穀物類〕 | しんばさう…Ⅳ-790〔野生植物〕 |
| しんしょうぼく…Ⅶ-332〔樹木類〕 | じんばさう…Ⅳ-791〔野生植物〕 |
| じんしろうかひ…Ⅲ-737〔貝類〕 | じんばさうも…Ⅳ-791〔野生植物〕 |
| しんずい…Ⅵ-425〔菜類〕 | しんはそう…Ⅳ-791〔野生植物〕 |
| しんすいかし…Ⅰ-744〔穀物類〕 | しんばそう…Ⅳ-791〔野生植物〕 |
| しんせうじ…Ⅵ-786〔果類〕 | じんばそう…Ⅳ-791〔野生植物〕 |
| しんせんな…Ⅳ-789〔野生植物〕 | しんはばうづ…Ⅰ-746〔穀物類〕 |
| しんそう…Ⅰ-744〔穀物類〕 | じんばも…Ⅳ-792〔野生植物〕 |
| しんぞうあわ…Ⅰ-744〔穀物類〕 | しんばもち…Ⅰ-746〔穀物類〕 |
| しんそこ…Ⅰ-744〔穀物類〕 | じんばもち…Ⅰ-746〔穀物類〕 |
| じんた…Ⅳ-790〔野生植物〕 | じんひさう…Ⅳ-792〔野生植物〕 |
| じんだ…Ⅶ-332〔樹木類〕 | しんふ…Ⅳ-792〔野生植物〕 |
| しんたのたま…Ⅳ-790〔野生植物〕 | しんふいかつら…Ⅳ-792〔野生植物〕 |
| しんたひ…Ⅰ-745〔穀物類〕 | しんぶいかづら…Ⅳ-792〔野生植物〕 |
| しんたび…Ⅰ-745〔穀物類〕 | しんふじ…Ⅳ-792〔野生植物〕 |
| しんたんたるみ…Ⅲ-305〔魚類〕 | じんべえくまこ…Ⅰ-746〔穀物類〕 |
| しんちうなは…Ⅵ-166〔菌・茸類〕 | じんべゑ…Ⅰ-747〔穀物類〕 |
| しんちうなば…Ⅵ-166〔菌・茸類〕 | しんべゑなし…Ⅵ-786〔果類〕 |
| じんちむぎ…Ⅰ-745〔穀物類〕 | じんべゑまめ…Ⅰ-747〔穀物類〕 |
| しんぢやう…Ⅲ-305〔魚類〕 | しんぼ…Ⅰ-747〔穀物類〕 |
| じんてうき…Ⅶ-333〔樹木類〕 | しんほう…Ⅰ-747〔穀物類〕 |
| しんてうけ…Ⅶ-333〔樹木類〕 | しんぼう…Ⅰ-747〔穀物類〕 |
| しんでん…Ⅰ-745〔穀物類〕 | じんぼう…Ⅵ-786〔果類〕 |
| しんとう…Ⅰ-745〔穀物類〕 | しんぼうわせ…Ⅰ-747〔穀物類〕 |
| じんどう…Ⅲ-737〔貝類〕 | しんほひゑ…Ⅰ-747〔穀物類〕 |
| じんとうさう…Ⅳ-790〔野生植物〕 | しんぼわせ…Ⅰ-748〔穀物類〕 |
| しんとく…Ⅰ-745〔穀物類〕 | しんまき…Ⅲ-306〔魚類〕 |
| じんとく…Ⅰ-745〔穀物類〕 | しんまくり…Ⅳ-793〔野生植物〕 |
| しんなし…Ⅵ-786〔果類〕 | しんみぎ…Ⅰ-748〔穀物類〕 |
| しんね…Ⅰ-746〔穀物類〕 | しんみやうたん…Ⅵ-786〔果類〕 |
| じんねこ…Ⅶ-814〔救荒動植物類〕 | しんむら…Ⅰ-748〔穀物類〕 |
| しんねそ…Ⅶ-333〔樹木類〕 | しんめうたん…Ⅵ-786〔果類〕 |
| しんねもんわせ…Ⅰ-746〔穀物類〕 | じんめかれい…Ⅲ-306〔魚類〕 |

## す

じんめんたけ…Ⅵ-75［竹・笹類］

## す

すあご…Ⅱ-751［穀物類］
すあは…Ⅱ-751［穀物類］
すあまくさ…Ⅳ-794［野生植物］
すあり…Ⅱ-751［穀物類］
すい…Ⅲ-307［魚類］
ずいあを…Ⅱ-751［穀物類］
すいかし…Ⅲ-307［魚類］
すいかつら…Ⅳ-794［野生植物］
すいかつら…Ⅶ-815［救荒動植物類］
すいかづら…Ⅳ-794［野生植物］
すいかづら…Ⅳ-795［野生植物］
すいかづら…Ⅶ-334［樹木類］
すいがん…Ⅳ-795［野生植物］
すいき…Ⅳ-795［野生植物］
すいき…Ⅶ-815［救荒動植物類］
ずいきしば…Ⅶ-334［樹木類］
すいきん…Ⅲ-307［魚類］
すいくき…Ⅳ-795［野生植物］
すいぐき…Ⅳ-795［野生植物］
すいくぐり…Ⅲ-307［魚類］
すいくさ…Ⅳ-795［野生植物］
すいくは…Ⅵ-426［菜類］
すいくはん…Ⅵ-426［菜類］
すいくび…Ⅱ-751［穀物類］
すいくら…Ⅳ-796［野生植物］
すいくわ…Ⅵ-426［菜類］
すいくわ…Ⅵ-787［果類］
すいくわんな…Ⅵ-426［菜類］
すいこ…Ⅳ-796［野生植物］
すいご…Ⅶ-334［樹木類］
ずいこ…Ⅳ-796［野生植物］
ずいこ…Ⅵ-426［菜類］
すいこき…Ⅳ-796［野生植物］
すいこぎ…Ⅳ-796［野生植物］
すいこのくき…Ⅶ-815［救荒動植物類］

すいこのは…Ⅶ-815［救荒動植物類］
すいこのはくき…Ⅶ-815［救荒動植物類］
すいこのみは…Ⅶ-815［救荒動植物類］
すいざくろ…Ⅵ-787［果類］
すいざくろ…Ⅶ-334［樹木類］
すいしやう…Ⅵ-30［金・石・土・水類］
すいしやうせき…Ⅵ-30［金・石・土・水類］
すいすいかづら…Ⅳ-796［野生植物］
すいすいくさ…Ⅳ-797［野生植物］
すいすいはな…Ⅳ-797［野生植物］
すいせうとう…Ⅳ-797［野生植物］
すいせん…Ⅳ-797［野生植物］
すいせん…Ⅳ-798［野生植物］
すいせんくわ…Ⅳ-798［野生植物］
すいぜんじくさ…Ⅳ-798［野生植物］
すいぜんじのり…Ⅳ-799［野生植物］
すいせんな…Ⅵ-426［菜類］
すいたくわい…Ⅵ-427［菜類］
ずいづら…Ⅳ-799［野生植物］
ずいづら…Ⅶ-815［救荒動植物類］
すいどうすべら…Ⅳ-799［野生植物］
すいな…Ⅳ-799［野生植物］
ずいな…Ⅶ-334［樹木類］
すいなし…Ⅲ-307［魚類］
ずいなん…Ⅱ-751［穀物類］
すいのき…Ⅶ-334［樹木類］
ずいのき…Ⅶ-334［樹木類］
すいは…Ⅳ-799［野生植物］
すいば…Ⅳ-799［野生植物］
すいば…Ⅶ-816［救荒動植物類］
すいはな…Ⅳ-800［野生植物］
すいはなかづら…Ⅳ-800［野生植物］
すいばなかつら…Ⅵ-427［菜類］
すいばなかづら…Ⅳ-800［野生植物］
すいはなくさ…Ⅳ-800［野生植物］
すいはなつる…Ⅳ-800［野生植物］
すいばのき…Ⅶ-335［樹木類］
すいひ…Ⅳ-800［野生植物］

- 222 -

| | |
|---|---|
| すいび…Ⅳ-800［野生植物］ | すかちか…Ⅲ-308［魚類］ |
| すいび…Ⅵ-30［金・石・土・水類］ | すかちさ…Ⅶ-336［樹木類］ |
| すいび…Ⅵ-787［果類］ | すかとり…Ⅳ-803［野生植物］ |
| すいびのき…Ⅶ-335［樹木類］ | すかとり…Ⅶ-816［救荒動植物類］ |
| ずいべら…Ⅳ-801［野生植物］ | すかな…Ⅳ-803［野生植物］ |
| すいぼたら…Ⅲ-307［魚類］ | すかな…Ⅵ-427［菜類］ |
| すいめう…Ⅲ-307［魚類］ | すかな…Ⅶ-816［救荒動植物類］ |
| すいもくさ…Ⅳ-801［野生植物］ | すがな…Ⅳ-804［野生植物］ |
| すいもくさ…Ⅵ-427［菜類］ | すがな…Ⅶ-816［救荒動植物類］ |
| すいもじ…Ⅳ-801［野生植物］ | すかなし…Ⅵ-787［果類］ |
| すいものくさ…Ⅳ-801［野生植物］ | すかなし…Ⅶ-336［樹木類］ |
| すいものくさ…Ⅳ-802［野生植物］ | すがひ…Ⅲ-738［貝類］ |
| すいもも…Ⅵ-787［果類］ | すかぶち…Ⅵ-787［果類］ |
| すいりん…Ⅳ-802［野生植物］ | すかほ…Ⅳ-804［野生植物］ |
| ずいりん…Ⅳ-802［野生植物］ | すかほ…Ⅶ-816［救荒動植物類］ |
| すいれん…Ⅳ-802［野生植物］ | すかぼ…Ⅳ-804［野生植物］ |
| すうき…Ⅳ-802［野生植物］ | すかも…Ⅳ-804［野生植物］ |
| すうつき…Ⅶ-335［樹木類］ | すがも…Ⅳ-804［野生植物］ |
| すえかはひゑ…Ⅱ-751［穀物類］ | すから…Ⅳ-804［野生植物］ |
| すおふ…Ⅶ-335［樹木類］ | すからし…Ⅳ-805［野生植物］ |
| すおふきんひら…Ⅱ-752［穀物類］ | すがりな…Ⅵ-427［菜類］ |
| すおふびやうたれ…Ⅱ-752［穀物類］ | すかれい…Ⅲ-308［魚類］ |
| すおろし…Ⅱ-752［穀物類］ | すかんほう…Ⅳ-805［野生植物］ |
| すがい…Ⅲ-738［貝類］ | すき…Ⅱ-752［穀物類］ |
| すかう…Ⅱ-752［穀物類］ | すき…Ⅶ-336［樹木類］ |
| すかかし…Ⅲ-308［魚類］ | すぎ…Ⅱ-752［穀物類］ |
| すかくさ…Ⅳ-802［野生植物］ | すぎ…Ⅶ-336［樹木類］ |
| すかこ…Ⅳ-802［野生植物］ | ずき…Ⅲ-738［貝類］ |
| すかし…Ⅶ-335［樹木類］ | すきうを…Ⅲ-308［魚類］ |
| すかしかいで…Ⅶ-335［樹木類］ | すきおれくさ…Ⅳ-805［野生植物］ |
| すかしゆり…Ⅳ-803［野生植物］ | すきかうゑい…Ⅲ-308［魚類］ |
| すかしゆり…Ⅵ-427［菜類］ | すぎかつら…Ⅳ-805［野生植物］ |
| すかすか…Ⅳ-803［野生植物］ | すぎかづら…Ⅳ-805［野生植物］ |
| すかすか…Ⅶ-816［救荒動植物類］ | すきから…Ⅳ-805［野生植物］ |
| すかた…Ⅳ-803［野生植物］ | すぎき…Ⅶ-337［樹木類］ |
| すかた…Ⅵ-787［果類］ | すきくさ…Ⅳ-805［野生植物］ |
| すかた…Ⅶ-335［樹木類］ | すぎくさ…Ⅳ-806［野生植物］ |
| すかた…Ⅶ-816［救荒動植物類］ | すぎこけ…Ⅳ-806［野生植物］ |

す

| | |
|---|---|
| すきさき…Ⅲ-308［魚類］ | すぐき…Ⅳ-809［野生植物］ |
| すきざき…Ⅲ-308［魚類］ | すくさ…Ⅳ-809［野生植物］ |
| すきさきゑい…Ⅲ-309［魚類］ | すぐさ…Ⅳ-809［野生植物］ |
| すきしろ…Ⅱ-752［穀物類］ | すぐしろ…Ⅲ-309［魚類］ |
| すぎしろ…Ⅱ-752［穀物類］ | すくだま…Ⅳ-809［野生植物］ |
| すぎたけ…Ⅵ-167［菌・茸類］ | すぐちぼら…Ⅲ-309［魚類］ |
| すぎちぢこ…Ⅳ-806［野生植物］ | ずくね…Ⅵ-428［菜類］ |
| すきな…Ⅳ-806［野生植物］ | すくのき…Ⅶ-337［樹木類］ |
| すきな…Ⅵ-427［菜類］ | すくばり…Ⅱ-753［穀物類］ |
| すきな…Ⅵ-428［菜類］ | すくひ…Ⅲ-310［魚類］ |
| すきな…Ⅶ-817［救荒動植物類］ | すくほたけ…Ⅵ-167［菌・茸類］ |
| すぎな…Ⅳ-807［野生植物］ | すくぼなし…Ⅵ-788［果類］ |
| すぎな…Ⅵ-428［菜類］ | すくみ…Ⅱ-753［穀物類］ |
| すぎな…Ⅶ-817［救荒動植物類］ | すくめ…Ⅲ-310［魚類］ |
| すきなくさ…Ⅵ-428［菜類］ | すぐめ…Ⅲ-310［魚類］ |
| すぎなくさ…Ⅳ-807［野生植物］ | すくも…Ⅳ-809［野生植物］ |
| すぎなほら…Ⅳ-807［野生植物］ | すくも…Ⅵ-788［果類］ |
| すぎのき…Ⅶ-337［樹木類］ | すぐも…Ⅳ-809［野生植物］ |
| すぎのききのこ…Ⅵ-167［菌・茸類］ | すくもかつら…Ⅳ-810［野生植物］ |
| すきのさき…Ⅲ-309［魚類］ | すくもくさ…Ⅳ-810［野生植物］ |
| すきのさき…Ⅳ-808［野生植物］ | すくもなし…Ⅵ-788［果類］ |
| すきのへら…Ⅲ-309［魚類］ | すくらくさ…Ⅳ-810［野生植物］ |
| すきのり…Ⅳ-808［野生植物］ | すくり…Ⅵ-788［果類］ |
| すぎのり…Ⅳ-808［野生植物］ | すくり…Ⅶ-337［樹木類］ |
| すきふか…Ⅲ-309［魚類］ | すぐり…Ⅶ-817［救荒動植物類］ |
| すきめばる…Ⅲ-309［魚類］ | ずぐりかふ…Ⅵ-429［菜類］ |
| すきも…Ⅳ-808［野生植物］ | すくりのき…Ⅶ-337［樹木類］ |
| すぎも…Ⅳ-808［野生植物］ | すくろ…Ⅳ-810［野生植物］ |
| すぎもく…Ⅳ-808［野生植物］ | すぐわ…Ⅶ-338［樹木類］ |
| すぎもたし…Ⅵ-167［菌・茸類］ | すけ…Ⅳ-810［野生植物］ |
| すきやま…Ⅵ-428［菜類］ | すけ…Ⅳ-811［野生植物］ |
| すぎやま…Ⅵ-428［菜類］ | すげ…Ⅳ-811［野生植物］ |
| すぎやまき…Ⅶ-337［樹木類］ | すけいち…Ⅱ-753［穀物類］ |
| すぎゆき…Ⅳ-808［野生植物］ | すけくさ…Ⅳ-811［野生植物］ |
| すきれ…Ⅳ-809［野生植物］ | すげくさ…Ⅳ-811［野生植物］ |
| ずく…Ⅲ-738［貝類］ | すけくらう…Ⅱ-753［穀物類］ |
| ずく…Ⅶ-337［樹木類］ | すけくろふ…Ⅱ-753［穀物類］ |
| ずぐ…Ⅱ-752［穀物類］ | すけこ…Ⅲ-310［魚類］ |

すけご…Ⅱ-754［穀物類］
すけごらう…Ⅱ-754［穀物類］
すけごろう…Ⅱ-754［穀物類］
すけとう…Ⅲ-310［魚類］
すけとうこち…Ⅲ-310［魚類］
すけととら…Ⅲ-310［魚類］
すげのね…Ⅶ-817［救荒動植物類］
すげのみ…Ⅶ-817［救荒動植物類］
すけはつくり…Ⅳ-811［野生植物］
すげはほくり…Ⅳ-812［野生植物］
すけふくろ…Ⅳ-812［野生植物］
すげふくろ…Ⅳ-812［野生植物］
すけべ…Ⅱ-754［穀物類］
すけほうくり…Ⅳ-812［野生植物］
すけも…Ⅳ-812［野生植物］
すけろく…Ⅱ-754［穀物類］
すごういし…Ⅵ-30［金・石・土・水類］
すこじ…Ⅲ-311［魚類］
すこため…Ⅲ-311［魚類］
すこだめ…Ⅲ-738［貝類］
すこな…Ⅳ-812［野生植物］
すごのき…Ⅶ-338［樹木類］
すこべ…Ⅲ-738［貝類］
すごろほ…Ⅳ-812［野生植物］
すこんちやう…Ⅲ-311［魚類］
すこんは…Ⅳ-813［野生植物］
ずさ…Ⅶ-338［樹木類］
ずさから…Ⅶ-338［樹木類］
すざくろ…Ⅵ-788［果類］
ずさのき…Ⅶ-338［樹木類］
すさめ…Ⅲ-311［魚類］
すざめ…Ⅲ-311［魚類］
すじ…Ⅱ-754［穀物類］
すじ…Ⅲ-311［魚類］
ずし…Ⅲ-311［魚類］
すじあこ…Ⅲ-312［魚類］
すじかつを…Ⅲ-312［魚類］
すじくわんざう…Ⅳ-813［野生植物］

すしこ…Ⅱ-754［穀物類］
すしこ…Ⅲ-312［魚類］
すじこ…Ⅲ-312［魚類］
すじたけ…Ⅵ-75［竹・笹類］
すじねこ…Ⅳ-813［野生植物］
すしば…Ⅶ-338［樹木類］
すじはたし…Ⅳ-813［野生植物］
すしもち…Ⅱ-755［穀物類］
すじわたし…Ⅶ-338［樹木類］
すす…Ⅲ-312［魚類］
すず…Ⅲ-312［魚類］
すず…Ⅳ-813［野生植物］
すず…Ⅵ-31［金・石・土・水類］
すず…Ⅵ-75［竹・笹類］
すずあなご…Ⅲ-313［魚類］
すずいちこ…Ⅵ-788［果類］
すずいちご…Ⅳ-813［野生植物］
すずうを…Ⅲ-313［魚類］
すすかけ…Ⅶ-339［樹木類］
すずかけ…Ⅳ-813［野生植物］
すずかけ…Ⅶ-339［樹木類］
すずかね…Ⅵ-429［菜類］
すすき…Ⅲ-313［魚類］
すすき…Ⅳ-814［野生植物］
すずき…Ⅲ-313［魚類］
すずき…Ⅲ-314［魚類］
すすきたけ…Ⅵ-167［菌・茸類］
すすきもたし…Ⅵ-167［菌・茸類］
すすきもたせ…Ⅵ-168［菌・茸類］
すすきれ…Ⅱ-755［穀物類］
すすきわに…Ⅲ-314［魚類］
すすくくり…Ⅱ-755［穀物類］
すすくくり…Ⅲ-314［魚類］
すずくくり…Ⅳ-814［野生植物］
ずずくくり…Ⅳ-814［野生植物］
ずずくぐり…Ⅱ-755［穀物類］
すすくさ…Ⅳ-815［野生植物］
すずくさ…Ⅳ-815［野生植物］

す

すずくり…Ⅱ‐755［穀物類］
すずぐり…Ⅱ‐755［穀物類］
ずずくり…Ⅱ‐755［穀物類］
すすくりあわ…Ⅱ‐755［穀物類］
ずずくりあわ…Ⅱ‐755［穀物類］
すすくりさう…Ⅳ‐815［野生植物］
すすくりもちあわ…Ⅱ‐755［穀物類］
すすけ…Ⅱ‐756［穀物類］
すすこ…Ⅱ‐756［穀物類］
すすこ…Ⅳ‐815［野生植物］
すずこ…Ⅳ‐815［野生植物］
すずさいこ…Ⅳ‐815［野生植物］
すずしろ…Ⅳ‐815［野生植物］
すずしろ…Ⅶ‐817［救荒動植物類］
すすだ…Ⅲ‐738［貝類］
すすたけ…Ⅱ‐756［穀物類］
すすたけ…Ⅵ‐75［竹・笹類］
すずたけ…Ⅳ‐816［野生植物］
すずたけ…Ⅵ‐75［竹・笹類］
すすたけのこ…Ⅵ‐429［菜類］
すすたま…Ⅱ‐756［穀物類］
すすたま…Ⅳ‐816［野生植物］
すすだま…Ⅱ‐756［穀物類］
すすだま…Ⅳ‐816［野生植物］
すすだま…Ⅳ‐817［野生植物］
すずたま…Ⅳ‐816［野生植物］
ずずたま…Ⅵ‐31［金・石・土・水類］
ずずだま…Ⅳ‐817［野生植物］
すすてかつら…Ⅳ‐817［野生植物］
すすな…Ⅳ‐817［野生植物］
すすな…Ⅵ‐429［菜類］
すずな…Ⅳ‐817［野生植物］
すずな…Ⅵ‐429［菜類］
すずな…Ⅶ‐818［救荒動植物類］
すずなすび…Ⅵ‐429［菜類］
すずなんはん…Ⅵ‐429［菜類］
すずなんばん…Ⅵ‐430［菜類］
すすね…Ⅵ‐430［菜類］

すずのうを…Ⅲ‐314［魚類］
すすのこ…Ⅱ‐756［穀物類］
すずのこ…Ⅱ‐756［穀物類］
すすのこあわ…Ⅱ‐756［穀物類］
すすのたけ…Ⅵ‐76［竹・笹類］
すずのみ…Ⅶ‐818［救荒動植物類］
すすひる…Ⅵ‐430［菜類］
すずふり…Ⅵ‐430［菜類］
すすふりくさ…Ⅳ‐817［野生植物］
すすぼ…Ⅱ‐757［穀物類］
すすまめ…Ⅱ‐757［穀物類］
すずまめ…Ⅱ‐757［穀物類］
すずまめかづら…Ⅳ‐818［野生植物］
すずむぎ…Ⅳ‐818［野生植物］
すずむしくさ…Ⅳ‐818［野生植物］
すすめ…Ⅲ‐314［魚類］
すずめ…Ⅲ‐315［魚類］
すずめ…Ⅶ‐818［救荒動植物類］
すすめあはのみ…Ⅶ‐818［救荒動植物類］
すすめあわ…Ⅳ‐818［野生植物］
すすめあわ…Ⅶ‐818［救荒動植物類］
すずめいしどう…Ⅱ‐757［穀物類］
すずめうつき…Ⅶ‐339［樹木類］
すずめうり…Ⅳ‐818［野生植物］
すずめうり…Ⅳ‐818［野生植物］
すずめうを…Ⅲ‐315［魚類］
すすめおりのき…Ⅶ‐339［樹木類］
すずめかい…Ⅲ‐739［貝類］
すずめかしら…Ⅱ‐757［穀物類］
すすめかたひらくさ…Ⅳ‐818［野生植物］
すすめかたら…Ⅳ‐819［野生植物］
すすめかつら…Ⅳ‐819［野生植物］
すずめかひ…Ⅲ‐739［貝類］
すずめかぶ…Ⅵ‐430［菜類］
すすめかれい…Ⅲ‐315［魚類］
すすめくさ…Ⅳ‐819［野生植物］
すずめくさ…Ⅳ‐819［野生植物］
すずめくさ…Ⅳ‐820［野生植物］

すすめくら…Ⅳ - 820 ［野生植物］
すすめけし…Ⅳ - 820 ［野生植物］
すすめこあは…Ⅱ - 757 ［穀物類］
すすめころし…Ⅱ - 757 ［穀物類］
すすめざく…Ⅳ - 820 ［野生植物］
すずめささげ…Ⅱ - 757 ［穀物類］
すすめしらす…Ⅱ - 758 ［穀物類］
すすめしらず…Ⅱ - 758 ［穀物類］
すずめしらす…Ⅱ - 758 ［穀物類］
すずめしらず…Ⅱ - 759 ［穀物類］
すずめしらすわせ…Ⅱ - 759 ［穀物類］
すずめしらは…Ⅱ - 759 ［穀物類］
すすめすい…Ⅱ - 759 ［穀物類］
すすめすわず…Ⅱ - 759 ［穀物類］
すすめつき…Ⅱ - 760 ［穀物類］
すずめなのみ…Ⅶ - 818 ［救荒動植物類］
すずめのあし…Ⅳ - 820 ［野生植物］
すずめのあしからまき…Ⅳ - 820 ［野生植物］
すずめのあしからみ…Ⅳ - 821 ［野生植物］
すずめのあしからみ…Ⅶ - 818
　　　　　　　　　　［救荒動植物類］
すずめのあつき…Ⅳ - 821 ［野生植物］
すずめのあわ…Ⅳ - 821 ［野生植物］
すずめのあわ…Ⅶ - 819 ［救荒動植物類］
すずめのいね…Ⅳ - 821 ［野生植物］
すずめのうり…Ⅳ - 821 ［野生植物］
すずめのかしら…Ⅳ - 821 ［野生植物］
すずめのきんちやく…Ⅳ - 822 ［野生植物］
すずめのきんちやく…Ⅳ - 822 ［野生植物］
すずめのくち…Ⅳ - 822 ［野生植物］
すずめのごき…Ⅳ - 822 ［野生植物］
すずめのこま…Ⅳ - 822 ［野生植物］
すずめのこめ…Ⅳ - 822 ［野生植物］
すずめのこめのみ…Ⅶ - 819 ［救荒動植物類］
すずめのさら…Ⅳ - 822 ［野生植物］
すずめのした…Ⅳ - 823 ［野生植物］
すずめのつばな…Ⅳ - 823 ［野生植物］
すずめのなへ…Ⅳ - 823 ［野生植物］

すすめのなべ…Ⅳ - 823 ［野生植物］
すすめのはかま…Ⅳ - 823 ［野生植物］
すずめのはかま…Ⅳ - 823 ［野生植物］
すずめのはこべ…Ⅳ - 823 ［野生植物］
すすめのはなさし…Ⅱ - 759 ［穀物類］
すずめのひえ…Ⅳ - 824 ［野生植物］
すずめのひさ…Ⅳ - 824 ［野生植物］
すずめのひざ…Ⅳ - 824 ［野生植物］
すずめのひざくさ…Ⅶ-819［救荒動植物類］
すずめのほ…Ⅶ - 819 ［救荒動植物類］
すずめのほくさ…Ⅳ - 824 ［野生植物］
すずめのほとり…Ⅳ - 824 ［野生植物］
すずめのほとり…Ⅳ - 824 ［野生植物］
すずめのまくら…Ⅳ - 825 ［野生植物］
すずめのまくら…Ⅳ - 825 ［野生植物］
すずめのまり…Ⅳ - 825 ［野生植物］
すずめのやり…Ⅳ - 825 ［野生植物］
すずめのやり…Ⅳ - 825 ［野生植物］
すすめはかま…Ⅳ - 825 ［野生植物］
すずめはき…Ⅳ - 825 ［野生植物］
すずめはぎ…Ⅳ - 826 ［野生植物］
すずめはき…Ⅳ - 826 ［野生植物］
すずめはぎ…Ⅳ - 826 ［野生植物］
すすめはこべ…Ⅳ - 826 ［野生植物］
すすめひへ…Ⅳ - 826 ［野生植物］
すずめびへ…Ⅳ - 826 ［野生植物］
すずめひへ…Ⅳ - 826 ［野生植物］
すすめふく…Ⅲ - 315 ［魚類］
すずめふく…Ⅱ - 760 ［穀物類］
すすめふぐ…Ⅲ - 316 ［魚類］
すずめぶく…Ⅲ - 315 ［魚類］
すずめふり…Ⅳ - 827 ［野生植物］
すずめふり…Ⅵ - 430 ［菜類］
すずめふり…Ⅳ - 827 ［野生植物］
すずめむぎ…Ⅱ - 760 ［穀物類］
すずめもち…Ⅱ - 760 ［穀物類］
すずめやり…Ⅳ - 827 ［野生植物］
すすめりひやう…Ⅳ - 827 ［野生植物］

## す

| | |
|---|---|
| すすめわせ…Ⅱ-760 ［穀物類］ | すつほう…Ⅲ-317 ［魚類］ |
| すずめをどろ…Ⅶ-339 ［樹木類］ | すつほうを…Ⅲ-317 ［魚類］ |
| すすも…Ⅳ-827 ［野生植物］ | すつほんのかがみ…Ⅳ-828 ［野生植物］ |
| すずも…Ⅳ-827 ［野生植物］ | すずめはかま…Ⅳ-829 ［野生植物］ |
| すすもくさ…Ⅳ-827 ［野生植物］ | すてくさ…Ⅳ-829 ［野生植物］ |
| すすもち…Ⅱ-760 ［穀物類］ | すてご…Ⅳ-829 ［野生植物］ |
| すずもちあは…Ⅱ-760 ［穀物類］ | すてこはな…Ⅳ-829 ［野生植物］ |
| すすらくさ…Ⅳ-828 ［野生植物］ | すてごばな…Ⅳ-829 ［野生植物］ |
| すずり…Ⅵ-31 ［金・石・土・水類］ | すとうし…Ⅵ-168 ［菌・茸類］ |
| すずりいし…Ⅵ-31 ［金・石・土・水類］ | すどうし…Ⅵ-168 ［菌・茸類］ |
| すずりほそもの…Ⅵ-31 ［金・石・土・水類］ | すとおし…Ⅵ-168 ［菌・茸類］ |
| すすわい…Ⅶ-340 ［樹木類］ | すどおし…Ⅵ-168 ［菌・茸類］ |
| すだ…Ⅶ-340 ［樹木類］ | すとふし…Ⅵ-168 ［菌・茸類］ |
| すたつる…Ⅳ-828 ［野生植物］ | すとふじ…Ⅵ-168 ［菌・茸類］ |
| すだのみ…Ⅶ-819 ［救荒動植物類］ | すとをし…Ⅵ-169 ［菌・茸類］ |
| すだれ…Ⅱ-761 ［穀物類］ | すないし…Ⅵ-32 ［金・石・土・水類］ |
| すだれ…Ⅶ-340 ［樹木類］ | すなかくし…Ⅲ-317 ［魚類］ |
| すたれかひ…Ⅲ-739 ［貝類］ | すなかふり…Ⅲ-317 ［魚類］ |
| すだれかひ…Ⅲ-739 ［貝類］ | すなかぶり…Ⅲ-318 ［魚類］ |
| すぢうほ…Ⅲ-316 ［魚類］ | すながま…Ⅲ-318 ［魚類］ |
| すちかつほ…Ⅲ-316 ［魚類］ | すなくくり…Ⅲ-318 ［魚類］ |
| すぢかつら…Ⅳ-828 ［野生植物］ | すなくぐり…Ⅲ-318 ［魚類］ |
| すちかつを…Ⅲ-316 ［魚類］ | すなくし…Ⅲ-318 ［魚類］ |
| すぢかねささけ…Ⅱ-761 ［穀物類］ | すなくじ…Ⅲ-318 ［魚類］ |
| すぢがはまいし…Ⅵ-31 ［金・石・土・水類］ | すなくしり…Ⅲ-318 ［魚類］ |
| すぢかや…Ⅳ-828 ［野生植物］ | すなくちり…Ⅲ-319 ［魚類］ |
| すちがれい…Ⅲ-316 ［魚類］ | すなくひかひ…Ⅲ-739 ［貝類］ |
| すぢぎぼうし…Ⅳ-828 ［野生植物］ | すなくらい…Ⅲ-319 ［魚類］ |
| すちくはんざう…Ⅳ-828 ［野生植物］ | すなご…Ⅳ-830 ［野生植物］ |
| すぢたけ…Ⅵ-76 ［竹・笹類］ | すなこち…Ⅲ-319 ［魚類］ |
| すぢはりもち…Ⅱ-761 ［穀物類］ | すなし…Ⅵ-788 ［果類］ |
| すぢふり…Ⅵ-430 ［菜類］ | すなし…Ⅶ-340 ［樹木類］ |
| すぢもち…Ⅱ-761 ［穀物類］ | すなつち…Ⅵ-32 ［金・石・土・水類］ |
| すつかう…Ⅲ-316 ［魚類］ | すなどじやう…Ⅲ-319 ［魚類］ |
| すつくめ…Ⅶ-340 ［樹木類］ | すなどぢやう…Ⅲ-319 ［魚類］ |
| すつこべ…Ⅲ-739 ［貝類］ | すななし…Ⅵ-789 ［果類］ |
| すつほ…Ⅲ-316 ［魚類］ | すなはみ…Ⅲ-319 ［魚類］ |
| すつぼ…Ⅲ-317 ［魚類］ | すなふき…Ⅲ-320 ［魚類］ |

| | |
|---|---|
| すなぶく…Ⅲ-320［魚類］ | ずばいもも…Ⅵ-790［果類］ |
| すなほり…Ⅲ-320［魚類］ | ずばいもも…Ⅶ-340［樹木類］ |
| すなむくり…Ⅲ-320［魚類］ | すはうぎ…Ⅶ-341［樹木類］ |
| すなむくり…Ⅲ-321［魚類］ | すはうだいこん…Ⅵ-431［菜類］ |
| すなむぐり…Ⅲ-321［魚類］ | すばきり…Ⅳ-831［野生植物］ |
| すなむし…Ⅲ-321［魚類］ | すはしり…Ⅲ-321［魚類］ |
| すなめくり…Ⅲ-739［貝類］ | すはしり…Ⅲ-322［魚類］ |
| すなめり…Ⅲ-321［魚類］ | すばしり…Ⅲ-322［魚類］ |
| すなもたし…Ⅵ-169［菌・茸類］ | すはらぼうず…Ⅱ-763［穀物類］ |
| すにい…Ⅳ-830［野生植物］ | すはらもち…Ⅱ-763［穀物類］ |
| すぬい…Ⅳ-830［野生植物］ | すはらろくかく…Ⅱ-763［穀物類］ |
| すぬけ…Ⅱ-761［穀物類］ | すはり…Ⅱ-764［穀物類］ |
| ずね…Ⅳ-830［野生植物］ | すばり…Ⅱ-764［穀物類］ |
| すねあか…Ⅱ-761［穀物類］ | すはりかひ…Ⅲ-740［貝類］ |
| ずねい…Ⅳ-830［野生植物］ | すはりかふ…Ⅵ-431［菜類］ |
| ずねいご…Ⅳ-830［野生植物］ | すはりかぶ…Ⅵ-431［菜類］ |
| すねかくし…Ⅱ-762［穀物類］ | すはりこむぎ…Ⅱ-764［穀物類］ |
| すねくされ…Ⅵ-431［菜類］ | すひかつら…Ⅳ-831［野生植物］ |
| すねくろ…Ⅱ-762［穀物類］ | すひかつら…Ⅶ-819［救荒動植物類］ |
| すねくろあづき…Ⅱ-762［穀物類］ | すひかづら…Ⅳ-831［野生植物］ |
| すねご…Ⅳ-830［野生植物］ | すひくわ…Ⅵ-431［菜類］ |
| すねこくり…Ⅱ-762［穀物類］ | すひこき…Ⅳ-832［野生植物］ |
| すねこすり…Ⅳ-831［野生植物］ | ずびこき…Ⅳ-832［野生植物］ |
| すねしろ…Ⅱ-762［穀物類］ | すびた…Ⅲ-322［魚類］ |
| すねすり…Ⅳ-831［野生植物］ | すひとう…Ⅳ-832［野生植物］ |
| すねふと…Ⅱ-762［穀物類］ | すひば…Ⅳ-832［野生植物］ |
| すねぶと…Ⅱ-763［穀物類］ | すびへ…Ⅱ-764［穀物類］ |
| すのき…Ⅶ-340［樹木類］ | すひら…Ⅳ-832［野生植物］ |
| すのこうじ…Ⅳ-831［野生植物］ | すひらのね…Ⅶ-820［救荒動植物類］ |
| すのこうじ…Ⅶ-819［救荒動植物類］ | すふた…Ⅳ-832［野生植物］ |
| すのたに…Ⅱ-763［穀物類］ | すぶた…Ⅳ-832［野生植物］ |
| すのふた…Ⅳ-831［野生植物］ | すぶた…Ⅳ-833［野生植物］ |
| すばい…Ⅵ-32［金・石・土・水類］ | すふたくさ…Ⅳ-833［野生植物］ |
| ずばい…Ⅵ-789［果類］ | すふのうを…Ⅲ-322［魚類］ |
| すばいたけ…Ⅵ-169［菌・茸類］ | すぶのうを…Ⅲ-323［魚類］ |
| すはいもも…Ⅵ-789［果類］ | すぶろ…Ⅱ-764［穀物類］ |
| すばいもも…Ⅵ-789［果類］ | すへうるあは…Ⅱ-764［穀物類］ |
| ずはいもも…Ⅵ-790［果類］ | すべたばい…Ⅲ-740［貝類］ |

す

すへながもち…Ⅱ - 764 ［穀物類］
すへべり…Ⅱ - 765 ［穀物類］
すべら…Ⅶ - 341 ［樹木類］
すべらこ…Ⅵ - 431 ［菜類］
すへり…Ⅲ - 323 ［魚類］
すへり…Ⅳ - 833 ［野生植物］
すべり…Ⅱ - 765 ［穀物類］
すべり…Ⅲ - 323 ［魚類］
すべり…Ⅳ - 833 ［野生植物］
すべりくさ…Ⅳ - 833 ［野生植物］
すへりひい…Ⅳ - 833 ［野生植物］
すへりひいな…Ⅵ - 431 ［菜類］
すべりひいな…Ⅳ - 834 ［野生植物］
すべりひいな…Ⅵ - 432 ［菜類］
すへりひう…Ⅳ - 834 ［野生植物］
すへりひう…Ⅶ - 820 ［救荒動植物類］
すべりひう…Ⅳ - 834 ［野生植物］
すへりひやう…Ⅳ - 834 ［野生植物］
すへりひやう…Ⅳ - 835 ［野生植物］
すべりひやう…Ⅳ - 835 ［野生植物］
すべりひやう…Ⅵ - 432 ［菜類］
すべりひやう…Ⅶ - 820 ［救荒動植物類］
すへりひやうな…Ⅳ - 835 ［野生植物］
すへりひやうな…Ⅶ - 820 ［救荒動植物類］
すへりひゆ…Ⅳ - 836 ［野生植物］
すへりひゆ…Ⅵ - 432 ［菜類］
すべりひゆ…Ⅳ - 836 ［野生植物］
すべりひゆ…Ⅳ - 837 ［野生植物］
すべりひゆ…Ⅵ - 432 ［菜類］
すべりひゆ…Ⅵ - 433 ［菜類］
すべりひゆ…Ⅶ - 820 ［救荒動植物類］
すべりびゆ…Ⅵ - 433 ［菜類］
すべりひゆな…Ⅵ - 433 ［菜類］
すへりひゆのは…Ⅶ - 820 ［救荒動植物類］
すへりひゆのはくき…Ⅶ - 820 ［救荒動植物類］
すへりひゆのはくき…Ⅶ - 821 ［救荒動植物類］

すべりべ…Ⅵ - 433 ［菜類］
すへりへう…Ⅳ - 837 ［野生植物］
すべりへう…Ⅳ - 837 ［野生植物］
すべる…Ⅵ - 433 ［菜類］
すべるべ…Ⅵ - 433 ［菜類］
すぼ…Ⅲ - 323 ［魚類］
すほうき…Ⅶ - 341 ［樹木類］
すほうきんひら…Ⅱ - 765 ［穀物類］
すほうのき…Ⅶ - 341 ［樹木類］
すほた…Ⅲ - 323 ［魚類］
すほとりもち…Ⅱ - 765 ［穀物類］
すぼみ…Ⅳ - 837 ［野生植物］
すほや…Ⅲ - 740 ［貝類］
すぼん…Ⅶ - 821 ［救荒動植物類］
すほんのかがみ…Ⅳ - 837 ［野生植物］
すぽんのかかみ…Ⅳ - 837 ［野生植物］
すま…Ⅲ - 323 ［魚類］
すまうとりくさ…Ⅳ - 838 ［野生植物］
すまだち…Ⅲ - 323 ［魚類］
すまたら…Ⅲ - 324 ［魚類］
すまだら…Ⅲ - 324 ［魚類］
すまふくさ…Ⅳ - 838 ［野生植物］
すまふとり…Ⅳ - 838 ［野生植物］
すまふとりくさ…Ⅳ - 838 ［野生植物］
すまふとりくさ…Ⅳ - 839 ［野生植物］
すまるこねり…Ⅵ - 790 ［果類］
すみ…Ⅳ - 839 ［野生植物］
すみ…Ⅶ - 341 ［樹木類］
ずみ…Ⅵ - 790 ［果類］
ずみ…Ⅶ - 341 ［樹木類］
すみいし…Ⅵ - 32 ［金・石・土・水類］
すみかし…Ⅱ - 765 ［穀物類］
すみくは…Ⅶ - 341 ［樹木類］
すみたら…Ⅶ - 342 ［樹木類］
すみとりくさ…Ⅳ - 839 ［野生植物］
すみとりふくべ…Ⅵ - 434 ［菜類］
すみな…Ⅲ - 740 ［貝類］
すみな…Ⅳ - 839 ［野生植物］

| | |
|---|---|
| すみのき…Ⅶ - 342　［樹木類］ | すもみ…Ⅳ - 843　［野生植物］ |
| ずみのき…Ⅶ - 342　［樹木類］ | すもみ…Ⅶ - 342　［樹木類］ |
| ずみのみ…Ⅵ - 790　［果類］ | すもみ…Ⅶ - 821　［救荒動植物類］ |
| すみも…Ⅳ - 839　［野生植物］ | すもも…Ⅵ - 791　［果類］ |
| すみやき…Ⅲ - 324　［魚類］ | すもも…Ⅶ - 342　［樹木類］ |
| すみやきたひ…Ⅲ - 324　［魚類］ | すもも…Ⅶ - 343　［樹木類］ |
| すみやきはちめ…Ⅲ - 324　［魚類］ | すももき…Ⅶ - 343　［樹木類］ |
| すみよし…Ⅱ - 765　［穀物類］ | ずらかいせい…Ⅱ - 766　［穀物類］ |
| すみよしおくて…Ⅱ - 765　［穀物類］ | すり…Ⅲ - 740　［貝類］ |
| すみよしかし…Ⅱ - 766　［穀物類］ | ずり…Ⅳ - 844　［野生植物］ |
| すみよしわせ…Ⅱ - 766　［穀物類］ | すりかい…Ⅲ - 740　［貝類］ |
| すみら…Ⅳ - 840　［野生植物］ | すりからしな…Ⅵ - 434　［菜類］ |
| すみら…Ⅵ - 434　［菜類］ | すりこうはし…Ⅱ - 766　［穀物類］ |
| すみら…Ⅶ - 821　［救荒動植物類］ | すりこきさう…Ⅳ - 844　［野生植物］ |
| すみれ…Ⅳ - 840　［野生植物］ | すりこぎさう…Ⅳ - 844　［野生植物］ |
| すみれ…Ⅳ - 841　［野生植物］ | ずりこみだいこん…Ⅵ - 434　［菜類］ |
| すみれ…Ⅶ - 821　［救荒動植物類］ | すりこり…Ⅲ - 325　［魚類］ |
| すみれぐさ…Ⅳ - 841　［野生植物］ | すりまい…Ⅱ - 766　［穀物類］ |
| すみれこ…Ⅳ - 841　［野生植物］ | ずりまい…Ⅱ - 766　［穀物類］ |
| すむしゑい…Ⅲ - 324　［魚類］ | すりまひ…Ⅱ - 766　［穀物類］ |
| ずむはい…Ⅵ - 790　［果類］ | すりも…Ⅳ - 844　［野生植物］ |
| すむめ…Ⅵ - 790　［果類］ | すりん…Ⅱ - 766　［穀物類］ |
| すむめ…Ⅵ - 791　［果類］ | するか…Ⅱ - 767　［穀物類］ |
| すむめ…Ⅶ - 342　［樹木類］ | するが…Ⅱ - 767　［穀物類］ |
| すむめのき…Ⅶ - 342　［樹木類］ | するかあは…Ⅱ - 767　［穀物類］ |
| すむら…Ⅳ - 841　［野生植物］ | するがいね…Ⅱ - 767　［穀物類］ |
| すむら…Ⅶ - 821　［救荒動植物類］ | するがささげ…Ⅱ - 767　［穀物類］ |
| すめひへ…Ⅳ - 841　［野生植物］ | するかしろう…Ⅱ - 767　［穀物類］ |
| すめひゑ…Ⅳ - 841　［野生植物］ | するかな…Ⅵ - 434　［菜類］ |
| すめりくさ…Ⅳ - 841　［野生植物］ | するかむぎ…Ⅱ - 767　［穀物類］ |
| すめりひやう…Ⅳ - 842　［野生植物］ | するかもち…Ⅱ - 768　［穀物類］ |
| すもうとりくさ…Ⅳ - 842　［野生植物］ | するがもち…Ⅱ - 768　［穀物類］ |
| すもとり…Ⅳ - 842　［野生植物］ | するがわせ…Ⅱ - 768　［穀物類］ |
| すもとりくさ…Ⅳ - 842　［野生植物］ | するき…Ⅳ - 844　［野生植物］ |
| すもとりくさ…Ⅳ - 843　［野生植物］ | するすみ…Ⅱ - 768　［穀物類］ |
| すもとりはな…Ⅳ - 843　［野生植物］ | するぼ…Ⅳ - 844　［野生植物］ |
| すもふとりくさ…Ⅳ - 843　［野生植物］ | ずるぼ…Ⅳ - 844　［野生植物］ |
| すもふとりさう…Ⅶ - 821　［救荒動植物類］ | するめ…Ⅲ - 325　［魚類］ |

| | |
|---|---|
| するも…Ⅳ-845［野生植物］ | すんぶうらん…Ⅵ-435［菜類］ |
| ずるも…Ⅳ-845［野生植物］ | すんふらん…Ⅳ-845［野生植物］ |
| ずるり…Ⅳ-845［野生植物］ | ずんぼ…Ⅳ-846［野生植物］ |
| ずるり…Ⅳ-845［野生植物］ | ずんぼう…Ⅱ-769［穀物類］ |
| すれ…Ⅵ-32［金・石・土・水類］ | |

## せ

| | |
|---|---|
| すれこ…Ⅲ-325［魚類］ | |
| すろつぽ…Ⅵ-434［菜類］ | せ…Ⅲ-742［貝類］ |
| すわ…Ⅳ-845［野生植物］ | せい…Ⅲ-326［魚類］ |
| すわう…Ⅶ-343［樹木類］ | せい…Ⅲ-742［貝類］ |
| すわうき…Ⅶ-343［樹木類］ | せい…Ⅶ-345［樹木類］ |
| すわうぎ…Ⅶ-343［樹木類］ | ぜい…Ⅲ-742［貝類］ |
| すわうのき…Ⅶ-343［樹木類］ | せいおう…Ⅵ-793［果類］ |
| すわうばい…Ⅶ-343［樹木類］ | せいおうぼ…Ⅵ-793［果類］ |
| すわこ…Ⅱ-768［穀物類］ | せいかい…Ⅶ-345［樹木類］ |
| すわめ…Ⅳ-845［野生植物］ | せいがい…Ⅶ-345［樹木類］ |
| すわりかふ…Ⅵ-434［菜類］ | せいがいはちめ…Ⅲ-326［魚類］ |
| すわりかぶ…Ⅵ-435［菜類］ | せいかう…Ⅳ-847［野生植物］ |
| すわりかふら…Ⅵ-435［菜類］ | せいがう…Ⅳ-847［野生植物］ |
| すゐい…Ⅲ-325［魚類］ | せいかんじさめ…Ⅲ-327［魚類］ |
| すをう…Ⅶ-344［樹木類］ | せいき…Ⅳ-847［野生植物］ |
| すをろし…Ⅱ-768［穀物類］ | せいぎよく…Ⅵ-32［金・石・土・水類］ |
| ずんあみ…Ⅱ-769［穀物類］ | せいくらうあは…Ⅱ-770［穀物類］ |
| ずんきなし…Ⅵ-791［果類］ | せいくり…Ⅲ-742［貝類］ |
| すんきれ…Ⅱ-769［穀物類］ | せいくろう…Ⅱ-770［穀物類］ |
| ずんこ…Ⅲ-325［魚類］ | せいくわ…Ⅵ-436［菜類］ |
| すんさい…Ⅱ-769［穀物類］ | せいくわんし…Ⅵ-793［果類］ |
| ずんざり…Ⅱ-769［穀物類］ | せいぐわんじ…Ⅵ-793［果類］ |
| ずんとう…Ⅱ-769［穀物類］ | せいこ…Ⅲ-326［魚類］ |
| すんはい…Ⅵ-791［果類］ | せいご…Ⅲ-326［魚類］ |
| すんばい…Ⅵ-791［果類］ | せいこあは…Ⅱ-770［穀物類］ |
| ずんばい…Ⅵ-792［果類］ | せいこう…Ⅲ-326［魚類］ |
| すんばいもも…Ⅵ-792［果類］ | せいごろう…Ⅱ-770［穀物類］ |
| ずんはいもも…Ⅵ-792［果類］ | せいじ…Ⅵ-793［果類］ |
| ずんばいもも…Ⅵ-792［果類］ | せいじふらう…Ⅱ-770［穀物類］ |
| ずんばいもも…Ⅶ-344［樹木類］ | せいじふろうこむぎ…Ⅱ-770［穀物類］ |
| すんはり…Ⅲ-740［貝類］ | せいすいきやう…Ⅳ-847［野生植物］ |
| すんはりかい…Ⅲ-741［貝類］ | せいせい…Ⅲ-326［魚類］ |
| すんはるかひ…Ⅲ-741［貝類］ | せいそう…Ⅱ-770［穀物類］ |

| | |
|---|---|
| せいそうし…Ⅳ-847［野生植物］ | せうじこ…Ⅲ-327［魚類］ |
| せいぞろい…Ⅱ-771［穀物類］ | せうしまんばい…Ⅱ-773［穀物類］ |
| せいたか…Ⅱ-771［穀物類］ | せうぜう…Ⅱ-773［穀物類］ |
| せいたかあわ…Ⅱ-771［穀物類］ | せうぜうばかま…Ⅳ-849［野生植物］ |
| せいたかきび…Ⅱ-771［穀物類］ | せうせき…Ⅵ-32［金・石・土・水類］ |
| せいたかひへ…Ⅱ-771［穀物類］ | せうたいなし…Ⅵ-794［果類］ |
| せいたかひゑ…Ⅱ-771［穀物類］ | せうとうほう…Ⅶ-345［樹木類］ |
| せいたかまめ…Ⅱ-772［穀物類］ | せうなこん…Ⅱ-773［穀物類］ |
| せいたかもろこし…Ⅱ-772［穀物類］ | せうなごん…Ⅱ-773［穀物類］ |
| せいちく…Ⅱ-772［穀物類］ | せうなごん…Ⅱ-774［穀物類］ |
| せいちく…Ⅵ-76［竹・笹類］ | せうなこんわせ…Ⅱ-774［穀物類］ |
| せいちこ…Ⅱ-772［穀物類］ | せうねば…Ⅶ-346［樹木類］ |
| せいとう…Ⅱ-772［穀物類］ | せうひ…Ⅳ-849［野生植物］ |
| せいとうきひ…Ⅱ-772［穀物類］ | せうび…Ⅳ-849［野生植物］ |
| せいながふぐ…Ⅲ-326［魚類］ | せうびん…Ⅳ-849［野生植物］ |
| せいねい…Ⅳ-847［野生植物］ | せうふ…Ⅱ-774［穀物類］ |
| せいのき…Ⅵ-793［果類］ | せうふ…Ⅳ-849［野生植物］ |
| せいはく…Ⅳ-848［野生植物］ | せうぶ…Ⅳ-850［野生植物］ |
| せいはん…Ⅱ-772［穀物類］ | せうへんじ…Ⅵ-794［果類］ |
| せいらん…Ⅳ-848［野生植物］ | せうま…Ⅳ-850［野生植物］ |
| せいりやうちや…Ⅶ-345［樹木類］ | せうもく…Ⅳ-850［野生植物］ |
| せいわう…Ⅵ-793［果類］ | せうもくかう…Ⅳ-850［野生植物］ |
| せいわうぼ…Ⅵ-794［果類］ | せうもつかう…Ⅳ-850［野生植物］ |
| せいわうほう…Ⅵ-794［果類］ | せうもつこ…Ⅳ-851［野生植物］ |
| せういたどり…Ⅶ-345［樹木類］ | せうもつこう…Ⅳ-851［野生植物］ |
| せうか…Ⅵ-436［菜類］ | せうりく…Ⅳ-851［野生植物］ |
| せうが…Ⅳ-848［野生植物］ | せうろ…Ⅵ-170［菌・茸類］ |
| せうが…Ⅵ-436［菜類］ | せうろぎ…Ⅳ-851［野生植物］ |
| せうかいも…Ⅵ-436［菜類］ | せうろへい…Ⅳ-851［野生植物］ |
| せうがいも…Ⅵ-436［菜類］ | せうを…Ⅲ-327［魚類］ |
| せうかく…Ⅳ-848［野生植物］ | せおくて…Ⅱ-774［穀物類］ |
| せうかく…Ⅵ-437［菜類］ | せおれもち…Ⅱ-774［穀物類］ |
| せうがくばら…Ⅶ-345［樹木類］ | せかいさう…Ⅳ-851［野生植物］ |
| せうかひげ…Ⅳ-848［野生植物］ | ぜがいさう…Ⅳ-852［野生植物］ |
| ぜうがひけ…Ⅳ-848［野生植物］ | せかいそう…Ⅳ-852［野生植物］ |
| ぜうがひげ…Ⅳ-848［野生植物］ | ぜかいそう…Ⅳ-852［野生植物］ |
| せうかふし…Ⅳ-849［野生植物］ | ぜがいそう…Ⅳ-852［野生植物］ |
| ぜうこく…Ⅱ-773［穀物類］ | せかひ…Ⅲ-742［貝類］ |

# せ

せき…Ⅱ - 774［穀物類］
せきあつかい…Ⅲ - 743［貝類］
せきあつかひ…Ⅲ - 743［貝類］
せきあは…Ⅱ - 775［穀物類］
せきいね…Ⅱ - 775［穀物類］
せきうすかい…Ⅲ - 743［貝類］
せきうすかひ…Ⅲ - 743［貝類］
せきえい…Ⅵ - 33［金・石・土・水類］
せきかい…Ⅲ - 743［貝類］
せきかうじつ…Ⅳ - 852［野生植物］
せきかひ…Ⅲ - 743［貝類］
せぎぎ…Ⅲ - 327［魚類］
せきこ…Ⅱ - 775［穀物類］
せきこく…Ⅳ - 852［野生植物］
せきこく…Ⅳ - 853［野生植物］
せきさう…Ⅳ - 853［野生植物］
せきされ…Ⅱ - 775［穀物類］
せきさんぐわつ…Ⅱ - 775［穀物類］
せきし…Ⅵ - 33［金・石・土・水類］
せきしうくまこ…Ⅱ - 775［穀物類］
せきしやう…Ⅳ - 853［野生植物］
せきしやう…Ⅳ - 854［野生植物］
せきしやうふ…Ⅳ - 854［野生植物］
せきしやうぶ…Ⅳ - 854［野生植物］
せきじやり…Ⅵ - 33［金・石・土・水類］
せきしょうにゅう…Ⅵ - 33
　　　　　　　　［金・石・土・水類］
せきしよおふ…Ⅳ - 855［野生植物］
せきせう…Ⅳ - 855［野生植物］
せきせうぶ…Ⅳ - 855［野生植物］
せきせつ…Ⅳ - 855［野生植物］
せきせつさう…Ⅳ - 855［野生植物］
せきそろ…Ⅳ - 855［野生植物］
せきぞろ…Ⅳ - 856［野生植物］
せきそろくさ…Ⅳ - 856［野生植物］
せきだ…Ⅲ - 327［魚類］
せきだうを…Ⅲ - 327［魚類］
せきたかれい…Ⅲ - 327［魚類］

せきだかれい…Ⅲ - 328［魚類］
せきだがれい…Ⅲ - 328［魚類］
せきだがれひ…Ⅲ - 328［魚類］
せきださう…Ⅳ - 856［野生植物］
せきたそう…Ⅳ - 856［野生植物］
せきたつる…Ⅳ - 856［野生植物］
せきだつる…Ⅳ - 856［野生植物］
せきたん…Ⅵ - 33［金・石・土・水類］
せきちく…Ⅳ - 857［野生植物］
せきつい…Ⅳ - 858［野生植物］
せきでらつつち…Ⅶ - 346［樹木類］
せきどう…Ⅱ - 775［穀物類］
せきとりなし…Ⅵ - 794［果類］
せきにう…Ⅵ - 33［金・石・土・水類］
せきひゑ…Ⅱ - 776［穀物類］
せきみつ…Ⅱ - 776［穀物類］
せきみづ…Ⅱ - 776［穀物類］
せきみづ…Ⅳ - 858［野生植物］
せきむらさき…Ⅳ - 858［野生植物］
せきもち…Ⅱ - 776［穀物類］
せきらん…Ⅳ - 858［野生植物］
せきりんさう…Ⅳ - 858［野生植物］
せきれい…Ⅱ - 776［穀物類］
せきれい…Ⅶ - 822［救荒動植物類］
せくさい…Ⅲ - 328［魚類］
せくなぎ…Ⅱ - 776［穀物類］
せぐら…Ⅲ - 743［貝類］
せくろ…Ⅲ - 328［魚類］
せぐろ…Ⅱ - 776［穀物類］
せぐろ…Ⅲ - 328［魚類］
せぐろ…Ⅲ - 744［貝類］
せくろいはし…Ⅲ - 329［魚類］
せぐろいわし…Ⅲ - 329［魚類］
せぐろかひ…Ⅲ - 744［貝類］
せこくさ…Ⅳ - 858［野生植物］
せこつま…Ⅲ - 744［貝類］
せごり…Ⅲ - 329［魚類］
せさる…Ⅲ - 329［魚類］

| | |
|---|---|
| せしろ…Ⅲ-329［魚類］ | ぜにあふい…Ⅳ-860［野生植物］ |
| せじろ…Ⅲ-329［魚類］ | せにあふひ…Ⅳ-860［野生植物］ |
| せすずき…Ⅲ-329［魚類］ | ぜにあふひ…Ⅳ-860［野生植物］ |
| せせかひ…Ⅲ-744［貝類］ | せにあをい…Ⅳ-861［野生植物］ |
| ぜぜかひ…Ⅲ-744［貝類］ | せにあをひ…Ⅳ-861［野生植物］ |
| せせなきもち…Ⅱ-777［穀物類］ | ぜにあをひ…Ⅳ-861［野生植物］ |
| せせひへ…Ⅱ-777［穀物類］ | せにかい…Ⅲ-745［貝類］ |
| せぞろい…Ⅱ-777［穀物類］ | ぜにかい…Ⅲ-745［貝類］ |
| せたい…Ⅲ-330［魚類］ | せにかつら…Ⅳ-861［野生植物］ |
| せだい…Ⅲ-330［魚類］ | ぜにかつら…Ⅳ-861［野生植物］ |
| せたか…Ⅱ-777［穀物類］ | ぜにかひ…Ⅲ-745［貝類］ |
| せたかかし…Ⅱ-777［穀物類］ | せにくさ…Ⅳ-861［野生植物］ |
| せたひ…Ⅲ-330［魚類］ | ぜにくさ…Ⅳ-861［野生植物］ |
| せたら…Ⅳ-858［野生植物］ | ぜにくさ…Ⅳ-862［野生植物］ |
| せたれふぐ…Ⅲ-330［魚類］ | せにさらな…Ⅳ-862［野生植物］ |
| せちき…Ⅲ-330［魚類］ | ぜにつわ…Ⅳ-862［野生植物］ |
| せつかさう…Ⅳ-859［野生植物］ | ぜにのふた…Ⅲ-745［貝類］ |
| せつき…Ⅱ-777［穀物類］ | せには…Ⅶ-822［救荒動植物類］ |
| せつきそろ…Ⅳ-859［野生植物］ | せにば…Ⅳ-862［野生植物］ |
| せつこう…Ⅵ-33［金・石・土・水類］ | ぜにばかつら…Ⅳ-862［野生植物］ |
| せつこく…Ⅳ-859［野生植物］ | ぜにはな…Ⅳ-862［野生植物］ |
| せつしやく…Ⅳ-859［野生植物］ | せにひるも…Ⅳ-863［野生植物］ |
| ぜつた…Ⅳ-859［野生植物］ | ぜにひるも…Ⅳ-863［野生植物］ |
| せつだかれい…Ⅲ-330［魚類］ | ぜにも…Ⅳ-863［野生植物］ |
| せつたのかは…Ⅵ-34［金・石・土・水類］ | ぜにもちかき…Ⅵ-795［果類］ |
| せつは…Ⅲ-330［魚類］ | せのき…Ⅶ-346［樹木類］ |
| せつはせ…Ⅱ-777［穀物類］ | せひ…Ⅲ-745［貝類］ |
| ぜつふ…Ⅵ-437［菜類］ | せび…Ⅲ-331［魚類］ |
| せとかい…Ⅲ-744［貝類］ | せひかい…Ⅶ-346［樹木類］ |
| せとがい…Ⅲ-744［貝類］ | せひく…Ⅱ-778［穀物類］ |
| せとがひ…Ⅲ-745［貝類］ | せびく…Ⅱ-778［穀物類］ |
| せとたばこ…Ⅳ-860［野生植物］ | せびた…Ⅲ-331［魚類］ |
| せとも…Ⅳ-860［野生植物］ | せひわう…Ⅵ-795［果類］ |
| せとものつら…Ⅶ-822［救荒動植物類］ | せふた…Ⅲ-331［魚類］ |
| せなが…Ⅲ-331［魚類］ | せべ…Ⅱ-778［穀物類］ |
| せなかふぐ…Ⅲ-331［魚類］ | せほご…Ⅲ-331［魚類］ |
| せながふく…Ⅲ-331［魚類］ | せほりこゐ…Ⅲ-332［魚類］ |
| ぜにあおひ…Ⅳ-860［野生植物］ | せみ…Ⅱ-778［穀物類］ |

せ

| | |
|---|---|
| せみかしら…Ⅱ‐778［穀物類］ | せんかう…Ⅳ‐865［野生植物］ |
| せみかひ…Ⅲ‐746［貝類］ | せんかう…Ⅵ‐438［菜類］ |
| せみしるあは…Ⅱ‐778［穀物類］ | せんかう…Ⅶ‐346［樹木類］ |
| せむすい…Ⅳ‐863［野生植物］ | せんかう…Ⅶ‐347［樹木類］ |
| せめくり…Ⅲ‐332［魚類］ | ぜんかう…Ⅳ‐866［野生植物］ |
| せもち…Ⅱ‐778［穀物類］ | ぜんかう…Ⅵ‐438［菜類］ |
| せよし…Ⅱ‐778［穀物類］ | せんかうじ…Ⅱ‐779［穀物類］ |
| せらせあわ…Ⅱ‐779［穀物類］ | ぜんかうじ…Ⅱ‐779［穀物類］ |
| せり…Ⅳ‐863［野生植物］ | せんかうのき…Ⅶ‐347［樹木類］ |
| せり…Ⅵ‐437［菜類］ | ぜんかうもち…Ⅱ‐780［穀物類］ |
| せり…Ⅶ‐822［救荒動植物類］ | せんぎ…Ⅳ‐866［野生植物］ |
| せりがき…Ⅵ‐794［果類］ | せんきう…Ⅳ‐866［野生植物］ |
| せりかは…Ⅱ‐779［穀物類］ | せんきく…Ⅳ‐866［野生植物］ |
| せりかわ…Ⅱ‐779［穀物類］ | せんきち…Ⅱ‐780［穀物類］ |
| せりかわまめ…Ⅱ‐779［穀物類］ | ぜんきち…Ⅱ‐780［穀物類］ |
| せりくわ…Ⅶ‐346［樹木類］ | せんきゆう…Ⅳ‐866［野生植物］ |
| せりげ…Ⅳ‐864［野生植物］ | せんきんくわ…Ⅳ‐867［野生植物］ |
| せりこめ…Ⅵ‐437［菜類］ | せんく…Ⅱ‐780［穀物類］ |
| せりざこ…Ⅲ‐332［魚類］ | ぜんく…Ⅱ‐780［穀物類］ |
| せりにんじん…Ⅳ‐864［野生植物］ | せんくつし…Ⅳ‐867［野生植物］ |
| せりのおと…Ⅳ‐864［野生植物］ | せんくづし…Ⅳ‐867［野生植物］ |
| せりば…Ⅵ‐438［菜類］ | せんぐはんさう…Ⅳ‐867［野生植物］ |
| せりもとき…Ⅳ‐864［野生植物］ | せんくまる…Ⅱ‐780［穀物類］ |
| せりもどき…Ⅳ‐864［野生植物］ | ぜんくらう…Ⅱ‐780［穀物類］ |
| せろつぼ…Ⅵ‐438［菜類］ | せんくわうし…Ⅵ‐795［果類］ |
| せゐかひはちめ…Ⅲ‐332［魚類］ | ぜんくわうじ…Ⅱ‐780［穀物類］ |
| せゐご…Ⅲ‐332［魚類］ | ぜんくわうじな…Ⅵ‐438［菜類］ |
| せゑ…Ⅲ‐746［貝類］ | ぜんくわうじわせ…Ⅱ‐781［穀物類］ |
| せん…Ⅲ‐746［貝類］ | せんくわん…Ⅱ‐781［穀物類］ |
| せん…Ⅳ‐864［野生植物］ | せんげんあわ…Ⅱ‐781［穀物類］ |
| せん…Ⅶ‐346［樹木類］ | せんげんさう…Ⅳ‐867［野生植物］ |
| せんおう…Ⅳ‐864［野生植物］ | せんこ…Ⅳ‐867［野生植物］ |
| せんおうくわ…Ⅳ‐865［野生植物］ | せんこ…Ⅵ‐795［果類］ |
| せんおうけ…Ⅳ‐865［野生植物］ | せんご…Ⅱ‐781［穀物類］ |
| せんおふ…Ⅳ‐865［野生植物］ | せんご…Ⅲ‐332［魚類］ |
| せんおふけ…Ⅳ‐865［野生植物］ | せんご…Ⅳ‐868［野生植物］ |
| せんかい…Ⅲ‐746［貝類］ | ぜんこ…Ⅳ‐867［野生植物］ |
| せんかう…Ⅱ‐779［穀物類］ | ぜんご…Ⅲ‐332［魚類］ |

| | |
|---|---|
| ぜんご…Ⅳ-868［野生植物］ | せんすぢ…Ⅵ-439［菜類］ |
| ぜんこうじ…Ⅱ-781［穀物類］ | せんせんがうろ…Ⅳ-868［野生植物］ |
| せんこうしやくわ…Ⅳ-868［野生植物］ | ぜんぜんがうろ…Ⅳ-869［野生植物］ |
| せんこく…Ⅱ-781［穀物類］ | せんた…Ⅲ-333［魚類］ |
| せんごく…Ⅱ-781［穀物類］ | せんだ…Ⅶ-347［樹木類］ |
| せんごく…Ⅱ-782［穀物類］ | せんたい…Ⅱ-785［穀物類］ |
| せんごくあつき…Ⅱ-782［穀物類］ | せんだい…Ⅱ-785［穀物類］ |
| せんごくあわ…Ⅱ-782［穀物類］ | せんだい…Ⅵ-795［果類］ |
| せんごくいね…Ⅱ-782［穀物類］ | せんだいかるご…Ⅱ-785［穀物類］ |
| せんごくささけ…Ⅱ-782［穀物類］ | せんたいこむぎ…Ⅱ-785［穀物類］ |
| せんこくじ…Ⅱ-782［穀物類］ | せんだいこわせ…Ⅱ-785［穀物類］ |
| せんごくそば…Ⅱ-782［穀物類］ | せんたいじふろく…Ⅱ-786［穀物類］ |
| せんこくちさ…Ⅵ-438［菜類］ | せんたいばうづ…Ⅱ-786［穀物類］ |
| せんこくまめ…Ⅱ-783［穀物類］ | せんたいはき…Ⅳ-869［野生植物］ |
| せんごくまめ…Ⅱ-783［穀物類］ | せんたいはぎ…Ⅳ-869［野生植物］ |
| せんごくやろく…Ⅱ-783［穀物類］ | せんだいはき…Ⅳ-869［野生植物］ |
| ぜんごらう…Ⅱ-783［穀物類］ | せんだいはぎ…Ⅳ-869［野生植物］ |
| ぜんさい…Ⅳ-868［野生植物］ | ぜんたいふもち…Ⅱ-786［穀物類］ |
| ぜんさい…Ⅵ-438［菜類］ | せんだいほうず…Ⅱ-786［穀物類］ |
| せんさいがうろ…Ⅳ-868［野生植物］ | せんたいまめ…Ⅱ-786［穀物類］ |
| せんさいこうら…Ⅳ-868［野生植物］ | せんだいまめ…Ⅱ-786［穀物類］ |
| ぜんざいはちこく…Ⅱ-783［穀物類］ | せんだいむき…Ⅱ-786［穀物類］ |
| ぜんざら…Ⅱ-784［穀物類］ | せんたいもみ…Ⅶ-347［樹木類］ |
| せんし…Ⅵ-795［果類］ | せんだいわせ…Ⅱ-787［穀物類］ |
| せんじう…Ⅵ-439［菜類］ | ぜんだうだいこん…Ⅵ-439［菜類］ |
| せんしくわ…Ⅵ-439［菜類］ | せんたくらいき…Ⅶ-348［樹木類］ |
| ぜんじの…Ⅵ-439［菜類］ | せんたつかしら…Ⅳ-870［野生植物］ |
| せんじまめ…Ⅱ-784［穀物類］ | せんたら…Ⅲ-333［魚類］ |
| ぜんしやうとか…Ⅶ-347［樹木類］ | ぜんたらう…Ⅱ-787［穀物類］ |
| ぜんじやうとが…Ⅶ-347［樹木類］ | せんたろうまめ…Ⅱ-787［穀物類］ |
| せんじゆ…Ⅱ-784［穀物類］ | せんたん…Ⅶ-348［樹木類］ |
| せんじゆ…Ⅶ-347［樹木類］ | せんだん…Ⅶ-348［樹木類］ |
| せんしゆうまめ…Ⅱ-784［穀物類］ | せんだん…Ⅶ-349［樹木類］ |
| ぜんしらう…Ⅱ-784［穀物類］ | せんだんのき…Ⅶ-349［樹木類］ |
| ぜんしらうむぎ…Ⅱ-784［穀物類］ | せんちやう…Ⅱ-787［穀物類］ |
| せんじろう…Ⅱ-784［穀物類］ | せんちやう…Ⅲ-333［魚類］ |
| せんしろふ…Ⅱ-785［穀物類］ | せんつち…Ⅱ-787［穀物類］ |
| せんすぢ…Ⅱ-785［穀物類］ | ぜんていくわ…Ⅳ-870［野生植物］ |

せ

| | |
|---|---|
| せんてうかれい…Ⅲ‐333［魚類］ | せんはら…Ⅲ‐333［魚類］ |
| ぜんとく…Ⅲ‐333［魚類］ | せんはら…Ⅲ‐334［魚類］ |
| せんとくかき…Ⅵ‐795［果類］ | せんばん…Ⅱ‐788［穀物類］ |
| せんないさう…Ⅳ‐870［野生植物］ | せんひき…Ⅳ‐873［野生植物］ |
| せんないそう…Ⅳ‐870［野生植物］ | せんひら…Ⅲ‐334［魚類］ |
| せんなり…Ⅱ‐787［穀物類］ | せんぶ…Ⅵ‐441［菜類］ |
| せんなり…Ⅵ‐439［菜類］ | ぜんふ…Ⅵ‐441［菜類］ |
| せんなりたうからし…Ⅵ‐440［菜類］ | せんふく…Ⅲ‐746［貝類］ |
| せんなりひやうたん…Ⅵ‐440［菜類］ | せんふくさう…Ⅳ‐873［野生植物］ |
| せんなりふくへ…Ⅵ‐440［菜類］ | せんふり…Ⅳ‐873［野生植物］ |
| せんなりふくべ…Ⅵ‐440［菜類］ | せんぶり…Ⅳ‐873［野生植物］ |
| せんなりへうたん…Ⅵ‐440［菜類］ | せんふりさう…Ⅳ‐874［野生植物］ |
| せんなりゆふがほ…Ⅵ‐440［菜類］ | ぜんべい…Ⅱ‐788［穀物類］ |
| せんにちかう…Ⅳ‐870［野生植物］ | せんべんづる…Ⅳ‐874［野生植物］ |
| せんにちこう…Ⅳ‐870［野生植物］ | せんほ…Ⅱ‐788［穀物類］ |
| せんにちさう…Ⅳ‐871［野生植物］ | せんぼ…Ⅱ‐788［穀物類］ |
| せんにちそう…Ⅳ‐871［野生植物］ | ぜんほ…Ⅱ‐789［穀物類］ |
| せんにんさう…Ⅳ‐871［野生植物］ | せんほう…Ⅱ‐789［穀物類］ |
| せんにんじやう…Ⅳ‐871［野生植物］ | せんぼう…Ⅱ‐789［穀物類］ |
| せんにんそう…Ⅳ‐871［野生植物］ | せんぼう…Ⅳ‐874［野生植物］ |
| せんにんひき…Ⅱ‐787［穀物類］ | せんほうけ…Ⅳ‐874［野生植物］ |
| せんねんさう…Ⅳ‐872［野生植物］ | せんぼうず…Ⅱ‐789［穀物類］ |
| せんねんそう…Ⅳ‐872［野生植物］ | ぜんぼうず…Ⅱ‐789［穀物類］ |
| せんのう…Ⅳ‐872［野生植物］ | せんほく…Ⅱ‐789［穀物類］ |
| せんのうかつら…Ⅳ‐872［野生植物］ | せんぼく…Ⅱ‐789［穀物類］ |
| せんのうけ…Ⅳ‐872［野生植物］ | せんほくまめ…Ⅱ‐789［穀物類］ |
| せんのき…Ⅶ‐349［樹木類］ | せんほくもち…Ⅱ‐790［穀物類］ |
| せんのふ…Ⅳ‐872［野生植物］ | せんぼん…Ⅱ‐790［穀物類］ |
| せんのふけ…Ⅳ‐873［野生植物］ | せんぼん…Ⅵ‐441［菜類］ |
| せんのふのくきは…Ⅶ‐822［救荒動植物類］ | せんぼんがき…Ⅵ‐796［果類］ |
| せんのやさき…Ⅵ‐440［菜類］ | せんぼんき…Ⅵ‐442［菜類］ |
| せんば…Ⅵ‐441［菜類］ | せんぼんぎ…Ⅶ‐349［樹木類］ |
| ぜんはい…Ⅲ‐333［魚類］ | せんぼんさう…Ⅳ‐874［野生植物］ |
| せんばうづ…Ⅱ‐788［穀物類］ | ぜんぼんしめじ…Ⅵ‐170［菌・茸類］ |
| ぜんはち…Ⅱ‐788［穀物類］ | せんぼんしめち…Ⅵ‐170［菌・茸類］ |
| せんばちさ…Ⅵ‐441［菜類］ | せんぼんしめぢ…Ⅵ‐170［菌・茸類］ |
| せんはちしや…Ⅵ‐441［菜類］ | せんぼんはだか…Ⅱ‐790［穀物類］ |
| せんばのき…Ⅶ‐349［樹木類］ | せんぼんむぎ…Ⅱ‐790［穀物類］ |

| | |
|---|---|
| せんぼんやり…Ⅳ - 874［野生植物］ | せんろくもち…Ⅱ - 791［穀物類］ |
| せんぼんゐがや…Ⅳ - 874［野生植物］ | ぜんろくもち…Ⅱ - 791［穀物類］ |
| せんまい…Ⅲ - 334［魚類］ | せんゑつはき…Ⅶ - 350［樹木類］ |
| せんまい…Ⅳ - 875［野生植物］ | せんを…Ⅲ - 335［魚類］ |
| せんまい…Ⅵ - 442［菜類］ | せんをう…Ⅳ - 876［野生植物］ |
| ぜんまい…Ⅲ - 334［魚類］ | せんをうき…Ⅵ - 444［菜類］ |
| ぜんまい…Ⅳ - 875［野生植物］ | せんをうくわ…Ⅳ - 876［野生植物］ |
| ぜんまい…Ⅵ - 442［菜類］ | せんをうけ…Ⅳ - 877［野生植物］ |
| ぜんまい…Ⅶ - 822［救荒動植物類］ | |

## そ

| | |
|---|---|
| せんまいはり…Ⅵ - 443［菜類］ | そい…Ⅲ - 336［魚類］ |
| せんまいばり…Ⅵ - 443［菜類］ | そうおろしのき…Ⅶ - 351［樹木類］ |
| せんます…Ⅱ - 790［穀物類］ | そうか…Ⅳ - 878［野生植物］ |
| せんまひ…Ⅵ - 443［菜類］ | そうかくれ…Ⅱ - 792［穀物類］ |
| ぜんまひ…Ⅳ - 875［野生植物］ | ぞうかみ…Ⅶ - 351［樹木類］ |
| ぜんまひ…Ⅵ - 443［菜類］ | そうくろ…Ⅱ - 792［穀物類］ |
| せんめ…Ⅲ - 334［魚類］ | そうけつくり…Ⅲ - 336［魚類］ |
| ぜんめ…Ⅲ - 334［魚類］ | そうけもち…Ⅱ - 792［穀物類］ |
| せんめい…Ⅲ - 334［魚類］ | そうけもちあは…Ⅱ - 792［穀物類］ |
| ぜんめい…Ⅲ - 335［魚類］ | そうけんさう…Ⅳ - 878［野生植物］ |
| ぜんめし…Ⅲ - 335［魚類］ | そうごらう…Ⅱ - 792［穀物類］ |
| ぜんもちくさ…Ⅳ - 875［野生植物］ | ぞうさく…Ⅱ - 792［穀物類］ |
| せんもと…Ⅵ - 443［菜類］ | そうじ…Ⅲ - 336［魚類］ |
| せんやうつつち…Ⅶ - 350［樹木類］ | そうしきび…Ⅱ - 792［穀物類］ |
| せんやうやろく…Ⅱ - 790［穀物類］ | そうしちもち…Ⅱ - 793［穀物類］ |
| せんやたうからし…Ⅵ - 443［菜類］ | そうじまめ…Ⅱ - 793［穀物類］ |
| せんよ…Ⅵ - 444［菜類］ | そうしゆつ…Ⅳ - 878［野生植物］ |
| せんよう…Ⅱ - 790［穀物類］ | そうじゆつ…Ⅳ - 878［野生植物］ |
| せんよう…Ⅵ - 444［菜類］ | そうずい…Ⅲ - 336［魚類］ |
| せんようしやくやく…Ⅳ - 875［野生植物］ | そうすけ…Ⅱ - 793［穀物類］ |
| せんりう…Ⅳ - 875［野生植物］ | そうそささけ…Ⅱ - 793［穀物類］ |
| せんりうくわ…Ⅳ - 876［野生植物］ | そうた…Ⅳ - 878［野生植物］ |
| せんりかう…Ⅶ - 350［樹木類］ | そうたきしば…Ⅳ - 878［野生植物］ |
| せんりやう…Ⅳ - 876［野生植物］ | そうたくさ…Ⅳ - 879［野生植物］ |
| せんりやう…Ⅶ - 350［樹木類］ | そうたくまめ…Ⅱ - 793［穀物類］ |
| せんれう…Ⅳ - 876［野生植物］ | そうたけ…Ⅲ - 336［魚類］ |
| せんろく…Ⅱ - 791［穀物類］ | そうち…Ⅲ - 336［魚類］ |
| ぜんろく…Ⅱ - 791［穀物類］ | そうちつ…Ⅳ - 879［野生植物］ |
| ぜんろくきひ…Ⅱ - 791［穀物類］ | |

# そ

そうてい…Ⅶ - 363 ［樹木類］
そうとめうつき…Ⅶ - 351 ［樹木類］
そうとめかつら…Ⅳ - 879 ［野生植物］
そうとめくさ…Ⅳ - 879 ［野生植物］
そうとめはな…Ⅳ - 879 ［野生植物］
そうな…Ⅳ - 879 ［野生植物］
そうな…Ⅵ - 171 ［菌・茸類］
そうのき…Ⅶ - 351 ［樹木類］
そうのころも…Ⅱ - 793 ［穀物類］
そうのそで…Ⅱ - 793 ［穀物類］
そうばい…Ⅳ - 880 ［野生植物］
そうはき…Ⅳ - 880 ［野生植物］
そうはぎ…Ⅳ - 880 ［野生植物］
そうひやう…Ⅲ - 336 ［魚類］
そうべゑくまこ…Ⅱ - 794 ［穀物類］
ぞうみ…Ⅶ - 351 ［樹木類］
ぞうみのきのみ…Ⅵ - 797 ［果類］
そうめくさ…Ⅳ - 880 ［野生植物］
そうめん…Ⅱ - 794 ［穀物類］
そうめんきりのき…Ⅶ - 351 ［樹木類］
そうめんくさ…Ⅳ - 880 ［野生植物］
そうめんごり…Ⅲ - 337 ［魚類］
そうめんのり…Ⅳ - 880 ［野生植物］
そうめんば…Ⅶ - 351 ［樹木類］
そうめんむき…Ⅱ - 794 ［穀物類］
そうらし…Ⅶ - 352 ［樹木類］
そうらそささげ…Ⅱ - 794 ［穀物類］
ぞうりかたち…Ⅱ - 794 ［穀物類］
そうろし…Ⅶ - 352 ［樹木類］
そうろしのき…Ⅶ - 352 ［樹木類］
そうゑん…Ⅱ - 794 ［穀物類］
そかて…Ⅱ - 794 ［穀物類］
ぞがて…Ⅱ - 794 ［穀物類］
ぞかてな…Ⅵ - 445 ［菜類］
そき…Ⅱ - 795 ［穀物類］
そぎ…Ⅱ - 795 ［穀物類］
そぎもち…Ⅱ - 795 ［穀物類］
そくこく…Ⅱ - 795 ［穀物類］

そくす…Ⅳ - 881 ［野生植物］
そくず…Ⅳ - 881 ［野生植物］
そくすいし…Ⅳ - 881 ［野生植物］
ぞくずいし…Ⅳ - 881 ［野生植物］
そくぞく…Ⅳ - 881 ［野生植物］
そくだん…Ⅳ - 882 ［野生植物］
そくづ…Ⅱ - 795 ［穀物類］
そくづ…Ⅳ - 882 ［野生植物］
そぐづ…Ⅳ - 882 ［野生植物］
そくはく…Ⅶ - 352 ［樹木類］
そくばく…Ⅶ - 352 ［樹木類］
そくや…Ⅳ - 882 ［野生植物］
そこいり…Ⅵ - 445 ［菜類］
そこいりだいこん…Ⅵ - 445 ［菜類］
そこいれ…Ⅵ - 445 ［菜類］
そこず…Ⅳ - 882 ［野生植物］
そこせい…Ⅱ - 795 ［穀物類］
そこづ…Ⅳ - 883 ［野生植物］
そごつ…Ⅳ - 883 ［野生植物］
そこにへ…Ⅲ - 337 ［魚類］
そこにべ…Ⅲ - 337 ［魚類］
そこはゑ…Ⅲ - 337 ［魚類］
そこぶか…Ⅲ - 337 ［魚類］
そこぶく…Ⅲ - 337 ［魚類］
そしかれい…Ⅲ - 337 ［魚類］
ぞしかれい…Ⅲ - 338 ［魚類］
そじふか…Ⅲ - 338 ［魚類］
そそ…Ⅳ - 883 ［野生植物］
そぞ…Ⅳ - 883 ［野生植物］
そぞのり…Ⅳ - 883 ［野生植物］
そそみ…Ⅶ - 352 ［樹木類］
そそや…Ⅳ - 883 ［野生植物］
そそやき…Ⅱ - 795 ［穀物類］
そそやき…Ⅳ - 883 ［野生植物］
そそやけ…Ⅳ - 884 ［野生植物］
そた…Ⅶ - 352 ［樹木類］
そたくり…Ⅶ - 353 ［樹木類］
そたつむぎ…Ⅱ - 795 ［穀物類］

| | |
|---|---|
| そだのみ…Ⅶ‐823〔救荒動植物類〕 | そねいし…Ⅵ‐34〔金・石・土・水類〕 |
| そたみ…Ⅵ‐797〔果類〕 | そねのき…Ⅶ‐355〔樹木類〕 |
| そだみ…Ⅶ‐823〔救荒動植物類〕 | そのいげ…Ⅶ‐355〔樹木類〕 |
| そたみまき…Ⅶ‐353〔樹木類〕 | そのだもち…Ⅱ‐797〔穀物類〕 |
| そため…Ⅶ‐353〔樹木類〕 | そのて…Ⅶ‐355〔樹木類〕 |
| そため…Ⅶ‐823〔救荒動植物類〕 | そののき…Ⅶ‐355〔樹木類〕 |
| そだめ…Ⅵ‐797〔果類〕 | そは…Ⅱ‐797〔穀物類〕 |
| そだめ…Ⅶ‐353〔樹木類〕 | そは…Ⅱ‐798〔穀物類〕 |
| そためのき…Ⅶ‐353〔樹木類〕 | そは…Ⅳ‐885〔野生植物〕 |
| そためまき…Ⅶ‐353〔樹木類〕 | そば…Ⅱ‐797〔穀物類〕 |
| そぢ…Ⅲ‐338〔魚類〕 | そば…Ⅱ‐798〔穀物類〕 |
| そつかいり…Ⅳ‐884〔野生植物〕 | そはうかひ…Ⅲ‐747〔貝類〕 |
| そつこん…Ⅱ‐796〔穀物類〕 | そはかす…Ⅲ‐338〔魚類〕 |
| ぞつこん…Ⅱ‐796〔穀物類〕 | そばかすげ…Ⅵ‐34〔金・石・土・水類〕 |
| そつこんまめ…Ⅱ‐796〔穀物類〕 | そばかわ…Ⅵ‐34〔金・石・土・水類〕 |
| ぞつこんまめ…Ⅱ‐796〔穀物類〕 | そはきのこ…Ⅵ‐171〔菌・茸類〕 |
| そつすひ…Ⅳ‐884〔野生植物〕 | そばきのこ…Ⅵ‐171〔菌・茸類〕 |
| そつむき…Ⅲ‐338〔魚類〕 | そばくり…Ⅵ‐797〔果類〕 |
| そでかひ…Ⅲ‐747〔貝類〕 | そばこな…Ⅶ‐355〔樹木類〕 |
| そでしたわせ…Ⅱ‐796〔穀物類〕 | そはさき…Ⅱ‐799〔穀物類〕 |
| そてつ…Ⅳ‐884〔野生植物〕 | そばさき…Ⅱ‐799〔穀物類〕 |
| そてつ…Ⅶ‐354〔樹木類〕 | そはたけ…Ⅵ‐171〔菌・茸類〕 |
| そてつくさ…Ⅳ‐884〔野生植物〕 | そばたけ…Ⅵ‐172〔菌・茸類〕 |
| そてつもとき…Ⅳ‐884〔野生植物〕 | そはな…Ⅳ‐885〔野生植物〕 |
| そでぬかう…Ⅱ‐796〔穀物類〕 | そはな…Ⅵ‐445〔菜類〕 |
| そでのこ…Ⅱ‐796〔穀物類〕 | そばな…Ⅳ‐885〔野生植物〕 |
| そてのした…Ⅱ‐797〔穀物類〕 | そばな…Ⅵ‐445〔菜類〕 |
| そでふりくさ…Ⅳ‐884〔野生植物〕 | そばな…Ⅶ‐823〔救荒動植物類〕 |
| そでふりくさ…Ⅳ‐885〔野生植物〕 | そばぬか…Ⅶ‐823〔救荒動植物類〕 |
| そてわに…Ⅲ‐338〔魚類〕 | そばのかは…Ⅶ‐823〔救荒動植物類〕 |
| そとおりひめ…Ⅵ‐797〔果類〕 | そばのき…Ⅶ‐356〔樹木類〕 |
| そとめはな…Ⅶ‐354〔樹木類〕 | そばのは…Ⅶ‐823〔救荒動植物類〕 |
| そとをりひめ…Ⅵ‐797〔果類〕 | そばのは…Ⅶ‐824〔救荒動植物類〕 |
| そな…Ⅵ‐171〔菌・茸類〕 | そばのはな…Ⅶ‐824〔救荒動植物類〕 |
| そなたけ…Ⅵ‐171〔菌・茸類〕 | そばのめくそ…Ⅳ‐885〔野生植物〕 |
| そなのき…Ⅶ‐354〔樹木類〕 | そばのめくそ…Ⅶ‐824〔救荒動植物類〕 |
| そなれまつ…Ⅶ‐354〔樹木類〕 | そばひで…Ⅳ‐885〔野生植物〕 |
| そね…Ⅶ‐355〔樹木類〕 | そばひで…Ⅶ‐824〔救荒動植物類〕 |

## そ

そはむぎ…Ⅱ‒799［穀物類］
そばむぎ…Ⅱ‒799［穀物類］
そばむぎやす…Ⅱ‒799［穀物類］
そばもどき…Ⅳ‒885［野生植物］
そひ…Ⅲ‒338［魚類］
そび…Ⅲ‒339［魚類］
そひくさ…Ⅳ‒886［野生植物］
そびくさ…Ⅳ‒886［野生植物］
そびそう…Ⅳ‒886［野生植物］
そぶ…Ⅳ‒886［野生植物］
そぶ…Ⅶ‒824［救荒動植物類］
そふいも…Ⅵ‒445［菜類］
そぶしらず…Ⅱ‒799［穀物類］
ぞふずい…Ⅲ‒339［魚類］
そふはぎ…Ⅳ‒886［野生植物］
そふもち…Ⅱ‒800［穀物類］
ぞふりいを…Ⅲ‒339［魚類］
そふろ…Ⅳ‒886［野生植物］
そぶろ…Ⅳ‒886［野生植物］
そぶろくさ…Ⅳ‒887［野生植物］
そふろしのき…Ⅶ‒356［樹木類］
そへご…Ⅶ‒356［樹木類］
そへた…Ⅲ‒747［貝類］
そへはちめ…Ⅲ‒339［魚類］
そほな…Ⅳ‒887［野生植物］
そまのき…Ⅶ‒356［樹木類］
ぞみのき…Ⅵ‒797［果類］
そめぞめ…Ⅶ‒356［樹木類］
そめぞめのき…Ⅶ‒356［樹木類］
そめぞめのき…Ⅶ‒356［樹木類］
そめはいたや…Ⅶ‒357［樹木類］
そも…Ⅱ‒800［穀物類］
そや…Ⅶ‒357［樹木類］
そやほう…Ⅱ‒800［穀物類］
そやむぎ…Ⅱ‒800［穀物類］
そよき…Ⅶ‒357［樹木類］
そよぎ…Ⅶ‒357［樹木類］
そよくさ…Ⅳ‒887［野生植物］

そよこ…Ⅶ‒357［樹木類］
そよご…Ⅶ‒357［樹木類］
そより…Ⅱ‒800［穀物類］
そらし…Ⅳ‒887［野生植物］
そらだいづ…Ⅱ‒800［穀物類］
そらて…Ⅳ‒887［野生植物］
そらなり…Ⅵ‒446［菜類］
そらなんばん…Ⅵ‒446［菜類］
そらのほし…Ⅱ‒800［穀物類］
そらのほし…Ⅱ‒801［穀物類］
そらふき…Ⅱ‒801［穀物類］
そらふきなんばん…Ⅵ‒446［菜類］
そらほ…Ⅱ‒801［穀物類］
そらまふり…Ⅱ‒801［穀物類］
そらまぶり…Ⅵ‒446［菜類］
そらまめ…Ⅱ‒801［穀物類］
そらまめ…Ⅱ‒802［穀物類］
そらまめのは…Ⅶ‒824［救荒動植物類］
そらみささげ…Ⅱ‒802［穀物類］
そらみの…Ⅱ‒802［穀物類］
そらむきささげ…Ⅱ‒803［穀物類］
そらむきなんはん…Ⅵ‒446［菜類］
そらむきなんばん…Ⅵ‒446［菜類］
そりあがり…Ⅵ‒446［菜類］
そりこ…Ⅱ‒803［穀物類］
そりもち…Ⅱ‒803［穀物類］
それい…Ⅳ‒887［野生植物］
そろ…Ⅶ‒358［樹木類］
ぞろ…Ⅱ‒803［穀物類］
そろい…Ⅳ‒887［野生植物］
ぞろい…Ⅳ‒888［野生植物］
そろいくさ…Ⅳ‒888［野生植物］
そろぎ…Ⅳ‒888［野生植物］
そろつき…Ⅶ‒358［樹木類］
そろのき…Ⅶ‒358［樹木類］
そろのくいぎ…Ⅶ‒358［樹木類］
ぞろひ…Ⅳ‒888［野生植物］
そろひかし…Ⅱ‒803［穀物類］

そろへ…Ⅳ - 888 ［野生植物］
そろべ…Ⅳ - 888 ［野生植物］
ぞろもち…Ⅱ - 803 ［穀物類］
ぞろり…Ⅱ - 803 ［穀物類］
そろりこむぎ…Ⅱ - 804 ［穀物類］
ぞろりもち…Ⅱ - 804 ［穀物類］
そろゐ…Ⅳ - 889 ［野生植物］
そろゑ…Ⅳ - 889 ［野生植物］
ぞろゑ…Ⅳ - 889 ［野生植物］
そわくさ…Ⅳ - 889 ［野生植物］
そをばき…Ⅳ - 889 ［野生植物］

## た

たあ…Ⅲ - 340 ［魚類］
たあかり…Ⅱ - 805 ［穀物類］
たあがり…Ⅱ - 805 ［穀物類］
たあかりあは…Ⅱ - 805 ［穀物類］
たい…Ⅲ - 340 ［魚類］
たいおう…Ⅴ - 891 ［野生植物］
だいおう…Ⅴ - 891 ［野生植物］
たいおふ…Ⅴ - 891 ［野生植物］
だいかうし…Ⅵ - 798 ［果類］
だいがさ…Ⅴ - 891 ［野生植物］
たいかふな…Ⅵ - 447 ［菜類］
たいがや…Ⅴ - 891 ［野生植物］
だいぎ…Ⅶ - 359 ［樹木類］
だいくかひ…Ⅲ - 748 ［貝類］
だいぐわん…Ⅶ - 359 ［樹木類］
だいくわんかし…Ⅱ - 805 ［穀物類］
だいくわんたまし…Ⅱ - 805 ［穀物類］
たいげき…Ⅴ - 891 ［野生植物］
たいこうもち…Ⅱ - 805 ［穀物類］
たいこく…Ⅱ - 805 ［穀物類］
だいこく…Ⅱ - 805 ［穀物類］
だいこくかるこ…Ⅱ - 806 ［穀物類］
たいこぐさ…Ⅴ - 892 ［野生植物］
だいこくしろへい…Ⅱ - 806 ［穀物類］
だいこくなかて…Ⅱ - 806 ［穀物類］
だいこくはたか…Ⅱ - 806 ［穀物類］
だいこくまめ…Ⅱ - 806 ［穀物類］
だいこくもち…Ⅱ - 806 ［穀物類］
だいこくやろく…Ⅱ - 806 ［穀物類］
だいこくわせ…Ⅱ - 807 ［穀物類］
だいごさくら…Ⅶ - 359 ［樹木類］
たいこほう…Ⅲ - 340 ［魚類］
たいこぼう…Ⅲ - 340 ［魚類］
だいこん…Ⅴ - 892 ［野生植物］
だいこん…Ⅵ - 447 ［菜類］
だいこんかぶ…Ⅵ - 448 ［菜類］
たいこんさう…Ⅴ - 892 ［野生植物］
だいこんさう…Ⅴ - 892 ［野生植物］
だいこんさき…Ⅱ - 807 ［穀物類］
だいこんそう…Ⅴ - 892 ［野生植物］
たいこんたはらも…Ⅴ - 892 ［野生植物］
だいこんたはらも…Ⅴ - 893 ［野生植物］
だいこんたわらも…Ⅴ - 893 ［野生植物］
たいこんな…Ⅴ - 893 ［野生植物］
だいこんな…Ⅴ - 893 ［野生植物］
だいこんな…Ⅵ - 448 ［菜類］
だいこんな…Ⅶ - 825 ［救荒動植物類］
だいこんのは…Ⅶ - 825 ［救荒動植物類］
だいこんば…Ⅶ - 825 ［救荒動植物類］
だいこんほう…Ⅴ - 893 ［野生植物］
だいさいじ…Ⅱ - 807 ［穀物類］
たいさひじ…Ⅱ - 807 ［穀物類］
たいさんし…Ⅵ - 448 ［菜類］
たいさんじ…Ⅱ - 807 ［穀物類］
たいさんぶく…Ⅶ - 359 ［樹木類］
たいざんふくん…Ⅶ - 359 ［樹木類］
たいさんぼく…Ⅶ - 359 ［樹木類］
たいさんぼく…Ⅶ - 360 ［樹木類］
だいし…Ⅱ - 807 ［穀物類］
たいしかう…Ⅶ - 360 ［樹木類］
だいしこう…Ⅱ - 807 ［穀物類］
たいしやうじかき…Ⅵ - 798 ［果類］
だいしやうじひへ…Ⅱ - 808 ［穀物類］

## た

だいしやうらく…Ⅱ-808［穀物類］
たいしやくむめ…Ⅵ-798［果類］
たいしようくわん…Ⅱ-808［穀物類］
だいしよくわん…Ⅱ-808［穀物類］
たいしろ…Ⅵ-798［果類］
だいじんまい…Ⅱ-808［穀物類］
たいす…Ⅴ-893［野生植物］
たいす…Ⅵ-448［菜類］
たいすか…Ⅴ-894［野生植物］
たいすか…Ⅶ-825［救荒動植物類］
だいすけ…Ⅱ-808［穀物類］
たいたい…Ⅵ-798［果類］
たいたい…Ⅶ-360［樹木類］
だいだい…Ⅱ-805［穀物類］
だいだい…Ⅵ-798［果類］
だいだい…Ⅵ-799［果類］
だいだい…Ⅶ-360［樹木類］
たいたう…Ⅱ-808［穀物類］
たいたうあづき…Ⅱ-809［穀物類］
たいたういね…Ⅱ-809［穀物類］
たいたうしい…Ⅵ-799［果類］
たいたうまい…Ⅱ-809［穀物類］
たいたうもち…Ⅱ-809［穀物類］
たいたうもちいね…Ⅱ-809［穀物類］
たいたうわせ…Ⅱ-809［穀物類］
だいたふさう…Ⅴ-894［野生植物］
だいたら…Ⅴ-894［野生植物］
だいちやう…Ⅲ-340［魚類］
だいづささけ…Ⅵ-448［菜類］
たいてう…Ⅲ-341［魚類］
たいと…Ⅱ-809［穀物類］
たいとう…Ⅱ-810［穀物類］
たいとういね…Ⅱ-810［穀物類］
だいとうころかし…Ⅴ-894［野生植物］
たいとうはだか…Ⅱ-810［穀物類］
たいどうほう…Ⅱ-810［穀物類］
たいとうほり…Ⅱ-810［穀物類］
だいどうほり…Ⅱ-810［穀物類］

たいとうもち…Ⅱ-811［穀物類］
たいとく…Ⅱ-811［穀物類］
たいともち…Ⅱ-811［穀物類］
だいなこ…Ⅱ-811［穀物類］
だいなご…Ⅱ-811［穀物類］
たいなこん…Ⅱ-811［穀物類］
だいなこん…Ⅱ-812［穀物類］
だいなごん…Ⅱ-812［穀物類］
だいなごんあつき…Ⅱ-812［穀物類］
だいなごんあづき…Ⅱ-812［穀物類］
だいなごんあづき…Ⅱ-813［穀物類］
だいなんじゃく…Ⅲ-341［魚類］
たいのうら…Ⅱ-813［穀物類］
たいのおととのげんぱちらう…Ⅲ-341
　　　　　　　　　　　　　　　　　　　　［魚類］
たいのき…Ⅶ-360［樹木類］
だいのき…Ⅶ-360［樹木類］
たいのきのめ…Ⅶ-825［救荒動植物類］
たいのふさば…Ⅲ-341［魚類］
たいのみのき…Ⅶ-360［樹木類］
たいはかれい…Ⅲ-341［魚類］
だいはく…Ⅱ-813［穀物類］
だいはく…Ⅴ-894［野生植物］
たいはち…Ⅶ-361［樹木類］
だいはち…Ⅴ-894［野生植物］
だいばち…Ⅴ-894［野生植物］
たいばまごはやり…Ⅱ-813［穀物類］
たいはやり…Ⅱ-813［穀物類］
たいはら…Ⅶ-361［樹木類］
たいはらのき…Ⅶ-361［樹木類］
だいひろき…Ⅴ-895［野生植物］
だいぶかき…Ⅵ-799［果類］
だいぶつ…Ⅱ-813［穀物類］
だいぶつもち…Ⅱ-813［穀物類］
たいへいみの…Ⅱ-814［穀物類］
たいほう…Ⅱ-814［穀物類］
たいほう…Ⅴ-895［野生植物］
だいほう…Ⅱ-814［穀物類］

総合索引 た

| | |
|---|---|
| だいほううつき…Ⅶ-361［樹木類］ | たういちこ…Ⅵ-799［果類］ |
| たいほうのき…Ⅶ-361［樹木類］ | たういちご…Ⅶ-361［樹木類］ |
| だいほくこく…Ⅱ-814［穀物類］ | たういも…Ⅵ-448［菜類］ |
| だいみやう…Ⅱ-814［穀物類］ | たういも…Ⅵ-449［菜類］ |
| だいみやうあは…Ⅱ-814［穀物類］ | たうえ…Ⅱ-815［穀物類］ |
| だいみやうささ…Ⅵ-77［竹・笹類］ | たうえぐみ…Ⅵ-799［果類］ |
| だいみやうたけ…Ⅵ-77［竹・笹類］ | たうえぐみ…Ⅶ-361［樹木類］ |
| だいみやうたけ…Ⅵ-77［竹・笹類］ | たうおはこ…Ⅴ-897［野生植物］ |
| だいみやうもち…Ⅱ-814［穀物類］ | たうおばこのは…Ⅶ-825［救荒動植物類］ |
| だいみんたけ…Ⅵ-78［竹・笹類］ | たうがいさう…Ⅴ-898［野生植物］ |
| だいめう…Ⅱ-815［穀物類］ | たうかいたう…Ⅶ-362［樹木類］ |
| たいめうかつら…Ⅴ-895［野生植物］ | たうかき…Ⅵ-799［果類］ |
| だいめうかつら…Ⅴ-895［野生植物］ | たうがき…Ⅵ-800［果類］ |
| たいめうだけ…Ⅵ-77［竹・笹類］ | たうかし…Ⅱ-815［穀物類］ |
| だいめうだけ…Ⅵ-77［竹・笹類］ | たうからし…Ⅴ-898［野生植物］ |
| たいも…Ⅴ-895［野生植物］ | たうからし…Ⅵ-449［菜類］ |
| たいも…Ⅵ-448［菜類］ | たうがらし…Ⅵ-449［菜類］ |
| たいもから…Ⅴ-895［野生植物］ | たうがらし…Ⅵ-450［菜類］ |
| たいもたけ…Ⅵ-78［竹・笹類］ | たうからしはくさ…Ⅴ-898［野生植物］ |
| たいらき…Ⅲ-341［魚類］ | たうき…Ⅴ-898［野生植物］ |
| たいらき…Ⅲ-748［貝類］ | たうきささけ…Ⅱ-815［穀物類］ |
| たいらぎ…Ⅲ-748［貝類］ | たうきひ…Ⅱ-816［穀物類］ |
| だいりあづき…Ⅱ-815［穀物類］ | たうきび…Ⅱ-816［穀物類］ |
| だいりき…Ⅱ-815［穀物類］ | たうきほうし…Ⅴ-898［野生植物］ |
| たいろう…Ⅱ-815［穀物類］ | たうぎぼし…Ⅴ-898［野生植物］ |
| たいわう…Ⅴ-895［野生植物］ | たうきり…Ⅶ-362［樹木類］ |
| たいわう…Ⅴ-896［野生植物］ | たうぎり…Ⅶ-362［樹木類］ |
| だいわう…Ⅴ-896［野生植物］ | たうくこ…Ⅵ-450［菜類］ |
| だいわうしんさい…Ⅴ-896［野生植物］ | たうくこ…Ⅶ-362［樹木類］ |
| たいわし…Ⅲ-341［魚類］ | たうくさ…Ⅴ-899［野生植物］ |
| だいわふ…Ⅴ-896［野生植物］ | たうぐす…Ⅶ-362［樹木類］ |
| たいを…Ⅲ-342［魚類］ | たうくちなし…Ⅶ-362［樹木類］ |
| たいをう…Ⅴ-897［野生植物］ | たうくねんぼ…Ⅵ-800［果類］ |
| だいをう…Ⅴ-897［野生植物］ | たうくねんぼ…Ⅶ-363［樹木類］ |
| だいをり…Ⅴ-897［野生植物］ | たうくろ…Ⅲ-342［魚類］ |
| たう…Ⅴ-897［野生植物］ | だうくわんさう…Ⅴ-899［野生植物］ |
| たうい…Ⅴ-897［野生植物］ | たうけいとう…Ⅴ-899［野生植物］ |
| たういちこ…Ⅴ-897［野生植物］ | たうこ…Ⅲ-342［魚類］ |

た

たうご…Ⅱ‐817［穀物類］
たうこぎ…Ⅴ‐899［野生植物］
たうごばう…Ⅵ‐450［菜類］
たうこはふし…Ⅱ‐817［穀物類］
たうこほう…Ⅵ‐450［菜類］
たうこま…Ⅴ‐899［野生植物］
たうごま…Ⅴ‐899［野生植物］
たうごま…Ⅴ‐900［野生植物］
たうささけ…Ⅱ‐817［穀物類］
たうじそ…Ⅵ‐450［菜類］
たうしば…Ⅴ‐900［野生植物］
たうしゅろ…Ⅶ‐363［樹木類］
たうじんかさ…Ⅴ‐900［野生植物］
たうすいくわ…Ⅵ‐450［菜類］
たうせんそう…Ⅴ‐900［野生植物］
たうせんたん…Ⅶ‐363［樹木類］
たうせんだん…Ⅶ‐363［樹木類］
たうたいくさ…Ⅴ‐900［野生植物］
たうだいくさ…Ⅴ‐900［野生植物］
たうだいこん…Ⅵ‐450［菜類］
たうたうきひ…Ⅱ‐817［穀物類］
たうたか…Ⅱ‐817［穀物類］
だうたかそは…Ⅱ‐817［穀物類］
たうたて…Ⅵ‐451［菜類］
たうたで…Ⅵ‐451［菜類］
たうたら…Ⅶ‐363［樹木類］
だうちうあは…Ⅱ‐817［穀物類］
たうちくさ…Ⅴ‐900［野生植物］
たうちさ…Ⅵ‐451［菜類］
たうちさくら…Ⅶ‐363［樹木類］
だうちゅうあは…Ⅱ‐818［穀物類］
だうちゅうひゑ…Ⅱ‐818［穀物類］
だうちゅうほくこく…Ⅱ‐818［穀物類］
だうちゅうもち…Ⅱ‐818［穀物類］
たうつき…Ⅴ‐901［野生植物］
たうつぎ…Ⅴ‐901［野生植物］
だうつぎ…Ⅴ‐901［野生植物］
たうつきくきは…Ⅶ‐825［救荒動植物類］

たうつぎそう…Ⅴ‐901［野生植物］
たうつけ…Ⅶ‐363［樹木類］
たうつし…Ⅴ‐901［野生植物］
たうつばき…Ⅶ‐364［樹木類］
たうつれ…Ⅶ‐364［樹木類］
たうな…Ⅵ‐451［菜類］
たうなす…Ⅵ‐451［菜類］
たうねり…Ⅶ‐364［樹木類］
たうのいも…Ⅵ‐451［菜類］
たうのきび…Ⅱ‐818［穀物類］
たうのつち…Ⅵ‐35［金・石・土・水類］
たうのまめ…Ⅱ‐818［穀物類］
たうはじ…Ⅶ‐364［樹木類］
たうはす…Ⅴ‐902［野生植物］
たうはせ…Ⅶ‐364［樹木類］
たうはんげ…Ⅴ‐902［野生植物］
たうひのき…Ⅶ‐364［樹木類］
たうひゆ…Ⅵ‐452［菜類］
たうふき…Ⅴ‐902［野生植物］
たうふき…Ⅵ‐452［菜類］
だうふく…Ⅱ‐818［穀物類］
たうふり…Ⅵ‐452［菜類］
たうほうし…Ⅵ‐800［果類］
たうぼけ…Ⅶ‐364［樹木類］
たうほし…Ⅱ‐819［穀物類］
たうぼし…Ⅱ‐819［穀物類］
たうほしあづき…Ⅱ‐819［穀物類］
たうほしもち…Ⅱ‐819［穀物類］
たうぼしもち…Ⅱ‐819［穀物類］
たうまめ…Ⅱ‐819［穀物類］
たうみかん…Ⅵ‐800［果類］
たうみづき…Ⅶ‐365［樹木類］
たうむめ…Ⅵ‐800［果類］
たうもろこし…Ⅱ‐820［穀物類］
たうやく…Ⅴ‐902［野生植物］
たうゆり…Ⅴ‐902［野生植物］
たうゆり…Ⅵ‐452［菜類］
たうゆりくさ…Ⅵ‐452［菜類］

| | |
|---|---|
| たうよもき…Ⅴ-902［野生植物］ | たかさむらい…Ⅵ-452［菜類］ |
| たうろくすん…Ⅱ-820［穀物類］ | たかさら…Ⅱ-823［穀物類］ |
| たうを…Ⅲ-342［魚類］ | たがしは…Ⅶ-365［樹木類］ |
| たおはこ…Ⅴ-902［野生植物］ | たかしまやろう…Ⅱ-823［穀物類］ |
| たおばこ…Ⅴ-903［野生植物］ | たかしらう…Ⅱ-823［穀物類］ |
| たおひな…Ⅴ-903［野生植物］ | たかしらう…Ⅲ-748［貝類］ |
| たおゐな…Ⅴ-903［野生植物］ | たかしらう…Ⅴ-904［野生植物］ |
| たか…Ⅱ-820［穀物類］ | たかしりみな…Ⅲ-749［貝類］ |
| たか…Ⅴ-903［野生植物］ | たかしろ…Ⅱ-823［穀物類］ |
| たが…Ⅱ-820［穀物類］ | たかしろう…Ⅴ-905［野生植物］ |
| たかあさみ…Ⅴ-903［野生植物］ | たかせ…Ⅱ-823［穀物類］ |
| たかあは…Ⅱ-820［穀物類］ | たかせむぎ…Ⅱ-824［穀物類］ |
| たかあわ…Ⅱ-820［穀物類］ | たかせり…Ⅴ-905［野生植物］ |
| たかい…Ⅲ-748［貝類］ | たかそ…Ⅱ-824［穀物類］ |
| たかいさり…Ⅱ-820［穀物類］ | たかそう…Ⅱ-824［穀物類］ |
| たかうぶし…Ⅴ-903［野生植物］ | たかそうも…Ⅴ-905［野生植物］ |
| たかきつる…Ⅱ-820［穀物類］ | たかそや…Ⅱ-824［穀物類］ |
| たかきひ…Ⅱ-821［穀物類］ | たかだ…Ⅱ-824［穀物類］ |
| たかきび…Ⅱ-821［穀物類］ | たかたて…Ⅴ-905［野生植物］ |
| たかきみ…Ⅱ-821［穀物類］ | たかたで…Ⅴ-905［野生植物］ |
| たかぎやろく…Ⅱ-821［穀物類］ | たかたてかつら…Ⅴ-905［野生植物］ |
| たかくはばんとう…Ⅱ-821［穀物類］ | たかたろう…Ⅵ-800［果類］ |
| たかくま…Ⅱ-822［穀物類］ | たかたろうかき…Ⅵ-800［果類］ |
| たかくら…Ⅱ-822［穀物類］ | たかたろかき…Ⅵ-801［果類］ |
| たかくらひゑ…Ⅱ-822［穀物類］ | たかつい…Ⅶ-365［樹木類］ |
| たかくろ…Ⅱ-822［穀物類］ | たかついのき…Ⅶ-365［樹木類］ |
| たかこぢ…Ⅲ-342［魚類］ | たかつちよ…Ⅱ-824［穀物類］ |
| たかさき…Ⅴ-904［野生植物］ | たかつへ…Ⅶ-365［樹木類］ |
| たかさきやろく…Ⅱ-822［穀物類］ | たかつやのき…Ⅶ-365［樹木類］ |
| たかさごおくて…Ⅱ-822［穀物類］ | たかつゆ…Ⅶ-365［樹木類］ |
| たかさごなかて…Ⅱ-822［穀物類］ | たかてこ…Ⅴ-906［野生植物］ |
| たかさごゆり…Ⅴ-904［野生植物］ | たかど…Ⅴ-906［野生植物］ |
| たかさぶ…Ⅱ-823［穀物類］ | たかとう…Ⅴ-906［野生植物］ |
| たかさぶらう…Ⅴ-904［野生植物］ | たがどう…Ⅵ-452［菜類］ |
| たかさふらひ…Ⅱ-823［穀物類］ | たかとうぐさ…Ⅴ-906［野生植物］ |
| たかさぶろふ…Ⅴ-904［野生植物］ | たかとうだい…Ⅴ-906［野生植物］ |
| たかさふろふくさ…Ⅴ-904［野生植物］ | たかとくさ…Ⅴ-906［野生植物］ |
| たかさむらい…Ⅴ-904［野生植物］ | たかとほわせ…Ⅱ-824［穀物類］ |

## た

| | |
|---|---|
| たかとり…Ⅴ-906 ［野生植物］ | たかばん…Ⅲ-345 ［魚類］ |
| たかな…Ⅵ-453 ［菜類］ | たかひ…Ⅲ-749 ［貝類］ |
| たかなからし…Ⅵ-453 ［菜類］ | たかびつちゆう…Ⅱ-825 ［穀物類］ |
| たかなぎ…Ⅴ-907 ［野生植物］ | たかふらたけ…Ⅵ-78 ［竹・笹類］ |
| たかにし…Ⅲ-749 ［貝類］ | たかへ…Ⅲ-345 ［魚類］ |
| たかの…Ⅱ-825 ［穀物類］ | たかべ…Ⅲ-345 ［魚類］ |
| たかのこくさ…Ⅴ-907 ［野生植物］ | たかほ…Ⅴ-909 ［野生植物］ |
| たかのつの…Ⅲ-342 ［魚類］ | たかぼうし…Ⅱ-825 ［穀物類］ |
| たかのつめ…Ⅲ-749 ［貝類］ | たかほうはやり…Ⅱ-826 ［穀物類］ |
| たかのつめ…Ⅴ-907 ［野生植物］ | たかほふし…Ⅱ-826 ［穀物類］ |
| たかのつめ…Ⅵ-453 ［菜類］ | たかまつ…Ⅱ-826 ［穀物類］ |
| たかのつめかひ…Ⅲ-749 ［貝類］ | たかまつ…Ⅲ-345 ［魚類］ |
| たかのつめくさ…Ⅴ-908 ［野生植物］ | たかまめ…Ⅲ-345 ［魚類］ |
| たかのつめなんばん…Ⅵ-453 ［菜類］ | たかむらたけ…Ⅵ-78 ［竹・笹類］ |
| たかのは…Ⅲ-342 ［魚類］ | たかも…Ⅴ-909 ［野生植物］ |
| たかのは…Ⅲ-343 ［魚類］ | たかもち…Ⅱ-826 ［穀物類］ |
| たかのは…Ⅴ-908 ［野生植物］ | たがもち…Ⅱ-826 ［穀物類］ |
| たかのはうほ…Ⅲ-343 ［魚類］ | たかもも…Ⅵ-801 ［果類］ |
| たかのはかれい…Ⅲ-343 ［魚類］ | たがや…Ⅴ-909 ［野生植物］ |
| たかのはこり…Ⅲ-343 ［魚類］ | たかやなぎ…Ⅱ-826 ［穀物類］ |
| たかのはすすき…Ⅴ-908 ［野生植物］ | たかやなぎ…Ⅶ-366 ［樹木類］ |
| たかのはたい…Ⅲ-344 ［魚類］ | たかやなぎもち…Ⅱ-826 ［穀物類］ |
| たかのはたひ…Ⅲ-344 ［魚類］ | たかやはづ…Ⅱ-827 ［穀物類］ |
| たかのはだひ…Ⅲ-344 ［魚類］ | たかやま…Ⅱ-827 ［穀物類］ |
| たかのはね…Ⅲ-344 ［魚類］ | たかやま…Ⅶ-366 ［樹木類］ |
| たかのばへ…Ⅱ-825 ［穀物類］ | たからあぢ…Ⅲ-345 ［魚類］ |
| たかのほねつぎ…Ⅶ-366 ［樹木類］ | たからかい…Ⅲ-750 ［貝類］ |
| たかのほねづき…Ⅴ-908 ［野生植物］ | たからかう…Ⅴ-909 ［野生植物］ |
| たかのほねつきさう…Ⅴ-908 ［野生植物］ | たからかひ…Ⅲ-750 ［貝類］ |
| たかのほねつぎさう…Ⅴ-908 ［野生植物］ | たからくさ…Ⅴ-909 ［野生植物］ |
| たかば…Ⅲ-344 ［魚類］ | たからこ…Ⅴ-909 ［野生植物］ |
| たがは…Ⅲ-344 ［魚類］ | たがらこ…Ⅴ-910 ［野生植物］ |
| たかばうづ…Ⅱ-825 ［穀物類］ | たからこう…Ⅴ-910 ［野生植物］ |
| たかはかれい…Ⅲ-344 ［魚類］ | たからし…Ⅴ-910 ［野生植物］ |
| たかばへまめ…Ⅱ-825 ［穀物類］ | たがらし…Ⅴ-910 ［野生植物］ |
| たかばやり…Ⅱ-825 ［穀物類］ | たがらし…Ⅴ-911 ［野生植物］ |
| たかはらのきせき…Ⅵ-35 ［金・石・土・水類］ | たからす…Ⅴ-911 ［野生植物］ |
| | たからすこ…Ⅵ-454 ［菜類］ |

| | |
|---|---|
| たかりぐみ…Ⅵ - 801 ［果類］ | たくの…Ⅱ - 828 ［穀物類］ |
| たかりぐみ…Ⅶ - 366 ［樹木類］ | たくのひゑ…Ⅱ - 828 ［穀物類］ |
| たかれつの…Ⅲ - 750 ［貝類］ | たぐはな…Ⅴ - 913 ［野生植物］ |
| たかわせ…Ⅱ - 827 ［穀物類］ | たぐひ…Ⅵ - 801 ［果類］ |
| たかを…Ⅶ - 366 ［樹木類］ | たくま…Ⅲ - 345 ［魚類］ |
| たかをかおほすぢ…Ⅵ - 454 ［菜類］ | だくま…Ⅲ - 346 ［魚類］ |
| たかをかふうとう…Ⅵ - 454 ［菜類］ | たくら…Ⅵ - 801 ［果類］ |
| たかをかほうこ…Ⅵ - 454 ［菜類］ | たくらた…Ⅱ - 828 ［穀物類］ |
| たかんと…Ⅴ - 911 ［野生植物］ | たくらん…Ⅴ - 913 ［野生植物］ |
| たかんぼ…Ⅱ - 827 ［穀物類］ | たぐりさめ…Ⅲ - 346 ［魚類］ |
| たき…Ⅵ - 35 ［金・石・土・水類］ | だくろ…Ⅱ - 828 ［穀物類］ |
| たきあは…Ⅱ - 827 ［穀物類］ | たくわ…Ⅱ - 829 ［穀物類］ |
| たきいし…Ⅵ - 35 ［金・石・土・水類］ | たくわひ…Ⅶ - 826 ［救荒動植物類］ |
| たきかし…Ⅶ - 366 ［樹木類］ | たぐわひ…Ⅴ - 913 ［野生植物］ |
| たきかづら…Ⅴ - 911 ［野生植物］ | たくわほくこく…Ⅱ - 829 ［穀物類］ |
| たきかづら…Ⅶ - 366 ［樹木類］ | たけあは…Ⅱ - 829 ［穀物類］ |
| たきくら…Ⅱ - 827 ［穀物類］ | たけあわ…Ⅱ - 829 ［穀物類］ |
| たきごけ…Ⅴ - 911 ［野生植物］ | たけかつら…Ⅴ - 913 ［野生植物］ |
| たきざはあかいらく…Ⅱ - 827 ［穀物類］ | たけかづら…Ⅴ - 913 ［野生植物］ |
| たきしだ…Ⅴ - 911 ［野生植物］ | たけきび…Ⅱ - 829 ［穀物類］ |
| たきしば…Ⅴ - 911 ［野生植物］ | たけくさ…Ⅴ - 914 ［野生植物］ |
| たきしば…Ⅶ - 367 ［樹木類］ | たけくらべ…Ⅱ - 829 ［穀物類］ |
| たぎしや…Ⅴ - 912 ［野生植物］ | たけこかひ…Ⅲ - 750 ［貝類］ |
| たきたか…Ⅱ - 828 ［穀物類］ | たけこけ…Ⅵ - 173 ［菌・茸類］ |
| たぎたね…Ⅱ - 828 ［穀物類］ | たけごけ…Ⅵ - 173 ［菌・茸類］ |
| たきちや…Ⅴ - 912 ［野生植物］ | たけじかき…Ⅶ - 367 ［樹木類］ |
| たきつち…Ⅵ - 35 ［金・石・土・水類］ | たけしめぢ…Ⅵ - 173 ［菌・茸類］ |
| たきな…Ⅴ - 912 ［野生植物］ | たけしらす…Ⅴ - 914 ［野生植物］ |
| たきまたもち…Ⅱ - 828 ［穀物類］ | だけすぎ…Ⅶ - 367 ［樹木類］ |
| たきゆり…Ⅴ - 912 ［野生植物］ | たけだ…Ⅱ - 829 ［穀物類］ |
| たきゆり…Ⅵ - 454 ［菜類］ | たけたらう…Ⅱ - 830 ［穀物類］ |
| たくさ…Ⅴ - 912 ［野生植物］ | たけたろかき…Ⅵ - 801 ［果類］ |
| だくさ…Ⅴ - 912 ［野生植物］ | たけだわせ…Ⅱ - 830 ［穀物類］ |
| たくじな…Ⅴ - 912 ［野生植物］ | だけつつじ…Ⅶ - 367 ［樹木類］ |
| たくじな…Ⅶ - 826 ［救荒動植物類］ | たけとり…Ⅴ - 914 ［野生植物］ |
| たくしや…Ⅴ - 913 ［野生植物］ | たけなば…Ⅵ - 173 ［菌・茸類］ |
| たくぢな…Ⅶ - 826 ［救荒動植物類］ | だけにんぢん…Ⅴ - 914 ［野生植物］ |
| たぐちな…Ⅴ - 913 ［野生植物］ | たけのくさひら…Ⅵ - 173 ［菌・茸類］ |

た

| | |
|---|---|
| たけのこ…Ⅵ-78 ［竹・笹類］ | たこじな…Ⅶ-827 ［救荒動植物類］ |
| たけのこ…Ⅵ-454 ［菜類］ | たこのき…Ⅶ-367 ［樹木類］ |
| たけのこ…Ⅶ-826 ［救荒動植物類］ | たごのき…Ⅶ-368 ［樹木類］ |
| たけのこくさ…Ⅴ-914 ［野生植物］ | だこのき…Ⅶ-368 ［樹木類］ |
| たけのこめはり…Ⅲ-346 ［魚類］ | だごのき…Ⅶ-368 ［樹木類］ |
| たけのこめはる…Ⅲ-346 ［魚類］ | たこのまくら…Ⅲ-751 ［貝類］ |
| たけのこめばる…Ⅲ-346 ［魚類］ | たごばう…Ⅴ-916 ［野生植物］ |
| たけのじねんご…Ⅶ-826 ［救荒動植物類］ | たこはやり…Ⅱ-830 ［穀物類］ |
| たけのね…Ⅵ-455 ［菜類］ | だごひゑ…Ⅱ-831 ［穀物類］ |
| たけのはくさ…Ⅴ-914 ［野生植物］ | だこふ…Ⅶ-368 ［樹木類］ |
| たけのはしはやり…Ⅱ-830 ［穀物類］ | たこふね…Ⅲ-751 ［貝類］ |
| たけのふし…Ⅴ-914 ［野生植物］ | たこへさい…Ⅲ-751 ［貝類］ |
| たけのふしぐさ…Ⅴ-915 ［野生植物］ | だごぼう…Ⅴ-916 ［野生植物］ |
| たけのふしにんしん…Ⅴ-915 ［野生植物］ | たこまくら…Ⅲ-751 ［貝類］ |
| たけのみ…Ⅵ-78 ［竹・笹類］ | たこむぎ…Ⅱ-831 ［穀物類］ |
| たけのみ…Ⅶ-826 ［救荒動植物類］ | たこめくさ…Ⅴ-916 ［野生植物］ |
| たけはら…Ⅱ-830 ［穀物類］ | たごめくさ…Ⅴ-917 ［野生植物］ |
| たけひる…Ⅵ-455 ［菜類］ | たこや…Ⅱ-831 ［穀物類］ |
| たけびる…Ⅴ-915 ［野生植物］ | たこやわせ…Ⅱ-831 ［穀物類］ |
| たけびる…Ⅵ-455 ［菜類］ | たこゑんざ…Ⅴ-917 ［野生植物］ |
| たけびる…Ⅶ-826 ［救荒動植物類］ | たこんぼ…Ⅴ-917 ［野生植物］ |
| たけひるくさ…Ⅴ-915 ［野生植物］ | たさいかし…Ⅴ-917 ［野生植物］ |
| たけふし…Ⅴ-915 ［野生植物］ | たさき…Ⅴ-917 ［野生植物］ |
| たけふしたうからし…Ⅵ-455 ［菜類］ | たさもち…Ⅱ-831 ［穀物類］ |
| たけふしにんぢん…Ⅴ-915 ［野生植物］ | たじな…Ⅴ-917 ［野生植物］ |
| だけまつ…Ⅶ-367 ［樹木類］ | たしば…Ⅴ-917 ［野生植物］ |
| だけむめ…Ⅶ-367 ［樹木類］ | たしま…Ⅱ-831 ［穀物類］ |
| たけもたせ…Ⅵ-173 ［菌・茸類］ | たじま…Ⅱ-831 ［穀物類］ |
| たけりくさ…Ⅴ-916 ［野生植物］ | たじまあは…Ⅱ-832 ［穀物類］ |
| だけわせ…Ⅱ-830 ［穀物類］ | たじまわせ…Ⅱ-832 ［穀物類］ |
| たごあは…Ⅱ-830 ［穀物類］ | たしやうふ…Ⅴ-918 ［野生植物］ |
| たこかい…Ⅲ-750 ［貝類］ | たしやうぶ…Ⅴ-918 ［野生植物］ |
| たこがひ…Ⅲ-750 ［貝類］ | たしろむぎ…Ⅱ-832 ［穀物類］ |
| たこくらい…Ⅲ-346 ［魚類］ | たす…Ⅲ-346 ［魚類］ |
| だごさう…Ⅴ-916 ［野生植物］ | たず…Ⅶ-368 ［樹木類］ |
| たこしな…Ⅴ-916 ［野生植物］ | だす…Ⅲ-347 ［魚類］ |
| たこしな…Ⅶ-827 ［救荒動植物類］ | たすげ…Ⅴ-918 ［野生植物］ |
| たこじな…Ⅴ-916 ［野生植物］ | たずな…Ⅴ-918 ［野生植物］ |

| | |
|---|---|
| たすのき…Ⅶ‐368 ［樹木類］ | たちいを…Ⅲ‐347 ［魚類］ |
| たせり…Ⅴ‐918 ［野生植物］ | たちうを…Ⅲ‐347 ［魚類］ |
| たせり…Ⅵ‐455 ［菜類］ | たちうを…Ⅲ‐348 ［魚類］ |
| たせりくさ…Ⅴ‐918 ［野生植物］ | たちかい…Ⅲ‐751 ［貝類］ |
| たそかれくさ…Ⅴ‐918 ［野生植物］ | たちかけ…Ⅵ‐455 ［菜類］ |
| たそは…Ⅴ‐919 ［野生植物］ | たちかたむき…Ⅱ‐833 ［穀物類］ |
| たそば…Ⅴ‐919 ［野生植物］ | たちかねはな…Ⅴ‐922 ［野生植物］ |
| たそば…Ⅶ‐827 ［救荒動植物類］ | たちかひ…Ⅲ‐752 ［貝類］ |
| たそはくさ…Ⅴ‐919 ［野生植物］ | たちかへりくさ…Ⅴ‐922 ［野生植物］ |
| たそばくさ…Ⅴ‐919 ［野生植物］ | たちから…Ⅶ‐369 ［樹木類］ |
| たたあは…Ⅱ‐832 ［穀物類］ | だちく…Ⅵ‐78 ［竹・笹類］ |
| ただあは…Ⅱ‐832 ［穀物類］ | たちくさ…Ⅴ‐922 ［野生植物］ |
| たたいこ…Ⅴ‐919 ［野生植物］ | たちくろさや…Ⅱ‐833 ［穀物類］ |
| ただいこん…Ⅴ‐919 ［野生植物］ | たちくろつる…Ⅱ‐833 ［穀物類］ |
| たたき…Ⅴ‐920 ［野生植物］ | たちこほせ…Ⅱ‐833 ［穀物類］ |
| たたきまめ…Ⅴ‐920 ［野生植物］ | たちこぼれ…Ⅱ‐833 ［穀物類］ |
| たたしゆ…Ⅶ‐368 ［樹木類］ | たちさ…Ⅴ‐922 ［野生植物］ |
| たたて…Ⅴ‐920 ［野生植物］ | たぢさ…Ⅴ‐923 ［野生植物］ |
| ただなは…Ⅱ‐832 ［穀物類］ | たちつつち…Ⅶ‐369 ［樹木類］ |
| ただなはやろく…Ⅱ‐832 ［穀物類］ | たちのうほ…Ⅲ‐348 ［魚類］ |
| たたみくさ…Ⅴ‐920 ［野生植物］ | たちのき…Ⅶ‐369 ［樹木類］ |
| たたも…Ⅴ‐920 ［野生植物］ | たちのくさ…Ⅴ‐923 ［野生植物］ |
| たたらひ…Ⅴ‐920 ［野生植物］ | たちはき…Ⅱ‐834 ［穀物類］ |
| たたらひ…Ⅴ‐921 ［野生植物］ | たちはき…Ⅵ‐455 ［菜類］ |
| たたらび…Ⅴ‐921 ［野生植物］ | たちはき…Ⅶ‐374 ［樹木類］ |
| たたらへ…Ⅴ‐921 ［野生植物］ | たちはきまめ…Ⅱ‐834 ［穀物類］ |
| たたらべ…Ⅴ‐921 ［野生植物］ | たちはく…Ⅴ‐923 ［野生植物］ |
| たたらべ…Ⅶ‐827 ［救荒動植物類］ | たちばく…Ⅴ‐923 ［野生植物］ |
| ただらみ…Ⅴ‐921 ［野生植物］ | たちはこ…Ⅴ‐923 ［野生植物］ |
| たち…Ⅱ‐832 ［穀物類］ | たちばこ…Ⅴ‐923 ［野生植物］ |
| たちあてぎうを…Ⅲ‐347 ［魚類］ | たちはな…Ⅴ‐923 ［野生植物］ |
| たちあふひ…Ⅱ‐833 ［穀物類］ | たちはな…Ⅵ‐802 ［果類］ |
| たちあふひ…Ⅴ‐921 ［野生植物］ | たちはな…Ⅶ‐369 ［樹木類］ |
| たちあを…Ⅱ‐833 ［穀物類］ | たちばな…Ⅴ‐924 ［野生植物］ |
| たちあをひ…Ⅴ‐922 ［野生植物］ | たちばな…Ⅵ‐802 ［果類］ |
| たちいちこ…Ⅴ‐922 ［野生植物］ | たちばな…Ⅶ‐369 ［樹木類］ |
| たちいちこ…Ⅵ‐801 ［果類］ | たちはなくさ…Ⅴ‐924 ［野生植物］ |
| たちいちこ…Ⅶ‐827 ［救荒動植物類］ | たちばらのはなめ…Ⅶ‐827［救荒動植物類］ |

た

たちびやくし…Ⅶ-369［樹木類］
たちひゃくしん…Ⅶ-369［樹木類］
たちびゃくしん…Ⅶ-370［樹木類］
たちふふり…Ⅵ-456［菜類］
たちぼ…Ⅵ-802［果類］
たちまち…Ⅱ-834［穀物類］
たちみつは…Ⅴ-924［野生植物］
たちよほし…Ⅲ-752［貝類］
たちをばこ…Ⅴ-924［野生植物］
たつ…Ⅲ-348［魚類］
たつ…Ⅶ-370［樹木類］
たづ…Ⅶ-370［樹木類］
だつ…Ⅲ-348［魚類］
だつ…Ⅴ-924［野生植物］
たつかし…Ⅶ-370［樹木類］
たつかしのみ…Ⅶ-827［救荒動植物類］
たつかしら…Ⅱ-834［穀物類］
たづかつら…Ⅴ-924［野生植物］
たづかつら…Ⅶ-370［樹木類］
たつかひ…Ⅲ-752［貝類］
たつかぶろうきひ…Ⅱ-834［穀物類］
たつくり…Ⅲ-349［魚類］
たつくりいはし…Ⅲ-349［魚類］
たつくりいわし…Ⅲ-349［魚類］
たつこ…Ⅱ-834［穀物類］
たつこのき…Ⅱ-835［穀物類］
たつこひへ…Ⅱ-834［穀物類］
たつそべしけた…Ⅱ-835［穀物類］
たつそべなし…Ⅵ-802［果類］
たつたかし…Ⅱ-835［穀物類］
たつたけ…Ⅵ-173［菌・茸類］
たつちらかば…Ⅶ-370［樹木類］
たつてこ…Ⅴ-924［野生植物］
たつでこ…Ⅴ-925［野生植物］
だつと…Ⅴ-925［野生植物］
だつどう…Ⅴ-925［野生植物］
たつな…Ⅴ-925［野生植物］
たつな…Ⅵ-456［菜類］

たつなみさう…Ⅴ-925［野生植物］
たつのき…Ⅶ-371［樹木類］
たづのき…Ⅶ-371［樹木類］
たづのきなば…Ⅵ-174［菌・茸類］
たつのくち…Ⅱ-835［穀物類］
たつのひけ…Ⅴ-925［野生植物］
たつのひけ…Ⅴ-926［野生植物］
たつのひげ…Ⅴ-926［野生植物］
たつは…Ⅶ-371［樹木類］
たつば…Ⅴ-926［野生植物］
たつぼ…Ⅲ-752［貝類］
たつほくさ…Ⅴ-926［野生植物］
たつま…Ⅴ-926［野生植物］
たつま…Ⅵ-456［菜類］
たつま…Ⅶ-371［樹木類］
たつまのは…Ⅶ-828［救荒動植物類］
たて…Ⅴ-926［野生植物］
たて…Ⅵ-456［菜類］
たで…Ⅴ-927［野生植物］
たで…Ⅵ-456［菜類］
たで…Ⅵ-457［菜類］
たで…Ⅶ-371［樹木類］
だて…Ⅱ-835［穀物類］
たであい…Ⅴ-927［野生植物］
たであゐ…Ⅴ-927［野生植物］
たていしわせ…Ⅱ-835［穀物類］
たてかき…Ⅵ-803［果類］
たてがひ…Ⅲ-752［貝類］
たてぎ…Ⅲ-349［魚類］
たてくさ…Ⅴ-927［野生植物］
たでくさ…Ⅴ-927［野生植物］
たでぐさのみ…Ⅶ-828［救荒動植物類］
たてにし…Ⅲ-752［貝類］
たでにし…Ⅲ-753［貝類］
たでのき…Ⅶ-372［樹木類］
たてのこ…Ⅱ-835［穀物類］
たてのほ…Ⅱ-836［穀物類］
たてばこ…Ⅴ-927［野生植物］

| | |
|---|---|
| だてひへ…Ⅱ-836［穀物類］ | たなほうてう…Ⅲ-352［魚類］ |
| たてほこ…Ⅴ-928［野生植物］ | たなぼうてう…Ⅲ-352［魚類］ |
| たでほこ…Ⅴ-928［野生植物］ | たなゑあは…Ⅱ-837［穀物類］ |
| たてまたら…Ⅲ-349［魚類］ | たなゑありま…Ⅱ-837［穀物類］ |
| たてまんたら…Ⅲ-350［魚類］ | たにあさ…Ⅴ-929［野生植物］ |
| たてまんだら…Ⅲ-350［魚類］ | たにあさ…Ⅶ-372［樹木類］ |
| たでもどき…Ⅴ-928［野生植物］ | たにあさ…Ⅶ-828［救荒動植物類］ |
| だてわせ…Ⅱ-836［穀物類］ | たにあさき…Ⅶ-373［樹木類］ |
| たてゑぼし…Ⅲ-753［貝類］ | たにあさのき…Ⅶ-373［樹木類］ |
| たてを…Ⅴ-928［野生植物］ | たにあやら…Ⅶ-373［樹木類］ |
| たてをきく…Ⅴ-928［野生植物］ | たにいそき…Ⅶ-373［樹木類］ |
| たてをつつじ…Ⅶ-372［樹木類］ | たにいそぎ…Ⅶ-373［樹木類］ |
| たとばつる…Ⅴ-928［野生植物］ | たにうつき…Ⅴ-929［野生植物］ |
| たとり…Ⅴ-928［野生植物］ | たにうつき…Ⅶ-373［樹木類］ |
| たとりくさ…Ⅴ-929［野生植物］ | たにうつぎ…Ⅶ-373［樹木類］ |
| たどりくさ…Ⅴ-929［野生植物］ | たにがし…Ⅶ-374［樹木類］ |
| たなかささい…Ⅲ-753［貝類］ | たにかつら…Ⅴ-929［野生植物］ |
| たなかさぶらう…Ⅱ-836［穀物類］ | たにからし…Ⅴ-929［野生植物］ |
| たなかにな…Ⅲ-753［貝類］ | たにがらし…Ⅴ-929［野生植物］ |
| たなかぶもち…Ⅱ-836［穀物類］ | たにくさ…Ⅴ-930［野生植物］ |
| たなかふり…Ⅵ-457［菜類］ | たにくは…Ⅶ-374［樹木類］ |
| たなくら…Ⅱ-836［穀物類］ | たにこさず…Ⅴ-930［野生植物］ |
| たなこ…Ⅲ-350［魚類］ | たにこさづ…Ⅴ-930［野生植物］ |
| たなこ…Ⅶ-828［救荒動植物類］ | たにこし…Ⅱ-837［穀物類］ |
| たなご…Ⅲ-350［魚類］ | たにささけ…Ⅶ-374［樹木類］ |
| たなご…Ⅲ-351［魚類］ | たにさは…Ⅱ-837［穀物類］ |
| たなこのき…Ⅶ-372［樹木類］ | たにさらのき…Ⅶ-374［樹木類］ |
| たなごのき…Ⅶ-372［樹木類］ | たにし…Ⅲ-753［貝類］ |
| たなだら…Ⅲ-351［魚類］ | たにし…Ⅲ-754［貝類］ |
| たなちしや…Ⅶ-372［樹木類］ | たにし…Ⅲ-755［貝類］ |
| たなはうちゃううを…Ⅲ-351［魚類］ | たにし…Ⅶ-828［救荒動植物類］ |
| たなばうてう…Ⅲ-351［魚類］ | たにしらす…Ⅱ-837［穀物類］ |
| たなひら…Ⅲ-351［魚類］ | たにぞうち…Ⅶ-374［樹木類］ |
| たなびら…Ⅲ-351［魚類］ | たにそば…Ⅴ-930［野生植物］ |
| たなぶ…Ⅶ-372［樹木類］ | たにたけ…Ⅵ-174［菌・茸類］ |
| たなぶり…Ⅱ-836［穀物類］ | たにぢょらう…Ⅴ-930［野生植物］ |
| たなべあは…Ⅱ-837［穀物類］ | たにな…Ⅲ-755［貝類］ |
| たなぼうちやう…Ⅲ-352［魚類］ | たにはき…Ⅴ-930［野生植物］ |

## た

| | |
|---|---|
| たにはぎ…Ⅴ‐930 ［野生植物］ | たのした…Ⅴ‐931 ［野生植物］ |
| たにはへ…Ⅲ‐352 ［魚類］ | たのした…Ⅵ‐174 ［菌・茸類］ |
| たにはへ…Ⅶ‐828 ［救荒動植物類］ | たのしは…Ⅴ‐931 ［野生植物］ |
| たにひかり…Ⅱ‐837 ［穀物類］ | たのしば…Ⅴ‐931 ［野生植物］ |
| たにびかり…Ⅱ‐838 ［穀物類］ | たのしば…Ⅶ‐376 ［樹木類］ |
| たにふさき…Ⅶ‐374 ［樹木類］ | たのは…Ⅲ‐352 ［魚類］ |
| たにふさぎ…Ⅴ‐931 ［野生植物］ | たのふ…Ⅴ‐931 ［野生植物］ |
| たにほうき…Ⅶ‐375 ［樹木類］ | たのもばな…Ⅴ‐932 ［野生植物］ |
| たにまもり…Ⅶ‐375 ［樹木類］ | たはこ…Ⅴ‐932 ［野生植物］ |
| たにやす…Ⅶ‐375 ［樹木類］ | たばこ…Ⅴ‐932 ［野生植物］ |
| たにやつ…Ⅶ‐375 ［樹木類］ | たばこ…Ⅴ‐933 ［野生植物］ |
| たにわたし…Ⅱ‐838 ［穀物類］ | たはこくさ…Ⅴ‐933 ［野生植物］ |
| たにわたし…Ⅴ‐931 ［野生植物］ | たばこぐさ…Ⅴ‐933 ［野生植物］ |
| たにわたし…Ⅵ‐174 ［菌・茸類］ | たはこべ…Ⅴ‐933 ［野生植物］ |
| たにわたし…Ⅶ‐375 ［樹木類］ | たばそゑい…Ⅲ‐352 ［魚類］ |
| たにわたしたけ…Ⅵ‐174 ［菌・茸類］ | たはなから…Ⅴ‐933 ［野生植物］ |
| たにわたしもち…Ⅱ‐838 ［穀物類］ | たはながら…Ⅴ‐933 ［野生植物］ |
| たにわたり…Ⅱ‐838 ［穀物類］ | たばへ…Ⅲ‐353 ［魚類］ |
| たにわたり…Ⅵ‐174 ［菌・茸類］ | たはみ…Ⅲ‐353 ［魚類］ |
| たにわたり…Ⅶ‐375 ［樹木類］ | たばみ…Ⅲ‐353 ［魚類］ |
| たぬか…Ⅶ‐829 ［救荒動植物類］ | たはめたひ…Ⅲ‐353 ［魚類］ |
| たぬき…Ⅶ‐829 ［救荒動植物類］ | たはら…Ⅱ‐840 ［穀物類］ |
| たねあさ…Ⅶ‐375 ［樹木類］ | たはらがへし…Ⅱ‐840 ［穀物類］ |
| たねかはり…Ⅱ‐838 ［穀物類］ | たはらしひ…Ⅵ‐803 ［果類］ |
| たねからし…Ⅵ‐457 ［菜類］ | たはらたらす…Ⅱ‐840 ［穀物類］ |
| たねがらし…Ⅵ‐457 ［菜類］ | たはらばうづ…Ⅱ‐840 ［穀物類］ |
| たねがゑり…Ⅱ‐838 ［穀物類］ | たはらはしはみ…Ⅵ‐803 ［果類］ |
| たねたらし…Ⅱ‐839 ［穀物類］ | たはらも…Ⅴ‐933 ［野生植物］ |
| たねてらし…Ⅱ‐839 ［穀物類］ | たはらやま…Ⅱ‐840 ［穀物類］ |
| たねとり…Ⅱ‐839 ［穀物類］ | たひ…Ⅲ‐353 ［魚類］ |
| たねな…Ⅵ‐457 ［菜類］ | たひ…Ⅲ‐354 ［魚類］ |
| たねなしかき…Ⅵ‐803 ［果類］ | たひ…Ⅶ‐376 ［樹木類］ |
| たねなしみかん…Ⅵ‐803 ［果類］ | たび…Ⅱ‐840 ［穀物類］ |
| たねなしみつかん…Ⅵ‐803 ［果類］ | たびいね…Ⅱ‐840 ［穀物類］ |
| たねまきさくら…Ⅶ‐376 ［樹木類］ | たひえ…Ⅱ‐841 ［穀物類］ |
| たねわせ…Ⅱ‐839 ［穀物類］ | たひえ…Ⅴ‐934 ［野生植物］ |
| たのこ…Ⅲ‐352 ［魚類］ | たびえ…Ⅴ‐934 ［野生植物］ |
| たのし…Ⅲ‐755 ［貝類］ | たびえ…Ⅶ‐829 ［救荒動植物類］ |

総合索引　　　　　　　　　　　　　　　た

たびかるこ…Ⅱ-841［穀物類］
たひきり…Ⅲ-354［魚類］
たひたひ…Ⅶ-376［樹木類］
だひだひ…Ⅵ-803［果類］
たひぢわ…Ⅴ-934［野生植物］
たひと…Ⅱ-841［穀物類］
たひとう…Ⅱ-841［穀物類］
たひな…Ⅴ-934［野生植物］
たひのき…Ⅶ-376［樹木類］
たひのした…Ⅲ-354［魚類］
たひのしりさし…Ⅲ-354［魚類］
たひのみこ…Ⅲ-354［魚類］
たひへ…Ⅱ-841［穀物類］
たひへ…Ⅴ-934［野生植物］
たびへ…Ⅱ-841［穀物類］
たびへ…Ⅴ-934［野生植物］
たひへくさ…Ⅴ-934［野生植物］
たびへくさ…Ⅴ-935［野生植物］
たひへのみ…Ⅶ-829［救荒動植物類］
たびまくら…Ⅵ-804［果類］
たびらか…Ⅴ-935［野生植物］
たひらこ…Ⅲ-355［魚類］
たひらこ…Ⅴ-935［野生植物］
たひらこ…Ⅵ-457［菜類］
たひらこ…Ⅵ-458［菜類］
たびらこ…Ⅲ-355［魚類］
たびらこ…Ⅴ-935［野生植物］
たびらこ…Ⅵ-458［菜類］
たびらこ…Ⅶ-829［救荒動植物類］
たびらこのは…Ⅶ-830［救荒動植物類］
たひらめ…Ⅲ-355［魚類］
たひわせ…Ⅱ-841［穀物類］
たひわせ…Ⅱ-842［穀物類］
たひゑ…Ⅱ-842［穀物類］
たひゑ…Ⅴ-936［野生植物］
たひゑのみ…Ⅶ-830［救荒動植物類］
たふ…Ⅶ-376［樹木類］
たぶ…Ⅶ-376［樹木類］

たぶかい…Ⅲ-755［貝類］
たぶかひ…Ⅲ-755［貝類］
たふくさ…Ⅴ-936［野生植物］
たふじ…Ⅴ-936［野生植物］
たふなすび…Ⅵ-458［菜類］
たふのき…Ⅶ-377［樹木類］
たぶのき…Ⅶ-377［樹木類］
たふのきかはは…Ⅶ-830［救荒動植物類］
たぶのきは…Ⅶ-830［救荒動植物類］
たふのは…Ⅶ-830［救荒動植物類］
たふのはかは…Ⅶ-830［救荒動植物類］
たぶまめ…Ⅱ-842［穀物類］
たぶらこ…Ⅴ-936［野生植物］
たぶらこのは…Ⅶ-830［救荒動植物類］
たへい…Ⅱ-842［穀物類］
たほうづき…Ⅴ-936［野生植物］
たほと…Ⅴ-936［野生植物］
たま…Ⅲ-355［魚類］
たま…Ⅶ-377［樹木類］
だま…Ⅲ-355［魚類］
だま…Ⅶ-377［樹木類］
たまいふき…Ⅶ-377［樹木類］
たまう…Ⅶ-377［樹木類］
たまかづら…Ⅴ-937［野生植物］
たまがひ…Ⅲ-755［貝類］
たまがひ…Ⅲ-756［貝類］
たまかんざし…Ⅴ-937［野生植物］
たまくす…Ⅶ-378［樹木類］
たまくすのき…Ⅶ-378［樹木類］
たまこいろつち…Ⅵ-35［金・石・土・水類］
たまごかき…Ⅵ-804［果類］
たまごがき…Ⅵ-804［果類］
たまこくさ…Ⅴ-937［野生植物］
たまごくさ…Ⅴ-937［野生植物］
たまこなし…Ⅵ-804［果類］
たまごなし…Ⅵ-804［果類］
たまごなす…Ⅵ-458［菜類］
たまこなすび…Ⅴ-937［野生植物］

## た

| | |
|---|---|
| たまごなすび…Ⅵ-458［菜類］ | たむしば…Ⅶ-380［樹木類］ |
| たまささ…Ⅴ-938［野生植物］ | たむらさう…Ⅴ-939［野生植物］ |
| たまさり…Ⅱ-842［穀物類］ | たむらさう…Ⅴ-940［野生植物］ |
| たましま…Ⅱ-842［穀物類］ | たむらさき…Ⅴ-940［野生植物］ |
| たましまつばき…Ⅶ-378［樹木類］ | たむらそう…Ⅴ-940［野生植物］ |
| たまずさ…Ⅴ-938［野生植物］ | たむらばやり…Ⅱ-843［穀物類］ |
| たまたまさう…Ⅴ-938［野生植物］ | ため…Ⅲ-355［魚類］ |
| たまつき…Ⅵ-459［菜類］ | ためがら…Ⅶ-380［樹木類］ |
| たまつさ…Ⅴ-938［野生植物］ | ためともゆり…Ⅴ-940［野生植物］ |
| たまづさ…Ⅴ-938［野生植物］ | ためやつつち…Ⅶ-381［樹木類］ |
| たまつはき…Ⅶ-378［樹木類］ | たも…Ⅴ-940［野生植物］ |
| たまつばき…Ⅶ-378［樹木類］ | たも…Ⅶ-381［樹木類］ |
| たまつばき…Ⅶ-379［樹木類］ | だも…Ⅶ-381［樹木類］ |
| たまつばきかひ…Ⅲ-756［貝類］ | たもかし…Ⅶ-381［樹木類］ |
| たまのき…Ⅶ-379［樹木類］ | たもぎ…Ⅶ-381［樹木類］ |
| たまはき…Ⅶ-379［樹木類］ | たもきたけ…Ⅵ-174［菌・茸類］ |
| たまむしかひ…Ⅲ-756［貝類］ | たもしは…Ⅴ-940［野生植物］ |
| たまむらさき…Ⅶ-380［樹木類］ | たもしば…Ⅴ-940［野生植物］ |
| たまめ…Ⅵ-459［菜類］ | たもしば…Ⅶ-381［樹木類］ |
| たまめたひ…Ⅲ-355［魚類］ | たもしば…Ⅶ-831［救荒動植物類］ |
| たまも…Ⅴ-939［野生植物］ | たもす…Ⅱ-843［穀物類］ |
| たまもつこく…Ⅶ-380［樹木類］ | たものき…Ⅶ-381［樹木類］ |
| たまや…Ⅱ-842［穀物類］ | だものきもたし…Ⅵ-175［菌・茸類］ |
| たまやむらさきつつち…Ⅶ-380［樹木類］ | たもは…Ⅴ-941［野生植物］ |
| たまようらく…Ⅴ-939［野生植物］ | たもひへ…Ⅱ-843［穀物類］ |
| たまり…Ⅱ-843［穀物類］ | たもり…Ⅲ-356［魚類］ |
| たまりこ…Ⅴ-939［野生植物］ | たやまひへ…Ⅱ-843［穀物類］ |
| たまりもち…Ⅱ-843［穀物類］ | だゆふかし…Ⅱ-844［穀物類］ |
| だまりもち…Ⅱ-843［穀物類］ | たら…Ⅲ-356［魚類］ |
| たまる…Ⅱ-843［穀物類］ | たら…Ⅶ-382［樹木類］ |
| たまるこ…Ⅴ-939［野生植物］ | たら…Ⅶ-831［救荒動植物類］ |
| たみな…Ⅲ-756［貝類］ | だら…Ⅶ-382［樹木類］ |
| たみの…Ⅴ-939［野生植物］ | たらいのは…Ⅶ-831［救荒動植物類］ |
| たみののみ…Ⅶ-831［救荒動植物類］ | たらいふ…Ⅶ-382［樹木類］ |
| たむけやま…Ⅶ-380［樹木類］ | たらうさく…Ⅲ-356［魚類］ |
| たむし…Ⅵ-804［果類］ | たらうじらうもち…Ⅱ-844［穀物類］ |
| たむしくさ…Ⅴ-939［野生植物］ | たらうだいふ…Ⅱ-844［穀物類］ |
| たむしのは…Ⅶ-831［救荒動植物類］ | たらうべゑくさ…Ⅴ-941［野生植物］ |

| | |
|---|---|
| たらえふ…Ⅶ-382［樹木類］ | たるみ…Ⅲ-356［魚類］ |
| だらぐいのめ…Ⅶ-831［救荒動植物類］ | たるめ…Ⅲ-357［魚類］ |
| たらくだらく…Ⅱ-844［穀物類］ | たれきび…Ⅱ-845［穀物類］ |
| たらこくさ…Ⅴ-941［野生植物］ | たれくち…Ⅲ-357［魚類］ |
| たらごま…Ⅴ-941［野生植物］ | たれささけ…Ⅱ-845［穀物類］ |
| たらし…Ⅱ-844［穀物類］ | たれゆへさう…Ⅴ-942［野生植物］ |
| たらし…Ⅶ-382［樹木類］ | たれを…Ⅱ-845［穀物類］ |
| たらしゅ…Ⅶ-383［樹木類］ | たろうし…Ⅶ-384［樹木類］ |
| たらどう…Ⅴ-941［野生植物］ | たろくさ…Ⅴ-942［野生植物］ |
| たらね…Ⅱ-844［穀物類］ | たろはき…Ⅲ-357［魚類］ |
| たらのき…Ⅶ-383［樹木類］ | たろふし…Ⅴ-942［野生植物］ |
| だらのき…Ⅶ-383［樹木類］ | たわせ…Ⅱ-845［穀物類］ |
| たらのきのくき…Ⅶ-831［救荒動植物類］ | たわめたい…Ⅲ-357［魚類］ |
| たらのきのくさ…Ⅶ-832［救荒動植物類］ | たわらあけび…Ⅵ-804［果類］ |
| たらのきのは…Ⅶ-832［救荒動植物類］ | たわらくさ…Ⅴ-942［野生植物］ |
| たらのきのめ…Ⅶ-832［救荒動植物類］ | たわらくみ…Ⅵ-805［果類］ |
| たらのきのわかば…Ⅶ-832［救荒動植物類］ | たわらくみ…Ⅶ-385［樹木類］ |
| たらのは…Ⅴ-941［野生植物］ | たわらこ…Ⅲ-357［魚類］ |
| たらのは…Ⅵ-459［菜類］ | たわらこ…Ⅲ-756［貝類］ |
| たらのは…Ⅶ-832［救荒動植物類］ | たわらご…Ⅲ-357［魚類］ |
| たらのみ…Ⅶ-832［救荒動植物類］ | たわらなんばん…Ⅵ-459［菜類］ |
| だらのみどり…Ⅶ-833［救荒動植物類］ | たわらはしばし…Ⅵ-805［果類］ |
| たらのめ…Ⅶ-833［救荒動植物類］ | たわらも…Ⅴ-943［野生植物］ |
| だらのめ…Ⅵ-459［菜類］ | たをくるま…Ⅴ-943［野生植物］ |
| たらほう…Ⅶ-384［樹木類］ | たをぐるま…Ⅴ-943［野生植物］ |
| たらやう…Ⅶ-384［樹木類］ | たをはこ…Ⅴ-943［野生植物］ |
| たらよう…Ⅶ-384［樹木類］ | たをばこ…Ⅴ-943［野生植物］ |
| たらようさう…Ⅴ-941［野生植物］ | たをひな…Ⅴ-943［野生植物］ |
| たらよふ…Ⅶ-384［樹木類］ | たをひな…Ⅶ-833［救荒動植物類］ |
| たらり…Ⅵ-805［果類］ | たん…Ⅱ-845［穀物類］ |
| だらりだいこん…Ⅵ-459［菜類］ | たんかい…Ⅲ-756［貝類］ |
| たらゑう…Ⅶ-384［樹木類］ | たんがい…Ⅲ-756［貝類］ |
| たるかき…Ⅵ-805［果類］ | たんかさい…Ⅴ-943［野生植物］ |
| たるかわ…Ⅲ-356［魚類］ | たんがひ…Ⅲ-757［貝類］ |
| だるま…Ⅱ-844［穀物類］ | たんから…Ⅱ-845［穀物類］ |
| だるまぎく…Ⅴ-942［野生植物］ | たんから…Ⅶ-385［樹木類］ |
| たるまさう…Ⅴ-942［野生植物］ | たんがら…Ⅴ-944［野生植物］ |
| だるまさう…Ⅴ-942［野生植物］ | たんからし…Ⅴ-944［野生植物］ |

# た

| | |
|---|---|
| たんからしのは…Ⅶ-833［救荒動植物類］ | たんそう…Ⅴ-946［野生植物］ |
| たんきぼう…Ⅲ-358［魚類］ | たんだらくさ…Ⅴ-946［野生植物］ |
| たんぎぼう…Ⅲ-358［魚類］ | たんたんくさ…Ⅴ-946［野生植物］ |
| だんぎほう…Ⅲ-358［魚類］ | たんちく…Ⅴ-946［野生植物］ |
| だんぎほうず…Ⅲ-358［魚類］ | たんちく…Ⅵ-79［竹・笹類］ |
| たんきり…Ⅱ-845［穀物類］ | だんちく…Ⅴ-946［野生植物］ |
| たんきり…Ⅱ-846［穀物類］ | だんちく…Ⅵ-79［竹・笹類］ |
| たんきりふか…Ⅲ-358［魚類］ | たんつち…Ⅵ-35［金・石・土・水類］ |
| たんきりまめ…Ⅱ-846［穀物類］ | たんてらし…Ⅱ-848［穀物類］ |
| たんきりまめ…Ⅴ-944［野生植物］ | たんとく…Ⅶ-385［樹木類］ |
| たんくのは…Ⅴ-944［野生植物］ | たんどく…Ⅴ-946［野生植物］ |
| だんくりいちご…Ⅴ-944［野生植物］ | たんとく…Ⅴ-946［野生植物］ |
| たんくろ…Ⅱ-846［穀物類］ | だんどく…Ⅴ-947［野生植物］ |
| たんこ…Ⅱ-847［穀物類］ | だんどく…Ⅶ-385［樹木類］ |
| たんご…Ⅱ-847［穀物類］ | だんとくくわ…Ⅴ-947［野生植物］ |
| たんご…Ⅲ-358［魚類］ | たんどくせん…Ⅴ-947［野生植物］ |
| たんご…Ⅴ-944［野生植物］ | だんどくせん…Ⅴ-947［野生植物］ |
| たんご…Ⅵ-805［果類］ | たんのき…Ⅶ-385［樹木類］ |
| だんご…Ⅶ-385［樹木類］ | たんは…Ⅱ-848［穀物類］ |
| たんごさかい…Ⅱ-847［穀物類］ | たんば…Ⅱ-848［穀物類］ |
| たんござさ…Ⅴ-944［野生植物］ | たんば…Ⅲ-359［魚類］ |
| たんこさし…Ⅴ-945［野生植物］ | たんば…Ⅵ-805［果類］ |
| たんこたけ…Ⅵ-175［菌・茸類］ | たんば…Ⅶ-386［樹木類］ |
| たんごな…Ⅴ-945［野生植物］ | たんばいも…Ⅵ-459［菜類］ |
| たんごな…Ⅶ-833［救荒動植物類］ | たんばかき…Ⅵ-805［果類］ |
| だんごならのき…Ⅶ-385［樹木類］ | たんばかるこ…Ⅱ-848［穀物類］ |
| だんこひへ…Ⅱ-847［穀物類］ | たんはくり…Ⅵ-806［果類］ |
| たんごぶり…Ⅲ-358［魚類］ | たんばくり…Ⅵ-806［果類］ |
| たんごほうつき…Ⅴ-945［野生植物］ | たんばくり…Ⅶ-386［樹木類］ |
| たんごまめ…Ⅱ-847［穀物類］ | たんばぐり…Ⅵ-806［果類］ |
| たんごわせ…Ⅱ-847［穀物類］ | たんはさう…Ⅴ-947［野生植物］ |
| たんごわせ…Ⅱ-848［穀物類］ | たんはさう…Ⅶ-834［救荒動植物類］ |
| たんごんぼう…Ⅴ-945［野生植物］ | たんはしは…Ⅶ-386［樹木類］ |
| だんぎぼう…Ⅲ-359［魚類］ | たんばしば…Ⅶ-386［樹木類］ |
| たんじり…Ⅴ-945［野生植物］ | たんばなかて…Ⅱ-848［穀物類］ |
| だんしり…Ⅴ-945［野生植物］ | たんばのき…Ⅶ-386［樹木類］ |
| だんしり…Ⅶ-833［救荒動植物類］ | たんばのは…Ⅶ-834［救荒動植物類］ |
| だんじり…Ⅴ-945［野生植物］ | たんはまめ…Ⅱ-849［穀物類］ |

総合索引　ち

たんばむぎ…Ⅱ-849［穀物類］
たんはもち…Ⅱ-849［穀物類］
たんばやろく…Ⅱ-849［穀物類］
たんはわせ…Ⅱ-849［穀物類］
たんばわせ…Ⅱ-849［穀物類］
たんはん…Ⅵ-36［金・石・土・水類］
たんへい…Ⅶ-386［樹木類］
たんべいさう…Ⅶ-386［樹木類］
たんへいじ…Ⅶ-387［樹木類］
たんへいそふ…Ⅶ-387［樹木類］
たんべん…Ⅲ-757［貝類］
たんほ…Ⅵ-460［菜類］
たんぼ…Ⅲ-757［貝類］
たんぽ…Ⅵ-460［菜類］
だんぼく…Ⅶ-387［樹木類］
たんぼこ…Ⅴ-948［野生植物］
たんほさう…Ⅴ-948［野生植物］
たんほほ…Ⅴ-948［野生植物］
たんほほ…Ⅴ-949［野生植物］
たんほほ…Ⅵ-460［菜類］
たんほほ…Ⅶ-834［救荒動植物類］
たんぽぽ…Ⅵ-460［菜類］
たんほほう…Ⅴ-949［野生植物］
たんぼほうづき…Ⅴ-949［野生植物］
たんほほのくきは…Ⅶ-834［救荒動植物類］
たんほほのは…Ⅶ-834［救荒動植物類］
たんほほのはくき…Ⅶ-834［救荒動植物類］
たんほわせ…Ⅱ-849［穀物類］

## ち

ち…Ⅲ-758［貝類］
ち…Ⅴ-950［野生植物］
ち…Ⅵ-461［菜類］
ぢ…Ⅱ-850［穀物類］
ぢあかささけ…Ⅱ-850［穀物類］
ちあふき…Ⅴ-950［野生植物］
ぢあを…Ⅱ-850［穀物類］
ちい…Ⅴ-950［野生植物］
ぢいがせな…Ⅲ-758［貝類］
ちいかそめ…Ⅴ-950［野生植物］
ちいがそめ…Ⅴ-950［野生植物］
ちいがそめ…Ⅶ-835［救荒動植物類］
ぢいじ…Ⅲ-758［貝類］
ちいそふ…Ⅴ-950［野生植物］
ちいそぶ…Ⅴ-950［野生植物］
ちいそぶ…Ⅶ-835［救荒動植物類］
ぢいそべ…Ⅴ-951［野生植物］
ぢいちこ…Ⅵ-807［果類］
ちいも…Ⅵ-461［菜類］
ちいろかひ…Ⅲ-758［貝類］
ちうささけ…Ⅱ-850［穀物類］
ちうじやう…Ⅲ-360［魚類］
ちうじやういわし…Ⅲ-360［魚類］
ちうじゃく…Ⅴ-951［野生植物］
ちうせんごく…Ⅱ-850［穀物類］
ちうぢやういはし…Ⅲ-360［魚類］
ちうな…Ⅱ-850［穀物類］
ちうな…Ⅴ-951［野生植物］
ぢうな…Ⅴ-951［野生植物］
ちうなくさ…Ⅴ-951［野生植物］
ちうなこん…Ⅱ-850［穀物類］
ぢうね…Ⅱ-851［穀物類］
ちうば…Ⅲ-360［魚類］
ちうばいはし…Ⅲ-360［魚類］
ちうはん…Ⅲ-360［魚類］
ちうまめ…Ⅱ-851［穀物類］
ちうもん…Ⅲ-360［魚類］
ぢうやく…Ⅴ-951［野生植物］
ちうやくのね…Ⅶ-835［救荒動植物類］
ぢうるし…Ⅴ-951［野生植物］
ちうれきかき…Ⅵ-807［果類］
ちうゑもんとり…Ⅲ-361［魚類］
ぢおこ…Ⅲ-361［魚類］
ちか…Ⅲ-361［魚類］
ちかい…Ⅲ-758［貝類］
ちがい…Ⅲ-758［貝類］

- 259 -

ち

ちかいさう…Ⅴ‐952 ［野生植物］
ちかいそ…Ⅴ‐952 ［野生植物］
ちかいそう…Ⅴ‐952 ［野生植物］
ちかいひゑ…Ⅱ‐851 ［穀物類］
ちかう…Ⅱ‐851 ［穀物類］
ちかう…Ⅵ‐176 ［菌・茸類］
ぢかうぼう…Ⅵ‐176 ［菌・茸類］
ちかから…Ⅱ‐851 ［穀物類］
ぢがき…Ⅵ‐176 ［菌・茸類］
ちかな…Ⅴ‐952 ［野生植物］
ちがひ…Ⅲ‐759 ［貝類］
ちかふ…Ⅵ‐461 ［菜類］
ちかふら…Ⅵ‐461 ［菜類］
ちかや…Ⅴ‐952 ［野生植物］
ちかや…Ⅴ‐953 ［野生植物］
ちがや…Ⅴ‐953 ［野生植物］
ちかやのね…Ⅶ‐835 ［救荒動植物類］
ちからくさ…Ⅴ‐953 ［野生植物］
ぢからげ…Ⅴ‐954 ［野生植物］
ちからし…Ⅵ‐461 ［菜類］
ちからしば…Ⅶ‐388 ［樹木類］
ちからみ…Ⅴ‐954 ［野生植物］
ぢがらみ…Ⅴ‐954 ［野生植物］
ぢかわごけ…Ⅵ‐176 ［菌・茸類］
ちかんかう…Ⅶ‐388 ［樹木類］
ちきしやう…Ⅱ‐851 ［穀物類］
ちきてらかき…Ⅵ‐807 ［果類］
ぢきらはす…Ⅱ‐851 ［穀物類］
ちきりかれい…Ⅲ‐361 ［魚類］
ちきりくさ…Ⅴ‐954 ［野生植物］
ちきろうばち…Ⅶ‐388 ［樹木類］
ぢきろうばち…Ⅶ‐388 ［樹木類］
ちく…Ⅱ‐852 ［穀物類］
ちくあづき…Ⅱ‐852 ［穀物類］
ちくうり…Ⅴ‐954 ［野生植物］
ちくくさ…Ⅴ‐954 ［野生植物］
ぢくぐり…Ⅵ‐176 ［菌・茸類］
ちくくろはたか…Ⅱ‐852 ［穀物類］

ちくこ…Ⅴ‐954 ［野生植物］
ちくご…Ⅱ‐852 ［穀物類］
ちくこむぎ…Ⅱ‐852 ［穀物類］
ちくごもち…Ⅱ‐852 ［穀物類］
ちくさ…Ⅴ‐955 ［野生植物］
ちぐさ…Ⅴ‐955 ［野生植物］
ちぐさかひ…Ⅲ‐759 ［貝類］
ちくさんぐわつ…Ⅱ‐852 ［穀物類］
ちくじり…Ⅱ‐853 ［穀物類］
ちくせつ…Ⅴ‐955 ［野生植物］
ちくぜん…Ⅱ‐853 ［穀物類］
ちくぜんかし…Ⅱ‐853 ［穀物類］
ちくぜんきひ…Ⅱ‐853 ［穀物類］
ちくせんほ…Ⅱ‐853 ［穀物類］
ちくせんぼ…Ⅱ‐853 ［穀物類］
ちくぜんまめ…Ⅱ‐853 ［穀物類］
ちくた…Ⅱ‐854 ［穀物類］
ちくだ…Ⅱ‐854 ［穀物類］
ちくたさんぐわつ…Ⅱ‐854 ［穀物類］
ちくとうくさ…Ⅴ‐955 ［野生植物］
ぢくなが…Ⅵ‐807 ［果類］
ちくなし…Ⅶ‐835 ［救荒動植物類］
ちぐなし…Ⅶ‐835 ［救荒動植物類］
ぢくなし…Ⅶ‐388 ［樹木類］
ちくへいじ…Ⅱ‐854 ［穀物類］
ちくぼろ…Ⅱ‐854 ［穀物類］
ちくも…Ⅴ‐955 ［野生植物］
ちくら…Ⅱ‐854 ［穀物類］
ちくらん…Ⅴ‐955 ［野生植物］
ちくりん…Ⅱ‐854 ［穀物類］
ぢくるま…Ⅱ‐855 ［穀物類］
ぢくろ…Ⅱ‐855 ［穀物類］
ぢくろ…Ⅲ‐361 ［魚類］
ちくろく…Ⅱ‐855 ［穀物類］
ちけいじ…Ⅵ‐807 ［果類］
ちけいしかき…Ⅵ‐807 ［果類］
ちこ…Ⅱ‐855 ［穀物類］
ちごいね…Ⅱ‐855 ［穀物類］

| | |
|---|---|
| ちこう…Ⅱ - 855 ［穀物類］ | ちさ…Ⅵ - 462 ［菜類］ |
| ぢこう…Ⅱ - 855 ［穀物類］ | ちさ…Ⅶ - 389 ［樹木類］ |
| ぢこう…Ⅴ - 955 ［野生植物］ | ちさ…Ⅶ - 835 ［救荒動植物類］ |
| ぢこう…Ⅵ - 176 ［菌・茸類］ | ぢざう…Ⅱ - 857 ［穀物類］ |
| ぢこうばう…Ⅱ - 855 ［穀物類］ | ぢざうあは…Ⅱ - 857 ［穀物類］ |
| ちこきひ…Ⅱ - 856 ［穀物類］ | ぢざうかしら…Ⅶ - 389 ［樹木類］ |
| ちこきび…Ⅱ - 856 ［穀物類］ | ぢざうかしら…Ⅱ - 857 ［穀物類］ |
| ぢごくあざみ…Ⅴ - 956 ［野生植物］ | ぢざうかしら…Ⅴ - 958 ［野生植物］ |
| ぢごくかんは…Ⅴ - 956 ［野生植物］ | ぢざうかしら…Ⅶ - 836 ［救荒動植物類］ |
| ちごくくさ…Ⅴ - 956 ［野生植物］ | ぢざうしめち…Ⅵ - 176 ［菌・茸類］ |
| ぢこくくさ…Ⅴ - 956 ［野生植物］ | ぢざうつばな…Ⅴ - 958 ［野生植物］ |
| ぢごくくさ…Ⅴ - 956 ［野生植物］ | ぢざうつふり…Ⅱ - 857 ［穀物類］ |
| ちこくさ…Ⅴ - 956 ［野生植物］ | ぢざうつむり…Ⅱ - 857 ［穀物類］ |
| ちごくさ…Ⅴ - 956 ［野生植物］ | ぢざうのみみ…Ⅴ - 958 ［野生植物］ |
| ちこくそば…Ⅴ - 957 ［野生植物］ | ぢざうのみみ…Ⅵ - 462 ［菜類］ |
| ちごくそは…Ⅴ - 957 ［野生植物］ | ぢざうひへ…Ⅱ - 857 ［穀物類］ |
| ちごくそば…Ⅴ - 957 ［野生植物］ | ぢざうむぎ…Ⅱ - 858 ［穀物類］ |
| ぢごくそば…Ⅴ - 957 ［野生植物］ | ちさがい…Ⅲ - 759 ［貝類］ |
| ちごくはな…Ⅶ - 388 ［樹木類］ | ちさかき…Ⅶ - 389 ［樹木類］ |
| ちごこう…Ⅴ - 957 ［野生植物］ | ちさがひ…Ⅲ - 759 ［貝類］ |
| ちごさくら…Ⅶ - 389 ［樹木類］ | ちさから…Ⅶ - 389 ［樹木類］ |
| ちござくら…Ⅶ - 389 ［樹木類］ | ちさき…Ⅶ - 389 ［樹木類］ |
| ちごささ…Ⅵ - 79 ［竹・笹類］ | ちさくさ…Ⅴ - 958 ［野生植物］ |
| ちごしの…Ⅵ - 79 ［竹・笹類］ | ぢさくら…Ⅴ - 958 ［野生植物］ |
| ぢこすり…Ⅱ - 856 ［穀物類］ | ぢささけ…Ⅱ - 858 ［穀物類］ |
| ちこたけ…Ⅵ - 79 ［竹・笹類］ | ぢささげ…Ⅱ - 858 ［穀物類］ |
| ちごばう…Ⅵ - 461 ［菜類］ | ちさな…Ⅵ - 462 ［菜類］ |
| ちこはな…Ⅴ - 957 ［野生植物］ | ちさのき…Ⅶ - 390 ［樹木類］ |
| ちごばな…Ⅴ - 957 ［野生植物］ | ちさも…Ⅴ - 959 ［野生植物］ |
| ちこぼう…Ⅱ - 856 ［穀物類］ | ちさもたし…Ⅵ - 177 ［菌・茸類］ |
| ぢごほう…Ⅱ - 856 ［穀物類］ | ぢざゑもん…Ⅵ - 807 ［果類］ |
| ちごゆり…Ⅴ - 958 ［野生植物］ | ちさんせう…Ⅵ - 462 ［菜類］ |
| ちこりや…Ⅱ - 856 ［穀物類］ | ぢしけた…Ⅱ - 858 ［穀物類］ |
| ちころく…Ⅱ - 856 ［穀物類］ | ぢしば…Ⅴ - 959 ［野生植物］ |
| ちこわせ…Ⅱ - 856 ［穀物類］ | ちしはり…Ⅴ - 959 ［野生植物］ |
| ちこゑりだし…Ⅱ - 856 ［穀物類］ | ちしばり…Ⅴ - 959 ［野生植物］ |
| ちさ…Ⅴ - 958 ［野生植物］ | ちしばり…Ⅶ - 390 ［樹木類］ |
| ちさ…Ⅵ - 461 ［菜類］ | ぢしはり…Ⅴ - 959 ［野生植物］ |

# ち

ぢしはり…Ⅶ-836［救荒動植物類］
ぢしばり…Ⅴ-960［野生植物］
ぢしばりくさ…Ⅴ-960［野生植物］
ちしや…Ⅵ-462［菜類］
ちしや…Ⅶ-390［樹木類］
ちじや…Ⅲ-759［貝類］
ぢしや…Ⅶ-390［樹木類］
ちしやうのき…Ⅶ-390［樹木類］
ちしやがい…Ⅲ-759［貝類］
ちしやかけ…Ⅶ-390［樹木類］
ちしやかひ…Ⅲ-759［貝類］
ちしやかひ…Ⅲ-760［貝類］
ちしやき…Ⅶ-391［樹木類］
ちしやくさ…Ⅴ-960［野生植物］
ちしやこ…Ⅲ-760［貝類］
ちしやご…Ⅲ-760［貝類］
ちしやたい…Ⅲ-361［魚類］
ちしやな…Ⅵ-463［菜類］
ちしやのき…Ⅶ-391［樹木類］
ぢしやのき…Ⅶ-391［樹木類］
ぢしらず…Ⅱ-858［穀物類］
ぢしらすまめ…Ⅱ-858［穀物類］
ぢしらみ…Ⅴ-961［野生植物］
ぢしろかいちゆう…Ⅱ-859［穀物類］
ぢしろささげ…Ⅱ-859［穀物類］
ぢすいくわ…Ⅵ-463［菜類］
ぢすいくわ…Ⅵ-808［果類］
ちすぎ…Ⅶ-391［樹木類］
ちずり…Ⅱ-859［穀物類］
ぢすり…Ⅱ-859［穀物類］
ぢすりもち…Ⅱ-859［穀物類］
ちせもち…Ⅱ-859［穀物類］
ちそ…Ⅴ-961［野生植物］
ぢぞう…Ⅱ-859［穀物類］
ちそうかしら…Ⅶ-391［樹木類］
ぢそうかしら…Ⅶ-392［樹木類］
ぢぞうがしら…Ⅶ-392［樹木類］
ちそうくさ…Ⅴ-961［野生植物］

ぢぞうくさ…Ⅴ-961［野生植物］
ちぞうむぎ…Ⅱ-860［穀物類］
ちそな…Ⅵ-463［菜類］
ぢそば…Ⅱ-860［穀物類］
ちた…Ⅱ-860［穀物類］
ちたい…Ⅲ-361［魚類］
ちだい…Ⅲ-362［魚類］
ちだいごふくら…Ⅲ-362［魚類］
ちだいこん…Ⅵ-463［菜類］
ちたけ…Ⅵ-79［竹・笹類］
ちたけ…Ⅵ-177［菌・茸類］
ぢたけ…Ⅵ-79［竹・笹類］
ぢたけのこ…Ⅶ-836［救荒動植物類］
ちたご…Ⅲ-362［魚類］
ちたはこ…Ⅴ-961［野生植物］
ちたひ…Ⅲ-362［魚類］
ぢだま…Ⅱ-860［穀物類］
ちちかう…Ⅲ-362［魚類］
ちちかう…Ⅴ-961［野生植物］
ぢぢかひ…Ⅲ-760［貝類］
ちちかふ…Ⅲ-362［魚類］
ちちかぶ…Ⅲ-362［魚類］
ちちかん…Ⅵ-808［果類］
ちちかん…Ⅶ-392［樹木類］
ちちく…Ⅲ-363［魚類］
ちちくさ…Ⅴ-961［野生植物］
ちちぐさ…Ⅴ-962［野生植物］
ちちこ…Ⅱ-860［穀物類］
ちちこ…Ⅲ-363［魚類］
ちちこ…Ⅴ-962［野生植物］
ちちこう…Ⅱ-860［穀物類］
ちちこくさ…Ⅴ-962［野生植物］
ちちこのくきは…Ⅶ-836［救荒動植物類］
ちちこのねは…Ⅶ-836［救荒動植物類］
ちちこのは…Ⅶ-836［救荒動植物類］
ぢちさ…Ⅵ-463［菜類］
ちちな…Ⅴ-962［野生植物］
ちちはな…Ⅴ-962［野生植物］

| | |
|---|---|
| ちちび…Ⅴ - 962 ［野生植物］ | ちな…Ⅴ - 964 ［野生植物］ |
| ちちふ…Ⅱ - 861 ［穀物類］ | ちな…Ⅶ - 836 ［救荒動植物類］ |
| ちちぶ…Ⅱ - 861 ［穀物類］ | ぢな…Ⅲ - 761 ［貝類］ |
| ちちぶく…Ⅲ - 363 ［魚類］ | ぢな…Ⅵ - 464 ［菜類］ |
| ちちふまめ…Ⅱ - 861 ［穀物類］ | ちない…Ⅶ - 392 ［樹木類］ |
| ちちみ…Ⅲ - 760 ［貝類］ | ちないかれい…Ⅲ - 363 ［魚類］ |
| ちちみ…Ⅵ - 464 ［菜類］ | ぢないかれい…Ⅲ - 363 ［魚類］ |
| ちぢみ…Ⅱ - 861 ［穀物類］ | ちないくさ…Ⅴ - 964 ［野生植物］ |
| ちぢみ…Ⅴ - 963 ［野生植物］ | ちないのき…Ⅶ - 392 ［樹木類］ |
| ちちみくさ…Ⅴ - 963 ［野生植物］ | ちなくさ…Ⅴ - 965 ［野生植物］ |
| ちぢみくさ…Ⅴ - 963 ［野生植物］ | ちなし…Ⅶ - 392 ［樹木類］ |
| ちちみしそ…Ⅵ - 464 ［菜類］ | ぢなし…Ⅵ - 808 ［果類］ |
| ちぢみしそ…Ⅵ - 464 ［菜類］ | ちなひ…Ⅶ - 392 ［樹木類］ |
| ちぢみちさ…Ⅵ - 464 ［菜類］ | ちなへ…Ⅶ - 393 ［樹木類］ |
| ちちやう…Ⅵ - 808 ［果類］ | ぢなり…Ⅱ - 863 ［穀物類］ |
| ちちらかい…Ⅲ - 760 ［貝類］ | ちぬ…Ⅲ - 363 ［魚類］ |
| ちぢらかい…Ⅲ - 760 ［貝類］ | ちぬ…Ⅲ - 364 ［魚類］ |
| ちちらがひ…Ⅲ - 761 ［貝類］ | ちぬたい…Ⅲ - 364 ［魚類］ |
| ちぢらむき…Ⅱ - 861 ［穀物類］ | ちぬたひ…Ⅲ - 364 ［魚類］ |
| ちちりくさ…Ⅴ - 963 ［野生植物］ | ぢねこ…Ⅴ - 965 ［野生植物］ |
| ぢつくり…Ⅱ - 861 ［穀物類］ | ぢねぶり…Ⅱ - 863 ［穀物類］ |
| ちつこ…Ⅱ - 861 ［穀物類］ | ぢねぶりあは…Ⅱ - 863 ［穀物類］ |
| ちつこおそやろく…Ⅱ - 862 ［穀物類］ | ちねんご…Ⅴ - 965 ［野生植物］ |
| ちつこまめ…Ⅱ - 862 ［穀物類］ | ちのき…Ⅶ - 393 ［樹木類］ |
| ぢつこまめ…Ⅱ - 862 ［穀物類］ | ちのくさ…Ⅴ - 965 ［野生植物］ |
| ちつこわせ…Ⅱ - 862 ［穀物類］ | ちのこ…Ⅲ - 364 ［魚類］ |
| ちつま…Ⅲ - 761 ［貝類］ | ぢのこつち…Ⅵ - 36 ［金・石・土・水類］ |
| ぢとく…Ⅱ - 862 ［穀物類］ | ちのま…Ⅲ - 364 ［魚類］ |
| ちどじやう…Ⅲ - 363 ［魚類］ | ちはいささけ…Ⅵ - 464 ［菜類］ |
| ちとせもち…Ⅱ - 862 ［穀物類］ | ちばいささけ…Ⅵ - 464 ［菜類］ |
| ちとねかね…Ⅱ - 862 ［穀物類］ | ぢはいささけ…Ⅱ - 863 ［穀物類］ |
| ちとめ…Ⅴ - 963 ［野生植物］ | ぢはき…Ⅱ - 863 ［穀物類］ |
| ちとめくさ…Ⅴ - 963 ［野生植物］ | ぢはだか…Ⅱ - 863 ［穀物類］ |
| ちとめくさ…Ⅴ - 964 ［野生植物］ | ちひき…Ⅲ - 364 ［魚類］ |
| ぢどり…Ⅱ - 862 ［穀物類］ | ちびき…Ⅲ - 365 ［魚類］ |
| ちとりかひ…Ⅲ - 761 ［貝類］ | ぢひきつりあわ…Ⅱ - 863 ［穀物類］ |
| ちどりかひ…Ⅲ - 761 ［貝類］ | ぢびやうたれ…Ⅱ - 864 ［穀物類］ |
| ちどりくさ…Ⅴ - 964 ［野生植物］ | ちびりこ…Ⅲ - 365 ［魚類］ |

ち

| | |
|---|---|
| ぢひゑ…Ⅱ-864［穀物類］ | ちもともち…Ⅱ-865［穀物類］ |
| ちぶ…Ⅲ-761［貝類］ | ちや…Ⅴ-967［野生植物］ |
| ちふうさう…Ⅴ-965［野生植物］ | ちや…Ⅵ-808［果類］ |
| ちふき…Ⅵ-465［菜類］ | ちや…Ⅶ-394［樹木類］ |
| ちぶき…Ⅴ-965［野生植物］ | ちやあこ…Ⅲ-365［魚類］ |
| ちふきのは…Ⅶ-837［救荒動植物類］ | ちやいらかし…Ⅲ-366［魚類］ |
| ぢふくこむぎ…Ⅱ-864［穀物類］ | ぢやうかうさう…Ⅴ-971［野生植物］ |
| ちぶり…Ⅶ-393［樹木類］ | ちやうかふ…Ⅵ-465［菜類］ |
| ぢふろうささげ…Ⅱ-864［穀物類］ | ちやうくらうやず…Ⅲ-366［魚類］ |
| ちへく…Ⅲ-365［魚類］ | ちやうご…Ⅲ-366［魚類］ |
| ちへむはら…Ⅴ-965［野生植物］ | ちやうじ…Ⅴ-967［野生植物］ |
| ちほい…Ⅴ-966［野生植物］ | ちやうじかひ…Ⅲ-761［貝類］ |
| ちぼい…Ⅴ-966［野生植物］ | ちやうしき…Ⅶ-394［樹木類］ |
| ちぼう…Ⅱ-864［穀物類］ | ちやうしきも…Ⅴ-967［野生植物］ |
| ちほひ…Ⅴ-966［野生植物］ | ぢやうしきも…Ⅴ-967［野生植物］ |
| ちほへ…Ⅴ-966［野生植物］ | ちやうしさう…Ⅴ-968［野生植物］ |
| ぢほり…Ⅱ-864［穀物類］ | ちやうじさう…Ⅴ-968［野生植物］ |
| ぢほり…Ⅲ-365［魚類］ | ちやうしま…Ⅱ-865［穀物類］ |
| ぢほり…Ⅵ-465［菜類］ | ちやうじやあは…Ⅱ-865［穀物類］ |
| ぢほりきす…Ⅲ-365［魚類］ | ちやうじやいね…Ⅱ-866［穀物類］ |
| ぢほりゑい…Ⅲ-365［魚類］ | ちやうじやかひ…Ⅲ-762［貝類］ |
| ちほゑ…Ⅴ-966［野生植物］ | ちやうじやたけ…Ⅵ-177［菌・茸類］ |
| ちぼゑ…Ⅴ-966［野生植物］ | ちやうじやはたか…Ⅱ-866［穀物類］ |
| ちまきくさ…Ⅴ-966［野生植物］ | ちやうじやひえ…Ⅱ-866［穀物類］ |
| ちまきざさ…Ⅴ-967［野生植物］ | ちやうじやひゑ…Ⅱ-866［穀物類］ |
| ちまきしば…Ⅶ-393［樹木類］ | ちやうじやほ…Ⅱ-866［穀物類］ |
| ちめ…Ⅱ-864［穀物類］ | ちやうじやわせ…Ⅱ-866［穀物類］ |
| ちめわせ…Ⅱ-865［穀物類］ | ちやうしゆん…Ⅴ-968［野生植物］ |
| ちも…Ⅴ-967［野生植物］ | ちやうしゆん…Ⅶ-394［樹木類］ |
| ぢもたず…Ⅱ-865［穀物類］ | ちやうしゆんいばら…Ⅴ-968［野生植物］ |
| ぢもたずあづき…Ⅱ-865［穀物類］ | ちやうしゆんくわ…Ⅴ-968［野生植物］ |
| ちもと…Ⅴ-967［野生植物］ | ちやうしゆんむはら…Ⅴ-969［野生植物］ |
| ちもと…Ⅵ-465［菜類］ | ぢやうしろ…Ⅱ-866［穀物類］ |
| ちもと…Ⅶ-393［樹木類］ | ちやうせん…Ⅱ-867［穀物類］ |
| ちもとこ…Ⅱ-865［穀物類］ | ぢやうせん…Ⅱ-867［穀物類］ |
| ちもとこねは…Ⅶ-837［救荒動植物類］ | ちやうせんいね…Ⅱ-867［穀物類］ |
| ちもとさくら…Ⅶ-393［樹木類］ | ちやうせんかぶ…Ⅵ-465［菜類］ |
| ちもとのはね…Ⅶ-837［救荒動植物類］ | ちやうせんこく…Ⅱ-867［穀物類］ |

| | |
|---|---|
| ちやうせんさう…Ⅴ-969［野生植物］ | ちやがら…Ⅲ-366［魚類］ |
| ちやうせんたけ…Ⅵ-80［竹・笹類］ | ちやすこ…Ⅱ-868［穀物類］ |
| ちやうせんな…Ⅵ-465［菜類］ | ちやせん…Ⅱ-869［穀物類］ |
| ちやうせんはたか…Ⅱ-867［穀物類］ | ちやせんくさ…Ⅴ-971［野生植物］ |
| ちやうせんふり…Ⅵ-465［菜類］ | ちやせんそぶろ…Ⅴ-971［野生植物］ |
| ちやうせんほうふら…Ⅵ-466［菜類］ | ちやせんはだか…Ⅱ-869［穀物類］ |
| ちやうせんぼうぶら…Ⅵ-466［菜類］ | ちやせんはな…Ⅴ-971［野生植物］ |
| ちやうせんぼぶら…Ⅵ-466［菜類］ | ちやせんほ…Ⅶ-395［樹木類］ |
| ちやうせんまつのみ…Ⅵ-808［果類］ | ちやせんぼ…Ⅶ-395［樹木類］ |
| ちやうせんむぎ…Ⅱ-867［穀物類］ | ちやせんむぎ…Ⅱ-869［穀物類］ |
| ちやうせんもち…Ⅱ-868［穀物類］ | ちやせんもちあは…Ⅱ-869［穀物類］ |
| ちやうちかひ…Ⅲ-762［貝類］ | ちやたて…Ⅶ-395［樹木類］ |
| ちやうちやうかう…Ⅴ-969［野生植物］ | ちやちよぼし…Ⅲ-762［貝類］ |
| ちやうちんくさ…Ⅴ-969［野生植物］ | ちやなのき…Ⅶ-395［樹木類］ |
| ちやうちんさくら…Ⅶ-394［樹木類］ | ちやぬからさう…Ⅴ-972［野生植物］ |
| ちやうつき…Ⅶ-395［樹木類］ | ちやねんそふろ…Ⅴ-972［野生植物］ |
| ちやうどう…Ⅴ-971［野生植物］ | ちやのき…Ⅶ-395［樹木類］ |
| ぢやうどう…Ⅴ-971［野生植物］ | ちやのき…Ⅶ-396［樹木類］ |
| ちやうのり…Ⅴ-969［野生植物］ | ちやのこ…Ⅱ-869［穀物類］ |
| ちやうびゑ…Ⅴ-969［野生植物］ | ちやのは…Ⅵ-36［金・石・土・水類］ |
| ちやうふ…Ⅱ-868［穀物類］ | ぢやのひけ…Ⅴ-972［野生植物］ |
| ちやうふき…Ⅵ-466［菜類］ | ぢやのひげ…Ⅴ-972［野生植物］ |
| ちやうふさつま…Ⅱ-868［穀物類］ | ちやのふくろ…Ⅴ-972［野生植物］ |
| ちやうべゑあは…Ⅱ-868［穀物類］ | ちやのみまめ…Ⅱ-869［穀物類］ |
| ちやうべゑありま…Ⅱ-868［穀物類］ | ちやのみわせ…Ⅱ-869［穀物類］ |
| ちやうべゑあわ…Ⅱ-868［穀物類］ | ちやひき…Ⅴ-972［野生植物］ |
| ぢやうぼのは…Ⅶ-837［救荒動植物類］ | ちやひきくさ…Ⅴ-972［野生植物］ |
| ちやうめんさう…Ⅴ-969［野生植物］ | ちやひきくさ…Ⅴ-973［野生植物］ |
| ちやうりやうさう…Ⅴ-970［野生植物］ | ちやひきさう…Ⅱ-870［穀物類］ |
| ちやうろ…Ⅴ-970［野生植物］ | ちやぶく…Ⅲ-366［魚類］ |
| ちやうろうず…Ⅴ-970［野生植物］ | ちやふくろ…Ⅱ-870［穀物類］ |
| ちやうろき…Ⅴ-970［野生植物］ | ちやふくろ…Ⅲ-367［魚類］ |
| ちやうろき…Ⅵ-466［菜類］ | ちやぶくろ…Ⅱ-870［穀物類］ |
| ちやうろぎ…Ⅴ-970［野生植物］ | ちやぶくろ…Ⅲ-367［魚類］ |
| ちやうろぎ…Ⅵ-466［菜類］ | ちやふろくふか…Ⅲ-367［魚類］ |
| ちやうろじ…Ⅴ-970［野生植物］ | ちやほ…Ⅱ-870［穀物類］ |
| ちやうゑい…Ⅲ-366［魚類］ | ちやほきひ…Ⅱ-870［穀物類］ |
| ちやかす…Ⅶ-837［救荒動植物類］ | ちやぼけいとう…Ⅴ-973［野生植物］ |

# ち

ちやぼげいとう…Ⅴ-973［野生植物］
ちやほしやくやく…Ⅴ-973［野生植物］
ちやほもち…Ⅱ-870［穀物類］
ちやぼらん…Ⅴ-973［野生植物］
ちやまめ…Ⅱ-871［穀物類］
ちやも…Ⅴ-973［野生植物］
ちややまこむぎ…Ⅱ-871［穀物類］
ちやらん…Ⅴ-974［野生植物］
ぢやろく…Ⅱ-871［穀物類］
ちやわかひ…Ⅲ-762［貝類］
ちやわんかひ…Ⅲ-762［貝類］
ちやわんつち…Ⅵ-36［金・石・土・水類］
ちやわんばな…Ⅴ-974［野生植物］
ちやわんやくつち…Ⅵ-36
　　　　　　　　［金・石・土・水類］
ちやんぐわらか…Ⅴ-974［野生植物］
ぢやんぐわらか…Ⅴ-974［野生植物］
ちやんちゆん…Ⅶ-396［樹木類］
ちやんちん…Ⅶ-396［樹木類］
ちやんつん…Ⅶ-396［樹木類］
ちやんはきく…Ⅴ-974［野生植物］
ちやんばきく…Ⅴ-974［野生植物］
ちやんぱぎく…Ⅴ-974［野生植物］
ちやんふくろはな…Ⅴ-975［野生植物］
ぢゆ…Ⅴ-975［野生植物］
ちゆうから…Ⅱ-871［穀物類］
ちゆうごく…Ⅱ-871［穀物類］
ちゆうごくやろく…Ⅱ-871［穀物類］
ちゆうすけさんぐわつ…Ⅱ-872［穀物類］
ちゆうたんば…Ⅵ-808［果類］
ちようめい…Ⅱ-872［穀物類］
ちよくさ…Ⅴ-975［野生植物］
ちよこうみざくろ…Ⅶ-396［樹木類］
ちよこはな…Ⅴ-975［野生植物］
ぢよちやうけい…Ⅴ-975［野生植物］
ちよちよひげ…Ⅴ-975［野生植物］
ちよつきり…Ⅲ-367［魚類］
ちよつと…Ⅱ-872［穀物類］

ちよなときび…Ⅱ-872［穀物類］
ぢよなら…Ⅱ-872［穀物類］
ちよのうち…Ⅱ-872［穀物類］
ぢよのうち…Ⅱ-872［穀物類］
ちよはな…Ⅴ-975［野生植物］
ちよふきやう…Ⅱ-873［穀物類］
ちよふろぎ…Ⅵ-466［菜類］
ちよほ…Ⅲ-367［魚類］
ちよま…Ⅴ-976［野生植物］
ぢよらうあさみ…Ⅴ-976［野生植物］
ぢよらううを…Ⅲ-367［魚類］
ぢよらうかひ…Ⅲ-762［貝類］
ぢよらうかひ…Ⅲ-763［貝類］
ぢよらうくさ…Ⅴ-976［野生植物］
ぢよらうすげ…Ⅴ-976［野生植物］
ぢよらうにな…Ⅲ-763［貝類］
ぢよらうはな…Ⅴ-976［野生植物］
ぢよらうみな…Ⅲ-763［貝類］
ちよりめき…Ⅴ-976［野生植物］
ちよろ…Ⅴ-977［野生植物］
ぢよろう…Ⅱ-873［穀物類］
ちよろき…Ⅴ-977［野生植物］
ちよろき…Ⅵ-467［菜類］
ちよろき…Ⅶ-837［救荒動植物類］
ちよろぎ…Ⅴ-977［野生植物］
ちよろぎ…Ⅵ-467［菜類］
ぢよろき…Ⅴ-977［野生植物］
ぢよろき…Ⅵ-467［菜類］
ちよろきひ…Ⅱ-873［穀物類］
ちよろささけ…Ⅱ-873［穀物類］
ちよろふき…Ⅴ-977［野生植物］
ちよろへ…Ⅲ-367［魚類］
ちよろべ…Ⅲ-368［魚類］
ぢよろべ…Ⅲ-368［魚類］
ちよろり…Ⅴ-977［野生植物］
ちよをせんざくろ…Ⅶ-397［樹木類］
ぢらうばう…Ⅱ-873［穀物類］
ちらしかひ…Ⅲ-763［貝類］

| | |
|---|---|
| ちらしな…Ⅵ-467［菜類］ | ちんた…Ⅴ-980［野生植物］ |
| ちらしひえ…Ⅱ-873［穀物類］ | ちんたい…Ⅲ-369［魚類］ |
| ちらな…Ⅴ-978［野生植物］ | ちんだい…Ⅲ-369［魚類］ |
| ちりちりくさ…Ⅴ-978［野生植物］ | ちんたひ…Ⅲ-369［魚類］ |
| ちりみかわ…Ⅶ-397［樹木類］ | ちんちく…Ⅵ-80［竹・笹類］ |
| ちりめん…Ⅴ-978［野生植物］ | ちんちやう…Ⅶ-397［樹木類］ |
| ちりめん…Ⅵ-467［菜類］ | ぢんちやう…Ⅶ-397［樹木類］ |
| ちりめんかじめ…Ⅴ-978［野生植物］ | ぢんちやうき…Ⅶ-397［樹木類］ |
| ちりめんくさ…Ⅵ-467［菜類］ | ちんちやうけ…Ⅶ-397［樹木類］ |
| ちりめんしそ…Ⅴ-978［野生植物］ | ぢんちやうけ…Ⅴ-980［野生植物］ |
| ちりめんしそ…Ⅵ-468［菜類］ | ぢんちやうげ…Ⅶ-398［樹木類］ |
| ちりめんじそ…Ⅵ-468［菜類］ | ちんちろ…Ⅱ-874［穀物類］ |
| ちりめんちさ…Ⅵ-468［菜類］ | ちんちろむき…Ⅱ-874［穀物類］ |
| ちりめんちしや…Ⅵ-468［菜類］ | ちんちろむぎ…Ⅱ-874［穀物類］ |
| ちりめんな…Ⅵ-468［菜類］ | ちんちん…Ⅱ-874［穀物類］ |
| ちりめんまめ…Ⅱ-873［穀物類］ | ちんちんかつら…Ⅴ-980［野生植物］ |
| ちろり…Ⅴ-978［野生植物］ | ちんちんむき…Ⅱ-875［穀物類］ |
| ぢわう…Ⅴ-979［野生植物］ | ちんちんむぎ…Ⅱ-875［穀物類］ |
| ぢわた…Ⅴ-979［野生植物］ | ぢんてう…Ⅶ-398［樹木類］ |
| ちわみ…Ⅴ-979［野生植物］ | ぢんでう…Ⅶ-398［樹木類］ |
| ちわや…Ⅴ-979［野生植物］ | ちんてうけ…Ⅶ-398［樹木類］ |
| ちわら…Ⅴ-979［野生植物］ | ぢんてうけ…Ⅴ-980［野生植物］ |
| ちゑおもたか…Ⅴ-979［野生植物］ | ぢんてうけ…Ⅶ-398［樹木類］ |
| ちゑむはら…Ⅴ-979［野生植物］ | ぢんてうげ…Ⅶ-399［樹木類］ |
| ぢをう…Ⅴ-980［野生植物］ | ぢんどう…Ⅱ-875［穀物類］ |
| ちをり…Ⅲ-368［魚類］ | ぢんどう…Ⅴ-981［野生植物］ |
| ちをり…Ⅲ-763［貝類］ | ぢんとく…Ⅱ-875［穀物類］ |
| ちん…Ⅱ-874［穀物類］ | ちんとりはな…Ⅴ-981［野生植物］ |
| ちん…Ⅲ-368［魚類］ | ちんはさう…Ⅴ-981［野生植物］ |
| ちん…Ⅶ-397［樹木類］ | ぢんばそう…Ⅴ-981［野生植物］ |
| ちんから…Ⅲ-368［魚類］ | ちんばそふも…Ⅴ-981［野生植物］ |
| ちんくは…Ⅲ-368［魚類］ | ちんはらみ…Ⅴ-981［野生植物］ |
| ちんくわ…Ⅲ-368［魚類］ | ちんばらみ…Ⅴ-981［野生植物］ |
| ちんこ…Ⅱ-874［穀物類］ | ちんぴ…Ⅴ-982［野生植物］ |
| ちんご…Ⅲ-369［魚類］ | ちんぽ…Ⅱ-875［穀物類］ |
| ちんごう…Ⅴ-980［野生植物］ | ぢんほう…Ⅵ-809［果類］ |
| ちんこわせ…Ⅱ-874［穀物類］ | ぢんぼう…Ⅵ-809［果類］ |
| ちんせんろくかく…Ⅱ-874［穀物類］ | ちんぽうろうし…Ⅵ-468［菜類］ |

## つ

ちんみ…Ⅲ-369［魚類］
ちんみ…Ⅲ-763［貝類］
ぢんみ…Ⅲ-369［魚類］
ちんみかい…Ⅲ-763［貝類］
ちんめ…Ⅲ-764［貝類］
ぢんめ…Ⅲ-369［魚類］
ぢんめ…Ⅲ-764［貝類］
ちんめう…Ⅵ-809［果類］
ちんめかい…Ⅲ-764［貝類］
ちんめかひ…Ⅲ-764［貝類］
ちんろう…Ⅱ-875［穀物類］

## つ

づいきしば…Ⅶ-400［樹木類］
ついころひ…Ⅴ-983［野生植物］
ついさひうを…Ⅲ-370［魚類］
ついさびうを…Ⅲ-370［魚類］
ついじがらみ…Ⅴ-983［野生植物］
ついしかれい…Ⅲ-370［魚類］
ついしね…Ⅴ-983［野生植物］
ついしねくさ…Ⅴ-983［野生植物］
ついつい…Ⅶ-400［樹木類］
ついつかみ…Ⅴ-983［野生植物］
ついでのき…Ⅶ-400［樹木類］
ついなびきわせ…Ⅱ-876［穀物類］
ついふかみ…Ⅴ-983［野生植物］
つうきんくは…Ⅶ-400［樹木類］
つうそうかづら…Ⅴ-983［野生植物］
つか…Ⅲ-370［魚類］
つが…Ⅶ-400［樹木類］
つかい…Ⅲ-370［魚類］
つかうほう…Ⅵ-178［菌・茸類］
つかず…Ⅱ-876［穀物類］
つがなし…Ⅵ-810［果類］
つがに…Ⅶ-838［救荒動植物類］
つがねさう…Ⅴ-984［野生植物］
つがのこし…Ⅱ-876［穀物類］
つかは…Ⅱ-876［穀物類］
つかはる…Ⅱ-876［穀物類］
つかひへ…Ⅱ-876［穀物類］
つかみぐさ…Ⅴ-984［野生植物］
つがめ…Ⅴ-984［野生植物］
つがもみ…Ⅶ-400［樹木類］
つがり…Ⅱ-876［穀物類］
つかる…Ⅱ-877［穀物類］
つがる…Ⅱ-877［穀物類］
つがるにんじん…Ⅵ-469［菜類］
つかるもち…Ⅱ-877［穀物類］
つかるわせ…Ⅱ-877［穀物類］
つがるわせ…Ⅱ-877［穀物類］
つき…Ⅶ-400［樹木類］
つき…Ⅶ-401［樹木類］
つぎ…Ⅱ-877［穀物類］
つきあひ…Ⅵ-178［菌・茸類］
つきいね…Ⅱ-878［穀物類］
つぎいね…Ⅱ-878［穀物類］
つきかげ…Ⅵ-810［果類］
つきがねさう…Ⅴ-984［野生植物］
つきけやき…Ⅶ-401［樹木類］
つきこむぎ…Ⅱ-878［穀物類］
つぎさへ…Ⅱ-878［穀物類］
つきたおし…Ⅴ-984［野生植物］
つきちありま…Ⅱ-878［穀物類］
つきつき…Ⅶ-401［樹木類］
つきつめ…Ⅱ-878［穀物類］
つきて…Ⅶ-401［樹木類］
つきでのき…Ⅶ-401［樹木類］
つきでのは…Ⅶ-838［救荒動植物類］
つきね…Ⅱ-878［穀物類］
つきのき…Ⅶ-401［樹木類］
つきのわ…Ⅱ-879［穀物類］
つきのわ…Ⅲ-370［魚類］
つきひかひ…Ⅲ-765［貝類］
つきむき…Ⅱ-879［穀物類］
つきも…Ⅴ-984［野生植物］
つきやす…Ⅱ-879［穀物類］

つきよたけ…Ⅵ-178［菌・茸類］
つきよもたし…Ⅵ-178［菌・茸類］
つきりかぶ…Ⅵ-469［菜類］
つぎわさびへ…Ⅱ-879［穀物類］
つぎわせ…Ⅱ-879［穀物類］
づぎんばら…Ⅶ-401［樹木類］
つく…Ⅱ-879［穀物類］
つぐ…Ⅱ-879［穀物類］
つくいも…Ⅵ-469［菜類］
つくし…Ⅱ-879［穀物類］
つくし…Ⅴ-984［野生植物］
つくし…Ⅴ-985［野生植物］
つくし…Ⅵ-469［菜類］
つくし…Ⅵ-470［菜類］
つくしかい…Ⅲ-765［貝類］
つくしまなし…Ⅵ-810［果類］
つくしもち…Ⅱ-880［穀物類］
つくつくし…Ⅴ-985［野生植物］
つくつくし…Ⅵ-470［菜類］
つくつくし…Ⅶ-838［救荒動植物類］
つくづくし…Ⅴ-985［野生植物］
つくづくし…Ⅵ-471［菜類］
つくつくしくさ…Ⅴ-985［野生植物］
つくつくほうし…Ⅵ-471［菜類］
つくづくぼうし…Ⅴ-985［野生植物］
づくなし…Ⅶ-402［樹木類］
つくなりまめ…Ⅱ-880［穀物類］
つくね…Ⅱ-880［穀物類］
つくね…Ⅵ-471［菜類］
づくね…Ⅱ-880［穀物類］
つくねあわ…Ⅱ-880［穀物類］
つくねいも…Ⅴ-986［野生植物］
つくねいも…Ⅵ-471［菜類］
つくねいも…Ⅵ-472［菜類］
つくねきひ…Ⅱ-880［穀物類］
つくねきび…Ⅱ-881［穀物類］
つくねほ…Ⅱ-881［穀物類］
つくねもち…Ⅱ-881［穀物類］

づくのき…Ⅶ-402［樹木類］
つくはね…Ⅴ-986［野生植物］
つくはね…Ⅵ-810［果類］
つくはね…Ⅶ-402［樹木類］
つくはね…Ⅶ-838［救荒動植物類］
つくばね…Ⅵ-472［菜類］
つくばね…Ⅵ-810［果類］
つくはねのき…Ⅶ-402［樹木類］
つくはみ…Ⅱ-881［穀物類］
つくほ…Ⅱ-881［穀物類］
つくほうし…Ⅴ-986［野生植物］
つくほうし…Ⅵ-472［菜類］
つくぼうし…Ⅴ-986［野生植物］
つくほくさ…Ⅴ-986［野生植物］
づくほし…Ⅴ-986［野生植物］
づくほし…Ⅵ-473［菜類］
つくほのき…Ⅶ-402［樹木類］
つくぼのき…Ⅶ-402［樹木類］
つくまり…Ⅱ-881［穀物類］
つぐみ…Ⅶ-838［救荒動植物類］
つぐみところ…Ⅵ-473［菜類］
つくめ…Ⅶ-838［救荒動植物類］
つくめふぢ…Ⅴ-986［野生植物］
つくも…Ⅴ-987［野生植物］
つくもう…Ⅴ-987［野生植物］
つくもくさ…Ⅴ-987［野生植物］
づくもち…Ⅱ-881［穀物類］
つくらべ…Ⅶ-402［樹木類］
つぐらめ…Ⅵ-473［菜類］
つくりうど…Ⅵ-473［菜類］
つくりとろろ…Ⅴ-987［野生植物］
つくりもくこう…Ⅴ-987［野生植物］
つくろ…Ⅴ-987［野生植物］
づぐろ…Ⅴ-988［野生植物］
つくろとりのな…Ⅴ-988［野生植物］
つくわる…Ⅴ-988［野生植物］
つけ…Ⅶ-403［樹木類］
つげ…Ⅴ-988［野生植物］

## つ

つげ…Ⅶ‐403［樹木類］
つけいし…Ⅵ‐36［金・石・土・水類］
つけうり…Ⅵ‐473［菜類］
つけず…Ⅱ‐882［穀物類］
つけち…Ⅱ‐882［穀物類］
つけつけいし…Ⅵ‐36［金・石・土・水類］
つけのき…Ⅶ‐403［樹木類］
つげのき…Ⅶ‐404［樹木類］
つけはな…Ⅶ‐404［樹木類］
つけふり…Ⅵ‐473［菜類］
つけものうり…Ⅵ‐473［菜類］
つこも…Ⅴ‐988［野生植物］
つこもくさ…Ⅴ‐988［野生植物］
つさのき…Ⅶ‐404［樹木類］
つさぼう…Ⅶ‐404［樹木類］
づさほう…Ⅶ‐404［樹木類］
つしたま…Ⅱ‐882［穀物類］
づしたま…Ⅴ‐988［野生植物］
つしのぼりかひ…Ⅲ‐765［貝類］
つしば…Ⅶ‐404［樹木類］
つしばりさめ…Ⅲ‐371［魚類］
つしま…Ⅱ‐882［穀物類］
つしまな…Ⅵ‐474［菜類］
つじむらさき…Ⅴ‐989［野生植物］
つじやまと…Ⅱ‐882［穀物類］
つすのうを…Ⅲ‐371［魚類］
つずのうを…Ⅲ‐371［魚類］
つた…Ⅴ‐989［野生植物］
つた…Ⅶ‐404［樹木類］
つたうし…Ⅲ‐371［魚類］
つたうるし…Ⅴ‐989［野生植物］
つたうるし…Ⅶ‐405［樹木類］
つたかつら…Ⅴ‐990［野生植物］
つたかづら…Ⅴ‐990［野生植物］
つたから…Ⅶ‐405［樹木類］
つたからくさ…Ⅴ‐990［野生植物］
つたからまり…Ⅴ‐990［野生植物］
つたのは…Ⅴ‐990［野生植物］

つたふち…Ⅴ‐991［野生植物］
つたふり…Ⅴ‐991［野生植物］
つたふり…Ⅵ‐474［菜類］
づだれ…Ⅱ‐882［穀物類］
つち…Ⅱ‐882［穀物類］
つち…Ⅲ‐371［魚類］
つちあけひ…Ⅴ‐991［野生植物］
つちあけび…Ⅴ‐991［野生植物］
つちあけび…Ⅵ‐810［果類］
つちあげび…Ⅴ‐991［野生植物］
つちあは…Ⅱ‐883［穀物類］
つちいちこ…Ⅴ‐991［野生植物］
つちいちこ…Ⅵ‐810［果類］
つちいちご…Ⅴ‐991［野生植物］
つちいちご…Ⅵ‐811［果類］
つちいちご…Ⅶ‐838［救荒動植物類］
つちいづみ…Ⅱ‐883［穀物類］
つちいも…Ⅵ‐474［菜類］
つちう…Ⅱ‐883［穀物類］
つちおこし…Ⅴ‐992［野生植物］
つちおこせ…Ⅲ‐371［魚類］
つちがうり…Ⅴ‐992［野生植物］
つちかき…Ⅴ‐992［野生植物］
つちかき…Ⅵ‐178［菌・茸類］
つちがき…Ⅵ‐179［菌・茸類］
つちかぶ…Ⅲ‐371［魚類］
つちかぶ…Ⅲ‐372［魚類］
つちかふり…Ⅵ‐179［菌・茸類］
つちかふり…Ⅵ‐474［菜類］
つちかぶり…Ⅵ‐179［菌・茸類］
つちかぶり…Ⅵ‐474［菜類］
つちかふりだいこん…Ⅵ‐474［菜類］
つちかむり…Ⅵ‐179［菌・茸類］
つちくい…Ⅱ‐883［穀物類］
つちくいはせ…Ⅲ‐372［魚類］
つちくちくさ…Ⅴ‐992［野生植物］
つちくちり…Ⅱ‐883［穀物類］
つちくひ…Ⅱ‐883［穀物類］

| | |
|---|---|
| つちくひまめ…II‐884［穀物類］ | つつ…VII‐405［樹木類］ |
| つちくらひ…II‐884［穀物類］ | つつあは…II‐885［穀物類］ |
| つちくり…VI‐179［菌・茸類］ | つついわり…III‐373［魚類］ |
| つちくれ…II‐884［穀物類］ | つづうを…III‐373［魚類］ |
| つちご…V‐992［野生植物］ | つつかう…III‐373［魚類］ |
| つちささ…VI‐80［竹・笹類］ | つつかうひえ…II‐885［穀物類］ |
| つちざんしやう…V‐992［野生植物］ | つづきたけ…VI‐180［菌・茸類］ |
| つちしめぢ…VI‐180［菌・茸類］ | つづきもち…II‐885［穀物類］ |
| つちだ…II‐884［穀物類］ | つつきれ…II‐885［穀物類］ |
| つちだうわう…V‐993［野生植物］ | つづきれ…II‐885［穀物類］ |
| つちたちくさ…V‐992［野生植物］ | つづきれあわ…II‐885［穀物類］ |
| つちたづ…V‐993［野生植物］ | つつくい…V‐995［野生植物］ |
| つちつかう…III‐372［魚類］ | つつくら…II‐885［穀物類］ |
| つぢとぎり…VI‐811［果類］ | つつくれない…V‐995［野生植物］ |
| つちな…V‐993［野生植物］ | つつこ…II‐886［穀物類］ |
| つちな…VII‐839［救荒動植物類］ | つつこあは…II‐886［穀物類］ |
| つちのき…VII‐405［樹木類］ | つつこうひへ…II‐886［穀物類］ |
| つちのこ…II‐884［穀物類］ | つつし…VII‐405［樹木類］ |
| つちのこ…V‐993［野生植物］ | つつし…VII‐406［樹木類］ |
| つちのわた…V‐993［野生植物］ | つつじ…VII‐406［樹木類］ |
| つちはい…III‐372［魚類］ | つつしたけ…VI‐180［菌・茸類］ |
| つちはぜ…III‐372［魚類］ | つつじたけ…VI‐180［菌・茸類］ |
| つちばり…III‐372［魚類］ | つつしのは…VII‐839［救荒動植物類］ |
| つちひとがた…V‐995［野生植物］ | つつたけ…VI‐474［菜類］ |
| つちひは…V‐993［野生植物］ | つづたま…V‐995［野生植物］ |
| つちひば…V‐994［野生植物］ | づづだま…V‐995［野生植物］ |
| つちひへ…II‐884［穀物類］ | つつち…VII‐406［樹木類］ |
| つちほうつき…V‐994［野生植物］ | つつちき…VII‐407［樹木類］ |
| つちほせり…II‐884［穀物類］ | つつのき…VII‐407［樹木類］ |
| つちまさき…V‐994［野生植物］ | つつのぼり…III‐765［貝類］ |
| つちむくり…VI‐180［菌・茸類］ | つづのぼり…III‐765［貝類］ |
| つちむらさき…V‐994［野生植物］ | つづのみ…III‐373［魚類］ |
| つちむろ…VII‐405［樹木類］ | つつのみはちめ…III‐373［魚類］ |
| つちも…V‐994［野生植物］ | つつのめはちめ…III‐373［魚類］ |
| つちもち…V‐994［野生植物］ | つつみかくめ…III‐373［魚類］ |
| つちりやうほ…V‐994［野生植物］ | つつみかん…III‐374［魚類］ |
| つちをろし…V‐995［野生植物］ | つつみくさ…V‐995［野生植物］ |
| つつ…III‐372［魚類］ | つつみくさ…VI‐475［菜類］ |

## つ

つづみくさ…Ⅵ - 475 ［菜類］
つつみのき…Ⅶ - 407 ［樹木類］
つつみはな…Ⅴ - 996 ［野生植物］
つつら…Ⅴ - 996 ［野生植物］
つづら…Ⅶ - 839 ［救荒動植物類］
つづら…Ⅴ - 996 ［野生植物］
つつらかい…Ⅲ - 765 ［貝類］
つづらかい…Ⅲ - 765 ［貝類］
つつらかつら…Ⅴ - 996 ［野生植物］
つづらかづら…Ⅴ - 997 ［野生植物］
つづらかつら…Ⅴ - 997 ［野生植物］
つつらかひ…Ⅲ - 766 ［貝類］
つづらかひ…Ⅲ - 766 ［貝類］
つつらくさ…Ⅴ - 997 ［野生植物］
つつらこ…Ⅴ - 997 ［野生植物］
つつらご…Ⅴ - 997 ［野生植物］
つづらこ…Ⅴ - 997 ［野生植物］
つつらはちめ…Ⅲ - 374 ［魚類］
つつらひじき…Ⅴ - 998 ［野生植物］
つづらひじき…Ⅴ - 998 ［野生植物］
つつらふし…Ⅴ - 998 ［野生植物］
つつらふじ…Ⅴ - 998 ［野生植物］
つつらふじ…Ⅶ - 407 ［樹木類］
つづらふし…Ⅴ - 998 ［野生植物］
つづらふじ…Ⅴ - 998 ［野生植物］
つつらふぢ…Ⅴ - 998 ［野生植物］
つづらふぢ…Ⅴ - 999 ［野生植物］
つつらぼ…Ⅴ - 999 ［野生植物］
つつらも…Ⅴ - 999 ［野生植物］
つつり…Ⅲ - 374 ［魚類］
つつりかい…Ⅲ - 766 ［貝類］
つつりき…Ⅶ - 407 ［樹木類］
つづりき…Ⅶ - 407 ［樹木類］
つづれくさ…Ⅴ - 999 ［野生植物］
つづれたも…Ⅶ - 407 ［樹木類］
つづろ…Ⅶ - 408 ［樹木類］
つづろぎ…Ⅶ - 408 ［樹木類］
つづろくさ…Ⅶ - 839 ［救荒動植物類］
つつんぢよ…Ⅶ - 408 ［樹木類］
つとかひ…Ⅲ - 766 ［貝類］
つとぶた…Ⅲ - 374 ［魚類］
つないし…Ⅲ - 374 ［魚類］
つなきあわ…Ⅱ - 886 ［穀物類］
つなし…Ⅲ - 374 ［魚類］
つなたけ…Ⅵ - 180 ［菌・茸類］
つなめ…Ⅲ - 375 ［魚類］
つなるき…Ⅴ - 999 ［野生植物］
づねいご…Ⅴ - 999 ［野生植物］
づねこ…Ⅴ - 999 ［野生植物］
つねこくさ…Ⅴ - 1000 ［野生植物］
つのかき…Ⅵ - 811 ［果類］
つのかしもたし…Ⅵ - 181 ［菌・茸類］
つのかひ…Ⅲ - 766 ［貝類］
つのき…Ⅲ - 375 ［魚類］
つのぎ…Ⅲ - 375 ［魚類］
つのくに…Ⅱ - 886 ［穀物類］
つのくにもち…Ⅱ - 886 ［穀物類］
つのこ…Ⅲ - 375 ［魚類］
つのご…Ⅲ - 375 ［魚類］
つのこうめ…Ⅲ - 375 ［魚類］
つのここいを…Ⅲ - 375 ［魚類］
つのこふか…Ⅲ - 376 ［魚類］
つのごぶか…Ⅲ - 376 ［魚類］
つのさか…Ⅲ - 376 ［魚類］
つのさかさめ…Ⅲ - 376 ［魚類］
つのさめ…Ⅲ - 376 ［魚類］
つのし…Ⅲ - 376 ［魚類］
つのし…Ⅲ - 377 ［魚類］
つのじ…Ⅲ - 377 ［魚類］
つのしさめ…Ⅲ - 377 ［魚類］
つのじさめ…Ⅲ - 377 ［魚類］
つのしひ…Ⅵ - 811 ［果類］
つのなし…Ⅲ - 766 ［貝類］
つのにし…Ⅲ - 767 ［貝類］
つのはしはみ…Ⅵ - 811 ［果類］
つのべい…Ⅱ - 887 ［穀物類］

つのまきかつら…Ⅴ-1000［野生植物］
つのまた…Ⅴ-1000［野生植物］
つのめ…Ⅱ-887［穀物類］
つのめさめ…Ⅲ-377［魚類］
つのもどき…Ⅴ-1000［野生植物］
つは…Ⅴ-1000［野生植物］
つは…Ⅵ-475［菜類］
つは…Ⅶ-839［救荒動植物類］
づばいもも…Ⅵ-811［果類］
づばいもも…Ⅶ-408［樹木類］
つはき…Ⅶ-408［樹木類］
つばき…Ⅶ-409［樹木類］
つはきあゐ…Ⅴ-1001［野生植物］
つはきくさ…Ⅴ-1001［野生植物］
つばきくさ…Ⅴ-1001［野生植物］
つばきな…Ⅴ-1001［野生植物］
つばきにな…Ⅲ-767［貝類］
つばきのき…Ⅶ-409［樹木類］
つばきもも…Ⅵ-811［果類］
つはきり…Ⅴ-1001［野生植物］
つばきり…Ⅴ-1001［野生植物］
つばくち…Ⅴ-1001［野生植物］
つはくら…Ⅱ-887［穀物類］
つばくら…Ⅱ-887［穀物類］
つばくら…Ⅴ-1002［野生植物］
つばくらいを…Ⅲ-377［魚類］
つはくらうを…Ⅲ-377［魚類］
つばくらうを…Ⅲ-378［魚類］
つはくらかい…Ⅲ-767［貝類］
つはくらくさ…Ⅴ-1002［野生植物］
つはくらささけ…Ⅱ-887［穀物類］
つばくらな…Ⅵ-475［菜類］
つばくらひへ…Ⅱ-887［穀物類］
つはくらまめ…Ⅱ-888［穀物類］
つばくらまめ…Ⅱ-888［穀物類］
つはくらむき…Ⅱ-888［穀物類］
つばくらもち…Ⅱ-888［穀物類］
つばくらゑ…Ⅲ-378［魚類］

つはくらゑい…Ⅲ-378［魚類］
つばくらゑい…Ⅲ-378［魚類］
つばくろまめ…Ⅱ-888［穀物類］
つばくろゑい…Ⅲ-378［魚類］
つばさ…Ⅲ-378［魚類］
つはす…Ⅲ-379［魚類］
つばす…Ⅲ-379［魚類］
つはた…Ⅶ-410［樹木類］
つはな…Ⅴ-1002［野生植物］
つばな…Ⅴ-1002［野生植物］
つばな…Ⅴ-1003［野生植物］
つばな…Ⅶ-839［救荒動植物類］
つばなくさ…Ⅴ-1003［野生植物］
つはのあわ…Ⅱ-888［穀物類］
つはふき…Ⅴ-1003［野生植物］
つはふき…Ⅶ-839［救荒動植物類］
つはぶき…Ⅵ-475［菜類］
つばみ…Ⅵ-812［果類］
つはめ…Ⅶ-840［救荒動植物類］
つばめくち…Ⅵ-475［菜類］
つばめぐち…Ⅱ-888［穀物類］
つばめくり…Ⅵ-812［果類］
つばめくり…Ⅶ-410［樹木類］
つばめまめ…Ⅱ-889［穀物類］
つはらかいちゆう…Ⅱ-889［穀物類］
つひのわせ…Ⅱ-889［穀物類］
つぶ…Ⅲ-767［貝類］
つふかひ…Ⅲ-767［貝類］
つぶかひ…Ⅲ-767［貝類］
つぶづる…Ⅴ-1003［野生植物］
つぶら…Ⅱ-889［穀物類］
つぶらめ…Ⅵ-475［菜類］
つふり…Ⅲ-767［貝類］
つへされ…Ⅱ-889［穀物類］
つべた…Ⅲ-768［貝類］
づべた…Ⅲ-768［貝類］
つべたかひ…Ⅲ-768［貝類］
つぼ…Ⅲ-768［貝類］

## つ

つぼあをも…Ⅴ-1003［野生植物］
つほうな…Ⅴ-1003［野生植物］
つぼかたかひ…Ⅲ-768［貝類］
つぼかひ…Ⅲ-768［貝類］
つぼかふ…Ⅵ-476［菜類］
つほくさ…Ⅴ-1003［野生植物］
つぼくさ…Ⅴ-1004［野生植物］
つほこ…Ⅲ-769［貝類］
つほたけ…Ⅵ-181［菌・茸類］
つぼたけ…Ⅵ-181［菌・茸類］
つぼつぼかひ…Ⅲ-769［貝類］
つぼつら…Ⅴ-1004［野生植物］
つぼつら…Ⅶ-840［救荒動植物類］
つほなし…Ⅵ-812［果類］
つぼのり…Ⅴ-1004［野生植物］
つほみ…Ⅲ-769［貝類］
つぼみ…Ⅲ-769［貝類］
つぼみ…Ⅴ-1004［野生植物］
つぼめ…Ⅲ-769［貝類］
つほめかい…Ⅲ-769［貝類］
つぼめかい…Ⅲ-769［貝類］
つぼめかひ…Ⅲ-770［貝類］
つまくれ…Ⅴ-1004［野生植物］
つまぐれ…Ⅴ-1004［野生植物］
つまくれない…Ⅴ-1005［野生植物］
つまくろ…Ⅲ-379［魚類］
つまくろ…Ⅴ-1005［野生植物］
つまこ…Ⅱ-889［穀物類］
つまし…Ⅶ-411［樹木類］
つましろ…Ⅲ-379［魚類］
つましろ…Ⅵ-476［菜類］
つますへかふら…Ⅵ-476［菜類］
つまつかみ…Ⅴ-1005［野生植物］
つまへに…Ⅴ-1005［野生植物］
つまへに…Ⅶ-411［樹木類］
つまべに…Ⅶ-411［樹木類］
つまへにくさ…Ⅴ-1006［野生植物］
つまみな…Ⅵ-476［菜類］

つまり…Ⅲ-379［魚類］
つまるふか…Ⅲ-379［魚類］
つまるぶか…Ⅲ-380［魚類］
つまれんげ…Ⅴ-1006［野生植物］
つまわせ…Ⅱ-889［穀物類］
つみありま…Ⅱ-890［穀物類］
つみきりさう…Ⅴ-1006［野生植物］
つみくそのき…Ⅶ-411［樹木類］
つみくは…Ⅶ-411［樹木類］
つみのき…Ⅶ-411［樹木類］
づみのき…Ⅶ-411［樹木類］
つみのり…Ⅴ-1006［野生植物］
つむのは…Ⅲ-770［貝類］
つめた…Ⅲ-770［貝類］
つめたかひ…Ⅲ-770［貝類］
つめぶたかひ…Ⅲ-770［貝類］
つもぶた…Ⅴ-1006［野生植物］
つやかわ…Ⅴ-1006［野生植物］
つやのき…Ⅶ-412［樹木類］
つやまほくこく…Ⅱ-890［穀物類］
つゆくさ…Ⅴ-1006［野生植物］
つゆくさ…Ⅴ-1007［野生植物］
つゆぐさ…Ⅶ-840［救荒動植物類］
つゆさや…Ⅱ-890［穀物類］
つゆしだ…Ⅴ-1007［野生植物］
つゆなひき…Ⅱ-890［穀物類］
つゆなびき…Ⅱ-890［穀物類］
つゆはり…Ⅱ-890［穀物類］
つゆひへ…Ⅱ-890［穀物類］
つゆまきだいこん…Ⅵ-476［菜類］
つゆもち…Ⅴ-1007［野生植物］
つゆもり…Ⅴ-1008［野生植物］
つよくびもち…Ⅱ-890［穀物類］
つらあつき…Ⅱ-891［穀物類］
つらあらすはい…Ⅲ-380［魚類］
つらあらずはい…Ⅲ-380［魚類］
つらあらはす…Ⅲ-380［魚類］
つらこ…Ⅱ-891［穀物類］

| | |
|---|---|
| つらなか…Ⅲ‐380［魚類］ | つるいちこ…Ⅵ‐812［果類］ |
| つらねぐさ…Ⅴ‐1008［野生植物］ | つるいちこ…Ⅵ‐813［果類］ |
| つらはれ…Ⅱ‐891［穀物類］ | つるいちこ…Ⅶ‐412［樹木類］ |
| つらふり…Ⅴ‐1008［野生植物］ | つるいちご…Ⅴ‐1012［野生植物］ |
| つらふり…Ⅵ‐476［菜類］ | つるいちご…Ⅵ‐813［果類］ |
| つらぼうし…Ⅴ‐1008［野生植物］ | つるいはら…Ⅴ‐1013［野生植物］ |
| つららふぢかつら…Ⅴ‐1008［野生植物］ | つるいも…Ⅵ‐477［菜類］ |
| づらりほう…Ⅵ‐181［菌・茸類］ | つるうるし…Ⅴ‐1013［野生植物］ |
| つらわる…Ⅴ‐1008［野生植物］ | つるがいね…Ⅱ‐891［穀物類］ |
| つらわれ…Ⅴ‐1008［野生植物］ | つるかしは…Ⅴ‐1013［野生植物］ |
| つらわれくさ…Ⅴ‐1009［野生植物］ | つるかしわ…Ⅴ‐1013［野生植物］ |
| つり…Ⅱ‐891［穀物類］ | つるがひへ…Ⅱ‐892［穀物類］ |
| つりいとたけ…Ⅵ‐80［竹・笹類］ | つるがわせ…Ⅱ‐892［穀物類］ |
| つりおうれん…Ⅴ‐1009［野生植物］ | つるぎしやり…Ⅵ‐37［金・石・土・水類］ |
| つりかね…Ⅴ‐1009［野生植物］ | つるぎはやり…Ⅱ‐892［穀物類］ |
| つりかねかき…Ⅵ‐812［果類］ | つるくさ…Ⅴ‐1013［野生植物］ |
| つりがねかき…Ⅵ‐812［果類］ | つるくひ…Ⅱ‐892［穀物類］ |
| つりかねくさ…Ⅴ‐1009［野生植物］ | つるくび…Ⅱ‐892［穀物類］ |
| つりかねさう…Ⅴ‐1009［野生植物］ | つるくび…Ⅵ‐477［菜類］ |
| つりがねさう…Ⅴ‐1010［野生植物］ | つるくみ…Ⅵ‐813［果類］ |
| つりかねさくら…Ⅶ‐412［樹木類］ | つるくら…Ⅱ‐892［穀物類］ |
| つりかねそう…Ⅴ‐1010［野生植物］ | つるけいし…Ⅴ‐1013［野生植物］ |
| つりかねなし…Ⅵ‐812［果類］ | つるこいも…Ⅵ‐477［菜類］ |
| つりかねにんしん…Ⅴ‐1010［野生植物］ | つるさきかし…Ⅱ‐892［穀物類］ |
| つりかねにんしん…Ⅴ‐1011［野生植物］ | つるさんせう…Ⅶ‐412［樹木類］ |
| つりかねにんじん…Ⅴ‐1011［野生植物］ | つるし…Ⅵ‐813［果類］ |
| つりがねにんじん…Ⅴ‐1011［野生植物］ | つるしかき…Ⅵ‐813［果類］ |
| つりかねはな…Ⅴ‐1011［野生植物］ | つるしがき…Ⅵ‐814［果類］ |
| つりさつこ…Ⅲ‐380［魚類］ | つるしば…Ⅶ‐412［樹木類］ |
| つりとりいはら…Ⅴ‐1011［野生植物］ | つるじふろくささげ…Ⅱ‐893［穀物類］ |
| つりにんしん…Ⅴ‐1011［野生植物］ | つるしやじん…Ⅴ‐1013［野生植物］ |
| つりひきも…Ⅴ‐1012［野生植物］ | つるしらみ…Ⅴ‐1014［野生植物］ |
| つりふじ…Ⅴ‐1012［野生植物］ | つるそば…Ⅴ‐1014［野生植物］ |
| つるあつき…Ⅱ‐891［穀物類］ | つるた…Ⅱ‐893［穀物類］ |
| つるあづき…Ⅱ‐891［穀物類］ | つるたけ…Ⅵ‐181［菌・茸類］ |
| つるあづさ…Ⅶ‐412［樹木類］ | つるたけ…Ⅵ‐182［菌・茸類］ |
| つるあまちや…Ⅴ‐1012［野生植物］ | つるな…Ⅴ‐1014［野生植物］ |
| つるいちこ…Ⅴ‐1012［野生植物］ | つるな…Ⅵ‐477［菜類］ |

## つ

つるなし…Ⅵ-814 ［果類］
つるなたまめ…Ⅱ-893 ［穀物類］
つるなんきんささけ…Ⅱ-893 ［穀物類］
つるにかき…Ⅵ-814 ［果類］
つるにんしん…Ⅴ-1014 ［野生植物］
つるにんしん…Ⅵ-477 ［菜類］
つるにんじん…Ⅴ-1014 ［野生植物］
つるにんぢん…Ⅴ-1014 ［野生植物］
つるのき…Ⅶ-412 ［樹木類］
つるのこ…Ⅱ-893 ［穀物類］
つるのこ…Ⅵ-477 ［菜類］
つるのこ…Ⅵ-478 ［菜類］
つるのこ…Ⅵ-814 ［果類］
つるのこ…Ⅶ-413 ［樹木類］
つるのこいも…Ⅵ-478 ［菜類］
つるのこかき…Ⅵ-814 ［果類］
つるのすねこくり…Ⅴ-1015 ［野生植物］
つるのはし…Ⅴ-1015 ［野生植物］
つるのはし…Ⅵ-478 ［菜類］
つるばいもも…Ⅵ-814 ［果類］
つるはこへ…Ⅴ-1015 ［野生植物］
つるはこべ…Ⅴ-1015 ［野生植物］
つるはこべ…Ⅴ-1016 ［野生植物］
つるばんと…Ⅱ-893 ［穀物類］
つるひき…Ⅱ-894 ［穀物類］
つるひも…Ⅱ-894 ［穀物類］
つるふじはかま…Ⅴ-1016 ［野生植物］
つるふじまめ…Ⅱ-894 ［穀物類］
つるぶすま…Ⅴ-1016 ［野生植物］
つるぶすま…Ⅵ-478 ［菜類］
つるふぢばかま…Ⅴ-1016 ［野生植物］
つるべかづら…Ⅴ-1016 ［野生植物］
つるへくさ…Ⅴ-1016 ［野生植物］
つるぼ…Ⅴ-1016 ［野生植物］
つるぼうか…Ⅲ-380 ［魚類］
つるほうつき…Ⅴ-1017 ［野生植物］
つるぼさん…Ⅴ-1017 ［野生植物］
つるほそ…Ⅱ-894 ［穀物類］
つるぼそ…Ⅱ-894 ［穀物類］
つるほそはもち…Ⅱ-894 ［穀物類］
つるほそわせ…Ⅱ-894 ［穀物類］
つるぼたん…Ⅴ-1017 ［野生植物］
つるまき…Ⅶ-413 ［樹木類］
つるまめ…Ⅱ-895 ［穀物類］
つるむめもとき…Ⅴ-1017 ［野生植物］
つるむめもとき…Ⅶ-413 ［樹木類］
つるむめもどき…Ⅴ-1017 ［野生植物］
つるむらさき…Ⅴ-1017 ［野生植物］
つるも…Ⅴ-1017 ［野生植物］
つるも…Ⅴ-1018 ［野生植物］
つるもち…Ⅱ-895 ［穀物類］
つるもつかう…Ⅴ-1018 ［野生植物］
つるやとめ…Ⅴ-1018 ［野生植物］
つるれいし…Ⅴ-1018 ［野生植物］
つるれいし…Ⅵ-814 ［果類］
つるれんきやう…Ⅶ-413 ［樹木類］
つれさき…Ⅴ-1018 ［野生植物］
つれつれくさ…Ⅴ-1018 ［野生植物］
つわ…Ⅴ-1019 ［野生植物］
つわ…Ⅵ-478 ［菜類］
つわ…Ⅶ-840 ［救荒動植物類］
つわのあわ…Ⅱ-895 ［穀物類］
つわのき…Ⅶ-413 ［樹木類］
つわふき…Ⅴ-1019 ［野生植物］
つわふき…Ⅵ-478 ［菜類］
つわぶき…Ⅴ-1019 ［野生植物］
つゐくさ…Ⅴ-1020 ［野生植物］
つゑ…Ⅶ-413 ［樹木類］
つんきり…Ⅱ-895 ［穀物類］
つんくりかふ…Ⅵ-479 ［菜類］
づんくりかぶ…Ⅵ-479 ［菜類］
づんばい…Ⅵ-815 ［果類］
つんべ…Ⅴ-1020 ［野生植物］
つんべ…Ⅶ-840 ［救荒動植物類］
つんほう…Ⅱ-895 ［穀物類］

## て

- ていかかつら…Ⅴ-1021［野生植物］
- ていかかづら…Ⅴ-1021［野生植物］
- ていかかづら…Ⅶ-414［樹木類］
- ていくこさう…Ⅴ-1022［野生植物］
- ていくわのき…Ⅶ-414［樹木類］
- ていしくさ…Ⅴ-1022［野生植物］
- でいつかふ…Ⅱ-896［穀物類］
- でいつかふあは…Ⅱ-896［穀物類］
- ていづは…Ⅴ-1022［野生植物］
- ていも…Ⅵ-480［菜類］
- ていらいも…Ⅵ-480［菜類］
- ていれき…Ⅴ-1022［野生植物］
- ていれき…Ⅵ-480［菜類］
- ていれんさう…Ⅴ-1022［野生植物］
- でいろ…Ⅱ-896［穀物類］
- ていろみ…Ⅱ-896［穀物類］
- でいろみ…Ⅱ-896［穀物類］
- ていわく…Ⅶ-414［樹木類］
- てうあひたん…Ⅴ-1022［野生植物］
- てうがく…Ⅱ-896［穀物類］
- てうこけ…Ⅴ-1023［野生植物］
- てうごけ…Ⅴ-1023［野生植物］
- てうじ…Ⅴ-1023［野生植物］
- てうじさう…Ⅴ-1023［野生植物］
- てうしゆん…Ⅴ-1023［野生植物］
- てうしゆんいばら…Ⅴ-1023［野生植物］
- てうしゆんばら…Ⅴ-1023［野生植物］
- てうしろ…Ⅱ-896［穀物類］
- てうせん…Ⅱ-897［穀物類］
- てうせん…Ⅴ-1024［野生植物］
- てうせん…Ⅵ-480［菜類］
- てうせんあかあは…Ⅱ-897［穀物類］
- てうせんあさかほ…Ⅴ-1024［野生植物］
- てうせんありま…Ⅱ-897［穀物類］
- てうせんあんじやへり…Ⅴ-1024［野生植物］
- てうせんおほしろ…Ⅱ-897［穀物類］
- てうせんかき…Ⅵ-816［果類］
- てうせんくろすみ…Ⅱ-897［穀物類］
- てうせんくろずみあわ…Ⅱ-898［穀物類］
- てうせんくわ…Ⅴ-1024［野生植物］
- てうせんけいとう…Ⅴ-1024［野生植物］
- てうせんこく…Ⅱ-898［穀物類］
- てうせんこしらうと…Ⅱ-898［穀物類］
- てうせんこむぎ…Ⅱ-898［穀物類］
- てうせんささげ…Ⅱ-898［穀物類］
- てうせんしそ…Ⅴ-1024［野生植物］
- てうせんしそ…Ⅵ-480［菜類］
- てうせんすいくわ…Ⅵ-480［菜類］
- てうせんだいこん…Ⅵ-480［菜類］
- てうせんたで…Ⅵ-481［菜類］
- てうせんぢぞう…Ⅱ-898［穀物類］
- てうせんな…Ⅵ-481［菜類］
- てうせんなつめ…Ⅵ-816［果類］
- てうせんはだか…Ⅱ-898［穀物類］
- てうせんははきぎ…Ⅴ-1024［野生植物］
- てうせんはるむぎ…Ⅱ-899［穀物類］
- てうせんひとつは…Ⅴ-1025［野生植物］
- てうせんひゑ…Ⅱ-899［穀物類］
- てうせんまつ…Ⅶ-414［樹木類］
- てうせんまつのみ…Ⅵ-816［果類］
- てうせんむき…Ⅱ-899［穀物類］
- てうせんむぎ…Ⅱ-899［穀物類］
- てうせんむぎ…Ⅴ-1025［野生植物］
- てうちかひ…Ⅲ-771［貝類］
- てうちくるみ…Ⅵ-816［果類］
- てうちくるみ…Ⅶ-414［樹木類］
- てうちん…Ⅶ-414［樹木類］
- てうちんさくら…Ⅶ-414［樹木類］
- てうとう…Ⅴ-1025［野生植物］
- てうな…Ⅱ-899［穀物類］
- てうなくさ…Ⅴ-1025［野生植物］
- てうなくひ…Ⅱ-899［穀物類］
- てうなくび…Ⅱ-900［穀物類］

て

| | |
|---|---|
| てうなひへ…Ⅱ-900〔穀物類〕 | てくさればな…Ⅴ-1026〔野生植物〕 |
| てうはんゐい…Ⅲ-381〔魚類〕 | てぐすかづら…Ⅴ-1026〔野生植物〕 |
| てうひけ…Ⅴ-1025〔野生植物〕 | てくひぎんせき…Ⅵ-37〔金・石・土・水類〕 |
| てうびん…Ⅶ-415〔樹木類〕 | てくらひかひ…Ⅲ-771〔貝類〕 |
| てうぶ…Ⅶ-415〔樹木類〕 | てくろ…Ⅱ-902〔穀物類〕 |
| てうぼ…Ⅶ-415〔樹木類〕 | てくろ…Ⅶ-416〔樹木類〕 |
| でうぼ…Ⅶ-415〔樹木類〕 | てぐろ…Ⅱ-902〔穀物類〕 |
| でうぼうじ…Ⅱ-900〔穀物類〕 | てぐろ…Ⅴ-1026〔野生植物〕 |
| てうほのき…Ⅶ-415〔樹木類〕 | てぐろ…Ⅶ-841〔救荒動植物類〕 |
| でうぼのは…Ⅶ-841〔救荒動植物類〕 | でくろ…Ⅱ-902〔穀物類〕 |
| てうもんとうきび…Ⅱ-900〔穀物類〕 | でこ…Ⅱ-903〔穀物類〕 |
| てうらく…Ⅱ-900〔穀物類〕 | てごし…Ⅱ-903〔穀物類〕 |
| てうろき…Ⅵ-481〔菜類〕 | でこじやうらく…Ⅱ-903〔穀物類〕 |
| てうゑ…Ⅲ-381〔魚類〕 | てこもち…Ⅱ-903〔穀物類〕 |
| てうゑい…Ⅲ-381〔魚類〕 | てしこ…Ⅲ-381〔魚類〕 |
| てかしは…Ⅶ-415〔樹木類〕 | てじのこ…Ⅱ-903〔穀物類〕 |
| てかしわ…Ⅶ-415〔樹木類〕 | でしのは…Ⅶ-841〔救荒動植物類〕 |
| てかしわ…Ⅶ-416〔樹木類〕 | てしほ…Ⅶ-416〔樹木類〕 |
| でかは…Ⅱ-900〔穀物類〕 | でしろ…Ⅱ-903〔穀物類〕 |
| てかもち…Ⅱ-900〔穀物類〕 | でじろ…Ⅱ-903〔穀物類〕 |
| てき…Ⅱ-901〔穀物類〕 | てしろこ…Ⅱ-903〔穀物類〕 |
| でき…Ⅱ-901〔穀物類〕 | でじろこ…Ⅱ-904〔穀物類〕 |
| できあは…Ⅱ-901〔穀物類〕 | てす…Ⅲ-381〔魚類〕 |
| てぎいね…Ⅱ-901〔穀物類〕 | でだま…Ⅴ-1026〔野生植物〕 |
| できいね…Ⅱ-901〔穀物類〕 | でち…Ⅱ-904〔穀物類〕 |
| てきがまつ…Ⅶ-416〔樹木類〕 | てちか…Ⅱ-904〔穀物類〕 |
| できそ…Ⅱ-901〔穀物類〕 | てつ…Ⅵ-37〔金・石・土・水類〕 |
| できぞ…Ⅱ-901〔穀物類〕 | てついろせん…Ⅴ-1027〔野生植物〕 |
| できたろ…Ⅱ-902〔穀物類〕 | てつかう…Ⅱ-904〔穀物類〕 |
| できぼ…Ⅱ-902〔穀物類〕 | でつかう…Ⅱ-904〔穀物類〕 |
| できまる…Ⅱ-902〔穀物類〕 | でつかふ…Ⅱ-904〔穀物類〕 |
| てきやす…Ⅱ-902〔穀物類〕 | でつかふあわ…Ⅱ-904〔穀物類〕 |
| てきりがや…Ⅴ-1025〔野生植物〕 | でつかふもち…Ⅱ-905〔穀物類〕 |
| てきりくさ…Ⅴ-1025〔野生植物〕 | てつきり…Ⅱ-905〔穀物類〕 |
| てきりこ…Ⅲ-381〔魚類〕 | てつくい…Ⅲ-381〔魚類〕 |
| てきりこ…Ⅴ-1026〔野生植物〕 | てつくさ…Ⅴ-1027〔野生植物〕 |
| てきりこさう…Ⅴ-1026〔野生植物〕 | てつこう…Ⅱ-905〔穀物類〕 |
| てきりすげ…Ⅴ-1026〔野生植物〕 | てつさ…Ⅵ-37〔金・石・土・水類〕 |

| | |
|---|---|
| てつせん…Ⅴ‐1027［野生植物］ | てのひらかやし…Ⅴ‐1029［野生植物］ |
| てつせんかつら…Ⅴ‐1027［野生植物］ | では…Ⅱ‐907［穀物類］ |
| てつせんくは…Ⅴ‐1027［野生植物］ | てはじき…Ⅶ‐417［樹木類］ |
| てつせんくは…Ⅴ‐1028［野生植物］ | てはたかり…Ⅱ‐908［穀物類］ |
| てつち…Ⅶ‐416［樹木類］ | てばちこ…Ⅲ‐382［魚類］ |
| てづち…Ⅶ‐416［樹木類］ | てはのき…Ⅶ‐417［樹木類］ |
| てつちあづき…Ⅱ‐905［穀物類］ | てばら…Ⅱ‐908［穀物類］ |
| でつちささけ…Ⅱ‐905［穀物類］ | てひか…Ⅴ‐1029［野生植物］ |
| てつつ…Ⅶ‐416［樹木類］ | てひめう…Ⅴ‐1029［野生植物］ |
| てつつ…Ⅶ‐841［救荒動植物類］ | てひやうしくさ…Ⅴ‐1029［野生植物］ |
| てづつ…Ⅴ‐1028［野生植物］ | てひやくくさ…Ⅴ‐1030［野生植物］ |
| てづつ…Ⅶ‐417［樹木類］ | でぶかつを…Ⅲ‐382［魚類］ |
| てつつも…Ⅴ‐1028［野生植物］ | てふかひ…Ⅲ‐771［貝類］ |
| てつぱう…Ⅱ‐905［穀物類］ | てふきり…Ⅲ‐382［魚類］ |
| てつぱうき…Ⅶ‐417［樹木類］ | てふさめ…Ⅲ‐382［魚類］ |
| てつぱうまめ…Ⅱ‐905［穀物類］ | てふせんかぶ…Ⅵ‐481［菜類］ |
| てつひるあさかほ…Ⅴ‐1028［野生植物］ | てふり…Ⅲ‐382［魚類］ |
| てつほう…Ⅱ‐906［穀物類］ | てふり…Ⅵ‐481［菜類］ |
| てつぽうかし…Ⅱ‐906［穀物類］ | でほ…Ⅶ‐417［樹木類］ |
| てつほうくさ…Ⅴ‐1028［野生植物］ | でほなし…Ⅶ‐418［樹木類］ |
| てつほうくろ…Ⅱ‐906［穀物類］ | てほのき…Ⅶ‐418［樹木類］ |
| てつほうまめ…Ⅱ‐906［穀物類］ | てぼのき…Ⅶ‐418［樹木類］ |
| てつほさめ…Ⅲ‐382［魚類］ | てまり…Ⅴ‐1030［野生植物］ |
| てつも…Ⅴ‐1028［野生植物］ | てまり…Ⅶ‐418［樹木類］ |
| てつら…Ⅶ‐417［樹木類］ | てまりあちさい…Ⅴ‐1030［野生植物］ |
| ててあは…Ⅱ‐906［穀物類］ | てまりきく…Ⅴ‐1030［野生植物］ |
| ててあわ…Ⅱ‐907［穀物類］ | てまりくさ…Ⅴ‐1030［野生植物］ |
| ててうちくり…Ⅵ‐816［果類］ | てまりくは…Ⅶ‐419［樹木類］ |
| ててつほ…Ⅴ‐1029［野生植物］ | てまりくわ…Ⅶ‐419［樹木類］ |
| ててばり…Ⅶ‐417［樹木類］ | てまりさくら…Ⅶ‐419［樹木類］ |
| ててりあわ…Ⅱ‐907［穀物類］ | てまりのき…Ⅶ‐419［樹木類］ |
| ててれんさう…Ⅴ‐1029［野生植物］ | てまりはな…Ⅶ‐419［樹木類］ |
| てところ…Ⅱ‐907［穀物類］ | てまる…Ⅶ‐419［樹木類］ |
| てぬけ…Ⅱ‐907［穀物類］ | てまるのき…Ⅶ‐419［樹木類］ |
| でぬけ…Ⅱ‐907［穀物類］ | てまるはな…Ⅶ‐420［樹木類］ |
| てのうらかへし…Ⅴ‐1029［野生植物］ | てみさし…Ⅲ‐382［魚類］ |
| てのひら…Ⅵ‐481［菜類］ | でみづ…Ⅵ‐37［金・石・土・水類］ |
| てのひらいも…Ⅵ‐481［菜類］ | てやきしは…Ⅶ‐420［樹木類］ |

て

でゆ…Ⅵ-37［金・石・土・水類］
てらかしわ…Ⅶ-420［樹木類］
てらくろ…Ⅱ-908［穀物類］
てらしこ…Ⅱ-908［穀物類］
てらつばき…Ⅶ-420［樹木類］
てらぼくさ…Ⅴ-1030［野生植物］
てらもとかき…Ⅵ-816［果類］
てらわせ…Ⅱ-908［穀物類］
てらゐわせ…Ⅱ-908［穀物類］
てりくさ…Ⅴ-1031［野生植物］
てるは…Ⅶ-420［樹木類］
てれつくさ…Ⅴ-1031［野生植物］
でわわせ…Ⅱ-908［穀物類］
でんうゑもんいね…Ⅱ-909［穀物類］
てんかい…Ⅴ-1031［野生植物］
てんかいさう…Ⅴ-1031［野生植物］
てんかいさめ…Ⅲ-383［魚類］
てんがいな…Ⅴ-1031［野生植物］
てんかいはな…Ⅴ-1031［野生植物］
てんがいはな…Ⅴ-1031［野生植物］
てんがいはな…Ⅴ-1032［野生植物］
てんかひ…Ⅲ-771［貝類］
てんかふわせ…Ⅱ-909［穀物類］
てんきひ…Ⅱ-909［穀物類］
でんぎり…Ⅲ-383［魚類］
てんぐいし…Ⅵ-37［金・石・土・水類］
てんくさ…Ⅴ-1032［野生植物］
てんぐたけ…Ⅵ-183［菌・茸類］
てんくはたけ…Ⅵ-183［菌・茸類］
てんぐゆり…Ⅵ-482［菜類］
てんくわ…Ⅶ-420［樹木類］
てんくわふん…Ⅴ-1032［野生植物］
てんくわぼう…Ⅶ-420［樹木類］
でんげし…Ⅵ-482［菜類］
てんこ…Ⅵ-482［菜類］
てんこささけ…Ⅱ-909［穀物類］
てんこささけ…Ⅵ-482［菜類］
てんこなんはん…Ⅵ-482［菜類］

てんこなんばん…Ⅵ-482［菜類］
てんこはちめ…Ⅲ-383［魚類］
てんこもち…Ⅱ-909［穀物類］
でんざう…Ⅱ-909［穀物類］
てんじくまめ…Ⅱ-909［穀物類］
てんしくまもり…Ⅵ-482［菜類］
でんじさう…Ⅴ-1032［野生植物］
でんしちもち…Ⅱ-910［穀物類］
てんじやう…Ⅱ-910［穀物類］
てんじやう…Ⅵ-483［菜類］
てんじやうあつき…Ⅱ-910［穀物類］
てんじやうなり…Ⅵ-483［菜類］
てんじやうまぶり…Ⅵ-483［菜類］
てんじやうゆり…Ⅴ-1032［野生植物］
てんずい…Ⅲ-383［魚類］
てんせいぢしろくさ…Ⅴ-1032［野生植物］
てんせうささけ…Ⅱ-910［穀物類］
てんた…Ⅴ-1032［野生植物］
てんた…Ⅵ-483［菜類］
てんたうな…Ⅵ-483［菜類］
てんだうまもり…Ⅱ-910［穀物類］
でんぢ…Ⅵ-816［果類］
てんちく…Ⅱ-910［穀物類］
てんぢく…Ⅱ-910［穀物類］
てんぢく…Ⅵ-483［菜類］
てんぢくいも…Ⅵ-483［菜類］
てんぢくくわ…Ⅴ-1033［野生植物］
てんちくささけ…Ⅱ-911［穀物類］
てんぢくたうからし…Ⅵ-484［菜類］
てんちくなんはん…Ⅵ-484［菜類］
てんぢくまがり…Ⅱ-911［穀物類］
てんちくまふり…Ⅵ-484［菜類］
てんぢくまふり…Ⅱ-911［穀物類］
てんぢくまぶり…Ⅱ-911［穀物類］
てんちくまめ…Ⅱ-911［穀物類］
てんぢくまめ…Ⅱ-911［穀物類］
てんちくまもり…Ⅱ-912［穀物類］
てんちくまもり…Ⅵ-484［菜類］

| | |
|---|---|
| てんぢくまもり…Ⅱ - 912［穀物類］ | てんぼ…Ⅱ - 914［穀物類］ |
| てんぢくまもり…Ⅵ - 484［菜類］ | てんほかなし…Ⅶ - 421［樹木類］ |
| てんぢくむぎ…Ⅱ - 912［穀物類］ | てんほがなし…Ⅵ - 817［果類］ |
| てんぢくらん…Ⅴ - 1033［野生植物］ | てんぼがなし…Ⅵ - 817［果類］ |
| てんちくれん…Ⅴ - 1033［野生植物］ | てんぼこなし…Ⅶ - 421［樹木類］ |
| てんつつき…Ⅱ - 913［穀物類］ | てんほなし…Ⅵ - 817［果類］ |
| てんてうな…Ⅱ - 913［穀物類］ | てんぼなし…Ⅵ - 817［果類］ |
| てんとう…Ⅱ - 912［穀物類］ | てんま…Ⅴ - 1036［野生植物］ |
| てんとう…Ⅵ - 485［菜類］ | てんまとぜう…Ⅲ - 383［魚類］ |
| てんどうさう…Ⅴ - 1033［野生植物］ | てんまひ…Ⅲ - 383［魚類］ |
| てんとうささけ…Ⅱ - 912［穀物類］ | てんまもり…Ⅱ - 914［穀物類］ |
| てんとうまぶり…Ⅵ - 485［菜類］ | てんまもりささげ…Ⅱ - 914［穀物類］ |
| てんとうまもり…Ⅱ - 912［穀物類］ | てんむめ…Ⅴ - 1036［野生植物］ |
| てんとうもり…Ⅵ - 485［菜類］ | てんめいせい…Ⅴ - 1036［野生植物］ |
| てんないさう…Ⅴ - 1033［野生植物］ | てんもく…Ⅵ - 817［果類］ |
| てんなり…Ⅱ - 913［穀物類］ | てんもくくは…Ⅶ - 421［樹木類］ |
| てんなゐ…Ⅴ - 1033［野生植物］ | てんもくくわ…Ⅴ - 1036［野生植物］ |
| てんなんさう…Ⅴ - 1034［野生植物］ | てんもんさう…Ⅴ - 1036［野生植物］ |
| てんなんしやう…Ⅴ - 1034［野生植物］ | てんもんそう…Ⅴ - 1037［野生植物］ |
| てんなんせい…Ⅴ - 1034［野生植物］ | てんもんとう…Ⅴ - 1037［野生植物］ |
| てんなんせい…Ⅴ - 1035［野生植物］ | てんもんどう…Ⅴ - 1037［野生植物］ |
| てんなんせう…Ⅴ - 1035［野生植物］ | てんもんどう…Ⅶ - 421［樹木類］ |
| てんなんそう…Ⅴ - 1035［野生植物］ | てんりうじかぶ…Ⅵ - 485［菜類］ |
| てんにんからくさ…Ⅴ - 1035［野生植物］ | てんりうぼう…Ⅵ - 818［果類］ |
| てんにんくわ…Ⅴ - 1035［野生植物］ | てんわうじ…Ⅵ - 485［菜類］ |
| てんねんし…Ⅱ - 913［穀物類］ | てんわうじかふ…Ⅵ - 486［菜類］ |
| てんのうじかぶ…Ⅵ - 485［菜類］ | てんわうじかぶ…Ⅵ - 486［菜類］ |
| てんのけ…Ⅱ - 913［穀物類］ | てんわうじかぶら…Ⅵ - 486［菜類］ |
| てんのけあわ…Ⅱ - 913［穀物類］ | てんわうじな…Ⅵ - 486［菜類］ |
| てんのふじかぶ…Ⅵ - 485［菜類］ | |

## と

| | |
|---|---|
| てんのみ…Ⅵ - 817［果類］ | どあいつつじ…Ⅶ - 422［樹木類］ |
| てんのみのき…Ⅶ - 421［樹木類］ | とあけ…Ⅲ - 384［魚類］ |
| てんのを…Ⅱ - 913［穀物類］ | とあげ…Ⅲ - 384［魚類］ |
| てんのをあわ…Ⅱ - 914［穀物類］ | とあみ…Ⅴ - 1038［野生植物］ |
| てんばくさ…Ⅴ - 1035［野生植物］ | どあみ…Ⅴ - 1038［野生植物］ |
| てんびんかづら…Ⅴ - 1036［野生植物］ | といし…Ⅵ - 38［金・石・土・水類］ |
| てんふき…Ⅱ - 914［穀物類］ | といふく…Ⅱ - 915［穀物類］ |
| てんふんなし…Ⅵ - 817［果類］ | |

と

| | |
|---|---|
| といも…Ⅵ-487［菜類］ | とうくさ…Ⅴ-1040［野生植物］ |
| どいもち…Ⅱ-915［穀物類］ | とうくさ…Ⅵ-488［菜類］ |
| とう…Ⅵ-487［菜類］ | とうくさ…Ⅶ-842［救荒動植物類］ |
| どう…Ⅵ-38［金・石・土・水類］ | とうくさたけ…Ⅵ-80［竹・笹類］ |
| とうあしのは…Ⅶ-842［救荒動植物類］ | とうくちたなこ…Ⅲ-384［魚類］ |
| とうい…Ⅴ-1038［野生植物］ | とうぐは…Ⅵ-488［菜類］ |
| といいちご…Ⅴ-1038［野生植物］ | とうくもち…Ⅲ-384［魚類］ |
| といいも…Ⅵ-487［菜類］ | とうくらうもち…Ⅱ-916［穀物類］ |
| といいものは…Ⅶ-842［救荒動植物類］ | とうくるみ…Ⅵ-819［果類］ |
| とううるし…Ⅶ-422［樹木類］ | とうくるみ…Ⅶ-422［樹木類］ |
| とうおおはこ…Ⅴ-1038［野生植物］ | とうぐるめ…Ⅲ-384［魚類］ |
| とうおはこ…Ⅴ-1038［野生植物］ | とうくわ…Ⅵ-488［菜類］ |
| とうかい…Ⅲ-772［貝類］ | とうぐわ…Ⅲ-384［魚類］ |
| とうがい…Ⅴ-1038［野生植物］ | どうけ…Ⅱ-916［穀物類］ |
| とうかいさう…Ⅴ-1039［野生植物］ | とうけあわ…Ⅱ-916［穀物類］ |
| とうがうひゑ…Ⅱ-915［穀物類］ | どうげん…Ⅱ-917［穀物類］ |
| とうかき…Ⅵ-819［果類］ | どうげん…Ⅲ-384［魚類］ |
| とうがき…Ⅶ-422［樹木類］ | とうけんじ…Ⅵ-819［果類］ |
| とうかふ…Ⅵ-487［菜類］ | とうげんしかき…Ⅵ-819［果類］ |
| どうかめ…Ⅶ-842［救荒動植物類］ | とうこ…Ⅴ-1040［野生植物］ |
| どうがめばす…Ⅴ-1039［野生植物］ | とうこ…Ⅶ-842［救荒動植物類］ |
| とうからし…Ⅴ-1039［野生植物］ | とうご…Ⅴ-1040［野生植物］ |
| とうからし…Ⅵ-487［菜類］ | とうこいわし…Ⅲ-385［魚類］ |
| とうがらし…Ⅵ-488［菜類］ | どうこいわし…Ⅲ-385［魚類］ |
| とうき…Ⅴ-1039［野生植物］ | とうこういわし…Ⅲ-385［魚類］ |
| どうき…Ⅱ-915［穀物類］ | とうごぼう…Ⅴ-1040［野生植物］ |
| とうきささけ…Ⅱ-915［穀物類］ | とうごばう…Ⅵ-488［菜類］ |
| とうきち…Ⅴ-1039［野生植物］ | とうごばう…Ⅶ-842［救荒動植物類］ |
| とうきひ…Ⅱ-915［穀物類］ | とうこはな…Ⅴ-1040［野生植物］ |
| とうきび…Ⅱ-916［穀物類］ | とうごほう…Ⅴ-1041［野生植物］ |
| どうきほうし…Ⅴ-1039［野生植物］ | とうごぼう…Ⅴ-1041［野生植物］ |
| とうきみ…Ⅱ-916［穀物類］ | とうこほれ…Ⅱ-917［穀物類］ |
| とうきやうかふら…Ⅵ-488［菜類］ | とうごま…Ⅱ-917［穀物類］ |
| どうぎやうぶつ…Ⅴ-1040［野生植物］ | とうごま…Ⅴ-1041［野生植物］ |
| とうきり…Ⅶ-422［樹木類］ | とうごま…Ⅴ-1041［野生植物］ |
| とうぎり…Ⅶ-422［樹木類］ | どうごまるい…Ⅲ-385［魚類］ |
| とうきりあは…Ⅱ-916［穀物類］ | とうごらう…Ⅲ-385［魚類］ |
| とうきわた…Ⅴ-1040［野生植物］ | とうごろう…Ⅲ-385［魚類］ |

| | |
|---|---|
| とうさいきひ…Ⅱ‐917 ［穀物類］ | とうすみくさ…Ⅴ‐1043 ［野生植物］ |
| とうさくたけ…Ⅵ‐80 ［竹・笹類］ | とうずみこわい…Ⅴ‐1043 ［野生植物］ |
| とうささ…Ⅵ‐80 ［竹・笹類］ | とうせ…Ⅱ‐919 ［穀物類］ |
| とうささげ…Ⅱ‐917 ［穀物類］ | とうせ…Ⅴ‐1043 ［野生植物］ |
| とうざちこ…Ⅱ‐917 ［穀物類］ | とうせい…Ⅱ‐919 ［穀物類］ |
| とうさぶらう…Ⅲ‐385 ［魚類］ | どうせい…Ⅱ‐919 ［穀物類］ |
| とうざぶらうあわ…Ⅱ‐917 ［穀物類］ | とうせう…Ⅱ‐919 ［穀物類］ |
| どうざん…Ⅵ‐38 ［金・石・土・水類］ | とうぜう…Ⅱ‐919 ［穀物類］ |
| とうし…Ⅲ‐386 ［魚類］ | とうぜくさ…Ⅴ‐1044 ［野生植物］ |
| どうしう…Ⅵ‐819 ［果類］ | どうせつひゑ…Ⅱ‐919 ［穀物類］ |
| とうじうり…Ⅵ‐489 ［菜類］ | とうせん…Ⅱ‐919 ［穀物類］ |
| とうじかつら…Ⅴ‐1042 ［野生植物］ | とうせん…Ⅲ‐386 ［魚類］ |
| とうじかづら…Ⅴ‐1042 ［野生植物］ | とうせん…Ⅴ‐1044 ［野生植物］ |
| とうじさん…Ⅴ‐1042 ［野生植物］ | どうせん…Ⅲ‐386 ［魚類］ |
| とうしない…Ⅵ‐819 ［果類］ | どうぜん…Ⅲ‐386 ［魚類］ |
| とうしないなし…Ⅵ‐819 ［果類］ | とうせんくさ…Ⅴ‐1044 ［野生植物］ |
| とうじはな…Ⅴ‐1041 ［野生植物］ | とうせんだん…Ⅶ‐423 ［樹木類］ |
| とうしみくさ…Ⅴ‐1042 ［野生植物］ | とうそは…Ⅴ‐1044 ［野生植物］ |
| とうじむめ…Ⅵ‐820 ［果類］ | とうそば…Ⅴ‐1044 ［野生植物］ |
| とうじむめ…Ⅶ‐422 ［樹木類］ | とうそば…Ⅶ‐842 ［救荒動植物類］ |
| とうしやう…Ⅱ‐918 ［穀物類］ | どうた…Ⅶ‐423 ［樹木類］ |
| とうしやう…Ⅵ‐820 ［果類］ | とうたい…Ⅴ‐1044 ［野生植物］ |
| どうしやう…Ⅵ‐820 ［果類］ | とうたいくさ…Ⅴ‐1044 ［野生植物］ |
| とうしらういね…Ⅱ‐918 ［穀物類］ | とうだいくさ…Ⅴ‐1045 ［野生植物］ |
| とうしらうくさ…Ⅴ‐1042 ［野生植物］ | とうたか…Ⅱ‐919 ［穀物類］ |
| とうしらうばやり…Ⅱ‐918 ［穀物類］ | どうたか…Ⅱ‐920 ［穀物類］ |
| とうしろばやり…Ⅱ‐918 ［穀物類］ | とうたかし…Ⅶ‐423 ［樹木類］ |
| とうしん…Ⅴ‐1042 ［野生植物］ | どうだがし…Ⅶ‐423 ［樹木類］ |
| とうしんくさ…Ⅴ‐1043 ［野生植物］ | とうだかしのみ…Ⅶ‐843 ［救荒動植物類］ |
| とうしんこ…Ⅱ‐918 ［穀物類］ | どうだのき…Ⅶ‐423 ［樹木類］ |
| とうしんさう…Ⅴ‐1043 ［野生植物］ | とうちさ…Ⅴ‐1045 ［野生植物］ |
| とうすいき…Ⅵ‐489 ［菜類］ | とうちさ…Ⅵ‐489 ［菜類］ |
| とうすいてう…Ⅲ‐386 ［魚類］ | とうちしや…Ⅵ‐489 ［菜類］ |
| とうすぎ…Ⅶ‐423 ［樹木類］ | とうぢやう…Ⅵ‐820 ［果類］ |
| とうすけ…Ⅱ‐918 ［穀物類］ | どうちやぼう…Ⅲ‐386 ［魚類］ |
| とうすけあわ…Ⅱ‐919 ［穀物類］ | どうつき…Ⅵ‐820 ［果類］ |
| とうすすき…Ⅴ‐1043 ［野生植物］ | どうづき…Ⅱ‐920 ［穀物類］ |
| とうすみ…Ⅴ‐1043 ［野生植物］ | どうづき…Ⅴ‐1045 ［野生植物］ |

と

とうつけ…Ⅶ - 423 ［樹木類］
とうつら…Ⅴ - 1045 ［野生植物］
とうつら…Ⅵ - 820 ［果類］
とうづるふぢ…Ⅴ - 1045 ［野生植物］
とうてんいし…Ⅵ - 38 ［金・石・土・水類］
とうとうから…Ⅴ - 1045 ［野生植物］
とうとうくさ…Ⅴ - 1046 ［野生植物］
とうとうやなぎ…Ⅶ - 424 ［樹木類］
とうとく…Ⅱ - 920 ［穀物類］
どうとく…Ⅶ - 424 ［樹木類］
とうとくさ…Ⅴ - 1046 ［野生植物］
とうとこ…Ⅱ - 920 ［穀物類］
とうとめわせ…Ⅱ - 920 ［穀物類］
とうな…Ⅴ - 1046 ［野生植物］
とうな…Ⅵ - 489 ［菜類］
とうな…Ⅶ - 843 ［救荒動植物類］
とうない…Ⅲ - 386 ［魚類］
とうなう…Ⅴ - 1046 ［野生植物］
とうなす…Ⅵ - 489 ［菜類］
とうなす…Ⅶ - 424 ［樹木類］
とうなすび…Ⅵ - 490 ［菜類］
とうなもみ…Ⅴ - 1046 ［野生植物］
とうなわ…Ⅱ - 920 ［穀物類］
とうね…Ⅱ - 920 ［穀物類］
とうねり…Ⅶ - 843 ［救荒動植物類］
とうのいも…Ⅵ - 490 ［菜類］
とうのき…Ⅶ - 424 ［樹木類］
とうのき…Ⅶ - 843 ［救荒動植物類］
とうのきのは…Ⅶ - 843 ［救荒動植物類］
とうのきのむし…Ⅶ - 843 ［救荒動植物類］
とうのきひ…Ⅱ - 921 ［穀物類］
とうのきび…Ⅱ - 921 ［穀物類］
とうのこ…Ⅱ - 921 ［穀物類］
どうのこ…Ⅱ - 921 ［穀物類］
とうのこさう…Ⅴ - 1046 ［野生植物］
とうのこしは…Ⅶ - 424 ［樹木類］
とうのごばう…Ⅴ - 1046 ［野生植物］
とうのごばう…Ⅵ - 490 ［菜類］

どうのこはたか…Ⅱ - 921 ［穀物類］
とうのつち…Ⅴ - 1047 ［野生植物］
とうのは…Ⅶ - 424 ［樹木類］
とうのひへ…Ⅱ - 921 ［穀物類］
とうはい…Ⅶ - 425 ［樹木類］
とうはいきのは…Ⅶ - 843 ［救荒動植物類］
どうはくせき…Ⅵ - 38 ［金・石・土・水類］
とうはす…Ⅴ - 1047 ［野生植物］
とうはせ…Ⅶ - 425 ［樹木類］
とうはたか…Ⅱ - 921 ［穀物類］
とうはな…Ⅴ - 1047 ［野生植物］
とうはり…Ⅱ - 921 ［穀物類］
どうはりだいこん…Ⅵ - 490 ［菜類］
どうはん…Ⅲ - 387 ［魚類］
とうび…Ⅶ - 425 ［樹木類］
とうひい…Ⅴ - 1047 ［野生植物］
とうひげ…Ⅱ - 921 ［穀物類］
とうひば…Ⅶ - 425 ［樹木類］
とうひゆ…Ⅵ - 491 ［菜類］
とうびゆ…Ⅴ - 1047 ［野生植物］
とうひゑ…Ⅱ - 922 ［穀物類］
とうひん…Ⅲ - 772 ［貝類］
とうひん…Ⅵ - 491 ［菜類］
とうびん…Ⅲ - 772 ［貝類］
どうひん…Ⅲ - 772 ［貝類］
どうびん…Ⅲ - 772 ［貝類］
どうびん…Ⅴ - 1047 ［野生植物］
とうひんさう…Ⅴ - 1047 ［野生植物］
とうふうさい…Ⅴ - 1048 ［野生植物］
とうふき…Ⅴ - 1048 ［野生植物］
とうふき…Ⅵ - 491 ［菜類］
とうふく…Ⅲ - 387 ［魚類］
とうぶく…Ⅲ - 387 ［魚類］
とうふたけ…Ⅵ - 81 ［竹・笹類］
とうへい…Ⅲ - 387 ［魚類］
とうへいし…Ⅴ - 1048 ［野生植物］
とうへいじ…Ⅴ - 1048 ［野生植物］

| | |
|---|---|
| とうべゑ…Ⅱ‐922［穀物類］ | とうらうはな…Ⅴ‐1049［野生植物］ |
| とうへん…Ⅲ‐387［魚類］ | とうらく…Ⅱ‐924［穀物類］ |
| とうべん…Ⅲ‐387［魚類］ | どうらんたけ…Ⅵ‐184［菌・茸類］ |
| とうほう…Ⅲ‐387［魚類］ | とうれん…Ⅴ‐1049［野生植物］ |
| とうほうかき…Ⅵ‐820［果類］ | とうろうくさ…Ⅴ‐1050［野生植物］ |
| とうほうくち…Ⅲ‐388［魚類］ | とうろうはな…Ⅴ‐1050［野生植物］ |
| どうぼうくち…Ⅲ‐388［魚類］ | とうろくさ…Ⅴ‐1050［野生植物］ |
| とうほうし…Ⅱ‐922［穀物類］ | とうろくすん…Ⅱ‐924［穀物類］ |
| とうぼうし…Ⅱ‐922［穀物類］ | とうろし…Ⅴ‐1050［野生植物］ |
| とうぼうしわせ…Ⅱ‐922［穀物類］ | とうろはな…Ⅴ‐1050［野生植物］ |
| とうほうもち…Ⅱ‐922［穀物類］ | とうゐ…Ⅴ‐1050［野生植物］ |
| とうぼけ…Ⅵ‐821［果類］ | とうゑんじ…Ⅶ‐426［樹木類］ |
| とうほし…Ⅱ‐922［穀物類］ | とおかかし…Ⅱ‐924［穀物類］ |
| とうほし…Ⅱ‐923［穀物類］ | とおたいぐさ…Ⅴ‐1051［野生植物］ |
| とうぼし…Ⅱ‐922［穀物類］ | とが…Ⅴ‐1051［野生植物］ |
| とうぼし…Ⅱ‐923［穀物類］ | とが…Ⅶ‐426［樹木類］ |
| とうぼし…Ⅲ‐772［貝類］ | とかいくさ…Ⅴ‐1051［野生植物］ |
| とうほそくあさがほ…Ⅴ‐1048［野生植物］ | とかかあは…Ⅱ‐924［穀物類］ |
| とうまさう…Ⅴ‐1048［野生植物］ | とかきうを…Ⅲ‐388［魚類］ |
| とうまめ…Ⅱ‐923［穀物類］ | とかすのき…Ⅶ‐426［樹木類］ |
| とうまめ…Ⅵ‐491［菜類］ | とがのき…Ⅶ‐426［樹木類］ |
| とうまめは…Ⅶ‐844［救荒動植物類］ | とかは…Ⅱ‐924［穀物類］ |
| どうまる…Ⅲ‐388［魚類］ | とがひへ…Ⅱ‐924［穀物類］ |
| どうまん…Ⅲ‐388［魚類］ | とかまつ…Ⅶ‐426［樹木類］ |
| とうみづら…Ⅱ‐923［穀物類］ | どがめ…Ⅶ‐844［救荒動植物類］ |
| とうみみやなぎ…Ⅶ‐425［樹木類］ | とがもみ…Ⅶ‐426［樹木類］ |
| とうみやう…Ⅱ‐923［穀物類］ | とかり…Ⅱ‐925［穀物類］ |
| とうめうのき…Ⅶ‐425［樹木類］ | とがり…Ⅱ‐925［穀物類］ |
| とうもうたけ…Ⅵ‐81［竹・笹類］ | とがりかき…Ⅵ‐821［果類］ |
| とうもくさ…Ⅴ‐1048［野生植物］ | とかりくろ…Ⅱ‐925［穀物類］ |
| とうもつ…Ⅶ‐425［樹木類］ | とがりは…Ⅵ‐492［菜類］ |
| とうもふたけ…Ⅵ‐81［竹・笹類］ | とかりひへ…Ⅱ‐925［穀物類］ |
| とうもろこし…Ⅱ‐923［穀物類］ | とかりわせ…Ⅱ‐925［穀物類］ |
| とうやく…Ⅲ‐388［魚類］ | とき…Ⅴ‐1051［野生植物］ |
| とうやく…Ⅴ‐1049［野生植物］ | ときうを…Ⅲ‐388［魚類］ |
| とうやま…Ⅱ‐923［穀物類］ | ときうを…Ⅲ‐389［魚類］ |
| とうやま…Ⅵ‐491［菜類］ | ときがね…Ⅱ‐925［穀物類］ |
| とうよもき…Ⅴ‐1049［野生植物］ | ときさこ…Ⅲ‐389［魚類］ |

と

| | |
|---|---|
| とぎざこ…Ⅲ - 389 ［魚類］ | ときわすすき…Ⅴ - 1053 ［野生植物］ |
| とぎし…Ⅲ - 773 ［貝類］ | ときわつた…Ⅴ - 1053 ［野生植物］ |
| ときしらす…Ⅱ - 925 ［穀物類］ | ときわな…Ⅵ - 492 ［菜類］ |
| ときしらす…Ⅴ - 1051 ［野生植物］ | ときんかき…Ⅵ - 822 ［果類］ |
| ときしらす…Ⅶ - 427 ［樹木類］ | とくあみ…Ⅶ - 427 ［樹木類］ |
| ときしらず…Ⅱ - 925 ［穀物類］ | どくい…Ⅴ - 1053 ［野生植物］ |
| ときしらず…Ⅵ - 821 ［果類］ | とくいも…Ⅴ - 1054 ［野生植物］ |
| ときしらず…Ⅶ - 427 ［樹木類］ | とくうゑもんもち…Ⅱ - 926 ［穀物類］ |
| ときしらすいちこ…Ⅵ - 821 ［果類］ | どくかいさう…Ⅴ - 1054 ［野生植物］ |
| ときしらずいちご…Ⅵ - 821 ［果類］ | どくかへし…Ⅱ - 926 ［穀物類］ |
| ときちこ…Ⅱ - 926 ［穀物類］ | どくき…Ⅶ - 427 ［樹木類］ |
| どきつち…Ⅵ - 38 ［金・石・土・水類］ | どくきのこ…Ⅵ - 184 ［菌・茸類］ |
| ときなし…Ⅴ - 1051 ［野生植物］ | とくくわつ…Ⅴ - 1054 ［野生植物］ |
| ときはきく…Ⅴ - 1051 ［野生植物］ | とくけさう…Ⅴ - 1054 ［野生植物］ |
| ときはくさ…Ⅴ - 1052 ［野生植物］ | とくけし…Ⅶ - 427 ［樹木類］ |
| ときはすすき…Ⅴ - 1052 ［野生植物］ | とくさ…Ⅴ - 1054 ［野生植物］ |
| ときはずすき…Ⅴ - 1052 ［野生植物］ | とくさ…Ⅴ - 1055 ［野生植物］ |
| ときはそう…Ⅴ - 1052 ［野生植物］ | とくさかひ…Ⅲ - 773 ［貝類］ |
| ときむめ…Ⅵ - 821 ［果類］ | どくしば…Ⅶ - 428 ［樹木類］ |
| ときやくさ…Ⅴ - 1052 ［野生植物］ | とくしろ…Ⅲ - 389 ［魚類］ |
| ときり…Ⅵ - 492 ［菜類］ | とくじんもち…Ⅱ - 926 ［穀物類］ |
| とぎり…Ⅵ - 492 ［菜類］ | とくせん…Ⅱ - 926 ［穀物類］ |
| ときりかい…Ⅲ - 773 ［貝類］ | とくぜん…Ⅱ - 926 ［穀物類］ |
| とぎりかい…Ⅲ - 773 ［貝類］ | とくだ…Ⅱ - 927 ［穀物類］ |
| ときりかき…Ⅵ - 822 ［果類］ | どくたび…Ⅴ - 1055 ［野生植物］ |
| ときりかし…Ⅱ - 926 ［穀物類］ | とくたみ…Ⅴ - 1055 ［野生植物］ |
| とぎりきねり…Ⅵ - 822 ［果類］ | とくだみ…Ⅴ - 1055 ［野生植物］ |
| ときりは…Ⅵ - 492 ［菜類］ | どくたみ…Ⅴ - 1055 ［野生植物］ |
| とぎりふか…Ⅲ - 389 ［魚類］ | どくだみ…Ⅴ - 1055 ［野生植物］ |
| とぎりふか…Ⅲ - 389 ［魚類］ | どくだみ…Ⅴ - 1056 ［野生植物］ |
| ときわ…Ⅴ - 1052 ［野生植物］ | どくだみ…Ⅵ - 492 ［菜類］ |
| ときわ…Ⅶ - 427 ［樹木類］ | どくだみ…Ⅶ - 844 ［救荒動植物類］ |
| ときわあけび…Ⅴ - 1052 ［野生植物］ | どくたみさう…Ⅴ - 1056 ［野生植物］ |
| ときわいき…Ⅴ - 1053 ［野生植物］ | とくため…Ⅴ - 1056 ［野生植物］ |
| ときわかつら…Ⅴ - 1053 ［野生植物］ | とくだめ…Ⅴ - 1056 ［野生植物］ |
| ときわかづら…Ⅶ - 427 ［樹木類］ | とくだめ…Ⅴ - 1057 ［野生植物］ |
| ときわかや…Ⅴ - 1053 ［野生植物］ | どくだめ…Ⅶ - 844 ［救荒動植物類］ |
| ときわさう…Ⅴ - 1053 ［野生植物］ | どくため…Ⅴ - 1057 ［野生植物］ |

どくだめ…Ⅴ-1057［野生植物］
どくだめ…Ⅶ-844［救荒動植物類］
とくだもち…Ⅱ-927［穀物類］
とくたわせ…Ⅱ-927［穀物類］
どくなぎ…Ⅴ-1057［野生植物］
どくなべ…Ⅴ-1057［野生植物］
どくなべのは…Ⅶ-844［救荒動植物類］
とくにん…Ⅱ-927［穀物類］
とくにんもち…Ⅱ-927［穀物類］
どくにんもち…Ⅱ-928［穀物類］
どくばく…Ⅵ-39［金・石・土・水類］
とくひともち…Ⅱ-928［穀物類］
とくひれ…Ⅲ-389［魚類］
とくべゑ…Ⅱ-928［穀物類］
とくべゑやろく…Ⅱ-928［穀物類］
とくほ…Ⅱ-928［穀物類］
とくほう…Ⅱ-928［穀物類］
どくまくり…Ⅴ-1057［野生植物］
どくもめら…Ⅴ-1058［野生植物］
とくやま…Ⅱ-928［穀物類］
とくゆう…Ⅱ-929［穀物類］
どくゆう…Ⅶ-428［樹木類］
とくり…Ⅱ-929［穀物類］
とくりき…Ⅱ-929［穀物類］
とくりなし…Ⅵ-822［果類］
とくわか…Ⅴ-1058［野生植物］
とくわか…Ⅵ-492［菜類］
とくわか…Ⅵ-493［菜類］
とくわか…Ⅶ-428［樹木類］
とくわかてんぢく…Ⅱ-929［穀物類］
とくわかな…Ⅵ-493［菜類］
どくわつかう…Ⅴ-1058［野生植物］
どくわつこう…Ⅴ-1058［野生植物］
とくわみあわ…Ⅱ-929［穀物類］
とくゐ…Ⅶ-844［救荒動植物類］
どくゑ…Ⅶ-428［樹木類］
とくをうじ…Ⅵ-822［果類］
とけいさう…Ⅴ-1058［野生植物］

とけいそう…Ⅴ-1058［野生植物］
どけきぎ…Ⅱ-929［穀物類］
どけきね…Ⅱ-929［穀物類］
とこ…Ⅱ-930［穀物類］
とこいろ…Ⅱ-930［穀物類］
とこし…Ⅲ-390［魚類］
とこたち…Ⅴ-1059［野生植物］
とこちさ…Ⅵ-493［菜類］
とこな…Ⅵ-493［菜類］
とこなし…Ⅵ-822［果類］
とこなつ…Ⅱ-930［穀物類］
とこなつ…Ⅲ-773［貝類］
とこなつ…Ⅴ-1059［野生植物］
とこなつ…Ⅶ-428［樹木類］
とこなつのき…Ⅶ-428［樹木類］
とこなつのき…Ⅶ-429［樹木類］
とこふし…Ⅲ-773［貝類］
とこぶし…Ⅲ-774［貝類］
とこふち…Ⅲ-774［貝類］
とこほし…Ⅲ-774［貝類］
とこぼし…Ⅲ-774［貝類］
どこもかし…Ⅱ-930［穀物類］
とこやき…Ⅵ-39［金・石・土・水類］
とこゆるき…Ⅶ-429［樹木類］
ところ…Ⅴ-1059［野生植物］
ところ…Ⅵ-493［菜類］
ところ…Ⅵ-494［菜類］
ところ…Ⅶ-845［救荒動植物類］
とごろ…Ⅲ-390［魚類］
ところいも…Ⅵ-494［菜類］
ところくす…Ⅶ-429［樹木類］
ところてん…Ⅴ-1060［野生植物］
ところてんくさ…Ⅴ-1060［野生植物］
ところてんぐさ…Ⅴ-1060［野生植物］
ところてんふさ…Ⅴ-1060［野生植物］
ところてんも…Ⅴ-1061［野生植物］
ところね…Ⅶ-845［救荒動植物類］
とこわかだいこん…Ⅵ-494［菜類］

と

| | |
|---|---|
| とこわかふぢ…Ⅴ-1061［野生植物］ | とじよ…Ⅱ-932［穀物類］ |
| とこわらび…Ⅴ-1061［野生植物］ | としよう…Ⅱ-932［穀物類］ |
| とさ…Ⅱ-930［穀物類］ | とじよなんば…Ⅵ-495［菜類］ |
| とさあづき…Ⅱ-930［穀物類］ | とすかれい…Ⅲ-391［魚類］ |
| とさあは…Ⅱ-930［穀物類］ | どすかれい…Ⅲ-391［魚類］ |
| どさいしん…Ⅴ-1061［野生植物］ | どすのかさ…Ⅴ-1062［野生植物］ |
| とさおくて…Ⅱ-931［穀物類］ | とすべり…Ⅶ-429［樹木類］ |
| とさか…Ⅴ-1061［野生植物］ | とせう…Ⅱ-932［穀物類］ |
| とさかぐさ…Ⅴ-1061［野生植物］ | とせう…Ⅲ-392［魚類］ |
| とさかな…Ⅴ-1062［野生植物］ | どぜう…Ⅲ-392［魚類］ |
| とさかのり…Ⅴ-1062［野生植物］ | どぜうな…Ⅴ-1062［野生植物］ |
| とさくろ…Ⅱ-931［穀物類］ | どぜうな…Ⅶ-845［救荒動植物類］ |
| とささ…Ⅵ-494［菜類］ | とせね…Ⅵ-495［菜類］ |
| とざさわせ…Ⅱ-931［穀物類］ | どぜん…Ⅵ-495［菜類］ |
| とさばう…Ⅱ-931［穀物類］ | とだ…Ⅱ-933［穀物類］ |
| とさばうあわ…Ⅱ-931［穀物類］ | どたいも…Ⅵ-495［菜類］ |
| とさふき…Ⅵ-494［菜類］ | どたうぎ…Ⅴ-1062［野生植物］ |
| とさむぎ…Ⅱ-931［穀物類］ | とたてにな…Ⅲ-774［貝類］ |
| とさもち…Ⅱ-931［穀物類］ | どたま…Ⅶ-845［救荒動植物類］ |
| とさら…Ⅱ-932［穀物類］ | とたまめ…Ⅱ-933［穀物類］ |
| とさらわせ…Ⅱ-932［穀物類］ | とたん…Ⅵ-39［金・石・土・水類］ |
| とざらわせ…Ⅱ-932［穀物類］ | とたんしろまさ…Ⅵ-39［金・石・土・水類］ |
| どしう…Ⅲ-390［魚類］ | とたんねば…Ⅵ-39［金・石・土・水類］ |
| としき…Ⅵ-494［菜類］ | どたんやしや…Ⅵ-39［金・石・土・水類］ |
| としこはちめ…Ⅲ-390［魚類］ | とち…Ⅲ-392［魚類］ |
| とししらす…Ⅱ-932［穀物類］ | とち…Ⅵ-822［果類］ |
| とししらず…Ⅱ-932［穀物類］ | とち…Ⅵ-823［果類］ |
| としなをし…Ⅱ-932［穀物類］ | とち…Ⅶ-430［樹木類］ |
| としば…Ⅶ-429［樹木類］ | とち…Ⅶ-845［救荒動植物類］ |
| としまめのき…Ⅶ-429［樹木類］ | とぢ…Ⅲ-392［魚類］ |
| としみせ…Ⅴ-1062［野生植物］ | とちいわか…Ⅱ-933［穀物類］ |
| としやう…Ⅲ-390［魚類］ | とちかかみ…Ⅴ-1063［野生植物］ |
| とじやう…Ⅲ-390［魚類］ | とちかくし…Ⅴ-1063［野生植物］ |
| とじやう…Ⅲ-391［魚類］ | とちかし…Ⅶ-430［樹木類］ |
| どしやう…Ⅲ-391［魚類］ | とちかば…Ⅶ-430［樹木類］ |
| どじやう…Ⅲ-391［魚類］ | とちかわまめ…Ⅱ-933［穀物類］ |
| どしゅ…Ⅵ-39［金・石・土・水類］ | とちぎにんじん…Ⅴ-1063［野生植物］ |
| としよ…Ⅵ-494［菜類］ | とちくさ…Ⅴ-1063［野生植物］ |

とちくろ…Ⅶ‐430［樹木類］
とちこ…Ⅲ‐392［魚類］
とちさめ…Ⅲ‐392［魚類］
とちしば…Ⅶ‐430［樹木類］
とちたけ…Ⅵ‐184［菌・茸類］
とちたち…Ⅴ‐1063［野生植物］
とちたち…Ⅶ‐845［救荒動植物類］
とちな…Ⅴ‐1063［野生植物］
とちな…Ⅵ‐495［菜類］
とちな…Ⅶ‐845［救荒動植物類］
とちなくさ…Ⅴ‐1064［野生植物］
とちにんしん…Ⅴ‐1064［野生植物］
とちにんじん…Ⅴ‐1064［野生植物］
とちのかかみ…Ⅴ‐1064［野生植物］
とちのかがみ…Ⅴ‐1064［野生植物］
とちのき…Ⅵ‐823［果類］
とちのき…Ⅶ‐430［樹木類］
とちのき…Ⅶ‐431［樹木類］
とちのきにんしん…Ⅴ‐1064［野生植物］
とちのきにんじん…Ⅴ‐1065［野生植物］
とちのきもたし…Ⅵ‐184［菌・茸類］
とちのみ…Ⅵ‐823［果類］
とちのみ…Ⅶ‐846［救荒動植物類］
とちば…Ⅴ‐1065［野生植物］
とちばくさ…Ⅴ‐1065［野生植物］
とちふか…Ⅲ‐393［魚類］
とちふた…Ⅴ‐1065［野生植物］
とちぶた…Ⅴ‐1065［野生植物］
とちみ…Ⅶ‐431［樹木類］
とちも…Ⅴ‐1065［野生植物］
とちやう…Ⅱ‐933［穀物類］
とちやう…Ⅲ‐393［魚類］
とぢやう…Ⅱ‐933［穀物類］
とぢやう…Ⅲ‐393［魚類］
どちやう…Ⅱ‐933［穀物類］
どちやう…Ⅲ‐394［魚類］
どぢやう…Ⅱ‐933［穀物類］
どぢやう…Ⅲ‐394［魚類］

どぢやう…Ⅲ‐395［魚類］
どちよう…Ⅲ‐395［魚類］
とちよふ…Ⅱ‐933［穀物類］
とつか…Ⅱ‐934［穀物類］
とつかかり…Ⅴ‐1066［野生植物］
とつかざこ…Ⅲ‐395［魚類］
とつかなし…Ⅱ‐934［穀物類］
とつくさ…Ⅴ‐1646［野生植物］
どつくは…Ⅵ‐495［菜類］
とつくりくさ…Ⅴ‐1066［野生植物］
とつくりなし…Ⅵ‐823［果類］
とつこ…Ⅲ‐395［魚類］
どつこ…Ⅲ‐395［魚類］
とつさ…Ⅱ‐934［穀物類］
とつさか…Ⅱ‐934［穀物類］
とつさか…Ⅴ‐1066［野生植物］
とつさかのり…Ⅴ‐1066［野生植物］
とつさこむぎ…Ⅱ‐934［穀物類］
とつさむぎ…Ⅱ‐935［穀物類］
とつち…Ⅲ‐396［魚類］
とづち…Ⅴ‐1067［野生植物］
とつでくさ…Ⅴ‐1646［野生植物］
とつてなし…Ⅱ‐935［穀物類］
とつとうもち…Ⅴ‐1066［野生植物］
とつとき…Ⅴ‐1066［野生植物］
どつとせい…Ⅱ‐935［穀物類］
とつは…Ⅱ‐935［穀物類］
とつはか…Ⅶ‐431［樹木類］
とつひやうす…Ⅴ‐1066［野生植物］
とつら…Ⅶ‐431［樹木類］
とつらのみ…Ⅶ‐846［救荒動植物類］
とづらのみ…Ⅵ‐823［果類］
どて…Ⅱ‐935［穀物類］
とてう…Ⅲ‐396［魚類］
どでう…Ⅲ‐396［魚類］
どてかぶり…Ⅶ‐431［樹木類］
とてつなし…Ⅱ‐935［穀物類］
とでなし…Ⅶ‐431［樹木類］

## と

どでやう…Ⅲ - 396［魚類］
とと…Ⅲ - 396［魚類］
とと…Ⅶ - 431［樹木類］
とど…Ⅲ - 396［魚類］
ととあは…Ⅱ - 935［穀物類］
どどかはうを…Ⅲ - 396［魚類］
ととき…Ⅱ - 936［穀物類］
ととき…Ⅴ - 1067［野生植物］
ととき…Ⅵ - 495［菜類］
ととき…Ⅵ - 496［菜類］
ととき…Ⅶ - 846［救荒動植物類］
ととぎ…Ⅴ - 1067［野生植物］
ortoときつら…Ⅶ - 846［救荒動植物類］
とどきな…Ⅴ - 1067［野生植物］
とときにんしん…Ⅴ - 1067［野生植物］
とときにんじん…Ⅵ - 496［菜類］
ととくさ…Ⅴ - 1067［野生植物］
とどくさ…Ⅴ - 1067［野生植物］
ととこ…Ⅱ - 936［穀物類］
ととこくさ…Ⅴ - 1068［野生植物］
ととさ…Ⅱ - 936［穀物類］
ととざこ…Ⅲ - 397［魚類］
とどめき…Ⅱ - 936［穀物類］
ととら…Ⅵ - 496［菜類］
ととらこ…Ⅲ - 397［魚類］
とどらこ…Ⅲ - 397［魚類］
ととろき…Ⅶ - 846［救荒動植物類］
どどろき…Ⅱ - 936［穀物類］
ととろつふ…Ⅶ - 432［樹木類］
どどろつふ…Ⅶ - 432［樹木類］
どどろはな…Ⅴ - 1068［野生植物］
ととんほうぐさ…Ⅴ - 1068［野生植物］
となみ…Ⅱ - 936［穀物類］
どにんしん…Ⅴ - 1068［野生植物］
とねのき…Ⅶ - 432［樹木類］
とねり…Ⅵ - 823［果類］
とねり…Ⅶ - 432［樹木類］
とねりかうのき…Ⅶ - 432［樹木類］

とねりこ…Ⅶ - 432［樹木類］
とねりこ…Ⅶ - 433［樹木類］
とのいも…Ⅵ - 496［菜類］
とのこ…Ⅱ - 936［穀物類］
とのさまくさ…Ⅴ - 1068［野生植物］
とののむま…Ⅴ - 1068［野生植物］
とののよもき…Ⅴ - 1069［野生植物］
とのふづ…Ⅵ - 496［菜類］
とのぶつ…Ⅴ - 1069［野生植物］
とのむまさう…Ⅴ - 1069［野生植物］
とのもかき…Ⅵ - 823［果類］
とのもち…Ⅱ - 937［穀物類］
とば…Ⅲ - 397［魚類］
とば…Ⅴ - 1069［野生植物］
どはぜ…Ⅲ - 397［魚類］
とはば…Ⅴ - 1069［野生植物］
とばひへ…Ⅱ - 937［穀物類］
とひ…Ⅲ - 397［魚類］
とひあかり…Ⅵ - 496［菜類］
とひあがり…Ⅵ - 496［菜類］
とびあかり…Ⅵ - 497［菜類］
とびあがり…Ⅱ - 937［穀物類］
とびあがり…Ⅵ - 497［菜類］
とびあかりだいこん…Ⅵ - 497［菜類］
とびいり…Ⅱ - 937［穀物類］
とびいり…Ⅴ - 1069［野生植物］
とびいろ…Ⅴ - 1069［野生植物］
とひいを…Ⅲ - 397［魚類］
とびいを…Ⅲ - 398［魚類］
とひうを…Ⅲ - 398［魚類］
とびうを…Ⅲ - 398［魚類］
とびうを…Ⅲ - 399［魚類］
とひえい…Ⅲ - 399［魚類］
とびえゐ…Ⅲ - 399［魚類］
とびかつら…Ⅴ - 1070［野生植物］
とびかづら…Ⅴ - 1070［野生植物］
とひかへり…Ⅱ - 937［穀物類］
とびかへり…Ⅱ - 937［穀物類］

| | |
|---|---|
| とびがらみかつら…Ⅴ‐1070［野生植物］ | どぶかひ…Ⅲ‐775［貝類］ |
| とひからめかつら…Ⅴ‐1070［野生植物］ | とふからし…Ⅵ‐497［菜類］ |
| とびき…Ⅶ‐433［樹木類］ | とふがらし…Ⅵ‐498［菜類］ |
| とびくさ…Ⅴ‐1070［野生植物］ | とふきび…Ⅱ‐937［穀物類］ |
| とびくち…Ⅵ‐497［菜類］ | とぶくさ…Ⅴ‐1073［野生植物］ |
| とびくま…Ⅱ‐937［穀物類］ | とふくみ…Ⅴ‐1073［野生植物］ |
| とびさめ…Ⅲ‐399［魚類］ | とふくろ…Ⅱ‐938［穀物類］ |
| とびさめ…Ⅲ‐399［魚類］ | とふくわ…Ⅲ‐401［魚類］ |
| とひしやこ…Ⅴ‐1070［野生植物］ | とふごぼう…Ⅴ‐1073［野生植物］ |
| とひしやご…Ⅴ‐1071［野生植物］ | とふし…Ⅱ‐938［穀物類］ |
| とびしやこ…Ⅴ‐1071［野生植物］ | とふじさん…Ⅴ‐1073［野生植物］ |
| とひす…Ⅲ‐399［魚類］ | とふせいひけ…Ⅱ‐938［穀物類］ |
| とびす…Ⅲ‐400［魚類］ | とふせん…Ⅴ‐1073［野生植物］ |
| とびすかり…Ⅴ‐1071［野生植物］ | どふだがし…Ⅶ‐433［樹木類］ |
| とひたかれい…Ⅲ‐400［魚類］ | とふのいも…Ⅵ‐498［菜類］ |
| とひたけ…Ⅵ‐184［菌・茸類］ | とふのき…Ⅶ‐433［樹木類］ |
| とびたけ…Ⅵ‐184［菌・茸類］ | とふはな…Ⅴ‐1073［野生植物］ |
| とひつかみ…Ⅴ‐1071［野生植物］ | とふびん…Ⅴ‐1074［野生植物］ |
| とびつかみ…Ⅴ‐1071［野生植物］ | とふゆり…Ⅴ‐1074［野生植物］ |
| とびつかめ…Ⅴ‐1072［野生植物］ | とふろくふり…Ⅵ‐498［菜類］ |
| とびつかり…Ⅴ‐1072［野生植物］ | とへら…Ⅴ‐1074［野生植物］ |
| とびつき…Ⅴ‐1072［野生植物］ | とへら…Ⅶ‐433［樹木類］ |
| とびな…Ⅵ‐497［菜類］ | とべら…Ⅶ‐434［樹木類］ |
| とびのき…Ⅶ‐433［樹木類］ | とへらき…Ⅶ‐434［樹木類］ |
| とびのしりさし…Ⅴ‐1072［野生植物］ | とへらのき…Ⅶ‐434［樹木類］ |
| とびのしりさし…Ⅶ‐433［樹木類］ | とべらのき…Ⅶ‐434［樹木類］ |
| とびのへそ…Ⅲ‐775［貝類］ | とべらのき…Ⅶ‐435［樹木類］ |
| とびのへそ…Ⅴ‐1072［野生植物］ | とほうから…Ⅴ‐1074［野生植物］ |
| とひのを…Ⅴ‐1072［野生植物］ | とほうくぢ…Ⅲ‐401［魚類］ |
| とびのを…Ⅴ‐1072［野生植物］ | とほうしは…Ⅴ‐1074［野生植物］ |
| とひはぜ…Ⅲ‐400［魚類］ | とほうしは…Ⅶ‐846［救荒動植物類］ |
| とびはせ…Ⅲ‐400［魚類］ | とほうす…Ⅱ‐938［穀物類］ |
| とびはぜ…Ⅲ‐400［魚類］ | どぼくち…Ⅲ‐401［魚類］ |
| とびむし…Ⅲ‐400［魚類］ | とほたうみかぶな…Ⅵ‐498［菜類］ |
| とひやくしや…Ⅴ‐1073［野生植物］ | とほとほみもち…Ⅱ‐938［穀物類］ |
| とひゑい…Ⅲ‐400［魚類］ | とぼひ…Ⅱ‐938［穀物類］ |
| とびゑい…Ⅲ‐401［魚類］ | とほやまなし…Ⅵ‐824［果類］ |
| とぶがき…Ⅵ‐824［果類］ | とまかや…Ⅴ‐1074［野生植物］ |

と

とまがや…Ⅴ-1074［野生植物］
とまくさ…Ⅴ-1075［野生植物］
とまけ…Ⅴ-1075［野生植物］
とまのけ…Ⅴ-1075［野生植物］
とまのけ…Ⅶ-846［救荒動植物類］
とまべちあは…Ⅱ-938［穀物類］
とみた…Ⅱ-939［穀物類］
とみつ…Ⅱ-939［穀物類］
とみつあわ…Ⅱ-939［穀物類］
とみつかみ…Ⅴ-1075［野生植物］
とみなが…Ⅱ-939［穀物類］
どめ…Ⅴ-1075［野生植物］
とめこかし…Ⅵ-824［果類］
とめも…Ⅴ-1075［野生植物］
とめも…Ⅵ-498［菜類］
どもうを…Ⅲ-401［魚類］
ともしあは…Ⅱ-939［穀物類］
ともしいし…Ⅵ-40［金・石・土・水類］
ともしらす…Ⅱ-939［穀物類］
とや…Ⅱ-939［穀物類］
どやじのは…Ⅶ-847［救荒動植物類］
とやひえ…Ⅱ-940［穀物類］
とやひゑ…Ⅱ-940［穀物類］
とやま…Ⅵ-824［果類］
どよう…Ⅱ-940［穀物類］
とようあづき…Ⅱ-940［穀物類］
どようあづき…Ⅱ-940［穀物類］
とようあは…Ⅱ-940［穀物類］
どようあは…Ⅱ-940［穀物類］
どようあわ…Ⅱ-940［穀物類］
どようきねり…Ⅵ-824［果類］
どようささけ…Ⅱ-940［穀物類］
どようしめぢ…Ⅵ-185［菌・茸類］
どようだいこん…Ⅵ-498［菜類］
どようたけ…Ⅵ-81［竹・笹類］
どようはつたけ…Ⅵ-184［菌・茸類］
どようひえ…Ⅱ-941［穀物類］
どようひへ…Ⅱ-941［穀物類］

とようまめ…Ⅱ-941［穀物類］
とようもち…Ⅱ-941［穀物類］
どようもち…Ⅱ-941［穀物類］
どようもも…Ⅵ-824［果類］
どようゆり…Ⅴ-1075［野生植物］
とよか…Ⅱ-941［穀物類］
とよき…Ⅴ-1076［野生植物］
とよき…Ⅶ-847［救荒動植物類］
とらいさう…Ⅴ-1076［野生植物］
とらかづら…Ⅴ-1076［野生植物］
とらきす…Ⅲ-401［魚類］
とらきすご…Ⅲ-402［魚類］
とらくちたなこ…Ⅲ-402［魚類］
とらぐみ…Ⅵ-824［果類］
どらけ…Ⅴ-1076［野生植物］
とらこ…Ⅲ-402［魚類］
とらさ…Ⅱ-941［穀物類］
とらすかうなこ…Ⅲ-402［魚類］
とらせくき…Ⅶ-847［救荒動植物類］
とらのお…Ⅴ-1076［野生植物］
とらのき…Ⅶ-435［樹木類］
とらのこ…Ⅵ-40［金・石・土・水類］
とらのは…Ⅴ-1076［野生植物］
とらのを…Ⅱ-942［穀物類］
とらのを…Ⅴ-1076［野生植物］
とらのを…Ⅴ-1077［野生植物］
とらのを…Ⅵ-498［菜類］
とらのを…Ⅶ-435［樹木類］
とらのをあわ…Ⅱ-942［穀物類］
とらのをくさ…Ⅴ-1077［野生植物］
とらのをさくら…Ⅶ-435［樹木類］
とらのをしだ…Ⅴ-1078［野生植物］
とらのをちさ…Ⅵ-499［菜類］
とらのをなんばん…Ⅵ-499［菜類］
とらのをもち…Ⅱ-942［穀物類］
とらのをもみ…Ⅶ-435［樹木類］
とらはす…Ⅲ-402［魚類］
とらはぜ…Ⅲ-402［魚類］

| | |
|---|---|
| とらふかや…Ⅴ‐1078［野生植物］ | とりこせんまい…Ⅴ‐1081［野生植物］ |
| とらふく…Ⅲ‐402［魚類］ | とりしらす…Ⅱ‐943［穀物類］ |
| とらふぐ…Ⅲ‐403［魚類］ | とりで…Ⅴ‐1081［野生植物］ |
| とらぶく…Ⅲ‐403［魚類］ | とりでのき…Ⅶ‐436［樹木類］ |
| とらふたけ…Ⅵ‐81［竹・笹類］ | とりとまらす…Ⅴ‐1081［野生植物］ |
| とらふたけ…Ⅵ‐499［菜類］ | とりとまらす…Ⅶ‐436［樹木類］ |
| とらふまめ…Ⅱ‐942［穀物類］ | とりとまらす…Ⅶ‐437［樹木類］ |
| とらほ…Ⅲ‐403［魚類］ | とりとまらず…Ⅶ‐437［樹木類］ |
| とらやふ…Ⅶ‐435［樹木類］ | とりとまらすいはら…Ⅴ‐1081［野生植物］ |
| とらわか…Ⅱ‐943［穀物類］ | とりとまらつむはら…Ⅴ‐1082［野生植物］ |
| とりあし…Ⅴ‐1078［野生植物］ | とりな…Ⅴ‐1082［野生植物］ |
| とりあし…Ⅴ‐1079［野生植物］ | とりのあし…Ⅲ‐775［貝類］ |
| とりあし…Ⅵ‐499［菜類］ | とりのあし…Ⅴ‐1082［野生植物］ |
| とりあし…Ⅶ‐436［樹木類］ | とりのあし…Ⅵ‐499［菜類］ |
| とりあし…Ⅶ‐847［救荒動植物類］ | とりのあし…Ⅶ‐437［樹木類］ |
| とりあししようま…Ⅴ‐1079［野生植物］ | とりのあしき…Ⅶ‐438［樹木類］ |
| とりあしのり…Ⅴ‐1079［野生植物］ | とりのき…Ⅶ‐438［樹木類］ |
| とりいちこ…Ⅴ‐1079［野生植物］ | とりのきも…Ⅵ‐40［金・石・土・水類］ |
| とりいちご…Ⅵ‐825［果類］ | とりのきもあつき…Ⅱ‐943［穀物類］ |
| とりいちご…Ⅶ‐436［樹木類］ | とりのこ…Ⅵ‐825［果類］ |
| とりうす…Ⅱ‐943［穀物類］ | とりのこめ…Ⅴ‐1083［野生植物］ |
| どりうだいこん…Ⅵ‐499［菜類］ | とりのした…Ⅴ‐1083［野生植物］ |
| とりうゐな…Ⅴ‐1079［野生植物］ | とりのした…Ⅵ‐499［菜類］ |
| とりかい…Ⅲ‐775［貝類］ | とりのした…Ⅶ‐847［救荒動植物類］ |
| とりがい…Ⅲ‐775［貝類］ | とりのしたくさ…Ⅴ‐1083［野生植物］ |
| とりかぎさう…Ⅴ‐1079［野生植物］ | とりのすねたくり…Ⅴ‐1083［野生植物］ |
| とりかし…Ⅶ‐436［樹木類］ | とりのつぎき…Ⅶ‐438［樹木類］ |
| とりかづら…Ⅴ‐1080［野生植物］ | とりのつくろ…Ⅴ‐1084［野生植物］ |
| とりがひ…Ⅲ‐775［貝類］ | とりのつめ…Ⅶ‐438［樹木類］ |
| とりかふと…Ⅴ‐1080［野生植物］ | とりのなへ…Ⅴ‐1084［野生植物］ |
| とりかぶと…Ⅴ‐1080［野生植物］ | とりのなべ…Ⅴ‐1084［野生植物］ |
| とりき…Ⅶ‐436［樹木類］ | とりのめ…Ⅱ‐943［穀物類］ |
| とりきしば…Ⅶ‐436［樹木類］ | とりのめつつき…Ⅱ‐944［穀物類］ |
| とりくはず…Ⅱ‐943［穀物類］ | とりのめつつきあわ…Ⅱ‐944［穀物類］ |
| とりけ…Ⅴ‐1081［野生植物］ | とりのや…Ⅴ‐1084［野生植物］ |
| とりけきび…Ⅱ‐943［穀物類］ | とりもち…Ⅴ‐1084［野生植物］ |
| とりげくさ…Ⅴ‐1081［野生植物］ | とりもち…Ⅶ‐438［樹木類］ |
| とりここみ…Ⅴ‐1081［野生植物］ | とりもちのき…Ⅶ‐438［樹木類］ |

と

| | |
|---|---|
| とりよもき…Ⅴ‐1084〔野生植物〕 | とろり…Ⅴ‐1086〔野生植物〕 |
| とりよもぎ…Ⅴ‐1084〔野生植物〕 | とろりかつら…Ⅴ‐1086〔野生植物〕 |
| とりゑい…Ⅲ‐403〔魚類〕 | どろりかつら…Ⅴ‐1086〔野生植物〕 |
| とりゑほし…Ⅴ‐1085〔野生植物〕 | どろりかづら…Ⅴ‐1086〔野生植物〕 |
| とりを…Ⅴ‐1085〔野生植物〕 | とろりくさ…Ⅴ‐1087〔野生植物〕 |
| とろ…Ⅶ‐438〔樹木類〕 | とろろ…Ⅴ‐1087〔野生植物〕 |
| どろ…Ⅱ‐944〔穀物類〕 | とろろ…Ⅶ‐440〔樹木類〕 |
| どろ…Ⅶ‐439〔樹木類〕 | とろろあふひ…Ⅴ‐1087〔野生植物〕 |
| どろかい…Ⅲ‐776〔貝類〕 | とろろかつら…Ⅴ‐1087〔野生植物〕 |
| とろくかいちゆう…Ⅱ‐944〔穀物類〕 | とろろき…Ⅶ‐440〔樹木類〕 |
| とろくすん…Ⅱ‐944〔穀物類〕 | とわこふき…Ⅶ‐847〔救荒動植物類〕 |
| とろこし…Ⅲ‐403〔魚類〕 | とわたふき…Ⅵ‐500〔菜類〕 |
| とろさく…Ⅱ‐944〔穀物類〕 | とわたりかひ…Ⅲ‐776〔貝類〕 |
| どろせうぶ…Ⅴ‐1085〔野生植物〕 | とをあさがほ…Ⅴ‐1087〔野生植物〕 |
| どろどろかし…Ⅱ‐944〔穀物類〕 | とをいい…Ⅴ‐1087〔野生植物〕 |
| どろなきも…Ⅴ‐1085〔野生植物〕 | とをぎく…Ⅴ‐1088〔野生植物〕 |
| とろのき…Ⅶ‐439〔樹木類〕 | とをのいも…Ⅵ‐500〔菜類〕 |
| どろのき…Ⅶ‐439〔樹木類〕 | とをやく…Ⅴ‐1088〔野生植物〕 |
| とろのきもたし…Ⅵ‐185〔菌・茸類〕 | とをらいぐさ…Ⅴ‐1088〔野生植物〕 |
| どろのきもたし…Ⅵ‐185〔菌・茸類〕 | とをろくすん…Ⅱ‐945〔穀物類〕 |
| とろはへ…Ⅲ‐403〔魚類〕 | とをわた…Ⅴ‐1088〔野生植物〕 |
| どろはゑ…Ⅲ‐404〔魚類〕 | どんかう…Ⅲ‐404〔魚類〕 |
| とろぶ…Ⅶ‐439〔樹木類〕 | とんかうかき…Ⅵ‐825〔果類〕 |
| どろぶ…Ⅶ‐439〔樹木類〕 | とんがうかき…Ⅵ‐825〔果類〕 |
| どろぼ…Ⅶ‐439〔樹木類〕 | とんかね…Ⅱ‐945〔穀物類〕 |
| どろぼう…Ⅱ‐945〔穀物類〕 | とんから…Ⅲ‐404〔魚類〕 |
| どろぼう…Ⅶ‐439〔樹木類〕 | とんからかき…Ⅵ‐825〔果類〕 |
| とろほうくさ…Ⅴ‐1085〔野生植物〕 | とんかりくろあは…Ⅱ‐945〔穀物類〕 |
| とろぼうはぜ…Ⅲ‐404〔魚類〕 | どんかりくろあわ…Ⅱ‐945〔穀物類〕 |
| とろまきも…Ⅴ‐1085〔野生植物〕 | とんきう…Ⅲ‐404〔魚類〕 |
| とろみ…Ⅴ‐1085〔野生植物〕 | どんきやう…Ⅲ‐404〔魚類〕 |
| とろみ…Ⅶ‐847〔救荒動植物類〕 | とんきり…Ⅲ‐776〔貝類〕 |
| どろめんいはし…Ⅲ‐404〔魚類〕 | とんきんちく…Ⅵ‐81〔竹・笹類〕 |
| とろも…Ⅴ‐1086〔野生植物〕 | とんきんぼうぶら…Ⅵ‐500〔菜類〕 |
| どろも…Ⅴ‐1086〔野生植物〕 | とんきんまめ…Ⅱ‐945〔穀物類〕 |
| とろやなぎ…Ⅶ‐440〔樹木類〕 | どんくう…Ⅲ‐405〔魚類〕 |
| とろゆわか…Ⅱ‐945〔穀物類〕 | どんぐは…Ⅵ‐500〔菜類〕 |
| どろよし…Ⅴ‐1086〔野生植物〕 | とんくり…Ⅶ‐440〔樹木類〕 |

どんくり…Ⅵ - 825［果類］
どんくり…Ⅶ - 848［救荒動植物類］
どんぐり…Ⅶ - 440［樹木類］
とんけ…Ⅶ - 440［樹木類］
とんこ…Ⅲ - 405［魚類］
とんこ…Ⅴ - 1088［野生植物］
とんご…Ⅴ - 1088［野生植物］
とんご…Ⅶ - 848［救荒動植物類］
どんこ…Ⅲ - 405［魚類］
とんごう…Ⅴ - 1088［野生植物］
どんこう…Ⅲ - 405［魚類］
とんこち…Ⅲ - 405［魚類］
どんこち…Ⅲ - 405［魚類］
とんこつ…Ⅲ - 405［魚類］
どんごろ…Ⅴ - 1089［野生植物］
とんこんさう…Ⅴ - 1089［野生植物］
とんざき…Ⅱ - 946［穀物類］
とんたあき…Ⅱ - 946［穀物類］
とんたか…Ⅱ - 946［穀物類］
どんたつ…Ⅵ - 500［菜類］
とんたら…Ⅲ - 406［魚類］
どんだらいも…Ⅵ - 500［菜類］
とんてつ…Ⅱ - 946［穀物類］
とんばうさう…Ⅴ - 1089［野生植物］
どんばく…Ⅲ - 406［魚類］
どんばへ…Ⅲ - 406［魚類］
とんびきび…Ⅱ - 946［穀物類］
どんぶりまき…Ⅶ - 440［樹木類］
とんほ…Ⅲ - 406［魚類］
とんぼ…Ⅶ - 848［救荒動植物類］
どんほ…Ⅲ - 406［魚類］
とんほいわし…Ⅲ - 406［魚類］
どんぽう…Ⅲ - 406［魚類］
どんぼういわし…Ⅲ - 407［魚類］
とんほうくさ…Ⅴ - 1089［野生植物］
とんぼうくさ…Ⅴ - 1089［野生植物］
とんぼうとまり…Ⅴ - 1089［野生植物］
とんほうのくち…Ⅶ - 441［樹木類］

とんほくさ…Ⅴ - 1089［野生植物］
とんほくさ…Ⅴ - 1090［野生植物］
とんぼくさ…Ⅴ - 1090［野生植物］
とんぼくさのは…Ⅶ - 848［救荒動植物類］
とんほのちち…Ⅴ - 1090［野生植物］
とんほやすみ…Ⅴ - 1090［野生植物］
とんやう…Ⅱ - 946［穀物類］
とんやのとろふし…Ⅴ - 1090［野生植物］

## な

な…Ⅴ - 1091［野生植物］
な…Ⅵ - 501［菜類］
ないこむぎ…Ⅱ - 947［穀物類］
ないし…Ⅲ - 408［魚類］
ないしやうぐみ…Ⅶ - 442［樹木類］
ないたけ…Ⅵ - 82［竹・笹類］
ないむき…Ⅱ - 947［穀物類］
ないむぎ…Ⅱ - 947［穀物類］
ないらぎ…Ⅲ - 408［魚類］
ないらきふか…Ⅲ - 408［魚類］
ないらぎぶか…Ⅲ - 408［魚類］
ないゑぼし…Ⅵ - 826［果類］
なうささけ…Ⅱ - 947［穀物類］
なうたら…Ⅶ - 442［樹木類］
なうほうそ…Ⅶ - 442［樹木類］
なが…Ⅱ - 947［穀物類］
なが…Ⅲ - 777［貝類］
なかあかぼたん…Ⅴ - 1091［野生植物］
なかあかりだいこん…Ⅵ - 501［菜類］
なかあつき…Ⅱ - 947［穀物類］
なかあづき…Ⅱ - 947［穀物類］
なかあを…Ⅱ - 947［穀物類］
なかいそたい…Ⅲ - 408［魚類］
なかいそたひ…Ⅲ - 408［魚類］
なかいね…Ⅱ - 947［穀物類］
なかいも…Ⅵ - 501［菜類］
ながいも…Ⅵ - 501［菜類］
なかいわし…Ⅲ - 408［魚類］

な

なかうめ…Ⅵ‐826［果類］
ながかき…Ⅵ‐826［果類］
ながかくそは…Ⅱ‐948［穀物類］
ながかふ…Ⅵ‐502［菜類］
ながかふ…Ⅵ‐502［菜類］
ながかぶ…Ⅵ‐502［菜類］
なかかふら…Ⅵ‐502［菜類］
ながかぶら…Ⅵ‐502［菜類］
なかきひ…Ⅱ‐948［穀物類］
ながきん…Ⅵ‐826［果類］
ながきんかん…Ⅵ‐826［果類］
ながぐみ…Ⅵ‐826［果類］
なかくり…Ⅵ‐826［果類］
なかくろ…Ⅱ‐948［穀物類］
ながぐろ…Ⅱ‐948［穀物類］
なかこうばい…Ⅵ‐827［果類］
なかこうばり…Ⅶ‐442［樹木類］
なかさき…Ⅱ‐948［穀物類］
なかさき…Ⅴ‐1091［野生植物］
ながさき…Ⅱ‐948［穀物類］
ながさき…Ⅴ‐1091［野生植物］
ながさきごじふし…Ⅱ‐948［穀物類］
ながさきはたか…Ⅱ‐948［穀物類］
ながさきひえ…Ⅱ‐949［穀物類］
ながさきむぎ…Ⅱ‐949［穀物類］
ながさきもちあは…Ⅱ‐949［穀物類］
ながさこ…Ⅱ‐949［穀物類］
なかささけ…Ⅱ‐949［穀物類］
なかささけ…Ⅵ‐502［菜類］
ながささけ…Ⅱ‐949［穀物類］
ながささけ…Ⅵ‐502［菜類］
ながささげ…Ⅱ‐949［穀物類］
ながささげ…Ⅱ‐950［穀物類］
ながさね…Ⅲ‐409［魚類］
ながさは…Ⅱ‐950［穀物類］
ながさへ…Ⅱ‐950［穀物類］
なかさめ…Ⅲ‐409［魚類］
ながさめ…Ⅲ‐409［魚類］

なかされ…Ⅲ‐409［魚類］
ながしい…Ⅵ‐827［果類］
なかしはな…Ⅴ‐1091［野生植物］
ながしはな…Ⅴ‐1091［野生植物］
ながじふろく…Ⅱ‐950［穀物類］
なかしま…Ⅱ‐950［穀物類］
なかしま…Ⅵ‐827［果類］
ながしま…Ⅱ‐950［穀物類］
なかしみづ…Ⅱ‐950［穀物類］
なかしろ…Ⅱ‐951［穀物類］
ながしゐ…Ⅵ‐827［果類］
なかす…Ⅲ‐409［魚類］
ながせんこく…Ⅱ‐951［穀物類］
ながそのめ…Ⅲ‐409［魚類］
なかそより…Ⅱ‐951［穀物類］
なかそろ…Ⅱ‐951［穀物類］
なかだ…Ⅱ‐951［穀物類］
ながだいこん…Ⅵ‐503［菜類］
なかたうからし…Ⅵ‐503［菜類］
なかたうがらし…Ⅵ‐503［菜類］
ながたち…Ⅲ‐409［魚類］
ながたて…Ⅵ‐503［菜類］
ながたないを…Ⅲ‐410［魚類］
ながたなうを…Ⅲ‐410［魚類］
ながたに…Ⅱ‐951［穀物類］
ながたのり…Ⅴ‐1091［野生植物］
ながたはこ…Ⅴ‐1092［野生植物］
なかたひえ…Ⅱ‐951［穀物類］
なかだひへ…Ⅱ‐952［穀物類］
なかたろかき…Ⅵ‐827［果類］
なかたわせ…Ⅱ‐952［穀物類］
なかちこ…Ⅱ‐952［穀物類］
ながちさ…Ⅵ‐503［菜類］
なかつ…Ⅲ‐410［魚類］
なかつがは…Ⅱ‐952［穀物類］
なかつぶ…Ⅲ‐777［貝類］
ながつぶ…Ⅲ‐777［貝類］
なかつほ…Ⅱ‐952［穀物類］

なかつぼ…Ⅱ‐952［穀物類］
なかつほぎれ…Ⅱ‐952［穀物類］
ながつら…Ⅶ‐442［樹木類］
なかて…Ⅱ‐952［穀物類］
なかて…Ⅱ‐953［穀物類］
なかて…Ⅴ‐1092［野生植物］
なかで…Ⅱ‐954［穀物類］
ながて…Ⅱ‐953［穀物類］
ながて…Ⅲ‐410［魚類］
なかてあさ…Ⅴ‐1092［野生植物］
なかてあつき…Ⅱ‐954［穀物類］
なかてあづき…Ⅱ‐954［穀物類］
なかであつき…Ⅱ‐954［穀物類］
なかであづき…Ⅱ‐954［穀物類］
なかてあは…Ⅱ‐954［穀物類］
なかてあぶらえ…Ⅱ‐954［穀物類］
なかてあをまめ…Ⅱ‐955［穀物類］
なかていね…Ⅱ‐955［穀物類］
なかでいね…Ⅱ‐955［穀物類］
なかておほむぎ…Ⅱ‐955［穀物類］
なかてきひ…Ⅱ‐955［穀物類］
なかてきび…Ⅱ‐955［穀物類］
ながてきひ…Ⅱ‐955［穀物類］
なかてくまのかいちう…Ⅱ‐955［穀物類］
なかでくろあは…Ⅱ‐955［穀物類］
なかてくろまめ…Ⅱ‐956［穀物類］
なかてけしろ…Ⅱ‐956［穀物類］
なかてこむき…Ⅱ‐956［穀物類］
なかてこむぎ…Ⅱ‐956［穀物類］
なかてしろ…Ⅱ‐956［穀物類］
なかてしろまめ…Ⅱ‐956［穀物類］
なかてなすひ…Ⅵ‐503［菜類］
なかてひえ…Ⅱ‐956［穀物類］
なかてひへ…Ⅱ‐957［穀物類］
なかてびへ…Ⅱ‐957［穀物類］
なかてひゑ…Ⅱ‐957［穀物類］
なかてふちまめ…Ⅱ‐957［穀物類］
なかてふるそ…Ⅱ‐957［穀物類］

なかてぼろ…Ⅱ‐957［穀物類］
なかてまめ…Ⅱ‐957［穀物類］
なかてまめ…Ⅱ‐958［穀物類］
なかでまめ…Ⅱ‐958［穀物類］
ながてまめ…Ⅱ‐958［穀物類］
なかでむぎ…Ⅱ‐958［穀物類］
なかてもち…Ⅱ‐958［穀物類］
なかてもちあは…Ⅱ‐958［穀物類］
なかてもちいね…Ⅱ‐958［穀物類］
なかてもちおかぼ…Ⅱ‐959［穀物類］
ながとうからし…Ⅵ‐503［菜類］
ながとうからし…Ⅵ‐504［菜類］
ながとまめ…Ⅱ‐959［穀物類］
ながな…Ⅵ‐504［菜類］
なかなくさ…Ⅴ‐1092［野生植物］
なかなす…Ⅵ‐504［菜類］
ながなす…Ⅵ‐504［菜類］
なかなすひ…Ⅵ‐504［菜類］
ながなすひ…Ⅵ‐504［菜類］
ながなすひ…Ⅵ‐505［菜類］
ながなすび…Ⅵ‐505［菜類］
なかなんはん…Ⅵ‐505［菜類］
なかなんばん…Ⅵ‐505［菜類］
ながなんはん…Ⅵ‐506［菜類］
ながなんばん…Ⅵ‐506［菜類］
なかにし…Ⅲ‐777［貝類］
ながにし…Ⅲ‐777［貝類］
ながねいも…Ⅵ‐506［菜類］
なかのひへ…Ⅱ‐959［穀物類］
ながのり…Ⅴ‐1092［野生植物］
ながば…Ⅶ‐442［樹木類］
ながはけ…Ⅵ‐506［菜類］
ながばすみれ…Ⅴ‐1092［野生植物］
ながはだか…Ⅱ‐959［穀物類］
なかはちぐわつ…Ⅱ‐959［穀物類］
ながばやなぎ…Ⅶ‐442［樹木類］
なかひえ…Ⅱ‐959［穀物類］
ながひじき…Ⅴ‐1092［野生植物］

な

ながびな…Ⅲ‐777［貝類］
なかびやうたん…Ⅵ‐506［菜類］
ながびよつた…Ⅵ‐506［菜類］
ながひらささけ…Ⅱ‐959［穀物類］
なかひろあわ…Ⅱ‐960［穀物類］
ながふくべ…Ⅵ‐506［菜類］
なかふくら…Ⅱ‐960［穀物類］
なかふぐら…Ⅱ‐960［穀物類］
なかぶくら…Ⅱ‐960［穀物類］
なかふくり…Ⅱ‐960［穀物類］
ながふぐり…Ⅱ‐960［穀物類］
ながふけ…Ⅱ‐960［穀物類］
なかふとり…Ⅵ‐507［菜類］
なかへ…Ⅱ‐961［穀物類］
なかほ…Ⅱ‐961［穀物類］
ながほ…Ⅱ‐961［穀物類］
ながぼ…Ⅱ‐961［穀物類］
ながほあわ…Ⅱ‐961［穀物類］
なかほくこく…Ⅱ‐961［穀物類］
ながほし…Ⅱ‐961［穀物類］
ながほもち…Ⅱ‐962［穀物類］
なかまめ…Ⅱ‐962［穀物類］
なかみたれ…Ⅱ‐962［穀物類］
なかむき…Ⅱ‐962［穀物類］
なかむぎ…Ⅱ‐962［穀物類］
ながむき…Ⅱ‐962［穀物類］
ながむぎ…Ⅱ‐962［穀物類］
なかむしいちこ…Ⅵ‐827［果類］
ながむしいちこ…Ⅴ‐1093［野生植物］
なかむめ…Ⅵ‐827［果類］
なかむら…Ⅱ‐962［穀物類］
なかむらばやり…Ⅱ‐963［穀物類］
なかむらもち…Ⅱ‐963［穀物類］
なかめ…Ⅲ‐410［魚類］
ながめ…Ⅲ‐410［魚類］
なかも…Ⅴ‐1093［野生植物］
ながも…Ⅵ‐507［菜類］
ながもち…Ⅱ‐963［穀物類］

ながもろこし…Ⅱ‐963［穀物類］
ながゆうがほ…Ⅵ‐507［菜類］
なかゆふがほ…Ⅵ‐507［菜類］
ながゆふかほ…Ⅵ‐507［菜類］
なから…Ⅱ‐963［穀物類］
なから…Ⅵ‐507［菜類］
ながら…Ⅱ‐963［穀物類］
ながら…Ⅵ‐508［菜類］
なからすき…Ⅱ‐963［穀物類］
ながらみ…Ⅲ‐778［貝類］
なからめ…Ⅲ‐778［貝類］
なからも…Ⅴ‐1093［野生植物］
なかれ…Ⅱ‐963［穀物類］
ながれ…Ⅱ‐963［穀物類］
なかれかい…Ⅲ‐778［貝類］
ながれかき…Ⅵ‐828［果類］
なかれこ…Ⅲ‐778［貝類］
ながれこ…Ⅲ‐778［貝類］
ながれんぼ…Ⅴ‐1093［野生植物］
なかわせ…Ⅱ‐964［穀物類］
ながゑ…Ⅱ‐964［穀物類］
なかを…Ⅱ‐964［穀物類］
ながを…Ⅱ‐964［穀物類］
ながを…Ⅵ‐508［菜類］
ながをはだか…Ⅱ‐964［穀物類］
なき…Ⅴ‐1093［野生植物］
なき…Ⅶ‐443［樹木類］
なぎ…Ⅴ‐1093［野生植物］
なぎ…Ⅴ‐1094［野生植物］
なぎ…Ⅶ‐443［樹木類］
なきいし…Ⅵ‐41［金・石・土・水類］
なきくさ…Ⅴ‐1094［野生植物］
なぎぐさ…Ⅴ‐1094［野生植物］
なきご…Ⅲ‐778［貝類］
なぎこ…Ⅲ‐778［貝類］
なぎさかい…Ⅲ‐779［貝類］
なきなし…Ⅴ‐1094［野生植物］
なぎなたかうじゆ…Ⅴ‐1094［野生植物］

| | |
|---|---|
| なきなたこうしゆ…Ⅴ - 1094 ［野生植物］ | なじみくさ…Ⅴ - 1096 ［野生植物］ |
| なきのき…Ⅶ - 443 ［樹木類］ | なじみくさ…Ⅵ - 508 ［菜類］ |
| なぎのき…Ⅶ - 443 ［樹木類］ | なじら…Ⅶ - 444 ［樹木類］ |
| なきのは…Ⅶ - 443 ［樹木類］ | なす…Ⅵ - 509 ［菜類］ |
| なきり…Ⅲ - 410 ［魚類］ | なすから…Ⅴ - 1097 ［野生植物］ |
| なきり…Ⅲ - 411 ［魚類］ | なすからくさ…Ⅴ - 1097 ［野生植物］ |
| なきり…Ⅴ - 1095 ［野生植物］ | なすたけ…Ⅵ - 186 ［菌・茸類］ |
| なきりかや…Ⅴ - 1095 ［野生植物］ | なすな…Ⅴ - 1097 ［野生植物］ |
| なきりくさ…Ⅴ - 1095 ［野生植物］ | なすな…Ⅵ - 509 ［菜類］ |
| なきりさう…Ⅴ - 1095 ［野生植物］ | なずな…Ⅴ - 1097 ［野生植物］ |
| なきりそう…Ⅴ - 1095 ［野生植物］ | なずな…Ⅵ - 509 ［菜類］ |
| なくいもちあは…Ⅱ - 964 ［穀物類］ | なすなのは…Ⅶ - 849 ［救荒動植物類］ |
| なくり…Ⅲ - 411 ［魚類］ | なすひ…Ⅵ - 509 ［菜類］ |
| なぐり…Ⅲ - 411 ［魚類］ | なすび…Ⅴ - 1097 ［野生植物］ |
| なけさや…Ⅴ - 1095 ［野生植物］ | なすび…Ⅵ - 509 ［菜類］ |
| なけざや…Ⅱ - 964 ［穀物類］ | なすび…Ⅵ - 510 ［菜類］ |
| なこや…Ⅱ - 965 ［穀物類］ | なすひくさ…Ⅴ - 1097 ［野生植物］ |
| なこや…Ⅴ - 1095 ［野生植物］ | なすもち…Ⅱ - 965 ［穀物類］ |
| なこや…Ⅵ - 508 ［菜類］ | なせす…Ⅲ - 779 ［貝類］ |
| なごや…Ⅱ - 965 ［穀物類］ | なせず…Ⅲ - 779 ［貝類］ |
| なごや…Ⅲ - 411 ［魚類］ | なせんそう…Ⅴ - 1098 ［野生植物］ |
| なごや…Ⅴ - 1096 ［野生植物］ | なぞ…Ⅱ - 965 ［穀物類］ |
| なごや…Ⅵ - 508 ［菜類］ | なぞな…Ⅵ - 510 ［菜類］ |
| なごやぎろ…Ⅲ - 411 ［魚類］ | なたあてぎうを…Ⅲ - 412 ［魚類］ |
| なごやな…Ⅴ - 1096 ［野生植物］ | なたかい…Ⅲ - 779 ［貝類］ |
| なこやなかて…Ⅱ - 965 ［穀物類］ | なたかしら…Ⅲ - 412 ［魚類］ |
| なこやふく…Ⅲ - 411 ［魚類］ | なたかひ…Ⅲ - 779 ［貝類］ |
| なごやふぐ…Ⅲ - 412 ［魚類］ | なたきらひ…Ⅶ - 444 ［樹木類］ |
| なこやふり…Ⅵ - 508 ［菜類］ | なたきり…Ⅱ - 965 ［穀物類］ |
| なこらん…Ⅴ - 1096 ［野生植物］ | なたくさ…Ⅴ - 1098 ［野生植物］ |
| なごらん…Ⅴ - 1096 ［野生植物］ | なたくま…Ⅶ - 445 ［樹木類］ |
| なざくら…Ⅴ - 1096 ［野生植物］ | なたささけ…Ⅱ - 965 ［穀物類］ |
| なし…Ⅵ - 828 ［果類］ | なたささけ…Ⅵ - 510 ［菜類］ |
| なし…Ⅶ - 444 ［樹木類］ | なたささげ…Ⅱ - 966 ［穀物類］ |
| なしのき…Ⅶ - 444 ［樹木類］ | なだささけ…Ⅱ - 966 ［穀物類］ |
| なしのき…Ⅶ - 849 ［救荒動植物類］ | なださきげ…Ⅱ - 966 ［穀物類］ |
| なしのきもたし…Ⅵ - 186 ［菌・茸類］ | なたね…Ⅴ - 1098 ［野生植物］ |
| なしほうそ…Ⅶ - 444 ［樹木類］ | なたほ…Ⅱ - 966 ［穀物類］ |

な

なたまめ…Ⅱ‐966 ［穀物類］
なたまめ…Ⅱ‐967 ［穀物類］
なたまめ…Ⅴ‐1098 ［野生植物］
なたまめ…Ⅵ‐511 ［菜類］
なだみま…Ⅶ‐445 ［樹木類］
なたれ…Ⅱ‐967 ［穀物類］
なぢはな…Ⅴ‐1150 ［野生植物］
なつ…Ⅱ‐967 ［穀物類］
なつ…Ⅴ‐1098 ［野生植物］
なつあきまめ…Ⅱ‐967 ［穀物類］
なつあつき…Ⅱ‐968 ［穀物類］
なつあづき…Ⅱ‐968 ［穀物類］
なつあは…Ⅱ‐968 ［穀物類］
なつあり…Ⅵ‐828 ［果類］
なつあわ…Ⅱ‐969 ［穀物類］
なつあをき…Ⅶ‐445 ［樹木類］
なついも…Ⅵ‐511 ［菜類］
なつかそら…Ⅴ‐1098 ［野生植物］
なつかぶ…Ⅵ‐511 ［菜類］
なつかれくさ…Ⅴ‐1099 ［野生植物］
なつかんとう…Ⅴ‐1099 ［野生植物］
なつかんとう…Ⅵ‐828 ［果類］
なつがんどう…Ⅴ‐1099 ［野生植物］
なつきく…Ⅴ‐1099 ［野生植物］
なつきく…Ⅴ‐1100 ［野生植物］
なつきねり…Ⅵ‐829 ［果類］
なつくさ…Ⅴ‐1100 ［野生植物］
なつくさ…Ⅶ‐849 ［救荒動植物類］
なつぐみ…Ⅵ‐829 ［果類］
なつくるみ…Ⅶ‐445 ［樹木類］
なつくろぎ…Ⅶ‐445 ［樹木類］
なつくろまめ…Ⅱ‐969 ［穀物類］
なつこほう…Ⅵ‐511 ［菜類］
なつさくら…Ⅶ‐445 ［樹木類］
なつささけ…Ⅱ‐969 ［穀物類］
なつささげ…Ⅱ‐969 ［穀物類］
なつしらず…Ⅴ‐1100 ［野生植物］
なつすいせん…Ⅴ‐1100 ［野生植物］

なつずいせん…Ⅴ‐1101 ［野生植物］
なつすかし…Ⅴ‐1101 ［野生植物］
なつずかし…Ⅴ‐1101 ［野生植物］
なつだいこん…Ⅵ‐511 ［菜類］
なつだいこん…Ⅵ‐512 ［菜類］
なつたかまめ…Ⅱ‐969 ［穀物類］
なつちさ…Ⅵ‐512 ［菜類］
なつつた…Ⅴ‐1101 ［野生植物］
なつづた…Ⅴ‐1101 ［野生植物］
なつつばき…Ⅶ‐445 ［樹木類］
なつて…Ⅶ‐446 ［樹木類］
なつとうまめ…Ⅱ‐970 ［穀物類］
なつな…Ⅴ‐1101 ［野生植物］
なつな…Ⅴ‐1102 ［野生植物］
なつな…Ⅵ‐512 ［菜類］
なつな…Ⅵ‐513 ［菜類］
なつな…Ⅶ‐849 ［救荒動植物類］
なづな…Ⅴ‐1102 ［野生植物］
なづな…Ⅵ‐513 ［菜類］
なづな…Ⅶ‐849 ［救荒動植物類］
なつなし…Ⅵ‐829 ［果類］
なつなのは…Ⅶ‐849 ［救荒動植物類］
なつねふか…Ⅵ‐513 ［菜類］
なつのほり…Ⅲ‐412 ［魚類］
なつはせ…Ⅵ‐829 ［果類］
なつはせ…Ⅶ‐446 ［樹木類］
なつはぜ…Ⅶ‐446 ［樹木類］
なつはぜのみ…Ⅶ‐849 ［救荒動植物類］
なつはつたけ…Ⅵ‐186 ［菌・茸類］
なつひえ…Ⅱ‐970 ［穀物類］
なつひともし…Ⅵ‐514 ［菜類］
なつひへ…Ⅱ‐970 ［穀物類］
なつふし…Ⅴ‐1102 ［野生植物］
なつふじ…Ⅴ‐1103 ［野生植物］
なつふじ…Ⅶ‐446 ［樹木類］
なつまき…Ⅱ‐970 ［穀物類］
なつまきあづき…Ⅱ‐970 ［穀物類］
なつまきしろあづき…Ⅱ‐970 ［穀物類］

なつまめ…Ⅱ-970［穀物類］
なつまめ…Ⅱ-971［穀物類］
なつみかん…Ⅵ-830［果類］
なつみつかん…Ⅵ-830［果類］
なつみやうか…Ⅵ-514［菜類］
なつみやうが…Ⅴ-1103［野生植物］
なつむめ…Ⅵ-830［果類］
なつめ…Ⅵ-830［果類］
なつめ…Ⅵ-831［果類］
なつめ…Ⅶ-447［樹木類］
なつめうか…Ⅵ-514［菜類］
なつめうが…Ⅵ-514［菜類］
なつめかき…Ⅵ-831［果類］
なつめのき…Ⅶ-447［樹木類］
なつも…Ⅴ-1103［野生植物］
なつもじ…Ⅶ-447［樹木類］
なつもちあは…Ⅱ-971［穀物類］
なつもも…Ⅵ-831［果類］
なつもも…Ⅶ-447［樹木類］
なつやま…Ⅱ-971［穀物類］
なつゆき…Ⅴ-1103［野生植物］
なでし…Ⅴ-1103［野生植物］
なてしこ…Ⅴ-1103［野生植物］
なてしこ…Ⅴ-1104［野生植物］
なでしこ…Ⅴ-1104［野生植物］
なでしこがい…Ⅲ-779［貝類］
なてしこかひ…Ⅲ-779［貝類］
なでしのは…Ⅶ-850［救荒動植物類］
なてんさくら…Ⅶ-447［樹木類］
なでんさくら…Ⅶ-447［樹木類］
なてんのさくら…Ⅶ-448［樹木類］
なとめくさ…Ⅴ-1104［野生植物］
ななかいさう…Ⅴ-1104［野生植物］
ななかふ…Ⅱ-972［穀物類］
ななかま…Ⅶ-448［樹木類］
ななかまて…Ⅶ-448［樹木類］
ななかまと…Ⅶ-448［樹木類］
ななかまど…Ⅶ-448［樹木類］

ななかまど…Ⅶ-449［樹木類］
ななかまとのき…Ⅶ-449［樹木類］
ななくだし…Ⅶ-449［樹木類］
ななこくあつき…Ⅱ-972［穀物類］
ななこくむぎ…Ⅱ-972［穀物類］
ななころび…Ⅶ-449［樹木類］
ななしのき…Ⅶ-449［樹木類］
ななじふにちひえ…Ⅱ-972［穀物類］
ななしゆのき…Ⅶ-450［樹木類］
ななせがは…Ⅱ-972［穀物類］
ななせごり…Ⅲ-412［魚類］
ななちやささげ…Ⅱ-972［穀物類］
ななつこ…Ⅱ-972［穀物類］
ななつてら…Ⅱ-973［穀物類］
ななつなり…Ⅵ-514［菜類］
ななつなりなんはん…Ⅵ-515［菜類］
ななつはなんばん…Ⅵ-515［菜類］
ななつめ…Ⅲ-412［魚類］
ななとうかい…Ⅴ-1105［野生植物］
ななとうぐり…Ⅴ-1105［野生植物］
ななとうはな…Ⅴ-1105［野生植物］
ななとく…Ⅱ-973［穀物類］
ななねしり…Ⅱ-973［穀物類］
ななねじり…Ⅱ-973［穀物類］
ななねぢり…Ⅱ-973［穀物類］
ななふし…Ⅴ-1105［野生植物］
ななふしさう…Ⅴ-1105［野生植物］
ななふしのほり…Ⅴ-1105［野生植物］
ななへ…Ⅴ-1106［野生植物］
ななへくさ…Ⅴ-1106［野生植物］
ななへはな…Ⅴ-1106［野生植物］
ななへもん…Ⅵ-831［果類］
ななほ…Ⅱ-973［穀物類］
ななほしうを…Ⅲ-412［魚類］
ななまど…Ⅶ-450［樹木類］
ななみ…Ⅶ-450［樹木類］
ななみのき…Ⅶ-450［樹木類］
ななむちり…Ⅱ-973［穀物類］

- 301 -

な

| | |
|---|---|
| ななめ…Ⅶ-450［樹木類］ | なべかうしたけ…Ⅵ-186［菌・茸類］ |
| ななもじれ…Ⅱ-973［穀物類］ | なべかじか…Ⅲ-413［魚類］ |
| ななもぢり…Ⅱ-974［穀物類］ | なべかちか…Ⅲ-413［魚類］ |
| なにうこき…Ⅵ-515［菜類］ | なべかぢか…Ⅲ-414［魚類］ |
| なには…Ⅵ-831［果類］ | なべかぶり…Ⅱ-975［穀物類］ |
| なにわ…Ⅵ-832［果類］ | なべかぶりもち…Ⅱ-975［穀物類］ |
| なにわせ…Ⅱ-974［穀物類］ | なべから…Ⅱ-975［穀物類］ |
| なのかがう…Ⅱ-974［穀物類］ | なべからし…Ⅴ-1107［野生植物］ |
| なのかがれ…Ⅴ-1106［野生植物］ | なべくさ…Ⅴ-1107［野生植物］ |
| なのかたらう…Ⅲ-413［魚類］ | なべくさらかし…Ⅲ-414［魚類］ |
| なのかたろう…Ⅲ-413［魚類］ | なべこ…Ⅲ-414［魚類］ |
| なのかどうろ…Ⅴ-1106［野生植物］ | なべこすり…Ⅱ-975［穀物類］ |
| なのかひえ…Ⅱ-974［穀物類］ | なべころげ…Ⅴ-1108［野生植物］ |
| なのかひゑ…Ⅱ-974［穀物類］ | なべさけ…Ⅱ-976［穀物類］ |
| なのかわせ…Ⅱ-974［穀物類］ | なべさげ…Ⅱ-976［穀物類］ |
| なのは…Ⅶ-850［救荒動植物類］ | なべささげ…Ⅱ-976［穀物類］ |
| なのはもたし…Ⅵ-186［菌・茸類］ | なべしま…Ⅴ-1108［野生植物］ |
| なのり…Ⅴ-1106［野生植物］ | なべたけ…Ⅵ-186［菌・茸類］ |
| なのりそ…Ⅴ-1106［野生植物］ | なへたをし…Ⅶ-451［樹木類］ |
| なのりそ…Ⅴ-1107［野生植物］ | なべつる…Ⅱ-976［穀物類］ |
| なのりつふ…Ⅲ-780［貝類］ | なべとうし…Ⅶ-451［樹木類］ |
| なはさば…Ⅲ-413［魚類］ | なへとり…Ⅱ-976［穀物類］ |
| なはしろくみ…Ⅵ-832［果類］ | なべとり…Ⅱ-976［穀物類］ |
| なはしろくみ…Ⅶ-450［樹木類］ | なべとりくさ…Ⅴ-1108［野生植物］ |
| なはしろぐみ…Ⅵ-832［果類］ | なべなぐりたけ…Ⅵ-186［菌・茸類］ |
| なはしろぐみ…Ⅶ-450［樹木類］ | なべのふた…Ⅲ-414［魚類］ |
| なはしろここみ…Ⅴ-1107［野生植物］ | なべはりき…Ⅶ-451［樹木類］ |
| なはしろだいこん…Ⅵ-515［菜類］ | なへひき…Ⅱ-976［穀物類］ |
| なはしろつつじ…Ⅶ-451［樹木類］ | なべひき…Ⅱ-976［穀物類］ |
| なはしろひゑ…Ⅱ-974［穀物類］ | なべびき…Ⅱ-976［穀物類］ |
| なはた…Ⅱ-975［穀物類］ | なへもと…Ⅴ-1108［野生植物］ |
| なはたさき…Ⅱ-975［穀物類］ | なべやこ…Ⅶ-451［樹木類］ |
| なはな…Ⅴ-1107［野生植物］ | なへよこし…Ⅱ-976［穀物類］ |
| なはもつれ…Ⅲ-413［魚類］ | なべよこし…Ⅱ-976［穀物類］ |
| なふさは…Ⅲ-413［魚類］ | なべよごし…Ⅱ-977［穀物類］ |
| なへあさ…Ⅴ-1107［野生植物］ | なべり…Ⅱ-977［穀物類］ |
| なべかうし…Ⅱ-975［穀物類］ | なへわか…Ⅶ-451［樹木類］ |
| なべかうし…Ⅴ-1107［野生植物］ | なへわり…Ⅱ-977［穀物類］ |

| | |
|---|---|
| なへわり…Ⅲ - 414［魚類］ | なみくろ…Ⅱ - 978［穀物類］ |
| なべわり…Ⅱ - 977［穀物類］ | なみこ…Ⅲ - 780［貝類］ |
| なべわり…Ⅲ - 414［魚類］ | なみさ…Ⅵ - 515［菜類］ |
| なべわり…Ⅴ - 1108［野生植物］ | なみのうを…Ⅲ - 416［魚類］ |
| なほありま…Ⅱ - 977［穀物類］ | なみのこ…Ⅲ - 780［貝類］ |
| なほたけ…Ⅵ - 82［竹・笹類］ | なみのこかひ…Ⅲ - 781［貝類］ |
| なまい…Ⅶ - 451［樹木類］ | なみはな…Ⅴ - 1110［野生植物］ |
| なまかぶら…Ⅶ - 452［樹木類］ | なみまかしはかひ…Ⅲ - 781［貝類］ |
| なまき…Ⅱ - 978［穀物類］ | なむき…Ⅴ - 1110［野生植物］ |
| なます…Ⅱ - 978［穀物類］ | なむしやかかひ…Ⅲ - 781［貝類］ |
| なます…Ⅲ - 414［魚類］ | なむてん…Ⅶ - 452［樹木類］ |
| なます…Ⅲ - 415［魚類］ | なむみ…Ⅴ - 1110［野生植物］ |
| なまず…Ⅱ - 978［穀物類］ | なめうを…Ⅲ - 417［魚類］ |
| なまず…Ⅲ - 415［魚類］ | なめくれ…Ⅲ - 417［魚類］ |
| なまずかや…Ⅴ - 1108［野生植物］ | なめこ…Ⅵ - 187［菌・茸類］ |
| なますはな…Ⅴ - 1108［野生植物］ | なめしかづら…Ⅴ - 1110［野生植物］ |
| なまたうふ…Ⅶ - 452［樹木類］ | なめしかふ…Ⅴ - 1110［野生植物］ |
| なまたらふ…Ⅴ - 1109［野生植物］ | なめすすき…Ⅵ - 187［菌・茸類］ |
| なまたれ…Ⅲ - 415［魚類］ | なめた…Ⅴ - 1110［野生植物］ |
| なまだれ…Ⅲ - 415［魚類］ | なめたけ…Ⅵ - 187［菌・茸類］ |
| なまつ…Ⅲ - 415［魚類］ | なめたれ…Ⅲ - 417［魚類］ |
| なまつ…Ⅲ - 416［魚類］ | なめつぶ…Ⅲ - 781［貝類］ |
| なまづ…Ⅱ - 978［穀物類］ | なめとこ…Ⅴ - 1110［野生植物］ |
| なまづ…Ⅲ - 416［魚類］ | なめのうを…Ⅲ - 417［魚類］ |
| なまづかや…Ⅴ - 1109［野生植物］ | なめら…Ⅲ - 417［魚類］ |
| なまつな…Ⅴ - 1109［野生植物］ | なめらいふく…Ⅲ - 417［魚類］ |
| なまづな…Ⅴ - 1109［野生植物］ | なめらく…Ⅲ - 417［魚類］ |
| なまづのひけ…Ⅴ - 1109［野生植物］ | なめらく…Ⅲ - 418［魚類］ |
| なまづゆり…Ⅴ - 1109［野生植物］ | なめらひがん…Ⅲ - 418［魚類］ |
| なまとう…Ⅲ - 416［魚類］ | なめらふく…Ⅲ - 418［魚類］ |
| なまとうふ…Ⅶ - 452［樹木類］ | なめり…Ⅲ - 418［魚類］ |
| なまへ…Ⅶ - 452［樹木類］ | なめり…Ⅵ - 187［菌・茸類］ |
| なまり…Ⅵ - 41［金・石・土・水類］ | なめりはぜ…Ⅲ - 418［魚類］ |
| なみあそひ…Ⅲ - 780［貝類］ | なめりふぐ…Ⅲ - 418［魚類］ |
| なみあそび…Ⅲ - 780［貝類］ | なめりぶく…Ⅲ - 419［魚類］ |
| なみかたちのを…Ⅱ - 978［穀物類］ | なめんたも…Ⅴ - 1111［野生植物］ |
| なみかひ…Ⅲ - 780［貝類］ | なめんだも…Ⅴ - 1111［野生植物］ |
| なみくぐり…Ⅱ - 978［穀物類］ | なもたし…Ⅵ - 187［菌・茸類］ |

な

なもとこ…Ⅵ - 515 ［菜類］
なもみ…Ⅴ - 1111 ［野生植物］
なもめ…Ⅴ - 1111 ［野生植物］
なもめ…Ⅴ - 1112 ［野生植物］
なもめ…Ⅶ - 452 ［樹木類］
なもめくさ…Ⅴ - 1112 ［野生植物］
なもんかう…Ⅴ - 1112 ［野生植物］
なやすげ…Ⅴ - 1112 ［野生植物］
なよし…Ⅲ - 419 ［魚類］
なよせさくら…Ⅶ - 453 ［樹木類］
なよたけ…Ⅵ - 82 ［竹・笹類］
なら…Ⅱ - 978 ［穀物類］
なら…Ⅵ - 832 ［果類］
なら…Ⅶ - 453 ［樹木類］
なら…Ⅶ - 850 ［救荒動植物類］
ならかしは…Ⅶ - 453 ［樹木類］
ならぎ…Ⅶ - 453 ［樹木類］
ならぎき…Ⅶ - 453 ［樹木類］
ならくろ…Ⅱ - 979 ［穀物類］
ならさば…Ⅲ - 419 ［魚類］
ならす…Ⅱ - 979 ［穀物類］
ならたくさ…Ⅴ - 1112 ［野生植物］
ならたけ…Ⅵ - 188 ［菌・茸類］
ならとこ…Ⅶ - 453 ［樹木類］
ならのき…Ⅶ - 454 ［樹木類］
ならのきもたし…Ⅵ - 188 ［菌・茸類］
ならのきもたせ…Ⅵ - 188 ［菌・茸類］
ならのは…Ⅶ - 850 ［救荒動植物類］
ならのはいし…Ⅵ - 41 ［金・石・土・水類］
ならのみ…Ⅶ - 850 ［救荒動植物類］
ならほうき…Ⅶ - 454 ［樹木類］
ならほうす…Ⅶ - 454 ［樹木類］
ならほうは…Ⅶ - 454 ［樹木類］
ならまき…Ⅵ - 832 ［果類］
ならまき…Ⅶ - 454 ［樹木類］
ならまつこ…Ⅶ - 454 ［樹木類］
ならもたし…Ⅵ - 188 ［菌・茸類］
ならもたせ…Ⅵ - 188 ［菌・茸類］

ならもちあわ…Ⅱ - 979 ［穀物類］
ならもば…Ⅴ - 1112 ［野生植物］
ならわせ…Ⅱ - 979 ［穀物類］
なりこ…Ⅱ - 979 ［穀物類］
なりこきび…Ⅱ - 979 ［穀物類］
なりこもち…Ⅱ - 979 ［穀物類］
なりころき…Ⅱ - 980 ［穀物類］
なりひらたけ…Ⅵ - 82 ［竹・笹類］
なる…Ⅲ - 419 ［魚類］
なるこふり…Ⅵ - 515 ［菜類］
なるこゆり…Ⅴ - 1113 ［野生植物］
なるて…Ⅶ - 455 ［樹木類］
なるてん…Ⅶ - 455 ［樹木類］
なると…Ⅶ - 455 ［樹木類］
なるはじかみ…Ⅵ - 516 ［菜類］
なるみ…Ⅱ - 980 ［穀物類］
なるみさんぐわつ…Ⅱ - 980 ［穀物類］
なるみちこ…Ⅱ - 980 ［穀物類］
なれなれなすひ…Ⅵ - 516 ［菜類］
なれなれなすび…Ⅵ - 516 ［菜類］
なわいけ…Ⅵ - 41 ［金・石・土・水類］
なわくり…Ⅲ - 419 ［魚類］
なわご…Ⅱ - 980 ［穀物類］
なわしろいちご…Ⅴ - 1113 ［野生植物］
なわしろくみ…Ⅵ - 832 ［果類］
なわしろくみ…Ⅶ - 455 ［樹木類］
なわしろぐみ…Ⅵ - 832 ［果類］
なわしろぐみ…Ⅵ - 833 ［果類］
なわしろぐみ…Ⅶ - 455 ［樹木類］
なわしろひえ…Ⅱ - 980 ［穀物類］
なわしろもち…Ⅱ - 980 ［穀物類］
なわすげ…Ⅴ - 1113 ［野生植物］
なわまき…Ⅲ - 419 ［魚類］
なわもつれ…Ⅲ - 420 ［魚類］
なんき…Ⅱ - 981 ［穀物類］
なんきん…Ⅱ - 981 ［穀物類］
なんきん…Ⅴ - 1113 ［野生植物］
なんきん…Ⅵ - 516 ［菜類］

## 総合索引　に

なんきん…Ⅵ - 833［果類］
なんきんあさがほ…Ⅴ - 1113［野生植物］
なんきんかいだう…Ⅶ - 455［樹木類］
なんきんげいとう…Ⅵ - 516［菜類］
なんきんさくろ…Ⅵ - 833［果類］
なんきんざくろ…Ⅵ - 833［果類］
なんきんざくろ…Ⅶ - 455［樹木類］
なんきんささけ…Ⅱ - 981［穀物類］
なんきんささけ…Ⅵ - 516［菜類］
なんきんそば…Ⅱ - 981［穀物類］
なんきんちく…Ⅵ - 83［竹・笹類］
なんきんつつじ…Ⅶ - 456［樹木類］
なんきんな…Ⅵ - 516［菜類］
なんきんな…Ⅵ - 517［菜類］
なんきんふり…Ⅵ - 517［菜類］
なんきんぼうぶら…Ⅵ - 517［菜類］
なんきんまめ…Ⅱ - 981［穀物類］
なんきんまめ…Ⅵ - 517［菜類］
なんきんむめ…Ⅶ - 456［樹木類］
なんきんもち…Ⅱ - 981［穀物類］
なんきんもも…Ⅵ - 833［果類］
なんきんやろく…Ⅱ - 982［穀物類］
なんだ…Ⅲ - 420［魚類］
なんてん…Ⅴ - 1113［野生植物］
なんてん…Ⅶ - 456［樹木類］
なんてん…Ⅶ - 457［樹木類］
なんてんさう…Ⅴ - 1114［野生植物］
なんてんちく…Ⅵ - 83［竹・笹類］
なんどき…Ⅲ - 781［貝類］
なんばこ…Ⅴ - 1114［野生植物］
なんはん…Ⅵ - 517［菜類］
なんばん…Ⅱ - 982［穀物類］
なんばん…Ⅴ - 1114［野生植物］
なんばん…Ⅵ - 517［菜類］
なんばんかき…Ⅵ - 833［果類］
なんばんきひ…Ⅱ - 982［穀物類］
なんばんきび…Ⅱ - 982［穀物類］
なんばんくはんぞう…Ⅴ - 1114［野生植物］

なんばんこくはんぞう…Ⅴ - 1114
　　　　　　　　　　　　［野生植物］
なんばんせり…Ⅴ - 1114［野生植物］
なんばんたうきひ…Ⅱ - 982［穀物類］
なんばんははきき…Ⅵ - 517［菜類］
なんばんははきぎ…Ⅴ - 1114［野生植物］
なんばんもち…Ⅱ - 983［穀物類］
なんぶ…Ⅱ - 983［穀物類］
なんぶささげ…Ⅱ - 983［穀物類］
なんまいのき…Ⅶ - 457［樹木類］
なんめいじ…Ⅱ - 983［穀物類］
なんめいじもち…Ⅱ - 983［穀物類］
なんめうし…Ⅱ - 983［穀物類］
なんめうしわせ…Ⅱ - 983［穀物類］
なんもく…Ⅴ - 1115［野生植物］

## に

にいし…Ⅵ - 41［金・石・土・水類］
にいだ…Ⅱ - 984［穀物類］
にいな…Ⅲ - 782［貝類］
にいない…Ⅲ - 782［貝類］
にいなかひ…Ⅲ - 782［貝類］
にう…Ⅴ - 1116［野生植物］
にう…Ⅶ - 851［救荒動植物類］
にうた…Ⅱ - 984［穀物類］
にうだう…Ⅱ - 984［穀物類］
にうだう…Ⅲ - 421［魚類］
にうだうのはり…Ⅴ - 1116［野生植物］
にうだうはゑ…Ⅲ - 424［魚類］
にうだうふくろ…Ⅴ - 1116［野生植物］
にうとうさう…Ⅴ - 1116［野生植物］
にうどうさう…Ⅴ - 1116［野生植物］
にうとうふくろ…Ⅴ - 1116［野生植物］
にうどうふくろ…Ⅴ - 1116［野生植物］
にうどうもめら…Ⅴ - 1117［野生植物］
にうな…Ⅲ - 782［貝類］
においくさ…Ⅴ - 1117［野生植物］
においなし…Ⅵ - 834［果類］

に

にが…Ⅵ - 834　[果類]
にかいさくら…Ⅶ - 458　[樹木類]
にかいちこ…Ⅵ - 834　[果類]
にかいちご…Ⅵ - 834　[果類]
にがいちこ…Ⅵ - 834　[果類]
にがいちご…Ⅴ - 1117　[野生植物]
にがいばら…Ⅴ - 1117　[野生植物]
にがいも…Ⅴ - 1117　[野生植物]
にかう…Ⅲ - 421　[魚類]
にかうす…Ⅲ - 421　[魚類]
にがうず…Ⅲ - 421　[魚類]
にがかうら…Ⅴ - 1117　[野生植物]
にがかや…Ⅴ - 1117　[野生植物]
にかき…Ⅵ - 834　[果類]
にかき…Ⅶ - 458　[樹木類]
にがき…Ⅶ - 458　[樹木類]
にかく…Ⅱ - 984　[穀物類]
にかくさ…Ⅴ - 1118　[野生植物]
にがくさ…Ⅴ - 1118　[野生植物]
にがくら…Ⅴ - 1118　[野生植物]
にかこ…Ⅵ - 83　[竹・笹類]
にがこ…Ⅱ - 984　[穀物類]
にがこ…Ⅵ - 83　[竹・笹類]
にかこう…Ⅲ - 421　[魚類]
にがごうりかづら…Ⅴ - 1118　[野生植物]
にかこたけ…Ⅵ - 83　[竹・笹類]
にかこのくさ…Ⅴ - 1118　[野生植物]
にかこのくそ…Ⅴ - 1118　[野生植物]
にがこのくそ…Ⅴ - 1118　[野生植物]
にかこふん…Ⅴ - 1119　[野生植物]
にがざこ…Ⅲ - 421　[魚類]
にがさし…Ⅴ - 1119　[野生植物]
にがさしくさ…Ⅴ - 1119　[野生植物]
にかさしくそ…Ⅴ - 1119　[野生植物]
にがぜり…Ⅴ - 1119　[野生植物]
にかそぶろ…Ⅴ - 1119　[野生植物]
にかた…Ⅲ - 421　[魚類]
にかたくさ…Ⅴ - 1119　[野生植物]

にかたけ…Ⅵ - 83　[竹・笹類]
にかたけ…Ⅵ - 518　[菜類]
にがたけ…Ⅵ - 84　[竹・笹類]
にがつこ…Ⅱ - 984　[穀物類]
にがとこ…Ⅶ - 458　[樹木類]
にがところ…Ⅵ - 518　[菜類]
にかな…Ⅴ - 1120　[野生植物]
にがな…Ⅴ - 1120　[野生植物]
にがな…Ⅴ - 1121　[野生植物]
にがな…Ⅵ - 518　[菜類]
にがな…Ⅶ - 851　[救荒動植物類]
にかなくさ…Ⅴ - 1121　[野生植物]
にかにし…Ⅲ - 782　[貝類]
にかはい…Ⅲ - 422　[魚類]
にがはくろう…Ⅵ - 189　[菌・茸類]
にがばくろう…Ⅵ - 189　[菌・茸類]
にがはち…Ⅵ - 518　[菜類]
にかはへ…Ⅲ - 422　[魚類]
にかばへ…Ⅲ - 422　[魚類]
にがはへ…Ⅲ - 422　[魚類]
にかひら…Ⅲ - 422　[魚類]
にかふき…Ⅴ - 1121　[野生植物]
にがふき…Ⅴ - 1121　[野生植物]
にがふき…Ⅵ - 518　[菜類]
にがふた…Ⅲ - 422　[魚類]
にがぶた…Ⅶ - 458　[樹木類]
にかふつ…Ⅴ - 1121　[野生植物]
にかぶつ…Ⅴ - 1122　[野生植物]
にがふつ…Ⅴ - 1121　[野生植物]
にかふな…Ⅲ - 423　[魚類]
にがふな…Ⅲ - 423　[魚類]
にがぶな…Ⅲ - 423　[魚類]
にがふり…Ⅵ - 834　[果類]
にかむめ…Ⅵ - 835　[果類]
にがむめ…Ⅵ - 835　[果類]
にがめのき…Ⅶ - 459　[樹木類]
にがも…Ⅴ - 1122　[野生植物]
にかもも…Ⅵ - 835　[果類]

- 306 -

| | |
|---|---|
| にがもも…Ⅵ-835［果類］ | にぐわつぼろ…Ⅱ-987［穀物類］ |
| にがもも…Ⅵ-836［果類］ | にげしりかひ…Ⅲ-782［貝類］ |
| にがもも…Ⅶ-459［樹木類］ | にごい…Ⅲ-423［魚類］ |
| にかゆり…Ⅴ-1122［野生植物］ | にごひ…Ⅲ-423［魚類］ |
| にかゆり…Ⅵ-518［菜類］ | にこもりいわし…Ⅲ-424［魚類］ |
| にがゆり…Ⅴ-1122［野生植物］ | にごりかはひへ…Ⅱ-987［穀物類］ |
| にがゆり…Ⅵ-519［菜類］ | にさい…Ⅲ-424［魚類］ |
| にがゆりさう…Ⅴ-1122［野生植物］ | にさいこ…Ⅲ-424［魚類］ |
| にがよもぎ…Ⅴ-1122［野生植物］ | にざう…Ⅱ-987［穀物類］ |
| にがら…Ⅴ-1122［野生植物］ | にざく…Ⅴ-1123［野生植物］ |
| にからし…Ⅵ-519［菜類］ | にし…Ⅲ-782［貝類］ |
| にかわせ…Ⅱ-984［穀物類］ | にし…Ⅲ-783［貝類］ |
| にがわせ…Ⅱ-984［穀物類］ | にしかい…Ⅲ-783［貝類］ |
| にがわらび…Ⅴ-1123［野生植物］ | にしかうし…Ⅱ-987［穀物類］ |
| にき…Ⅶ-459［樹木類］ | にしかくし…Ⅴ-1123［野生植物］ |
| にきさきからやぶ…Ⅶ-459［樹木類］ | にしかひ…Ⅲ-784［貝類］ |
| にきやう…Ⅴ-1123［野生植物］ | にしかり…Ⅶ-459［樹木類］ |
| にきり…Ⅱ-985［穀物類］ | にしき…Ⅶ-459［樹木類］ |
| にぎり…Ⅱ-985［穀物類］ | にしきかひ…Ⅲ-784［貝類］ |
| にきりかう…Ⅱ-985［穀物類］ | にしきき…Ⅶ-460［樹木類］ |
| にきりきひ…Ⅱ-985［穀物類］ | にしきぎ…Ⅶ-460［樹木類］ |
| にきりこ…Ⅱ-985［穀物類］ | にしきくさ…Ⅴ-1123［野生植物］ |
| にきりこ…Ⅵ-189［菌・茸類］ | にしきそう…Ⅴ-1124［野生植物］ |
| にぎりこ…Ⅱ-985［穀物類］ | にしきづた…Ⅴ-1124［野生植物］ |
| にぎりこひえ…Ⅱ-986［穀物類］ | にしきのき…Ⅶ-460［樹木類］ |
| にきりこひへ…Ⅱ-986［穀物類］ | にしこぎ…Ⅶ-461［樹木類］ |
| にきりこびへ…Ⅱ-986［穀物類］ | にしこぎ…Ⅶ-851［救荒動植物類］ |
| にぎりたけ…Ⅵ-189［菌・茸類］ | にしこへ…Ⅱ-987［穀物類］ |
| にきりつき…Ⅱ-986［穀物類］ | にしこり…Ⅴ-1124［野生植物］ |
| にきりつけ…Ⅱ-986［穀物類］ | にしこり…Ⅵ-836［果類］ |
| にきりひへ…Ⅱ-986［穀物類］ | にしこり…Ⅶ-461［樹木類］ |
| にきりほ…Ⅱ-986［穀物類］ | にしこり…Ⅶ-851［救荒動植物類］ |
| にく…Ⅲ-423［魚類］ | にしごり…Ⅱ-987［穀物類］ |
| にく…Ⅶ-851［救荒動植物類］ | にしごり…Ⅶ-461［樹木類］ |
| にぐ…Ⅴ-1123［野生植物］ | にしこりかき…Ⅵ-836［果類］ |
| にぐ…Ⅶ-851［救荒動植物類］ | にしこりのは…Ⅶ-851［救荒動植物類］ |
| にくけい…Ⅶ-459［樹木類］ | にしこりひゑ…Ⅱ-987［穀物類］ |
| にぐわつこ…Ⅱ-986［穀物類］ | にしたにあは…Ⅱ-988［穀物類］ |

## に

にしつふ…Ⅲ - 784 ［貝類］
にしつぶ…Ⅲ - 784 ［貝類］
にしのおか…Ⅵ - 836 ［果類］
にしのきき…Ⅶ - 461 ［樹木類］
にじふこくかし…Ⅱ - 988 ［穀物類］
にしみの…Ⅱ - 988 ［穀物類］
にしも…Ⅴ - 1124 ［野生植物］
にしやうもち…Ⅱ - 988 ［穀物類］
にしやま…Ⅱ - 988 ［穀物類］
にしり…Ⅱ - 988 ［穀物類］
にじれこむぎ…Ⅱ - 988 ［穀物類］
にしろまめ…Ⅱ - 989 ［穀物類］
にしん…Ⅲ - 424 ［魚類］
にせこく…Ⅱ - 989 ［穀物類］
にたしば…Ⅴ - 1124 ［野生植物］
にたまめ…Ⅱ - 989 ［穀物類］
にたり…Ⅵ - 836 ［果類］
にたり…Ⅶ - 461 ［樹木類］
にたりごしよ…Ⅵ - 837 ［果類］
にたりはつこく…Ⅱ - 989 ［穀物類］
にちげつもも…Ⅵ - 837 ［果類］
にちげつもも…Ⅶ - 461 ［樹木類］
にちたんさう…Ⅴ - 1124 ［野生植物］
にちのこ…Ⅱ - 989 ［穀物類］
にちりんさう…Ⅴ - 1124 ［野生植物］
にちりんさう…Ⅴ - 1125 ［野生植物］
にちりんそう…Ⅴ - 1125 ［野生植物］
につかうそげ…Ⅴ - 1125 ［野生植物］
につくわう…Ⅱ - 989 ［穀物類］
につくわうきすげ…Ⅴ - 1125 ［野生植物］
につくわうまつ…Ⅶ - 462 ［樹木類］
につくわうらん…Ⅴ - 1125 ［野生植物］
につけい…Ⅶ - 462 ［樹木類］
につけいたも…Ⅶ - 462 ［樹木類］
につしゆさう…Ⅴ - 1125 ［野生植物］
につち…Ⅵ - 41 ［金・石・土・水類］
につぼんざんかき…Ⅵ - 837 ［果類］
にどかし…Ⅱ - 989 ［穀物類］

にどなり…Ⅱ - 990 ［穀物類］
にどなりささげ…Ⅱ - 990 ［穀物類］
にとまめ…Ⅱ - 990 ［穀物類］
にどまめ…Ⅱ - 990 ［穀物類］
にどろくぐわつ…Ⅱ - 990 ［穀物類］
にな…Ⅲ - 784 ［貝類］
にな…Ⅶ - 852 ［救荒動植物類］
になすい…Ⅲ - 424 ［魚類］
になすひ…Ⅲ - 424 ［魚類］
にならしゐ…Ⅵ - 837 ［果類］
にねんさう…Ⅴ - 1125 ［野生植物］
にねんまめ…Ⅱ - 990 ［穀物類］
にのき…Ⅱ - 990 ［穀物類］
にのくみ…Ⅴ - 1126 ［野生植物］
にのこめくさ…Ⅴ - 1126 ［野生植物］
には…Ⅶ - 462 ［樹木類］
にはからし…Ⅴ - 1126 ［野生植物］
にはくさ…Ⅴ - 1126 ［野生植物］
にはさくら…Ⅴ - 1126 ［野生植物］
にはさくら…Ⅵ - 837 ［果類］
にはさくら…Ⅶ - 462 ［樹木類］
にはさくら…Ⅶ - 463 ［樹木類］
にはすぎ…Ⅴ - 1126 ［野生植物］
にはたたき…Ⅶ - 852 ［救荒動植物類］
にはたまり…Ⅱ - 991 ［穀物類］
にはだまり…Ⅱ - 991 ［穀物類］
にはちや…Ⅶ - 463 ［樹木類］
にはとこ…Ⅴ - 1126 ［野生植物］
にはとこ…Ⅶ - 463 ［樹木類］
にはとこ…Ⅶ - 464 ［樹木類］
にはとりくさ…Ⅴ - 1127 ［野生植物］
にはふぢ…Ⅴ - 1127 ［野生植物］
にはむめ…Ⅵ - 837 ［果類］
にはむめ…Ⅵ - 838 ［果類］
にはむめ…Ⅶ - 464 ［樹木類］
にはやなぎ…Ⅴ - 1127 ［野生植物］
にはやなぎ…Ⅶ - 464 ［樹木類］
にはやなぎ…Ⅶ - 852 ［救荒動植物類］

| | |
|---|---|
| にはん…Ⅱ - 991 ［穀物類］ | によい…Ⅴ - 1128 ［野生植物］ |
| にばんぐろ…Ⅱ - 991 ［穀物類］ | によらいもち…Ⅱ - 994 ［穀物類］ |
| にばんささら…Ⅱ - 991 ［穀物類］ | により…Ⅱ - 994 ［穀物類］ |
| にばんすぬけ…Ⅱ - 991 ［穀物類］ | によゐ…Ⅴ - 1128 ［野生植物］ |
| にばんたいたう…Ⅱ - 992 ［穀物類］ | にら…Ⅴ - 1128 ［野生植物］ |
| にばんつるさき…Ⅱ - 992 ［穀物類］ | にら…Ⅵ - 519 ［菜類］ |
| にばんはちこく…Ⅱ - 992 ［穀物類］ | にら…Ⅶ - 852 ［救荒動植物類］ |
| にばんひへ…Ⅱ - 992 ［穀物類］ | にらぎ…Ⅲ - 425 ［魚類］ |
| にばんほくこく…Ⅱ - 992 ［穀物類］ | にらきうを…Ⅲ - 425 ［魚類］ |
| にばんろくぐわつ…Ⅱ - 992 ［穀物類］ | にらしば…Ⅴ - 1128 ［野生植物］ |
| にはんわせ…Ⅱ - 992 ［穀物類］ | にらのもと…Ⅱ - 994 ［穀物類］ |
| にひな…Ⅲ - 785 ［貝類］ | にらふさ…Ⅵ - 189 ［菌・茸類］ |
| にひまあぐさ…Ⅴ - 1127 ［野生植物］ | にらまつ…Ⅶ - 465 ［樹木類］ |
| にひらかい…Ⅲ - 785 ［貝類］ | にらみ…Ⅲ - 425 ［魚類］ |
| にひらかひ…Ⅲ - 785 ［貝類］ | にらみをさかき…Ⅲ - 425 ［魚類］ |
| にぶ…Ⅱ - 993 ［穀物類］ | にらも…Ⅴ - 1129 ［野生植物］ |
| にふし…Ⅱ - 993 ［穀物類］ | にれ…Ⅶ - 465 ［樹木類］ |
| にふだう…Ⅱ - 993 ［穀物類］ | にれかつら…Ⅴ - 1129 ［野生植物］ |
| にふだうくられ…Ⅵ - 189 ［菌・茸類］ | にれぎ…Ⅶ - 466 ［樹木類］ |
| にふだうまめ…Ⅱ - 993 ［穀物類］ | にれたけ…Ⅵ - 189 ［菌・茸類］ |
| にべ…Ⅲ - 425 ［魚類］ | にれのき…Ⅶ - 466 ［樹木類］ |
| にべ…Ⅶ - 464 ［樹木類］ | にれのきは…Ⅶ - 852 ［救荒動植物類］ |
| にべき…Ⅶ - 464 ［樹木類］ | にれのは…Ⅶ - 852 ［救荒動植物類］ |
| にべそう…Ⅴ - 1127 ［野生植物］ | にれめ…Ⅴ - 1129 ［野生植物］ |
| にへな…Ⅴ - 1127 ［野生植物］ | にれやなき…Ⅴ - 1129 ［野生植物］ |
| にへな…Ⅵ - 519 ［菜類］ | にわこくさ…Ⅴ - 1129 ［野生植物］ |
| にへのき…Ⅶ - 464 ［樹木類］ | にわさくら…Ⅵ - 838 ［果類］ |
| にべのき…Ⅶ - 465 ［樹木類］ | にわさくら…Ⅶ - 466 ［樹木類］ |
| にへゑ…Ⅱ - 993 ［穀物類］ | にわざくら…Ⅵ - 838 ［果類］ |
| にへゑむぎ…Ⅱ - 993 ［穀物類］ | にわしば…Ⅴ - 1129 ［野生植物］ |
| にほいざく…Ⅴ - 1128 ［野生植物］ | にわすき…Ⅴ - 1129 ［野生植物］ |
| にほいもち…Ⅱ - 993 ［穀物類］ | にわたまり…Ⅱ - 994 ［穀物類］ |
| にほひこぼれ…Ⅱ - 994 ［穀物類］ | にわつけ…Ⅶ - 466 ［樹木類］ |
| にまいず…Ⅲ - 425 ［魚類］ | にわつつち…Ⅶ - 467 ［樹木類］ |
| にまめ…Ⅶ - 465 ［樹木類］ | にわとこ…Ⅶ - 467 ［樹木類］ |
| にまめかつら…Ⅴ - 1128 ［野生植物］ | にわとこしば…Ⅶ - 467 ［樹木類］ |
| にまめさくら…Ⅶ - 465 ［樹木類］ | にわとこのき…Ⅶ - 467 ［樹木類］ |
| にまめのき…Ⅶ - 465 ［樹木類］ | にわとこのは…Ⅶ - 852 ［救荒動植物類］ |

にわとりうを…Ⅲ-426［魚類］
にわとりくさ…Ⅴ-1130［野生植物］
にわとんご…Ⅶ-467［樹木類］
にわむめ…Ⅵ-838［果類］
にわやなき…Ⅴ-1130［野生植物］
にわやなぎ…Ⅴ-1130［野生植物］
にわやなぎ…Ⅶ-853［救荒動植物類］
にをいなし…Ⅵ-838［果類］
にをいわせ…Ⅱ-994［穀物類］
にをひわせ…Ⅱ-994［穀物類］
にんから…Ⅲ-785［貝類］
にんぎやうささげ…Ⅱ-995［穀物類］
にんぎやうたうぼし…Ⅱ-995［穀物類］
にんげうあづき…Ⅱ-995［穀物類］
にんしん…Ⅵ-519［菜類］
にんしん…Ⅵ-520［菜類］
にんじん…Ⅴ-1130［野生植物］
にんじん…Ⅵ-520［菜類］
にんじん…Ⅵ-521［菜類］
にんしんかふ…Ⅵ-521［菜類］
にんじんかぶら…Ⅵ-521［菜類］
にんしんさう…Ⅴ-1130［野生植物］
にんじんだいこん…Ⅵ-521［菜類］
にんそく…Ⅱ-995［穀物類］
にんちん…Ⅵ-521［菜類］
にんぢん…Ⅵ-522［菜類］
にんとう…Ⅴ-1131［野生植物］
にんどう…Ⅴ-1131［野生植物］
にんどう…Ⅴ-1132［野生植物］
にんとうかづら…Ⅴ-1132［野生植物］
にんどうかつら…Ⅴ-1132［野生植物］
にんとうつる…Ⅴ-1132［野生植物］
にんとうのは…Ⅶ-853［救荒動植物類］
にんどうのはな…Ⅶ-853［救荒動植物類］
にんどうはな…Ⅴ-1132［野生植物］
にんにく…Ⅴ-1132［野生植物］
にんにく…Ⅵ-522［菜類］

## ぬ

ぬいとう…Ⅱ-996［穀物類］
ぬいどう…Ⅵ-190［菌・茸類］
ぬか…Ⅵ-839［果類］
ぬかいし…Ⅵ-41［金・石・土・水類］
ぬかかや…Ⅵ-839［果類］
ぬかこ…Ⅵ-523［菜類］
ぬかこにんしん…Ⅴ-1133［野生植物］
ぬかごにんじん…Ⅴ-1133［野生植物］
ぬかたけ…Ⅵ-190［菌・茸類］
ぬかなし…Ⅱ-996［穀物類］
ぬかはなおち…Ⅱ-996［穀物類］
ぬかはへ…Ⅲ-427［魚類］
ぬかふう…Ⅲ-427［魚類］
ぬかむめ…Ⅵ-839［果類］
ぬかもたし…Ⅵ-190［菌・茸類］
ぬかもたせ…Ⅵ-190［菌・茸類］
ぬかをし…Ⅱ-996［穀物類］
ぬきぐろ…Ⅱ-996［穀物類］
ぬぎくろ…Ⅱ-996［穀物類］
ぬぎくろいね…Ⅱ-996［穀物類］
ぬぎたらうわせ…Ⅱ-997［穀物類］
ぬくい…Ⅶ-468［樹木類］
ぬけあかり…Ⅵ-523［菜類］
ぬけあかりだいこん…Ⅵ-523［菜類］
ぬけくさ…Ⅴ-1133［野生植物］
ぬけず…Ⅲ-427［魚類］
ぬけだいこん…Ⅴ-1133［野生植物］
ぬけだいこん…Ⅵ-523［菜類］
ぬけやす…Ⅱ-997［穀物類］
ぬすとのて…Ⅶ-468［樹木類］
ぬすどのて…Ⅶ-468［樹木類］
ぬすびとぐさ…Ⅴ-1133［野生植物］
ぬすびとさや…Ⅴ-1133［野生植物］
ぬすびとしらす…Ⅱ-997［穀物類］
ぬすびとしらず…Ⅱ-997［穀物類］
ぬすびとのあし…Ⅴ-1133［野生植物］

| | |
|---|---|
| ぬすびとのあし…Ⅴ-1134［野生植物］ | ぬまぐろあは…Ⅱ-998［穀物類］ |
| ぬすびとのあし…Ⅶ-854［救荒動植物類］ | ぬまごぼう…Ⅴ-1135［野生植物］ |
| ぬすびとのかさ…Ⅴ-1134［野生植物］ | ぬまざつこ…Ⅲ-428［魚類］ |
| ぬすひとのて…Ⅶ-468［樹木類］ | ぬましらは…Ⅱ-998［穀物類］ |
| ぬすびとのはり…Ⅴ-1134［野生植物］ | ぬますけ…Ⅴ-1135［野生植物］ |
| ぬすびともち…Ⅱ-997［穀物類］ | ぬますげ…Ⅴ-1135［野生植物］ |
| ぬすびともとし…Ⅱ-997［穀物類］ | ぬまぬすびと…Ⅲ-428［魚類］ |
| ぬすびともどし…Ⅱ-997［穀物類］ | ぬまはり…Ⅶ-469［樹木類］ |
| ぬて…Ⅶ-468［樹木類］ | ぬまひし…Ⅵ-839［果類］ |
| ぬで…Ⅶ-468［樹木類］ | ぬまやろく…Ⅱ-998［穀物類］ |
| ぬてうるし…Ⅶ-468［樹木類］ | ぬまよもき…Ⅴ-1135［野生植物］ |
| ぬてのき…Ⅶ-469［樹木類］ | ぬめくり…Ⅴ-1136［野生植物］ |
| ぬなわ…Ⅴ-1134［野生植物］ | ぬめたけ…Ⅵ-192［菌・茸類］ |
| ぬのいを…Ⅲ-427［魚類］ | ぬめらし…Ⅲ-428［魚類］ |
| ぬのこけ…Ⅴ-1134［野生植物］ | ぬめり…Ⅲ-428［魚類］ |
| ぬのし…Ⅵ-190［菌・茸類］ | ぬめり…Ⅲ-786［貝類］ |
| ぬのたけ…Ⅵ-190［菌・茸類］ | ぬめり…Ⅴ-1136［野生植物］ |
| ぬのは…Ⅴ-1134［野生植物］ | ぬめり…Ⅵ-192［菌・茸類］ |
| ぬのは…Ⅵ-523［菜類］ | ぬめりあゆ…Ⅲ-428［魚類］ |
| ぬのは…Ⅶ-854［救荒動植物類］ | ぬめりがう…Ⅵ-192［菌・茸類］ |
| ぬのば…Ⅴ-1134［野生植物］ | ぬめりごち…Ⅲ-428［魚類］ |
| ぬのばい…Ⅵ-190［菌・茸類］ | ぬめりひやう…Ⅴ-1136［野生植物］ |
| ぬのはへ…Ⅵ-191［菌・茸類］ | ぬめりひゆ…Ⅴ-1136［野生植物］ |
| ぬのばへ…Ⅵ-191［菌・茸類］ | ぬめりみ…Ⅵ-193［菌・茸類］ |
| ぬのばゑ…Ⅵ-191［菌・茸類］ | ぬめりも…Ⅴ-1136［野生植物］ |
| ぬのひき…Ⅵ-191［菌・茸類］ | ぬやげ…Ⅲ-786［貝類］ |
| ぬのびき…Ⅵ-191［菌・茸類］ | ぬらりぼう…Ⅵ-193［菌・茸類］ |
| ぬのひきこけ…Ⅵ-192［菌・茸類］ | ぬりおけ…Ⅲ-428［魚類］ |
| ぬのひきたけ…Ⅵ-192［菌・茸類］ | ぬりて…Ⅶ-469［樹木類］ |
| ぬのひきもたせ…Ⅵ-192［菌・茸類］ | ぬりで…Ⅶ-469［樹木類］ |
| ぬのもたせ…Ⅵ-192［菌・茸類］ | ぬりでのき…Ⅶ-469［樹木類］ |
| ぬべし…Ⅴ-1135［野生植物］ | ぬりをけ…Ⅲ-429［魚類］ |
| ぬぼ…Ⅲ-427［魚類］ | ぬるから…Ⅶ-469［樹木類］ |
| ぬまかい…Ⅲ-786［貝類］ | ぬるて…Ⅶ-470［樹木類］ |
| ぬまかれい…Ⅲ-427［魚類］ | ぬるで…Ⅶ-470［樹木類］ |
| ぬまかわと…Ⅴ-1135［野生植物］ | ぬるてのき…Ⅶ-470［樹木類］ |
| ぬまくさ…Ⅴ-1135［野生植物］ | ぬるてのき…Ⅶ-471［樹木類］ |
| ぬまくろ…Ⅱ-998［穀物類］ | ぬるでのき…Ⅶ-471［樹木類］ |

# ね

ぬるてのは…Ⅶ-854［救荒動植物類］
ぬれからす…Ⅱ-998［穀物類］
ぬれさき…Ⅴ-1136［野生植物］
ぬれつふ…Ⅲ-786［貝類］
ぬれねずみ…Ⅱ-998［穀物類］
ぬわくり…Ⅶ-469［樹木類］

## ね

ねあかくさ…Ⅴ-1137［野生植物］
ねあかもち…Ⅱ-999［穀物類］
ねあがり…Ⅵ-524［菜類］
ねあかりだいこん…Ⅵ-524［菜類］
ねあがりだいこん…Ⅵ-524［菜類］
ねいき…Ⅴ-1137［野生植物］
ねいきかつら…Ⅴ-1137［野生植物］
ねいきかづら…Ⅴ-1137［野生植物］
ねいしん…Ⅲ-430［魚類］
ねいは…Ⅴ-1137［野生植物］
ねいも…Ⅴ-1137［野生植物］
ねいらかれい…Ⅲ-430［魚類］
ねいり…Ⅵ-524［菜類］
ねいりだいこん…Ⅵ-524［菜類］
ねうを…Ⅲ-430［魚類］
ねかた…Ⅴ-1137［野生植物］
ねかた…Ⅴ-1138［野生植物］
ねがた…Ⅴ-1138［野生植物］
ねかたくさ…Ⅴ-1138［野生植物］
ねかちか…Ⅲ-430［魚類］
ねかぶ…Ⅵ-524［菜類］
ねかぶら…Ⅵ-524［菜類］
ねき…Ⅵ-525［菜類］
ねぎ…Ⅵ-525［菜類］
ねぎ…Ⅶ-472［樹木類］
ねぎうを…Ⅲ-430［魚類］
ねきかちか…Ⅲ-430［魚類］
ねぎかちか…Ⅲ-430［魚類］
ねきしや…Ⅲ-431［魚類］
ねぎしや…Ⅲ-431［魚類］

ねぎたゆふ…Ⅱ-999［穀物類］
ねぎたらう…Ⅱ-999［穀物類］
ねきたろわせ…Ⅱ-999［穀物類］
ねぎはち…Ⅲ-431［魚類］
ねきばら…Ⅶ-472［樹木類］
ねぎひる…Ⅴ-1138［野生植物］
ねぎまめ…Ⅱ-999［穀物類］
ねきり…Ⅲ-431［魚類］
ねぎり…Ⅱ-999［穀物類］
ねぎり…Ⅲ-431［魚類］
ねきりもち…Ⅱ-999［穀物類］
ねくさ…Ⅴ-1138［野生植物］
ねくさか…Ⅲ-431［魚類］
ねくび…Ⅵ-525［菜類］
ねこ…Ⅱ-1000［穀物類］
ねこ…Ⅲ-431［魚類］
ねこ…Ⅲ-787［貝類］
ねこあし…Ⅱ-1000［穀物類］
ねこあし…Ⅴ-1138［野生植物］
ねこあしあは…Ⅱ-1000［穀物類］
ねこあしくさ…Ⅴ-1139［野生植物］
ねこあづき…Ⅱ-1000［穀物類］
ねこがい…Ⅲ-787［貝類］
ねこかつき…Ⅱ-1000［穀物類］
ねこかつさき…Ⅱ-1001［穀物類］
ねこがひ…Ⅲ-787［貝類］
ねこぐ…Ⅱ-1001［穀物類］
ねこくさ…Ⅴ-1139［野生植物］
ねこくわず…Ⅲ-432［魚類］
ねこげ…Ⅴ-1139［野生植物］
ねこげくさ…Ⅴ-1139［野生植物］
ねこさめ…Ⅲ-432［魚類］
ねこした…Ⅵ-194［菌・茸類］
ねこしば…Ⅴ-1139［野生植物］
ねこたま…Ⅴ-1139［野生植物］
ねこだま…Ⅴ-1140［野生植物］
ねこつなきくさ…Ⅴ-1140［野生植物］
ねこつふ…Ⅲ-787［貝類］

| | |
|---|---|
| ねこつら…Ⅲ - 432 ［魚類］ | ねこぶか…Ⅲ - 433 ［魚類］ |
| ねこつら…Ⅴ - 1140 ［野生植物］ | ねこぶき…Ⅴ - 1143 ［野生植物］ |
| ねこづら…Ⅲ - 432 ［魚類］ | ねこみやう…Ⅲ - 787 ［貝類］ |
| ねこて…Ⅱ - 1001 ［穀物類］ | ねこも…Ⅴ - 1144 ［野生植物］ |
| ねこで…Ⅱ - 1001 ［穀物類］ | ねこも…Ⅶ - 855 ［救荒動植物類］ |
| ねこてあわ…Ⅱ - 1001 ［穀物類］ | ねこやなぎ…Ⅶ - 472 ［樹木類］ |
| ねこであわ…Ⅱ - 1001 ［穀物類］ | ねころすくばり…Ⅱ - 1003 ［穀物類］ |
| ねこでもちあは…Ⅱ - 1001 ［穀物類］ | ねこわに…Ⅲ - 433 ［魚類］ |
| ねこなめり…Ⅶ - 472 ［樹木類］ | ねこを…Ⅱ - 1004 ［穀物類］ |
| ねこのかいもち…Ⅴ - 1140 ［野生植物］ | ねささ…Ⅵ - 84 ［竹・笹類］ |
| ねこのけ…Ⅴ - 1141 ［野生植物］ | ねささ…Ⅵ - 85 ［竹・笹類］ |
| ねこのけくさ…Ⅴ - 1141 ［野生植物］ | ねざさ…Ⅵ - 85 ［竹・笹類］ |
| ねこのこ…Ⅱ - 1002 ［穀物類］ | ねじ…Ⅴ - 1144 ［野生植物］ |
| ねこのさかづき…Ⅴ - 1141 ［野生植物］ | ねじいせ…Ⅱ - 1004 ［穀物類］ |
| ねこのたま…Ⅴ - 1141 ［野生植物］ | ねじかねくさ…Ⅴ - 1144 ［野生植物］ |
| ねこのちち…Ⅴ - 1141 ［野生植物］ | ねしがねもち…Ⅱ - 1004 ［穀物類］ |
| ねこのつはな…Ⅴ - 1141 ［野生植物］ | ねじきくさ…Ⅴ - 1144 ［野生植物］ |
| ねこのつばな…Ⅴ - 1141 ［野生植物］ | ねじきしんこ…Ⅱ - 1004 ［穀物類］ |
| ねこのつめ…Ⅱ - 1002 ［穀物類］ | ねしきも…Ⅴ - 1144 ［野生植物］ |
| ねこのつめ…Ⅴ - 1142 ［野生植物］ | ねじこらう…Ⅱ - 1004 ［穀物類］ |
| ねこのて…Ⅱ - 1002 ［穀物類］ | ねじごらうなかて…Ⅱ - 1004 ［穀物類］ |
| ねこのてあわ…Ⅱ - 1002 ［穀物類］ | ねじごろう…Ⅱ - 1004 ［穀物類］ |
| ねこのはら…Ⅱ - 1002 ［穀物類］ | ねしの…Ⅵ - 85 ［竹・笹類］ |
| ねこのひたい…Ⅴ - 1142 ［野生植物］ | ねじのはな…Ⅴ - 1144 ［野生植物］ |
| ねこのほ…Ⅱ - 1003 ［穀物類］ | ねじはたか…Ⅱ - 1005 ［穀物類］ |
| ねこのみみ…Ⅴ - 1142 ［野生植物］ | ねしはな…Ⅴ - 1144 ［野生植物］ |
| ねこのみみ…Ⅶ - 855 ［救荒動植物類］ | ねじはな…Ⅴ - 1145 ［野生植物］ |
| ねこのみみくさ…Ⅴ - 1142 ［野生植物］ | ねじま…Ⅵ - 525 ［菜類］ |
| ねこのめ…Ⅱ - 1003 ［穀物類］ | ねしむぎ…Ⅱ - 1005 ［穀物類］ |
| ねこのめ…Ⅴ - 1143 ［野生植物］ | ねしり…Ⅱ - 1005 ［穀物類］ |
| ねこのめ…Ⅶ - 472 ［樹木類］ | ねじり…Ⅱ - 1005 ［穀物類］ |
| ねこのを…Ⅱ - 1003 ［穀物類］ | ねじり…Ⅴ - 1145 ［野生植物］ |
| ねこのを…Ⅴ - 1143 ［野生植物］ | ねしりろくかく…Ⅱ - 1005 ［穀物類］ |
| ねこのをくさ…Ⅴ - 1143 ［野生植物］ | ねしれくさ…Ⅴ - 1145 ［野生植物］ |
| ねこはな…Ⅴ - 1143 ［野生植物］ | ねしろ…Ⅱ - 1005 ［穀物類］ |
| ねこばな…Ⅴ - 1143 ［野生植物］ | ねしろくさ…Ⅴ - 1145 ［野生植物］ |
| ねこはに…Ⅲ - 432 ［魚類］ | ねしろまき…Ⅶ - 472 ［樹木類］ |
| ねこふか…Ⅲ - 432 ［魚類］ | ねす…Ⅶ - 472 ［樹木類］ |

## ね

ねず…Ⅶ-473［樹木類］
ねずうかれい…Ⅲ-433［魚類］
ねすけ…Ⅴ-1145［野生植物］
ねすころし…Ⅴ-1145［野生植物］
ねずさし…Ⅶ-473［樹木類］
ねずさし…Ⅶ-473［樹木類］
ねずたけ…Ⅵ-194［菌・茸類］
ねずたけ…Ⅵ-194［菌・茸類］
ねずてふ…Ⅶ-473［樹木類］
ねずのき…Ⅶ-473［樹木類］
ねずのき…Ⅶ-473［樹木類］
ねすのを…Ⅵ-526［菜類］
ねすみ…Ⅱ-1005［穀物類］
ねすみ…Ⅲ-433［魚類］
ねずみ…Ⅱ-1006［穀物類］
ねずみ…Ⅶ-473［樹木類］
ねずみ…Ⅶ-855［救荒動植物類］
ねずみあし…Ⅱ-1006［穀物類］
ねずみあは…Ⅱ-1006［穀物類］
ねずみあぶら…Ⅱ-1006［穀物類］
ねずみあわ…Ⅱ-1006［穀物類］
ねずみいばら…Ⅶ-474［樹木類］
ねずみいろ…Ⅱ-1006［穀物類］
ねずみいろつち…Ⅵ-42［金・石・土・水類］
ねずみうるし…Ⅶ-474［樹木類］
ねずみかたら…Ⅴ-1145［野生植物］
ねすみかや…Ⅴ-1146［野生植物］
ねずみがや…Ⅴ-1146［野生植物］
ねずみがや…Ⅴ-1146［野生植物］
ねすみき…Ⅶ-474［樹木類］
ねずみき…Ⅶ-474［樹木類］
ねずみくさ…Ⅴ-1146［野生植物］
ねずみけし…Ⅴ-1146［野生植物］
ねずみこ…Ⅶ-474［樹木類］
ねずみこま…Ⅱ-1006［穀物類］
ねずみさし…Ⅶ-474［樹木類］
ねずみさし…Ⅶ-475［樹木類］
ねずみさや…Ⅱ-1007［穀物類］

ねずみさや…Ⅱ-1007［穀物類］
ねずみしば…Ⅶ-475［樹木類］
ねずみしめし…Ⅵ-194［菌・茸類］
ねずみしり…Ⅵ-526［菜類］
ねずみすかな…Ⅴ-1146［野生植物］
ねずみすぎ…Ⅶ-475［樹木類］
ねずみすぎ…Ⅶ-475［樹木類］
ねずみすもも…Ⅵ-840［果類］
ねずみそなたけ…Ⅵ-194［菌・茸類］
ねずみだいこん…Ⅵ-526［菜類］
ねずみだいこん…Ⅵ-526［菜類］
ねずみたけ…Ⅵ-194［菌・茸類］
ねずみたけ…Ⅵ-195［菌・茸類］
ねずみたけ…Ⅵ-195［菌・茸類］
ねずみたひ…Ⅲ-433［魚類］
ねずみつき…Ⅶ-475［樹木類］
ねずみつる…Ⅴ-1146［野生植物］
ねずみてう…Ⅶ-476［樹木類］
ねずみてふ…Ⅶ-476［樹木類］
ねずみぬけこまめ…Ⅱ-1007［穀物類］
ねずみのき…Ⅶ-476［樹木類］
ねすみのて…Ⅴ-1147［野生植物］
ねずみのて…Ⅵ-196［菌・茸類］
ねずみのはやし…Ⅴ-1147［野生植物］
ねずみのみみ…Ⅴ-1147［野生植物］
ねずみのみみ…Ⅴ-1147［野生植物］
ねずみのめ…Ⅱ-1007［穀物類］
ねずみのを…Ⅴ-1147［野生植物］
ねずみのを…Ⅴ-1148［野生植物］
ねずみのを…Ⅱ-1007［穀物類］
ねずみのを…Ⅵ-526［菜類］
ねずみのをくさ…Ⅴ-1148［野生植物］
ねずみのをだいこん…Ⅵ-527［菜類］
ねずみはたか…Ⅱ-1007［穀物類］
ねずみはだか…Ⅱ-1007［穀物類］
ねずみひきすり…Ⅱ-1007［穀物類］
ねずみふか…Ⅲ-433［魚類］
ねずみふり…Ⅴ-1148［野生植物］

ねずみふり…Ⅵ-527［菜類］
ねすみほ…Ⅱ-1008［穀物類］
ねずみまくわ…Ⅵ-527［菜類］
ねずみまなこ…Ⅱ-1008［穀物類］
ねずみまめ…Ⅱ-1008［穀物類］
ねずみみつ…Ⅴ-1148［野生植物］
ねすみむき…Ⅱ-1008［穀物類］
ねずみむぎ…Ⅱ-1008［穀物類］
ねすみも…Ⅴ-1148［野生植物］
ねずみも…Ⅴ-1148［野生植物］
ねすみもち…Ⅱ-1008［穀物類］
ねすみもち…Ⅶ-476［樹木類］
ねずみもち…Ⅱ-1008［穀物類］
ねずみもち…Ⅶ-476［樹木類］
ねずみもち…Ⅶ-477［樹木類］
ねずみもちのき…Ⅶ-477［樹木類］
ねずみよもぎ…Ⅴ-1149［野生植物］
ねすみわせ…Ⅱ-1009［穀物類］
ねずみわせ…Ⅱ-1009［穀物類］
ねずみわに…Ⅲ-434［魚類］
ねすみを…Ⅵ-527［菜類］
ねずみをくさ…Ⅴ-1149［野生植物］
ねすも…Ⅴ-1149［野生植物］
ねずも…Ⅴ-1149［野生植物］
ねすもち…Ⅶ-477［樹木類］
ねずもち…Ⅶ-477［樹木類］
ねすらのき…Ⅶ-477［樹木類］
ねすりかれい…Ⅲ-434［魚類］
ねせり…Ⅵ-527［菜類］
ねそ…Ⅶ-477［樹木類］
ねそしは…Ⅶ-477［樹木類］
ねそしはのき…Ⅶ-478［樹木類］
ねそのき…Ⅶ-478［樹木類］
ねそむら…Ⅶ-478［樹木類］
ねだし…Ⅴ-1149［野生植物］
ねたみからすのぜに…Ⅴ-1149［野生植物］
ねたろ…Ⅱ-1009［穀物類］
ねち…Ⅱ-1009［穀物類］
ねぢ…Ⅱ-1009［穀物類］
ねぢあやめ…Ⅴ-1149［野生植物］
ねちあらむき…Ⅱ-1009［穀物類］
ねちいざり…Ⅱ-1009［穀物類］
ねぢか…Ⅱ-1009［穀物類］
ねぢかや…Ⅵ-840［果類］
ねちくり…Ⅱ-1009［穀物類］
ねちごらう…Ⅱ-1010［穀物類］
ねぢごらう…Ⅱ-1010［穀物類］
ねぢころし…Ⅶ-478［樹木類］
ねちのはな…Ⅴ-1150［野生植物］
ねちはたか…Ⅱ-1010［穀物類］
ねちはな…Ⅴ-1150［野生植物］
ねぢばれん…Ⅴ-1150［野生植物］
ねぢひあふき…Ⅴ-1150［野生植物］
ねちほ…Ⅱ-1010［穀物類］
ねぢほ…Ⅱ-1010［穀物類］
ねぢほうし…Ⅱ-1010［穀物類］
ねちむぎ…Ⅱ-1010［穀物類］
ねぢむぎ…Ⅱ-1010［穀物類］
ねちもち…Ⅶ-478［樹木類］
ねちもどき…Ⅱ-1011［穀物類］
ねちもとし…Ⅱ-1011［穀物類］
ねちよ…Ⅱ-1011［穀物類］
ねぢり…Ⅱ-1011［穀物類］
ねぢりあわ…Ⅱ-1011［穀物類］
ねぢりはな…Ⅴ-1150［野生植物］
ねちりほ…Ⅱ-1011［穀物類］
ねちりろくかく…Ⅱ-1011［穀物類］
ねちれ…Ⅱ-1012［穀物類］
ねぢれ…Ⅱ-1012［穀物類］
ねちれはたか…Ⅱ-1012［穀物類］
ねぢれはだか…Ⅱ-1012［穀物類］
ねちれはな…Ⅴ-1150［野生植物］
ねぢれはな…Ⅴ-1151［野生植物］
ねちれむき…Ⅱ-1012［穀物類］
ねぢれむき…Ⅱ-1012［穀物類］
ねちれもつかう…Ⅴ-1151［野生植物］

# ね

| | |
|---|---|
| ねぢろくかく…Ⅱ‐1012 ［穀物類］ | ねつみふり…Ⅵ‐528 ［菜類］ |
| ねづ…Ⅶ‐478 ［樹木類］ | ねつみも…Ⅴ‐1152 ［野生植物］ |
| ねつきむはら…Ⅶ‐478 ［樹木類］ | ねつみもたせ…Ⅵ‐197 ［菌・茸類］ |
| ねつくさ…Ⅴ‐1151 ［野生植物］ | ねつみもち…Ⅶ‐480 ［樹木類］ |
| ねつくるい…Ⅶ‐479 ［樹木類］ | ねづみもち…Ⅶ‐480 ［樹木類］ |
| ねづさし…Ⅶ‐479 ［樹木類］ | ねつみもちのき…Ⅶ‐480 ［樹木類］ |
| ねつたけ…Ⅵ‐196 ［菌・茸類］ | ねづみもちのき…Ⅶ‐481 ［樹木類］ |
| ねづたけ…Ⅵ‐196 ［菌・茸類］ | ねつみわせ…Ⅱ‐1013 ［穀物類］ |
| ねづのみみ…Ⅴ‐1151 ［野生植物］ | ねつも…Ⅴ‐1152 ［野生植物］ |
| ねつはせり…Ⅴ‐1151 ［野生植物］ | ねつもち…Ⅶ‐481 ［樹木類］ |
| ねつほう…Ⅲ‐434 ［魚類］ | ねづもち…Ⅶ‐481 ［樹木類］ |
| ねづみ…Ⅱ‐1012 ［穀物類］ | ねつら…Ⅲ‐434 ［魚類］ |
| ねつみかわ…Ⅱ‐1012 ［穀物類］ | ねつら…Ⅶ‐481 ［樹木類］ |
| ねづみき…Ⅶ‐479 ［樹木類］ | ねつり…Ⅲ‐434 ［魚類］ |
| ねつみきのこ…Ⅵ‐196 ［菌・茸類］ | ねづり…Ⅲ‐435 ［魚類］ |
| ねづみこち…Ⅲ‐434 ［魚類］ | ねづるかれい…Ⅲ‐435 ［魚類］ |
| ねつみさし…Ⅶ‐479 ［樹木類］ | ねつわかれい…Ⅲ‐435 ［魚類］ |
| ねづみさし…Ⅶ‐479 ［樹木類］ | ねとり…Ⅴ‐1152 ［野生植物］ |
| ねつみさまた…Ⅱ‐1012 ［穀物類］ | ねとりくさ…Ⅴ‐1152 ［野生植物］ |
| ねづみさまた…Ⅱ‐1012 ［穀物類］ | ねなかり…Ⅵ‐528 ［菜類］ |
| ねつみさや…Ⅱ‐1013 ［穀物類］ | ねなし…Ⅴ‐1152 ［野生植物］ |
| ねつみだいこん…Ⅵ‐527 ［菜類］ | ねなしかつら…Ⅴ‐1152 ［野生植物］ |
| ねづみだいこん…Ⅵ‐527 ［菜類］ | ねなしかつら…Ⅴ‐1153 ［野生植物］ |
| ねつみたけ…Ⅵ‐196 ［菌・茸類］ | ねなしかづら…Ⅴ‐1153 ［野生植物］ |
| ねづみたけ…Ⅵ‐196 ［菌・茸類］ | ねなしかづら…Ⅴ‐1154 ［野生植物］ |
| ねつみちや…Ⅶ‐479 ［樹木類］ | ねなしくさ…Ⅴ‐1154 ［野生植物］ |
| ねつみつつき…Ⅶ‐480 ［樹木類］ | ねなしそろへ…Ⅴ‐1154 ［野生植物］ |
| ねづみつつき…Ⅶ‐480 ［樹木類］ | ねなしつる…Ⅴ‐1155 ［野生植物］ |
| ねづみとうきみ…Ⅱ‐1013 ［穀物類］ | ねにんしん…Ⅵ‐528 ［菜類］ |
| ねづみのき…Ⅶ‐480 ［樹木類］ | ねにんじん…Ⅵ‐528 ［菜類］ |
| ねづみのふん…Ⅶ‐480 ［樹木類］ | ねにんちん…Ⅵ‐528 ［菜類］ |
| ねつみのみみ…Ⅵ‐528 ［菜類］ | ねねが…Ⅴ‐1155 ［野生植物］ |
| ねづみのを…Ⅴ‐1151 ［野生植物］ | ねねくさ…Ⅴ‐1155 ［野生植物］ |
| ねづみのを…Ⅴ‐1151 ［野生植物］ | ねねつぶ…Ⅲ‐787 ［貝類］ |
| ねつみばやり…Ⅱ‐1013 ［穀物類］ | ねのおば…Ⅴ‐1155 ［野生植物］ |
| ねづみはやり…Ⅱ‐1013 ［穀物類］ | ねのたね…Ⅱ‐1013 ［穀物類］ |
| ねづみはらだ…Ⅱ‐1013 ［穀物類］ | ねのみ…Ⅶ‐855 ［救荒動植物類］ |
| ねづみふか…Ⅲ‐434 ［魚類］ | ねば…Ⅵ‐42 ［金・石・土・水類］ |

| | |
|---|---|
| ねはいくさ…Ⅴ‐1155［野生植物］ | ねぶりのき…Ⅶ‐483［樹木類］ |
| ねばいくさ…Ⅴ‐1155［野生植物］ | ねふりまつ…Ⅶ‐483［樹木類］ |
| ねばうを…Ⅲ‐435［魚類］ | ねほそ…Ⅴ‐1158［野生植物］ |
| ねはかつら…Ⅴ‐1155［野生植物］ | ねぼり…Ⅴ‐1158［野生植物］ |
| ねばくさ…Ⅴ‐1156［野生植物］ | ねまがり…Ⅵ‐85［竹・笹類］ |
| ねばさし…Ⅴ‐1156［野生植物］ | ねまがり…Ⅵ‐530［菜類］ |
| ねばつつじ…Ⅶ‐481［樹木類］ | ねまきくさ…Ⅴ‐1158［野生植物］ |
| ねばのき…Ⅶ‐481［樹木類］ | ねまる…Ⅲ‐435［魚類］ |
| ねはま…Ⅱ‐1014［穀物類］ | ねむ…Ⅶ‐483［樹木類］ |
| ねばも…Ⅴ‐1156［野生植物］ | ねむくさ…Ⅴ‐1158［野生植物］ |
| ねばらずわせ…Ⅱ‐1014［穀物類］ | ねむのき…Ⅶ‐483［樹木類］ |
| ねはり…Ⅱ‐1014［穀物類］ | ねむのき…Ⅶ‐484［樹木類］ |
| ねばり…Ⅴ‐1156［野生植物］ | ねむり…Ⅴ‐1158［野生植物］ |
| ねばりくさ…Ⅴ‐1156［野生植物］ | ねむり…Ⅶ‐484［樹木類］ |
| ねはりもち…Ⅴ‐1155［野生植物］ | ねむりき…Ⅶ‐484［樹木類］ |
| ねばりもち…Ⅴ‐1156［野生植物］ | ねむりくさ…Ⅴ‐1158［野生植物］ |
| ねびしや…Ⅲ‐435［魚類］ | ねむりのき…Ⅶ‐484［樹木類］ |
| ねひる…Ⅵ‐528［菜類］ | ねら…Ⅲ‐788［貝類］ |
| ねふ…Ⅶ‐481［樹木類］ | ねらい…Ⅲ‐436［魚類］ |
| ねぶ…Ⅶ‐482［樹木類］ | ねり…Ⅴ‐1158［野生植物］ |
| ねふか…Ⅵ‐529［菜類］ | ねりうつき…Ⅶ‐484［樹木類］ |
| ねぶか…Ⅴ‐1157［野生植物］ | ねりうつぎ…Ⅶ‐485［樹木類］ |
| ねぶか…Ⅵ‐529［菜類］ | ねりき…Ⅶ‐485［樹木類］ |
| ねふかだいこん…Ⅵ‐529［菜類］ | ねりきん…Ⅱ‐1014［穀物類］ |
| ねふくさ…Ⅴ‐1157［野生植物］ | ねりこ…Ⅲ‐436［魚類］ |
| ねぶくさ…Ⅴ‐1157［野生植物］ | ねりご…Ⅲ‐436［魚類］ |
| ねふた…Ⅶ‐482［樹木類］ | ねりさくら…Ⅶ‐485［樹木類］ |
| ねぶてふぢ…Ⅴ‐1157［野生植物］ | ねりそのき…Ⅶ‐485［樹木類］ |
| ねふのき…Ⅶ‐482［樹木類］ | ねりま…Ⅵ‐530［菜類］ |
| ねぶのき…Ⅶ‐482［樹木類］ | ねりまだいこん…Ⅵ‐530［菜類］ |
| ねぶり…Ⅱ‐1014［穀物類］ | ねりやず…Ⅲ‐436［魚類］ |
| ねぶり…Ⅴ‐1157［野生植物］ | ねれ…Ⅴ‐1159［野生植物］ |
| ねぶり…Ⅶ‐483［樹木類］ | ねれ…Ⅶ‐485［樹木類］ |
| ねふりくさ…Ⅴ‐1157［野生植物］ | ねれつふ…Ⅲ‐788［貝類］ |
| ねぶりくさ…Ⅴ‐1157［野生植物］ | ねれつぶ…Ⅲ‐788［貝類］ |
| ねふりだいこん…Ⅵ‐529［菜類］ | ねれのき…Ⅶ‐485［樹木類］ |
| ねぶりねぶり…Ⅲ‐435［魚類］ | ねれのは…Ⅶ‐855［救荒動植物類］ |
| ねふりのき…Ⅶ‐483［樹木類］ | ねれま…Ⅵ‐530［菜類］ |

## の

ねれまだいこん…Ⅵ-530［菜類］
ねれもち…Ⅱ-1014［穀物類］
ねんさし…Ⅱ-1015［穀物類］
ねんさし…Ⅶ-486［樹木類］
ねんだいつた…Ⅴ-1159［野生植物］
ねんど…Ⅶ-485［樹木類］
ねんとう…Ⅶ-486［樹木類］
ねんどう…Ⅶ-486［樹木類］
ねんとうこう…Ⅵ-42［金・石・土・水類］
ねんねんにぼせかつら…Ⅴ-1159
　　　　　　　　　　　　［野生植物］
ねんひのき…Ⅶ-486［樹木類］
ねんふつこ…Ⅲ-436［魚類］
ねんふつご…Ⅲ-436［魚類］
ねんぶつご…Ⅲ-436［魚類］
ねんぶつむき…Ⅱ-1015［穀物類］

## の

の…Ⅴ-1160［野生植物］
のあい…Ⅴ-1160［野生植物］
のあかざ…Ⅵ-531［菜類］
のあさ…Ⅴ-1160［野生植物］
のあさかほ…Ⅴ-1160［野生植物］
のあさつき…Ⅴ-1160［野生植物］
のあさつき…Ⅴ-1161［野生植物］
のあさつき…Ⅵ-531［菜類］
のあさつき…Ⅶ-856［救荒動植物類］
のあさみ…Ⅴ-1161［野生植物］
のあざみ…Ⅴ-1161［野生植物］
のあせ…Ⅱ-1016［穀物類］
のあつき…Ⅴ-1161［野生植物］
のあづき…Ⅴ-1161［野生植物］
のあふき…Ⅴ-1162［野生植物］
のありま…Ⅱ-1016［穀物類］
のあゐ…Ⅴ-1162［野生植物］
のい…Ⅴ-1162［野生植物］
のいけ…Ⅴ-1162［野生植物］
のいげ…Ⅴ-1162［野生植物］
のいちこ…Ⅵ-841［果類］
のいちひ…Ⅴ-1162［野生植物］
のいちび…Ⅴ-1162［野生植物］
のいね…Ⅱ-1016［穀物類］
のいのみ…Ⅶ-856［救荒動植物類］
のいはら…Ⅴ-1163［野生植物］
のいはら…Ⅶ-487［樹木類］
のいばら…Ⅴ-1163［野生植物］
のいばら…Ⅶ-487［樹木類］
のいも…Ⅵ-531［菜類］
のいもり…Ⅴ-1163［野生植物］
のうかぼうず…Ⅱ-1016［穀物類］
のうくり…Ⅲ-437［魚類］
のうさぎ…Ⅴ-1163［野生植物］
のうさは…Ⅲ-437［魚類］
のうしゆうひへ…Ⅱ-1016［穀物類］
のうせん…Ⅴ-1163［野生植物］
のうぜん…Ⅴ-1164［野生植物］
のうせんかつら…Ⅴ-1164［野生植物］
のうせんかづら…Ⅴ-1164［野生植物］
のうぜんかつら…Ⅴ-1164［野生植物］
のうぜんかづら…Ⅴ-1164［野生植物］
のうぜんかづら…Ⅴ-1165［野生植物］
のうそう…Ⅲ-437［魚類］
のうぞう…Ⅲ-437［魚類］
のうそうふか…Ⅲ-437［魚類］
のうとう…Ⅴ-1165［野生植物］
のうゆう…Ⅴ-1165［野生植物］
のうらく…Ⅱ-1016［穀物類］
のうり…Ⅴ-1165［野生植物］
のうるし…Ⅶ-487［樹木類］
のうろ…Ⅴ-1165［野生植物］
のえん…Ⅴ-1165［野生植物］
のえんどう…Ⅴ-1165［野生植物］
のおぜんかつら…Ⅴ-1166［野生植物］
のかがみ…Ⅴ-1166［野生植物］
のかさなり…Ⅱ-1016［穀物類］
のかし…Ⅱ-1017［穀物類］

| | |
|---|---|
| のかた…Ⅱ‐1017［穀物類］ | のくさ…Ⅴ‐1170［野生植物］ |
| のかばしこ…Ⅱ‐1017［穀物類］ | のぐるま…Ⅴ‐1170［野生植物］ |
| のかへり…Ⅴ‐1166［野生植物］ | のくるみ…Ⅶ‐487［樹木類］ |
| のがへり…Ⅴ‐1166［野生植物］ | のくるみき…Ⅶ‐487［樹木類］ |
| のがみむぎ…Ⅱ‐1017［穀物類］ | のくわ…Ⅵ‐841［果類］ |
| のかや…Ⅶ‐487［樹木類］ | のくわつこう…Ⅴ‐1170［野生植物］ |
| のからし…Ⅴ‐1166［野生植物］ | のくわんす…Ⅴ‐1170［野生植物］ |
| のからし…Ⅵ‐531［菜類］ | のけいとう…Ⅴ‐1170［野生植物］ |
| のからまつ…Ⅴ‐1166［野生植物］ | のけいとう…Ⅴ‐1171［野生植物］ |
| のがらまつ…Ⅴ‐1167［野生植物］ | のけいとう…Ⅵ‐531［菜類］ |
| のからむし…Ⅴ‐1167［野生植物］ | のげいとう…Ⅴ‐1171［野生植物］ |
| のかんぎく…Ⅴ‐1167［野生植物］ | のげいとう…Ⅵ‐531［菜類］ |
| のかんとう…Ⅴ‐1167［野生植物］ | のけうち…Ⅵ‐198［菌・茸類］ |
| のかんどう…Ⅴ‐1167［野生植物］ | のけきね…Ⅱ‐1018［穀物類］ |
| のがんどう…Ⅴ‐1168［野生植物］ | のけし…Ⅴ‐1171［野生植物］ |
| のがんひ…Ⅴ‐1168［野生植物］ | のげし…Ⅴ‐1171［野生植物］ |
| のきうち…Ⅵ‐198［菌・茸類］ | のげしは…Ⅴ‐1171［野生植物］ |
| のききやう…Ⅴ‐1168［野生植物］ | のけずいら…Ⅶ‐488［樹木類］ |
| のきく…Ⅴ‐1168［野生植物］ | のけなしもち…Ⅱ‐1018［穀物類］ |
| のきく…Ⅴ‐1169［野生植物］ | のけもち…Ⅱ‐1018［穀物類］ |
| のきく…Ⅵ‐531［菜類］ | のこうし…Ⅴ‐1171［野生植物］ |
| のきく…Ⅶ‐856［救荒動植物類］ | のこうしもちくさ…Ⅴ‐1172［野生植物］ |
| のぎく…Ⅴ‐1169［野生植物］ | のこきり…Ⅴ‐1172［野生植物］ |
| のぎすな…Ⅵ‐42［金・石・土・水類］ | のこきり…Ⅶ‐488［樹木類］ |
| のきたおほはまぐり…Ⅲ‐789［貝類］ | のこぎり…Ⅲ‐437［魚類］ |
| のきたけ…Ⅵ‐198［菌・茸類］ | のこきりさう…Ⅴ‐1172［野生植物］ |
| のきたはまぐり…Ⅲ‐789［貝類］ | のこぎりさう…Ⅴ‐1172［野生植物］ |
| のきなか…Ⅱ‐1017［穀物類］ | のこぎりさう…Ⅴ‐1173［野生植物］ |
| のきなが…Ⅱ‐1017［穀物類］ | のこきりさめ…Ⅲ‐437［魚類］ |
| のぎなが…Ⅱ‐1017［穀物類］ | のこきりしば…Ⅴ‐1173［野生植物］ |
| のきながむぎ…Ⅱ‐1017［穀物類］ | のこぎりそう…Ⅴ‐1173［野生植物］ |
| のきなし…Ⅱ‐1018［穀物類］ | のこぎりだいこん…Ⅵ‐532［菜類］ |
| のぎのり…Ⅴ‐1170［野生植物］ | のこきりは…Ⅶ‐857［救荒動植物類］ |
| のきば…Ⅵ‐841［果類］ | のこきりば…Ⅴ‐1173［野生植物］ |
| のぎやう…Ⅱ‐1018［穀物類］ | のこぎりば…Ⅴ‐1173［野生植物］ |
| のきり…Ⅶ‐487［樹木類］ | のこきりはな…Ⅴ‐1173［野生植物］ |
| のぎをはり…Ⅱ‐1018［穀物類］ | のこきりふか…Ⅲ‐438［魚類］ |
| のきんさう…Ⅴ‐1170［野生植物］ | のこくろはちめ…Ⅲ‐438［魚類］ |

## の

のこしは…Ⅶ - 488 ［樹木類］
のこしば…Ⅶ - 488 ［樹木類］
のごばう…Ⅴ - 1174 ［野生植物］
のごばう…Ⅵ - 532 ［菜類］
のこふか…Ⅲ - 438 ［魚類］
のこぶか…Ⅲ - 438 ［魚類］
のごぼう…Ⅴ - 1174 ［野生植物］
のこま…Ⅴ - 1174 ［野生植物］
のごま…Ⅴ - 1174 ［野生植物］
のごまさう…Ⅴ - 1174 ［野生植物］
のこまめ…Ⅴ - 1174 ［野生植物］
のこめ…Ⅴ - 1175 ［野生植物］
のごめ…Ⅴ - 1175 ［野生植物］
のごやす…Ⅴ - 1175 ［野生植物］
のこわせ…Ⅱ - 1018 ［穀物類］
のこんにゃく…Ⅴ - 1175 ［野生植物］
のさいこ…Ⅴ - 1175 ［野生植物］
のさく…Ⅴ - 1175 ［野生植物］
のさくら…Ⅴ - 1175 ［野生植物］
のさくら…Ⅶ - 488 ［樹木類］
のさくらさう…Ⅴ - 1176 ［野生植物］
のささ…Ⅵ - 85 ［竹・笹類］
のざさ…Ⅵ - 85 ［竹・笹類］
のさとゆり…Ⅴ - 1176 ［野生植物］
のさらし…Ⅱ - 1019 ［穀物類］
のさんしやう…Ⅶ - 489 ［樹木類］
のさんせう…Ⅴ - 1176 ［野生植物］
のしいのき…Ⅶ - 489 ［樹木類］
のじか…Ⅴ - 1176 ［野生植物］
のしけ…Ⅴ - 1176 ［野生植物］
のしこはちめ…Ⅲ - 438 ［魚類］
のしせ…Ⅶ - 489 ［樹木類］
のしそ…Ⅴ - 1176 ［野生植物］
のして…Ⅶ - 489 ［樹木類］
のしで…Ⅶ - 489 ［樹木類］
のしてのき…Ⅶ - 489 ［樹木類］
のじね…Ⅴ - 1176 ［野生植物］
のしの…Ⅵ - 86 ［竹・笹類］
のしひ…Ⅶ - 489 ［樹木類］
のしびら…Ⅴ - 1177 ［野生植物］
のじや…Ⅴ - 1177 ［野生植物］
のしやうび…Ⅴ - 1177 ［野生植物］
のしやくな…Ⅵ - 532 ［菜類］
のしやくやく…Ⅴ - 1177 ［野生植物］
のしろもち…Ⅱ - 1019 ［穀物類］
のしをん…Ⅴ - 1177 ［野生植物］
のす…Ⅲ - 438 ［魚類］
のず…Ⅴ - 1177 ［野生植物］
のすけ…Ⅴ - 1177 ［野生植物］
のすけ…Ⅶ - 857 ［救荒動植物類］
のすげ…Ⅴ - 1178 ［野生植物］
のすげのみ…Ⅶ - 857 ［救荒動植物類］
のせ…Ⅲ - 438 ［魚類］
のせうひ…Ⅴ - 1178 ［野生植物］
のせきちく…Ⅴ - 1178 ［野生植物］
のせり…Ⅴ - 1178 ［野生植物］
のせり…Ⅴ - 1179 ［野生植物］
のせり…Ⅵ - 532 ［菜類］
のぜり…Ⅴ - 1179 ［野生植物］
のせんたん…Ⅶ - 490 ［樹木類］
のせんだん…Ⅶ - 490 ［樹木類］
のせんだんのき…Ⅶ - 490 ［樹木類］
のそ…Ⅲ - 439 ［魚類］
のそ…Ⅶ - 490 ［樹木類］
のぞう…Ⅱ - 1019 ［穀物類］
のそてつ…Ⅴ - 1179 ［野生植物］
のそはき…Ⅴ - 1179 ［野生植物］
のそぶか…Ⅲ - 439 ［魚類］
のた…Ⅴ - 1179 ［野生植物］
のだいこん…Ⅴ - 1179 ［野生植物］
のだいこん…Ⅵ - 532 ［菜類］
のたいたう…Ⅱ - 1019 ［穀物類］
のたかな…Ⅴ - 1179 ［野生植物］
のたけ…Ⅵ - 86 ［竹・笹類］
のたけ…Ⅵ - 533 ［菜類］
のだけ…Ⅴ - 1180 ［野生植物］

のだけ…Ⅵ - 86［竹・笹類］
のたて…Ⅵ - 533［菜類］
のたで…Ⅴ - 1180［野生植物］
のたで…Ⅵ - 533［菜類］
のたばこ…Ⅴ - 1180［野生植物］
のたはせ…Ⅲ - 439［魚類］
のたも…Ⅴ - 1180［野生植物］
のだやろく…Ⅱ - 1019［穀物類］
のたれ…Ⅱ - 1019［穀物類］
のたろ…Ⅱ - 1019［穀物類］
のぢ…Ⅱ - 1020［穀物類］
のぢうね…Ⅴ - 1180［野生植物］
のぢさ…Ⅴ - 1180［野生植物］
のぢそ…Ⅴ - 1180［野生植物］
のぢほきれ…Ⅱ - 1020［穀物類］
のちや…Ⅴ - 1181［野生植物］
のちやうじ…Ⅶ - 490［樹木類］
のつき…Ⅱ - 1020［穀物類］
のつけ…Ⅶ - 490［樹木類］
のっち…Ⅴ - 1181［野生植物］
のづち…Ⅴ - 1181［野生植物］
のつつし…Ⅶ - 491［樹木類］
のつつじ…Ⅴ - 1181［野生植物］
のつつじ…Ⅶ - 491［樹木類］
のつづら…Ⅴ - 1181［野生植物］
のつばき…Ⅶ - 491［樹木類］
のつるのき…Ⅶ - 491［樹木類］
のて…Ⅶ - 491［樹木類］
ので…Ⅶ - 491［樹木類］
のてうるし…Ⅶ - 491［樹木類］
のでうるし…Ⅶ - 492［樹木類］
のでしこ…Ⅴ - 1181［野生植物］
のてつほう…Ⅶ - 492［樹木類］
のてまり…Ⅶ - 492［樹木類］
のてまりくわ…Ⅶ - 492［樹木類］
のでん…Ⅱ - 1020［穀物類］
のと…Ⅱ - 1020［穀物類］
のど…Ⅱ - 1020［穀物類］

のとあは…Ⅱ - 1020［穀物類］
のとうがらし…Ⅴ - 1181［野生植物］
のとかいせい…Ⅱ - 1021［穀物類］
のとかや…Ⅵ - 841［果類］
のどくさり…Ⅲ - 439［魚類］
のとくろ…Ⅲ - 439［魚類］
のどくろ…Ⅲ - 439［魚類］
のとこむぎ…Ⅱ - 1021［穀物類］
のとしろ…Ⅱ - 1021［穀物類］
のとなかて…Ⅱ - 1021［穀物類］
のとばうづ…Ⅱ - 1021［穀物類］
のとばうづいね…Ⅱ - 1021［穀物類］
のとばんじゃう…Ⅲ - 439［魚類］
のとひへ…Ⅱ - 1022［穀物類］
のとひゑ…Ⅱ - 1022［穀物類］
のとぼうす…Ⅱ - 1022［穀物類］
のとぼうず…Ⅱ - 1022［穀物類］
のともち…Ⅱ - 1022［穀物類］
のとりもち…Ⅶ - 492［樹木類］
のとろ…Ⅱ - 1022［穀物類］
のとろさく…Ⅱ - 1022［穀物類］
のなき…Ⅴ - 1182［野生植物］
のなし…Ⅵ - 841［果類］
のなし…Ⅶ - 492［樹木類］
のなづな…Ⅵ - 533［菜類］
のなてしこ…Ⅴ - 1182［野生植物］
のなでしこ…Ⅴ - 1182［野生植物］
のなみ…Ⅱ - 1022［穀物類］
のなんてん…Ⅶ - 492［樹木類］
のなんはん…Ⅴ - 1182［野生植物］
のにんしん…Ⅴ - 1182［野生植物］
のにんしん…Ⅵ - 533［菜類］
のにんじん…Ⅴ - 1182［野生植物］
のにんじん…Ⅴ - 1183［野生植物］
のにんじん…Ⅵ - 533［菜類］
のにんじん…Ⅶ - 857［救荒動植物類］
のねき…Ⅵ - 534［菜類］
のねぎ…Ⅵ - 534［菜類］

の

| | |
|---|---|
| のねぎ…Ⅶ‐857［救荒動植物類］ | のひへ…Ⅴ‐1186［野生植物］ |
| のねすみ…Ⅲ‐440［魚類］ | のびへ…Ⅴ‐1186［野生植物］ |
| のねずみ…Ⅶ‐857［救荒動植物類］ | のひへくさ…Ⅴ‐1186［野生植物］ |
| ののくさ…Ⅴ‐1183［野生植物］ | のびへくさ…Ⅴ‐1186［野生植物］ |
| のののき…Ⅶ‐493［樹木類］ | のびへのみ…Ⅶ‐858［救荒動植物類］ |
| ののひき…Ⅵ‐198［菌・茸類］ | のひやす…Ⅱ‐1023［穀物類］ |
| ののひる…Ⅴ‐1183［野生植物］ | のびやす…Ⅱ‐1023［穀物類］ |
| ののひる…Ⅵ‐534［菜類］ | のひゆ…Ⅵ‐534［菜類］ |
| ののひる…Ⅶ‐858［救荒動植物類］ | のひる…Ⅴ‐1186［野生植物］ |
| ののびる…Ⅴ‐1183［野生植物］ | のひる…Ⅴ‐1187［野生植物］ |
| ののへり…Ⅴ‐1183［野生植物］ | のひる…Ⅵ‐534［菜類］ |
| ののへり…Ⅶ‐858［救荒動植物類］ | のひる…Ⅵ‐535［菜類］ |
| のばいいき…Ⅴ‐1183［野生植物］ | のひる…Ⅶ‐858［救荒動植物類］ |
| のはいくさ…Ⅴ‐1184［野生植物］ | のびる…Ⅴ‐1187［野生植物］ |
| のばいくさ…Ⅴ‐1184［野生植物］ | のびる…Ⅵ‐535［菜類］ |
| のはいたな…Ⅴ‐1184［野生植物］ | のびる…Ⅶ‐858［救荒動植物類］ |
| のばいたな…Ⅴ‐1184［野生植物］ | のひゑ…Ⅴ‐1187［野生植物］ |
| のはぎ…Ⅴ‐1184［野生植物］ | のぶ…Ⅴ‐1187［野生植物］ |
| のはな…Ⅱ‐1023［穀物類］ | のぶ…Ⅶ‐493［樹木類］ |
| のははきぎ…Ⅴ‐1184［野生植物］ | のぶか…Ⅲ‐440［魚類］ |
| のはへくさ…Ⅴ‐1184［野生植物］ | のふがた…Ⅲ‐440［魚類］ |
| のはへばら…Ⅴ‐1185［野生植物］ | のふかもち…Ⅱ‐1023［穀物類］ |
| のはら…Ⅱ‐1023［穀物類］ | のふき…Ⅴ‐1187［野生植物］ |
| のばら…Ⅴ‐1185［野生植物］ | のふき…Ⅵ‐535［菜類］ |
| のばら…Ⅶ‐493［樹木類］ | のぶき…Ⅵ‐536［菜類］ |
| のはる…Ⅶ‐493［樹木類］ | のぶき…Ⅶ‐493［樹木類］ |
| のび…Ⅵ‐42［金・石・土・水類］ | のぶき…Ⅶ‐859［救荒動植物類］ |
| のびあがりだいこん…Ⅵ‐534［菜類］ | のぶくしう…Ⅵ‐536［菜類］ |
| のひえ…Ⅱ‐1023［穀物類］ | のふくり…Ⅲ‐440［魚類］ |
| のびえ…Ⅴ‐1185［野生植物］ | のふぐるま…Ⅵ‐536［菜類］ |
| のひきやし…Ⅴ‐1185［野生植物］ | のふさき…Ⅴ‐1188［野生植物］ |
| のびきやし…Ⅴ‐1185［野生植物］ | のふさくら…Ⅶ‐493［樹木類］ |
| のびけし…Ⅴ‐1185［野生植物］ | のふさは…Ⅲ‐440［魚類］ |
| のびす…Ⅴ‐1185［野生植物］ | のふさば…Ⅲ‐440［魚類］ |
| のひすはん…Ⅵ‐534［菜類］ | のふし…Ⅴ‐1188［野生植物］ |
| のひすま…Ⅴ‐1186［野生植物］ | のふし…Ⅶ‐494［樹木類］ |
| のひのう…Ⅶ‐493［樹木類］ | のふじ…Ⅴ‐1188［野生植物］ |
| のひへ…Ⅱ‐1023［穀物類］ | のぶし…Ⅱ‐1023［穀物類］ |

のぶしろ…Ⅱ‐1024［穀物類］
のぶじろう…Ⅱ‐1024［穀物類］
のふしろぐみ…Ⅵ‐841［果類］
のふしろまめ…Ⅱ‐1024［穀物類］
のふす…Ⅲ‐441［魚類］
のぶす…Ⅲ‐441［魚類］
のふぜん…Ⅴ‐1188［野生植物］
のふせんかつら…Ⅴ‐1188［野生植物］
のふぜんかつら…Ⅴ‐1188［野生植物］
のふぜんかつら…Ⅶ‐494［樹木類］
のふぜんかづら…Ⅴ‐1188［野生植物］
のふぜんがつら…Ⅴ‐1189［野生植物］
のふそ…Ⅲ‐441［魚類］
のぶそ…Ⅲ‐441［魚類］
のぶそたひ…Ⅲ‐441［魚類］
のぶたねあわ…Ⅱ‐1024［穀物類］
のふてつ…Ⅵ‐842［果類］
のふとう…Ⅴ‐1189［野生植物］
のぶとう…Ⅴ‐1189［野生植物］
のぶとう…Ⅵ‐842［果類］
のぶどう…Ⅴ‐1189［野生植物］
のふのき…Ⅶ‐494［樹木類］
のぶのき…Ⅶ‐494［樹木類］
のふまき…Ⅲ‐441［魚類］
のぶやす…Ⅱ‐1024［穀物類］
のぶろ…Ⅴ‐1189［野生植物］
のふろく…Ⅱ‐1024［穀物類］
のふろく…Ⅶ‐859［救荒動植物類］
のべ…Ⅲ‐442［魚類］
のへこ…Ⅴ‐1189［野生植物］
のべさはいね…Ⅱ‐1024［穀物類］
のへさわ…Ⅱ‐1025［穀物類］
のへざわ…Ⅱ‐1025［穀物類］
のべさわ…Ⅱ‐1025［穀物類］
のへざを…Ⅱ‐1025［穀物類］
のべほ…Ⅱ‐1025［穀物類］
のほうづき…Ⅴ‐1189［野生植物］
のほうづき…Ⅴ‐1190［野生植物］

のぼしかや…Ⅴ‐1190［野生植物］
のほしろまめ…Ⅱ‐1025［穀物類］
のほす…Ⅲ‐442［魚類］
のぼたち…Ⅴ‐1190［野生植物］
のぼり…Ⅶ‐494［樹木類］
のほりきく…Ⅴ‐1190［野生植物］
のぼりごせう…Ⅵ‐536［菜類］
のぼりさしあわ…Ⅱ‐1025［穀物類］
のほりたて…Ⅲ‐442［魚類］
のぼりたて…Ⅲ‐442［魚類］
のほりたま…Ⅱ‐1025［穀物類］
のほりはぎ…Ⅴ‐1190［野生植物］
のほろ…Ⅴ‐1190［野生植物］
のまけ…Ⅴ‐1190［野生植物］
のまこも…Ⅴ‐1191［野生植物］
のまさら…Ⅴ‐1191［野生植物］
のましば…Ⅶ‐494［樹木類］
のまち…Ⅱ‐1026［穀物類］
のまちこ…Ⅱ‐1026［穀物類］
のまはり…Ⅶ‐494［樹木類］
のまめ…Ⅱ‐1026［穀物類］
のまめ…Ⅴ‐1191［野生植物］
のまめ…Ⅶ‐859［救荒動植物類］
のまめかつら…Ⅴ‐1161［野生植物］
のまめかつら…Ⅴ‐1191［野生植物］
のまゆみ…Ⅶ‐495［樹木類］
のまよもき…Ⅴ‐1191［野生植物］
のまよもぎのくきは…Ⅶ‐859
　　　　　　　　　　［救荒動植物類］
のまを…Ⅴ‐1192［野生植物］
のみきひ…Ⅱ‐1026［穀物類］
のみきび…Ⅱ‐1026［穀物類］
のみつはぜり…Ⅴ‐1192［野生植物］
のみとりあさみ…Ⅴ‐1192［野生植物］
のみとりはな…Ⅴ‐1192［野生植物］
のみのこ…Ⅱ‐1026［穀物類］
のみのこあつき…Ⅱ‐1026［穀物類］
のみのこあづき…Ⅱ‐1027［穀物類］

のみのこあわ…Ⅱ‐1027［穀物類］
のみのこし…Ⅴ‐1192［野生植物］
のみのつづれ…Ⅴ‐1192［野生植物］
のみのてづら…Ⅴ‐1193［野生植物］
のみのふすま…Ⅴ‐1193［野生植物］
のみのふすま…Ⅴ‐1194［野生植物］
のみのふすま…Ⅶ‐859［救荒動植物類］
のむき…Ⅴ‐1194［野生植物］
のむぎ…Ⅱ‐1027［穀物類］
のむぎしり…Ⅱ‐1027［穀物類］
のむしあは…Ⅱ‐1027［穀物類］
のむす…Ⅲ‐442［魚類］
のむめ…Ⅵ‐842［果類］
のむめ…Ⅶ‐495［樹木類］
のむら…Ⅶ‐495［樹木類］
のむらあさもみぢ…Ⅶ‐495［樹木類］
のむらかき…Ⅵ‐842［果類］
のむらさき…Ⅴ‐1194［野生植物］
のむらぼうず…Ⅱ‐1027［穀物類］
のめつとう…Ⅲ‐442［魚類］
のめとかちか…Ⅲ‐442［魚類］
のめとかちか…Ⅲ‐443［魚類］
のめりもち…Ⅱ‐1027［穀物類］
のもうせん…Ⅴ‐1194［野生植物］
のものくるひ…Ⅴ‐1194［野生植物］
のものくるひ…Ⅴ‐1195［野生植物］
のやくもそう…Ⅴ‐1195［野生植物］
のやなぎ…Ⅶ‐495［樹木類］
のやろく…Ⅱ‐1028［穀物類］
のゆり…Ⅴ‐1195［野生植物］
のゆり…Ⅵ‐536［菜類］
のゆり…Ⅶ‐859［救荒動植物類］
のゆりさう…Ⅴ‐1195［野生植物］
のゆりさう…Ⅵ‐536［菜類］
のよし…Ⅴ‐1196［野生植物］
のよもき…Ⅴ‐1196［野生植物］
のより…Ⅴ‐1196［野生植物］
のら…Ⅱ‐1028［穀物類］

のらこ…Ⅱ‐1028［穀物類］
のらしのぶ…Ⅴ‐1196［野生植物］
のらひへ…Ⅴ‐1196［野生植物］
のらほうきぎ…Ⅴ‐1196［野生植物］
のらゑんどう…Ⅴ‐1196［野生植物］
のらゑんどう…Ⅶ‐859［救荒動植物類］
のらん…Ⅴ‐1197［野生植物］
のり…Ⅴ‐1197［野生植物］
のりあがり…Ⅵ‐536［菜類］
のりかわ…Ⅶ‐495［樹木類］
のりきいし…Ⅵ‐42［金・石・土・水類］
のりだし…Ⅵ‐537［菜類］
のりのき…Ⅶ‐496［樹木類］
のりのはな…Ⅴ‐1197［野生植物］
のわけぎ…Ⅵ‐537［菜類］
のわさび…Ⅴ‐1197［野生植物］
のわらび…Ⅵ‐537［菜類］
のゐ…Ⅴ‐1197［野生植物］
のゑ…Ⅲ‐443［魚類］
のゑ…Ⅴ‐1197［野生植物］
のゑこ…Ⅴ‐1197［野生植物］
のゑご…Ⅴ‐1198［野生植物］
のゑひ…Ⅴ‐1198［野生植物］
のゑんと…Ⅴ‐1198［野生植物］
のゑんとう…Ⅴ‐1198［野生植物］
のゑんどう…Ⅴ‐1198［野生植物］
のゑんどう…Ⅴ‐1199［野生植物］
のゑんどう…Ⅶ‐860［救荒動植物類］
のゑんとば…Ⅵ‐537［菜類］
のんこ…Ⅱ‐1028［穀物類］
のんな…Ⅴ‐1199［野生植物］
のんな…Ⅶ‐860［救荒動植物類］

# は

はあかきひ…Ⅱ‐1029［穀物類］
はあかのき…Ⅶ‐497［樹木類］
はあこ…Ⅴ‐1200［野生植物］
はあしかを…Ⅴ‐1200［野生植物］

| | |
|---|---|
| はあそふ…Ⅴ - 1200 [野生植物] | ばいたひ…Ⅲ - 444 [魚類] |
| はあそぶ…Ⅴ - 1200 [野生植物] | ばいたま…Ⅴ - 1202 [野生植物] |
| はあそぶ…Ⅶ - 861 [救荒動植物類] | はいたろう…Ⅶ - 498 [樹木類] |
| はい…Ⅲ - 444 [魚類] | はいつる…Ⅱ - 1029 [穀物類] |
| はい…Ⅲ - 790 [貝類] | はいつる…Ⅴ - 1202 [野生植物] |
| ばい…Ⅱ - 1029 [穀物類] | はいづる…Ⅴ - 1202 [野生植物] |
| ばい…Ⅲ - 790 [貝類] | はいとく…Ⅴ - 1202 [野生植物] |
| はいいちご…Ⅴ - 1200 [野生植物] | はいどく…Ⅵ - 199 [菌・茸類] |
| はいいちご…Ⅵ - 843 [果類] | はいどくさう…Ⅴ - 1202 [野生植物] |
| はいいばら…Ⅴ - 1200 [野生植物] | はいとりくさ…Ⅴ - 1202 [野生植物] |
| はいいぶき…Ⅶ - 497 [樹木類] | はいとりくさ…Ⅴ - 1203 [野生植物] |
| はいいも…Ⅵ - 538 [菜類] | はいとりたけ…Ⅵ - 199 [菌・茸類] |
| はいうるし…Ⅴ - 1200 [野生植物] | はいとりなは…Ⅵ - 199 [菌・茸類] |
| はいかい…Ⅲ - 790 [貝類] | はいとりなば…Ⅵ - 199 [菌・茸類] |
| ばいかい…Ⅲ - 790 [貝類] | はいとりもたせ…Ⅵ - 200 [菌・茸類] |
| はいかひ…Ⅲ - 790 [貝類] | はいのき…Ⅶ - 498 [樹木類] |
| ばいかひ…Ⅲ - 790 [貝類] | ばいのき…Ⅶ - 498 [樹木類] |
| はいかぶり…Ⅱ - 1029 [穀物類] | はいのしり…Ⅱ - 1029 [穀物類] |
| はいから…Ⅴ - 1201 [野生植物] | はいのふん…Ⅵ - 43 [金・石・土・水類] |
| はいから…Ⅶ - 497 [樹木類] | はいのまる…Ⅴ - 1203 [野生植物] |
| はいがら…Ⅶ - 497 [樹木類] | はいのまるいげかつら…Ⅴ - 1203 [野生植物] |
| はいき…Ⅴ - 1201 [野生植物] | |
| はいぎょ…Ⅲ - 444 [魚類] | はいはくじ…Ⅶ - 498 [樹木類] |
| はいくさ…Ⅴ - 1201 [野生植物] | はいひやくし…Ⅶ - 498 [樹木類] |
| ばいくわさう…Ⅴ - 1201 [野生植物] | はいびやくし…Ⅶ - 498 [樹木類] |
| ばいけいさう…Ⅴ - 1201 [野生植物] | はいびやくしん…Ⅶ - 499 [樹木類] |
| ばいけいらん…Ⅴ - 1201 [野生植物] | はいひやくすき…Ⅶ - 499 [樹木類] |
| はいけくり…Ⅵ - 843 [果類] | はいふかひ…Ⅲ - 791 [貝類] |
| はいこり…Ⅴ - 1201 [野生植物] | はいぼう…Ⅱ - 1029 [穀物類] |
| はいころし…Ⅵ - 199 [菌・茸類] | ばいほこ…Ⅲ - 444 [魚類] |
| はいさこ…Ⅲ - 444 [魚類] | ばいほご…Ⅲ - 444 [魚類] |
| はいしば…Ⅴ - 1202 [野生植物] | はいまつ…Ⅶ - 499 [樹木類] |
| はいすぎ…Ⅶ - 497 [樹木類] | はいまめ…Ⅱ - 1029 [穀物類] |
| はいた…Ⅶ - 497 [樹木類] | はいむろ…Ⅶ - 499 [樹木類] |
| はいたけ…Ⅵ - 199 [菌・茸類] | はいも…Ⅵ - 538 [菜類] |
| はいたたき…Ⅲ - 444 [魚類] | はいやき…Ⅱ - 1030 [穀物類] |
| はいたな…Ⅶ - 861 [救荒動植物類] | はいやなぎ…Ⅶ - 499 [樹木類] |
| はいたはら…Ⅶ - 497 [樹木類] | はいりう…Ⅲ - 445 [魚類] |

# は

はゐも…Ⅴ-1203［野生植物］
はゐも…Ⅵ-538［菜類］
はいを…Ⅲ-445［魚類］
はいを…Ⅴ-1203［野生植物］
ばうい…Ⅴ-1203［野生植物］
はうかいせき…Ⅵ-43［金・石・土・水類］
ばうかき…Ⅵ-843［果類］
はうき…Ⅴ-1203［野生植物］
はうきき…Ⅴ-1204［野生植物］
はうききのは…Ⅶ-861［救荒動植物類］
はうきくさ…Ⅴ-1204［野生植物］
はうきくさ…Ⅵ-538［菜類］
はうくりのね…Ⅶ-861［救荒動植物類］
はうこくさ…Ⅴ-1204［野生植物］
はうこくさ…Ⅶ-861［救荒動植物類］
はうさ…Ⅶ-499［樹木類］
はうざうくわ…Ⅵ-538［菜類］
はうざうばな…Ⅴ-1204［野生植物］
ばうし…Ⅱ-1030［穀物類］
ばうしう…Ⅱ-1030［穀物類］
ばうしし…Ⅲ-445［魚類］
ばうず…Ⅱ-1030［穀物類］
ばうずあしむぎ…Ⅱ-1030［穀物類］
ばうずいが…Ⅱ-1030［穀物類］
ばうずこむぎ…Ⅱ-1030［穀物類］
ばうずしらかは…Ⅱ-1031［穀物類］
ばうずすべり…Ⅱ-1031［穀物類］
ばうずむぎ…Ⅱ-1031［穀物類］
ばうずわせ…Ⅱ-1031［穀物類］
はうせんじなし…Ⅵ-843［果類］
はうち…Ⅱ-1031［穀物類］
はうちは…Ⅶ-499［樹木類］
ばうづ…Ⅱ-1031［穀物類］
ばうづかへり…Ⅱ-1031［穀物類］
はうづき…Ⅴ-1204［野生植物］
ばうづきんかい…Ⅱ-1032［穀物類］
はうづくさ…Ⅴ-1204［野生植物］
ばうづくまこ…Ⅱ-1032［穀物類］

ばうづこむぎ…Ⅱ-1032［穀物類］
ばうづしろめ…Ⅱ-1032［穀物類］
ばうづぢこ…Ⅱ-1032［穀物類］
ばうづつがる…Ⅱ-1032［穀物類］
ばうづはだか…Ⅱ-1032［穀物類］
ばうづひえ…Ⅱ-1033［穀物類］
ばうづひへ…Ⅱ-1033［穀物類］
ばうづむぎ…Ⅱ-1033［穀物類］
ばうづもち…Ⅱ-1033［穀物類］
ばうづやはづ…Ⅱ-1033［穀物類］
ばうづわせ…Ⅱ-1033［穀物類］
はうのき…Ⅶ-500［樹木類］
はうふう…Ⅴ-1205［野生植物］
ばうふう…Ⅴ-1205［野生植物］
ばうふう…Ⅵ-538［菜類］
はうふら…Ⅴ-1205［野生植物］
ばうふら…Ⅴ-1205［野生植物］
ばうまるいしたていね…Ⅱ-1033［穀物類］
はうるし…Ⅴ-1205［野生植物］
はうれん…Ⅴ-1205［野生植物］
はうれん…Ⅵ-539［菜類］
はうれんさう…Ⅴ-1206［野生植物］
はうれんさう…Ⅵ-539［菜類］
はうを…Ⅲ-445［魚類］
はえたおし…Ⅵ-200［菌・茸類］
はえとりくさ…Ⅴ-1206［野生植物］
はおぎ…Ⅴ-1206［野生植物］
はおち…Ⅱ-1034［穀物類］
はおちくさ…Ⅴ-1206［野生植物］
はおちまめ…Ⅱ-1034［穀物類］
はおり…Ⅵ-539［菜類］
はおりさう…Ⅴ-1206［野生植物］
はおれ…Ⅵ-539［菜類］
はか…Ⅴ-1206［野生植物］
ばか…Ⅴ-1206［野生植物］
ばかあつき…Ⅱ-1034［穀物類］
はかい…Ⅱ-1034［穀物類］
はかい…Ⅲ-791［貝類］

| | |
|---|---|
| はがい…Ⅲ - 791［貝類］ | はかめ…Ⅴ - 1208［野生植物］ |
| ばかかう…Ⅴ - 1207［野生植物］ | はかよもき…Ⅴ - 1208［野生植物］ |
| ばかかひ…Ⅲ - 791［貝類］ | はからし…Ⅵ - 540［菜類］ |
| ばかかひ…Ⅲ - 791［貝類］ | はからず…Ⅱ - 1036［穀物類］ |
| はかから…Ⅴ - 1207［野生植物］ | はがらす…Ⅱ - 1036［穀物類］ |
| はかかれい…Ⅲ - 445［魚類］ | はからまつ…Ⅴ - 1208［野生植物］ |
| ばがかれい…Ⅲ - 445［魚類］ | はがらまつ…Ⅴ - 1208［野生植物］ |
| はかき…Ⅵ - 843［果類］ | はかれい…Ⅲ - 446［魚類］ |
| ばかくさ…Ⅴ - 1207［野生植物］ | はがれい…Ⅲ - 446［魚類］ |
| はかくし…Ⅱ - 1034［穀物類］ | ばかわらび…Ⅵ - 540［菜類］ |
| はかくし…Ⅵ - 843［果類］ | はかんざう…Ⅴ - 1209［野生植物］ |
| はがくし…Ⅱ - 1034［穀物類］ | はがんさう…Ⅴ - 1209［野生植物］ |
| はがくし…Ⅵ - 844［果類］ | はかんぞ…Ⅶ - 500［樹木類］ |
| はがくれ…Ⅱ - 1035［穀物類］ | はき…Ⅴ - 1209［野生植物］ |
| はがくれひえあは…Ⅱ - 1035［穀物類］ | はき…Ⅶ - 500［樹木類］ |
| はかこう…Ⅴ - 1207［野生植物］ | はぎ…Ⅱ - 1036［穀物類］ |
| ばかじめ…Ⅴ - 1207［野生植物］ | はぎ…Ⅴ - 1209［野生植物］ |
| はかたあを…Ⅵ - 844［果類］ | はぎ…Ⅴ - 1210［野生植物］ |
| はかたいかり…Ⅵ - 539［菜類］ | はぎ…Ⅶ - 500［樹木類］ |
| はかたこま…Ⅱ - 1035［穀物類］ | はきぎ…Ⅵ - 540［菜類］ |
| はかたもも…Ⅵ - 844［果類］ | はきくさ…Ⅴ - 1210［野生植物］ |
| はかたもも…Ⅶ - 500［樹木類］ | はぎこむぎ…Ⅱ - 1036［穀物類］ |
| はかたゆり…Ⅴ - 1207［野生植物］ | はぎざわ…Ⅱ - 1036［穀物類］ |
| はかたゆり…Ⅴ - 1208［野生植物］ | はぎしば…Ⅶ - 500［樹木類］ |
| ばかつほ…Ⅲ - 445［魚類］ | はぎしり…Ⅵ - 540［菜類］ |
| はかづら…Ⅴ - 1208［野生植物］ | はぎたけ…Ⅵ - 200［菌・茸類］ |
| はかつを…Ⅲ - 446［魚類］ | はきため…Ⅱ - 1036［穀物類］ |
| はがつを…Ⅲ - 446［魚類］ | はぎな…Ⅵ - 540［菜類］ |
| はかび…Ⅴ - 1208［野生植物］ | はぎな…Ⅶ - 861［救荒動植物類］ |
| はがひ…Ⅲ - 791［貝類］ | はきなも…Ⅴ - 1210［野生植物］ |
| はかふ…Ⅵ - 540［菜類］ | はぎのき…Ⅶ - 500［樹木類］ |
| はかぶら…Ⅵ - 540［菜類］ | はきのこ…Ⅴ - 1210［野生植物］ |
| はかへし…Ⅱ - 1035［穀物類］ | はぎのこ…Ⅱ - 1036［穀物類］ |
| はかま…Ⅱ - 1035［穀物類］ | はきのこたけ…Ⅵ - 200［菌・茸類］ |
| はかま…Ⅲ - 446［魚類］ | はきのこなは…Ⅵ - 200［菌・茸類］ |
| はかまご…Ⅲ - 446［魚類］ | はきば…Ⅴ - 1210［野生植物］ |
| はかまたれ…Ⅱ - 1035［穀物類］ | はぎはな…Ⅶ - 501［樹木類］ |
| ばかまめ…Ⅱ - 1035［穀物類］ | はぎはら…Ⅱ - 1036［穀物類］ |

## は

はぎもたし…Ⅵ - 200 ［菌・茸類］
ばぎよ…Ⅲ - 447 ［魚類］
はぎれだいこん…Ⅵ - 541 ［菜類］
はぐい…Ⅴ - 1210 ［野生植物］
はくえい…Ⅴ - 1210 ［野生植物］
はくか…Ⅴ - 1211 ［野生植物］
ばくかい…Ⅶ - 501 ［樹木類］
はくかき…Ⅵ - 844 ［果類］
はくき…Ⅴ - 1211 ［野生植物］
ばくこく…Ⅴ - 1211 ［野生植物］
はくさ…Ⅱ - 1037 ［穀物類］
はくさ…Ⅴ - 1211 ［野生植物］
はくざ…Ⅴ - 1212 ［野生植物］
はぐさ…Ⅴ - 1211 ［野生植物］
はくさかずら…Ⅴ - 1212 ［野生植物］
はくさむくり…Ⅱ - 1037 ［穀物類］
はくさんふき…Ⅴ - 1212 ［野生植物］
はくさんぶき…Ⅶ - 501 ［樹木類］
はくさんらん…Ⅴ - 1212 ［野生植物］
はくし…Ⅴ - 1212 ［野生植物］
はくじゅ…Ⅶ - 501 ［樹木類］
はくすのき…Ⅶ - 501 ［樹木類］
はくせん…Ⅴ - 1212 ［野生植物］
はくぜん…Ⅴ - 1212 ［野生植物］
はくそ…Ⅵ - 541 ［菜類］
はくそ…Ⅶ - 501 ［樹木類］
はくたう…Ⅵ - 844 ［果類］
はくたう…Ⅶ - 501 ［樹木類］
はくたうさう…Ⅴ - 1213 ［野生植物］
はぐち…Ⅶ - 502 ［樹木類］
ばくち…Ⅲ - 791 ［貝類］
ばくちうち…Ⅲ - 447 ［魚類］
はくちやう…Ⅶ - 502 ［樹木類］
はくちやうき…Ⅶ - 502 ［樹木類］
はくちやうけ…Ⅴ - 1213 ［野生植物］
はくちやうけ…Ⅶ - 502 ［樹木類］
はくちやうげ…Ⅶ - 502 ［樹木類］
はくちょうかひ…Ⅲ - 792 ［貝類］

はくちん…Ⅶ - 502 ［樹木類］
はくちんかづら…Ⅴ - 1213 ［野生植物］
はくちんかづら…Ⅶ - 502 ［樹木類］
はくてう…Ⅵ - 200 ［菌・茸類］
はくてう…Ⅶ - 503 ［樹木類］
はくてうき…Ⅶ - 503 ［樹木類］
はくてうけ…Ⅶ - 503 ［樹木類］
はくてうげ…Ⅶ - 503 ［樹木類］
はくてうぼく…Ⅶ - 503 ［樹木類］
はくてふけ…Ⅶ - 504 ［樹木類］
はくてんもち…Ⅱ - 1037 ［穀物類］
はくどいし…Ⅵ - 43 ［金・石・土・水類］
はくとう…Ⅲ - 447 ［魚類］
はくとう…Ⅵ - 844 ［果類］
ばくとう…Ⅲ - 447 ［魚類］
はくとうおう…Ⅴ - 1213 ［野生植物］
はくとうをうさう…Ⅴ - 1213 ［野生植物］
はくは…Ⅶ - 861 ［救荒動植物類］
はくはい…Ⅴ - 1213 ［野生植物］
はくばい…Ⅵ - 845 ［果類］
はくばい…Ⅶ - 504 ［樹木類］
はくふり…Ⅵ - 541 ［菜類］
はくへんづ…Ⅱ - 1037 ［穀物類］
はぐま…Ⅱ - 1037 ［穀物類］
はぐま…Ⅴ - 1214 ［野生植物］
はくまいひる…Ⅵ - 541 ［菜類］
ばくむぎ…Ⅱ - 1037 ［穀物類］
はくもくれん…Ⅶ - 504 ［樹木類］
ばくもん…Ⅴ - 1214 ［野生植物］
はくもんとう…Ⅴ - 1214 ［野生植物］
はくもんどう…Ⅴ - 1214 ［野生植物］
ばくもんとう…Ⅴ - 1214 ［野生植物］
ばくもんどう…Ⅴ - 1215 ［野生植物］
はくらうくさ…Ⅴ - 1215 ［野生植物］
ばくらうくさ…Ⅴ - 1215 ［野生植物］
はくらご…Ⅲ - 447 ［魚類］
はくらん…Ⅴ - 1215 ［野生植物］

# は

| | |
|---|---|
| はくらんさう…Ⅴ‐1215［野生植物］ | はこざ…Ⅴ‐1218［野生植物］ |
| はくり…Ⅴ‐1215［野生植物］ | はこざきわせ…Ⅱ‐1038［穀物類］ |
| はくり…Ⅴ‐1216［野生植物］ | はごしこ…Ⅶ‐505［樹木類］ |
| はくり…Ⅶ‐862［救荒動植物類］ | ばこしは…Ⅴ‐1218［野生植物］ |
| はくりんかうじ…Ⅵ‐845［果類］ | はごだし…Ⅱ‐1038［穀物類］ |
| はくれん…Ⅴ‐1216［野生植物］ | はこねうつぎ…Ⅶ‐505［樹木類］ |
| ばくろうくさ…Ⅴ‐1216［野生植物］ | はこねぐさ…Ⅴ‐1218［野生植物］ |
| ばくろうたけ…Ⅵ‐201［菌・茸類］ | はこねもち…Ⅱ‐1038［穀物類］ |
| はぐろやま…Ⅱ‐1037［穀物類］ | はごのき…Ⅶ‐520［樹木類］ |
| はけ…Ⅴ‐1216［野生植物］ | はこふく…Ⅲ‐448［魚類］ |
| はけ…Ⅵ‐541［菜類］ | はこへ…Ⅴ‐1219［野生植物］ |
| はげ…Ⅲ‐447［魚類］ | はこへ…Ⅵ‐542［菜類］ |
| はげ…Ⅴ‐1216［野生植物］ | はこべ…Ⅴ‐1219［野生植物］ |
| はげ…Ⅶ‐504［樹木類］ | はこべ…Ⅵ‐542［菜類］ |
| はけいたう…Ⅴ‐1216［野生植物］ | はこべ…Ⅶ‐862［救荒動植物類］ |
| はけいとう…Ⅴ‐1216［野生植物］ | はこべくさ…Ⅴ‐1219［野生植物］ |
| はけいとう…Ⅴ‐1217［野生植物］ | はこへら…Ⅴ‐1220［野生植物］ |
| はけいとう…Ⅵ‐541［菜類］ | はこほれ…Ⅴ‐1220［野生植物］ |
| はげいとう…Ⅴ‐1217［野生植物］ | はこぼれ…Ⅴ‐1220［野生植物］ |
| はけいとうくわ…Ⅴ‐1217［野生植物］ | はこま…Ⅱ‐1038［穀物類］ |
| はげき…Ⅴ‐1218［野生植物］ | はごま…Ⅵ‐542［菜類］ |
| はげきてん…Ⅴ‐1218［野生植物］ | はこもち…Ⅲ‐448［魚類］ |
| はげしろ…Ⅲ‐447［魚類］ | はこや…Ⅶ‐505［樹木類］ |
| はげじろ…Ⅲ‐448［魚類］ | はこやす…Ⅶ‐505［樹木類］ |
| はけつ…Ⅶ‐504［樹木類］ | はこやなき…Ⅶ‐506［樹木類］ |
| ばけつ…Ⅶ‐504［樹木類］ | はこやなぎ…Ⅶ‐506［樹木類］ |
| はけのき…Ⅶ‐504［樹木類］ | はころも…Ⅴ‐1220［野生植物］ |
| はげのき…Ⅶ‐505［樹木類］ | はごろも…Ⅴ‐1220［野生植物］ |
| はけめつち…Ⅵ‐43［金・石・土・水類］ | はざか…Ⅱ‐1038［穀物類］ |
| はけわん…Ⅱ‐1038［穀物類］ | はさこ…Ⅶ‐506［樹木類］ |
| はご…Ⅲ‐448［魚類］ | はさつへ…Ⅴ‐1220［野生植物］ |
| はごい…Ⅵ‐541［菜類］ | はさはさ…Ⅴ‐1221［野生植物］ |
| はこうを…Ⅲ‐448［魚類］ | ばさばさ…Ⅴ‐1221［野生植物］ |
| はこかき…Ⅵ‐845［果類］ | はさひ…Ⅴ‐1221［野生植物］ |
| はこく…Ⅱ‐1038［穀物類］ | はさび…Ⅵ‐543［菜類］ |
| ばこく…Ⅱ‐1038［穀物類］ | はさみ…Ⅱ‐1039［穀物類］ |
| はここぼし…Ⅲ‐448［魚類］ | はさみ…Ⅴ‐1221［野生植物］ |
| はこさ…Ⅴ‐1218［野生植物］ | はさみ…Ⅶ‐506［樹木類］ |

## は

はさみぐさ…Ⅴ-1221［野生植物］
はさみむぎ…Ⅱ-1039［穀物類］
ばさめ…Ⅲ-448［魚類］
はさらひへ…Ⅱ-1039［穀物類］
はさらもち…Ⅱ-1039［穀物類］
はさりかひ…Ⅲ-792［貝類］
はし…Ⅲ-449［魚類］
はじ…Ⅶ-506［樹木類］
はしか…Ⅶ-506［樹木類］
はじか…Ⅶ-507［樹木類］
はしかき…Ⅶ-507［樹木類］
はしかのき…Ⅶ-507［樹木類］
はしかみ…Ⅵ-543［菜類］
はじかみ…Ⅵ-543［菜類］
はしかみいも…Ⅵ-543［菜類］
はしかん…Ⅴ-1221［野生植物］
はしき…Ⅶ-507［樹木類］
はじきしやく…Ⅲ-449［魚類］
はしきのめ…Ⅶ-862［救荒動植物類］
はしくす…Ⅲ-449［魚類］
はしくず…Ⅲ-449［魚類］
はしくり…Ⅴ-1221［野生植物］
はした…Ⅱ-1039［穀物類］
はしたかな…Ⅴ-1222［野生植物］
はしどめ…Ⅴ-1222［野生植物］
はしのき…Ⅶ-507［樹木類］
はじのき…Ⅶ-507［樹木類］
はしば…Ⅴ-1222［野生植物］
はしばかつら…Ⅴ-1222［野生植物］
はしばかづら…Ⅴ-1222［野生植物］
はしはみ…Ⅵ-845［果類］
はしばみ…Ⅵ-845［果類］
はしばみ…Ⅵ-846［果類］
はしばみ…Ⅶ-508［樹木類］
はしはみのき…Ⅶ-508［樹木類］
はしばみのは…Ⅶ-862［救荒動植物類］
はしはめのき…Ⅶ-508［樹木類］
はしひ…Ⅲ-449［魚類］

はしひめ…Ⅴ-1222［野生植物］
はしまめ…Ⅵ-846［果類］
はしめし…Ⅵ-201［菌・茸類］
はしもと…Ⅱ-1039［穀物類］
ばしやう…Ⅶ-508［樹木類］
ばしやうな…Ⅵ-543［菜類］
はしらくち…Ⅱ-1039［穀物類］
はしらくち…Ⅱ-1040［穀物類］
ばしり…Ⅱ-1040［穀物類］
はしりき…Ⅶ-508［樹木類］
はしりすぎ…Ⅶ-508［樹木類］
はしりな…Ⅴ-1222［野生植物］
はしろ…Ⅱ-1040［穀物類］
はじろ…Ⅲ-449［魚類］
はじろ…Ⅲ-792［貝類］
ばしろ…Ⅲ-449［魚類］
ばじろ…Ⅲ-450［魚類］
はじろわせ…Ⅱ-1040［穀物類］
はす…Ⅲ-450［魚類］
はす…Ⅴ-1223［野生植物］
はす…Ⅵ-544［菜類］
はすいも…Ⅵ-544［菜類］
はすうを…Ⅲ-450［魚類］
はすかい…Ⅲ-792［貝類］
はすね…Ⅲ-792［貝類］
はすね…Ⅵ-545［菜類］
はすねがい…Ⅲ-792［貝類］
はすのね…Ⅵ-545［菜類］
はすのは…Ⅶ-862［救荒動植物類］
はすのみ…Ⅵ-846［果類］
はすべ…Ⅴ-1223［野生植物］
はすも…Ⅴ-1223［野生植物］
はせ…Ⅱ-1040［穀物類］
はせ…Ⅲ-450［魚類］
はせ…Ⅶ-508［樹木類］
はぜ…Ⅱ-1040［穀物類］
はぜ…Ⅲ-450［魚類］
はぜ…Ⅲ-451［魚類］

| | |
|---|---|
| はぜ…Ⅴ‐1223［野生植物］ | はせむぎ…Ⅱ‐1041［穀物類］ |
| はぜ…Ⅵ‐846［果類］ | はせもち…Ⅱ‐1041［穀物類］ |
| はぜ…Ⅶ‐509［樹木類］ | はぜもち…Ⅱ‐1041［穀物類］ |
| はぜ…Ⅶ‐862［救荒動植物類］ | はせろう…Ⅲ‐451［魚類］ |
| はせう…Ⅴ‐1224［野生植物］ | はせを…Ⅴ‐1225［野生植物］ |
| はせう…Ⅶ‐509［樹木類］ | はぜを…Ⅴ‐1225［野生植物］ |
| ばせう…Ⅴ‐1224［野生植物］ | ばせを…Ⅴ‐1225［野生植物］ |
| ばせう…Ⅶ‐509［樹木類］ | はせをな…Ⅵ‐545［菜類］ |
| ばせうだかな…Ⅵ‐545［菜類］ | はせをばのき…Ⅶ‐510［樹木類］ |
| はせうだる…Ⅲ‐793［貝類］ | ばせんかう…Ⅴ‐1226［野生植物］ |
| はぜうだる…Ⅲ‐793［貝類］ | はそは…Ⅱ‐1041［穀物類］ |
| ばせうだる…Ⅲ‐793［貝類］ | はた…Ⅲ‐451［魚類］ |
| ばせうな…Ⅵ‐545［菜類］ | はだいこん…Ⅵ‐546［菜類］ |
| ばせうば…Ⅴ‐1224［野生植物］ | はたいね…Ⅱ‐1041［穀物類］ |
| はぜうるし…Ⅶ‐509［樹木類］ | ばたう…Ⅲ‐451［魚類］ |
| はせかい…Ⅲ‐793［貝類］ | はたうるし…Ⅴ‐1226［野生植物］ |
| はぜかい…Ⅲ‐793［貝類］ | はたか…Ⅱ‐1041［穀物類］ |
| はせかひ…Ⅲ‐793［貝類］ | はだか…Ⅱ‐1041［穀物類］ |
| はせくす…Ⅲ‐451［魚類］ | はだか…Ⅱ‐1042［穀物類］ |
| はせくず…Ⅲ‐451［魚類］ | はたかあは…Ⅱ‐1042［穀物類］ |
| はせくまこ…Ⅱ‐1040［穀物類］ | はだかあは…Ⅱ‐1042［穀物類］ |
| はせくり…Ⅴ‐1224［野生植物］ | はたかきひ…Ⅱ‐1042［穀物類］ |
| はせこ…Ⅴ‐1224［野生植物］ | はたかきんびら…Ⅱ‐1042［穀物類］ |
| はぜこ…Ⅴ‐1224［野生植物］ | はだかきんひら…Ⅱ‐1042［穀物類］ |
| はせささけ…Ⅱ‐1040［穀物類］ | はたかくさ…Ⅴ‐1226［野生植物］ |
| はぜちやうじやのくわし…Ⅶ‐509［樹木類］ | はたかこむぎ…Ⅱ‐1042［穀物類］ |
| はせな…Ⅴ‐1225［野生植物］ | はたかす…Ⅲ‐452［魚類］ |
| はぜな…Ⅴ‐1225［野生植物］ | はだかす…Ⅲ‐452［魚類］ |
| はぜな…Ⅵ‐545［菜類］ | はたかたい…Ⅲ‐452［魚類］ |
| はぜな…Ⅶ‐863［救荒動植物類］ | はたかひゑ…Ⅱ‐1042［穀物類］ |
| はせなし…Ⅵ‐846［果類］ | はたかふしくろ…Ⅱ‐1043［穀物類］ |
| はせなのは…Ⅶ‐863［救荒動植物類］ | はたかぼう…Ⅶ‐510［樹木類］ |
| はせのき…Ⅶ‐509［樹木類］ | はたかほうのは…Ⅶ‐863［救荒動植物類］ |
| はせのき…Ⅶ‐510［樹木類］ | はたかむき…Ⅱ‐1043［穀物類］ |
| はぜのき…Ⅶ‐510［樹木類］ | はたかむぎ…Ⅱ‐1043［穀物類］ |
| はぜはな…Ⅶ‐510［樹木類］ | はだかむぎ…Ⅱ‐1043［穀物類］ |
| ばせふ…Ⅴ‐1225［野生植物］ | はだかもろこし…Ⅱ‐1043［穀物類］ |
| はせまめ…Ⅱ‐1041［穀物類］ | はたかよりだし…Ⅱ‐1043［穀物類］ |

## は

はたかり…Ⅱ-1043［穀物類］
はたかり…Ⅴ-1226［野生植物］
はだかり…Ⅱ-1044［穀物類］
はたかりさう…Ⅴ-1226［野生植物］
はたかりぶんこ…Ⅱ-1044［穀物類］
はたかりむき…Ⅱ-1044［穀物類］
はたかゑそ…Ⅲ-452［魚類］
はたくい…Ⅲ-452［魚類］
はたくらいい…Ⅲ-452［魚類］
はだくろ…Ⅲ-452［魚類］
はたけいね…Ⅱ-1044［穀物類］
はたけいも…Ⅵ-546［菜類］
はたけこま…Ⅴ-1226［野生植物］
はたけしめし…Ⅵ-201［菌・茸類］
はたけそば…Ⅱ-1044［穀物類］
はたけとこ…Ⅱ-1044［穀物類］
はたけな…Ⅵ-546［菜類］
はたけひへ…Ⅱ-1044［穀物類］
はたけふぐり…Ⅴ-1227［野生植物］
はたけほうづき…Ⅴ-1227［野生植物］
はたけもちいね…Ⅱ-1045［穀物類］
はたけやなぎ…Ⅴ-1227［野生植物］
はたけゆり…Ⅴ-1227［野生植物］
はたけゆり…Ⅵ-546［菜類］
はたご…Ⅱ-1045［穀物類］
ばたこ…Ⅶ-510［樹木類］
はたころひ…Ⅴ-1227［野生植物］
はたころび…Ⅴ-1227［野生植物］
はたごわい…Ⅴ-1227［野生植物］
はたごわひ…Ⅴ-1228［野生植物］
はたさくら…Ⅶ-510［樹木類］
はたささけ…Ⅱ-1045［穀物類］
はたしそ…Ⅴ-1228［野生植物］
はたじふろく…Ⅱ-1045［穀物類］
はたしろ…Ⅲ-453［魚類］
はたじろ…Ⅲ-453［魚類］
はたじろ…Ⅴ-1228［野生植物］
はたちかづら…Ⅴ-1228［野生植物］

はだつまり…Ⅶ-511［樹木類］
はたつる…Ⅴ-1228［野生植物］
はたな…Ⅵ-546［菜類］
はだなし…Ⅲ-453［魚類］
ばたなし…Ⅲ-453［魚類］
はたなだいこん…Ⅵ-546［菜類］
はだなめり…Ⅵ-546［菜類］
はたの…Ⅵ-547［菜類］
はたのだいこん…Ⅵ-547［菜類］
はたはた…Ⅲ-453［魚類］
はたはた…Ⅶ-511［樹木類］
ばたばた…Ⅶ-511［樹木類］
はたはたうを…Ⅲ-453［魚類］
はたひへ…Ⅱ-1045［穀物類］
はたまめ…Ⅱ-1045［穀物類］
はたみ…Ⅲ-793［貝類］
はだむぎ…Ⅱ-1045［穀物類］
はたむくり…Ⅴ-1228［野生植物］
はたもち…Ⅱ-1046［穀物類］
はたもち…Ⅲ-453［魚類］
はたやけかいね…Ⅱ-1046［穀物類］
はだら…Ⅲ-454［魚類］
はだらし…Ⅴ-1228［野生植物］
ばち…Ⅲ-454［魚類］
ばち…Ⅶ-511［樹木類］
はちい…Ⅲ-454［魚類］
はちい…Ⅲ-794［貝類］
はちいも…Ⅵ-547［菜類］
はちうゑもん…Ⅱ-1046［穀物類］
はちうゑもんもち…Ⅱ-1046［穀物類］
はちえふだいこん…Ⅵ-547［菜類］
はちおうし…Ⅵ-846［果類］
はちかく…Ⅱ-1046［穀物類］
はちかく…Ⅵ-547［菜類］
はちかくかき…Ⅵ-846［果類］
はちかしら…Ⅱ-1046［穀物類］
はちかしら…Ⅴ-1229［野生植物］
はちがしら…Ⅱ-1046［穀物類］

総合索引　は

| | |
|---|---|
| はちがしら…Ⅴ‐1229［野生植物］ | はちこむき…Ⅱ‐1051［穀物類］ |
| はちかた…Ⅱ‐1047［穀物類］ | はちさくむめ…Ⅵ‐847［果類］ |
| はちがつあは…Ⅱ‐1047［穀物類］ | はちさゑもんかき…Ⅵ‐847［果類］ |
| はちがつまめ…Ⅱ‐1047［穀物類］ | はちじやうさう…Ⅴ‐1229［野生植物］ |
| はちがふもち…Ⅱ‐1047［穀物類］ | はちしやうまめ…Ⅱ‐1051［穀物類］ |
| はちから…Ⅲ‐454［魚類］ | はちしやうまめ…Ⅵ‐547［菜類］ |
| はちがら…Ⅲ‐454［魚類］ | はちしやうもち…Ⅱ‐1051［穀物類］ |
| はちかり…Ⅱ‐1047［穀物類］ | はちす…Ⅴ‐1229［野生植物］ |
| はちき…Ⅲ‐454［魚類］ | はちす…Ⅶ‐511［樹木類］ |
| はちきつちやう…Ⅲ‐454［魚類］ | はちすたけ…Ⅵ‐201［菌・茸類］ |
| はちく…Ⅵ‐87［竹・笹類］ | はちすんあは…Ⅱ‐1052［穀物類］ |
| はちくひ…Ⅵ‐847［果類］ | はちすんはふり…Ⅱ‐1052［穀物類］ |
| はちくま…Ⅱ‐1047［穀物類］ | はちそく…Ⅱ‐1052［穀物類］ |
| はちくま…Ⅵ‐847［果類］ | はちだう…Ⅱ‐1052［穀物類］ |
| はちぐわつ…Ⅱ‐1048［穀物類］ | はちたけ…Ⅵ‐201［菌・茸類］ |
| はちぐわつあづき…Ⅱ‐1048［穀物類］ | はちにんまくら…Ⅵ‐547［菜類］ |
| はちぐわつあわ…Ⅱ‐1048［穀物類］ | はちのうお…Ⅲ‐455［魚類］ |
| はちぐわつくまこ…Ⅱ‐1048［穀物類］ | はちのうを…Ⅲ‐455［魚類］ |
| はちぐわつささげ…Ⅱ‐1048［穀物類］ | はちのこ…Ⅶ‐863［救荒動植物類］ |
| はちぐわつしろまめ…Ⅱ‐1048［穀物類］ | はちのじたて…Ⅵ‐548［菜類］ |
| はちぐわつはおち…Ⅱ‐1048［穀物類］ | はちのすいし…Ⅵ‐43［金・石・土・水類］ |
| はちぐわつひえ…Ⅱ‐1049［穀物類］ | はちのすひえ…Ⅱ‐1052［穀物類］ |
| はちぐわつひへ…Ⅱ‐1049［穀物類］ | はちのへあは…Ⅱ‐1052［穀物類］ |
| はちぐわつまめ…Ⅱ‐1049［穀物類］ | はちはへぜんまい…Ⅴ‐1229［野生植物］ |
| はちけんひかり…Ⅱ‐1049［穀物類］ | はちふくべ…Ⅵ‐548［菜類］ |
| はちけんびかり…Ⅱ‐1049［穀物類］ | はちぶまめ…Ⅱ‐1052［穀物類］ |
| はちごうまる…Ⅱ‐1050［穀物類］ | はちふり…Ⅲ‐455［魚類］ |
| はちこく…Ⅱ‐1050［穀物類］ | はちぼく…Ⅴ‐1230［野生植物］ |
| はちこくあわ…Ⅱ‐1050［穀物類］ | はちほろくかく…Ⅱ‐1053［穀物類］ |
| はちこくきひ…Ⅱ‐1050［穀物類］ | はちまん…Ⅲ‐794［貝類］ |
| はちこくざり…Ⅱ‐1050［穀物類］ | はちまんかき…Ⅵ‐847［果類］ |
| はちこくはだか…Ⅱ‐1050［穀物類］ | はちまんくさ…Ⅴ‐1230［野生植物］ |
| はちこくはだかむぎ…Ⅱ‐1051［穀物類］ | はちみたうからし…Ⅵ‐548［菜類］ |
| はちこくひへ…Ⅱ‐1051［穀物類］ | はちめ…Ⅲ‐455［魚類］ |
| はちこくむぎ…Ⅱ‐1051［穀物類］ | はちもんじ…Ⅴ‐1230［野生植物］ |
| はちこくもち…Ⅱ‐1051［穀物類］ | はちや…Ⅱ‐1053［穀物類］ |
| はちこけ…Ⅴ‐1229［野生植物］ | はちや…Ⅵ‐847［果類］ |
| はちこけ…Ⅵ‐201［菌・茸類］ | はちや…Ⅶ‐511［樹木類］ |

## は

はちやう…Ⅵ-847［果類］
はちやかき…Ⅵ-848［果類］
はちやがき…Ⅵ-848［果類］
はちやまほうし…Ⅱ-1053［穀物類］
はちゆふかほ…Ⅵ-548［菜類］
はちらううあは…Ⅱ-1053［穀物類］
はちり…Ⅱ-1053［穀物類］
はちりはん…Ⅱ-1053［穀物類］
はちりはんまめ…Ⅱ-1054［穀物類］
ばちりん…Ⅶ-511［樹木類］
はちわうし…Ⅵ-848［果類］
はちわうじ…Ⅵ-848［果類］
はちわうしかき…Ⅵ-848［果類］
はちわうじかき…Ⅵ-848［果類］
はちわり…Ⅱ-1054［穀物類］
はちわりこむぎ…Ⅱ-1054［穀物類］
はちをうし…Ⅵ-849［果類］
はつ…Ⅲ-455［魚類］
はつあふみこ…Ⅱ-1054［穀物類］
はついね…Ⅱ-1054［穀物類］
はつか…Ⅱ-1054［穀物類］
はつか…Ⅴ-1230［野生植物］
はつか…Ⅴ-1231［野生植物］
ばつか…Ⅲ-794［貝類］
はつかい…Ⅲ-794［貝類］
ばつかい…Ⅴ-1231［野生植物］
ばつかい…Ⅵ-548［菜類］
ばつかい…Ⅶ-863［救荒動植物類］
はつかうり…Ⅴ-1231［野生植物］
はつかく…Ⅲ-455［魚類］
はつかくさ…Ⅴ-1231［野生植物］
はつかけはな…Ⅴ-1231［野生植物］
はつかさう…Ⅴ-1231［野生植物］
はつかし…Ⅶ-512［樹木類］
はつかし…Ⅶ-863［救荒動植物類］
はづかし…Ⅶ-512［樹木類］
はつかそう…Ⅴ-1231［野生植物］
はつかな…Ⅵ-548［菜類］

はつかひへ…Ⅱ-1054［穀物類］
はつかわ…Ⅱ-1055［穀物類］
はつき…Ⅲ-794［貝類］
はつきら…Ⅱ-1055［穀物類］
はつきり…Ⅱ-1055［穀物類］
はつきり…Ⅵ-849［果類］
はつくり…Ⅴ-1232［野生植物］
はつくり…Ⅶ-863［救荒動植物類］
はつけ…Ⅶ-512［樹木類］
はつげ…Ⅶ-512［樹木類］
はつこうり…Ⅴ-1232［野生植物］
はつこり…Ⅴ-1232［野生植物］
はづさ…Ⅶ-512［樹木類］
はつさか…Ⅱ-1055［穀物類］
はつさく…Ⅱ-1055［穀物類］
はつさくほたん…Ⅴ-1232［野生植物］
はつさくむめ…Ⅵ-849［果類］
はつさくむめ…Ⅶ-512［樹木類］
はつさくもち…Ⅱ-1055［穀物類］
はつしやうばう…Ⅱ-1056［穀物類］
はつしようばう…Ⅱ-1056［穀物類］
はつしようまめ…Ⅱ-1056［穀物類］
はつそく…Ⅱ-1056［穀物類］
はつたい…Ⅲ-456［魚類］
はつたか…Ⅱ-1056［穀物類］
はつたけ…Ⅵ-201［菌・茸類］
はつたけ…Ⅵ-202［菌・茸類］
はつだけ…Ⅵ-203［菌・茸類］
ばつちやう…Ⅲ-456［魚類］
はつちやうはやり…Ⅱ-1056［穀物類］
はつちやうばやり…Ⅱ-1057［穀物類］
はつと…Ⅲ-456［魚類］
ばつと…Ⅲ-456［魚類］
はつとう…Ⅱ-1057［穀物類］
はつとむしろ…Ⅴ-1232［野生植物］
はつともち…Ⅱ-1057［穀物類］
はつとりまめ…Ⅱ-1057［穀物類］
はつぱうかき…Ⅵ-849［果類］

| | |
|---|---|
| はづはだか…Ⅱ-1057［穀物類］ | ばとれいふぢ…Ⅴ-1234［野生植物］ |
| はつぶぼろむ…Ⅴ-1233［野生植物］ | はとゑ…Ⅲ-458［魚類］ |
| はつほうさめ…Ⅲ-456［魚類］ | はとゑい…Ⅲ-458［魚類］ |
| はつみ…Ⅱ-1057［穀物類］ | はな…Ⅶ-513［樹木類］ |
| はつむらさき…Ⅱ-1057［穀物類］ | はなあさ…Ⅴ-1234［野生植物］ |
| はつやかき…Ⅵ-849［果類］ | はなあふひ…Ⅴ-1234［野生植物］ |
| はつやろく…Ⅱ-1058［穀物類］ | はなあやめ…Ⅴ-1235［野生植物］ |
| はづやろく…Ⅱ-1058［穀物類］ | はなあをひ…Ⅴ-1235［野生植物］ |
| はつゆり…Ⅴ-1233［野生植物］ | はなあんず…Ⅵ-849［果類］ |
| はつる…Ⅱ-1058［穀物類］ | はないかた…Ⅴ-1235［野生植物］ |
| はつわり…Ⅱ-1058［穀物類］ | はないかだ…Ⅴ-1235［野生植物］ |
| はづわり…Ⅱ-1058［穀物類］ | はないくさ…Ⅴ-1235［野生植物］ |
| はて…Ⅲ-456［魚類］ | はないけ…Ⅱ-1059［穀物類］ |
| はてのき…Ⅶ-512［樹木類］ | はないたや…Ⅶ-513［樹木類］ |
| ばと…Ⅲ-456［魚類］ | はないも…Ⅵ-549［菜類］ |
| ばとう…Ⅲ-457［魚類］ | はなうち…Ⅱ-1059［穀物類］ |
| ばといを…Ⅲ-457［魚類］ | はなうつぎ…Ⅶ-513［樹木類］ |
| ばとううを…Ⅲ-457［魚類］ | はなうるし…Ⅶ-513［樹木類］ |
| ばどうのき…Ⅶ-513［樹木類］ | はなうるしのき…Ⅶ-513［樹木類］ |
| はとうを…Ⅲ-457［魚類］ | はなおち…Ⅱ-1059［穀物類］ |
| はとかくし…Ⅴ-1233［野生植物］ | はなか…Ⅵ-549［菜類］ |
| はとがしら…Ⅶ-513［樹木類］ | はなが…Ⅵ-549［菜類］ |
| はとかみ…Ⅴ-1233［野生植物］ | はながい…Ⅶ-514［樹木類］ |
| はとくびり…Ⅴ-1233［野生植物］ | はなかいで…Ⅶ-514［樹木類］ |
| はとくひりかつら…Ⅴ-1233［野生植物］ | はなかう…Ⅴ-1235［野生植物］ |
| はとくびりかつら…Ⅴ-1233［野生植物］ | はなかご…Ⅶ-514［樹木類］ |
| はとくびりかつら…Ⅴ-1234［野生植物］ | はながこはまつ…Ⅶ-514［樹木類］ |
| はところし…Ⅱ-1058［穀物類］ | はなかしら…Ⅱ-1059［穀物類］ |
| はとそうほ…Ⅲ-457［魚類］ | はなかつら…Ⅴ-1236［野生植物］ |
| はとな…Ⅵ-548［菜類］ | はなかのき…Ⅶ-514［樹木類］ |
| はとのぶそ…Ⅲ-457［魚類］ | はなかへ…Ⅶ-514［樹木類］ |
| ばとふうを…Ⅲ-457［魚類］ | はなかへで…Ⅶ-514［樹木類］ |
| はとむぎ…Ⅴ-1234［野生植物］ | はながまつ…Ⅶ-515［樹木類］ |
| はとむしろ…Ⅴ-1234［野生植物］ | はなかみ…Ⅵ-850［果類］ |
| はともたせ…Ⅵ-203［菌・茸類］ | はなかや…Ⅵ-850［果類］ |
| はとらす…Ⅱ-1058［穀物類］ | はなかやはす…Ⅱ-1059［穀物類］ |
| はとり…Ⅱ-1058［穀物類］ | はなから…Ⅴ-1236［野生植物］ |
| はとりあづき…Ⅱ-1058［穀物類］ | はなから…Ⅶ-515［樹木類］ |

## は

はなから…Ⅶ-864［救荒動植物類］
はながら…Ⅴ-1237［野生植物］
はながら…Ⅶ-864［救荒動植物類］
はなからくさ…Ⅴ-1237［野生植物］
はなからくさ…Ⅶ-864［救荒動植物類］
はながらくさ…Ⅴ-1237［野生植物］
はなかゑて…Ⅶ-515［樹木類］
はなかんな…Ⅴ-1237［野生植物］
はなき…Ⅶ-515［樹木類］
はなきひ…Ⅱ-1059［穀物類］
はなきり…Ⅴ-1237［野生植物］
はなくさ…Ⅴ-1238［野生植物］
はなくさ…Ⅶ-864［救荒動植物類］
はなくさり…Ⅲ-458［魚類］
はなくされ…Ⅲ-794［貝類］
はなくされみな…Ⅲ-794［貝類］
はなくちなし…Ⅶ-515［樹木類］
はなくり…Ⅱ-1060［穀物類］
はなぐり…Ⅱ-1060［穀物類］
はなくりきひ…Ⅱ-1060［穀物類］
はなぐりきび…Ⅱ-1060［穀物類］
はなくりむめ…Ⅵ-850［果類］
はなくるま…Ⅴ-1238［野生植物］
はなぐれたひ…Ⅲ-458［魚類］
はなけさう…Ⅴ-1238［野生植物］
はなげさう…Ⅴ-1238［野生植物］
はなけし…Ⅱ-1060［穀物類］
はなけし…Ⅴ-1238［野生植物］
はなけし…Ⅵ-549［菜類］
はなごのき…Ⅶ-515［樹木類］
はなさいかし…Ⅶ-516［樹木類］
はなさき…Ⅱ-1060［穀物類］
はなさき…Ⅴ-1238［野生植物］
はなさき…Ⅵ-549［菜類］
はなさくろ…Ⅵ-850［果類］
はなさくろ…Ⅶ-516［樹木類］
はなざくろ…Ⅵ-850［果類］
はなざくろ…Ⅶ-516［樹木類］

はなさし…Ⅱ-1060［穀物類］
はなさんしやう…Ⅵ-850［果類］
はなしのふ…Ⅴ-1238［野生植物］
はなしのぶ…Ⅴ-1239［野生植物］
はなしば…Ⅶ-516［樹木類］
はなしばり…Ⅴ-1239［野生植物］
はなしもき…Ⅶ-516［樹木類］
はなしやうふ…Ⅴ-1239［野生植物］
はなしやうぶ…Ⅴ-1239［野生植物］
はなじゆやう…Ⅴ-1240［野生植物］
はなしよふぶ…Ⅴ-1240［野生植物］
はなしろ…Ⅱ-1061［穀物類］
はなしろ…Ⅲ-458［魚類］
はなすおう…Ⅶ-516［樹木類］
はなすおう…Ⅶ-517［樹木類］
はなすおふ…Ⅶ-517［樹木類］
はなすおふのき…Ⅶ-517［樹木類］
はなすげ…Ⅴ-1240［野生植物］
はなすはう…Ⅶ-517［樹木類］
はなすほう…Ⅶ-517［樹木類］
はなすほふ…Ⅶ-517［樹木類］
はなすりくさ…Ⅴ-1240［野生植物］
はなすわう…Ⅶ-517［樹木類］
はなすわう…Ⅶ-518［樹木類］
はなせ…Ⅲ-458［魚類］
はなせ…Ⅲ-795［貝類］
はなせうふ…Ⅴ-1240［野生植物］
はなせうぶ…Ⅴ-1240［野生植物］
はなせうぶ…Ⅴ-1241［野生植物］
はなぜんまい…Ⅴ-1241［野生植物］
はなそ…Ⅴ-1241［野生植物］
はなだ…Ⅴ-1241［野生植物］
はなたか…Ⅱ-1061［穀物類］
はなたか…Ⅲ-458［魚類］
はなだか…Ⅱ-1061［穀物類］
はなたかそは…Ⅱ-1061［穀物類］
はなたかそま…Ⅱ-1061［穀物類］
はなたかゑい…Ⅲ-459［魚類］

| | |
|---|---|
| はなたちばな…Ⅴ-1241［野生植物］ | はなゆ…Ⅵ-851［果類］ |
| はなたちばな…Ⅵ-851［果類］ | はなゆ…Ⅶ-519［樹木類］ |
| はなたちばな…Ⅶ-518［樹木類］ | はなゆず…Ⅵ-852［果類］ |
| はなたも…Ⅶ-518［樹木類］ | はなわらび…Ⅴ-1243［野生植物］ |
| はなだら…Ⅶ-518［樹木類］ | はなをしろい…Ⅴ-1243［野生植物］ |
| はなたれはつこく…Ⅱ-1061［穀物類］ | はなをち…Ⅱ-1062［穀物類］ |
| はなちさ…Ⅵ-549［菜類］ | はなをもだか…Ⅴ-1243［野生植物］ |
| はなちしや…Ⅵ-549［菜類］ | はなをれこたひ…Ⅲ-459［魚類］ |
| はなつき…Ⅱ-1061［穀物類］ | はなをれたい…Ⅲ-459［魚類］ |
| はなつつき…Ⅱ-1062［穀物類］ | はなをれだい…Ⅲ-459［魚類］ |
| はなつる…Ⅴ-1241［野生植物］ | はにし…Ⅴ-1243［野生植物］ |
| はななし…Ⅵ-851［果類］ | はにべ…Ⅲ-460［魚類］ |
| はななし…Ⅶ-518［樹木類］ | はにら…Ⅴ-1244［野生植物］ |
| はなねせくさ…Ⅴ-1242［野生植物］ | はにら…Ⅶ-864［救荒動植物類］ |
| はなのおばき…Ⅴ-1242［野生植物］ | はにんしん…Ⅵ-550［菜類］ |
| はなのき…Ⅶ-518［樹木類］ | はにんじん…Ⅵ-550［菜類］ |
| はなのき…Ⅶ-519［樹木類］ | はにんちん…Ⅵ-550［菜類］ |
| はなひきくさ…Ⅴ-1242［野生植物］ | はぬけ…Ⅴ-1244［野生植物］ |
| はなひくさ…Ⅴ-1242［野生植物］ | はぬけかづら…Ⅴ-1244［野生植物］ |
| はなびつちゆう…Ⅱ-1062［穀物類］ | はぬけけんば…Ⅵ-550［菜類］ |
| はなびゆ…Ⅴ-1242［野生植物］ | はぬけけんぼ…Ⅴ-1244［野生植物］ |
| はなひりくさ…Ⅴ-1242［野生植物］ | はね…Ⅱ-1062［穀物類］ |
| はなふし…Ⅲ-459［魚類］ | はね…Ⅲ-460［魚類］ |
| はなふすべ…Ⅶ-519［樹木類］ | はね…Ⅵ-852［果類］ |
| はなふせ…Ⅲ-795［貝類］ | はねうを…Ⅲ-460［魚類］ |
| はなふせかひ…Ⅲ-795［貝類］ | はねかひ…Ⅲ-795［貝類］ |
| はなぶつ…Ⅴ-1243［野生植物］ | はねくさ…Ⅴ-1244［野生植物］ |
| はなぶと…Ⅲ-459［魚類］ | はねこ…Ⅲ-460［魚類］ |
| はなも…Ⅴ-1243［野生植物］ | はねご…Ⅲ-460［魚類］ |
| はなもくこく…Ⅶ-519［樹木類］ | はねぜい…Ⅲ-460［魚類］ |
| はなもつこく…Ⅶ-519［樹木類］ | はねたかき…Ⅵ-852［果類］ |
| はなもとき…Ⅶ-519［樹木類］ | はねどぢやう…Ⅲ-460［魚類］ |
| はなもとのはくき…Ⅶ-864［救荒動植物類］ | はねのき…Ⅵ-852［果類］ |
| はなもみぢ…Ⅶ-519［樹木類］ | はねまめ…Ⅱ-1062［穀物類］ |
| はなもみぢ…Ⅴ-1243［野生植物］ | はのうえ…Ⅱ-1062［穀物類］ |
| はなもも…Ⅵ-851［果類］ | はのき…Ⅶ-520［樹木類］ |
| はなもんいし…Ⅵ-43［金・石・土・水類］ | はのきだい…Ⅲ-461［魚類］ |
| はなやへゆり…Ⅵ-550［菜類］ | はのきもたし…Ⅵ-203［菌・茸類］ |

# は

はのした…Ⅱ-1062 ［穀物類］
はのした…Ⅱ-1063 ［穀物類］
はのした…Ⅵ-852 ［果類］
はのしたささげ…Ⅱ-1063 ［穀物類］
はのせんのふ…Ⅴ-1244 ［野生植物］
はのち…Ⅱ-1063 ［穀物類］
はのれたい…Ⅲ-461 ［魚類］
はば…Ⅴ-1244 ［野生植物］
ばばいばら…Ⅴ-1245 ［野生植物］
はばかすげ…Ⅵ-43 ［金・石・土・水類］
ははかひ…Ⅲ-795 ［貝類］
ははかれい…Ⅲ-461 ［魚類］
ばばかれい…Ⅲ-461 ［魚類］
はばき…Ⅵ-550 ［菜類］
ははきき…Ⅴ-1245 ［野生植物］
ははきき…Ⅵ-550 ［菜類］
ははきき…Ⅶ-864 ［救荒動植物類］
ははきぎ…Ⅴ-1245 ［野生植物］
ははきぎ…Ⅵ-551 ［菜類］
ははききな…Ⅴ-1245 ［野生植物］
ははきぎな…Ⅶ-865 ［救荒動植物類］
ははきくさ…Ⅴ-1245 ［野生植物］
ははきくさ…Ⅴ-1246 ［野生植物］
ははきくさ…Ⅵ-551 ［菜類］
はばきくさ…Ⅴ-1246 ［野生植物］
ははきくさのは…Ⅶ-865 ［救荒動植物類］
ははきたけ…Ⅵ-203 ［菌・茸類］
ははきをほばこ…Ⅴ-1246 ［野生植物］
ははくり…Ⅴ-1246 ［野生植物］
ははこくさ…Ⅴ-1246 ［野生植物］
ははこくさ…Ⅵ-551 ［菜類］
ははこくさ…Ⅶ-865 ［救荒動植物類］
ははこぐさ…Ⅴ-1246 ［野生植物］
はばころび…Ⅴ-1246 ［野生植物］
ははそ…Ⅶ-520 ［樹木類］
ははそき…Ⅶ-520 ［樹木類］
ははそのみ…Ⅶ-865 ［救荒動植物類］
ばばたらし…Ⅶ-520 ［樹木類］

はばのり…Ⅴ-1247 ［野生植物］
ははばこ…Ⅴ-1247 ［野生植物］
ははも…Ⅴ-1247 ［野生植物］
ははもんどう…Ⅴ-1247 ［野生植物］
ははら…Ⅲ-461 ［魚類］
はばら…Ⅶ-520 ［樹木類］
はばり…Ⅲ-795 ［貝類］
はばれにし…Ⅲ-795 ［貝類］
はばんどう…Ⅱ-1063 ［穀物類］
はひ…Ⅲ-796 ［貝類］
ばひ…Ⅲ-796 ［貝類］
はひいぶき…Ⅶ-521 ［樹木類］
はひいも…Ⅵ-551 ［菜類］
はひじき…Ⅴ-1247 ［野生植物］
はひそかづら…Ⅴ-1247 ［野生植物］
はひねこ…Ⅱ-1063 ［穀物類］
はひひやくし…Ⅶ-521 ［樹木類］
はひびやくしん…Ⅶ-521 ［樹木類］
はひゆ…Ⅵ-551 ［菜類］
はびら…Ⅶ-521 ［樹木類］
はひろ…Ⅱ-1063 ［穀物類］
はひろ…Ⅵ-552 ［菜類］
はひろ…Ⅶ-521 ［樹木類］
はびろ…Ⅱ-1064 ［穀物類］
はびろ…Ⅲ-461 ［魚類］
はびろ…Ⅴ-1247 ［野生植物］
はびろ…Ⅵ-552 ［菜類］
はびろ…Ⅶ-521 ［樹木類］
はびろかし…Ⅱ-1064 ［穀物類］
はひろくさ…Ⅴ-1248 ［野生植物］
はひろしうり…Ⅲ-796 ［貝類］
はひろしをり…Ⅲ-796 ［貝類］
はひろすすき…Ⅴ-1248 ［野生植物］
はひろたけ…Ⅵ-87 ［竹・笹類］
はひろのは…Ⅶ-865 ［救荒動植物類］
はひろも…Ⅴ-1248 ［野生植物］
はひろもち…Ⅱ-1064 ［穀物類］
はびろやなき…Ⅶ-521 ［樹木類］

## は

| | |
|---|---|
| はひろわせ…Ⅱ-1064［穀物類］ | はほそ…Ⅶ-522［樹木類］ |
| はびろわせ…Ⅱ-1064［穀物類］ | はほそしい…Ⅶ-523［樹木類］ |
| はふ…Ⅲ-461［魚類］ | はぼり…Ⅱ-1065［穀物類］ |
| はぶ…Ⅲ-462［魚類］ | はぼろし…Ⅶ-523［樹木類］ |
| はふか…Ⅱ-1065［穀物類］ | はま…Ⅱ-1065［穀物類］ |
| はふか…Ⅲ-462［魚類］ | はまあかさ…Ⅴ-1251［野生植物］ |
| はふくら…Ⅴ-1248［野生植物］ | はまあかざ…Ⅴ-1251［野生植物］ |
| はふしむぎ…Ⅱ-1065［穀物類］ | はまあかざ…Ⅵ-552［菜類］ |
| はふてこぶら…Ⅴ-1248［野生植物］ | はまあかざ…Ⅶ-865［救荒動植物類］ |
| はふてこぶら…Ⅶ-522［樹木類］ | はまあつき…Ⅴ-1252［野生植物］ |
| はぶてこぶら…Ⅴ-1248［野生植物］ | はまあふき…Ⅴ-1252［野生植物］ |
| はぶてこぶら…Ⅶ-522［樹木類］ | はまあふぎ…Ⅴ-1252［野生植物］ |
| はぶとくさ…Ⅴ-1249［野生植物］ | はまあわ…Ⅱ-1065［穀物類］ |
| はぶとだいこん…Ⅵ-552［菜類］ | はまいちご…Ⅴ-1252［野生植物］ |
| はふとのき…Ⅶ-522［樹木類］ | はまいつほん…Ⅱ-1065［穀物類］ |
| ばふんがぜ…Ⅲ-796［貝類］ | はまいば…Ⅴ-1252［野生植物］ |
| ばふんなば…Ⅵ-203［菌・茸類］ | はまいばら…Ⅴ-1252［野生植物］ |
| はへ…Ⅲ-462［魚類］ | はまうるし…Ⅴ-1252［野生植物］ |
| ばべ…Ⅶ-522［樹木類］ | はまえんどう…Ⅴ-1253［野生植物］ |
| はへいちこ…Ⅴ-1249［野生植物］ | はまえんどう…Ⅶ-866［救荒動植物類］ |
| はべいも…Ⅵ-552［菜類］ | はまおき…Ⅴ-1253［野生植物］ |
| はへくじ…Ⅲ-462［魚類］ | はまおぎ…Ⅴ-1253［野生植物］ |
| はへころし…Ⅴ-1249［野生植物］ | はまおもと…Ⅴ-1253［野生植物］ |
| はへとりこけ…Ⅴ-1249［野生植物］ | はまかいちゆう…Ⅱ-1065［穀物類］ |
| はへとりこけ…Ⅵ-203［菌・茸類］ | はまかき…Ⅴ-1253［野生植物］ |
| ばへのき…Ⅶ-522［樹木類］ | はまがき…Ⅴ-1253［野生植物］ |
| ばべのみ…Ⅶ-865［救荒動植物類］ | はまかふ…Ⅴ-1253［野生植物］ |
| はへばら…Ⅶ-522［樹木類］ | はまかぶ…Ⅴ-1254［野生植物］ |
| はへふし…Ⅴ-1249［野生植物］ | はまかみ…Ⅴ-1254［野生植物］ |
| はへよし…Ⅴ-1249［野生植物］ | はまかるこ…Ⅱ-1066［穀物類］ |
| ばへんさう…Ⅴ-1250［野生植物］ | はまきく…Ⅴ-1254［野生植物］ |
| ばべんさう…Ⅴ-1250［野生植物］ | はまきけう…Ⅴ-1254［野生植物］ |
| はへんさん…Ⅴ-1249［野生植物］ | はまきり…Ⅵ-552［菜類］ |
| はべんさん…Ⅴ-1250［野生植物］ | はまくぐ…Ⅴ-1254［野生植物］ |
| はへんそう…Ⅴ-1250［野生植物］ | はまくさ…Ⅴ-1254［野生植物］ |
| はべんそう…Ⅴ-1251［野生植物］ | はまくり…Ⅲ-796［貝類］ |
| ばべんそう…Ⅴ-1251［野生植物］ | はまぐり…Ⅲ-797［貝類］ |
| はほくり…Ⅴ-1251［野生植物］ | はまぐり…Ⅲ-797［貝類］ |

は

はまぐり…Ⅲ-798［貝類］
はまくりかい…Ⅲ-798［貝類］
はまくりかひ…Ⅲ-798［貝類］
はまぐりかひ…Ⅲ-798［貝類］
はまくれなゐ…Ⅴ-1255［野生植物］
はまごう…Ⅴ-1255［野生植物］
はまごばう…Ⅴ-1255［野生植物］
はまこほう…Ⅴ-1255［野生植物］
はまごぼう…Ⅴ-1255［野生植物］
はまごぼう…Ⅵ-552［菜類］
はまごぼう…Ⅶ-866［救荒動植物類］
はまこま…Ⅲ-799［貝類］
はまこまめ…Ⅴ-1255［野生植物］
はまこむき…Ⅴ-1256［野生植物］
はまこんにやく…Ⅴ-1256［野生植物］
はまざいこ…Ⅴ-1256［野生植物］
はまさうはき…Ⅴ-1256［野生植物］
はまさうはぎ…Ⅴ-1256［野生植物］
はまささげ…Ⅴ-1256［野生植物］
はますぎ…Ⅴ-1256［野生植物］
はますぎ…Ⅶ-523［樹木類］
はますけ…Ⅴ-1257［野生植物］
はますげ…Ⅴ-1257［野生植物］
はまぜせお…Ⅴ-1263［野生植物］
はまぜり…Ⅴ-1257［野生植物］
はませんたち…Ⅲ-462［魚類］
はまそうはき…Ⅴ-1257［野生植物］
はまそうめん…Ⅴ-1257［野生植物］
はまだいこん…Ⅴ-1257［野生植物］
はまたび…Ⅲ-462［魚類］
はまだび…Ⅲ-463［魚類］
はまち…Ⅲ-463［魚類］
はまちさ…Ⅴ-1258［野生植物］
はまちさ…Ⅵ-553［菜類］
はまちさ…Ⅶ-866［救荒動植物類］
はまぢさ…Ⅴ-1258［野生植物］
はまちしや…Ⅴ-1258［野生植物］
はまちしや…Ⅵ-553［菜類］

はまちちみ…Ⅴ-1258［野生植物］
はまちめしろ…Ⅲ-463［魚類］
はまちるり…Ⅲ-463［魚類］
はまつ…Ⅵ-203［菌・茸類］
はまつた…Ⅴ-1258［野生植物］
はまつた…Ⅶ-523［樹木類］
はまづた…Ⅴ-1258［野生植物］
はまつたけ…Ⅵ-204［菌・茸類］
はまつばき…Ⅴ-1259［野生植物］
はまつばき…Ⅶ-523［樹木類］
はまつはな…Ⅴ-1259［野生植物］
はまつぶ…Ⅴ-1259［野生植物］
はまつり…Ⅲ-799［貝類］
はまてらし…Ⅱ-1066［穀物類］
はまとうくさ…Ⅴ-1259［野生植物］
はまとうだい…Ⅴ-1259［野生植物］
はまな…Ⅴ-1259［野生植物］
はまな…Ⅵ-553［菜類］
はまなし…Ⅶ-523［樹木類］
はまなす…Ⅴ-1260［野生植物］
はまなす…Ⅵ-553［菜類］
はまなす…Ⅵ-852［果類］
はまなす…Ⅶ-524［樹木類］
はまなすのは…Ⅶ-866［救荒動植物類］
はまなすひ…Ⅴ-1260［野生植物］
はまなすび…Ⅵ-553［菜類］
はまなすひのみ…Ⅶ-866［救荒動植物類］
はまなたね…Ⅴ-1260［野生植物］
はまなてしこ…Ⅴ-1260［野生植物］
はまなてしこ…Ⅴ-1261［野生植物］
はまなでしこ…Ⅴ-1261［野生植物］
はまにら…Ⅴ-1261［野生植物］
はまにれ…Ⅴ-1261［野生植物］
はまにんじん…Ⅴ-1262［野生植物］
はまにんじん…Ⅵ-553［菜類］
はまにんにく…Ⅴ-1262［野生植物］
はまねふ…Ⅴ-1262［野生植物］
はまのあかさ…Ⅵ-553［菜類］

| | |
|---|---|
| はまのを…Ⅵ - 554［菜類］ | はままつもどき…Ⅴ - 1266［野生植物］ |
| はまばう…Ⅶ - 524［樹木類］ | はままめ…Ⅱ - 1066［穀物類］ |
| はまばうふ…Ⅵ - 554［菜類］ | はままめ…Ⅴ - 1266［野生植物］ |
| はまばうふう…Ⅴ - 1262［野生植物］ | はままめかつら…Ⅴ - 1266［野生植物］ |
| はまばうふう…Ⅵ - 554［菜類］ | はままるこ…Ⅴ - 1266［野生植物］ |
| はまはしり…Ⅴ - 1262［野生植物］ | はまみち…Ⅱ - 1066［穀物類］ |
| はまはせう…Ⅴ - 1262［野生植物］ | はまみづくくり…Ⅱ - 1066［穀物類］ |
| はまはぶ…Ⅶ - 524［樹木類］ | はまむき…Ⅴ - 1266［野生植物］ |
| はまばら…Ⅴ - 1263［野生植物］ | はまむぎ…Ⅴ - 1267［野生植物］ |
| はまひき…Ⅱ - 1066［穀物類］ | はまむらさき…Ⅴ - 1267［野生植物］ |
| はまひし…Ⅴ - 1263［野生植物］ | はまめ…Ⅲ - 799［貝類］ |
| はまびし…Ⅴ - 1263［野生植物］ | はまもくこく…Ⅶ - 525［樹木類］ |
| はまびし…Ⅵ - 554［菜類］ | はまもくれん…Ⅶ - 525［樹木類］ |
| はまひめむろ…Ⅴ - 1263［野生植物］ | はまもち…Ⅴ - 1267［野生植物］ |
| はまひらな…Ⅴ - 1263［野生植物］ | はまもつこく…Ⅶ - 525［樹木類］ |
| はまひらな…Ⅶ - 866［救荒動植物類］ | はまやごらう…Ⅴ - 1267［野生植物］ |
| はまひるかわ…Ⅴ - 1264［野生植物］ | はまやごろう…Ⅴ - 1267［野生植物］ |
| はまふく…Ⅲ - 464［魚類］ | はまやなぎ…Ⅴ - 1267［野生植物］ |
| はまぶく…Ⅲ - 464［魚類］ | はまやなぎ…Ⅶ - 525［樹木類］ |
| はまぶつ…Ⅴ - 1264［野生植物］ | はまゆう…Ⅴ - 1267［野生植物］ |
| はまほう…Ⅴ - 1264［野生植物］ | はまゆう…Ⅴ - 1268［野生植物］ |
| はまほう…Ⅶ - 524［樹木類］ | はまゆき…Ⅲ - 464［魚類］ |
| はまぼう…Ⅴ - 1264［野生植物］ | はまゆふ…Ⅴ - 1268［野生植物］ |
| はまぼう…Ⅶ - 524［樹木類］ | はまゆり…Ⅴ - 1268［野生植物］ |
| はまほうつき…Ⅴ - 1264［野生植物］ | はまよもき…Ⅴ - 1268［野生植物］ |
| はまぼうのき…Ⅶ - 524［樹木類］ | はまよもぎ…Ⅴ - 1268［野生植物］ |
| はまほうふ…Ⅴ - 1264［野生植物］ | はまれんけ…Ⅴ - 1268［野生植物］ |
| はまほうふう…Ⅴ - 1264［野生植物］ | はまれんげ…Ⅴ - 1268［野生植物］ |
| はまほうふう…Ⅵ - 554［菜類］ | はまわせ…Ⅱ - 1067［穀物類］ |
| はまぼうふう…Ⅴ - 1265［野生植物］ | はまわら…Ⅴ - 1269［野生植物］ |
| はまぼうふう…Ⅵ - 554［菜類］ | はまゑんと…Ⅴ - 1269［野生植物］ |
| はまぼおふう…Ⅴ - 1265［野生植物］ | はまゑんど…Ⅴ - 1269［野生植物］ |
| はまぼふ…Ⅴ - 1265［野生植物］ | はまゑんとう…Ⅴ - 1269［野生植物］ |
| はままつ…Ⅴ - 1265［野生植物］ | はまゑんどう…Ⅴ - 1269［野生植物］ |
| はままつ…Ⅴ - 1266［野生植物］ | はまゑんどう…Ⅶ - 867［救荒動植物類］ |
| はままつ…Ⅵ - 555［菜類］ | はまをぎ…Ⅴ - 1270［野生植物］ |
| はままつ…Ⅶ - 866［救荒動植物類］ | はまをふき…Ⅴ - 1270［野生植物］ |
| はままつさう…Ⅴ - 1266［野生植物］ | はまをもと…Ⅴ - 1270［野生植物］ |

は

はまんば…Ⅴ-1270［野生植物］
はまんほう…Ⅴ-1270［野生植物］
はまんほう…Ⅶ-525［樹木類］
はみかしら…Ⅱ-1067［穀物類］
はみすはなみす…Ⅴ-1270［野生植物］
はみすはなみつ…Ⅴ-1270［野生植物］
はみたろう…Ⅲ-464［魚類］
はむ…Ⅲ-464［魚類］
はむにやさう…Ⅴ-1271［野生植物］
はも…Ⅲ-464［魚類］
はも…Ⅲ-465［魚類］
はもり…Ⅶ-525［樹木類］
はや…Ⅱ-1067［穀物類］
はや…Ⅲ-465［魚類］
はやあぜこし…Ⅱ-1067［穀物類］
はやあづき…Ⅱ-1067［穀物類］
はやあわ…Ⅱ-1067［穀物類］
はやいせはやり…Ⅱ-1067［穀物類］
はやいも…Ⅵ-555［菜類］
はやえつちゆう…Ⅱ-1068［穀物類］
はやおほむぎ…Ⅱ-1068［穀物類］
はやかいせ…Ⅱ-1068［穀物類］
はやかいせい…Ⅱ-1068［穀物類］
はやかき…Ⅵ-852［果類］
はやがし…Ⅱ-1068［穀物類］
はやかね…Ⅱ-1068［穀物類］
はやかは…Ⅱ-1068［穀物類］
はやかぶ…Ⅵ-555［菜類］
はやからし…Ⅵ-555［菜類］
はやからすまめ…Ⅱ-1069［穀物類］
はやかんね…Ⅱ-1069［穀物類］
はやき…Ⅲ-465［魚類］
はやきひ…Ⅱ-1069［穀物類］
はやきやうでん…Ⅱ-1069［穀物類］
はやきやうはやり…Ⅱ-1069［穀物類］
はやくまむぎ…Ⅱ-1069［穀物類］
はやぐみ…Ⅵ-853［果類］
はやくろ…Ⅱ-1069［穀物類］

はやこくろ…Ⅱ-1070［穀物類］
はやこしろ…Ⅱ-1070［穀物類］
はやこぼうもち…Ⅱ-1070［穀物類］
はやこほれ…Ⅱ-1070［穀物類］
はやこむぎ…Ⅱ-1070［穀物類］
はやさかれい…Ⅲ-466［魚類］
はやさき…Ⅶ-525［樹木類］
はやざき…Ⅵ-853［果類］
はやさきしらむめ…Ⅵ-853［果類］
はやささけ…Ⅱ-1070［穀物類］
はやささげ…Ⅱ-1070［穀物類］
はやさんぐわつ…Ⅱ-1070［穀物類］
はやしもと…Ⅱ-1071［穀物類］
はやじよろう…Ⅱ-1071［穀物類］
はやしらは…Ⅱ-1071［穀物類］
はやしろいね…Ⅱ-1071［穀物類］
はやしんば…Ⅱ-1071［穀物類］
はやじんば…Ⅱ-1071［穀物類］
はやすべり…Ⅱ-1071［穀物類］
はやすもも…Ⅵ-853［果類］
はやせんろく…Ⅱ-1071［穀物類］
はやぜんろく…Ⅱ-1071［穀物類］
はやそば…Ⅱ-1072［穀物類］
はやそより…Ⅱ-1072［穀物類］
はやたいたう…Ⅱ-1072［穀物類］
はやだいたう…Ⅱ-1072［穀物類］
はやたいとう…Ⅱ-1072［穀物類］
はやちくら…Ⅱ-1072［穀物類］
はやつね…Ⅱ-1072［穀物類］
はやてぬき…Ⅱ-1073［穀物類］
はやなかて…Ⅱ-1073［穀物類］
はやなすび…Ⅵ-555［菜類］
はやはちこく…Ⅱ-1073［穀物類］
はやはなおち…Ⅱ-1073［穀物類］
はやはやた…Ⅱ-1073［穀物類］
はやひえ…Ⅱ-1073［穀物類］
はやひしやう…Ⅱ-1073［穀物類］
はやひへ…Ⅱ-1074［穀物類］

| | |
|---|---|
| はやひゑ…Ⅱ-1074［穀物類］ | はらかた…Ⅲ-466［魚類］ |
| はやぶさ…Ⅱ-1074［穀物類］ | はらき…Ⅶ-526［樹木類］ |
| はやふねくさ…Ⅴ-1271［野生植物］ | はらきひ…Ⅱ-1077［穀物類］ |
| はやぶんこ…Ⅱ-1074［穀物類］ | ばらきひ…Ⅱ-1077［穀物類］ |
| はやほうし…Ⅱ-1074［穀物類］ | はらきれ…Ⅲ-466［魚類］ |
| はやぼうず…Ⅱ-1074［穀物類］ | はらきんていうすぬり…Ⅲ-466［魚類］ |
| はやほくこく…Ⅱ-1074［穀物類］ | はらくは…Ⅵ-853［果類］ |
| はやまござへもん…Ⅱ-1075［穀物類］ | はらこじろ…Ⅱ-1078［穀物類］ |
| はやまたわせ…Ⅱ-1075［穀物類］ | はらこむぎ…Ⅱ-1078［穀物類］ |
| はやまつたけ…Ⅵ-204［菌・茸類］ | ばらざ…Ⅱ-1078［穀物類］ |
| はやまて…Ⅱ-1075［穀物類］ | ばらざわ…Ⅱ-1078［穀物類］ |
| はやまめ…Ⅱ-1075［穀物類］ | はらじろ…Ⅲ-467［魚類］ |
| はやみしろ…Ⅱ-1075［穀物類］ | ばらしをで…Ⅴ-1271［野生植物］ |
| はやみの…Ⅱ-1075［穀物類］ | ばらのは…Ⅶ-867［救荒動植物類］ |
| はやみやのわき…Ⅱ-1075［穀物類］ | はらは…Ⅱ-1078［穀物類］ |
| はやむぎ…Ⅱ-1076［穀物類］ | ばらばらきび…Ⅱ-1078［穀物類］ |
| はやめぐろ…Ⅱ-1076［穀物類］ | はらひはらひ…Ⅵ-555［菜類］ |
| はやもち…Ⅱ-1076［穀物類］ | はらふくま…Ⅲ-467［魚類］ |
| はやもも…Ⅵ-853［果類］ | はらぶし…Ⅲ-467［魚類］ |
| はややろく…Ⅱ-1076［穀物類］ | はらふと…Ⅲ-467［魚類］ |
| はやゆり…Ⅴ-1271［野生植物］ | はらぶと…Ⅲ-467［魚類］ |
| はやよこくら…Ⅱ-1076［穀物類］ | はらもく…Ⅴ-1271［野生植物］ |
| はやり…Ⅱ-1076［穀物類］ | はらや…Ⅵ-854［果類］ |
| はやりいね…Ⅱ-1076［穀物類］ | はらやまわせ…Ⅱ-1078［穀物類］ |
| はやろくぐわつ…Ⅱ-1077［穀物類］ | はららこ…Ⅲ-467［魚類］ |
| はやろつこく…Ⅱ-1077［穀物類］ | はらり…Ⅱ-1079［穀物類］ |
| はやわせ…Ⅱ-1077［穀物類］ | ばらり…Ⅱ-1079［穀物類］ |
| ばよも…Ⅱ-1077［穀物類］ | ばらん…Ⅴ-1271［野生植物］ |
| はら…Ⅱ-1077［穀物類］ | ばり…Ⅲ-467［魚類］ |
| ばら…Ⅱ-1077［穀物類］ | ばりう…Ⅴ-1272［野生植物］ |
| ばら…Ⅲ-466［魚類］ | はりうこき…Ⅵ-556［菜類］ |
| ばら…Ⅴ-1271［野生植物］ | はりうこぎ…Ⅵ-556［菜類］ |
| ばら…Ⅶ-526［樹木類］ | はりうを…Ⅲ-468［魚類］ |
| はらあか…Ⅲ-466［魚類］ | はりかたのり…Ⅴ-1272［野生植物］ |
| はらあわ…Ⅱ-1077［穀物類］ | はりかね…Ⅴ-1272［野生植物］ |
| はらいかたのき…Ⅶ-526［樹木類］ | はりかねさう…Ⅴ-1272［野生植物］ |
| はらうたいし…Ⅵ-44［金・石・土・水類］ | はりがねひき…Ⅵ-44［金・石・土・水類］ |
| はらか…Ⅲ-466［魚類］ | はりき…Ⅶ-526［樹木類］ |

## は

はりきり…Ⅲ-468［魚類］
はりぎり…Ⅶ-526［樹木類］
はりくさ…Ⅴ-1272［野生植物］
はりくはず…Ⅲ-468［魚類］
はりくわず…Ⅲ-468［魚類］
はりこけ…Ⅴ-1272［野生植物］
はりごけ…Ⅴ-1272［野生植物］
はりこし…Ⅱ-1079［穀物類］
はりこしもち…Ⅱ-1079［穀物類］
はりさし…Ⅴ-1273［野生植物］
はりせんぼ…Ⅲ-468［魚類］
はりせんぼ…Ⅲ-469［魚類］
はりせんほう…Ⅲ-469［魚類］
はりせんぼう…Ⅲ-469［魚類］
はりせんぼん…Ⅲ-469［魚類］
はりそろい…Ⅴ-1273［野生植物］
はりたうからし…Ⅵ-556［菜類］
はりたけ…Ⅴ-1273［野生植物］
はりたけ…Ⅵ-204［菌・茸類］
はりたけ…Ⅵ-205［菌・茸類］
はりたさう…Ⅴ-1273［野生植物］
はりたまばら…Ⅴ-1273［野生植物］
はりちこ…Ⅱ-1079［穀物類］
はりなしうこき…Ⅵ-556［菜類］
はりなしなすび…Ⅵ-556［菜類］
はりなすひ…Ⅵ-556［菜類］
はりなすび…Ⅵ-556［菜類］
はりのき…Ⅶ-526［樹木類］
はりのき…Ⅶ-527［樹木類］
はりのきくさ…Ⅴ-1273［野生植物］
はりのきこけ…Ⅵ-205［菌・茸類］
はりはり…Ⅶ-527［樹木類］
ばりばり…Ⅴ-1274［野生植物］
ばりばり…Ⅶ-527［樹木類］
はりはりかつら…Ⅴ-1274［野生植物］
ばりばりかづら…Ⅴ-1274［野生植物］
はりはりのき…Ⅶ-527［樹木類］
はりふく…Ⅲ-469［魚類］

はりぶく…Ⅲ-469［魚類］
はりぼく…Ⅶ-528［樹木類］
はりま…Ⅱ-1079［穀物類］
はりまあわ…Ⅱ-1079［穀物類］
はりまいね…Ⅱ-1080［穀物類］
はりまごへゑ…Ⅱ-1080［穀物類］
はりまこむぎ…Ⅱ-1080［穀物類］
はりまむぎ…Ⅱ-1080［穀物類］
はりまもち…Ⅱ-1080［穀物類］
はりまやつこ…Ⅱ-1080［穀物類］
はりまわせ…Ⅱ-1081［穀物類］
はりめかし…Ⅶ-528［樹木類］
はりやうきやう…Ⅴ-1274［野生植物］
ばりん…Ⅴ-1274［野生植物］
はりんさう…Ⅴ-1274［野生植物］
ばるい…Ⅴ-1275［野生植物］
はるかし…Ⅶ-528［樹木類］
はるき…Ⅶ-528［樹木類］
はるきく…Ⅴ-1275［野生植物］
はるこたい…Ⅴ-1275［野生植物］
はるごまさう…Ⅴ-1275［野生植物］
ばるさう…Ⅴ-1275［野生植物］
はるささけ…Ⅱ-1081［穀物類］
はるすかし…Ⅴ-1275［野生植物］
はるだいこん…Ⅴ-1275［野生植物］
はるだいこん…Ⅵ-557［菜類］
はるたま…Ⅴ-1276［野生植物］
はるだま…Ⅴ-1276［野生植物］
はるだま…Ⅵ-557［菜類］
はるな…Ⅵ-557［菜類］
はるのき…Ⅶ-528［樹木類］
はるのたむらさう…Ⅴ-1276［野生植物］
はるひえ…Ⅱ-1081［穀物類］
はるまた…Ⅱ-1081［穀物類］
はるゆぼく…Ⅶ-528［樹木類］
はるりんだう…Ⅴ-1276［野生植物］
はれもかう…Ⅴ-1276［野生植物］
ばれん…Ⅴ-1276［野生植物］

は

| | |
|---|---|
| はれんさう…Ⅴ - 1277 ［野生植物］ | はんこむぎ…Ⅱ - 1082 ［穀物類］ |
| ばれんさう…Ⅴ - 1277 ［野生植物］ | はんごんさう…Ⅴ - 1281 ［野生植物］ |
| はろう…Ⅲ - 469 ［魚類］ | はんさ…Ⅶ - 528 ［樹木類］ |
| はろおこじ…Ⅲ - 470 ［魚類］ | はんざ…Ⅶ - 529 ［樹木類］ |
| はわかね…Ⅴ - 1277 ［野生植物］ | はんざいむ…Ⅵ - 205 ［菌・茸類］ |
| はゐのまる…Ⅴ - 1277 ［野生植物］ | ばんざいむ…Ⅵ - 205 ［菌・茸類］ |
| はゑ…Ⅲ - 470 ［魚類］ | ばんざいむ…Ⅶ - 867 ［救荒動植物類］ |
| はをち…Ⅱ - 1081 ［穀物類］ | はんさう…Ⅴ - 1281 ［野生植物］ |
| はをちくさ…Ⅴ - 1277 ［野生植物］ | はんさけ…Ⅲ - 471 ［魚類］ |
| はをりくさ…Ⅴ - 1277 ［野生植物］ | ばんざへむ…Ⅵ - 205 ［菌・茸類］ |
| はんか…Ⅴ - 1277 ［野生植物］ | ばんざゑもんもたし…Ⅵ - 205 ［菌・茸類］ |
| はんが…Ⅱ - 1081 ［穀物類］ | ばんじふらう…Ⅲ - 471 ［魚類］ |
| ばんかい…Ⅲ - 799 ［貝類］ | はんじふらうこだい…Ⅲ - 471 ［魚類］ |
| ばんかい…Ⅴ - 1278 ［野生植物］ | ばんじふらうこだい…Ⅲ - 471 ［魚類］ |
| はんかう…Ⅱ - 1081 ［穀物類］ | はんしや…Ⅶ - 529 ［樹木類］ |
| はんかうささげ…Ⅱ - 1082 ［穀物類］ | はんじやうもち…Ⅱ - 1082 ［穀物類］ |
| はんかうさめ…Ⅲ - 470 ［魚類］ | ばんしょ…Ⅵ - 557 ［菜類］ |
| はんくはいさう…Ⅴ - 1278 ［野生植物］ | ばんしょうかひ…Ⅲ - 799 ［貝類］ |
| はんくわい…Ⅴ - 1278 ［野生植物］ | はんしろたひ…Ⅲ - 472 ［魚類］ |
| はんくわいさう…Ⅴ - 1278 ［野生植物］ | ばんぜんろく…Ⅱ - 1083 ［穀物類］ |
| はんくわいそう…Ⅴ - 1278 ［野生植物］ | はんそう…Ⅶ - 529 ［樹木類］ |
| はんくわん…Ⅱ - 1082 ［穀物類］ | はんたす…Ⅲ - 472 ［魚類］ |
| はんけ…Ⅴ - 1279 ［野生植物］ | はんだら…Ⅱ - 1083 ［穀物類］ |
| はんげ…Ⅴ - 1279 ［野生植物］ | はんたらし…Ⅲ - 472 ［魚類］ |
| はんげ…Ⅴ - 1280 ［野生植物］ | はんだらし…Ⅲ - 472 ［魚類］ |
| はんげ…Ⅵ - 557 ［菜類］ | ばんだらし…Ⅲ - 472 ［魚類］ |
| はんけい…Ⅴ - 1280 ［野生植物］ | はんちく…Ⅵ - 87 ［竹・笹類］ |
| はんけさう…Ⅴ - 1280 ［野生植物］ | はんちやこ…Ⅲ - 472 ［魚類］ |
| はんげさう…Ⅴ - 1280 ［野生植物］ | はんつき…Ⅵ - 854 ［果類］ |
| はんげし…Ⅱ - 1082 ［穀物類］ | ばんていし…Ⅴ - 1281 ［野生植物］ |
| はんけしやう…Ⅴ - 1281 ［野生植物］ | ばんていし…Ⅶ - 529 ［樹木類］ |
| はんげそう…Ⅴ - 1280 ［野生植物］ | はんとう…Ⅲ - 473 ［魚類］ |
| はんこうさめ…Ⅲ - 470 ［魚類］ | ばんとう…Ⅱ - 1083 ［穀物類］ |
| はんこかれい…Ⅲ - 471 ［魚類］ | ばんどう…Ⅱ - 1083 ［穀物類］ |
| ばんこかれい…Ⅲ - 471 ［魚類］ | ばんどうくろ…Ⅱ - 1083 ［穀物類］ |
| ばんごかれい…Ⅲ - 471 ［魚類］ | はんどうごろう…Ⅵ - 206 ［菌・茸類］ |
| はんこささげ…Ⅱ - 1082 ［穀物類］ | ばんどうはたか…Ⅱ - 1083 ［穀物類］ |
| ばんこぼれ…Ⅱ - 1082 ［穀物類］ | ばんとうひゑ…Ⅱ - 1083 ［穀物類］ |

# ひ

はんとりかい…Ⅲ-799［貝類］
はんとりさめ…Ⅲ-473［魚類］
ばんにやつる…Ⅴ-1281［野生植物］
はんのき…Ⅶ-529［樹木類］
ばんのき…Ⅶ-529［樹木類］
はんのきさう…Ⅴ-1281［野生植物］
はんのきもたし…Ⅵ-206［菌・茸類］
ばんのめ…Ⅱ-1084［穀物類］
ばんひへ…Ⅱ-1084［穀物類］
ばんふくろはな…Ⅴ-1281［野生植物］
はんふた…Ⅲ-473［魚類］
はんぺんれん…Ⅴ-1282［野生植物］
はんぼうあわ…Ⅱ-1084［穀物類］
はんまつる…Ⅴ-1282［野生植物］
はんや…Ⅴ-1282［野生植物］
はんる…Ⅵ-557［菜類］

## ひ

ひあふき…Ⅴ-1283［野生植物］
ひあふぎ…Ⅴ-1283［野生植物］
ひい…Ⅴ-1284［野生植物］
ひいか…Ⅲ-474［魚類］
ひいちばい…Ⅴ-1284［野生植物］
ひいとうす…Ⅴ-1284［野生植物］
ひいな…Ⅴ-1284［野生植物］
ひいな…Ⅵ-558［菜類］
ひいなくさ…Ⅴ-1284［野生植物］
ひいなくさ…Ⅴ-1285［野生植物］
ひいなのあぶら…Ⅴ-1285［野生植物］
ひいひいくさ…Ⅴ-1285［野生植物］
ひいらき…Ⅲ-474［魚類］
ひいらき…Ⅶ-530［樹木類］
ひいらぎ…Ⅲ-474［魚類］
ひいらぎ…Ⅶ-530［樹木類］
ひいらきたい…Ⅲ-474［魚類］
ひいらげ…Ⅶ-530［樹木類］
ひいらだ…Ⅶ-868［救荒動植物類］
ひいらど…Ⅴ-1285［野生植物］

ひいらのき…Ⅶ-531［樹木類］
ひいる…Ⅲ-474［魚類］
ひいるくさ…Ⅴ-1285［野生植物］
ひいるぐさ…Ⅴ-1285［野生植物］
ひいろくさ…Ⅴ-1285［野生植物］
ひいろさつき…Ⅶ-531［樹木類］
ひう…Ⅴ-1286［野生植物］
ひう…Ⅵ-558［菜類］
ひうが…Ⅱ-1085［穀物類］
ひうが…Ⅵ-558［菜類］
ひうがあふひ…Ⅴ-1286［野生植物］
ひうがおふひ…Ⅴ-1286［野生植物］
ひうがおをい…Ⅴ-1286［野生植物］
ひうかしら…Ⅲ-474［魚類］
ひうがじらう…Ⅱ-1085［穀物類］
ひうがばうづ…Ⅱ-1085［穀物類］
ひうがはちこく…Ⅱ-1085［穀物類］
ひうがわせ…Ⅱ-1085［穀物類］
ひうじ…Ⅴ-1286［野生植物］
ひうたん…Ⅵ-558［菜類］
ひうち…Ⅲ-474［魚類］
ひうちうを…Ⅲ-475［魚類］
ひうちかい…Ⅲ-800［貝類］
ひうちくさ…Ⅴ-1286［野生植物］
ひうちくろ…Ⅶ-531［樹木類］
ひうちたけ…Ⅵ-207［菌・茸類］
ひうちなもみ…Ⅴ-1287［野生植物］
ひうな…Ⅴ-1287［野生植物］
ひうな…Ⅶ-868［救荒動植物類］
ひうのうさう…Ⅴ-1287［野生植物］
ひうろ…Ⅲ-800［貝類］
ひうわせ…Ⅱ-1085［穀物類］
ひうを…Ⅲ-475［魚類］
ひえ…Ⅱ-1085［穀物類］
ひえ…Ⅱ-1086［穀物類］
ひえあは…Ⅱ-1086［穀物類］
ひえあわ…Ⅱ-1086［穀物類］
ひえがらもち…Ⅱ-1086［穀物類］

| | |
|---|---|
| ひえきひ…Ⅱ - 1086 ［穀物類］ | ひかんばな…Ⅴ - 1289 ［野生植物］ |
| ひえきび…Ⅱ - 1086 ［穀物類］ | ひがんはな…Ⅴ - 1289 ［野生植物］ |
| ひえすび…Ⅴ - 1287 ［野生植物］ | ひがんばな…Ⅴ - 1289 ［野生植物］ |
| ひえだい…Ⅲ - 475 ［魚類］ | ひがんばな…Ⅶ - 868 ［救荒動植物類］ |
| ひえづなし…Ⅲ - 475 ［魚類］ | ひかんばやり…Ⅱ - 1088 ［穀物類］ |
| ひえぼあは…Ⅱ - 1086 ［穀物類］ | ひがんばやり…Ⅱ - 1088 ［穀物類］ |
| ひおうき…Ⅴ - 1287 ［野生植物］ | ひがんひゑ…Ⅱ - 1088 ［穀物類］ |
| ひおうぎ…Ⅴ - 1287 ［野生植物］ | ひかんふく…Ⅲ - 475 ［魚類］ |
| ひおひくさ…Ⅴ - 1287 ［野生植物］ | ひがんぶく…Ⅲ - 475 ［魚類］ |
| ひおふき…Ⅴ - 1288 ［野生植物］ | ひかんほうず…Ⅱ - 1088 ［穀物類］ |
| ひおふぎ…Ⅴ - 1288 ［野生植物］ | ひかんぼうず…Ⅱ - 1088 ［穀物類］ |
| ひかくれさう…Ⅴ - 1288 ［野生植物］ | ひがんぼうず…Ⅵ - 558 ［菜類］ |
| ひかけかつら…Ⅴ - 1288 ［野生植物］ | ひかんもち…Ⅱ - 1088 ［穀物類］ |
| ひかげかづら…Ⅴ - 1288 ［野生植物］ | ひがんもち…Ⅱ - 1088 ［穀物類］ |
| ひかげぐさ…Ⅴ - 1288 ［野生植物］ | ひきあいくさ…Ⅴ - 1290 ［野生植物］ |
| ひかげのかつら…Ⅴ - 1288 ［野生植物］ | ひきおこし…Ⅴ - 1290 ［野生植物］ |
| ひかげまめ…Ⅱ - 1087 ［穀物類］ | ひきくさ…Ⅴ - 1290 ［野生植物］ |
| ひかしたなぶり…Ⅱ - 1087 ［穀物類］ | ひきさくら…Ⅶ - 532 ［樹木類］ |
| ひかしやま…Ⅱ - 1087 ［穀物類］ | ひきしろまめ…Ⅱ - 1088 ［穀物類］ |
| ひかしやまづづきり…Ⅱ - 1087 ［穀物類］ | ひきすり…Ⅱ - 1088 ［穀物類］ |
| ひがしやまつつきり…Ⅱ - 1087 ［穀物類］ | ひきすりわせ…Ⅱ - 1088 ［穀物類］ |
| ひかは…Ⅶ - 531 ［樹木類］ | ひきずりわせ…Ⅱ - 1088 ［穀物類］ |
| ひかば…Ⅶ - 531 ［樹木類］ | ひきだら…Ⅶ - 533 ［樹木類］ |
| ひかめ…Ⅲ - 475 ［魚類］ | ひきたらき…Ⅶ - 533 ［樹木類］ |
| ひかりきく…Ⅴ - 1289 ［野生植物］ | ひきちか…Ⅱ - 1089 ［穀物類］ |
| ひかん…Ⅱ - 1087 ［穀物類］ | ひきちや…Ⅱ - 1089 ［穀物類］ |
| ひかん…Ⅶ - 531 ［樹木類］ | ひきつか…Ⅱ - 1089 ［穀物類］ |
| ひがん…Ⅱ - 1087 ［穀物類］ | ひきつかむぎ…Ⅱ - 1089 ［穀物類］ |
| ひかんさう…Ⅴ - 1289 ［野生植物］ | ひきつり…Ⅱ - 1089 ［穀物類］ |
| ひがんさう…Ⅴ - 1289 ［野生植物］ | ひきつる…Ⅱ - 1089 ［穀物類］ |
| ひかんさくら…Ⅶ - 531 ［樹木類］ | ひきてくさ…Ⅴ - 1290 ［野生植物］ |
| ひかんさくら…Ⅶ - 532 ［樹木類］ | ひきのつらかき…Ⅴ - 1290 ［野生植物］ |
| ひがんさくら…Ⅶ - 532 ［樹木類］ | ひきむぎ…Ⅱ - 1090 ［穀物類］ |
| ひがんざくら…Ⅶ - 532 ［樹木類］ | ひきめ…Ⅱ - 1090 ［穀物類］ |
| ひがんたけ…Ⅵ - 207 ［菌・茸類］ | ひきもち…Ⅱ - 1090 ［穀物類］ |
| ひがんなば…Ⅵ - 207 ［菌・茸類］ | ひきももし…Ⅲ - 476 ［魚類］ |
| ひかんばうづ…Ⅱ - 1087 ［穀物類］ | ひきよもぎ…Ⅴ - 1291 ［野生植物］ |
| ひがんばうづ…Ⅱ - 1087 ［穀物類］ | ひきり…Ⅶ - 533 ［樹木類］ |

## ひ

ひぎり…Ⅴ‐1291 ［野生植物］
ひぎり…Ⅶ‐533 ［樹木類］
ひきわせ…Ⅱ‐1090 ［穀物類］
ひきをこし…Ⅴ‐1291 ［野生植物］
ひく…Ⅶ‐533 ［樹木類］
ひくあは…Ⅱ‐1090 ［穀物類］
ひくあわ…Ⅱ‐1090 ［穀物類］
ひくいざり…Ⅱ‐1090 ［穀物類］
ひくきひ…Ⅱ‐1091 ［穀物類］
ひくきび…Ⅱ‐1091 ［穀物類］
ひくさつま…Ⅱ‐1091 ［穀物類］
ひくさつる…Ⅴ‐1291 ［野生植物］
ひくさんぐわつ…Ⅱ‐1091 ［穀物類］
ひくにくさ…Ⅴ‐1291 ［野生植物］
ひくびつちゆう…Ⅱ‐1091 ［穀物類］
ひくみ…Ⅶ‐533 ［樹木類］
ひくらし…Ⅴ‐1291 ［野生植物］
ひくらし…Ⅶ‐533 ［樹木類］
ひぐらし…Ⅲ‐476 ［魚類］
ひくらしくさ…Ⅴ‐1292 ［野生植物］
ひくらしも…Ⅴ‐1292 ［野生植物］
ひくるま…Ⅴ‐1292 ［野生植物］
ひぐるま…Ⅴ‐1292 ［野生植物］
ひけ…Ⅱ‐1091 ［穀物類］
ひげ…Ⅱ‐1091 ［穀物類］
ひげあわ…Ⅱ‐1091 ［穀物類］
ひけいね…Ⅱ‐1091 ［穀物類］
ひげうを…Ⅲ‐476 ［魚類］
ひけおふみ…Ⅱ‐1092 ［穀物類］
ひけおれ…Ⅱ‐1092 ［穀物類］
ひけきり…Ⅱ‐1092 ［穀物類］
ひけくろ…Ⅱ‐1092 ［穀物類］
ひげくろ…Ⅱ‐1092 ［穀物類］
ひけくろもち…Ⅱ‐1092 ［穀物類］
ひけこむぎ…Ⅱ‐1092 ［穀物類］
ひげこむぎ…Ⅱ‐1092 ［穀物類］
ひけしろ…Ⅱ‐1092 ［穀物類］
ひげしろ…Ⅱ‐1092 ［穀物類］
ひけすり…Ⅱ‐1093 ［穀物類］
ひげだい…Ⅲ‐476 ［魚類］
ひけたひ…Ⅲ‐476 ［魚類］
ひげたひ…Ⅲ‐476 ［魚類］
ひけち…Ⅲ‐476 ［魚類］
ひげどうもち…Ⅱ‐1093 ［穀物類］
ひけとつさ…Ⅱ‐1093 ［穀物類］
ひけなか…Ⅱ‐1093 ［穀物類］
ひげなが…Ⅱ‐1093 ［穀物類］
ひけなかもち…Ⅱ‐1093 ［穀物類］
ひけながもち…Ⅱ‐1093 ［穀物類］
ひげながろくかく…Ⅱ‐1093 ［穀物類］
ひげながゐい…Ⅲ‐477 ［魚類］
ひけなし…Ⅱ‐1093 ［穀物類］
ひげなしこむぎ…Ⅱ‐1094 ［穀物類］
ひけにんじん…Ⅴ‐1292 ［野生植物］
ひげにんじん…Ⅴ‐1293 ［野生植物］
ひげにんじん…Ⅵ‐558 ［菜類］
ひけぬき…Ⅱ‐1094 ［穀物類］
ひげはたか…Ⅱ‐1094 ［穀物類］
ひけひえ…Ⅱ‐1094 ［穀物類］
ひけひへ…Ⅱ‐1094 ［穀物類］
ひけひゑ…Ⅱ‐1094 ［穀物類］
ひけまくり…Ⅱ‐1094 ［穀物類］
ひげまくり…Ⅱ‐1094 ［穀物類］
ひけむぎ…Ⅱ‐1095 ［穀物類］
ひけめさし…Ⅱ‐1095 ［穀物類］
ひけもち…Ⅱ‐1095 ［穀物類］
ひげもち…Ⅱ‐1095 ［穀物類］
ひけやす…Ⅱ‐1095 ［穀物類］
ひげよこくら…Ⅱ‐1095 ［穀物類］
ひけろくかく…Ⅱ‐1095 ［穀物類］
ひけわせ…Ⅱ‐1095 ［穀物類］
ひけわり…Ⅲ‐477 ［魚類］
ひご…Ⅱ‐1096 ［穀物類］
ひご…Ⅴ‐1293 ［野生植物］
ひごあかし…Ⅱ‐1096 ［穀物類］
ひこいね…Ⅱ‐1096 ［穀物類］

| | |
|---|---|
| ひごいね…Ⅱ‐1096［穀物類］ | ひこやまわせ…Ⅱ‐1099［穀物類］ |
| ひこうゑもんばうづ…Ⅱ‐1096［穀物類］ | ひころく…Ⅱ‐1099［穀物類］ |
| ひごかし…Ⅱ‐1096［穀物類］ | ひさ…Ⅲ‐478［魚類］ |
| ひこくさ…Ⅴ‐1293［野生植物］ | ひさいで…Ⅶ‐534［樹木類］ |
| ひごくさ…Ⅴ‐1293［野生植物］ | ひさかき…Ⅶ‐534［樹木類］ |
| ひこくろばやり…Ⅱ‐1096［穀物類］ | ひさかきき…Ⅶ‐534［樹木類］ |
| ひこさひへ…Ⅱ‐1096［穀物類］ | ひさき…Ⅶ‐534［樹木類］ |
| ひごさら…Ⅱ‐1097［穀物類］ | ひさくさ…Ⅴ‐1294［野生植物］ |
| ひごさらこむき…Ⅱ‐1097［穀物類］ | ひさくら…Ⅶ‐534［樹木類］ |
| ひござらり…Ⅱ‐1097［穀物類］ | ひざくら…Ⅶ‐535［樹木類］ |
| ひこさんたで…Ⅵ‐559［菜類］ | ひさこ…Ⅵ‐559［菜類］ |
| ひこじ…Ⅲ‐477［魚類］ | ひざこくり…Ⅱ‐1099［穀物類］ |
| ひこしちもち…Ⅱ‐1097［穀物類］ | ひささき…Ⅶ‐535［樹木類］ |
| ひこじふらう…Ⅱ‐1097［穀物類］ | ひささけ…Ⅶ‐535［樹木類］ |
| ひこしろう…Ⅲ‐477［魚類］ | ひざすり…Ⅱ‐1099［穀物類］ |
| ひこじろう…Ⅲ‐477［魚類］ | ひさだい…Ⅲ‐478［魚類］ |
| ひごせきちく…Ⅴ‐1293［野生植物］ | ひざつかう…Ⅱ‐1100［穀物類］ |
| ひこたで…Ⅴ‐1293［野生植物］ | ひさつき…Ⅱ‐1100［穀物類］ |
| ひこたで…Ⅵ‐558［菜類］ | ひさのうを…Ⅲ‐478［魚類］ |
| ひこたひへ…Ⅱ‐1097［穀物類］ | ひし…Ⅴ‐1294［野生植物］ |
| ひこちや…Ⅲ‐477［魚類］ | ひし…Ⅶ‐868［救荒動植物類］ |
| ひこぢろう…Ⅲ‐477［魚類］ | ひしかひ…Ⅲ‐800［貝類］ |
| ひこつる…Ⅱ‐1097［穀物類］ | ひしき…Ⅴ‐1294［野生植物］ |
| ひこつる…Ⅱ‐1098［穀物類］ | ひじき…Ⅴ‐1295［野生植物］ |
| ひこづる…Ⅱ‐1097［穀物類］ | ひじき…Ⅶ‐535［樹木類］ |
| ひこづる…Ⅱ‐1098［穀物類］ | ひじき…Ⅶ‐868［救荒動植物類］ |
| ひこて…Ⅴ‐1294［野生植物］ | ひじきのき…Ⅶ‐535［樹木類］ |
| ひごとくじん…Ⅱ‐1098［穀物類］ | ひしくり…Ⅲ‐800［貝類］ |
| ひごな…Ⅵ‐559［菜類］ | ひしけ…Ⅲ‐478［魚類］ |
| ひごのぼり…Ⅱ‐1098［穀物類］ | ひしこ…Ⅲ‐478［魚類］ |
| ひごはつこく…Ⅱ‐1098［穀物類］ | ひじこ…Ⅴ‐1295［野生植物］ |
| ひごほうし…Ⅱ‐1098［穀物類］ | ひしこいはし…Ⅲ‐478［魚類］ |
| ひごほきれ…Ⅱ‐1098［穀物類］ | ひしこみな…Ⅲ‐800［貝類］ |
| ひごまめ…Ⅱ‐1098［穀物類］ | ひしそは…Ⅱ‐1100［穀物類］ |
| ひごみつけ…Ⅱ‐1099［穀物類］ | ひしづるさう…Ⅴ‐1295［野生植物］ |
| ひごむぎ…Ⅱ‐1099［穀物類］ | ひしな…Ⅴ‐1296［野生植物］ |
| ひごむめ…Ⅶ‐534［樹木類］ | ひしのき…Ⅶ‐535［樹木類］ |
| ひこやまかし…Ⅱ‐1099［穀物類］ | ひしのは…Ⅶ‐868［救荒動植物類］ |

## ひ

| | |
|---|---|
| ひしのみ…Ⅶ-868［救荒動植物類］ | ひずり…Ⅵ-559［菜類］ |
| ひしび…Ⅲ-479［魚類］ | ひせう…Ⅴ-1298［野生植物］ |
| ひじめ…Ⅲ-800［貝類］ | ひせん…Ⅱ-1101［穀物類］ |
| ひしも…Ⅴ-1296［野生植物］ | ひぜん…Ⅱ-1101［穀物類］ |
| ひしもち…Ⅱ-1100［穀物類］ | びぜん…Ⅱ-1101［穀物類］ |
| ひしや…Ⅲ-479［魚類］ | ひぜんかし…Ⅱ-1101［穀物類］ |
| ひじや…Ⅲ-479［魚類］ | ひせんかるこ…Ⅱ-1101［穀物類］ |
| ひしやう…Ⅱ-1100［穀物類］ | びせんかるこ…Ⅱ-1101［穀物類］ |
| びじやう…Ⅱ-1100［穀物類］ | ひせんこうら…Ⅱ-1101［穀物類］ |
| ひしやうろ…Ⅱ-1100［穀物類］ | びぜんごうら…Ⅱ-1101［穀物類］ |
| ひじやうろ…Ⅱ-1100［穀物類］ | びせんさんぐわつ…Ⅱ-1101［穀物類］ |
| ひしやかき…Ⅶ-535［樹木類］ | ひぜんとうのこ…Ⅱ-1101［穀物類］ |
| びしやかき…Ⅶ-536［樹木類］ | ひせんはたか…Ⅱ-1102［穀物類］ |
| ひしやかきのき…Ⅶ-536［樹木類］ | ひせんむぎ…Ⅱ-1102［穀物類］ |
| ひしやき…Ⅶ-536［樹木類］ | ひぜんむぎ…Ⅱ-1102［穀物類］ |
| ひしやきのき…Ⅶ-536［樹木類］ | びぜんむぎ…Ⅱ-1102［穀物類］ |
| ひしやく…Ⅶ-536［樹木類］ | ひせんもち…Ⅱ-1102［穀物類］ |
| ひしやくばけ…Ⅵ-559［菜類］ | ひぜんもち…Ⅱ-1102［穀物類］ |
| ひしやくゆふかほ…Ⅵ-559［菜類］ | びぜんもち…Ⅱ-1102［穀物類］ |
| ひしやこ…Ⅶ-536［樹木類］ | ひぜんやろく…Ⅱ-1102［穀物類］ |
| びしやこ…Ⅶ-536［樹木類］ | ひせんろくかく…Ⅱ-1103［穀物類］ |
| ひしやしやき…Ⅶ-537［樹木類］ | ひぜんわせ…Ⅱ-1103［穀物類］ |
| びしやしやき…Ⅶ-537［樹木類］ | ひた…Ⅲ-479［魚類］ |
| ひしやしやけ…Ⅶ-537［樹木類］ | ひだ…Ⅱ-1103［穀物類］ |
| びしやのき…Ⅶ-537［樹木類］ | ひたいわけ…Ⅱ-1103［穀物類］ |
| ひしややき…Ⅶ-537［樹木類］ | ひたう…Ⅶ-538［樹木類］ |
| ひしややけ…Ⅶ-537［樹木類］ | ひたか…Ⅲ-479［魚類］ |
| びじよ…Ⅱ-1100［穀物類］ | ひだか…Ⅲ-479［魚類］ |
| ひしんさう…Ⅴ-1296［野生植物］ | ひたちはき…Ⅴ-1298［野生植物］ |
| ひじんさう…Ⅴ-1296［野生植物］ | ひたなくさ…Ⅴ-1298［野生植物］ |
| びじんさう…Ⅴ-1296［野生植物］ | ひだばうづ…Ⅱ-1103［穀物類］ |
| びじんさう…Ⅴ-1297［野生植物］ | ひだびへ…Ⅱ-1103［穀物類］ |
| ひじんしやう…Ⅴ-1297［野生植物］ | ひだひゑ…Ⅱ-1103［穀物類］ |
| ひしんそう…Ⅴ-1297［野生植物］ | ひたほす…Ⅱ-1104［穀物類］ |
| ひじんそう…Ⅴ-1297［野生植物］ | ひだやろく…Ⅱ-1104［穀物類］ |
| びしんそう…Ⅴ-1297［野生植物］ | ひだり…Ⅲ-480［魚類］ |
| びじんそう…Ⅴ-1297［野生植物］ | ひたりおり…Ⅱ-1104［穀物類］ |
| ひずり…Ⅴ-1298［野生植物］ | ひだりがれい…Ⅲ-480［魚類］ |

| | |
|---|---|
| ひだりくさ…Ⅴ‐1298［野生植物］ | ひちはり…Ⅱ‐1106［穀物類］ |
| ひたりくち…Ⅲ‐480［魚類］ | びちぶ…Ⅱ‐1106［穀物類］ |
| ひだりくち…Ⅲ‐480［魚類］ | ひぢもち…Ⅱ‐1106［穀物類］ |
| ひたりまき…Ⅴ‐1298［野生植物］ | ひぢよ…Ⅱ‐1106［穀物類］ |
| ひたりまき…Ⅵ‐855［果類］ | ひちりかうはし…Ⅱ‐1106［穀物類］ |
| ひだりまき…Ⅱ‐1104［穀物類］ | ひちりこぼし…Ⅱ‐1106［穀物類］ |
| ひだりまき…Ⅲ‐800［貝類］ | ひちりひかり…Ⅱ‐1107［穀物類］ |
| ひだりまき…Ⅴ‐1298［野生植物］ | ひぢわ…Ⅴ‐1300［野生植物］ |
| ひだりまき…Ⅴ‐1299［野生植物］ | ひつあは…Ⅱ‐1107［穀物類］ |
| ひだりまき…Ⅵ‐855［果類］ | ひついただき…Ⅴ‐1300［野生植物］ |
| ひたりまきかや…Ⅵ‐855［果類］ | ひつかう…Ⅲ‐481［魚類］ |
| ひたりまきちや…Ⅵ‐855［果類］ | ひつかうし…Ⅱ‐1107［穀物類］ |
| ひたりまへ…Ⅲ‐480［魚類］ | ひつかしら…Ⅲ‐481［魚類］ |
| ひたりまわり…Ⅴ‐1299［野生植物］ | ひつかねり…Ⅴ‐1300［野生植物］ |
| ひたりむしり…Ⅱ‐1104［穀物類］ | ひつからし…Ⅱ‐1107［穀物類］ |
| ひたりむちり…Ⅱ‐1104［穀物類］ | ひつかり…Ⅲ‐481［魚類］ |
| ひだりむちり…Ⅱ‐1104［穀物類］ | ひつき…Ⅶ‐538［樹木類］ |
| ひたりもち…Ⅱ‐1105［穀物類］ | ひつきはちめ…Ⅲ‐481［魚類］ |
| ひだりもちあは…Ⅱ‐1105［穀物類］ | びつきやう…Ⅴ‐1300［野生植物］ |
| ひたりをり…Ⅱ‐1105［穀物類］ | びつきよさう…Ⅴ‐1300［野生植物］ |
| ひたろくかく…Ⅱ‐1105［穀物類］ | ひつくわし…Ⅱ‐1107［穀物類］ |
| ひだろくかく…Ⅱ‐1105［穀物類］ | ひつけたけ…Ⅵ‐207［菌・茸類］ |
| ひたわせ…Ⅱ‐1105［穀物類］ | ひつこ…Ⅲ‐481［魚類］ |
| ひだわせ…Ⅱ‐1105［穀物類］ | びつこ…Ⅲ‐481［魚類］ |
| ひちかう…Ⅱ‐1105［穀物類］ | ひつこう…Ⅲ‐482［魚類］ |
| ひちから…Ⅱ‐1105［穀物類］ | ひつこうし…Ⅱ‐1107［穀物類］ |
| ひちき…Ⅴ‐1299［野生植物］ | ひつこみだいこん…Ⅵ‐559［菜類］ |
| ひちき…Ⅶ‐869［救荒動植物類］ | ひつさけ…Ⅲ‐482［魚類］ |
| ひぢき…Ⅴ‐1299［野生植物］ | ひつしくさ…Ⅴ‐1300［野生植物］ |
| ひぢき…Ⅶ‐538［樹木類］ | ひつじぐさ…Ⅴ‐1300［野生植物］ |
| ひちく…Ⅲ‐480［魚類］ | ひつしり…Ⅱ‐1107［穀物類］ |
| ひちくそ…Ⅲ‐480［魚類］ | ひつち…Ⅴ‐1301［野生植物］ |
| ひぢこ…Ⅴ‐1299［野生植物］ | びつちゅう…Ⅱ‐1108［穀物類］ |
| ひちこく…Ⅱ‐1106［穀物類］ | びつちゅうあわ…Ⅱ‐1108［穀物類］ |
| ひぢたて…Ⅴ‐1299［野生植物］ | びつちゆうむぎ…Ⅱ‐1108［穀物類］ |
| ひちぬ…Ⅲ‐481［魚類］ | ひつはり…Ⅵ‐44［金・石・土・水類］ |
| ひちのき…Ⅶ‐538［樹木類］ | ひつむぎ…Ⅱ‐1108［穀物類］ |
| ひちはい…Ⅴ‐1299［野生植物］ | ひつり…Ⅵ‐560［菜類］ |

## ひ

ひづり…Ⅴ-1301［野生植物］
ひづり…Ⅵ-560［菜類］
ひつる…Ⅵ-560［菜類］
ひづる…Ⅴ-1301［野生植物］
ひつわり…Ⅱ-1108［穀物類］
ひつんぜう…Ⅶ-538［樹木類］
ひてりこ…Ⅴ-1301［野生植物］
ひでりこ…Ⅴ-1301［野生植物］
ひでりこき…Ⅴ-1301［野生植物］
ひてりこけ…Ⅴ-1302［野生植物］
ひてりごけ…Ⅴ-1302［野生植物］
ひでりこけ…Ⅴ-1302［野生植物］
ひとあしくさ…Ⅴ-1302［野生植物］
ひといねかひ…Ⅲ-801［貝類］
ひとう…Ⅵ-855［果類］
ひとう…Ⅶ-538［樹木類］
ひとくいかひ…Ⅲ-801［貝類］
ひとくひかひ…Ⅲ-801［貝類］
ひとこ…Ⅲ-482［魚類］
ひところひ…Ⅴ-1302［野生植物］
ひところび…Ⅶ-538［樹木類］
ひとさしくさ…Ⅴ-1302［野生植物］
ひとつあし…Ⅴ-1302［野生植物］
ひとつかざこ…Ⅲ-482［魚類］
ひとつしは…Ⅴ-1303［野生植物］
ひとつしば…Ⅴ-1303［野生植物］
ひとつなり…Ⅵ-560［菜類］
ひとつね…Ⅴ-1303［野生植物］
ひとつは…Ⅴ-1303［野生植物］
ひとつは…Ⅶ-539［樹木類］
ひとつば…Ⅴ-1303［野生植物］
ひとつば…Ⅴ-1304［野生植物］
ひとつば…Ⅶ-539［樹木類］
ひとつばき…Ⅶ-539［樹木類］
ひとつばはくり…Ⅴ-1305［野生植物］
ひとつばはしくり…Ⅴ-1305［野生植物］
ひとつほうし…Ⅱ-1108［穀物類］
ひとつぼくろ…Ⅴ-1305［野生植物］
ひとつめかづら…Ⅴ-1305［野生植物］
ひとつも…Ⅴ-1305［野生植物］
ひとて…Ⅴ-1305［野生植物］
ひとで…Ⅴ-1305［野生植物］
ひとてかし…Ⅶ-539［樹木類］
ひとなり…Ⅱ-1108［穀物類］
ひとになひかひ…Ⅲ-801［貝類］
ひとは…Ⅱ-1109［穀物類］
ひとはかき…Ⅵ-855［果類］
ひとはし…Ⅱ-1109［穀物類］
ひとはなくさ…Ⅴ-1306［野生植物］
ひとはなささげ…Ⅱ-1109［穀物類］
ひとはのまつ…Ⅶ-539［樹木類］
ひとはめ…Ⅴ-1306［野生植物］
ひとふし…Ⅱ-1109［穀物類］
ひとへ…Ⅶ-540［樹木類］
ひとへくさ…Ⅴ-1306［野生植物］
ひとへさくら…Ⅶ-540［樹木類］
ひとへつばき…Ⅶ-540［樹木類］
ひとへむめ…Ⅵ-855［果類］
ひとへもも…Ⅵ-856［果類］
ひとへやまぶき…Ⅶ-540［樹木類］
ひとほ…Ⅱ-1109［穀物類］
ひとほし…Ⅱ-1109［穀物類］
ひとぼし…Ⅱ-1109［穀物類］
ひとほせん…Ⅱ-1110［穀物類］
ひともし…Ⅴ-1306［野生植物］
ひともし…Ⅵ-560［菜類］
ひともじ…Ⅴ-1306［野生植物］
ひともじ…Ⅵ-561［菜類］
ひともとすすき…Ⅴ-1306［野生植物］
ひとりあそひ…Ⅲ-801［貝類］
ひとりあそび…Ⅲ-801［貝類］
ひとりけしやう…Ⅴ-1307［野生植物］
ひとりけせう…Ⅴ-1307［野生植物］
ひとりね…Ⅲ-482［魚類］
ひとりねくさ…Ⅴ-1307［野生植物］
ひとりむし…Ⅲ-482［魚類］

| | |
|---|---|
| ひな…Ⅵ - 561 ［菜類］ | ひのきかしは…Ⅶ - 541 ［樹木類］ |
| びな…Ⅲ - 801 ［貝類］ | ひのきかは…Ⅱ - 1111 ［穀物類］ |
| ひなが…Ⅱ - 1110 ［穀物類］ | ひのきたけ…Ⅵ - 207 ［菌・茸類］ |
| ひなかひ…Ⅲ - 802 ［貝類］ | ひのきもち…Ⅶ - 541 ［樹木類］ |
| ひなぎきやう…Ⅴ - 1307 ［野生植物］ | ひのきわせ…Ⅱ - 1111 ［穀物類］ |
| ひなくさ…Ⅴ - 1307 ［野生植物］ | ひのこからかい…Ⅲ - 483 ［魚類］ |
| ひなぐさ…Ⅴ - 1307 ［野生植物］ | ひのさわあは…Ⅱ - 1112 ［穀物類］ |
| ひなくり…Ⅴ - 1308 ［野生植物］ | ひのしあはび…Ⅲ - 802 ［貝類］ |
| ひなげし…Ⅴ - 1308 ［野生植物］ | ひのした…Ⅱ - 1112 ［穀物類］ |
| ひなす…Ⅱ - 1110 ［穀物類］ | ひのした…Ⅲ - 483 ［魚類］ |
| ひなたにし…Ⅲ - 802 ［貝類］ | ひのでいね…Ⅱ - 1112 ［穀物類］ |
| ひなち…Ⅱ - 1110 ［穀物類］ | ひのな…Ⅵ - 562 ［菜類］ |
| ひなつ…Ⅱ - 1110 ［穀物類］ | ひのはかまつつち…Ⅶ - 541 ［樹木類］ |
| ひなづ…Ⅱ - 1110 ［穀物類］ | ひのみこ…Ⅵ - 856 ［果類］ |
| ひなつら…Ⅴ - 1308 ［野生植物］ | ひのみこなし…Ⅵ - 856 ［果類］ |
| ひなつりきく…Ⅴ - 1308 ［野生植物］ | ひのみや…Ⅱ - 1112 ［穀物類］ |
| ひなのけし…Ⅴ - 1308 ［野生植物］ | ひのもと…Ⅱ - 1112 ［穀物類］ |
| ひなのさかづき…Ⅴ - 1308 ［野生植物］ | ひは…Ⅴ - 1310 ［野生植物］ |
| ひなまち…Ⅵ - 561 ［菜類］ | ひは…Ⅵ - 856 ［果類］ |
| ひなんかつら…Ⅴ - 1308 ［野生植物］ | ひば…Ⅶ - 541 ［樹木類］ |
| ひなんかづら…Ⅴ - 1309 ［野生植物］ | びは…Ⅵ - 856 ［果類］ |
| びなんかづら…Ⅴ - 1309 ［野生植物］ | びは…Ⅶ - 541 ［樹木類］ |
| ひなんさう…Ⅴ - 1309 ［野生植物］ | ひばいのき…Ⅶ - 542 ［樹木類］ |
| びなんさう…Ⅴ - 1309 ［野生植物］ | びはかど…Ⅱ - 1112 ［穀物類］ |
| びなんさほ…Ⅴ - 1310 ［野生植物］ | びはこあづき…Ⅱ - 1112 ［穀物類］ |
| ひなんせき…Ⅴ - 1310 ［野生植物］ | ひばごけ…Ⅴ - 1310 ［野生植物］ |
| ひなんそ…Ⅱ - 1110 ［穀物類］ | びはし…Ⅱ - 1113 ［穀物類］ |
| びなんそう…Ⅴ - 1309 ［野生植物］ | ひばしのき…Ⅶ - 542 ［樹木類］ |
| ひねり…Ⅱ - 1110 ［穀物類］ | ひはだ…Ⅱ - 1113 ［穀物類］ |
| ひねりくまこ…Ⅱ - 1111 ［穀物類］ | ひはたし…Ⅵ - 856 ［果類］ |
| ひの…Ⅱ - 1111 ［穀物類］ | ひはたまめ…Ⅱ - 1113 ［穀物類］ |
| ひのいつみ…Ⅱ - 1111 ［穀物類］ | ひはだまめ…Ⅱ - 1113 ［穀物類］ |
| ひのいて…Ⅱ - 1111 ［穀物類］ | びはのき…Ⅶ - 542 ［樹木類］ |
| ひのうを…Ⅲ - 482 ［魚類］ | ひはのつの…Ⅱ - 1113 ［穀物類］ |
| ひのかぶ…Ⅵ - 561 ［菜類］ | ひはぶき…Ⅴ - 1310 ［野生植物］ |
| ひのき…Ⅱ - 1111 ［穀物類］ | ひはり…Ⅲ - 483 ［魚類］ |
| ひのき…Ⅶ - 540 ［樹木類］ | ひばり…Ⅶ - 869 ［救荒動植物類］ |
| ひのき…Ⅶ - 541 ［樹木類］ | ひばりのすね…Ⅴ - 1310 ［野生植物］ |

# ひ

| | |
|---|---|
| ひばりのすね…Ⅵ - 562 ［菜類］ | ひへしらず…Ⅱ - 1114 ［穀物類］ |
| ひばりはし…Ⅴ - 1310 ［野生植物］ | ひへたひ…Ⅲ - 484 ［魚類］ |
| ひはりほし…Ⅴ - 1311 ［野生植物］ | ひへだんごき…Ⅶ - 543 ［樹木類］ |
| ひはりわせ…Ⅴ - 1311 ［野生植物］ | ひへのぬか…Ⅶ - 869 ［救荒動植物類］ |
| ひばるくさ…Ⅴ - 1311 ［野生植物］ | ひへほ…Ⅱ - 1114 ［穀物類］ |
| ひひ…Ⅶ - 542 ［樹木類］ | ひへもり…Ⅴ - 1312 ［野生植物］ |
| ひび…Ⅵ - 857 ［果類］ | ひぼくさ…Ⅴ - 1312 ［野生植物］ |
| ひび…Ⅶ - 542 ［樹木類］ | ひほけ…Ⅶ - 543 ［樹木類］ |
| ひび…Ⅶ - 869 ［救荒動植物類］ | ひぼけ…Ⅶ - 544 ［樹木類］ |
| ひひいご…Ⅲ - 483 ［魚類］ | ひま…Ⅴ - 1312 ［野生植物］ |
| ひびいこ…Ⅲ - 483 ［魚類］ | ひまし…Ⅴ - 1312 ［野生植物］ |
| ひびいご…Ⅲ - 483 ［魚類］ | ひまはり…Ⅱ - 1114 ［穀物類］ |
| ひひくさ…Ⅴ - 1311 ［野生植物］ | ひまはり…Ⅴ - 1313 ［野生植物］ |
| びびつか…Ⅴ - 1311 ［野生植物］ | ひまはりはな…Ⅴ - 1313 ［野生植物］ |
| びびつか…Ⅵ - 857 ［果類］ | ひまひま…Ⅴ - 1313 ［野生植物］ |
| ひひな…Ⅵ - 562 ［菜類］ | ひまわり…Ⅴ - 1313 ［野生植物］ |
| ひびなし…Ⅵ - 857 ［果類］ | ひまわりきく…Ⅴ - 1313 ［野生植物］ |
| びびのき…Ⅶ - 542 ［樹木類］ | ひみづるくさ…Ⅴ - 1313 ［野生植物］ |
| ひひらき…Ⅶ - 542 ［樹木類］ | ひむら…Ⅶ - 544 ［樹木類］ |
| ひひらき…Ⅶ - 543 ［樹木類］ | ひむろ…Ⅶ - 544 ［樹木類］ |
| ひふいのき…Ⅶ - 543 ［樹木類］ | びむろうし…Ⅲ - 802 ［貝類］ |
| ひふかあをい…Ⅴ - 1311 ［野生植物］ | ひむろすき…Ⅶ - 544 ［樹木類］ |
| ひふき…Ⅴ - 1311 ［野生植物］ | ひめ…Ⅴ - 1313 ［野生植物］ |
| ひふき…Ⅶ - 543 ［樹木類］ | ひめ…Ⅵ - 857 ［果類］ |
| ひふきくさ…Ⅴ - 1312 ［野生植物］ | ひめあさみ…Ⅴ - 1314 ［野生植物］ |
| ひふきだけ…Ⅲ - 802 ［貝類］ | ひめあさみ…Ⅵ - 562 ［菜類］ |
| ひふきやなぎ…Ⅶ - 543 ［樹木類］ | ひめあざみ…Ⅴ - 1314 ［野生植物］ |
| ひへ…Ⅱ - 1113 ［穀物類］ | ひめあざみ…Ⅵ - 562 ［菜類］ |
| ひへあは…Ⅱ - 1113 ［穀物類］ | ひめいち…Ⅲ - 484 ［魚類］ |
| ひへあわ…Ⅱ - 1113 ［穀物類］ | ひめいも…Ⅵ - 562 ［菜類］ |
| ひへあわ…Ⅱ - 1114 ［穀物類］ | ひめいり…Ⅲ - 484 ［魚類］ |
| ひへかやり…Ⅱ - 1114 ［穀物類］ | ひめうこき…Ⅶ - 544 ［樹木類］ |
| ひへきひ…Ⅱ - 1114 ［穀物類］ | ひめうり…Ⅵ - 562 ［菜類］ |
| ひへきび…Ⅱ - 1114 ［穀物類］ | ひめうりかつら…Ⅴ - 1314 ［野生植物］ |
| ひへきみ…Ⅱ - 1114 ［穀物類］ | ひめおもと…Ⅴ - 1314 ［野生植物］ |
| ひへくさ…Ⅴ - 1312 ［野生植物］ | ひめかい…Ⅲ - 802 ［貝類］ |
| ひへぐさのみ…Ⅶ - 869 ［救荒動植物類］ | ひめがさら…Ⅲ - 802 ［貝類］ |
| ひへしらす…Ⅱ - 1114 ［穀物類］ | ひめかつら…Ⅴ - 1314 ［野生植物］ |

| | |
|---|---|
| ひめかづら…Ⅴ‐1314［野生植物］ | ひめすぎ…Ⅶ‐546［樹木類］ |
| ひめかひ…Ⅲ‐803［貝類］ | ひめすすたま…Ⅱ‐1116［穀物類］ |
| ひめかぶ…Ⅵ‐563［菜類］ | ひめすすたま…Ⅴ‐1317［野生植物］ |
| ひめかや…Ⅴ‐1314［野生植物］ | ひめすすだま…Ⅱ‐1116［穀物類］ |
| ひめがや…Ⅴ‐1315［野生植物］ | ひめすり…Ⅱ‐1116［穀物類］ |
| ひめききやう…Ⅴ‐1315［野生植物］ | ひめすりわせ…Ⅱ‐1116［穀物類］ |
| ひめぎぼし…Ⅴ‐1315［野生植物］ | ひめそは…Ⅱ‐1116［穀物類］ |
| ひめくさ…Ⅴ‐1315［野生植物］ | ひめたれ…Ⅲ‐484［魚類］ |
| ひめくさびうを…Ⅲ‐484［魚類］ | ひめち…Ⅱ‐1117［穀物類］ |
| ひめくず…Ⅴ‐1315［野生植物］ | ひめち…Ⅲ‐484［魚類］ |
| ひめくはんざう…Ⅴ‐1316［野生植物］ | ひめぢ…Ⅱ‐1117［穀物類］ |
| ひめくるみ…Ⅵ‐857［果類］ | ひめぢ…Ⅲ‐485［魚類］ |
| ひめくるみ…Ⅶ‐545［樹木類］ | ひめちやう…Ⅶ‐546［樹木類］ |
| ひめぐるみ…Ⅵ‐857［果類］ | ひめつけ…Ⅶ‐546［樹木類］ |
| ひめくわんざう…Ⅴ‐1316［野生植物］ | ひめつげ…Ⅶ‐546［樹木類］ |
| ひめけし…Ⅵ‐563［菜類］ | ひめつばき…Ⅶ‐546［樹木類］ |
| ひめこ…Ⅱ‐1115［穀物類］ | ひめつる…Ⅱ‐1117［穀物類］ |
| ひめこ…Ⅶ‐545［樹木類］ | ひめづる…Ⅱ‐1117［穀物類］ |
| ひめこあわ…Ⅱ‐1115［穀物類］ | ひめづる…Ⅶ‐547［樹木類］ |
| ひめごせ…Ⅱ‐1115［穀物類］ | ひめつるわせ…Ⅱ‐1117［穀物類］ |
| ひめこちや…Ⅴ‐1316［野生植物］ | ひめづるわせ…Ⅱ‐1117［穀物類］ |
| ひめこまつ…Ⅶ‐545［樹木類］ | ひめな…Ⅵ‐563［菜類］ |
| ひめこもち…Ⅱ‐1115［穀物類］ | ひめのさら…Ⅲ‐803［貝類］ |
| ひめさくら…Ⅶ‐545［樹木類］ | ひめはぎ…Ⅴ‐1317［野生植物］ |
| ひめささくさ…Ⅴ‐1316［野生植物］ | ひめばな…Ⅴ‐1318［野生植物］ |
| ひめし…Ⅱ‐1115［穀物類］ | ひめふき…Ⅴ‐1318［野生植物］ |
| ひめした…Ⅴ‐1316［野生植物］ | ひめふじ…Ⅴ‐1318［野生植物］ |
| ひめしづら…Ⅴ‐1317［野生植物］ | ひめふり…Ⅴ‐1318［野生植物］ |
| ひめじま…Ⅱ‐1115［穀物類］ | ひめまつ…Ⅶ‐547［樹木類］ |
| ひめしまささけ…Ⅱ‐1115［穀物類］ | ひめむき…Ⅱ‐1117［穀物類］ |
| ひめしまもち…Ⅱ‐1116［穀物類］ | ひめむろ…Ⅶ‐547［樹木類］ |
| ひめじやうご…Ⅱ‐1116［穀物類］ | ひめむろき…Ⅶ‐547［樹木類］ |
| ひめしやうぶ…Ⅴ‐1317［野生植物］ | ひめもち…Ⅶ‐547［樹木類］ |
| ひめしやか…Ⅴ‐1317［野生植物］ | ひめゆり…Ⅴ‐1318［野生植物］ |
| ひめしやが…Ⅴ‐1317［野生植物］ | ひめゆり…Ⅴ‐1319［野生植物］ |
| ひめじやら…Ⅱ‐1116［穀物類］ | ひめゆり…Ⅵ‐563［菜類］ |
| ひめすき…Ⅶ‐545［樹木類］ | ひめよりだし…Ⅱ‐1117［穀物類］ |
| ひめすき…Ⅶ‐546［樹木類］ | ひめり…Ⅲ‐485［魚類］ |

# ひ

| | |
|---|---|
| ひめゑんだう…Ⅴ‐1319［野生植物］ | びやうのやなぎ…Ⅶ‐548［樹木類］ |
| ひもくさ…Ⅴ‐1319［野生植物］ | ひやうひ…Ⅶ‐548［樹木類］ |
| ひもせ…Ⅴ‐1319［野生植物］ | ひやうひかや…Ⅵ‐858［果類］ |
| ひもたけ…Ⅵ‐207［菌・茸類］ | ひやうひやう…Ⅴ‐1321［野生植物］ |
| ひもみ…Ⅶ‐547［樹木類］ | ひやうひやうくさ…Ⅴ‐1321［野生植物］ |
| ひもみのき…Ⅶ‐547［樹木類］ | ひやうひやうのみ…Ⅶ‐870［救荒動植物類］ |
| ひもろ…Ⅶ‐548［樹木類］ | ひやうぶ…Ⅵ‐564［菜類］ |
| ひもろすき…Ⅶ‐548［樹木類］ | ひやうぶ…Ⅶ‐548［樹木類］ |
| ひやう…Ⅴ‐1320［野生植物］ | びやうぶ…Ⅶ‐549［樹木類］ |
| ひやう…Ⅵ‐563［菜類］ | びやうぶいは…Ⅵ‐44［金・石・土・水類］ |
| ひやう…Ⅶ‐869［救荒動植物類］ | ひやうふかや…Ⅵ‐858［果類］ |
| びやう…Ⅴ‐1320［野生植物］ | ひやうぶき…Ⅶ‐549［樹木類］ |
| ひやうあかざ…Ⅵ‐563［菜類］ | びやうぶさう…Ⅴ‐1321［野生植物］ |
| ひやうあかざ…Ⅶ‐869［救荒動植物類］ | びやうぶさわら…Ⅲ‐485［魚類］ |
| ひやうき…Ⅶ‐548［樹木類］ | ひやうふのき…Ⅶ‐549［樹木類］ |
| ひやうげくさ…Ⅴ‐1320［野生植物］ | びやうぶのは…Ⅶ‐870［救荒動植物類］ |
| ひやうごもち…Ⅱ‐1118［穀物類］ | ひやうめき…Ⅴ‐1322［野生植物］ |
| ひやうそかつら…Ⅴ‐1320［野生植物］ | びやうやなぎ…Ⅴ‐1322［野生植物］ |
| ひやうたれ…Ⅱ‐1118［穀物類］ | びやうやなぎ…Ⅶ‐549［樹木類］ |
| びやうたれ…Ⅱ‐1118［穀物類］ | びやく…Ⅶ‐549［樹木類］ |
| びやうたれあは…Ⅱ‐1118［穀物類］ | ひやくえふ…Ⅵ‐564［菜類］ |
| びやうたれあわ…Ⅱ‐1118［穀物類］ | ひやくえふからし…Ⅵ‐565［菜類］ |
| ひやうたれささげ…Ⅱ‐1118［穀物類］ | ひやくえふだいこん…Ⅵ‐565［菜類］ |
| ひやうたん…Ⅴ‐1320［野生植物］ | ひやくかんさう…Ⅴ‐1322［野生植物］ |
| ひやうたん…Ⅵ‐563［菜類］ | ひやくくわん…Ⅲ‐485［魚類］ |
| ひやうたん…Ⅵ‐564［菜類］ | ひやくこく…Ⅱ‐1118［穀物類］ |
| ひやうたんいも…Ⅵ‐564［菜類］ | ひやくこくわせ…Ⅱ‐1119［穀物類］ |
| ひやうたんくさ…Ⅴ‐1320［野生植物］ | ひやくさいもち…Ⅱ‐1119［穀物類］ |
| ひやうたんくさ…Ⅴ‐1321［野生植物］ | ひやくし…Ⅴ‐1322［野生植物］ |
| ひやうたんぐみ…Ⅶ‐548［樹木類］ | ひやくし…Ⅶ‐550［樹木類］ |
| ひやうたんなし…Ⅵ‐858［果類］ | びやくし…Ⅴ‐1322［野生植物］ |
| ひやうたんなす…Ⅵ‐564［菜類］ | びやくし…Ⅶ‐550［樹木類］ |
| ひやうたんふくへ…Ⅵ‐564［菜類］ | ひやくじつ…Ⅴ‐1322［野生植物］ |
| ひやうぢく…Ⅵ‐88［竹・笹類］ | びやくじつ…Ⅴ‐1322［野生植物］ |
| ひやうな…Ⅴ‐1321［野生植物］ | ひやくしつかう…Ⅶ‐550［樹木類］ |
| ひやうな…Ⅵ‐564［菜類］ | ひやくじつかう…Ⅶ‐550［樹木類］ |
| ひやうな…Ⅶ‐870［救荒動植物類］ | ひやくじつこ…Ⅶ‐550［樹木類］ |
| ひやうなり…Ⅲ‐803［貝類］ | ひやくじつこう…Ⅶ‐551［樹木類］ |

| | |
|---|---|
| ひやくしゆつ…Ⅴ‐1323［野生植物］ | びやくらつくわい…Ⅴ‐1324［野生植物］ |
| ひやくじゆつ…Ⅴ‐1323［野生植物］ | ひやくわん…Ⅲ‐485［魚類］ |
| びやくじゆつ…Ⅴ‐1323［野生植物］ | ひやけ…Ⅴ‐1325［野生植物］ |
| ひやくしるし…Ⅴ‐1323［野生植物］ | ひやけくさ…Ⅴ‐1325［野生植物］ |
| ひやくしん…Ⅶ‐551［樹木類］ | ひやけな…Ⅴ‐1325［野生植物］ |
| びやくしん…Ⅶ‐551［樹木類］ | ひやけなよつ…Ⅴ‐1325［野生植物］ |
| びやくしん…Ⅶ‐552［樹木類］ | ひやしな…Ⅴ‐1325［野生植物］ |
| ひやくすき…Ⅶ‐552［樹木類］ | ひやひやくさのみは…Ⅶ‐870 |
| ひやくすぎ…Ⅶ‐552［樹木類］ | ［救荒動植物類］ |
| びやくすき…Ⅶ‐552［樹木類］ | ひやふぢ…Ⅴ‐1325［野生植物］ |
| びやくすぎ…Ⅶ‐552［樹木類］ | ひやみず…Ⅱ‐1119［穀物類］ |
| ひやくたけ…Ⅵ‐207［菌・茸類］ | ひやり…Ⅱ‐1119［穀物類］ |
| ひやくたん…Ⅶ‐552［樹木類］ | ひやりしらす…Ⅱ‐1119［穀物類］ |
| ひやくだん…Ⅶ‐553［樹木類］ | ひやんちん…Ⅶ‐554［樹木類］ |
| びやくだん…Ⅶ‐553［樹木類］ | ひゆ…Ⅴ‐1325［野生植物］ |
| ひやくぢつこう…Ⅶ‐553［樹木類］ | ひゆ…Ⅴ‐1326［野生植物］ |
| ひやくな…Ⅵ‐565［菜類］ | ひゆ…Ⅵ‐566［菜類］ |
| ひやくなみさう…Ⅵ‐565［菜類］ | ひゆ…Ⅵ‐567［菜類］ |
| ひやくなり…Ⅵ‐565［菜類］ | ひゆ…Ⅶ‐870［救荒動植物類］ |
| ひやくなりなすび…Ⅵ‐565［菜類］ | ひゆあかさ…Ⅴ‐1326［野生植物］ |
| ひやくなりなんばん…Ⅵ‐566［菜類］ | ひゆあかさ…Ⅶ‐870［救荒動植物類］ |
| ひやくなりふくへ…Ⅵ‐566［菜類］ | ひゆな…Ⅵ‐567［菜類］ |
| ひやくなりゆふかほ…Ⅵ‐566［菜類］ | ひゆな…Ⅶ‐870［救荒動植物類］ |
| ひやくなんさう…Ⅴ‐1323［野生植物］ | ひゆひゆさう…Ⅴ‐1326［野生植物］ |
| ひやくなんさう…Ⅶ‐553［樹木類］ | ひゆり…Ⅴ‐1326［野生植物］ |
| ひやくなんそう…Ⅶ‐553［樹木類］ | ひゆり…Ⅵ‐567［菜類］ |
| ひやくにちかう…Ⅶ‐553［樹木類］ | ひゆりさう…Ⅴ‐1326［野生植物］ |
| ひやくにちかう…Ⅶ‐554［樹木類］ | ひゆりを…Ⅴ‐1326［野生植物］ |
| ひやくにちばな…Ⅴ‐1323［野生植物］ | ひよい…Ⅶ‐554［樹木類］ |
| ひやくにんまくら…Ⅵ‐566［菜類］ | ひよいわし…Ⅲ‐485［魚類］ |
| ひやくねんさう…Ⅴ‐1324［野生植物］ | ひよう…Ⅴ‐1327［野生植物］ |
| ひやくはかぶ…Ⅵ‐566［菜類］ | ひようたん…Ⅵ‐567［菜類］ |
| ひやくぶこん…Ⅴ‐1324［野生植物］ | ひようひようさう…Ⅴ‐1327［野生植物］ |
| ひやくまん…Ⅱ‐1119［穀物類］ | ひようぶ…Ⅶ‐554［樹木類］ |
| ひやくみやくこん…Ⅴ‐1324［野生植物］ | ひようやなぎ…Ⅶ‐554［樹木類］ |
| ひやくもうさう…Ⅴ‐1324［野生植物］ | びようやなぎ…Ⅴ‐1327［野生植物］ |
| ひやくもくさう…Ⅴ‐1324［野生植物］ | ひよくさ…Ⅵ‐567［菜類］ |
| ひやくもそう…Ⅴ‐1324［野生植物］ | ひよくり…Ⅶ‐555［樹木類］ |

## ひ

ひよぐり…Ⅵ - 858 ［果類］
ひよぐり…Ⅶ - 871 ［救荒動植物類］
ひよこくさ…Ⅴ - 1327 ［野生植物］
ひよごり…Ⅴ - 1327 ［野生植物］
ひよたんのき…Ⅶ - 555 ［樹木類］
ひよどみ…Ⅶ - 555 ［樹木類］
ひよとり…Ⅴ - 1327 ［野生植物］
ひよとり…Ⅶ - 871 ［救荒動植物類］
ひよどり…Ⅴ - 1327 ［野生植物］
ひよとりいちこ…Ⅶ - 555 ［樹木類］
ひよどりかつら…Ⅴ - 1328 ［野生植物］
ひよどりかづらおろし…Ⅴ - 1328
　　　　　　　　　　　　　　　［野生植物］
ひよどりごへ…Ⅴ - 1328 ［野生植物］
ひよとりしやうこ…Ⅴ - 1328 ［野生植物］
ひよとりしやうこ…Ⅶ - 555 ［樹木類］
ひよとりしやうこ…Ⅶ - 871 ［救荒動植物類］
ひよとりしやうご…Ⅴ - 1328 ［野生植物］
ひよとりじやうご…Ⅴ - 1328 ［野生植物］
ひよとりじやうご…Ⅴ - 1329 ［野生植物］
ひよどりじやうご…Ⅴ - 1329 ［野生植物］
ひよとりせうこ…Ⅴ - 1329 ［野生植物］
ひよとりぜうこ…Ⅴ - 1329 ［野生植物］
ひよとりちやうこ…Ⅴ - 1330 ［野生植物］
ひよどりぢやうご…Ⅴ - 1330 ［野生植物］
ひよひ…Ⅶ - 555 ［樹木類］
ひよび…Ⅶ - 555 ［樹木類］
ひよひよ…Ⅴ - 1330 ［野生植物］
ひよひよくさ…Ⅴ - 1330 ［野生植物］
ひよひよくさ…Ⅴ - 1331 ［野生植物］
ひよひよくさのくきは…Ⅶ - 871
　　　　　　　　　　　　　　［救荒動植物類］
ひよひよここめくさ…Ⅴ - 1331 ［野生植物］
ひよひよにこめくさ…Ⅶ - 871
　　　　　　　　　　　　　　［救荒動植物類］
ひよひよのみ…Ⅶ - 871 ［救荒動植物類］
ひよふのき…Ⅶ - 556 ［樹木類］
ひよろ…Ⅴ - 1331 ［野生植物］

ひよろぐさ…Ⅴ - 1331 ［野生植物］
ひよろくさのみ…Ⅶ - 871 ［救荒動植物類］
ひよん…Ⅶ - 556 ［樹木類］
ひよんのき…Ⅶ - 556 ［樹木類］
ひら…Ⅱ - 1119 ［穀物類］
ひら…Ⅲ - 486 ［魚類］
ひら…Ⅵ - 858 ［果類］
ひらあじ…Ⅲ - 486 ［魚類］
ひらあち…Ⅲ - 486 ［魚類］
ひらあぢ…Ⅲ - 486 ［魚類］
ひらいし…Ⅱ - 1120 ［穀物類］
ひらいは…Ⅱ - 1120 ［穀物類］
ひらいも…Ⅵ - 567 ［菜類］
ひらうを…Ⅲ - 487 ［魚類］
ひらおこ…Ⅴ - 1331 ［野生植物］
びらか…Ⅶ - 556 ［樹木類］
ひらかい…Ⅲ - 803 ［貝類］
ひらかき…Ⅵ - 858 ［果類］
ひらかしら…Ⅲ - 487 ［魚類］
ひらがしら…Ⅲ - 487 ［魚類］
ひらがしらさめ…Ⅲ - 487 ［魚類］
ひらかしらふか…Ⅲ - 487 ［魚類］
ひらかた…Ⅱ - 1120 ［穀物類］
ひらかたかひ…Ⅲ - 803 ［貝類］
ひらかつほ…Ⅲ - 487 ［魚類］
ひらかは…Ⅱ - 1120 ［穀物類］
ひらかはむし…Ⅶ - 872 ［救荒動植物類］
ひらかひ…Ⅲ - 803 ［貝類］
ひらかふら…Ⅵ - 568 ［菜類］
ひらかぶら…Ⅵ - 568 ［菜類］
ひらかまめ…Ⅱ - 1120 ［穀物類］
ひらき…Ⅴ - 1331 ［野生植物］
ひらぎ…Ⅶ - 556 ［樹木類］
びらき…Ⅶ - 556 ［樹木類］
ひらぎしや…Ⅲ - 803 ［貝類］
ひらきねり…Ⅵ - 859 ［果類］
ひらぎねり…Ⅵ - 859 ［果類］
ひらくき…Ⅵ - 568 ［菜類］

| | |
|---|---|
| ひらくさ…Ⅴ - 1331［野生植物］ | ひらのにんじん…Ⅵ - 569［菜類］ |
| ひらくさ…Ⅴ - 1332［野生植物］ | ひらのり…Ⅴ - 1333［野生植物］ |
| ひらくさのみ…Ⅶ - 872［救荒動植物類］ | ひらはたけ…Ⅲ - 489［魚類］ |
| ひらくびふか…Ⅲ - 487［魚類］ | ひらはへ…Ⅲ - 489［魚類］ |
| ひらぐろ…Ⅱ - 1120［穀物類］ | ひらひじき…Ⅴ - 1333［野生植物］ |
| ひらこ…Ⅲ - 488［魚類］ | ひらひぢわ…Ⅴ - 1333［野生植物］ |
| ひらご…Ⅲ - 488［魚類］ | ひらぶ…Ⅲ - 804［貝類］ |
| ひらこくさ…Ⅴ - 1332［野生植物］ | ひらふか…Ⅲ - 490［魚類］ |
| ひらこはいわし…Ⅲ - 488［魚類］ | ひらぶり…Ⅲ - 490［魚類］ |
| ひらさ…Ⅱ - 1120［穀物類］ | ひらべ…Ⅲ - 490［魚類］ |
| ひらさし…Ⅴ - 1332［野生植物］ | ひらまさ…Ⅲ - 490［魚類］ |
| ひらさば…Ⅲ - 488［魚類］ | ひらまつかき…Ⅵ - 859［果類］ |
| ひらしば…Ⅲ - 488［魚類］ | ひらまめ…Ⅱ - 1121［穀物類］ |
| ひらしま…Ⅱ - 1121［穀物類］ | ひらみ…Ⅲ - 490［魚類］ |
| ひらす…Ⅲ - 488［魚類］ | ひらむさう…Ⅴ - 1333［野生植物］ |
| ひらす…Ⅲ - 489［魚類］ | ひらめ…Ⅲ - 490［魚類］ |
| ひらすげ…Ⅴ - 1332［野生植物］ | ひらめ…Ⅲ - 491［魚類］ |
| ひらすずき…Ⅲ - 489［魚類］ | ひらめ…Ⅴ - 1333［野生植物］ |
| ひらそ…Ⅲ - 489［魚類］ | ひらめいわし…Ⅲ - 491［魚類］ |
| ひらた…Ⅱ - 1121［穀物類］ | ひらめうたん…Ⅵ - 859［果類］ |
| ひらたうまめ…Ⅱ - 1121［穀物類］ | ひらめかれい…Ⅲ - 491［魚類］ |
| ひらたかき…Ⅵ - 859［果類］ | ひらめがれい…Ⅲ - 491［魚類］ |
| ひらたかぶ…Ⅵ - 568［菜類］ | ひらめじ…Ⅲ - 491［魚類］ |
| ひらたぐさ…Ⅴ - 1332［野生植物］ | ひらやず…Ⅲ - 492［魚類］ |
| ひらたぐさ…Ⅴ - 1333［野生植物］ | ひらやま…Ⅱ - 1122［穀物類］ |
| ひらたけ…Ⅵ - 208［菌・茸類］ | ひらゆあづき…Ⅱ - 1122［穀物類］ |
| ひらたけいも…Ⅵ - 568［菜類］ | ひらゆふかほ…Ⅵ - 569［菜類］ |
| ひらたひ…Ⅲ - 489［魚類］ | ひらゐ…Ⅲ - 492［魚類］ |
| ひらたまめ…Ⅱ - 1121［穀物類］ | ひらんさう…Ⅴ - 1334［野生植物］ |
| ひらためうたん…Ⅵ - 859［果類］ | びらんそう…Ⅴ - 1334［野生植物］ |
| ひらちいし…Ⅵ - 44［金・石・土・水類］ | ひりきさ…Ⅲ - 492［魚類］ |
| ひらど…Ⅱ - 1121［穀物類］ | ひりきざ…Ⅲ - 492［魚類］ |
| ひらど…Ⅶ - 557［樹木類］ | ひりぎさ…Ⅲ - 492［魚類］ |
| ひらとうまめ…Ⅱ - 1121［穀物類］ | ひりぎざ…Ⅲ - 492［魚類］ |
| ひらとだいこん…Ⅵ - 568［菜類］ | びりしろ…Ⅴ - 1334［野生植物］ |
| ひらな…Ⅴ - 1333［野生植物］ | ひる…Ⅲ - 492［魚類］ |
| ひらな…Ⅵ - 568［菜類］ | ひる…Ⅴ - 1334［野生植物］ |
| ひらのうを…Ⅲ - 489［魚類］ | ひる…Ⅵ - 569［菜類］ |

# ひ

| | |
|---|---|
| ひる…Ⅶ-872［救荒動植物類］ | びれんさう…Ⅴ-1340［野生植物］ |
| ひるかほ…Ⅴ-1334［野生植物］ | びろ…Ⅶ-557［樹木類］ |
| ひるかほ…Ⅴ-1335［野生植物］ | ひろうくさ…Ⅴ-1340［野生植物］ |
| ひるがほ…Ⅴ-1335［野生植物］ | びろうど…Ⅵ-44［金・石・土・水類］ |
| ひるがほ…Ⅴ-1336［野生植物］ | ひろしま…Ⅱ-1122［穀物類］ |
| ひるがほ…Ⅵ-569［菜類］ | ひろしま…Ⅵ-859［果類］ |
| ひるかほのね…Ⅶ-872［救荒動植物類］ | ひろしまいね…Ⅱ-1122［穀物類］ |
| ひるからす…Ⅴ-1336［野生植物］ | ひろしまふり…Ⅵ-570［菜類］ |
| ひるかるる…Ⅶ-557［樹木類］ | ひろしまやつこ…Ⅱ-1122［穀物類］ |
| ひるかわ…Ⅴ-1336［野生植物］ | ひろり…Ⅴ-1340［野生植物］ |
| ひるかを…Ⅴ-1336［野生植物］ | ひわ…Ⅴ-1340［野生植物］ |
| ひるくさ…Ⅴ-1336［野生植物］ | ひわ…Ⅵ-860［果類］ |
| ひるくち…Ⅴ-1337［野生植物］ | びわ…Ⅵ-860［果類］ |
| ひるこ…Ⅵ-569［菜類］ | びわ…Ⅶ-557［樹木類］ |
| ひるござ…Ⅴ-1337［野生植物］ | ひわずかれい…Ⅲ-493［魚類］ |
| ひるさし…Ⅴ-1337［野生植物］ | ひわた…Ⅱ-1123［穀物類］ |
| ひるたけ…Ⅵ-208［菌・茸類］ | ひわた…Ⅴ-1340［野生植物］ |
| ひるな…Ⅴ-1337［野生植物］ | ひわだ…Ⅱ-1123［穀物類］ |
| ひるな…Ⅵ-569［菜類］ | ひわだ…Ⅴ-1340［野生植物］ |
| ひるな…Ⅶ-872［救荒動植物類］ | ひわたし…Ⅱ-1123［穀物類］ |
| ひるのこ…Ⅱ-1122［穀物類］ | ひわたし…Ⅵ-860［果類］ |
| ひるのござ…Ⅴ-1337［野生植物］ | ひわたまめ…Ⅱ-1123［穀物類］ |
| ひるのちとめ…Ⅴ-1337［野生植物］ | ひわづ…Ⅲ-494［魚類］ |
| ひるははくさ…Ⅴ-1338［野生植物］ | ひわづかれい…Ⅲ-494［魚類］ |
| ひるむぎ…Ⅱ-1122［穀物類］ | びわづへ…Ⅶ-557［樹木類］ |
| ひるむしろ…Ⅴ-1338［野生植物］ | ひわのき…Ⅶ-557［樹木類］ |
| ひるめ…Ⅴ-1338［野生植物］ | びわのき…Ⅶ-557［樹木類］ |
| ひるも…Ⅴ-1339［野生植物］ | びわのこ…Ⅱ-1123［穀物類］ |
| びるも…Ⅴ-1339［野生植物］ | ひわのつの…Ⅱ-1123［穀物類］ |
| ひるもくさ…Ⅴ-1339［野生植物］ | ひわのつめ…Ⅱ-1123［穀物類］ |
| ひるものくさ…Ⅴ-1339［野生植物］ | びわはな…Ⅴ-1341［野生植物］ |
| ひれあか…Ⅲ-493［魚類］ | びわぶき…Ⅴ-1341［野生植物］ |
| びれいご…Ⅲ-493［魚類］ | ひわり…Ⅱ-1123［穀物類］ |
| ひれくろ…Ⅲ-493［魚類］ | ひゐな…Ⅵ-570［菜類］ |
| ひれなが…Ⅲ-493［魚類］ | ひゐなくさ…Ⅴ-1341［野生植物］ |
| ひれながしび…Ⅲ-493［魚類］ | ひゑ…Ⅱ-1124［穀物類］ |
| ひれながたい…Ⅲ-493［魚類］ | ひゑあは…Ⅱ-1124［穀物類］ |
| ひれん…Ⅴ-1340［野生植物］ | ひゑあわ…Ⅱ-1124［穀物類］ |

ひゑい…Ⅲ‐494［魚類］
ひゑくさ…Ⅴ‐1341［野生植物］
ひゑたひ…Ⅲ‐494［魚類］
ひゑつたひ…Ⅲ‐494［魚類］
ひゑな…Ⅵ‐570［菜類］
ひゑび…Ⅶ‐558［樹木類］
ひゑほ…Ⅱ‐1124［穀物類］
ひゑほあわ…Ⅱ‐1124［穀物類］
ひゑも…Ⅴ‐1341［野生植物］
ひを…Ⅲ‐494［魚類］
ひをうぎ…Ⅴ‐1341［野生植物］
ひをふき…Ⅴ‐1341［野生植物］
ひんか…Ⅲ‐494［魚類］
ひんか…Ⅶ‐558［樹木類］
ひんが…Ⅲ‐495［魚類］
びんか…Ⅶ‐558［樹木類］
びんが…Ⅲ‐495［魚類］
びんかかず…Ⅶ‐558［樹木類］
ひんかかり…Ⅶ‐558［樹木類］
びんかがり…Ⅶ‐558［樹木類］
びんかき…Ⅶ‐558［樹木類］
ひんかつら…Ⅴ‐1342［野生植物］
びんかつら…Ⅴ‐1342［野生植物］
びんかづら…Ⅴ‐1342［野生植物］
ひんがん…Ⅶ‐559［樹木類］
びんくし…Ⅲ‐495［魚類］
びんくろう…Ⅲ‐495［魚類］
ひんけ…Ⅲ‐495［魚類］
びんご…Ⅱ‐1124［穀物類］
びんごくまこ…Ⅱ‐1124［穀物類］
びんごもち…Ⅱ‐1125［穀物類］
ひんささら…Ⅴ‐1342［野生植物］
びんざさら…Ⅴ‐1342［野生植物］
びんしよ…Ⅱ‐1125［穀物類］
びんずり…Ⅴ‐1342［野生植物］
びんぞり…Ⅱ‐1125［穀物類］
びんた…Ⅲ‐495［魚類］
びんぢう…Ⅱ‐1125［穀物類］

びんぢうら…Ⅱ‐1125［穀物類］
びんつけさう…Ⅴ‐1343［野生植物］
びんづち…Ⅱ‐1125［穀物類］
びんづら…Ⅱ‐1125［穀物類］
びんづらむぎ…Ⅱ‐1126［穀物類］
びんづらわさむき…Ⅱ‐1126［穀物類］
ひんつるむぎ…Ⅱ‐1126［穀物類］
びんとうさう…Ⅴ‐1343［野生植物］
びんな…Ⅲ‐804［貝類］
びんなが…Ⅲ‐496［魚類］
ひんなんそう…Ⅴ‐1343［野生植物］
ひんのうし…Ⅲ‐804［貝類］
びんのうじ…Ⅲ‐804［貝類］
ひんのき…Ⅶ‐559［樹木類］
びんぼ…Ⅵ‐860［果類］
ひんほう…Ⅵ‐860［果類］
びんぼうかき…Ⅵ‐860［果類］
びんほうかつら…Ⅴ‐1343［野生植物］
びんぼうかづら…Ⅴ‐1343［野生植物］
びんぼうくさ…Ⅴ‐1343［野生植物］
ひんぼうたけ…Ⅵ‐208［菌・茸類］
びんほうづる…Ⅴ‐1344［野生植物］
ひんほうのき…Ⅶ‐559［樹木類］
びんぼうのき…Ⅶ‐559［樹木類］
ひんむくり…Ⅱ‐1126［穀物類］
ひんむくりこむぎ…Ⅱ‐1126［穀物類］
ひんろうし…Ⅲ‐804［貝類］
ひんろうじ…Ⅲ‐804［貝類］
びんろうし…Ⅲ‐804［貝類］
びんろうじ…Ⅲ‐805［貝類］

## ふ

ぶいか…Ⅶ‐560［樹木類］
ぶうかひ…Ⅱ‐1127［穀物類］
ふうちさう…Ⅴ‐1345［野生植物］
ふうとう…Ⅴ‐1345［野生植物］
ふうどう…Ⅴ‐1345［野生植物］
ふうとうかつら…Ⅴ‐1345［野生植物］

## ふ

ふうとうかづら…Ⅴ-1345［野生植物］
ふうどうかつら…Ⅴ-1346［野生植物］
ふうのき…Ⅶ-560［樹木類］
ふうふう…Ⅲ-497［魚類］
ふうほう…Ⅲ-497［魚類］
ふうぼう…Ⅲ-497［魚類］
ふうらん…Ⅴ-1346［野生植物］
ふうらんさう…Ⅴ-1346［野生植物］
ふうりん…Ⅴ-1346［野生植物］
ふうりんさい…Ⅴ-1347［野生植物］
ふうりんさう…Ⅴ-1347［野生植物］
ふえうを…Ⅲ-497［魚類］
ふえふき…Ⅴ-1347［野生植物］
ふえふきうを…Ⅲ-497［魚類］
ふか…Ⅲ-497［魚類］
ふかえせきれい…Ⅱ-1127［穀物類］
ふかかき…Ⅲ-806［貝類］
ふかぎ…Ⅴ-1347［野生植物］
ふかさめ…Ⅲ-498［魚類］
ふかた…Ⅱ-1127［穀物類］
ふかた…Ⅴ-1347［野生植物］
ふかだ…Ⅱ-1127［穀物類］
ふかたくさ…Ⅴ-1347［野生植物］
ふかのき…Ⅶ-560［樹木類］
ふかのさめ…Ⅲ-498［魚類］
ふかひら…Ⅵ-861［果類］
ふかみかいせい…Ⅱ-1127［穀物類］
ふかみがんこ…Ⅱ-1127［穀物類］
ふき…Ⅴ-1347［野生植物］
ふき…Ⅴ-1348［野生植物］
ふき…Ⅵ-571［菜類］
ふき…Ⅶ-873［救荒動植物類］
ふきあけ…Ⅴ-1348［野生植物］
ふきあげ…Ⅴ-1348［野生植物］
ふきかひ…Ⅲ-806［貝類］
ふきくさ…Ⅴ-1348［野生植物］
ふきくさ…Ⅶ-873［救荒動植物類］
ふきたま…Ⅴ-1348［野生植物］

ふぎだま…Ⅴ-1348［野生植物］
ふきだまくさ…Ⅴ-1348［野生植物］
ふきにら…Ⅴ-1349［野生植物］
ふきのしうとめ…Ⅵ-571［菜類］
ふきのとう…Ⅴ-1349［野生植物］
ふきのとう…Ⅵ-571［菜類］
ふきのとう…Ⅶ-873［救荒動植物類］
ふきのは…Ⅶ-873［救荒動植物類］
ふきもたし…Ⅵ-209［菌・茸類］
ぶきよ…Ⅴ-1349［野生植物］
ふきり…Ⅱ-1127［穀物類］
ふきわれいし…Ⅵ-45［金・石・土・水類］
ふく…Ⅲ-498［魚類］
ふぐ…Ⅲ-498［魚類］
ふぐ…Ⅲ-499［魚類］
ぶく…Ⅱ-1127［穀物類］
ふくあたり…Ⅱ-1128［穀物類］
ふくい…Ⅴ-1349［野生植物］
ふくいかちか…Ⅲ-499［魚類］
ふくいも…Ⅴ-1349［野生植物］
ふくおかまめ…Ⅱ-1128［穀物類］
ふくおかむき…Ⅱ-1128［穀物類］
ふくくさ…Ⅴ-1349［野生植物］
ふくし…Ⅵ-571［菜類］
ふくしう…Ⅵ-571［菜類］
ふくしま…Ⅱ-1128［穀物類］
ふくしまはつこく…Ⅱ-1128［穀物類］
ふくしまむめ…Ⅵ-861［果類］
ふくじゆさう…Ⅴ-1349［野生植物］
ふくじゆさう…Ⅴ-1350［野生植物］
ふくじゆそう…Ⅴ-1350［野生植物］
ふくじらう…Ⅱ-1128［穀物類］
ふくぞ…Ⅱ-1129［穀物類］
ふくそう…Ⅱ-1129［穀物類］
ふくた…Ⅱ-1129［穀物類］
ふくた…Ⅴ-1350［野生植物］
ふくだ…Ⅱ-1129［穀物類］
ふくたう…Ⅲ-500［魚類］

| | |
|---|---|
| ふくたけ…Ⅵ-209［菌・茸類］ | ふくゆ…Ⅶ-561［樹木類］ |
| ふくたち…Ⅵ-572［菜類］ | ふくら…Ⅲ-500［魚類］ |
| ふくたな…Ⅴ-1350［野生植物］ | ふくら…Ⅶ-561［樹木類］ |
| ふくため…Ⅲ-806［貝類］ | ふぐら…Ⅲ-500［魚類］ |
| ふくち…Ⅱ-1129［穀物類］ | ふくらき…Ⅲ-501［魚類］ |
| ふくちありま…Ⅱ-1129［穀物類］ | ふくらき…Ⅶ-561［樹木類］ |
| ふくちう…Ⅱ-1129［穀物類］ | ふくらぎ…Ⅲ-501［魚類］ |
| ふくちしば…Ⅶ-560［樹木類］ | ふくらくさ…Ⅴ-1352［野生植物］ |
| ふぐつ…Ⅲ-500［魚類］ | ふくらけ…Ⅲ-501［魚類］ |
| ふくつか…Ⅱ-1129［穀物類］ | ふくらし…Ⅶ-561［樹木類］ |
| ふくつち…Ⅱ-1130［穀物類］ | ふくらしは…Ⅶ-561［樹木類］ |
| ふくで…Ⅴ-1351［野生植物］ | ふくらしば…Ⅶ-561［樹木類］ |
| ふくとう…Ⅲ-500［魚類］ | ふくらしば…Ⅶ-562［樹木類］ |
| ぶくとう…Ⅲ-500［魚類］ | ふくらしばのき…Ⅶ-562［樹木類］ |
| ふくとく…Ⅱ-1130［穀物類］ | ふくらしふ…Ⅶ-562［樹木類］ |
| ふくとくあは…Ⅱ-1130［穀物類］ | ふくらじよ…Ⅶ-562［樹木類］ |
| ふくとくもち…Ⅱ-1130［穀物類］ | ふくらそ…Ⅶ-562［樹木類］ |
| ふくふく…Ⅴ-1351［野生植物］ | ふくらそう…Ⅶ-563［樹木類］ |
| ふくへ…Ⅴ-1351［野生植物］ | ふくらだ…Ⅶ-563［樹木類］ |
| ふくへ…Ⅵ-572［菜類］ | ふくらぢよ…Ⅶ-563［樹木類］ |
| ふくべ…Ⅴ-1351［野生植物］ | ふくらと…Ⅶ-563［樹木類］ |
| ふくべ…Ⅵ-572［菜類］ | ふくらど…Ⅶ-563［樹木類］ |
| ふくへしは…Ⅴ-1351［野生植物］ | ふくらひば…Ⅶ-563［樹木類］ |
| ふくべじゅ…Ⅶ-560［樹木類］ | ふくらんじやう…Ⅶ-563［樹木類］ |
| ふくべな…Ⅴ-1351［野生植物］ | ふくらんじよ…Ⅶ-564［樹木類］ |
| ふくへのき…Ⅶ-560［樹木類］ | ふくらんどう…Ⅶ-564［樹木類］ |
| ふくべのき…Ⅶ-560［樹木類］ | ふくりやう…Ⅶ-564［樹木類］ |
| ふくべゆふかを…Ⅵ-572［菜類］ | ぶくりやう…Ⅴ-1352［野生植物］ |
| ふくへら…Ⅴ-1351［野生植物］ | ぶくりやう…Ⅵ-209［菌・茸類］ |
| ふくべら…Ⅴ-1352［野生植物］ | ふくれぐさ…Ⅴ-1352［野生植物］ |
| ふくべら…Ⅵ-572［菜類］ | ふくれしば…Ⅶ-564［樹木類］ |
| ふくまつこ…Ⅱ-1130［穀物類］ | ふくれんば…Ⅴ-1352［野生植物］ |
| ふくもち…Ⅱ-1130［穀物類］ | ふくろ…Ⅱ-1131［穀物類］ |
| ふくもりつる…Ⅱ-1130［穀物類］ | ふくろいちこ…Ⅴ-1352［野生植物］ |
| ふくやま…Ⅱ-1131［穀物類］ | ふくろいちご…Ⅴ-1353［野生植物］ |
| ふくやまなかて…Ⅱ-1131［穀物類］ | ふくろきひ…Ⅱ-1131［穀物類］ |
| ふくやまむぎ…Ⅱ-1131［穀物類］ | ふくろくさ…Ⅴ-1353［野生植物］ |
| ふくゆ…Ⅵ-861［果類］ | ふくろささ…Ⅵ-88［竹・笹類］ |

ふ

| | |
|---|---|
| ふくろのり…Ⅴ-1353 ［野生植物］ | ふしくろ…Ⅱ-1132 ［穀物類］ |
| ふくろはな…Ⅴ-1353 ［野生植物］ | ふしくろ…Ⅴ-1355 ［野生植物］ |
| ふくわかめ…Ⅴ-1353 ［野生植物］ | ふしくろ…Ⅴ-1356 ［野生植物］ |
| ふくわせ…Ⅱ-1131 ［穀物類］ | ふしくろ…Ⅶ-565 ［樹木類］ |
| ふくゐ…Ⅱ-1131 ［穀物類］ | ふしくろ…Ⅶ-873 ［救荒動植物類］ |
| ふくゐ…Ⅴ-1353 ［野生植物］ | ふしぐろ…Ⅱ-1132 ［穀物類］ |
| ふけ…Ⅱ-1132 ［穀物類］ | ふしぐろ…Ⅴ-1356 ［野生植物］ |
| ふけな…Ⅴ-1353 ［野生植物］ | ふしぐろ…Ⅶ-565 ［樹木類］ |
| ふげんそう…Ⅶ-564 ［樹木類］ | ふしくろせんのふ…Ⅴ-1356 ［野生植物］ |
| ふこいちこ…Ⅵ-861 ［果類］ | ふしくろたけ…Ⅵ-88 ［竹・笹類］ |
| ふごいちご…Ⅵ-861 ［果類］ | ふしぐろたけ…Ⅵ-88 ［竹・笹類］ |
| ふごかき…Ⅵ-861 ［果類］ | ふしぐろのき…Ⅶ-565 ［樹木類］ |
| ふこくさ…Ⅴ-1354 ［野生植物］ | ふしくろのは…Ⅶ-873 ［救荒動植物類］ |
| ふごくさ…Ⅴ-1354 ［野生植物］ | ふしくろやはづ…Ⅱ-1132 ［穀物類］ |
| ふごしゐ…Ⅵ-861 ［果類］ | ふしくろよし…Ⅴ-1356 ［野生植物］ |
| ふさがしら…Ⅵ-572 ［菜類］ | ふしこ…Ⅲ-806 ［貝類］ |
| ふさなりごせう…Ⅵ-572 ［菜類］ | ふじこ…Ⅲ-501 ［魚類］ |
| ふさなりなすび…Ⅵ-573 ［菜類］ | ふじこ…Ⅲ-806 ［貝類］ |
| ふさまつ…Ⅴ-1354 ［野生植物］ | ぶしこ…Ⅲ-807 ［貝類］ |
| ふさめ…Ⅴ-1354 ［野生植物］ | ふしささげ…Ⅱ-1133 ［穀物類］ |
| ふざん…Ⅵ-573 ［菜類］ | ふじさん…Ⅵ-862 ［果類］ |
| ふし…Ⅴ-1354 ［野生植物］ | ふししばまき…Ⅶ-565 ［樹木類］ |
| ふし…Ⅶ-564 ［樹木類］ | ふじしろまめ…Ⅱ-1133 ［穀物類］ |
| ふじ…Ⅴ-1354 ［野生植物］ | ふしたか…Ⅴ-1356 ［野生植物］ |
| ふじ…Ⅶ-565 ［樹木類］ | ふしだか…Ⅴ-1356 ［野生植物］ |
| ふしあか…Ⅱ-1132 ［穀物類］ | ふしたかさう…Ⅴ-1357 ［野生植物］ |
| ふしおて…Ⅴ-1355 ［野生植物］ | ふしたけ…Ⅵ-209 ［菌・茸類］ |
| ふじかしき…Ⅱ-1132 ［穀物類］ | ふしつき…Ⅶ-566 ［樹木類］ |
| ふしかづら…Ⅴ-1355 ［野生植物］ | ふしつる…Ⅴ-1357 ［野生植物］ |
| ふじかづら…Ⅴ-1355 ［野生植物］ | ふしづるさう…Ⅴ-1357 ［野生植物］ |
| ふしかひ…Ⅲ-806 ［貝類］ | ふして…Ⅶ-874 ［救荒動植物類］ |
| ふじかひ…Ⅲ-806 ［貝類］ | ふじて…Ⅴ-1357 ［野生植物］ |
| ふしき…Ⅶ-565 ［樹木類］ | ふじて…Ⅵ-573 ［菜類］ |
| ふじき…Ⅴ-1355 ［野生植物］ | ふじて…Ⅶ-566 ［樹木類］ |
| ふじき…Ⅶ-565 ［樹木類］ | ふしな…Ⅱ-1133 ［穀物類］ |
| ふじきのこ…Ⅵ-209 ［菌・茸類］ | ふしな…Ⅴ-1357 ［野生植物］ |
| ふじくさ…Ⅴ-1355 ［野生植物］ | ふしなが…Ⅵ-573 ［菜類］ |
| ふしくづれ…Ⅴ-1355 ［野生植物］ | ふしなし…Ⅱ-1133 ［穀物類］ |

| | |
|---|---|
| ふしなし…Ⅵ-573［菜類］ | ぶすふくべら…Ⅴ-1360［野生植物］ |
| ふしなしたけ…Ⅵ-88［竹・笹類］ | ふすへ…Ⅴ-1360［野生植物］ |
| ふしなてしこ…Ⅴ-1357［野生植物］ | ふすま…Ⅵ-45［金・石・土・水類］ |
| ふじなでしこ…Ⅴ-1357［野生植物］ | ふすまくろもの…Ⅵ-45［金・石・土・水類］ |
| ふしなのくきは…Ⅶ-874［救荒動植物類］ | ふすましろまさ…Ⅵ-45［金・石・土・水類］ |
| ふしにんしん…Ⅴ-1358［野生植物］ | ふすまのき…Ⅶ-567［樹木類］ |
| ふしのき…Ⅶ-566［樹木類］ | ふすまのきのは…Ⅶ-875［救荒動植物類］ |
| ふじのきのは…Ⅶ-874［救荒動植物類］ | ふせ…Ⅲ-807［貝類］ |
| ふしのは…Ⅶ-874［救荒動植物類］ | ふせり…Ⅲ-501［魚類］ |
| ふじのは…Ⅵ-573［菜類］ | ふせりあづき…Ⅱ-1133［穀物類］ |
| ふじのは…Ⅶ-874［救荒動植物類］ | ぶぜん…Ⅱ-1134［穀物類］ |
| ふじのはな…Ⅶ-566［樹木類］ | ぶぜんあは…Ⅱ-1134［穀物類］ |
| ふしのはなうくい…Ⅲ-501［魚類］ | ぶぜんにはだまり…Ⅱ-1134［穀物類］ |
| ふじのみ…Ⅶ-874［救荒動植物類］ | ぶぜんぼう…Ⅱ-1134［穀物類］ |
| ふしのわかば…Ⅶ-875［救荒動植物類］ | ぶぜんほうし…Ⅱ-1134［穀物類］ |
| ふじば…Ⅴ-1358［野生植物］ | ぶぜんやろう…Ⅱ-1134［穀物類］ |
| ふじはい…Ⅴ-1358［野生植物］ | ぶだい…Ⅲ-502［魚類］ |
| ふしはかま…Ⅴ-1358［野生植物］ | ぶだう…Ⅱ-1134［穀物類］ |
| ふしはかま…Ⅶ-566［樹木類］ | ぶだう…Ⅵ-862［果類］ |
| ふしばかま…Ⅴ-1359［野生植物］ | ぶだう…Ⅵ-863［果類］ |
| ふじはかま…Ⅴ-1358［野生植物］ | ぶだう…Ⅶ-567［樹木類］ |
| ふじばかま…Ⅴ-1359［野生植物］ | ふだうかづら…Ⅴ-1360［野生植物］ |
| ふじほたん…Ⅴ-1359［野生植物］ | ふたうら…Ⅶ-568［樹木類］ |
| ふじまつ…Ⅶ-567［樹木類］ | ふたおもて…Ⅴ-1360［野生植物］ |
| ふじまめ…Ⅱ-1133［穀物類］ | ふたおもて…Ⅶ-568［樹木類］ |
| ふしみ…Ⅱ-1133［穀物類］ | ふたかこ…Ⅱ-1135［穀物類］ |
| ふじみさいぎやうつつち…Ⅶ-567［樹木類］ | ふたかは…Ⅱ-1135［穀物類］ |
| ふしも…Ⅴ-1359［野生植物］ | ふたかわ…Ⅱ-1135［穀物類］ |
| ふしや…Ⅲ-501［魚類］ | ふたくら…Ⅱ-1135［穀物類］ |
| ぶしゆかん…Ⅵ-862［果類］ | ふたぐり…Ⅱ-1135［穀物類］ |
| ぶしゆかん…Ⅶ-567［樹木類］ | ふたこしは…Ⅶ-568［樹木類］ |
| ふす…Ⅶ-567［樹木類］ | ふたこしば…Ⅶ-568［樹木類］ |
| ぶす…Ⅴ-1359［野生植物］ | ふたごほうづき…Ⅴ-1360［野生植物］ |
| ぶす…Ⅵ-862［果類］ | ふたつなり…Ⅱ-1135［穀物類］ |
| ぶすきのこ…Ⅵ-209［菌・茸類］ | ふたつなりささげ…Ⅱ-1135［穀物類］ |
| ぶすこごみ…Ⅴ-1359［野生植物］ | ふたつなりみの…Ⅱ-1136［穀物類］ |
| ぶすしどけ…Ⅴ-1360［野生植物］ | ふたつば…Ⅶ-568［樹木類］ |
| ぶすつつち…Ⅶ-567［樹木類］ | ふたなし…Ⅲ-807［貝類］ |

# ふ

ふたなり…Ⅱ‐1136［穀物類］
ふたなりささけ…Ⅱ‐1136［穀物類］
ふたね…Ⅴ‐1361［野生植物］
ふたばあさがほ…Ⅴ‐1360［野生植物］
ふたばさう…Ⅴ‐1361［野生植物］
ふたばまつ…Ⅶ‐569［樹木類］
ふだふ…Ⅵ‐864［果類］
ふたふし…Ⅱ‐1136［穀物類］
ふたふしわせ…Ⅱ‐1136［穀物類］
ふたへきりしまつつち…Ⅶ‐569［樹木類］
ふたへしは…Ⅴ‐1361［野生植物］
ふたへまりしま…Ⅶ‐569［樹木類］
ふたへわせ…Ⅱ‐1136［穀物類］
ふたほ…Ⅱ‐1137［穀物類］
ふたまた…Ⅱ‐1137［穀物類］
ふたまたやろく…Ⅱ‐1137［穀物類］
ふたまたをほこ…Ⅴ‐1361［野生植物］
ふたもといね…Ⅱ‐1137［穀物類］
ふたりしつか…Ⅴ‐1361［野生植物］
ふたりしづか…Ⅴ‐1361［野生植物］
ふたゑかわ…Ⅱ‐1137［穀物類］
ふたをしみ…Ⅴ‐1362［野生植物］
ふたをしみ…Ⅵ‐863［果類］
ふたんさう…Ⅴ‐1362［野生植物］
ふたんさう…Ⅵ‐573［菜類］
ふたんさう…Ⅵ‐574［菜類］
ふだんさう…Ⅴ‐1362［野生植物］
ふだんさう…Ⅵ‐574［菜類］
ふたんそう…Ⅵ‐574［菜類］
ふたんそう…Ⅵ‐575［菜類］
ふだんそう…Ⅵ‐575［菜類］
ふだんな…Ⅵ‐575［菜類］
ふち…Ⅱ‐1137［穀物類］
ふち…Ⅲ‐502［魚類］
ふち…Ⅴ‐1362［野生植物］
ふぢ…Ⅴ‐1362［野生植物］
ふぢ…Ⅶ‐569［樹木類］
ぶちあづき…Ⅱ‐1137［穀物類］

ふぢいろぼたん…Ⅴ‐1362［野生植物］
ふぢかつら…Ⅴ‐1363［野生植物］
ふぢかづら…Ⅴ‐1363［野生植物］
ふぢき…Ⅶ‐569［樹木類］
ふちきく…Ⅴ‐1363［野生植物］
ふちきのこ…Ⅵ‐209［菌・茸類］
ふちくぐり…Ⅱ‐1138［穀物類］
ふぢくさ…Ⅴ‐1363［野生植物］
ふちこ…Ⅲ‐502［魚類］
ふぢこ…Ⅲ‐502［魚類］
ふちこあつき…Ⅱ‐1138［穀物類］
ふちささげ…Ⅱ‐1138［穀物類］
ふぢしの…Ⅵ‐88［竹・笹類］
ふちしろ…Ⅱ‐1138［穀物類］
ふちじろ…Ⅱ‐1138［穀物類］
ふぢしろまめ…Ⅱ‐1138［穀物類］
ふちたうきひ…Ⅱ‐1138［穀物類］
ふぢつかひ…Ⅲ‐807［貝類］
ふちつる…Ⅴ‐1363［野生植物］
ふぢなでしこ…Ⅴ‐1363［野生植物］
ふぢのは…Ⅶ‐875［救荒動植物類］
ふぢのめ…Ⅶ‐569［樹木類］
ふちはかま…Ⅴ‐1363［野生植物］
ふぢはかま…Ⅴ‐1364［野生植物］
ふぢばかま…Ⅴ‐1364［野生植物］
ふぢびへ…Ⅱ‐1139［穀物類］
ふぢぼたん…Ⅴ‐1364［野生植物］
ふぢまつ…Ⅶ‐569［樹木類］
ふぢまめ…Ⅱ‐1139［穀物類］
ふぢもどき…Ⅴ‐1364［野生植物］
ふちゆうな…Ⅵ‐575［菜類］
ふちゆき…Ⅶ‐570［樹木類］
ふつ…Ⅴ‐1364［野生植物］
ふつ…Ⅵ‐575［菜類］
ぶつ…Ⅵ‐575［菜類］
ぶつかうさう…Ⅴ‐1364［野生植物］
ふつかねり…Ⅴ‐1365［野生植物］
ふつきなき…Ⅴ‐1365［野生植物］

ふつきなぎ…Ⅴ－1365［野生植物］
ふつきり…Ⅱ－1139［穀物類］
ぶつきり…Ⅱ－1139［穀物類］
ぶつきりあは…Ⅱ－1139［穀物類］
ぶつきりくろあは…Ⅱ－1139［穀物類］
ぶつきりくろあわ…Ⅱ－1140［穀物類］
ぶつぎれ…Ⅱ－1140［穀物類］
ふつくさ…Ⅴ－1365［野生植物］
ふづくさ…Ⅴ－1366［野生植物］
ぶつくさ…Ⅴ－1366［野生植物］
ふづくみ…Ⅴ－1366［野生植物］
ふつくり…Ⅴ－1366［野生植物］
ぶつくり…Ⅴ－1366［野生植物］
ふつこ…Ⅲ－502［魚類］
ぶつさうげ…Ⅴ－1366［野生植物］
ぶつさうげ…Ⅶ－570［樹木類］
ふつさくふり…Ⅵ－575［菜類］
ぶつぢやう…Ⅴ－1366［野生植物］
ぶつつけもち…Ⅴ－1367［野生植物］
ぶつでん…Ⅱ－1140［穀物類］
ぶつとく…Ⅱ－1140［穀物類］
ぶつとくあは…Ⅱ－1140［穀物類］
ぶつねん…Ⅱ－1140［穀物類］
ぶつほう…Ⅶ－570［樹木類］
ふつぼふ…Ⅶ－570［樹木類］
ふてうさう…Ⅴ－1367［野生植物］
ふでかき…Ⅵ－863［果類］
ふでがき…Ⅵ－863［果類］
ふでぐさ…Ⅴ－1367［野生植物］
ふでのさき…Ⅱ－1140［穀物類］
ふてのぢく…Ⅱ－1141［穀物類］
ふでばうふう…Ⅴ－1367［野生植物］
ふてはな…Ⅴ－1367［野生植物］
ふと…Ⅴ－1367［野生植物］
ふと…Ⅶ－875［救荒動植物類］
ふど…Ⅴ－1367［野生植物］
ぶと…Ⅱ－1141［穀物類］
ふとい…Ⅴ－1368［野生植物］

ふとう…Ⅵ－576［菜類］
ふとう…Ⅵ－863［果類］
ふとう…Ⅶ－570［樹木類］
ふどう…Ⅴ－1368［野生植物］
ふどう…Ⅵ－863［果類］
ぶとう…Ⅴ－1368［野生植物］
ぶとう…Ⅵ－863［果類］
ぶどう…Ⅵ－864［果類］
ぶどうあづき…Ⅱ－1141［穀物類］
ふどうかづら…Ⅴ－1368［野生植物］
ぶどうかひ…Ⅲ－807［貝類］
ふとうからし…Ⅵ－576［菜類］
ぶとうつる…Ⅴ－1368［野生植物］
ぶとうのは…Ⅶ－875［救荒動植物類］
ぶどうまめ…Ⅱ－1141［穀物類］
ふとかたあは…Ⅱ－1141［穀物類］
ふとかづら…Ⅴ－1368［野生植物］
ふとくさ…Ⅴ－1368［野生植物］
ぶとくさ…Ⅴ－1369［野生植物］
ふとくち…Ⅲ－502［魚類］
ふところかひ…Ⅲ－807［貝類］
ふとね…Ⅵ－576［菜類］
ふどのね…Ⅶ－876［救荒動植物類］
ふとひへ…Ⅱ－1141［穀物類］
ふとみじか…Ⅵ－576［菜類］
ふとも…Ⅴ－1369［野生植物］
ふともち…Ⅱ－1141［穀物類］
ふとり…Ⅵ－576［菜類］
ふとゐ…Ⅴ－1369［野生植物］
ふな…Ⅲ－503［魚類］
ふな…Ⅲ－504［魚類］
ふな…Ⅵ－576［菜類］
ふな…Ⅶ－570［樹木類］
ぶな…Ⅵ－864［果類］
ぶな…Ⅶ－570［樹木類］
ぶな…Ⅶ－571［樹木類］
ふないかばしこ…Ⅱ－1142［穀物類］
ふないとり…Ⅲ－504［魚類］

# ふ

ふなくさ…Ⅴ‐1369［野生植物］
ふなくさび…Ⅲ‐504［魚類］
ふなくほ…Ⅱ‐1142［穀物類］
ふなくぼ…Ⅱ‐1142［穀物類］
ぶなくり…Ⅵ‐864［果類］
ぶなくるみ…Ⅵ‐864［果類］
ぶなぐるみ…Ⅵ‐864［果類］
ふなさか…Ⅱ‐1142［穀物類］
ふなさつま…Ⅱ‐1142［穀物類］
ふなざつま…Ⅱ‐1142［穀物類］
ふなさる…Ⅱ‐1142［穀物類］
ふなした…Ⅲ‐504［魚類］
ふなしとぎ…Ⅲ‐504［魚類］
ふなしとぎ…Ⅲ‐505［魚類］
ふなじとり…Ⅲ‐505［魚類］
ふなすい…Ⅲ‐505［魚類］
ふなすな…Ⅴ‐1369［野生植物］
ふなちとり…Ⅲ‐505［魚類］
ふなぢとり…Ⅲ‐505［魚類］
ふなつ…Ⅱ‐1142［穀物類］
ふなついね…Ⅱ‐1142［穀物類］
ふなつき…Ⅲ‐505［魚類］
ふなつな…Ⅴ‐1369［野生植物］
ふなつな…Ⅴ‐1370［野生植物］
ふなづな…Ⅴ‐1370［野生植物］
ふなつら…Ⅴ‐1370［野生植物］
ふなとう…Ⅲ‐506［魚類］
ふなとうみな…Ⅲ‐807［貝類］
ぶなな…Ⅵ‐576［菜類］
ふななり…Ⅴ‐1370［野生植物］
ふなにし…Ⅲ‐808［貝類］
ふなのき…Ⅶ‐571［樹木類］
ぶなのき…Ⅶ‐571［樹木類］
ふなば…Ⅱ‐1143［穀物類］
ぶなはだ…Ⅵ‐577［菜類］
ふなはら…Ⅴ‐1370［野生植物］
ふなばら…Ⅴ‐1370［野生植物］
ふなはり…Ⅲ‐506［魚類］

ふなばり…Ⅲ‐506［魚類］
ふなばり…Ⅴ‐1371［野生植物］
ふなひとり…Ⅲ‐506［魚類］
ふなへし…Ⅵ‐864［果類］
ふなむし…Ⅱ‐1143［穀物類］
ふなむし…Ⅲ‐506［魚類］
ふなむしこむぎ…Ⅱ‐1143［穀物類］
ふなむしざらり…Ⅱ‐1143［穀物類］
ふなもたし…Ⅵ‐210［菌・茸類］
ぶなもたし…Ⅵ‐210［菌・茸類］
ふなわら…Ⅴ‐1371［野生植物］
ふなわり…Ⅴ‐1371［野生植物］
ふにいどう…Ⅲ‐506［魚類］
ふにうとう…Ⅲ‐507［魚類］
ぶにうどう…Ⅲ‐507［魚類］
ふねかひ…Ⅲ‐808［貝類］
ふねじた…Ⅲ‐507［魚類］
ふねしとみ…Ⅲ‐507［魚類］
ふねとめうを…Ⅲ‐507［魚類］
ふねばり…Ⅵ‐577［菜類］
ふねん…Ⅱ‐1143［穀物類］
ふのり…Ⅴ‐1371［野生植物］
ふのり…Ⅴ‐1372［野生植物］
ふのりかつら…Ⅴ‐1372［野生植物］
ふのりかづら…Ⅴ‐1372［野生植物］
ふのりつぶ…Ⅲ‐808［貝類］
ふはらさいこ…Ⅴ‐1372［野生植物］
ふふらげ…Ⅲ‐507［魚類］
ふべ…Ⅲ‐808［貝類］
ふへいちこ…Ⅴ‐1372［野生植物］
ふべいちこ…Ⅴ‐1373［野生植物］
ふへくさ…Ⅴ‐1373［野生植物］
ふへたけ…Ⅵ‐210［菌・茸類］
ふへふき…Ⅲ‐507［魚類］
ふへり…Ⅴ‐1372［野生植物］
ふべんかくし…Ⅱ‐1144［穀物類］
ふべんぬき…Ⅱ‐1144［穀物類］
ぶめ…Ⅲ‐808［貝類］

| | |
|---|---|
| ふめどう…Ⅴ-1373［野生植物］ | ふよふ…Ⅶ-572［樹木類］ |
| ふめとうかつら…Ⅴ-1373［野生植物］ | ふらりささけ…Ⅱ-1144［穀物類］ |
| ふやう…Ⅴ-1373［野生植物］ | ふり…Ⅵ-578［菜類］ |
| ふやう…Ⅶ-572［樹木類］ | ふり…Ⅶ-573［樹木類］ |
| ふやうは…Ⅵ-577［菜類］ | ぶり…Ⅲ-508［魚類］ |
| ふゆあけび…Ⅴ-1373［野生植物］ | ぶりかき…Ⅵ-866［果類］ |
| ふゆあけび…Ⅶ-876［救荒動植物類］ | ふりかわ…Ⅴ-1375［野生植物］ |
| ふゆあふひ…Ⅴ-1374［野生植物］ | ふりそで…Ⅱ-1144［穀物類］ |
| ふゆあをき…Ⅶ-571［樹木類］ | ふりぞら…Ⅱ-1144［穀物類］ |
| ふゆいちこ…Ⅵ-865［果類］ | ふりつり…Ⅶ-566［樹木類］ |
| ふゆいちご…Ⅵ-865［果類］ | ふりのかはくさ…Ⅴ-1375［野生植物］ |
| ふゆき…Ⅶ-571［樹木類］ | ふりのき…Ⅶ-573［樹木類］ |
| ふゆきく…Ⅴ-1374［野生植物］ | ぶりのき…Ⅶ-573［樹木類］ |
| ふゆきねり…Ⅵ-865［果類］ | ぶりふりくさ…Ⅴ-1375［野生植物］ |
| ふゆさんしやう…Ⅶ-571［樹木類］ | ふるいくさ…Ⅴ-1375［野生植物］ |
| ふゆさんせう…Ⅵ-865［果類］ | ふるかは…Ⅱ-1144［穀物類］ |
| ふゆさんせう…Ⅶ-572［樹木類］ | ふるこもち…Ⅱ-1145［穀物類］ |
| ふゆだいこん…Ⅵ-577［菜類］ | ふるざう…Ⅱ-1145［穀物類］ |
| ふゆちさ…Ⅵ-577［菜類］ | ふるしやう…Ⅱ-1145［穀物類］ |
| ふゆつた…Ⅴ-1374［野生植物］ | ふるじやう…Ⅱ-1145［穀物類］ |
| ふゆとをし…Ⅵ-865［果類］ | ふるそ…Ⅱ-1145［穀物類］ |
| ふゆな…Ⅴ-1374［野生植物］ | ふるぞ…Ⅱ-1145［穀物類］ |
| ふゆな…Ⅵ-577［菜類］ | ふるそう…Ⅱ-1145［穀物類］ |
| ふゆな…Ⅵ-578［菜類］ | ふるぞう…Ⅱ-1145［穀物類］ |
| ふゆなし…Ⅵ-865［果類］ | ふるそはたか…Ⅱ-1146［穀物類］ |
| ふゆねぎ…Ⅵ-578［菜類］ | ふるそむぎ…Ⅱ-1146［穀物類］ |
| ふゆのひへ…Ⅱ-1144［穀物類］ | ふるだ…Ⅴ-1376［野生植物］ |
| ふゆひちご…Ⅴ-1374［野生植物］ | ふるつけいし…Ⅵ-45［金・石・土・水類］ |
| ふゆひともし…Ⅵ-578［菜類］ | ふるつるくさ…Ⅴ-1375［野生植物］ |
| ふゆふり…Ⅵ-578［菜類］ | ふるとり…Ⅶ-573［樹木類］ |
| ふゆふりのさね…Ⅲ-508［魚類］ | ふるむしろ…Ⅴ-1376［野生植物］ |
| ふゆもも…Ⅵ-866［果類］ | ふるゑほし…Ⅶ-573［樹木類］ |
| ふゆもも…Ⅶ-572［樹木類］ | ふるゑぼし…Ⅲ-509［魚類］ |
| ふゆわらび…Ⅴ-1374［野生植物］ | ふろう…Ⅱ-1146［穀物類］ |
| ふよう…Ⅴ-1374［野生植物］ | ふろう…Ⅵ-578［菜類］ |
| ふよう…Ⅴ-1375［野生植物］ | ふろうささけ…Ⅱ-1146［穀物類］ |
| ふよう…Ⅶ-572［樹木類］ | ふろうささけ…Ⅵ-579［菜類］ |
| ふよふ…Ⅴ-1375［野生植物］ | ふろうささげ…Ⅱ-1146［穀物類］ |

# ふ

| | |
|---|---|
| ふろうのは…Ⅶ-876［救荒動植物類］ | ふんこまめ…Ⅱ-1148［穀物類］ |
| ふわのき…Ⅶ-573［樹木類］ | ぶんごまめ…Ⅱ-1148［穀物類］ |
| ふゑ…Ⅴ-1376［野生植物］ | ふんこむめ…Ⅵ-867［果類］ |
| ぶゑ…Ⅴ-1376［野生植物］ | ふんこむめ…Ⅶ-574［樹木類］ |
| ふゑかひ…Ⅲ-808［貝類］ | ふんごむめ…Ⅵ-867［果類］ |
| ふるくさ…Ⅴ-1376［野生植物］ | ぶんこむめ…Ⅵ-867［果類］ |
| ふゑつかう…Ⅲ-509［魚類］ | ぶんこむめ…Ⅶ-574［樹木類］ |
| ふゑつこう…Ⅲ-509［魚類］ | ぶんごむめ…Ⅵ-867［果類］ |
| ふゑふき…Ⅲ-509［魚類］ | ぶんごむめ…Ⅵ-868［果類］ |
| ふゑふき…Ⅴ-1376［野生植物］ | ぶんごむめ…Ⅶ-574［樹木類］ |
| ふゑんさう…Ⅴ-1377［野生植物］ | ぶんごもち…Ⅱ-1149［穀物類］ |
| ぶゑんさう…Ⅴ-1377［野生植物］ | ぶんごわせ…Ⅱ-1149［穀物類］ |
| ふゑんさうのほ…Ⅶ-876［救荒動植物類］ | ぶんざうさう…Ⅴ-1377［野生植物］ |
| ふんこ…Ⅵ-866［果類］ | ぶんしじゆ…Ⅶ-574［樹木類］ |
| ふんご…Ⅱ-1146［穀物類］ | ぶんすい…Ⅱ-1149［穀物類］ |
| ふんご…Ⅵ-866［果類］ | ぶんたう…Ⅱ-1149［穀物類］ |
| ぶんこ…Ⅱ-1146［穀物類］ | ぶんつう…Ⅱ-1149［穀物類］ |
| ぶんこ…Ⅵ-866［果類］ | ふんと…Ⅱ-1149［穀物類］ |
| ぶんこ…Ⅶ-573［樹木類］ | ぶんど…Ⅱ-1149［穀物類］ |
| ぶんご…Ⅱ-1146［穀物類］ | ふんとう…Ⅱ-1149［穀物類］ |
| ぶんご…Ⅱ-1147［穀物類］ | ふんどう…Ⅱ-1150［穀物類］ |
| ぶんご…Ⅴ-1377［野生植物］ | ぶんどう…Ⅱ-1150［穀物類］ |
| ぶんご…Ⅵ-866［果類］ | ふんとうあづき…Ⅱ-1150［穀物類］ |
| ぶんご…Ⅶ-574［樹木類］ | ふんとうたけ…Ⅵ-210［菌・茸類］ |
| ぶんごあは…Ⅱ-1147［穀物類］ | ぶんどうたけ…Ⅵ-210［菌・茸類］ |
| ふんこいね…Ⅱ-1147［穀物類］ | ふんとく…Ⅱ-1150［穀物類］ |
| ぶんごいね…Ⅱ-1147［穀物類］ | ふんとこ…Ⅵ-210［菌・茸類］ |
| ぶんごがや…Ⅴ-1377［野生植物］ | ぶんとこ…Ⅵ-210［菌・茸類］ |
| ぶんごごらう…Ⅱ-1147［穀物類］ | ぶんとささけ…Ⅱ-1150［穀物類］ |
| ふんこさら…Ⅱ-1147［穀物類］ | ふんとふ…Ⅱ-1150［穀物類］ |
| ぶんごさら…Ⅱ-1147［穀物類］ | ぶんとふ…Ⅱ-1150［穀物類］ |
| ぶんござらり…Ⅱ-1147［穀物類］ | ぶんなくるみ…Ⅵ-868［果類］ |
| ぶんごちく…Ⅵ-88［竹・笹類］ | ぶんにう…Ⅲ-509［魚類］ |
| ぶんごにはたまり…Ⅱ-1148［穀物類］ | ふんばり…Ⅱ-1150［穀物類］ |
| ぶんごひえ…Ⅱ-1148［穀物類］ | ぶんぶさう…Ⅴ-1377［野生植物］ |
| ぶんごひへ…Ⅱ-1148［穀物類］ | ぶんむくり…Ⅱ-1151［穀物類］ |
| ぶんごぼうし…Ⅱ-1148［穀物類］ | |
| ぶんごほふし…Ⅱ-1148［穀物類］ | |

# へ

へいうゑもん…Ⅱ - 1152［穀物類］
へいけ…Ⅲ - 510［魚類］
へいけ…Ⅶ - 575［樹木類］
へいけうを…Ⅲ - 510［魚類］
へいけのさむらい…Ⅲ - 510［魚類］
へいざ…Ⅱ - 1152［穀物類］
へいさく…Ⅱ - 1152［穀物類］
へいさくあは…Ⅱ - 1152［穀物類］
へいしなし…Ⅵ - 869［果類］
へいしなし…Ⅶ - 575［樹木類］
へいじなし…Ⅵ - 869［果類］
へいしやう…Ⅵ - 869［果類］
へいすけ…Ⅴ - 1378［野生植物］
へいちく…Ⅴ - 1378［野生植物］
へいぢく…Ⅵ - 89［竹・笹類］
へいのからさき…Ⅴ - 1378［野生植物］
へいびのき…Ⅶ - 575［樹木類］
へいりよ…Ⅶ - 575［樹木類］
へうそくさ…Ⅴ - 1378［野生植物］
べうたれ…Ⅱ - 1152［穀物類］
へうたん…Ⅵ - 580［菜類］
へうたんなし…Ⅵ - 869［果類］
へうへうくり…Ⅵ - 869［果類］
へうへうくり…Ⅶ - 575［樹木類］
べか…Ⅲ - 510［魚類］
へかづら…Ⅴ - 1378［野生植物］
へぎ…Ⅲ - 510［魚類］
へぎのり…Ⅴ - 1378［野生植物］
へきれきそう…Ⅴ - 1378［野生植物］
へくさ…Ⅴ - 1379［野生植物］
へくさかつら…Ⅴ - 1379［野生植物］
へくさつる…Ⅴ - 1379［野生植物］
へくさづる…Ⅴ - 1379［野生植物］
へくそかつら…Ⅴ - 1379［野生植物］
へくそかづら…Ⅴ - 1380［野生植物］
へくそつる…Ⅴ - 1380［野生植物］
へくそづる…Ⅴ - 1380［野生植物］
へくは…Ⅴ - 1380［野生植物］
へくりだいこん…Ⅵ - 580［菜類］
へぐりだいこん…Ⅵ - 580［菜類］
べくわ…Ⅲ - 510［魚類］
へげいし…Ⅵ - 45［金・石・土・水類］
へこ…Ⅲ - 511［魚類］
へご…Ⅴ - 1380［野生植物］
べこ…Ⅲ - 511［魚類］
へごかづら…Ⅴ - 1381［野生植物］
へこくさ…Ⅴ - 1381［野生植物］
へごくさ…Ⅴ - 1381［野生植物］
へこつる…Ⅴ - 1381［野生植物］
へこはち…Ⅶ - 575［樹木類］
へこふな…Ⅲ - 511［魚類］
へこま…Ⅴ - 1381［野生植物］
へこもち…Ⅱ - 1152［穀物類］
へさいちご…Ⅴ - 1381［野生植物］
へし…Ⅲ - 511［魚類］
へしべ…Ⅴ - 1382［野生植物］
へすくりかひ…Ⅲ - 809［貝類］
へすばかつら…Ⅴ - 1381［野生植物］
へすべかづら…Ⅴ - 1382［野生植物］
へそかづら…Ⅴ - 1382［野生植物］
へそかはつふ…Ⅲ - 809［貝類］
へそかわつふ…Ⅲ - 809［貝類］
へそくり…Ⅴ - 1382［野生植物］
へそくりかひ…Ⅲ - 809［貝類］
へそしかつら…Ⅴ - 1382［野生植物］
へそへ…Ⅴ - 1382［野生植物］
へそべくさ…Ⅴ - 1382［野生植物］
へたい…Ⅲ - 511［魚類］
へだい…Ⅲ - 511［魚類］
へたかき…Ⅵ - 869［果類］
へだだい…Ⅲ - 512［魚類］
へたたひ…Ⅲ - 512［魚類］
へたて…Ⅴ - 1383［野生植物］
へたひ…Ⅲ - 512［魚類］

へ

| | |
|---|---|
| へだま…Ⅶ-575［樹木類］ | へにくちはたか…Ⅱ-1154［穀物類］ |
| へだまのき…Ⅶ-576［樹木類］ | へにくろ…Ⅱ-1154［穀物類］ |
| へちくさ…Ⅴ-1383［野生植物］ | べにくろ…Ⅱ-1154［穀物類］ |
| へちばり…Ⅱ-1152［穀物類］ | べにこたけ…Ⅵ-211［菌・茸類］ |
| へちま…Ⅴ-1383［野生植物］ | べにさけ…Ⅲ-512［魚類］ |
| へちま…Ⅵ-580［菜類］ | べにざさら…Ⅴ-1385［野生植物］ |
| へつくさつる…Ⅴ-1383［野生植物］ | へにさし…Ⅱ-1154［穀物類］ |
| へつこ…Ⅱ-1153［穀物類］ | べにざら…Ⅲ-810［貝類］ |
| べつしよひへ…Ⅱ-1153［穀物類］ | べにざら…Ⅴ-1385［野生植物］ |
| へつそ…Ⅱ-1153［穀物類］ | べにざらかひ…Ⅲ-810［貝類］ |
| へつそべ…Ⅴ-1383［野生植物］ | べにさらさ…Ⅴ-1385［野生植物］ |
| へつたまのき…Ⅶ-576［樹木類］ | へにされ…Ⅱ-1154［穀物類］ |
| べつとうかき…Ⅵ-869［果類］ | べにしめじ…Ⅵ-211［菌・茸類］ |
| へつとり…Ⅱ-1153［穀物類］ | べにしやくやく…Ⅴ-1385［野生植物］ |
| へな…Ⅶ-576［樹木類］ | べにすかし…Ⅵ-581［菜類］ |
| へないと…Ⅲ-809［貝類］ | べにすげ…Ⅴ-1385［野生植物］ |
| へに…Ⅴ-1383［野生植物］ | へにたけ…Ⅵ-211［菌・茸類］ |
| べに…Ⅱ-1153［穀物類］ | へにたけ…Ⅵ-212［菌・茸類］ |
| べに…Ⅲ-809［貝類］ | べにたけ…Ⅵ-212［菌・茸類］ |
| べに…Ⅴ-1383［野生植物］ | へにつけ…Ⅱ-1154［穀物類］ |
| べにあは…Ⅱ-1153［穀物類］ | べにつつし…Ⅶ-576［樹木類］ |
| へにあわ…Ⅱ-1153［穀物類］ | べにつばき…Ⅶ-576［樹木類］ |
| べにあわ…Ⅱ-1153［穀物類］ | へにつらたい…Ⅲ-512［魚類］ |
| へにいちこ…Ⅴ-1384［野生植物］ | べな…Ⅵ-581［菜類］ |
| へにいちこ…Ⅵ-870［果類］ | べになんき…Ⅱ-1155［穀物類］ |
| べにかい…Ⅲ-810［貝類］ | へにはたか…Ⅱ-1155［穀物類］ |
| べにかいぢよ…Ⅱ-1154［穀物類］ | べにはたか…Ⅱ-1155［穀物類］ |
| べにかうほね…Ⅴ-1384［野生植物］ | へにはな…Ⅱ-1155［穀物類］ |
| へにかく…Ⅴ-1384［野生植物］ | へにはな…Ⅴ-1385［野生植物］ |
| べにがく…Ⅴ-1384［野生植物］ | へにはな…Ⅴ-1386［野生植物］ |
| べにかつら…Ⅴ-1384［野生植物］ | べにはな…Ⅱ-1155［穀物類］ |
| べにかひ…Ⅲ-810［貝類］ | べにはな…Ⅴ-1386［野生植物］ |
| へにかぶ…Ⅵ-580［菜類］ | べにばな…Ⅱ-1155［穀物類］ |
| べにかふ…Ⅵ-580［菜類］ | べにばなくさ…Ⅴ-1386［野生植物］ |
| べにかぶ…Ⅵ-581［菜類］ | べにばなのは…Ⅶ-877［救荒動植物類］ |
| べにかぶら…Ⅵ-581［菜類］ | べにひわた…Ⅱ-1155［穀物類］ |
| へにくさ…Ⅴ-1384［野生植物］ | べにひゑ…Ⅱ-1155［穀物類］ |
| べにくさ…Ⅴ-1384［野生植物］ | べにぼたん…Ⅴ-1386［野生植物］ |

べにみかん…Ⅵ-870［果類］
へにむぎ…Ⅱ-1156［穀物類］
へにもちあは…Ⅱ-1156［穀物類］
べにもも…Ⅵ-870［果類］
べにもも…Ⅶ-576［樹木類］
へにやき…Ⅶ-576［樹木類］
べにやつこ…Ⅱ-1156［穀物類］
へにやはつ…Ⅱ-1156［穀物類］
べにやはづ…Ⅱ-1156［穀物類］
へにろくかく…Ⅱ-1156［穀物類］
べにろくかく…Ⅱ-1156［穀物類］
へねりくさ…Ⅴ-1386［野生植物］
へねれす…Ⅴ-1387［野生植物］
へねれんさう…Ⅴ-1387［野生植物］
へのまちふり…Ⅵ-581［菜類］
へはる…Ⅶ-577［樹木類］
へびあかさ…Ⅴ-1387［野生植物］
へびあさみ…Ⅴ-1387［野生植物］
へひいちこ…Ⅵ-870［果類］
へひいちご…Ⅴ-1387［野生植物］
へびいちこ…Ⅴ-1387［野生植物］
へびいちご…Ⅴ-1388［野生植物］
へびいちご…Ⅵ-870［果類］
へびいちこくさ…Ⅴ-1388［野生植物］
へひくさ…Ⅴ-1388［野生植物］
へびくさ…Ⅴ-1388［野生植物］
へびくち…Ⅴ-1388［野生植物］
へびござ…Ⅴ-1388［野生植物］
へびころし…Ⅴ-1389［野生植物］
へびしどけ…Ⅴ-1389［野生植物］
へびじゃくし…Ⅴ-1389［野生植物］
へびす…Ⅴ-1389［野生植物］
へひせんまい…Ⅴ-1389［野生植物］
へびせんまい…Ⅴ-1389［野生植物］
へひたからかい…Ⅲ-512［魚類］
へびたからかい…Ⅲ-512［魚類］
へびたまぐり…Ⅲ-810［貝類］
へびつきくさ…Ⅴ-1389［野生植物］
へびとろろ…Ⅴ-1390［野生植物］
へびなば…Ⅵ-213［菌・茸類］
へびにら…Ⅴ-1390［野生植物］
へひにんしん…Ⅴ-1390［野生植物］
へびにんしん…Ⅴ-1390［野生植物］
へびのいちこ…Ⅴ-1390［野生植物］
へびのおほはち…Ⅴ-1390［野生植物］
へびのござ…Ⅴ-1390［野生植物］
へびのさかつき…Ⅴ-1391［野生植物］
へびのした…Ⅴ-1391［野生植物］
へひのしゃくし…Ⅴ-1391［野生植物］
へびのしゃくし…Ⅴ-1391［野生植物］
へひのたいはち…Ⅴ-1391［野生植物］
へびのだいばち…Ⅴ-1391［野生植物］
へひのたいみち…Ⅴ-1391［野生植物］
へびのたいろう…Ⅴ-1392［野生植物］
へびはくざ…Ⅴ-1392［野生植物］
へびふぎ…Ⅴ-1392［野生植物］
へひぶどう…Ⅴ-1392［野生植物］
へひむぎ…Ⅴ-1392［野生植物］
へびむぎ…Ⅴ-1392［野生植物］
へひむしろ…Ⅴ-1392［野生植物］
へびむしろ…Ⅴ-1393［野生植物］
へびゆり…Ⅴ-1393［野生植物］
へびゆり…Ⅵ-581［菜類］
へぶす…Ⅴ-1393［野生植物］
へへ…Ⅶ-577［樹木類］
へべ…Ⅵ-870［果類］
へべ…Ⅶ-577［樹木類］
べべ…Ⅲ-810［貝類］
べべ…Ⅶ-577［樹木類］
べべかや…Ⅶ-577［樹木類］
へべらくさ…Ⅴ-1393［野生植物］
へへりこ…Ⅲ-513［魚類］
へほ…Ⅶ-577［樹木類］
へぼ…Ⅶ-577［樹木類］
べほ…Ⅶ-578［樹木類］
べぼ…Ⅴ-1393［野生植物］

# へ

べぼ…Ⅶ‐578［樹木類］
べぼう…Ⅶ‐578［樹木類］
へぼかや…Ⅵ‐870［果類］
へぼがや…Ⅶ‐578［樹木類］
へぼくさ…Ⅴ‐1393［野生植物］
へぼくさ…Ⅶ‐877［救荒動植物類］
べぼざはら…Ⅴ‐1394［野生植物］
べぼざわら…Ⅴ‐1394［野生植物］
べぼざわら…Ⅶ‐578［樹木類］
へほのき…Ⅶ‐578［樹木類］
へぼのき…Ⅶ‐578［樹木類］
へぼのき…Ⅶ‐579［樹木類］
へみいちこ…Ⅵ‐871［果類］
へら…Ⅴ‐1394［野生植物］
へら…Ⅶ‐579［樹木類］
べら…Ⅲ‐513［魚類］
へらあさみ…Ⅵ‐581［菜類］
へらあざみ…Ⅴ‐1394［野生植物］
へらあざみ…Ⅵ‐582［菜類］
へらいも…Ⅵ‐582［菜類］
へらかき…Ⅶ‐579［樹木類］
へらき…Ⅶ‐579［樹木類］
へらだいこん…Ⅵ‐582［菜類］
へらたけ…Ⅵ‐89［竹・笹類］
へらのき…Ⅶ‐579［樹木類］
へらぶ…Ⅲ‐810［貝類］
へらゆり…Ⅵ‐582［菜類］
へりとり…Ⅱ‐1156［穀物類］
へりとり…Ⅱ‐1157［穀物類］
へりとりささ…Ⅵ‐89［竹・笹類］
へりとりささげ…Ⅱ‐1157［穀物類］
へりとりじふろく…Ⅱ‐1157［穀物類］
へりとりせうぜう…Ⅶ‐579［樹木類］
へりへり…Ⅴ‐1394［野生植物］
へろさいごく…Ⅱ‐1157［穀物類］
へろさき…Ⅴ‐1394［野生植物］
べろも…Ⅴ‐1394［野生植物］
へゑ…Ⅴ‐1395［野生植物］

へんかうむぎ…Ⅱ‐1157［穀物類］
へんけい…Ⅱ‐1157［穀物類］
べんけい…Ⅱ‐1157［穀物類］
べんけい…Ⅴ‐1395［野生植物］
へんけいさう…Ⅴ‐1395［野生植物］
べんけいさう…Ⅴ‐1395［野生植物］
べんけいさう…Ⅴ‐1396［野生植物］
べんけいさら…Ⅴ‐1396［野生植物］
べんけいはたか…Ⅱ‐1158［穀物類］
べんけいもち…Ⅱ‐1158［穀物類］
へんご…Ⅴ‐1396［野生植物］
へんさらくさ…Ⅴ‐1396［野生植物］
べんじろうはだか…Ⅱ‐1158［穀物類］
へんせつ…Ⅲ‐513［魚類］
へんだ…Ⅶ‐580［樹木類］
へんたい…Ⅲ‐513［魚類］
へんたけ…Ⅵ‐213［菌・茸類］
べんたけ…Ⅵ‐213［菌・茸類］
へんちく…Ⅴ‐1396［野生植物］
へんづ…Ⅱ‐1158［穀物類］
へんつら…Ⅲ‐513［魚類］
へんつらたい…Ⅲ‐513［魚類］
べんづらたい…Ⅲ‐513［魚類］
べんづらだい…Ⅲ‐514［魚類］
へんつるかつら…Ⅴ‐1396［野生植物］
へんとう…Ⅱ‐1158［穀物類］
へんねれす…Ⅴ‐1397［野生植物］
べんのき…Ⅶ‐580［樹木類］
へんひあふぎ…Ⅴ‐1397［野生植物］
へんびゆり…Ⅴ‐1397［野生植物］
べんべさう…Ⅴ‐1397［野生植物］
へんへのいもくさ…Ⅴ‐1397［野生植物］
へんへのいもくさ…Ⅶ‐877［救荒動植物類］
へんべのつる…Ⅴ‐1397［野生植物］
へんぼそ…Ⅴ‐1398［野生植物］
べんほそ…Ⅴ‐1398［野生植物］
べんほそ…Ⅶ‐877［救荒動植物類］
へんむぎ…Ⅱ‐1158［穀物類］

| | |
|---|---|
| へんるうだ…Ⅴ‐1398［野生植物］ | ほうきこ…Ⅴ‐1401［野生植物］ |
| へんろかへ…Ⅱ‐1158［穀物類］ | ほうきさくら…Ⅶ‐581［樹木類］ |

## ほ

| | |
|---|---|
| ほいとかさ…Ⅴ‐1399［野生植物］ | ほうきたけ…Ⅵ‐214［菌・茸類］ |
| ほいね…Ⅱ‐1159［穀物類］ | ほうきのは…Ⅶ‐878［救荒動植物類］ |
| ほいれ…Ⅵ‐583［菜類］ | ほうきは…Ⅵ‐583［菜類］ |
| ほう…Ⅱ‐1159［穀物類］ | ほうきもたし…Ⅵ‐214［菌・茸類］ |
| ほう…Ⅴ‐1399［野生植物］ | ほうきもたせ…Ⅵ‐214［菌・茸類］ |
| ほう…Ⅵ‐45［金・石・土・水類］ | ほうきもたち…Ⅵ‐214［菌・茸類］ |
| ほう…Ⅶ‐581［樹木類］ | ほうきもも…Ⅵ‐873［果類］ |
| ぼう…Ⅵ‐46［金・石・土・水類］ | ぼうくらう…Ⅱ‐1159［穀物類］ |
| ぼうい…Ⅴ‐1399［野生植物］ | ほうくり…Ⅴ‐1401［野生植物］ |
| ほうえい…Ⅱ‐1159［穀物類］ | ほうくろ…Ⅴ‐1401［野生植物］ |
| ほうえいげんろく…Ⅱ‐1159［穀物類］ | ほうぐろ…Ⅴ‐1401［野生植物］ |
| ほうおうさう…Ⅴ‐1399［野生植物］ | ぽうくろう…Ⅱ‐1159［穀物類］ |
| ほうおうそう…Ⅴ‐1399［野生植物］ | ほうけぎ…Ⅴ‐1402［野生植物］ |
| ほうおうちく…Ⅵ‐89［竹・笹類］ | ほうけきのは…Ⅶ‐878［救荒動植物類］ |
| ほうか…Ⅴ‐1399［野生植物］ | ほうこ…Ⅴ‐1402［野生植物］ |
| ほうかい…Ⅱ‐1159［穀物類］ | ほうこ…Ⅶ‐878［救荒動植物類］ |
| ほうかいちこ…Ⅵ‐873［果類］ | ほうご…Ⅶ‐581［樹木類］ |
| ほうかう…Ⅲ‐515［魚類］ | ほうこう…Ⅴ‐1402［野生植物］ |
| ほうかつら…Ⅴ‐1399［野生植物］ | ほうごう…Ⅴ‐1402［野生植物］ |
| ほうかのき…Ⅶ‐581［樹木類］ | ほうごう…Ⅶ‐879［救荒動植物類］ |
| ほうからくさ…Ⅴ‐1400［野生植物］ | ほうこうくさ…Ⅴ‐1402［野生植物］ |
| ほうがらくさ…Ⅴ‐1400［野生植物］ | ほうごうさくら…Ⅶ‐581［樹木類］ |
| ほうき…Ⅴ‐1400［野生植物］ | ほうこくさ…Ⅴ‐1402［野生植物］ |
| ほうき…Ⅵ‐583［菜類］ | ほうこくさ…Ⅵ‐583［菜類］ |
| ほうきき…Ⅴ‐1400［野生植物］ | ほうこくさ…Ⅶ‐879［救荒動植物類］ |
| ほうきぎ…Ⅵ‐583［菜類］ | ほうこのくきは…Ⅶ‐879［救荒動植物類］ |
| ほうきぎのは…Ⅶ‐878［救荒動植物類］ | ほうこのは…Ⅶ‐879［救荒動植物類］ |
| ほうきぎのみは…Ⅶ‐878［救荒動植物類］ | ほうこはな…Ⅵ‐583［菜類］ |
| ほうきく…Ⅴ‐1400［野生植物］ | ぼうこんさう…Ⅴ‐1403［野生植物］ |
| ほうきくさ…Ⅴ‐1400［野生植物］ | ほうさ…Ⅶ‐581［樹木類］ |
| ほうきくさ…Ⅴ‐1401［野生植物］ | ほうさい…Ⅲ‐811［貝類］ |
| ほうきくさ…Ⅵ‐583［菜類］ | ほうざい…Ⅲ‐811［貝類］ |
| ほうきくさ…Ⅶ‐878［救荒動植物類］ | ほうざいこ…Ⅱ‐1159［穀物類］ |
| ほうきくさは…Ⅶ‐878［救荒動植物類］ | ほうさいにな…Ⅲ‐811［貝類］ |
| | ほうざう…Ⅱ‐1160［穀物類］ |
| | ほうさのき…Ⅶ‐581［樹木類］ |

ほうさのみ…Ⅶ-879［救荒動植物類］
ほうさは…Ⅱ-1160［穀物類］
ほうざり…Ⅱ-1160［穀物類］
ほうし…Ⅱ-1160［穀物類］
ほうし…Ⅵ-584［菜類］
ほうじ…Ⅵ-584［菜類］
ほうじ…Ⅶ-879［救荒動植物類］
ほうしあわ…Ⅱ-1160［穀物類］
ほうしかづき…Ⅵ-584［菜類］
ほうしかふく…Ⅴ-1403［野生植物］
ほうしからけ…Ⅴ-1403［野生植物］
ぼうしからけ…Ⅴ-1403［野生植物］
ほうしからまき…Ⅴ-1403［野生植物］
ほうしくさ…Ⅴ-1403［野生植物］
ぼうしくさ…Ⅴ-1403［野生植物］
ほうしくろすみ…Ⅱ-1160［穀物類］
ほうしくろずみあわ…Ⅱ-1161［穀物類］
ほうしこむぎ…Ⅱ-1161［穀物類］
ほうしはな…Ⅴ-1404［野生植物］
ぼうしはな…Ⅴ-1404［野生植物］
ほうしほくこく…Ⅱ-1161［穀物類］
ほうしむぎ…Ⅱ-1161［穀物類］
ほうじやう…Ⅲ-811［貝類］
ほうしやういばら…Ⅴ-1404［野生植物］
ほうしやうし…Ⅵ-873［果類］
ほうじやうまめ…Ⅱ-1161［穀物類］
ほうしやうも…Ⅴ-1404［野生植物］
ほうしゆうまめ…Ⅱ-1161［穀物類］
ほうじゆさくら…Ⅶ-582［樹木類］
ほうじゆむぎ…Ⅱ-1161［穀物類］
ほうじろ…Ⅶ-879［救荒動植物類］
ほうじろのふさは…Ⅲ-515［魚類］
ほうしんくわ…Ⅴ-1404［野生植物］
ほうす…Ⅱ-1162［穀物類］
ほうす…Ⅶ-582［樹木類］
ぼうす…Ⅱ-1162［穀物類］
ぼうず…Ⅱ-1162［穀物類］
ぼうずいを…Ⅲ-515［魚類］

ほうずうを…Ⅲ-515［魚類］
ほうすかるこ…Ⅱ-1162［穀物類］
ほうすき…Ⅴ-1404［野生植物］
ほうずき…Ⅴ-1405［野生植物］
ほうすきなんばん…Ⅵ-584［菜類］
ほうずきなんばん…Ⅵ-584［菜類］
ほうすくさ…Ⅴ-1405［野生植物］
ほうずくさ…Ⅴ-1405［野生植物］
ぼうずくさ…Ⅴ-1405［野生植物］
ぼうずくさい…Ⅶ-582［樹木類］
ほうすけくさ…Ⅴ-1405［野生植物］
ほうすこくさ…Ⅴ-1405［野生植物］
ほうすこむぎ…Ⅱ-1162［穀物類］
ぼうずこむぎ…Ⅱ-1162［穀物類］
ぼうずたこや…Ⅱ-1162［穀物類］
ほうすのき…Ⅶ-582［樹木類］
ほうすのみ…Ⅶ-880［救荒動植物類］
ぼうずびへ…Ⅱ-1163［穀物類］
ぼうずふか…Ⅲ-515［魚類］
ほうすほくさ…Ⅴ-1405［野生植物］
ほうすまき…Ⅶ-582［樹木類］
ほうすむぎ…Ⅱ-1163［穀物類］
ぼうずむぎ…Ⅱ-1163［穀物類］
ぼうずめぐろ…Ⅱ-1163［穀物類］
ぼうずもち…Ⅱ-1163［穀物類］
ぼうすろくかくむぎ…Ⅱ-1163［穀物類］
ぼうずろくかくむぎ…Ⅱ-1163［穀物類］
ほうすわせ…Ⅱ-1163［穀物類］
ぼうずわせ…Ⅱ-1163［穀物類］
ほうすん…Ⅱ-1164［穀物類］
ほうぜう…Ⅲ-515［魚類］
ぼうせう…Ⅵ-46［金・石・土・水類］
ほうせのき…Ⅶ-582［樹木類］
ほうせんくは…Ⅴ-1406［野生植物］
ほうせんくわ…Ⅴ-1406［野生植物］
ほうせんくわ…Ⅴ-1407［野生植物］
ほうせんし…Ⅵ-873［果類］
ほうせんじ…Ⅵ-873［果類］

| | |
|---|---|
| ほうせんしなし…Ⅵ - 873 ［果類］ | ほうてういき…Ⅴ - 1409 ［野生植物］ |
| ほうせんじなし…Ⅵ - 873 ［果類］ | ほうと…Ⅱ - 1164 ［穀物類］ |
| ほうせんほう…Ⅲ - 515 ［魚類］ | ほうとう…Ⅵ - 585 ［菜類］ |
| ほうそ…Ⅶ - 582 ［樹木類］ | ぼうとう…Ⅵ - 586 ［菜類］ |
| ほうぞうくわ…Ⅴ - 1407 ［野生植物］ | ぼうどう…Ⅵ - 586 ［菜類］ |
| ほうぞうたい…Ⅲ - 516 ［魚類］ | ほうどうくわ…Ⅴ - 1409 ［野生植物］ |
| ほうぞうたひ…Ⅲ - 516 ［魚類］ | ほうどうけ…Ⅴ - 1409 ［野生植物］ |
| ほうぞうはな…Ⅶ - 880 ［救荒動植物類］ | ほうどうじ…Ⅱ - 1164 ［穀物類］ |
| ほうそのき…Ⅶ - 583 ［樹木類］ | ほうとうすな…Ⅵ - 46 ［金・石・土・水類］ |
| ほうそまき…Ⅶ - 583 ［樹木類］ | ほうどうもたせ…Ⅵ - 214 ［菌・茸類］ |
| ほうたかとう…Ⅴ - 1407 ［野生植物］ | ほうどけ…Ⅴ - 1409 ［野生植物］ |
| ぼうたら…Ⅶ - 583 ［樹木類］ | ほうとり…Ⅴ - 1410 ［野生植物］ |
| ぼうだら…Ⅲ - 516 ［魚類］ | ほうな…Ⅴ - 1410 ［野生植物］ |
| ぼうだら…Ⅴ - 1407 ［野生植物］ | ほうな…Ⅵ - 586 ［菜類］ |
| ぼうだら…Ⅶ - 583 ［樹木類］ | ぼうな…Ⅴ - 1410 ［野生植物］ |
| ほうたらのき…Ⅶ - 583 ［樹木類］ | ぼうな…Ⅶ - 880 ［救荒動植物類］ |
| ぼうだらのは…Ⅶ - 880 ［救荒動植物類］ | ほうなが…Ⅲ - 516 ［魚類］ |
| ほうたろ…Ⅶ - 583 ［樹木類］ | ほうにんほ…Ⅶ - 583 ［樹木類］ |
| ほうちこ…Ⅱ - 1164 ［穀物類］ | ほうにんぼ…Ⅶ - 584 ［樹木類］ |
| ほうつあは…Ⅱ - 1164 ［穀物類］ | ほうのき…Ⅵ - 872 ［果類］ |
| ぼうづあは…Ⅱ - 1164 ［穀物類］ | ほうのき…Ⅶ - 584 ［樹木類］ |
| ほうつき…Ⅴ - 1407 ［野生植物］ | ほうのきかづら…Ⅴ - 1410 ［野生植物］ |
| ほうつき…Ⅴ - 1408 ［野生植物］ | ほうのはたかな…Ⅵ - 586 ［菜類］ |
| ほうつき…Ⅵ - 584 ［菜類］ | ほうのみ…Ⅴ - 1410 ［野生植物］ |
| ほうづき…Ⅴ - 1408 ［野生植物］ | ほうばう…Ⅲ - 516 ［魚類］ |
| ほうづき…Ⅵ - 584 ［菜類］ | ほうびちく…Ⅵ - 89 ［竹・笹類］ |
| ほうづき…Ⅶ - 880 ［救荒動植物類］ | ほうふ…Ⅴ - 1410 ［野生植物］ |
| ほうづきたうからし…Ⅵ - 585 ［菜類］ | ほうふ…Ⅵ - 586 ［菜類］ |
| ほうづきとうがらし…Ⅵ - 585 ［菜類］ | ぼうふ…Ⅴ - 1410 ［野生植物］ |
| ほうづきなんば…Ⅵ - 585 ［菜類］ | ほうふう…Ⅴ - 1411 ［野生植物］ |
| ほうつきなんはん…Ⅵ - 585 ［菜類］ | ほうふう…Ⅵ - 586 ［菜類］ |
| ほうつきなんばん…Ⅵ - 585 ［菜類］ | ぼうふう…Ⅵ - 586 ［菜類］ |
| ほうづきなんはん…Ⅵ - 585 ［菜類］ | ぼうぶう…Ⅲ - 516 ［魚類］ |
| ほうづきのみ…Ⅶ - 880 ［救荒動植物類］ | ほうふしやう…Ⅴ - 1411 ［野生植物］ |
| ほうつこくさ…Ⅴ - 1409 ［野生植物］ | ほうふら…Ⅵ - 587 ［菜類］ |
| ぼうづむぎ…Ⅱ - 1164 ［穀物類］ | ぼうふら…Ⅴ - 1411 ［野生植物］ |
| ほうつる…Ⅴ - 1409 ［野生植物］ | ぼうふら…Ⅵ - 587 ［菜類］ |
| ぼうてう…Ⅴ - 1409 ［野生植物］ | ぼうぶら…Ⅵ - 587 ［菜類］ |

# ほ

| | |
|---|---|
| ぼうふり…Ⅵ-587 [菜類] | ほかけぐさ…Ⅴ-1414 [野生植物] |
| ほうほ…Ⅲ-516 [魚類] | ほかけふね…Ⅴ-1414 [野生植物] |
| ほうぼ…Ⅲ-517 [魚類] | ほかたかひ…Ⅲ-811 [貝類] |
| ほうほう…Ⅲ-517 [魚類] | ほがや…Ⅴ-1414 [野生植物] |
| ほうぼう…Ⅲ-517 [魚類] | ほきた…Ⅱ-1165 [穀物類] |
| ほうほうくさ…Ⅴ-1411 [野生植物] | ほきれ…Ⅱ-1165 [穀物類] |
| ほうほうたけ…Ⅵ-214 [菌・茸類] | ほくいじゅ…Ⅶ-584 [樹木類] |
| ほうぼふ…Ⅲ-517 [魚類] | ぼくくさ…Ⅴ-1414 [野生植物] |
| ほうまんたけ…Ⅵ-214 [菌・茸類] | ほくこく…Ⅱ-1165 [穀物類] |
| ほうまんもぐさ…Ⅴ-1411 [野生植物] | ほくこく…Ⅱ-1166 [穀物類] |
| ほうもくた…Ⅴ-1411 [野生植物] | ほくこくかいだう…Ⅱ-1166 [穀物類] |
| ほうもち…Ⅱ-1165 [穀物類] | ほくこくくまこ…Ⅱ-1166 [穀物類] |
| ぼうらん…Ⅴ-1411 [野生植物] | ほくこくこむぎ…Ⅱ-1166 [穀物類] |
| ほうりくさ…Ⅴ-1412 [野生植物] | ほくこくもち…Ⅱ-1166 [穀物類] |
| ほうれいさう…Ⅴ-1412 [野生植物] | ほくこくわせ…Ⅱ-1166 [穀物類] |
| ぼうれん…Ⅶ-584 [樹木類] | ほくさ…Ⅱ-1167 [穀物類] |
| ほうれんさう…Ⅴ-1412 [野生植物] | ほくちきのこ…Ⅵ-215 [菌・茸類] |
| ほうれんさう…Ⅵ-587 [菜類] | ほくちさう…Ⅴ-1414 [野生植物] |
| ほうれんさう…Ⅵ-588 [菜類] | ほくちたけ…Ⅵ-215 [菌・茸類] |
| ほうれんそう…Ⅵ-588 [菜類] | ほくてかや…Ⅴ-1414 [野生植物] |
| ほうろく…Ⅲ-518 [魚類] | ほくでがや…Ⅴ-1415 [野生植物] |
| ほうろく…Ⅴ-1412 [野生植物] | ほくてくさ…Ⅴ-1415 [野生植物] |
| ほうろく…Ⅵ-872 [果類] | ほくねくさ…Ⅴ-1415 [野生植物] |
| ほうろくいちこ…Ⅵ-872 [果類] | ほくり…Ⅴ-1415 [野生植物] |
| ほうろくいちご…Ⅴ-1412 [野生植物] | ほくり…Ⅵ-215 [菌・茸類] |
| ほうろくいちご…Ⅵ-872 [果類] | ほぐりばつちやう…Ⅲ-518 [魚類] |
| ほうろくすん…Ⅱ-1165 [穀物類] | ほくろ…Ⅱ-1167 [穀物類] |
| ほうろくなき…Ⅴ-1412 [野生植物] | ほくろ…Ⅴ-1415 [野生植物] |
| ほうろくなぎ…Ⅴ-1413 [野生植物] | ほくわう…Ⅴ-1415 [野生植物] |
| ほうわうさう…Ⅴ-1413 [野生植物] | ほけ…Ⅶ-585 [樹木類] |
| ほうわうちく…Ⅵ-89 [竹・笹類] | ぼけ…Ⅴ-1415 [野生植物] |
| ほうゐ…Ⅱ-1165 [穀物類] | ぼけ…Ⅵ-872 [果類] |
| ほか…Ⅴ-1413 [野生植物] | ぼけ…Ⅶ-585 [樹木類] |
| ほが…Ⅴ-1413 [野生植物] | ほけあは…Ⅱ-1167 [穀物類] |
| ほかくさ…Ⅴ-1413 [野生植物] | ぼけあは…Ⅱ-1167 [穀物類] |
| ほがくさ…Ⅴ-1413 [野生植物] | ぼけささけ…Ⅱ-1167 [穀物類] |
| ほかくし…Ⅱ-1165 [穀物類] | ほけのき…Ⅶ-585 [樹木類] |
| ほかけくさ…Ⅴ-1414 [野生植物] | ぼけのは…Ⅶ-880 [救荒動植物類] |

| | |
|---|---|
| ぼけはな…Ⅶ - 585［樹木類］ | ほそあわ…Ⅱ - 1168［穀物類］ |
| ほこ…Ⅲ - 518［魚類］ | ほそうを…Ⅲ - 520［魚類］ |
| ほこ…Ⅴ - 1416［野生植物］ | ほそおほむぎ…Ⅱ - 1169［穀物類］ |
| ほご…Ⅱ - 1167［穀物類］ | ほぞかづら…Ⅴ - 1417［野生植物］ |
| ほご…Ⅲ - 518［魚類］ | ほそから…Ⅱ - 1169［穀物類］ |
| ほごかき…Ⅵ - 872［果類］ | ほそがら…Ⅱ - 1169［穀物類］ |
| ほこくさ…Ⅴ - 1416［野生植物］ | ほそからやろく…Ⅱ - 1169［穀物類］ |
| ほごくさ…Ⅴ - 1416［野生植物］ | ほそき…Ⅶ - 586［樹木類］ |
| ほこりたけ…Ⅵ - 215［菌・茸類］ | ほそきり…Ⅱ - 1169［穀物類］ |
| ほささけ…Ⅱ - 1167［穀物類］ | ほそくち…Ⅲ - 520［魚類］ |
| ほし…Ⅲ - 518［魚類］ | ほそくち…Ⅵ - 588［菜類］ |
| ほしか…Ⅲ - 518［魚類］ | ほそくちなし…Ⅵ - 874［果類］ |
| ほしかつら…Ⅴ - 1416［野生植物］ | ほそくび…Ⅶ - 586［樹木類］ |
| ほしかり…Ⅲ - 518［魚類］ | ほそくみ…Ⅶ - 586［樹木類］ |
| ほしかり…Ⅲ - 519［魚類］ | ほそくろ…Ⅱ - 1169［穀物類］ |
| ほしかれ…Ⅲ - 519［魚類］ | ほそごほう…Ⅵ - 588［菜類］ |
| ほしかれい…Ⅲ - 519［魚類］ | ほそごらう…Ⅱ - 1170［穀物類］ |
| ほしくさ…Ⅴ - 1416［野生植物］ | ほそしろあは…Ⅱ - 1170［穀物類］ |
| ほしけ…Ⅱ - 1167［穀物類］ | ほそしろあわ…Ⅱ - 1170［穀物類］ |
| ほしさか…Ⅲ - 519［魚類］ | ほそたかし…Ⅱ - 1170［穀物類］ |
| ほしな…Ⅵ - 588［菜類］ | ほそたけ…Ⅵ - 89［竹・笹類］ |
| ほしな…Ⅶ - 881［救荒動植物類］ | ほそたけ…Ⅵ - 215［菌・茸類］ |
| ほしのき…Ⅶ - 585［樹木類］ | ほそなぎ…Ⅴ - 1417［野生植物］ |
| ほしのこ…Ⅱ - 1168［穀物類］ | ほそなし…Ⅵ - 874［果類］ |
| ほしのめ…Ⅲ - 811［貝類］ | ほそなんはん…Ⅵ - 589［菜類］ |
| ほしふか…Ⅲ - 519［魚類］ | ほそにな…Ⅲ - 811［貝類］ |
| ほしぶか…Ⅲ - 519［魚類］ | ほそね…Ⅵ - 588［菜類］ |
| ほじまめ…Ⅱ - 1168［穀物類］ | ほそねだいこん…Ⅵ - 588［菜類］ |
| ほしろ…Ⅱ - 1168［穀物類］ | ほそねだいこん…Ⅵ - 589［菜類］ |
| ほしろかや…Ⅴ - 1417［野生植物］ | ほそは…Ⅱ - 1170［穀物類］ |
| ほしを…Ⅲ - 519［魚類］ | ほそは…Ⅵ - 589［菜類］ |
| ほぜぐい…Ⅵ - 872［果類］ | ほそば…Ⅱ - 1170［穀物類］ |
| ほぜぐい…Ⅶ - 586［樹木類］ | ほそばいね…Ⅱ - 1170［穀物類］ |
| ほぜのね…Ⅴ - 1417［野生植物］ | ほそばしろいね…Ⅱ - 1170［穀物類］ |
| ほそ…Ⅱ - 1168［穀物類］ | ほそばふなはら…Ⅴ - 1417［野生植物］ |
| ほそ…Ⅶ - 586［樹木類］ | ほそはもち…Ⅱ - 1171［穀物類］ |
| ほそあは…Ⅱ - 1168［穀物類］ | ほそひ…Ⅱ - 1171［穀物類］ |
| ほそあはもち…Ⅱ - 1168［穀物類］ | ほそひき…Ⅱ - 1171［穀物類］ |

ほ

| | |
|---|---|
| ほそひきあは…Ⅱ‐1171 ［穀物類］ | ほたはら…Ⅴ‐1418 ［野生植物］ |
| ほそびきあは…Ⅱ‐1171 ［穀物類］ | ほだはら…Ⅴ‐1418 ［野生植物］ |
| ほそひきあわ…Ⅱ‐1171 ［穀物類］ | ぼたま…Ⅲ‐520 ［魚類］ |
| ほそひへ…Ⅱ‐1171 ［穀物類］ | ほたまめ…Ⅱ‐1173 ［穀物類］ |
| ほそほ…Ⅱ‐1171 ［穀物類］ | ほたる…Ⅱ‐1173 ［穀物類］ |
| ほそぼ…Ⅱ‐1172 ［穀物類］ | ほたるかひ…Ⅲ‐813 ［貝類］ |
| ほそぼあわ…Ⅱ‐1172 ［穀物類］ | ほたるき…Ⅶ‐588 ［樹木類］ |
| ほそぼうるあは…Ⅱ‐1172 ［穀物類］ | ほたるくさ…Ⅴ‐1418 ［野生植物］ |
| ほそぼひへ…Ⅱ‐1172 ［穀物類］ | ほたるそう…Ⅴ‐1418 ［野生植物］ |
| ほそほもちあは…Ⅱ‐1172 ［穀物類］ | ほたるはな…Ⅴ‐1418 ［野生植物］ |
| ほそむぎ…Ⅱ‐1172 ［穀物類］ | ほたろくさ…Ⅴ‐1418 ［野生植物］ |
| ほそむめ…Ⅵ‐874 ［果類］ | ほたわら…Ⅴ‐1419 ［野生植物］ |
| ほそもち…Ⅱ‐1172 ［穀物類］ | ほだわら…Ⅴ‐1419 ［野生植物］ |
| ほそもち…Ⅱ‐1173 ［穀物類］ | ほたん…Ⅴ‐1419 ［野生植物］ |
| ほそもの…Ⅵ‐46 ［金・石・土・水類］ | ほたん…Ⅶ‐588 ［樹木類］ |
| ほそり…Ⅵ‐589 ［菜類］ | ぼたん…Ⅴ‐1419 ［野生植物］ |
| ほそろい…Ⅱ‐1173 ［穀物類］ | ぼたん…Ⅴ‐1420 ［野生植物］ |
| ほそろひ…Ⅱ‐1173 ［穀物類］ | ぼたん…Ⅶ‐588 ［樹木類］ |
| ほぞろひ…Ⅱ‐1173 ［穀物類］ | ぼたんいはら…Ⅴ‐1420 ［野生植物］ |
| ほそろへ…Ⅱ‐1173 ［穀物類］ | ぼたんいばら…Ⅴ‐1420 ［野生植物］ |
| ほぞろへ…Ⅱ‐1173 ［穀物類］ | ぼたんくさ…Ⅴ‐1420 ［野生植物］ |
| ほた…Ⅱ‐1173 ［穀物類］ | ぼたんこけ…Ⅴ‐1420 ［野生植物］ |
| ほた…Ⅴ‐1417 ［野生植物］ | ぼたんささけ…Ⅱ‐1174 ［穀物類］ |
| ほた…Ⅶ‐881 ［救荒動植物類］ | ぼたんにんじん…Ⅵ‐589 ［菜類］ |
| ぼた…Ⅱ‐1173 ［穀物類］ | ぼたんのり…Ⅴ‐1420 ［野生植物］ |
| ぼたいし…Ⅶ‐586 ［樹木類］ | ぼたんばな…Ⅴ‐1421 ［野生植物］ |
| ほたいしゆ…Ⅶ‐587 ［樹木類］ | ほつか…Ⅲ‐520 ［魚類］ |
| ぼたいしゆ…Ⅶ‐587 ［樹木類］ | ほつかい…Ⅲ‐813 ［貝類］ |
| ぼたいじゆ…Ⅶ‐587 ［樹木類］ | ほつかう…Ⅲ‐520 ［魚類］ |
| ぼだいじゆ…Ⅶ‐587 ［樹木類］ | ぼつかう…Ⅲ‐520 ［魚類］ |
| ぼだいじゆ…Ⅶ‐588 ［樹木類］ | ほつき…Ⅲ‐813 ［貝類］ |
| ほたか…Ⅲ‐520 ［魚類］ | ほつきかひ…Ⅲ‐813 ［貝類］ |
| ぼだしゆ…Ⅶ‐587 ［樹木類］ | ほつきれ…Ⅱ‐1174 ［穀物類］ |
| ほたて…Ⅲ‐812 ［貝類］ | ぼつくり…Ⅱ‐1174 ［穀物類］ |
| ほたて…Ⅴ‐1417 ［野生植物］ | ほつけ…Ⅲ‐521 ［魚類］ |
| ほたで…Ⅵ‐589 ［菜類］ | ぼつけ…Ⅲ‐521 ［魚類］ |
| ほたてかい…Ⅲ‐812 ［貝類］ | ぼつげ…Ⅲ‐521 ［魚類］ |
| ほたてかひ…Ⅲ‐812 ［貝類］ | ほつけあふらめ…Ⅲ‐521 ［魚類］ |

| | |
|---|---|
| ほつけあぶらめ…Ⅲ - 521 ［魚類］ | ほてんはな…Ⅶ - 589 ［樹木類］ |
| ぼつこ…Ⅱ - 1174 ［穀物類］ | ほと…Ⅴ - 1422 ［野生植物］ |
| ほつこく…Ⅱ - 1174 ［穀物類］ | ほと…Ⅵ - 590 ［菜類］ |
| ほつこくいね…Ⅱ - 1174 ［穀物類］ | ほど…Ⅴ - 1422 ［野生植物］ |
| ほつこくわせ…Ⅱ - 1175 ［穀物類］ | ほど…Ⅵ - 590 ［菜類］ |
| ほつこほり…Ⅱ - 1175 ［穀物類］ | ほど…Ⅶ - 881 ［救荒動植物類］ |
| ほつこり…Ⅱ - 1175 ［穀物類］ | ほどい…Ⅵ - 874 ［果類］ |
| ぼつこり…Ⅱ - 1175 ［穀物類］ | ほといも…Ⅵ - 590 ［菜類］ |
| ほつころほり…Ⅱ - 1175 ［穀物類］ | ほどいも…Ⅵ - 590 ［菜類］ |
| ぼつたりはな…Ⅴ - 1421 ［野生植物］ | ほとう…Ⅵ - 591 ［菜類］ |
| ぼつたりまき…Ⅶ - 588 ［樹木類］ | ぼどう…Ⅴ - 1423 ［野生植物］ |
| ほつちかせ…Ⅲ - 521 ［魚類］ | ぼどう…Ⅵ - 591 ［菜類］ |
| ほつちかせ…Ⅲ - 813 ［貝類］ | ほとうたけ…Ⅵ - 215 ［菌・茸類］ |
| ほつちらいたや…Ⅶ - 589 ［樹木類］ | ぼどうたけ…Ⅵ - 215 ［菌・茸類］ |
| ほつむ…Ⅲ - 521 ［魚類］ | ほとうなば…Ⅵ - 216 ［菌・茸類］ |
| ほて…Ⅲ - 522 ［魚類］ | ぼどうなば…Ⅵ - 216 ［菌・茸類］ |
| ほで…Ⅴ - 1421 ［野生植物］ | ほとかつら…Ⅴ - 1423 ［野生植物］ |
| ぼて…Ⅲ - 522 ［魚類］ | ほどかづら…Ⅴ - 1423 ［野生植物］ |
| ほてい…Ⅱ - 1175 ［穀物類］ | ほとくり…Ⅴ - 1423 ［野生植物］ |
| ほてい…Ⅵ - 874 ［果類］ | ほとけいかや…Ⅴ - 1423 ［野生植物］ |
| ほていかいちう…Ⅱ - 1175 ［穀物類］ | ほとけいし…Ⅵ - 46 ［金・石・土・水類］ |
| ほていくさ…Ⅴ - 1421 ［野生植物］ | ほとけいを…Ⅲ - 523 ［魚類］ |
| ほていさう…Ⅴ - 1421 ［野生植物］ | ほとけかふくさ…Ⅴ - 1423 ［野生植物］ |
| ぼてう…Ⅴ - 1421 ［野生植物］ | ほとけごり…Ⅲ - 523 ［魚類］ |
| ぼてう…Ⅵ - 590 ［菜類］ | ほとけさう…Ⅴ - 1424 ［野生植物］ |
| ほてういき…Ⅴ - 1421 ［野生植物］ | ほとけじやこ…Ⅲ - 523 ［魚類］ |
| ほてういぎ…Ⅴ - 1422 ［野生植物］ | ほとけたち…Ⅴ - 1424 ［野生植物］ |
| ほてうさんせう…Ⅶ - 589 ［樹木類］ | ほとけたらし…Ⅶ - 589 ［樹木類］ |
| ほてうのくい…Ⅴ - 1422 ［野生植物］ | ほとけのこ…Ⅱ - 1176 ［穀物類］ |
| ほてかう…Ⅲ - 522 ［魚類］ | ほとけのさ…Ⅴ - 1424 ［野生植物］ |
| ぼてかう…Ⅲ - 522 ［魚類］ | ほとけのざ…Ⅴ - 1424 ［野生植物］ |
| ほてかれい…Ⅲ - 522 ［魚類］ | ほとけのざ…Ⅴ - 1425 ［野生植物］ |
| ぼてこう…Ⅲ - 522 ［魚類］ | ほとけのざ…Ⅵ - 591 ［菜類］ |
| ぼてさこ…Ⅲ - 522 ［魚類］ | ほとけのざ…Ⅶ - 881 ［救荒動植物類］ |
| ぼてししさう…Ⅴ - 1422 ［野生植物］ | ほとけのつつら…Ⅶ - 589 ［樹木類］ |
| ほでり…Ⅱ - 1175 ［穀物類］ | ほとけのつづら…Ⅴ - 1425 ［野生植物］ |
| ほてん…Ⅵ - 590 ［菜類］ | ほとけのつづれ…Ⅴ - 1425 ［野生植物］ |
| ぼでん…Ⅵ - 590 ［菜類］ | ほとけのつれ…Ⅴ - 1425 ［野生植物］ |

## ほ

| | |
|---|---|
| ほとけのはし…Ⅴ‐1425 ［野生植物］ | ほなかもち…Ⅱ‐1178 ［穀物類］ |
| ほとけのはぜ…Ⅲ‐523 ［魚類］ | ほながをさか…Ⅱ‐1178 ［穀物類］ |
| ほとけのひづり…Ⅴ‐1425 ［野生植物］ | ほねつぎ…Ⅴ‐1428 ［野生植物］ |
| ほとけのひづり…Ⅵ‐591 ［菜類］ | ほねつぎさう…Ⅴ‐1428 ［野生植物］ |
| ほとけのみみ…Ⅴ‐1426 ［野生植物］ | ほねぬき…Ⅴ‐1429 ［野生植物］ |
| ほとけのみみ…Ⅶ‐881 ［救荒動植物類］ | ほのき…Ⅶ‐589 ［樹木類］ |
| ほとけのみみのはくき…Ⅶ‐881 ［救荒動植物類］ | ほのり…Ⅴ‐1429 ［野生植物］ |
| ほとけばら…Ⅴ‐1426 ［野生植物］ | ほばのき…Ⅶ‐590 ［樹木類］ |
| ほとづる…Ⅴ‐1426 ［野生植物］ | ほびへな…Ⅴ‐1429 ［野生植物］ |
| ほどづる…Ⅴ‐1426 ［野生植物］ | ぼぶあわ…Ⅱ‐1178 ［穀物類］ |
| ぼどと…Ⅴ‐1426 ［野生植物］ | ほふき…Ⅴ‐1429 ［野生植物］ |
| ほとときす…Ⅴ‐1427 ［野生植物］ | ほふくろう…Ⅴ‐1429 ［野生植物］ |
| ほととぎす…Ⅴ‐1427 ［野生植物］ | ほふし…Ⅱ‐1178 ［穀物類］ |
| ほとときすくさ…Ⅴ‐1427 ［野生植物］ | ぼふしかけら…Ⅴ‐1429 ［野生植物］ |
| ほととぎすくさ…Ⅴ‐1427 ［野生植物］ | ほふしこむぎ…Ⅱ‐1179 ［穀物類］ |
| ほとはちりき…Ⅶ‐589 ［樹木類］ | ほふしでき…Ⅱ‐1179 ［穀物類］ |
| ほとほと…Ⅴ‐1427 ［野生植物］ | ほふしほくこく…Ⅱ‐1179 ［穀物類］ |
| ぼとぼと…Ⅴ‐1427 ［野生植物］ | ほふしむぎ…Ⅱ‐1179 ［穀物類］ |
| ほどめきくさ…Ⅴ‐1428 ［野生植物］ | ほふせんくわ…Ⅴ‐1429 ［野生植物］ |
| ほとら…Ⅵ‐591 ［菜類］ | ほふづき…Ⅴ‐1430 ［野生植物］ |
| ほとろ…Ⅴ‐1428 ［野生植物］ | ほふつきなんばん…Ⅵ‐591 ［菜類］ |
| ほとろ…Ⅶ‐882 ［救荒動植物類］ | ほふと…Ⅱ‐1179 ［穀物類］ |
| ほとゑす…Ⅲ‐814 ［貝類］ | ほぶと…Ⅱ‐1179 ［穀物類］ |
| ほなか…Ⅱ‐1176 ［穀物類］ | ほふとわせ…Ⅱ‐1179 ［穀物類］ |
| ほなか…Ⅲ‐523 ［魚類］ | ほぶとわせ…Ⅱ‐1179 ［穀物類］ |
| ほなか…Ⅴ‐1428 ［野生植物］ | ほふな…Ⅵ‐592 ［菜類］ |
| ほなが…Ⅱ‐1176 ［穀物類］ | ほふのき…Ⅶ‐590 ［樹木類］ |
| ほなが…Ⅱ‐1177 ［穀物類］ | ほふはう…Ⅲ‐523 ［魚類］ |
| ほなが…Ⅴ‐1428 ［野生植物］ | ぼふふな…Ⅵ‐592 ［菜類］ |
| ほながあは…Ⅱ‐1177 ［穀物類］ | ほふぼう…Ⅲ‐523 ［魚類］ |
| ほながかし…Ⅱ‐1177 ［穀物類］ | ほふれんさう…Ⅴ‐1430 ［野生植物］ |
| ほながくろ…Ⅱ‐1177 ［穀物類］ | ほべ…Ⅲ‐814 ［貝類］ |
| ほなかこむぎ…Ⅱ‐1177 ［穀物類］ | ほほ…Ⅶ‐590 ［樹木類］ |
| ほなかはたか…Ⅱ‐1177 ［穀物類］ | ぼぼかい…Ⅲ‐814 ［貝類］ |
| ほながはたか…Ⅱ‐1177 ［穀物類］ | ほほき…Ⅶ‐882 ［救荒動植物類］ |
| ほなかむぎ…Ⅱ‐1178 ［穀物類］ | ぼぼけ…Ⅱ‐1179 ［穀物類］ |
| ほながむぎ…Ⅱ‐1178 ［穀物類］ | ほぼそ…Ⅱ‐1180 ［穀物類］ |
| | ほほつき…Ⅵ‐592 ［菜類］ |

| | |
|---|---|
| ほほづき…Ⅴ - 1430 ［野生植物］ | ほりくさ…Ⅴ - 1432 ［野生植物］ |
| ほほづきたうからし…Ⅵ - 592 ［菜類］ | ほりこみだいこん…Ⅵ - 593 ［菜類］ |
| ほほづきなんばん…Ⅵ - 592 ［菜類］ | ぼりこり…Ⅱ - 1181 ［穀物類］ |
| ほほな…Ⅵ - 592 ［菜類］ | ほりだし…Ⅱ - 1181 ［穀物類］ |
| ほほな…Ⅴ - 1430 ［野生植物］ | ほりのうち…Ⅱ - 1181 ［穀物類］ |
| ほほなが…Ⅲ - 524 ［魚類］ | ぼりめき…Ⅵ - 216 ［菌・茸類］ |
| ほほのき…Ⅶ - 590 ［樹木類］ | ほるとがる…Ⅶ - 590 ［樹木類］ |
| ほほひへ…Ⅱ - 1180 ［穀物類］ | ほれいり…Ⅵ - 594 ［菜類］ |
| ほほら…Ⅲ - 524 ［魚類］ | ぼろ…Ⅱ - 1181 ［穀物類］ |
| ぼぼらひへ…Ⅱ - 1180 ［穀物類］ | ぼろ…Ⅵ - 46 ［金・石・土・水類］ |
| ほぼろいちこ…Ⅴ - 1430 ［野生植物］ | ほろいも…Ⅵ - 594 ［菜類］ |
| ほぼろいちご…Ⅵ - 874 ［果類］ | ぼろいも…Ⅵ - 594 ［菜類］ |
| ぼまた…Ⅲ - 524 ［魚類］ | ほろくかくむぎ…Ⅱ - 1181 ［穀物類］ |
| ほみじかむぎ…Ⅱ - 1180 ［穀物類］ | ほろくさ…Ⅴ - 1432 ［野生植物］ |
| ほみたれ…Ⅱ - 1180 ［穀物類］ | ほろめかし…Ⅶ - 590 ［樹木類］ |
| ほみたれきび…Ⅱ - 1180 ［穀物類］ | ぼろり…Ⅱ - 1182 ［穀物類］ |
| ほもつれ…Ⅱ - 1180 ［穀物類］ | ぼろん…Ⅴ - 1432 ［野生植物］ |
| ほもめくさ…Ⅴ - 1431 ［野生植物］ | ほゑい…Ⅲ - 815 ［貝類］ |
| ほや…Ⅲ - 524 ［魚類］ | ほをこくさ…Ⅴ - 1432 ［野生植物］ |
| ほや…Ⅲ - 814 ［貝類］ | ほをず…Ⅲ - 526 ［魚類］ |
| ほや…Ⅴ - 1431 ［野生植物］ | ほをせんくわ…Ⅴ - 1432 ［野生植物］ |
| ほや…Ⅶ - 882 ［救荒動植物類］ | ほをりさう…Ⅴ - 1432 ［野生植物］ |
| ほやのり…Ⅴ - 1431 ［野生植物］ | ぼん…Ⅱ - 1182 ［穀物類］ |
| ほやのりくさ…Ⅴ - 1431 ［野生植物］ | ほんあつき…Ⅱ - 1182 ［穀物類］ |
| ほら…Ⅲ - 524 ［魚類］ | ぼんあつき…Ⅱ - 1182 ［穀物類］ |
| ほら…Ⅲ - 814 ［貝類］ | ぼんあづき…Ⅱ - 1182 ［穀物類］ |
| ぼら…Ⅲ - 525 ［魚類］ | ほんあは…Ⅱ - 1182 ［穀物類］ |
| ほらいも…Ⅵ - 592 ［菜類］ | ほんあは…Ⅱ - 1183 ［穀物類］ |
| ほらかい…Ⅲ - 814 ［貝類］ | ぼんあは…Ⅱ - 1182 ［穀物類］ |
| ほらかひ…Ⅲ - 814 ［貝類］ | ぼんあは…Ⅱ - 1183 ［穀物類］ |
| ほらきく…Ⅴ - 1431 ［野生植物］ | ほんあふひ…Ⅴ - 1432 ［野生植物］ |
| ぼらしやく…Ⅲ - 525 ［魚類］ | ほんかき…Ⅵ - 874 ［果類］ |
| ほらちく…Ⅵ - 90 ［竹・笹類］ | ほんかたぎ…Ⅶ - 591 ［樹木類］ |
| ほりいり…Ⅵ - 593 ［菜類］ | ほんかれい…Ⅲ - 526 ［魚類］ |
| ほりいりかふら…Ⅵ - 593 ［菜類］ | ほんきう…Ⅲ - 526 ［魚類］ |
| ほりいりだいこん…Ⅵ - 593 ［菜類］ | ぼんきねり…Ⅵ - 875 ［果類］ |
| ほりうへ…Ⅵ - 593 ［菜類］ | ぼんきひ…Ⅱ - 1183 ［穀物類］ |
| ほりきりひゑ…Ⅱ - 1181 ［穀物類］ | ほんきやう…Ⅲ - 526 ［魚類］ |

ま

ほんくろ…Ⅱ-1183［穀物類］
ほんくわ…Ⅶ-591［樹木類］
ほんけん…Ⅲ-526［魚類］
ぼんけん…Ⅲ-526［魚類］
ぼんこしろ…Ⅱ-1183［穀物類］
ほんさいこく…Ⅱ-1183［穀物類］
ほんしい…Ⅲ-526［魚類］
ほんしやう…Ⅴ-1433［野生植物］
ほんじやうむめ…Ⅵ-875［果類］
ほんせり…Ⅵ-594［菜類］
ほんたあは…Ⅱ-1184［穀物類］
ほんだあは…Ⅱ-1184［穀物類］
ほんたいまめ…Ⅱ-1184［穀物類］
ぼんたいまめ…Ⅱ-1184［穀物類］
ほんたか…Ⅲ-527［魚類］
ほんたて…Ⅵ-594［菜類］
ほんたはら…Ⅴ-1433［野生植物］
ほんたわう…Ⅴ-1433［野生植物］
ほんだわら…Ⅴ-1433［野生植物］
ほんつき…Ⅵ-594［菜類］
ほんつけ…Ⅶ-591［樹木類］
ほんつげ…Ⅶ-591［樹木類］
ほんつた…Ⅴ-1433［野生植物］
ほんでう…Ⅱ-1184［穀物類］
ほんてん…Ⅱ-1184［穀物類］
ぼんてん…Ⅱ-1184［穀物類］
ぼんでん…Ⅵ-594［菜類］
ぼんでんうり…Ⅵ-595［菜類］
ぼんてんはな…Ⅶ-591［樹木類］
ほんとうし…Ⅱ-1184［穀物類］
ほんどうじ…Ⅱ-1184［穀物類］
ほんな…Ⅵ-595［菜類］
ほんはくさい…Ⅴ-1433［野生植物］
ほんはな…Ⅴ-1433［野生植物］
ほんはり…Ⅴ-1434［野生植物］
ほんひえ…Ⅱ-1184［穀物類］
ほんぶり…Ⅲ-527［魚類］
ほんぼ…Ⅱ-1184［穀物類］

ほんほう…Ⅱ-1185［穀物類］
ほんまき…Ⅶ-591［樹木類］
ほんまめ…Ⅱ-1185［穀物類］
ぼんまめ…Ⅱ-1185［穀物類］
ぼんめ…Ⅴ-1434［野生植物］
ほんもそより…Ⅱ-1185［穀物類］
ほんもち…Ⅱ-1185［穀物類］
ぼんもち…Ⅱ-1185［穀物類］
ぼんもち…Ⅱ-1186［穀物類］
ぼんもちあは…Ⅱ-1186［穀物類］
ほんゆ…Ⅵ-875［果類］
ぼんゆり…Ⅴ-1434［野生植物］
ほんわせ…Ⅱ-1186［穀物類］
ぼんわせ…Ⅱ-1186［穀物類］
ほんゑい…Ⅲ-527［魚類］

ま

まあすき…Ⅱ-1187［穀物類］
まあち…Ⅲ-528［魚類］
まあぢ…Ⅲ-528［魚類］
まあづき…Ⅱ-1187［穀物類］
まあはび…Ⅲ-816［貝類］
まあみ…Ⅲ-528［魚類］
まいあかり…Ⅵ-596［菜類］
まいあがり…Ⅵ-596［菜類］
まいげ…Ⅲ-816［貝類］
まいこ…Ⅲ-816［貝類］
まいこ…Ⅵ-217［菌・茸類］
まいこたけ…Ⅵ-217［菌・茸類］
まいたいつみ…Ⅱ-1187［穀物類］
まいたけ…Ⅵ-217［菌・茸類］
まいたみな…Ⅲ-816［貝類］
まいちこ…Ⅵ-876［果類］
まいつる…Ⅴ-1435［野生植物］
まいはし…Ⅲ-528［魚類］
まいび…Ⅶ-592［樹木類］
まいひのめ…Ⅶ-883［救荒動植物類］
まいまいき…Ⅶ-592［樹木類］

-384-

| | |
|---|---|
| まいまいのき…Ⅶ - 592［樹木類］ | まがりがい…Ⅲ - 817［貝類］ |
| まいみ…Ⅶ - 592［樹木類］ | まがりかひ…Ⅲ - 817［貝類］ |
| まいみのは…Ⅶ - 883［救荒動植物類］ | まかりきひ…Ⅱ - 1187［穀物類］ |
| まいも…Ⅵ - 596［菜類］ | まがりきひ…Ⅱ - 1187［穀物類］ |
| まいらさう…Ⅴ - 1435［野生植物］ | まがりきび…Ⅱ - 1188［穀物類］ |
| まいわし…Ⅲ - 528［魚類］ | まかりささけ…Ⅱ - 1188［穀物類］ |
| まうかれ…Ⅲ - 528［魚類］ | まがりのり…Ⅴ - 1436［野生植物］ |
| まうしやう…Ⅴ - 1435［野生植物］ | まかりひゑ…Ⅱ - 1188［穀物類］ |
| まうそうたけ…Ⅵ - 91［竹・笹類］ | まかれい…Ⅲ - 529［魚類］ |
| まうなき…Ⅲ - 528［魚類］ | まかれい…Ⅲ - 530［魚類］ |
| まうわし…Ⅲ - 529［魚類］ | まがれい…Ⅲ - 530［魚類］ |
| まえそ…Ⅲ - 529［魚類］ | まがれひ…Ⅲ - 530［魚類］ |
| まえの…Ⅵ - 596［菜類］ | まき…Ⅲ - 530［魚類］ |
| まかし…Ⅶ - 592［樹木類］ | まき…Ⅶ - 592［樹木類］ |
| まかしか…Ⅲ - 529［魚類］ | まき…Ⅶ - 593［樹木類］ |
| まかしのみ…Ⅶ - 883［救荒動植物類］ | まきかひ…Ⅲ - 817［貝類］ |
| まかずそば…Ⅱ - 1187［穀物類］ | まきくさ…Ⅴ - 1436［野生植物］ |
| まかせ…Ⅶ - 592［樹木類］ | まきささ…Ⅵ - 91［竹・笹類］ |
| まかたくい…Ⅴ - 1435［野生植物］ | まきささげ…Ⅱ - 1188［穀物類］ |
| まかたら…Ⅴ - 1435［野生植物］ | まきさわ…Ⅱ - 1188［穀物類］ |
| まかちか…Ⅲ - 529［魚類］ | まきすご…Ⅲ - 530［魚類］ |
| まかつら…Ⅴ - 1435［野生植物］ | まきたけ…Ⅵ - 217［菌・茸類］ |
| まかつを…Ⅲ - 529［魚類］ | まきのは…Ⅶ - 883［救荒動植物類］ |
| まかひ…Ⅲ - 816［貝類］ | まきひ…Ⅱ - 1188［穀物類］ |
| まかふら…Ⅵ - 596［菜類］ | まきふでかひ…Ⅲ - 817［貝類］ |
| まかぶら…Ⅵ - 597［菜類］ | まきやま…Ⅱ - 1188［穀物類］ |
| まがます…Ⅲ - 529［魚類］ | まくさ…Ⅴ - 1436［野生植物］ |
| まかや…Ⅴ - 1435［野生植物］ | まくそかひ…Ⅲ - 818［貝類］ |
| まかや…Ⅴ - 1436［野生植物］ | まくそたけ…Ⅵ - 218［菌・茸類］ |
| まがや…Ⅴ - 1436［野生植物］ | まぐそたけ…Ⅵ - 218［菌・茸類］ |
| まかやくさ…Ⅴ - 1436［野生植物］ | まくそもたし…Ⅵ - 218［菌・茸類］ |
| まからし…Ⅵ - 597［菜類］ | まくづま…Ⅲ - 818［貝類］ |
| まかり…Ⅲ - 816［貝類］ | まくはふり…Ⅵ - 597［菜類］ |
| まがり…Ⅱ - 1187［穀物類］ | まくらかひ…Ⅲ - 818［貝類］ |
| まがり…Ⅲ - 816［貝類］ | まくらひへ…Ⅱ - 1189［穀物類］ |
| まがり…Ⅲ - 817［貝類］ | まくらわせ…Ⅱ - 1189［穀物類］ |
| まがり…Ⅴ - 1436［野生植物］ | まくり…Ⅴ - 1437［野生植物］ |
| まがりかい…Ⅲ - 817［貝類］ | まくろ…Ⅱ - 1189［穀物類］ |

# ま

| | |
|---|---|
| まくろ…Ⅲ‐530［魚類］ | まこやし…Ⅶ‐883［救荒動植物類］ |
| まぐろ…Ⅲ‐530［魚類］ | まごやし…Ⅴ‐1438［野生植物］ |
| まくわ…Ⅵ‐597［菜類］ | まごやし…Ⅴ‐1439［野生植物］ |
| まくわ…Ⅵ‐876［果類］ | まこよし…Ⅴ‐1439［野生植物］ |
| まくわ…Ⅶ‐593［樹木類］ | まごろく…Ⅱ‐1192［穀物類］ |
| まくわい…Ⅵ‐597［菜類］ | まさ…Ⅵ‐47［金・石・土・水類］ |
| まくわうり…Ⅵ‐597［菜類］ | まさかき…Ⅶ‐593［樹木類］ |
| まくわふり…Ⅵ‐597［菜類］ | まさき…Ⅱ‐1192［穀物類］ |
| まくをろし…Ⅱ‐1189［穀物類］ | まさき…Ⅲ‐531［魚類］ |
| まこ…Ⅱ‐1189［穀物類］ | まさき…Ⅴ‐1439［野生植物］ |
| まご…Ⅴ‐1437［野生植物］ | まさき…Ⅶ‐593［樹木類］ |
| まごうよりだし…Ⅱ‐1189［穀物類］ | まさきかつら…Ⅴ‐1439［野生植物］ |
| まこおろし…Ⅱ‐1189［穀物類］ | まさきかづら…Ⅴ‐1439［野生植物］ |
| まごさいこく…Ⅱ‐1190［穀物類］ | まさきのかつら…Ⅴ‐1439［野生植物］ |
| まごさくかたち…Ⅱ‐1190［穀物類］ | まさきのかつら…Ⅴ‐1440［野生植物］ |
| まござへもんばやり…Ⅱ‐1190［穀物類］ | まさきのかづら…Ⅴ‐1440［野生植物］ |
| まござゑもん…Ⅱ‐1190［穀物類］ | まさきのかづら…Ⅶ‐594［樹木類］ |
| まござゑもんいね…Ⅱ‐1190［穀物類］ | まささ…Ⅵ‐91［竹・笹類］ |
| まござゑもんわせ…Ⅱ‐1190［穀物類］ | まさはら…Ⅲ‐531［魚類］ |
| まごしち…Ⅱ‐1190［穀物類］ | まさみち…Ⅲ‐818［貝類］ |
| まこしやみ…Ⅱ‐1191［穀物類］ | まさめ…Ⅱ‐1192［穀物類］ |
| まごじやむ…Ⅱ‐1191［穀物類］ | まさめ…Ⅲ‐531［魚類］ |
| まこしやむあわ…Ⅱ‐1191［穀物類］ | まさやなぎ…Ⅶ‐594［樹木類］ |
| まこしやも…Ⅱ‐1191［穀物類］ | まさら…Ⅱ‐1192［穀物類］ |
| まごち…Ⅲ‐531［魚類］ | ましこ…Ⅱ‐1192［穀物類］ |
| まごつ…Ⅲ‐531［魚類］ | ましたはたか…Ⅱ‐1192［穀物類］ |
| まごのは…Ⅴ‐1437［野生植物］ | まじの…Ⅵ‐91［竹・笹類］ |
| まこばやり…Ⅱ‐1191［穀物類］ | まじのたけ…Ⅵ‐91［竹・笹類］ |
| まごばやり…Ⅱ‐1191［穀物類］ | ましは…Ⅴ‐1440［野生植物］ |
| まこひへ…Ⅱ‐1191［穀物類］ | ましば…Ⅴ‐1440［野生植物］ |
| まごべゑささげ…Ⅱ‐1191［穀物類］ | ましば…Ⅵ‐598［菜類］ |
| まこま…Ⅱ‐1192［穀物類］ | ましば…Ⅶ‐594［樹木類］ |
| まこまこ…Ⅴ‐1437［野生植物］ | ましび…Ⅲ‐531［魚類］ |
| まこも…Ⅴ‐1437［野生植物］ | ましまはたか…Ⅱ‐1193［穀物類］ |
| まこも…Ⅴ‐1438［野生植物］ | ましやうま…Ⅴ‐1441［野生植物］ |
| まこもぐさ…Ⅴ‐1438［野生植物］ | ましら…Ⅲ‐531［魚類］ |
| まこものかまぼこ…Ⅴ‐1438［野生植物］ | ます…Ⅲ‐532［魚類］ |
| まこやし…Ⅴ‐1438［野生植物］ | ますい…Ⅲ‐532［魚類］ |

ますかい…Ⅲ - 818［貝類］
ますかけさう…Ⅴ - 1441［野生植物］
ますかた…Ⅴ - 1441［野生植物］
ますがたいし…Ⅵ - 47［金・石・土・水類］
ますかひ…Ⅲ - 818［貝類］
ますかへり…Ⅱ - 1193［穀物類］
ますかれい…Ⅲ - 533［魚類］
ますくさ…Ⅴ - 1441［野生植物］
ますくら…Ⅵ - 876［果類］
ますけ…Ⅴ - 1441［野生植物］
ますずき…Ⅲ - 533［魚類］
ますたけ…Ⅵ - 218［菌・茸類］
ますのうを…Ⅲ - 533［魚類］
ますのき…Ⅶ - 594［樹木類］
ますのこ…Ⅱ - 1193［穀物類］
ますはりさう…Ⅴ - 1442［野生植物］
ますへ…Ⅱ - 1193［穀物類］
ますわり…Ⅴ - 1442［野生植物］
ますをかひ…Ⅲ - 819［貝類］
ませきく…Ⅴ - 1442［野生植物］
ませり…Ⅴ - 1442［野生植物］
ませり…Ⅵ - 598［菜類］
またあは…Ⅱ - 1193［穀物類］
またい…Ⅲ - 533［魚類］
まだい…Ⅲ - 533［魚類］
まだいこん…Ⅵ - 598［菜類］
またうゑもん…Ⅱ - 1193［穀物類］
またか…Ⅲ - 533［魚類］
またか…Ⅲ - 819［貝類］
まだか…Ⅱ - 1193［穀物類］
またかもち…Ⅱ - 1194［穀物類］
またかもちあは…Ⅱ - 1194［穀物類］
またくち…Ⅱ - 1194［穀物類］
またくは…Ⅶ - 594［樹木類］
またくらまめ…Ⅱ - 1194［穀物類］
またくろ…Ⅵ - 598［菜類］
またくろいも…Ⅵ - 598［菜類］
またけ…Ⅵ - 91［竹・笹類］

またけ…Ⅵ - 92［竹・笹類］
まだけ…Ⅵ - 92［竹・笹類］
またごと…Ⅱ - 1194［穀物類］
またごらう…Ⅱ - 1194［穀物類］
またごらうあわ…Ⅱ - 1194［穀物類］
またごらうまめ…Ⅱ - 1195［穀物類］
またごろ…Ⅱ - 1195［穀物類］
またしち…Ⅱ - 1195［穀物類］
またじらう…Ⅱ - 1195［穀物類］
またじらうこむぎ…Ⅱ - 1195［穀物類］
またす…Ⅵ - 598［菜類］
またたひ…Ⅴ - 1442［野生植物］
またたひ…Ⅵ - 598［菜類］
またたひ…Ⅵ - 599［菜類］
またたひ…Ⅵ - 876［果類］
またたび…Ⅴ - 1442［野生植物］
またたび…Ⅴ - 1443［野生植物］
またたび…Ⅵ - 599［菜類］
またたび…Ⅵ - 876［果類］
またたび…Ⅶ - 594［樹木類］
またたび…Ⅶ - 883［救荒動植物類］
またたびかづら…Ⅴ - 1443［野生植物］
またたびのは…Ⅶ - 884［救荒動植物類］
まてで…Ⅵ - 599［菜類］
まだのき…Ⅶ - 595［樹木類］
またひ…Ⅲ - 533［魚類］
またふり…Ⅱ - 1195［穀物類］
まだみ…Ⅶ - 595［樹木類］
ためめ…Ⅱ - 1195［穀物類］
またもち…Ⅱ - 1196［穀物類］
またやなぎ…Ⅶ - 595［樹木類］
またやろく…Ⅱ - 1196［穀物類］
またら…Ⅲ - 534［魚類］
またら…Ⅶ - 595［樹木類］
まだら…Ⅲ - 534［魚類］
またらあづき…Ⅱ - 1196［穀物類］
まだらあづき…Ⅱ - 1196［穀物類］
まだらいし…Ⅵ - 47［金・石・土・水類］

ま

| | |
|---|---|
| まだらこがのき…Ⅶ - 595 ［樹木類］ | まつごけ…Ⅵ - 219 ［菌・茸類］ |
| まだらささげ…Ⅱ - 1196 ［穀物類］ | まつざか…Ⅱ - 1197 ［穀物類］ |
| まだらふり…Ⅵ - 599 ［菜類］ | まつしま…Ⅶ - 596 ［樹木類］ |
| まだらゑんどう…Ⅱ - 1196 ［穀物類］ | まつしまつつじ…Ⅶ - 596 ［樹木類］ |
| まちくさ…Ⅶ - 884 ［救荒動植物類］ | まつしめじ…Ⅵ - 219 ［菌・茸類］ |
| まつ…Ⅵ - 876 ［果類］ | まつしめぢ…Ⅵ - 219 ［菌・茸類］ |
| まつ…Ⅶ - 595 ［樹木類］ | まつたい…Ⅲ - 535 ［魚類］ |
| まつ…Ⅶ - 596 ［樹木類］ | まつたけ…Ⅵ - 219 ［菌・茸類］ |
| まついし…Ⅵ - 47 ［金・石・土・水類］ | まつたけ…Ⅵ - 220 ［菌・茸類］ |
| まつうなし…Ⅵ - 876 ［果類］ | まつだけ…Ⅵ - 220 ［菌・茸類］ |
| まつうらむめ…Ⅵ - 877 ［果類］ | まつたひ…Ⅲ - 535 ［魚類］ |
| まつうらむめ…Ⅶ - 596 ［樹木類］ | まつち…Ⅵ - 47 ［金・石・土・水類］ |
| まつかい…Ⅲ - 819 ［貝類］ | まつち…Ⅵ - 599 ［菜類］ |
| まつかう…Ⅲ - 534 ［魚類］ | まつちこほう…Ⅵ - 600 ［菜類］ |
| まつかさ…Ⅱ - 1196 ［穀物類］ | まつちごほう…Ⅵ - 600 ［菜類］ |
| まつかさ…Ⅲ - 534 ［魚類］ | まつどいしたけ…Ⅵ - 220 ［菌・茸類］ |
| まつかさ…Ⅴ - 1443 ［野生植物］ | まつとう…Ⅱ - 1197 ［穀物類］ |
| まつかさ…Ⅶ - 596 ［樹木類］ | まつとうまめ…Ⅱ - 1197 ［穀物類］ |
| まつかさあは…Ⅱ - 1197 ［穀物類］ | まつとろろ…Ⅴ - 1444 ［野生植物］ |
| まつかさくさ…Ⅴ - 1443 ［野生植物］ | まつな…Ⅴ - 1445 ［野生植物］ |
| まつかし…Ⅶ - 596 ［樹木類］ | まつな…Ⅵ - 600 ［菜類］ |
| まつかせ…Ⅴ - 1443 ［野生植物］ | まつな…Ⅶ - 884 ［救荒動植物類］ |
| まつかぜ…Ⅴ - 1444 ［野生植物］ | まつなくさ…Ⅴ - 1445 ［野生植物］ |
| まつかつさ…Ⅱ - 1197 ［穀物類］ | まつなぐさ…Ⅴ - 1445 ［野生植物］ |
| まつかつら…Ⅴ - 1444 ［野生植物］ | まづなし…Ⅲ - 535 ［魚類］ |
| まつかづら…Ⅴ - 1444 ［野生植物］ | まつなは…Ⅵ - 221 ［菌・茸類］ |
| まつかは…Ⅱ - 1197 ［穀物類］ | まつなば…Ⅵ - 221 ［菌・茸類］ |
| まつかは…Ⅵ - 47 ［金・石・土・水類］ | まつのき…Ⅱ - 1198 ［穀物類］ |
| まつかひ…Ⅲ - 819 ［貝類］ | まつのきあは…Ⅱ - 1198 ［穀物類］ |
| まつかれい…Ⅲ - 534 ［魚類］ | まつのきくさ…Ⅴ - 1445 ［野生植物］ |
| まつかわ…Ⅱ - 1197 ［穀物類］ | まつのきのかわ…Ⅶ - 884 ［救荒動植物類］ |
| まつかわ…Ⅶ - 884 ［救荒動植物類］ | まつのこ…Ⅱ - 1198 ［穀物類］ |
| まつきのこ…Ⅵ - 219 ［菌・茸類］ | まつのとう…Ⅴ - 1445 ［野生植物］ |
| まつぐいめ…Ⅶ - 596 ［樹木類］ | まつのふさめ…Ⅲ - 535 ［魚類］ |
| まつぐいめ…Ⅶ - 884 ［救荒動植物類］ | まつのり…Ⅴ - 1446 ［野生植物］ |
| まつくさ…Ⅴ - 1444 ［野生植物］ | まつば…Ⅱ - 1198 ［穀物類］ |
| まつくらいし…Ⅵ - 47 ［金・石・土・水類］ | まつはかうなこ…Ⅲ - 535 ［魚類］ |
| まつこけ…Ⅵ - 219 ［菌・茸類］ | まつばかれい…Ⅲ - 535 ［魚類］ |

| | |
|---|---|
| まつはくさ…Ⅴ‐1446 ［野生植物］ | まつむめ…Ⅵ‐877 ［果類］ |
| まつばぐさ…Ⅴ‐1446 ［野生植物］ | まつも…Ⅴ‐1449 ［野生植物］ |
| まつばそう…Ⅴ‐1446 ［野生植物］ | まつもとあきせんのう…Ⅴ‐1449 ［野生植物］ |
| まつはだ…Ⅶ‐597 ［樹木類］ | |
| まつばたけ…Ⅵ‐221 ［菌・茸類］ | まつもとさう…Ⅴ‐1449 ［野生植物］ |
| まつばのり…Ⅴ‐1446 ［野生植物］ | まつもとせん…Ⅴ‐1449 ［野生植物］ |
| まつばも…Ⅴ‐1446 ［野生植物］ | まつもとせんのうけ…Ⅴ‐1449 ［野生植物］ |
| まつばらん…Ⅴ‐1446 ［野生植物］ | まつもとせんをうけ…Ⅴ‐1450 ［野生植物］ |
| まつはろくかく…Ⅱ‐1198 ［穀物類］ | まつもとせんをふ…Ⅴ‐1450 ［野生植物］ |
| まつばわに…Ⅲ‐535 ［魚類］ | まつもとそう…Ⅴ‐1450 ［野生植物］ |
| まつばわり…Ⅴ‐1447 ［野生植物］ | まつやま…Ⅱ‐1198 ［穀物類］ |
| まつふ…Ⅲ‐819 ［貝類］ | まつらぶとう…Ⅴ‐1450 ［野生植物］ |
| まつぶ…Ⅲ‐819 ［貝類］ | まつらみつなし…Ⅵ‐877 ［果類］ |
| まつふき…Ⅴ‐1447 ［野生植物］ | まつるのき…Ⅶ‐597 ［樹木類］ |
| まつふき…Ⅶ‐884 ［救荒動植物類］ | まづるのき…Ⅶ‐597 ［樹木類］ |
| まつぶくりやう…Ⅴ‐1447 ［野生植物］ | まつゑび…Ⅵ‐877 ［果類］ |
| まつふさ…Ⅴ‐1447 ［野生植物］ | まつを…Ⅵ‐878 ［果類］ |
| まつふさ…Ⅶ‐597 ［樹木類］ | まつをう…Ⅲ‐820 ［貝類］ |
| まつふさ…Ⅶ‐885 ［救荒動植物類］ | まつをかひ…Ⅲ‐820 ［貝類］ |
| まつふさかつら…Ⅴ‐1447 ［野生植物］ | まつをなし…Ⅵ‐878 ［果類］ |
| まつふさかづら…Ⅴ‐1447 ［野生植物］ | まつをを…Ⅲ‐820 ［貝類］ |
| まつふさのみ…Ⅵ‐877 ［果類］ | まて…Ⅱ‐1198 ［穀物類］ |
| まつふじ…Ⅴ‐1448 ［野生植物］ | まて…Ⅲ‐820 ［貝類］ |
| まつふじ…Ⅶ‐597 ［樹木類］ | まて…Ⅵ‐878 ［果類］ |
| まつぶし…Ⅴ‐1448 ［野生植物］ | まて…Ⅶ‐598 ［樹木類］ |
| まつぶとう…Ⅴ‐1448 ［野生植物］ | まていちこ…Ⅵ‐878 ［果類］ |
| まつぶとう…Ⅵ‐877 ［果類］ | まていちご…Ⅵ‐878 ［果類］ |
| まつふね…Ⅴ‐1448 ［野生植物］ | まてう…Ⅴ‐1450 ［野生植物］ |
| まつぶね…Ⅴ‐1448 ［野生植物］ | まてかい…Ⅲ‐820 ［貝類］ |
| まつほ…Ⅵ‐877 ［果類］ | まてがい…Ⅲ‐821 ［貝類］ |
| まつほど…Ⅶ‐597 ［樹木類］ | まてがひ…Ⅲ‐821 ［貝類］ |
| まつほや…Ⅶ‐597 ［樹木類］ | まてき…Ⅵ‐878 ［果類］ |
| まつほりさう…Ⅴ‐1448 ［野生植物］ | まてき…Ⅶ‐598 ［樹木類］ |
| まつまへ…Ⅴ‐1448 ［野生植物］ | まてじゐ…Ⅶ‐598 ［樹木類］ |
| まつまへふき…Ⅴ‐1449 ［野生植物］ | まてのき…Ⅶ‐598 ［樹木類］ |
| まつみみ…Ⅵ‐221 ［菌・茸類］ | まてばしゐ…Ⅶ‐598 ［樹木類］ |
| まつむし…Ⅲ‐536 ［魚類］ | まてんかき…Ⅵ‐878 ［果類］ |
| まつむしかひ…Ⅲ‐819 ［貝類］ | まてんかき…Ⅶ‐598 ［樹木類］ |

## ま

| | |
|---|---|
| まといを…Ⅲ-536 [魚類] | まひあかりだいこん…Ⅵ-600 [菜類] |
| まとうを…Ⅲ-536 [魚類] | まひいな…Ⅴ-1452 [野生植物] |
| まところ…Ⅴ-1450 [野生植物] | まひいな…Ⅵ-601 [菜類] |
| まところ…Ⅵ-600 [菜類] | まびいな…Ⅵ-601 [菜類] |
| まとちやう…Ⅲ-536 [魚類] | まひう…Ⅴ-1452 [野生植物] |
| まとのした…Ⅱ-1199 [穀物類] | まひう…Ⅶ-885 [救荒動植物類] |
| まな…Ⅵ-600 [菜類] | まひき…Ⅲ-538 [魚類] |
| まないた…Ⅱ-1199 [穀物類] | まびきな…Ⅵ-601 [菜類] |
| まないたこむぎ…Ⅱ-1199 [穀物類] | まひこたけ…Ⅵ-221 [菌・茸類] |
| まなかつお…Ⅲ-536 [魚類] | まひこにな…Ⅲ-821 [貝類] |
| まなかつほ…Ⅲ-537 [魚類] | まひじき…Ⅴ-1452 [野生植物] |
| まながつほ…Ⅲ-537 [魚類] | まびす…Ⅴ-1452 [野生植物] |
| まなかつを…Ⅲ-537 [魚類] | まひずる…Ⅴ-1452 [野生植物] |
| まながつを…Ⅲ-538 [魚類] | まひたけ…Ⅵ-221 [菌・茸類] |
| まなかふら…Ⅵ-600 [菜類] | まひたけ…Ⅵ-222 [菌・茸類] |
| まなかれい…Ⅲ-538 [魚類] | まひやくしん…Ⅶ-599 [樹木類] |
| まなぐさ…Ⅴ-1450 [野生植物] | まひゆ…Ⅴ-1453 [野生植物] |
| まなこ…Ⅲ-538 [魚類] | まひゆ…Ⅵ-601 [菜類] |
| まなささ…Ⅵ-92 [竹・笹類] | まひゑ…Ⅱ-1199 [穀物類] |
| まなたけ…Ⅵ-92 [竹・笹類] | まふかれ…Ⅲ-538 [魚類] |
| まなづくさ…Ⅴ-1109 [野生植物] | まふき…Ⅵ-601 [菜類] |
| まなばし…Ⅲ-538 [魚類] | まふく…Ⅲ-539 [魚類] |
| まにな…Ⅲ-821 [貝類] | まふぐ…Ⅲ-539 [魚類] |
| まにんじん…Ⅴ-1451 [野生植物] | まぶく…Ⅲ-539 [魚類] |
| まねきな…Ⅴ-1451 [野生植物] | まふし…Ⅴ-1453 [野生植物] |
| まねは…Ⅶ-598 [樹木類] | まふじ…Ⅴ-1453 [野生植物] |
| まねば…Ⅶ-599 [樹木類] | まぶす…Ⅴ-1453 [野生植物] |
| まのたけ…Ⅵ-93 [竹・笹類] | まふたけ…Ⅵ-222 [菌・茸類] |
| まのり…Ⅴ-1451 [野生植物] | まふぢ…Ⅴ-1453 [野生植物] |
| まはき…Ⅴ-1451 [野生植物] | まふり…Ⅵ-601 [菜類] |
| まばこり…Ⅴ-1451 [野生植物] | まぶり…Ⅲ-539 [魚類] |
| まはだ…Ⅴ-1451 [野生植物] | まへきしや…Ⅴ-1453 [野生植物] |
| まばた…Ⅴ-1451 [野生植物] | まへぎしや…Ⅴ-1453 [野生植物] |
| まはちめ…Ⅲ-538 [魚類] | まへたいづみ…Ⅱ-1199 [穀物類] |
| まはつぶ…Ⅴ-1452 [野生植物] | まへだいつみ…Ⅱ-1199 [穀物類] |
| まばり…Ⅴ-1452 [野生植物] | まへたて…Ⅵ-602 [菜類] |
| まはりまやろく…Ⅱ-1199 [穀物類] | まへなながふ…Ⅱ-1200 [穀物類] |
| まび…Ⅶ-599 [樹木類] | ままかい…Ⅲ-539 [魚類] |

| | |
|---|---|
| ままかり…Ⅲ-539［魚類］ | まめかき…Ⅵ-879［果類］ |
| ままこ…Ⅴ-1454［野生植物］ | まめかつほう…Ⅴ-1456［野生植物］ |
| ままこ…Ⅶ-599［樹木類］ | まめかつら…Ⅴ-1456［野生植物］ |
| ままこ…Ⅶ-885［救荒動植物類］ | まめかづら…Ⅴ-1456［野生植物］ |
| ままこき…Ⅶ-599［樹木類］ | まめかひ…Ⅲ-821［貝類］ |
| ままこくさ…Ⅴ-1454［野生植物］ | まめがら…Ⅶ-600［樹木類］ |
| ままこさう…Ⅴ-1454［野生植物］ | まめからさう…Ⅴ-1456［野生植物］ |
| ままこつる…Ⅴ-1454［野生植物］ | まめがらさう…Ⅴ-1456［野生植物］ |
| ままこな…Ⅴ-1454［野生植物］ | まめがらさう…Ⅶ-886［救荒動植物類］ |
| ままこな…Ⅵ-602［菜類］ | まめかゑて…Ⅶ-600［樹木類］ |
| ままこなかし…Ⅴ-1455［野生植物］ | まめきひ…Ⅱ-1200［穀物類］ |
| ままこなのき…Ⅶ-599［樹木類］ | まめきび…Ⅱ-1201［穀物類］ |
| ままこなのは…Ⅶ-885［救荒動植物類］ | まめぎひ…Ⅱ-1201［穀物類］ |
| ままこのしりぬくい…Ⅴ-1455［野生植物］ | まめくさ…Ⅴ-1457［野生植物］ |
| ままこのて…Ⅶ-599［樹木類］ | まめくみ…Ⅵ-879［果類］ |
| ままこぼや…Ⅶ-600［樹木類］ | まめくり…Ⅵ-879［果類］ |
| ままさりふく…Ⅲ-540［魚類］ | まめごけ…Ⅴ-1457［野生植物］ |
| ままたご…Ⅵ-222［菌・茸類］ | まめこのいし…Ⅵ-48［金・石・土・水類］ |
| ままだご…Ⅶ-885［救荒動植物類］ | まめこむぎ…Ⅱ-1201［穀物類］ |
| ままちねり…Ⅶ-600［樹木類］ | まめさくら…Ⅶ-601［樹木類］ |
| ままつ…Ⅶ-600［樹木類］ | まめささけ…Ⅵ-602［菜類］ |
| ままつなき…Ⅴ-1455［野生植物］ | まめしひ…Ⅵ-879［果類］ |
| ままのき…Ⅶ-600［樹木類］ | まめた…Ⅲ-821［貝類］ |
| ままははくさ…Ⅴ-1455［野生植物］ | まめたうのき…Ⅶ-601［樹木類］ |
| ままやう…Ⅴ-1455［野生植物］ | まめたたき…Ⅴ-1457［野生植物］ |
| まみな…Ⅲ-821［貝類］ | まめたもち…Ⅱ-1201［穀物類］ |
| まみひしき…Ⅴ-1455［野生植物］ | まめづたかづら…Ⅴ-1457［野生植物］ |
| まむし…Ⅶ-885［救荒動植物類］ | まめつる…Ⅴ-1457［野生植物］ |
| まむしくさ…Ⅴ-1455［野生植物］ | まめとうのき…Ⅶ-601［樹木類］ |
| まむしのあご…Ⅴ-1456［野生植物］ | まめな…Ⅴ-1457［野生植物］ |
| まむしのはから…Ⅴ-1456［野生植物］ | まめな…Ⅶ-886［救荒動植物類］ |
| まむしのを…Ⅵ-602［菜類］ | まめなし…Ⅵ-879［果類］ |
| まむしへひ…Ⅶ-886［救荒動植物類］ | まめなし…Ⅶ-601［樹木類］ |
| まむしを…Ⅵ-602［菜類］ | まめなしのき…Ⅶ-601［樹木類］ |
| まめ…Ⅱ-1200［穀物類］ | まめなすび…Ⅴ-1458［野生植物］ |
| まめあかりだいこん…Ⅵ-602［菜類］ | まめなのき…Ⅶ-601［樹木類］ |
| まめいりしは…Ⅶ-600［樹木類］ | まめのき…Ⅶ-602［樹木類］ |
| まめいわし…Ⅲ-540［魚類］ | まめのは…Ⅶ-886［救荒動植物類］ |

# ま

まめば…Ⅶ-886［救荒動植物類］
まめば…Ⅶ-887［救荒動植物類］
まめばる…Ⅲ-540［魚類］
まめひじき…Ⅴ-1458［野生植物］
まめふき…Ⅶ-602［樹木類］
まめふく…Ⅲ-540［魚類］
まめふし…Ⅶ-602［樹木類］
まめふじ…Ⅴ-1458［野生植物］
まめふじ…Ⅶ-602［樹木類］
まめぶし…Ⅶ-602［樹木類］
まめぶし…Ⅶ-603［樹木類］
まめふしのき…Ⅶ-603［樹木類］
まめぶしのき…Ⅶ-603［樹木類］
まめふしのは…Ⅶ-887［救荒動植物類］
まめふじのは…Ⅶ-887［救荒動植物類］
まめぶしのは…Ⅶ-887［救荒動植物類］
まめぼうし…Ⅶ-603［樹木類］
まめほうつき…Ⅴ-1458［野生植物］
まめほこり…Ⅴ-1458［野生植物］
まめぼし…Ⅶ-603［樹木類］
まめもたし…Ⅵ-222［菌・茸類］
まめやなぎ…Ⅶ-603［樹木類］
まも…Ⅴ-1458［野生植物］
まもば…Ⅴ-1458［野生植物］
まやあんず…Ⅵ-879［果類］
まやこうばい…Ⅵ-880［果類］
まやこうばい…Ⅶ-603［樹木類］
まやこふばい…Ⅵ-880［果類］
まやこむめ…Ⅶ-604［樹木類］
まやみ…Ⅶ-604［樹木類］
まゆ…Ⅵ-880［果類］
まゆくさ…Ⅴ-1459［野生植物］
まゆはきさう…Ⅴ-1459［野生植物］
まゆみ…Ⅴ-1459［野生植物］
まゆみ…Ⅵ-602［菜類］
まゆみ…Ⅶ-604［樹木類］
まゆみ…Ⅶ-887［救荒動植物類］
まゆみかづら…Ⅴ-1459［野生植物］

まゆみかづら…Ⅴ-1459［野生植物］
まゆみのき…Ⅶ-604［樹木類］
まゆみのは…Ⅵ-603［菜類］
まゆみのは…Ⅶ-887［救荒動植物類］
まゆみは…Ⅵ-603［菜類］
まよこ…Ⅵ-603［菜類］
まよし…Ⅴ-1459［野生植物］
まよみ…Ⅵ-603［菜類］
まよみ…Ⅶ-605［樹木類］
まよも…Ⅱ-1201［穀物類］
まよもき…Ⅴ-1459［野生植物］
まよもぎ…Ⅴ-1460［野生植物］
まらん…Ⅴ-1460［野生植物］
まりこ…Ⅱ-1201［穀物類］
まりこ…Ⅲ-822［貝類］
まりこ…Ⅴ-1460［野生植物］
まりこ…Ⅶ-888［救荒動植物類］
まりこくさ…Ⅴ-1460［野生植物］
まりこのした…Ⅱ-1201［穀物類］
まりこのね…Ⅶ-888［救荒動植物類］
まる…Ⅲ-540［魚類］
まる…Ⅵ-603［菜類］
まるあかさや…Ⅱ-1202［穀物類］
まるあし…Ⅲ-540［魚類］
まるあじ…Ⅲ-540［魚類］
まるあち…Ⅲ-541［魚類］
まるあぢ…Ⅲ-541［魚類］
まるいし…Ⅵ-48［金・石・土・水類］
まるうきくさ…Ⅴ-1460［野生植物］
まるおご…Ⅴ-1460［野生植物］
まるおほふくへ…Ⅵ-603［菜類］
まるかき…Ⅵ-880［果類］
まるかひ…Ⅲ-822［貝類］
まるかぶ…Ⅵ-603［菜類］
まるかふら…Ⅵ-604［菜類］
まるかや…Ⅵ-880［果類］
まるがや…Ⅵ-880［果類］
まるくは…Ⅶ-605［樹木類］

| | |
|---|---|
| まるぐみ…Ⅵ-880［果類］ | まるはやなき…Ⅶ-605［樹木類］ |
| まるこ…Ⅴ-1460［野生植物］ | まるばやなぎ…Ⅶ-605［樹木類］ |
| まるこくさ…Ⅴ-1461［野生植物］ | まるひな…Ⅲ-822［貝類］ |
| まるこすけ…Ⅴ-1461［野生植物］ | まるびやうたん…Ⅵ-606［菜類］ |
| まるごせう…Ⅵ-604［菜類］ | まるびよつた…Ⅵ-606［菜類］ |
| まるしゐ…Ⅵ-881［果類］ | まるふくへ…Ⅵ-606［菜類］ |
| まるすぎ…Ⅴ-1461［野生植物］ | まるふくべ…Ⅵ-607［菜類］ |
| まるすけ…Ⅴ-1461［野生植物］ | まるぶし…Ⅶ-606［樹木類］ |
| まるすげ…Ⅴ-1461［野生植物］ | まるまめ…Ⅱ-1202［穀物類］ |
| まるすげ…Ⅴ-1462［野生植物］ | まるみさんぐわつ…Ⅱ-1202［穀物類］ |
| まるた…Ⅲ-541［魚類］ | まるめら…Ⅶ-606［樹木類］ |
| まるたうからし…Ⅵ-604［菜類］ | まるめり…Ⅵ-881［果類］ |
| まるたひ…Ⅲ-541［魚類］ | まるめる…Ⅵ-881［果類］ |
| まるちさ…Ⅵ-604［菜類］ | まるめる…Ⅶ-606［樹木類］ |
| まるちしや…Ⅵ-604［菜類］ | まるめろ…Ⅵ-881［果類］ |
| まるつふ…Ⅲ-822［貝類］ | まるめろ…Ⅵ-881［果類］ |
| まるつぶ…Ⅲ-822［貝類］ | まるめろ…Ⅵ-882［果類］ |
| まるとうからし…Ⅵ-604［菜類］ | まるめろ…Ⅶ-606［樹木類］ |
| まるな…Ⅵ-604［菜類］ | まるめろう…Ⅵ-882［果類］ |
| まるなす…Ⅵ-605［菜類］ | まるめろうのき…Ⅶ-606［樹木類］ |
| まるなすひ…Ⅵ-605［菜類］ | まるやなぎ…Ⅶ-606［樹木類］ |
| まるなすび…Ⅴ-1462［野生植物］ | まるやま…Ⅱ-1202［穀物類］ |
| まるなすび…Ⅵ-605［菜類］ | まるやまおくて…Ⅱ-1202［穀物類］ |
| まるなんば…Ⅵ-605［菜類］ | まるやまわせ…Ⅱ-1202［穀物類］ |
| まるなんはん…Ⅵ-606［菜類］ | まるゆうがほ…Ⅴ-1463［野生植物］ |
| まるにし…Ⅲ-822［貝類］ | まるゆうがほ…Ⅵ-607［菜類］ |
| まるにな…Ⅲ-822［貝類］ | まるゆふかほ…Ⅵ-607［菜類］ |
| まるは…Ⅴ-1462［野生植物］ | まるゆふこ…Ⅵ-607［菜類］ |
| まるは…Ⅵ-606［菜類］ | まろ…Ⅵ-607［菜類］ |
| まるば…Ⅴ-1463［野生植物］ | まわう…Ⅴ-1463［野生植物］ |
| まるば…Ⅵ-606［菜類］ | まわせ…Ⅱ-1202［穀物類］ |
| まるば…Ⅶ-605［樹木類］ | まゑ…Ⅲ-541［魚類］ |
| まるばあい…Ⅴ-1463［野生植物］ | まゑそ…Ⅲ-541［魚類］ |
| まるばあみ…Ⅴ-1463［野生植物］ | まを…Ⅴ-1464［野生植物］ |
| まるばすき…Ⅶ-605［樹木類］ | まを…Ⅶ-888［救荒動植物類］ |
| まるはちさ…Ⅵ-606［菜類］ | まをくさ…Ⅴ-1464［野生植物］ |
| まるばふうらん…Ⅴ-1463［野生植物］ | まをのき…Ⅶ-606［樹木類］ |
| まるばふなはら…Ⅴ-1463［野生植物］ | まんか…Ⅵ-882［果類］ |

み

| | |
|---|---|
| まんかはちめ…Ⅲ‐542［魚類］ | まんちうしやけ…Ⅴ‐1467［野生植物］ |
| まんかめうたん…Ⅵ‐882［果類］ | まんぢうたけ…Ⅵ‐222［菌・茸類］ |
| まんくらう…Ⅱ‐1203［穀物類］ | まんちや…Ⅴ‐1467［野生植物］ |
| まんけいし…Ⅴ‐1464［野生植物］ | まんぢゅういし…Ⅵ‐48［金・石・土・水類］ |
| まんけいし…Ⅶ‐607［樹木類］ | まんていし…Ⅶ‐607［樹木類］ |
| まんご…Ⅴ‐1464［野生植物］ | まんとく…Ⅱ‐1204［穀物類］ |
| まんこう…Ⅴ‐1464［野生植物］ | まんねんさう…Ⅴ‐1467［野生植物］ |
| まんこく…Ⅱ‐1203［穀物類］ | まんねんそう…Ⅴ‐1467［野生植物］ |
| まんごく…Ⅱ‐1203［穀物類］ | まんねんたけ…Ⅵ‐222［菌・茸類］ |
| まんごくひへ…Ⅱ‐1203［穀物類］ | まんねんまつ…Ⅴ‐1468［野生植物］ |
| まんこまめ…Ⅱ‐1203［穀物類］ | まんねんゑだ…Ⅶ‐608［樹木類］ |
| まんさい…Ⅱ‐1203［穀物類］ | まんば…Ⅵ‐607［菜類］ |
| まんさい…Ⅲ‐542［魚類］ | まんはい…Ⅱ‐1204［穀物類］ |
| まんざい…Ⅱ‐1204［穀物類］ | まんばい…Ⅱ‐1204［穀物類］ |
| まんざい…Ⅲ‐542［魚類］ | まんはふち…Ⅲ‐542［魚類］ |
| まんさいらく…Ⅴ‐1465［野生植物］ | まんびき…Ⅲ‐542［魚類］ |
| まんさく…Ⅲ‐542［魚類］ | まんぶし…Ⅶ‐607［樹木類］ |
| まんさく…Ⅶ‐607［樹木類］ | まんぼ…Ⅱ‐1205［穀物類］ |
| まんさくのき…Ⅶ‐607［樹木類］ | まんほう…Ⅱ‐1205［穀物類］ |
| まんさひらく…Ⅴ‐1465［野生植物］ | まんほう…Ⅴ‐1468［野生植物］ |
| まんしやく…Ⅶ‐607［樹木類］ | まんぼう…Ⅲ‐543［魚類］ |
| まんしゅ…Ⅴ‐1465［野生植物］ | まんぽう…Ⅱ‐1205［穀物類］ |
| まんじゆさう…Ⅴ‐1465［野生植物］ | まんほうさめ…Ⅲ‐543［魚類］ |
| まんしゆしやけ…Ⅴ‐1465［野生植物］ | まんぼうさめ…Ⅲ‐543［魚類］ |
| まんしゆしやげ…Ⅴ‐1465［野生植物］ | まんやうしやくやく…Ⅴ‐1468［野生植物］ |
| まんじゆしやけ…Ⅴ‐1466［野生植物］ | まんりやう…Ⅴ‐1468［野生植物］ |
| まんしん…Ⅱ‐1204［穀物類］ | |

み

| | |
|---|---|
| まんせう…Ⅴ‐1466［野生植物］ | みあか…Ⅶ‐609［樹木類］ |
| まんそうこ…Ⅱ‐1204［穀物類］ | みあかし…Ⅱ‐1206［穀物類］ |
| まんそくあわ…Ⅱ‐1204［穀物類］ | みあさ…Ⅴ‐1469［野生植物］ |
| まんたぶ…Ⅴ‐1466［野生植物］ | みいてら…Ⅵ‐883［果類］ |
| まんたぶ…Ⅶ‐888［救荒動植物類］ | みいみ…Ⅶ‐609［樹木類］ |
| まんたら…Ⅲ‐542［魚類］ | みかい…Ⅲ‐824［貝類］ |
| まんたら…Ⅶ‐607［樹木類］ | みかいかう…Ⅵ‐883［果類］ |
| まんたらけ…Ⅴ‐1466［野生植物］ | みかいこう…Ⅵ‐883［果類］ |
| まんだらけ…Ⅴ‐1466［野生植物］ | みがきいし…Ⅵ‐48［金・石・土・水類］ |
| まんちうかい…Ⅲ‐823［貝類］ | みかきすな…Ⅵ‐48［金・石・土・水類］ |
| まんぢうごけ…Ⅴ‐1467［野生植物］ | |

| | |
|---|---|
| みかげいし…Ⅵ - 48［金・石・土・水類］ | みこなか…Ⅱ - 1209［穀物類］ |
| みかさもち…Ⅱ - 1206［穀物類］ | みこなが…Ⅱ - 1209［穀物類］ |
| みかづきさしくさ…Ⅴ - 1469［野生植物］ | みごなか…Ⅱ - 1209［穀物類］ |
| みかづきまめ…Ⅱ - 1206［穀物類］ | みこながし…Ⅴ - 1470［野生植物］ |
| みかとかし…Ⅱ - 1206［穀物類］ | みこのかしら…Ⅴ - 1470［野生植物］ |
| みかは…Ⅱ - 1206［穀物類］ | みこはしり…Ⅱ - 1209［穀物類］ |
| みかはいね…Ⅱ - 1206［穀物類］ | みこはへ…Ⅲ - 544［魚類］ |
| みかははだか…Ⅱ - 1206［穀物類］ | みごひ…Ⅲ - 544［魚類］ |
| みかはむぎ…Ⅱ - 1207［穀物類］ | みごひき…Ⅱ - 1209［穀物類］ |
| みかはもち…Ⅱ - 1207［穀物類］ | みこふな…Ⅲ - 545［魚類］ |
| みかまたけ…Ⅵ - 93［竹・笹類］ | みこもち…Ⅱ - 1209［穀物類］ |
| みがらし…Ⅵ - 608［菜類］ | みこわせ…Ⅱ - 1210［穀物類］ |
| みかり…Ⅱ - 1207［穀物類］ | みごわせ…Ⅱ - 1210［穀物類］ |
| みかわ…Ⅱ - 1207［穀物類］ | みこわり…Ⅱ - 1210［穀物類］ |
| みかん…Ⅵ - 883［果類］ | みこゐ…Ⅲ - 545［魚類］ |
| みかんかうし…Ⅵ - 883［果類］ | みざくろ…Ⅵ - 884［果類］ |
| みかんかき…Ⅵ - 884［果類］ | みささき…Ⅶ - 609［樹木類］ |
| みかんくさ…Ⅴ - 1469［野生植物］ | みささけ…Ⅱ - 1210［穀物類］ |
| みかんなし…Ⅵ - 884［果類］ | みささげ…Ⅱ - 1210［穀物類］ |
| みきくろいも…Ⅵ - 608［菜類］ | みさの…Ⅱ - 1210［穀物類］ |
| みきぬ…Ⅱ - 1207［穀物類］ | みさんしやう…Ⅵ - 884［果類］ |
| みきね…Ⅱ - 1207［穀物類］ | みさんせう…Ⅵ - 884［果類］ |
| みくみ…Ⅱ - 1207［穀物類］ | みじしのき…Ⅶ - 609［樹木類］ |
| みくもさう…Ⅴ - 1469［野生植物］ | みしな…Ⅱ - 1210［穀物類］ |
| みくもそう…Ⅴ - 1469［野生植物］ | みじのき…Ⅶ - 609［樹木類］ |
| みくろ…Ⅱ - 1208［穀物類］ | みしまあは…Ⅱ - 1210［穀物類］ |
| みぐろ…Ⅱ - 1208［穀物類］ | みしまかいちゆう…Ⅱ - 1211［穀物類］ |
| みくろあわ…Ⅱ - 1208［穀物類］ | みしまぢよらう…Ⅲ - 545［魚類］ |
| みくろからしろ…Ⅱ - 1208［穀物類］ | みしみし…Ⅲ - 824［貝類］ |
| みくろもち…Ⅱ - 1208［穀物類］ | みしみしかい…Ⅲ - 824［貝類］ |
| みこい…Ⅲ - 544［魚類］ | みしやう…Ⅱ - 1211［穀物類］ |
| みごい…Ⅲ - 544［魚類］ | みしらす…Ⅱ - 1211［穀物類］ |
| みこうたう…Ⅵ - 884［果類］ | みしらす…Ⅵ - 885［果類］ |
| みこうを…Ⅲ - 544［魚類］ | みしらず…Ⅱ - 1211［穀物類］ |
| みこくさ…Ⅴ - 1469［野生植物］ | みしらず…Ⅵ - 885［果類］ |
| みこけ…Ⅱ - 1208［穀物類］ | みしろぜんろく…Ⅱ - 1211［穀物類］ |
| みこことひ…Ⅲ - 544［魚類］ | みす…Ⅴ - 1470［野生植物］ |
| みこしくさ…Ⅴ - 1469［野生植物］ | みす…Ⅶ - 609［樹木類］ |

# み

みず…Ⅴ-1470［野生植物］
みすき…Ⅶ-609［樹木類］
みずき…Ⅴ-1470［野生植物］
みずくさ…Ⅶ-610［樹木類］
みすこうけ…Ⅴ-1470［野生植物］
みすだれを…Ⅶ-610［樹木類］
みずのくきは…Ⅶ-889［救荒動植物類］
みずのこ…Ⅱ-1211［穀物類］
みすひき…Ⅴ-1471［野生植物］
みすみ…Ⅱ-1211［穀物類］
みすめ…Ⅴ-1471［野生植物］
みすめ…Ⅶ-610［樹木類］
みずやから…Ⅴ-1494［野生植物］
みずゆすのき…Ⅶ-610［樹木類］
みせ…Ⅲ-545［魚類］
みそ…Ⅵ-885［果類］
みそうしない…Ⅶ-610［樹木類］
みそうしなひ…Ⅶ-610［樹木類］
みそおしみ…Ⅶ-610［樹木類］
みそかい…Ⅲ-824［貝類］
みぞかい…Ⅲ-824［貝類］
みそかき…Ⅵ-885［果類］
みそがひ…Ⅲ-824［貝類］
みそがひ…Ⅲ-825［貝類］
みそかりかき…Ⅵ-885［果類］
みそくい…Ⅱ-1211［穀物類］
みぞくさ…Ⅴ-1471［野生植物］
みぞぐさ…Ⅴ-1471［野生植物］
みぞくひ…Ⅱ-1212［穀物類］
みぞごし…Ⅱ-1212［穀物類］
みそさざい…Ⅶ-889［救荒動植物類］
みそすけ…Ⅴ-1471［野生植物］
みそそば…Ⅴ-1471［野生植物］
みぞそば…Ⅴ-1471［野生植物］
みぞつまくろ…Ⅴ-1472［野生植物］
みそなし…Ⅱ-1212［穀物類］
みそのき…Ⅶ-611［樹木類］
みそはき…Ⅴ-1472［野生植物］

みそはぎ…Ⅴ-1472［野生植物］
みそはぎ…Ⅴ-1473［野生植物］
みぞはき…Ⅴ-1474［野生植物］
みそはぎ…Ⅴ-1474［野生植物］
みそはけ…Ⅴ-1474［野生植物］
みぞひへ…Ⅴ-1474［野生植物］
みぞふき…Ⅴ-1474［野生植物］
みぞほくろ…Ⅴ-1472［野生植物］
みぞむくら…Ⅴ-1474［野生植物］
みそめわたし…Ⅴ-1475［野生植物］
みぞもり…Ⅶ-611［樹木類］
みぞよもぎ…Ⅴ-1475［野生植物］
みぞろかい…Ⅲ-825［貝類］
みそをうち…Ⅱ-1212［穀物類］
みたおれ…Ⅱ-1212［穀物類］
みだし…Ⅱ-1212［穀物類］
みたしかいせい…Ⅱ-1212［穀物類］
みたに…Ⅱ-1213［穀物類］
みたまのき…Ⅶ-611［樹木類］
みたらい…Ⅱ-1213［穀物類］
みだりゑちご…Ⅱ-1213［穀物類］
みたれ…Ⅱ-1213［穀物類］
みだれ…Ⅱ-1213［穀物類］
みだれあは…Ⅱ-1214［穀物類］
みたれあわ…Ⅱ-1214［穀物類］
みだれあわ…Ⅱ-1214［穀物類］
みたれかし…Ⅱ-1214［穀物類］
みたれきひ…Ⅱ-1214［穀物類］
みだれきひ…Ⅱ-1214［穀物類］
みだれきび…Ⅱ-1214［穀物類］
みだれこうぼふ…Ⅱ-1214［穀物類］
みだれしやうしやうもみち…Ⅶ-611
　　　　　　　　　　　　　　　　［樹木類］
みたれひえ…Ⅱ-1215［穀物類］
みだれひえ…Ⅱ-1215［穀物類］
みたれひへ…Ⅱ-1215［穀物類］
みだれひへ…Ⅱ-1215［穀物類］
みたれひゑ…Ⅱ-1215［穀物類］

| | |
|---|---|
| みだれひゑ…Ⅱ - 1215 ［穀物類］ | みづうを…Ⅲ - 545 ［魚類］ |
| みだれも…Ⅴ - 1475 ［野生植物］ | みつおはこ…Ⅴ - 1479 ［野生植物］ |
| みたれやろく…Ⅱ - 1215 ［穀物類］ | みづおはこ…Ⅴ - 1479 ［野生植物］ |
| みちいんど…Ⅴ - 1475 ［野生植物］ | みづおばこ…Ⅴ - 1479 ［野生植物］ |
| みちか…Ⅱ - 1215 ［穀物類］ | みづおほはこ…Ⅴ - 1479 ［野生植物］ |
| みちかささけ…Ⅱ - 1215 ［穀物類］ | みづおほばこ…Ⅴ - 1480 ［野生植物］ |
| みちかささけ…Ⅵ - 608 ［菜類］ | みづかうぶし…Ⅴ - 1480 ［野生植物］ |
| みちかささげ…Ⅱ - 1215 ［穀物類］ | みづかかみ…Ⅴ - 1480 ［野生植物］ |
| みちくさ…Ⅴ - 1475 ［野生植物］ | みづかがみ…Ⅴ - 1480 ［野生植物］ |
| みちけしろ…Ⅱ - 1215 ［穀物類］ | みづかかみくさ…Ⅴ - 1480 ［野生植物］ |
| みちけじろなかて…Ⅱ - 1216 ［穀物類］ | みづかがみくさ…Ⅴ - 1480 ［野生植物］ |
| みちけやろう…Ⅱ - 1216 ［穀物類］ | みつかき…Ⅵ - 885 ［果類］ |
| みちした…Ⅴ - 1475 ［野生植物］ | みづかき…Ⅵ - 886 ［果類］ |
| みちしは…Ⅴ - 1476 ［野生植物］ | みづかき…Ⅶ - 611 ［樹木類］ |
| みちしば…Ⅴ - 1476 ［野生植物］ | みづかけくさ…Ⅴ - 1480 ［野生植物］ |
| みちしば…Ⅴ - 1477 ［野生植物］ | みづかし…Ⅶ - 611 ［樹木類］ |
| みちしば…Ⅶ - 889 ［救荒動植物類］ | みづがしは…Ⅶ - 612 ［樹木類］ |
| みちのうを…Ⅲ - 545 ［魚類］ | みづがしわ…Ⅴ - 1481 ［野生植物］ |
| みちはこへ…Ⅴ - 1477 ［野生植物］ | みづかたはみ…Ⅴ - 1481 ［野生植物］ |
| みちはこへ…Ⅶ - 889 ［救荒動植物類］ | みつかちがい…Ⅱ - 1216 ［穀物類］ |
| みちはこべ…Ⅴ - 1477 ［野生植物］ | みつかちかひ…Ⅱ - 1216 ［穀物類］ |
| みちばた…Ⅱ - 1216 ［穀物類］ | みつかちがひ…Ⅱ - 1216 ［穀物類］ |
| みちばつか…Ⅴ - 1477 ［野生植物］ | みつかど…Ⅱ - 1217 ［穀物類］ |
| みちひじき…Ⅴ - 1477 ［野生植物］ | みつかど…Ⅴ - 1481 ［野生植物］ |
| みちや…Ⅶ - 611 ［樹木類］ | みつかとくさ…Ⅴ - 1481 ［野生植物］ |
| みぢん…Ⅵ - 608 ［菜類］ | みづかね…Ⅴ - 1481 ［野生植物］ |
| みつ…Ⅴ - 1478 ［野生植物］ | みづかねかつら…Ⅴ - 1481 ［野生植物］ |
| みづ…Ⅴ - 1478 ［野生植物］ | みつかはや…Ⅱ - 1217 ［穀物類］ |
| みづ…Ⅵ - 885 ［果類］ | みつかひえ…Ⅱ - 1217 ［穀物類］ |
| みづ…Ⅶ - 889 ［救荒動植物類］ | みづかぶ…Ⅵ - 608 ［菜類］ |
| みづあおひ…Ⅴ - 1478 ［野生植物］ | みつがます…Ⅲ - 546 ［魚類］ |
| みづあふひ…Ⅴ - 1478 ［野生植物］ | みつかれい…Ⅲ - 546 ［魚類］ |
| みづあをい…Ⅴ - 1479 ［野生植物］ | みつがれい…Ⅲ - 546 ［魚類］ |
| みつあんこう…Ⅲ - 545 ［魚類］ | みづかれい…Ⅲ - 546 ［魚類］ |
| みついし…Ⅱ - 1216 ［穀物類］ | みつかん…Ⅵ - 886 ［果類］ |
| みづいも…Ⅴ - 1479 ［野生植物］ | みつかん…Ⅶ - 612 ［樹木類］ |
| みづいも…Ⅵ - 608 ［菜類］ | みつかんくさ…Ⅴ - 1482 ［野生植物］ |
| みづいり…Ⅱ - 1216 ［穀物類］ | みつかんのき…Ⅶ - 612 ［樹木類］ |

み

| | |
|---|---|
| みつき…Ⅵ‐886［果類］ | みづこぼれ…Ⅱ‐1218［穀物類］ |
| みつき…Ⅶ‐612［樹木類］ | みづこむぎ…Ⅱ‐1218［穀物類］ |
| みづき…Ⅴ‐1482［野生植物］ | みつさやまめ…Ⅱ‐1219［穀物類］ |
| みづき…Ⅶ‐612［樹木類］ | みづし…Ⅶ‐613［樹木類］ |
| みづききやう…Ⅴ‐1482［野生植物］ | みづしのき…Ⅶ‐613［樹木類］ |
| みづきく…Ⅴ‐1482［野生植物］ | みづしは…Ⅴ‐1484［野生植物］ |
| みづきのあぶら…Ⅶ‐889［救荒動植物類］ | みつしはな…Ⅴ‐1484［野生植物］ |
| みづきのは…Ⅶ‐889［救荒動植物類］ | みづしやぐま…Ⅴ‐1485［野生植物］ |
| みづくくり…Ⅱ‐1217［穀物類］ | みづすひ…Ⅱ‐1219［穀物類］ |
| みづくぐり…Ⅱ‐1217［穀物類］ | みつせ…Ⅶ‐613［樹木類］ |
| みづくぐり…Ⅴ‐1482［野生植物］ | みづせり…Ⅵ‐608［菜類］ |
| みづくくりきやうゑひ…Ⅱ‐1217［穀物類］ | みづだいこん…Ⅵ‐609［菜類］ |
| みづくぐりまめ…Ⅱ‐1218［穀物類］ | みつだいづ…Ⅱ‐1219［穀物類］ |
| みつくさ…Ⅲ‐546［魚類］ | みつだそう…Ⅵ‐48［金・石・土・水類］ |
| みつくさ…Ⅴ‐1482［野生植物］ | みづたたき…Ⅵ‐223［菌・茸類］ |
| みづくさ…Ⅲ‐546［魚類］ | みづたて…Ⅴ‐1485［野生植物］ |
| みづくさ…Ⅴ‐1483［野生植物］ | みづたばこ…Ⅴ‐1485［野生植物］ |
| みづくさ…Ⅶ‐612［樹木類］ | みづたま…Ⅴ‐1485［野生植物］ |
| みづくさ…Ⅶ‐613［樹木類］ | みづたま…Ⅶ‐613［樹木類］ |
| みづくさきのは…Ⅶ‐890［救荒動植物類］ | みづたもき…Ⅶ‐614［樹木類］ |
| みづくさのき…Ⅶ‐613［樹木類］ | みづとしわせ…Ⅱ‐1219［穀物類］ |
| みづくさのは…Ⅶ‐890［救荒動植物類］ | みつな…Ⅵ‐609［菜類］ |
| みづくちなし…Ⅶ‐613［樹木類］ | みづな…Ⅴ‐1485［野生植物］ |
| みづくはんざう…Ⅴ‐1484［野生植物］ | みづな…Ⅵ‐609［菜類］ |
| みづくらけ…Ⅴ‐1483［野生植物］ | みづなき…Ⅴ‐1485［野生植物］ |
| みつくり…Ⅲ‐546［魚類］ | みづなぎ…Ⅴ‐1485［野生植物］ |
| みづくり…Ⅲ‐547［魚類］ | みづなごり…Ⅴ‐1486［野生植物］ |
| みづくるま…Ⅴ‐1483［野生植物］ | みつなし…Ⅵ‐886［果類］ |
| みづぐるま…Ⅴ‐1483［野生植物］ | みづなし…Ⅵ‐886［果類］ |
| みづぐるま…Ⅴ‐1484［野生植物］ | みづなし…Ⅵ‐887［果類］ |
| みづぐるま…Ⅶ‐890［救荒動植物類］ | みづなし…Ⅶ‐614［樹木類］ |
| みつけ…Ⅱ‐1218［穀物類］ | みづなら…Ⅶ‐614［樹木類］ |
| みつけじらう…Ⅱ‐1218［穀物類］ | みづならのき…Ⅶ‐614［樹木類］ |
| みつけしろ…Ⅱ‐1218［穀物類］ | みつなり…Ⅱ‐1219［穀物類］ |
| みづこうけ…Ⅴ‐1484［野生植物］ | みつね…Ⅶ‐614［樹木類］ |
| みづこうり…Ⅴ‐1484［野生植物］ | みづね…Ⅶ‐614［樹木類］ |
| みづこけ…Ⅴ‐1484［野生植物］ | みづの…Ⅱ‐1219［穀物類］ |
| みつこさや…Ⅱ‐1218［穀物類］ | みつのうを…Ⅲ‐547［魚類］ |

| | |
|---|---|
| みづのき…Ⅶ‐615［樹木類］ | みつひき…Ⅴ‐1489［野生植物］ |
| みづのこ…Ⅱ‐1219［穀物類］ | みづひき…Ⅴ‐1489［野生植物］ |
| みつのね…Ⅶ‐890［救荒動植物類］ | みづひき…Ⅴ‐1490［野生植物］ |
| みつのは…Ⅶ‐890［救荒動植物類］ | みつひきくさ…Ⅴ‐1490［野生植物］ |
| みづのり…Ⅴ‐1486［野生植物］ | みづひきくさ…Ⅴ‐1490［野生植物］ |
| みつは…Ⅴ‐1486［野生植物］ | みつひきさう…Ⅴ‐1490［野生植物］ |
| みつは…Ⅶ‐890［救荒動植物類］ | みづひきさう…Ⅴ‐1490［野生植物］ |
| みつば…Ⅴ‐1486［野生植物］ | みつひきしやうま…Ⅴ‐1491［野生植物］ |
| みつば…Ⅵ‐610［菜類］ | みつひじき…Ⅴ‐1491［野生植物］ |
| みつば…Ⅶ‐615［樹木類］ | みづひやし…Ⅴ‐1491［野生植物］ |
| みつばいちご…Ⅴ‐1486［野生植物］ | みづびやし…Ⅴ‐1491［野生植物］ |
| みつばがしわ…Ⅶ‐615［樹木類］ | みつふき…Ⅴ‐1491［野生植物］ |
| みつばかつら…Ⅴ‐1486［野生植物］ | みつぶき…Ⅴ‐1492［野生植物］ |
| みつはき…Ⅴ‐1487［野生植物］ | みづふき…Ⅴ‐1491［野生植物］ |
| みつはぎ…Ⅴ‐1487［野生植物］ | みづふき…Ⅵ‐612［菜類］ |
| みづはぎ…Ⅴ‐1487［野生植物］ | みづふき…Ⅶ‐890［救荒動植物類］ |
| みつはくさ…Ⅴ‐1487［野生植物］ | みづぶき…Ⅴ‐1492［野生植物］ |
| みつばくさ…Ⅴ‐1487［野生植物］ | みづぶき…Ⅵ‐612［菜類］ |
| みづはこへ…Ⅴ‐1487［野生植物］ | みづふぐりのき…Ⅶ‐616［樹木類］ |
| みづはこべ…Ⅴ‐1487［野生植物］ | みつぶくろ…Ⅶ‐616［樹木類］ |
| みづはしか…Ⅶ‐615［樹木類］ | みつふさ…Ⅶ‐616［樹木類］ |
| みづばしか…Ⅶ‐615［樹木類］ | みづふさ…Ⅶ‐616［樹木類］ |
| みつはせり…Ⅴ‐1488［野生植物］ | みづぶさ…Ⅶ‐616［樹木類］ |
| みつはせり…Ⅵ‐610［菜類］ | みづふで…Ⅴ‐1492［野生植物］ |
| みつばせり…Ⅴ‐1488［野生植物］ | みつふり…Ⅵ‐612［菜類］ |
| みつばせり…Ⅵ‐611［菜類］ | みづふり…Ⅵ‐612［菜類］ |
| みつばせり…Ⅵ‐612［菜類］ | みつぼいばら…Ⅴ‐1492［野生植物］ |
| みつばぜり…Ⅴ‐1488［野生植物］ | みづぼうき…Ⅴ‐1492［野生植物］ |
| みつばぜり…Ⅵ‐612［菜類］ | みづぼうき…Ⅵ‐613［菜類］ |
| みづはせを…Ⅴ‐1488［野生植物］ | みづぼうこ…Ⅴ‐1492［野生植物］ |
| みづばせを…Ⅴ‐1488［野生植物］ | みづほうづき…Ⅴ‐1492［野生植物］ |
| みつばだいこん…Ⅵ‐612［菜類］ | みづほこり…Ⅴ‐1493［野生植物］ |
| みつばつつじ…Ⅶ‐615［樹木類］ | みづぼこり…Ⅴ‐1493［野生植物］ |
| みづはなから…Ⅴ‐1489［野生植物］ | みつほさや…Ⅱ‐1220［穀物類］ |
| みづはなくさ…Ⅴ‐1489［野生植物］ | みつまき…Ⅶ‐616［樹木類］ |
| みつばもち…Ⅶ‐616［樹木類］ | みづまき…Ⅶ‐617［樹木類］ |
| みづはるも…Ⅴ‐1489［野生植物］ | みづます…Ⅲ‐547［魚類］ |
| みづひい…Ⅴ‐1489［野生植物］ | みつまた…Ⅶ‐617［樹木類］ |

# み

みつまたのき…Ⅶ-617［樹木類］
みづまるこ…Ⅴ-1493［野生植物］
みづむぎ…Ⅱ-1220［穀物類］
みつめ…Ⅴ-1493［野生植物］
みつめ…Ⅶ-617［樹木類］
みづめ…Ⅶ-617［樹木類］
みつめかや…Ⅵ-887［果類］
みづめさくら…Ⅶ-617［樹木類］
みづも…Ⅴ-1493［野生植物］
みづもくせい…Ⅶ-617［樹木類］
みづもじ…Ⅶ-618［樹木類］
みつもち…Ⅴ-1493［野生植物］
みづもち…Ⅴ-1494［野生植物］
みづもちくさ…Ⅴ-1494［野生植物］
みづもも…Ⅵ-887［果類］
みづもも…Ⅶ-618［樹木類］
みづもろむき…Ⅴ-1494［野生植物］
みづやなぎ…Ⅴ-1494［野生植物］
みづやまふき…Ⅶ-618［樹木類］
みづゆす…Ⅶ-618［樹木類］
みづゆすのき…Ⅶ-618［樹木類］
みづよけ…Ⅱ-1220［穀物類］
みつよつばくさ…Ⅴ-1494［野生植物］
みつら…Ⅱ-1220［穀物類］
みづら…Ⅶ-618［樹木類］
みづれんげ…Ⅴ-1494［野生植物］
みづゑか…Ⅴ-1495［野生植物］
みつゑそ…Ⅲ-547［魚類］
みづゑもん…Ⅱ-1220［穀物類］
みつを…Ⅱ-1220［穀物類］
みづをかこ…Ⅴ-1495［野生植物］
みてくれい…Ⅱ-1220［穀物類］
みと…Ⅱ-1221［穀物類］
みとあわ…Ⅱ-1221［穀物類］
みとかし…Ⅱ-1221［穀物類］
みとちかひ…Ⅲ-825［貝類］
みとり…Ⅱ-1221［穀物類］
みどり…Ⅱ-1221［穀物類］
みとりな…Ⅵ-613［菜類］
みどりまめ…Ⅱ-1221［穀物類］
みとろ…Ⅱ-1222［穀物類］
みどをれ…Ⅱ-1222［穀物類］
みな…Ⅲ-825［貝類］
みなかれ…Ⅱ-1222［穀物類］
みなくち…Ⅱ-1222［穀物類］
みなぐちあんかう…Ⅲ-547［魚類］
みなくちさこ…Ⅲ-547［魚類］
みなくちはへ…Ⅲ-548［魚類］
みなくちもち…Ⅱ-1222［穀物類］
みなくちわせ…Ⅱ-1222［穀物類］
みなしかひ…Ⅲ-826［貝類］
みなしろくさ…Ⅴ-1495［野生植物］
みなすい…Ⅲ-548［魚類］
みなとわせ…Ⅱ-1222［穀物類］
みなみあは…Ⅱ-1223［穀物類］
みなみあわ…Ⅱ-1223［穀物類］
みなみこむき…Ⅱ-1223［穀物類］
みなみこむぎ…Ⅱ-1223［穀物類］
みなり…Ⅱ-1223［穀物類］
みねうるい…Ⅴ-1495［野生植物］
みねくだり…Ⅱ-1223［穀物類］
みねすおうのき…Ⅶ-619［樹木類］
みねずわう…Ⅶ-619［樹木類］
みねはり…Ⅶ-619［樹木類］
みねばり…Ⅶ-619［樹木類］
みの…Ⅱ-1223［穀物類］
みのいね…Ⅱ-1223［穀物類］
みのうを…Ⅲ-548［魚類］
みのおくて…Ⅱ-1224［穀物類］
みのおほね…Ⅵ-613［菜類］
みのかいちう…Ⅱ-1224［穀物類］
みのかき…Ⅵ-887［果類］
みのがき…Ⅵ-887［果類］
みのかけ…Ⅱ-1224［穀物類］
みのかけもち…Ⅱ-1224［穀物類］
みのかさ…Ⅱ-1224［穀物類］

| | |
|---|---|
| みのかひ…Ⅲ - 826　［貝類］ | みのやろく…Ⅱ - 1227　［穀物類］ |
| みのかや…Ⅴ - 1495　［野生植物］ | みのろくかく…Ⅱ - 1227　［穀物類］ |
| みのかや…Ⅵ - 613　［菜類］ | みのわせ…Ⅱ - 1227　［穀物類］ |
| みのかるこ…Ⅱ - 1224　［穀物類］ | みのをこし…Ⅲ - 549　［魚類］ |
| みのきもち…Ⅱ - 1225　［穀物類］ | みみはねざさ…Ⅵ - 93　［竹・笹類］ |
| みのくさ…Ⅴ - 1495　［野生植物］ | みはる…Ⅱ - 1228　［穀物類］ |
| みのくさのみ…Ⅶ - 891　［救荒動植物類］ | みふし…Ⅱ - 1228　［穀物類］ |
| みのくろ…Ⅱ - 1225　［穀物類］ | みほうもち…Ⅱ - 1228　［穀物類］ |
| みのぐろ…Ⅱ - 1225　［穀物類］ | みほと…Ⅱ - 1228　［穀物類］ |
| みのけ…Ⅱ - 1225　［穀物類］ | みほひへ…Ⅱ - 1228　［穀物類］ |
| みのけ…Ⅴ - 1496　［野生植物］ | みほわせ…Ⅱ - 1228　［穀物類］ |
| みのげ…Ⅴ - 1496　［野生植物］ | みみがね…Ⅲ - 549　［魚類］ |
| みのこねり…Ⅵ - 888　［果類］ | みみくろうなき…Ⅲ - 549　［魚類］ |
| みのこみ…Ⅴ - 1496　［野生植物］ | みみこけ…Ⅴ - 1497　［野生植物］ |
| みのこむぎ…Ⅱ - 1225　［穀物類］ | みみこち…Ⅲ - 549　［魚類］ |
| みのこめ…Ⅴ - 1496　［野生植物］ | みみごひ…Ⅲ - 549　［魚類］ |
| みのごめ…Ⅴ - 1496　［野生植物］ | みみしろ…Ⅱ - 1228　［穀物類］ |
| みのごらう…Ⅱ - 1225　［穀物類］ | みみしろあづき…Ⅱ - 1229　［穀物類］ |
| みのごらうむぎ…Ⅱ - 1225　［穀物類］ | みみずたうからし…Ⅵ - 613　［菜類］ |
| みのさいこく…Ⅱ - 1226　［穀物類］ | みみだいこん…Ⅵ - 613　［菜類］ |
| みのさらし…Ⅵ - 888　［果類］ | みみたかぶか…Ⅲ - 549　［魚類］ |
| みのさわら…Ⅲ - 548　［魚類］ | みみたけ…Ⅵ - 223　［菌・茸類］ |
| みのしやうらく…Ⅱ - 1226　［穀物類］ | みみだり…Ⅴ - 1497　［野生植物］ |
| みのぜんろく…Ⅱ - 1226　［穀物類］ | みみたれ…Ⅴ - 1497　［野生植物］ |
| みのだいこん…Ⅵ - 613　［菜類］ | みみだれ…Ⅴ - 1497　［野生植物］ |
| みのたにむき…Ⅱ - 1226　［穀物類］ | みみたれくさ…Ⅴ - 1497　［野生植物］ |
| みののうを…Ⅲ - 548　［魚類］ | みみだれくさ…Ⅴ - 1497　［野生植物］ |
| みののり…Ⅴ - 1496　［野生植物］ | みみつく…Ⅲ - 550　［魚類］ |
| みのはかや…Ⅴ - 1497　［野生植物］ | みみつくいばら…Ⅴ - 1498　［野生植物］ |
| みのはせ…Ⅶ - 619　［樹木類］ | みみづくいばら…Ⅴ - 1498　［野生植物］ |
| みのはぜ…Ⅵ - 888　［果類］ | みみつこいばら…Ⅴ - 1498　［野生植物］ |
| みのびつちゆう…Ⅱ - 1226　［穀物類］ | みみつぶ…Ⅴ - 1498　［野生植物］ |
| みのひへ…Ⅱ - 1226　［穀物類］ | みみつぶし…Ⅵ - 223　［菌・茸類］ |
| みのひゑ…Ⅱ - 1226　［穀物類］ | みみつふれ…Ⅵ - 223　［菌・茸類］ |
| みのふぐ…Ⅲ - 549　［魚類］ | みみつぶれ…Ⅵ - 223　［菌・茸類］ |
| みのむぎ…Ⅱ - 1227　［穀物類］ | みみづまくら…Ⅶ - 619　［樹木類］ |
| みのもち…Ⅱ - 1227　［穀物類］ | みみつもり…Ⅶ - 619　［樹木類］ |
| みのやまと…Ⅱ - 1227　［穀物類］ | みみづもり…Ⅶ - 620　［樹木類］ |

# み

みみな…Ⅴ‐1498　[野生植物]
みみな…Ⅶ‐891　[救荒動植物類]
みみなくさ…Ⅴ‐1498　[野生植物]
みみにかへくさ…Ⅴ‐1499　[野生植物]
みみやうな…Ⅴ‐1499　[野生植物]
みむらさき…Ⅶ‐620　[樹木類]
みむろ…Ⅱ‐1229　[穀物類]
みめよし…Ⅱ‐1229　[穀物類]
みや…Ⅱ‐1229　[穀物類]
みやいち…Ⅱ‐1229　[穀物類]
みやうあわ…Ⅱ‐1229　[穀物類]
みやうか…Ⅴ‐1499　[野生植物]
みやうか…Ⅵ‐614　[菜類]
みやうが…Ⅴ‐1499　[野生植物]
みやうが…Ⅵ‐614　[菜類]
みやうがたけ…Ⅵ‐614　[菜類]
みやうき…Ⅱ‐1229　[穀物類]
みやうきち…Ⅲ‐550　[魚類]
みやうぎち…Ⅲ‐550　[魚類]
みやうたん…Ⅵ‐888　[果類]
みやうたんかき…Ⅵ‐888　[果類]
みやうたんび…Ⅵ‐888　[果類]
みやうち…Ⅱ‐1230　[穀物類]
みやうばん…Ⅵ‐49　[金・石・土・水類]
みやうぶ…Ⅲ‐550　[魚類]
みやうりんかき…Ⅵ‐889　[果類]
みやきの…Ⅴ‐1499　[野生植物]
みやぎの…Ⅴ‐1499　[野生植物]
みやきのはき…Ⅴ‐1500　[野生植物]
みやきのはぎ…Ⅴ‐1500　[野生植物]
みやこあわ…Ⅱ‐1230　[穀物類]
みやこいも…Ⅵ‐614　[菜類]
みやこかい…Ⅲ‐826　[貝類]
みやこかひ…Ⅲ‐826　[貝類]
みやこくさ…Ⅴ‐1500　[野生植物]
みやこさう…Ⅴ‐1500　[野生植物]
みやこし…Ⅱ‐1230　[穀物類]
みやこはな…Ⅴ‐1500　[野生植物]

みやこばな…Ⅴ‐1501　[野生植物]
みやこほせ…Ⅱ‐1230　[穀物類]
みやこほれ…Ⅱ‐1230　[穀物類]
みやこぼれ…Ⅱ‐1230　[穀物類]
みやこもち…Ⅱ‐1230　[穀物類]
みやこわすれ…Ⅶ‐620　[樹木類]
みやこわすれさくら…Ⅶ‐620　[樹木類]
みやしけ…Ⅱ‐1230　[穀物類]
みやしけ…Ⅵ‐614　[菜類]
みやしげ…Ⅱ‐1230　[穀物類]
みやしげ…Ⅵ‐614　[菜類]
みやしげ…Ⅵ‐615　[菜類]
みやしげだいこん…Ⅵ‐615　[菜類]
みやしろ…Ⅵ‐615　[菜類]
みやちかし…Ⅱ‐1231　[穀物類]
みやつだいこん…Ⅵ‐615　[菜類]
みやなき…Ⅶ‐620　[樹木類]
みやのした…Ⅱ‐1231　[穀物類]
みやのまへ…Ⅱ‐1231　[穀物類]
みやのまへ…Ⅵ‐615　[菜類]
みやのまへだいこん…Ⅵ‐615　[菜類]
みやのわき…Ⅱ‐1231　[穀物類]
みやのわき…Ⅵ‐615　[菜類]
みやのわせ…Ⅱ‐1231　[穀物類]
みやま…Ⅱ‐1231　[穀物類]
みやまうつぎ…Ⅶ‐621　[樹木類]
みやまくくたち…Ⅴ‐1501　[野生植物]
みやまこり…Ⅲ‐550　[魚類]
みやまごり…Ⅲ‐550　[魚類]
みやまさくら…Ⅶ‐621　[樹木類]
みやましきぶ…Ⅶ‐621　[樹木類]
みやましきみ…Ⅴ‐1501　[野生植物]
みやましきみ…Ⅶ‐621　[樹木類]
みやましきみ…Ⅶ‐622　[樹木類]
みやまそてつ…Ⅴ‐1501　[野生植物]
みやまそへご…Ⅶ‐622　[樹木類]
みやまつ…Ⅴ‐1501　[野生植物]
みやまつつし…Ⅶ‐622　[樹木類]

みやまつつじ…Ⅶ-622［樹木類］
みやまはき…Ⅴ-1501［野生植物］
みやまはぎ…Ⅶ-622［樹木類］
みやまはげ…Ⅶ-623［樹木類］
みやまひとつば…Ⅴ-1501［野生植物］
みやまふき…Ⅴ-1502［野生植物］
みやまへだいこん…Ⅵ-616［菜類］
みやまめ…Ⅱ-1232［穀物類］
みやまやどめ…Ⅶ-623［樹木類］
みややろく…Ⅱ-1232［穀物類］
みやらとわせ…Ⅱ-1232［穀物類］
みやわき…Ⅱ-1232［穀物類］
みようたん…Ⅵ-889［果類］
みよし…Ⅱ-1232［穀物類］
みよどろ…Ⅶ-623［樹木類］
みよな…Ⅴ-1502［野生植物］
みより…Ⅱ-1232［穀物類］
みる…Ⅴ-1502［野生植物］
みるくい…Ⅲ-826［貝類］
みるくひ…Ⅲ-827［貝類］
みるたけ…Ⅵ-223［菌・茸類］
みるま…Ⅵ-616［菜類］
みるめ…Ⅴ-1503［野生植物］
みるも…Ⅴ-1503［野生植物］
みろく…Ⅱ-1233［穀物類］
みろくかひ…Ⅲ-827［貝類］
みろくがひ…Ⅲ-827［貝類］
みわはだけ…Ⅲ-550［魚類］
みわりわせ…Ⅱ-1233［穀物類］
みわれ…Ⅱ-1233［穀物類］
みわれわせ…Ⅱ-1233［穀物類］
みんぶ…Ⅱ-1233［穀物類］

## む

むいかあづき…Ⅱ-1234［穀物類］
むいかひ…Ⅲ-828［貝類］
むいから…Ⅶ-624［樹木類］
むかいの…Ⅱ-1234［穀物類］
むかご…Ⅴ-1504［野生植物］
むかご…Ⅵ-617［菜類］
むかし…Ⅱ-1234［穀物類］
むかしいわか…Ⅱ-1234［穀物類］
むかしかいちう…Ⅱ-1234［穀物類］
むかしかるこ…Ⅱ-1234［穀物類］
むかたも…Ⅴ-1504［野生植物］
むかて…Ⅱ-1234［穀物類］
むかて…Ⅶ-892［救荒動植物類］
むかで…Ⅱ-1234［穀物類］
むかてかたのり…Ⅴ-1504［野生植物］
むかでかたのり…Ⅴ-1504［野生植物］
むかてくさ…Ⅴ-1504［野生植物］
むかでくさ…Ⅴ-1504［野生植物］
むかてこむぎ…Ⅱ-1235［穀物類］
むかでこむぎ…Ⅱ-1235［穀物類］
むかてな…Ⅴ-1505［野生植物］
むかてのり…Ⅴ-1505［野生植物］
むかでのり…Ⅴ-1505［野生植物］
むかてへこ…Ⅴ-1505［野生植物］
むかてむぎ…Ⅱ-1235［穀物類］
むかても…Ⅴ-1505［野生植物］
むかでも…Ⅴ-1506［野生植物］
むぎ…Ⅱ-1235［穀物類］
むぎあわ…Ⅱ-1235［穀物類］
むぎいたび…Ⅴ-1506［野生植物］
むぎいちご…Ⅴ-1506［野生植物］
むぎいちご…Ⅵ-890［果類］
むぎうな…Ⅴ-1506［野生植物］
むぎえひ…Ⅲ-551［魚類］
むぎおりくさ…Ⅴ-1506［野生植物］
むぎかい…Ⅶ-624［樹木類］
むきがき…Ⅵ-890［果類］
むきから…Ⅴ-1506［野生植物］
むぎから…Ⅱ-1235［穀物類］
むぎから…Ⅲ-551［魚類］
むぎからくさ…Ⅴ-1506［野生植物］
むぎからさい…Ⅱ-1235［穀物類］

# む

むぎからざい…Ⅱ-1235［穀物類］
むぎからとちやう…Ⅲ-551［魚類］
むぎからまき…Ⅴ-1507［野生植物］
むぎからも…Ⅴ-1507［野生植物］
むぎくさ…Ⅴ-1507［野生植物］
むぎくさ…Ⅴ-1507［野生植物］
むぎしょうろ…Ⅵ-224［菌・茸類］
むぎしり…Ⅱ-1236［穀物類］
むぎしりあは…Ⅱ-1236［穀物類］
むぎしろあつき…Ⅱ-1236［穀物類］
むぎぜり…Ⅴ-1507［野生植物］
むぎそへ…Ⅱ-1236［穀物類］
むぎたけ…Ⅵ-224［菌・茸類］
むぎたけ…Ⅵ-224［菌・茸類］
むぎたすけ…Ⅱ-1236［穀物類］
むぎぢ…Ⅱ-1236［穀物類］
むぎつき…Ⅱ-1236［穀物類］
むぎつき…Ⅱ-1237［穀物類］
むぎつき…Ⅲ-551［魚類］
むぎつぎ…Ⅲ-551［魚類］
むぎつき…Ⅱ-1236［穀物類］
むぎつき…Ⅱ-1237［穀物類］
むぎつき…Ⅲ-551［魚類］
むぎつぎ…Ⅱ-1237［穀物類］
むぎつきあわ…Ⅱ-1237［穀物類］
むぎつぎあわ…Ⅱ-1237［穀物類］
むぎつきくまこ…Ⅱ-1237［穀物類］
むぎつきはへ…Ⅲ-551［魚類］
むぎつきひえ…Ⅱ-1237［穀物類］
むぎとせう…Ⅲ-552［魚類］
むぎな…Ⅲ-552［魚類］
むぎな…Ⅴ-1507［野生植物］
むぎなくさ…Ⅴ-1507［野生植物］
むぎぬか…Ⅶ-892［救荒動植物類］
むぎのを…Ⅲ-552［魚類］
むぎはたか…Ⅱ-1237［穀物類］
むぎはらくさ…Ⅴ-1508［野生植物］
むぎはゑ…Ⅲ-552［魚類］

むぎはゑ…Ⅲ-552［魚類］
むぎほし…Ⅲ-552［魚類］
むぎまめ…Ⅱ-1238［穀物類］
むぎも…Ⅴ-1508［野生植物］
むぎやき…Ⅲ-552［魚類］
むぎやきくさびうを…Ⅲ-553［魚類］
むぎやす…Ⅱ-1238［穀物類］
むぎやす…Ⅱ-1238［穀物類］
むぎよし…Ⅱ-1238［穀物類］
むぎよし…Ⅱ-1238［穀物類］
むぎよをな…Ⅴ-1508［野生植物］
むぎよをな…Ⅴ-1508［野生植物］
むぎわら…Ⅲ-553［魚類］
むぎわら…Ⅴ-1508［野生植物］
むぎわらい…Ⅲ-553［魚類］
むぎわらくさ…Ⅴ-1508［野生植物］
むぎわらだい…Ⅲ-553［魚類］
むぎわらたひ…Ⅲ-553［魚類］
むく…Ⅵ-890［果類］
むく…Ⅶ-624［樹木類］
むくぎ…Ⅶ-624［樹木類］
むくきのき…Ⅶ-624［樹木類］
むくぎのは…Ⅶ-892［救荒動植物類］
むくけ…Ⅶ-625［樹木類］
むくげ…Ⅶ-625［樹木類］
むくげなば…Ⅵ-224［菌・茸類］
むくげのき…Ⅶ-625［樹木類］
むくけのは…Ⅶ-892［救荒動植物類］
むくげのは…Ⅶ-892［救荒動植物類］
むくじ…Ⅲ-553［魚類］
むくそう…Ⅱ-1238［穀物類］
むくそふ…Ⅱ-1238［穀物類］
むくだい…Ⅱ-1238［穀物類］
むくだい…Ⅵ-224［菌・茸類］
むくたけ…Ⅵ-224［菌・茸類］
むくだひ…Ⅱ-1238［穀物類］
むくで…Ⅶ-625［樹木類］
むくどり…Ⅶ-892［救荒動植物類］

| | |
|---|---|
| むくな…Ⅵ-617［菜類］ | むこそろい…Ⅱ-1240［穀物類］ |
| むくなば…Ⅵ-225［菌・茸類］ | むこそろへ…Ⅱ-1240［穀物類］ |
| むくのき…Ⅶ-626［樹木類］ | むこなかし…Ⅴ-1510［野生植物］ |
| むくのは…Ⅶ-893［救荒動植物類］ | むこなかし…Ⅴ-1511［野生植物］ |
| むくのみ…Ⅵ-890［果類］ | むこなかしのは…Ⅶ-893［救荒動植物類］ |
| むくのみ…Ⅶ-893［救荒動植物類］ | むこなかせ…Ⅴ-1511［野生植物］ |
| むくみかつら…Ⅴ-1508［野生植物］ | むこなかせ…Ⅵ-617［菜類］ |
| むくみかづら…Ⅴ-1509［野生植物］ | むこなかせ…Ⅶ-893［救荒動植物類］ |
| むくら…Ⅴ-1509［野生植物］ | むこながせ…Ⅴ-1511［野生植物］ |
| むぐら…Ⅴ-1509［野生植物］ | むこにかし…Ⅴ-1511［野生植物］ |
| むぐら…Ⅶ-893［救荒動植物類］ | むこにがし…Ⅴ-1511［野生植物］ |
| むくらくさ…Ⅴ-1510［野生植物］ | むこにがしかや…Ⅴ-1511［野生植物］ |
| むぐらくさ…Ⅴ-1510［野生植物］ | むこにがしくさ…Ⅴ-1512［野生植物］ |
| むくらもち…Ⅶ-893［救荒動植物類］ | むこぬき…Ⅱ-1240［穀物類］ |
| むくれんさう…Ⅴ-1510［野生植物］ | むさしあぶみ…Ⅴ-1512［野生植物］ |
| むくろう…Ⅶ-626［樹木類］ | むし…Ⅱ-1240［穀物類］ |
| むくろうさう…Ⅴ-1510［野生植物］ | むしかへり…Ⅶ-628［樹木類］ |
| むくろうじ…Ⅶ-626［樹木類］ | むしかり…Ⅴ-1512［野生植物］ |
| むくろくさ…Ⅴ-1510［野生植物］ | むしかり…Ⅶ-628［樹木類］ |
| むくろし…Ⅱ-1239［穀物類］ | むしかり…Ⅶ-894［救荒動植物類］ |
| むくろし…Ⅶ-626［樹木類］ | むしかれ…Ⅶ-628［樹木類］ |
| むくろじ…Ⅱ-1239［穀物類］ | むしがれ…Ⅶ-628［樹木類］ |
| むくろじ…Ⅶ-626［樹木類］ | むしかれい…Ⅶ-629［樹木類］ |
| むくろじ…Ⅶ-627［樹木類］ | むしかれのき…Ⅶ-629［樹木類］ |
| むくろじのき…Ⅶ-627［樹木類］ | むしきらい…Ⅲ-553［魚類］ |
| むくろしまめ…Ⅱ-1239［穀物類］ | むしくさ…Ⅴ-1512［野生植物］ |
| むくろじゆ…Ⅶ-627［樹木類］ | むしくそ…Ⅵ-49［金・石・土・水類］ |
| むぐろしり…Ⅵ-617［菜類］ | むしこき…Ⅴ-1512［野生植物］ |
| むくろぢ…Ⅶ-627［樹木類］ | むしさき…Ⅱ-1240［穀物類］ |
| むくろのき…Ⅶ-627［樹木類］ | むしだて…Ⅶ-629［樹木類］ |
| むくろもたせ…Ⅵ-225［菌・茸類］ | むしたれ…Ⅱ-1241［穀物類］ |
| むけかた…Ⅱ-1239［穀物類］ | むしつり…Ⅴ-1512［野生植物］ |
| むけむけ…Ⅶ-628［樹木類］ | むしつり…Ⅶ-894［救荒動植物類］ |
| むけやす…Ⅱ-1239［穀物類］ | むしづり…Ⅴ-1512［野生植物］ |
| むこき…Ⅴ-1510［野生植物］ | むしつりくさ…Ⅴ-1513［野生植物］ |
| むこき…Ⅶ-893［救荒動植物類］ | むしつりな…Ⅴ-1513［野生植物］ |
| むこぎ…Ⅶ-628［樹木類］ | むしとり…Ⅱ-1241［穀物類］ |
| むここやし…Ⅱ-1239［穀物類］ | むしとりくさ…Ⅴ-1513［野生植物］ |

む

むじな…Ⅶ‐894［救荒動植物類］
むじなあづき…Ⅱ‐1241［穀物類］
むしなあわ…Ⅱ‐1241［穀物類］
むじなのを…Ⅱ‐1241［穀物類］
むしなりくさ…Ⅴ‐1513［野生植物］
むしのこくさ…Ⅴ‐1513［野生植物］
むしはへ…Ⅲ‐554［魚類］
むしふな…Ⅲ‐554［魚類］
むしま…Ⅲ‐554［魚類］
むしまうを…Ⅲ‐554［魚類］
むしましょをろを…Ⅲ‐554［魚類］
むしまぢょらう…Ⅲ‐554［魚類］
むしやうかき…Ⅵ‐890［果類］
むしやしやき…Ⅶ‐629［樹木類］
むしりな…Ⅴ‐1514［野生植物］
むしろかひ…Ⅲ‐828［貝類］
むしろくさ…Ⅴ‐1514［野生植物］
むしろとをし…Ⅲ‐555［魚類］
むしを…Ⅴ‐1514［野生植物］
むしをのは…Ⅶ‐894［救荒動植物類］
むしん…Ⅵ‐890［果類］
むしんさう…Ⅴ‐1514［野生植物］
むじんさう…Ⅴ‐1514［野生植物］
むじんさう…Ⅵ‐617［菜類］
むしんそう…Ⅴ‐1514［野生植物］
むじんそう…Ⅴ‐1515［野生植物］
むじんそう…Ⅵ‐617［菜類］
むすびくさ…Ⅴ‐1515［野生植物］
むすびやなぎ…Ⅶ‐629［樹木類］
むずをれくさ…Ⅴ‐1515［野生植物］
むせたけ…Ⅵ‐225［菌・茸類］
むせつた…Ⅱ‐1241［穀物類］
むせつた…Ⅵ‐225［菌・茸類］
むそう…Ⅱ‐1241［穀物類］
むた…Ⅱ‐1242［穀物類］
むたあやめ…Ⅴ‐1515［野生植物］
むたくれない…Ⅴ‐1515［野生植物］
むたせり…Ⅴ‐1515［野生植物］

むたはのき…Ⅶ‐629［樹木類］
むたべに…Ⅴ‐1515［野生植物］
むためくり…Ⅴ‐1516［野生植物］
むちのき…Ⅶ‐629［樹木類］
むちんさう…Ⅴ‐1516［野生植物］
むぢんさう…Ⅴ‐1516［野生植物］
むつ…Ⅲ‐555［魚類］
むつかど…Ⅱ‐1242［穀物類］
むつくそもと…Ⅲ‐555［魚類］
むつこ…Ⅲ‐555［魚類］
むつご…Ⅲ‐555［魚類］
むつこさや…Ⅱ‐1242［穀物類］
むつこざや…Ⅱ‐1242［穀物類］
むつごらう…Ⅲ‐556［魚類］
むつころう…Ⅲ‐556［魚類］
むつば…Ⅴ‐1516［野生植物］
むつはへ…Ⅲ‐556［魚類］
むつをれくさ…Ⅴ‐1516［野生植物］
むなき…Ⅲ‐556［魚類］
むねきり…Ⅱ‐1242［穀物類］
むねこ…Ⅱ‐1242［穀物類］
むねばり…Ⅶ‐630［樹木類］
むねもしり…Ⅶ‐630［樹木類］
むねもじり…Ⅶ‐630［樹木類］
むねやどめ…Ⅶ‐630［樹木類］
むねん…Ⅱ‐1242［穀物類］
むばめ…Ⅲ‐556［魚類］
むばめ…Ⅶ‐630［樹木類］
むはら…Ⅴ‐1516［野生植物］
むはら…Ⅶ‐630［樹木類］
むばら…Ⅴ‐1516［野生植物］
むはらしやうひ…Ⅴ‐1517［野生植物］
むはらしやうふ…Ⅴ‐1517［野生植物］
むはらしやうへん…Ⅴ‐1517［野生植物］
むはらとりとまらす…Ⅴ‐1082［野生植物］
むはらのたう…Ⅶ‐630［樹木類］
むはらぼたん…Ⅴ‐1517［野生植物］
むはらも…Ⅴ‐1517［野生植物］

| | |
|---|---|
| むへ…Ⅵ-890［果類］ | むますいこ…Ⅴ-1521［野生植物］ |
| むべ…Ⅴ-1517［野生植物］ | むませり…Ⅴ-1521［野生植物］ |
| むへかつら…Ⅴ-1518［野生植物］ | むませり…Ⅴ-1522［野生植物］ |
| むべかつら…Ⅴ-1518［野生植物］ | むませり…Ⅵ-618［菜類］ |
| むぼせ…Ⅲ-556［魚類］ | むまぜり…Ⅴ-1522［野生植物］ |
| むぼぜ…Ⅲ-556［魚類］ | むまそうめん…Ⅴ-1522［野生植物］ |
| むま…Ⅶ-894［救荒動植物類］ | むまだいこん…Ⅴ-1522［野生植物］ |
| むまあさみ…Ⅴ-1518［野生植物］ | むまだいづ…Ⅱ-1243［穀物類］ |
| むまあざみ…Ⅴ-1518［野生植物］ | むまたで…Ⅴ-1522［野生植物］ |
| むまあふき…Ⅴ-1518［野生植物］ | むまたてくさ…Ⅴ-1522［野生植物］ |
| むまいしき…Ⅶ-631［樹木類］ | むまぢこ…Ⅶ-631［樹木類］ |
| むまうど…Ⅴ-1518［野生植物］ | むまつなぎ…Ⅴ-1522［野生植物］ |
| むまおとろかし…Ⅶ-631［樹木類］ | むまつめかひ…Ⅲ-828［貝類］ |
| むまかけさう…Ⅴ-1518［野生植物］ | むまとじ…Ⅶ-631［樹木類］ |
| むまかしらあづき…Ⅱ-1242［穀物類］ | むまどし…Ⅶ-631［樹木類］ |
| むまかたら…Ⅴ-1519［野生植物］ | むまとしやう…Ⅲ-557［魚類］ |
| むまかたり…Ⅴ-1519［野生植物］ | むまとせう…Ⅲ-557［魚類］ |
| むまくさ…Ⅲ-828［貝類］ | むまどせう…Ⅲ-557［魚類］ |
| むまくさ…Ⅴ-1519［野生植物］ | むまとちやう…Ⅲ-557［魚類］ |
| むまくそたけ…Ⅵ-225［菌・茸類］ | むまとまり…Ⅶ-631［樹木類］ |
| むまくはず…Ⅱ-1243［穀物類］ | むまにんにく…Ⅴ-1523［野生植物］ |
| むまくはず…Ⅴ-1519［野生植物］ | むまぬすひと…Ⅲ-557［魚類］ |
| むまぐみ…Ⅴ-1519［野生植物］ | むまのあしかき…Ⅴ-1523［野生植物］ |
| むまぐみ…Ⅶ-631［樹木類］ | むまのあしがき…Ⅴ-1523［野生植物］ |
| むまぐんど…Ⅴ-1519［野生植物］ | むまのあしかた…Ⅴ-1523［野生植物］ |
| むまげんげ…Ⅴ-1519［野生植物］ | むまのかしら…Ⅱ-1243［穀物類］ |
| むまごいもたし…Ⅵ-225［菌・茸類］ | むまのかしらあづき…Ⅱ-1243［穀物類］ |
| むまごぼう…Ⅴ-1520［野生植物］ | むまのかね…Ⅱ-1243［穀物類］ |
| むまこもたし…Ⅵ-225［菌・茸類］ | むまのくさ…Ⅴ-1523［野生植物］ |
| むまこや…Ⅴ-1520［野生植物］ | むまのくそたけ…Ⅵ-226［菌・茸類］ |
| むまこやし…Ⅴ-1520［野生植物］ | むまのくそなば…Ⅵ-226［菌・茸類］ |
| むまこやし…Ⅶ-894［救荒動植物類］ | むまのくそもたし…Ⅵ-226［菌・茸類］ |
| むまこやしくさ…Ⅴ-1520［野生植物］ | むまのけんしやう…Ⅴ-1524［野生植物］ |
| むまさいき…Ⅴ-1521［野生植物］ | むまのこ…Ⅲ-828［貝類］ |
| むまさし…Ⅴ-1521［野生植物］ | むまのした…Ⅲ-557［魚類］ |
| むましひな…Ⅴ-1521［野生植物］ | むまのすずくさ…Ⅴ-1523［野生植物］ |
| むましやくな…Ⅵ-618［菜類］ | むまのせうへん…Ⅲ-557［魚類］ |
| むましりみな…Ⅲ-828［貝類］ | むまのせうべん…Ⅲ-558［魚類］ |

# む

| | |
|---|---|
| むまのちち…Ⅴ - 1524 ［野生植物］ | むまふとう…Ⅴ - 1526 ［野生植物］ |
| むまのつな…Ⅱ - 1243 ［穀物類］ | むまふり…Ⅴ - 1526 ［野生植物］ |
| むまのつめ…Ⅲ - 828 ［貝類］ | むまほうつき…Ⅴ - 1526 ［野生植物］ |
| むまのつめ…Ⅵ - 618 ［菜類］ | むまぼうふ…Ⅴ - 1526 ［野生植物］ |
| むまのつめかい…Ⅲ - 829 ［貝類］ | むまほね…Ⅶ - 632 ［樹木類］ |
| むまのつめかひ…Ⅲ - 829 ［貝類］ | むまぼね…Ⅶ - 632 ［樹木類］ |
| むまのつめくさり…Ⅴ - 1524 ［野生植物］ | むまみつば…Ⅴ - 1526 ［野生植物］ |
| むまのとし…Ⅴ - 1524 ［野生植物］ | むまみゐど…Ⅵ - 49 ［金・石・土・水類］ |
| むまのは…Ⅱ - 1243 ［穀物類］ | むまやきかね…Ⅱ - 1244 ［穀物類］ |
| むまのばんしやうかづら…Ⅴ - 1524 ［野生植物］ | むまよはり…Ⅲ - 558 ［魚類］ |
| むまのふす…Ⅶ - 632 ［樹木類］ | むまれんけ…Ⅴ - 1526 ［野生植物］ |
| むまのぶす…Ⅶ - 632 ［樹木類］ | むみやうさう…Ⅴ - 1526 ［野生植物］ |
| むまのふち…Ⅵ - 618 ［菜類］ | むみやうな…Ⅴ - 1527 ［野生植物］ |
| むまのほうがら…Ⅴ - 1524 ［野生植物］ | むめ…Ⅵ - 891 ［果類］ |
| むまのほうからくさ…Ⅶ - 894 ［救荒動植物類］ | むめ…Ⅶ - 633 ［樹木類］ |
| むまのほうからのは…Ⅶ - 895 ［救荒動植物類］ | むめいい…Ⅵ - 49 ［金・石・土・水類］ |
| むまのほね…Ⅶ - 632 ［樹木類］ | むめがえくさ…Ⅴ - 1527 ［野生植物］ |
| むまのほねき…Ⅶ - 632 ［樹木類］ | むめがへ…Ⅴ - 1527 ［野生植物］ |
| むまのめ…Ⅱ - 1244 ［穀物類］ | むめこもち…Ⅱ - 1244 ［穀物類］ |
| むまのもち…Ⅴ - 1524 ［野生植物］ | むめしやうふ…Ⅴ - 1527 ［野生植物］ |
| むまのやきこめ…Ⅴ - 1525 ［野生植物］ | むめしやうぶ…Ⅴ - 1527 ［野生植物］ |
| むまのよはり…Ⅲ - 558 ［魚類］ | むめそめ…Ⅲ - 558 ［魚類］ |
| むまのよばり…Ⅲ - 558 ［魚類］ | むめぞめ…Ⅲ - 558 ［魚類］ |
| むまのりしをで…Ⅴ - 1525 ［野生植物］ | むめぞめぶか…Ⅲ - 558 ［魚類］ |
| むまはぎ…Ⅴ - 1525 ［野生植物］ | むめたけ…Ⅵ - 226 ［菌・茸類］ |
| むまはこべ…Ⅴ - 1525 ［野生植物］ | むめつか…Ⅱ - 1244 ［穀物類］ |
| むまはます…Ⅴ - 1525 ［野生植物］ | むめつる…Ⅶ - 633 ［樹木類］ |
| むまはり…Ⅴ - 1525 ［野生植物］ | むめづる…Ⅴ - 1527 ［野生植物］ |
| むまばり…Ⅴ - 1525 ［野生植物］ | むめづる…Ⅶ - 633 ［樹木類］ |
| むまひすり…Ⅵ - 618 ［菜類］ | むめのき…Ⅶ - 633 ［樹木類］ |
| むまひつり…Ⅵ - 618 ［菜類］ | むめのはな…Ⅶ - 633 ［樹木類］ |
| むまひづり…Ⅵ - 618 ［菜類］ | むめのはなかひ…Ⅲ - 829 ［貝類］ |
| むまひびき…Ⅶ - 632 ［樹木類］ | むめはち…Ⅴ - 1527 ［野生植物］ |
| むまひへ…Ⅱ - 1244 ［穀物類］ | むめばち…Ⅴ - 1528 ［野生植物］ |
| むまひゆ…Ⅵ - 619 ［菜類］ | むめはちさう…Ⅴ - 1528 ［野生植物］ |
| | むめばちさう…Ⅴ - 1528 ［野生植物］ |
| | むめはちむめ…Ⅵ - 891 ［果類］ |
| | むめぼしこけ…Ⅴ - 1528 ［野生植物］ |

むめまめ…Ⅱ‐1244［穀物類］
むめもち…Ⅱ‐1244［穀物類］
むめもと…Ⅱ‐1245［穀物類］
むめもとき…Ⅶ‐634［樹木類］
むめもどき…Ⅶ‐634［樹木類］
むようか…Ⅱ‐1245［穀物類］
むようかわせ…Ⅱ‐1245［穀物類］
むよか…Ⅱ‐1245［穀物類］
むより…Ⅱ‐1245［穀物類］
むら…Ⅴ‐1528［野生植物］
むら…Ⅶ‐895［救荒動植物類］
むらかみ…Ⅱ‐1245［穀物類］
むらくさ…Ⅴ‐1528［野生植物］
むらくに…Ⅱ‐1245［穀物類］
むらくも…Ⅴ‐1528［野生植物］
むらこ…Ⅱ‐1246［穀物類］
むらさき…Ⅱ‐1246［穀物類］
むらさき…Ⅴ‐1529［野生植物］
むらさき…Ⅵ‐619［菜類］
むらさき…Ⅶ‐635［樹木類］
むらさぎ…Ⅴ‐1529［野生植物］
むらさきあけび…Ⅵ‐891［果類］
むらさきあづき…Ⅱ‐1246［穀物類］
むらさきあふひ…Ⅴ‐1529［野生植物］
むらさきいし…Ⅵ‐49［金・石・土・水類］
むらさきいも…Ⅵ‐619［菜類］
むらさきかい…Ⅲ‐829［貝類］
むらさきかひ…Ⅲ‐829［貝類］
むらさきかふ…Ⅵ‐619［菜類］
むらさきかぶ…Ⅵ‐619［菜類］
むらさきかぶら…Ⅵ‐619［菜類］
むらさきからとり…Ⅵ‐619［菜類］
むらさききぎやう…Ⅴ‐1529［野生植物］
むらさききく…Ⅴ‐1529［野生植物］
むらさききく…Ⅵ‐620［菜類］
むらさききのこ…Ⅵ‐226［菌・茸類］
むらさききりしま…Ⅶ‐635［樹木類］
むらさきくさ…Ⅴ‐1530［野生植物］

むらさきくすのき…Ⅶ‐635［樹木類］
むらさきくわのき…Ⅶ‐635［樹木類］
むらさきこしろ…Ⅱ‐1246［穀物類］
むらさきこめのこはな…Ⅴ‐1530
　　　　　　　　　　　　［野生植物］
むらさきさう…Ⅴ‐1530［野生植物］
むらさきささげ…Ⅱ‐1246［穀物類］
むらさきさつき…Ⅶ‐635［樹木類］
むらさきさや…Ⅱ‐1247［穀物類］
むらさきしきび…Ⅶ‐635［樹木類］
むらさきしきみ…Ⅶ‐635［樹木類］
むらさきしきみ…Ⅶ‐636［樹木類］
むらさきしそ…Ⅵ‐620［菜類］
むらさきしめし…Ⅵ‐226［菌・茸類］
むらさきしめじ…Ⅵ‐226［菌・茸類］
むらさきしめぢ…Ⅵ‐227［菌・茸類］
むらさきすもも…Ⅵ‐891［果類］
むらさきせきえい…Ⅵ‐49
　　　　　　　　［金・石・土・水類］
むらさきだいこん…Ⅵ‐620［菜類］
むらさきたうきひ…Ⅱ‐1247［穀物類］
むらさきたかな…Ⅵ‐620［菜類］
むらさきたで…Ⅵ‐620［菜類］
むらさきちさ…Ⅵ‐620［菜類］
むらさきちしや…Ⅵ‐621［菜類］
むらさきつち…Ⅵ‐50［金・石・土・水類］
むらさきつつじ…Ⅶ‐636［樹木類］
むらさきつつち…Ⅶ‐636［樹木類］
むらさきといし…Ⅵ‐50［金・石・土・水類］
むらさきな…Ⅵ‐621［菜類］
むらさきなす…Ⅵ‐621［菜類］
むらさきにんしん…Ⅵ‐621［菜類］
むらさきにんじん…Ⅵ‐621［菜類］
むらさきのとらのを…Ⅴ‐1530［野生植物］
むらさきはこへ…Ⅵ‐621［菜類］
むらさきはだか…Ⅱ‐1247［穀物類］
むらさきはつたけ…Ⅵ‐227［菌・茸類］
むらさきはつだけ…Ⅵ‐227［菌・茸類］

| | |
|---|---|
| むらさきばなのにら…Ⅵ-622［菜類］ | むろんど…Ⅶ-638［樹木類］ |
| むらさきはなはこべ…Ⅵ-622［菜類］ | むわだ…Ⅶ-638［樹木類］ |
| むらさきひえ…Ⅱ-1247［穀物類］ | め |
| むらさきひへ…Ⅱ-1247［穀物類］ | |
| むらさきひゆ…Ⅵ-622［菜類］ | め…Ⅴ-1532［野生植物］ |
| むらさきびゆ…Ⅵ-622［菜類］ | め…Ⅶ-896［救荒動植物類］ |
| むらさきふぢ…Ⅴ-1530［野生植物］ | めあか…Ⅱ-1249［穀物類］ |
| むらさきふぢ…Ⅶ-636［樹木類］ | めあか…Ⅲ-561［魚類］ |
| むらさきまき…Ⅶ-636［樹木類］ | めあかじらす…Ⅲ-561［魚類］ |
| むらさきむぎ…Ⅱ-1247［穀物類］ | めあかふく…Ⅲ-561［魚類］ |
| むらさきもとき…Ⅶ-636［樹木類］ | めあかふぐ…Ⅲ-561［魚類］ |
| むらさきもも…Ⅵ-891［果類］ | めあかぶく…Ⅲ-562［魚類］ |
| むらさきわた…Ⅴ-1530［野生植物］ | めあかぼうず…Ⅱ-1249［穀物類］ |
| むらたかすけ…Ⅴ-1531［野生植物］ | めあき…Ⅴ-1532［野生植物］ |
| むらたち…Ⅴ-1531［野生植物］ | めあご…Ⅲ-562［魚類］ |
| むらたち…Ⅶ-636［樹木類］ | めあさみ…Ⅵ-623［菜類］ |
| むらたぢ…Ⅴ-1531［野生植物］ | めあざみ…Ⅴ-1532［野生植物］ |
| むらだち…Ⅴ-1531［野生植物］ | めあざみ…Ⅵ-623［菜類］ |
| むらだち…Ⅶ-637［樹木類］ | めあり…Ⅲ-562［魚類］ |
| むらたで…Ⅴ-1531［野生植物］ | めいきむはら…Ⅶ-639［樹木類］ |
| むらていしわせ…Ⅱ-1248［穀物類］ | めいさ…Ⅵ-892［果類］ |
| むらのうばき…Ⅴ-1531［野生植物］ | めいしやう…Ⅵ-50［金・石・土・水類］ |
| むらのうばき…Ⅶ-895［救荒動植物類］ | めいしん…Ⅱ-1249［穀物類］ |
| むりよ…Ⅴ-1531［野生植物］ | めいしんくさ…Ⅴ-1532［野生植物］ |
| むる…Ⅲ-559［魚類］ | めいじんくさ…Ⅴ-1532［野生植物］ |
| むるい…Ⅶ-637［樹木類］ | めいた…Ⅲ-562［魚類］ |
| むれかし…Ⅱ-1248［穀物類］ | めいたかれい…Ⅲ-562［魚類］ |
| むろ…Ⅱ-1248［穀物類］ | めいたき…Ⅲ-562［魚類］ |
| むろ…Ⅲ-559［魚類］ | めいたれい…Ⅲ-562［魚類］ |
| むろあじ…Ⅲ-559［魚類］ | めいち…Ⅲ-563［魚類］ |
| むろあぢ…Ⅲ-559［魚類］ | めいとう…Ⅲ-563［魚類］ |
| むろき…Ⅶ-637［樹木類］ | めいどのき…Ⅶ-639［樹木類］ |
| むろすき…Ⅶ-637［樹木類］ | めいほ…Ⅲ-563［魚類］ |
| むろのき…Ⅶ-637［樹木類］ | めいほう…Ⅲ-563［魚類］ |
| むろのは…Ⅶ-637［樹木類］ | めいほち…Ⅲ-563［魚類］ |
| むろほけ…Ⅲ-559［魚類］ | めうか…Ⅴ-1532［野生植物］ |
| むろぼけ…Ⅲ-560［魚類］ | めうか…Ⅵ-623［菜類］ |
| むろまつ…Ⅶ-637［樹木類］ | めうが…Ⅴ-1532［野生植物］ |

| | |
|---|---|
| めうが…Ⅵ-623［菜類］ | めかや…Ⅴ-1534［野生植物］ |
| めうが…Ⅵ-624［菜類］ | めから…Ⅲ-564［魚類］ |
| めうかく…Ⅱ-1249［穀物類］ | めき…Ⅶ-639［樹木類］ |
| めうかさう…Ⅴ-1533［野生植物］ | めぎ…Ⅶ-640［樹木類］ |
| めうがさう…Ⅴ-1533［野生植物］ | めきく…Ⅴ-1534［野生植物］ |
| めうがばうず…Ⅱ-1249［穀物類］ | めきす…Ⅲ-564［魚類］ |
| めうかん…Ⅱ-1249［穀物類］ | めぎす…Ⅲ-564［魚類］ |
| めうきち…Ⅲ-563［魚類］ | めきすご…Ⅲ-565［魚類］ |
| めうけつ…Ⅲ-563［魚類］ | めきのき…Ⅶ-640［樹木類］ |
| めうげつ…Ⅲ-564［魚類］ | めぎら…Ⅵ-50［金・石・土・水類］ |
| めうこ…Ⅵ-892［果類］ | めきらいわし…Ⅲ-565［魚類］ |
| めうさのき…Ⅶ-639［樹木類］ | めきり…Ⅱ-1251［穀物類］ |
| めうしんじ…Ⅱ-1249［穀物類］ | めきりも…Ⅴ-1534［野生植物］ |
| めうじんなし…Ⅵ-892［果類］ | めぎろくさ…Ⅴ-1534［野生植物］ |
| めうすあん…Ⅵ-624［菜類］ | めくさ…Ⅴ-1534［野生植物］ |
| めうせんこ…Ⅲ-564［魚類］ | めくさらかし…Ⅴ-1534［野生植物］ |
| めうたん…Ⅵ-892［果類］ | めくさり…Ⅲ-830［貝類］ |
| めうたん…Ⅶ-639［樹木類］ | めくされ…Ⅶ-640［樹木類］ |
| めうたんかき…Ⅵ-892［果類］ | めくされな…Ⅴ-1534［野生植物］ |
| めうつぎのき…Ⅶ-639［樹木類］ | めくはじや…Ⅲ-830［貝類］ |
| めうど…Ⅴ-1533［野生植物］ | めくみ…Ⅱ-1251［穀物類］ |
| めうど…Ⅵ-624［菜類］ | めくらいを…Ⅲ-565［魚類］ |
| めうとく…Ⅱ-1250［穀物類］ | めくらこめのき…Ⅶ-640［樹木類］ |
| めうぶ…Ⅲ-564［魚類］ | めくらしをで…Ⅴ-1535［野生植物］ |
| めうむぎ…Ⅱ-1250［穀物類］ | めくらぜんまい…Ⅴ-1535［野生植物］ |
| めうれんじ…Ⅱ-1250［穀物類］ | めくらつふ…Ⅲ-830［貝類］ |
| めかい…Ⅲ-830［貝類］ | めくらつぶ…Ⅲ-830［貝類］ |
| めかくさ…Ⅴ-1533［野生植物］ | めくらつぶ…Ⅲ-831［貝類］ |
| めかくし…Ⅴ-1533［野生植物］ | めくらつぶ…Ⅴ-1535［野生植物］ |
| めかざいこく…Ⅱ-1250［穀物類］ | めくらにな…Ⅲ-831［貝類］ |
| めかし…Ⅶ-639［樹木類］ | めくらはぜ…Ⅲ-565［魚類］ |
| めがし…Ⅲ-830［貝類］ | めくらぶとう…Ⅴ-1535［野生植物］ |
| めがね…Ⅱ-1250［穀物類］ | めくらぶどう…Ⅴ-1535［野生植物］ |
| めかねささけ…Ⅱ-1250［穀物類］ | めくり…Ⅵ-892［果類］ |
| めかねささけ…Ⅵ-624［菜類］ | めぐるま…Ⅴ-1535［野生植物］ |
| めがねささげ…Ⅱ-1250［穀物類］ | めくるみ…Ⅵ-892［果類］ |
| めがひ…Ⅲ-830［貝類］ | めくろ…Ⅱ-1251［穀物類］ |
| めかぶ…Ⅴ-1533［野生植物］ | めぐろ…Ⅱ-1251［穀物類］ |

め

めぐろ…Ⅱ-1252［穀物類］
めぐろあぢ…Ⅲ-566［魚類］
めぐろあへつる…Ⅱ-1252［穀物類］
めぐろあゑらぎ…Ⅱ-1252［穀物類］
めぐろあをつる…Ⅱ-1252［穀物類］
めぐろいね…Ⅱ-1252［穀物類］
めくろいはら…Ⅴ-1535［野生植物］
めぐろいはら…Ⅴ-1536［野生植物］
めくろいわし…Ⅲ-566［魚類］
めくろかいせい…Ⅱ-1253［穀物類］
めくろきひ…Ⅱ-1253［穀物類］
めくろきび…Ⅱ-1253［穀物類］
めぐろきび…Ⅱ-1253［穀物類］
めぐろこぼうし…Ⅱ-1253［穀物類］
めぐろささげ…Ⅱ-1253［穀物類］
めくろだこや…Ⅱ-1253［穀物類］
めぐろだこや…Ⅱ-1253［穀物類］
めぐろつのくに…Ⅱ-1253［穀物類］
めぐろはなうち…Ⅱ-1254［穀物類］
めぐろひとほせん…Ⅱ-1254［穀物類］
めくろまめ…Ⅱ-1254［穀物類］
めぐろまめ…Ⅱ-1254［穀物類］
めくろむはら…Ⅴ-1536［野生植物］
めくろもち…Ⅱ-1254［穀物類］
めぐろもち…Ⅱ-1255［穀物類］
めくろわせ…Ⅱ-1255［穀物類］
めぐろわせ…Ⅱ-1255［穀物類］
めぐろゑりだし…Ⅱ-1255［穀物類］
めくろゑんとう…Ⅱ-1255［穀物類］
めぐろゑんどう…Ⅱ-1255［穀物類］
めくわじや…Ⅲ-831［貝類］
めこち…Ⅲ-566［魚類］
めごち…Ⅲ-566［魚類］
めさき…Ⅴ-1536［野生植物］
めさくら…Ⅶ-640［樹木類］
めさし…Ⅱ-1256［穀物類］
めさし…Ⅲ-566［魚類］
めざし…Ⅱ-1256［穀物類］

めさしあわ…Ⅱ-1256［穀物類］
めざしあわ…Ⅱ-1256［穀物類］
めされ…Ⅵ-893［果類］
めしあつき…Ⅱ-1256［穀物類］
めしか…Ⅲ-566［魚類］
めじか…Ⅲ-566［魚類］
めしきび…Ⅱ-1256［穀物類］
めしつくみ…Ⅴ-1536［野生植物］
めじな…Ⅲ-567［魚類］
めしはりま…Ⅱ-1256［穀物類］
めしむき…Ⅱ-1256［穀物類］
めしらず…Ⅱ-1257［穀物類］
めしろ…Ⅱ-1257［穀物類］
めしろ…Ⅲ-567［魚類］
めじろ…Ⅱ-1257［穀物類］
めじろ…Ⅲ-567［魚類］
めじろ…Ⅶ-896［救荒動植物類］
めじろうなぎ…Ⅲ-567［魚類］
めじろささけ…Ⅱ-1257［穀物類］
めじろささげ…Ⅱ-1257［穀物類］
めしろたひ…Ⅲ-567［魚類］
めじろたひ…Ⅲ-567［魚類］
めじろぶか…Ⅲ-568［魚類］
めしろまめ…Ⅱ-1258［穀物類］
めじろまめ…Ⅱ-1258［穀物類］
めしろわに…Ⅲ-568［魚類］
めすき…Ⅶ-640［樹木類］
めずら…Ⅶ-640［樹木類］
めせり…Ⅴ-1536［野生植物］
めそ…Ⅱ-1258［穀物類］
めたい…Ⅲ-568［魚類］
めたい…Ⅴ-1536［野生植物］
めだい…Ⅴ-1536［野生植物］
めたか…Ⅲ-568［魚類］
めだか…Ⅲ-568［魚類］
めだか…Ⅲ-569［魚類］
めたかかれい…Ⅲ-569［魚類］
めだかかれい…Ⅲ-569［魚類］

| | |
|---|---|
| めだかはせ…Ⅲ - 569 ［魚類］ | めどはぎ…Ⅴ - 1538 ［野生植物］ |
| めたけ…Ⅵ - 93 ［竹・笹類］ | めどはぎ…Ⅶ - 641 ［樹木類］ |
| めたつくり…Ⅲ - 569 ［魚類］ | めなう…Ⅵ - 50 ［金・石・土・水類］ |
| めだつくり…Ⅲ - 569 ［魚類］ | めなうつき…Ⅶ - 641 ［樹木類］ |
| めたに…Ⅱ - 1258 ［穀物類］ | めなか…Ⅱ - 1259 ［穀物類］ |
| めたひ…Ⅴ - 1537 ［野生植物］ | めなが…Ⅱ - 1259 ［穀物類］ |
| めだひ…Ⅴ - 1537 ［野生植物］ | めながあづき…Ⅱ - 1259 ［穀物類］ |
| めだも…Ⅶ - 641 ［樹木類］ | めなき…Ⅶ - 642 ［樹木類］ |
| めだれ…Ⅲ - 570 ［魚類］ | めなし…Ⅱ - 1259 ［穀物類］ |
| めたれいわし…Ⅲ - 570 ［魚類］ | めなしかつら…Ⅴ - 1538 ［野生植物］ |
| めぢか…Ⅲ - 570 ［魚類］ | めなしかづら…Ⅴ - 1539 ［野生植物］ |
| めつかう…Ⅲ - 570 ［魚類］ | めなしくさ…Ⅴ - 1539 ［野生植物］ |
| めつき…Ⅱ - 1258 ［穀物類］ | めなしささけ…Ⅱ - 1260 ［穀物類］ |
| めつき…Ⅲ - 570 ［魚類］ | めなづ…Ⅲ - 571 ［魚類］ |
| めつきあわ…Ⅱ - 1258 ［穀物類］ | めなひえ…Ⅱ - 1260 ［穀物類］ |
| めつけい…Ⅱ - 1259 ［穀物類］ | めなひゑ…Ⅱ - 1260 ［穀物類］ |
| めつこ…Ⅲ - 570 ［魚類］ | めなもみ…Ⅴ - 1539 ［野生植物］ |
| めつこはぜ…Ⅲ - 570 ［魚類］ | めなもみ…Ⅴ - 1540 ［野生植物］ |
| めづちな…Ⅴ - 1537 ［野生植物］ | めなもみ…Ⅵ - 624 ［菜類］ |
| めつつき…Ⅱ - 1259 ［穀物類］ | めなもめ…Ⅴ - 1540 ［野生植物］ |
| めつとう…Ⅲ - 571 ［魚類］ | めぬけ…Ⅲ - 571 ［魚類］ |
| めつとばい…Ⅲ - 571 ［魚類］ | めのこ…Ⅴ - 1540 ［野生植物］ |
| めつぱうあぢ…Ⅲ - 571 ［魚類］ | めのこ…Ⅶ - 896 ［救荒動植物類］ |
| めつはり…Ⅲ - 571 ［魚類］ | めのそ…Ⅴ - 1540 ［野生植物］ |
| めつぶしかづら…Ⅴ - 1537 ［野生植物］ | めのたに…Ⅱ - 1260 ［穀物類］ |
| めつぶれかづら…Ⅴ - 1537 ［野生植物］ | めのたね…Ⅱ - 1260 ［穀物類］ |
| めつら…Ⅶ - 641 ［樹木類］ | めのとこもち…Ⅱ - 1260 ［穀物類］ |
| めづら…Ⅶ - 641 ［樹木類］ | めのり…Ⅴ - 1540 ［野生植物］ |
| めづらのき…Ⅶ - 641 ［樹木類］ | めはしき…Ⅱ - 1260 ［穀物類］ |
| めてう…Ⅴ - 1537 ［野生植物］ | めはしき…Ⅴ - 1540 ［野生植物］ |
| めてのき…Ⅶ - 641 ［樹木類］ | めはじき…Ⅴ - 1540 ［野生植物］ |
| めど…Ⅴ - 1537 ［野生植物］ | めはじき…Ⅶ - 642 ［樹木類］ |
| めとき…Ⅴ - 1538 ［野生植物］ | めはしきくさ…Ⅴ - 1541 ［野生植物］ |
| めときりさう…Ⅴ - 1538 ［野生植物］ | めばち…Ⅲ - 571 ［魚類］ |
| めとくろ…Ⅱ - 1259 ［穀物類］ | めばちあぢ…Ⅲ - 572 ［魚類］ |
| めとはき…Ⅴ - 1538 ［野生植物］ | めはぢき…Ⅴ - 1541 ［野生植物］ |
| めとはぎ…Ⅴ - 1538 ［野生植物］ | めははき…Ⅴ - 1541 ［野生植物］ |
| めどはき…Ⅴ - 1538 ［野生植物］ | めばはき…Ⅴ - 1541 ［野生植物］ |

## も

めばり…Ⅲ-572［魚類］
めばり…Ⅴ-1541［野生植物］
めはりざこ…Ⅲ-572［魚類］
めはる…Ⅲ-572［魚類］
めばる…Ⅲ-572［魚類］
めばる…Ⅲ-573［魚類］
めはるこ…Ⅲ-573［魚類］
めひら…Ⅲ-831［貝類］
めひらきかひ…Ⅲ-831［貝類］
めひる…Ⅴ-1541［野生植物］
めぶく…Ⅲ-573［魚類］
めぶし…Ⅶ-642［樹木類］
めふと…Ⅲ-573［魚類］
めぶと…Ⅲ-574［魚類］
めぶとうを…Ⅲ-574［魚類］
めぶとざこ…Ⅲ-574［魚類］
めぼう…Ⅲ-574［魚類］
めほうき…Ⅴ-1541［野生植物］
めぼうき…Ⅴ-1542［野生植物］
めほそ…Ⅶ-642［樹木類］
めぼそ…Ⅴ-1542［野生植物］
めぼそがや…Ⅴ-1542［野生植物］
めほそなぎ…Ⅴ-1542［野生植物］
めほそのき…Ⅶ-642［樹木類］
めほそも…Ⅴ-1542［野生植物］
めほそわに…Ⅲ-574［魚類］
めほほをき…Ⅴ-1542［野生植物］
めまた…Ⅴ-1542［野生植物］
めまた…Ⅶ-896［救荒動植物類］
めまちり…Ⅲ-574［魚類］
めまつ…Ⅶ-642［樹木類］
めまつ…Ⅶ-643［樹木類］
めまゆみ…Ⅶ-643［樹木類］
めめかき…Ⅵ-893［果類］
めめこち…Ⅲ-574［魚類］
めめさこ…Ⅲ-575［魚類］
めめざこ…Ⅲ-575［魚類］
めめしやこ…Ⅲ-575［魚類］

めめず…Ⅲ-575［魚類］
めめつほいはら…Ⅴ-1543［野生植物］
めめよしあわ…Ⅱ-1261［穀物類］
めもらいさう…Ⅴ-1543［野生植物］
めやりたて…Ⅴ-1543［野生植物］
めら…Ⅴ-1543［野生植物］
めらのね…Ⅶ-896［救荒動植物類］
めわりわせ…Ⅱ-1261［穀物類］
めんき…Ⅶ-643［樹木類］
めんしん…Ⅲ-575［魚類］
めんぞう…Ⅴ-1543［野生植物］
めんたい…Ⅵ-624［菜類］
めんたいかれい…Ⅲ-575［魚類］
めんだいかれい…Ⅲ-575［魚類］
めんと…Ⅶ-643［樹木類］
めんど…Ⅴ-1543［野生植物］
めんど…Ⅶ-643［樹木類］
めんとう…Ⅴ-1543［野生植物］
めんどう…Ⅴ-1544［野生植物］
めんどり…Ⅲ-576［魚類］
めんな…Ⅴ-1544［野生植物］
めんぼくさ…Ⅴ-1544［野生植物］
めんほち…Ⅲ-576［魚類］

## も

も…Ⅲ-577［魚類］
も…Ⅴ-1545［野生植物］
もあだ…Ⅶ-644［樹木類］
もいふと…Ⅶ-644［樹木類］
もいを…Ⅲ-577［魚類］
もうごん…Ⅴ-1545［野生植物］
もうさき…Ⅴ-1545［野生植物］
もうさぎ…Ⅴ-1545［野生植物］
もうすし…Ⅲ-577［魚類］
もうせんしやうしやう…Ⅶ-644［樹木類］
もうそうちく…Ⅵ-93［竹・笹類］
もうそふちく…Ⅵ-94［竹・笹類］
もうちくさ…Ⅴ-1545［野生植物］

| | |
|---|---|
| もうふぐ…Ⅲ - 577 ［魚類］ | もくつう…Ⅴ - 1547 ［野生植物］ |
| もうぼいばら…Ⅴ - 1545 ［野生植物］ | もくふやう…Ⅶ - 645 ［樹木類］ |
| もうを…Ⅲ - 577 ［魚類］ | もくふよふ…Ⅶ - 645 ［樹木類］ |
| もえいし…Ⅵ - 50 ［金・石・土・水類］ | もくぼうふう…Ⅴ - 1547 ［野生植物］ |
| もがい…Ⅲ - 832 ［貝類］ | もくほうふら…Ⅴ - 1547 ［野生植物］ |
| もかきはら…Ⅶ - 644 ［樹木類］ | もくぼふふら…Ⅴ - 1547 ［野生植物］ |
| もかひ…Ⅲ - 832 ［貝類］ | もくら…Ⅴ - 1548 ［野生植物］ |
| もがみ…Ⅱ - 1262 ［穀物類］ | もぐら…Ⅴ - 1548 ［野生植物］ |
| もかみかい…Ⅲ - 832 ［貝類］ | もぐら…Ⅶ - 897 ［救荒動植物類］ |
| もがみかき…Ⅵ - 894 ［果類］ | もくらくさ…Ⅴ - 1548 ［野生植物］ |
| もがみさんすけ…Ⅱ - 1262 ［穀物類］ | もぐらくさ…Ⅴ - 1548 ［野生植物］ |
| もがみでは…Ⅱ - 1262 ［穀物類］ | もぐらだいこん…Ⅵ - 625 ［菜類］ |
| もかみまめ…Ⅱ - 1262 ［穀物類］ | もくらもち…Ⅱ - 1263 ［穀物類］ |
| もがみまめ…Ⅱ - 1262 ［穀物類］ | もくらん…Ⅴ - 1548 ［野生植物］ |
| もがみわせ…Ⅱ - 1262 ［穀物類］ | もくれん…Ⅶ - 645 ［樹木類］ |
| もかりくさ…Ⅴ - 1546 ［野生植物］ | もくれん…Ⅶ - 646 ［樹木類］ |
| もがりくさ…Ⅴ - 1546 ［野生植物］ | もくれんきやう…Ⅶ - 646 ［樹木類］ |
| もかれい…Ⅲ - 578 ［魚類］ | もくれんけ…Ⅶ - 646 ［樹木類］ |
| もぎりな…Ⅶ - 897 ［救荒動植物類］ | もくれんげ…Ⅶ - 646 ［樹木類］ |
| もくかう…Ⅴ - 1546 ［野生植物］ | もくれんさう…Ⅴ - 1548 ［野生植物］ |
| もくきん…Ⅶ - 644 ［樹木類］ | もくれんじ…Ⅱ - 1263 ［穀物類］ |
| もくきんたけ…Ⅵ - 228 ［菌・茸類］ | もくれんじ…Ⅴ - 1548 ［野生植物］ |
| もくけ…Ⅶ - 644 ［樹木類］ | もくれんじ…Ⅶ - 647 ［樹木類］ |
| もくげのは…Ⅶ - 897 ［救荒動植物類］ | もくれんじゅ…Ⅶ - 647 ［樹木類］ |
| もくげんし…Ⅶ - 644 ［樹木類］ | もこだい…Ⅲ - 578 ［魚類］ |
| もくこく…Ⅴ - 1546 ［野生植物］ | もざ…Ⅱ - 1263 ［穀物類］ |
| もくこく…Ⅶ - 645 ［樹木類］ | もさは…Ⅲ - 578 ［魚類］ |
| もぐさ…Ⅴ - 1546 ［野生植物］ | もさめ…Ⅲ - 578 ［魚類］ |
| もくしゆあわ…Ⅱ - 1262 ［穀物類］ | もざゑむな…Ⅴ - 1549 ［野生植物］ |
| もくしゆく…Ⅴ - 1546 ［野生植物］ | もざゑむな…Ⅵ - 625 ［菜類］ |
| もくす…Ⅴ - 1546 ［野生植物］ | もさを…Ⅲ - 578 ［魚類］ |
| もくせい…Ⅶ - 645 ［樹木類］ | もし…Ⅴ - 1549 ［野生植物］ |
| もくぞ…Ⅱ - 1263 ［穀物類］ | もしすり…Ⅴ - 1549 ［野生植物］ |
| もくそう…Ⅱ - 1263 ［穀物類］ | もしずり…Ⅴ - 1549 ［野生植物］ |
| もくそうあは…Ⅱ - 1263 ［穀物類］ | もじすり…Ⅴ - 1549 ［野生植物］ |
| もくた…Ⅴ - 1547 ［野生植物］ | もじずり…Ⅴ - 1549 ［野生植物］ |
| もくた…Ⅶ - 897 ［救荒動植物類］ | もじつり…Ⅱ - 1264 ［穀物類］ |
| もくださう…Ⅴ - 1547 ［野生植物］ | もじつる…Ⅴ - 1550 ［野生植物］ |

| | |
|---|---|
| もしほ…Ⅴ-1550 [野生植物] | もちいね…Ⅱ-1266 [穀物類] |
| もしほくさ…Ⅴ-1550 [野生植物] | もちいね…Ⅱ-1267 [穀物類] |
| もしやう…Ⅲ-578 [魚類] | もちうを…Ⅲ-580 [魚類] |
| もしらな…Ⅵ-625 [菜類] | もちおくていね…Ⅱ-1268 [穀物類] |
| もしり…Ⅱ-1263 [穀物類] | もちかい…Ⅲ-832 [貝類] |
| もじりさう…Ⅴ-1550 [野生植物] | もちがい…Ⅲ-832 [貝類] |
| もじろ…Ⅲ-579 [魚類] | もちかき…Ⅵ-894 [果類] |
| もしを…Ⅴ-1550 [野生植物] | もちかづさ…Ⅱ-1268 [穀物類] |
| もずく…Ⅴ-1550 [野生植物] | もちかつら…Ⅴ-1551 [野生植物] |
| もすす…Ⅲ-579 [魚類] | もちかひ…Ⅲ-832 [貝類] |
| もすず…Ⅲ-579 [魚類] | もちかへり…Ⅱ-1268 [穀物類] |
| もすそゑい…Ⅲ-579 [魚類] | もちかみふさ…Ⅱ-1268 [穀物類] |
| もそく…Ⅴ-1550 [野生植物] | もちかや…Ⅴ-1551 [野生植物] |
| もぞく…Ⅴ-1551 [野生植物] | もちかわはぎ…Ⅲ-580 [魚類] |
| もそもそ…Ⅴ-1551 [野生植物] | もちき…Ⅶ-647 [樹木類] |
| もたし…Ⅵ-228 [菌・茸類] | もちきのこ…Ⅵ-229 [菌・茸類] |
| もたせ…Ⅵ-228 [菌・茸類] | もちきひ…Ⅱ-1268 [穀物類] |
| もたせこけ…Ⅵ-228 [菌・茸類] | もちきひ…Ⅱ-1269 [穀物類] |
| もたせなは…Ⅵ-228 [菌・茸類] | もちきび…Ⅱ-1269 [穀物類] |
| もだち…Ⅵ-228 [菌・茸類] | もちくさ…Ⅴ-1551 [野生植物] |
| もたま…Ⅲ-579 [魚類] | もちくさ…Ⅴ-1552 [野生植物] |
| もだま…Ⅲ-579 [魚類] | もちぐさ…Ⅴ-1552 [野生植物] |
| もだま…Ⅴ-1551 [野生植物] | もちぐさ…Ⅵ-625 [菜類] |
| もたまのうさは…Ⅲ-579 [魚類] | もちぐみ…Ⅵ-894 [果類] |
| もたもた…Ⅴ-1551 [野生植物] | もちこきひ…Ⅱ-1269 [穀物類] |
| もたわに…Ⅲ-580 [魚類] | もちこしらうと…Ⅱ-1269 [穀物類] |
| もち…Ⅱ-1264 [穀物類] | もちこほれ…Ⅱ-1269 [穀物類] |
| もち…Ⅲ-580 [魚類] | もちこむぎ…Ⅱ-1270 [穀物類] |
| もち…Ⅵ-894 [果類] | もちこめ…Ⅱ-1270 [穀物類] |
| もち…Ⅶ-647 [樹木類] | もちごめ…Ⅱ-1270 [穀物類] |
| もちあしむぎ…Ⅱ-1264 [穀物類] | もちごめふぐ…Ⅲ-580 [魚類] |
| もちあせ…Ⅵ-228 [菌・茸類] | もちさくら…Ⅶ-648 [樹木類] |
| もちあづき…Ⅱ-1264 [穀物類] | もちささ…Ⅵ-94 [竹・笹類] |
| もちあは…Ⅱ-1265 [穀物類] | もちした…Ⅴ-1552 [野生植物] |
| もちあはきび…Ⅱ-1266 [穀物類] | もちしば…Ⅶ-647 [樹木類] |
| もちあわ…Ⅱ-1265 [穀物類] | もちしばのは…Ⅶ-897 [救荒動植物類] |
| もちあわ…Ⅱ-1266 [穀物類] | もちしやうろ…Ⅵ-229 [菌・茸類] |
| もちいちご…Ⅵ-894 [果類] | もちすすだま…Ⅱ-1270 [穀物類] |

もちすり…Ⅴ - 1552 ［野生植物］
もちずり…Ⅴ - 1552 ［野生植物］
もぢすり…Ⅴ - 1552 ［野生植物］
もぢずり…Ⅴ - 1553 ［野生植物］
もちそは…Ⅱ - 1270 ［穀物類］
もちそば…Ⅱ - 1270 ［穀物類］
もちだいこん…Ⅵ - 625 ［菜類］
もちたも…Ⅶ - 647 ［樹木類］
もちつつし…Ⅶ - 647 ［樹木類］
もちつつじ…Ⅶ - 648 ［樹木類］
もぢつり…Ⅴ - 1553 ［野生植物］
もぢづり…Ⅴ - 1553 ［野生植物］
もちつる…Ⅴ - 1553 ［野生植物］
もちな…Ⅴ - 1553 ［野生植物］
もちな…Ⅵ - 625 ［菜類］
もちなかていね…Ⅱ - 1270 ［穀物類］
もちなし…Ⅵ - 894 ［果類］
もちねつみくい…Ⅱ - 1271 ［穀物類］
もちのき…Ⅶ - 648 ［樹木類］
もちのこ…Ⅱ - 1271 ［穀物類］
もちのはぜ…Ⅴ - 1553 ［野生植物］
もちのはぜ…Ⅶ - 897 ［救荒動植物類］
もちのはせくさ…Ⅴ - 1554 ［野生植物］
もちはぎ…Ⅴ - 1554 ［野生植物］
もちはこべ…Ⅴ - 1554 ［野生植物］
もちはだか…Ⅱ - 1271 ［穀物類］
もちひえ…Ⅱ - 1271 ［穀物類］
もちひえあは…Ⅱ - 1271 ［穀物類］
もちひへ…Ⅱ - 1271 ［穀物類］
もちひゑ…Ⅱ - 1271 ［穀物類］
もちふくあたり…Ⅱ - 1272 ［穀物類］
もちへに…Ⅴ - 1554 ［野生植物］
もちほうくり…Ⅴ - 1554 ［野生植物］
もちまめ…Ⅱ - 1272 ［穀物類］
もちむぎ…Ⅱ - 1272 ［穀物類］
もちむめ…Ⅵ - 895 ［果類］
もちもどり…Ⅱ - 1272 ［穀物類］
もちやざゑもん…Ⅱ - 1272 ［穀物類］

もちゆ…Ⅵ - 895 ［果類］
もちゆきあは…Ⅱ - 1273 ［穀物類］
もちよもき…Ⅵ - 625 ［菜類］
もちわせ…Ⅱ - 1273 ［穀物類］
もちゐのき…Ⅶ - 648 ［樹木類］
もちをかふ…Ⅱ - 1273 ［穀物類］
もちをかぼ…Ⅱ - 1273 ［穀物類］
もつ…Ⅲ - 580 ［魚類］
もづ…Ⅶ - 897 ［救荒動植物類］
もつかう…Ⅴ - 1554 ［野生植物］
もつかうかづら…Ⅴ - 1554 ［野生植物］
もつかうさう…Ⅴ - 1555 ［野生植物］
もつき…Ⅶ - 649 ［樹木類］
もつきん…Ⅶ - 649 ［樹木類］
もつく…Ⅴ - 1555 ［野生植物］
もづく…Ⅴ - 1555 ［野生植物］
もづく…Ⅴ - 1556 ［野生植物］
もつこ…Ⅱ - 1273 ［穀物類］
もつこ…Ⅴ - 1556 ［野生植物］
もつこう…Ⅴ - 1556 ［野生植物］
もつこう…Ⅵ - 895 ［果類］
もつこく…Ⅶ - 649 ［樹木類］
もつこくのき…Ⅶ - 649 ［樹木類］
もつこけた…Ⅱ - 1273 ［穀物類］
もつふ…Ⅲ - 832 ［貝類］
もつぶ…Ⅲ - 833 ［貝類］
もつれ…Ⅲ - 580 ［魚類］
もとあか…Ⅱ - 1273 ［穀物類］
もとあか…Ⅴ - 1556 ［野生植物］
もとあし…Ⅵ - 229 ［菌・茸類］
もとあわせ…Ⅵ - 229 ［菌・茸類］
もといちそく…Ⅱ - 1274 ［穀物類］
もといつぽん…Ⅱ - 1274 ［穀物類］
もとかぶ…Ⅱ - 1274 ［穀物類］
もとき…Ⅶ - 650 ［樹木類］
もどき…Ⅱ - 1274 ［穀物類］
もどき…Ⅵ - 229 ［菌・茸類］
もとくさ…Ⅴ - 1556 ［野生植物］

も

| | |
|---|---|
| もとこ…Ⅲ-581［魚類］ | もはみ…Ⅲ-833［貝類］ |
| もとしね…Ⅱ-1274［穀物類］ | もひら…Ⅱ-1275［穀物類］ |
| もとしろ…Ⅱ-1274［穀物類］ | もひらめ…Ⅲ-582［魚類］ |
| もとせ…Ⅶ-650［樹木類］ | もふうを…Ⅲ-582［魚類］ |
| もとどり…Ⅴ-1556［野生植物］ | もふか…Ⅲ-582［魚類］ |
| もとどりさう…Ⅴ-1556［野生植物］ | もぶか…Ⅲ-582［魚類］ |
| もとなし…Ⅴ-1557［野生植物］ | もふがし…Ⅶ-650［樹木類］ |
| もとひゆかつら…Ⅴ-1557［野生植物］ | もふかふし…Ⅴ-1559［野生植物］ |
| もとひゆかづら…Ⅴ-1557［野生植物］ | もふく…Ⅲ-582［魚類］ |
| もとぶと…Ⅵ-229［菌・茸類］ | もふぐ…Ⅲ-582［魚類］ |
| もとめ…Ⅴ-1557［野生植物］ | もぶく…Ⅲ-583［魚類］ |
| もとめくさ…Ⅴ-1557［野生植物］ | もふさ…Ⅲ-583［魚類］ |
| もとやま…Ⅱ-1274［穀物類］ | もふし…Ⅲ-583［魚類］ |
| もとやろく…Ⅱ-1275［穀物類］ | もぶし…Ⅲ-583［魚類］ |
| もとよしだいこん…Ⅵ-626［菜類］ | もふせい…Ⅴ-1559［野生植物］ |
| もとよしやろく…Ⅱ-1275［穀物類］ | もふせん…Ⅶ-650［樹木類］ |
| もとよせしめじ…Ⅵ-229［菌・茸類］ | もふたけ…Ⅵ-230［菌・茸類］ |
| もとをこし…Ⅱ-1275［穀物類］ | もふもふくさ…Ⅴ-1559［野生植物］ |
| もなふり…Ⅲ-581［魚類］ | もへ…Ⅲ-833［貝類］ |
| もなぶり…Ⅲ-581［魚類］ | もべい…Ⅲ-833［貝類］ |
| ものくるい…Ⅵ-626［菜類］ | もへかひ…Ⅲ-833［貝類］ |
| ものくるい…Ⅶ-650［樹木類］ | もべかひ…Ⅲ-833［貝類］ |
| ものくるひ…Ⅶ-650［樹木類］ | もへから…Ⅶ-650［樹木類］ |
| ものぐるひ…Ⅴ-1557［野生植物］ | もへがら…Ⅶ-651［樹木類］ |
| ものぐるひくさ…Ⅴ-1557［野生植物］ | もへがれ…Ⅶ-651［樹木類］ |
| ものつき…Ⅴ-1558［野生植物］ | もぼう…Ⅲ-583［魚類］ |
| ものづき…Ⅴ-1558［野生植物］ | もほへこり…Ⅲ-583［魚類］ |
| ものつきくさ…Ⅴ-1558［野生植物］ | もみ…Ⅶ-651［樹木類］ |
| ものづきくさ…Ⅴ-1558［野生植物］ | もみくさ…Ⅴ-1560［野生植物］ |
| ものり…Ⅴ-1558［野生植物］ | もみじ…Ⅶ-651［樹木類］ |
| もは…Ⅴ-1559［野生植物］ | もみしろ…Ⅱ-1275［穀物類］ |
| もば…Ⅴ-1559［野生植物］ | もみじろ…Ⅱ-1275［穀物類］ |
| もはくさ…Ⅴ-1559［野生植物］ | もみしろいね…Ⅱ-1276［穀物類］ |
| もばぐさ…Ⅴ-1559［野生植物］ | もみそさくら…Ⅶ-651［樹木類］ |
| もはせ…Ⅲ-581［魚類］ | もみたね…Ⅲ-584［魚類］ |
| もはぜ…Ⅲ-581［魚類］ | もみたね…Ⅲ-833［貝類］ |
| もはふく…Ⅲ-581［魚類］ | もみだね…Ⅲ-834［貝類］ |
| もはみ…Ⅲ-581［魚類］ | もみたねうしない…Ⅲ-584［魚類］ |

| | |
|---|---|
| もみだねうしない…Ⅲ - 584 ［魚類］ | もりあづき…Ⅱ - 1276 ［穀物類］ |
| もみたねうしなひ…Ⅲ - 584 ［魚類］ | もりおかあは…Ⅱ - 1276 ［穀物類］ |
| もみだねうしなひ…Ⅲ - 584 ［魚類］ | もりこのかさ…Ⅴ - 1561 ［野生植物］ |
| もみち…Ⅶ - 652 ［樹木類］ | もりのまゑ…Ⅱ - 1277 ［穀物類］ |
| もみぢ…Ⅶ - 652 ［樹木類］ | もりのわき…Ⅱ - 1277 ［穀物類］ |
| もみちいたや…Ⅶ - 652 ［樹木類］ | もりもと…Ⅱ - 1277 ［穀物類］ |
| もみちかし…Ⅱ - 1276 ［穀物類］ | もりもと…Ⅴ - 1561 ［野生植物］ |
| もみぢかひ…Ⅲ - 834 ［貝類］ | もりやま…Ⅱ - 1277 ［穀物類］ |
| もみちくさ…Ⅴ - 1560 ［野生植物］ | もろ…Ⅶ - 654 ［樹木類］ |
| もみぢくさ…Ⅴ - 1560 ［野生植物］ | もろあち…Ⅲ - 585 ［魚類］ |
| もみぢさくら…Ⅶ - 652 ［樹木類］ | もろいね…Ⅱ - 1277 ［穀物類］ |
| もみちのり…Ⅴ - 1560 ［野生植物］ | もろうごろう…Ⅲ - 585 ［魚類］ |
| もみぢはり…Ⅲ - 834 ［貝類］ | もろきひ…Ⅱ - 1277 ［穀物類］ |
| もみぢわた…Ⅴ - 1560 ［野生植物］ | もろくち…Ⅲ - 585 ［魚類］ |
| もみぬか…Ⅶ - 898 ［救荒動植物類］ | もろくちいわし…Ⅲ - 585 ［魚類］ |
| もみのき…Ⅶ - 653 ［樹木類］ | もろけ…Ⅲ - 585 ［魚類］ |
| もみびへ…Ⅱ - 1276 ［穀物類］ | もろこ…Ⅲ - 585 ［魚類］ |
| もみやすはだか…Ⅱ - 1276 ［穀物類］ | もろこ…Ⅲ - 586 ［魚類］ |
| もめもたち…Ⅵ - 230 ［菌・茸類］ | もろこし…Ⅱ - 1277 ［穀物類］ |
| もめら…Ⅶ - 898 ［救荒動植物類］ | もろこし…Ⅱ - 1278 ［穀物類］ |
| もめろ…Ⅴ - 1560 ［野生植物］ | もろこしあい…Ⅴ - 1561 ［野生植物］ |
| もめん…Ⅴ - 1560 ［野生植物］ | もろこしきひ…Ⅱ - 1278 ［穀物類］ |
| もも…Ⅵ - 895 ［果類］ | もろこしきび…Ⅱ - 1278 ［穀物類］ |
| もも…Ⅵ - 896 ［果類］ | もろこしきみ…Ⅱ - 1278 ［穀物類］ |
| もも…Ⅶ - 653 ［樹木類］ | もろこすのばら…Ⅲ - 586 ［魚類］ |
| ももぐさ…Ⅴ - 1561 ［野生植物］ | もろこつなぎ…Ⅱ - 1278 ［穀物類］ |
| ももさくら…Ⅶ - 653 ［樹木類］ | もろこはへ…Ⅲ - 586 ［魚類］ |
| ももし…Ⅲ - 584 ［魚類］ | もろごらう…Ⅱ - 1279 ［穀物類］ |
| ももせ…Ⅲ - 584 ［魚類］ | もろぢよ…Ⅶ - 654 ［樹木類］ |
| ももだいりん…Ⅶ - 653 ［樹木類］ | もろど…Ⅶ - 654 ［樹木類］ |
| ももなしのき…Ⅶ - 653 ［樹木類］ | もろなし…Ⅵ - 896 ［果類］ |
| ものき…Ⅶ - 653 ［樹木類］ | もろのき…Ⅶ - 654 ［樹木類］ |
| もものはな…Ⅶ - 654 ［樹木類］ | もろは…Ⅴ - 1561 ［野生植物］ |
| もやき…Ⅶ - 654 ［樹木類］ | もろば…Ⅴ - 1562 ［野生植物］ |
| もやきあはび…Ⅲ - 834 ［貝類］ | もろば…Ⅶ - 654 ［樹木類］ |
| もやしくさ…Ⅴ - 1561 ［野生植物］ | もろび…Ⅶ - 655 ［樹木類］ |
| もよきあは…Ⅱ - 1276 ［穀物類］ | もろひけ…Ⅱ - 1279 ［穀物類］ |
| もら…Ⅴ - 1561 ［野生植物］ | もろむき…Ⅴ - 1562 ［野生植物］ |

や

もろむき…Ⅶ-655［樹木類］
もろめき…Ⅶ-655［樹木類］
もろもわせ…Ⅱ-1279［穀物類］
もろわせ…Ⅱ-1279［穀物類］
もろんと…Ⅶ-655［樹木類］
もろんど…Ⅴ-1562［野生植物］
もろんど…Ⅶ-655［樹木類］
もわた…Ⅶ-655［樹木類］
もわたき…Ⅶ-655［樹木類］
もわに…Ⅲ-586［魚類］
もんかくばら…Ⅴ-1562［野生植物］
もんじはら…Ⅶ-656［樹木類］
もんしや…Ⅶ-656［樹木類］
もんじや…Ⅶ-656［樹木類］
もんじやのき…Ⅶ-656［樹木類］
もんせい…Ⅴ-1562［野生植物］
もんとうたい…Ⅲ-586［魚類］
もんどうたい…Ⅲ-586［魚類］
もんとたい…Ⅲ-587［魚類］
もんどたい…Ⅲ-587［魚類］
もんどりさう…Ⅴ-1563［野生植物］
もんのまへ…Ⅱ-1279［穀物類］
もんのわき…Ⅱ-1279［穀物類］
もんわき…Ⅱ-1279［穀物類］
もんわせ…Ⅱ-1280［穀物類］

## や

やい…Ⅴ-1564［野生植物］
やいごめ…Ⅴ-1564［野生植物］
やいすり…Ⅱ-1281［穀物類］
やいと…Ⅲ-588［魚類］
やいとかつら…Ⅴ-1564［野生植物］
やいとかづら…Ⅴ-1564［野生植物］
やいとかね…Ⅱ-1281［穀物類］
やいとくさ…Ⅴ-1564［野生植物］
やいとはな…Ⅴ-1564［野生植物］
やいとばな…Ⅴ-1564［野生植物］
やいばたけ…Ⅵ-95［竹・笹類］

やうかくさ…Ⅴ-1565［野生植物］
やうかひえ…Ⅱ-1281［穀物類］
やうかひへ…Ⅱ-1281［穀物類］
やうかひゑ…Ⅱ-1281［穀物類］
やうきひ…Ⅵ-897［果類］
やうきひ…Ⅶ-657［樹木類］
やうきひさくら…Ⅶ-657［樹木類］
やうぎやう…Ⅱ-1281［穀物類］
やうけなし…Ⅶ-657［樹木類］
やうじやなぎ…Ⅶ-657［樹木類］
やうそめ…Ⅶ-657［樹木類］
やうぞめのき…Ⅶ-657［樹木類］
やうらうめ…Ⅶ-658［樹木類］
やうらく…Ⅴ-1565［野生植物］
やうらくかひ…Ⅲ-835［貝類］
やうらくそう…Ⅴ-1565［野生植物］
やうらくつつじ…Ⅶ-658［樹木類］
やうらさ…Ⅴ-1565［野生植物］
やうらさう…Ⅴ-1565［野生植物］
やうらさぶらう…Ⅴ-1565［野生植物］
やうろ…Ⅱ-1281［穀物類］
やうゑもんかき…Ⅵ-897［果類］
やかね…Ⅱ-1282［穀物類］
やかは…Ⅱ-1282［穀物類］
やかふ…Ⅲ-588［魚類］
やかぶ…Ⅲ-588［魚類］
やから…Ⅱ-1282［穀物類］
やから…Ⅲ-588［魚類］
やから…Ⅴ-1566［野生植物］
やがら…Ⅲ-588［魚類］
やがら…Ⅴ-1566［野生植物］
やからうを…Ⅲ-589［魚類］
やかわ…Ⅱ-1282［穀物類］
やかん…Ⅴ-1566［野生植物］
やかんはな…Ⅴ-1566［野生植物］
やき…Ⅲ-589［魚類］
やぎ…Ⅲ-589［魚類］
やきかね…Ⅱ-1282［穀物類］

| | |
|---|---|
| やきごめな…Ⅴ-1566［野生植物］ | やけつら…Ⅱ-1284［穀物類］ |
| やぎさは…Ⅱ-1282［穀物類］ | やけつらな…Ⅵ-627［菜類］ |
| やきぞり…Ⅱ-1282［穀物類］ | やけばへ…Ⅲ-589［魚類］ |
| やきち…Ⅱ-1283［穀物類］ | やけむぎ…Ⅱ-1284［穀物類］ |
| やきば…Ⅵ-51［金・石・土・水類］ | やこかひ…Ⅲ-835［貝類］ |
| やきばささ…Ⅵ-95［竹・笹類］ | やこと…Ⅱ-1284［穀物類］ |
| やきむぎ…Ⅱ-1283［穀物類］ | やさいきひ…Ⅱ-1284［穀物類］ |
| やきものつち…Ⅵ-51［金・石・土・水類］ | やさいささけ…Ⅱ-1285［穀物類］ |
| やくしくさ…Ⅴ-1566［野生植物］ | やさいまめ…Ⅱ-1285［穀物類］ |
| やくしさう…Ⅴ-1566［野生植物］ | やさいもち…Ⅱ-1285［穀物類］ |
| やくしさう…Ⅴ-1567［野生植物］ | やざう…Ⅱ-1285［穀物類］ |
| やくしそう…Ⅴ-1567［野生植物］ | やさひさく…Ⅶ-658［樹木類］ |
| やくたら…Ⅶ-658［樹木類］ | やさぶらうもち…Ⅱ-1285［穀物類］ |
| やくな…Ⅴ-1567［野生植物］ | やさら…Ⅲ-835［貝類］ |
| やくびやうつる…Ⅴ-1567［野生植物］ | やざゑもんくろつみ…Ⅱ-1285［穀物類］ |
| やくふき…Ⅶ-658［樹木類］ | やし…Ⅴ-1570［野生植物］ |
| やくま…Ⅴ-1568［野生植物］ | やじの…Ⅵ-95［竹・笹類］ |
| やくも…Ⅱ-1283［穀物類］ | やしば…Ⅴ-1570［野生植物］ |
| やくも…Ⅴ-1568［野生植物］ | やしば…Ⅶ-899［救荒動植物類］ |
| やくもうそう…Ⅴ-1568［野生植物］ | やじふいね…Ⅱ-1285［穀物類］ |
| やくもさう…Ⅴ-1568［野生植物］ | やじふわせ…Ⅱ-1286［穀物類］ |
| やくもさう…Ⅴ-1569［野生植物］ | やしほ…Ⅱ-1286［穀物類］ |
| やくもそう…Ⅴ-1569［野生植物］ | やしほ…Ⅵ-627［菜類］ |
| やくらえど…Ⅱ-1283［穀物類］ | やしほ…Ⅶ-658［樹木類］ |
| やくらさう…Ⅴ-1569［野生植物］ | やしぼあは…Ⅱ-1286［穀物類］ |
| やぐらさう…Ⅴ-1569［野生植物］ | やしほひさく…Ⅶ-658［樹木類］ |
| やぐらねぎ…Ⅵ-627［菜類］ | やしま…Ⅵ-897［果類］ |
| やくり…Ⅱ-1283［穀物類］ | やしまほうし…Ⅱ-1286［穀物類］ |
| やくりわせ…Ⅱ-1283［穀物類］ | やしや…Ⅵ-51［金・石・土・水類］ |
| やくるま…Ⅴ-1570［野生植物］ | やしや…Ⅶ-659［樹木類］ |
| やぐるま…Ⅴ-1570［野生植物］ | やしやじ…Ⅲ-589［魚類］ |
| やくろ…Ⅱ-1283［穀物類］ | やしやたけ…Ⅵ-95［竹・笹類］ |
| やくろう…Ⅱ-1284［穀物類］ | やしやひしやく…Ⅶ-659［樹木類］ |
| やくろみたし…Ⅱ-1284［穀物類］ | やしやびしやく…Ⅶ-659［樹木類］ |
| やくわ…Ⅴ-1570［野生植物］ | やしやぶし…Ⅶ-659［樹木類］ |
| やけかき…Ⅵ-897［果類］ | やじりいし…Ⅵ-51［金・石・土・水類］ |
| やけこむぎ…Ⅱ-1284［穀物類］ | やしろ…Ⅴ-1570［野生植物］ |
| やけつち…Ⅵ-51［金・石・土・水類］ | やしろ…Ⅵ-897［果類］ |

や

やしを…Ⅵ-897［果類］
やしを…Ⅶ-659［樹木類］
やす…Ⅲ-589［魚類］
やず…Ⅲ-589［魚類］
やすおとこ…Ⅲ-590［魚類］
やすぎむぎ…Ⅱ-1286［穀物類］
やすこ…Ⅲ-590［魚類］
やすだ…Ⅱ-1286［穀物類］
やすだい…Ⅲ-590［魚類］
やすだわせ…Ⅱ-1286［穀物類］
やすのき…Ⅶ-659［樹木類］
やすみ…Ⅲ-590［魚類］
やすもと…Ⅵ-627［菜類］
やすもとやなぎ…Ⅶ-660［樹木類］
やすりあは…Ⅱ-1287［穀物類］
やすりくさ…Ⅴ-1571［野生植物］
やせいさう…Ⅴ-1571［野生植物］
やせう…Ⅱ-1287［穀物類］
やぜう…Ⅱ-1287［穀物類］
やせうのき…Ⅶ-660［樹木類］
やそ…Ⅴ-1571［野生植物］
やぞうはたか…Ⅱ-1287［穀物類］
やた…Ⅱ-1287［穀物類］
やたけ…Ⅵ-95［竹・笹類］
やたび…Ⅶ-660［樹木類］
やたらうおくて…Ⅱ-1287［穀物類］
やたらうなかて…Ⅱ-1287［穀物類］
やたらうむぎ…Ⅱ-1287［穀物類］
やたらうわせ…Ⅱ-1288［穀物類］
やちあさみ…Ⅴ-1571［野生植物］
やちあざみ…Ⅴ-1571［野生植物］
やちあは…Ⅱ-1288［穀物類］
やちあわ…Ⅱ-1288［穀物類］
やちいたや…Ⅶ-660［樹木類］
やちうるい…Ⅴ-1571［野生植物］
やちかい…Ⅲ-835［貝類］
やぢかい…Ⅲ-835［貝類］
やちかちか…Ⅲ-590［魚類］

やちききやう…Ⅴ-1571［野生植物］
やちきく…Ⅴ-1572［野生植物］
やちきのこ…Ⅵ-231［菌・茸類］
やちきび…Ⅴ-1572［野生植物］
やちくく…Ⅴ-1572［野生植物］
やちくぐ…Ⅴ-1572［野生植物］
やちくりのき…Ⅶ-660［樹木類］
やちくわのき…Ⅶ-660［樹木類］
やちしばり…Ⅴ-1572［野生植物］
やちしをじ…Ⅶ-660［樹木類］
やちすげ…Ⅴ-1572［野生植物］
やちすもも…Ⅶ-661［樹木類］
やちたものき…Ⅶ-661［樹木類］
やちつけ…Ⅶ-661［樹木類］
やちとどけ…Ⅴ-1572［野生植物］
やちな…Ⅵ-627［菜類］
やちなし…Ⅶ-661［樹木類］
やちなしのき…Ⅶ-661［樹木類］
やちば…Ⅶ-661［樹木類］
やちはい…Ⅲ-590［魚類］
やちはぎ…Ⅴ-1573［野生植物］
やちはす…Ⅴ-1573［野生植物］
やちはせう…Ⅴ-1573［野生植物］
やちばせう…Ⅴ-1573［野生植物］
やちはせを…Ⅴ-1573［野生植物］
やちはのき…Ⅶ-661［樹木類］
やちはみ…Ⅶ-662［樹木類］
やちばら…Ⅴ-1573［野生植物］
やちひし…Ⅴ-1573［野生植物］
やちふき…Ⅴ-1574［野生植物］
やちふき…Ⅵ-627［菜類］
やちふき…Ⅶ-899［救荒動植物類］
やちほうな…Ⅴ-1574［野生植物］
やちほうのき…Ⅶ-662［樹木類］
やちほく…Ⅶ-662［樹木類］
やちぼたん…Ⅴ-1574［野生植物］
やちみつば…Ⅴ-1574［野生植物］
やちむちり…Ⅱ-1288［穀物類］

| | |
|---|---|
| やちむらさき…Ⅴ-1574［野生植物］ | やつなり…Ⅱ-1290［穀物類］ |
| やちもたし…Ⅵ-231［菌・茸類］ | やつなり…Ⅵ-629［菜類］ |
| やちもり…Ⅱ-1288［穀物類］ | やつなりたうからし…Ⅵ-629［菜類］ |
| やちやなぎ…Ⅶ-899［救荒動植物類］ | やつなりなすび…Ⅵ-629［菜類］ |
| やちゆり…Ⅴ-1574［野生植物］ | やつなりなんはん…Ⅵ-630［菜類］ |
| やちゆり…Ⅵ-627［菜類］ | やつなんばん…Ⅵ-630［菜類］ |
| やぢゑ…Ⅱ-1288［穀物類］ | やつねこ…Ⅱ-1290［穀物類］ |
| やつかし…Ⅵ-628［菜類］ | やつはし…Ⅴ-1575［野生植物］ |
| やつかしら…Ⅱ-1288［穀物類］ | やつはしくさ…Ⅴ-1575［野生植物］ |
| やつかしら…Ⅱ-1289［穀物類］ | やつはしけ…Ⅴ-1575［野生植物］ |
| やつかしら…Ⅵ-628［菜類］ | やつはしさう…Ⅴ-1575［野生植物］ |
| やつかしら…Ⅶ-662［樹木類］ | やつばな…Ⅴ-1576［野生植物］ |
| やつがしら…Ⅱ-1289［穀物類］ | やつはら…Ⅲ-590［魚類］ |
| やつがしら…Ⅵ-628［菜類］ | やつはり…Ⅴ-1576［野生植物］ |
| やつがしら…Ⅶ-662［樹木類］ | やつふさ…Ⅱ-1290［穀物類］ |
| やつがしらいも…Ⅵ-628［菜類］ | やつふさなんはん…Ⅵ-630［菜類］ |
| やつがしらかぶ…Ⅵ-628［菜類］ | やつまた…Ⅴ-1576［野生植物］ |
| やつがしらかぶら…Ⅵ-629［菜類］ | やつまたくさ…Ⅴ-1576［野生植物］ |
| やつがしらな…Ⅵ-629［菜類］ | やつめ…Ⅲ-591［魚類］ |
| やつかり…Ⅵ-231［菌・茸類］ | やつめ…Ⅲ-835［貝類］ |
| やつくち…Ⅵ-629［菜類］ | やつめ…Ⅵ-630［菜類］ |
| やつこ…Ⅱ-1289［穀物類］ | やつめうなき…Ⅲ-591［魚類］ |
| やつこがへり…Ⅱ-1289［穀物類］ | やつめうなぎ…Ⅲ-591［魚類］ |
| やつこささけ…Ⅱ-1289［穀物類］ | やつめうなぎ…Ⅲ-592［魚類］ |
| やつこは…Ⅶ-662［樹木類］ | やつるき…Ⅶ-663［樹木類］ |
| やつこはたか…Ⅱ-1289［穀物類］ | やつるきは…Ⅶ-899［救荒動植物類］ |
| やつこはだか…Ⅱ-1289［穀物類］ | やつわり…Ⅴ-1576［野生植物］ |
| やつこはな…Ⅴ-1574［野生植物］ | やつわり…Ⅶ-663［樹木類］ |
| やつこむぎ…Ⅱ-1290［穀物類］ | やとく…Ⅱ-1290［穀物類］ |
| やつさや…Ⅱ-1290［穀物類］ | やとめ…Ⅶ-664［樹木類］ |
| やつて…Ⅱ-1290［穀物類］ | やどめ…Ⅴ-1577［野生植物］ |
| やつて…Ⅶ-662［樹木類］ | やどめ…Ⅶ-664［樹木類］ |
| やつで…Ⅱ-1290［穀物類］ | やとめくわ…Ⅶ-664［樹木類］ |
| やつで…Ⅶ-663［樹木類］ | やとら…Ⅱ-1291［穀物類］ |
| やつでくさ…Ⅴ-1575［野生植物］ | やとりき…Ⅶ-664［樹木類］ |
| やつでのき…Ⅶ-663［樹木類］ | やどりき…Ⅴ-1577［野生植物］ |
| やつでのは…Ⅶ-663［樹木類］ | やどりぎ…Ⅶ-664［樹木類］ |
| やつとくさ…Ⅴ-1575［野生植物］ | やとりさう…Ⅴ-1577［野生植物］ |

や

やとをこ…Ⅴ-1577［野生植物］
やないどまめ…Ⅱ-1291［穀物類］
やながは…Ⅱ-1291［穀物類］
やながはかき…Ⅵ-897［果類］
やなき…Ⅲ-592［魚類］
やなき…Ⅶ-665［樹木類］
やなぎ…Ⅱ-1291［穀物類］
やなぎ…Ⅶ-665［樹木類］
やなぎあは…Ⅱ-1291［穀物類］
やなぎあわ…Ⅱ-1291［穀物類］
やなきかれい…Ⅲ-592［魚類］
やなぎきのこ…Ⅵ-231［菌・茸類］
やなぎこ…Ⅱ-1291［穀物類］
やなぎごらう…Ⅱ-1292［穀物類］
やなきさう…Ⅴ-1577［野生植物］
やなぎさう…Ⅴ-1577［野生植物］
やなぎざこ…Ⅲ-592［魚類］
やなきさつま…Ⅱ-1292［穀物類］
やなぎしいたけ…Ⅵ-231［菌・茸類］
やなきそう…Ⅴ-1577［野生植物］
やなきたけ…Ⅵ-231［菌・茸類］
やなぎたけ…Ⅵ-231［菌・茸類］
やなぎたけ…Ⅵ-232［菌・茸類］
やなぎたけは…Ⅵ-232［菌・茸類］
やなきたで…Ⅴ-1578［野生植物］
やなぎたで…Ⅴ-1578［野生植物］
やなぎたで…Ⅵ-630［菜類］
やなきどぢやう…Ⅲ-592［魚類］
やなぎどぢょう…Ⅲ-592［魚類］
やなぎな…Ⅴ-1578［野生植物］
やなぎのき…Ⅶ-665［樹木類］
やなきのまへ…Ⅲ-592［魚類］
やなぎのまへ…Ⅲ-593［魚類］
やなぎば…Ⅴ-1578［野生植物］
やなぎば…Ⅴ-1578［野生植物］
やなぎば…Ⅵ-630［菜類］
やなぎはあい…Ⅴ-1578［野生植物］
やなぎはい…Ⅲ-593［魚類］

やなぎはしくり…Ⅴ-1578［野生植物］
やなきはちめ…Ⅲ-593［魚類］
やなぎばのふなはら…Ⅴ-1579［野生植物］
やなぎばふなわら…Ⅴ-1579［野生植物］
やなぎはへ…Ⅲ-593［魚類］
やなぎはへ…Ⅲ-594［魚類］
やなぎばへ…Ⅲ-594［魚類］
やなぎはや…Ⅲ-594［魚類］
やなぎばよもき…Ⅴ-1579［野生植物］
やなぎはゑ…Ⅲ-594［魚類］
やなぎばゑ…Ⅲ-594［魚類］
やなぎひへ…Ⅱ-1292［穀物類］
やなぎひらめ…Ⅲ-594［魚類］
やなぎひゑ…Ⅱ-1292［穀物類］
やなきふなはら…Ⅴ-1579［野生植物］
やなぎほむぎ…Ⅱ-1292［穀物類］
やなぎむぎ…Ⅱ-1292［穀物類］
やなぎむし…Ⅶ-899［救荒動植物類］
やなきも…Ⅴ-1579［野生植物］
やなぎもたし…Ⅵ-232［菌・茸類］
やなぎもち…Ⅱ-1292［穀物類］
やなきもろこ…Ⅲ-594［魚類］
やなぎもろこ…Ⅲ-595［魚類］
やなぎわせ…Ⅱ-1293［穀物類］
やなくい…Ⅱ-1293［穀物類］
やなぐい…Ⅱ-1293［穀物類］
やなし…Ⅶ-666［樹木類］
やなしちがふ…Ⅱ-1293［穀物類］
やなしのは…Ⅶ-899［救荒動植物類］
やなせ…Ⅲ-595［魚類］
やなせ…Ⅴ-1579［野生植物］
やなひちこ…Ⅱ-1293［穀物類］
やなひら…Ⅱ-1293［穀物類］
やなりあづき…Ⅱ-1293［穀物類］
やねくさ…Ⅴ-1579［野生植物］
やねしちがふ…Ⅱ-1293［穀物類］
やねたけ…Ⅵ-232［菌・茸類］
やねのこけ…Ⅴ-1580［野生植物］

やねはうつき…Ⅴ-1580［野生植物］
やねばうつぎ…Ⅴ-1580［野生植物］
やねぶくしやう…Ⅴ-1580［野生植物］
やねみつば…Ⅴ-1580［野生植物］
やのたけ…Ⅵ-95［竹・笹類］
やのたけ…Ⅵ-96［竹・笹類］
やのねいし…Ⅵ-51［金・石・土・水類］
やのへさう…Ⅴ-1580［野生植物］
やばい…Ⅵ-898［果類］
やはいくさ…Ⅴ-1580［野生植物］
やはぎ…Ⅲ-595［魚類］
やはす…Ⅱ-1294［穀物類］
やはず…Ⅱ-1294［穀物類］
やはず…Ⅲ-595［魚類］
やはず…Ⅴ-1581［野生植物］
やはずてんぢく…Ⅱ-1294［穀物類］
やはすむぎ…Ⅱ-1294［穀物類］
やはずやろく…Ⅱ-1294［穀物類］
やはせ…Ⅱ-1294［穀物類］
やはせ…Ⅲ-595［魚類］
やばせ…Ⅱ-1294［穀物類］
やはせわせ…Ⅱ-1294［穀物類］
やはそ…Ⅱ-1294［穀物類］
やはた…Ⅱ-1295［穀物類］
やばたうを…Ⅲ-595［魚類］
やはたくさ…Ⅴ-1581［野生植物］
やはたよりだし…Ⅱ-1295［穀物類］
やはつ…Ⅱ-1295［穀物類］
やはつ…Ⅴ-1581［野生植物］
やはづ…Ⅱ-1295［穀物類］
やはづ…Ⅴ-1581［野生植物］
やはづ…Ⅶ-666［樹木類］
やはつあふみこ…Ⅱ-1295［穀物類］
やはつかいせい…Ⅱ-1295［穀物類］
やはつくさ…Ⅴ-1581［野生植物］
やはづくさ…Ⅴ-1581［野生植物］
やはづぐさ…Ⅴ-1582［野生植物］
やはつさう…Ⅴ-1582［野生植物］

やはつそう…Ⅴ-1582［野生植物］
やはづそう…Ⅴ-1582［野生植物］
やはつはたか…Ⅱ-1296［穀物類］
やはつむぎ…Ⅱ-1296［穀物類］
やはづむぎ…Ⅱ-1296［穀物類］
やはつやろく…Ⅱ-1296［穀物類］
やはづわきむき…Ⅱ-1296［穀物類］
やはら…Ⅴ-1582［野生植物］
やはら…Ⅶ-666［樹木類］
やはらくさ…Ⅴ-1582［野生植物］
やはんどう…Ⅲ-595［魚類］
やひあは…Ⅱ-1296［穀物類］
やひほ…Ⅱ-1296［穀物類］
やぶあまちや…Ⅴ-1583［野生植物］
やふいたたき…Ⅶ-666［樹木類］
やぶいただき…Ⅶ-666［樹木類］
やふいちこ…Ⅴ-1583［野生植物］
やぶいちこ…Ⅵ-898［果類］
やぶいちご…Ⅴ-1583［野生植物］
やぶいも…Ⅴ-1583［野生植物］
やぶうつき…Ⅶ-666［樹木類］
やぶうど…Ⅴ-1583［野生植物］
やふかうし…Ⅴ-1583［野生植物］
やふかうじ…Ⅴ-1583［野生植物］
やぶかうし…Ⅴ-1584［野生植物］
やぶかうし…Ⅶ-666［樹木類］
やぶかうじ…Ⅴ-1584［野生植物］
やぶかうじ…Ⅶ-667［樹木類］
やぶがうな…Ⅲ-836［貝類］
やふかしう…Ⅴ-1584［野生植物］
やぶかは…Ⅱ-1297［穀物類］
やぶかはまめ…Ⅱ-1297［穀物類］
やぶかふし…Ⅴ-1585［野生植物］
やふかぶらのは…Ⅶ-899［救荒動植物類］
やぶからげ…Ⅶ-667［樹木類］
やふからめかつら…Ⅴ-1585［野生植物］
やぶくぐり…Ⅴ-1586［野生植物］
やぶくさ…Ⅴ-1586［野生植物］

# や

| | |
|---|---|
| やぶくさめ…Ⅴ-1586［野生植物］ | やふそは…Ⅴ-1590［野生植物］ |
| やぶくす…Ⅶ-667［樹木類］ | やふそば…Ⅴ-1590［野生植物］ |
| やふぐすね…Ⅱ-1297［穀物類］ | やぶそば…Ⅵ-630［菜類］ |
| やぶくすね…Ⅱ-1297［穀物類］ | やぶそば…Ⅴ-1590［野生植物］ |
| やぶくすね…Ⅴ-1586［野生植物］ | やぶそば…Ⅶ-900［救荒動植物類］ |
| やぶくわんさう…Ⅴ-1586［野生植物］ | やふそま…Ⅴ-1590［野生植物］ |
| やぶくわんさう…Ⅴ-1586［野生植物］ | やぶぞま…Ⅴ-1590［野生植物］ |
| やぶけまん…Ⅴ-1586［野生植物］ | やぶぞま…Ⅵ-631［菜類］ |
| やぶこうし…Ⅴ-1587［野生植物］ | やふそめ…Ⅶ-667［樹木類］ |
| やぶこうし…Ⅶ-667［樹木類］ | やぶたけ…Ⅵ-233［菌・茸類］ |
| やぶこうじ…Ⅴ-1587［野生植物］ | やぶたたき…Ⅵ-898［果類］ |
| やぶこうじのみ…Ⅵ-898［果類］ | やぶたちはな…Ⅶ-667［樹木類］ |
| やぶこけ…Ⅴ-1587［野生植物］ | やぶたちばな…Ⅴ-1591［野生植物］ |
| やぶこけ…Ⅵ-232［菌・茸類］ | やふたばこ…Ⅴ-1591［野生植物］ |
| やぶごま…Ⅴ-1587［野生植物］ | やぶたはこ…Ⅴ-1591［野生植物］ |
| やぶこんにやく…Ⅴ-1587［野生植物］ | やぶたばこ…Ⅴ-1591［野生植物］ |
| やぶさ…Ⅴ-1587［野生植物］ | やふたはら…Ⅱ-1297［穀物類］ |
| やぶざくろ…Ⅵ-898［果類］ | やぶたはら…Ⅱ-1297［穀物類］ |
| やぶささけ…Ⅱ-1297［穀物類］ | やふだま…Ⅵ-233［菌・茸類］ |
| やぶささげ…Ⅱ-1297［穀物類］ | やぶたま…Ⅴ-1591［野生植物］ |
| やぶしきみ…Ⅶ-667［樹木類］ | やふたまこ…Ⅶ-668［樹木類］ |
| やふしだ…Ⅴ-1588［野生植物］ | やぶたらう…Ⅱ-1297［穀物類］ |
| やぶした…Ⅱ-1297［穀物類］ | やぶたらうもち…Ⅱ-1298［穀物類］ |
| やぶした…Ⅴ-1588［野生植物］ | やぶちさ…Ⅴ-1592［野生植物］ |
| やぶしめじ…Ⅵ-233［菌・茸類］ | やぶつはき…Ⅶ-668［樹木類］ |
| やぶしやうぶ…Ⅴ-1588［野生植物］ | やぶつばき…Ⅶ-668［樹木類］ |
| やふしらす…Ⅴ-1588［野生植物］ | やふてまり…Ⅶ-668［樹木類］ |
| やふしらは…Ⅴ-1588［野生植物］ | やぶてまり…Ⅶ-668［樹木類］ |
| やふしらみ…Ⅴ-1588［野生植物］ | やぶてまりくは…Ⅶ-668［樹木類］ |
| やふじらみ…Ⅴ-1589［野生植物］ | やぶな…Ⅴ-1592［野生植物］ |
| やぶしらみ…Ⅴ-1589［野生植物］ | やぶな…Ⅶ-900［救荒動植物類］ |
| やぶじらみ…Ⅴ-1589［野生植物］ | やぶなし…Ⅵ-898［果類］ |
| やふす…Ⅴ-1589［野生植物］ | やぶにらみ…Ⅴ-1592［野生植物］ |
| やぶせうふ…Ⅴ-1589［野生植物］ | やふにんしん…Ⅵ-631［菜類］ |
| やぶせり…Ⅴ-1589［野生植物］ | やぶにんしん…Ⅴ-1592［野生植物］ |
| やぶせり…Ⅶ-900［救荒動植物類］ | やぶにんしん…Ⅵ-631［菜類］ |
| やぶせり…Ⅴ-1590［野生植物］ | やぶにんじん…Ⅴ-1592［野生植物］ |
| やぶそてつ…Ⅴ-1590［野生植物］ | やぶにんじん…Ⅴ-1593［野生植物］ |

| | |
|---|---|
| やぶにんにく…Ⅴ‐1593〔野生植物〕 | やへなり…Ⅱ‐1298〔穀物類〕 |
| やぶぶどう…Ⅴ‐1593〔野生植物〕 | やへなり…Ⅵ‐631〔菜類〕 |
| やふほうつき…Ⅴ‐1593〔野生植物〕 | やへはささ…Ⅵ‐96〔竹・笹類〕 |
| やぶほうづき…Ⅴ‐1593〔野生植物〕 | やへひとへ…Ⅶ‐670〔樹木類〕 |
| やぶまめ…Ⅴ‐1593〔野生植物〕 | やへほろ…Ⅱ‐1298〔穀物類〕 |
| やぶまを…Ⅴ‐1593〔野生植物〕 | やへむくら…Ⅴ‐1597〔野生植物〕 |
| やぶみやうが…Ⅴ‐1594〔野生植物〕 | やへむぐら…Ⅴ‐1597〔野生植物〕 |
| やぶむぎ…Ⅴ‐1594〔野生植物〕 | やへむめ…Ⅵ‐899〔果類〕 |
| やぶむめ…Ⅵ‐898〔果類〕 | やへむめ…Ⅶ‐670〔樹木類〕 |
| やぶめうが…Ⅴ‐1594〔野生植物〕 | やへもも…Ⅵ‐899〔果類〕 |
| やふもたし…Ⅵ‐233〔菌・茸類〕 | やへもも…Ⅶ‐670〔樹木類〕 |
| やふもち…Ⅶ‐668〔樹木類〕 | やへやまふき…Ⅶ‐670〔樹木類〕 |
| やぶもつかう…Ⅴ‐1594〔野生植物〕 | やへらたけ…Ⅵ‐96〔竹・笹類〕 |
| やぶゆり…Ⅴ‐1594〔野生植物〕 | やほう…Ⅱ‐1298〔穀物類〕 |
| やぶらん…Ⅴ‐1594〔野生植物〕 | やほそま…Ⅴ‐1597〔野生植物〕 |
| やふれかさ…Ⅴ‐1595〔野生植物〕 | やぼぞま…Ⅴ‐1597〔野生植物〕 |
| やぶれがさ…Ⅴ‐1595〔野生植物〕 | やぼぞま…Ⅵ‐632〔菜類〕 |
| やふれすけがさ…Ⅴ‐1595〔野生植物〕 | やぼたらう…Ⅱ‐1298〔穀物類〕 |
| やぶれすけかさ…Ⅴ‐1595〔野生植物〕 | やま…Ⅱ‐1298〔穀物類〕 |
| やぶれすけがさ…Ⅴ‐1595〔野生植物〕 | やま…Ⅴ‐1597〔野生植物〕 |
| やぶれすげがさ…Ⅴ‐1595〔野生植物〕 | やまあさ…Ⅴ‐1597〔野生植物〕 |
| やぶれもつかう…Ⅴ‐1595〔野生植物〕 | やまあさつき…Ⅵ‐632〔菜類〕 |
| やへ…Ⅴ‐1596〔野生植物〕 | やまあちさい…Ⅴ‐1598〔野生植物〕 |
| やへ…Ⅵ‐631〔菜類〕 | やまあちさい…Ⅶ‐670〔樹木類〕 |
| やへ…Ⅶ‐669〔樹木類〕 | やまあぢさい…Ⅴ‐1598〔野生植物〕 |
| やへかつら…Ⅴ‐1596〔野生植物〕 | やまあふひ…Ⅴ‐1598〔野生植物〕 |
| やへぎく…Ⅴ‐1596〔野生植物〕 | やまあへ…Ⅶ‐670〔樹木類〕 |
| やへくちなし…Ⅶ‐669〔樹木類〕 | やまあへのき…Ⅶ‐670〔樹木類〕 |
| やへけし…Ⅵ‐631〔菜類〕 | やまあり…Ⅵ‐899〔果類〕 |
| やへさくら…Ⅶ‐669〔樹木類〕 | やまあり…Ⅶ‐671〔樹木類〕 |
| やへさとゆり…Ⅵ‐631〔菜類〕 | やまあゐ…Ⅴ‐1598〔野生植物〕 |
| やへしだ…Ⅴ‐1596〔野生植物〕 | やまいくさ…Ⅴ‐1598〔野生植物〕 |
| やへしたれやなぎ…Ⅶ‐669〔樹木類〕 | やまいし…Ⅵ‐51〔金・石・土・水類〕 |
| やへしは…Ⅴ‐1596〔野生植物〕 | やまいちご…Ⅴ‐1598〔野生植物〕 |
| やへしば…Ⅴ‐1596〔野生植物〕 | やまいてう…Ⅴ‐1599〔野生植物〕 |
| やへしば…Ⅴ‐1597〔野生植物〕 | やまいてう…Ⅶ‐671〔樹木類〕 |
| やへしらむめ…Ⅵ‐899〔果類〕 | やまいぬ…Ⅲ‐596〔魚類〕 |
| やへつばき…Ⅶ‐669〔樹木類〕 | やまいね…Ⅴ‐1599〔野生植物〕 |

や

やまいも…Ⅴ-1599［野生植物］
やまいも…Ⅵ-632［菜類］
やまいもかづら…Ⅴ-1599［野生植物］
やまうち…Ⅱ-1298［穀物類］
やまうつき…Ⅶ-671［樹木類］
やまうつき…Ⅶ-900［救荒動植物類］
やまうつぎ…Ⅶ-671［樹木類］
やまうつぎは…Ⅶ-900［救荒動植物類］
やまうと…Ⅴ-1599［野生植物］
やまうと…Ⅵ-633［菜類］
やまうど…Ⅴ-1599［野生植物］
やまうどのは…Ⅶ-900［救荒動植物類］
やまうばち…Ⅴ-1599［野生植物］
やまうらつぶ…Ⅲ-836［貝類］
やまうり…Ⅴ-1600［野生植物］
やまうりかづら…Ⅴ-1600［野生植物］
やまうるい…Ⅴ-1600［野生植物］
やまうるし…Ⅵ-633［菜類］
やまうるし…Ⅵ-899［果類］
やまうるし…Ⅶ-671［樹木類］
やまうるし…Ⅶ-672［樹木類］
やまうるしきのは…Ⅶ-900［救荒動植物類］
やまうるしのき…Ⅶ-672［樹木類］
やまうるしのは…Ⅶ-901［救荒動植物類］
やまうるね…Ⅴ-1600［野生植物］
やまうるわ…Ⅶ-901［救荒動植物類］
やまうを…Ⅲ-596［魚類］
やまえ…Ⅴ-1600［野生植物］
やまえのき…Ⅶ-672［樹木類］
やまおきて…Ⅱ-1299［穀物類］
やまおくて…Ⅱ-1299［穀物類］
やまおとこ…Ⅶ-672［樹木類］
やまおろし…Ⅱ-1299［穀物類］
やまが…Ⅱ-1299［穀物類］
やまかいだう…Ⅴ-1600［野生植物］
やまかいだう…Ⅶ-672［樹木類］
やまかいて…Ⅶ-672［樹木類］
やまかいとう…Ⅵ-899［果類］

やまかいとう…Ⅶ-673［樹木類］
やまかいどう…Ⅶ-673［樹木類］
やまかいは…Ⅶ-673［樹木類］
やまかいば…Ⅶ-673［樹木類］
やまかうず…Ⅶ-673［樹木類］
やまかうそ…Ⅴ-1600［野生植物］
やまかうそ…Ⅶ-673［樹木類］
やまかうぞ…Ⅶ-673［樹木類］
やまかうら…Ⅴ-1601［野生植物］
やまがうら…Ⅴ-1601［野生植物］
やまかき…Ⅴ-1601［野生植物］
やまかき…Ⅵ-899［果類］
やまかき…Ⅵ-900［果類］
やまかき…Ⅶ-674［樹木類］
やまがき…Ⅴ-1601［野生植物］
やまがき…Ⅵ-233［菌・茸類］
やまがき…Ⅵ-900［果類］
やまかこ…Ⅶ-674［樹木類］
やまかしう…Ⅴ-1601［野生植物］
やまかしのき…Ⅶ-674［樹木類］
やまがしのき…Ⅶ-674［樹木類］
やまかぞ…Ⅶ-674［樹木類］
やまかたやろく…Ⅱ-1299［穀物類］
やまがちやうじや…Ⅱ-1299［穀物類］
やまかづら…Ⅴ-1601［野生植物］
やまかは…Ⅱ-1299［穀物類］
やまがはちこく…Ⅱ-1300［穀物類］
やまかはなし…Ⅵ-900［果類］
やまかふ…Ⅴ-1601［野生植物］
やまかぶ…Ⅴ-1602［野生植物］
やまかぶ…Ⅵ-633［菜類］
やまかぶら…Ⅴ-1602［野生植物］
やまかぶら…Ⅵ-633［菜類］
やまかぶら…Ⅶ-674［樹木類］
やまかへで…Ⅶ-674［樹木類］
やまかや…Ⅵ-900［果類］
やまかや…Ⅶ-675［樹木類］
やまがら…Ⅶ-901［救荒動植物類］

| | |
|---|---|
| やまからし…Ⅴ-1602［野生植物］ | やまけいとう…Ⅴ-1604［野生植物］ |
| やまからむし…Ⅴ-1602［野生植物］ | やまけさ…Ⅴ-1604［野生植物］ |
| やまがわせ…Ⅱ-1300［穀物類］ | やまけし…Ⅴ-1605［野生植物］ |
| やまがんひ…Ⅴ-1602［野生植物］ | やまけし…Ⅶ-901［救荒動植物類］ |
| やまがんぼうじ…Ⅴ-1602［野生植物］ | やまこうら…Ⅴ-1605［野生植物］ |
| やまききやう…Ⅴ-1603［野生植物］ | やまごうら…Ⅵ-633［菜類］ |
| やまきく…Ⅴ-1603［野生植物］ | やまこけ…Ⅴ-1605［野生植物］ |
| やまきほうし…Ⅴ-1603［野生植物］ | やまごはう…Ⅴ-1605［野生植物］ |
| やまぎぼうし…Ⅴ-1603［野生植物］ | やまごばう…Ⅴ-1605［野生植物］ |
| やまきり…Ⅶ-675［樹木類］ | やまごぼう…Ⅵ-633［菜類］ |
| やまくきたち…Ⅴ-1603［野生植物］ | やまごばう…Ⅶ-901［救荒動植物類］ |
| やまくきたち…Ⅵ-633［菜類］ | やまこぶし…Ⅶ-676［樹木類］ |
| やまくさ…Ⅴ-1603［野生植物］ | やまこほう…Ⅴ-1606［野生植物］ |
| やまくたし…Ⅴ-1603［野生植物］ | やまこほう…Ⅶ-902［救荒動植物類］ |
| やまぐち…Ⅱ-1300［穀物類］ | やまこぼう…Ⅴ-1606［野生植物］ |
| やまぐちかいぢよ…Ⅱ-1300［穀物類］ | やまこぼう…Ⅵ-634［菜類］ |
| やまぐちこうぼふ…Ⅱ-1300［穀物類］ | やまごほう…Ⅴ-1606［野生植物］ |
| やまぐちもち…Ⅱ-1300［穀物類］ | やまごほう…Ⅶ-902［救荒動植物類］ |
| やまくにわせ…Ⅱ-1300［穀物類］ | やまごぼう…Ⅴ-1606［野生植物］ |
| やまくは…Ⅴ-1604［野生植物］ | やまごぼう…Ⅵ-634［菜類］ |
| やまくは…Ⅶ-675［樹木類］ | やまごぼう…Ⅶ-902［救荒動植物類］ |
| やまくみ…Ⅱ-1301［穀物類］ | やまごぼうのは…Ⅶ-902［救荒動植物類］ |
| やまくみ…Ⅵ-900［果類］ | やまこま…Ⅴ-1607［野生植物］ |
| やまぐみ…Ⅴ-1604［野生植物］ | やまごま…Ⅴ-1607［野生植物］ |
| やまぐみ…Ⅵ-900［果類］ | やまこめのき…Ⅶ-676［樹木類］ |
| やまぐみ…Ⅶ-675［樹木類］ | やまこんにやく…Ⅴ-1607［野生植物］ |
| やまくみのき…Ⅶ-675［樹木類］ | やまごんにやく…Ⅴ-1607［野生植物］ |
| やまくみわせ…Ⅱ-1301［穀物類］ | やまごんにやくさう…Ⅴ-1607［野生植物］ |
| やまくり…Ⅵ-900［果類］ | やまさいかち…Ⅴ-1607［野生植物］ |
| やまくるみ…Ⅶ-675［樹木類］ | やまさいから…Ⅶ-676［樹木類］ |
| やまくわ…Ⅵ-901［果類］ | やまさき…Ⅱ-1301［穀物類］ |
| やまくわ…Ⅶ-675［樹木類］ | やまざき…Ⅱ-1301［穀物類］ |
| やまぐわ…Ⅵ-901［果類］ | やまざきいし…Ⅵ-52［金・石・土・水類］ |
| やまくわのは…Ⅶ-901［救荒動植物類］ | やまざきやろく…Ⅱ-1301［穀物類］ |
| やまくわのみ…Ⅶ-901［救荒動植物類］ | やまさくら…Ⅶ-676［樹木類］ |
| やまくわゐ…Ⅴ-1604［野生植物］ | やまささ…Ⅵ-96［竹・笹類］ |
| やまくわんさう…Ⅴ-1604［野生植物］ | やまさび…Ⅱ-1301［穀物類］ |
| やまけいがい…Ⅴ-1604［野生植物］ | やまさんせう…Ⅵ-901［果類］ |

や

やまさんせう…Ⅶ-676［樹木類］
やましきび…Ⅶ-677［樹木類］
やましきみ…Ⅶ-677［樹木類］
やましこ…Ⅵ-634［菜類］
やましそ…Ⅴ-1608［野生植物］
やました…Ⅱ-1301［穀物類］
やましたうるあは…Ⅱ-1301［穀物類］
やましで…Ⅴ-1608［野生植物］
やましのぶ…Ⅴ-1608［野生植物］
やましは…Ⅶ-677［樹木類］
やましば…Ⅶ-677［樹木類］
やましびのき…Ⅶ-677［樹木類］
やましびら…Ⅴ-1608［野生植物］
やましぶ…Ⅵ-901［果類］
やましぶ…Ⅶ-677［樹木類］
やましぶかき…Ⅵ-901［果類］
やましやうか…Ⅴ-1608［野生植物］
やましやくしやう…Ⅴ-1608［野生植物］
やましやくじやう…Ⅴ-1609［野生植物］
やましやくしよう…Ⅴ-1609［野生植物］
やましやくちやう…Ⅴ-1609［野生植物］
やましやくやく…Ⅴ-1609［野生植物］
やましやくやく…Ⅶ-902［救荒動植物類］
やましようろ…Ⅵ-233［菌・茸類］
やましらば…Ⅱ-1302［穀物類］
やましろ…Ⅱ-1302［穀物類］
やますいは…Ⅶ-677［樹木類］
やますかこ…Ⅴ-1609［野生植物］
やますきな…Ⅴ-1609［野生植物］
やますけ…Ⅴ-1610［野生植物］
やますげ…Ⅴ-1610［野生植物］
やますすき…Ⅴ-1610［野生植物］
やますだれ…Ⅴ-1610［野生植物］
やますみ…Ⅶ-678［樹木類］
やますみら…Ⅶ-678［樹木類］
やますみれ…Ⅴ-1610［野生植物］
やまぜ…Ⅶ-678［樹木類］

やませうが…Ⅴ-1610［野生植物］
やまぜうぶのき…Ⅶ-678［樹木類］
やませきこく…Ⅴ-1611［野生植物］
やませきちく…Ⅴ-1611［野生植物］
やませり…Ⅴ-1611［野生植物］
やませり…Ⅵ-634［菜類］
やまぜり…Ⅴ-1611［野生植物］
やませんたん…Ⅶ-678［樹木類］
やまそ…Ⅴ-1611［野生植物］
やまそうばへ…Ⅲ-596［魚類］
やまそてつ…Ⅴ-1611［野生植物］
やまそのね…Ⅶ-902［救荒動植物類］
やまそは…Ⅴ-1612［野生植物］
やまそば…Ⅴ-1612［野生植物］
やまそば…Ⅵ-634［菜類］
やまそばな…Ⅴ-1612［野生植物］
やまそばな…Ⅶ-902［救荒動植物類］
やまた…Ⅱ-1302［穀物類］
やまだ…Ⅱ-1302［穀物類］
やまだあは…Ⅱ-1302［穀物類］
やまだいこん…Ⅴ-1612［野生植物］
やまだいこん…Ⅵ-634［菜類］
やまだいこん…Ⅶ-903［救荒動植物類］
やまだいごん…Ⅵ-634［菜類］
やまたいす…Ⅴ-1612［野生植物］
やまたいす…Ⅶ-903［救荒動植物類］
やまだいず…Ⅶ-903［救荒動植物類］
やまたうがらし…Ⅴ-1612［野生植物］
やまたうからしくさ…Ⅴ-1613［野生植物］
やまだうふ…Ⅶ-678［樹木類］
やまたから…Ⅴ-1613［野生植物］
やまだきく…Ⅴ-1613［野生植物］
やまたけ…Ⅲ-596［魚類］
やまたけ…Ⅴ-1613［野生植物］
やまたけ…Ⅵ-96［竹・笹類］
やまたけ…Ⅵ-233［菌・茸類］
やまたけ…Ⅵ-635［菜類］
やまたけ…Ⅶ-678［樹木類］

| | |
|---|---|
| やまだけ…Ⅶ-679［樹木類］ | やまてらし…Ⅱ-1303［穀物類］ |
| やまたちはな…Ⅴ-1613［野生植物］ | やまてらし…Ⅵ-901［果類］ |
| やまたちはな…Ⅵ-901［果類］ | やまてらし…Ⅶ-681［樹木類］ |
| やまたちはな…Ⅶ-679［樹木類］ | やまてらしこむぎ…Ⅱ-1303［穀物類］ |
| やまたちばな…Ⅴ-1613［野生植物］ | やまてらしわせ…Ⅱ-1303［穀物類］ |
| やまたて…Ⅵ-635［菜類］ | やまでらほうず…Ⅴ-1615［野生植物］ |
| やまたで…Ⅴ-1614［野生植物］ | やまでらほふし…Ⅴ-1615［野生植物］ |
| やまたで…Ⅶ-679［樹木類］ | やまと…Ⅱ-1303［穀物類］ |
| やまたてのき…Ⅶ-679［樹木類］ | やまと…Ⅴ-1616［野生植物］ |
| やまたもち…Ⅱ-1302［穀物類］ | やまと…Ⅵ-96［竹・笹類］ |
| やまだもち…Ⅱ-1302［穀物類］ | やまと…Ⅵ-902［果類］ |
| やまだわせ…Ⅱ-1302［穀物類］ | やまとあは…Ⅱ-1303［穀物類］ |
| やまぢうね…Ⅴ-1614［野生植物］ | やまいも…Ⅵ-635［菜類］ |
| やまちさ…Ⅴ-1614［野生植物］ | やまとうがらし…Ⅴ-1616［野生植物］ |
| やまちさ…Ⅶ-679［樹木類］ | やまとうからしくさ…Ⅴ-1616［野生植物］ |
| やまぢさ…Ⅴ-1614［野生植物］ | やまとうき…Ⅴ-1616［野生植物］ |
| やまちしや…Ⅴ-1614［野生植物］ | やまどうしみ…Ⅶ-682［樹木類］ |
| やまちしや…Ⅶ-679［樹木類］ | やまとうしん…Ⅶ-682［樹木類］ |
| やまちや…Ⅴ-1614［野生植物］ | やまとうつら…Ⅴ-1616［野生植物］ |
| やまちや…Ⅶ-680［樹木類］ | やまとかき…Ⅵ-902［果類］ |
| やまちやたけ…Ⅵ-234［菌・茸類］ | やまとがき…Ⅵ-902［果類］ |
| やまちやのき…Ⅶ-680［樹木類］ | やまとかるこ…Ⅱ-1304［穀物類］ |
| やまちよろき…Ⅴ-1614［野生植物］ | やまとこ…Ⅱ-1304［穀物類］ |
| やまつけ…Ⅶ-680［樹木類］ | やまとこなつ…Ⅴ-1616［野生植物］ |
| やまつげ…Ⅶ-680［樹木類］ | やまとこほれ…Ⅱ-1304［穀物類］ |
| やまつた…Ⅴ-1615［野生植物］ | やまとたけ…Ⅵ-97［竹・笹類］ |
| やまつた…Ⅶ-680［樹木類］ | やまととき…Ⅴ-1616［野生植物］ |
| やまつつし…Ⅶ-680［樹木類］ | やまととき…Ⅵ-635［菜類］ |
| やまつつじ…Ⅶ-681［樹木類］ | やまとなでしこ…Ⅴ-1617［野生植物］ |
| やまつつち…Ⅶ-681［樹木類］ | やまとはだか…Ⅱ-1304［穀物類］ |
| やまつつみ…Ⅴ-1615［野生植物］ | やまとはつこく…Ⅱ-1304［穀物類］ |
| やまつはき…Ⅶ-681［樹木類］ | やまとひえ…Ⅱ-1304［穀物類］ |
| やまつばき…Ⅶ-681［樹木類］ | やまとひへ…Ⅱ-1304［穀物類］ |
| やまつりがねさう…Ⅴ-1615［野生植物］ | やまとふき…Ⅵ-635［菜類］ |
| やまつりくさ…Ⅴ-1615［野生植物］ | やまとまめ…Ⅱ-1305［穀物類］ |
| やまつわ…Ⅴ-1615［野生植物］ | やまとむぎ…Ⅱ-1305［穀物類］ |
| やまてまり…Ⅶ-681［樹木類］ | やまとり…Ⅱ-1305［穀物類］ |
| やまてら…Ⅱ-1302［穀物類］ | やまどり…Ⅱ-1305［穀物類］ |

や

| | |
|---|---|
| やまとりいくち…Ⅵ-234 ［菌・茸類］ | やまねつくさ…Ⅴ-1619 ［野生植物］ |
| やまどりかくし…Ⅴ-1617 ［野生植物］ | やまねつみのき…Ⅶ-683 ［樹木類］ |
| やまどりかひ…Ⅲ-836 ［貝類］ | やまねつみもち…Ⅶ-683 ［樹木類］ |
| やまどりくさ…Ⅴ-1617 ［野生植物］ | やまねのき…Ⅶ-683 ［樹木類］ |
| やまどりしだ…Ⅴ-1617 ［野生植物］ | やまのあい…Ⅴ-1619 ［野生植物］ |
| やまとりすもも…Ⅵ-902 ［果類］ | やまのいも…Ⅴ-1619 ［野生植物］ |
| やまどりたけ…Ⅵ-234 ［菌・茸類］ | やまのいも…Ⅵ-636 ［菜類］ |
| やまどりまつち…Ⅵ-52 ［金・石・土・水類］ | やまのいも…Ⅶ-903 ［救荒動植物類］ |
| やまどりもたし…Ⅵ-234 ［菌・茸類］ | やまのかみ…Ⅲ-596 ［魚類］ |
| やまとりもも…Ⅵ-903 ［果類］ | やまのかみたんこ…Ⅶ-684 ［樹木類］ |
| やまどりを…Ⅶ-682 ［樹木類］ | やまのた…Ⅱ-1305 ［穀物類］ |
| やまとろろ…Ⅴ-1617 ［野生植物］ | やまのはな…Ⅱ-1305 ［穀物類］ |
| やまとろろ…Ⅶ-682 ［樹木類］ | やまのふき…Ⅵ-636 ［菜類］ |
| やまとわせ…Ⅱ-1305 ［穀物類］ | やまのふき…Ⅶ-903 ［救荒動植物類］ |
| やまとわた…Ⅴ-1617 ［野生植物］ | やまはい…Ⅲ-597 ［魚類］ |
| やまな…Ⅴ-1618 ［野生植物］ | やまばい…Ⅶ-684 ［樹木類］ |
| やまなか…Ⅱ-1305 ［穀物類］ | やまはき…Ⅴ-1620 ［野生植物］ |
| やまなし…Ⅵ-903 ［果類］ | やまはき…Ⅶ-684 ［樹木類］ |
| やまなし…Ⅶ-682 ［樹木類］ | やまはぎ…Ⅴ-1620 ［野生植物］ |
| やまなし…Ⅶ-683 ［樹木類］ | やまはくい…Ⅴ-1620 ［野生植物］ |
| やまなしのき…Ⅶ-683 ［樹木類］ | やまはくか…Ⅴ-1620 ［野生植物］ |
| やまなすび…Ⅴ-1618 ［野生植物］ | やまはげ…Ⅶ-684 ［樹木類］ |
| やまなすび…Ⅶ-683 ［樹木類］ | やまはじかみ…Ⅵ-636 ［菜類］ |
| やまなたね…Ⅴ-1618 ［野生植物］ | やまはしばみ…Ⅶ-684 ［樹木類］ |
| やまなのは…Ⅶ-903 ［救荒動植物類］ | やまはぜ…Ⅶ-684 ［樹木類］ |
| やまならし…Ⅶ-683 ［樹木類］ | やまはせな…Ⅴ-1620 ［野生植物］ |
| やまなんばん…Ⅴ-1618 ［野生植物］ | やまばた…Ⅱ-1306 ［穀物類］ |
| やまにが…Ⅴ-1618 ［野生植物］ | やまはたあづき…Ⅱ-1306 ［穀物類］ |
| やまにな…Ⅲ-836 ［貝類］ | やまはのき…Ⅶ-684 ［樹木類］ |
| やまにら…Ⅴ-1618 ［野生植物］ | やまはふし…Ⅱ-1306 ［穀物類］ |
| やまにら…Ⅵ-635 ［菜類］ | やまはへ…Ⅲ-597 ［魚類］ |
| やまにんじん…Ⅴ-1618 ［野生植物］ | やまばへ…Ⅲ-597 ［魚類］ |
| やまにんじん…Ⅴ-1619 ［野生植物］ | やまばやり…Ⅱ-1306 ［穀物類］ |
| やまにんじん…Ⅵ-636 ［菜類］ | やまはり…Ⅶ-685 ［樹木類］ |
| やまにんじん…Ⅶ-903 ［救荒動植物類］ | やまはりのき…Ⅶ-685 ［樹木類］ |
| やまにんぢん…Ⅴ-1619 ［野生植物］ | やまはゑ…Ⅲ-597 ［魚類］ |
| やまにんにく…Ⅴ-1619 ［野生植物］ | やまばゑ…Ⅲ-597 ［魚類］ |
| やまねすみ…Ⅲ-596 ［魚類］ | やまはんげ…Ⅴ-1620 ［野生植物］ |

| | |
|---|---|
| やまはんのき…Ⅶ - 685 ［樹木類］ | やまぶとう…Ⅶ - 904 ［救荒動植物類］ |
| やまひげ…Ⅴ - 1621 ［野生植物］ | やまぶどう…Ⅵ - 903 ［果類］ |
| やまびこ…Ⅶ - 904 ［救荒動植物類］ | やまふのり…Ⅴ - 1623 ［野生植物］ |
| やまびせう…Ⅴ - 1621 ［野生植物］ | やまふやし…Ⅶ - 687 ［樹木類］ |
| やまひちき…Ⅴ - 1621 ［野生植物］ | やまふり…Ⅴ - 1623 ［野生植物］ |
| やまびは…Ⅶ - 685 ［樹木類］ | やまへ…Ⅲ - 598 ［魚類］ |
| やまひむろ…Ⅶ - 685 ［樹木類］ | やまべ…Ⅲ - 599 ［魚類］ |
| やまびやくたん…Ⅶ - 685 ［樹木類］ | やまぼうき…Ⅴ - 1623 ［野生植物］ |
| やまひる…Ⅴ - 1621 ［野生植物］ | やまほうきき…Ⅴ - 1624 ［野生植物］ |
| やまふき…Ⅴ - 1621 ［野生植物］ | やまぼうし…Ⅶ - 687 ［樹木類］ |
| やまふき…Ⅵ - 637 ［菜類］ | やまほうつき…Ⅴ - 1624 ［野生植物］ |
| やまふき…Ⅶ - 685 ［樹木類］ | やまほうづき…Ⅴ - 1624 ［野生植物］ |
| やまふき…Ⅶ - 686 ［樹木類］ | やまほうづきのみ…Ⅶ-904［救荒動植物類］ |
| やまふき…Ⅶ - 904 ［救荒動植物類］ | やまほうどけ…Ⅴ - 1624 ［野生植物］ |
| やまぶき…Ⅴ - 1622 ［野生植物］ | やまほうふ…Ⅴ - 1624 ［野生植物］ |
| やまぶき…Ⅵ - 637 ［菜類］ | やまぼたん…Ⅴ - 1624 ［野生植物］ |
| やまぶき…Ⅶ - 686 ［樹木類］ | やまほほづき…Ⅴ - 1625 ［野生植物］ |
| やまぶき…Ⅶ - 687 ［樹木類］ | やままい…Ⅶ - 905 ［救荒動植物類］ |
| やまぶき…Ⅶ - 904 ［救荒動植物類］ | やままかせ…Ⅶ - 687 ［樹木類］ |
| やまぶきうを…Ⅲ - 597 ［魚類］ | やままき…Ⅶ - 687 ［樹木類］ |
| やまふきのは…Ⅶ - 904 ［救荒動植物類］ | やままくり…Ⅴ - 1625 ［野生植物］ |
| やまぶきのは…Ⅶ - 904 ［救荒動植物類］ | やままつ…Ⅴ - 1625 ［野生植物］ |
| やまふじ…Ⅴ - 1622 ［野生植物］ | やままて…Ⅱ - 1306 ［穀物類］ |
| やまぶし…Ⅱ - 1306 ［穀物類］ | やままめ…Ⅶ - 687 ［樹木類］ |
| やまぶし…Ⅲ - 597 ［魚類］ | やままめ…Ⅶ - 905 ［救荒動植物類］ |
| やまぶしいを…Ⅲ - 598 ［魚類］ | やままを…Ⅴ - 1625 ［野生植物］ |
| やまふしかれい…Ⅲ - 598 ［魚類］ | やまみかん…Ⅴ - 1625 ［野生植物］ |
| やまぶしかれい…Ⅲ - 598 ［魚類］ | やまみつは…Ⅴ - 1625 ［野生植物］ |
| やまぶしがれい…Ⅲ - 598 ［魚類］ | やまみつは…Ⅶ - 905 ［救荒動植物類］ |
| やまふしき…Ⅶ - 687 ［樹木類］ | やまみつば…Ⅴ - 1625 ［野生植物］ |
| やまふしくさ…Ⅴ - 1622 ［野生植物］ | やまみやうが…Ⅴ - 1626 ［野生植物］ |
| やまぶしくさ…Ⅴ - 1622 ［野生植物］ | やまみる…Ⅴ - 1626 ［野生植物］ |
| やまふしのかしら…Ⅴ - 1623 ［野生植物］ | やまむつ…Ⅲ - 599 ［魚類］ |
| やまふしも…Ⅴ - 1623 ［野生植物］ | やまむめ…Ⅵ - 904 ［果類］ |
| やまぶしもち…Ⅱ - 1306 ［穀物類］ | やまむろわせ…Ⅱ - 1307 ［穀物類］ |
| やまぶと…Ⅲ - 598 ［魚類］ | やまめ…Ⅲ - 599 ［魚類］ |
| やまふとう…Ⅴ - 1623 ［野生植物］ | やまめうが…Ⅴ - 1626 ［野生植物］ |
| やまぶとう…Ⅴ - 1623 ［野生植物］ | やまもち…Ⅱ - 1307 ［穀物類］ |

や

| | |
|---|---|
| やまもち…Ⅵ‐637［菜類］ | やもちあは…Ⅱ‐1308［穀物類］ |
| やまもち…Ⅶ‐688［樹木類］ | やもものき…Ⅶ‐689［樹木類］ |
| やまもちくさ…Ⅴ‐1626［野生植物］ | やもり…Ⅴ‐1628［野生植物］ |
| やまもつかう…Ⅴ‐1626［野生植物］ | ややうか…Ⅱ‐1308［穀物類］ |
| やまもとかし…Ⅱ‐1307［穀物類］ | ややほうし…Ⅱ‐1308［穀物類］ |
| やまもとしゆび…Ⅲ‐599［魚類］ | ややま…Ⅱ‐1308［穀物類］ |
| やまともち…Ⅱ‐1307［穀物類］ | ややまむき…Ⅱ‐1309［穀物類］ |
| やまもも…Ⅴ‐1626［野生植物］ | ややらか…Ⅱ‐1309［穀物類］ |
| やまもも…Ⅵ‐904［果類］ | やようか…Ⅱ‐1309［穀物類］ |
| やまもも…Ⅶ‐688［樹木類］ | やようかわせ…Ⅱ‐1309［穀物類］ |
| やまもものき…Ⅶ‐688［樹木類］ | やよか…Ⅱ‐1309［穀物類］ |
| やまもものり…Ⅴ‐1627［野生植物］ | やよかわせ…Ⅱ‐1309［穀物類］ |
| やまやきたつやき…Ⅵ‐52　［金・石・土・水類］ | やよなり…Ⅱ‐1309［穀物類］ |
| やまやとめのき…Ⅶ‐688［樹木類］ | やよふか…Ⅱ‐1310［穀物類］ |
| やまやなぎ…Ⅶ‐688［樹木類］ | やよふかわせ…Ⅱ‐1310［穀物類］ |
| やまゆり…Ⅴ‐1627［野生植物］ | やらう…Ⅱ‐1310［穀物類］ |
| やまゆり…Ⅵ‐637［菜類］ | やらうささけ…Ⅱ‐1310［穀物類］ |
| やまゆり…Ⅶ‐905［救荒動植物類］ | やらん…Ⅴ‐1628［野生植物］ |
| やまよし…Ⅴ‐1627［野生植物］ | やりかたげ…Ⅲ‐599［魚類］ |
| やまよもき…Ⅴ‐1627［野生植物］ | やりかたげ…Ⅴ‐1629［野生植物］ |
| やまらん…Ⅴ‐1627［野生植物］ | やりかたねひえ…Ⅱ‐1310［穀物類］ |
| やまりんだう…Ⅴ‐1628［野生植物］ | やりかつき…Ⅱ‐1310［穀物類］ |
| やまりんとう…Ⅴ‐1628［野生植物］ | やりきひ…Ⅱ‐1310［穀物類］ |
| やまわせ…Ⅱ‐1307［穀物類］ | やりくさ…Ⅴ‐1629［野生植物］ |
| やまわら…Ⅶ‐688［樹木類］ | やりぐさ…Ⅴ‐1629［野生植物］ |
| やまゑこ…Ⅴ‐1628［野生植物］ | やりくり…Ⅱ‐1311［穀物類］ |
| やまゑのき…Ⅶ‐689［樹木類］ | やりこひえ…Ⅱ‐1311［穀物類］ |
| やまゑび…Ⅵ‐904［果類］ | やりたて…Ⅴ‐1629［野生植物］ |
| やまゑんとう…Ⅴ‐1628［野生植物］ | やりのさや…Ⅱ‐1311［穀物類］ |
| やまをとこ…Ⅶ‐689［樹木類］ | やりみの…Ⅱ‐1311［穀物類］ |
| やまをのね…Ⅶ‐905［救荒動植物類］ | やりむき…Ⅱ‐1311［穀物類］ |
| やまをほばこ…Ⅴ‐1628［野生植物］ | やりもち…Ⅱ‐1311［穀物類］ |
| やみす…Ⅱ‐1307［穀物類］ | やりもち…Ⅴ‐1629［野生植物］ |
| やみぞ…Ⅱ‐1307［穀物類］ | やりもちさう…Ⅴ‐1629［野生植物］ |
| やみのよ…Ⅱ‐1308［穀物類］ | やりもちたい…Ⅲ‐600［魚類］ |
| やみのよささけ…Ⅱ‐1308［穀物類］ | やりわ…Ⅱ‐1311［穀物類］ |
| やむき…Ⅱ‐1308［穀物類］ | やろう…Ⅱ‐1312［穀物類］ |
| | やろうくさ…Ⅴ‐1629［野生植物］ |

| | |
|---|---|
| やろうくさ…Ⅴ - 1630 [野生植物] | やんしやう…Ⅱ - 1315 [穀物類] |
| やろうささけ…Ⅱ - 1312 [穀物類] | やんじやう…Ⅱ - 1315 [穀物類] |
| やろうはたか…Ⅱ - 1312 [穀物類] | やんべいぶるい…Ⅴ - 1632 [野生植物] |

## ゆ

| | |
|---|---|
| やろく…Ⅱ - 1312 [穀物類] | ゆ…Ⅴ - 1633 [野生植物] |
| やろくいね…Ⅱ - 1312 [穀物類] | ゆ…Ⅵ - 905 [果類] |
| やろくかいせい…Ⅱ - 1313 [穀物類] | ゆい…Ⅱ - 1316 [穀物類] |
| やろくきひ…Ⅱ - 1313 [穀物類] | ゆいきりびよつた…Ⅵ - 638 [菜類] |
| やろくなかて…Ⅱ - 1313 [穀物類] | ゆうかい…Ⅱ - 1316 [穀物類] |
| やろくひへ…Ⅱ - 1313 [穀物類] | ゆうがお…Ⅴ - 1633 [野生植物] |
| やろくまし…Ⅱ - 1313 [穀物類] | ゆうかほ…Ⅵ - 638 [菜類] |
| やろくまめ…Ⅱ - 1313 [穀物類] | ゆうがほ…Ⅴ - 1633 [野生植物] |
| やろくむぎ…Ⅱ - 1313 [穀物類] | ゆうがほ…Ⅵ - 638 [菜類] |
| やろくもち…Ⅱ - 1314 [穀物類] | ゆうかを…Ⅴ - 1633 [野生植物] |
| やろくわせ…Ⅱ - 1314 [穀物類] | ゆうかを…Ⅵ - 638 [菜類] |
| やわせ…Ⅱ - 1314 [穀物類] | ゆうし…Ⅲ - 601 [魚類] |
| やわた…Ⅱ - 1314 [穀物類] | ゆうじよくさ…Ⅴ - 1633 [野生植物] |
| やわたいも…Ⅵ - 637 [菜類] | ゆうしろう…Ⅲ - 601 [魚類] |
| やわたくさ…Ⅴ - 1630 [野生植物] | ゆうそめ…Ⅶ - 690 [樹木類] |
| やわふ…Ⅴ - 1630 [野生植物] | ゆうつづみ…Ⅴ - 1633 [野生植物] |
| やわら…Ⅱ - 1314 [穀物類] | ゆうてらし…Ⅱ - 1316 [穀物類] |
| やわら…Ⅴ - 1630 [野生植物] | ゆうらん…Ⅴ - 1633 [野生植物] |
| やわらうつぼくさ…Ⅴ - 1630 [野生植物] | ゆかい…Ⅲ - 837 [貝類] |
| やわらき…Ⅴ - 1630 [野生植物] | ゆがい…Ⅲ - 837 [貝類] |
| やわらぎ…Ⅴ - 1630 [野生植物] | ゆかう…Ⅵ - 905 [果類] |
| やわらきさう…Ⅴ - 1631 [野生植物] | ゆかう…Ⅶ - 690 [樹木類] |
| やわらぎさう…Ⅴ - 1631 [野生植物] | ゆかや…Ⅴ - 1634 [野生植物] |
| やわらくさ…Ⅴ - 1631 [野生植物] | ゆき…Ⅵ - 905 [果類] |
| やわらご…Ⅴ - 1631 [野生植物] | ゆきあいまめ…Ⅱ - 1316 [穀物類] |
| やゑしば…Ⅴ - 1631 [野生植物] | ゆきあは…Ⅱ - 1316 [穀物類] |
| やゑそかつら…Ⅴ - 1631 [野生植物] | ゆきあひ…Ⅱ - 1316 [穀物類] |
| やゑなり…Ⅱ - 1314 [穀物類] | ゆきあわ…Ⅱ - 1316 [穀物類] |
| やゑなりあつき…Ⅱ - 1314 [穀物類] | ゆきいちこ…Ⅴ - 1634 [野生植物] |
| やゑなりささげ…Ⅱ - 1315 [穀物類] | ゆきいちご…Ⅴ - 1634 [野生植物] |
| やゑふかひへ…Ⅱ - 1315 [穀物類] | ゆきいちご…Ⅵ - 905 [果類] |
| やゑむぐら…Ⅴ - 1632 [野生植物] | ゆきかけ…Ⅶ - 690 [樹木類] |
| やゑゆり…Ⅵ - 637 [菜類] | ゆきかふ…Ⅵ - 638 [菜類] |
| やをとめ…Ⅱ - 1315 [穀物類] | |
| やんけんし…Ⅱ - 1315 [穀物類] | |

## ゆ

ゆきかぶ…Ⅵ-638［菜類］
ゆききのこ…Ⅵ-235［菌・茸類］
ゆきころき…Ⅱ-1317［穀物類］
ゆきしらず…Ⅱ-1317［穀物類］
ゆきたけ…Ⅵ-235［菌・茸類］
ゆきな…Ⅵ-638［菜類］
ゆきなし…Ⅵ-905［果類］
ゆきのき…Ⅶ-690［樹木類］
ゆきのこ…Ⅱ-1317［穀物類］
ゆきのした…Ⅱ-1317［穀物類］
ゆきのした…Ⅴ-1634［野生植物］
ゆきのした…Ⅴ-1635［野生植物］
ゆきのした…Ⅵ-235［菌・茸類］
ゆきのした…Ⅶ-906［救荒動植物類］
ゆきのしたあは…Ⅱ-1317［穀物類］
ゆきのしたのり…Ⅴ-1635［野生植物］
ゆきのしたまめ…Ⅱ-1318［穀物類］
ゆきのしたまめ…Ⅴ-1635［野生植物］
ゆきのり…Ⅴ-1636［野生植物］
ゆきはり…Ⅱ-1318［穀物類］
ゆきふで…Ⅴ-1636［野生植物］
ゆきむま…Ⅱ-1318［穀物類］
ゆきもちさう…Ⅴ-1636［野生植物］
ゆきもよう…Ⅴ-1636［野生植物］
ゆぎやう…Ⅱ-1318［穀物類］
ゆきやうやなぎ…Ⅶ-690［樹木類］
ゆきやなぎ…Ⅶ-690［樹木類］
ゆきやまめ…Ⅱ-1318［穀物類］
ゆきわり…Ⅱ-1318［穀物類］
ゆきわり…Ⅴ-1636［野生植物］
ゆくさ…Ⅴ-1636［野生植物］
ゆくら…Ⅴ-1636［野生植物］
ゆくらかふ…Ⅴ-1637［野生植物］
ゆさこ…Ⅴ-1637［野生植物］
ゆさんせう…Ⅵ-905［果類］
ゆじた…Ⅴ-1637［野生植物］
ゆしぶか…Ⅲ-601［魚類］
ゆす…Ⅵ-906［果類］

ゆず…Ⅵ-906［果類］
ゆすかたぎ…Ⅶ-690［樹木類］
ゆすのき…Ⅶ-691［樹木類］
ゆすら…Ⅵ-906［果類］
ゆすら…Ⅵ-907［果類］
ゆすら…Ⅶ-691［樹木類］
ゆすらはな…Ⅶ-691［樹木類］
ゆすりは…Ⅶ-691［樹木類］
ゆずりは…Ⅶ-691［樹木類］
ゆずりはのき…Ⅶ-691［樹木類］
ゆだ…Ⅲ-601［魚類］
ゆたけ…Ⅵ-97［竹・笹類］
ゆだちまめ…Ⅱ-1318［穀物類］
ゆため…Ⅴ-1637［野生植物］
ゆだめ…Ⅴ-1637［野生植物］
ゆたん…Ⅱ-1319［穀物類］
ゆつ…Ⅵ-907［果類］
ゆづりくさ…Ⅴ-1637［野生植物］
ゆつりは…Ⅶ-692［樹木類］
ゆづりは…Ⅶ-692［樹木類］
ゆづりは…Ⅶ-693［樹木類］
ゆつりはのき…Ⅶ-693［樹木類］
ゆてまりさう…Ⅴ-1637［野生植物］
ゆな…Ⅴ-1638［野生植物］
ゆなし…Ⅴ-1638［野生植物］
ゆのき…Ⅶ-693［樹木類］
ゆのみかれい…Ⅲ-601［魚類］
ゆのや…Ⅱ-1319［穀物類］
ゆはいあは…Ⅱ-1319［穀物類］
ゆばくさ…Ⅴ-1638［野生植物］
ゆひ…Ⅲ-837［貝類］
ゆび…Ⅲ-837［貝類］
ゆびかごかづら…Ⅴ-1638［野生植物］
ゆひくまこ…Ⅱ-1319［穀物類］
ゆびふくろ…Ⅴ-1638［野生植物］
ゆふかほ…Ⅴ-1638［野生植物］
ゆふかほ…Ⅵ-639［菜類］
ゆふがほ…Ⅴ-1638［野生植物］

# よ

ゆふがほ…Ⅵ-639［菜類］
ゆふかを…Ⅵ-639［菜類］
ゆふがを…Ⅴ-1639［野生植物］
ゆふこ…Ⅵ-640［菜類］
ゆふご…Ⅵ-640［菜類］
ゆふたたみ…Ⅴ-1639［野生植物］
ゆふだちさう…Ⅴ-1639［野生植物］
ゆふてらし…Ⅱ-1319［穀物類］
ゆふひでり…Ⅱ-1319［穀物類］
ゆふふく…Ⅱ-1319［穀物類］
ゆふろうち…Ⅱ-1320［穀物類］
ゆみき…Ⅶ-693［樹木類］
ゆみくさ…Ⅴ-1639［野生植物］
ゆみとりさう…Ⅴ-1639［野生植物］
ゆみな…Ⅴ-1639［野生植物］
ゆみな…Ⅶ-906［救荒動植物類］
ゆみのき…Ⅶ-693［樹木類］
ゆむめ…Ⅶ-693［樹木類］
ゆやなき…Ⅶ-693［樹木類］
ゆやなぎ…Ⅶ-694［樹木類］
ゆやまそば…Ⅱ-1320［穀物類］
ゆら…Ⅱ-1320［穀物類］
ゆらか…Ⅱ-1320［穀物類］
ゆらら…Ⅴ-1639［野生植物］
ゆらら…Ⅶ-906［救荒動植物類］
ゆり…Ⅴ-1640［野生植物］
ゆり…Ⅵ-640［菜類］
ゆり…Ⅶ-906［救荒動植物類］
ゆりかひ…Ⅲ-837［貝類］
ゆりかふり…Ⅱ-1320［穀物類］
ゆりくさ…Ⅴ-1641［野生植物］
ゆりくさのね…Ⅶ-906［救荒動植物類］
ゆりたて…Ⅱ-1320［穀物類］
ゆりね…Ⅶ-906［救荒動植物類］
ゆりのね…Ⅶ-906［救荒動植物類］
ゆりのね…Ⅶ-907［救荒動植物類］
ゆる…Ⅴ-1641［野生植物］
ゆるか…Ⅲ-601［魚類］
ゆるま…Ⅱ-1320［穀物類］
ゆわか…Ⅱ-1321［穀物類］
ゆわき…Ⅱ-1321［穀物類］
ゆわくかふら…Ⅵ-640［菜類］
ゆわくかぶら…Ⅵ-640［菜類］
ゆわくさ…Ⅴ-1641［野生植物］
ゆわしはな…Ⅶ-694［樹木類］
ゆわな…Ⅲ-602［魚類］
ゆわな…Ⅶ-907［救荒動植物類］

# よ

よいち…Ⅱ-1322［穀物類］
よいちろあづき…Ⅱ-1322［穀物類］
よいね…Ⅱ-1322［穀物類］
ようきひ…Ⅶ-695［樹木類］
ようきひさくら…Ⅶ-695［樹木類］
ようきやう…Ⅱ-1322［穀物類］
ようず…Ⅲ-603［魚類］
ようそめ…Ⅶ-695［樹木類］
ようつ…Ⅲ-603［魚類］
ようづみ…Ⅶ-695［樹木類］
ようていさう…Ⅴ-1642［野生植物］
ようにん…Ⅴ-1642［野生植物］
ようはうちやう…Ⅲ-603［魚類］
ようほう…Ⅶ-695［樹木類］
ようらく…Ⅴ-1642［野生植物］
ようらく…Ⅶ-695［樹木類］
ようらくのき…Ⅶ-695［樹木類］
ようろう…Ⅴ-1642［野生植物］
よがう…Ⅲ-603［魚類］
よかはわせ…Ⅱ-1322［穀物類］
よがふまた…Ⅴ-1642［野生植物］
よかまた…Ⅴ-1642［野生植物］
よがまた…Ⅶ-908［救荒動植物類］
よきち…Ⅱ-1322［穀物類］
よきちびへ…Ⅱ-1322［穀物類］
よきとき…Ⅶ-696［樹木類］
よぎふ…Ⅱ-1323［穀物類］

よ

| | |
|---|---|
| よきやう…Ⅱ-1323 ［穀物類］ | よごれまめ…Ⅱ-1325 ［穀物類］ |
| よぎやう…Ⅱ-1323 ［穀物類］ | よこれもち…Ⅱ-1325 ［穀物類］ |
| よくいにん…Ⅱ-1323 ［穀物類］ | よこわ…Ⅲ-604 ［魚類］ |
| よくいにん…Ⅴ-1643 ［野生植物］ | よこわかつを…Ⅲ-604 ［魚類］ |
| よけら…Ⅱ-1323 ［穀物類］ | よさぶらうもち…Ⅱ-1326 ［穀物類］ |
| よこいも…Ⅵ-641 ［菜類］ | よさべゑもち…Ⅱ-1326 ［穀物類］ |
| よこがい…Ⅱ-1323 ［穀物類］ | よさや…Ⅱ-1326 ［穀物類］ |
| よこくち…Ⅲ-838 ［貝類］ | よざゑもん…Ⅱ-1326 ［穀物類］ |
| よこくも…Ⅶ-696 ［樹木類］ | よし…Ⅴ-1644 ［野生植物］ |
| よこくら…Ⅱ-1323 ［穀物類］ | よしか…Ⅱ-1326 ［穀物類］ |
| よこざう…Ⅲ-603 ［魚類］ | よしかや…Ⅴ-1644 ［野生植物］ |
| よこさか…Ⅱ-1323 ［穀物類］ | よしかわせ…Ⅱ-1326 ［穀物類］ |
| よこしま…Ⅱ-1324 ［穀物類］ | よしくさ…Ⅴ-1645 ［野生植物］ |
| よこた…Ⅱ-1324 ［穀物類］ | よしこ…Ⅴ-1645 ［野生植物］ |
| よこたかい…Ⅲ-838 ［貝類］ | よしころくかく…Ⅱ-1326 ［穀物類］ |
| よこたんはやり…Ⅱ-1324 ［穀物類］ | よしずみ…Ⅱ-1327 ［穀物類］ |
| よこち…Ⅱ-1324 ［穀物類］ | よした…Ⅱ-1327 ［穀物類］ |
| よこつちさう…Ⅴ-1643 ［野生植物］ | よした…Ⅶ-696 ［樹木類］ |
| よこて…Ⅱ-1324 ［穀物類］ | よしだ…Ⅱ-1327 ［穀物類］ |
| よごとくさ…Ⅴ-1643 ［野生植物］ | よしだかき…Ⅵ-908 ［果類］ |
| よこなり…Ⅱ-1324 ［穀物類］ | よしだかぶ…Ⅵ-641 ［菜類］ |
| よこはり…Ⅲ-603 ［魚類］ | よしたけ…Ⅴ-1645 ［野生植物］ |
| よこばり…Ⅱ-1324 ［穀物類］ | よしだし…Ⅱ-1327 ［穀物類］ |
| よこばり…Ⅲ-603 ［魚類］ | よしだわせ…Ⅱ-1327 ［穀物類］ |
| よこはりこむぎ…Ⅱ-1325 ［穀物類］ | よしな…Ⅴ-1645 ［野生植物］ |
| よこひち…Ⅴ-1643 ［野生植物］ | よしな…Ⅵ-641 ［菜類］ |
| よこひつ…Ⅴ-1643 ［野生植物］ | よしなのくきは…Ⅶ-908 ［救荒動植物類］ |
| よこびつ…Ⅴ-1643 ［野生植物］ | よしの…Ⅱ-1327 ［穀物類］ |
| よこふち…Ⅴ-1644 ［野生植物］ | よしのあは…Ⅱ-1327 ［穀物類］ |
| よこぶち…Ⅴ-1644 ［野生植物］ | よしのかや…Ⅵ-908 ［果類］ |
| よこべ…Ⅲ-838 ［貝類］ | よしのこうほう…Ⅱ-1328 ［穀物類］ |
| よこめ…Ⅲ-838 ［貝類］ | よしのこうぼふ…Ⅱ-1328 ［穀物類］ |
| よこやまひゑ…Ⅱ-1325 ［穀物類］ | よしのごち…Ⅲ-604 ［魚類］ |
| よこやもち…Ⅱ-1325 ［穀物類］ | よしのさくら…Ⅶ-696 ［樹木類］ |
| よごらういも…Ⅵ-641 ［菜類］ | よしのささげ…Ⅱ-1328 ［穀物類］ |
| よごれ…Ⅱ-1325 ［穀物類］ | よしのは…Ⅱ-1328 ［穀物類］ |
| よごれ…Ⅵ-52 ［金・石・土・水類］ | よしのはあは…Ⅱ-1328 ［穀物類］ |
| よこれあづき…Ⅱ-1325 ［穀物類］ | よしのはたか…Ⅱ-1328 ［穀物類］ |

よしのひへ…Ⅱ - 1328 ［穀物類］
よしのぼろ…Ⅱ - 1329 ［穀物類］
よしのむぎ…Ⅱ - 1329 ［穀物類］
よしのわせ…Ⅱ - 1329 ［穀物類］
よしはら…Ⅱ - 1329 ［穀物類］
よしび…Ⅶ - 696 ［樹木類］
よじふあわ…Ⅱ - 1329 ［穀物類］
よしへ…Ⅲ - 604 ［魚類］
よしべ…Ⅲ - 604 ［魚類］
よしみ…Ⅱ - 1329 ［穀物類］
よしみしば…Ⅶ - 696 ［樹木類］
よしめつき…Ⅱ - 1329 ［穀物類］
よしらういね…Ⅱ - 1330 ［穀物類］
よしらうばうづ…Ⅱ - 1330 ［穀物類］
よしらうもち…Ⅱ - 1330 ［穀物類］
よしらす…Ⅱ - 1330 ［穀物類］
よしゑばやり…Ⅱ - 1330 ［穀物類］
よしをかもも…Ⅵ - 908 ［果類］
よせくさ…Ⅴ - 1645 ［野生植物］
よそぎ…Ⅲ - 604 ［魚類］
よそじろ…Ⅱ - 1330 ［穀物類］
よそそみ…Ⅴ - 1645 ［野生植物］
よそぞめ…Ⅶ - 697 ［樹木類］
よそべゑ…Ⅱ - 1330 ［穀物類］
よた…Ⅲ - 604 ［魚類］
よたかい…Ⅱ - 1331 ［穀物類］
よたよもぎ…Ⅴ - 1645 ［野生植物］
よちべ…Ⅴ - 1646 ［野生植物］
よつ…Ⅴ - 1646 ［野生植物］
よつがしらたうからし…Ⅵ - 641 ［菜類］
よつかど…Ⅱ - 1331 ［穀物類］
よつかど…Ⅴ - 1646 ［野生植物］
よつき…Ⅱ - 1331 ［穀物類］
よつぎ…Ⅱ - 1331 ［穀物類］
よつさや…Ⅱ - 1331 ［穀物類］
よつつづみ…Ⅶ - 697 ［樹木類］
よつつつみのは…Ⅶ - 908 ［救荒動植物類］
よつつのみ…Ⅶ - 697 ［樹木類］

よつととめ…Ⅶ - 697 ［樹木類］
よつなり…Ⅱ - 1331 ［穀物類］
よつのひけ…Ⅴ - 1646 ［野生植物］
よつのひげ…Ⅴ - 1646 ［野生植物］
よつは…Ⅴ - 1647 ［野生植物］
よつば…Ⅴ - 1647 ［野生植物］
よつばのうきくさ…Ⅴ - 1647 ［野生植物］
よつまき…Ⅴ - 1647 ［野生植物］
よつみそ…Ⅵ - 908 ［果類］
よつめ…Ⅲ - 605 ［魚類］
よつめうきくさ…Ⅴ - 1647 ［野生植物］
よてろく…Ⅱ - 1331 ［穀物類］
よと…Ⅱ - 1331 ［穀物類］
よと…Ⅲ - 605 ［魚類］
よど…Ⅲ - 605 ［魚類］
よどかじな…Ⅲ - 605 ［魚類］
よどかは…Ⅶ - 697 ［樹木類］
よどがわつつじ…Ⅶ - 697 ［樹木類］
よとかわつつち…Ⅶ - 697 ［樹木類］
よどふね…Ⅵ - 908 ［果類］
よどろ…Ⅲ - 605 ［魚類］
よな…Ⅲ - 605 ［魚類］
よなき…Ⅲ - 838 ［貝類］
よなきかひ…Ⅲ - 839 ［貝類］
よなご…Ⅱ - 1332 ［穀物類］
よにんひきつり…Ⅱ - 1332 ［穀物類］
よねかいと…Ⅴ - 1647 ［野生植物］
よねがいと…Ⅴ - 1647 ［野生植物］
よねざは…Ⅵ - 908 ［果類］
よねしば…Ⅶ - 698 ［樹木類］
よねしま…Ⅱ - 1332 ［穀物類］
よねつ…Ⅲ - 605 ［魚類］
よねながかき…Ⅵ - 908 ［果類］
よねも…Ⅴ - 1648 ［野生植物］
よのきふり…Ⅵ - 641 ［菜類］
よのこくさ…Ⅴ - 1648 ［野生植物］
よのこぐさ…Ⅴ - 1648 ［野生植物］
よのみ…Ⅱ - 1332 ［穀物類］

# よ

よのみのき…Ⅶ-698［樹木類］
よのわせ…Ⅱ-1332［穀物類］
よばい…Ⅴ-1648［野生植物］
よはいくさ…Ⅴ-1648［野生植物］
よばいくさ…Ⅴ-1648［野生植物］
よはいすか…Ⅴ-1648［野生植物］
よはいする…Ⅴ-1649［野生植物］
よはいつる…Ⅴ-1649［野生植物］
よばいつる…Ⅴ-1649［野生植物］
よばしまい…Ⅲ-606［魚類］
よばしめ…Ⅲ-606［魚類］
よはひくさ…Ⅴ-1649［野生植物］
よはひつる…Ⅴ-1649［野生植物］
よばひつる…Ⅴ-1650［野生植物］
よばひづる…Ⅴ-1650［野生植物］
よはへくさ…Ⅴ-1650［野生植物］
よふか…Ⅱ-1332［穀物類］
よふか…Ⅲ-606［魚類］
よぶか…Ⅲ-606［魚類］
よふかきび…Ⅱ-1332［穀物類］
よふかもち…Ⅱ-1333［穀物類］
よふし…Ⅱ-1333［穀物類］
よふじ…Ⅱ-1333［穀物類］
よふそめ…Ⅶ-698［樹木類］
よふたちさう…Ⅴ-1650［野生植物］
よふるまかり…Ⅴ-1650［野生植物］
よふろぎ…Ⅴ-1650［野生植物］
よへい…Ⅱ-1333［穀物類］
よへゑわた…Ⅴ-1651［野生植物］
よほ…Ⅱ-1333［穀物類］
よぼ…Ⅱ-1333［穀物類］
よほう…Ⅱ-1333［穀物類］
よぼしな…Ⅴ-1651［野生植物］
よぼしな…Ⅵ-641［菜類］
よほしらば…Ⅱ-1333［穀物類］
よほもち…Ⅱ-1333［穀物類］
よほわせ…Ⅱ-1334［穀物類］
よみのかれひ…Ⅲ-606［魚類］

よむぎくさ…Ⅵ-642［菜類］
よめいこぶくろ…Ⅴ-1651［野生植物］
よめかさら…Ⅶ-698［樹木類］
よめがさら…Ⅲ-839［貝類］
よめがてぬぐひ…Ⅴ-1651［野生植物］
よめかはき…Ⅴ-1651［野生植物］
よめかはき…Ⅵ-642［菜類］
よめかはぎ…Ⅴ-1651［野生植物］
よめかはぎ…Ⅵ-642［菜類］
よめがはき…Ⅵ-642［菜類］
よめがはぎ…Ⅴ-1652［野生植物］
よめがはぎ…Ⅵ-642［菜類］
よめかはげ…Ⅵ-643［菜類］
よめがはげ…Ⅴ-1652［野生植物］
よめかひ…Ⅲ-839［貝類］
よめかふくろ…Ⅴ-1652［野生植物］
よめからす…Ⅴ-1651［野生植物］
よめくさ…Ⅴ-1652［野生植物］
よめさら…Ⅲ-839［貝類］
よめしはり…Ⅴ-1652［野生植物］
よめしばり…Ⅴ-1652［野生植物］
よめそしり…Ⅲ-606［魚類］
よめな…Ⅴ-1652［野生植物］
よめな…Ⅴ-1653［野生植物］
よめな…Ⅵ-643［菜類］
よめな…Ⅶ-908［救荒動植物類］
よめなくさ…Ⅴ-1653［野生植物］
よめのいと…Ⅴ-1653［野生植物］
よめのおくそ…Ⅴ-1653［野生植物］
よめのかさ…Ⅲ-840［貝類］
よめのかたひら…Ⅴ-1653［野生植物］
よめのき…Ⅶ-698［樹木類］
よめのさら…Ⅲ-840［貝類］
よめのさら…Ⅴ-1653［野生植物］
よめのさら…Ⅴ-1654［野生植物］
よめのさら…Ⅵ-643［菜類］
よめのさら…Ⅶ-908［救荒動植物類］
よめのさんはいな…Ⅴ-1654［野生植物］

よめのさんはいな…Ⅶ-908［救荒動植物類］
よめのさんばいな…Ⅵ-643［菜類］
よめのたすき…Ⅴ-1654［野生植物］
よめのたて…Ⅴ-1654［野生植物］
よめのたて…Ⅶ-908［救荒動植物類］
よめのてぬぐい…Ⅴ-1654［野生植物］
よめのてぬぐいくさ…Ⅴ-1654［野生植物］
よめのてぬくひ…Ⅴ-1655［野生植物］
よめのてぬくひくさ…Ⅴ-1655［野生植物］
よめのてのこひ…Ⅴ-1655［野生植物］
よめのてはこ…Ⅴ-1655［野生植物］
よめのなみた…Ⅴ-1655［野生植物］
よめのはき…Ⅵ-644［菜類］
よめのはぎ…Ⅴ-1655［野生植物］
よめのはぎ…Ⅶ-909［救荒動植物類］
よめのはし…Ⅴ-1655［野生植物］
よめのはせ…Ⅴ-1656［野生植物］
よめのばぜ…Ⅵ-644［菜類］
よめのふき…Ⅴ-1656［野生植物］
よめのふて…Ⅴ-1656［野生植物］
よめのよりいと…Ⅴ-1656［野生植物］
よめはき…Ⅴ-1656［野生植物］
よめはき…Ⅵ-644［菜類］
よめはぎ…Ⅴ-1656［野生植物］
よめふくろ…Ⅶ-698［樹木類］
よめふり…Ⅶ-698［樹木類］
よめふり…Ⅶ-699［樹木類］
よめふりのき…Ⅶ-699［樹木類］
よめよりいと…Ⅴ-1656［野生植物］
よめりこし…Ⅶ-699［樹木類］
よも…Ⅱ-1334［穀物類］
よもいらはな…Ⅴ-1657［野生植物］
よもき…Ⅴ-1657［野生植物］
よもき…Ⅶ-909［救荒動植物類］
よもぎ…Ⅴ-1657［野生植物］
よもぎ…Ⅴ-1658［野生植物］
よもぎ…Ⅵ-644［菜類］
よもぎ…Ⅶ-699［樹木類］

よもぎ…Ⅶ-909［救荒動植物類］
よもぎくさ…Ⅴ-1658［野生植物］
よもきくは…Ⅶ-699［樹木類］
よもぎくは…Ⅶ-699［樹木類］
よもきすけ…Ⅴ-1658［野生植物］
よもきはけ…Ⅴ-1658［野生植物］
よもぎはけ…Ⅴ-1659［野生植物］
よもぎはげ…Ⅴ-1659［野生植物］
よもくらうあづき…Ⅱ-1334［穀物類］
よもはる…Ⅵ-644［菜類］
よもりばな…Ⅴ-1659［野生植物］
よもんぼう…Ⅱ-1334［穀物類］
よよし…Ⅱ-1334［穀物類］
よよたけ…Ⅵ-97［竹・笹類］
よらぶ…Ⅶ-699［樹木類］
より…Ⅲ-606［魚類］
よりいしとう…Ⅱ-1334［穀物類］
よりいせ…Ⅱ-1334［穀物類］
よりいと…Ⅴ-1659［野生植物］
よりいと…Ⅶ-909［救荒動植物類］
よりき…Ⅱ-1335［穀物類］
よりき…Ⅲ-607［魚類］
よりきく…Ⅴ-1659［野生植物］
よりきもち…Ⅱ-1335［穀物類］
よりきり…Ⅱ-1335［穀物類］
よりくさ…Ⅴ-1659［野生植物］
よりこ…Ⅱ-1335［穀物類］
よりこはな…Ⅴ-1659［野生植物］
よりたし…Ⅱ-1335［穀物類］
よりだし…Ⅱ-1335［穀物類］
よりだしまていね…Ⅱ-1336［穀物類］
よりたねかうぼふ…Ⅱ-1336［穀物類］
よりと…Ⅲ-607［魚類］
よりとふく…Ⅲ-607［魚類］
よりふぐ…Ⅲ-607［魚類］
よりぼ…Ⅱ-1336［穀物類］
よりも…Ⅴ-1660［野生植物］
よろい…Ⅲ-840［貝類］

## ら

よろいうを…Ⅲ-607 ［魚類］
よろいかし…Ⅱ-1336 ［穀物類］
よろいくさ…Ⅴ-1660 ［野生植物］
よろいとうし…Ⅵ-909 ［果類］
よろいどうし…Ⅵ-909 ［果類］
よろいとほし…Ⅵ-909 ［果類］
よろう…Ⅱ-1336 ［穀物類］
よろこ…Ⅴ-1660 ［野生植物］
よろず…Ⅲ-607 ［魚類］
よろづ…Ⅲ-607 ［魚類］
よろづよし…Ⅱ-1336 ［穀物類］
よろひ…Ⅱ-1336 ［穀物類］
よろひうを…Ⅲ-608 ［魚類］
よろひくさ…Ⅴ-1660 ［野生植物］
よろひとほし…Ⅵ-909 ［果類］
よろひとをし…Ⅵ-909 ［果類］
よわいくさ…Ⅴ-1660 ［野生植物］
よわくさ…Ⅴ-1660 ［野生植物］
よんじふにち…Ⅱ-1337 ［穀物類］
よんじふにちあわ…Ⅱ-1337 ［穀物類］
よんじふにちひへ…Ⅱ-1337 ［穀物類］
よんじふにちひゑ…Ⅱ-1337 ［穀物類］
よんすんかき…Ⅵ-909 ［果類］
よんめいこぶくろ…Ⅴ-1661 ［野生植物］

## ら

らいくわん…Ⅶ-700 ［樹木類］
らいぐわん…Ⅶ-700 ［樹木類］
らいぐわんたけ…Ⅵ-236 ［菌・茸類］
らいじんき…Ⅶ-700 ［樹木類］
らいどいね…Ⅱ-1338 ［穀物類］
らいふ…Ⅵ-53 ［金・石・土・水類］
らいふくもち…Ⅱ-1338 ［穀物類］
らいふせき…Ⅵ-53 ［金・石・土・水類］
らうが…Ⅴ-1662 ［野生植物］
らうけん…Ⅴ-1662 ［野生植物］
らうじやういわし…Ⅲ-609 ［魚類］
らうしんたけ…Ⅵ-236 ［菌・茸類］
らうそく…Ⅱ-1338 ［穀物類］
らうそく…Ⅲ-609 ［魚類］
らうそくあは…Ⅱ-1338 ［穀物類］
らうぢ…Ⅵ-236 ［菌・茸類］
らうちく…Ⅵ-98 ［竹・笹類］
らうは…Ⅴ-1662 ［野生植物］
らうは…Ⅶ-910 ［救荒動植物類］
らうはい…Ⅶ-700 ［樹木類］
らうばい…Ⅶ-700 ［樹木類］
らうほのは…Ⅶ-910 ［救荒動植物類］
らかん…Ⅴ-1662 ［野生植物］
らかん…Ⅵ-910 ［果類］
らかん…Ⅶ-700 ［樹木類］
らかんじ…Ⅶ-700 ［樹木類］
らかんしゆ…Ⅶ-701 ［樹木類］
らかんじゆ…Ⅶ-701 ［樹木類］
らかんまき…Ⅶ-701 ［樹木類］
らしやうもん…Ⅴ-1662 ［野生植物］
らす…Ⅲ-609 ［魚類］
らせきさう…Ⅴ-1662 ［野生植物］
らちひえ…Ⅱ-1338 ［穀物類］
らちや…Ⅲ-609 ［魚類］
らつきやう…Ⅵ-645 ［菜類］
らつきよ…Ⅵ-645 ［菜類］
らつこ…Ⅴ-1662 ［野生植物］
らつそく…Ⅱ-1338 ［穀物類］
らつらこ…Ⅱ-1338 ［穀物類］
らま…Ⅴ-1663 ［野生植物］
らも…Ⅴ-1663 ［野生植物］
らゑん…Ⅴ-1663 ［野生植物］
らん…Ⅴ-1663 ［野生植物］
らんきく…Ⅴ-1663 ［野生植物］
らんぎく…Ⅴ-1663 ［野生植物］
らんきやう…Ⅵ-645 ［菜類］
らんけい…Ⅴ-1664 ［野生植物］
らんちく…Ⅵ-98 ［竹・笹類］
らんほうし…Ⅱ-1339 ［穀物類］
らんま…Ⅴ-1664 ［野生植物］

## り

りうがひげ…Ⅴ-1665［野生植物］
りうきう…Ⅱ-1340［穀物類］
りうきう…Ⅴ-1665［野生植物］
りうきういも…Ⅵ-646［菜類］
りうきうきりしま…Ⅶ-702［樹木類］
りうきうそてつ…Ⅶ-702［樹木類］
りうきうちく…Ⅵ-98［竹・笹類］
りうきうつつじ…Ⅶ-702［樹木類］
りうきうはくてう…Ⅶ-702［樹木類］
りうきうはぜ…Ⅶ-702［樹木類］
りうきうもち…Ⅱ-1340［穀物類］
りうきうゆり…Ⅴ-1665［野生植物］
りうきうらん…Ⅴ-1665［野生植物］
りうきうわせ…Ⅱ-1340［穀物類］
りうきり…Ⅶ-702［樹木類］
りうきんくはん…Ⅴ-1665［野生植物］
りうきんくわ…Ⅴ-1665［野生植物］
りうごくさ…Ⅴ-1666［野生植物］
りうささ…Ⅵ-98［竹・笹類］
りうさんわせ…Ⅱ-1340［穀物類］
りうせんかつら…Ⅴ-1666［野生植物］
りうせんじ…Ⅱ-1340［穀物類］
りうたさう…Ⅴ-1666［野生植物］
りうださう…Ⅴ-1666［野生植物］
りうたつさう…Ⅴ-1666［野生植物］
りうたん…Ⅴ-1666［野生植物］
りうだん…Ⅴ-1666［野生植物］
りうのうさう…Ⅴ-1667［野生植物］
りうのひけ…Ⅴ-1667［野生植物］
りうのひげ…Ⅴ-1667［野生植物］
りうのふはつか…Ⅴ-1667［野生植物］
りうひ…Ⅴ-1668［野生植物］
りうぼく…Ⅶ-702［樹木類］
りうむこ…Ⅱ-1340［穀物類］
りきういはら…Ⅴ-1668［野生植物］
りきういばら…Ⅴ-1668［野生植物］
りきうむくげ…Ⅶ-703［樹木類］
りきみ…Ⅱ-1340［穀物類］
りきみ…Ⅵ-646［菜類］
りくおぎ…Ⅴ-1668［野生植物］
りつしん…Ⅵ-911［果類］
りふのふくさ…Ⅴ-1667［野生植物］
りやうきやう…Ⅴ-1668［野生植物］
りやうくそう…Ⅴ-1668［野生植物］
りやうくちかひ…Ⅲ-841［貝類］
りやうすじ…Ⅵ-646［菜類］
りやうせう…Ⅱ-1341［穀物類］
りやうひけ…Ⅱ-1341［穀物類］
りやうふ…Ⅴ-1669［野生植物］
りやうふ…Ⅶ-703［樹木類］
りやうふ…Ⅶ-911［救荒動植物類］
りやうぶ…Ⅴ-1669［野生植物］
りやうぶ…Ⅶ-703［樹木類］
りやうぶ…Ⅶ-911［救荒動植物類］
りやうふのき…Ⅶ-703［樹木類］
りやうふのは…Ⅶ-911［救荒動植物類］
りやうぼ…Ⅶ-703［樹木類］
りやうほう…Ⅶ-703［樹木類］
りやうほう…Ⅶ-911［救荒動植物類］
りやうぼう…Ⅴ-1669［野生植物］
りやうぼう…Ⅶ-704［樹木類］
りやうぼう…Ⅶ-911［救荒動植物類］
りやうほうのき…Ⅶ-704［樹木類］
りやうぼうのは…Ⅶ-911［救荒動植物類］
りやうぼうのは…Ⅶ-912［救荒動植物類］
りやうぼのは…Ⅶ-912［救荒動植物類］
りやうめこ…Ⅱ-1341［穀物類］
りやうめん…Ⅴ-1669［野生植物］
りやうめんしそ…Ⅴ-1669［野生植物］
りやうめんしそ…Ⅵ-646［菜類］
りゅうかひげ…Ⅴ-1669［野生植物］
りゅうきゅういも…Ⅵ-647［菜類］
りゅうぐうのにわとり…Ⅲ-610［魚類］
りゅうぐうのむま…Ⅲ-610［魚類］

## る

りゅうぐうのやりもち…Ⅲ-610［魚類］
りゅうこつ…Ⅵ-53［金・石・土・水類］
りゅうじゅさう…Ⅴ-1669［野生植物］
りゅうのうはくか…Ⅴ-1670［野生植物］
りゅうのひけ…Ⅴ-1670［野生植物］
りゅうのひげ…Ⅴ-1670［野生植物］
りゅうひけ…Ⅴ-1670［野生植物］
りゅうまいし…Ⅵ-53［金・石・土・水類］
りょくがくばい…Ⅵ-911［果類］
りよくたう…Ⅵ-911［果類］
りよくづ…Ⅱ-1341［穀物類］
りよくとう…Ⅱ-1341［穀物類］
りよふほう…Ⅵ-647［菜類］
りりん…Ⅶ-912［救荒動植物類］
りろ…Ⅴ-1670［野生植物］
りんかいとう…Ⅶ-704［樹木類］
りんき…Ⅵ-911［果類］
りんき…Ⅶ-704［樹木類］
りんきん…Ⅵ-911［果類］
りんきん…Ⅶ-704［樹木類］
りんこ…Ⅵ-911［果類］
りんご…Ⅵ-911［果類］
りんご…Ⅵ-912［果類］
りんごすもも…Ⅵ-912［果類］
りんこなし…Ⅵ-912［果類］
りんごなし…Ⅵ-912［果類］
りんごもも…Ⅵ-912［果類］
りんし…Ⅵ-912［果類］
りんしかき…Ⅵ-913［果類］
りんしばい…Ⅵ-913［果類］
りんしむめ…Ⅵ-913［果類］
りんしむめ…Ⅶ-704［樹木類］
りんしやう…Ⅲ-610［魚類］
りんすむめ…Ⅵ-913［果類］
りんせう…Ⅲ-611［魚類］
りんだう…Ⅴ-1670［野生植物］
りんだう…Ⅴ-1671［野生植物］
りんだうさう…Ⅴ-1671［野生植物］
りんち…Ⅱ-1341［穀物類］
りんちやう…Ⅶ-705［樹木類］
りんてう…Ⅶ-705［樹木類］
りんとう…Ⅴ-1671［野生植物］
りんどう…Ⅴ-1671［野生植物］
りんどうさう…Ⅴ-1671［野生植物］
りんぼう…Ⅴ-1671［野生植物］
りんぼうさう…Ⅴ-1672［野生植物］
りんよ…Ⅴ-1672［野生植物］

## る

るいたさう…Ⅴ-1673［野生植物］
るいださう…Ⅴ-1673［野生植物］
るいたそう…Ⅴ-1673［野生植物］
るいとう…Ⅴ-1673［野生植物］
るいらす…Ⅴ-1673［野生植物］
るいらず…Ⅴ-1673［野生植物］
るうか…Ⅴ-1674［野生植物］
るうた…Ⅴ-1673［野生植物］
るうだ…Ⅴ-1674［野生植物］
るうたさう…Ⅴ-1674［野生植物］
るうださう…Ⅴ-1674［野生植物］
るうだそう…Ⅴ-1674［野生植物］
るす…Ⅶ-706［樹木類］
るすん…Ⅵ-648［菜類］
るすんきりしま…Ⅶ-706［樹木類］
るすんつつち…Ⅶ-706［樹木類］
るださう…Ⅴ-1674［野生植物］
るつたり…Ⅱ-1342［穀物類］
るり…Ⅴ-1674［野生植物］
るりこんさう…Ⅴ-1675［野生植物］
るりさう…Ⅴ-1675［野生植物］
るりなすび…Ⅵ-648［菜類］
るりのね…Ⅶ-913［救荒動植物類］
るんけん…Ⅱ-1342［穀物類］

## れ

れいこ…Ⅲ-612［魚類］

| | |
|---|---|
| れいし…Ⅴ‐1676［野生植物］ | れんけかき…Ⅵ‐914［果類］ |
| れいし…Ⅵ‐237［菌・茸類］ | れんげかき…Ⅵ‐914［果類］ |
| れいし…Ⅵ‐649［菜類］ | れんけさう…Ⅴ‐1677［野生植物］ |
| れいし…Ⅵ‐914［果類］ | れんけさう…Ⅵ‐649［菜類］ |
| れいじんさう…Ⅴ‐1676［野生植物］ | れんげさう…Ⅴ‐1678［野生植物］ |
| れいすけ…Ⅲ‐612［魚類］ | れんけし…Ⅵ‐649［菜類］ |
| れいと…Ⅴ‐1676［野生植物］ | れんけじ…Ⅵ‐650［菜類］ |
| れいとう…Ⅱ‐1343［穀物類］ | れんげし…Ⅵ‐650［菜類］ |
| れいらく…Ⅱ‐1343［穀物類］ | れんげじ…Ⅵ‐650［菜類］ |
| れいろ…Ⅴ‐1676［野生植物］ | れんけそう…Ⅴ‐1678［野生植物］ |
| れうしば…Ⅶ‐707［樹木類］ | れんげそう…Ⅴ‐1678［野生植物］ |
| れうふ…Ⅵ‐649［菜類］ | れんげそうのは…Ⅶ‐914［救荒動植物類］ |
| れうぶ…Ⅶ‐707［樹木類］ | れんけつつし…Ⅶ‐708［樹木類］ |
| れうふのは…Ⅶ‐914［救荒動植物類］ | れんけつつじ…Ⅶ‐708［樹木類］ |
| れうぼ…Ⅶ‐707［樹木類］ | れんげつつじ…Ⅴ‐1678［野生植物］ |
| れうぼう…Ⅶ‐914［救荒動植物類］ | れんげつつじ…Ⅶ‐709［樹木類］ |
| れたま…Ⅴ‐1676［野生植物］ | れんけつつち…Ⅶ‐709［樹木類］ |
| れだま…Ⅶ‐707［樹木類］ | れんげな…Ⅶ‐914［救荒動植物類］ |
| れつた…Ⅴ‐1676［野生植物］ | れんけはな…Ⅴ‐1678［野生植物］ |
| れふふ…Ⅶ‐707［樹木類］ | れんけはな…Ⅴ‐1679［野生植物］ |
| れんいげう…Ⅴ‐1676［野生植物］ | れんげはな…Ⅴ‐1679［野生植物］ |
| れんがくさ…Ⅴ‐1677［野生植物］ | れんげはな…Ⅵ‐650［菜類］ |
| れんきやう…Ⅴ‐1677［野生植物］ | れんげばな…Ⅴ‐1679［野生植物］ |
| れんきやう…Ⅶ‐707［樹木類］ | れんげもち…Ⅱ‐1343［穀物類］ |
| れんぎやう…Ⅴ‐1677［野生植物］ | れんこ…Ⅲ‐612［魚類］ |
| れんぎやう…Ⅶ‐707［樹木類］ | れんご…Ⅴ‐1679［野生植物］ |
| れんきよ…Ⅶ‐708［樹木類］ | れんこだひ…Ⅲ‐612［魚類］ |
| れんくわ…Ⅵ‐914［果類］ | れんこん…Ⅵ‐650［菜類］ |
| れんけ…Ⅵ‐649［菜類］ | れんざ…Ⅱ‐1343［穀物類］ |
| れんけ…Ⅵ‐914［果類］ | れんぜんさう…Ⅴ‐1679［野生植物］ |
| れんげ…Ⅴ‐1677［野生植物］ | れんた…Ⅴ‐1679［野生植物］ |
| れんげ…Ⅵ‐649［菜類］ | れんた…Ⅵ‐650［菜類］ |
| れんげ…Ⅶ‐708［樹木類］ | れんだ…Ⅴ‐1679［野生植物］ |
| れんげ…Ⅶ‐914［救荒動植物類］ | れんたい…Ⅲ‐612［魚類］ |
| れんけう…Ⅴ‐1677［野生植物］ | れんたま…Ⅴ‐1680［野生植物］ |
| れんけう…Ⅶ‐708［樹木類］ | れんぢ…Ⅵ‐914［果類］ |
| れんげう…Ⅴ‐1677［野生植物］ | れんぢ…Ⅶ‐709［樹木類］ |
| れんげう…Ⅶ‐708［樹木類］ | れんぢかき…Ⅵ‐915［果類］ |

ろ

れんちむめ…Ⅵ-915［果類］
れんちやう…Ⅲ-612［魚類］
れんで…Ⅲ-612［魚類］
れんてう…Ⅲ-613［魚類］
れんてん…Ⅲ-613［魚類］
れんどう…Ⅴ-1680［野生植物］
れんほ…Ⅲ-613［魚類］
れんぼ…Ⅱ-1343［穀物類］
れんぼ…Ⅲ-613［魚類］
れんほうし…Ⅱ-1343［穀物類］
れんほくさ…Ⅴ-1680［野生植物］

――― ろ ―――

ろあづき…Ⅱ-1344［穀物類］
ろうかき…Ⅵ-916［果類］
ろうげ…Ⅴ-1681［野生植物］
ろうげくさ…Ⅴ-1681［野生植物］
ろうこく…Ⅴ-1681［野生植物］
ろうし…Ⅵ-238［菌・茸類］
ろうじ…Ⅵ-238［菌・茸類］
ろうしやう…Ⅶ-710［樹木類］
ろうそく…Ⅱ-1344［穀物類］
ろうぢ…Ⅵ-238［菌・茸類］
ろうは…Ⅵ-53［金・石・土・水類］
ろうぼう…Ⅶ-710［樹木類］
ろうぼくさ…Ⅴ-1681［野生植物］
ろうま…Ⅵ-651［菜類］
ろうまぎく…Ⅴ-1681［野生植物］
ろうろうむまくさ…Ⅴ-1681［野生植物］
ろかし…Ⅶ-710［樹木類］
ろかす…Ⅵ-53［金・石・土・水類］
ろかんせき…Ⅵ-53［金・石・土・水類］
ろがんせき…Ⅵ-54［金・石・土・水類］
ろくい…Ⅲ-614［魚類］
ろぐい…Ⅲ-614［魚類］
ろくかく…Ⅱ-1344［穀物類］
ろくかく…Ⅵ-651［菜類］
ろくかくあは…Ⅱ-1345［穀物類］
ろくかくかき…Ⅵ-916［果類］
ろくかくかひ…Ⅲ-842［貝類］
ろくかくこま…Ⅱ-1345［穀物類］
ろくかくごま…Ⅱ-1345［穀物類］
ろくかくこむき…Ⅱ-1345［穀物類］
ろくかくこむぎ…Ⅱ-1345［穀物類］
ろくかくさう…Ⅴ-1681［野生植物］
ろくかくさんぐわつむぎ…Ⅱ-1345
　　　　　　　　　　　　［穀物類］
ろくかくすけ…Ⅴ-1682［野生植物］
ろくかくせき…Ⅵ-54［金・石・土・水類］
ろくかくはたか…Ⅱ-1345［穀物類］
ろくかくひけ…Ⅱ-1346［穀物類］
ろくかくひけあは…Ⅱ-1346［穀物類］
ろくかくひこ…Ⅱ-1346［穀物類］
ろくかくむき…Ⅱ-1346［穀物類］
ろくかくむぎ…Ⅱ-1346［穀物類］
ろくかくやらう…Ⅱ-1346［穀物類］
ろくかくわせ…Ⅵ-651［菜類］
ろくくはつまめ…Ⅱ-1346［穀物類］
ろくぐわつ…Ⅱ-1347［穀物類］
ろくぐわつあづき…Ⅱ-1347［穀物類］
ろくぐわつあは…Ⅱ-1347［穀物類］
ろくぐわつあわ…Ⅱ-1347［穀物類］
ろくぐわつきく…Ⅴ-1682［野生植物］
ろくぐわつささけ…Ⅱ-1347［穀物類］
ろくぐわつひえ…Ⅱ-1347［穀物類］
ろくぐわつひへ…Ⅱ-1347［穀物類］
ろくぐわつひゑ…Ⅱ-1348［穀物類］
ろくぐわつふさ…Ⅱ-1348［穀物類］
ろくぐわつまめ…Ⅱ-1348［穀物類］
ろくぐわつむぎ…Ⅱ-1348［穀物類］
ろくぐわつめつき…Ⅱ-1348［穀物類］
ろくぐわつもも…Ⅵ-916［果類］
ろくざい…Ⅱ-1348［穀物類］
ろくささけ…Ⅱ-1349［穀物類］
ろくざひなかて…Ⅱ-1349［穀物類］
ろくざへ…Ⅱ-1349［穀物類］

## 総合索引 わ

ろくざゑもん…Ⅱ - 1349 ［穀物類］
ろくじふにち…Ⅱ - 1349 ［穀物類］
ろくじふにちあは…Ⅱ - 1349 ［穀物類］
ろくじふにちきひ…Ⅱ - 1349 ［穀物類］
ろくじふにちひえ…Ⅱ - 1350 ［穀物類］
ろくじふにちひへ…Ⅱ - 1350 ［穀物類］
ろくじふにちわせ…Ⅱ - 1350 ［穀物類］
ろくじふほ…Ⅱ - 1350 ［穀物類］
ろくしやう…Ⅵ - 54 ［金・石・土・水類］
ろくしやうたけ…Ⅵ - 238 ［菌・茸類］
ろくしやうなば…Ⅵ - 238 ［菌・茸類］
ろくしやうはつたけ…Ⅵ - 238 ［菌・茸類］
ろくすけ…Ⅱ - 1350 ［穀物類］
ろくすけいね…Ⅱ - 1350 ［穀物類］
ろくすけばやり…Ⅱ - 1350 ［穀物類］
ろくすんふく…Ⅲ - 614 ［魚類］
ろくだいあんず…Ⅵ - 916 ［果類］
ろくだいこうばい…Ⅵ - 916 ［果類］
ろくだいさう…Ⅴ - 1682 ［野生植物］
ろくでう…Ⅱ - 1351 ［穀物類］
ろくはち…Ⅱ - 1351 ［穀物類］
ろくぶ…Ⅱ - 1351 ［穀物類］
ろくぶいね…Ⅱ - 1351 ［穀物類］
ろくぶえりたね…Ⅱ - 1351 ［穀物類］
ろくぶかし…Ⅱ - 1352 ［穀物類］
ろくぶはなおち…Ⅱ - 1352 ［穀物類］
ろくぶゑりだし…Ⅱ - 1352 ［穀物類］
ろくへいもち…Ⅱ - 1352 ［穀物類］
ろくべえもち…Ⅱ - 1352 ［穀物類］
ろくほう…Ⅲ - 614 ［魚類］
ろくめいさう…Ⅴ - 1682 ［野生植物］
ろくやた…Ⅴ - 1682 ［野生植物］
ろぐら…Ⅲ - 614 ［魚類］
ろくらうべゑ…Ⅱ - 1352 ［穀物類］
ろくろ…Ⅱ - 1352 ［穀物類］
ろくわせ…Ⅱ - 1353 ［穀物類］
ろし…Ⅲ - 614 ［魚類］
ろぜん…Ⅴ - 1682 ［野生植物］

ろつかく…Ⅱ - 1353 ［穀物類］
ろつかくあかし…Ⅱ - 1353 ［穀物類］
ろつかくはだか…Ⅱ - 1353 ［穀物類］
ろつかくむぎ…Ⅱ - 1353 ［穀物類］
ろつこく…Ⅱ - 1353 ［穀物類］
ろつはう…Ⅲ - 614 ［魚類］
ろつほう…Ⅲ - 615 ［魚類］
ろつほう…Ⅵ - 54 ［金・石・土・水類］
ろつぼう…Ⅲ - 615 ［魚類］
ろつほうかや…Ⅴ - 1682 ［野生植物］
ろつほうがや…Ⅴ - 1683 ［野生植物］
ろつほうせき…Ⅵ - 54 ［金・石・土・水類］
ろつぼふ…Ⅲ - 615 ［魚類］
ろつぽんやろく…Ⅱ - 1353 ［穀物類］
ろほ…Ⅶ - 710 ［樹木類］
ろり…Ⅵ - 916 ［果類］
ろんかんさう…Ⅴ - 1683 ［野生植物］
ろんこくさ…Ⅴ - 1683 ［野生植物］
ろんごくさ…Ⅴ - 1683 ［野生植物］
ろんほ…Ⅶ - 710 ［樹木類］
ろんほうつつち…Ⅶ - 710 ［樹木類］
ろんほのは…Ⅶ - 915 ［救荒動植物類］

## わ

わ…Ⅴ - 1684 ［野生植物］
わうき…Ⅴ - 1684 ［野生植物］
わうぎ…Ⅴ - 1684 ［野生植物］
わうこん…Ⅴ - 1684 ［野生植物］
わうごん…Ⅴ - 1684 ［野生植物］
わうこんふく…Ⅲ - 616 ［魚類］
わうし…Ⅴ - 1684 ［野生植物］
わうじ…Ⅴ - 1685 ［野生植物］
わうじかき…Ⅵ - 917 ［果類］
わうじなし…Ⅵ - 917 ［果類］
わうすけ…Ⅴ - 1685 ［野生植物］
わうせい…Ⅴ - 1685 ［野生植物］
わうせい…Ⅶ - 916 ［救荒動植物類］
わうせいかう…Ⅴ - 1685 ［野生植物］

# わ

わうたきわせ…Ⅱ‐1354［穀物類］
わうどうのき…Ⅶ‐711［樹木類］
わうはい…Ⅴ‐1685［野生植物］
わうはい…Ⅶ‐711［樹木類］
わうばい…Ⅴ‐1686［野生植物］
わうばい…Ⅶ‐711［樹木類］
わうはく…Ⅴ‐1686［野生植物］
わうはく…Ⅶ‐711［樹木類］
わうはく…Ⅶ‐916［救荒動植物類］
わうはせう…Ⅴ‐1686［野生植物］
わうへき…Ⅶ‐711［樹木類］
わうやま…Ⅱ‐1354［穀物類］
わうれん…Ⅴ‐1686［野生植物］
わうれん…Ⅶ‐916［救荒動植物類］
わか…Ⅲ‐616［魚類］
わが…Ⅲ‐616［魚類］
わかい…Ⅵ‐239［菌・茸類］
わかいたけ…Ⅵ‐239［菌・茸類］
わかくさ…Ⅴ‐1686［野生植物］
わかさ…Ⅱ‐1354［穀物類］
わかさあは…Ⅱ‐1354［穀物類］
わかさいね…Ⅱ‐1354［穀物類］
わかさき…Ⅲ‐616［魚類］
わかさぎ…Ⅲ‐616［魚類］
わかさな…Ⅵ‐652［菜類］
わかな…Ⅲ‐616［魚類］
わかな…Ⅵ‐652［菜類］
わかなこ…Ⅲ‐616［魚類］
わかなご…Ⅲ‐617［魚類］
わがなこ…Ⅲ‐617［魚類］
わがのうを…Ⅲ‐617［魚類］
わかばら…Ⅵ‐917［果類］
わかまつ…Ⅱ‐1354［穀物類］
わかみつ…Ⅲ‐617［魚類］
わかみづ…Ⅲ‐617［魚類］
わかめ…Ⅴ‐1687［野生植物］
わかめ…Ⅶ‐916［救荒動植物類］
わかめだい…Ⅴ‐1688［野生植物］
わかめとり…Ⅲ‐617［魚類］
わかめもく…Ⅴ‐1688［野生植物］
わきくろ…Ⅵ‐652［菜類］
わきのやまかき…Ⅵ‐917［果類］
わきは…Ⅴ‐1688［野生植物］
わきんさう…Ⅴ‐1688［野生植物］
わくつる…Ⅴ‐1688［野生植物］
わくづる…Ⅴ‐1688［野生植物］
わくのて…Ⅲ‐618［魚類］
わくのて…Ⅴ‐1688［野生植物］
わくのて…Ⅴ‐1689［野生植物］
わくのて…Ⅵ‐652［菜類］
わくのて…Ⅶ‐916［救荒動植物類］
わくはつかう…Ⅴ‐1689［野生植物］
わくひきがい…Ⅲ‐843［貝類］
わくら…Ⅲ‐618［魚類］
わくら…Ⅶ‐711［樹木類］
わくらのき…Ⅶ‐712［樹木類］
わくらわ…Ⅶ‐712［樹木類］
わくわつこう…Ⅴ‐1689［野生植物］
わくゑ…Ⅲ‐618［魚類］
わくゑい…Ⅲ‐618［魚類］
わけき…Ⅵ‐652［菜類］
わけぎ…Ⅴ‐1689［野生植物］
わけぎ…Ⅵ‐652［菜類］
わけぎ…Ⅵ‐653［菜類］
わけきひともじ…Ⅵ‐653［菜類］
わこくさ…Ⅴ‐1689［野生植物］
わさ…Ⅵ‐653［菜類］
わさあつき…Ⅱ‐1354［穀物類］
わさあづき…Ⅱ‐1354［穀物類］
わさあは…Ⅱ‐1355［穀物類］
わさあわ…Ⅱ‐1355［穀物類］
わさかし…Ⅱ‐1355［穀物類］
わさきび…Ⅱ‐1355［穀物類］
わさくさ…Ⅱ‐1355［穀物類］
わさくさまめ…Ⅱ‐1355［穀物類］
わさぐみ…Ⅵ‐917［果類］

| | |
|---|---|
| わさくり…Ⅱ-1355［穀物類］ | わしのを…Ⅶ-712［樹木類］ |
| わさくるみ…Ⅱ-1356［穀物類］ | わしはこ…Ⅴ-1690［野生植物］ |
| わさぐろ…Ⅱ-1356［穀物類］ | わしま…Ⅱ-1359［穀物類］ |
| わさくろまめ…Ⅱ-1356［穀物類］ | わじま…Ⅱ-1359［穀物類］ |
| わさこう…Ⅱ-1356［穀物類］ | わしまむき…Ⅱ-1359［穀物類］ |
| わさこじろうた…Ⅱ-1356［穀物類］ | わすいくわ…Ⅵ-654［菜類］ |
| わさこふし…Ⅱ-1356［穀物類］ | わすれかひ…Ⅲ-843［貝類］ |
| わさこむぎ…Ⅱ-1356［穀物類］ | わすれくさ…Ⅵ-654［菜類］ |
| わさこめつき…Ⅱ-1357［穀物類］ | わすれぐさ…Ⅴ-1690［野生植物］ |
| わささげ…Ⅱ-1357［穀物類］ | わせ…Ⅱ-1359［穀物類］ |
| わさたうぼし…Ⅱ-1357［穀物類］ | わせ…Ⅴ-1690［野生植物］ |
| わさなし…Ⅵ-917［果類］ | わせ…Ⅵ-917［果類］ |
| わさなべ…Ⅲ-618［魚類］ | わせあかもち…Ⅱ-1360［穀物類］ |
| わさひ…Ⅵ-653［菜類］ | わせあつき…Ⅱ-1360［穀物類］ |
| わさび…Ⅴ-1689［野生植物］ | わせあづき…Ⅱ-1360［穀物類］ |
| わさび…Ⅵ-653［菜類］ | わせあは…Ⅱ-1360［穀物類］ |
| わさび…Ⅵ-654［菜類］ | わせあぶらえ…Ⅱ-1360［穀物類］ |
| わさび…Ⅶ-916［救荒動植物類］ | わせあわ…Ⅱ-1360［穀物類］ |
| わさひえ…Ⅱ-1357［穀物類］ | わせあをまめ…Ⅱ-1360［穀物類］ |
| わさひへ…Ⅱ-1357［穀物類］ | わせいちご…Ⅵ-918［果類］ |
| わさひゑ…Ⅱ-1357［穀物類］ | わせいぬのはら…Ⅱ-1361［穀物類］ |
| わさぼ…Ⅱ-1357［穀物類］ | わせいね…Ⅱ-1361［穀物類］ |
| わさまくら…Ⅱ-1358［穀物類］ | わせいも…Ⅵ-654［菜類］ |
| わさまめ…Ⅱ-1358［穀物類］ | わせうるま…Ⅱ-1361［穀物類］ |
| わさむき…Ⅱ-1358［穀物類］ | わせおほむぎ…Ⅱ-1361［穀物類］ |
| わさむぎ…Ⅱ-1358［穀物類］ | わせかへり…Ⅱ-1361［穀物類］ |
| わさめぐろ…Ⅱ-1358［穀物類］ | わせかみ…Ⅱ-1361［穀物類］ |
| わさもち…Ⅱ-1358［穀物類］ | わせかみなかて…Ⅱ-1361［穀物類］ |
| わさもちあは…Ⅱ-1358［穀物類］ | わせきうりはな…Ⅱ-1362［穀物類］ |
| わさんきらい…Ⅴ-1690［野生植物］ | わせきひ…Ⅱ-1362［穀物類］ |
| わしうを…Ⅲ-618［魚類］ | わせきやうこつ…Ⅱ-1362［穀物類］ |
| わしかれい…Ⅲ-618［魚類］ | わせくまご…Ⅱ-1362［穀物類］ |
| わしかれひ…Ⅲ-619［魚類］ | わせくり…Ⅵ-918［果類］ |
| わしくたし…Ⅴ-1690［野生植物］ | わせくろ…Ⅱ-1362［穀物類］ |
| わしだい…Ⅲ-619［魚類］ | わせくろあは…Ⅱ-1362［穀物類］ |
| わしたけ…Ⅵ-239［菌・茸類］ | わせくろさんぐわつ…Ⅱ-1362［穀物類］ |
| わしのつめかひ…Ⅲ-843［貝類］ | わせくろど…Ⅱ-1363［穀物類］ |
| わしのめ…Ⅱ-1359［穀物類］ | わせくろまめ…Ⅱ-1363［穀物類］ |

# わ

| | |
|---|---|
| わせけしろ…Ⅱ-1363　［穀物類］ | わせもも…Ⅵ-918　［果類］ |
| わせこ…Ⅱ-1363　［穀物類］ | わせろくかく…Ⅱ-1367　［穀物類］ |
| わせこむき…Ⅱ-1363　［穀物類］ | わせをさか…Ⅱ-1368　［穀物類］ |
| わせこむぎ…Ⅱ-1363　［穀物類］ | わせをな…Ⅵ-655　［菜類］ |
| わせささけ…Ⅱ-1363　［穀物類］ | わせをふみ…Ⅱ-1368　［穀物類］ |
| わせささげ…Ⅱ-1363　［穀物類］ | わせんだん…Ⅶ-712　［樹木類］ |
| わせじつか…Ⅱ-1364　［穀物類］ | わた…Ⅱ-1368　［穀物類］ |
| わせしろもち…Ⅱ-1364　［穀物類］ | わた…Ⅴ-1691　［野生植物］ |
| わせしんとく…Ⅱ-1364　［穀物類］ | わだ…Ⅱ-1368　［穀物類］ |
| わせすべり…Ⅱ-1364　［穀物類］ | わたいおう…Ⅴ-1691　［野生植物］ |
| わせせいたか…Ⅱ-1364　［穀物類］ | わだいし…Ⅵ-55　［金・石・土・水類］ |
| わせそば…Ⅱ-1364　［穀物類］ | わたいね…Ⅱ-1368　［穀物類］ |
| わせたいたう…Ⅱ-1364　［穀物類］ | わだいわう…Ⅴ-1691　［野生植物］ |
| わせたいと…Ⅱ-1365　［穀物類］ | わたか…Ⅲ-619　［魚類］ |
| わせたかな…Ⅵ-654　［菜類］ | わたかけすけ…Ⅴ-1691　［野生植物］ |
| わせたで…Ⅵ-654　［菜類］ | わたがし…Ⅲ-619　［魚類］ |
| わせたまさり…Ⅱ-1365　［穀物類］ | わたかづら…Ⅴ-1691　［野生植物］ |
| わせなし…Ⅵ-918　［果類］ | わたこ…Ⅲ-619　［魚類］ |
| わせなす…Ⅵ-655　［菜類］ | わたこ…Ⅴ-1691　［野生植物］ |
| わせなすび…Ⅵ-655　［菜類］ | わたさくら…Ⅶ-712　［樹木類］ |
| わせはつこへ…Ⅱ-1365　［穀物類］ | わたささけ…Ⅱ-1368　［穀物類］ |
| わせはつこべ…Ⅱ-1365　［穀物類］ | わたつ…Ⅱ-1368　［穀物類］ |
| わせひえ…Ⅱ-1365　［穀物類］ | わたな…Ⅴ-1691　［野生植物］ |
| わせひへ…Ⅱ-1365　［穀物類］ | わたなべ…Ⅵ-918　［果類］ |
| わせびへ…Ⅱ-1365　［穀物類］ | わたふき…Ⅴ-1692　［野生植物］ |
| わせひぼ…Ⅱ-1365　［穀物類］ | わたふき…Ⅵ-655　［菜類］ |
| わせひゑ…Ⅱ-1366　［穀物類］ | わたふし…Ⅴ-1692　［野生植物］ |
| わせふちまめ…Ⅱ-1366　［穀物類］ | わたふじ…Ⅴ-1692　［野生植物］ |
| わせふるそ…Ⅱ-1366　［穀物類］ | わたふじ…Ⅶ-712　［樹木類］ |
| わせほなが…Ⅱ-1366　［穀物類］ | わたふぢ…Ⅴ-1692　［野生植物］ |
| わせぼろ…Ⅱ-1366　［穀物類］ | わたほうし…Ⅱ-1368　［穀物類］ |
| わせまめ…Ⅱ-1366　［穀物類］ | わたぼうし…Ⅱ-1368　［穀物類］ |
| わせまるあづき…Ⅱ-1366　［穀物類］ | わたぼし…Ⅱ-1369　［穀物類］ |
| わせむき…Ⅱ-1367　［穀物類］ | わたほしもち…Ⅱ-1369　［穀物類］ |
| わせむぎ…Ⅱ-1367　［穀物類］ | わたぼしもち…Ⅱ-1369　［穀物類］ |
| わせもち…Ⅱ-1367　［穀物類］ | わだまんばい…Ⅱ-1369　［穀物類］ |
| わせもちあは…Ⅱ-1367　［穀物類］ | わたむき…Ⅱ-1369　［穀物類］ |
| わせもちいね…Ⅱ-1367　［穀物類］ | わたむぎ…Ⅱ-1369　［穀物類］ |

| | |
|---|---|
| わたもも…Ⅵ-918［果類］ | わらすぼ…Ⅲ-621［魚類］ |
| わたやなぎ…Ⅶ-712［樹木類］ | わらたたき…Ⅴ-1694［野生植物］ |
| わたらいゆり…Ⅴ-1692［野生植物］ | わらて…Ⅱ-1370［穀物類］ |
| わたらゆり…Ⅴ-1692［野生植物］ | わらひ…Ⅴ-1694［野生植物］ |
| わたり…Ⅲ-843［貝類］ | わらひ…Ⅵ-655［菜類］ |
| わたり…Ⅵ-239［菌・茸類］ | わらび…Ⅴ-1694［野生植物］ |
| わたりうらあは…Ⅱ-1369［穀物類］ | わらび…Ⅵ-656［菜類］ |
| わたりかひ…Ⅲ-843［貝類］ | わらび…Ⅶ-916［救荒動植物類］ |
| わたりくさ…Ⅴ-1692［野生植物］ | わらびした…Ⅲ-621［魚類］ |
| わたりにし…Ⅲ-843［貝類］ | わらひたけ…Ⅵ-240［菌・茸類］ |
| わたりにしかひ…Ⅲ-844［貝類］ | わらびな…Ⅵ-656［菜類］ |
| わち…Ⅲ-619［魚類］ | わらびね…Ⅶ-917［救荒動植物類］ |
| わぢ…Ⅲ-619［魚類］ | わらびのこじり…Ⅱ-1370［穀物類］ |
| わつは…Ⅱ-1369［穀物類］ | わらびのね…Ⅶ-917［救荒動植物類］ |
| わつはきく…Ⅴ-1693［野生植物］ | わらひのねのはな…Ⅶ-917［救荒動植物類］ |
| わなす…Ⅵ-655［菜類］ | わらひゑ…Ⅱ-1370［穀物類］ |
| わなた…Ⅲ-620［魚類］ | わらへかつら…Ⅴ-1694［野生植物］ |
| わに…Ⅲ-620［魚類］ | わらへかづら…Ⅴ-1694［野生植物］ |
| わにえひ…Ⅲ-620［魚類］ | わらべかづら…Ⅴ-1695［野生植物］ |
| わにさめ…Ⅲ-620［魚類］ | わらへなかせ…Ⅴ-1695［野生植物］ |
| わにざめ…Ⅲ-620［魚類］ | わらべなかせ…Ⅴ-1695［野生植物］ |
| わにつけい…Ⅶ-713［樹木類］ | わらもと…Ⅴ-1695［野生植物］ |
| わにのおひ…Ⅴ-1693［野生植物］ | わらんべたらし…Ⅴ-1695［野生植物］ |
| わにふか…Ⅲ-620［魚類］ | わらんへなかせ…Ⅶ-713［樹木類］ |
| わにぶか…Ⅲ-621［魚類］ | わりうがし…Ⅶ-713［樹木類］ |
| わにぶちじ…Ⅶ-713［樹木類］ | わりかた…Ⅲ-844［貝類］ |
| わにんしん…Ⅴ-1693［野生植物］ | われから…Ⅲ-844［貝類］ |
| わにんぢん…Ⅴ-1693［野生植物］ | われもかう…Ⅴ-1695［野生植物］ |
| わもつかう…Ⅴ-1693［野生植物］ | われもかう…Ⅴ-1696［野生植物］ |
| わもつから…Ⅴ-1693［野生植物］ | われもさう…Ⅴ-1696［野生植物］ |
| わもつごう…Ⅴ-1693［野生植物］ | われもつこ…Ⅴ-1696［野生植物］ |
| わらいきのこ…Ⅵ-239［菌・茸類］ | われん…Ⅴ-1696［野生植物］ |
| わらいたけ…Ⅵ-239［菌・茸類］ | わろうへなかせ…Ⅶ-713［樹木類］ |
| わらいなば…Ⅵ-240［菌・茸類］ | わろうべなかせ…Ⅶ-713［樹木類］ |
| わらうゑなかせ…Ⅶ-713［樹木類］ | わわうごん…Ⅴ-1696［野生植物］ |
| わらさ…Ⅲ-621［魚類］ | わをうごん…Ⅴ-1696［野生植物］ |
| わらざ…Ⅲ-621［魚類］ | わんこく…Ⅱ-1370［穀物類］ |
| わらしろ…Ⅱ-1369［穀物類］ | わんさう…Ⅴ-1697［野生植物］ |

| ゐ | |
|---|---|

わんじゅ…Ⅱ‐1370［穀物類］
わんほう…Ⅶ‐917［救荒動植物類］
わんわり…Ⅱ‐1370［穀物類］

## ゐ

ゐ…Ⅴ‐1698［野生植物］
ゐ…Ⅶ‐918［救荒動植物類］
ゐがい…Ⅲ‐845［貝類］
ゐがや…Ⅴ‐1698［野生植物］
ゐぐさ…Ⅴ‐1698［野生植物］
ゐけた…Ⅱ‐1371［穀物類］
ゐのけ…Ⅴ‐1699［野生植物］
ゐのけ…Ⅵ‐657［菜類］
ゐのこづち…Ⅴ‐1699［野生植物］
ゐのししあは…Ⅱ‐1371［穀物類］
ゐのししくまこ…Ⅱ‐1371［穀物類］
ゐのししのしり…Ⅲ‐845［貝類］
ゐのて…Ⅴ‐1699［野生植物］
ゐのて…Ⅵ‐657［菜類］
ゐぼめかひ…Ⅲ‐845［貝類］
ゐやなぎ…Ⅶ‐714［樹木類］
ゐんげん…Ⅱ‐1371［穀物類］
ゐんけんまめ…Ⅱ‐1371［穀物類］
ゐんけんまめ…Ⅵ‐657［菜類］
ゐんげんまめ…Ⅱ‐1371［穀物類］
ゐんたで…Ⅴ‐1699［野生植物］
ゐんでん…Ⅱ‐1371［穀物類］

## ゑ

ゑ…Ⅲ‐622［魚類］
ゑ…Ⅴ‐1700［野生植物］
ゑ…Ⅵ‐658［菜類］
ゑい…Ⅲ‐622［魚類］
ゑいご…Ⅲ‐622［魚類］
ゑいのうを…Ⅲ‐622［魚類］
ゑいらく…Ⅱ‐1372［穀物類］
ゑいらく…Ⅲ‐623［魚類］
ゑいらみ…Ⅲ‐623［魚類］

ゑいわせ…Ⅱ‐1372［穀物類］
ゑうらくさう…Ⅴ‐1700［野生植物］
ゑかき…Ⅱ‐1372［穀物類］
ゑがき…Ⅵ‐919［果類］
ゑかなし…Ⅵ‐919［果類］
ゑかほかるこ…Ⅱ‐1372［穀物類］
ゑく…Ⅴ‐1700［野生植物］
ゑぐ…Ⅴ‐1700［野生植物］
ゑくいも…Ⅵ‐658［菜類］
ゑぐいも…Ⅵ‐658［菜類］
ゑくさ…Ⅴ‐1700［野生植物］
ゑくさ…Ⅴ‐1702［野生植物］
ゑぐさ…Ⅴ‐1700［野生植物］
ゑくち…Ⅲ‐623［魚類］
ゑくな…Ⅴ‐1700［野生植物］
ゑぐな…Ⅴ‐1701［野生植物］
ゑくり…Ⅵ‐658［菜類］
ゑぐり…Ⅵ‐658［菜類］
ゑくりいも…Ⅵ‐658［菜類］
ゑぐりいも…Ⅵ‐658［菜類］
ゑこ…Ⅴ‐1701［野生植物］
ゑご…Ⅵ‐659［菜類］
ゑご…Ⅶ‐715［樹木類］
ゑこいも…Ⅵ‐659［菜類］
ゑごいも…Ⅵ‐659［菜類］
ゑこくさ…Ⅴ‐1701［野生植物］
ゑこしそ…Ⅴ‐1701［野生植物］
ゑこたい…Ⅲ‐623［魚類］
ゑこたひ…Ⅲ‐623［魚類］
ゑごたひ…Ⅲ‐623［魚類］
ゑこつる…Ⅴ‐1701［野生植物］
ゑごな…Ⅵ‐659［菜類］
ゑこのみ…Ⅵ‐659［菜類］
ゑこはし…Ⅴ‐1701［野生植物］
ゑこま…Ⅱ‐1372［穀物類］
ゑこま…Ⅴ‐1701［野生植物］
ゑごま…Ⅴ‐1702［野生植物］
ゑごりいも…Ⅵ‐659［菜類］

| | |
|---|---|
| ゑこんさう…Ⅴ‐1702［野生植物］ | ゑつこのがう…Ⅴ‐1704［野生植物］ |
| ゑさごくさ…Ⅴ‐1702［野生植物］ | ゑつちうきく…Ⅴ‐1704［野生植物］ |
| ゑさめ…Ⅲ‐623［魚類］ | ゑつちうしらば…Ⅱ‐1374［穀物類］ |
| ゑしそ…Ⅵ‐660［菜類］ | ゑつちゆう…Ⅱ‐1374［穀物類］ |
| ゑじりほうず…Ⅱ‐1372［穀物類］ | ゑつちゆうまめ…Ⅱ‐1374［穀物類］ |
| ゑすのき…Ⅶ‐715［樹木類］ | ゑつちゆうもち…Ⅱ‐1374［穀物類］ |
| ゑせびくさ…Ⅴ‐1702［野生植物］ | ゑつつみ…Ⅴ‐1704［野生植物］ |
| ゑそ…Ⅲ‐624［魚類］ | ゑつほ…Ⅱ‐1374［穀物類］ |
| ゑそはぎ…Ⅴ‐1702［野生植物］ | ゑつほもち…Ⅱ‐1375［穀物類］ |
| ゑぞはぎ…Ⅴ‐1702［野生植物］ | ゑでとり…Ⅲ‐624［魚類］ |
| ゑぞはぎ…Ⅶ‐919［救荒動植物類］ | ゑてわに…Ⅲ‐624［魚類］ |
| ゑそひる…Ⅴ‐1703［野生植物］ | ゑと…Ⅲ‐625［魚類］ |
| ゑぞまつ…Ⅶ‐715［樹木類］ | ゑど…Ⅲ‐625［魚類］ |
| ゑそゆり…Ⅵ‐660［菜類］ | ゑといも…Ⅵ‐660［菜類］ |
| ゑぞゆり…Ⅴ‐1703［野生植物］ | ゑとう…Ⅲ‐625［魚類］ |
| ゑぞわら…Ⅴ‐1703［野生植物］ | ゑとさくら…Ⅶ‐715［樹木類］ |
| ゑだ…Ⅴ‐1703［野生植物］ | ゑとささけ…Ⅱ‐1375［穀物類］ |
| ゑたね…Ⅱ‐1373［穀物類］ | ゑとしろいを…Ⅲ‐625［魚類］ |
| ゑたまめ…Ⅱ‐1373［穀物類］ | ゑどじろいを…Ⅲ‐625［魚類］ |
| ゑたらし…Ⅲ‐624［魚類］ | ゑとしろうを…Ⅲ‐625［魚類］ |
| ゑちがわ…Ⅱ‐1373［穀物類］ | ゑどしろうを…Ⅲ‐625［魚類］ |
| ゑちこ…Ⅱ‐1373［穀物類］ | ゑどははきき…Ⅴ‐1704［野生植物］ |
| ゑちご…Ⅱ‐1373［穀物類］ | ゑどひくらし…Ⅴ‐1704［野生植物］ |
| ゑちこいも…Ⅵ‐660［菜類］ | ゑとぶんとう…Ⅱ‐1375［穀物類］ |
| ゑちござさ…Ⅵ‐99［竹・笹類］ | ゑとまめ…Ⅱ‐1375［穀物類］ |
| ゑちこゆり…Ⅴ‐1703［野生植物］ | ゑどむぎ…Ⅱ‐1375［穀物類］ |
| ゑちごゆり…Ⅴ‐1703［野生植物］ | ゑどもち…Ⅱ‐1375［穀物類］ |
| ゑちごわせ…Ⅱ‐1373［穀物類］ | ゑとりうを…Ⅲ‐626［魚類］ |
| ゑちぜん…Ⅱ‐1373［穀物類］ | ゑな…Ⅲ‐626［魚類］ |
| ゑちぜん…Ⅵ‐660［菜類］ | ゑながなし…Ⅵ‐919［果類］ |
| ゑちぜんかき…Ⅵ‐919［果類］ | ゑなたけ…Ⅵ‐241［菌・茸類］ |
| ゑちせんささけ…Ⅵ‐660［菜類］ | ゑなば…Ⅵ‐241［菌・茸類］ |
| ゑちぜんびへ…Ⅱ‐1373［穀物類］ | ゑなばのき…Ⅶ‐715［樹木類］ |
| ゑちぜんまつほ…Ⅵ‐919［果類］ | ゑのき…Ⅶ‐715［樹木類］ |
| ゑちぜんもち…Ⅱ‐1374［穀物類］ | ゑのき…Ⅶ‐716［樹木類］ |
| ゑちぜんわせ…Ⅱ‐1374［穀物類］ | ゑのきくさ…Ⅴ‐1704［野生植物］ |
| ゑぢそ…Ⅵ‐660［菜類］ | ゑのきそう…Ⅴ‐1705［野生植物］ |
| ゑつ…Ⅴ‐1703［野生植物］ | ゑのきたけ…Ⅵ‐241［菌・茸類］ |

ゑのきたけ…Ⅵ-242［菌・茸類］
ゑのきなば…Ⅵ-242［菌・茸類］
ゑのきのは…Ⅶ-919［救荒動植物類］
ゑのきのめ…Ⅶ-919［救荒動植物類］
ゑのきのわうじ…Ⅵ-242［菌・茸類］
ゑのきは…Ⅶ-919［救荒動植物類］
ゑのこあは…Ⅱ-1375［穀物類］
ゑのこくさ…Ⅴ-1705［野生植物］
ゑのこくさのみ…Ⅶ-920［救荒動植物類］
ゑのこつち…Ⅴ-1705［野生植物］
ゑのこのしし…Ⅴ-1705［野生植物］
ゑのこぼ…Ⅴ-1706［野生植物］
ゑのこほう…Ⅴ-1706［野生植物］
ゑのこぼう…Ⅴ-1706［野生植物］
ゑのごま…Ⅴ-1706［野生植物］
ゑのこやなき…Ⅶ-716［樹木類］
ゑのころ…Ⅱ-1376［穀物類］
ゑのころ…Ⅴ-1706［野生植物］
ゑのころくさ…Ⅴ-1706［野生植物］
ゑのころづち…Ⅴ-1707［野生植物］
ゑのころやなき…Ⅶ-716［樹木類］
ゑのは…Ⅲ-626［魚類］
ゑのは…Ⅶ-920［救荒動植物類］
ゑのはじやこ…Ⅲ-626［魚類］
ゑのみ…Ⅱ-1376［穀物類］
ゑのみ…Ⅵ-919［果類］
ゑのみ…Ⅶ-920［救荒動植物類］
ゑのみあは…Ⅱ-1376［穀物類］
ゑのみかし…Ⅱ-1376［穀物類］
ゑのみくさ…Ⅴ-1707［野生植物］
ゑのみさこ…Ⅲ-626［魚類］
ゑのみまめ…Ⅱ-1376［穀物類］
ゑのみもち…Ⅱ-1376［穀物類］
ゑのみわせ…Ⅱ-1377［穀物類］
ゑのわ…Ⅲ-626［魚類］
ゑば…Ⅲ-626［魚類］
ゑばおこせ…Ⅲ-627［魚類］
ゑひ…Ⅱ-1377［穀物類］

ゑひ…Ⅲ-627［魚類］
ゑび…Ⅱ-1377［穀物類］
ゑび…Ⅴ-1707［野生植物］
ゑび…Ⅵ-919［果類］
ゑひあわ…Ⅱ-1377［穀物類］
ゑひかつら…Ⅴ-1707［野生植物］
ゑひかづら…Ⅴ-1707［野生植物］
ゑびかつら…Ⅴ-1707［野生植物］
ゑびかづら…Ⅴ-1707［野生植物］
ゑびかづら…Ⅵ-920［果類］
ゑびくさ…Ⅴ-1708［野生植物］
ゑひごつる…Ⅴ-1708［野生植物］
ゑびこつる…Ⅴ-1708［野生植物］
ゑびさいろく…Ⅱ-1377［穀物類］
ゑひさか…Ⅱ-1377［穀物類］
ゑびさし…Ⅴ-1708［野生植物］
ゑびしよかつら…Ⅴ-1708［野生植物］
ゑびしよかづら…Ⅴ-1708［野生植物］
ゑびす…Ⅱ-1377［穀物類］
ゑびすうを…Ⅲ-627［魚類］
ゑびすかひ…Ⅲ-846［貝類］
ゑびすたい…Ⅲ-627［魚類］
ゑひすは…Ⅴ-1708［野生植物］
ゑひたい…Ⅱ-1377［穀物類］
ゑひつむはら…Ⅴ-1709［野生植物］
ゑひつる…Ⅴ-1709［野生植物］
ゑひづる…Ⅴ-1709［野生植物］
ゑびつる…Ⅴ-1709［野生植物］
ゑびづる…Ⅴ-1710［野生植物］
ゑひて…Ⅱ-1378［穀物類］
ゑひとう…Ⅱ-1378［穀物類］
ゑひな…Ⅲ-627［魚類］
ゑひなからび…Ⅴ-1710［野生植物］
ゑびなくさ…Ⅴ-1710［野生植物］
ゑびね…Ⅴ-1710［野生植物］
ゑひねくさ…Ⅴ-1710［野生植物］
ゑひのこ…Ⅱ-1378［穀物類］
ゑびのこ…Ⅱ-1378［穀物類］

| | |
|---|---|
| ゑびのこおくて…Ⅱ‐1378［穀物類］ | ゑもぎ…Ⅴ‐1712［野生植物］ |
| ゑひのす…Ⅴ‐1710［野生植物］ | ゑもしろ…Ⅲ‐628［魚類］ |
| ゑびのす…Ⅴ‐1711［野生植物］ | ゑもとき…Ⅴ‐1713［野生植物］ |
| ゑひも…Ⅴ‐1711［野生植物］ | ゑもどき…Ⅴ‐1713［野生植物］ |
| ゑびも…Ⅴ‐1711［野生植物］ | ゑもり…Ⅱ‐1379［穀物類］ |
| ゑひもく…Ⅴ‐1711［野生植物］ | ゑらあは…Ⅱ‐1379［穀物類］ |
| ゑひらく…Ⅱ‐1378［穀物類］ | ゑらこ…Ⅲ‐628［魚類］ |
| ゑひわら…Ⅱ‐1378［穀物類］ | ゑらこ…Ⅲ‐846［貝類］ |
| ゑぶ…Ⅴ‐1711［野生植物］ | ゑらつつき…Ⅲ‐628［魚類］ |
| ゑぶくろ…Ⅵ‐920［果類］ | ゑり…Ⅲ‐628［魚類］ |
| ゑぶこ…Ⅴ‐1711［野生植物］ | ゑりきまめ…Ⅱ‐1380［穀物類］ |
| ゑぶた…Ⅲ‐627［魚類］ | ゑりくさ…Ⅴ‐1713［野生植物］ |
| ゑふな…Ⅲ‐627［魚類］ | ゑりこ…Ⅱ‐1380［穀物類］ |
| ゑふな…Ⅲ‐628［魚類］ | ゑりごろ…Ⅱ‐1380［穀物類］ |
| ゑぶな…Ⅲ‐628［魚類］ | ゑりたし…Ⅱ‐1380［穀物類］ |
| ゑぶりこ…Ⅴ‐1712［野生植物］ | ゑりだし…Ⅱ‐1380［穀物類］ |
| ゑほし…Ⅱ‐1379［穀物類］ | ゑりだしいね…Ⅱ‐1380［穀物類］ |
| ゑぼし…Ⅵ‐920［果類］ | ゑりだしやろく…Ⅱ‐1380［穀物類］ |
| ゑほしかい…Ⅲ‐846［貝類］ | ゑりほ…Ⅱ‐1381［穀物類］ |
| ゑほしかき…Ⅵ‐920［果類］ | ゑりまき…Ⅱ‐1381［穀物類］ |
| ゑぼしかき…Ⅵ‐920［果類］ | ゑれさう…Ⅴ‐1713［野生植物］ |
| ゑほしかひ…Ⅲ‐846［貝類］ | ゑれそくさ…Ⅴ‐1713［野生植物］ |
| ゑぼしかひ…Ⅲ‐846［貝類］ | ゑんぎ…Ⅶ‐716［樹木類］ |
| ゑほしきねり…Ⅵ‐921［果類］ | ゑんこ…Ⅴ‐1713［野生植物］ |
| ゑぼしきねり…Ⅵ‐921［果類］ | ゑんこのをび…Ⅴ‐1713［野生植物］ |
| ゑほしぐさ…Ⅴ‐1712［野生植物］ | ゑんざ…Ⅱ‐1381［穀物類］ |
| ゑぼしくさ…Ⅴ‐1712［野生植物］ | ゑんざ…Ⅵ‐921［果類］ |
| ゑぼしな…Ⅴ‐1712［野生植物］ | ゑんさい…Ⅱ‐1381［穀物類］ |
| ゑぼしな…Ⅵ‐661［菜類］ | ゑんさかき…Ⅵ‐921［果類］ |
| ゑほしはな…Ⅴ‐1712［野生植物］ | ゑんざかき…Ⅵ‐921［果類］ |
| ゑぼしはな…Ⅴ‐1712［野生植物］ | ゑんざがき…Ⅵ‐922［果類］ |
| ゑぼしめうたん…Ⅵ‐921［果類］ | ゑんさもち…Ⅱ‐1381［穀物類］ |
| ゑまし…Ⅱ‐1379［穀物類］ | ゑんざもち…Ⅵ‐922［果類］ |
| ゑみ…Ⅱ‐1379［穀物類］ | ゑんざをしみ…Ⅴ‐1714［野生植物］ |
| ゑみかるこ…Ⅱ‐1379［穀物類］ | ゑんざをしみ…Ⅵ‐922［果類］ |
| ゑみちかなし…Ⅵ‐921［果類］ | ゑんしう…Ⅱ‐1381［穀物類］ |
| ゑみて…Ⅱ‐1379［穀物類］ | ゑんしういね…Ⅱ‐1381［穀物類］ |
| ゑみで…Ⅱ‐1379［穀物類］ | ゑんしうおくて…Ⅱ‐1382［穀物類］ |

# を

ゑんしうけじろ…Ⅱ‐1382［穀物類］
ゑんしうささげ…Ⅱ‐1382［穀物類］
ゑんしうやろく…Ⅱ‐1382［穀物類］
ゑんしゆ…Ⅶ‐716［樹木類］
ゑんじゆ…Ⅶ‐717［樹木類］
ゑんしゆのき…Ⅶ‐717［樹木類］
ゑんしゆまめ…Ⅱ‐1382［穀物類］
ゑんず…Ⅱ‐1382［穀物類］
ゑんせう…Ⅱ‐1382［穀物類］
ゑんぞ…Ⅶ‐717［樹木類］
ゑんぢよ…Ⅶ‐718［樹木類］
ゑんつう…Ⅱ‐1383［穀物類］
ゑんづう…Ⅱ‐1383［穀物類］
ゑんつうじ…Ⅵ‐242［菌・茸類］
ゑんつつし…Ⅶ‐717［樹木類］
ゑんと…Ⅴ‐1714［野生植物］
ゑんど…Ⅱ‐1383［穀物類］
ゑんど…Ⅴ‐1714［野生植物］
ゑんとう…Ⅱ‐1383［穀物類］
ゑんとう…Ⅴ‐1714［野生植物］
ゑんとう…Ⅵ‐661［菜類］
ゑんどう…Ⅱ‐1383［穀物類］
ゑんどう…Ⅴ‐1714［野生植物］
ゑんどう…Ⅵ‐661［菜類］
ゑんどうあずき…Ⅱ‐1384［穀物類］
ゑんどうあつき…Ⅱ‐1384［穀物類］
ゑんどうな…Ⅶ‐920［救荒動植物類］
ゑんどうは…Ⅶ‐920［救荒動植物類］
ゑんどうふつ…Ⅴ‐1714［野生植物］
ゑんとうまめ…Ⅱ‐1384［穀物類］
ゑんどうまめ…Ⅱ‐1384［穀物類］
ゑんとふあは…Ⅱ‐1384［穀物類］
ゑんな…Ⅴ‐1714［野生植物］
ゑんのこ…Ⅱ‐1384［穀物類］
ゑんぶり…Ⅱ‐1385［穀物類］
ゑんへきり…Ⅱ‐1385［穀物類］
ゑんぼうし…Ⅱ‐1385［穀物類］
ゑんま…Ⅱ‐1385［穀物類］
ゑんま…Ⅵ‐922［果類］
ゑんまき…Ⅶ‐718［樹木類］
ゑんまめ…Ⅱ‐1385［穀物類］
ゑんまもち…Ⅱ‐1385［穀物類］
ゑんみ…Ⅴ‐1715［野生植物］
ゑんみ…Ⅶ‐920［救荒動植物類］
ゑんみさう…Ⅴ‐1715［野生植物］
ゑんみのね…Ⅴ‐1715［野生植物］
ゑんみのね…Ⅶ‐920［救荒動植物類］
ゑんめいきく…Ⅴ‐1715［野生植物］
ゑんめいさう…Ⅴ‐1715［野生植物］
ゑんめうじ…Ⅱ‐1385［穀物類］
ゑんめさう…Ⅴ‐1716［野生植物］

# を

を…Ⅲ‐847［貝類］
をあかかれい…Ⅲ‐629［魚類］
をあご…Ⅲ‐629［魚類］
をあさ…Ⅴ‐1717［野生植物］
をあは…Ⅱ‐1386［穀物類］
をいかは…Ⅲ‐629［魚類］
をいかわ…Ⅲ‐629［魚類］
をいやとへあわ…Ⅱ‐1386［穀物類］
をいを…Ⅲ‐629［魚類］
をうかめ…Ⅱ‐1386［穀物類］
をうさか…Ⅴ‐1717［野生植物］
をうしゆう…Ⅱ‐1386［穀物類］
をうせ…Ⅲ‐629［魚類］
をうせき…Ⅴ‐1717［野生植物］
をうとう…Ⅲ‐629［魚類］
をうとりもち…Ⅶ‐719［樹木類］
をうのかい…Ⅲ‐847［貝類］
をうばい…Ⅶ‐719［樹木類］
をうばこ…Ⅵ‐662［菜類］
をうろ…Ⅴ‐1717［野生植物］
をかい…Ⅲ‐847［貝類］
をかいね…Ⅱ‐1386［穀物類］
をかうぞ…Ⅶ‐719［樹木類］

| | |
|---|---|
| をかおとし…Ⅱ‐1386［穀物類］ | をきなくさ…Ⅴ‐1718［野生植物］ |
| をかかうほね…Ⅴ‐1717［野生植物］ | をきのかんぬし…Ⅲ‐630［魚類］ |
| をかかはほね…Ⅴ‐1717［野生植物］ | をきのぜう…Ⅲ‐630［魚類］ |
| をかざき…Ⅱ‐1386［穀物類］ | をきべべ…Ⅲ‐847［貝類］ |
| をかざきかるこ…Ⅱ‐1387［穀物類］ | をきめはる…Ⅲ‐630［魚類］ |
| をがし…Ⅶ‐719［樹木類］ | をきもす…Ⅲ‐631［魚類］ |
| をかず…Ⅶ‐719［樹木類］ | をきれ…Ⅴ‐1718［野生植物］ |
| をかたをし…Ⅱ‐1387［穀物類］ | をく…Ⅱ‐1389［穀物類］ |
| をかのすけ…Ⅵ‐243［菌・茸類］ | をくあづき…Ⅱ‐1389［穀物類］ |
| をかのりい…Ⅵ‐662［菜類］ | をくこじこ…Ⅱ‐1389［穀物類］ |
| をかひぢき…Ⅴ‐1717［野生植物］ | をぐさ…Ⅴ‐1718［野生植物］ |
| をかひぢき…Ⅵ‐662［菜類］ | をくささげ…Ⅱ‐1390［穀物類］ |
| をがびやうし…Ⅶ‐719［樹木類］ | をくじやうしろ…Ⅱ‐1390［穀物類］ |
| をかひゑ…Ⅱ‐1387［穀物類］ | をくしろ…Ⅱ‐1391［穀物類］ |
| をかぶもみ…Ⅱ‐1387［穀物類］ | をくそば…Ⅱ‐1390［穀物類］ |
| をかぼ…Ⅱ‐1387［穀物類］ | をくて…Ⅱ‐1390［穀物類］ |
| をかほうのき…Ⅶ‐719［樹木類］ | をくてあつき…Ⅱ‐1390［穀物類］ |
| をかぼうるち…Ⅱ‐1387［穀物類］ | をくなす…Ⅵ‐662［菜類］ |
| をかまめ…Ⅱ‐1387［穀物類］ | をくほなが…Ⅱ‐1390［穀物類］ |
| をかやなぎ…Ⅶ‐720［樹木類］ | をくぼろ…Ⅱ‐1390［穀物類］ |
| をがら…Ⅱ‐1388［穀物類］ | をくまめ…Ⅱ‐1391［穀物類］ |
| をからささけ…Ⅱ‐1388［穀物類］ | をくやま…Ⅱ‐1391［穀物類］ |
| をかろく…Ⅱ‐1388［穀物類］ | をくゆう…Ⅴ‐1718［野生植物］ |
| をがわ…Ⅱ‐1388［穀物類］ | をぐらしめち…Ⅵ‐243［菌・茸類］ |
| をき…Ⅴ‐1718［野生植物］ | をくるま…Ⅴ‐1718［野生植物］ |
| をぎ…Ⅴ‐1718［野生植物］ | をぐるま…Ⅴ‐1719［野生植物］ |
| をきあち…Ⅲ‐630［魚類］ | をぐるまさう…Ⅴ‐1719［野生植物］ |
| をきあぢ…Ⅲ‐630［魚類］ | をくろくかく…Ⅱ‐1391［穀物類］ |
| をきあづき…Ⅱ‐1388［穀物類］ | をくろばへ…Ⅲ‐631［魚類］ |
| をきあは…Ⅱ‐1388［穀物類］ | をくをふみ…Ⅱ‐1391［穀物類］ |
| をきうし…Ⅱ‐1388［穀物類］ | をけすへ…Ⅶ‐720［樹木類］ |
| をきささけ…Ⅱ‐1389［穀物類］ | をけら…Ⅴ‐1719［野生植物］ |
| をきさはら…Ⅲ‐630［魚類］ | をけらかう…Ⅴ‐1720［野生植物］ |
| をきざはら…Ⅲ‐630［魚類］ | をご…Ⅴ‐1720［野生植物］ |
| をぎそ…Ⅱ‐1389［穀物類］ | をごこぐさ…Ⅴ‐1720［野生植物］ |
| をきた…Ⅲ‐847［貝類］ | をこし…Ⅲ‐631［魚類］ |
| をきち…Ⅱ‐1389［穀物類］ | をこじ…Ⅲ‐631［魚類］ |
| をきて…Ⅱ‐1389［穀物類］ | をこせ…Ⅲ‐631［魚類］ |

を

をこぜ…Ⅲ‐631［魚類］
をこのり…Ⅴ‐1720［野生植物］
をごのり…Ⅴ‐1720［野生植物］
をこりくさ…Ⅴ‐1720［野生植物］
をこりたいこん…Ⅵ‐662［菜類］
をこりはな…Ⅴ‐1720［野生植物］
をさいあわ…Ⅱ‐1391［穀物類］
をさか…Ⅱ‐1391［穀物類］
をさかき…Ⅲ‐632［魚類］
をさくさ…Ⅴ‐1721［野生植物］
をさぐさ…Ⅴ‐1721［野生植物］
をざめひへ…Ⅱ‐1392［穀物類］
をしなり…Ⅱ‐1392［穀物類］
をしなりかいちう…Ⅱ‐1392［穀物類］
をしはな…Ⅴ‐1721［野生植物］
をしめいし…Ⅵ‐55［金・石・土・水類］
をしやういを…Ⅲ‐632［魚類］
をじやういを…Ⅲ‐632［魚類］
をしやううを…Ⅲ‐632［魚類］
をじろ…Ⅱ‐1392［穀物類］
をしろい…Ⅴ‐1721［野生植物］
をじろわせ…Ⅱ‐1392［穀物類］
をじんぎ…Ⅲ‐632［魚類］
をそかし…Ⅱ‐1392［穀物類］
をそかぶ…Ⅵ‐662［菜類］
をそからし…Ⅵ‐662［菜類］
をそげんろく…Ⅱ‐1392［穀物類］
をそこじらうた…Ⅱ‐1393［穀物類］
をそこむぎ…Ⅱ‐1393［穀物類］
をそさんぐわつ…Ⅱ‐1393［穀物類］
をそな…Ⅵ‐663［菜類］
をそにはだまり…Ⅱ‐1393［穀物類］
をそひえ…Ⅱ‐1393［穀物類］
をそひゑ…Ⅱ‐1393［穀物類］
をぞへ…Ⅱ‐1393［穀物類］
をそほうし…Ⅱ‐1394［穀物類］
をそほくこく…Ⅱ‐1394［穀物類］
をそまめ…Ⅱ‐1394［穀物類］

をそみつけ…Ⅱ‐1394［穀物類］
をそろくこく…Ⅱ‐1394［穀物類］
をぞゑ…Ⅱ‐1394［穀物類］
をそゑあわ…Ⅱ‐1394［穀物類］
をた…Ⅲ‐632［魚類］
をだ…Ⅱ‐1395［穀物類］
をだえつちゆう…Ⅱ‐1395［穀物類］
をだかいちう…Ⅱ‐1395［穀物類］
をたがもち…Ⅱ‐1395［穀物類］
をだけわせ…Ⅱ‐1395［穀物類］
をだしま…Ⅱ‐1395［穀物類］
をたにかき…Ⅵ‐923［果類］
をたねそは…Ⅱ‐1395［穀物類］
をだはら…Ⅱ‐1396［穀物類］
をだはらむぎ…Ⅱ‐1396［穀物類］
をたひくさ…Ⅴ‐1721［野生植物］
をだまき…Ⅴ‐1721［野生植物］
をたわせ…Ⅱ‐1396［穀物類］
をだわせ…Ⅱ‐1396［穀物類］
をづち…Ⅴ‐1722［野生植物］
をづち…Ⅶ‐921［救荒動植物類］
をつとせ…Ⅱ‐1396［穀物類］
をつむき…Ⅲ‐632［魚類］
をつむぎ…Ⅲ‐633［魚類］
をでまり…Ⅶ‐720［樹木類］
をとう…Ⅵ‐243［菌・茸類］
をとがいなし…Ⅲ‐633［魚類］
をとがいなし…Ⅴ‐1722［野生植物］
をときりさう…Ⅴ‐1722［野生植物］
をとぎりさう…Ⅴ‐1722［野生植物］
をとぎりそう…Ⅴ‐1722［野生植物］
をとげなし…Ⅲ‐633［魚類］
をとこあかね…Ⅴ‐1722［野生植物］
をとこあさ…Ⅴ‐1723［野生植物］
をとこおときりさう…Ⅴ‐1724［野生植物］
をとこかたら…Ⅴ‐1723［野生植物］
をとこかつら…Ⅴ‐1723［野生植物］
をとこくさ…Ⅴ‐1723［野生植物］

| | |
|---|---|
| をとこくるみ…Ⅵ-923［果類］ | をにあさみ…Ⅴ-1726［野生植物］ |
| をとこさくら…Ⅶ-720［樹木類］ | をにあさみ…Ⅵ-663［菜類］ |
| をとこたけ…Ⅵ-99［竹・笹類］ | をにあづき…Ⅱ-1397［穀物類］ |
| をとこな…Ⅴ-1723［野生植物］ | をにいばら…Ⅴ-1726［野生植物］ |
| をとこはこべ…Ⅵ-663［菜類］ | をにかけ…Ⅱ-1397［穀物類］ |
| をとこへくそかつら…Ⅴ-1723［野生植物］ | をにかげ…Ⅱ-1397［穀物類］ |
| をとこへくそかづら…Ⅴ-1723［野生植物］ | をにかしら…Ⅴ-1727［野生植物］ |
| をとこへし…Ⅴ-1724［野生植物］ | をにかひ…Ⅲ-847［貝類］ |
| をとこまつ…Ⅶ-720［樹木類］ | をにかや…Ⅴ-1727［野生植物］ |
| をとこむらさき…Ⅴ-1724［野生植物］ | をにがや…Ⅴ-1727［野生植物］ |
| をとこよもき…Ⅴ-1724［野生植物］ | をにくるみ…Ⅵ-923［果類］ |
| をとこよもぎ…Ⅴ-1724［野生植物］ | をにぐるみ…Ⅵ-923［果類］ |
| をとこわうれん…Ⅴ-1724［野生植物］ | をにくわんそうのは…Ⅶ-921 |
| をとび…Ⅴ-1724［野生植物］ | ［救荒動植物類］ |
| をとめ…Ⅱ-1396［穀物類］ | をにこふし…Ⅱ-1397［穀物類］ |
| をとめわせ…Ⅱ-1396［穀物類］ | をにこぶし…Ⅱ-1397［穀物類］ |
| をとりくさ…Ⅴ-1725［野生植物］ | をにしだ…Ⅴ-1727［野生植物］ |
| をどりくさ…Ⅴ-1725［野生植物］ | をにしづら…Ⅴ-1727［野生植物］ |
| をとりなは…Ⅵ-243［菌・茸類］ | をにしば…Ⅴ-1727［野生植物］ |
| をどりなば…Ⅵ-243［菌・茸類］ | をにしろう…Ⅴ-1727［野生植物］ |
| をどろ…Ⅴ-1725［野生植物］ | をにすすたま…Ⅱ-1397［穀物類］ |
| をなが…Ⅱ-1396［穀物類］ | をにすすまた…Ⅴ-1728［野生植物］ |
| をなが…Ⅲ-633［魚類］ | をにぜり…Ⅴ-1728［野生植物］ |
| をなかかれい…Ⅲ-633［魚類］ | をにつこしだ…Ⅴ-1728［野生植物］ |
| をながかれい…Ⅲ-633［魚類］ | をにとき…Ⅴ-1728［野生植物］ |
| をなかさめ…Ⅲ-633［魚類］ | をにところ…Ⅴ-1728［野生植物］ |
| をながふか…Ⅲ-634［魚類］ | をになつな…Ⅴ-1728［野生植物］ |
| をなこたけ…Ⅵ-99［竹・笹類］ | をにのこふし…Ⅵ-663［菜類］ |
| をなごだけ…Ⅵ-99［竹・笹類］ | をにのしこくな…Ⅴ-1728［野生植物］ |
| をなこな…Ⅴ-1725［野生植物］ | をにのまゆはき…Ⅴ-1729［野生植物］ |
| をなごな…Ⅴ-1725［野生植物］ | をにばす…Ⅴ-1729［野生植物］ |
| をなつな…Ⅴ-1725［野生植物］ | をにはたか…Ⅱ-1397［穀物類］ |
| をなづな…Ⅴ-1725［野生植物］ | をにびし…Ⅴ-1729［野生植物］ |
| をなばら…Ⅴ-1726［野生植物］ | をにびゆ…Ⅵ-663［菜類］ |
| をなもち…Ⅱ-1397［穀物類］ | をにひゑ…Ⅱ-1398［穀物類］ |
| をなもみ…Ⅴ-1726［野生植物］ | をにみる…Ⅴ-1729［野生植物］ |
| をなもみ…Ⅵ-663［菜類］ | をにやがら…Ⅴ-1729［野生植物］ |
| をなわせ…Ⅱ-1397［穀物類］ | をにゆり…Ⅴ-1729［野生植物］ |

を

| | |
|---|---|
| をにゆり…Ⅵ-664 [菜類] | をふとかづら…Ⅴ-1731 [野生植物] |
| をにわらひ…Ⅴ-1730 [野生植物] | をふのかい…Ⅲ-847 [貝類] |
| をにわらび…Ⅴ-1730 [野生植物] | をふばこ…Ⅴ-1731 [野生植物] |
| をねし…Ⅵ-663 [菜類] | をふばこ…Ⅶ-921 [救荒動植物類] |
| をねももさめ…Ⅲ-634 [魚類] | をふへき…Ⅵ-923 [果類] |
| をのいし…Ⅵ-55 [金・石・土・水類] | をふまめ…Ⅱ-1399 [穀物類] |
| をのしらば…Ⅱ-1398 [穀物類] | をへら…Ⅶ-921 [救荒動植物類] |
| をのみ…Ⅱ-1398 [穀物類] | をほいを…Ⅲ-634 [魚類] |
| をのみそは…Ⅱ-1398 [穀物類] | をほがや…Ⅴ-1731 [野生植物] |
| をのみそば…Ⅱ-1398 [穀物類] | をほきば…Ⅶ-721 [樹木類] |
| をのみなんきん…Ⅱ-1398 [穀物類] | をほこ…Ⅲ-634 [魚類] |
| をのわせ…Ⅱ-1398 [穀物類] | をほせ…Ⅲ-634 [魚類] |
| をば…Ⅴ-1730 [野生植物] | をほの…Ⅱ-1399 [穀物類] |
| をはこ…Ⅴ-1730 [野生植物] | をほはこ…Ⅶ-922 [救荒動植物類] |
| をはこ…Ⅵ-664 [菜類] | をほむき…Ⅱ-1400 [穀物類] |
| をばこ…Ⅴ-1730 [野生植物] | をほむき…Ⅴ-1732 [野生植物] |
| をばこ…Ⅵ-664 [菜類] | をまきくさ…Ⅴ-1732 [野生植物] |
| をばこ…Ⅶ-921 [救荒動植物類] | をまつ…Ⅶ-721 [樹木類] |
| をばこねり…Ⅴ-1730 [野生植物] | をまめ…Ⅱ-1400 [穀物類] |
| をばのり…Ⅴ-1730 [野生植物] | をみかは…Ⅱ-1400 [穀物類] |
| をはり…Ⅱ-1398 [穀物類] | をみこ…Ⅱ-1400 [穀物類] |
| をはり…Ⅵ-664 [菜類] | をみなへし…Ⅴ-1732 [野生植物] |
| をはりいね…Ⅱ-1399 [穀物類] | をみなへし…Ⅴ-1733 [野生植物] |
| をはりかぶ…Ⅵ-664 [菜類] | をみなめし…Ⅴ-1733 [野生植物] |
| をはりだいこん…Ⅵ-664 [菜類] | をめめばな…Ⅴ-1733 [野生植物] |
| をはりだいこん…Ⅵ-665 [菜類] | をもたか…Ⅴ-1733 [野生植物] |
| をはりまめ…Ⅱ-1399 [穀物類] | をもだか…Ⅴ-1733 [野生植物] |
| をはりむぎ…Ⅱ-1399 [穀物類] | をもと…Ⅴ-1734 [野生植物] |
| をはりもち…Ⅱ-1399 [穀物類] | をものき…Ⅶ-721 [樹木類] |
| をひせ…Ⅴ-1731 [野生植物] | をもひくさ…Ⅴ-1734 [野生植物] |
| をひせくさ…Ⅴ-1731 [野生植物] | をやにらみ…Ⅲ-634 [魚類] |
| をひょう…Ⅶ-720 [樹木類] | をやのあし…Ⅴ-1734 [野生植物] |
| をふきば…Ⅴ-1731 [野生植物] | をやばなれかづら…Ⅴ-1734 [野生植物] |
| をふぎば…Ⅶ-921 [救荒動植物類] | をやり…Ⅱ-1400 [穀物類] |
| をぶし…Ⅶ-720 [樹木類] | をらんだ…Ⅴ-1735 [野生植物] |
| をふせ…Ⅲ-634 [魚類] | をらんだくねんぼ…Ⅵ-923 [果類] |
| をふと…Ⅴ-1731 [野生植物] | をらんだけいとう…Ⅴ-1735 [野生植物] |
| をぶと…Ⅱ-1399 [穀物類] | をらんたちさ…Ⅴ-1735 [野生植物] |

| | |
|---|---|
| をらんたちさ…Ⅵ - 665 ［菜類］ | ををとう…Ⅴ - 1736 ［野生植物］ |
| をらんだぢさ…Ⅵ - 665 ［菜類］ | ををとかつら…Ⅴ - 1736 ［野生植物］ |
| をらんたな…Ⅴ - 1735 ［野生植物］ | ををとり…Ⅴ - 1737 ［野生植物］ |
| をらんたな…Ⅵ - 665 ［菜類］ | ををとりなへ…Ⅴ - 1737 ［野生植物］ |
| をらんだな…Ⅵ - 665 ［菜類］ | ををとりなべ…Ⅴ - 1737 ［野生植物］ |
| をらんだむぎ…Ⅱ - 1400 ［穀物類］ | ををとりもち…Ⅶ - 721 ［樹木類］ |
| をらんたをもと…Ⅴ - 1735 ［野生植物］ | をを な…Ⅵ - 666 ［菜類］ |
| をりかけ…Ⅵ - 665 ［菜類］ | ををなのき…Ⅶ - 721 ［樹木類］ |
| をりかけなす…Ⅵ - 666 ［菜類］ | ををのかい…Ⅲ - 848 ［貝類］ |
| をりしば…Ⅴ - 1735 ［野生植物］ | ををのかは…Ⅱ - 1401 ［穀物類］ |
| をりな…Ⅵ - 666 ［菜類］ | ををのかひ…Ⅲ - 848 ［貝類］ |
| をりゆう…Ⅴ - 1735 ［野生植物］ | をを のべ…Ⅴ - 1737 ［野生植物］ |
| を ろ…Ⅴ - 1736 ［野生植物］ | ををのみかづら…Ⅴ - 1737 ［野生植物］ |
| をろあぢ…Ⅲ - 635 ［魚類］ | ををはこ…Ⅴ - 1737 ［野生植物］ |
| をろか…Ⅲ - 635 ［魚類］ | ををはこ…Ⅶ - 921 ［救荒動植物類］ |
| をろろひえ…Ⅱ - 1400 ［穀物類］ | ををはこへ…Ⅵ - 666 ［菜類］ |
| をろろびへ…Ⅱ - 1401 ［穀物類］ | ををはま…Ⅵ - 667 ［菜類］ |
| をわりむき…Ⅱ - 1401 ［穀物類］ | ををはらん…Ⅴ - 1737 ［野生植物］ |
| ををあざみ…Ⅴ - 1736 ［野生植物］ | ををも…Ⅴ - 1738 ［野生植物］ |
| ををあざみ…Ⅵ - 666 ［菜類］ | をんけばな…Ⅴ - 1738 ［野生植物］ |
| ををいを…Ⅲ - 635 ［魚類］ | をんし…Ⅴ - 1738 ［野生植物］ |
| ををうを…Ⅲ - 635 ［魚類］ | をんじやく…Ⅵ - 55 ［金・石・土・水類］ |
| ををかい…Ⅲ - 848 ［貝類］ | をんしやくつち…Ⅵ - 56 ［金・石・土・水類］ |
| ををがい…Ⅲ - 848 ［貝類］ | をんしゆ…Ⅴ - 1738 ［野生植物］ |
| ををかしら…Ⅲ - 635 ［魚類］ | をんせん…Ⅵ - 56 ［金・石・土・水類］ |
| ををかどそは…Ⅱ - 1401 ［穀物類］ | をんぜん…Ⅶ - 721 ［樹木類］ |
| ををかみだらし…Ⅴ - 1736 ［野生植物］ | をんだれもち…Ⅱ - 1401 ［穀物類］ |
| ををきのは…Ⅶ - 922 ［救荒動植物類］ | をんなあふき…Ⅴ - 1738 ［野生植物］ |
| ををさいこく…Ⅱ - 1401 ［穀物類］ | をんないばら…Ⅴ - 1738 ［野生植物］ |
| ををさか…Ⅴ - 1736 ［野生植物］ | をんないらす…Ⅱ - 1401 ［穀物類］ |
| ををさかいし…Ⅵ - 55 ［金・石・土・水類］ | をんなかたち…Ⅴ - 1738 ［野生植物］ |
| ををせ…Ⅲ - 635 ［魚類］ | をんなかづら…Ⅴ - 1739 ［野生植物］ |
| ををせい…Ⅵ - 666 ［菜類］ | をんなくさ…Ⅶ - 922 ［救荒動植物類］ |
| ををたけ…Ⅵ - 99 ［竹・笹類］ | をんなぐさ…Ⅴ - 1739 ［野生植物］ |
| ををたて…Ⅵ - 666 ［菜類］ | をんなさくら…Ⅶ - 722 ［樹木類］ |
| ををち…Ⅶ - 721 ［樹木類］ | をんなのて…Ⅴ - 1739 ［野生植物］ |
| ををちぶな…Ⅴ - 1736 ［野生植物］ | をんのをれ…Ⅶ - 722 ［樹木類］ |
| ををとう…Ⅲ - 636 ［魚類］ | をんはこ…Ⅵ - 667 ［菜類］ |

## を

をんほう…Ⅲ - 636 ［魚類］
をんほうふくろ…Ⅴ - 1739 ［野生植物］
をんぼうふくろ…Ⅴ - 1739 ［野生植物］
をんほうゑひ…Ⅴ - 1739 ［野生植物］
をんほうゑび…Ⅴ - 1740 ［野生植物］
をんま…Ⅴ - 1740 ［野生植物］

近世産物語彙解読辞典 VIII
［植物・動物・鉱物名彙 - 索引篇・第一分冊　総合索引］
Complete Deciphered Dictionary of Plants', Animals' and Minerals' in Yedo Era
{The First Fascicule in Eighth Volume: General Index}
2015年2月20日　初版第1刷
編　者　近世歴史資料研究会
発　行　株式会社 科学書院
〒174-0056 東京都板橋区志村1-35-2-902　TEL. 03-3966-8600　FAX 03-3966-8638
発行者　加藤　敏雄
発売元　霞ケ関出版株式会社
〒174-0056 東京都板橋区志村1-35-2-902　TEL. 03-3966-8575　FAX 03-3966-8638
定価（本体 38,000 円+税）
ISBN978-4-7603-0292-5 C3545 ¥38000E

## ＊『近世産物語彙解読辞典』［植物・動物・鉱物名彙］（全八巻）
Complete Deciphered Dictionary of Plants', Animals' and Minerals' Names in Yedo Era

近世歴史資料研究会　編

B5 版・各巻　平均 750 ページ・上製・布装・函入・全 8 巻

〇近世の古文書に見いだされる、日本産の植物・動物・鉱物の名称を検索できる語彙解読辞典。第 1 巻として、穀物の名称合計四千五百種類につき解読。五十音順に配列。

**各巻本体価格　38,000 円**

### ［本書の特色と活用法］

（1）世界で唯一の植物・動物・鉱物語彙の完璧な解読辞典----近世の古文書に見いだされる、日本産の植物・動物・鉱物の名称を検索できる語彙解読辞典。第 1 巻（あ～し）・第 2 巻（す～を）として、穀物の名称合計約九千種類につき解読。五十音順に配列。従来は用字辞典がほとんどであったが、植物・動物・鉱物語彙の解読辞典として、世界で最初に刊行。日本に産する植物・動物・鉱物の語彙を完璧に網羅。

（2）学問研究のための基本資料----植物・動物・鉱物語彙から検索が可能で、近世に作成された古文書を容易に解読することが可能。

（3）詳細なデータ---植物・動物・鉱物語彙が、文字の画数順に配列されていて、豊富な用語例が、より一層の研究の進展を可能にする。

（4）丁寧な編集方式----閲覧及び解読が容易にできるように、植物・動物・鉱物語彙名称を見出しとして附す。

（5）参考文献としてあらゆる分野で活用が可能----人文科学、自然科学、社会科学など、あらゆる学問分野で活用できる参考資料。

### ［全 8 巻の構成］

（01）第Ⅰ巻［穀物篇Ⅰ］〈2002／平成 14 年 6 月刊行〉
［ISBN4-7603-0281-6 C3545 ¥38000E］

（02）第Ⅱ巻［穀物篇Ⅱ］〈2002／平成 14 年 6 月刊行〉
［ISBN4-7603-0282-4 C3545 ¥38000E］

（03）第Ⅲ巻［魚類、貝類篇］〈2004／平成 16 年 3 月刊行〉
［ISBN4-7603-0283-2 C3545 ¥38000E］

（04）第Ⅳ巻［野生植物篇Ⅰ］〈2003／平成 16 年 8 月刊行〉
［ISBN4-7603-0288-3 C3545 ¥38000E］

（05）第Ⅴ巻［野生植物篇Ⅱ］［ISBN4-7603-0289-1 C3545 ¥38000E］〈2003／平成 16 年 8 月刊行〉

（06）第Ⅵ巻［金・石・土・水類、竹・笹類、菌・茸類、菜類、果類篇］〈2014／平成 26 年 8 月刊行〉［ISBN978-4-906291-0290-1 C3545 ¥38000E］

（07）第Ⅶ巻［樹木類、救荒動植物類篇］〈2014／平成 26 年 9 月刊行〉
［ISBN978-4-906291-0291-8 C3545 ¥38000E］

（08）第Ⅷ巻［総索引／動物・植物・鉱物名称辞典］
〈2014／平成 26 年 10 月刊行〉［ISBN978-4-906291-0292-5 C3545 ¥38000E］

**各巻本体価格　38,000 円**
**揃本体価格　304,000 円**